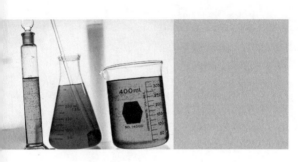

美国国家职业安全卫生研究所
National Institute of Occupational Safety and Health

工业卫生检测方法手册
Handbook of Industrial Hygiene Inspection Method

—————— 下 ——————

〔美〕美国国家职业安全卫生研究所 编 著

丁 辉 主 译

汪 彤 赵寿堂 副主译

北京科学技术出版社

目 录

（下册）

第三十三节　农药

速灭磷 2503

$(CH_3O)_2PO_2C(CH_3)=CHC(O)OCH_3$； $C_7H_{13}O_6P$	相对分子质量:224.27	CAS 号: - -	RTECS 号:
方法:2503,第二次修订	B 级	第一次修订:1984.2.15 第二次修订:1992.8.15

OSHA:0.01ppm(皮) NIOSH:第 I 类农药[1] ACGIH:0.1mg/m³(皮);0.3mg/m³ STEL (常温常压下,1ppm = 9.16mg/m³)	性质:液体;密度 1.25g/ml(20℃);沸点 325℃;熔点 20.6℃;饱和蒸气压 0.4Pa(0.003mmHg,4ppm)(20℃)

英文名称: mevinphos；dimethyl 2 - methoxycarbonyl - 1 - methylethenyl phosphate；phosdrin；CAS#7786 - 34 - 7

采样	分析
采样管:固体吸附剂管(提纯过的 Chromosorb 102,前段 　100mg/后段 50mg)	分析方法:气相色谱法;火焰光度检测器
采样流量:0.2 ~ 1L/min	待测物:磷
最小采样体积:15L	解吸方法:1ml 甲苯;解吸 30 分钟
最大采样体积:240L	进样体积:5µl
运输方法:常规	气化室温度:190℃
样品稳定性:至少 7 天(25℃)[2]	检测器温度:215℃
样品空白:每批样品 2 ~ 10 个样品空白	柱温:170℃
	载气:氮气或者氦气,28ml/min
准确性	色谱柱:玻璃柱,2m×2mm;填充 Super - Pak 20M 或等效的色谱填料
研究范围:0.027 ~ 0.145mg/m³[2](260L 样品)	标准溶液:速灭磷的甲苯溶液
偏差:不明显[2]	测定范围:每份样品 5 ~ 55µg[2]
总体精密度($\hat{S}_{rT}$):0.069[2]	检出限:每份样品 0.2µg[2]
	准确度($\overline{S}_r$):0.035[2]

适用范围: 采样体积为 200L 时,测定范围是 0.003 ~ 0.3ppm(0.025 ~ 0.28mg/m³)。本法可测量 <0.4mg/m³ 的 STEL 浓度

干扰因素: 不确定

其他方法: 本法是方法 S296[3] 的修订版

试剂	仪器
1. 速灭磷:分析纯*	1. 采样管:玻璃管,长 10cm,外径 8mm,内径 6mm。两端熔封,内装提纯
2. 甲苯:试剂级	过的树脂(前段 100mg/后段 50mg),中间和两端装填硅烷化玻璃棉,
3. 标准储备液:5mg/ml。将 50mg 的速灭磷溶于 10ml	用于分开和固定两段吸附剂。流量为 1L/min 时,采样管阻力必须低
甲苯。一式两份	于 3.4kPa。亦可购买市售采样管
4. 氦气:高纯	2. 个体采样泵:流量 0.2 ~ 1L/min,配有连接软管
5. 氢气:净化	3. 气相色谱仪:火焰光度检测器,积分仪和色谱柱(方法 2503)
6. 空气:过滤	4. 溶剂解吸瓶:带聚四氟乙烯内衬的瓶盖,10ml
7. 提纯过的树脂:于索氏提取器中,加入体积比(v/v)	5. 注射器:1 ~ 100µl
为 1:1 甲醇/丙酮溶液和 20 ~ 40 目的 Chromosorb 102	6. 容量瓶:10ml
(Johns Manville Corp. 或等效的吸附剂),提取 2 小	7. 移液管:1ml,带洗耳球
时,在 115℃下真空干燥 1 小时	

特殊防护措施: 速灭磷是一种胆碱酯酶抑制剂,可经皮吸收。处理纯速灭磷时,应戴上防护手套和穿合适的防护服

　注:* 见特殊防护措施。

采样

1. 串联一个有代表性的采样管来校准个体采样泵。

2. 采样前折断采样管两端,用软管连接至个体采样泵。

3. 在 0.2~1L/min 范围内,以已知流量采集 15~240L 空气样品。

4. 用塑料帽(非橡胶)密封采样管,包装后运输。

样品处理

5. 除去玻璃棉,将采过样的两段吸附剂分别倒入溶剂解吸瓶中。

6. 于溶剂解吸瓶中各加入 1.0ml 甲苯,密封。

7. 解吸 30 分钟,不时振摇。

标准曲线绘制与质量控制

8. 在每份样品 0.2~55μg 速灭磷的范围内,配制至少 5 个浓度的标准系列,绘制标准曲线。

a. 于 10ml 容量瓶中,加入适量的甲苯,再加入已知量的标准储备液,最后用甲苯稀释至刻度。

b. 与样品和空白一起进行分析(步骤 11,12)。

c. 以峰面积对速灭磷含量(μg)绘制标准曲线。

9. 每批 Chromosorb 102 至少测定一次解吸效率(DE)。在标准曲线范围内选择 5 个不同浓度,每个浓度测定 3 个样品。另测定 3 个空白采样管。

a. 去掉采样管后段吸附剂。

b. 用微量注射器将已知量的标准储备液直接注射至前段吸附剂上。

c. 密封采样管,放置过夜。

d. 解吸(步骤 5~7)并与标准系列一起进行分析(步骤 11,12)。

e. 以解吸效率对速灭磷回收量(μg)绘制解吸效率曲线。

10. 分析 3 个样品加标质控样和 3 个加标样品,以确保标准曲线和解吸效率曲线在可控范围内。

样品测定

11. 根据仪器说明书和方法 2503 给出的条件设置气相色谱仪。使用溶剂冲洗技术手动进样或自动进样器进样。

注意:若峰面积超出标准曲线的线性范围,用甲苯稀释后重新分析,计算时乘以相应的稀释倍数。

12. 测定峰面积。

计算

13. 按下式计算空气中速灭磷的浓度 C(mg/m³):

$$C = \frac{W_f + W_b - B_f - B_b}{V}$$

式中:W_f—— 样品采样管前段吸附剂中速灭磷的含量(μg);

W_b——样品采样管后段吸附剂中速灭磷的含量(μg);

B_f——空白采样管前段吸附剂中速灭磷的平均含量(μg);

B_b——空白采样管后段吸附剂中速灭磷的平均含量(μg);

V ——采样体积(L)。

注意:式中速灭磷的含量已用解吸效率校正。如果 $W_b > W_f/10$,则表示发生穿透,记录该情况及样品损失量。

方法评价

方法 S296[3] 发表于 1979 年 7 月 6 日,该方法在 25℃、0.027~0.145mg/m³ 浓度范围、240L 采样体积的条件下,已经过验证[2,4]。总体精密度 $\hat{S}_{rT}$ 为 0.0694,平均回收率为 103.9%,无明显的偏差。用气泡吸收管(吸收液为甲苯)采集发生气,并用 GC/FPD 验证速灭磷的浓度。在每份样品 7.0~40.0μg 的范围内,解吸效率为 1.04。在相对湿度 80% 下,以 1.0L/min 流量采集浓度为 0.195mg/m³ 的气体,采样 376 分钟时,穿透率仅为 0.6%[2]。

参考文献

[1] Criteria for a Recommended Standard... Occupational Exposure During the Manufacture and Formulation of Pesticides, U. S. Department of Health, Education, and Welfare, Publ. (NIOSH) 78 – 174 (1978).

[2] Backup Data Report No. S296, Phosdrin, prepared under NIOSH Contract No. 210 – 76 – 0123 (July, 1979), available as Order No. PB 81 – 228983 from NTIS, Springfield, VA 22161.

[3] NIOSH Manual of Analytical Methods, 2nd ed., V. 6, S296, U. S. Department of Health and Human Services, Publ. (NIOSH) 80 – 125 (1980).

[4] NIOSH Research Report – Development and Validation of Methods for Sampling and Analysis of Workplace Toxic Substances, U. S. Department of Health and Human Services, Publ. (NIOSH) 80 – 133 (1980).

方法作者

Eugene R. Kennedy, Ph. D., NIOSH/DPSE; S296 originally validated under NIOSH Contract No. 210 – 76 – 0123.

异佛尔酮 2508

$C_9H_{14}O$	相对分子质量:138.21	CAS 号:78 – 59 – 1	RTECS 号:GW7700000
方法:2508,第二次修订		方法评价情况:完全评价	第一次修订:1984.5.15 第二次修订:1994.8.15
OSHA:25ppm NIOSH:4ppm;第Ⅲ类农药 ACGIH:C 5ppm (常温常压下,1ppm = 5.65mg/m³)		性质:液体;密度 0.923g/ml (25℃);沸点 213℃;饱和蒸气压 26kPa (0.2mmHg);260ppm(20℃);空气中爆炸极限0.8% ~ 3.8%(v/v)	
英文名称:isophorone;3,5,5 – trimethyl – 2 – cyclohexen – 1 – one			

采样	分析
采样管:固体吸附剂管(石油基活性炭,前段 100mg/后段 50mg)	分析方法:气相色谱法;氢火焰离子化检测器
采样流量:0.01 ~ 1L/min	待测物:异佛尔酮
最小采样体积:2L(25mg/m³)	解吸方法:1ml CS₂ 解吸 30 分钟
最大采样体积:25L	进样体积:5μl
运输方法:常规	气化室温度:200℃
样品稳定性:至少 7 天(25℃)	检测器温度:250℃
样品空白:每批样品 2 ~ 10 个样品空白	柱温:160℃
	载气:氮气或氦气,30ml/min
准确性	色谱柱:玻璃柱,4m × 3mm;100 ~ 120 目 Supelcoport,其上涂渍 10% P2100/0.1%聚乙二醇 1500 或等效的色谱柱
研究范围:67 ~ 283mg/m³ [1] (180L 样品)	定量标准:CS₂ 中的异佛尔酮标准溶液
准确度:±15.3%	测定范围:每份样品 0.2 ~ 10mg [2]
偏差:5.0%	估算检出限:每份样品 0.02mg
总体精密度($\hat{S}_{rT}$):0.059 [1]	精密度($\bar{S}_r$):0.033 [1,2]

适用范围: 采样体积为 12L 时,测定范围为 0.35 ~ 70ppm(2 ~ 400mg/m³)。相对湿度高会极大地降低穿透容量

干扰因素: 未确定。也可用色谱柱:10% SP – 1000 或 DB – 2 熔融石英毛细管柱

其他方法: 本法与方法 S367 使用不同的色谱柱,其他条件相同 [2]

续表

试剂	仪器
1. CS₂:色谱纯*	1. 采样管:玻璃管,长 7cm,外径 6mm,内径 4mm。两端熔封,内装 20/40 目石油基活性炭(前段 100mg/后段 50mg),中间用 2mm 聚氨酯泡沫隔开。前端装填硅烷化的玻璃棉,尾端装填 3mm 聚氨酯泡沫。空气流量为 1L/min 时,采样管阻力必须低于 3.4kPa。亦可购买市售采样管
2. 异佛尔酮*	2. 个体采样泵:配有连接软管,流量 0.01~1L/min
3. 氮气或氦气:高纯	3. 气相色谱仪:氢火焰离子化检测器,积分仪和色谱柱(方法 2508)
4. 氢气:净化	4. 溶剂解吸瓶:2ml,带聚四氟乙烯内衬的瓶盖
5. 空气:过滤	5. 注射器:10μl,精确到 0.1μl
	6. 容量瓶:10ml
	7. 移液管:1ml,带洗耳球

特殊防护措施: CS₂ 极易燃易爆(闪点 −30℃)。使用时应在通风橱内进行。异佛尔酮是一种催泪瓦斯[3];使用时应特别小心并在通风橱内操作

注:* 见特殊防护措施。

采样

1. 串联一个有代表性的采样管来校准个体采样泵。

2. 采样前折断采样管两端,用软管连接至个体采样泵。

3. 在 0.01~1.0L/min 范围内,以已知流量采集 2~25L 空气样品。

4. 用塑料帽(非橡胶)密封采样管两端,包装安全后运输。

样品处理

5. 除去玻璃棉和聚氨酯泡沫,将采过样的两段吸附剂分别倒入溶剂解吸瓶中。

6. 于溶剂解吸瓶中各加入 1.0ml CS₂,拧紧瓶盖。

7. 解吸 30 分钟,不时振摇。

标准曲线绘制与质量控制

8. 在 0.02~10mg 范围内,配制至少 6 个浓度的异佛尔酮标准系列,绘制标准曲线。

　　a. 于 10ml 容量瓶中,加入适量的 CS₂,再加入已知量的异佛尔酮,最后用 CS₂ 稀释至刻度。

　　b. 与样品和空白一起进行分析(步骤 11,12)。

　　c. 以峰面积对异佛尔酮的含量(mg)绘制标准曲线。

9. 在标准曲线范围(步骤 8)内,每批活性炭至少测定一次解吸效率(DE)。选择 5 个不同浓度,每个浓度测定 3 个样品。另测定 3 个空白采样管。

　　a. 去掉空白采样管后段吸附剂。

　　b. 用微量注射器将已知量异佛尔酮直接注入采样管的前段吸附剂。

　　c. 封闭采样管两端,放置过夜。

　　d. 解吸(步骤 5~7)并与标准系列一起分析(步骤 11,12)。

　　e. 以解吸效率对异佛尔酮的回收量(mg)绘制解吸效率曲线。

10. 分析 3 个样品加标质控样和 3 个质控样品,以确保标准曲线和解吸效率曲线在可控范围内。

样品测定

11. 根据仪器说明书和方法 2508 中给出的条件设置气相色谱仪。使用溶剂冲洗技术手动进样或自动进样器进样。

注意:若峰面积超出标准曲线的线性范围,用 CS₂ 稀释后重新分析,计算时乘以相应的稀释倍数。

12. 测定峰面积。

计算

13. 按下式计算空气中异佛尔酮的浓度 C(mg/m³):

$$C = \frac{(W_f + W_b - B_f - B_b) \times 10^3}{V}$$

式中:W_f——样品采样管前段吸附剂中异佛尔酮的含量(mg);

　　　W_b——样品采样管后段吸附剂中异佛尔酮的含量(mg);

　　　B_f——空白采样管前段吸附剂中异佛尔酮的平均含量(mg);

　　　B_b——空白采样管后段吸附剂中异佛尔酮的平均含量(mg);

　　　V——采样体积(L)。

注意:上式中异佛尔酮的含量均已用解吸效率校正。若 $W_b > W_f/10$,则表示发生穿透,记录该情况及样品损失量。

方法评价

方法 S367[2] 在浓度为 69 ~ 304mg/m³,采样 12L 的条件下进行了方法评价[1]。总体精密度 $\hat{S}_{rT}$ 为 0.059,平均解吸效率为 104.9%,无明显的偏差。测试气体浓度用总烃分析仪单独验证。在每份样品 0.849 ~ 3.40mg 范围,解吸效率为 0.860。以 0.19L/min 的流量采集浓度为 283mg/m³ 的待测物气体 240min,未发生穿透现象,此时停止穿透容量试验。样品在室温下至少可保存 1 周。

参考文献

[1] Documentation of the NIOSH Validation Tests, S367 - 1 to S367 - 6, U. S. Department of Health andHuman Services, Publ. (NIOSH) 77 - 185 (1977).

[2] NIOSH Manual of Analytical Methods, 2nd. ed., V. 3, S367, U. S. Department of Health, Education, and Welfare, Publ. (NIOSH) 77 - 157 - C (1977).

[3] Criteria for a Recommended Standard…Occupational Exposure to Ketones, U. S. Department of Health, Education, and Welfare, Publ. (NIOSH) 78 - 173 (1978).

方法作者

Ardith Grote, NIOSH/DPSE; S367 originally validated under NIOSH Contract CDC - 99 - 74 - 45.

异佛尔酮 2556

$C_9H_{14}O$	相对分子质量:138.21	CAS 号:78 - 59 - 1	RTECS 号:GW7700000
方法:2556,第一次修订		方法评价情况:部分评价	第一次修订:2003.3.15
OSHA:25ppm NIOSH:4ppm;第Ⅲ类农药 ACGIH:C 5ppm(动物致癌物)		性质:液体;密度 0.923g/ml (25℃);沸点 213℃;饱和蒸气压 26kPa 　(0.2mmHg,260ppm)(20℃)	

英文名称:isophorone; 3,5,5 - trimethyl - 2 - cyclohexen - 1 - one

采样	**分析**
采样管:固体吸附剂管(XAD - 4,前段 80mg/后段 40mg)	分析方法:气相色谱法;氢火焰离子化检测器
采样流量:0.01 ~ 1L/min	待测物:异佛尔酮
最小采样体积:2L(在 25ppm 下)	解吸方法:1ml 乙醚;放置 30 分钟,涡旋 1.5 小时
最大采样体积:25L	进样体积:1μl
运输方法:冷藏运输	气化室温度:240℃
样品稳定性:至少 14 天(5℃)	检测器温度:300℃
样品空白:每批样品 2 ~ 10 个样品空白	柱温:50℃(保持 0.5 分钟)~225℃(升温速率 10℃/min)
	载气:氮气,3.0ml/min
准确性	色谱柱:熔融石英毛细管柱,30m×0.32mm(内径);膜厚 1μm,涂敷交联聚乙二醇,用于测定酸性化合物
研究范围:未研究	标准溶液:乙醚中的异佛尔酮标准溶液
偏差:未测定	测定范围:每份样品 6 ~ 831μg[1]
总体精密度($\hat{S}_{rT}$):未测定	估算检出限:每份样品 1.0μg[1]
准确度:未测定	精密度($\bar{S}_r$):0.01[1]

适用范围:采样体积为 25L 时,其测定范围是 0.042 ~ 5.88ppm(0.24 ~ 33.2mg/m³)。较高的湿度可能会大大减小样品穿透体积

干扰因素:未测定

其他方法:为检测低异佛尔酮浓度的空气样品而制定了本法。方法 NMAM 2508 也用于检测异佛尔酮[2,3],它以 NMAM 第二版方法 S367 为基础,该方法中用石油基活性炭吸附剂管为采样管,填充柱作为色谱柱,用气相色谱柱进行分析

试剂	仪器
1. 乙醚:色谱纯*	1. 采样管:玻璃管,长 7cm,外径 6mm,内径 4mm。两端熔封,内装 20 ~ 40 目的 XAD - 4(前段 80mg/后段 40mg),用 2mm 聚氨酯泡沫隔开。前端装填硅烷化的玻璃棉,尾端装填 3mm 聚氨酯泡沫。空气流量为 1L/min 时,采样管阻力必须低于 3.4kPa。亦可购买市售采样管
2. 异佛尔酮*	2. 个体采样泵:配有连接软管,流量 0.01 ~ 1L/min
3. 氦气:高纯	3. 气相色谱仪:氢火焰离子化检测器,积分仪,去活的衬管和 Stabilwax - DA 色谱柱,或等效的色谱柱(方法 2556)
4. 氢气:净化	4. 溶剂解吸瓶:用于自动进样,2ml,带聚四氟乙烯内衬的瓶盖
5. 空气:过滤	5. 注射器:10,25,250μl,精确到 0.1μl
	6. 容量瓶:10ml
	7. 移液管:3ml 和 5ml
	8. 冰袋:用于运输
	9. 机械式混旋器

特殊防护措施:乙醚挥发性很高,且极易燃易爆,所有操作应在通风橱中进行。异佛尔酮是一种催泪剂[2],使用时应十分小心且所有操作应在通风橱中进行

注:* 见特殊防护措施。

采样

1. 串联一个有代表性的采样管来校准个体采样泵。

2. 采样前折断采样管两端,用软管连接至个体采样泵。

3. 在 0.01 ~ 1.0L/min 的范围内,以已知流量采集 2 ~ 25L 空气样品。

4. 用塑料帽(非橡胶)密封采样管,包装后运输。

样品处理

5. 除去聚氨酯泡沫,将采样管中前段吸附剂(包括玻璃棉)与后段吸附剂分别倒入溶剂解吸瓶中。

6. 于溶剂解吸瓶中各加入 1.0ml 乙醚,密封。

7. 解吸 30 分钟,不时振摇。机械式混旋器上涡旋 1.5 小时。

标准曲线绘制与质量控制

8. 在每份样品 6 ~ 831μg 异佛尔酮的范围内,配制至少 6 个浓度的标准系列绘制标准曲线。

　　a. 于 10ml 容量瓶中,加入适量的解吸溶剂,再加入已知量的异佛尔酮,最后用解吸溶剂稀释至刻度。

　　b. 与样品和空白一起进行分析(步骤 11,12)。

　　c. 以峰面积对异佛尔酮的含量(μg)绘制标准曲线。

9. 每批 XAD - 4 至少测定一次解吸效率(DE),在标准曲线范围(步骤 9)内选择 5 个不同浓度,每个浓度测定 3 个样品。另测定 3 个空白采样管。

　　a. 去掉空白采样管后段吸附剂。

　　b. 用微量注射器将已知量的异佛尔酮直接注射至前段吸附剂上。

　　c. 封闭采样管两端,放置过夜。

　　d. 解吸(步骤 5 ~ 7)并与标准系列一起进行分析(步骤 11,12)。

　　e. 以解吸效率对异佛尔酮回收量(mg)绘制标准曲线。

10. 分析 3 个样品加标质控样和 3 个加标样品,以确保标准曲线和解吸效率曲线在可控范围内。

样品测定

11. 根据仪器说明书和方法 2556 给出的条件设置气相色谱仪。使用溶剂冲洗技术手动进样或自动进

样器进样。

注意:若峰面积超出标准曲线的线性范围,用解吸溶剂稀释后重新分析,计算时乘以相应的稀释倍数。

12. 测定峰面积。

计算

13. 按下式计算空气中异佛尔酮的浓度 C(mg/m³):

$$C = \frac{W_f + W_b - B_f - B_b}{V}$$

式中:W_f——样品采样管前段吸附剂中异佛尔酮的含量(μg);

W_b——样品采样管后段吸附剂中异佛尔酮的含量(μg);

B_f——空白采样管前段吸附剂中异佛尔酮的平均含量(μg);

B_b——空白采样管后段吸附剂中异佛尔酮的平均含量(μg);

V——采样体积(L)。

注意:$1\mu g/L = 1 mg/m^3$。上式中异佛尔酮的含量已用解吸效率校正。若 $W_b > W_f/10$,则表示发生穿透,记录该情况及样品损失量。

方法评价

在高浓度(849 ~ 3400μg)范围,用 NIOSH 中 NMAM 2508 方法检测异佛尔酮,其平均解吸效率为86%[1]。虽然该结果在可接受范围内,但是在低浓度下用本法检测,其回收率很可能低于可接受范围。因此,为了提高解吸效率并对低浓度下的异佛尔酮进行分析而制定了本法。

1987 年,Levin 和 Carleborg 报道:用乙醚作为解吸溶剂可以在750μg 浓度水平上将异佛尔酮从 XAD 聚合物吸附剂中洗脱下来并定量分析[4]。最初使用该方法时,回收率会变动,且峰的分离度低。之后用 Stabilwax – DA 熔融石英毛细管色谱柱,且在气相色谱仪进样口用去活的衬管,解决了分离度低的问题。该去活的衬管在进样 35 ~ 40 次后需要更换。此外,在样品中加入乙醚后要置于机械式混旋器上涡旋 1. 5 小时。这样可使 55 ~ 831μg 浓度范围内的平均回收率提高到 94. 1% ,而其 LOD 降低到每份样品 1μg。在 0. 15 倍REL 浓度下,向采样管中加标异佛尔酮,在 5℃下储存 30 天后,样品仍稳定(回收率 89%)。

参考文献

[1] Pendergrass SM, Moody E [2000] Backup Data Report for Isophorone:Method 2556. NIOSH, DART,CEMB (unpublished).

[2] NIOSH [1994]. NMAM Method 2508:Isophorone. In:Eller PM, Cassinelli ME, eds. NIOSH Manual ofAnalytical Methods, 4th edition. Cincinnati, OH:U. S. Deptartment of Health and Human Services, Public Health Service, Centers for Disease Control and Prevention, National Institute for Occupational Safetyand Health. DHHS(NIOSH) Publication No. 94 – 113.

[3] NIOSH [1977]. NIOSH Manual of Analytical Methods, 2nd. ed. , V. 3, S367, U. S. Department of Health,Education, and Welfare, Publ. (NIOSH) 77 – 157 – C.

[4] Levin JO, Carleborg L [1987]. Evaluation of Solid Sorbents for Sampling Ketones in Work – Room Air, Ann. Occup. Hyg. , Vol. 21(1):31 – 38.

方法作者

Stephanie Pendergrass and Erin Moody,NIOSH/DART.

2,4 – D 5001

$C_8H_6Cl_2O_3$	相对分子质量:221. 04	CAS 号:94 – 75 – 7	RTEC 号:AG6825000
方法:5001,第二次修订		方法评价情况:完全评价	第一次修订:1984. 2. 15 第二次修订:1994. 8. 15

OSHA:10mg/m^3 NIOSH:10mg/m^3 ACGIH:10mg/m^3	性质:固体;熔点 138℃(2,4,5 – T);饱和蒸气压无意义

英文名称:2,4 – D:(2,4 – dichlorophenoxy)acetic acid;hedonal;trinoxol

采样	分析
采样管:滤膜(玻璃纤维滤膜,无黏合剂)	**分析方法**:高效液相色谱法(HPLC),紫外检测器(UV)
采样流量:1 ~ 3L/min	**待测物**:2,4 – D 阴离子
最小采样体积:15L(在 10mg/m^3 下)	**洗脱方法**:15ml CH$_3$OH 洗脱;静置 30 分钟
最大采样体积:200L	**进样体积**:50μl
运输方法:常规	**洗脱液**:0.001M NaClO$_4$ – 0.001M Na$_2$B$_4$O$_7$
样品稳定性:至少 1 周(25℃)	**流速**:1.7ml/min
样品空白:每批样品 2 ~ 10 个样品空白	**检测器**:UV(284nm)
	色谱柱:不锈钢柱,50cm×2mm(内径);填充 Zipax SAX(DuPont),室温, 6900kPa(1000psi)
准确性	**定量标准**:甲醇中的待测物标准溶液
研究范围:5 ~ 20mg/m^3[1,2](100L 样品)	**测定范围**:每份样品 0.15 ~ 2mg
偏差: – 1.26%	**估算检出限**:每份样品 0.015mg[1]
总体精密度($\hat{S}_{rT}$):0.051(2,4 – D)[1]	**精密度**($\bar{S}_r$):0.01[1]
准确度:±10.21%	

适用范围:本法可用于测定 2,4 – D、2,4,5 – T 及其盐,但不能测定它们的酯。当采样体积为 100L 时,其测定范围是 1.5 ~ 20mg/m^3

干扰因素:任何一种酯类化合物均不会产生干扰,但是要求使用预柱来防止高效液相色谱柱的性能退化

其他方法:本法结合并修订了方法 S279[3] 和方法 S303[3],除了洗脱液组成和紫外测量波长不同外,其他均相同

试剂	仪器
1. 2,4 – 二氯苯氧基乙酸 *	1. 采样管:玻璃纤维滤膜,无黏合剂,置于 37mm 聚苯乙烯两层式滤膜夹中(Gelman 型 AE 或其他等效产品)
2. 2,4,5 – 三氯苯氧基乙酸 *	2. 个体采样泵:流量 1 ~ 3L/min,配有连接软管
3. 甲醇:HPLC 级	3. 高效液相色谱仪:UV 检测器,284nm(2,4 – D)和 289nm (2,4,5 – T),积分仪和色谱柱(方法 5001)
4. LC 洗脱液	4. 聚四氟乙烯滤膜:5μm、直径 13mm,置于 Swinny 不锈钢 (13mm)过滤装置中
a. 2,4 – D:0.001N NaClO$_4$ 和 0.001N Na$_2$B$_4$O$_7$。加入 0.122g NaClO$_4$ 和 0.381g Na$_2$B$_4$O$_7$·10H$_2$O 于 1L 的容量瓶中。用去离子水稀释至刻度。将溶液混匀,过滤并脱气	5. 镊子
b. 2,4,5 – T:0.003M NaClO$_4$ 和 0.001M Na$_2$B$_4$O$_7$·10H$_2$O。加入 0.366g NaClO$_4$ 和 0.381g Na$_2$B$_4$O$_7$·10H$_2$O 于 1L 的容量瓶中。用去离子水稀释至刻度。将溶液混匀,过滤并脱气	6. 注射器:20ml,鲁尔接口#
5. 压缩空气或高纯氮气:用于干燥注射器	7. 玻璃溶剂解吸瓶:20ml#
6. 无水乙醇	8. 容量瓶:各种规格,用于标准溶液的制备#
7. 丙酮	
8. 400μg/ml 标准储备液。溶解 0.400g 2,4 – D 或 2,4,5 – T 于甲醇中,用甲醇稀释至 1L	
9. 回收率储备溶液	
a. 溶解 0.248g 2,4 – D 于甲醇中。用甲醇稀释至 10ml	
b. 溶解 0.250g 2,4,5 – T,三乙胺盐于丙酮中(或 0.250g 2,4, 5 – T 于甲醇中),用丙酮稀释至 10ml	
注意:2,4,5 – T 使用与空气样品中相同的形式(如酸或盐)。回收率可能因化学形式而不同	

特殊防护措施:2,4 – D 和 2,4,5 – T 是可疑动物致癌物[4]。2,3,7,8 – 四氯苯 – 1,4 – 二噁英已经被证实是 2,4,5 – T 中的杂质。避免接触这些物质

注:*见特殊防护措施。#所有玻璃器皿均用清洁剂洗涤,用自来水和蒸馏水彻底洗净。

采样

1. 串联一个有代表性的采样管来校准个体采样泵。

2. 在 1 ~ 3L/min 的范围内,以已知流量采集 15 ~ 200L 空气样品。滤膜上总粉尘的增量不得超过 2mg。

3. 获取存于空气样品中的待测物的化学形态的信息(如:酯、盐或游离酸)。

样品处理

4. 用干净的镊子将滤膜从滤膜夹中取出,并放入 20ml 溶剂解吸瓶中。

5. 加入 15ml 甲醇并涡旋混匀。静置 30 分钟。

6. 过滤样品。

a. 将样品溶液倒入到与 5μm PTFE 过滤装置相连的 20ml 注射器中。

b. 将样品过滤到干净的溶剂解吸瓶中。

c. 用甲醇反冲洗 PTFE 滤膜。用甲醇冲洗注射器和活塞。用空气或氮气干燥。

标准曲线绘制与质量控制

7. 配制至少 5 个浓度的标准系列,绘制标准曲线。

a. 于容量瓶中,加入一定量的标准储备液,用甲醇稀释至 10ml。

b. 分析标准系列(步骤 9,10)。

c. 以峰面积对 2,4 - D 或 2,4,5 - T 含量(mg)绘制标准曲线。

8. 选择 4 个浓度水平,每个浓度水平至少制备 4 个介质空白加标样品,用于测定回收率。

a. 向介质空白中加入一定量的回收率储备溶液。

b. 对由回收率储备溶液制备的标准样品进行分析。

c. 计算回收率 R,R = 回收量(mg)/加入量(mg)。

样品测定

9. 根据方法 5001 给出的条件设置测定 2,4 - D 或 2,4,5 - T 的色谱条件。

10. 进样 50μl,两次。两次进样之间冲洗并干燥注射器。

注意:不管空气样品中含有的是 2,4 - D 和 2,4,5 - T 的盐还是游离酸的形式,待测物均为氯化的苯氧乙酸。2,4 - D 和 2,4,5 - T 的酯不能从 HPLC 色谱柱中洗脱,且若大量存在,会损坏 HPLC 色谱柱。如果已知有酯存在,用 Zipax SAX 预柱保护主柱。样品的制备条件应温和,从而防止酯的水解。

计算

11. 按下式计算空气中 2,4 - D 或 2,4,5 - T 的浓度 C (mg/m^3):

$$C = \frac{(W - B) \times 10^3}{V}$$

式中:W——样品中待测物的含量(mg);

　　　B——介质空白中待测物的平均含量(mg);

　　　V ——采样体积(L)。

注意:上式中待测物的含量已用解吸效率校正。

方法评价

方法 S279 (2,4 - D)和 S303 (2,4,5 - T)分别发表于 1978 年 2 月 17 日和 1978 年 3 月 17 日[3],并在采样体积为 100L 时进行了验证[1,2,5]。S279 用 2,4 - D 二甲胺盐、S303 用 Weedar Amine BK(Amchem;等量的 2,4 - D 二甲胺盐和 2,4,5 - T 三乙胺盐)发生气体样品。采样体积为 100L 时,精密度和回收率见表 2 - 33 - 1,结果表明每种方法无明显的偏差。

表 2 - 33 - 1　样品稳定性和回收率实验结果

方法	总体精密度($\hat{S}_{rT}$)	研究范围		回收率(0.5mg)	7 天储存稳定性/% (与第一天的百分比)
		/(mg/m^3)	/(毫克/样品)		
S279	0.051	5 ~ 20	0.5 ~ 2	0.97	99
S303	0.053	5 ~ 21	0.5 ~ 2	0.86 ~ 0.99	104

参考文献

[1] Backup Data Report S279 for 2,4 - D prepared under NIOSH Contract No. 210 - 76 - 0123 (unpublished, 1976), available as "Ten NIOSH Analytical Methods, Set 6," Order No. PB 288 - 629 from NTIS, Springfield, VA 22161.

[2] Backup Data Report S303 for 2,4,5 - T prepared under NIOSH Contract No. 210 - 76 - 0123 (unpublished, 1976), available as "Ten NIOSH Analytical Methods, Set 6," Order No. PB 288 - 629 from NTIS, Springfield, VA 22161.

[3] NIOSH Manual of Analytical Methods, 2nd ed., V. 5, U. S. Department of Health, Education, and Welfare, Publ. (NIOSH) 79 - 141 (1979).

[4] Criteria for a Recommended Standard... Occupational Exposure During Manufactur and Formulation of Pesticides, U. S. Department of Health, Education, and Welfare, Publ. (NIOSH) 78 - 174 (1978). Welfare, Publ. (NIOSH) 79 - 141 (1979).

[5] NIOSH Research Report – Development and Validation of Methods for Sampling and Analysis of Workplace Toxic Substances, U. S. Department of Health and Human Services, Publ. (NIOSH) 80 - 133 (1980).

方法作者

Robert W. Kurimo, NIOSH/DPSE; originally validated under NIOSH Contract No. 210 - 76 - 0123.

2,4,5 - T(见 2,4 - D) 5001

$C_8H_5Cl_3O_3$	相对分子质量:255.49	CAS 号:93 - 76 - 5	RTECS:AJ8400000
方法:5001,第一次修订		方法评价情况:完全评价	第一次修订:1984. 2. 15 第二次修订:1994. 8. 15
OSHA:10mg/m³(2,4 - D 或者 2,4,5 - T) NIOSH:10mg/m³;第 I 类农药 ACGIH:10mg/m³		性质:固体;熔点153℃(2,4,5 - T);饱和蒸气压无意义	
英文名称:2,4,5 - T:2,4,5 - T: (2,4,5 - tri chlorophenoxy) acetic acid; esterone 245; trioxone; weedone			

采样	分析
采样管:滤膜(玻璃纤维滤膜,无黏合剂)	分析方法:高效液相色谱法(HPLC),紫外检测器(UV)
采样流量:1 ~ 3L/min	待测物:2,4,5 - T 阴离子
最小采样体积:15L(在 10mg/m³ 下)	解吸方法:15ml CH_3OH;解吸30 分钟
最大采样体积:200L	进样体积:50μl
运输方法:常规	洗脱溶液:0. 003M $NaClO_4$ - 0. 001M $Na_2B_4O_7$
样品稳定性:至少 30 天(25℃)	流速:1. 7ml/min
样品空白:每组样品 2 ~ 10 个样品空白	检测器:UV(289nm)
准确性	色谱柱:不锈钢柱,50cm×2mm(内径);填充 Zipax SAX (DuPont),室温, 　6900kPa(1000 psi)
研究范围:5 ~ 20mg/m³(100L 样品)	定量标准:甲醇中待测物溶液
偏差:4. 78%	测定范围:每份样品 0. 15 ~ 2mg
总体精密度($\hat{S}_{rT}$):0. 053 (2,4,5 - T)	估算检出限:每份样品 0. 030mg
精密度:± 14. 2%	准确度($\bar{S}_r$):0. 025[2]

适用范围:此方法可用于测定 2,4,5 - T 及其盐,但不能测定其酯。采样体积为 100L 时,其测定范围是 1. 5 ~ 20mg/m³

干扰因素:使用预柱,高浓度酯类将不会产生干扰,预柱可防止 HPLC 色谱柱性能退化

其他方法:此方法结合并代替了方法 S279 和方法 S303,这两种方法除了洗脱液组成和 UV 测量波长之外均相同

华法林 5002

$C_{19}H_{16}O_4$	相对分子质量:308.33	CAS号:81-81-2	RTECS号:GN4550000
方法:5002,第二次修订		方法评价情况:部分评价	第一次修订:1984.2.15 第二次修订:1994.8.15
OSHA:0.1mg/m³ NIOSH:0.1mg/m³ 第Ⅰ类农药 ACGIH:0.1mg/m³;STEL:0.3mg/m³		性质:固体;熔点161℃;饱和蒸气压无意义	

英文名称:warfarin;3-(α-acetonylbenzyl)-4-hydroxycoumarin

采样	**分析**
采样管:滤膜(1μm PTFE 滤膜)	分析方法:高效液相色谱法(HPLC),紫外检测器(UV)
采样流量:1~4L/min	待测物:华法林
最小采样体积:200L(在0.1mg/m³下)	洗脱方法:5ml 甲醇;涡旋
最大采样体积:1000L	进样体积:20μl
运输方式:常规	流动相:30% 0.0025N 磷酸及70% 甲醇,等度洗脱,1.5ml/min,室温
样品稳定性:7天后回收率93%(25℃)	色谱柱:C₁₈反相色谱柱,10μm 颗粒,25~30cm
样品空白:每组样品2~10个样品空白	检测器:紫外检测器,280nm
定性样品:可取1~5g	定量标准:甲醇中的华法林标准溶液
	测定范围:每份样品20~200μg
准确性	估算检出限:每份样品2.5μg
研究范围:0.054~0.24mg/m³(408L样品)[1]	准确度($\bar{S}_r$):0.016[1]
偏差:未测定[1]	
总体精密度($\hat{S}_{rT}$):0.056[1]	
精密度:±11.0%	

适用范围:采样体积为400L时,其测定范围是0.05~0.5mg/m³

干扰因素:无相关干扰研究

其他方法:本方法是方法 P&CAM 313[2]的新格式。也可用杀鼠剂和药物中华法林的分析方法;散性的材料用分光光度法检测

试剂	**仪器**
1. 99% 华法林 *	1. 采样管:PTFE 滤膜,直径37mm,孔径1μm,纤维素衬垫,置于两层式滤膜夹中,用胶带或收缩带将滤膜夹的两部分密封在一起
2. 甲醇:HPLC 级 *	2. 个体采样泵:流量1~4L/min,配有连接软管
3. 水:HPLC 级	3. 高效液相色谱仪:带20~50μl 进样定量管,25~30cm,10μm C₁₈柱,紫外检测器,280nm,积分仪
4. 磷酸:85% *	4. 溶剂解吸瓶:玻璃,60ml,PTFE 薄膜垫片和螺纹瓶盖
5. 标准储备液:2mg/ml *。20.0mg 华法林溶于10ml 甲醇中	5. 镊子
6. 流动相:0.0025N 磷酸。1L 水中加入0.06ml 85% 磷酸	6. 移液管:5ml,洗耳球
	7. 微量注射器
	8. 容量瓶:10ml 和1ml

特殊防护措施:甲醇易燃,有毒,使用时应在通风柜内,并远离火源。华法林有毒,并可经皮吸收。磷酸具腐蚀性,应使用手套、护目镜和其他适当的设备以防止接触眼睛及反复或长期接触皮肤。如果接触,应用水清洗皮肤并换下衣物

注:* 见特殊防护措施。

采样

1. 串联一个有代表性的采样管来校准个体采样泵。

2. 在1~4L/min 的范围内,以已知流量采集200~1000L 空气样品。且滤膜上总粉尘的增量不得超过2mg。

样品处理

3. 用镊子将滤膜移至溶剂解吸瓶内。

4. 加入 5.0ml 甲醇,盖上瓶盖。涡旋至彻底润湿滤膜。

标准曲线绘制与质量控制

5. 在每份样品 4～120μg 华法林浓度范围内,配制至少 6 个浓度的华法林标准系列,绘制标准曲线。

　a. 在溶剂解吸瓶中,先加入 5ml 甲醇,再加入 2～60μl 标准储备液。

　b. 与样品和空白一起进行分析(步骤 7,8)。

注意:重复进样的峰面积相差应不超过 3%。

　c. 以峰面积对华法林质量(μg)绘制标准曲线。

6. 每一批滤膜应至少测定一次回收率。在标准范围内选择 5 个不同浓度,每个浓度测定 3 个样品。另测定 3 个介质空白。

　a. 用微量注射器将已知量的标准储备液注到滤膜上,包括介质空白滤膜。

　b. 滤膜在空气中干燥,过夜。

　c. 分析滤膜(步骤 3,4,6,7)。

　d. 以回收率对华法林的回收量(μg)绘制标准曲线。

样品测定

7. 根据仪器说明书和方法 5002 给出的条件设置液相色谱仪。

8. 进样样品溶液与标准系列,重复进样,测定峰面积。

计算

9. 按下式计算空气中华法林的浓度 C(mg/m³):

$$C = \frac{W - B}{V}$$

式中:W——样品中华法林的含量(μg);

　　　B——介质空白中华法林的平均含量(μg);

　　　V——采样体积(L)。

注意:上式中华法林的含量已用解吸效率校正。

方法评价

P&CAM 313 方法发表于 1979 年 4 月 13 日[2]。用加标样品,以及根据商用配方用 Wright 粉尘进料器动态发生的气体样品,进行了实验室测试。无适当的独立方法可验证发生气浓度[1,5]。在室温条件下,储存 60μg 样品 7 天,其样品储存稳定性为 93.5%。在 0.24mg/m³ 浓度条件下,采集 408L 样品,样品的采样效率为 100%,且在后备 Tenax 管中没有吸附华法林蒸气。精密度见方法 5002。

参考文献

[1] Backup Data Report, P&CAM 313, prepared under NIOSH Contract 210 – 76 – 0123 (unpublished, April, 1979).

[2] NIOSH Manual of Analytical Methods, 2nd. ed., V. 6, P&CAM 313, U. S. Department of Health and Human Services, Publ. (NIOSH) 80 – 125 (1980).

[3] Horwitz, W., Ed. Official Methods for Analysis of the AOAC, 13th ed., p. 85 (1980).

[4] Ibid, 628.

[5] NIOSH Research Report – Development and Validation of Methods for Sampling and Analysis of Workplace Toxic Substances, U. S. Department of Health and Human Services, Publ. (NIOSH) 80 – 133 (1980).

方法作者

James E. Arnold, NIOSH/DPSE; P&CAM 313 developed under NIOSH Contract 210 – 76 – 0123.

百草枯 5003

$C_{12}H_{14}N_2Cl_2$ $(C_{12}H_{14}N_2)^{2+}$	相对分子质量:257.16(186.26)	CAS 号:4685 – 14 – 7(离子)	RTECS 号:DW1960000(离子)
方法:5003,第二次修订		方法评价情况:完全评价	第一次修订:1984.2.15 第二次修订:1994.8.15
OSHA:0.5mg/m³(皮,吸入) NIOSH:0.1mg/m³(皮,吸入) ACGIH:0.1mg/m³(吸入;总量 0.5mg/m³)		性质:固体(二氯盐);300℃分解;饱和蒸气压无意义	

英文名称: paraquat;1,1′ – dimethyl – 4,4′ – bipyridinium dichloride;methyl viologen;CAS # 1910 – 42 – 5;1,1′ – dimethyl – 4,4′ – bi-pyridinium bis methyl sulfate(CAS #2074 – 50 – 2)

采样	分析
采样管:滤膜(1μm PTFE 滤膜) 采用流量:1~4L/min 最小采样体积:40L(在 0.5mg/m³ 下) 最大采样体积:1000L 运输方法:常规 样品稳定性:至少 1 周(25℃) 样品空白:每组 2~10 个样品空白	分析方法:高效液相色谱法(HPLC),紫外检测器(UV) 待测物:1,1 – 二甲基 – 4,4′ – 联吡啶阳离子 解吸方法:5ml 水 进样体积:20μl 流动相:25% 乙腈 – 75% 0.01M 庚烷磺酸钠(pH3.2);1.5ml/min 色谱柱:30cm×4mm(内径);不锈钢柱;填充 μ – Bondapak C₁₈ 检测器:UV(254nm) 标准溶液:百草枯二氯盐的水溶液
准确性 研究范围:0.26~1.03mg/m³(90L 样品)[1] 偏差:– 0.97% 总体精密度($\hat{S}_{rT}$):0.088[1] 精密度:±17.1%	测定范围:每份样品 20~500μg[2,3] 估算检出限:每份样品 10μg[2] 准确度($\bar{S}_r$):0.048[1]

适用范围: 采用体积为 200L 时,其测定范围是 0.1~10mg/m³。由于百草枯阳离子是此方法的待测物,因此,无论是二氯盐或双硫酸甲酯盐均可定量分析。使用适当化学计量因子,由二氯盐溶液制备标准

干扰因素: 未确定

其他方法: 本法是方法 S294[2] 的修订版

试剂	仪器
1. 水:去离子,蒸馏 2. 乙腈:HPLC 级 3. 1 – 庚烷磺酸钠盐 4. 百草枯二氯盐*:在 50℃下干燥,去除结晶水 5. 标准储备液:0.002mg/μl 百草枯阳离子*。溶解 27.6mg 无水百草枯盐至 10ml 蒸馏水溶液。一式两份 6. LC 流动相组成,25% 乙腈于 0.01M 1 – 庚磺酸钠盐水溶液。冰醋酸调节 pH 至 3.2 ±0.3	1. 采样管:直径 37mm,1μm PTFE 滤膜,纤维素衬垫,置于两层式滤膜夹中,用胶带或收缩带将两片密封在一起 2. 个体采样泵:流量 1~4L/min,配有连接软管 3. HPLC 仪:UV 检测器,测量波长 254nm,积分仪与色谱柱(方法 5003) 4. 闪烁瓶:20ml 5. 移液管:5ml 6. 微量移液管或注射器:1~250μl 7. 注射器:20μl,或装有样品定量环或自动进样器 8. 容量瓶:10ml

特殊防护措施: 百草枯为剧毒品

注:* 见特殊防护措施。

采样

1. 串联一个有代表性的采样管来校准个体采样泵。

2. 在 1~4L/min 范围内,以已知流量采集 40~1000L 空气样品,滤膜上粉尘的增量不得超过 2mg。

样品处理

3. 用镊子将滤膜移至闪烁瓶中。

4. 加入 5ml 去离子蒸馏水。盖上瓶盖,轻轻涡旋闪烁瓶至样品完全溶解。

标准曲线绘制与质量控制

5. 在每份样品 10 ~ 500μg 百枯草范围内,至少配制 6 个浓度的标准系列,绘制标准曲线。

a. 在闪烁瓶中,先加入 5ml 水,再用微量注射器加入标准储备液。

b. 与样品和空白样品一起分析 (步骤 7 ~ 9)。

c. 以响应值对百草枯的含量(μg)绘制标准曲线。

6. 分析 3 个样品加标质控样和 3 个加标样品,以确保标准曲线在可控范围内。

样品测定

7. 根据方法 5003 给出的条件设置 HPLC。

8. 使用注射器进样,或使用定量环或自动进样器进样。

9. 测定峰面积。

注意:在此实验条件下,保留时间为 6 ~ 6.5 分钟。若峰响应值超出标准曲线的范围,则用去离子蒸馏水稀释后重新分析,计算用时乘以相应的稀释倍数。

计算

10. 按下式计算空气中百草枯阳离子的浓度 C(mg/m³):

$$C = \frac{W - B}{V}$$

式中:W——样品滤膜中百草枯的含量(μg);

　　　B ——介质空白滤膜中百草枯的平均含量(μg);

　　　V ——采样体积(L)。

注意:上式中华法林的含量已用解吸效率校正。

方法评价

方法 S294 发表于 1979 年 3 月 16 日,在 0.256 ~ 1.03mg/m³ 的浓度范围、90L 采样体积的条件下,方法已经过评价[1,6]。该方法的总体精密度为 0.088,平均回收率为 98.2%,表明无明显的偏差。发生气中百草枯的浓度由一个独立的方法验证[7]。在每份样品 23.7 ~ 94.6μg 的浓度范围内,样品的回收率为 101%;在其他的研究中,每份样品 25μg 的回收率为 79%,每份样品 77 ~ 463μg 的回收率为 98%[3]。在浓度约为 1.8mg/m³,采样体积为 90L 时,采集 6 个滤膜样品,测定了采样效率。采样管中每个滤膜夹包含两张滤膜,后面的滤膜由衬垫支撑,前面滤膜和后面的滤膜分开。总采样效率为 100%。样品在室温下储存 1 周后仍稳定。

参考文献

[1] NIOSH Backup Data Report S294 (unpublished, March, 1979), available as Order No. PB 81 – 229 684 from NTIS, Springfield, VA 22161.

[2] NIOSH Manual of Analytical Methods, 2nd ed., Vol. 5, S294, U. S. Department of Health, Education, and Welfare, Publ. (NIOSH) 79 – 141 (1979).

[3] User check, Wisconsin Occupational Health Laboratory (NIOSH, unpublished, September 27, 1984).

[4] Criteria for a Recommended Standard... Occupational Exposure to Manufacturing and Formulation of Pesticides, U. S. Department of Health, Education, and Welfare, Publ. (NIOSH) 78 – 174 (1978).

[5] NIOSH/OSHA Occupational Health Guidelines for Chemical Hazards, U. S. Department of Health and Human Services, Publ. (NIOSH) 81 – 123 (1981), available as GPO Stock #017 – 033 – 00337 – 8 from Superintendent of Documents, Washington, DC 20402.

[6] NIOSH Research Report – Development and Validation of Methods for Sampling and Analysis of Workplace Toxic Substances, U. S. Department of Health and Human Services, Publ. (NIOSH) 80 – 133 (1980).

[7] Chevron Chemical Company, Paraquat by Colorimetry, AM – 8 – 1086 (April 7, 1977).

方法作者

Jerome Smith, Ph. D., NIOSH/DPSE; S294 originally validated under NIOSH Contract 210 – 76 – 0123.

福美双 5005

$((CH_3)_2NC(=S)S-)_2$	相对分子质量:240.43	CAS 号:137 – 26 – 8	RTECS 号:J01400000
方法:5005,第二次修订		方法评价情况:完全评价	第一次修订:1984.2.15 第二次修订:1994.8.15
OSHA:5mg/m³ NIOSH:5mg/m³;第 Ⅰ 类农药 ACGIH:1mg/m³		性质:白色晶态粉末;密度 1.29g/ml;熔点 155℃;饱和蒸气压无意义	

英文名称:thiram; bis(dimethylthiocarbamoyl)disulfide; tetramethylthiuram disulfide; tetramethylthioperoxydicarbonic diamide

采样	分析
采样管:滤膜(1μm PTFE 滤膜)	分析方法:高效液相色谱法(HPLC),检测器(UV)
采样流量:1~4L/min	待测物:福美双
最小采样体积:10L	洗脱液:10mlCH₃CN,30min(滤膜);10mlCH₃CN 冲洗(滤膜夹顶部)
最大采样体积:400L	进样体积:5μl
运输方法:常规	流动相:60% 乙腈/40% 水;1ml/min
样品稳定性:7 天(25℃)	色谱柱:不锈钢柱,μ – Bondapak C₁₈,30cm×3.9mm(内径),室温
样品空白:每组样品 2~10 个样品空白	检测器:UV(254nm,1cm)
定性样品:可取 1~5g	标准溶液:乙腈中福美双的标准溶液
准确性	测定范围:每份样品 0.1~3mg[1]
研究范围:3~12mg/m³(240L 样品)[1]	估算检出限:每份样品 0.005mg[1]
偏差: – 0.18%	准确度($\bar{S}_r$):0.012[1]
总体精密度($\hat{S}_{rT}$):0.055[1]	
精密度:±10.67%	

适用范围:采样体积为 200L 时,其测定范围是 0.5~15mg/m³。NIOSH 研究人员已使用此方法对使用福美双作为杀虫剂的设备的空气样品进行了测定

干扰因素:未知

其他方法:本法是方法 S256[2] 修订版。P&CAM 228 作为较早的分光光度测定方法[3],由于其分析的不稳定性,并未被修订[4]

试剂	仪器
1. 乙腈:HPLC 级	1. 采样管:1μm PTFE 滤膜(Millipore FA 或等效产品),直径 37mm,两层式聚苯乙烯滤膜夹,带衬垫,由胶带或收缩带密封。不应使用 Tenite 滤膜夹
2. 蒸馏:去离子水	2. 个体采样泵:流量 1~4L/min,配有连接软管
3. 福美双:试剂级	3. 高效液相色谱仪:UV 检测器,测量波长 254nm,积分仪与色谱柱(方法 5005)
4. 压缩空气或氮气:用于干燥注射器	4. 13mm×5μm PTFE 滤膜,不锈钢过滤装置,以保护 LC 柱
5. 标准储备液:0.75mg/ml。精确称量 7.5mg 福美双溶解于乙腈中,并稀释至 10ml。每天制备	5. 溶剂解吸瓶:玻璃,20ml,带聚四氟乙烯内衬的螺纹瓶盖
	6. 注射器:1ml,带鲁尔锁紧头
	7. 移液管:10ml,带洗耳球
	8. 镊子
	9. 容量瓶:10ml

特殊防护措施:乙腈有毒且易燃,应在通风橱中进行操作;福美双刺激皮肤和黏膜,导致皮肤过敏,并可致畸

注:＊见特殊防护措施。

采样

1. 串联一个有代表性的采样管来校准个体采样泵。

2. 在 1 ~ 4L/min 范围内,以已知流量采集 10 ~ 400L 空气样品。滤膜上总粉尘的增量不得超过 2mg。

3. 用带聚四氟乙烯内衬瓶盖的溶剂解吸瓶收集定性样品(1 ~ 5mg),与滤膜分开运输。

样品处理

4. 用镊子将滤膜转移至 20ml 溶剂解吸瓶中。

5. 加入 10ml 乙腈,盖上溶剂解吸瓶盖。

6. 用 10ml 乙腈冲洗滤夹上层内部,将冲洗液置于 20ml 溶剂解吸瓶中。

7. 解吸 30 分钟,并搅拌。

标准曲线绘制与质量控制

8. 在每份样品 0.005 ~ 3mg 福美双的浓度范围内,配制至少 6 个标准系列,绘制标准曲线。

a. 于 10ml 容量瓶中,加入已知量的标准储备液,用乙腈稀释至刻度。

b. 与样品和空白一起进行分析(步骤 9,10)。

c. 以峰面积对福美双的含量(mg)绘制标准曲线。

样品测定

9. 根据方法 5005 给出的条件设置液相色谱仪。进样 10μl,在两次进样之间冲洗并干燥注射器。

10. 测定峰面积。

计算

11. 按下式计算空气中福美双的浓度 C(mg/m³):

$$C = \frac{(W_f + W_t - B) \times 10^3}{V}$$

式中:W_f——样品滤膜中福美双的含量(mg);

W_t——滤膜夹上层内部冲洗液中福美双的含量(mg);

B——介质空白中福美双的平均含量(mg);

V——采样体积(L)。

方法评价

方法 S256 发表于 1979 年 6 月 8 日[2],使用福美双 65(65% 福美双,Mayer Chemical Co.),动态发生法配制了测试空气,采集 18 个发生气样品,浓度分别为 0.5 倍、1 倍、2 倍 OSHA 标准,每个浓度 6 个样品。将一组样品于室温下储存 7 天,以研究其稳定性[1,4]。储存 7 天的样品的结果与储存 1 天的样品结果之差在 2.1% 之内,表明样品可稳定储存 7 天。采用直接加标的方法制备 18 个样品(分为 3 组,浓度分别为 0.5 倍、1 倍、2 倍 OSHA 标准,每组 6 个样品)。这 3 组样品的相对标准偏差为 0.012。3 个浓度的平均回收率为 99.8%,因此,本法无明显的偏差。环境空气中采集的 3 组样品的相对标准偏差为 0.022。使用聚四氟乙烯滤膜和盛有乙腈的气泡吸收管串联采样,采集福美双浓度为 12mg/m³ 的空气样品,在气泡吸收管中未检测到福美双(LOD 为 0.005mg),表明福美双的饱和蒸气压很小。

参考文献

[1] Backup Data Report S256, NIOSH Contract 210 – 76 – 0123, available as Order No. PB 81 – 244634 from NTIS, Springfield, VA 22161.

[2] NIOSH Manual of Analytical Methods, 2nd. ed., V. 5, S256, U. S. Department of Health, Education, and Welfare, Publ. (NIOSH) 79 – 141 (1979).

[3] Ibid, V. 1, P&CAM 228, U. S. Department of Health, Education, and Welfare, Publ. (NIOSH) 77 – 157 – A (1977).

[4] Failure Report S256, NIOSH Contract CDC – 99 – 74 – 45 (unpublished, 1976).

[5] Criteria for a Recommended Standard. . . Occupational Exposure During Manufacture and Formulation of Pesticides, U. S. Department of Health, Education, and Welfare, Publ. (NIOSH) 78 – 174 (1978).

[6] NIOSH Research Report – Development and Validation of Methods for Sampling and Analysis of Workplace Toxic Substances, U. S. Department of Health and Human Services, Publ. (NIOSH) 80 – 133 (1980).

方法作者

Yvonne T. Gagnon，NIOSH/DPSE；S256 originally validated under NIOSH Contract 210 – 76 – 0123.

西维因 5006

$C_{10}H_7OC(=O)NHCH_3$	相对分子质量:201.22	CAS 号:63 – 25 – 2	RTECS 号:FC5950000
方法:5006,第二次修订		方法评价情况:完全评价	第一次修订:1985.5.15 第二次修订:1994.8.15
OSHA:5mg/m³ NIOSH:5mg/m³；第Ⅱ类农药 ACGIH:5mg/m³		性质:固体;晶态;密度 1.230g/cm³(20℃);沸点分解;熔点 142℃;饱和蒸气压 <0.005Pa(<4×10⁻⁵mmHg, <0.4mg/m³)(20℃)	

英文名称:carbaryl；sevin；1 – naphthalenol N – methylcarbamate；1 – Naphthyl – N – methylcarbamate

采样	**分析**
采样管:滤膜(玻璃纤维滤膜) 采样流量:1～3L/min 最小采样体积:20L(在 5mg/m³ 下) 最大采样体积:400L 运输方法:将滤膜置于 25ml 闪烁瓶中 样品稳定性:至少7 天(25℃)[1] 样品空白:每批样品 2～10 个样品空白	分析方法:可见吸收分光光度法 待测物:对硝基苯四氟硼酸重氮盐络合物 样品检查:20ml 0.1M 氢氧化钾 - 甲醇溶液。取 2ml 该溶液,加入 17ml 冰醋酸;加入 1ml p -硝基苯四氟硼酸重氮盐 测量波长:475nm 定量标准:二氯甲烷中的西维因标准溶液 测定范围:每份样品 0.1～1.0mg[2] 估算检出限:每份样品 0.03mg[3,4] 精密度($\bar{S}_r$):0.015[1]
准确性 研究范围:2～13mg/m³[1](90L 样品) 偏差: – 0.73% 总体精密度($\hat{S}_{rT}$):0.057[1] 准确度:±11.3%	

适用范围:采样体积为 200L 时,测定范围为 0.5～20mg/m³

干扰因素:酚类,如 1 –萘酚可产生正干扰[2]。其他芳香族氨基甲酸酯及苯氧乙酸农药亦可产生干扰,但无相关记录

其他方法:本法是方法 S273[2] 的修改版

试剂	**仪器**
1. 西维因:试剂级 * 2. 甲醇:无水 * 3. 二氯甲烷,蒸馏提纯 * 4. 无水甲醇中的 0.1M KOH:取 0.1mol(5.612g)至 1L 容量瓶中,加入 10ml 甲醇中,并用甲醇稀释至刻度 5. 冰醋酸 * 6. 对硝基苯四氟硼酸重氮盐:称取 25mg 对硝基苯四氟硼酸重氮盐,溶于 5ml 甲醇中。加入 20ml 冰醋酸。使用前配制,使用时置于冰浴(4℃)中 7. 标准储备液:2mg/ml。* 准确称量 20mg 西维因,溶于二氯甲烷中,配制成 10ml 溶液	1. 采样管:37mm 滤膜夹,内装 37mm Type A/E 玻璃纤维滤膜(Gelman Sciences 或等效滤膜) 注意:滤膜未使用有机黏合剂 2. 个体采样泵:流量 1～3L/min,配有连接软管 3. 可见吸收分光光度计:波长 475nm,1cm 比色皿 4. 闪烁瓶:带 PTFE 内衬的瓶盖 5. 镊子 6. 微量注射器:鲁尔紧锁头,玻璃,10ml,带有 13mm 不锈钢过滤装置和 PTFE 滤膜 7. 振荡器:机械手式 8. 容量瓶:10ml 及 1L 9. 移液管:1,2,17 和 20ml,带洗耳球 10. 注射器或微量移液管:10,25 和 50μl 11. 计时器:5 分钟和 20 分钟 12. 冰浴

特殊防护措施:西维因是一种胆碱酯酶抑制剂,采取预防措施以防止污染皮肤[5,6]。二氯甲烷有毒,为人类可疑致癌物,应在通风橱中操作。甲醇易燃,有毒(闪点 11℃),应在通风橱中操作。冰醋酸有腐蚀性,使用时应穿戴手套和面部防护用品

注:* 见特殊防护措施。

采样

1. 串联一个有代表性的采样管来校准个体采样泵。

2. 在 1 ~ 3L/min 流量范围内,以已知流量采集 20 ~ 400L 空气样品。

3. 采样后 1 小时之内,用镊子小心地取出滤膜以防止样品损失,并将其置于闪烁瓶中。

样品处理

注意:将样品、空白、用于测定回收率的加标样品及标准系列分成几个组(如:2 ~ 4 组),以保持分析时机相同。每组中包括试剂空白,作为参比。

4. 于放有滤膜的闪烁瓶中,加入 20ml 0.1M KOH – 甲醇溶液。

5. 振荡 5 分钟。

6. 取 2ml 样品溶液至另一闪烁瓶中。此步骤开始做试剂空白。

注意:当滤膜上的样品含量大于 1g 西维因时,开始此步骤前用 0.1M KOH – 甲醇溶液稀释样品。

7. 加入 17.0ml 冰醋酸至 2ml 样品溶液中,用带 PTFE 内衬的瓶盖盖紧闪烁瓶,振荡混均。

8. 加入 1ml 对硝基苯四氟硼酸重氮盐溶液,振荡混均,此时启动计时器计时 20 分钟。

9. 用内嵌 PTFE 滤膜的注射器将样品溶液从闪烁瓶中转移至比色皿中。从步骤 8 正好 20 分钟后,直接进行步骤 15。

注意:样品颜色会随时间而逐渐变浅,故应确保样品、空白样品、测定回收率的加标样品及标准系列的显色反应时间应相同。内嵌的 PTFE 滤膜的过滤器除去样品中的玻璃纤维(标准溶液可不进行过滤)。

标准曲线绘制与质量控制

10. 在每份样品 0.05 ~ 1.0mg 西维因范围内,配制至少 6 个浓度的标准系列,绘制标准曲线。

a. 于闪烁瓶中,加 0.1M KOH – 甲醇溶液,再加入已知量的标准储备液,制得 20ml 溶液。

b. 5 分钟后,移取 2ml 该溶液至干净的闪烁瓶中

c. 按照步骤 7 ~ 9 操作。

d. 与样品和空白一起进行分析(步骤 13 ~ 15)。

e. 以吸光度对西维因的含量(mg)绘制标准曲线。

11. 每批样品至少用 3 个空白加标样品检查回收率。

a. 用微量注射器将一定量的标准储备液注射至一个具有代表性的滤膜上。空气干燥。

b. 处理后与标准系列一起进行分析(步骤 4 ~ 9,13 ~ 15)。

c. 计算回收率[(回收量 – 空白含量)/加入量]。

12. 分析 3 个样品加标质控样和 3 个加标样品,以确保标准曲线在可控范围内。

样品测定

13. 将分光光度计设置在 475nm 波长处。

14. 向两个比色皿中加入蒸馏水,将基线调至零。

15. 以试剂空白为参比,记录样品的吸光度。

注意:测定每个小组的样品时,应配制新鲜的试剂空白,试剂空白的吸光度会随时间而变大。若样品吸光度大于 1.0,用 0.1M KOH – 甲醇溶液稀释(步骤 4),重新进行分析,计算时乘以相应的稀释倍数。

计算

16. 按下式计算空气样品中西维因的浓度 C(mg/m³):

$$C = \frac{(W - B) \times 10^3}{V}$$

式中:W——样品中西维因的含量(mg);

B——介质空白中西维因的平均含量(mg);

V——采样体积(L)。

方法评价

方法 S273[2] 发表于 1976 年 2 月 27 日,在 24℃、763mmHg、1.96 ~ 13.4mg/m³ 浓度范围内,对方法进行了验证[1]。总体精密度 $\hat{S}_{rT}$ 为 0.057,平均回收率为 102%,无明显的偏差。西维因的浓度由 Thermo Systems

粒子质量检测仪单独验证。将含15%西维因的商用西维因的甲苯溶液雾化,配制成气体。采集西维因浓度为15mg/m³的空气样品90ml,在玻璃纤维滤膜后放置气泡吸收管(吸收液为0.1M KOH-甲醇溶液),在气泡吸收管中未检测到西维因。因此,表明西维因蒸气对测定影响不大。

<h2 style="text-align:center">参考文献</h2>

[1] Documentation of NIOSH Validation Tests, S273, U.S. Department of Health, Education, and Welfare, Publ. (NIOSH) 77-185 (1977).

[2] NIOSH Manual of Analytical Methods, 2nd ed., Vol. 3, S273, U.S. Department of Health, Education, and Welfare, Publ. (NIOSH) 77-157-C (1977).

[3] User check, UBTL, Inc., NIOSH Sequence #4213-V (unpublished, August 16, 1984).

[4] User check, Kettering Laboratory, University of Cincinnati (NIOSH, unpublished, November 5, 1984).

[5] NIOSH Criteria for a Recommended Standard...Occupational Exposure to Carbaryl, U.S. Department of Health, Education, and Welfare, Publ. (NIOSH) 77-107 (1976).

[6] NIOSH Criteria for a Recommended Standard...Occupational Exposure During the Manufacture and Formulation of Pesticides, U.S. Department of Health, Education, and Welfare, Publ. (NIOSH)78-174 (July, 1978).

方法修订作者

P. Fey O'Connor, NIOSH/DPSE; S273 originally validated under NIOSH Contract 99-74-45.

<h2 style="text-align:center">鱼藤酮 5007</h2>

$C_{23}H_{22}O_6$	相对分子质量:394.43	CAS 号:83-79-4	RTECS 号:DJ2800000
方法:5007,第二次修订		方法评价情况:完全评价	第一次修订:1984.2.15 第二次修订:1994.8.15
OSHA:5mg/m³ NIOSH:5mg/m³;第Ⅱ类农药 ACGIH:5mg/m³		性质:固体;熔点163℃或181℃;沸点220℃(0.5mmHg);密度约1g/cm³;饱和蒸气压无意义	

英文名称: rotenone; tubatoxin; cube

采样	分析
采样管:滤膜(1mm PTFE 滤膜)	分析方法:高效液相色谱法(HPLC),紫外检测器(UV)
采样流量:1~4L/min	待测物:鱼藤酮
最小采样体积:8L	洗脱方法:4ml 乙腈;30 分钟
最大采样体积:400L	进样体积:10μl
运输方法:常规	流动相:60%甲醇/40%水,2ml/min
样品稳定性:至少7天,避光(25℃)	检测器:UV(290nm),满量程 0.1A;1cm 样品池
样品空白:每批样品 2~10 个样品空白	色谱柱:μ-Bondapak C_{18},30cm×3.9mm(内径),不锈钢柱,环境温度
定性样品:需要;1g	定量标准:乙腈中的鱼藤酮溶液
准确性	测定范围:每份样品 0.04~1mg
研究范围:1~11mg/m³[1](100L 样品)	估算检出限:每份样品 4μg[1,2]
偏差:-0.6%	精密度($\bar{S}_r$):0.024[1]
总体精密度($\hat{S}_{rT}$):0.079	
准确度:±13.5%	

适用范围: 采样体积为100L时,测定范围是0.4~10mg/m³,本法适用于商业制剂

干扰因素: 未确定。鱼藤酮是一种天然杀虫剂,用HPLC法能将其与其他化合物(如,异灰毛豆酚、α-灰毛豆酚、鱼藤素、毛鱼藤酮、马来鱼藤酮、灰叶素)充分分离,这些化合物存在于商业鱼藤根提取物中。鱼藤酮易光解

其他方法: 本法是方法 S300[2]的修订版

试剂	仪器
1. 乙腈:HPLC 纯 *	1. 采样管:37mm,两层式滤膜夹,内装 1μm PTFE 滤膜及衬垫
2. 甲醇:HPLC 纯	注意:在采样前后,用不透明滤膜夹或其他方式遮蔽滤膜,以减少鱼藤酮光解
3. 鱼藤酮:97% 纯	2. 个体采样泵:流量 1~4ml/min,配有连接软管。HPLC,UV 检测器,积分仪和色谱柱(方法 5007)
4. 蒸馏水:HPLC 纯	3. 溶剂解吸瓶:60ml,带 PTFE 内衬的瓶盖
5. 标准储备液:3mg/ml。称取 0.075g 鱼藤酮,溶于 25ml 乙腈溶液中。每天配制新溶液	4. 溶剂解吸瓶:4ml,带 PTFE 内衬的瓶盖
6. 回收率储备液,50mg/ml。称取 0.500g 鱼藤酮,溶于乙腈溶液中,并稀释至 10ml。每天配制新溶液	5. 注射器:5ml
	6. 过滤装置:Swinney,13mm,带 1μm PTFE 滤膜,或者 PTFE 注射过滤器
	7. 针式过滤器
	8. 容量瓶:10ml 和 25ml
	9. 微量注射器
	10. 移液管:4ml,带洗耳球

特殊防护措施:避免吸入鱼藤酮蒸气,可能刺激皮肤

注:* 见特殊防护措施。

采样

1. 串联一个有代表性的采样管来校准个体采样泵。

2. 在 1~4L/min 流量下,以已知流量采集 8~400L 空气样品。滤膜上总粉尘的增量不得超过 2mg。

3. 用带 PTFE 内衬瓶盖的玻璃溶剂解吸瓶采集 1g 定性样品,与滤膜分开运输。

样品处理

4. 打开滤膜夹,将滤膜置于溶剂解吸瓶中。

5. 加入 4.0ml 乙腈,振荡 30 分钟。

6. 用带 PTFE 针式过滤器的 5ml 注射器,或者 Swinney 过滤装置,过滤各样品。将滤液倒入 4.0ml 溶剂解吸瓶中。

标准曲线绘制与质量控制

7. 在每份样品 0.01~1mg 鱼藤酮范围内,配制至少 6 个标准系列,绘制标准曲线。

a. 于 10ml 容量瓶中,加入适量的乙腈溶液,再加入已知量的标准储备液,最后用乙腈稀释至刻度。

b. 与样品和空白一起进行分析(步骤 9,10)。

c. 以峰面积对鱼藤酮的含量(mg)绘制标准曲线。

8. 在标准曲线范围(步骤 7)内,每组样品至少分析 3 个介质空白以检查回收率。

a. 用微量注射器将回收率储备液注射至空白滤膜上,空气干燥。

b. 与标准系列一起进行分析(步骤 4~6,9,10)。

c. 计算回收率[(回收量 - 空白含量)/加入量]。

d. 以回收率对鱼藤酮的含量(mg)绘制回收率曲线。

样品测定

9. 根据仪器说明书和方法 5007 给出的条件设置液相色谱仪,进样 10μl。

注意:若峰面积超出标准曲线的线性范围,稀释后重新分析,计算时乘以相应的稀释倍数。

10. 测定峰面积。

计算

11. 根据标准曲线,计算鱼藤酮在滤膜上的含量 W(mg),介质空白中的鱼藤酮平均含量 B(mg)。

12. 按下式计算空气中鱼藤酮的浓度 C(mg/m³),采样体积为 V(L):

$$C = \frac{(W - B) \times 10^3}{V}$$

方法评价

方法 S300[2] 发表于 1979 年 5 月 11 日,在 25℃、760mmHg 下,采集浓度范围为 1.16 ~ 11.1mg/m³ 空气样品 100L 进行了验证[1,5]。总体精密度 $\hat{S}_{rT}$ 为 0.079,平均回收率为 100.4%,无明显的偏差。鱼藤酮粉尘 Ortho Rotenone Dust(1%;Chevron Chemical Co.)用分析纯的鱼藤酮(Aldrich Chemical Co.)浓缩至 10% 鱼藤酮,通过 Wright 粉尘加料器配制而成,并用二噁烷采样,HPLC 分析,验证了鱼藤酮的浓度。在每份样品 250 ~ 1000μg 鱼藤酮范围内,回收率为 0.98。PTFE 滤膜上的采样效率大于 99%,且浓度为 11.8mg/m³ 时,PTFE 滤膜后的 Chromosorb 102 管未检测到鱼藤酮(LOD = 4μg)。在室温下避光储存 7 天,滤膜上的鱼藤酮无损失。

参考文献

[1] Backup Data Report prepared under NIOSH Contract 210 – 76 – 0123, available as Order No. PB 82 – 114729 from NTIS, Springfield, VA 22161.

[2] NIOSH Manual of Analytical Methods, 2nd. ed., V. 5, S300, U.S. Department of Health, Education, and Welfare, Publ. (NIOSH) 79 – 141 (1979).

[3] Gunther, F. A., and R. G. Blinn. Analysis of Insecticides and Acaricides, 419 – 420, Interscience, NY (1955).

[4] Bushway, R. J., B. S. Engdahl, B. M. Colvin, and A. R. Hanks. J. Assoc. Official Anal. Chemists, 58, 965 (1975).

[5] NIOSH Research Report – Development and Validation of Methods for Sampling and Analysis of Workplace Toxic Substances, U.S. Department of Health and Human Services, Publ. (NIOSH) 80 – 133 (1980).

方法修订作者

Jerome Smith, Ph. D., NIOSH/DPSE; S300 originally validated under NIOSH Contract 210 – 76 – 0123.

除虫菊 5008

$C_{20}H_{28}O_3 \sim C_{22}H_{30}O_5$(表 2 – 33 – 2)	相对分子质量:316.4 – 372.4(活性成分)	CAS 号:8003 – 34 – 7	RTECS 号:UR4200000
方法:5008,第二次修订		方法评价情况:完全评价	第一次修订:1985.5.15 第二次修订:1994.8.15
OSHA:5mg/m³ NIOSH:5mg/m³;第Ⅱ类农药 ACGIH:5mg/m³		性质:黏稠状褐色树脂或固体;饱和蒸气压无意义	

英文名称:pyrethrum;活性成分包括 pyrethrin Ⅰ和Ⅱ、jasmolin Ⅰ和Ⅱ、cinerin Ⅰ和Ⅱ

采样	分析
采样管:滤膜(玻璃纤维滤膜)	分析方法:高效液相色谱法(HPLC);紫外检测器(UV)
采样流量:1 ~ 4L/min	待测物:除虫菊中的 6 种活性成分
最小采样体积:20L	洗脱方法:10ml 乙腈,放置 30 分钟
最大采样体积:400L	进样体积:25μl
运输方法:常规,定性样品分开运输	色谱柱:C_{18} 反相色谱柱,10μm 填料,25 ~ 30cm
样品稳定性:至少 1 周(25℃)[1]	流动相:85% 乙腈/ 15% 水,等度洗脱,1.0ml/min,室温,2800kPa(400 psi)
样品空白:每批样品 2 ~ 10 个样品空白	检测器:UV 吸收(225nm)
	定量标准:乙腈中的除虫菊溶液
准确性	测定范围:每份样品 0.1 ~ 1.8mg
研究范围:1.4 ~ 8.5mg/m³(132L 样品)[1]	估算检出限:每份样品 0.01mg
偏差: – 4.5%	精密度($\bar{S}_r$):0.040[1]
总体精密度($\hat{S}_{rT}$):0.070[1]	
准确度:±13.8%	

续表

适用范围: 采样体积为200L时,测定范围为0.5~10mg/m³

干扰因素: 尚未研究特定的干扰因素。用质谱法或气液色谱法(配电子捕获检测器)进行定性分析[1]

其他方法: 本法是方法S298[2]的修订版。对于定性样品,推荐使用气-液色谱法(配电子捕获检测器)进行分析[3]。一个改进的HPLC方法(C₈色谱柱,流动相:甲醇/水或乙腈,等度洗脱)已被使用[4]

试剂	仪器
1. 除虫菊*:分析标准溶液(McLaughlin Gorml ey King Co., Minneapolis, MN; Chem Service, Inc., West Chester, PA,或其他供应商) 注意:避光储存。除虫菊中的活性成分可在空气中氧化、光解 2. 乙腈:HPLC纯* 3. 水:HPLC纯 4. 异丙醇 5. 标准储备液*:60mg/ml,异丙醇为溶剂	1. 采样管:37mm玻璃纤维滤膜和纤维素衬垫,用胶带或收缩带固定,置于滤膜夹中 2. 个体采样泵:流量1~4L/min,配有连接软管 3. 高效液相色谱仪:225nm紫外检测器,积分仪和色谱柱(方法5008) 4. 溶剂解吸瓶:玻璃,60ml,带聚四氟乙烯内衬的螺纹瓶盖 5. 镊子 6. 移液管:TD,10ml,带洗耳球 7. 容量瓶:10ml 8. 注射器:10ml,带有针式过滤器 9. 注射器或移液管:5~100μl

特殊防护措施: 乙腈和除虫菊溶液有毒且易燃,应使用手套、护目镜和其他适当的防护用品,以防止眼睛接触或反复、长时间的皮肤接触[5]。如果发生接触,清洗皮肤、更换衣服。在通风橱中进行操作,远离火源

注:* 见特殊防护措施。

采样

1. 串联一个有代表性的采样管来校准个体采样泵。

2. 在1~4L/min范围内,以已知流量采集20~400L空气样品。

样品处理

3. 用镊子将滤膜小心移至溶剂解吸瓶中。

4. 加入10.0ml乙腈。密封并轻轻旋转溶剂解吸瓶,润湿滤膜。静置30分钟,不时涡旋。

5. 用针式过滤器过滤样品溶液。

标准曲线绘制与质量控制

6. 在每份样品0.01~1.8mg除虫菊的范围内,配制至少6个标准系列,绘制标准曲线。

a. 于10ml容量瓶中,加入适量的乙腈,再加入已知量的标准储备液或其稀释液,最后用乙腈稀释至刻度。

b. 与样品和空白一起进行分析(步骤9~11)。

c. 以峰面积对每10ml溶液中除虫菊的含量(mg)绘制标准曲线。

7. 在样品浓度范围内,每批滤膜至少测定一次回收率(R)。选择5个不同浓度,每个浓度测定3个滤膜。另测定3个空白滤膜。

a. 将已知量的标准储备液或其稀释液沉积至滤膜上。将滤膜放置空气中干燥。

b. 将样品储存在溶剂解吸瓶中,过夜。

c. 处理后(步骤4,5)与标准系列一起进行分析(步骤9~11)

d. 以回收率对除虫菊回收量(mg)绘制回收率曲线。

8. 分析3个样品加标质控样和3个加标样品,以确保标准曲线和回收率曲线在可控范围内。

样品测定

9. 根据仪器说明书和方法5008给出的条件设置液相色谱仪。

10. 使用注射器、定量环或自动进样器进样。

11. 测定峰面积。

注意:除虫菊是至少6种成分的混合物,这些成分可洗脱出两个主峰(在此条件下,t_r=5~7分钟)。经质谱分析,小峰不是除虫菊的峰。这些成分可用气相色谱仪分离[1,4]。

计算

12. 按下式计算空气中除虫菊的浓度 $C(mg/m^3)$：

$$C = \frac{(W - B) \times 10^3}{V}$$

式中：W——样品滤膜上除虫菊的含量(mg)；

B——空白滤膜上除虫菊的平均含量(mg)；

V——采样体积(L)。

注意：上式中除虫菊的含量已用回收率校正。

方法评价

方法 S298[2]发表于 1979 年 8 月 3 日，在 1.4 ~ 8.5mg/m³ 范围内，使用 Premium Pyrocide 175(McLaughlin Gorml ey King Co.)发生的气体对方法进行了验证[1]。用 GC/MS 对标准系列和采集的滤膜样品进行了分析。对加标滤膜和碳氢化合物溶液雾化发生的气体进行了实验室测试；用 PTFE 滤膜/异辛烷气泡吸收管采样，用气相色谱仪(配电子捕获检测器)分析(经质谱分析确定气泡吸收管中不存在除虫菊)，验证了发生气浓度。从发生气中采集含 0.7mg 除虫菊的样品，在环境条件下储存 7 天，平均回收率为 98.2%。以 1L/min 流量采集浓度为 9mg/m³ 的气体 120L，采样效率为 99.7%。精密度和准确度见方法 5008。

<h2 align="center">参考文献</h2>

[1] Backup Data Report, S298 (NIOSH, unpublished, August 3, 1979).

[2] NIOSH Manual of Analytical Methods, 2nd. ed., V. 6, S298, U. S. Department of Health and Human Services, Publ. (NIOSH) 80 − 125 (1980).

[3] Changes in Official Methods of Analysis, J. Assoc. Off. Anal. Chem., 65, 455 − 456 (1982).

[4] UBTL, Inc., NIOSH Sequence Reports 3481 − J (unpublished, August 30, 1982) and 4151 − J (unpublished, November 3, 1983).

[5] NIOSH/OSHA Occupational Health Guidelines for Chemical Hazards, U. S. Department of Health and Human Services, Publ. (NIOSH) 81 − 123 (1981), available as GPO Stock #017 − 033 − 00337 − 8 from Superintendent of Documents, Washington, DC 20402.

方法作者

James E. Arnold, NIOSH/DPSE.

表 2 − 33 − 2 除虫菊的活性成分

化合物	分子式	相对分子质量	CAS 号
瓜菊酯 I	$C_{20}H_{28}O_3$	316.44	25402 − 06 − 6
瓜菊酯 II	$C_{21}H_{28}O_5$	260.45	—
茉莉菊酯 I	$C_{21}H_{30}O_3$	330.47	—
茉莉菊酯 II	$C_{22}H_{30}O_5$	374.48	—
除虫菊酯 I	$C_{21}H_{28}O_3$	328.45	121 − 21 − 1
除虫菊酯 II	$C_{22}H_{28}O_5$	372.46	121 − 29 − 9

苯硫磷 5012

$C_{14}H_{14}NO_4PS$	相对分子质量:323.31	CAS 号:2104 - 64 - 5	RTECS 号:TB1925000
方法:5012,第二次修订		方法评价情况:完全评价	第一次修订:1989.5.15 第二次修订:1994.8.15
OSHA:0.5mg/m³(皮) NIOSH:0.5mg/m³(皮);第 I 类农药 ACGIH:0.5mg/m³(皮)		性质:固体;熔点 36℃;密度 1.268g/cm³(25℃);饱和蒸气压 0.04Pa (0.0003mmHg,5mg/m³)(100℃)	

英文名称: EPN;phenylphosphonothioic acid O – ethyl – O,p – nitrophenyl ester

采样	分析
采样管:滤膜(玻璃纤维滤膜)	分析方法:气相色谱法,火焰光度检测器
采样流量:1~2L/min	待测物:苯硫磷
最小采样体积:15L(在 0.5mg/m³ 条件下)	洗脱方法:15ml 异辛烷
最大采样体积:700L	进样体积:5μl
现场处理:采样 1 小时内转移滤膜至溶剂解吸瓶中	气化室温度:215℃
运输方法:放在溶剂解吸瓶中运输	检测器温度:215℃
样品稳定性:至少 7 天(25℃)	柱温:205℃
	载气:氮气或者氦气,60ml/min
准确性	色谱柱:玻璃柱,2m×6mm;填充 100~120 目 Gas Chrom Q,其上涂渍 3%
研究范围:0.3~1.2mg/m³[1](120L 样品)	OV – 1
偏差:0%	定量标准:异辛烷中苯硫磷的溶液
总体精密度($\hat{S}_{rT}$):0.06[1,2]	测定范围:每份样品 6~170μg
准确度:±11.4%	检出限:每份样品 2ng[1]
	精密度($\bar{S}_r$):0.04[1]

适用范围: 采样体积为 120L 时, EPN 的测定范围是 0.05~1.5mg/m³。马拉硫磷和对硫磷已用本法进行了检测

干扰因素: 未确定

其他方法: 本法取代了方法 S285[2]。Hill 和 Amold[3] 的方法亦可用于分析农药。方法 5600 是另一种分析有机磷农药的方法

试剂	仪器
1. 苯硫磷*	1. 采样管:玻璃纤维滤膜(Gelman Type AE 或等效产品),37mm,由衬垫支撑,置于两层式聚苯乙烯滤膜夹中
2. 异辛烷:色谱纯*	2. 个体采样泵:配有连接软管,流量 1~2L/min
3. 标准储备液:15mg/ml 异辛烷(每天现制) 注意:4μl 此溶液含 0.06mg EPN,相当于在 OSHA PEL 下的 120L 空气样品	3. 气相色谱仪:带柱旁通阀,火焰光度检测器,磷滤光片,积分仪与色谱柱(方法 5012)
4. 氮气:高纯	4. 溶剂解吸瓶:20ml,玻璃,带 PTFE 内衬垫的瓶盖
5. 氢气:净化	5. 注射器:10μl,精确至 0.1μl
6. 氧气:净化	6. 容量瓶:10ml
7. 空气:过滤	7. 移液管:15ml,带洗耳球
	8. 镊子

特殊防护措施: EPN 是剧毒的胆碱酯酶抑制剂,并具有累积效应[4,5]。使用时必须采取一定措施,避免吸入或皮肤接触。异辛烷易燃。所有样品操作均应在通风橱中进行

注:＊见特殊防护措施。

采样

1. 串联一个有代表性的采样管来校准个体采样泵。

2. 在 1~2L/min 范围内,以已知流量采集 15~700L 空气样品。在滤膜上总粉尘的增量不得超过 2mg。

3. 采样后 1 小时之内,用镊子转移玻璃纤维滤膜至干净的 20ml 溶剂解吸瓶中。

样品处理

4. 移取 15ml 异辛烷，加入各溶剂解吸瓶中，盖上瓶盖并涡旋 1 小时。

标准曲线绘制与质量控制

5. 在方法的测定范围内，用异辛烷将一定量的标准储备液稀释至 15ml，配制 6 至少个标准系列。

a. 按照步骤 7~9，将标准系列与样品、空白及加标质样一起进行分析。标准系列重复测定 3 次。

b. 以峰面积或者峰高对 EPN 的含量(μg)绘制标准曲线。

6. 每批样品测定一次回收率，重复测定两次。

a. 将空白滤膜置于干净的 20ml 溶剂解吸瓶中。

b. 用微量注射器将已知量的标准储备液直接注射至滤膜上。

c. 盖上瓶盖并放置过夜。

d. 按照步骤 4,7~9 分析。

e. 计算回收率(滤膜上的 EPN 测定量除以加至滤膜上的 EPN 量)。

样品测定

7. 根据方法 5012 给出的条件设置气相色谱仪，根据仪器说明书优化空气、氢气和氧气流量。

8. 使用溶剂冲洗技术进样 5μl。

a. 进样时，打开柱内管阀以排出溶剂峰，在溶剂峰流出后(约 30 秒)和待测物流出前，关闭内管阀。

b. 重复进样样品与标准。

9. 测定峰面积或者峰高。

计算

10. 根据标准曲线计算样品滤膜中、空白滤膜介质中 EPN 的含量(μg)。

11. 按下式计算空气中 EPN 的浓度 C(mg/m³)：

$$C = \frac{(W - B)}{V}$$

式中：W ——样品滤膜中 EPN 的含量(μg)；

　　B——空白滤膜介质中 EPN 的平均含量(μg)；

　　V ——采样体积(L)。

方法评价

EPN 测定方法 S285 发表于 1976 年 4 月 26 日[2]。用发生的 0.5,1 和 2 倍 OSHA 标准限值的 EPN 空气样品，测定了精密度及偏差[1,6]。用 Trion－6 EPN(Wilbur Ellis Co.)发生测试空气样品。所有的样品采集和回收率测定的研究均用 Gelman Type AE 玻璃纤维滤膜。测得玻璃纤维滤膜的采样效率为 1.0，沉积于玻璃纤维滤膜上的 EPN 因汽化而损失的量可忽略不计[4]。在滤膜上加标 EPN 溶液，在 25℃ 储存 7 天，可获得定量的回收率。

参考文献

[1] Documentation of the NIOSH Validation Tests, S285, U. S. Dept. Health, Education, and Welfare, Publ. (NIOSH) 77－185 (1977).

[2] NIOSH Manual of Analytical Methods, 2nd. ed., V. 3, S285, U. S. Dept. Health, Education, and Welfare, Publ. (NIOSH) 77－157－C (1977).

[3] Hill, Robert H., Jr. and James E. Arnold. A Personal Air Sampler for Pesticides, Arch. Environ. Contam. Toxicol., 8, 621－628 (1979).

[4] Criteria for a Recommended Standard. . . Occupational Exposure During the Manufacture and Formulation of Pesticides, U. S. Dept. Health, Education, and Welfare, Publ. (NIOSH) 78－174 (1978).

[5] NIOSH/OSHA Occupational Safety and Health Guidelines for Chemical Hazards, U. S. Department of Health and Human Services, Publ. (NIOSH) 81－123 (1981), available as GPO Stock #017－033－00337－8 from Superintendent of Documents, Washington, D. C. 20402.

[6] NIOSH Research Report－Development and Validation of Methods for Sampling and Analysis of Workplace Toxic Sub-

stances, U. S. Department of Health and Human Services, Publ. (NIOSH) 80 – 133 (1980).

方法作者

Paula Fey O'Connor, NIOSH/DPSE; Method S285 originally validated under NIOSH Contract CDC 99 – 74 – 45.

士 的 宁 5016

$C_{21}H_{22}N_2O_2$	相对分子质量:334.42	CAS 号:57 – 24 – 9	RTECS 号:WL2275000
方法:5016,第二次修订		方法评价情况:完全评价	第一次修订:1985.5.15 第二次修订:1994.8.15
OSHA:0.15mg/m³ NIOSH:0.15mg/m³/10h;第 I 类农药 ACGIH:0.15mg/m³		性质:固体;熔点 268℃;饱和蒸气压无意义	

英文名称:strychnidine, strychnidin – 10 – one

采样	分析
采样管:滤膜(玻璃纤维滤膜,37mm) 采样流量:1~3L/min 最小采样体积:70L(在 0.15mg/m³ 下) 最大采样体积:1000L 运输方法:常规 样品稳定性:至少 7 天(25℃)[1] 样品空白:每批样品 2~10 个样品空白	分析方法:高效液相色谱法(HPLC);紫外检测器(UV) 待测物:士的宁 解吸方法:5ml 流动相 进样体积:20μl 色谱柱:25cm×4.2mm(内径),μBondpack C18,10μm 粒径 流动相:1 – 庚烷磺酸水溶液 + CH₃CN;pH 3.5;室温下 1ml/min 检测器:紫外检测器(254nm) 定量标准:流动相中的士的宁溶液 测定范围:每份样品 10~70μg 估算检出限:每份样品 0.8μg[1,2] 精密度($\bar{S}_r$):0.042(每份样品 13~62μg)[1]

准确性	
研究范围:0.073~0.34mg/m³(180L 样品)[3] 偏差:4.4% 总体精密度($\hat{S}_{rT}$):0.059[1] 准确度:±14.6%	

适用范围:采样体积为 200L 时,测定范围为 0.05~10mg/m³

干扰因素:未知

其他方法:本法是方法 S302[2] 的修订版

试剂	仪器
1. 士的宁:98% * 2. 乙腈:色谱纯 3. 水:色谱纯 4. 乙腈:水 = 1:1(v/v)。将等体积的乙腈与蒸馏水混合 5. 冰乙酸 * 6. 乙酸:0.01N。用蒸馏水稀释 0.6ml 冰乙酸至 1L 7. 1 – 庚烷磺酸钠:95% 8. 标准储备液:1mg/ml。将士的宁溶于 0.01N 乙酸中,用超声帮助溶解 9. 流动相:将 1.1014g 1 – 庚烷磺酸钠溶于 980ml 1:1 乙腈:水中。用冰乙酸调节 pH 至 3.5。用 1:1 乙腈:水稀释至 1L。用 0.45μm PTFE 滤膜过滤,冷藏。每周配制,如出现白雾,需重配	1. 采样管:玻璃纤维滤膜,37mm 直径,置于滤膜夹中 2. 个体采样泵:流量 1~3L/min,配有连接软管 3. 高效液相色谱仪:254nm 紫外吸收检测器,记录仪,积分仪和色谱柱(方法 5016) 4. 针式过滤器:聚丙烯外壳,尼龙膜,0.2μm 孔径 5. 注射器:20μl 6. 微量移液管或注射器:10~100μl 7. 溶剂解吸瓶:玻璃带聚四氟乙烯内衬的螺纹盖 8. 容量瓶:玻璃,10ml 9. 移液管:5ml,TD,带洗耳球 10. 镊子 11. 超声波清洗器

特殊防护措施:士的宁是一种烈性的惊厥剂。处理士的宁时,穿戴防渗透工作服、手套和面罩[3,4]。乙酸可导致严重烧伤,使用乙酸时避免皮肤接触

注:* 见特殊防护措施。

采样

1. 串联一个有代表性的采样管来校准个体采样泵。

2. 在 1~3L/min 范围内,以已知流量采集 70~1000L 空气样品。

样品处理

3. 用镊子小心地将滤膜移至溶剂解吸瓶中。

4. 加入 5.0ml 流动相。密封并轻轻旋转溶剂解吸瓶,使滤膜浸湿。

5. 用针式过滤器过滤样品溶液。

标准曲线绘制与质量控制

6. 在每份样品 1~70μg(0.2~14μg/ml) 士的宁的范围内,配制至少 6 个标准系列,绘制标准曲线。

a. 于 10ml 容量瓶中,加入适量的流动相,再加入已知量的标准储备液,最后用流动相稀释至刻度。

b. 与样品和空白一起进行分析(步骤 9~11)。

c. 以峰面积对士的宁含量(μg)绘制标准曲线。

7. 每批滤膜至少测定一次回收率(R)。在标准曲线范围内,选择 5 个不同浓度,每个浓度测定 3 个滤膜。另测定 3 个空白滤膜。

a. 将已知量的标准储备液加至滤膜上。将滤膜放置空气中干燥。

b. 样品储存于溶剂解吸瓶中,过夜。

c. 处理(步骤 3~5)后与标准系列一起进行分析(步骤 9~11)。

d. 以回收率对士的宁回收量(μg)绘制回收率曲线。

8. 分析 3 个样品加标质控样和 3 个加标样品,以确保标准曲线和回收率曲线在可控范围内。

样品测定

9. 根据仪器说明书和方法 5016 给出的条件设置高效液相色谱仪。

10. 使用注射器、定量环或自动进样器进样。

11. 测定峰面积。

计算

12. 测定样品中士的宁的含量 W(μg)(用 R 校正)和介质空白中士的宁的平均含量 B(μg)。

13. 按下式计算空气中士的宁的浓度 C(mg/m³),采样体积为 V(L):

$$C = \frac{W - B}{V}$$

方法评价

方法 S302 发表于 1978 年 2 月 17 日[2],在 0.073~0.34mg/m³ 范围内、180L 采样体积的条件下,方法 S302 已经过评价。总体精密度为 0.059,平均回收率为 100.9%,无明显的偏差。使用 254nm 的紫外分光光度计对滤膜样品中士的宁的浓度进行了验证。在每份样品 13.5~54.1μg 范围内,回收率为 0.98。浓度为 0.15μg/ml,采样体积为 180L 时,经测定采样效率至少为 98.8%。在室温下,储存 1 天的样品平均回收率为 105%,储存 7 天的样品回收率为 98.8%。

由于研究回收率和稳定性的滤膜样品用士的宁-乙酸配制,而不是用的士宁的游离碱配制,因此,的士宁游离碱的回收率和其样品的稳定性未知。

参考文献

[1] Back-up Data Report for Strychnine, NIOSH Contract No. 210-76-0123, available as "Ten NIOSH analytical Methods," Order Nol PB288-629 from NTIS, Springfield, VA 22161.

[2] NIOSH Manual of Analytical Methods, 2nd ed., Vol. 5, S302, U.S. Department of Health, Education, and Welfare, Publ. (NIOSH) 79-141 (1979).

[3] Criteria for a Recommended Standard... Occupational Exposure During the Manufacture and Formulation of Pesticides, U. S. Department of Health, Education, and Welfare, Publ. (NIOSH) 78-174 (1978), available as PB81-227001 from NTIS, Springfield, VA 22161.

[4] NIOSH/OSHA Occupational Health Guidelines for Chemical Hazards, U. S. Department of health and Human Services, Publ. (NIOSH) 81 – 123 (1981), available as GPO Stock #017 – 033 – 00337 – 8 from Superintendent of Documents, Washington, D. C. 20402.

[5] NIOSH Research Report – Development and Validation of Methods for Sampling and analysis of Workplace and Toxic Substances, U. S. Department of Health and Human Services, Publ. (NIOSH) 80 – 133 (1980).

方法作者

M. J. Seymour, NIOSH/DPSE.

八氯莰烯 5039

$C_{10}H_{10}C_{l8}$(平均)	相对分子质量:414(平均)	CAS 号:8001 – 35 – 2	RTECS 号:XW5250000
方法:5039,第一次修订		方法评价情况:部分评价	第一次修订:1994.8.15

OSHA:0.5mg/m³(皮) NIOSH:可行的最低浓度(皮),致癌物,第Ⅰ类农药 ACGIH:0.5mg/m³(皮);STEL 1mg/m³(皮) (常温常压下,1ppm = 16.9mg/m³)	性质:固体;熔点 70~95℃;沸点(760mmHg)分解;比重 1.63;饱和蒸气压 0.03~0.05kPa(0.2~0.4mmHg)(20℃)

英文名称:chlorinated camphene; toxaphene

采样	分析
采样管:滤膜(0.8μm 纤维素酯滤膜)	分析方法:气相色谱法,^{63}Ni 电子捕获检测器
采样流量:0.2~1L/min	待测物:八氯莰烯
最小采样体积:2L(在 0.5mg/m³ 下)	洗脱方法:10ml 石油醚
最大采样体积:30L	进样体积:5μl
运输方法:将滤膜和衬垫置于一个带螺纹瓶盖的溶剂解吸瓶中,与定性样品分开运输	气化室温度:230℃
	检测器温度:250℃
样品稳定性:未测定	柱温:205℃
样品空白:每批样品 2~10 个样品空白	载气:氮气,50ml/min
准确性	色谱柱:玻璃柱,1.8m×6mm(外径);填充 100~120 目 Gas Chrom Q,其上涂渍 3% OV – 1
研究范围:0.225~1.16mg/m³[1](15L 样品)	定量标准:石油醚中的八氯莰烯溶液
偏差:未测定	测定范围:每份样品 0.7~14μg[1]
总体精密度($\hat{S}_{rT}$):0.076[1]	估算检出限:每份样品 0.14μg[1]
准确度:未测定	精密度($\bar{S}_r$):0.024(每份样品 3~14μg)[1]

适用范围:采样体积为 15L 时,测定范围是 0.05~1.5mg/m³

干扰因素:保留时间在八氯莰烯保留时间范围内的其他农药,如艾氏剂、对硫磷、狄氏剂、DDT 及其代谢物和多氯联苯等

其他方法:本法是方法 S67[2] 的修订版,空气中的八氯莰烯用 Cheomosorb 102 采集,回收率满足要求[3]

试剂	仪器
1. 八氯莰烯*(毒杀芬)	1. 滤膜:37mm 纤维素酯滤膜(孔径 0.8μm),纤维素衬垫,置于三层式滤膜夹中,不能用 tenite 滤膜夹
2. 石油醚*:30~60℃,用于分析农药残留物	2. 个体采样泵:配有连接软管,流量 0.2~1L/min
3. 氮气:高纯	3. 气相色谱仪:^{63}Ni 电子捕获检测器,积分仪和色谱柱(方法 5039)
4. 标准储备液:0.1mg/ml。将 5mg 待测物溶于 50ml 石油醚中	4. 溶剂解吸瓶:20ml,带聚四氟乙烯内衬的螺纹瓶盖,用于运输滤膜和衬垫
	5. 注射器:10μl,及更大规格的注射器,用于配制标准溶液
	6. 移液管:10ml
	7. 容量瓶:10ml
	8. 镊子:不锈钢

特殊防护措施:石油醚极易燃。标准溶液的配制和样品处理应在通风橱里进行。过度接触八氯莰烯可能会导致恶心、精神错乱和昏迷,接触八氯莰烯溶液可能会引起皮肤过敏

注:*见特殊防护措施。

采样

1. 串联一个有代表性的采样管来校准个体采样泵。

2. 在 0.2~1L/min 范围内,以已知流量采集 2~30L 空气样品。

3. 用镊子夹取滤膜和衬垫,转移至带螺纹瓶盖的溶剂解吸瓶中。

样品处理

4. 移取 10ml 石油醚至溶剂解吸瓶中,密封。

5. 轻摇溶剂解吸瓶,以湿润衬垫,洗脱 30 分钟。

标准曲线绘制与质量控制

6. 配制至少 6 个浓度的标准系列,绘制标准曲线。

a. 于 10ml 容量瓶中,加入适量的石油醚,再加入已知量的标准储备液,最后用石油醚稀释至刻度,使八氯莰烯的浓度在 0.14~14μg/10ml 范围内。

b. 与样品和空白一起进行分析(步骤 9,10)。

c. 以保留时间范围内峰面积的总和对八氯莰烯含量(mg)绘制标准曲线。

7. 每批滤膜至少测定一次回收率(R)。在标准曲线范围内,选择 5 个不同浓度,每个浓度测定 3 个样品。另测定 3 个空白滤膜。

a. 将已知量的标准储备液沉积在滤膜上,放在空气中干燥。

b. 将样品放于溶剂解吸瓶中,放置过夜。

c. 洗脱后(步骤 4~5)与样品一起进行分析(步骤 11,12)。

d. 以回收率对八氯莰烯回收量(μg)绘制回收率曲线。

8. 分析 3 个样品加标质控样和 3 个加标样品,以确保标准曲线和回收率曲线在可控范围内。

样品测定

9. 根据仪器说明书和方法 5039 给出的条件设置气相色谱仪。使用溶剂冲洗技术手动进样或自动进样器进样,进样体积 5μl。

注意:若峰面积超出标准曲线的线性范围,稀释样品溶液或标准系列后重新分析,计算时乘以相应的稀释倍数。

10. 用定性样品确定保留时间范围。将保留时间范围内的峰面积加和。

计算

11. 按下式计算空气中八氯莰烯的浓度 C(mg/m³):

$$C = \frac{(W - B) \times 10^3}{V}$$

式中:W—— 样品滤膜上八氯莰烯的含量(mg);

　　B —— 空白滤膜上八氯莰烯的平均含量(mg);

　　V —— 采样体积(L)。

注意:式中八氯莰烯的含量已用回收率校正。

方法评价

在 22℃、761mmHg、0.22~1.2mg/m³ 浓度范围、15L 采样体积的条件下,本法已经过评价[1]。未使用其他参考方法。在极限浓度 1.3mg/m³ 下采集 30L 的样品,滤膜的采样效率为 1.0。在每份样品 0.7~14μg 八氯莰烯的范围内,纤维素酯滤膜的平均回收率为 91%~98%。对于滤膜上八氯莰烯含量为 0.7μg 的样品,若需在室温下储存 1 天,不宜放于滤膜夹中存放。

参考文献

[1] Documentation of the NIOSH Validation Tests, S67, U. S. Department of Health, Education, and Welfare, Publ. (NIOSH) 77 – 185 (1977), available as Stock No. PB 274 – 248 from NTIS, Springfield, VA 22161.

[2] NIOSH Manual of Analytical Methods, 2nd. ed., V. 2, S67, U. S. Department of Health, Education, and Welfare, Publ. (NIOSH) 77 – 157 – B (1977).

[3] Thomas, Thomas C.; Nishioka, Yoshimi A., "Sampling of Airborne Pesticides using Chromosorb 102," Bull. Environ. Contam. Toxicol., 35(4), 460–5 (1985).

[4] NIOSH/OSHA Occupational Health Guidelines for Chemical Hazards, U. S. Department of Health and Human Services, Publ. (NIOSH) 81–123 (1981), available as Stock No. PB 83–154609 from NTIS, Springfield, VA 22161.

方法作者

James E. Arnold, NIOSH/DPSE; Method S67 originally developed under NIOSH Contract CDC – 99 – 74 – 45.

艾氏剂 5502ALD

$C_{12}H_8Cl_6$	相对分子质量:364.93	CAS 号:309 – 00 – 2	RTECS 号:IO2100000
方法:5502,第二次修订		方法评价情况:完全评价	第一次修订:1984.2.15 第二次修订:1994.8.15
OSHA:0.25mg/m³(皮) NIOSH:0.25mg/m³(皮)致癌物,第 I 类农药 ACGIH:0.25mg/m³(皮)		性质:固体,熔点 104℃;饱和蒸气压 0.008Pa(6×10^{-6}mmHg,0.12mg/m³)(20℃)	

英文名称:aldrin; octalene; aldrite; aldrosol; HHDN

采样

采样管:滤膜 + 气泡吸收管(玻璃纤维滤膜 + 15ml 异辛烷)

采样流量:0.2 ~ 1L/min

最小采样体积:18L(在 0.25mg/m³ 下)

最大采样体积:240L

运输方法:将气泡吸收管中的溶液和滤膜放入闪烁瓶中

样品稳定性:至少 1 周(25℃)

样品空白:每批样品 2 ~ 10 个样品空白

准确性

研究范围:0.15 ~ 0.5mg/m³[1]

偏差:– 0.44%

总体精密度($\hat{S}_{rT}$):0.092[1]

准确度:±16.9%

分析

分析方法:气相色谱法,电导检测器

待测物:艾氏剂或林丹

滤膜洗脱溶剂:异辛烷

进样体积:15μl

炉温:750 ~ 770℃

传输管温度:225℃

出口温度:205 ~ 260℃

柱温:160 ~ 190℃

氢气(炉):150 ~ 160ml/min

氮气(载气):140ml/min

色谱柱:玻璃柱,1.2m × 3mm(外径);80 ~ 10 目酸洗 DMCS Chromosorb W,其上涂渍 5% SE – 30 或等效色谱柱

定量标准:异辛烷中的待测物标准溶液

测定范围:每份样品 5 ~ 135μg

估算检出限:每份样品 3μg

精密度($\bar{S}_r$):0.012[1]

适用范围:采样体积为 90L 时,测定范围为 0.05 ~ 1.5mg/m³。异辛烷易挥发,应经常向气泡吸收管中加入异辛烷

干扰因素:未确定

其他方法:本法是方法 S275[2] 和方法 S290[2] 的综合与替代版。林丹也可用滤膜 – 固体吸附剂串联采样[3]

试剂

1. 艾氏剂:试剂级
2. 林丹:试剂级
3. 异辛烷:色谱纯
　注意:样品采集时使用
4. 苯:试剂级
5. 标准储备液:10mg/ml。精确称量 0.1g 艾氏剂或林丹溶于 1:5(v:v)苯:异辛烷中,稀释至 10ml,至少可保存 1 周
6. 氢气:净化
7. 氮气:高纯

仪器

1. 采样管:玻璃纤维滤膜,无有机黏合剂(如 Gelman Type A/E),37mm,放入两节式滤膜夹中,无衬垫,后面串联一个小型气泡吸收管,内装 15ml 吸收液
　注意:a. 不能使用 Tenite 材质的滤膜夹
　　　　 b. 玻璃管,5cm × 6mm(内径),在气泡吸收管出口和个体采样泵入口之间装填玻璃棉以避免溶液飞溅或冷凝
2. 个体采样泵:配有连接软管,流量为 0.2 ~ 1L/min
3. 溶剂解吸瓶:带聚四氟乙烯内衬的瓶盖,15ml
4. 气相色谱仪:电导检测器,石英还原炉,在线排气,积分仪和色谱柱(方法 5502)
5. 注射器:5,10,25μl,用于标准溶液的配制及 GC 进样
6. 容量瓶
7. 移液管:带洗耳球
8. 镊子

特殊防护措施:苯是可疑致癌物,操作应在通风橱中进行。艾氏剂和林丹有毒,可通过皮肤吸收[4]

注:＊见特殊防护措施。

采样

1. 串联一个有代表性的采样管来校准个体采样泵。

2. 加入 15ml 异辛烷至气泡吸收管中。

3. 在 0.2 ~ 1L/min 范围内（如 0.5L/min 采集 1 ~ 6 小时），以已知流量采集 18 ~ 240L 空气样品。

注意：每隔 15 分钟检查一次气泡吸收管中吸收液的液面。确保采样过程中异辛烷保持在 10 ~ 15ml，采样结束后体积约为 10ml。

4. 取下气泡吸收管内管，轻敲吸收管内壁，使内管中的溶液全部转移至吸收管内。

5. 将气泡吸收管中的溶液转移至溶剂解吸瓶，用 2ml 异辛烷冲洗气泡吸收管内壁，洗涤液加入溶剂解吸瓶。

6. 用镊子将玻璃纤维滤膜转移至同一溶剂解吸瓶中。

7. 盖上溶剂解吸瓶，包装后小心运输。

样品处理

8. 调节样品溶液体积至 15ml。

标准曲线绘制与质量控制

9. 在 3 ~ 135μg 范围内，配制至少 6 个浓度的艾氏剂或林丹标准系列，绘制标准曲线。

a. 将溶剂解吸瓶中加入 15ml 异辛烷，再加入已知量的标准储备液。

b. 与样品和空白一起进行分析（步骤 10 ~ 13）。

c. 以峰面积对艾氏剂或林丹的含量（μg）绘制标准曲线。

样品测定

10. 根据仪器说明书和方法 5502 中给出的条件设置气相色谱仪。

11. 将闪烁瓶中的溶液充分混匀。

12. 使用溶剂冲洗技术手动进样或自动进样器进样 15μl。

注意：进样后 20 秒内打开排气阀，以防止进入炉中的溶剂产生信号峰。

13. 测定峰面积。

计算

14. 按下式计算空气中艾氏剂或林丹的浓度 C（mg/m³）：

$$C = \frac{W - B}{V}$$

式中：W——样品（滤膜和气泡吸收管）中艾氏剂或林丹的含量（μg）；

　　　B——空白（滤膜和气泡吸收管）中艾氏剂或林丹的含量（μg）；

　　　V ——采样体积（L）。

方法评价

方法 S275（艾氏剂）和方法 S290（林丹）分别发表于 1976 年 2 月 27 日和 1976 年 3 月 26 日[2]，测试气体使用艾氏剂浓缩乳液、Ortho – Lindane Borer 和 Leaf Miner Spray，在 25℃、760mmHg 压力下的干燥空气中配制[1]。两种物质在每份样品 22 ~ 90μg 范围内的采样效率和解吸收率均为 1.00。采过样的滤膜立即用异辛烷洗脱，室温下储存 1 周后的回收效率分别为 103% 和 102%，艾氏剂和林丹的总体精密度分别为 0.092 和 0.086，两种物质均无明显的偏差。

参考文献

[1] Documentation of the NIOSH Validation Tests, S275 and S290, U. S. Department of Health, Education, and Welfare, Publ. (NIOSH) 77 – 185 (1977).

[2] NIOSH Manual of Analytical Methods, V. 3, S275 and S290, U. S. Department of Health, Education, and Welfare, Publ. (NIOSH) 77 – 157 – C (1977).

[3] Hill, R. H. and J. E. Arnold. Arch. Environ. Contam. Toxicol. , 8, 621 – 628 (1979).

[4] Criteria for a Recommended Standard. . . Occupational Exposure During the Manufacture and Formulation of Pesticides, U.

S. Department of Health, Education, and Welfare, Publ. (NIOSH) 78 – 174 (1978).

方法作者

Gangadhar Choudhary, Ph. D., ATSDR；S275 and S290 Originally Validated under NIOSH Contract CDC – 99 – 74 – 45.

林丹 5502LIND

（过程详见艾氏剂，方法5502）

$C_6H_6Cl_6$	相对分子质量:290.82	CAS 号:58 – 89 – 9	RTECS 号:GV4900000
方法:5502,第二次修订		方法评价情况:完全评价	第一次修订:1984.2.15 第二次修订:1994.8.15
OSHA:0.5mg/m³（皮） NIOSH:0.5mg/m³（皮） ACGIH:0.5mg/m³（皮）		性质:固体,熔点112.5℃;饱和蒸气压0.0013Pa（9.4 × 10⁻⁶ mmHg, 0.15mg/m³）（20℃）	

英文名称:lindane; gamma – hexachlorocyclohexane; benzenehexachloride; gamma – BHC.

采样	**分析**
采样管:滤膜 + 气泡吸收管（玻璃纤维滤膜 + 15ml 异辛烷）	分析方法:气相色谱法,电导检测器
	待测物:林丹
采样流量:0.2 ~ 1L/min	滤膜洗脱溶剂:异辛烷
最小采样体积:18L(0.25mg/m³)	进样体积:15μl
最大采样体积:240L	炉温:750 ~ 770℃
运输方法:转移气泡吸收管中溶液和滤膜于闪烁瓶中	传输管温度:225℃
样品稳定性:至少1周(25℃)	出口温度:205 ~ 260℃
样品空白:每批样品2 ~ 10个	柱温:160 ~ 190℃
	氢气(炉):150 ~ 160ml/min
准确性	氮气(载气):140ml/min
研究范围:0.3 ~ 1.7mg/m³[1]	色谱柱:玻璃柱,1.2m×3mm（外径）;80 ~ 10 目酸洗 DMCS Chromosorb W,其上涂渍5% SE – 30 或等效色谱柱
偏差: – 0.44%	定量标准:异丙醇中的待测物标准溶液
总体精密度($\hat{S}_{rT}$):0.086[1]	测定范围:每份样品5 ~ 135μg
准确度: ± 16.9%	估算检出限:每份样品3μg
	精密度($\bar{S}_r$):0.013[1]

适用范围:采样体积为90L时,测定范围为0.05 ~ 1.5mg/m³。异辛烷易挥发,应经常向气泡吸收管中加入异辛烷

干扰因素:未确定

其他方法:本法综合与替代了方法S275[2]和方法S290[2]。林丹也可用滤膜 – 固体吸附剂串联采样[3]

试剂	**仪器**
1. 艾氏剂:试剂级	1. 采样管:玻璃纤维滤膜,无有机黏合剂（如 Gelman Type A/E）,37mm,放入两层式滤膜夹中,无衬垫,后面串联一个小型气泡吸收管,内装15ml吸收液
2. 林丹:试剂级	
3. 异辛烷:色谱纯	
注意:样品采集时使用	注意:不能使用 Tenite 材质的滤膜夹;玻璃管,5cm×6mm（内径）,在气泡吸收管出口和个体采样泵入口之间装填玻璃棉以避免溶液飞溅或冷凝
4. 苯:试剂级	
5. 标准储备液:10mg/ml。精确称量0.1g艾氏剂或林丹溶于1:5(v:v)苯:异辛烷中,稀释至10ml,至少可保存一周	2. 个体采样泵:配有连接软管,流量为0.2 ~ 1L/min
	3. 溶剂解吸瓶:带聚四氟乙烯内衬的瓶盖,15ml
	4. 气相色谱仪:电导检测器,石英还原炉,在线排气,积分仪和色谱柱（方法5502）
6. 氢气:净化	5. 注射器:5,10,25μl,用于标准溶液的配制及GC进样
7. 氮气:高纯	6. 容量瓶
	7. 移液管:带洗耳球
	8. 镊子

特殊防护措施:苯是可疑致癌物,操作应在通风橱中进行。艾氏剂和林丹有毒,可通过皮肤吸收[4]

注: * 见特殊防护措施。

采样

1. 串联一个有代表性的采样管来校准个体采样泵。

2. 加入 15ml 异辛烷至气泡吸收管中。

3. 以 0.5L/min 采集 1~6 小时(30~180L)。

注意:每隔 15 分钟检查一次气泡吸收管中吸收液的液面。确保采样过程中异辛烷保持在 10~15ml,采样结束后体积约为 10ml。

4. 取下气泡吸收管内管,轻敲吸收管内壁,使内管中的溶液全部转移至吸收管内。

5. 将气泡吸收管中的溶液转移至溶剂解吸瓶,用 2ml 异辛烷冲洗气泡吸收管内壁,洗液加入溶剂解吸瓶中。

6. 用镊子将玻璃纤维滤膜转移至同一溶剂解吸瓶中。

7. 盖上溶剂解吸瓶,包装后小心运输。

样品处理

8. 调节样品溶液体积至 15ml。

标准曲线绘制与质量控制

9. 在 3~135μg 范围内,配制至少 6 个浓度的艾氏剂或林丹标准系列,绘制标准曲线。

a 将溶剂解吸瓶中加入 15ml 异辛烷,再加入已知量的标准储备液。

b. 与样品和空白一起进行分析(步骤 10~13)。

c. 以峰面积对艾氏剂或林丹的含量(μg)绘制标准曲线。分析 3 个样品加标质控样和 3 个加标样品,以确保标准曲线在可控范围内。

样品测定

10. 根据仪器说明书和方法 5502 中给出的条件设置气相色谱仪。

11. 将闪烁瓶中的溶液充分混匀。

12. 使用溶剂冲洗技术手动进样或自动进样器进样 15μl。

注意:进样后 20 秒内打开排气阀,以防止进入炉中的溶剂产生信号峰。

13. 测定峰面积。

计算

14. 按下式计算空气中艾氏剂或林丹的浓度 C(mg/m³):

$$C = \frac{W - B}{V}$$

式中:W——样品(滤膜和气泡吸收管)中艾氏剂或林丹的含量(μg);

B——空白样品(滤膜和气泡吸收管)中艾氏剂或林丹的含量(μg);

V——采样体积(L)。

方法评价

方法 S275(艾氏剂)和方法 S290(林丹)分别发表于 1976 年 2 月 27 日和 1976 年 3 月 26 日[2],测试气体使用艾氏剂浓缩乳液、Ortho - Lindane Borer 和 Leaf Miner Spray,在 25℃、760mmHg 压力下的干燥空气中配制[1]。两种物质在每份样品 22~90μg 范围内的采样效率和解吸收率均为 1.00。采过样的滤膜立即用异辛烷洗脱,室温下储存一周后的回收效率分别为 103% 和 102%,艾氏剂和林丹的总体精密度($\dot{S}_{rT}$)分别为 0.092 和 0.086,两种物质均无明显的偏差。

参考文献

[1] Documentation of the NIOSH Validation Tests, S275 and S290, U. S. Department of Health, Education, and Welfare, Publ. (NIOSH) 77 - 185 (1977).

[2] NIOSH Manual of Analytical Methods, V. 3, S275 and S290, U. S. Department of Health, Education, and Welfare, Publ. (NIOSH) 77 - 157 - C (1977).

[3] Hill, R. H. and J. E. Arnold. Arch. Environ. Contam. Toxicol., 8, 621 -628 (1979).

[4] Criteria for a Recommended Standard... Occupational Exposure During the Manufacture and Formulation of Pesticides, U. S. Department of Health, Education, and Welfare, Publ. (NIOSH)78 – 174 (1978).

方法作者

Gangadhar Choudhary, Ph. D. , NIOSH/DPSE; S275 and S290 originally validated under NIOSH Contract CDC – 99 – 74 – 45.

十氯酮 5508

$C_{10}Cl_{10}O$	相对分子质量:490.68	CAS 号:143 – 50 – 0	RTECS 号:PC8575000
方法:5508,第二次修订		方法评价情况:部分评价	第一次修订:1984.2.15 第二次修订:1994.8.15
OSHA:无标准 NIOSH:0.001mg/m³,致癌物 ACGIH:无标准		性质:固体,熔点 350℃(分解),饱和蒸气压小于 4×10^{-5} Pa(3×10^{-7} mmHg,8μg/m³,25℃)	

英文名称:kepone; chlordecone, decachlorotetracyclodecanone

采样	分析
采样管:滤膜 + 冲击式吸收管(0.8μm 纤维素酯滤膜 + 0.1 M 氢氧化钠)	分析方法:气相色谱法,电子捕获检测器(ECD)
采样流量:0.5 ~ 1L/min	待测物:十氯酮
最小采样体积:50L(在 1μg/m³ 下)	处理方法:99∶1 苯∶甲醇,10ml,洗脱 2 小时(滤膜)
最大采样体积:600L	调节样品溶液:pH <7,用苯萃取 2 次,每次 5ml(冲击式吸收管)
运输方法:常规	进样体积:5μl
样品稳定性:至少 12 天(25℃)	气化室温度:225℃
样品空白:每批样品 2 ~ 10 个	检测器温度:335℃
	柱温:200℃
准确性	载气:氮气,70ml/min
研究范围:2.5 ~ 2.6mg/m³(376L 样品)	色谱柱:玻璃柱,1.8m×4mm;填充 80 ~ 100 目 Chromosorb WHP,其上涂渍 3% OV – 1
偏差:未测定	定量标准:99∶1 苯∶甲醇中的十氯酮溶液
总体精密度($\hat{S}_{rT}$):0.23[1]	测定范围:每份样品 50 ~ 500ng
准确度:> ±45%	估算检出限:每份样品 10ng
	精密度($\bar{S}_r$):0.014(滤膜);0.060(冲击式吸收管)

适用范围: 采样体积为 50L 时,测定范围是 0.001 ~ 25mg/m³。已用本法在灭蚁灵制造厂中进行个体采样和区域采样

干扰因素: 采样时灭蚁灵可能与冲击式吸收管中的氢氧化钠溶液反应,从而部分转化为十氯酮。在调节 pH 时,灭蚁灵也可能部分转换成十氯酮。也可使用其他色谱柱:填充 80 ~ 100 目 Chromosorb WHP,其上涂渍 3% OV – 210

其他方法: 本法最初命名为 P&CAM 225[1,2]

试剂	仪器
1. 氢氧化钠:0.1M 水溶液	1. 采样管:纤维素酯滤膜,0.8μm,37mm,置于滤膜夹中。后接冲击式吸收管,吸收液为 15ml 0.1M 氢氧化钠(用短塑料管连接滤膜夹和冲击式吸收管)
2. 苯:农药级 *	
3. 甲醇:农药级 *	2. 个体采样泵:流量 0.5 ~ 1L/min,配有连接软管
4. 苯:甲醇,99∶1,(v/v)*	3. 冲击式吸收管:小型,无内管
5. 硫酸:0.05M	4. 气相色谱仪:ECD 检测器,积分仪和色谱柱(方法 5508)
6. 十氯酮	5. 镊子,2 个
7. 标准储备液,50μg/ml。将 100mg 十氯酮溶于 99∶1 苯∶甲醇中,配制成 10ml 溶液。取 50μl 该溶液,用 99∶1 苯∶甲醇稀释至 10ml。25℃下可稳定储存至少一周	6. 容量瓶:10ml
	7. 分液漏斗,125ml
	8. 注射器:10μl,精确到 0.1μl;100μl,精确到 1μl
8. 冲击式吸收管回收率储备液,1μg/ml。将 25mg 十氯酮溶于甲醇中,配制成 10ml 溶液。取 4μl 该溶液,用甲醇稀释至 10ml	9. pH 计
	10. 移液管:5ml,带洗耳球

特殊防护措施: 甲醇和苯易燃,苯和十氯酮[3]为致癌物

注:* 见特殊防护措施。

采样

1. 将冲击式吸收管(吸收液为 0.1M 氢氧化钠,15ml)的出口与采样泵入口相连。在采样泵前连接无内管的空冲击式吸收管,以防止飞溅至采样泵。

2. 串联一个有代表性的采样管来校准个体采样泵。

3. 在 0.5～1L/min 范围内,以已知流量采集 50～600L 空气样品。滤膜上总粉尘的增量不得超过 2mg。

4. 将滤膜夹与冲击式吸收管分开,运输至实验室。

样品处理

5. 用镊子将滤膜对折并放入 10ml 容量瓶中。

6. 加入 10.0ml 99∶1 苯∶甲醇。

7. 塞上塞子,剧烈振荡 1 分钟,静置 2 小时。

8. 将冲击式吸收管中的溶液转移至分液漏斗中,用 0.1M 氢氧化钠清洗冲击式吸收管 2 次,每次 15ml,洗液加入分液漏斗中。加入 0.05M 硫酸直至 pH 小于 7。

9. 用苯萃取十氯酮 2 次,每次 5ml。剧烈振荡 2 分钟,静置 5 分钟至各相分离,将苯层转移至 10ml 容量瓶中,加入 100μl 甲醇,用苯稀释至刻度。

标准曲线绘制与质量控制

10. 在 1～50ng/ml 浓度范围内,配制至少 6 个浓度的标准系列,绘制标准曲线。

a. 将 50μg/ml 标准储备液用 99∶1 苯∶甲醇稀释至 3.6μg/ml。

b. 于 10ml 容量瓶中,加入适量的 99∶1 苯∶甲醇,再加已知量的 3.6μg/ml 溶液,最后用 99∶1 苯∶甲醇稀释至刻度。

c. 与样品和空白一起进行分析 (步骤 13～15)。

d. 以面积或峰高对每个样品中十氯酮的含量(ng)绘制标准曲线。

11. 测定滤膜上十氯酮的回收率 R。

a. 取 6 个滤膜,每个滤膜上加入约 7μl 的 50μg/ml 标准储备液。

b. 在空气中干燥。

c. 按照步骤 5～7 处理样品。

d. 与样品和标准系列一起进行分析(步骤 13～15)。

e. 计算平均回收率 R(测得的十氯酮质量除以其加入质量)。

12. 测定冲击式吸收管上十氯酮的回收率 R。

a. 取 6 个冲击式吸收管(吸收液为 0.1M 氢氧化钠溶液,15ml),每个管中加入 100μl 的 1μg/ml 冲击式吸收管储备液。

b. 按照步骤 8～9 处理样品。

c. 将样品和标准系列一起进行分析(步骤 13～15)

d. 计算平均回收率。

样品测定

13. 根据方法 5508 给出的条件设置气相色谱仪。在此条件下,十氯酮的保留时间 t_r 为 4.6 分钟,灭蚁灵的保留时间 t_r 为 9.2 分钟。

14. 使用溶剂冲洗技术进样 5μl 样品溶液和标准。

注意:每次进样后,分别以甲醇和苯彻底冲洗注射器,否则十氯酮将残留在注射器中。

15. 测定峰面积或峰高。

计算

16. 按下式计算计算空气中待测物的浓度 $C(mg/m^3)$:

$$C = \frac{W_f + W_i - B_f - B_i}{V}$$

式中:W_f——滤膜上采集的十氯酮的含量(ng);

W_i——样品冲击式吸收管中的十氯酮含量(μg);

B_f——空白滤膜上十氯酮的平均含量（μg）；

B_i——空白冲击式吸收管中十氯酮的平均含量（μg）；

V——采样体积（L）。

方法评价

方法测定了通过在滤膜上、氢氧化钠溶液中加入待测物，以及在25℃左右下采集控制气体所制备的样品。包括泵误差在内的总体精密度为$0.234^{[1]}$。采集浓度为$2.5\mu g/m^3$和$2.6\mu g/m^3$的控制气体，采样体积为376L时，滤膜的总体相对标准偏差$\bar{S}_r$为0.228（10个样品）。冲击式吸收管上测得的十氯酮的含量小于50ng，这个量对应于气体样品中的浓度为0.1ng/L或更小。冲击式吸收管的采样效率约为50%，滤膜上十氯酮的加入量为360ng时，6个样品的平均回收率为0.89，$\bar{S}_r$为0.014。室温下，滤膜上的十氯酮可稳定储存12天。在45ml 0.1M氢氧化钠中加入45ng十氯酮时，8个样品的平均回收率为1.01，$\bar{S}_r$为0.060。在10ml 0.1M氢氧化钠中加入79ng十氯酮，室温下储存14天后，平均回收率为1.13。在灭蚁灵制造厂中，用本法采集了个体样品和区域样品（45～84L），滤膜上测得的灭蚁灵的量为240～1240μg，冲击式吸收管上测得的灭蚁灵的量为0.3～16μg。在滤膜上未检测到十氯酮，但在冲击式吸收管测得的十氯酮含量为0.1～2μg。冲击式吸收管上的大部分或全部十氯酮是由灭蚁灵化学转化而得。本法的精密度大于±45%，远超过NIOSH标准±25%。

参考文献

[1] Tucker, S. P., "Backup Data Report on Kepone," Internal NIOSH MRB Report (unpublished), May 9, 1977.

[2] NIOSH Manual of Analytical Methods, 2nd. ed., V. 1, P&CAM 225, U. S. Department of Health, Education, and Welfare, Publ. (NIOSH) 77 – 157 – A (1977).

[3] NIOSH Recommended Standard for Occupational Exposure to Kepone, U. S. Department of Health, Education, and Welfare, (NIOSH), unnumbered publication (January, 1976).

方法作者

Samuel P. Tucker, Ph. D., NIOSH/DPSE and Alexander W. Teass, Ph. D., NIOSH/DBBS.

氯丹 5510

$C_{10}H_6Cl_8$	相对分子质量:409.80	CAS 号:57 – 74 – 9	RTECS 号:PB9800000
方法:5510,第二次修订		方法评价情况:完全评价	第一次修订:1989.5.15 第二次修订:1994.8.15
OSHA:0.5mg/m³（皮） NIOSH:0.5mg/m³（皮）致癌物,第Ⅰ类农药 ACGIH:0.5mg/m³（皮）		性质:液体;密度1.59～1.63g/ml（25℃）;沸点175℃;饱和蒸气压0.0013Pa（1.0×10^{-5}mmHg）（20℃）	

英文名称:chlordane; 1,2,4,5,6,7,8,8 – octachloro – 3a,4,7,7a – tetrahydro – 4,7 – methanoindane and isomers; Toxichlor; Octachlor

采样

采样管:滤膜 + 固体吸附剂管(0.8μm 纤维素酯滤膜, Chromosorb 102,前段 100/后段 50mg)

采样流量:0.5 ~ 1L/min

最小采样体积:10L(在 0.5mg/m³ 下)

最大采样体积:200L

运输方法:常规

样品稳定性:至少 1 周(25℃)

样品空白:每批样品 2 ~ 10 个

介质空白:每批样品 2 个

定性样品:需要

准确性

研究范围:0.16 ~ 1.17mg/m³[1,2](120L 样品)

偏差:3.0%

总体精密度($\hat{S}_{rT}$):0.070[1,2]

准确度:±15.3%

分析

分析方法:气相色谱法,电子捕获检测器

待测物:氯丹

洗脱液:10ml 甲苯,保持 30 分钟

进样体积:2μl

气化室温度:250℃

检测器温度:300℃

柱温:205℃

载气:95% 氩气/5% 甲烷(75ml /min)

色谱柱:玻璃柱,2m × 4mm(内径),填充 100 ~ 120 目,涂渍 1.5% SP2250/1.95% SP2401

定量标准:待测物的甲苯或正己烷的溶液,含内标物

测定范围:5 ~ 150μg[2]

估算检出限:0.1μg[3]

精密度($\bar{S}_r$):0.02(每份样品 6 ~ 120μg)

适用范围:采样体积为 120L 时,测定范围是 0.04 ~ 1.2mg/m³。氯丹与五、六、七、九氯化合物的混合物,可由一组(5 个)色谱峰定性。有必要测定标准物质中所用的氯丹及其异构体的百分数

干扰因素:未确定。也可用色谱柱:玻璃柱,2m×2mm(内径),填充 100 ~ 120 目涂渍 3% QF - 1 的 Chrom Q

其他方法:本法为 NIOSH 方法 S278[2]的修订版

试剂

1. 甲苯:玻璃容器中蒸馏提纯
2. 正己烷:玻璃容器中蒸馏提纯
3. 氯丹:95% *
4. 标准储备液:约 6mg/ml。将 10mg 氯丹溶于 1ml 甲苯中

   注意:由于氯丹为混合物,按下列步骤标定标准储备液

   a. 稀释 10μl 标准储备液至 10ml

   b. 按步骤 11 ~ 13 进行分析

   c. 氯丹的峰面积(图 2 - 33 - 1)除以所有峰面积的总和,以确定氯丹所占百分数 f
5. 内标物:p,p' - DDT,98%
6. 95% 氩气/5% 甲烷混合物:净化

仪器

1. 采样管:纤维素酯膜滤膜,37mm,0.8μm 孔径由不锈钢网支撑,置于两层式滤膜夹中;后接固体吸附剂管:10cm × 8mm(外径)×6mm(内径),内装两段 20 ~ 40 目 Chromosorb 102(前段 100mg/后段 50mg),中间用 3mm 硅烷化的玻璃棉隔开,两端熔封,带塑料帽。空气流量为 1L/min 时,采样管阻力必须低于 2.5mmHg。亦可购买市售采样管和滤膜
2. 个体采样泵:流量 0.5 ~ 1L/min,配有连接软管
3. 气相色谱仪:电子捕获检测器,积分仪和色谱柱(方法 5510)
4. 闪烁瓶:20ml,带 PTFE 内衬的瓶盖
5. 注射器:10μl,精确到 0.1μl
6. 容量瓶:10ml
7. 直口瓶:60ml,40mm 内径,带 PTFE 内衬的瓶盖,用于洗脱滤膜夹和不锈钢柱网
8. 秒表
9. 压力计
10. 移液管:1、10ml,及其他规格,用于制备标准溶液
11. 镊子

特殊防护措施:氯丹和 p,p' - DDT 有毒,并可经过皮肤迅速吸收[4];穿戴手套和防护眼镜,避免直接接触这些化合物;在实验室通风橱中小心处理这些化学品和有机溶剂;氯丹是潜在的人类致癌物[5]

注:* 见特殊防护措施。

采样

1. 串联一个有代表性的采样管来校准个体采样泵。

2. 组装采样管的两部分,将吸附剂管(连接前折断采样管两端)连接至个体采样泵,连接时后段吸附剂靠近采样泵。采样过程中,采样管垂直放置。

3. 在 0.5 ~ 1L/min 范围内,以已知流量采集 10 ~ 200L 空气样品。

4. 从滤膜夹出口取下吸附剂管,并将其连在滤膜夹的入口。盖上吸附剂管的另一端,用塞子塞上滤膜夹的出口。与适量的空白一起运输至实验室。

5. 可疑物质的定性样品与其他样品或空白分开包装。

样品处理

6. 将采样管的两部分分开,按下列步骤进行洗脱和解吸。

a. 将滤膜、吸附剂管前段吸附剂和前端玻璃棉转移至一个直口瓶中,加入 10.0ml 甲苯。解吸完全后,取 1ml 稀释至 10ml,用于分析。

b. 将不锈钢网转移至另一个直口瓶中,用 10ml 移液管移取正己烷,用于冲洗滤膜夹内表面,洗液倒入瓶内。

c. 将后段吸附剂转移至闪烁瓶中,加入 10.0ml 甲苯。

7. 密封各直口瓶和闪烁瓶,放置 30 分钟,不时搅拌。

注意:在此处可加入内标物 p,p′-DDT,0.4μg/ml。

标准曲线绘制与质量控制

8. 配制至少 6 个浓度的标准系列,绘制标准曲线。

a. 于 10ml 容量瓶中,加入适量的甲苯,再加入已知量的标准储备液及内标物,最后用甲苯稀释至刻度,根据需要逐级稀释,使得氯丹的浓度在 0.01~15μg/ml 范围。

b. 与样品和空白一起进行分析 (步骤 11~13)。

c. 以氯丹与内标物的峰面积比值对氯丹的含量(μg)绘制标准曲线。

9. 每批滤膜和 Chromosorb 102 至少测定一次回收率,在标准曲线范围内选择 5 个不同浓度,每个浓度测定 3 个样品。另测定 3 个空白吸附剂管和 3 个空白滤膜。

a. 将纤维素酯膜滤膜和 100mg Chromosorb 102 置于一个直口瓶内。

b. 使用微量注射器将标准储备液注入盛有滤膜及 Chromosorb 102 的容器中。制备一些平行空白样品,空白样品中不加待测物。

c. 盖上盖子,静置过夜。

d. 处理(步骤 6~7)后与标准系列一起进行分析(步骤 11~13)。

e. 以回收率对氯丹含量(μg)绘制回收率曲线。

10. 对于每批样品,选择 2 个浓度进行回收率检查,每个浓度检查 2 次。如果检查时所测的回收率与回收率曲线上的回收率,两者之间的差值不在 5% 以内,重新绘制回收率曲线。

样品测定

11. 根据仪器说明书和方法 5503 给出的条件设置气相色谱仪。

12. 使用溶剂冲洗技术或自动进样器进样 2μl,样品与标准进样 2 次。

注意:如果峰面积超出标准曲线的线性范围,稀释后重新分析,计算时乘以相应的稀释倍数。

13. 测定峰面积。计算时用氯丹峰面积的总和(5 个峰面积的加和,详见图 2-33-1)除以同一色谱图上内标物的峰面积。

计算

14. 按下式计算空气中待测物氯丹的浓度 C(mg/m³):

$$C = \frac{W_f + W_b + W_c - B_f - B_b}{V}$$

式中:W_f——滤膜和前段吸附剂上采集的氯丹的含量(μg);

W_b——后段吸附剂中采集的氯丹的含量(μg);

W_c——从滤膜夹和不锈钢网上洗脱出的氯丹的含量(μg);

B_f——空白滤膜和空白吸附剂管前段吸附剂中氯丹的含量(μg);

B_b——空白吸附剂管后段吸附剂中氯丹的含量(μg);

V——采样体积(L)。

注意:上式中氯丹的含量已用回收率校正;若 $W_b > W_f/10$,则表示发生穿透,记录该情况及样品损失量。

方法评价

方法 S278 于 1979 年 7 月 8 日[1,2,6]已经过验证。在 25℃、760mmHg 下,用 Velsicol Chemical Corporation 的 Ortho-Klor-72(40% 氯丹),动态发生了测试气体。在每份样品 6~120μg 范围内,采样效率和回收率接近 1.00。以约 1L/min 流量采集氯丹浓度为 1.1mg/m³ 的发生气,采样 240 分钟时无明显穿透。在样品上加标氯丹,用甲苯洗脱/解吸,室温下储存一周后的回收率约为96% ~ 100%,总体精密度($\dot{S}_{rT}$)为0.07,无明显的偏差。

参考文献

［1］NIOSH Backup Data Report S278（June 8, 1979）for Chlordane Prepared under NIOSH Contract No. 210 – 76 – 0123（1979）.

［2］NIOSH Manual of Analytical Methods, 2nd. ed., V. 6, S278, U. S. Department of Health and Human Services, Publ.（NIOSH）80 – 125（1980）.

［3］UBTL, Inc. NIOSH Seq. Report 4 – 999 – K（July 19, 1985, unpubl）.

［4］NIOSH/OSHA Occupational Health Guidelines for Chemical Hazards. U. S. Department of Health and Human Services Publ.（NIOSH）81 – 123（1981）, Available as Stock #PB 83 – 154609 from NTIS, Springfield, VA 22161.

［5］NIOSH Research Report – Development and Validation of Methods for Sampling and Analysis of Workplace Toxic Substances, U. S. Department of Health and Human Services, Publ.（NIOSH）80 – 133（1980）.

方法作者

Gangadhar Choudhary, Ph. D., ATSDR；S278 Originally Validated under NIOSH Contract No. 210 – 76 – 0123.

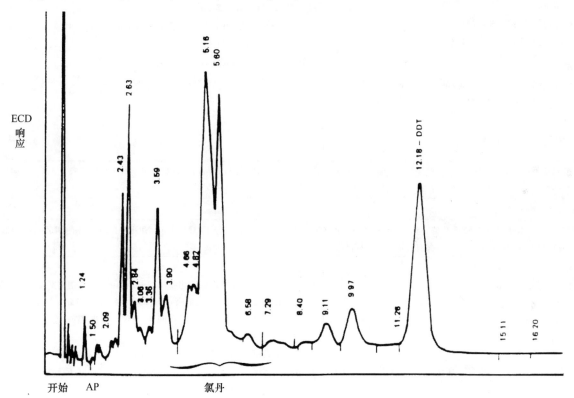

图 2 - 33 - 1　氯丹分析标准的色谱图

五氯苯酚 5512

C_6Cl_5OH	相对分子质量:266.35	CAS 号:87 – 86 – 5	RTECS 号:SM6300000
方法:5512,第二次修订		方法评价情况:完全评价	第一次修订:1989.5.15 第二次修订:1994.8.15
OSHA:0.5mg/m³(皮) NIOSH:0.5mg/m³(皮);第 I 类农药 ACGIH:0.5mg/m³(皮)		性质:固体,熔点 190℃;密度 1.978g/ml(22℃);饱和蒸气压 16Pa (0.12mmHg,1700mg/m³)(100℃)	

英文名称:pentachlorophenol; penta; PCP

采样	分析
采样管:滤膜 + 气泡吸收管(混合纤维素酯膜,带不锈钢柱网衬垫/乙二醇)	分析方法:高效液相色谱法(HPLC);紫外检测器(UV)
采样流量:0.5 ~ 1.0L/min	待测物:五氯苯酚
最小采样体积:48L(在 0.5mg/m³ 下)	提取方法:10ml 甲醇
最大采样体积:480L	进样体积:20μl
运输方法:采样后将滤膜置于含有 15ml 乙二醇的气泡吸收管中	流动相:60% 甲醇/40% 水,1.5ml/min
	色谱柱:μ – Bondapak C_{18},10μm 粒径,30cm × 3.9mm(内径)
样品稳定性:至少 8 天(25℃)	检测器:紫外检测器 254nm
样品空白:每批样品 2 ~ 10 个	定量标准:乙二醇和甲醇中的五氯苯酚标准溶液
	测定范围:每份样品 24 ~ 270μg[1]
准确性	估算检出限:每份样品 8μg[2]
研究范围:0.265 ~ 1.130mg/m³(180L 样品)[1]	精密度($\bar{S}_r$):0.051(每份样品 45 ~ 180μg)[1]
偏差:3.0%	
总体精密度($\hat{S}_{rT}$):0.072	
准确度:±15%(12% ~ 28%)	

适用范围:采样体积为 180L 时,测定范围为 0.13 ~ 11mg/m³。本法也适用于 15L 样品的 STEL 测定。本法已用于有 2,3,4,6 – 四氯苯酚存在的木材厂中五氯苯酚样品的测定[3]

干扰因素:未评价

其他方法:本法为方法 S297[2] 修订版。Vulcan Materials Co. 提供了一个独立的分析方法[4],由 NIOSH 合约人[5] 使用 Zefluor 滤膜和硅胶管串联采样,用 HPLC 对含有五氯苯酚的样品进行分析

试剂	仪器
1. 五氯苯酚*:ACS 级	1. 采样管:37mm 纤维素酯膜滤膜(0.8μm 孔径),由不锈钢网支撑,置于三层式滤膜夹中,后接气泡吸收管,25ml,吸收液为 15ml 乙二醇
2. 乙二醇:ACS 级*	
3. 甲醇:蒸馏提纯	2. 个体采样泵:流量 0.5 ~ 1.0L/min,配有聚乙烯或 PTFE 连接软管
4. 异丙醇:蒸馏提纯	3. PTFE 塞和(或)管
5. 水:去离子,蒸馏	4. 溶剂解吸瓶:玻璃,20ml,带聚四氟乙烯内衬的瓶盖
6. 标准储备液:5mg/ml。用 10ml 异丙醇溶解 50mg 五氯苯酚	5. 液相色谱仪:紫外检测器,记录仪,积分仪和色谱柱(方法 5512)
	6. 镊子
	7. 注射器:50μl 和 100μl
	8. 容量瓶:25ml
	9. 移液管:10ml 和 15ml,玻璃,TD,带洗耳球
	10. 量筒:玻璃,25ml

特殊防护措施:五氯苯酚可刺激眼睛,通过皮肤吸收,能引起肝脏损害[6];乙二醇有强毒性;如果经皮肤吸收或食入,可能有害或致命,造成肾脏损害,可能影响生殖能力[7]

注:* 见特殊防护措施。

采样

1. 串联一个有代表性的采样管来校准个体采样泵。

2. 移取 15ml 乙二醇至气泡吸收管中。

3. 将滤膜夹出口连接到气泡吸收管入口。将气泡吸收管出口连接到另一个空的气泡吸收管上,然后再连接到个体采样泵上。

4. 在 0.5~1.0L/min 范围内,以已知流量采集 48~480L(STEL 采集 15L)空气样品。

5. 用镊子将滤膜小心地移至气泡吸收管中。密封气泡吸收管,置于合适的容器内运输,防止运输过程中损坏。用 PTFE 管连接气泡吸收管入口与出口或在其入口、出口插入 PTFE 塞,以密封气泡吸收管。

6. 用玻璃溶剂解吸瓶中采集定性样品(约 1g),单独运输。

样品处理

7. 将气泡吸收管中的液体定量移至量筒中。

8. 用乙二醇定容 15ml(如果体积超过 15ml,在潮湿空气中采样会出现这种情况,记录此体积,在最终的计算里做适当的校正)。

9. 分析前加入 10ml 甲醇,轻轻混合均匀。

标准曲线绘制与质量控制

10. 在 8~270μg/25ml 的浓度范围内,配制至少 6 个标准系列,绘制标准曲线。

a. 将适量的标准储备液加入 60/40(v/v)乙二醇和甲醇的混合液中。

b. 标准系列与样品和空白一起进行分析(步骤 13~15)。

c. 以峰面积对五氯苯酚的含量(μg/25ml 样品)绘制标准曲线。

11. 每批滤膜需测定回收率。在标准曲线范围内,选择 5 个不同浓度,每个浓度测定 4 个滤膜。另测定 3 个空白滤膜。

a. 将标准储备液加至滤膜上。

b. 空气干燥后,用 15ml 乙二醇洗脱滤膜。

c. 加入 10ml 甲醇,分析(步骤 13~15)。

d. 以回收率对五氯苯酚的含量(μg)绘制回收率曲线。

12. 每批样品检查 2 个浓度的回收率。如果检查结果超出回收率曲线的 5%,重复回收率曲线的测定。

样品测定

13. 根据仪器说明书和方法 5512 给出的条件设置液相色谱仪。

14. 进样 20μl。

注意:若峰面积超出标准曲线的线性范围,稀释,计算时乘以相应的稀释倍数。

15. 测定峰面积。

计算

16. 测定样品中五氯苯酚的含量 W(μg)(经回收率 R 校正)和介质空白中五氯苯酚的平均含量 B(μg)。

17. 按下式计算空气中五氯苯酚的浓度 C(mg/m³),采样体积为 V(L):

$$C = \frac{W - B}{V}$$

方法评价

在 24℃、761mmHg、0.265~1.31mg/m³ 浓度范围、180L 采样体积的条件下,本法已经过验证[1,2]。采样和分析的总体精密度 $\hat{S}_{rT}$ 为 0.072,平均回收率为 105%,无明显的偏差。用紫外 UV 直接分析样品溶液,验证了五氯苯酚的浓度。在每份样品 45~180μg 范围内,滤膜上五氯苯酚的回收率为 101%。已对五氯苯酚的量为 100μg 的样品的储存稳定性进行了评价。与储存 1 天的样品相比,在环境条件下储存 8 天后样品的回收率为 95.3%。

参考文献

[1] Backup Data Report for Pentachlorophenol, Prepared under NIOSH Contract 210-76-0123 (1977).

[2] NIOSH Manual of Analytical Methods, 2nd. ed., V. 4, S297, U. S. Department of Health, Education, and Welfare,

Publ.（NIOSH）78 – 175（1978）.

［3］ Analysis of NIOSH Samples for Pentachlorophenol and Tetrachlorophenol, NIOSH/MRSB Sequence #4492, Utah Biomed-ical Research Laboratory, Salt Lake City, UT（unpublished, 1984）.

［4］ Vulcan Materials Co. Analytical Backup Report #1. Determination of Pentachlorophenol in Air, Birmingham, AL 35255（1982）.

［5］ Analysis of NIOSH Samples for Pentachlorophenol, NIOSH/MRSB Sequence #4065, Southern Research Institute, Bir-mingham, AL 35255（1984）.

［6］ NIOSH/OSHA Occupational Health Guidelines for Occupational Hazards, U. S. Department of Health and Human Serv-ices, Publ.（NIOSH）81 – 123（1981）, Available as GPO Stock #017 – 033 – 00337 – 8 from Superintendent of Docu-ments, Washington, DC 20402.

［7］ CCINFO Database, Release 93 – 3, Record No. 41. Canadian Centre for Occupational Health and Safety, Hamilton, On-tario, Canada（1993）.

方法作者

M. J. Seymour, NIOSH/DPSE.

内吸磷 5514

$(C_2H_5O)_2P(=S)O(CH_2)_2SC_2H_5(1)$ $(C_2H_5O)_2P(=O)S(CH_2)_2SC_2H_5(2)$	相对分子质量:258.34	CAS 号:8065 – 48 – 3	RTECS 号:TF3150000
方法:5514,第二次修订	方法评价情况:完全评价	第一次修订:1985.5.15 第二次修订:1994.8.15	

OSHA:0.1mg/m³（皮） NIOSH:0.1mg/m³;第 I 类农药 ACGIH:0.01ppm(0.11mg/m³)（皮） （常温常压下,1ppm = 10.56mg/m³）	性质:液体;密度 1.18g/ml（20℃）;沸点 134℃（270kPa）;熔点 – 25℃; 饱和蒸气压 0.1kPa(0.001mmHg)（33℃）

英文名称:demeton; phosphorothioic acid O,O – diethyl O – [2 – (ethylthio) ethyl] ester（DEmeton O）mixture with O,O – diethyl S – [2 – (ethylthio)ethyl] phosphorothioate（DEmeton S）; Systox; Bayer 8169; Demox; mercaptophos

采样	分析
采样管:滤膜 + 吸附剂管（2μm 混合纤维素酯滤膜 + XAD – 2, 前段 150mg/后段 75mg))	分析方法:气相色谱法,火焰光度检测器(硫模式)
采样流量:0.2 ~1L/min	待测物:(1)内吸磷 O;(2)内吸磷 S
最小采样体积:30L	处理方法:5ml 甲苯,15 分钟
最大采样体积:500L	进样体积:5μl
运输方法:将滤膜及前段吸附剂转移至同一溶剂解吸瓶中	气化室温度:200℃
样品稳定性:至少 1 周(25℃)[1]	检测器温度:210℃
样品空白:每批样品 2 ~10 个	柱温:165℃
	载气:氮气,30ml/min
准确性	色谱柱:玻璃柱,1.2m × 3mm（外径）;填充 100 ~ 120 目 Chromosorb WHP,其上涂渍 1.5% OV – 17/ 1.95% OV – 210
研究范围:0.03 ~ 0.19mg/m³[1]（480L 样品）	定量标准:待测物的甲苯标准溶液
偏差:0.49%	测定范围:每份样品 3 ~100μg
总体精密度($\hat{S}_{rT}$):0.03[1]	估算检出限:每份样品 0.1μg[1]
准确度:±13.9%	精密度($\bar{S}_r$):0.03[1]

适用范围:采样体积 200L 时,测定范围是 0.015 ~10mg/m³。用毛细管色谱柱(如 DB – 210)可提高灵敏度和分离度

干扰因素:未确定

其他方法:本法为方法 S280[2] 的修订版

试剂	仪器
1. 内吸磷 O 及内吸磷 S 的混合物:浓度已知,试剂级 2. 甲苯:试剂级 3. 甲醇:试剂级 4. 二氯甲烷:试剂级 5. 标准储备液:内吸磷 O 约 2.4mg/ml,内吸磷 S 约 8.3mg/ml。将购买的 100μl 混合物溶于 10ml 甲苯中 6. 氢气:净化 7. 氮气:净化 8. 氧气:净化 9. 空气:净化	1. 采样管:纤维素酯膜滤膜,孔径 0.8μm,直径 37mm,由不锈钢网支撑,置于两层式聚苯乙烯滤膜夹中。后接一个吸附剂管,长 7cm,外径 8mm,内径 6mm,内装两段 20 ~ 50 目 XAD – 2(前段 150mg/后段 75mg),采样后用塑料帽将吸附剂管密封。亦可购买市售固体吸附剂管(SKC, Inc. 226 – 30 – 05 或等效的吸附剂管) 2. 个体采样泵:配有连接软管,流量 0.2 ~ 1L/min 3. 闪烁瓶:带 PTFE 内衬的瓶盖,15ml 4. 气相色谱仪:火焰光度检测器(硫模式),积分仪和色谱柱(方法 5514) 5. 注射器:5,10,25μl,用于制备标准溶液及 GC 进样 6. 容量瓶:10ml 7. 移液管:5ml 8. 镊子

特殊防护措施: 内吸磷是一种胆碱酯酶抑制剂,很容易通过皮肤吸收,建议进行本底和常规红细胞胆碱酯酶监测[3,4]

注:＊见特殊防护措施。

采样

1. 串联一个有代表性的采样管来校准个体采样泵。

2. 采样前折断吸附剂管两端。用软管连将滤膜夹与 XAD – 2 管入口连接,XAD – 2 管出口连接至个体采样泵。

3. 在 0.2 ~ 1L/min 范围内,以已知流量采集 30 ~ 500L 空气样品。

4. 转移滤膜、前端玻璃棉和前段吸附剂至同一闪烁瓶中。后段吸附剂仍保留在吸附剂管中,密封吸附剂管。

5. 包装后运输。

样品处理

6. 除去剩下的玻璃棉,将后段吸附剂转移至另一个闪烁瓶中。

7. 于闪烁瓶中各加入 5.0ml 甲苯,密封。

8. 放置 15 分钟,不时振摇。一天内进行分析。

标准曲线绘制与质量控制

9. 在每份样品 0.1 ~ 100μg 内吸磷的范围内,配制至少 6 个浓度的标准系列,绘制标准曲线。

a. 于 10ml 容量瓶中,加入适量的甲苯,再加入已知量的标准储备液及内标物,最后用甲苯稀释至刻度。

b. 与样品和空白一起进行分析(步骤 12 ~ 13)。

c. 以待测物的峰面积对各异构体的含量(μg)绘制校准标准曲线。

10. 每批 XAD – 2 至少测定一次解吸效率(DE)。在标准曲线范围内选 5 个不同浓度,每个浓度测定 3 个样品。另测定 3 个空白吸附剂管。

a. 去掉空白采样管后段吸附剂。

b. 使用微量注射器将已知量的标准储备液(1 ~ 20μl)或其稀释液直接注射至前段吸附剂上。

c. 密封吸附剂管两端,放置过夜。

d. 解吸(步骤 6 ~ 8),并与标准系列一起进行分析(步骤 12 ~ 13)。

e. 以解吸效率对每种内吸磷的回收量(μg)绘制解吸效率曲线。

11. 分析 3 个样品加标质控样和 3 个加标样品,以确保标准曲线在可控范围内。

样品测定

12. 根据仪器说明书和方法 5514 给出的条件设置气相色谱仪。使用溶剂冲洗技术手动进样或自动进样器进样。在此条件下,内吸磷 O 的保留时间 t_r 为 4 分钟,内吸磷 S 的保留时间 t_r 为 7.5 分钟。

注意:若峰面积超出标准曲线的线性范围,用甲苯稀释后重新分析,计算时乘以相应的稀释倍数。

13. 测定峰面积。

计算

14. 按下式计算空气中内吸磷(内吸磷 O 和内吸磷 S)的浓度 C(mg/m³):

$$C = \frac{(W + W_f) + W_b - B - B_f - B_b}{V}$$

式中:W + W_f——滤膜和前段吸附剂采集的内吸磷的含量(μg);

W_b——后段吸附剂采集的内吸磷的含量(μg);

B——空白滤膜上内吸磷的平均含量(μg);

B_f——空白吸附剂管前段吸附剂中内吸磷的平均含量(μg);

B_b——空白吸附剂管后段吸附剂中内吸磷的平均含量(μg);

V ——采样体积(L)。

注意:上式中内吸磷的含量已用解吸效率校正。

方法评价

方法 S280 出版于 1979 年 8 月 3 日,在 0.03 ~ 0.19mg/m³ 范围内,采样体积为480L 的条件下进行了验证[1,5]。在 25℃、760mmHg 下,在干燥空气中,用 0.075% 内吸磷的甲苯溶液(21% 内吸磷 O,74.5% 内吸磷 S)发生了内吸磷测试气体。用抽吸器发生气体。在每份样品 5 ~ 270mg 范围内,采样效率和回收率接近于 1.00。样品滤膜立即用甲苯洗脱和室温下储存一周后洗脱所得的回收率为 100%,采样和分析的总体精密度 $\hat{S}_{rT}$ 为 0.08,对于两种物质均无明显的偏差。在 80% RH 下,以 1L/min 采样流量采集内吸磷 O 浓度为 0.14mg/m³ 及内吸磷 S 的浓度为 0.17mg/m³ 的发生气,采样 12 小时后未发生穿透。

参考文献

[1] Backup Data Report, S280 (NIOSH, unpublished, August 3, 1979).

[2] NIOSH Manual of Analytical Methods, 2nd ed., Vol. 6, S280, U.S. Department of Health and Human Services, Publ. (NIOSH) 80 – 125 (1980).

[3] NIOSH Criteria for a Recommended Standard... Occupational Exposure During the Manufacture and Formulation of Pesticides, U.S. Department of Health, Education, and Welfare, Publ. (NIOSH) 78 – 174 (1978).

[4] NIOSH/OSHA Occupational Health Guidelines for Chemical Hazards, U.S. Department of Health and Human Services, Publ. (NIOSH) 81 – 123 (1981), Available as GPO Stock #017 – 033 – 00337 – 8 from Superintendent of Documents, Washington, DC 20402.

[5] NIOSH Research Report – Development and Validation of Methods for Sampling and Analysis of Workplace Toxic Substances, U.S. Department of Health and Human Services, Publ. (NIOSH) 80 – 133 (1980).

方法作者

Gangadhar Choudhary, Ph.D., CDC/ATSDR; S280 originally validated under NIOSH Contract 210 – 76 – 0123.

多氯苯 5517

(1)$C_6H_3Cl_3$;(2)$C_6H_2Cl_4$;(3)C_6HCl_5	相对分子质量:(1)181.45;(2)215.89;(3)250.34	CAS 号:(1)120 – 82 – 1;(2)95 – 94 – 3;(3)608 – 93 – 5	RTECS 号:(1)DC2100000;(2)DB9450000;(3)DA6640000
方法:5517,第二次修订		方法评价情况:完全评价	第一次修订:1987.8.15 第二次修订:1994.8.15

OSHA:无 PEL NIOSH:(1)C 5ppm,第Ⅱ类农药;(2)和(3)无 REL ACGIH:(1)C 5ppm,(2)和(3)无 TLV	性质:表 2 - 33 - 3

英文名称:(1)1,2,4 - 三氯苯 1,2,4 - trichlorobenzene;(2)1,2,4,5 - 四氯苯 1,2,4,5 - tetrachlorobenzene;(3)五氯苯 pentachlorobenzene

采样	**分析**
采样管:滤膜 + 固体吸附剂管(PTFE 滤膜 + XAD - 2,前 　　段 100/后段 50mg)	分析方法:气相色谱法,电子捕获检测器(^{63}Ni)
采样流量:0.01~0.2L/min	待测物:上述待测物
最小采样体积:3L	处理方法:2ml 正己烷,超声 30 分钟
最大采样体积:12L	进样体积:2μl
运输方法:滤膜与吸附剂管分开运输	气化室温度:220℃
样品稳定性:至少 13 天(25℃)[1]	检测器温度:300℃
样品空白:每批样品 2~10 个	柱温:160℃
	载气:氮气,30ml/min
	吹扫:氮气,90ml/min
准确性	色谱柱:2.0m×2mm(内径)镍柱,填充 80~100 目 Chromosorb WAW,其 　　上涂渍 10% Carbowax 20M - TPA
研究范围:表 2 - 33 - 4	定量标准:正己烷中的待测物标准溶液
相对偏差:表 2 - 33 - 4	测定范围:每份样品 0.02~500μg[1]
总体精密度($\hat{S}_{rT}$):表 2 - 33 - 4	估算检出限:0.001μg/ml(正己烷中)[1]
准确度:表 2 - 33 - 4	精密度($\bar{S}_r$):表 2 - 33 - 4

适用范围:采样体积为 10L 时,测定范围是 0.002 至大于 30mg/m³。检测器的线性范围是有限的,对于浓度超出线性范围的样品,可以稀释后再进行测定

干扰因素:在上述色谱条件下,1,2,3,5 - 四氯苯与 1,2,4,5 - 四氯苯一起洗脱

其他方法:本法修订了 P&CAM 343[2]

试剂	**仪器**
1. 正己烷:蒸馏提纯 *	1. 两段式采样管
2. 五氯苯:98% *	a. 滤膜:PTFE 滤膜,13mm,5μm 孔径,无夹层(Millipore,SKC,Inc., 　　或等效的),置于不锈钢滤膜夹中,Swinny - type(Millipore,SKC, 　　或等效的滤膜夹)
3. 1,2,4,5 - 四氯苯:98% *	b. 吸附剂管:玻璃,长 7cm,外径 6.4mm,内径 4mm,带塑料帽,内装前 　　段 100mg/后段 50mg 清洗过的阳离子交换树脂 XAD - 2,中间和两 　　端装填 4mm 硅烷化的玻璃棉,用于隔开和固定两段吸附剂。亦可 　　购买市售采样管(SKC,Inc. 或等效的采样管)
4. 1,2,4 - 三氯苯:99% *	c. 组装:在滤膜夹出口(公鲁尔接头)连接 PTFE 短管(约 1.5″),外径 　　6mm,内径 4mm,用连接软管将吸附剂管连接至滤膜夹的 PTFE 管, 　　用 PTFE 胶带和塑料帽密封滤膜夹入口和吸附剂管出口
5. 标准储备液:100mg/ml。准确称量的 500mg 待测物, 　用正己烷稀释至 5ml,储存于密闭容器中。标准储备 　液的稳定性未确定	2. 个体采样泵:配有连接软管,流量 0.01~0.2L/min
6. 离子交换树脂:XAD - 2,20~50 目。用索氏提取器 　提取 4:1(v/v)的丙酮/甲醇 4 小时,提取正己烷 4 小 　时,在 70~100℃下真空干燥过夜 　注意:在方法评价中,清洗过的空白 XAD - 2 的吸附 　容量高于市售吸附剂管中的 XAD - 2	3. 气相色谱仪:^{63}Ni 电子捕获检测器,积分仪和色谱柱(方法 5517)
	4. 溶剂解吸瓶:带聚四氟乙烯内衬的瓶盖,5ml
	5. 注射器:10μl,精确到 0.1μl
	6. 容量瓶:5ml 和其他规格
	7. 移液管:2ml 和其他规格
	8. 超声波清洗器
	9. 天平:感量 1mg
	10. PTFE 带

特殊防护措施:正己烷(闪点 = -22℃)易燃,应在通风橱中配制和处理样品和标准;氯代苯对皮肤和眼睛刺激作用

注:* 见特殊防护措施。

采样

1. 串联一个有代表性的采样管来校准个体采样泵。

注意:滤膜可测定多氯苯气溶胶的接触程度。若不接触气溶胶,可不用滤膜。

2. 采样前取下采样管的塞子,用软管连接至个体采样泵。

3. 在 0.01~0.2L/min 范围内,以已知流量采集 3~12L 空气样品。

4. 分开滤膜和吸附剂管,均用 PTFE 带及帽密封,包装后运输。

样品处理

5. 将滤膜置于一个溶剂解吸瓶中,将前段吸附剂(包括前端玻璃棉)置于另一溶剂解吸瓶中,将后吸附剂(包括后端玻璃棉)置于第三个溶剂解吸瓶中。

6. 于溶剂解吸瓶中各加入 2.0ml 正己烷,密封。

7. 超声 30 分钟。

8. 用 2~3ml 正己烷清洗滤膜夹内表面,将清洗液倒至 5ml 容量瓶中,用正己烷稀释至刻度。

标准曲线绘制与质量控制

9. 在检测器的线性范围内,配制至少 6 个浓度的标准系列,绘制标准曲线。

a. 逐级稀释标准储备液,配制标准系列。

b. 与样品和空白一起进行分析(步骤 12 和步骤 13)。

c. 以峰面积或峰高对标准系列中待测物浓度(μg/ml)绘制标准曲线。

10. 每批滤膜和吸附剂至少测定一次解吸效率(DE)。在标准曲线范围(步骤 9)内选择 5 个不同浓度,每个浓度测定 3 个样品。另测定 3 个空白采样管和 3 个空白滤膜。

a. 配制已知浓度的正己烷中的待测物溶液。

b. 用微量注射器将已知体积(5μl)的上述溶液直接注射至滤膜上,在 0.2L/min 流量下,用采样管采集 12L 不含待测物的空气。

c. 分开滤膜夹和吸附剂管,密封,放置过夜。

d. 解吸(步骤 5~8)并与标准系列一起进行分析(步骤 12 和步骤 13)。

注意:仅在较高负载量时,滤膜和滤膜夹上有显著的负载量,详见方法评价。

e. 以解吸效率对待测物回收量(μg)绘制解吸效率曲线。解吸效率是滤膜、滤膜夹和吸附剂的回收总量与采集总量的比值。

11. 分析 3 个样品加标质控样和 3 个加标样品,以确保标准曲线和解吸效率曲线在可控范围内。

样品测定

12. 根据仪器说明书和方法 5517 给出的条件设置气相色谱仪。使用溶剂冲洗技术手动进样或自动进样器进样。

注意:在上述条件下,保留时间近似为:1,2,4 - 三氯苯 2.0 分钟,1,2,4,5 - 四氯苯 3.3 分钟,五氯苯 7.5 分钟;若峰面积超出标准曲线的线性范围,用正己烷稀释后重新分析,计算时乘以相应的稀释倍数。

13. 测定峰面积或峰高。

计算

14. 按下式计算空气中待测物的浓度 C(mg/m³):

$$C = \frac{W - B}{V}$$

式中:$W = W_f + W_b$;

　　W_f——滤膜、滤膜夹和前段吸附剂中待测物的含量(μg);

　　W_b——后段吸附剂中待测物的含量(μg);

　　W——现场样品中待测物的总含量(μg);

　　B——空白中待测物的平均含量(μg);

　　V——采样体积(L)。

注意:上式中待测物的含量已用解吸效率校正;若 $W_b > W_f/10$,则表示发生穿透,记录该情况及样品损失量。

方法评价

P&CAM 343 发表于 1981 年 8 月 31 日[2]。在 28～30℃、相对湿度＞80%、用两段式采样管分别采集 1, 2,4 – 三氯苯浓度为 0.002～100mg/m³、1,2,4,5 – 四氯苯浓度为 0.003～31mg/m³、五氯苯浓度为 0.008～22mg/m³ 的空气样品 10～12L，方法 5517[1,2] 测试了采样管的性能。通过由冲击式吸收管采集发生气后进行测定而验证了发生气浓度。平均回收率分别为：1,2,4 – 三氯苯 0.957，1,2,4,5 – 四氯苯 1.014，五氯苯 0.968，在 0.05 显著性水平下有明显偏差。对于 0.02,0.1,0.4,0.5,25,500 微克/样品，平均解吸效率分别为：1,2,4 – 三氯苯 0.908，1,2,4,5 – 四氯苯 0.901，五氯苯 0.917。在 25μg 时，仅五氯苯在滤膜及滤膜夹上有明显的负载量（总体回收量的 4.7%）。而在 500μg 时，保留在滤膜及滤膜夹上的平均含量占总量的比例分别为：1,2,4 – 三氯苯 7.2%，1,2,4,5 – 四氯苯 55.2%，五氯苯 67.9%。即使在 500ng 时，聚丙烯滤膜仍能保留 14% 1,2,4 – 三氯苯，34% 1,2,4,5 – 四氯苯，45% 五氯苯，因此不应使用聚丙烯滤膜。储存几天后保留在滤膜上的待测物仍不能回收。聚苯乙烯滤膜夹不会保留多氯化苯，但不可用 13mm 的聚苯乙烯滤膜。

对于最不稳定的待测物 1,2,4 – 三氯苯，在 40℃、相对湿度＞80%、浓度为 45mg/m³ 下，100mg 吸附剂的吸附容量为 24L。被测试的空气也包含了浓度为 22mg/m³ 的 1,2,4,5 – 四氯苯，浓度为 15mg/m³ 的五氯苯，未测定后两种物质的吸附容量，但应高于 24L。含 35 ng 1,2,4 – 三氯苯、63 ng 1,2,4,5 – 四氯苯、43 ng 五氯苯的 2.5L 样品，在室温下避光储存 13 天后无明显损失。

已简化两段式采样管的安装。

参考文献

[1] Dillon, H. K., and M. L. Bryant. Analytical Methods Evaluation and Validation for 1,2,4 – Trichlorobenzene; 1,2,4, 5 – Tetrachlorobenzene; Pentachlorobenzene; and Polychlorinated Terphenyls: Research Report for 1,2,4 – Trichlorobenzene; 1,2,4,5 – Tetrachlorobenzene; Pentachlorobenzene, NIOSH Contract No. 210 – 79 – 0102, Southern Research Institute, Birmingham, AL (1981).

[2] NIOSH Manual of Analytical Methods, 2nd ed., V. 7, P&CAM 343, U. S. Department of Health and Human Services, Publ. (NIOSH) 82～100 (1982).

方法修订作者

R. Alan Lunsford, Ph. D., NIOSH/DPSE; Data Obtained under NIOSH Contract 210 – 79 – 0102.

表 2 – 33 – 3　性质

名称	熔点 /℃	沸点 /℃	饱和蒸气压(25℃) /mmHg	饱和蒸气压(25℃) /kPa	密度(20℃) /(g/ml)	密度(20℃) (mg/m³/ppm)(常温常压下)
1,2,4 – 三氯苯	16.95	213.5	0.291	0.039	1.454	7.42
1,2,4,5 – 四氯苯	139.5 – 140.5	243 – 246	＜0.1	＜0.0133	1.858[a]	8.83
五氯苯	86	277			0.834[b]	10.23

注：a 固体(22℃)；b 固体(6.5℃)。

表 2 – 33 – 4　准确性

名称	研究范围[a] /(mg/m³)	分析精密度 $\bar{S}_r$	偏差 /%	总体精密度 $\hat{S}_{rT}$	准确度 /±%
1,2,4 – 三氯苯	0.002～100	0.044	– 4.3	0.093	19.3
1,2,4,5 – 四氯苯	0.003～31	0.042	1.4	0.097	19.5
五氯苯	0.008～22	0.057	– 3.2	0.098	19.6

注：a 10L 样品。

异狄氏剂 5519

$C_{12}H_8OCl_6$	相对分子质量:380.93	CAS 号:72-20-8	RTECS 号:IO1575000
方法:5519,第二次修订		方法评价情况:完全评价	第一次修订:1989.5.15 第二次修订:1994.8.15
OSHA:0.1mg/m³(皮) NIOSH:0.1mg/m³(皮);第 I 类农药 ACGIH:0.1mg/m³(皮)		性质:晶体,熔点200℃,245℃下分解,饱和蒸气压0.27×10⁻⁷kPa(2×10⁻⁷mmHg)(25℃)	

英文名称: Endrin; Mendrin; Nendrin; Hexadrin

采样

采样管:滤膜 + 固体吸附剂管(0.8μm 纤维素酯滤膜 + Chromosorb 102,前段 100/后段 50mg)

采样流量:0.5~1L/min

最小采样体积:12L(在 0.1mg/m³ 下)

最大采样体积:400L

运输方法:常规

样品稳定性:至少 1 周(25℃)[1]

样品空白:每批样品 2~10 个

准确性

研究范围:0.06~0.31mg/m³[1,2](120L 样品)

偏差:-0.7%

总体精密度($\hat{S}_{rT}$):0.071[2]

准确度:±13.9%

分析

分析方法:气相色谱法,电子捕获检测器(⁶³Ni)

待测物:异狄氏剂

处理方法:5ml 甲苯,洗脱 15 分钟

进样体积:5μl

气化室温度:175℃

检测器温度:280℃

柱温:160℃

载气:95% 氩气/5% 甲烷(60ml/min)

色谱柱:2m×4mm(内径),玻璃柱;填充 100~120 目 Chromosorb Q,其上涂渍 3% OV-1

定量标准:甲苯中的异狄氏剂溶液

测定范围:每份样品 1.2~36μg[2]

估算检出限:每份样品 0.02μg[1]

精密度($\bar{S}_r$):0.016(每份样品 1.2~24.5μg)[1]

适用范围:采样体积为 120L 时,测定范围是 0.01~0.33mg/m³。如果解吸效率能够满足要求,则可检测更低的浓度。用毛细管色谱柱如 DB-1,可提高分离度和灵敏度

干扰因素:未确定

其他方法:本法为 Hill 和 Arnold[3] 的方法的修订版,并代替了 NIOSH 方法 S284[2]

试剂

1. 甲苯:ACS 试剂级或更高
2. 正己烷:ACS 试剂级或更高
3. 二甲苯:ACS 试剂级或更高
4. 异狄氏剂*
5. 标准储存液:3mg/ml。于 1ml 二甲苯中,溶解 30mg 异狄氏剂,用正己烷稀释至 10ml
6. 95% 氩气/5% 甲烷混合物:净化

仪器

1. 采样管:37mm,0.8μm 孔径,纤维素酯滤膜,由不锈钢网支撑,置于滤膜夹中。后接玻璃管,长 7cm,外径 8mm,内径 6mm,熔封,带塑料帽,内装 20~40 目 Chromosorb 102(前段 100mg/后段 50mg),由 3mm 硅烷化玻璃棉隔开。空气流量为 1L/min 时,采样管阻力必须低于 3.4kPa,亦可购买市售采样管(SKC #226-49-20-102 或等效的采样管)
2. 个体采样泵:配有连接软管,流量 0.5~1L/min
3. 气相色谱仪:电子捕获检测器,积分仪与色谱柱(方法 5519)
4. 闪烁瓶:玻璃,带 PTFE 内衬的瓶盖,20ml
5. 注射器:10μl,精确到 0.1μl
6. 容量瓶:10ml
7. 三角锉刀
8. 移液管:5ml 和 10ml
9. 镊子

特殊防护措施:异狄氏剂可经皮吸收;操作该化合物时必须佩戴手套和防护眼镜,避免直接接触;在通风橱内操作所有化学品和有机溶剂

注:* 见特殊防护措施。

采样

1. 串联一个有代表性的采样管来校准个体采样泵。

2. 采样前折断采样管两端,用短管将 Chromosorb 采样管与滤膜夹连接,再用软管将采样管出口连接至采样泵。

3. 在 0.5~1L/min 范围内,以已知流量采集 12~400L 空气样品。

4. 从采样管中取下滤膜夹,用镊子小心将滤膜从滤膜夹移至干净的闪烁瓶中,重新安装滤膜夹并封住入口和出口。

5. 在 Chromosorb 采样管前段吸附剂的前端处刻痕,并沿刻痕处折断采样管,将前段吸附剂(较大)和玻璃棉移至有滤膜的闪烁瓶中。

6. 密封仍有后段吸附剂的采样管两端,与闪烁瓶一起运输。

7. 将待测物定性样品放入闪烁瓶中,与现场样品分开包装并运输。

样品处理

8. 将后段吸附剂和玻璃棉移至干净的闪烁瓶中。

9. 于每个闪烁瓶中,加入 5.0ml 甲苯(一个闪烁瓶中为滤膜 + 前段吸附剂,另一闪烁瓶中为后段吸附剂)。密封。放置 15 分钟,不时振摇。

10. 按照以下步骤清洗滤膜夹:于干净闪烁瓶中,移取 10.0ml 正己烷,在液面处做好标识;倒掉正己烷并干燥;将滤膜夹的底部放入已标识过的闪烁瓶中;将滤膜夹顶部反转,并将其置于滤膜夹底部上方;用干净的镊子夹住金属网,用 10.0ml 正己烷冲洗金属网,让冲洗液经滤膜夹顶部流过,至滤膜夹底部,进入已标识的闪烁瓶中;用干净的一次性移液管将清洗滤膜夹的洗液全部转移至标记的闪烁瓶中,用正己烷稀释至刻度,立即密封。

注意:处理后 24 小时内应进行分析。

标准曲线绘制与质量控制

11. 在测定范围内,配制至少 6 个浓度的标准系列,绘制标准曲线。

a. 于 10ml 容量瓶中加入适量甲苯,再加入已知量的标准储备液,最后用甲苯稀释至刻度。逐级稀释,配制异狄氏剂浓度范围为 0.004~7μg/ml 的标准系列。

b. 将标准系列和空白(一式两份)一起进行分析(步骤 14~16)。

c. 以峰面积对异狄氏剂含量(μg)绘制标准曲线。每分析 10 个样品后,再分析 2 个标准溶液,以检查标准曲线的有效性。

12. 每批滤膜和 Chromosorb 102 至少测定一次回收率,选择 5 个不同浓度,每个浓度测定 4 个样品,另测定 3 个介质空白。

a. 将纤维素酯膜滤膜和 100mg Chromosorb 102 置于闪烁瓶中。

b. 用微量注射器将准储备液加标至滤膜及 Chromosorb 102 上。制备采样介质空白。

c. 密封,放置过夜。

d. 分析,以总回收率对异狄氏剂含量(μg)绘制回收率曲线。

13. 每组样品在 2 个不同浓度下检查回收率,如果检查出回收率曲线不在 5% 范围内,重新绘制回收率曲线。

样品测定

14. 根据方法 5519 给出的条件设置气相色谱仪。

15. 使用溶剂冲洗技术或自动进样器进样,进样体积为 5μl。重复进样样品和标准。

注意:在上述条件下,异狄氏剂的保留时间约为 5 分钟。

16. 测定峰面积。

计算

17. 按下式计算空气中待测物的浓度 $C(mg/m^3)$:

$$C = \frac{W_1 + W_2 + F - B_1 - B_2}{V}$$

式中：W_1——样品 Chromosorb 102 管前段吸附剂（包括玻璃棉）中异狄氏剂的含量（μg）；

　　　W_2——样品 Chromosorb 102 管后段吸附剂中异狄氏剂的含量（μg）；

　　　F——金属网和滤膜夹冲洗液中异狄氏剂的含量（μg）；

　　　B_1——介质空白滤膜前段吸附剂中异狄氏剂的平均含量（μg）；

　　　B_2——介质空白滤膜后段吸附剂中异狄氏剂的平均含量（μg）；

　　　V ——采样体积（L）。

注意：上式中待测物的含量已用解吸效率校正；若 $W_2 > W_1 + F/10$，则表示发生穿透，记录该情况及样品损失量。

方法评价

方法 S284 发表于 1979 年 7 月 8 日[1,2,4]。在 25℃、760mmHg 下进行发生气，用于动态发生气的物质是：1.6 EC，Velsicol Chemical Corporation。在每份样品 28～33μg 范围内，采样效率接近于 1.00。吸附剂管的分析回收率（在每份样品 1.2～6.1μg 范围内）和滤膜的分析回收率（在每份样品 6.1～24.5μg 范围内）均为 99%，滤膜和吸附剂管的总体精密度为 0.016。在采样流量约 1L/min，采集异狄氏剂浓度为 0.257mg/m³ 的空气样品，采集 240 分钟后未发现明显穿透。样品在室温储存一周并以甲苯洗脱的回收率为 96%～100%，总体精密度 $\hat{S}_{rT}$ 为 0.07，无明显的偏差。

参考文献

[1] NIOSH Backup Data Report S284 (July 8, 1979).

[2] NIOSH Manual of Analytical Methods, 2nd. ed., V. 6, S284, U. S. Department of Health and Human Services, Publ. (NIOSH) 80 – 125 (1980).

[3] Hill, R. H. and J. E. Arnold., "A Personal Air Sampler for Pesticides", Arch. Environ. Contam. Toxicol., 8, 621 – 628 (1979).

[4] NIOSH Research Report – Development and Validation of Methods for Sampling and Analysis of Workplace Toxic Substances, U. S. Department of Health and Human Services, Publ. (NIOSH) 80 – 133 (1980).

方法修订作者

Gangadhar Choudhary, Ph. D., ATSDR; S284 Originally Validated under NIOSH Contract No. 210 – 76 – 0123.

有机磷农药 5600

分子式：见表 2 – 33 – 5	相对分子质量：见表 2 – 33 – 5	CAS 号：见表 2 – 33 – 5	RTECS 号：见表 2 – 33 – 5
方法：5600，第一次修订		方法评价情况：完全评价	第一次修订：1994.8.15
OSHA：见表 2 – 33 – 6 NIOSH：见表 2 – 33 – 6 ACGIH：见表 2 – 33 – 6		性质：见表 2 – 33 – 7	

英文名称：见表 2 – 33 – 8

采样

采样管:滤膜/固体吸附剂管(OVS-2管:13mm石英滤膜;XAD-2,前段270mg/后段140mg)

采样流量:0.2~1L/min

最小采样体积:12L

最大采样体积:240L;60L(马拉硫磷,皮蝇磷)

运输方法:密封采样管两端

样品稳定性:至少10天(25℃);至少30天(0℃)

样品空白:每批样品2~10个

准确性

研究范围:见表2-33-9,A列

准确度:见表2-33-9,B列

偏差:见表2-33-9,C列

总体精密度($\hat{S}_{rT}$):见表2-33-9,D列

分析

分析方法:气相色谱法;火焰光度检测器

待测物:有机磷农药,见表2-33-5

处理方法:2ml 90%甲苯/10%丙酮溶液

进样体积:1~2μl

气化室温度:240℃

检测器温度:180~215℃(根据仪器说明书)

柱温:见表2-33-10

载气:氮气(15 p.s.i.)(104kPa)

色谱柱:熔融石英毛细管柱;见表2-33-10

检测器:FPD(磷模式)

定量标准:甲苯中的有机磷化合物标准溶液

测定范围:见表2-33-11,C列

估算检出限:见表2-33-11,F列

精密度($\bar{S}_r$):见表2-33-9,E列

适用范围:测定范围列于表2-33-9,覆盖1/10~2倍的OSHA PEL。采样体积为12L时,本法亦适用于STEL的测定。在评价解吸效率、采样能力、样品稳定性、精密度及准确度后,本法可用于测定其他有机磷化合物

干扰因素:一些有机磷化合物可与待测物或者内标物一起洗脱出来,造成积分误差。这些包括其他农药(表2-33-12),和以下物质:磷酸三丁酯(增塑剂),三-(2-丁氧基乙基)磷酸酯(某些橡胶塞用的增塑剂),磷酸三甲苯酯(石油添加剂、液压油、增塑剂、阻燃剂和溶剂)和磷酸三苯酯(塑料中的增塑剂和阻燃剂,涂料和屋顶纸)

其他方法:本法替代了以前的有机磷农药方法,表2-33-13已列出部分方法;OVS-2管在概念上与Hill and Arnold设备类似[11],但更便捷,流动阻力更低

试剂

1. 有机磷待测物,在表2-33-5中列出。(可选)磷酸三苯酯,分析标准纯

2. 甲苯:农药分析纯

3. 丙酮:ACS级或更好

4. 解吸溶剂:于500ml容量瓶中加入50ml丙酮。用甲苯稀释至刻度

   注意:作为可选择的内标物,于500ml解吸溶剂中加入1ml 5mg/ml的甲苯中磷酸三苯酯溶液

5. 有机磷储备液:10mg/ml。于90/10甲苯/丙酮(v/v)中,分别配制各种农药的标准储备液,表2-33-5中所有农药均可溶解度至少10mg/ml

6. 加标溶液,用于绘制标准曲线(步骤9);加标介质(步骤10~11)

   注意:加标溶液应可能含多种待测物

7. 加标溶液SS-1:用10ml甲苯或90/10甲苯/丙酮稀释表2-33-14 F列中列出的标准储备液

8. 加标溶液SS-2:于10ml容量瓶中用甲苯稀释1ml SS-1溶液

9. 氮气:高纯

10. 氢气:净化

11. 干燥的空气:净化

12. 氧气(如果检测器模式需要):净化

13. 氮气:高纯

仪器

1. 采样管:玻璃管,11mm(内径)×13mm(外径)×50mm(长),尾接6mm(外径)×25mm(长)的管;粗管部分前段内装270mg 20~60目XAD-2吸附剂或等效吸附剂,用9~10mm(外径)的石英纤维滤膜和聚四氟乙烯(PTFE)压环固定到位;中间用短聚氨酯泡沫隔开;后段内装140mg XAD-2吸附剂或等效吸附剂,用一段较长的聚氨酯泡沫固定到位;亦可购买市售OVS-2采样管,详见图2-33-3

   注意:一些OVS-2采样管内装玻璃纤维滤膜,详见OSHA方法(表2-33-13)。但这些采样管不适用于极性更强的待测物(酰胺、磷酰胺、亚砜,表2-33-15)。使用玻璃纤维滤膜,马拉硫磷的回收率可能更低或不稳定

2. 个体采样泵:配有连接软管,最好是硅胶、聚乙烯或PTFE管,流量0.2~1L/min

3. 溶剂解吸瓶:4ml,带聚四氟乙烯内衬的瓶盖;2ml GC自动进样瓶,带聚四氟乙烯内衬的压紧盖

4. 气相色谱仪:火焰光度检测器(磷模式,525nm滤光片),积分仪和色谱柱(表2-33-10)

5. 注射器:5,10,50,100ml,用于配制标准溶液和GC进样

6. 容量瓶:2,10,500ml

7. 镊子

8. GC自动进样瓶压盖器

9. 小型超声波清洗器

特殊防护措施:有机磷化合物都是高毒的;必须特别注意,避免吸入或皮肤接触;进行纯物质操作时,应戴手套,穿合适的防护服[13-17];甲苯易燃,有毒;丙酮具有高易燃性;所有样品的配制和处理操作均应在通风良好的通风橱中进行

注:* 见特殊防护措施。

采样

1. 串联一个有代表性的采样管来校准个体采样泵。

2. 用软管将采样管连接到个体采样泵。采样管应垂直放置在劳动者的呼吸带,且粗管端朝下,此种方式不妨碍采样对象的工作[4,12]。

3. 在 0.2 ~ 1L/min 范围内,以已知流量采集 12 ~ 240L 空气样品。

4. 用塑料帽密封采样管,包装后运输。

样品处理

5. 除去粗管端的帽和 PTFE 压环;将滤膜和前段 XAD - 2 吸附剂移至 4ml 溶剂解吸瓶内。将短聚氨酯泡沫和后段 XAD - 2 吸附剂移至另一个 4ml 溶剂解吸瓶中。

6. 于每个溶剂解吸瓶中,用 5ml 注射器或 2ml 移液管分别加入 2ml 解吸溶剂。密封溶剂解吸瓶。

7. 静置 30 分钟。浸没溶剂解吸瓶 15mm,超声 30 分钟。或者,将溶剂解吸瓶放入振摇器中振摇 1 小时。

8. 从 4ml 溶剂解吸瓶中移出 1 ~ 1.5ml 溶液至干净的 2ml GC 自动进样瓶中,密封并贴上标签。

标准曲线绘制与质量控制

9. 在各待测物的测定范围内,配制至少 6 个浓度的标准系列,绘制标准曲线。

a. 于 2ml 容量瓶内,加入适量解吸溶剂,再加入已知量的加标溶液(依据表 2 - 33 - 15 所列 SS - 1 或 SS - 2),最后用解吸溶剂稀释至刻度。

注意:如果使用含内标物的解吸溶剂,为了调节加标溶液至特定的体积,必须在小的氮气流下将容量瓶中精确的 2ml 解吸溶剂稍微浓缩。加入加标溶液至浓缩后的解吸溶剂中,以甲苯或 90/10 甲苯/丙酮稀释至 2ml 刻度。

b. 配制未加标的解吸溶剂作为标准空白。

c. 与现场样品、样品空白和实验室对照样品一起进行分析(步骤 12 ~ 13)。

d. 以峰面积对待测物含量(μg)绘制标准曲线。如使用内标物(IS),则以待测物峰面积与内标物峰面积的比值对待测物含量(μg)绘制标准曲线。

10. 每批样品配制实验室对照样品(LCS),一式两份。

a. 除去采样管粗管端的帽,将 30μl 加标溶液 SS - 1 涂在石英纤维滤膜表面。密封,静置至少 1 小时。样品一到就配制,在分析前与现场样品一起储存。

b. 含未加入标准样品的采样管作为介质空白。

c. 与现场样品、空白和标准系列一起进行分析(步骤 12 ~ 16)。

11. 将本法推广至其他有机磷化合物时,按照以下步骤测定最小解吸效率。

a. 测定 NIOSH REL,OSHA PEL,ACGIH TLV,mg/m³。

b. 配制加标溶液 SS - 1(参见表 2 - 33 - 15,或使用如下公式,其为具体计算 10ml 甲苯/丙酮 90:10 中待测物含量的公式)。

对于 REL > 1mg/m³(假设采样体积为 12L),W = REL×4m³;对于 REL ≤ 1mg/m³(假设采样体积为 120L),W = REL×40m³;W 为溶于 10ml 解吸溶剂中的待测物含量(mg)。

[SS - 1] = W/10ml,[SS - 1]为加标溶液 SS - 1 的浓度(mg/ml);[SS - 2] = [SS - 1] ×0.1,[SS - 2]为加标溶液 SS - 2 的浓度。

c. 选择 5 个不同浓度,每个浓度测定 3 个样品。另测定 3 个空白采样管。用表 2 - 33 - 15 第Ⅱ部分第 20 条计算每个浓度。

i. 除去采样管粗管端的帽,根据表 2 - 33 - 15 第Ⅰ部分,将一定体积的加标溶液涂至石英纤维滤膜表面。

ii. 封闭采样管,放置过夜。

d. 处理采样管,以备分析(步骤 5 ~ 8)。

e. 与液体标准一起进行分析(步骤 12 ~ 13)。

f. 以解吸效率(DE)对待测物量(μg)绘制解吸效率曲线。

g. 6 个平行样品可接受的解吸效率标准为:平均回收率 >75% ,标准偏差 < ±9% 。

样品测定

12. 根据仪器说明书、表 2 – 33 – 10 中列出的条件和方法 5600 给出的条件设置气相色谱仪。使用溶剂冲洗技术手动进样或自动进样器进样。选定待测物的保留时间见表 2 – 33 – 11 。

注意:若峰面积超出标准曲线的线性范围,用解吸溶剂或含内标物的解吸溶剂稀释后重新分析,计算时乘以相应的稀释倍数。

13. 测定待测物和内标物的峰面积。

计算

14. 按下式计算空气中待测物的浓度 C(mg/m³) :

$$C = \frac{W_f + W_b - B_f - B_b}{V}$$

式中:W_f——样品采样管前段吸附部分中各待测物的含量(μg) ;

W_b——样品采样管后段吸附部分中各待测物的含量(μg) ;

B_f——空白采样管前段吸附部分中各待测物的平均含量(μg) ;

B_b——空白采样管后段吸附部分中各待测物的平均含量(μg) ;

V ——采样体积(L) 。

注意:上式中待测物的含量均已用解吸效率校正;前段吸附部分包括滤膜;若 $W_b > W_f/10$,则表示发生穿透,记录该情况及样品损失量。

定性

15. 每当需测定某待测物且该待测物尚未定性时,可通过另一根不同极性的色谱柱定性分析而进行确认。如果使用非极性或弱极性色谱柱(DB – 1 或 DB – 5)进行初步分析,须再用极性色谱柱(DB – 1701 或 DB – 210)进行定性分析确认。每种色谱柱的近似保留时间详见表 2 – 33 – 11 。DB – 210 比 DB – 1701 有更少的待测物共同洗脱出来。相对保留时间更便于进行未知待测物的定性分析。如果对硫磷没有作为保留时间参考化合物,可使用其他相关的化合物,如磷酸三丁酯、皮蝇磷或磷酸三苯酯。

方法评价

在 25℃ 、240L 采样体积、表 2 – 33 – 9 所列出的范围的条件下,本法已经过评价。本法在分别 15% 和 80% 相对湿度,10℃ 和 30℃ 时,测试了采样管。测试中,未发生测试气体,而使用在采样滤膜表面加待测物,然后以 1L/min 流量通入调节后的空气 4 小时,从而制成样品。在任何湿度/温度组合的条件下,采样管性能未发现明显不同。在 30℃ 、15% 相对湿度下评价了采样管的精密度和稳定性。采样和分析的总体精密度、偏差、准确度、长时间储存后的平均回收率列于表 2 – 33 – 9 中。在采样管上加标相当于 4 倍 NIOSH REL 的待测物,并以 1L/min 流量采集空气 12 小时后,未发生穿透。在 1/40 × REL 下测定了马拉硫磷和皮蝇磷,在 1/20 × REL 下测定了硫丙磷[详见表 2 – 33 – 9,注意(4)]。符合所有标准[9]。

参考文献

[1] Sweet, D. V. , Ed. , Registry of Toxic Effects of Chemical Substances, DHHS (NIOSH) Publ. No. 87 – 114 (1987).

[2] Merck Index, 11th ed. , S. Budavari, Ed. , Merck and Co. , Rahway, NJ (1989).

[3] Farm Chemicals Handbook, Meister Publishing Co. , Willoughby, OH (1991).

[4] OSHA Stopgap Methods for Individual Organophosphorus Pesticides (Refer to by Compound Name), Carcinogen and Pesticide Branch, OSHA Analytical Laboratory, Salt Lake City, UT.

[5] NIOSH Recommendations for Occupational Safety and Health, DHHS (NIOSH) Publ. No. 92 ~ 100 (1992).

[6] NIOSH Pocket Guide to Chemical Hazards, U. S. Dept. of Health and Human Services, (NIOSH) Publ. No. 90 – 117 (1990).

[7] NIOSH Manual of Analytical Methods, 2nd ed. , v. 1, P & CAM 158; v. 3, S208, S209, S210, S285, S295, and S370; v. 5, P & CAM 295; v. 6, P & CAM 336, S280, S296, and S299, U. S. Dept. Health, Education, and Welfare, (NIOSH) Publ. 77 – 157 – C (1977).

[8] NIOSH Manual of Analytical Methods, 3rd. ed. , Methods 2503, 2504, 5012, and 5514, U. S. Dept. Of Health and Hu-

man Services, (NIOSH) Publ. 84 – 100 (1984)

[9] Backup Data Report for Organophosphorus Pesticides, Prepared under NIOSH Contract 200 – 88 – 2618 (unpublished, 1992).

[10] J & W Catalog of High Resolution Chromatography Products, 1991.

[11] Hill, Robert H., Jr., and James E. Arnold. A Personal Air Sampler for Pesticides, Arch. Environ. Contam. Toxicol., 8, 621 – 628 (1979).

[12] OSHA Method 62, OSHA Analytical Methods Manual, Carcinogen and Pesticide Branch, OSHA Analytical Laboratory, Salt Lake City, UT.

[13] Criteria for a Recommended Standard⋯Occupational Exposure to Malathion, U.S. Dept. Health, Education, and Welfare, (NIOSH) Publ. 76 – 205 (1976).

[14] Criteria for a Recommended Standard⋯Occupational Exposure to Parathion, U.S. Dept. Health, Education, and Welfare, (NIOSH) Publ. 76 – 190 (1976).

[15] Criteria for a Recommended Standard⋯Occupational Exposure to Methyl Parathion, U.S. Dept. Health, Education, and Welfare, (NIOSH) Publ. 77 – 106 (1976).

[16] Criteria for a Recommended Standard⋯Occupational Exposure During the Manufacture and Formulation of Pesticides, U.S. Dept. Health, Education, and Welfare, (NIOSH) Publ. 78 – 174 (1978).

[17] Occupational Exposure to Pesticides⋯Report to the Federal Working Group on Pest Management from the Task Group on Occupational Exposure to Pesticides; Federal Working Group on Pest Management, Washington, D.C., January 1974, U.S. Govt. Printing Office: 1975 0 – 551 – 026.

[18] 1993—1994 Threshold Limit Values for Chemical Substances and Physical Agents, American Conference of Governmental Industrial Hygienists, Cincinnati, OH (1993).

方法作者

John M. Reynolds and Don C. Wickman, DataChem Laboratories, Salt Lake City, UT.

表 2 – 33 – 5　分子式与登记号

化合物 （按字母顺序）	相对分子质量[1]	经验分子式	结构式	CAS 号[2,3,4]	RTECS 号[2]
1. 谷硫磷 Azinphos methyl	317.32	$C_{10}H_{12}N_3O_3PS_2$	$(CH_3O)_2P(=S)SCH_2(C_7H_4N_3O)$	86 – 50 – 0	TE1925000
2. 毒死蜱 Chlorpyrifos	350.58	$C_9H_{11}C_{l3}NO_3PS$	$(C_2H_5O)_2P(=S)O(C_5HN)Cl_3$	2921 – 88 – 2	TF6300000
3. 二嗪磷 Diazinon	304.34	$C_{12}H_{21}N_2O_3PS$	$(C_2H_5O)_2P(=S)O(C_4HN_2)(CH_3)CH(CH_3)_2$	333 – 41 – 5	TF3325000
4. 百治磷 Dicrotophos	237.19	$C_8H_{16}NO_5P$	$(CH_3O)_2P(=O)OC(CH_3)=CHC(=O)N(CH_3)_2$	141 – 66 – 2	TC3850000
5. 乙拌磷 Disulfoton	274.39	$C_8H_{19}O_2PS_3$	$(C_2H_5O)_2P(=S)S(CH_2)_2SC_2H_5$	298 – 04 – 4	TD9275000
6. 乙硫磷 Ethion	384.46	$C_9H_{22}O_4P_2S_4$	$(C2H_5O)_2P(=S)S]_2CH_2$	563 ~ 12 – 2	TE4550000
7. 灭克磷 Ethoprop	242.33	$C_8H_{19}O_2PS_2$	$(C_3H_7S)_2P(=O)OC_2H_5$	13194 – 48 – 4	TE4025000
8. 苯线磷 Fenamiphos	303.36	$C_{13}H_{22}NO_3PS$	$(CH_3)_2CHNHP(=O)(O[C_2H_5])O(C_6H_3)(CH_3)SCH_3$	22224 – 92 – 6	TB3675000

续表

化合物 （按字母顺序）	相对分子质量[1]	经验分子式	结构式	CAS 号[2,3,4]	RTECS 号[2]
9. 地虫磷 Fonofos	246.32	$C_{10}H_{15}OPS_2$	$C_2H_5OP(C_2H_5)(=S)S(C_6H_5)$	944 – 22 – 9	TA5950000
10. 马拉硫磷 Malathion	330.35	$C_{10}H_{19}O_6PS2$	$(CH_3O)_2P(=S)SCH[C(=O)OC_2H_5]$ $CH_2C(=O)OC_2H_5$	121 – 75 – 5	WM8400000
11. 甲胺磷 Methamidophos	141.12	$C_2H_8O_2PS$	$CH_3OP(=O)(NH_2)SCH_3$	10265 – 92 – 6	TB4970000
12. 甲基对硫磷 Methyl parathion	263.20	$C_8H_{10}NO_5PS$	$(CH_3O)_2P(=S)O(C_6H_4)NO_2$	298 – 00 – 0	TG0175000
13. 速灭磷（E） Mevinphos（E）	224.15	$C_7H_{13}O_6P$	$(CH_3O)_2P(=O)OC(CH_3)=CHC(=$ $O)OCH_3$	298 – 01 – 1[2]	GQ5250100
速灭磷（E&Z） Mevinphos（E & Z）				7786 – 34 – 7[3,4]	GQ5250000
14. 久效磷（Z） Monocrotophos（Z）	223.17	$C_7H_{14}NO_5P$	$(CH_3O)_2P(=O)OC(CH_3)=CHC(=$ $O)NHCH_3$	919 – 44 – 8[2]	TC4981100
久效磷（E） Monocrotophos（E）				6923 – 22 – 4[3,4]	TC4375000
15. 对硫磷 Parathion	291.26	$C_{10}H_{14}NO_5PS$	$(C_2H_5O)_2P(=S)O(C_6H_4)NO_2$	56 – 38 – 2	TF4550000
16. 甲拌磷 Phorate	260.36	$C_7H_{17}O_2PS_3$	$(C_2H_5O)_2P(=S)SCH_2SC_2H_5$	298 – 02 – 2	TD9450000
17. 皮蝇磷 Ronnel	321.54	$C_8H_8C_xO_3PS$	$(CH_3O)_2P(=S)O(C_6H_2)Cl_3$	299 – 84 – 3	TG0525000
18. 硫丙磷 Sulprofos	322.43	$C_{12}H_{19}O_2PS_3$	$C_2H_5OP(S[C_3H_7])(=S)O$ $(C_6H_4)SCH_3$	35400 – 43 – 2	TE4165000
19. 特丁磷 Terbufos	288.42	$C_9H_{21}O_2PS_3$	$(C_2H_5O)_2P(=S)SCH_2SC(CH_3)_3$	13071 – 79 – 9	TD7740000

注：（1）相对分子质量 使用 1979 年 IUPAC 元素原子量,按照经验分子式计算;（2）RTECS—NIOSH 化学物质毒性数据库[1];（3）默克索引[2];（4）农业化学品手册[3]。

表 2 – 33 – 6　毒性和最大接触限值

化合物 （按字母顺序）	LD_{50}[1]	OSHA PEL[4]	NIOSH REL[5]		ACGIH TLV		STEL
	/(mg/kg)	/(mg/m³)	/(mg/m³)	/(ppm)	/(mg/m³)		/(mg/m³)
1. 谷硫磷	11f	0.20	0.20	0.015	0.20	皮	
2. 毒死蜱	145	0.20	0.20	0.014	0.20	皮	0.60[5]
3. 二嗪磷	250m,285f	0.10	0.10	0.008	0.10	皮	
4. 百治磷	16f,21m	0.25	0.25	0.026	0.25	皮	
5. 乙拌磷	2.3f,6.8m	0.10	0.10	0.009	0.10[3]	皮	
6. 乙硫磷	27f,65m	0.40	0.40	0.025	0.40	皮	
7. 灭克磷	61.5[2]						

续表

化合物 （按字母顺序）	LD₅₀[1] /(mg/kg)	OSHA PEL[4] /(mg/m³)	NIOSH REL[5] /(mg/m³)	/(ppm)	ACGIH TLV /(mg/m³)		STEL /(mg/m³)
8. 苯线磷	10	0.10	0.10	0.008	0.10	皮	
9. 地虫磷	3f,13m[3]	0.10	0.10	0.010	0.10	皮	
10. 马拉硫磷	1000f,1375m	10.00	10.00	0.740	10.00	皮	
11. 甲胺磷	25m,27f						
12. 甲基对硫磷	14m,24f	0.20	0.20	0.019	0.20	皮	
13. 速灭磷	3.7f,6.1m	0.10	0.10	0.011	0.10	皮	0.27[6]
14. 久效磷	17m,20f	0.25	0.25	0.027	0.25[3]	皮	
15. 对硫磷	3.6f,13m	0.10	0.05	0.004	0.10	皮	
16. 甲拌磷	1.1f,2.3m	0.05	0.05	0.005	0.05	皮	0.2[5,6]
17. 皮蝇磷	1250m,2630f	10.00	10.00	0.760	10.00	皮	
18. 硫丙磷	227	1.00	1.00	0.076	1.00[3]	皮	
19. 特丁磷	1.6~4.5m,9.0f						

注:(1)鼠－经口,来自默克索引,除非另有说明,f—女性,m—男性[2];(2)农业化学品手册[3];(3)RTECS[1];(4)OSHA 最终规则,1989 年(非强制执行,1992 年),仅马拉硫磷和对硫磷有以前的 PELs;(5)NIOSH 职业安全和健康推荐值[5];(6)ACGIH[18]。

表 2-33-7　物理性质[1]

化合物 （按字母顺序）	液体密度 /(g/ml)	熔点 /℃	沸点 /℃(mmHg)	/Pa	饱和蒸气压 /mmHg(℃)		水溶性 /(mg/L,20℃)
1. 谷硫磷	1.440	73~74	不稳定>200	0.00018	1.35×10⁻⁶	20[3]	30[8]
2. 毒死蜱	未发现	41~42	—	0.00250	1.87×10⁻⁵	25	—
3. 二嗪磷	1.116~1.118	液体	分解>120	0.01900	1.4×10⁻⁴	20	40
4. 百治磷	1.216	液体	400(760)		未发现		混溶
5. 乙拌磷	1.144	油	—	0.02400	1.8×10⁻⁴	20	难溶
				0.00740	5.4×10⁻⁵	20[3]	不溶[3]
6. 乙硫磷	1.220	-12~-13		0.00020	1.5×10⁻⁶		微溶
7. 灭克磷	1.094	油		0.04700	3.5×10⁻⁴	26	750
8. 苯线磷	未发现	49	—	0.00012	9×10⁻⁷	20[3]	329
9. 地虫磷	1.160	液体			未发现		13[7]
10. 马拉硫磷	1.230	2.9	156(0.7)[6]	0.00500	4×10⁻⁵	30[6]	145
11. 甲胺磷	1.310	54	—	0.04000	3×10⁻⁴	30	可溶
				0.00230	1.7×10⁻⁵	20[3]	—
12. 甲基对硫磷	1.358	37~38		0.00020	1.5×10⁻⁶	20[3]	50
13. 速灭磷	1.250	20.6[4]	325(760)[4]	0.40000	3×10⁻³	20[4]	混溶
				0.29000	2.2×10⁻³	20[7]	—
14. 久效磷	未发现	54~55[5]	—	0.00090	7×10⁻⁶	20	混溶
15. 对硫磷	1.260	6	375(760)	0.00500	3.78×10⁻⁵	20[6]	20
				0.00089	6.7×10⁻⁶	20[3]	10[8]
16. 甲拌磷	1.156	液体	118~120(2.0)[3]	0.11000	8.4×10⁻⁴	20	50
17. 皮蝇磷	比重1.480[2]	41	—	0.10000	8×10⁻⁴	25	40(25℃)
18. 硫丙磷	1.200	液体	210(0.1)[6]	<0.00010	<10⁻⁶	20[3]	难溶[3]
19. 特丁磷	1.105	-29.2			未发现		10~15

注:(1)来自默克索引,除非另有说明[2];(2)皮蝇磷的 NIOSH 方法 S 299(第二版)[7];(3)农业化学品手册[3];(4)速灭磷 NIOSH 方法 2503(第三版)[8];(5)54~55℃纯物质,25~30℃混合物;(6)NIOSH 方法 5012(第三版)(EPN、马拉硫磷、对硫磷)[8];(7)OSHA 试行方法(详见具体的分析方法)[4];(8)NIOSH 袖珍指南[6]。

表 2 – 33 – 8 英文名称

化合物[1] （按字母顺序）	其他英文名称[2]	CAS 名
1. 谷硫磷	Guthion *	Phosphorodithioic acid, O,O – dimethyl S – [（4 – oxo – 1,2,3 – benzotriazin – 3（4H）– yl）methyl] ester
2. 毒死蜱	Dursban *	Phosphorothioic acid, O,O – diethyl O –（3,5,6 – trichloro – 2 – pyridinyl）ester
3. 二嗪磷	Spectracide *	Phosphorothioic acid, O,O – diethyl O – [6 – methyl – 2 –（1 – methylethyl）– 4 – pyrimidinyl] ester
4. 百治磷	Bidrin *	Phosphoric acid, 3 –（dimethylamino）– 1 – methyl – 3 – oxo – 1 – propenyl dimethyl ester, Phosphoric acid, dimethyl ester, ester with cis – 3 – hydroxy – N,N – dimethyl crotonamide[4]
5. 乙拌磷	Di – Syston *	Phosphorodithioic acid, O,O – diethyl S – [2 –（ethylthio）ethyl] ester
6. 乙硫磷		Phosphorodithioic acid, S,S' – methylene O,O,O,'O' – tetraethyl ester O,O,O' – O' – Tetraethyl S,S' – methylene di – phosphorodithioate[4]
7. 灭克磷	Prophos *	Phosphorodithioic acid, O – ethyl S,S – dipropyl ester
8. 苯线磷	Nemacur *, Phenamiphos[1]	（1 – Methylethyl）phosphoramidic acid, ethyl 3 – methyl – 4 –（methylthio）phenyl ester Phosphoramidic acid, isopropyl – , 4 –（methylthio）– m – tolyl ethyl ester[4]
9. 地虫磷	Dyfonate *	Ethyl phosphonodithioic acid, O – ethyl, S – phenyl ester Phosphonodithioic acid, ethyl – , O – ethyl, S – phenyl ester[4]
10. 马拉硫磷	Cython *	[（Dimethoxyphosphinothioyl）thio] butanedioic acid diethyl ester Succinic acid, mercapto – , diethyl ester S – ester with O,O – dimethyl phosphorodithioate[4]
11. 甲胺磷	Monitor *	Phosphoramidothioic acid, O,S – dimethyl ester
12. 甲基对硫磷	Parathion Methyl[1]	Phosphorothioic acid, O,O – dimethyl O – [4 – nitrophenyl] ester
13. 速灭磷	Phosdrin *	3 – [（Dimethyoxyphosphinyl）oxy] – 2 – butenoic acid methyl ester Crotonic acid, 3 – hydroxy – , methyl ester dimethyl phosphate[4]
14. 久效磷	Azodrin *	Phosphoric acid, dimethyl [1 – methyl – 3 –（methylamino）– 3 – oxo – 1 – propenyl] ester Phosphoric acid, dimethyl ester ester with（E）– 3 – hydroxy – N – methylcrotonamide[4]
15. 对硫磷	EthylParathion[1]	Phosphorothioic acid, O,O – diethyl O –（4 – nitrophenyl）ester
16. 甲拌磷	Thimet *	Phosphorodithioic acid, O,O – diethyl S – [（ethylthio）methyl] ester
17. 皮蝇磷	Fenchlorphos[1]	Phosphorothioic acid, O,O – dimethyl O –（2,4,5 – trichlorophenyl）ester
18. 硫丙磷	Bolstar *	Phosphorodithioic acid, O – ethyl O – [4 –（methylthio）phenyl] S – propyl ester[4]
19. 特丁磷	Counter *	Phosphorodithioic acid, O,O – diethyl S – [[（1,1 – dimethylethyl）thio] methyl] ester[4]

注:(1)农业化学品手册中给出的通用名称[3];(2)＊—农业化学品手册中给出的商品名称(商标或注册名称)[3];(3)默克索引[2];(4)RTECS[1]或默克索引中的替代 CAS 名称[2]。

表 2－33－9　方法评价[1]

化合物 (按字母顺序)	A 研究范围[2]		B 精密度	C 偏差		D 精密度	E	G30 天时 回收率
	/(mg/m³)	/(毫克/样品)		平均	范围	总体,$\hat{S}_{rT}$	分析,$\bar{S}_r$	25℃(0℃)
1. 谷硫磷	0.02～0.4	0.0048～0.096	±0.178	−0.038	−0.120～+0.028	0.070	0.030	97(105)
2. 毒死蜱	0.02～0.4	0.0048～0.096	±0.163	−0.027	−0.054～+0.017	0.068	0.018	92(90)
3. 二嗪磷	0.01～0.2	0.0024～0.048	±0.162	−0.032	−0.057～−0.005	0.065	0.020	94(93)
4. 百治磷	0.025～0.5	0.006～0.120	±0.169	−0.037	−0.102～−0.032	0.066	0.025	89(92)
5. 乙拌磷	0.01～0.2	0.0024～0.048	±0.196	−0.064	−0.081～−0.032	0.066	0.024	87(89)
6. 乙硫磷	0.04～0.8	0.0096～0.192	±0.165	−0.029	−0.056～−0.003	0.068	0.018	96(95)
7. 灭克磷[3]	0.01～0.2	0.0024～0.048	±0.157	−0.025	−0.058～+0.025	0.066	0.024	97(93)
8. 苯线磷	0.01～0.2	0.0024～0.048	±0.155	−0.029	−0.066～+0.002	0.063	0.022	94(96)
9. 地虫磷	0.01～0.2	0.0024～0.048	±0.168	−0.036	−0.076～+0.008	0.066	0.023	95(92)
10. 马拉硫磷[4]	0.025～0.5	0.006～0.120	±0.172	−0.038	−0.064～−0.014	0.067	0.019	93(93)
11. 甲胺磷[5]	0.02～0.4	0.0048～0.096	±0.156	−0.018	−0.046～+0.011	0.069	0.026	88(95)
12. 甲基对硫磷	0.02～0.4	0.0048～0.096	±0.160	−0.034	−0.082～+0.016	0.063	0.018	95(95)
13. 速灭磷	0.01～0.2	0.0024～0.048	±0.176	−0.042	−0.061～−0.004	0.067	0.028	89(91)
14. 久效磷	0.025～0.5	0.006～0.120	±0.185	−0.043	−0.047～−0.020	0.071	0.026	88(92)
15. 对硫磷	0.005～0.1	0.0012～0.024	±0.163	−0.021	−0.045～+0.011	0.071	0.019	92(92)
16. 甲拌磷	0.005～0.1	0.0012～0.024	±0.202	−0.070	−0.097～−0.047	0.066	0.025	91(91)
17. 皮蝇磷[4]	0.025～0.5	0.006～0.120	±0.172	−0.040	−0.076～+0.021	0.066	0.018	95(94)
18. 硫丙磷[4]	0.01～0.2	0.0024～0.048	±0.181	−0.047	−0.054～−0.031	0.067	0.017	94(94)
19. 特丁磷[3]	0.01～0.2	0.0024～0.048	±0.188	−0.054	−0.091～−0.024	0.067	0.022	92(91)

注:(1)NIOSH 备份数据报告[9];(2)研究范围为 1/10～2 倍 NIOSH REL(除特别注明外),以 1L/min 的流量采样 4 小时;(3)无 NIOSH REL 或 OSHA PEL 时,用 0.1mg/m³;(4)马拉硫磷和皮蝇磷的研究范围是 1/400～1/20 倍 NIOSH REL;对硫丙磷的研究范围是 1/200～1/10 倍 NI OSH REL;(5)无 NIOSH REL 或 OSHA PEL 时,用 0.2mg/m³。

表 2－33－10　推荐的气相色谱柱及条件[1]

参数	大口径石英毛细管柱			
固定相[2]	DB－1	DB－5	DB－1701	DB－210
极性	非极性	弱极性	中等极性	中等极性
长度/m	30	30	30	30
内径/mm	0.32	0.32	0.32	0.32
膜厚/mm[3]	0.25	1.0	1.0	0.25
进样(体积,模式)[4][5]	1μl,SPL	1μl,DIR	1μl,DIR	1μl,SPL
柱温				
初始/℃	100	125	125	100
终止/℃	275	275	275	250
最高推荐温度/℃[5]	325	325	280	240/260
程序升温(℃/min)	3.0	4.0	4.0	3.0
载气(氦气)				
柱前压(p.s.i.)	15	15	15	15

注:(1)实际条件可能会有所不同,这取决于色谱柱和分析的目标。上述给出条件对应于表 2－33－12 中的 RT 数据;(2)DB－1,

100%聚甲基硅氧烷;DB-5,5%苯基-95%甲基聚硅氧烷;DB-1701,14%氰丙苯基-86%甲基聚硅氧烷;DB-210,50%三氟丙基-50%甲基聚硅氧烷;其他类型的固定相也有很好的性能;(3)在较低的柱温下,较薄的膜可使分离更快,待测物的稳定性更高;(4)进样0.5μl时,用2mm(内径)进样口内衬管;进样1~2μl时,用4mm(内径)进样口内衬管,0.32mm(内径)毛细管柱;(5)SPL—不分流模式,初始柱温5~10℃<解吸溶剂沸点,DIR—直接进样模式,初始柱温5~10℃>解吸溶剂沸点,上述两种模式,使用4mm(内径)进样口内衬管进样1~2μl时,分流阀关闭时间为60秒,使用2mm(内径)进样口内衬管进样0.5μl,分流阀关闭时间为20~30秒,进样0.5μl时,用2mm(内径)进样口内衬管,进样1~2μl时,用4mm(内径)进样口内衬管,0.32mm(内径)毛细管柱;(6)J & W Scientific Catalog,第21页。[10]

表2-33-11 适用的测定范围及估算LOD

化合物 (按字母顺序)	A	B	C	D	E	F	G
	适用的测定范围		样品(4)	仪器	仪器	样品(4)	估算检出限		灵敏度
	大气						大气	
	/(mg/m³)	/ppm	/(微克/样品)	/(纳克/色谱柱)	/(纳克/色谱柱)	/(微克/样品)	/(mg/m³)	REL/LOD
1. 谷硫磷	0.02~0.60	0.0015~0.046	2.4~72	1.2~36	0.06	0.12	0.0012	167
2. 毒死蜱	0.02~0.60	0.0014~0.042	2.4~72	1.2~36	0.02	0.04	0.0004	500
3. 二嗪磷	0.01~0.30	0.0008~0.024	1.2~36	0.6~18	0.02	0.04	0.0004	250
4. 百治磷	0.025~0.75	0.0026~0.077	3.0~90	1.5~45	0.10	0.20	0.002	125
5. 乙拌磷	0.01~0.30	0.0009~0.027	1.2~36	0.6~18	0.02	0.04	0.0004	250
6. 乙硫磷	0.04~1.20	0.0025~0.076	4.8~144	2.4~72	0.02	0.04	0.0004	1000
7. 灭克磷	0.01~0.30	0.0010~0.030	1.2~36	0.6~18	0.02	0.04	0.0004	(7)
8. 苯线磷	0.01~0.30	0.0008~0.024	1.2~36	0.6~18	0.07	0.14	0.0014	71
9. 地虫磷	0.01~0.30	0.0010~0.030	1.2~36	0.6~18	0.02	0.04	0.0004	250
10. 马拉硫磷	1.00~30.00	0.074~2.200	12~360(5)	6~180(5)	0.05	0.10	0.001	10000
11. 甲胺磷	0.02~0.60	0.0035~0.100	2.4~72	1.2~36	0.30	0.60	0.005	(7)
12. 甲基对硫磷	0.02~0.60	0.0019~0.056	2.4~72	1.2~36	0.02	0.04	0.0004	500
13. 速灭磷	0.01~0.30	0.0011~0.033	1.2~36	0.6~18	0.06	0.12	0.0012	83
14. 久效磷	0.025~0.75	0.0027~0.082	3.0~90	1.5~45	0.20	0.40	0.004	63
15. 对硫磷	0.005~0.15	0.0004~0.013	0.6~18	0.3~9	0.02	0.04	0.0004	125
16. 甲拌磷	0.005~0.015	0.0005~0.014	0.6~18	0.3~9	0.02	0.04	0.0004	125
17. 皮蝇磷	1.0~30.00	0.076~2.300	12~360(5)	6~180	0.02	0.04	0.0004	25000
18. 硫丙磷	0.1~3.00	0.0076~0.230	12~360	6~180	0.03	0.06	0.0005	2000
19. 特丁磷	0.01~0.30	0.0008~0.026	1.2~36	0.6~18	0.02	0.04	0.0004	(7)

注:(1)覆盖1/10~3倍NIOSH REL范围;(2)REL mg/m³(表2-33-6)÷大气LOD(表2-33-12 G列);(3)25℃,760mmHg(常温常压)下计算;(4)采样体积120L(以1L/min流量采集2小时,以0.5L/min流量采集4小时,或以0.2L/min流量采集10小时)时计算;(5)采样体积12L(以1L/min流量采集12分钟,以0.5L/min流量采集24分钟,或以0.2L/min流量采集1小时)时计算;(6)在2.0ml溶剂中解吸样品,进样1ml至气相色谱仪;(7)无REL。

表 2 - 33 - 12　所选有机磷化合物的近似保留时间[1]

化合物 （按 DB -1 RT 排序）	毛细管色谱柱[2]					
	DB - 1			DB - 5	DB - 1701	DB - 210
	RT/min	RRT[3]	洗脱温度[4]	RRT	RT/min	RT/min
1. TEPP	3.71	0.128	111	5.47	7.18[B]	7.88
2. 三乙基磷酸酯	4.37	0.151	113	6.34	7.14[B]	4.93
3. 甲胺磷	5.12	0.177	115	7.64	13.61	12.03
4. 敌敌畏	5.81	0.200	117	8.24	10.67	10.54
5. 速灭磷	10.45	0.360	131	12.92	16.69	19.20
6. 灭克磷	17.15	0.592	151	19.09	21.52	20.10
7. 二溴磷	17.61	0.608	153	无数据	23.17[C]	21.46[H]
8. 特松	18.00	0.621	154	19.94	25.84[E]	31.43
9. 久效磷	18.27	0.630	155	20.12	28.11	31.60
10. 硫特普	19.06	0.658	157	无数据	23.09[C]	21.11
11. 甲拌磷	19.18	0.662	158	20.94	23.10[C]	18.92
12. 乐果	19.44	0.671	158	21.84	无数据	29.33[I]
13. 内吸磷	20.15	0.695	160	21.70	25.06[D]	24.97
14. 敌杀磷	21.30	0.735	164	23.04	26.33[F]	23.46
15. 地虫磷	22.04	0.760	166	23.57	25.87[E]	22.20
16. 特丁磷	22.22	0.767	168	23.80	25.02[D]	21.52[H]
17. 乙拌磷	23.09	0.797	169	24.19	26.43[F]	22.78
18. 二嗪磷	23.37	0.806	170	23.75	25.00[D]	20.99
19. 甲基对硫磷	25.37	0.875	176	26.48	31.37	33.21
20. 砜吸磷甲基	26.00[5]	0.900	179	无数据	无数据	无数据
21. 皮蝇磷	26.86	0.927	181	27.39	29.30	26.27
22. 嘧啶磷甲基	28.13	0.971	184	27.90	29.72	26.77
23. 马拉硫磷	28.53	0.984	186	28.33	31.78[G]	33.08[J]
24. 倍硫磷	28.74	0.992	186	28.93	31.78[G]	29.35[I]
25. 对硫磷	28.98	1.000	187	29.10[A]	33.28	35.60
26. 毒死蜱	29.11	1.004	187	29.10[A]	30.79	27.72
27. 育畜磷	29.64	1.023	189	29.54	34.00	35.34
28. 异柳磷	31.91	1.101	196	31.17	33.81	33.02[J]
29. 杀虫畏	33.26	1.148	200	32.60	35.96	37.01
30. 苯线磷	34.09	1.176	202	33.03	37.14	38.95
31. Merphos	35.19	1.214	206	无数据	30.57	23.89
32. 丰索磷	36.61	1.263	210	35.78	42.41	46.98
33. 乙硫磷	37.88	1.307	214	36.30	39.30	37.96
34. 硫丙磷	38.49	1.328	216	36.96	39.54	37.11
35. 磷酸三苯酯	40.88	1.411	223	39.06	无数据	无数据
36. EPN	42.64	1.471	228	41.06	47.83	47.13
37. 甲基谷硫磷	44.16	1.524	232	43.67	未洗脱	49.24
38. 福赐松	45.12	1.557	235	43.91	47.38	41.68
39. 谷硫磷乙酯	46.55	1.606	240	46.50	47.43	50.40
40. 蝇毒磷	49.31	1.702	248	50.10	67.86	60.88

注:(1)实际保留时间(RT)将随每个色谱柱和色谱条件而变化。详见表 2-33-15 色谱性能说明。表 2-33-10 中列出了毛细管色谱柱的条件,其数据来源于备份数据报告[9];(2)用字母命名共同洗脱出的峰和近似共同洗脱出的峰:(A),(B),(C),(D),(E),(F),(G),(H),(I)和(J);(3)相对于对硫磷的保留时间;(4)为用 DB-1 色谱柱的洗脱温度(℃)(详见表 2-33-10 的色谱柱条件),等温分析一种或多种紧密洗脱出的待测物时,洗脱温度为选择近似 GC 柱温提供了方便;(5)宽的,拖尾峰。

表 2 - 33 - 13 空气中的有机磷化合物的其他分析方法

文献	方法号	有机磷化合物
Hill & Arnold[1]		内吸磷 - S,内吸磷 - O,毒死蜱,二嗪农,乐果,马拉硫磷,对氧磷,对硫磷
NMAM, 2nd ed.[2]	v. 1 P&CAM 158	对硫磷
	v. 5 P&CAM 295	敌敌畏(DDVP)
	v. 6 P&CAM 336	TEPP
	v. 3 S 208	磷酸三丁酯
	v. 3 S 209	三磷酸甲酯
	v. 3 S 210	磷酸三苯酯
	v. 6 S 280	内吸磷
	v. 3 S 285	EPN
	v. 3 S 295	对硫磷
	v. 6 S 296	速灭磷
	v. 6 S 299	皮蝇磷
	v. 3 S 370	马拉硫磷
NMAM, 3rd ed.[3]	2503	速灭磷
	2504	TEPP
	5012	EPN,马拉硫磷,对硫磷
	5514	内吸磷
OSHA[4]	62	二嗪农,毒死蜱,对硫磷,敌敌畏,马拉硫磷
OSHA Stopgap[5]	每种方法均独立且无编号,请参阅名称	乙基谷硫磷,益舒宝,速灭磷,甲基谷硫磷,苯线磷,久效磷,蝇毒磷,丰索磷,甲基砜吸磷,育畜磷,倍硫磷,甲拌磷,内吸磷,地虫硫磷,甲基嘧啶磷,双特松,异柳磷,硫丙磷,TEDP,福赐松,敌杀磷,硫特普,乙拌磷,甲胺磷,TEPP,EPN,特丁硫磷,甲基德马东,Ethio,甲基对硫磷

注:(1)Hill and Arnold[11];(2)NMAM,第 2 版[7];(3)NMAM,第 3 版[8];(4)OSHA 检测方法手册[12];(5)OSHA 试行方法[4]。

表 2 - 33 - 14 配制加标介质和标准溶液

溶液	加标浓度					F
	A	B	C	D	E	
加标浓度(倍 REL)[1]	1/30 × REL	1/10 × REL	1/3 × REL	1 × REL	3 × REL	
Ⅰ. 加标介质或液体						稀释此体积(ml)的 10mg/ml 储备液配制 10ml SS - 1 溶液
1. 使用的加标溶液	SS - 2	SS - 5	SS - 1	SS - 1	SS - 1	
2. 注射器规格	50μl	50μl	50μl	50μl	100μl	
3. 加标体积[2]	10μl	30μl	10μl	30μl	90μl	
Ⅱ. 总加标量 μg[3]						
1. 谷硫磷	0.8	2.4	8.0	24.0	72.0	0.8
2. 毒死蜱	0.8	2.4	8.0	24.0	72.0	0.8
3. 二嗪磷	0.4	1.2	4.0	12.0	36.0	0.4
4. 特松	1.0	3.0	10.0	30.0	90.0	1.0
5. 乙拌磷	0.4	1.2	4.0	12.0	36.0	0.4
6. 乙硫磷	1.6	4.8	16.0	48.0	144.0	1.6
7. 益舒宝	0.4	1.2	4.0	12.0	36.0	0.4
8. 苯线磷	0.4	1.2	4.0	12.0	36.0	0.4
9. 地虫磷	0.4	1.2	4.0	12.0	36.0	0.4
10. 马拉硫磷[5]	4.0	12.0	40.0	120.0	360.0	4.0

续表

溶液	加标浓度					F
	A	B	C	D	E	
加标浓度(倍 REL)[1]	1/30 × REL	1/10 × REL	1/3 × REL	1 × REL	3 × REL	
11. 甲胺磷	0.8	2.4	8.0	24.0	72.0	0.8
12. 甲基对硫磷	0.8	2.4	8.0	24.0	72.0	0.8
13. 速灭磷	0.4	1.2	4.0	12.0	36.0	0.4
14. 久效磷	1.0	3.0	10.0	30.0	90.0	1.0
15. 对硫磷	0.2	0.6	2.0	6.0	18.0	0.2
16. 甲拌磷	0.2	0.6	2.0	6.0	18.0	0.2
17. 皮蝇磷[5]	4.0	12.0	40.0	120.0	360.0	4.0
18. 硫丙磷	4.0	12.0	40.0	120.0	360.0	4.0
19. 特丁磷	0.4	1.2	4.0	12.0	36.0	0.4
20. 通用(120L)[4,5]	x/30	x/10	x/3	x	3x	4y

注(1)采样体积 120L,对应的范围值列于表8C列;(2)液体标准的配制:于2ml 容量瓶内,将一定体积储备溶液加入至2ml 解吸溶剂中;实验室对照样品的配制:加标浓度为 REL,加入 D 列中列明的体积至采样管前段吸附部分;一式两份;解吸效率的测定:将一定体积的加标溶液加至采样管前段;制备5个浓度,每个浓度3份;(3)对于加标介质,其数值为每个样品的总含量 μg;对于液体标准样品,数值为每2ml 解吸溶剂的总含量 μg;(4)这里 $x(\mu g/样品) = REL(\mu g/L) \times 120(L/样品)$;$y(mg/ml) = REL(mg/m^3) \times 4(m^3/ml)$;(5)对于所有 REL > 1mg/m³,计算时用 1/10 × REL(假设在这些情况下,采样体积是 12L,而不是 120L)。

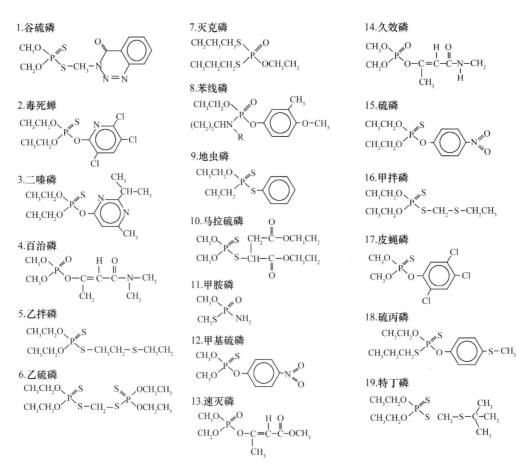

图 2-33-2　有机磷化合物的结构式

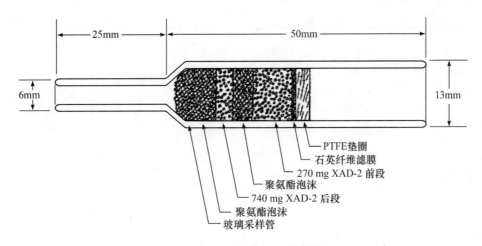

图 2-33-3　OVS-2 采样管

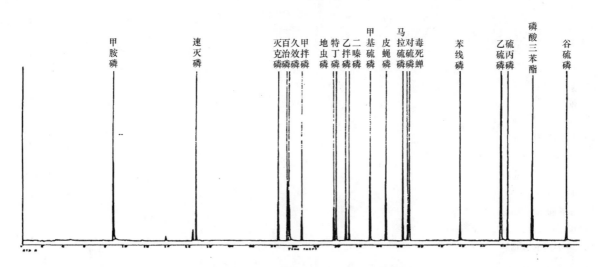

图 2-33-4　有机磷化合物的典型色谱图

色谱柱:DB-1 熔融石英毛细管柱,30m×0.32mm(内径)×0.25μm(膜厚)

程序升温:80~275℃,升温速率3.0℃/min

待测物浓度:0.6× NIOSH REL,硫丙磷(0.06×)、马拉硫磷(0.006×)和皮蝇磷(0.006×)除外

对硫磷和甲拌磷:1.8μg/ml

其他化合物:3.6μg/ml

谷硫磷、毒死蜱、甲胺磷和甲基对硫磷:7.2μg/ml

百治磷和久效磷:9.0μg/ml

磷酸三苯酯:14.0μg/ml

乙硫磷:14.4μg/ml

表 2-33-15　有机磷化合物分析特征说明[1]

化合物	分析特征		
（按字母顺序）	A	B	C
	化学和物理	解吸和溶液	气相色谱法
1. 谷硫磷(Guthion *)			3,5,6
2. 乙基谷硫磷(Guthion Ethyl)			5
3. 乐斯本(Dursban *)			

续表

化合物 （按字母顺序）	分析特征		
	A	B	C
	化学和物理	解吸和溶液	气相色谱法
4. 蝇毒磷（Co－Ral*）			5
5. 育畜磷（Ruelene*）	1	1,4	1
6. 内吸磷（Systox*）	2,6	5	3
7. 二嗪农（Spectracide*）			
8. 敌敌畏（DDVP, Vapona*）	7		4
9. 特松（Bidrin*）			
10. 乐果（Cygon*）	1	1,4	1
11. 敌杀磷（DElnav*）			
12. 乙拌磷（Di－Syston*）	2		2
13. EPN（Santox*）			5
14. 乙硫磷			
15. 灭克磷（Prophos*）			
16. 苯线磷（Nemacur*）	1	1,4	1
17. 丰索磷（Dasanit*）	3	4	
18. 倍硫磷（Baytex*）		5	
19. 地虫磷（Dyfonate*）			
20. 异柳磷（Oftanol*）	1	1	1
21. 福赐松（Phosvel*）		5	5
22. 马拉硫磷（Cythion*）			
23. Merphos（FOLEX）	4	5	2
24. 甲胺磷（Monitor*）	1	1,3,4	1,4
25. 甲基对硫磷（Parathion Methyl）			
26. 速灭磷（Phosdrin*）	6,7		3,4
27. 久效磷（Azodrin*）	1	1,2,4	1
28. 二溴磷（Dibrom*）	5	5	2
29. 砜吸磷甲基（Metasystox－R）	3	1,5	1,2
30. 乙基对硫磷（EthylParathion）			
31. 甲拌磷（Thimet*）	2,7		2
32. 甲基嘧啶磷（Actellic*			4
33. 皮蝇磷（Fenchlorphos）			
34. 硫特普（TEDP）			
35. 硫丙磷（Bolstar*）			
36. TEPP	7	5	4
37. 特丁磷（Counter*）	2		2
38. 杀虫畏（Gardona*）			
39. 磷酸三丁酯			7
40. 磷酸三苯酯			7

注：*—商品名称，注册名称或商标（农业化学品手册[3]）；（1）待测物选择和验证期间的观察结果[9]；参见说明。

表2－33－15中分析特征说明

A. 化学和物理性质

1. 酰胺或磷酰胺，微酸性，化学极性强。

2. 烷基硫醚，易氧化成砜和亚砜。

3. 亚砜,易氧化成砜,化学极性强。

4. 亚磷酸,易于空气中氧化成磷酸(三甲氧苯→乙胺 DEF)。

5. 邻二溴,易脱溴(二溴磷→敌敌畏)。

6. 通常存在两个或两个以上的异构体(例如,内吸磷 – O,内吸磷 – S,顺式和反式速灭磷)。

7. 较易挥发,如果介质或溶剂解吸瓶未盖上,即使是很短的时间,也可能会损失。

一般情况下:有机磷化合物在弱碱性条件下易被破坏(pH 值≥8)。在碱性玻璃表面,化合物可能有微量的损失。玻璃器皿如果使用碱性洗涤剂,洗涤后应中和。

B 解吸和溶解性

1. 通过在甲苯中加入 1% 甲醇或 10% 丙酮可提高浓溶液的溶解度。在正己烷中即使是稀溶液,其溶解度亦不理想。

2. 由 100% 甲苯改为 90/10 甲苯/丙酮,玻璃纤维滤膜的解吸效率从 62% 提高至 98% ,石英纤维滤膜从 30% 提高至 101% 。

3. 由玻璃纤维滤膜改为石英纤维滤膜,在甲苯中解吸其解吸效率从 16% 提高至 88% ,在 90/10 甲苯/丙酮中解吸其解吸效率从 70% 提高至 99% 。

4. 表 2 – 33 – 15 中的化合物比列出的其他有机磷化合物有更高的化学极性;在正己烷中解吸 XAD – 2 或玻璃或石英纤维滤膜,解吸不完全,或不能解吸。除了上面 2 和 3 中另有说明的,在甲苯中解吸是适当的。使用含 10% 丙酮的甲苯可使所有待测物的回收率提升至满意水平。

5. 表 2 – 33 – 15 中化合物的解吸特性未经评价。一般情况如下。

a. 在分子结构中任何酸性氢或双键氧的存在,都会大大降低其在非极性溶剂中的溶解性,并增加了从极性表面和吸附剂上解吸的难度。

b. 虽然在初步测试时,玻璃纤维滤膜和甲苯解吸法适合大多数化合物,但本法给出的石英纤维滤膜和 90/10 甲苯/丙酮解吸法可更广泛适用于更高极性的化合物。

c. 沸点较低的溶剂(如二氯甲烷、氯仿、甲基叔丁基醚和乙酸乙酯)具有较好的解吸能力,近似等效于 90/10 甲苯/丙酮,但气相色谱仪对待测物的响应不甚理想。这可能是由于使用高沸点的溶剂和不分流进样或直接进样技术时,待测物能更好地从进样口至毛细管柱进行质量传递。

C. 气相色谱法

1. 差的色谱法可能是遇到脏的或未去活的色谱柱或进样口。在进样口内衬管中填充干净的石英棉塞比填充硅烷化玻璃更能减少损失。

2. 如果待测物在进样前、在进样口中或在色谱柱分离时发生降解或氧化,在色谱图中可能会出现多个峰、不规则的或严重拖尾的峰,或者峰会移动。

3. 由于异构体的存在,可观察到多个峰。

4. 洗脱时间短,如果柱温过高,化合物可与溶剂共洗脱。

5. 洗脱时间长,在用不分流进样或直接进样模式进样时,如果运行的时间太短,色谱柱或进样口太冷,或排气阀打开得太早,化合物可能会损失。

6. 即使乙基谷硫磷在 DB – 1701 上洗脱,甲基谷硫磷也不能在 DB – 1701 上洗脱。

7. 潜在的内标物:如果分析多种待测物,磷酸三苯酯是更有效的内标物,因为它不易挥发,在色谱图上的峰面积中有更少的竞争待测物。

有机磷农药 5600F

待测物:见表 2 – 33 – 16	分子式:见表 2 – 33 – 16	相对分子质量:见表 2 – 33 – 16	CAS 号:见表 2 – 33 – 16	RTECS 号:见表 2 – 33 – 16
方法:5600,第一次修订		方法评价情况:完全评价	第一次修订:1993. 8. 15	
OSHA:见表 2 – 33 – 17 NIOSH:见表 2 – 33 – 17 ACGIH:见表 2 – 33 – 17		性质:见表 2 – 33 – 18		

续表

英文名称:表 2 - 33 - 19

采样	**分析**
采样管:滤膜/固体吸附剂管(OVS - 2 管:13mm 石英滤膜;XAD - 2,前段 270mg/后段 140mg)	分析方法:气相色谱法;火焰光度检测器
采样流量:0.2 ~ 1L/min	待测物:有机磷农药(表 2 - 33 - 16)
最小采样体积:12L	处理方法:2ml 90% 甲苯/10% 丙酮
最大采样体积:480L;60L,马拉硫磷,皮蝇磷	进样体积:1 ~ 2μl
运输方法:密封采样管两端	气化室温度:240℃
样品稳定性:至少 30 天(0℃);至少 10 天(25℃)	检测器温度:180 ~ 215℃(根据仪器说明书)
样品空白:每批样品 2 ~ 10 个	柱温:见表 2 - 33 - 21

采样部分下方:

准确性

研究范围:见表 2 - 33 - 20,A 列

准确度:见表 2 - 33 - 20,B 列

偏差:见表 2 - 33 - 20,C 列

总体精密度($\hat{S}_{rT}$):见表 2 - 33 - 20,D 列

分析部分继续:

载气:氦气(15 p.s.i.)(104kPa)

色谱柱:熔融石英毛细管柱;表 2 - 33 - 21

检测器:火焰光度检测器(磷模式)

定量标准:甲苯中的有机磷化合物标准溶液

测定范围:见表 2 - 33 - 22,C 列

估算检出限:见表 2 - 33 - 22,F 列

精密度($\bar{S}_r$):见表 2 - 33 - 20,E 列

适用范围:测定范围列于表 2 - 33 - 20,覆盖 1/10 ~ 2 倍的 OSHA PEL;采样体积为 12L 时,本法亦适用于 STEL 的测定;在评价解吸效率、采样能力、样品稳定性、精密度及准确度后,本法可用于测定其他有机磷化合物

干扰因素:一些有机磷化合物可与待测物或者内标物一起洗脱出来,造成积分误差;这些包括其他农药(表 2 - 33 - 23)和以下物质:磷酸三丁酯(增塑剂),三 - (2 - 丁氧基乙基)磷酸酯(某些橡胶塞用的增塑剂),磷酸三甲苯酯(石油添加剂、液压油、增塑剂、阻燃剂和溶剂)和磷酸三苯酯(塑料中的增塑剂和阻燃剂,涂料和屋顶纸)

其他方法:本法替代了以前的有机磷农药检测方法,表 2 - 33 - 24 已列出部分方法;OVS - 2 管在概念上与 Hill 和 Arnold 设备类似,但更便捷,流动阻力更低

试剂	**仪器**
1. 有机磷待测物在表 2 - 33 - 16 中列出。(可选)磷酸三苯酯,分析标准纯	1. 采样管:玻璃管,11mm(内径)×13mm(外径)×50mm(长),后接 6mm(外径)× 25mm(长)的管。粗管部分前段内装 270mg 20 ~ 60 目 XAD - 2 吸附剂或等效吸附剂,用 9 ~ 10mm(外径)的石英纤维滤膜和聚四氟乙烯(PTFE)压环固定到位;中间用短聚氨酯泡沫隔开;后段内装 140mg XAD - 2 吸附剂或等效吸附剂,用一段较长的聚氨酯泡沫固定到位;亦可购买市售 OVS - 2 采样管,详见图 2 - 33 - 6
2. 甲苯:农药分析级	
3. 丙酮:ACS 级或更好	
4. 解吸溶剂:含内标物(在 0 ~ 4℃下保存,不超过 30 天)	注意:一些 OVS - 2 采样管内装玻璃纤维滤膜,详见 OSHA 方法(表 2 - 33 - 24)。但这些采样管不适用于极性更强的待测物(酰胺、磷酰胺、亚砜,表 2 - 33 - 26)。使用玻璃纤维滤膜,马拉硫磷的回收率可能更低或不稳定
a. 配制磷酸三苯酯储备液,5mg/ml。将约 50mg 的磷酸三苯酯溶于 10ml 甲苯中	
b. 于 100ml 容量瓶中加入 50ml 丙酮和 1ml 磷酸三苯酯储备液,用甲苯稀释至刻度	2. 个体采样泵:配有连接软管,最好是硅胶、聚乙烯或 PTFE 管,流量 0.2 ~ 1L/min
5. 配制每种有机磷待测物或其组合的加标溶液和标准溶液	3. 溶剂解吸瓶:4ml,带聚四氟乙烯内衬的瓶盖;2ml,用于 GC 自动进样,带聚四氟乙烯内衬的压紧瓶盖
a. 加标溶液 SS - 1:用于配制标准溶液(步骤 9)和加标介质(步骤 10 和步骤 11)。推荐浓度列于表 2 - 33 - 25 第一部分 F 列中,单位 mg/ml。在甲苯中配制。若某些有机磷化合物不能在甲苯中完全溶解(表 2 - 33 - 26 的注意),用含 10% 丙酮或含 1% 甲醇的甲苯溶液	4. 气相色谱仪:火焰光度检测器(磷模式,525nm 滤光片),积分仪和色谱柱(表 2 - 33 - 21)
b. 加标溶液 SS - 0.1:用甲苯稀释 1ml SS - 1 溶液至 10ml 注意:加标溶液中可能含不止一种待测物	5. 注射器:5,100,50,10ml,用于配制标准溶液和 GC 进样
6. 氦气:高纯	6. 容量瓶:500,10,2ml
7. 氢气:净化	7. 镊子
8. 干燥的空气:净化	8. GC 自动进样瓶压盖器
9. 氧气(如果检测器模式需要):净化	9. 小型超声波清洗器
10. 氮气:高纯	

特殊防护措施:有机磷化合物都是高毒的;必须特别注意,避免吸入或皮肤接触,进行纯物质操作时,应戴手套,穿合适的防护服[13-17];甲苯易燃,有毒;丙酮具有高易燃性;所有样品的配制和处理操作均应在通风良好的通风橱中进行

注:* 见特殊防护措施。

采样

1. 串联一个有代表性的采样管来校准个体采样泵。

2. 用软管将采样管连接至个体采样泵。采样管应在劳动者的呼吸带垂直放置,且粗管端朝下,此种方式不妨碍工作。

3. 在 0.2~1L/min 范围内,以已知流量采集 12~240L 空气样品。

4. 用塑料帽密封采样管,包装后运输。

样品处理

5. 除去粗管端的帽和 PTFE 压环;将滤膜和前段 XAD-2 吸附剂移至 4ml 溶剂解吸瓶内。将短聚氨酯泡沫和后段 XAD-2 吸附剂移至另一个 4ml 溶剂解吸瓶中。

6. 于每个溶剂解吸瓶中,用 5ml 注射器或 2ml 移液管分别加入 2ml 含内标物的解吸溶剂。密封溶剂解吸瓶。

7. 静置 30 分钟。放入超声波清洗器中,浸没溶剂解吸瓶 1.3cm,超声 30 分钟。或者,将溶剂解吸瓶放入振摇器中振摇 1 小时。

8. 从 4ml 溶剂解吸瓶中移出 1~1.5ml 溶液至干净的 2ml GC 自动进样瓶中,密封并贴上标签。

标准曲线绘制与质量控制

9. 在各待测物的测定范围内,配制至少 6 个浓度的标准系列,绘制标准曲线。加标溶液的推荐配制方法详见表 2-33-25 第 I 部分。

a. 配制液体标准样品。

i. 于 2ml 容量瓶内加入 2ml 解吸溶剂,在室温下用小的氮气流吹至体积为 50~100μl。

ii. 根据表 2-33-25 第 II 部分,加入浓缩的解吸溶剂和适量的加标溶液#SS-1 或加标溶液#SS-0.1。

iii. 用甲苯定容。

注意:如果不使用内标物,根据表 2-33-25 第 II 部分的安排,仅于 2ml 容量瓶中加入 1ml 含 10% 丙酮的甲苯,并使用含 10% 丙酮的甲苯定容。

b. 配制未加标的解吸溶剂作为标准空白。

c. 与现场样品、样品空白(运输)和实验室对照样品一起进行分析(步骤 12~16)。

d. 根据 i 或 ii 绘制标准曲线。

i. 无内标物:以峰面积对待测物含量(mg)绘制标准曲线。

ii. 有内标物(IS):以待测物峰面积与内标物峰面积的比值对待测物含量(mg)绘制标准曲线。

10. 每批样品均须配制实验室对照样品(LCS),一式两份。

a. 除去采样管粗管端的帽,将 30ml 加标溶液#SS-1(表 2-33-25 第 I 部分)涂在石英纤维滤膜表面。密封,静置至少 1 小时。收到样品立刻配制,在分析前与现场样品一起储存。

b. 含未加标的采样管作为介质(方法)空白。

c. 与现场样品、空白和标准系列一起进行分析(步骤 12~16)。

11. 将本法推广至其他有机磷化合物时,最小解吸效率测定如下。

a. 测定 NIOSH REL,OSHA PEL,ACGIH TLV,单位 mg/m^3。

b. 配制加标溶液#SS-1(表 2-33-25 第 I 部分;或使用如下公式,其为具体计算 10ml 甲苯/丙酮 90:10 中待测物含量的公式)。

对于 REL > 1mg/m^3(假设采样体积为 12L),W = REL×4m^3;对于 REL ≤ 1mg/m^3(假设采样体积为 120L),W = REL×40m^3;W 为溶于 10ml 解吸溶剂中的待测物含量(mg)。

[SS-1] = W/10ml,[SS-1]为加标溶液#SS-1 的浓度 mg/ml。

c. 于 10ml 容量瓶中,将 1ml SS-1 稀释至 10ml,配制成加标溶液#SS-0.1。

[SS-0.1] = [SS-1]×0.1,[SS-0.1]为加标溶液#SS-0.1 的浓度。

d. 选择 5 个不同浓度,每个浓度测定 3 个样品。另测定 3 个空白采样管。用表 2-33-25 第 III 部分记录计算每个浓度。

i. 除去采样管粗管端的帽,根据表 2-33-25 第 II 部分,将一定体积的加标溶液涂至石英纤维滤膜表面。

  ii. 封闭采样管,放置过夜。

  e. 处理采样管,以备分析(步骤 5 ~ 8)。

  f. 与液体标准一起进行分析(步骤 9)。

  g. 以解吸效率(DE)对待测物量(mg)绘制解吸效率曲线。

  h. 6 个平行样品可接受的解吸效率标准为:平均回收率 >75% ,标准偏差 < ±9% 。

样品测定

12. 根据仪器说明书、表 2 - 33 - 21 中列出的条件和方法 5600F 给出的条件设置气相色谱仪。使用溶剂冲洗技术手动进样或自动进样器进样。选定待测物的保留时间见表 2 - 33 - 23。

注意:若峰面积超出标准曲线的线性范围,用含内标物的解吸溶剂稀释后重新分析,计算时乘以相应的稀释倍数。

13. 测定待测物和内标物的峰面积。

计算

14. 根据步骤 10 或步骤 11 计算每种待测物的解吸效率(DE):DE = 测出的每个样品的含量(mg) ÷ 加入的含量(mg)。

15. 按下式计算空气中待测物的浓度 C(mg/m³):

$$C = \frac{(W_f + W_b - B_f - B_b) \times 10^3}{V}$$

式中:W_f——样品采样管前段吸附部分中各自待测物的含量(mg);

   W_b——样品采样管后段吸附部分中各自待测物的含量(mg);

   B_f——空白采样管前段吸附部分中各自待测物的平均含量(mg);

   B_b——空白采样管后段吸附部分中各自待测物的平均含量(mg);

   V ——采样体积(L)。

注意①:测定与待测物含量(mg)相关的待测物峰面积(不使用 IS)或标定峰面积(使用 IS,待测物峰面积/IS 峰面积)。例如,进样体积一致时:

$$W_f = \frac{由标准曲线计算所得前段吸附中待测物的含量(mg)}{解吸效率}$$

注意②:上式中待测物的含量均已用解吸效率校正。

注意③:前段吸附剂中待测物的含量包括滤膜上的量。

注意④:若 $W_b > W_f/10$,则表示发生穿透,记录该情况及样品损失量。

16. 每当需测定某待测物且该待测物尚未定性时,可通过另一根不同极性的色谱柱定性分析而进行确认。如果使用非极性或弱极性色谱柱(DB - 1 或 DB - 5)进行初步分析,须再用极性色谱柱(DB - 1701 或 DB - 210)进行定性分析确认。每种色谱柱的近似保留时间详见表 2 - 33 - 23。DB - 210 比 DB - 1701 有更少的待测物共同洗脱出来。相对保留时间更便于进行未知待测物的定性分析。如果没有使用对硫磷作为保留时间参考化合物,可使用其他相关的化合物,如磷酸三丁酯、皮蝇磷或磷酸三苯酯。

方法评价

在 25℃、240L 采样体积、表 2 - 33 - 20 所列出的范围的条件下,本法已经过评价。本法分别在 15% 和 80% 相对湿度,10℃ 和 30℃ 时,测试了采样管。测试中,未发生测试气体,而使用在采样滤膜表面添加待测物,然后以 1L/min 流量通入经过调节的空气 4 小时而配制的样品。在任何湿度/温度组合的条件下,采样管性能均未发现明显变化。在 30℃、15% 相对湿度下评价了采样管的精密度和稳定性。采样和分析的总体精密度、偏差、准确度、长时间储存后的平均回收率列于表 2 - 33 - 20 中。在采样管上加标相当于 4 倍 NIOSH REL 的待测物,并以 1L/min 流量采集空气 12 小时后,未发生穿透。在 1/40 × REL 下测定了马拉硫磷和皮蝇磷,在 1/20 × REL 下测定了硫丙磷(详见表 2 - 33 - 20,注意)。符合所有标准[9]。

参考文献

[1] Sweet, D. V., Ed. Registry of Toxic Effects of Chemical Substances, DHHS (NIOSH) Publ. No. 87 - 114 (1987).

［2］Merck Index, Eleventh edition, S. Budavari, ed., Merck and Company, Rahway, NJ, 1989.

［3］Farm Chemicals Handbook, Meister Publishing Co., Willoughby, OH, 1991.

［4］OSHA Stopgap Methods for Individual Organophosphorous Pesticides (Refer to by Compound Name), Carcinogen and Pesticide Branch, OSHA Analytical Laboratory, Salt Lake City, UT.

［5］NIOSH Recommendations for Occupational Safety and Health, DHHS (NIOSH) Publ. No. 92 – 100 (1992).

［6］NIOSH Pocket Guide to Chemical Hazards, U. S. Dept. Health, Education, and Welfare, (NIOSH) Publ. No. 90 – 117 (1990).

［7］NIOSH Manual of Analytical Methods, 2nd ed., v. 1, P & CAM 158; v. 3, S208, S209, S210, S285, S295, and S370; v. 5, P & CAM 295; v. 6, P & CAM 336, S280, S296, and S299, U. S. Dept. Health, Education, and Welfare, (NIOSH) Publ. 77 – 157 – C (1977).

［8］NIOSH Manual of Analytical Methods, 3rd. ed., Methods 2503, 2504, 5012, and 5514, U. S. Dept. Health, Education, and Welfare, (NIOSH) Publ. 84 – 100 (1984)

［9］Kennedy, E. R., M. T. Abell, J. Reynolds, and D. Wickman. A Sampling and Analytical Method for the Simultaneous Determination of Multiple Organophosphorus Pesticides in Air. Submitted to Am. Ind. Hyg. Assoc. J. (1993).

［10］J & W Catalog of High Resolution Chromatography Products, 1991.

［11］Hill, Robert H., Jr., and James E. Arnold. A Personal Air Sampler for Pesticides, Arch. Environ. Contam. Toxicol., 8, 621 – 628 (1979).

［12］OSHA Method 62, OSHA Analytical Methods Manual, Carcinogen and Pesticide Branch, OSHA Analytical Laboratory, Salt Lake City, UT.

［13］Criteria for a Recommended Standard⋯Occupational Exposure to Malathion, U. S. Dept. Health, Education, and Welfare, (NIOSH) Publ. 76 – 205 (1976).

［14］Criteria for a Recommended Standard⋯Occupational Exposure to Parathion, U. S. Dept. Health, Education, and Welfare, (NIOSH) Publ. 76 – 190 (1976).

［15］Criteria for a Recommended Standard⋯Occupational Exposure to Methyl Parathion, U. S. Dept. Health, Education, and Welfare, (NIOSH) Publ. 77 – 106 (1976).

［16］Criteria for a Recommended Standard⋯Occupational Exposure During the Manufacture and Formulation of Pesticides, U. S. Dept. Health, Education, and Welfare, (NIOSH) Publ. 78 – 174 (1978).

［17］Occupational Exposure to Pesticides⋯Report to the Federal Working Group on Pest Management from the Task Group on Occupational Exposure to Pesticides; Federal Working Group on Pest Management, Washington, D. C., January 1974, U. S. Govt. Printing Office: 19750 – 551 – 026.

方法作者

John Reynolds and Donald Wickman, DataChem, Salt Lake City.

表 2 – 33 – 16　分子式与登记号

化合物 （按字母顺序）	相对分子 质量[1]	经验分子式	结构式	CAS 号[2,3,4]	RTECS 号[2]
1. 谷硫磷 （Azinphos methyl）	317. 32	$C_{10}H_{12}N_3O_3PS_2$	$(CH_3O)_2P(=S)SCH_2(C_7H_4N_3O)$	86 – 50 – 0	TE1925000
2. 毒死蜱 （Chlorpyrifos）	350. 58	$C_9H_{11}C_{l3}NO_3PS$	$(C_2H_5O)_2P(=S)O(C_5HN)Cl_3$	2921 – 88 – 2	TF6300000
3. 二嗪磷 （Diazinon）	304. 34	$C_{12}H_{21}N_2O_3PS$	$(C_2H_5O)_2P(=S)O(C_4HN_2)(CH_3)CH$ $(CH_3)_2$	333 – 41 – 5	TF3325000

续表

化合物（按字母顺序）	相对分子质量[1]	经验分子式	结构式	CAS 号[2,3,4]	RTECS 号[2]
4. 百治磷（Dicrotophos）	237.19	$C_8H_{16}NO_5P$	$(CH_3O)_2P(=O)OC(CH_3)=CHC(=O)N(CH_3)_2$	141-66-2	TC3850000
5. 乙拌磷（Disulfoton）	274.39	$C_8H_{19}O_2PS_3$	$(C_2H_5O)_2P(=S)S(CH_2)_2SC_2H_5$	298-04-4	TD9275000
6. 乙硫磷（Ethion）	384.46	$C_9H_{22}O_4P_2S_4$	$(C2H_5O)_2P(=S)S]_2CH_2$	563~12-2	TE4550000
7. 灭克磷（Ethoprop）	242.33	$C_8H_{19}O_2PS_2$	$(C_3H_7S)_2P(=O)OC_2H_5$	13194-48-4	TE4025000
8. 苯线磷（Fenamiphos）	303.36	$C_{13}H_{22}NO_3PS$	$(CH_3)_2CHNHP(=O)(O[C_2H_5])O(C_6H_3)(CH_3)SCH_3$	22224-92-6	TB3675000
9. 地虫磷（Fonofos）	246.32	$C_{10}H_{15}OPS_2$	$C_2H_5OP(C_2H_5)(=S)S(C_6H_5)$	944-22-9	TA5950000
10. 马拉硫磷（Malathion）	330.35	$C_{10}H_{19}O_6PS2$	$(CH_3O)_2P(=S)SCH[C(=O)OC_2H_5]CH_2C(=O)OC_2H_5$	121-75-5	WM8400000
11. 甲胺磷（Methamidophos）	141.12	$C_2H_8O_2PS$	$CH_3OP(=O)(NH_2)SCH_3$	10265-92-6	TB4970000
12. 甲基对硫磷（Methyl parathion）	263.20	$C_8H_{10}NO_5PS$	$(CH_3O)_2P(=S)O(C_6H_4)NO_2$	298-00-0	TG0175000
13. 速灭磷（E）[Mevinphos（E）]	224.15	$C_7H_{13}O_6P$	$(CH_3O)_2P(=O)OC(CH_3)=CHC(=O)OCH_3$	298-01-1[2]	GQ5250100
速灭磷（E&Z）[Mevinphos（E & Z）]				7786-34-7[3,4]	GQ5250000
14. 久效磷（Z）[Monocrotophos（Z）]	223.17	$C_7H_{14}NO_5P$	$(CH_3O)_2P(=O)OC(CH_3)=CHC(=O)NHCH_3$	919-44-8[2]	TC4981100
久效磷（E）[Monocrotophos（E）]				6923-22-4[3,4]	TC4375000
15. 对硫磷（Parathion）	291.26	$C_{10}H_{14}NO_5PS$	$(C_2H_5O)_2P(=S)O(C_6H_4)NO_2$	56-38-2	TF4550000
16. 甲拌磷（Phorate）	260.36	$C_7H_{17}O_2PS_3$	$(C_2H_5O)_2P(=S)SCH_2SC_2H_5$	298-02-2	TD9450000
17. 皮蝇磷（Ronnel）	321.54	$C_8H_8C_{13}O_3PS$	$(CH_3O)_2P(=S)O(C_6H_2)Cl_3$	299-84-3	TG0525000
18. 硫丙磷（Sulprofos）	322.43	$C_{12}H_{19}O_2PS_3$	$C_2H_5OP(S[C_3H_7])(=S)O(C_6H_4)SCH_3$	35400-43-2	TE4165000
19. 特丁磷（Terbufos）	288.42	$C_9H_{21}O_2PS_3$	$(C_2H_5O)_2P(=S)SCH_2SC(CH_3)_3$	13071-79-9	TD7740000

注：(1)相对分子质量使用1979年IUPAC元素原子量,按照经验分子式计算;(2)RTECS—NIOSH化学物质毒性数据库[1];(3)默克索引[2];(4)农业化学品手册[3]。

表 2 - 33 - 17　毒性和最大接触限值

化合物 (按字母顺序)	LD$_{50}$[1] /(mg/kg)	OSHA PEL[4] /(mg/m^3)	NIOSH REL[5] /(mg/m^3)	/ppm	ACGIH TLV /(mg/m^3)		STEL /(mg/m^3)
1. 谷硫磷	11f	0.2	0.2	0.015	0.20	皮	
2. 毒死蜱	145	0.2	0.2	0.014	0.20	皮	0.60[5]
3. 二嗪磷	250m,285f	0.1	0.1	0.008	0.10	皮	(0.083)[6] 皮
4. 百治磷	16f,21m	0.25	0.25	0.026	0.25	皮	
5. 乙拌磷	2.3f,6.8m	0.1	0.1	0.009	0.10[3]	皮	
6. 乙硫磷	27f,65m	0.4	0.4	0.025	0.40	皮	
7. 灭克磷	61.5[2]						
8. 苯线磷	10	0.1	0.1	0.008	0.10	皮	
9. 地虫磷	3f,13m[3]	0.1	0.1	0.010	0.10	皮	
10. 马拉硫磷	1000f,1375m	10	10	0.740	10.00	皮	
11. 甲胺磷	25m,27f						
12. 甲基对硫磷	14m,24f	0.2	0.2	0.019	0.20	皮	
13. 速灭磷	3.7f,6.1m	0.1	0.1	0.011	0.10	皮	0.27[6]
14. 久效磷	17m,20f	0.25	0.25	0.027	0.25[3]	皮	(0.033)[7,8] 皮
15. 对硫磷	3.6f,13m	0.1	0.05	0.004	0.10	皮	
16. 甲拌磷	1.1f,2.3m	0.05	0.05	0.005	0.05	皮	0.20[5,6]
17. 皮蝇磷	1250m,2630f	10	10	0.760	10.00	皮	(0.019)[7,8] 皮
18. 硫丙磷	227	1	1	0.076	1.00[3]	皮	
19. 特丁磷	1.6~4.5m,9.0f						

注:(1)鼠－经口,来自默克索引,除非另有说明,f—女性,m—男性;[2](2)农业化学品手册;[3](3)NIOSH 化学物质毒性数据库;[1](4)OSHA 最终规则,1989 年(非强制执行,1992 年);(5)NIOSH 职业安全和健康推荐值[5];(7)NIOSH;(8)OSHA。

表 2 - 33 - 18　物理性质[1]

化合物 (按字母顺序)	液体密度 /(g/ml)	熔点 /℃	沸点 /℃(在 1atm 下)	Pa	饱和蒸气压 /mmHg(℃)		水溶性 (mg/L,20℃)
1. 谷硫磷[3]	1.440	73~74	不稳定>200	0.00018	1.35×10^{-6}	20[3]	30ppm[8]
2. 毒死蜱	未发现	41~42	—	0.00250	1.87×10^{-5}	25	—
3. 二嗪磷	1.116~1.118	液体	分解>120	0.01900	1.4×10^{-4};2.4	20	40ppm
4. 百治磷	1.216	液体	400		未发现		混溶
5. 乙拌磷	1.144	油	—	0.02400	1.8×10^{-4}	20	难溶
				0.00740	5.4×10^{-5}	20[3]	不溶
6. 乙硫磷	1.220	-12~-13	—	0.00020	1.5×10^{-6}		微溶
7. 灭克磷	1.094	油	—	0.04700	3.5×10^{-4}	26	750ppm
8. 苯线磷	未发现	49	—	0.00012	9×10^{-7}	20[3]	329ppm
9. 地虫磷	1.16	液体	—		未发现		13ppm[7]
10. 马拉硫磷	1.23	2.9	156[6]	0.00500	4×10^{-5};0.7[6]	30	145ppm

续表

化合物 （按字母顺序）	液体密度 /（g/ml）	熔点 /℃	沸点 /℃（在1atm下）	Pa	饱和蒸气压 /mmHg（℃）		水溶性 （mg/L,20℃）
11. 甲胺磷	1.31	54	—	0.04000	3×10^{-4}	30	可溶
				0.00230	1.7×10^{-5}	$20^{(3)}$	—
12. 甲基对硫磷	1.358	37~38	—	0.00020	1.5×10^{-6}	$20^{(3)}$	50ppm
13. 速灭磷	1.25	$20.6^{(4)}$	$325^{(4)}$	0.40000	3×10^{-3};4ppm	$20^{(4)}$	混溶
				0.29000	2.2×10^{-3}	$20^{(7)}$	—
14. 久效磷	未发现	$54~55^{(5)}$	—	0.00090	7×10^{-6}	20	混溶
15. 对硫磷	1.26	6	375	0.00500	3.78×10^{-5};$6^{(6)}$	20	20ppm
				0.00089	6.7×10^{-6}	$20^{(3)}$	$10ppm^{(8)}$
16. 甲拌磷	1.156	液体	$118.120^{(3)}$	0.11000	8.4×10^{-4}	20	50ppm
17. 皮蝇磷	比重$1.48^{(2)}$	41	—	0.10000	8×10^{-4}	25	40ppm（25℃）
18. 硫丙磷	1.20	液体	$210^{(3)}$	<0.00010	$<10^{-6}$	$20^{(3)}$	难溶$^{(3)}$
19. 特丁磷	1.105	-29.2	—		未发现		10~15ppm

注:(1)来自默克索引,除非另有说明$^{[2]}$;(2)皮蝇磷的 NIOSH 方法 S 299（第二版）$^{[7]}$;(3)农业化学品手册$^{[3]}$;(4)速灭磷 NIOSH 方法 2503（第三版）$^{[8]}$;(5)54~55℃纯物质,25~30℃混合物;(6)NIOSH 方法 5012（第三版）（EPN、马拉硫磷、对硫磷）$^{[8]}$;(7)OSHA 试行方法（详见具体的分析方法）$^{[4]}$;(8)NIOSH 袖珍指南$^{[6]}$。

表2-33-19　英文名称

化合物 （按字母顺序）	其他英文名称	CAS 名$^{(3)}$
1. 谷硫磷	Guthion*	Phosphorodithioic acid, 0,0 - dimethyl S - [（4 - oxo - 1,2,3 - benzotriazin - 3（4H）- yl）methyl] ester
2. 毒死蜱	Dursban*	Phosphorothioic acid, 0,0 - diethyl 0 - （3,5,6 - trichloro - 2 - pyridinyl）ester
3. 二嗪磷	Spectracide*	Phosphorothioic acid, 0,0 - diethyl 0 - [6 - methyl - 2 - （1 - methylethyl）- 4 - pyrimidinyl] ester
4. 百治磷	Bidrin*	Phosphoric acid, 3 - （dimethylamino）- 1 - methyl - 3 - oxo - 1 - propenyl dimethyl ester, Phosphoric acid, dimethyl ester, ester with cis - 3 - hydroxy - N,N - dimethyl crotonamide$^{(4)}$
5. 乙拌磷	Di - Syston*	Phosphorodithioic acid, 0,0 - diethyl S - [2 - （ethylthio）ethyl] ester
6. 乙硫磷		Phosphorodithioic acid, S,S' - methylene 0,0,0,'0' - tetraethyl ester 0,0,0' - 0' - Tetra ethyl S,S' - methylene di - phosphorodithioate$^{(4)}$
7. 灭克磷	Prophos*	Phosphorodithioic acid, 0 - ethyl S,S - dipropyl ester
8. 苯线磷	Nemacur*,Phenamiphos$^{(1)}$	（1 - Methylethyl）phosphoramidic acid, ethyl 3 - methyl - 4 - （methylthio）phenyl ester Phosphoramidic acid, isopropyl -, 4 - （methylthio）- m - tolyl ethyl ester$^{(4)}$
9. 地虫磷	Dyfonate*	Ethyl phosphonodithioic acid, O - ethyl, S - phenyl ester Phosphonodithioic acid, ethyl -, 0 - ethyl, S - phenyl ester$^{(4)}$
10. 马拉硫磷	Cythion*	[（Dimethoxyphosphinothioyl）thio] butanedioic acid diethyl ester Succinic acid, mercapto -, diethyl ester S - ester with 0,0 - dimethyl phosphorodithioate$^{(4)}$
11. 甲胺磷	Monitor*	Phosphoramidothioic acid, 0,S - dimethyl ester
12. 甲基对硫磷	Parathion Methyl$^{(1)}$	Phosphorothioic acid, 0,0 - dimethyl 0 - [4 - nitrophenyl] ester

化合物 (按字母顺序)	其他英文名称	CAS 名
13. 速灭磷	Phosdrin*	3 – [(Dimethyoxyphosphinyl) oxy] – 2 – butenoic acid methyl ester Crotonic acid, 3 – hydroxy – , methyl ester dimethyl phosphate[4]
14. 久效磷	Azodrin*	Phosphoric acid, dimethyl [1 – methyl – 3 – (methylamino) – 3 – oxo – 1 – propenyl] ester Phosphoric acid, dimethyl ester ester with (E) – 3 – hydroxy – N – methylcrotonamide[4]
15. 对硫磷	EthylParathion[1]	Phosphorothioic acid, 0,0 – diethyl 0 – (4 – nitrophenyl) ester
16. 甲拌磷	Thimet*	Phosphorodithioic acid, 0,0 – diethyl S – [(ethylthio) methyl] ester
17. 皮蝇磷	Fenchlorphos[1]	Phosphorothioic acid, 0,0 – dimethyl 0 – (2,4,5 – trichlorophenyl) ester
18. 硫丙磷	Bolstar*	Phosphorodithioic acid, 0 – ethyl 0 – [4 – (methylthio) phenyl] S – propyl ester[4]
19. 特丁磷	Counter*	Phosphorodithioic acid, 0,0 – diethyl S – [[(1,1 – dimethylethyl) thio] methyl] ester[4]

注:(1)农业化学品手册中给出的通用名称[3];(2)*—农业化学品手册中给出的商品名称(商标或注册名称)[3];(3)来自默克索引[2];(4)NIOSH RTECS[1]或默克索引中的替代 CAS 名称[2]。

表 2 – 33 – 20 方法评价[1]

化合物 (按字母顺序)	A 研究范围[2]		B 精密度		C 偏差		D 精密度		E	G30 天时 回收率
	/(mg/m³)	/(毫克/样品)	精密度	平均	范围		总体, $\hat{S}_{rT}$	分析, $\bar{S}_r$		25℃(0℃)
1. 谷硫磷	0.02 ~ 0.4	0.0048 ~ 0.096	±0.178	– 0.038	– 0.120 ~ + 0.028		0.070	0.030		97(105)
2. 毒死蜱	0.02 ~ 0.4	0.0048 ~ 0.096	±0.163	– 0.027	– 0.054 ~ + 0.017		0.068	0.018		92(90)
3. 二嗪磷	0.01 ~ 0.2	0.0024 ~ 0.048	±0.162	– 0.032	– 0.057 ~ – 0.005		0.065	0.020		94(93)
4. 百治磷	0.025 ~ 0.5	0.006 ~ 0.120	±0.169	– 0.037	– 0.102 ~ – 0.032		0.066	0.025		89(92)
5. 乙拌磷	0.01 ~ 0.2	0.0024 ~ 0.048	±0.196	– 0.064	– 0.081 ~ – 0.032		0.066	0.024		87(89)
6. 乙硫磷	0.04 ~ 0.8	0.0096 ~ 0.192	±0.165	– 0.029	– 0.056 ~ – 0.003		0.068	0.018		96(95)
7. 灭克磷[3]	0.01 ~ 0.2	0.0024 ~ 0.048	±0.157	– 0.025	– 0.058 ~ + 0.025		0.066	0.020		97(93)
8. 苯线磷	0.01 ~ 0.2	0.0024 ~ 0.048	±0.155	– 0.029	– 0.066 ~ + 0.002		0.063	0.022		94(96)
9. 地虫磷	0.01 ~ 0.2	0.0024 ~ 0.048	±0.168	– 0.036	– 0.076 ~ + 0.008		0.066	0.023		95(92)
10. 马拉硫磷[4]	0.025 ~ 0.5	0.006 ~ 0.120	±0.172	– 0.038	– 0.064 ~ – 0.014		0.067	0.019		93(93)
11. 甲胺磷[5]	0.02 ~ 0.4	0.0048 ~ 0.096	±0.156	– 0.018	– 0.046 ~ + 0.011		0.069	0.026		88(95)
12. 甲基对硫磷	0.02 ~ 0.4	0.0048 ~ 0.096	±0.160	– 0.034	– 0.082 ~ + 0.016		0.063	0.018		95(95)
13. 速灭磷	0.01 ~ 0.2	0.0024 ~ 0.048	±0.176	– 0.042	– 0.061 ~ – 0.004		0.067	0.024		89(91)
14. 久效磷	0.025 ~ 0.5	0.006 ~ 0.120	±0.185	– 0.043	– 0.047 ~ – 0.020		0.071	0.026		88(92)
15. 对硫磷	0.005 ~ 0.1	0.0012 ~ 0.024	±0.163	– 0.021	– 0.045 ~ + 0.011		0.071	0.019		92(92)
16. 甲拌磷	0.005 ~ 0.1	0.0012 ~ 0.024	±0.202	– 0.070	– 0.097 ~ – 0.047		0.066	0.025		91(91)
17. 皮蝇磷[4]	0.025 ~ 0.5	0.006 ~ 0.120	±0.172	– 0.040	– 0.076 ~ + 0.021		0.066	0.025		95(94)
18. 硫丙磷[4]	0.01 ~ 0.2	0.0024 ~ 0.048	±0.181	– 0.047	– 0.054 ~ – 0.031		0.067	0.017		94(94)
19. 特丁磷[3]	0.01 ~ 0.2	0.0024 ~ 0.048	±0.188	– 0.054	– 0.091 ~ – 0.024		0.067	0.022		92(91)

注:(1)备份数据报告[9];(2)研究范围是 1/10 ~ 2 倍 NIOSH REL(除特别注明外),采样流量 1L/min,采样时间 4 小时以上;(3)无 NIOSH REL 或 OSHA PEL 时,用 0.1mg/m³;(4)马拉硫磷和皮蝇磷的研究范围是 1/400 ~ 1/20 倍 NIOSH REL,对硫丙磷的研究范围是 1/200 ~ 1/10 倍 NIOSH REL;(5)无 NIOSH REL 或 OSHA PEL 时,用 0.2mg/m³。

表 2-33-21 推荐的气相色谱柱及条件[1]

保留时间列于表 2-33-22

参数	大口径石英毛细管柱			
固定相[2]	DB-1	DB-5	DB-1701	DB-210
长度/m	30	30	30	30
内径/mm	0.32	0.32	0.32	0.32
膜厚/mm[3]	0.25	1	1	0.25
进样(体积,模式)[4][5]	1μl,SPL	1μl,DIR	1μl,DIR	1μl,SPL
柱温				
初始/℃	100	125	125	100
终止/℃	275	275	275	250
最高推荐温度/℃[6]	325	325	280	240/260
程序升温(℃/min)	3.0	4	4	3
载气(氦气)				
柱前压/p.s.i.	15	15	15	15

注:(1)实际情况可能会有所不同,这取决于色谱柱和分析的目标;(2)DB-1,100%聚甲基硅氧烷;DB-5,5%苯基-95%甲基聚硅氧烷;DB-1701,14%氰丙苯基-86%甲基聚硅氧烷;DB-210,50%三氟丙基-50%甲基聚硅氧烷;DB-1是非极性的,DB-5是弱极性的,DB-1701、DB-210是中等极性的;可用的等效固定相;其他类型的固定相也有很好的性能;(3)膜厚:在较低的柱温下,较薄的膜可使分离更快,待测物的稳定性更高;(4)进样(模式):SPL—不分流模式,初始柱温5~10℃,低于解吸溶剂沸点;DIR—直接进样模式,初始柱温>解吸溶剂沸点;OC—柱头进样,样品注入色谱柱腔内,而不进入进样口内衬管;在不分流和直接进样模式中,进样1~2ml时,用4mm(内径)进样口内衬管,分流阀关闭时间为60秒;进样0.5ml时,用2mm(内径)进样口内衬管,分流阀关闭时间为20~30秒;(4)进样0.5μl时,用2mm(内径)进样口内衬管;进样1~2μl时,用4mm(内径)进样口内衬管,0.32mm(内径)毛细管柱;(5)进样(体积):0.32mm(内径)毛细管柱,用2mm(内径)进样口内衬管进样时,进样体积0.5ml;用4mm(内径)进样口内衬管进样时,进样体积1~2ml;(6)J&W Scientific Catalog of High Resolution Chromatography Products,第21页[10]。

表 2-33-22 适用的测定范围及估算 LOD

	A	B	C	D	E	F	G	
化合物	适用的测定范围				估算检出限			灵敏度
(按字母顺序)	大气		样品[4]	仪器	仪器	样品[4]	大气	
	/(mg/m³)	/ppm	/(微克/样品)	/(纳克/色谱柱)	/(纳克/色谱柱)	/(微克/样品)	/(mg/m³)	REL/LOD
1. 谷硫磷	0.02~0.60	0.0015~0.046	2.4~72	1.2~36	0.06	0.12	0.0012	167
2. 毒死蜱	0.02~0.60	0.0014~0.042	2.4~72	1.2~36	0.02	0.04	0.0004	500
3. 二嗪磷	0.01~0.30	0.0008~0.024	1.2~36	0.6~18	0.02	0.04	0.0004	250
4. 百治磷	0.025~0.75	0.0026~0.077	3.0~90	1.5~45	0.10	0.20	0.0020	125
5. 乙拌磷	0.01~0.30	0.0009~0.027	1.2~36	0.6~18	0.02	0.04	0.0004	250
6. 乙硫磷	0.04~1.20	0.0025~0.076	4.8~144	2.4~72	0.02	0.04	0.0004	1000
7. 灭克磷	0.01~0.30	0.0010~0.030	1.2~36	0.6~18	0.02	0.04	0.0004	(7)
8. 苯线磷	0.01~0.30	0.0008~0.024	1.2~36	0.6~18	0.07	0.14	0.0014	71
9. 地虫磷	0.01~0.30	0.0010~0.030	1.2~36	0.6~18	0.02	0.04	0.0004	250
10. 马拉硫磷	1.00~30.00	0.0740~2.200	12~360[5]	6~180[5]	0.05	0.10	0.0010	10000
11. 甲胺磷	0.02~0.60	0.0035~0.100	2.4~72	1.2~36	0.30	0.60	0.0050	(7)
12. 甲基对硫磷	0.02~0.60	0.0019~0.056	2.4~72	1.2~36	0.02	0.04	0.0004	500
13. 速灭磷	0.01~0.30	0.0011~0.033	1.2~36	0.6~18	0.06	0.12	0.0012	83

续表

化合物 （按字母顺序）	A	B	C	D	E	F	G	
	适用的测定范围		样品[4] /（微克/ 样品）	仪器 （纳克/ 色谱柱）	估算检出限		灵敏度	
	大气				仪器 （纳克/ 色谱柱）	样品[4] /（微克/ 样品）	大气	
	/（mg/m³）	/ppm					/（mg/m³）	REL/LOD
14. 久效磷	0.025 ~ 0.75	0.0027 ~ 0.082	3.0 ~ 90	1.5 ~ 45	0.20	0.40	0.0040	63
15. 对硫磷	0.005 ~ 0.15	0.0004 ~ 0.013	0.6 ~ 18	0.3 ~ 9	0.02	0.04	0.0004	125
16. 甲拌磷	0.005 ~ 0.15	0.0005 ~ 0.014	0.6 ~ 18	0.3 ~ 9	0.02	0.04	0.0004	125
17. 皮蝇磷	1.00 ~ 30.00	0.076 ~ 2.300	12 ~ 360[5]	6 ~ 180	0.02	0.04	0.0004	25000
18. 硫丙磷	0.10 ~ 3.00	0.0076 ~ 0.230	12 ~ 360	6 ~ 180	0.03	0.06	0.0005	2000
19. 特丁磷	0.01 ~ 0.30	0.0008 ~ 0.026	1.2 ~ 36	0.6 ~ 18	0.02	0.04	0.0004	(7)

注:(1)覆盖 1/10 ~ 3 倍 NIOSH REL 范围;(2)REL mg/m³（表 2 - 33 - 17）÷大气 LOD（表 2 - 33 - 22 G 列);(3)25℃,760mmHg(常温常压)下计算;(4)采样体积120L(以 1L/min 流量采集 2 小时,以 0.5L/min 流量采集 4 小时,或以 0.2L/min 流量采集 10 小时)时计算;(5)采样体积12L(以 1L/min 流量采集 12 分钟,以 0.5L/min 流量采集 24 分钟,或以 0.2L/min 流量采集 1 小时)时计算;(6)在 2.0ml 溶剂中解吸样品,进样 1ml 至气相色谱仪。

表 2 - 33 - 23 所选有机磷化合物的近似保留时间[1]

化合物 （按 DB - 1 RT 排序）	毛细管色谱柱					
	DB - 1			DB - 5	DB - 1701	DB - 210
	RT/min	RRT[3]	洗脱温度[4]	RRT	RT/min	RT/min
1. TEPP	3.71	0.091	111	5.47	7.18[B]	7.88
2. 三乙基磷酸酯	4.37	0.107	113	6.34	7.14[B]	4.93
3. 甲胺磷	5.12	0.125	115	7.64	13.61	12.03
4. 敌敌畏	5.81	0.142	117	8.24	10.67	10.54
5. 速灭磷	10.45	0.256	131	12.92	16.69	19.20
6. 灭克磷	17.15	0.420	151	19.09	21.52	20.10
7. 二溴磷	17.61	0.431	153	(6)	23.17[C]	21.46[H]
8. 特松	18.00	0.440	154	19.94	25.84[E]	31.43
9. 久效磷	18.27	0.447	155	21.12	28.11	31.60
10. 硫特普	19.06	0.466	157	(6)	23.09[C]	21.11
11. 甲拌磷	19.18	0.469	158	20.94	23.10[C]	18.92
12. 乐果	19.44	0.476	158	21.84	(6)	29.33[I]
13. 内吸磷	20.15	0.493	160	21.70	25.06[D]	24.97
14. 敌杀磷	21.30	0.521	164	23.04	26.33[F]	23.46
15. 地虫磷	22.04	0.539	166	23.57	25.87[E]	22.20
16. 特丁磷	22.22	0.544	168	23.80	25.02[D]	21.52[H]
17. 乙拌磷	23.09	0.564	169	24.19	26.43[F]	22.78
18. 二嗪磷	23.37	0.572	170	23.75	25.00[D]	20.99
19. 甲基对硫磷	25.37	0.621	176	26.48	31.37	33.21
20. 砜吸磷甲基	26.00[5]	0.630[5]	179	(6)	(6)	(6)
21. 皮蝇磷	26.86	0.657	181	27.39	29.30	26.27
22. 嘧啶磷甲基	28.13	0.688	184	27.90	29.73	26.77
23. 马拉硫磷	28.53	0.698	186	28.33	31.78[G]	33.08[J]
24. 倍硫磷	28.74	0.703	186	28.93	31.78[G]	29.35[I]
25. 对硫磷	28.98	0.709	187	29.10[A]	33.28	35.60
26. 毒死蜱	29.11	0.712	187	29.10[A]	30.79	27.72
27. 育畜磷	29.64	0.725	189	29.54	34.00	35.34

续表

化合物 （按 DB-1 RT 排序）	毛细管色谱柱					
	DB-1		DB-5	DB-1701		DB-210
	RT/min	RRT[3]	洗脱温度[4]	RRT	RT/min	RT/min
28. 异柳磷	31.91	0.780	196	31.17	33.81	33.02[J]
29. 杀虫畏	33.26	0.814	200	32.60	35.96	37.01
30. 苯线磷	34.09	0.834	202	33.03	37.14	38.95
31. Merphos	35.19	0.861	206	(6)	30.57	23.89
32. 丰索磷	36.61	0.896	210	35.78	42.41	46.98
33. 乙硫磷	37.88	0.927	214	36.30	39.30	37.96
34. 硫丙磷	38.49	0.942	216	36.96	39.54	37.11
35. 磷酸三苯酯	40.88	1.000	223	39.06	(6)	(6)
36. EPN	42.64	1.043	228	41.06	47.83	47.13
37. 甲基谷硫磷	44.16	1.080	232	43.67	(7)	49.24
38. 福赐松	45.12	1.104	235	43.91	47.38	41.68
39. 谷硫磷乙酯	46.55	1.139	240	46.50	47.43	50.40
40. 蝇毒磷	49.31	1.206	248	50.10	67.86	60.88

注：(1)实际保留时间(RT)将随单独色谱柱和色谱条件而变化，详见表 2-33-26 色谱性能说明，数据来源于备份数据报告[9]；(2)表 2-33-21 中列出了毛细管色谱柱的条件，用字母命名共同洗脱出的峰和近似共同洗脱出的峰：(A)，(B)，(C)，(D)，(E)，(F)，(G)，(H)，(I)和(J)；(3)相对于磷酸三苯酯的相对保留时间；(4)为用 DB-1 色谱柱的洗脱温度(℃)(详见表 2-33-21 的色谱柱条件)；(5)宽的，拖尾峰；(6)无数据；(7)不出峰。

表 2-33-24　空气中的有机磷化合物的其他分析方法

文献	方法号	有机磷化合物
Hill & Arnold[1]		内吸磷-S，内吸磷-O，毒死蜱，二嗪农，乐果，马拉硫磷，对氧磷，对硫磷
NMAM, 2nd ed.[2]	v.1 P&CAM 158	对硫磷
	v.5 P&CAM 295	敌敌畏(DDVP)
	v.6 P&CAM 336	TEPP
	v.3 S 208	磷酸三丁酯
	v.3 S 209	三磷酸甲酯
	v.3 S 210	磷酸三苯酯
	v.6 S 280	内吸磷
	v.3 S 285	EPN
	v.3 S 295	对硫磷
	v.6 S 296	速灭磷
	v.6 S 299	皮蝇磷
	v.3 S 370	马拉硫磷
NMAM, 3rd ed.[3]	2503	速灭磷
	2504	TEPP
	5012	EPN，马拉硫磷，对硫磷
	5514	内吸磷
OSHA[4]	62	二嗪农，毒死蜱，对硫磷，敌敌畏，马拉硫磷
OSHA Stopgap[5]	每种方法均独立且无编号，请参阅名称	乙基谷硫磷，益舒宝，速灭磷，甲基谷硫磷，苯线磷，久效磷，蝇毒磷，丰索磷，甲基砜吸磷，育畜磷，倍硫磷，甲拌磷，内吸磷，地虫硫磷，甲基嘧啶磷，双特松，异柳磷，硫丙磷，TEDP，福赐松，敌杀磷，硫特普，乙拌磷，甲胺磷，TEPP，EPN，特丁硫磷，甲基德马东，Ethio，甲基对硫磷

注：(1)Hill and Arnold[11]；(2)NMAM，第 2 版[7]；(3)NMAM，第 3 版[8]；(4)OSHA 检测方法手册[12]；(5)OSHA 试行方法[4]。

表 2 - 33 - 25　加标介质和标准溶液的配制

| | I. 加标溶液的配制:标准溶液、实验对照样品、解吸效率样品 | | | | | |
	A	B	C	D	E	F
加标浓度(倍 REL)[1]	1/30×REL	1/10×REL	1/3×REL	1×REL	3×REL	
II. 加标介质或液体						稀释此体积(ml)的 10mg/ml 储备液配制 10ml SS-1 溶液
1. 使用的加标溶液	SS-2	SS-5	SS-1	SS-1	SS-1	
2. 注射器规格	50μl	50μl	50μl	50μl	100μl	
3. 加标体积[2]	10μl	30μl	10μl	30μl	90μl	
III. 总加标量 μg[3]						
1. 谷硫磷	0.8	2.4	8.0	24.0	72.0	0.8
2. 毒死蜱	0.8	2.4	8.0	24.0	72.0	0.8
3. 二嗪磷	0.4	1.2	4.0	12.0	36.0	0.4
4. 特松	1.0	3.0	10.0	30.0	90.0	1.0
5. 乙拌磷	0.4	1.2	4.0	12.0	36.0	0.4
6. 乙硫磷	1.6	4.8	16.0	48.0	144.0	1.6
7. 益舒宝	0.4	1.2	4.0	12.0	36.0	0.4
8. 苯线磷	0.4	1.2	4.0	12.0	36.0	0.4
9. 地虫磷	0.4	1.2	4.0	12.0	36.0	0.4
10. 马拉硫磷[5]	4.0	12.0	40.0	120.0	360.0	4.0
11. 甲胺磷	0.8	2.4	8.0	24.0	72.0	0.8
12. 甲基对硫磷	0.8	2.4	8.0	24.0	72.0	0.8
13. 速灭磷	0.4	1.2	4.0	12.0	36.0	0.4
14. 久效磷	1.0	3.0	10.0	30.0	90.0	1.0
15. 对硫磷	0.2	0.6	2.0	6.0	18.0	0.2
16. 甲拌磷	0.2	0.6	2.0	6.0	18.0	0.2
17. 皮蝇磷[5]	4.0	12.0	40.0	120.0	360.0	4.0
18. 硫丙磷	4.0	12.0	40.0	120.0	360.0	4.0
19. 特丁磷	0.4	1.2	4.0	12.0	36.0	0.4
20. 通用(120L)[4,5]	x/30	x/10	x/3	x	3x	4y

注:(1)采样体积120L,对应的范围值列于表 2-33-22 C列;(2)液体标准的配制:于2ml 容量瓶内,将一定体积储备溶液加入至2ml 解吸溶剂中;实验室对照样品的配制:加入 REL 的待测物,加入 D 列中列明的体积至采样管前段吸附部分;一式两份;解吸效率的测定:将一定体积的加标溶液加入采样管前段;制备5个浓度,每个浓度3份;(3)对于加标介质,其数值为每个样品的总含量(μg);对于液体标准样品,数值为每2ml 解吸溶剂的总含量(μg);(4)这里 x(微克/样品) = REL(μg/L)×120(升/样品);y(mg/ml) = REL(mg/m³)×4(m³/ml);(5)对于所有 REL > 1mg/m³,计算时用 1/10×REL(假设在这些情况下,采样体积是12L,而不是120L)。

表 2 - 33 - 26　有机磷化合物分析特征说明

| 化合物
(按字母顺序) | 分析特征 | | |
	A	B	C
	化学和物理	解吸和溶液	气相色谱法
1. 谷硫磷(Guthion*)			3,5,6
2. 乙基谷硫磷(Guthion Ethyl)			5
3. 乐斯本(Dursban*)			

续表

化合物	分析特征		
（按字母顺序）	A	B	C
	化学和物理	解吸和溶液	气相色谱法
4. 蝇毒磷（Co-Ral*）			5
5. 育畜磷（Ruelene*）	1	1,4	1
6. 内吸磷（Systox*）	2,6	5	3
7. 二嗪农（Spectracide*）			
8. 敌敌畏（DDVP,Vapona*）	7		4
9. 特松（Bidrin*）			
10. 乐果（Cygon*）	1	1,4	1
11. 敌杀磷（DElnav*）			
12. 乙拌磷（Di-Syston*）	2		2
13. EPN（Santox*）			5
14. 乙硫磷			
15. 灭克磷（Prophos*）			
16. 苯线磷（Nemacur*）	1	1,4	1
17. 丰索磷（Dasanit*）	3	4	
18. 倍硫磷（Baytex*）		5	
19. 地虫磷（Dyfonate*）			
20. 异柳磷（Oftanol*）	1	1	1
21. 福赐松（Phosvel*）		5	5
22. 马拉硫磷（Cythion*）			
23. Merphos（FOLEX）	4	5	2
24. 甲胺磷（Monitor*）	1	1,3,4	1,4
25. 甲基对硫磷（Parathion Methyl）			
26. 速灭磷（Phosdrin*）	6,7		3,4
27. 久效磷（Azodrin*）	1	1,2,4	1
28. 二溴磷（Dibrom*）	5	5	2
29. 砜吸磷甲基（Metasystox-R）	3	1,5	1,2
30. 对硫磷（EthylParathion）			
31. 甲拌磷（Thimet*）	2,7		2
32. 甲基嘧啶磷（Actellic*）			4
33. 皮蝇磷（Fenchlorphos）			
34. 硫特普（TEDP）			
35. 硫丙磷（Bolstar*）			
36. TEPP	7	5	4
37. 特丁磷（Counter*）	2		2
38. 杀虫畏（Gardona*）			
39. 磷酸三丁酯			7
40. 磷酸三苯酯			7

注：*—商品名称,注册名称或商标(农业化学品手册[3]);(1)待测物选择和验证期间的观察结果[9];(2)参见下页说明。

表 2 - 33 - 26 中分析特征说明

A. 化学和物理性质

1. 酰胺或磷酰胺,微酸性,化学极性强。

2. 烷基硫醚,易氧化成砜和亚砜。

3. 亚砜,易氧化成砜,化学极性强。

4. 亚磷酸,易于空气中氧化成磷酸(三甲氧苯→乙胺 DEF)。

5. 邻二溴,易脱溴(二溴磷→敌敌畏)。

6. 通常存在两个或两个以上的异构体(例如,内吸磷 - O,内吸磷 - S,顺式和反式速灭磷)。

7. 较易挥发,如果介质或溶剂解吸瓶未盖上,即使是很短的时间,也可能会损失。

一般情况下,有机磷化合物在弱碱性条件下易被破坏(pH≥8)。在碱性玻璃表面,化合物可能有微量的损失。玻璃器皿如果使用碱性洗涤剂,洗涤后应中和。

B. 解吸和溶解性

1. 通过在甲苯中加入 1% 甲醇或 10% 丙酮可提高浓溶液的溶解度。在正己烷中即使是稀溶液其溶解度亦不理想。

2. 由 100% 甲苯改为 90/10 甲苯/丙酮,玻璃纤维滤膜的解吸效率从 62% 提高到了 98%,石英纤维滤膜从 30% 提高到了 101%。

3. 由玻璃纤维滤膜改为石英纤维滤膜,在甲苯中解吸其解吸效率从 16% 提高到了 88%,在 90/10 甲苯/丙酮中解吸其解吸效率从 70% 提高到了 99%。

4. 表 2 - 33 - 26 中的化合物比列出的其他有机磷化合物有更高的化学极性;在正己烷中解吸 XAD - 2 或玻璃或石英纤维滤膜,解吸不完全,或不能解吸。除了上面 2 和 3 中另有说明的,均可在甲苯中解吸。使用含 10% 丙酮的甲苯可使所有待测物的回收率提升至满意水平。

5. 表 2 - 33 - 26 中化合物的解吸特性未经评价。一般情况如下。

a. 在分子结构中任何酸性氢或双键氧的存在,都会大大降低其在非极性溶剂中的溶解性,并增加了从极性表面和吸附剂上解吸的难度。

b. 虽然在初步测试时,玻璃纤维滤膜和甲苯解吸法适合大多数化合物,但本法给出的石英纤维滤膜和 90/10 甲苯/丙酮解吸法可更广泛地适用于更高极性的化合物。

c. 沸点较低的溶剂(如二氯甲烷、氯仿、甲基叔丁基醚和乙酸乙酯)具有较好的解吸能力,近似等效于 90/10 甲苯/丙酮,但气相色谱仪对待测物的响应不甚理想。这可能是由于使用高沸点的溶剂和不分流进样或直接进样技术时,待测物能更好地从进样口至毛细管柱进行质量传递。

C. 气相色谱法

1. 性能差的色谱法可能是由于脏的或未去活的色谱柱或进样口。在进样口内衬管中填充干净的石英棉比填充硅烷化玻璃更能减少损失。

2. 如果待测物在进样前、在进样口中或在色谱柱分离时发生降解或氧化,在色谱图中可能会出现多个峰、不规则的或严重拖尾的峰,或者峰会移动。

3. 由于异构体的存在,可观察到多个峰。

4. 洗脱时间短,如果柱温过高,化合物可与溶剂共洗脱。

5. 洗脱时间长,在用不分流进样或直接进样模式进样时,如果运行的时间太短,色谱柱或进样口太冷,或排气阀打开得太早,化合物可能会损失。

6. 即使乙基谷硫磷在 DB - 1701 上洗脱,甲基谷硫磷也不能在 DB - 1701 上洗脱。

7. 潜在的内标物:如果分析多种待测物,磷酸三苯酯是更有效的内标物,因为它不易挥发,在色谱图上的峰面积中有更少的竞争待测物。

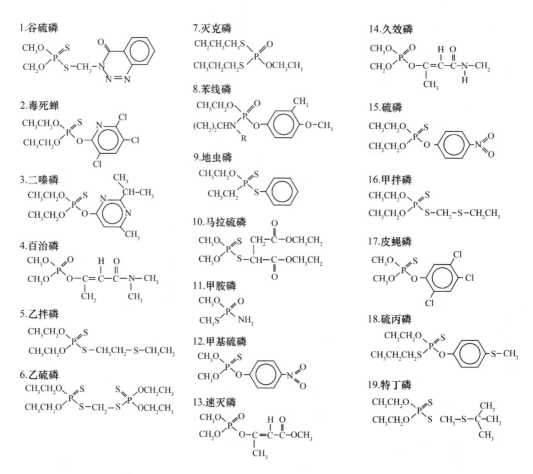

图 2-33-5　有机磷化合物的结构式

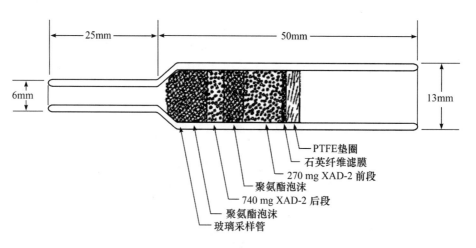

图 2-33-6　OVS-2 采样管

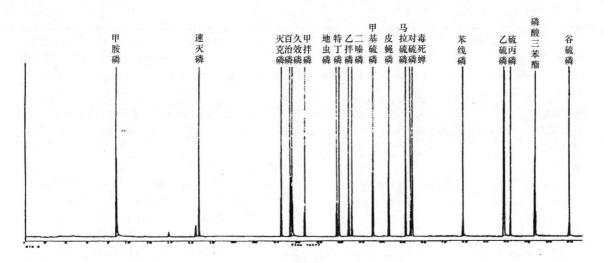

图 2 - 33 - 7　有机磷化合物的典型色谱图

有机氮农药 5601

分子式:见图 2 - 33 - 8	相对分子质量:见表 2 - 33 - 27	CAS 号:见表 2 - 33 - 27	RTECS 号:见表 2 - 33 - 27
方法:5601,第二次修订		方法评价情况:完全评价	第一次修订:1998. 1. 15
OSHA:见表 2 - 33 - 27 NIOSH:见表 2 - 33 - 27 ACGIH:见表 2 - 33 - 27		性质:见表 2 - 33 - 27	

中英文名称:(表 2 - 33 - 27) Aldicarb,涕灭威;Benomyl,苯来特;Captan,克菌丹;Carbaryl,西维因;Carbendazim,多菌灵;Carbofuran,卡巴呋喃;Chlorpropham,氯普芬;Diuron,敌草隆;Formetanate,伐虫脒;Methiocarb,甲硫威;Methomyl,灭多虫;Oxamyl,草氨酰;Propham,苯胺灵;Propoxur,残杀威;Thiobencarb,禾草丹

采样

采样管:滤膜/固体吸附剂(OVS - 2 管:13mm 石英纤维滤膜;XAD - 2,前段 270mg/后段 140mg)

采样流量:0. 1 ~ 1L/min

最小采样体积:变量(表 2 - 33 - 28)

最大采样体积:480L

运输方法:常规

样品稳定性:至少 30 天(- 12℃)[1]

至少 7 天(24℃)[1]

样品空白:每批样品 2 ~ 10 个

准确性

研究范围:见表 2 - 33 - 28

偏差:见表 2 - 33 - 28

总体精密度($\hat{S}_{rT}$):见表 2 - 33 - 28

准确度:见表 2 - 33 - 28

分析

分析方法:液相色谱仪(HPLC),紫外检测器(UV)

待测物:有机氮农药(表 2 - 33 - 27)

萃取方法:2ml 萃取液(0.2% v/v 0.1M 乙腈中的三乙胺磷酸盐缓冲液,pH 6.9 ~ 7.1)

进样体积:5μl

流动相 A:2% 正丙醇溶于 0.02M 三乙胺磷酸盐溶液中(pH 6.9 ~ 7.1)

流动相 B:2% 正丙醇溶于乙腈中

程序:流动相 B,30 分钟内 3% ~ 95%,95% 保持 5 分钟

色谱柱:NOVA - PAK® C - 18,30cm × 3.9mm(内径),或等效色谱柱;室温(表 2 - 33 - 29)

检测器:紫外检测器,200nm 和 225nm

定量标准:萃取液中的待测物溶液

测定范围:见表 2 - 33 - 28

估算检出限:见表 2 - 33 - 28

精密度($\bar{S}_r$):见表 2 - 33 - 28

适用范围:涕灭威、卡巴呋喃和草氨酰的测定范围(表 2 - 33 - 28)为 OSHA PEL 的 0.5 ~ 10 倍。其他待测物适当稀释后的测定范围是 OSHA PEL 的 0.1 ~ 2 倍。此方法经评价后,适用于其他有机氮化合物的检测,且广泛适用于含紫外发光基团的农药,如乙酰苯胺、羧酸类除草剂、有机磷酸酯类、苯酚类、拟除虫菊酯类、磺酰基脲类、磺胺类、三嗪类和尿嘧啶类农药

干扰因素:由于在短波段 UV 检测器的响应范围广,所以会有许多潜在的干扰。已经过测试的干扰物包括:溶剂(氯仿和甲苯),抗氧化剂(BHT),增塑剂(二烷基邻苯二甲酸酯),含氮化合物(尼古丁和咖啡因),在 HPLC 试剂中的其他杂质(如在三乙胺中的杂质),以及其他农药(2,4 - D、阿特拉津、对硫磷等)和农药水解产物(1 - 萘酚)。保留时间在表 2 - 33 - 30 中给出。当待测物不确定为何物时,建议使用适当的定性技术确定

其他方法:本法可以用来替代以前的相关农药的方法。例如:S273 西维因[2];5006 西维因[3];OSHA 63 甲萘威和74 涕灭威[4];OSHA 测定几种农药暂时的方法[5];EPA TO - 10 克菌丹、灭菌丹和自克威[6]。OVS - 2 管与 Hill 和 Arnold 设备类似[7],但更便利,流动阻力更低

试剂

1. 氨基甲酸酯、尿素和次磺酰亚胺待测物列于表 2 - 33 - 27;内标物乙酰苯胺和乙酰苯,分析纯*

2. 乙腈:UV 级*

3. 甲醇:HPLC 级*

4. 去离子水:ASTM Ⅱ型

5. 正丙醇:UV 级*

6. 异氰酸正丁酯*

7. 三乙胺(TEA):HPLC 级*。保持冷藏(0 ~ 4℃)并在氮气下储存,以延长保质期[1,8]

8. 正磷酸:按比重 >85% ,ACS 级或更好的*

9. 萃取液:分别制备三乙胺磷酸盐(TEA - PO₄)的防腐剂和内标溶液

   a. TEA - PO₄ 防腐剂,0.1 M。在 90ml 去离子水中溶解 1.4ml TEA。加入磷酸降低 pH 至 7.0(±0.1),用已校准的 pH 计进行确定。体积为 100ml。密封并冷藏

   注意:不要使用氯乙酸作为防腐剂[9]。至少伐虫脒在氯乙酸中是不稳定的

   b. 内标储备液,5mg/ml。在每 20ml 溶液中加入 100mg 所选内标物。溶于乙腈中。密封储存在 - 12 ±1℃下

   c. 最终萃取液。在 500ml 容量瓶中加入 1ml TEA - PO₄ 溶液和 12ml 内标储备液,用乙腈稀释至刻度。TEA 浓度为 0.2m M,水为 0.2% ,内标为 120μg/ml。在 0 ~ 4℃稳定至 30 天

10. 单独的待测物储备液:5mg/ml。将每种待测物分别加入装有乙腈的容量瓶中。苯来特和多菌灵使用二氯甲烷。伐虫脒使用 50/50 v/v 甲醇/乙腈。稀释至刻度,储存于(- 12 ±1)℃下(溶液可稳定至 30 天)

11. 标准储备液:在容量瓶中,将待测物储备液混合,配制最高浓度的标准溶液(建议 120 ~480μg/ml)

    注意:在同一个标准溶液中不要混合苯来特和多菌灵[10-12]。见附录

12. 质控加标溶液:在样品的分析浓度范围内,向乙腈中加入待测物储备液,配制质控加标溶液。加标前,将溶液储存于(- 12 ±1)℃下

    注意:加标溶液中不能含有内标物

13. 流动相 A:在 1L 容量瓶中加入 20ml 正丙醇和 2.8ml TEA,并用去离子水稀释至刻度。使用 pH 计和磷酸将 pH 调至 7.0(±0.1)。最终浓度:2% 1 - 丁醇,0.02 M TEA - PO₄ 脱气使用

14. 流动相 B:1L 容量瓶中,向乙腈中加入 20ml 正丙醇并稀释至刻度,使用前脱气

仪器

1. 采样管:OSHA Versatile 采样管(OVS - 2 管),入口外径 1 前段段填 270mg 20 ~ 60 目 XAD - 2 吸收剂,用一个 11mm 直径的石英纤维滤膜和 Teflon® 垫圈固定,用聚氨酯泡沫与后段 140mg XAD - 2 吸收剂分隔。后段用聚氨酯泡沫固定(图 2 - 33 - 9)。可购买市售产品(SKC #226 - 58)。OVS - 2 管和玻璃纤维滤膜有等效的解吸效率,且均可购自 SKC(#226 - 30 - 16)和 Supelco(#ORBO - 49P)

2. 个体采样泵:流量 0.1 ~ 1L/min,配有惰性连接软管

3. 高效液相色谱仪:能以线性梯度混合两流动相。泵可至 4000 psi,能容纳 300mm 长柱

4. 自动进样器:死体积小,能进样 5μl。使用冷的进样器托盘,可去除解吸液中的防腐剂**

5. 分析柱

   a. 主柱:去活化十八烷基硅烷(C₁₈)柱,如:NIVA - PAK® C₁₈,3.9mm(内径)×300mm,粒径 5μm 或等效色谱柱

   b. 次柱:氰丙基石英柱,如 Supelco LC - CN® 4.6 × 250mm,粒径 5μm 或等效色谱柱

6. 保护柱:死体积小,填料与分析柱相同**

7. 紫外检测器:死体积小,1cm 光程吸收池,可同时检测 2 个波长(200nm 和 225nm)

8. 溶剂解吸瓶:4ml,带聚四氟乙烯内衬的瓶盖;2ml HPLC 自动进样瓶,带聚四氟乙烯或聚乙烯内衬的瓶盖

9. 注射器:0.01,0.05,0.1,1.0 和 2.5ml;鲁尔接口,1ml 和 2.5ml 用于样品过滤

10. 容量瓶:2,5,10,25,50,100,500 和 1000ml

11. PTFE 针式过滤器:0.45μm(Gelman Acrodisc® CR PTFE 0.45 - μm filter, Product #4472,Gelman Sciences,Ann Arbor,MI 或等效产品)

12. 镊子

13. 小瓶/管翻转混匀仪:5 ~ 10 rpm

14. pH 计

15. 量筒:10ml 和 25ml

16. 玻璃吸量管:一次性

特殊防护措施:防腐剂,避免吸入蒸气或灰尘,避免接触皮肤;当对纯物质进行处理时,戴手套并穿适当的防护服,溶剂,避免皮肤接触和明火;在通风橱中操作;磷酸,避免皮肤接触;异氰酸正丁酯可能是感光剂,避免皮肤接触

注:* 见特殊防护措施;* * 死体积小可提高分离度。

采样

1. 串联一个有代表性的采样管来校准个体采样泵。

2. 用软管将采样管连接至个体采样泵。将采样管垂直、大头向下放置,置于劳动者呼吸带。

3. 在 0.1～1L/min 范围内,以已知流量采样,采样体积最大为 480L。记录采样体积及已知或潜在的干扰因素。

4. 用塑料帽密封采样管的两端,包装后运输。

样品处理

5. 打开大头端的塑料帽,将滤膜、PTFE 垫圈和前段 XAD-2 树脂转移至 4ml 溶剂解吸瓶中。将聚氨酯泡沫和后 XAD-2 树脂部分转移至另一个 4ml 溶剂解吸瓶中。

6. 使用 2.5ml 或 5ml 注射器或 2ml 移液管,向每个溶剂解吸瓶中加入 2ml 含有内标物的解吸液。将每个溶剂解吸瓶的盖子拧紧。

7. 翻转旋转溶剂解吸瓶,5～10rpm,约 45 分钟。

8. 用 0.45μm PTFE 滤膜将溶液过滤到一个 2ml 自动进样瓶中。

标准曲线绘制与质量控制

9. 根据所选待测物设定色谱柱和色谱条件,测定待测物的保留时间。

10. 在测定范围内,配制至少 6 个浓度的标准溶液,绘制标准曲线。

a. 在容量瓶中,用含有内标物的解吸液稀释高浓度的标准储备液,以制备标准系列。包括用一个未加标的解吸液为校正空白。

b. 过滤一定量的标准溶液和空白,用于分析(步骤 8)。

c. 与样品、空白和实验室质控样品一起进行分析(步骤 12～14)。

d. 以待测物峰面积与内标物峰面积的比值对待测物含量(μg)绘制标准曲线。

注意:在参考文献[1]、[16]中推荐使用内标物,但如果进样设备和 HPLC 系统的精密度足够好,可不加入内标。

11. 制备解吸效率(DE)样品和试验室质控样品(LCS),数量为每组样品数的 10%。

a. 除去采样管的底部塑料帽和 PTFE 垫圈(以防止垫圈后面产生毛细作用)。在石英纤维滤膜正面加入已知体积的标准溶液。

注意:每次加标量不超过 15～30μl。如果需要更多,将采样管与流量≤1L/min 的真空泵连接后可加标 15～30μl,两次加标之间需要几分钟时间使溶剂蒸发,以避免沿管壁发生毛细作用进入后部(5% 或者更多留存于管壁)。

b. 盖上塑料帽,静置至少 1 小时。

c. 制备未加标的采样管作为介质空白。

d. 与现场样品、空白和标准溶液一起进行分析(步骤 12～14)。

样品测定

12. 根据仪器说明书和表 2-33-29 中给出的条件设置液相色谱仪。通常,选择 200nm 和 225nm 两个波长用于检测。对于选定的待测物,可从 UV 光谱中(从表 2-33-31 中)选择一个更灵敏的波长。

13. 使用自动进样器进样。所选待测物的保留时间见表 2-33-30。

注意:若峰面积超出标准曲线的线性范围,用含有内标物的解吸液稀释后重新分析,计算时乘以相应的稀释倍数。

14. 测定待测物和内标物的峰面积。在同一张光谱图上,用待测物的峰面积除以内标物的峰面积。

计算

15. 按下式计算待测物的浓度 C(mg/m³):

$$C = \frac{W_f + W_b - B_f - B_b}{V}$$

式中:W_f—— 样品采样管滤膜和前段吸附剂中待测物的含量(μg);

　　　W_b——样品采样管后段吸附剂中待测物的含量(μg);

B_f——空白采样管滤膜和前段吸附剂中待测物的平均含量（μg）；

B_b——空白采样管后段吸附剂中待测物的平均含量（μg）；

V——采样体积（L）。

注意：1μg/ml = 1mg/m³；上式中待测物的含量均已用解吸效率校正。

定性：

不同条件下的保留时间。当不确定为何种物质时，可通过选择其他柱分析确定。如果主要是采用去活化十八烷基硅烷（C_{18}）柱进行分析，则可用氰丙基石英柱重新分析或改变水/甲醇流动相进行定性。表 2 - 33 - 30 中所列为不同类型柱和条件下，待测物的保留时间近似值。相对保留时间（特定条件下的保留指数）更便于对待测物的识别。

紫外检测器或质谱仪。可通过用未知光谱与参考光谱进行比较，进行确认。相对响应值（在 225nm/ 200nm 下所选待测物的吸光度比值）可进行定性分析。一些待测物（尤其是邻芳基氨基甲酸盐）可通过使用高度去活的进样口和分析 GC 柱的 GC/MS 或 HPLC/MS 进行确定。

方法评价

在表 2 - 33 - 28 中给出的各物质浓度范围内，25℃下，采样体积为 240L 时，对本法进行了评价。分别在相对湿度为 15% 和 80%，温度为 10℃ 和 30℃ 的条件下，对样品进行了测试。在这些实验中，测试的气体不是发生而得的；而是将待测物直接加标在采样滤膜上，然后调节空气，以 1L/min 的流量通入采样管中 4 小时。实验表明，在任何温度/湿度组合条件下，采样管的性能无明显差异。采样管的精密度和稳定性的评价是在环境温度和相对湿度的条件下进行的。采样和分析的总体精密度、偏差、准确度和长期储存后的平均回收率见表 2 - 33 - 28。以 1L/min 的流量采样 8 小时后，各待测物的量为每采样管 480μg 时，未发生穿透。为估算 LOD/LOQ 值，制备并分析了一系列加标样品，一式三份，且响应值拟合为二次曲线。依据 NIOSH SOP 018[1,17] 估算的检出限（LOD）和定量下限（LOQ）列于表 2 - 33 - 28 中。结果符合 NIOSH 标准[1]。

参考文献

[1] Back - up Data Report［1995, unpublished］Carbamate, urea, and sulfenimide pesticides, prepared under NIOSH Contract 200 - 88 - 2618.

[2] NIOSH［1977］. NIOSH Manual of Analytical Methods（NMAM）, 2nd ed., v. 3, s273, U. S. Dept. Health, Education, and Welfare, National Institute for Occupational Safety and Health（NIOSH）Publ. 77 - 157 - C.

[3] NIOSH［1994］. Method 5006. In：Cassinelli ME, Ed. NIOSH Manual of Analytical Methods（NMAM）,4th ed. Cincinnati, OH：National Institute for Occupational Safety and Health, DHHS（NIOSH）Publ. 94 - 113.

[4] OSHA Methods 63 and 74, OSHA Analytical Methods Manual, Carcinogen and Pesticide Branch, OSHA Analytical Laboratory, Salt Lake City, UT.

[5] OSHA Stopgap Methods for Individual Pesticides（Refer to by compound name）, Carcinogen and Pesticide Branch, OSHA Analytical Laboratory, Salt Lake City, UT.

[6] EPA［1986］. EPA Compendium of Methods for the Determination of Toxic Organic Compounds in Ambient Air, US EPA, Publ. EPA/600/4 - 87/006.

[7] Hill RH Jr., Arnold JE［1979］. A Personal Air Sampler for Pesticides. Arch Environ Contam Toxicol 8：621 - 628.

[8] Dolan JW［1993］. LC troubleshooting. LC - GC1 1(7)：500.

[9] EPA［1988］. EPA Method 531.1, Rev. 3.0, Methods for the Determination of Organic Compounds in Drinking Water, US EPA. Publ. EPA 600 4 - 88 039.

[10] Chibia, Mikio, Doornbos F［1974］. Instability of Benomyl in Various Conditions. Bulletin of Environ Contami Toxicol 11(3)：273 - 274.

[11] Calmon, Jean - Pierre, Sayag DR［1976］. Kinetics and Mechanism of Conversion of Methyl 1 - (butylcarbamoyl) - 2 - Benzimidazolecarbamate（benomyl）to Methyl 2 - benzimidazolecarbamate（MBC）. J Agric Food Chem 24(2)：311 - 314.

[12] Calmon, Jean - Pierre, Sayag DR［1993］. Instability of Methyl 1 - (butylcarbamoyl) - 2 - benzimidazolecarbamate

（benomyl）in Various Solvents, Ibid. 426 – 428.

[13] Dolan JW [1993]. LC troubleshooting. LC – GC1 1(12):858 – 860.

[14] Dolan JW [1993]. LC troubleshooting. LC – GC1 1(6):412 – 314.

[15] Dolan JW [1993]. LC troubleshooting. LC – GC1 2(4):298.

[16] Gere DR [1993]. Column Watch. LC – GC 11(10):710 – 712.

[17] Kennedy ER, Fischbach TJ, Song R, Eller PM, Schulman SA [1995]. Guidelines for Air Sampling and Analytical Method Development and Evaluation. Cincinnati, OH: National Institute for Occupational Safety and Health, DHHS (NIOSH) Publication No. 95 – 117:65 – 67.

[18] NIOSH [1987]. In: Sweet, DV Ed.. Registry of Toxic Effects of Chemical Substances. National Institute for Occupational Safety and Health, DHHS (NIOSH) Publication No. 87 – 114.

[19] Merck Index [1989]. 11th Ed., S. Budavari, Ed., Merck and Co., Rahway, NJ.

[20] Farm Chemicals Handbook [1995], Meister Publishing Co., Willoughby, OH.

[21] Wise, Stephen A, May WE [1983]. Effect of C_{18} Surface Coverage on Selectivity in Reversed – phase Liquid Chromatography of Polycyclic Aromatic Hydrocarbons. Anal Chem55 (9):1479.

[22] Cole, Lynn A, Dorsey JG [1992]. Temperature Dependence of Retention in Reversed – phase Liquid Chromatography. 1. Stationary – phase Considerations. Anal Chem6 4(13):1317 – 1323.

[23] Wirth, Mary J [1994]. Column watch. LC – GC1 2(9):656 – 664.

[24] Cole, Lynn A, Dorsey JG [1990]. Reduction of Reequilibration Time Following Gradient Elution Reversed – phase Liquid Chromatography. Anal Chem 6 2(1):16 – 21.

[25] Foley, Joe P, May WE [1987]. Optimization of Secondary Chemical Equilibria in Liquid Chromatography: Variables Influencing the Self – selectivity, Retention, and Efficiency in Acid – base Systems. Anal Chem 59(1):110 – 115.

[26] Dolan, John M [1993]. LC Troubleshooting. LC – GC1 1(2):94.

[27] Roos, Robert W, Lau – Cam CA [1986]. General Reversed – phase High – performance Liquid Chromatographic Method for the Separation of Drugs Using Triethylamine As a Competing Base. Journal of Chromatography 370:403 – 418.

[28] Kirkland JJ, Boyes BE, and DeStefano JJ [1994]. Changing Band Spacing in Reversed – phase HPLC. American Laboratory Sept:36 – 42.

[29] Seaver, Sadek P, Sadek C [1994]. LC Troubleshooting. LC – GC1 2(10):742 – 746.

[30] Zweig, Gunter, Ru – yu Gao [1983]. Determination of Benomyl By Reversed – phase Liquid Chromatography. Anal Chem 55(8):1448 – 1451.

[31] Dolan, John W [1992]. LC Troubleshooting. LC – GC 10(10):746.

[32] Evans, Christine E, Victoria L, McGuffin [1991]. Direct Examination of the Injection Process in Liquid Chromatographic Separations. Anal Chem63(14):1393 – 1402.

[33] Steffeck RJ, Woo SL, Weigand RJ, Anderson JM [1995]. A Comparison of Silica – based C_{18} and C_{18} HPLC Columns to Aid Column Selection. LC – GC13(9):720 – 726.

方法作者

Jun – Jie Lin, MSPH, and John M. Reynolds, DataChem Laboratories, Salt Lake City, UT.

表 2 – 33 – 27　基本信息

中/英文名称	分子式	相对分子质量	性质	水中溶解度 /(g/L)	接触限值 /(mg/m³)
涕灭威（Aldicarb） CAS#116 – 06 – 3 RTECS UE2275000	$C_7H_{14}N_2O_2S$	190.3	熔点 99 – 100℃；饱和蒸气压 3.9mPa (2.9 × 10⁻⁵mmHg,25℃); LD₅₀ 1mg/kg	6 (25℃)	
苯来特（Benomyl） CAS#17804 – 35 – 2 RTECS DD6475000	$C_{14}H_{18}N_4O_3$	290.36	熔点分解;饱和蒸气压 < 1.3mPa (< 1 × 10⁻⁵mmHg,20℃); LD₅₀ > 9590mg/kg	0.002 (25℃)	OSHA 5.0 （呼尘） ACGIH 10

续表

中/英文名称	分子式	相对分子质量	性质	水中溶解度 /(g/L)	接触限值 /(mg/m³)
克菌丹(Captan) CAS#133 - 06 - 2 RTECS GW5075000	$C_9H_8Cl_3NO_2S$	300.6	熔点178℃;饱和蒸气压 < 1.3mPa(2.9×10^{-5}mmHg),25℃; LD_{50} 1mg/kg	< 0.005 (~25℃)	NIOSH 5 ACGIH 5
西维因(Carbaryl) CAS#63 - 25 - 2 RTECS FC5950000	$C_{12}H_{11}NO_2$	201.24	熔点142℃;饱和蒸气压 < 5.3mPa($< 4 \times 10^{-5}$mmHg,25℃);LD_{50} 250mg/kg	0.12 (30℃)	OSHA 5 NIOSH 5 ACGIH 5
多菌灵 (Carbendazim) CAS#10605 - 21 - 7 RTECS DD6500000	$C_9H_9N_3O_2$	191.21	熔点302 ~ 307℃(分解); LD_{50} 6400mg/kg	0.008/pH 7 (24℃)	
卡巴呋喃 (Carbofuran) CAS#1563 - 66 - 2 RTECS FB9450000	$C_{12}H_{15}NO_3$	221.28	熔点150 ~ 153℃;饱和蒸气压 0.031mPa (2.3×10^{-7}mmHg,20℃);LD_{50} 5.3mg/kg	0.70 (25℃)	NIOSH 0.1 ACGIH 0.1
氯普芬 (Chlorpropham) CAS#101 - 21 - 3 RTECS FD8050000	$C_{10}H_{12}ClNO_2$	213.68	熔点40.7 ~ 41.1℃; 饱和蒸气压 2.7mPa(2×10^{-5} mmHg, 33℃);LD_{50} 1200mg/kg	微溶	
敌草隆(Diuron) CAS#330 - 54 - 1 RTECS YS8925000	$C_9H_{10}Cl_2N_2O$	233.11	熔点158 ~ 159℃;饱和蒸气压 0.41mPa (3.1×10^{-6}mmHg,50℃);LD_{50} 437mg/kg	0.042 (25℃)	NIOSH 10 ACGIH 10
伐虫脒 (Formetanate. HCl) CAS#23422 - 53 - 9 RTECS FC2800000	$C_{11}H_{16}ClN_3O_2$	257.75	熔点200 ~ 202℃(分解); LD_{50} 20mg/kg	> 50% 盐酸盐	
甲硫威(Methiocarb) CAS#2032 - 65 - 7 RTECS FC5775000	$C_{11}H_{15}NO_2S$	225.34	熔点121.5℃;饱和蒸气压 0.036mPa (2.7×10^{-7}mmHg,25℃); LD_{50} 60mg/kg	不溶	
灭多虫(Methomyl) CAS#16752 - 77 - 5 RTECS AK2975000	$C_5H_{10}N_2O_2S$	162.24	熔点78 ~ 79℃;饱和蒸气压 6.7mPa(5×10^{-5}mmHg,25℃); LD_{50} 17mg/kg	58 (25℃)	NIOSH 2.5 ACGIH 2.5
草氨酰(Oxamyl) CAS#23135 - 22 - 0 RTECS RP2300000	$C_7H_{13}N_3O_3S$	219.3	熔点100 ~ 102℃;饱和蒸气压 31mPa (2.4×10^{-4}mmHg),20℃;LD_{50} 5mg/kg	280 (25℃)	
苯胺灵(Propham) CAS#122 - 42 - 9 RTECS FD9100000	$C_{10}H_{13}NO_2$	179.24	熔点90℃;饱和蒸气压 18mPa (1.35×10^{-4}mmHg); LD_{50} 3724mg/kg	0.25 (25℃)	
残杀威(Propoxur) CAS#114 - 26 - 1 RTECS FC3150000	$C_{11}H_{15}NO_3$	209.27	熔点91.5℃;饱和蒸气压 1.3mPa (9.75mmHg),20℃; LD_{50} 83mg/kg	2 (20℃)	NIOSH 0.5 ACGIH 0.5
禾草丹(Thiobencarb) CAS#28249 - 77 - 6 RTECS EZ7260000	$C_{12}H_{16}ClNOS$	257.81	无;LD_{50} 1130mg/kg	~ 0.03 (20℃)	

注:RTECS—化学物质毒性登记号[18];LD_{50}—50%致死量[19,20];mPa—毫帕斯卡。

表 2 –33 –28 方法评价

化合物	最小采样体积/L	研究范围/(微克/样品)	LOD/(微克/样品)	平均偏差	总体精密度/S_{rT}	准确度	31 天储存稳定性回收率/% 24℃	31 天储存稳定性回收率/% −12℃
涕灭威	240	12.0 ~240	1.2	− 0.009[A]	0.066[A]	± 0.131[A]	93.2[A]	95.6[A]
苯来特	6	12.0 ~120	0.6					
克菌丹	30	48.0 ~960	4.8	− 0.036	0.061	± 0.142	98.7	102.2
西维因	6	12.0 ~240[B]	0.06	+ 0.012	0.061	± 0.123	88.2	91.8
多菌灵	6		0.6	+ 0.006	0.061	± 0.121	92.1	89.3
卡巴呋喃	240	12.0 ~240	0.6	− 0.020	0.060	± 0.126	89.1	92.4
氯普芬	6	12.0 ~240	0.6	− 0.017	0.068	± 0.140	84.3	85.9
敌草隆	3	12.0 ~240	0.6	− 0.062	0.060	± 0.167	86.0	87.1
伐虫脒	60	12.0 ~240	0.6	+ 0.032	0.056	± 0.129	89.8	93.0
甲硫威	60	12.0 ~240	0.6	+ 0.009	0.061	± 0.122	85.1	89.1
灭多虫	12	12.0 ~120	0.6	− 0.002	0.063	± 0.124	90.5	95.2
草氨酰	240	12.0 ~240	0.6	+ 0.037	0.055	± 0.132	94.4	95.9
苯胺灵	3	12.0 ~240	0.8	− 0.053	0.066	± 0.168	88.5	92.5
残杀威	60	12.0 ~240	0.6	+ 0.007	0.079	± 0.156	91.4	95.4
禾草丹	6	12.0 ~240	0.6	− 0.068	0.073	± 0.197	75.0	79.8

注:A 多菌灵的计算结果,苯来特最主要的分解产物;B 见苯来特的范围,多菌灵的前体。

表 2 –33 –29 推荐的液相色谱柱和条件

参数	HPLC 柱和条件			
柱	C_{18}	C_{18}	氰丙基	氰丙基
溶剂	乙腈	甲醇	乙腈	甲醇
适用范围	初步分析	确认	确认	确认
柱参数				
柱	NOVA – PAK C18	NOVA – PAK C18	Supelcosil LC – CN	Supelcosil LC – CN
固定相	十八烷基	十八烷基	氰丙基	氰丙基
长度/mm	300	150	250	250
内径/mm	3.9	3.9	4.6	4.6
粒径/μm	4	4	5	5
配体密度[A]	2.7	2.7	5.2	5.2
流动相 A				
溶剂	水	水	水	水
有机改性剂[B]	2% 1 – 丁醇	无	无	无
缓冲液[C]	TEA – PO_4	无	TEA – PO_4	TEA – PO_4
浓度(摩尔浓度)	0.02M	无	0.02M	0.02M
流动相 B				
溶剂[D]	乙腈	甲醇	乙腈	甲醇
有机改性剂	2% 1 – 丁醇	无	无	无

续表

参数	HPLC 柱和条件			
柱	C$_{18}$	C$_{18}$	氰丙基	氰丙基
溶剂	乙腈	甲醇	乙腈	甲醇
流动相程序				
最初保持时间/min	0	0	0	0
程序速率	3% ~95% B	10% ~80% B	3% ~60% B	3% ~95% B
程序时间/min	30	30	30	30
程序类型	线性	线性	线性	线性
最终保持时间/min	5	5	5	5
流速/(ml/min)	1.00	1.00	1.00	1.00
柱温/℃	常温(~24℃)	常温(~24℃)	常温(~24℃)	常温(~24℃)
驻留体积/ml	0.6~0.8	3.5~3.8	0.6~0.8	0.6~0.8
进样体积/μl	5	30	5	5
进样溶剂	乙腈	1:3 乙腈:水	乙腈	乙腈

注:A 配体密度(mmol/m^2)比炭负载量(%)更适合描述表面覆盖范围;B 醇改性剂的选择不是最关键的;对于早期洗脱的待测物,可通过调整保留时间和峰形来改变百分比;正丙醇可缩短再平衡时间;C 对于碱性待测物,如伐虫脒、多菌灵和苯来特,必须使用缓冲液;pH 约为 7 时,伐虫脒是阳离子,其实际洗脱时间对流动相 A 中缓冲液的 pH 和离子强度的微小变化十分敏感;D 在紫外吸收低于 210nm 下检测化合物时,最好选用乙腈。

表 2 – 33 – 30　有机氮农药的近似保留时间、保留指数和潜在的干扰物

参数	HPLC 柱和条件					
柱	C$_{18}$			氰丙基		
溶剂	MeCN	MeOH		MeCN	MeOH	
化合物^A (按保留时间)	保留指数^B	保留时间 /min	保留时间 /min	保留指数^B	保留时间 /min	保留时间 /min
溶剂死体积	**0.000**	**2.3**	**1.4**	**0.000**	**3.0**	**3.2**
黄草灵	0.004	2.3				
灭草烟	0.372	3.2				
对乙酰氨基酚/IS	**1.000**	**4.7**		**1.000**		
草氨酰	1.269	6.1	9.9	1.865	7.0	6.4
咖啡因	1.397	6.8				
灭多虫	1.445	7.0	10.7^C	1.915	7.4	6.6
伐虫脒	1.573	7.7		2.574	12.8	11.3
嘧磺隆	1.868	9.3				
乙酰苯胺/IS	**2.000**	**9.9**		**2.000**	**8.1**	**7.7**
非草隆	2.053	10.2				
2,4 – D 酸	2.064	10.2				
尼古丁	2.179	10.8				
多菌灵	2.192	10.8	^{C}	4.274	13.6	12.9

续表

参数	HPLC 柱和条件					
柱	C$_{18}$			氰丙基		
溶剂	MeCN	MeOH		MeCN	MeOH	
化合物^A （按保留时间）	保留指数^B	保留时间 /min	保留时间 /min	保留指数^B	保留时间 /min	保留时间 /min
氯嘧磺隆	2.422	11.9				
涕灭威	2.755	13.5	19.9	3.000	10.5	10.1
丁噻隆	2.817	13.8	23.9			
间甲酚	2.866	14.0				
除草定	2.902	14.2				
环嗪酮	2.921	14.3				
地乐酚	2.928	14.3				
西玛津	2.938	14.3				
灭草隆	2.981	14.5				
乙酰苯/IS	**3.000**	**14.6**		**3.000**	**10.5**	**9.9**
草净津	3.003	14.6				
赛克津	3.115	15.0				
硫双威	3.247	15.5				
灭害威	3.301	15.7				
残杀威	3.317	15.8	22.9	3.675	13.1	11.9
恶虫威	3.376	16.0	23.3			
卡巴呋喃	3.399	16.1	23.2	4.018	14.4	14.1
伏草隆	3.551	16.6	25.2			
氯仿	3.601	16.8				
西维因	3.654	17.0	24.5	5.236	19.1	18.2
阿特拉津	3.688	17.1				
甲霜灵	3.837	17.6				
敌草隆	3.843	17.6	27.0	5.751	21.1	19.9
避蚊胺	3.851	17.7				
α－萘酚	3.893	17.8				
苯丙酮/IS	**4.000**	**18.2**		**4.000**	**14.4**	
扑草胺	4.241	18.8				
托布津	4.241	18.8	27.6			
苯胺灵	4.267	18.9	25.9	5.092	17.7	17.3
酸乙二酯	4.367	19.2				
异恶草酮	4.459	19.4				
环草隆	4.615	19.9				
甜菜安	4.696	20.1				
甜菜宁	4.700	20.1	>33			
甲硫威	4.744	20.2	29.3	6.680	22.5	21.8

续表

参数	HPLC 柱和条件					
柱	C$_{18}$			氰丙基		
溶剂	MeCN	MeOH		MeCN	MeOH	
化合物A（按保留时间）	保留指数B	保留时间/min	保留时间/min	保留指数B	保留时间/min	保留时间/min
利谷隆	4.848	20.5	28.9			
甲氧基姜黄素/IS	4.904	20.6				
灭草灵	4.919	20.7				
克菌丹	4.926	20.7	27.7	6.172	20.9	21.6
猛杀威	4.981	20.8	20.4			
丁酰苯/IS	**5.000**	**20.9**		**5.000**	**17.4**	
自克威	5.186	21.3				
甲苯	5.269	21.5				
氯普芬	5.504	22.1	30.1	6.700	23.4	23.3
灭菌丹	5.537	22.2	>33			
燕麦灵	5.566	22.3	>33			
马拉松	5.731	22.7				
杀螟硫磷	5.802	22.8				
苯来特	5.822	22.9	C	7.391	25.8	23.9
黄草消	5.860	23.0				
异丙甲草胺	5.876	23.0				
草不绿	5.979	23.3				
乙草胺	5.983	23.3				
苯戊酮/IS	**6.000**	**23.3**		**6.000**	**20.9**	
敌菌丹	6.018	23.4	30.1			
草不隆	6.045	23.4				
对硫磷	6.640	24.7				
正己酰苯/IS	**7.000**	**25.5**		**7.000**	**24.0**	
禾草丹	7.148	25.8	33.4	7.916	26.2	26.8
苯庚酮/IS	**8.000**	**27.6**		**8.000**	**26.4**	
2－正丁基邻苯二甲酸酯	8.016	27.6				
毒死蜱	8.701	28.9				
二甲戊乐灵	8.724	28.9				
2,4－D 丁氧基乙基酯	8.892	29.2				
辛基酰苯/IS	**9.000**	**29.4**		**9.000**	**29.0**	
丁基羟基甲苯	9.488	30.2				
双甲脒	9.886	30.9				
辛基苯基酮/IS	**10.000**	**31.1**				
2,4－D 乙基己基酯	10.545	31.9				
四硝基苯氯甲酸酯/IS	**11.000**	**32.5**				

注：A 加黑字体为有机氮农药；B 估算的(～)保留时间是由短柱的相对保留时间推测而得；C 若无 TEA－PO$_4$ 缓冲液，碱性化合物的峰形不规则、保留时间不确定，或检测不出化合物；MeCN—乙腈；MeOH—甲醇；IS—内标物。

表 2 – 33 – 31 待测物最大吸收波长

Table 5. UV Spectra, Orthographic Projection (1)

Approximate nanometers UV absortion maxima (2)

#	Compound (by UV maxima) (3)	max. (3)	Ratio (4) 225/200
1	Dinoseb	373	
2	Metribuzin	293	
3	Benomyl	292	1.074
4	Amitraz	287	
5	Carbendazim	284	0.503
6	Oryzalin	279	
7	Bromacil	277	
8	Parathion	273	
9	Caffeine	270	
10	Fenitrothion	267	
11	Thiophanate	266	
12	Toluene	260	
13	Nicotine	257	
14	Formetanate	254	0.505
15	Asulam	254	
16	Tebuthiuron	251	
17	Neburon	249	
18	Linuron	249	
19	Diuron	248	0.437
20	Chlorimuron ethyl	247	
21	Monuron	246	
22	SWEP	245	
23	Acetaminophen I$	243	
24	Pendimethalin	242	
25	Oxamyl	242	0.867
26	Fluometuron	242	
27	Acetophenone I$	242	
28	Siduron	240	
29	Propiophenone I$	240	
30	Butyrophenone I$	240	
31	Valerophenone I$	240	
32	Hexanophenone I$	239	
33	Heptanophenone I$	239	
34	Octanophenone I$	239	
35	Fenuron	239	
36	Aminocarb	238	
37	Acetanilide I$	238	
38	Chlorpropham	237	0.312
39	Phenmedipham	236	
40	Desmedipham	236	
41	Barban	235	
42	Propham	233	0.383
43	Methomyl	233	1.944
44	Thiodicarb	232	
45	alpha-Naphthol	231	
46	Chlorsulfuron	228	
47	2,4-D acid	228	
48	2,4-D ethylhexyl ester	228	
49	Chlorpyrifos	227	
50	Di-n-butyl phthalate	225	
51	Diethyl phthalate	224	
52	Methiocarb	222	0.269
53	Folpet	221	
54	Atrazine	220	
55	Carbaryl	219	2.595
56	Simazine	219	
57	Thiobencarb	219	0.484
58	Cyanazine	219	
59	BDMC I$		
60	Bendiocarb		
61	BHT		
62	Carbofuran		0.148
63	Propoxur		0.209
64	Mexacarbate		
65	Promecarb		
66	Acetochor		
67	Clomazone	211	
68	Metalaxyl		
69	DEET		
70	Alachlor		
71	Metolachlor		
72	Propachlor		
73	Malathion		
74	Aldicarb		0.169
75	Captan		0.135
76	Captafol		
77	Chloroform		

(1) This table may be used to select wavelengths specific to the compounds of interest.

(2) Approximate UV absorbance: 80-100% | 50-80% | 20-50% | 5-20% | 0-5%

Slight variations in the boundaries should be expected for different scanning UV detectors, compound concentrations, and variations in background subtraction technique. Spectra were obtained at approximately 60ug/mL under analytical conditions on a C18 column. Spectra are scaled independantly to 100% and absolute absorbance may vary significantly.

(3) Compounds are sorted by the longest wavelength of a peak or shoulder with an absorbance greater than about 20% of the maximum absorbance between 195 and 400 nm. For peaks at wavelengths less than 210nm, sorting is only approximate due to possible background subtraction errors.

(4) Ratio of UV absorbance, 225 nm/ 200 nm, is a semiquantitative number derived from the average absorbance of 7 replicates analyzed at 60 ug/mL.

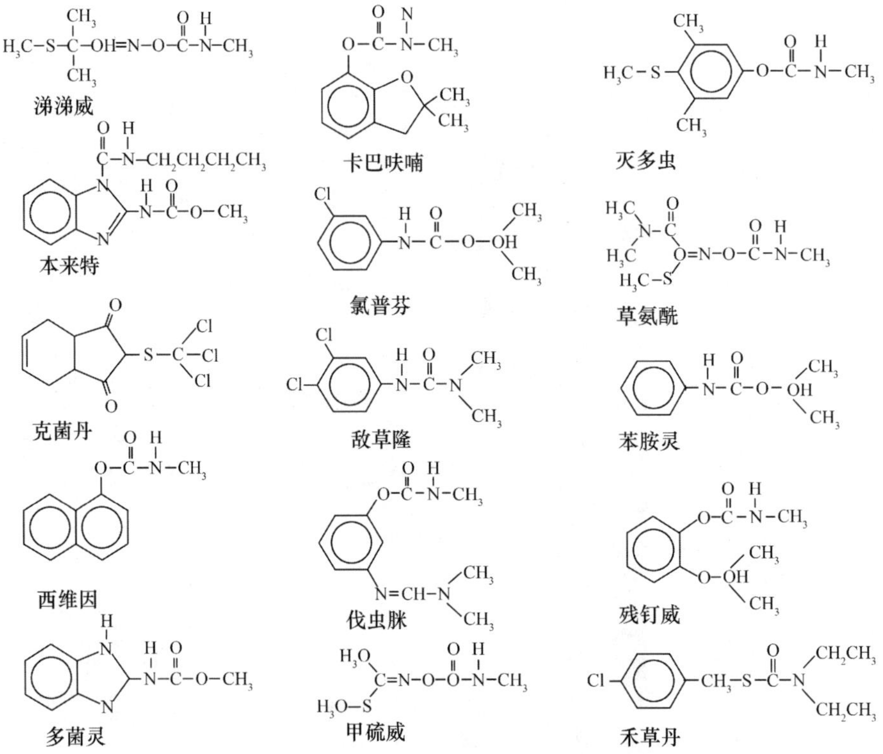

图 2 - 33 - 8　氨基甲酸酯、尿素和次磺酰亚胺农药的分子式

HPLC 分析氨基甲酸酯、尿素和次磺酰亚胺农药的注意事项

分析人员要具备很好的分析背景知识,并掌握方法的分析原理。为方便起见,下面列出了注意事项和提醒,其中大部分对本方法的成败有影响。

A. 待测物

1. 涕灭威

a. 涕灭威的 UV 响应最小约 225nm。如果只可使用两个波长通道(225nm 和 200nm),应该选择 200nm 的波长通道检测涕灭威(参照涕灭威的紫外光谱)。在 205nm 信号较小,但在特定的仪器上,信噪比可能会更好。涕灭威的最大吸光度值为 245～246nm。后者的最大波长,虽吸光度值较小,但可减少背景噪声和洗脱液中的干扰。

b. 涕灭威是毒性很大的农药。纯物质的操作要小心谨慎。

2. 苯来特(也可参考多菌灵)

a. 苯来特会通过质子溶剂中的水解作用(如水或甲醇)或在非质子溶剂中的溶剂分解作用(如二氯甲烷或乙腈)迅速分解,生成多菌灵。苯来特分解的速度非常快,在室温下放置 4～24 小时后,将完全检测不到苯来特。在极性较小的二氯甲烷中,苯来特的分解速度较慢,但在乙腈中非常快,甚至超过了水解的速度[10-12]。在这些非质子溶剂中的苯来特标准溶液,可加入 1% 正丁基异氰酸酯使其稳定[30]。由于质子溶剂也可与异氰酸酯发生反应,所以当溶液用含有质子溶剂或由质子溶剂组成的溶剂稀释时,防腐剂会立即失去作用。通常不需要向苯来特标准溶液中添加任何防腐剂(不论如何它都会分解)。在浓溶液中,多菌灵会沉淀析出。在这种情况下,必须加入 1% 正丁基异氰酸酯。

b. 由于苯来特可分解生成多菌灵,所以在同一个标准的混合物中不要同时含有苯来特和多菌灵。

c. 分析本来特时,苯来特和多菌灵都会被检测到。通过在特定波长下,将一种物质的响应转化为等同的另一种物质的响应,则检测的结果既可为苯来特,也可为多菌灵。在 225nm 处,苯来特转化为多菌灵的相对响应已确定为约 1.0738(苯来特吸光度/多菌灵吸光度)。此比率由单独仪器对等摩尔量的分析溶液的分别检测确定,并与含1%正丁基异氰酸酯的苯来特注射液一同储存。为了将多菌灵响应转换为等同的苯来特的响应值,要将数值加和,用多菌灵响应值乘以1.0738,并将此值加到苯来特响应中,结果视为苯来特的数值。相反地,将结果视为多菌灵,则用苯来特的响应除以1.0738,然后加上多菌灵响应值。结果视为总多菌灵的数值。

d. 见多菌灵注意事项。

3. 克菌丹

a. 克菌丹在温度大于 – 12℃的甲醇中或是甲醇或乙腈水溶液中不稳定。因此,不要用水或甲醇稀释解吸液,这样会减弱进样溶剂。相反,要用小进样体积的乙腈溶液。

b. 用二氯甲烷制备标准储备液。见此附录注意事项 A. 16。

c. 克菌丹在225nm(参照克菌丹UV光谱)处吸光度小。如果只使用两个波长通道(225nm和200nm),应该可检测到克菌丹在200nm处的响应值。尽管在205～210nm处响应值较小,但信噪比会更好,如果与其他物质一起分析,可选择此波长。

4. 西维因(也可参考敌草隆):西维因会分解成1 – 萘酚。甲醇中的氯乙酸可抑制这一反应,但此试剂对其他待测物是有害的。西维因在含 TEA – PO₄ 防腐剂的乙腈解吸液中,室温下至少可稳定24小时,足够用于 HPLC 分析。检测到1 – 萘酚可能表明西维因在解吸前已分解或来自其他来源。西维因在 TEA – PO₄ 缓冲液/防腐剂中,室温下至少可稳定3周。

5. 多菌灵

a. 参考苯来特注意事项。

b. 多菌灵可分解成氨基苯并咪唑和其他化合物。在含 TEA – PO₄ 防腐剂的乙腈中,室温下,此分解反应可被抑制长达24小时,足够用于解吸物的分析。

c. 多菌灵本身被用作农药。也有其他的待测物如甲基托布津也可分解生成多菌灵。因此,不能假定多菌灵只单纯代表苯来特。

6. 卡巴呋喃

a. 大多数情况下卡巴呋喃和恶虫威都会在所有被测条件下共同洗脱出来。他们的紫外吸收光谱非常相近,很难区分。任何对于卡巴呋喃有效的定性分析都会遇到这样的问题,可用质谱仪或了解原始样品来源等方法进行确认。

b. 残杀威和卡巴呋喃洗脱时间非常相近。两种化合物的分离能否达到接近基线分离,是考察 HPLC 系统中的 C₁₈ 色谱柱上中性化合物的分离能力的一个很好的指标。如果问题不能解决,可能是由于系统中死体积大,分析柱质量或进样质量等问题。

7. 氯普芬 预计不会发生严重问题。

8. 敌草隆 在给定条件下,西维因和1 – 萘酚的分解产物在敌草隆洗脱后会立即洗脱。在某些柱上,分解物可与敌草隆共同洗脱,得到错误的正响应。如果样品中预计存在西维因,那么对于一些特殊的色谱柱,必须检测1 – 萘酚相对于敌草隆的保留时间。

9. 伐虫脒

a. 在需分析的浓度下,伐虫脒在甲醇中、甲醇水溶液或乙腈水溶液中,无论是否含氯乙酸,都不稳定。因此,不要用水或甲醇稀释解吸液,会减弱进样溶剂。不要使用氯乙酸作为防腐剂。仅使用小进样体积的乙腈溶液。

b. 在含 TEA – PO₄ 防腐剂的乙腈溶液中,可阻止伐虫脒在分析溶液中的分解,室温下至少可稳定24小时,时长足够用于分析。

c. 在标准储备液浓度下,伐虫脒在50∶50甲醇∶乙腈混合物中溶解性更好,如果在(– 12 ± 1)℃下冷冻储存,伐虫脒稳定。

d. 伐虫脒是碱性的,且在中性 pH 值(6.9～7.1)的溶液中带有一个正电荷。要分析这种化合物,必须使用 TEA – PO₄ 缓冲液和(或)去活的色谱柱。

e. 准确的 pH 值和缓冲液(或某些其他电解质)的离子强度对伐虫脒的准确保留时间的影响比其对不带电的待测物的影响更大。配制流动相时,如果每天的流动相不完全一致,会导致保留时间有差异。如果洗脱的待测物与灭多虫(只在特定条件下比待测物先洗脱出)太接近,可稍增加 pH 或降低流动相 A 的离子强度,延迟灭多虫的保留时间。

10. 甲硫威　甲硫威与西维因有相同的问题,但程度较轻。随着甲硫威的分解,会出现一些其他峰,这表明生成了烷基苯硫酚和(或)氧化产物。

11. 灭多虫　因其洗脱时间较早,应注意灭多虫的问题。参考此附录中的注意事项 B. 1. a 和 B. 4。

12. 草氨酰　因其洗脱时间较早,应注意草氨酰的问题。参考此附录中的注意事项 B. 1. a 和 B. 4。

13. 苯胺灵　对于苯胺灵,尚未发现任何问题。

14. 残杀威

a. 室温下,已发现残杀威在没有防腐剂的解吸液中长时间后会发生一定程度上的分解,但远低于西维因。

b. 残杀威与卡巴呋喃的洗脱时间非常接近。参考卡巴呋喃的注解。

15. 禾草丹　禾草丹相当于无极性,且与其他待测物相比,其在 XAD - 2 树脂中的回收率较低(但可接受)。

16. 待测物标准溶液的溶剂　除了苯来特、克菌丹和伐虫脒,在标准储备液浓度下,大多数待测物(表 2 - 33 - 27)均可溶于乙腈。对于苯来特、克菌丹和伐虫脒,在注释中描述了合适的溶剂。在提到的每个溶剂中,待测物均可在(- 12 ± 1)℃稳定至少 30 天。

17. 解吸液和待测物的防腐剂　所有待测物(苯来特除外)在 - 12℃条件下,在乙腈中可以稳定至少 48 小时。如果有冷的 HPLC 自动进样器托盘,且在低于室温的条件下进行解吸和翻转旋转,则不需要防腐剂。在室温下,难以预测某些待测物(如西维因、灭虫威,尤其是草氨酰)在 24 ~ 48 小时内是否分解。向乙腈解吸液中加入 0.2% v/v 0.1M 三乙胺磷酸盐(TEA - PO4)缓冲液,pH 6.9 ~ 7.1,在室温条件下,可使所有待测物(苯来特除外)稳定至少 48 小时,而不水解或溶剂分解。甲醇、异丙醇、甲醇水溶液和含以上任意一种醇的乙腈溶液,都会促进几种待测物的分解(尤其是克菌丹和伐虫脒),降低解吸效率。EPA 方法 531.1 中水溶液样品需要使用氯乙酸,氯乙酸至少对伐虫脒有破坏作用。由于解吸液也是高效液相色谱仪的进样溶剂,请参阅注射溶剂(B. 1)附注的注意事项。

B. HPLC 条件

1. 进样溶剂

a. 通常情况下,进样溶剂产生的容量因子需要等于或低于流动相,从而使早期洗脱的待测物产生尖峰(如草氨酰、灭多虫)[31,32]。由于本方法的初始流动相混合物中主要是水,唯一的方法是用水稀释样品。但是,对于此方法中某些特定的待测物,水是有害的(见注意事项 A. 17 中所有内容)。因此,可行的方法是在高分辨率的 HPLC 色谱柱上,进样少量(不超过 5μl)的解吸液[31](此方法中为乙腈)。如果已知检测到的唯一待测物在水溶液中是稳定的(如草氨酰和灭多虫,但伐虫脒或克菌丹不可以),则可用水稀释解吸液,并可进样较大的体积。通过用水稀释,用加速的洗脱条件,如使用较短的 HPLC 柱、更高百分比的有机改性剂或初始条件中流动相 B 更高的百分比,则对于早期洗脱的化合物,可得到更尖的峰。

b. 为了延长保护柱的寿命,保护进样系统阀,所有样品提取物必须单独用 0.45μm 滤膜过滤。

c. 若在进样溶剂中含有大量极性低于乙腈的溶剂,如四氢呋喃或丙酮,则可缩短保留时间,且对早期洗脱(如草氨酰、灭多虫)峰的形状产生不利影响。

2. 保护柱　为了延长主分析柱使用时间,保证结果的重现性,必须使用保护柱。市场上有多种保护柱。应优先选用死体积小,可使分析柱上峰形好、分离度好的保护柱。

3. 分析柱

a. 通常情况:本法中主要使用的分析柱是 C_{18} 反相柱。也可根据制造商的建议,选用其他性能良好的色谱柱。此外,也有很多好的色谱柱可用[28,33]。

b. 碱性去活:碱性化合物(苯来特、多菌灵和伐虫脒)面临的困难,可以通过使用高度惰性或去活化的色谱柱来解决。向流动相 A 中添加 TEA - PO4 缓冲液也可大大提高分析柱对这些化合物的性能。[16,26,27]

c. 规格:为了提高大量待测物和干扰物(意料中或意料外)的分离度,本法中使用一个较长的色谱柱(300mm)。长色谱柱操作压力较高,因此,应采取必要准备步骤,如使用壁较厚的(口径窄)流路(如可用聚合物管)等。在待测物数量有限、干扰物可以预期的情况下,较短的色谱柱也会有好的效果。直径 (3.9mm)并不是固定的,应该根据使用者的习惯和设备而定,调整流量和其他参数也是必需的[21,22]。只要色谱柱坚固、稳定,直径 2~4.6mm 的色谱柱在操作上是相似的。

　　d. 填充密度:比较柱子时,填充(或配体)密度是比炭负载量更好用的参数。希望使用与本法所使用柱的配体密度相近的分析柱。

　　4. 流动相组成

　　a. 改性剂:由于在初始流动相中水的比例高,会发生 C_{18} 相疏水性崩溃的现象[23,24],从而导致早期洗脱的待测物(如草氨酰和灭多虫)不易再平衡,保留时间和峰形重现性较差。向流动相 A 和流动相 B 中均加入一定量的醇,发现在这些条件下,柱的性能提高了。本法指定 2% 正丙醇加入流动相 A 和流动相 B 中。正丙醇的浓度在 3%~4% 为最佳[23,24];对于最早的洗脱物,草氨酰和灭多虫,为了达到文献[26]中建议的大于 5 的保留(容量)因子,选择 2% 这个中间浓度[26]。此外,已报道在运行结束时,正丙醇可减少所需的再平衡时间[24]。在较高浓度(减少再平衡时间除外)可以使用其他醇,如异丙醇(3%~5%)和甲醇(5%~10%)。如果检测到早期洗脱的待测物,或发现一个柱子中最早洗脱的待测物保留时间足够长且其初始流动相成分为高达 5%~10% 乙腈水溶液,则应该(从两相中)除去醇。若发生这种变化,表 2-33-30 则不适用。

　　b. 流动相 B:纯甲醇作为流动相 B,会导致基线 UV 响应急剧上升,造成自动积分困难,且无法确认光谱紫外扫描。因此,选择乙腈[28,29]。如果条件容许,也可用甲醇,定性时作为 C_{18} 柱上的替换溶剂体系(F.3 部分);但是,列于表 2-33-30 中的精密度和 LOD 值将不再适用。

　　c. 溶剂程序:在改变本法的过程中,可能会遇到的最严重的问题是试图缩短保留时间。其采取的方法有:在流动相 A 中使用较高浓度的有机改性剂,在初始溶剂程序条件中使用更高百分比的流动相 B,或加快溶剂程序。这些将严重影响较早洗脱的待测物的峰形、灵敏度和保留时间的重现性。前部色谱区域中分离度较低,会错误判断干扰物中待测物的存在。最早洗脱待测物的保留时间应该为溶剂(即不保留待测物)的保留时间的 3~6 倍,相当于容量因子为 2~5[5]。任何待测物的保留或容量因子可按如下计算:

$$保留或容量因子 = \frac{t_r - t_o}{t_o}$$

式中:t_r——待测物的保留时间;

　　　　t_o——非保留待测物的保留时间(流动相流经时间)。

　　如果待测物的流出时间与溶剂的流出时间相近,这个值没有太大意义。

　　d. 缓冲溶液:从被评价的化合物考虑,为了获取更好的峰形,伐虫脒、多菌灵和苯来特需要使用缓冲液。在测试的几个 pH 值中,pH 6.8~7.1 下得出的结果最好。缓冲溶液浓度应在 0.01~0.05M 这个范围内。缓冲溶液的浓度和 pH 值对伐虫脒确切的保留时间有着极大的影响。

　　5. 驻留体积:驻留体积会影响待测物的保留时间和峰形。它是流动相 A 和流动相 B 混合点到柱顶部的系统内部的体积。它包括:流路的体积;任何在线过滤器的体积(应为泵和样品进样器之间的体积,而不是在样品进样器后的体积);样品进样器的体积;保护柱的体积;以及分析柱的顶部体积。此体积的范围为 0.6~3.8ml。在流速为 1ml/min 下,每毫升驻留体积代表了由泵改变溶剂混合物组成时至分析柱发生溶剂组成改变时 1 分钟的滞后。实际上,它相当于一个溶剂的程序延迟。对于本法,降低驻留体积且没有程序延迟,对于较早洗脱物,可得到更好的峰形。

　　6. 死体积:死体积会导致方法严重失败。死体积主要是在样品进样器和色谱柱之间的较大的孔和比实际需要长的流路。另一个可能导致死体积较大的地方是设计或连接不良好的保护柱和样品注射器的区域。

　　7. UV 波长的选择

　　a. 本法中特定的波长是对表 2-33-27 中所列所有待测物最平衡的波长。对于每种待测物有最大光度值的波长,可给出更好灵敏度和(或)信噪比。如果只检测到表 2-33-27 中少数的农药,可考虑其他波长。为此,提供一个紫外吸光度的正交投影表,从该表列有待测物紫外吸光度更大的竖列中选择波长。例如,如果只检测到尿素,选择 240~250nm 吸收带,这些化合物将给予更好的灵敏度和更少的干扰。

b. 备用数据报告[1]中提供了很多待测物和潜在干扰物质的色谱图。它们都是在实际操作条件下获取的。由于在背景扣除中不可避免会存在误差,这些光谱图在低波长(190~210nm)端会受到误差的影响。这可能是由于从醇改性剂到流动相的吸光度引起的,尽管两相中加入的量尽可能相等,但在接近色谱图尾声的地方,产生了轻微的基线上升。

c. 只有在低波长(<215nm)紫外区域,许多邻芳基氨基甲酸酯和次磺酰亚胺才有较好的吸收。这个波长区域的背景噪声一般很大。许多污染物(增塑剂和溶剂)在这个范围内的吸收也比较高波长的吸收好。选择一个较长的、不是最大吸收的波长,可提供更好的信噪比,从而提高灵敏度。这需要对选定的待测物进行实验,才能确定。

d. 带宽:本法进行评价时用15nm的带宽。

C. 内标物

1. 内标标准溶液　对于表2-33-28中所列的精密度,内标物是很重要的。乙酰苯胺在解吸时不被介质保留,因此,可添加到萃取液中。且乙酰苯胺相对稳定,不会对其他待测物的保留时间产生干扰。另一个化合物乙酰苯也可作为备用内标物,除了XAD-2外,它也不会被介质保留。在XAD-2上,乙酰苯的回收率约为95%。当乙酰苯胺被共同洗脱的待测物或污染物干扰时,可使用乙酰苯作为内标物。当第一个内标物有共同洗脱干扰时,乙酰苯也可通过检测两个内标物间的相对响应进行确定。

2. 其他内标标准溶液　在等度条件下,可选容量因子接近特定待测物的其他内标物。有较多的烷基苯酮类化合物可用于较晚洗脱的待测物,而4-羟基-N-乙酰苯胺(对乙酰氨基酚)可用于较早洗脱的待测物。它们的保留时间列于表2-33-30。由于链越长的烷基苯酮从XAD-2树脂上的回收率越低,因此,应除去树脂,否则它们不能添加到萃取液中。

3. 保留指数(RI)参考标准　此为可用于确定相对保留时间从而定性的标准物质,见表2-33-30中加黑突出的物质,包括烷基苯酮和乙酰苯胺的同系物。确定两个最接近的洗脱参考标准物之间的保留时间,所得保留值比使用单一内标物得到的保留时间或相对保留时间具有更强的一致性。此值为保留指数,根据色谱柱及分析条件而变化。但是保留指数在一定条件下应该是相对一致的,并且,长时间内进行定性分析时应该更可靠。待测物"A"的RI计算如下:

$$RI = \frac{Tr_{(a)} - Tr_{RS-P}}{Tr_{(RS-F)} - Tr_{(RS-P)}} + N_{(RS-P)}$$

式中:$Tr_{(A)}$——待测物A的保留时间;

$Tr_{(RS-P)}$——前一个参考标准的保留时间;

$Tr_{(RS-F)}$——后一个参考标准的保留时间;

$N_{(RS-P)}$——被分配给前一个的参考标准的数值,分配给系列中的第一个峰为0。

(乙酰苯胺和酰苯系列的数值的分配列于表2-33-30中。)

为了避免在色谱图中发生混乱,将保留指数参考标准作为外标物,不加到分析样品中,进行定期分析。检测时既可选用参考标准,也可以不用。但在本法的应用中,若有大量的未知待测物,建议使用参考标准,并使用其他滴定技术。

D. 干扰因素

UV检测器对很多化合物均有响应。一些常见的潜在干扰物的保留时间列于表2-33-30中。之后会讨论可能会出现的干扰物。

1. 流动相和添加剂中的杂质　只能使用HPLC级的溶剂。三乙胺(TEA)随时间会生成很多未经识别的杂质,导致基线明显不规则。将TEA在氮气环境下储存于0~4℃的小干燥箱中,可减少或消除TEA的分解。

2. 有机溶剂或石油

a. 氯仿与西维因接近共同洗脱(表2-33-30)。因此,在二氯甲烷中,苯来特和克菌丹的UV透射比氯仿高。

b. 甲苯(表2-33-30)。

c. 在样品采集和处理过程中应避免使用酮、酯或以上所述化合物的溶剂混合物,如漆溶剂、汽油、脱漆剂和清洁剂。

3. 化工原料(塑料和橡胶添加剂)

a. 在选定的窗口中,几种增塑剂可能会根据所选柱子和条件而被洗脱,如二乙酯和二丁基邻苯二甲酸盐。在聚氯乙烯手套、软管以及瓶和工具把手上的涂料常含有邻苯二甲酸二丁酯。应避免与这些材料接触。其他增塑剂,如邻苯二甲酸二辛酯和双 - (乙基己基)己二酸酯,洗脱时间较长,在指定的条件下,约30分钟后洗脱。但是运行时间缩短时,这些物质会吸附在柱上,对后续的分析造成干扰。

b. 常见的抗氧化剂如 BHT(2,6 - 二叔丁基 - 4 - 甲基苯酚)也较晚洗脱出来,且可吸附在柱上,在随后的分析中形成干扰物质。

4. 其他农药 喷雾混合物中经常含有农药混合物。如与残杀威结合时,经常发现含有毒死蜱(一种有机磷酸酯)或拟除虫菊酯类农药。在本法的条件下,这两个非氨基甲酸酯类农药均可以检测到。毒死蜱的保留时间和光谱可用于定性。大多数拟除虫菊酯的洗脱比大多数的氨基甲酸酯类晚;若存在毒死蜱,运行时间过短的话,他们可能会在后续的运行中洗脱下来。与不同类别的除草剂,如敌草隆与除草定、莠去津或 2,4 - D 混合。由于存在这种可能性,其他常见的用于定性的除草剂的保留时间和光谱在表 2 - 33 - 30 中列出。

5. 其他化学物质 有许多化学物质在氨基甲酸酯和脲农药的保留时间内被洗脱下来,且在特定的柱子或条件下,有可能干扰所选待测物的检测。如确定存在这些化合物或已知其来源,应记录此信息,作为样品来源的一部分。表 2 - 33 - 30 列出了一些化合物,包括以下几种。

a. 常见的杀虫剂,避蚊胺(DEET)(N,N - 二乙基间甲苯甲酰胺)。由于户外劳动者可能会大量使用 DEET,若存在于皮肤或衣服上,直接接触采样管的表面可能会导致采样污染。如果采样管十分接近使用避蚊胺的区域或暴露在使用喷雾罐或瓶喷涂的区域,采样时也可能被污染。

b. 无意中收集到侧流的烟草烟,可能会引入潜在干扰化合物,如尼古丁。

c. 在工作期间饮用的饮料中的化合物,至少包括咖啡因。

E. 采样管

1. OVS - 2 采样管 OVS - 2(OSHA XAD - 2 通用采样管)将滤膜和 XAD - 2 吸附剂安装到一个装置中。必须使用滤膜,以吸附穿过 XAD - 2 的亚微米气溶胶。不需要制备替换管。

2. 石英纤维和玻璃纤维滤膜(GFF) OVS - 2 管与玻璃或石英纤维滤膜均可一起使用。OSHA 方法指定用 GFF。本方法指定用石英纤维滤膜。对于用乙腈解吸的待测物,在玻璃纤维和石英纤维滤膜中的解吸效率未发现差异。因此,对于本法中特定的待测物,管可以相互交换。

3. 流量 OVS - 2 采样管的设计流量为 1L/min。在较低流量 0.1 ~ 0.2L/min 下,不能很好地吸附气溶胶。

4. 应用液体加标样品 当在 OVS - 2 管上加标 10μl 以上时,为了防止载体溶剂由于毛细作用流至压环的后面从而导致标准物质损失,应移除 Teflon® 压环。当加标液体体积大于 15 ~ 30μl 时,标准溶液可通过 XAD - 2,并因毛细作用进入管后段。当需要在管中加标大于 15 ~ 30μl 时,在加标过程中,必须以约 1L/min 流量将空气通过管,且在每加入 15 ~ 30μl 溶剂之间,停顿几分钟,使溶剂干燥。

F. 定性

1. 以相对保留时间(保留指数)定性 使用不同的色谱柱和色谱条件,保留指数(RI)会有变化。但是在一定的色谱条件下,其值是一致的,会比用绝对保留时间进行日常比较更可靠。对于每组条件都需要确定实际的保留指数。在洗脱条件下为离子的化合物或者与柱上的极性点相互作用强烈的化合物,其保留时间和保留指数最容易变化。

2. 由第二个柱子定性 氰丙基固定相可改变待测物在洗脱顺序中的出峰顺序,并改变色谱图中需定性的邻近的待测物之间的相对距离。

3. 由其他溶剂定性 正如前面提到的(B.1 部分),在 C_{18} 柱上,甲醇作为流动相 B 的溶剂,可进行有效定性,因为甲醇与固定相的相互作用与乙腈相比是不同的,所以分子间作用力不同发挥了作用。由此得到的保留顺序有很大的改变,与氰丙基柱相比,这对某些待测物非常重要。

4. 由两个紫外吸收带的比率进行定性 只要 UV 吸收通道不饱和,在背景校正的吸收带之间就应该有一个不变的比值,这是每个待测物的特征,并应该反映出各自在紫外光谱的 UV 波带中,吸收光谱的相对高度的比值。但是该值取决于所使用的吸收带的带宽,且所用带宽必须不变。在 HPLC 峰上的吸收比率的一致性,同时也是表明峰纯度的指数。若比值不断变化,说明此峰可能表示多个化合物。

5. 由参考紫外光谱相匹配进行定性　未知光谱在任何部分都不应该是过饱和的,需进行适当的背景校正。如果基线升高,选择峰后面的背景,可能会损失波长 210nm 以下区域的吸收。相反,选择未知 HPLC 峰前面的背景,可能会将背景加入这个光谱区域内。先获得一个平均的背景值会更好。光谱最大值处的匹配程度应在几纳米之内。每个最大值处的相对吸光度,即使在扣除背景后,都可能发生改变,这取决于待测物的浓度和不同的扫描紫外检测器的特性。

含氯和有机氮的除草剂(空气采样) 5602

待测物:见图 2 - 33 - 9	分子式:见表 2 - 33 - 32	相对分子质量:见表 2 - 33 - 32	CAS 号:见表 2 - 33 - 32	RTECS 号:见表 2 - 33 - 32
方法:5602,第一次修订		方法评价情况:部分评价	第一次修订:1998. 1. 15	
OSHA:见表 2 - 33 - 32 NIOSH:见表 2 - 33 - 32 ACGIH:见表 2 - 33 - 32		性质:见表 2 - 33 - 32		

中、英文名称:甲草胺,Alachlor 莠去津,Atrazine 2,4 - D 酸,2,4 - D acid 2,4 - D 酸 - 2 - 乙基己酯,2,4 - D, 2 - ethylhexyl ester
草净津,Cyanazine 异丙甲草胺,Metolachlor 西玛津,Simazine 2,4 - D 酸 - 2 - 丁氧基乙酯,2,4 - D, 2 - butoxyethyl ester

采样	分析
采样管:滤膜/固体吸附剂管(OVS 管:11mm 石英滤膜; 　　XAD - 2)	分析方法:气相色谱法/电子捕获检测器(GC/ECD)
采样流量:0. 2 ~ 1L/min	待测物:表 2 - 33 - 32
最小采样体积:12L	处理方法:2ml 10% 甲醇/90% 甲基叔丁基醚(含重氮甲烷),振摇 ≥ 1 　　小时
最大采样体积:480L	进样体积:2μl
运输方法:常规	气化室温度:270℃
样品稳定性:至少 30 天(5℃) 至少 10 天(25℃)[1]	检测器温度:300℃
样品空白:每批样品 2 ~ 10 个	柱温:90℃,保持 1 分钟;以 35℃/min 的速率升温至 160℃;再以 3℃/min 　　升温至 230℃,保持 9 分钟
准确性	载气:氮气 1ml/min
研究范围:见表 2 - 33 - 34	色谱柱:熔融石英毛细管柱,30m × 0. 25mm(内径),膜厚 0. 25μm,50% 　　苯基 - 50% 甲基聚硅氧烷,DB - 17 或等效色谱柱;详见表 2 - 33 - 33
准确度:见表 2 - 33 - 34	定量标准:甲醇/甲基叔丁基醚(10:90)中除草剂的标准溶液
偏差:见表 2 - 33 - 34	测定范围:见表 2 - 33 - 34
总体精密度($\hat{S}_{rT}$):见表 2 - 33 - 34	估算检出限:见表 2 - 33 - 34
	精密度($\bar{S}_r$):见表 2 - 33 - 34

适用范围:测定范围列于表 2 - 33 - 34,包含 LOQ 至约 30 × LOQ。本法评价后亦适用于测定其他热稳定的有机氮、芳基和烷基酸、酚醛农药。本法可半定量分析氰乙酰肼

干扰因素:由于 ECD 的灵敏度较高,存在许多潜在干扰因素。已观察到的有增塑剂(如邻苯二甲酸二丁酯)、甲基化脂肪酸(负响应)、苯酚类、抗氧化剂等添加剂(如 BHT),任何挥发性或半挥发性的有机卤化或硝化物、有机磷化合物等农药。农用喷雾添加剂,如溶剂、乳化剂、润湿剂、分解产物和肥料(如脂肪酸和尿素)能够引起严重干扰。可用另一根色谱柱进行定性(表 2 - 33 - 33)。不同批次的 OVS 管的本底值变化很大,在较低浓度时可能会产生干扰

其他方法:本法替代了早期的相关农药检测方法。也可用方法 S279[2] 和方法 5001[3] 测定空气中的 2,4 - D。OVS 管与 Hill and Arnold 设备[4] 类似,但更便利,流动阻力更低。其他能够同时测定有机氮、酸化合物及其酯的方法尚未知

试剂	仪器
1. 待测物:列于表2-33-32中	1. 采样管:玻璃管,11mm(内径)×13mm(外径)×50mm(长),出口接6mm(外径)×25mm(长)的管。粗管前段装填270mg 20~60目XAD-2吸附剂,进口端用11mm的石英纤维滤膜和聚四氟乙烯(PTFE)压环固定;中间用短聚氨酯泡沫隔开;后段装填140mg XAD-2吸附剂,用长聚氨酯泡沫固定。亦可购买市售采样管(SKC, Inc. Cat. No. 226-58)
2. 甲醇:农药分析纯	
3. 甲基叔丁基醚:农药分析纯	
4. 萃取液:于100ml容量瓶中加入10ml甲醇,用甲基叔丁基醚稀释至刻度	
5. Diazald®(N-甲基-N-亚硝基-对甲苯磺酰胺)*	2. 个体采样泵:配有连接软管,流量0.2~1L/min
6. 硅酸:100目	3. 气相色谱仪:电子捕获检测器,积分仪和色谱柱(表2-33-33)
7. 重氮甲烷*衍生化试剂(详见附录)	4. 溶剂解吸瓶:玻璃,4,2,0.1ml,带聚四氟乙烯内衬的瓶盖
8. 除草剂储备液:于萃取液中配制每种除草剂单独的标准储备液 注意:表2-33-32中除西玛津可溶0.5mg/ml外,所有除草剂均可溶至少1mg/ml	5. 注射器:1,5ml,10,50,100μl
	6. 容量瓶:2,5,10,25,50,100ml,用于配制标准系列
9. 标准储备液:用萃取液稀释适量除草剂储备液至已知体积 注意:加标溶液应包含多种待测物	7. 镊子
	8. PTFE针式过滤器:0.45μm孔径(Gelman Sciences或等效过滤器)
	9. 注射器:鲁尔锁紧头,1,2.5,5ml,用于样品过滤
10. 氩气,高纯;5%氩气中的甲烷,净化;或氮气,高纯	10. 振荡器

特殊防护措施:重氮甲烷被列为致癌物,极毒,具有高刺激性,重氮甲烷在某些情况下可能会发生爆炸。加热时不要超过90℃。避免用粗糙表面:火焰抛光玻璃管,或使用Teflon®。溶液不应暴露在强光下。稀溶液于0℃下储存。在通风橱中进行配制和处理[5]。避免皮肤接触Diazald®和除草剂。避免皮肤接触溶剂,小心使用明火。穿戴适当的防护服,这些化合物的所有操作均应在通风良好的通风橱中进行

注:*见特殊防护措施。

采样

1. 串联一个有代表性的采样管来校准个体采样泵。

2. 用软管将采样管连接至个体采样泵。采样管应垂直放置,且粗管端朝下。

3. 在0.2~1L/min范围内,以已知流量采集12~480L空气样品。

4. 用塑料帽密封采样管,包装后运输。

样品处理

5. 除去粗管端的帽和PTFE压环;将滤膜和前段XAD-2吸附剂小心地移至4ml溶剂解吸瓶内。将短聚氨酯泡沫和后段XAD-2吸附剂移至另一个4ml溶剂解吸瓶。除去尾部的聚氨酯泡沫。

6. 用5ml注射器或2ml移液管分别向各溶剂解吸瓶中加入2ml重氮甲烷衍生化试剂。密封溶剂解吸瓶。在5~10转/分钟的振荡器上混合至少1小时。

7. 在溶液中加入约10mg硅酸,混合,静置1小时。

8. 用0.45μm PTFE过滤器将溶液过滤至2ml GC自动进样瓶或一定体积的GC自动进样瓶。

标准曲线绘制与质量控制

9. 在每个待测物的测定范围内,配制至少6个标准系列,绘制标准曲线。3个浓度(一式两份)应覆盖LOD~LOQ范围。

　　a. 于容量瓶中,加入适量重氮甲烷衍生化试剂,再加入已知量的标准储备液,最后用重氮甲烷衍生化试剂稀释至刻度,静置1小时。将未加入重氮甲烷衍生化试剂溶液作为标准空白。

　　b. 于每个标准溶剂解吸瓶中分别加入10mg硅酸,静置1小时。

　　c. 用0.45μm PTFE过滤器将溶液过滤至0.1ml的GC自动进样瓶中。

　　d. 与现场样品和空白一起进行分析(步骤12~13)。

　　e. 以峰面积或峰高对待测物含量(μg)绘制标准曲线。

10. 每批OVS管至少测定一次解吸效率(DE)。在标准工作曲线范围内,,将除草剂溶于萃取液中,单独配制除草剂质控样品。选择6个不同浓度,每个浓度测定3个样品。另测定3个空白采样管。

　　a. 去掉样品和空白采样管后段吸附剂。

　　b. 除去粗管端的帽。拔起 PTFE 压环以防加标溶液残留于压环下。将已知量的标准储备液涂在石英纤维滤膜表面。以 0.2 ~ 1L/min 的流量通过空气 1 小时。

　　c. 解吸(步骤 5 ~ 8)后与标准系列和空白一起进行分析(步骤 12 ~ 13)。

　　d. 以解吸效率对待测物回收量(μg)绘制解吸效率曲线。

　　11. 分析 3 个样品加标质控样和 3 个加标样品,以确保标准曲线和解吸效率曲线在可控范围内。

样品测定

　　12. 根据仪器说明书和表 2 – 33 – 33 列出的条件设置气相色谱仪。使用溶剂冲洗技术手动进样或自动进样器进样,进样 2μl。待测物的保留时间见表 2 – 33 – 35。

　　注意:若峰面积或峰高超出标准曲线的线性范围,用萃取液稀释后重新分析,计算时乘以相应的稀释倍数。

　　13. 测定待测物峰高或峰面积。

计算

　　14. 按下式计算空气中待测物的浓度 C(mg/m³):

$$C = \frac{W_f + W_b - B_f - B_b}{V}$$

式中:W_f——样品采样管前段吸附剂中各待测物的含量(μg);

　　　　W_b——样品采样管后段吸附剂中各待测物的含量(μg);

　　　　B_f——空白采样管前段吸附剂中各待测物的平均含量(μg);

　　　　B_b——空白采样管后段吸附剂中各待测物的平均含量(μg);

　　　　V ——采样体积(L)。

　　注意:上式中待测物的含量均已用解吸效率校正;前段吸附剂中待测物的含量包括滤膜上待测物的量;若 $W_b > W_f/10$,则表示发生穿透,记录该情况及样品损失量;1μg/L = 1mg/m³。

定性

　　每当需测定某待测物且该待测物尚未定性时,可通过另一根不同极性的色谱柱定性分析而进行确认。如果使用非极性或弱极性色谱柱(DB – 1 或 DB – 5)进行初步分析,须再用极性色谱柱(DB – 1701 或 DB – 210)进行定性分析。每种色谱柱的近似保留时间详见表 2 – 33 – 35。可用 GC/MS 对高浓度(1 ~ 10μg/ml 或更高浓度)的待测物进行定性分析。图 2 – 33 – 12 为使用 DB – 17 色谱柱的典型色谱图。图 2 – 33 – 13 为使用 DB – 5 色谱柱的典型色谱图。表 2 – 33 – 36 给出了氯化有机氮和酸性除草剂的分析特征说明。

方法评价

　　在表 2 – 33 – 34 列出的范围下,本法已经过评价。每种化合物的范围为 3 倍 LOQ 至 30 倍 LOQ。表 2 – 33 – 34 亦列出了使用本法进行评价的化合物的分析精密度($\bar{S}_r$)、采样和分析的总体精密度($\hat{S}_{rT}$)、偏差和准确度。方法评价时使用的是列于表 3 – 33 – 35 的 DB – 5ms 色谱柱的分析条件。在每个采样管前端的滤膜上加含 8 种除草剂的溶液,于 30℃ 条件下,以 1L/min 的流量向管内通入空气 8 小时(总体积 480L)。一组采样管在 15% 相对湿度(RH)下测定,另一组在 80% RH 下测定。所有样品均于 4℃ 储存。湿度并未影响样品中待测物的回收率。也进行了长时间储存稳定性的研究。样品浓度为 10 倍 LOQ,通入 480L 相对湿度为 80% 的空气,储存 1 天,各除草剂的平均回收率为 110% ~ 120%,而氰草津回收率更高为 150%,2,4 – D 酸回收率为 91%。相对于储存 1 天的结果,储存 30 天的回收率范围为 70% ~ 82%,2,4 – D 酸和西玛津回收率分别为 104% 和 88%。储存 50 天的平均回收率为储存 1 天的 80%,2,4 – D 酸回收率为 101%,氰草津回收率为 69%。

参考文献

[1] NIOSH [1995]. Back – up Data Report for Chlorinated Organonitrogen and Carboxylic Acid Herbicides. Prepared under NIOSH Contract 200 – 88 – 2618 (unpublished).

[2] NIOSH [1977]. 2,4 – D: Method S279. In: Taylor DG, ed. NIOSH Manual of Analytical Methods (NMAM), 2nd

ed., v. 5. Cincinnati, OH: National Institute for Occupational Safety and Health, DHHS (NIOSH) Publication No. 77–157C.

[3] NIOSH [1984]. 2,4–D and 2,4,5–T: Method 5001. In: Eller PM, ed. NIOSH Manual of Analytical Methods (NMAM), 3rd ed. Cincinnati, OH: National Institute for Occupational Safety and Health, DHHS (NIOSH) Publication No. 84–100

[4] Hill RH Jr, Arnold JE [1979]. A Personal Air Sampler for Pesticides. Arch Environ Contam Toxicol 8:621–628.

[5] Black TH [1983]. The Preparation and Reactions of Diazomethane. Aldrichimica Acta 16(1).

方法作者

Don C. Wickman, John M. Reynolds, and James B. Perkins, DataChem Laboratories, Salt Lake City, Utah

附录:重氮甲烷衍生试剂

重氮甲烷发生器(图 2–33–11)包括两个 40ml 试管,每个试管均装有带 2 个孔的橡胶塞。在第一个试管的一个孔中放置一个玻璃管,使其一端延伸至距底部 1cm 处,另一端接氮气。将一段短 Teflon® 管放置在第二个孔中,通过第二个橡胶塞使其直接通入第二个试管的底部。再放置一个 Teflon® 管从第二个试管引出至收集瓶中。第一个试管中含有少量的二乙醚。氮气通过醚鼓泡引出至第二个含有 3ml 37% KOH 水溶液和 4ml Diazald® 试剂的试管中,其中 Diazald® 试剂是将 10g Diazald® 溶解于 100ml 1:1 的乙醚:卡必醇中配制而成。第一个试管中的二乙醚蒸气能防止第二个试管中由蒸发引起的二乙醚损失。通过形成加合物,二乙醚可使重氮甲烷稳定。将发生的重氮甲烷气体用氮气流引至含有冷却(0℃)的甲基叔丁基醚/甲醇萃取液(最大体积 500ml)的瓶中。

注意:由于大气中二氧化碳的吸附作用,KOH 溶液(37% w/v)随着时间的推移,其碱性将变弱。在这种环境下,重氮甲烷的发生会相当慢。

表 2–33–32　英文名称、分子式、相对分子质量、性质

名称/英文名称	分子式	相对分子质量	物理性质	水溶性 /(mg/L)	LD$_{50}$ /(mg/kg)	TWA /(mg/m^3)
甲草胺(Alachlor); 2–Chloro–N–(2,6–diethylphenyl) –N–(methoxymethyl) acetamide CAS#:15972–60–8 RTECS#:AE1225000	C$_{14}$ H$_{20}$ ClNO$_2$	269.77	无色晶体,密度 1.133g/cm^3 (25℃),熔点 39.5–41.5℃, 饱和蒸气压 0.0029Pa(2.2 × 10^{-5}mmHg)(25℃)	140(23℃)	1200	
莠去津(Atrazine); 6–Chloro–N2–ethyl–N–isopropyl –1,3,5–triazine–2,4–diamine CAS#:1912–24–9 RTECS#:XY5600000	C$_8$H$_{14}$ClN$_5$	215.68	无色晶体,熔点 173~175℃, 饱和蒸气压 4×10^{-5}Pa(3.0 ×10^{-7}mmHg)(20℃)	70(25℃)	1780	NIOSH 5 ACGIH 5
氰草津(Cyanazine); 2[[4–chloro–6–(ethylamino)–1, 3,5–triazin–2–yl]amino]–2– methylpropionitrile CAS#:21725–46–2 RTECS#:UG1490000	C$_9$H$_{13}$ClN$_6$	240.69	白色晶体,熔点 167.5~ 169℃,饱和蒸气压 2.1 × 10^{-7}Pa(1.6×10^{-9} mmHg) (20℃)	171(25℃)	182	

续表

名称/英文名称	分子式	相对分子质量	物理性质	水溶性 /(mg/L)	LD_{50} /(mg/kg)	TWA /(mg/m³)
2,4 – D 酸 2,4 – D acid； (2,4 – Dichlorophenoxyacetic acid) CAS#:94 – 75 – 7 RTECS#:AG6825000	$C_8H_6Cl_2O_3$	221.04	无色粉末,熔点小于140.5℃，小于10^{-5}Pa(小于7.5×10^{-8} mmHg)(25℃)	几乎不溶	375	NIOSH 10 ACGIH 10 OSHA 10
2,4 – D,ME (2,4 – Dichorophenoxyacetic acid, methyl ester) CAS#:1928 – 38 – 7	$C_9H_8Cl_2O_3$	235.07				
2,4 – D,BE (2,4 – Dichlorophenoxyacetic, 2 – butoxyethyl ester) CAS#:1929 – 73 – 3 RTECS#:AG7700000	$C_{14}H_{18}Cl_2O_4$	321.20			150	
2,4 – D,EH (2,4 – 2,4 – Dichlorophenoxyacetic acid, 2 – ethylhexylester) CAS#:1928 – 43 – 4	$C_{16}H_{22}Cl_2O_3$	333.25			300~1000	
异丙甲草胺(Metolachlor)； 2 – Chloro – N – (2 – ethyl – 6 – methylphenyl) – N – (2 – methoxy – 1 – methylethyl)acetamide CAS#:51218 – 45 – 2 RTECS#:AN3430000	$C_{15}H_{22}Cl_2NO_2$	283.80	无味棕色液体,0.0017Pa (1.3×10^{-5}mmHg)(20℃)	530(20℃)	2780	
西玛津(Simazine) 6 – Chloro – N,N – diethyl – 1,3,5 – trazine – 2,4 – diamine CAS#:122 – 34 – 9 RTECS#:XY5250000	$C_7H_{12}ClN_5$	201.66	晶体,熔点225~227℃,8.1 $\times 10^{-7}$Pa(6.1×10^{-7}mmHg) (20℃)	3.5(20℃)	5000	

表 2 – 33 – 33　可使用的气相色谱柱及条件[1]

参数	条件							
色谱柱参数								
固定相[2]	DB – 1	DB – 5	DB – 5ms	DB – 17[3]	DB – 1701[4]	DB – 210[4]	DB – 225[4]	DB – WAX
长度/m	30	30	30	30	30	30	30	30
内径/mm	0.25	0.32	0.32	0.25	0.53	0.32	0.32	0.32
膜厚/μm	0.25	0.50	1.00	0.25	1.00	0.25	0.25	0.50
柱温								
初始温度/℃	120	50	90	90	90	140	140	160
初始温度保持时间/min	0	1	1	1	0.5	0	0	0
第一次升温速率/(℃/min)	5	10	35	35	15	3	5	5
第一次中间温度/℃			160	160	180			
第二次升温速率/(℃/min)			5	5	2			
第二次中间温度/℃			200	200	210			
第三次升温速率/(℃/min)			3	3	10			

续表

参数	条件							
最终温度/℃	250	290	230	230	235	215	220	250
最终温度保持时间/min	4	5	9	9	10	5	15	20
流动相与进样条件								
载气	氦气	氦气	氦气	氦气	氦气	氦气	氦气	氦气
压头/p. s. i.	10	10	12	12	3. 5	10	10	10
进样体积/μl	2 ~ 4	2 ~ 4	2 ~ 4	2 ~ 4	2	2 ~ 4	2 ~ 4	2 ~ 4
进样模式	不分流进样	不分流进样	不分流进样	不分流进样	不分流进样	不分流进样	不分流进样	不分流进样

注:(1)实际色谱柱和条件可能会有所不同,这取决于待测物、干扰因素、分析的目标,上述给出条件对应于表2-33-35;(2)其他类型的熔融石英毛细管柱也有很好的性能;(3)色谱柱和条件用于方法评价,好的色谱柱可用于分离莠去津和西玛津;(4)适于从列出的其他待测物中分离出草净津的色谱柱。

表 2 - 33 - 34　方法评价

化合物	研究范围/(微克/样品)	准确度	偏差	分析精密度 $\bar{S}_r$	方法精密度 $\hat{S}_{rT}$	检出限/(微克/样品)
甲草胺	0. 50 ~ 5. 00	± 0. 139	0. 0250	0. 0410	0. 0644	0. 05
莠去津	2. 50 ~ 25. 00	± 0. 154	0. 0320	0. 0487	0. 0698	0. 20
氰草津	0. 75 ~ 7. 50	± 0. 320	0. 1600	0. 0662	0. 0830	0. 08
2,4 - D 酸	0. 30 ~ 3. 00	± 0. 151	0. 0290	0. 0484	0. 0696	0. 03
2,4 - D,BE	0. 40 ~ 4. 00	± 0. 215	0. 0570	0. 0739	0. 0892	0. 04
2,4 - D,EH	0. 30 ~ 3. 00	± 0. 173	0. 0560	0. 0447	0. 0671	0. 03
异丙甲草胺	0. 50 ~ 5. 00	± 0. 135	0. 0300	0. 0330	0. 0601	0. 05
西玛津	2. 00 ~ 20. 00	± 0. 130	0. 0007	0. 0438	0. 0665	0. 20

表 2 - 33 - 35　所选含氯和有机氮化合物的近似保留时间[1]

化合物（DB5 上保留时间）	保留时间/min（极性增加的毛细管柱）							
毛细管柱	DB - 1	DB - 5	DB - 5ms	DB - 17	DB - 1701	DB - 210	DB - 225	DB - WAX
1 CDAA		14. 37						
2 2,4 - D,ME[2]			10. 13	10. 25	12. 25			
3 麦草畏,ME[2]		16. 72						
2,4 - D,iPE[3]		19. 20						
5 西玛津	12. 90	19. 42	12. 02	12. 91	16. 52	7. 59	16. 90	18. 62
6 莠去津	12. 96	19. 50	12. 18	12. 59	16. 34	7. 79	15. 93	17. 17
7 扑灭津		19. 61						
8 2,4 - DB,ME[2]				14. 03				
9 嗪草酮	13. 89	21. 10		17. 51		9. 72	22. 01	23. 08
10 二甲胺		21. 13						
11 乙草胺		21. 18		14. 66				
12 甲草胺	14. 37	21. 44	15. 24	15. 19	19. 78	12. 95	17. 45	14. 95
13 氰草津	14. 97	22. 23	17. 17	19. 99	27. 07	19. 67	30. 00	36. 00

续表

化合物				保留时间/min			
（DB5 上保留时间）				（极性增加的毛细管柱）			
14 异丙甲草胺	15.11	22.26	16.96	16.67	22.17	14.85	19.43	15.96
15 二甲戊乐灵		22.98		18.67			
16 2,4-DB,BE[4]	17.01	23.73	21.46	20.60	26.25	16.79	25.86	20.50
17 2,4-DB,EH[5]	17.70	24.38	22.73	20.12	26.71	17.17	23.49	18.55

注：（1）实际保留时间会随着色谱柱和色谱条件变化，表2-33-33中列出了毛细管色谱柱的条件，数据来源于备份数据报告[1]；（2）ME—甲基酯，甲基酯是由游离酸与重氮甲烷反应形成的；（3）iPE—异丙基酯；（4）BE—2-乙二醇丁醚酯；（5）EH—2-乙基己基酯。

表2-33-36　含氯和有机氮的除草剂分析特征说明

化合物（按字母顺序）	A 化学和物理	B 样品配制	C 气相色谱法
1 甲草胺		3	1
2 莠去津		3	2,3
3 氰草津	2	1,3,4	2,4
4 2,4-D 酸		2（甲基酯）	
5 2.4-D,BE	1	1,2,4	5
6 2,4-D,EH	1	2	
7 异丙甲草胺		3	1
8 西玛津		3	2,3

A. 化学和物理

1. 酯可以水解为游离酸。游离酸也可在制剂中存在。

2. 氰草津中含氰基，对分析有不利影响。

B. 样品配制

1. 玻璃纤维滤膜的回收率比石英纤维滤膜的回收率低。

2. 假如溶液在1小时内用硅酸冷却，酯类不会受到重氮甲烷试剂的影响。否则酯类的回收率将减少。这使得2,4-D酯类和其游离酸可同时进行分析。

3. 待测物未受到重氮甲烷试剂的影响。

4. XAD-2树脂上的回收率（120%～150%或以上）比液体标准的高，但原因不明。如果滤膜和XAD-2分别解吸和分析，加合分析结果，其回收率会更为真实（80%～90%）。

C. 气相色谱法

1. 非常好的峰形。

2. 待测物在大多数色谱柱上拖尾。色谱柱和进样口必须清洁，且条件良好。

3. s-三嗪、西玛津、莠去津和扑灭津在非极性色谱柱DB-1和DB-5上依次洗脱，非常接近。而在大多数极性色谱柱上洗脱顺序则相反。

4. 氰草津的极性很强，易拖尾，在极性色谱柱上洗脱较晚。在随后的进样中，具有不可预知性，峰面积会减少或明显增加。这可能与氰基有关。

5. 2,4-D BE的色谱性质在较小程度上与氰草津相似（详见C.4）。

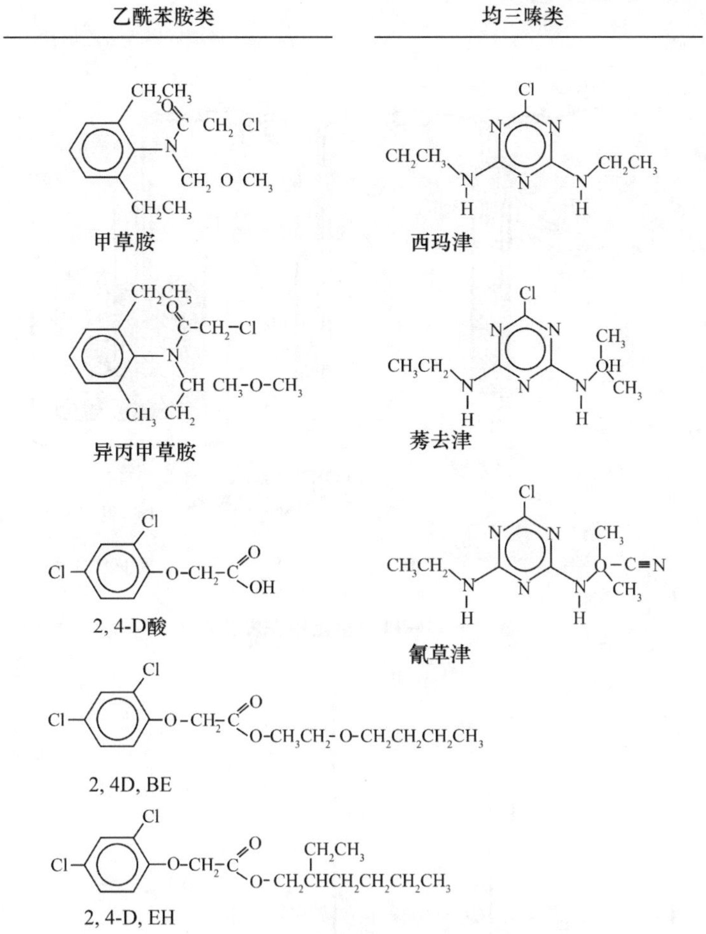

乙酰苯胺类　　　　　　　　　　　均三嗪类

甲草胺

西玛津

异丙甲草胺

莠去津

2, 4-D酸

氰草津

2, 4D, BE

2, 4-D, EH

图 2 - 33 - 9　含氯和有机氮的除草剂的结构

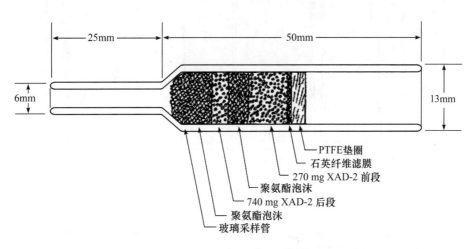

图 2 - 33 - 10　OVS 采样管

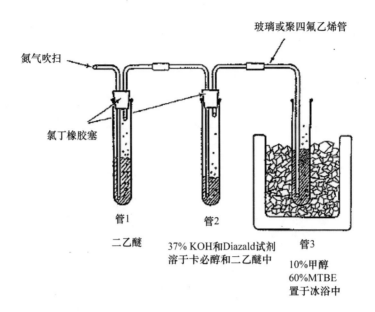

图 2 - 33 - 11　重氮甲烷发生器

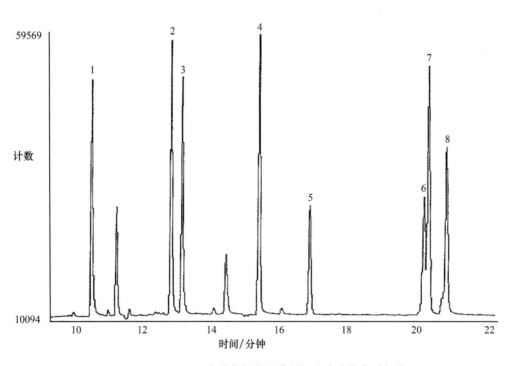

图 2 - 33 - 12　DB - 17 色谱柱氯化除草剂标准溶液的典型色谱图

　　色谱柱:DB - 17 石英毛细管柱,30m(长) ×0.25mm(内径) ×0.25μm(膜厚)。

　　程序升温:90℃(保持 1 分钟),以 35℃/min 的速率升温至 160℃,然后以 5℃/min 的速率升温至 200℃,再以 3℃/min 的速率升温至 230℃,保持 9 分钟。

　　进样体积和模式:2μl,不分流。

　　待测物:

　　1. 2,4 - D,甲基酯　　　　　　　0.15μg/ml;

　　2. 莠去津　　　　　　　　　　　4.50μg/ml;

　　3. 西玛津　　　　　　　　　　　4.50μg/ml;

4. 甲草胺　　　　　　　　　　　　0.22μg/ml;

5. 异丙甲草胺　　　　　　　　　　0.25μg/ml;

6. 氰草津　　　　　　　　　　　　0.25μg/ml;

7. 2,4 - D,2 - 乙基己基酯　　　　0.22μg/ml;

8. 2,4 - D,乙二醇丁醚酯　　　　　0.22μg/ml。

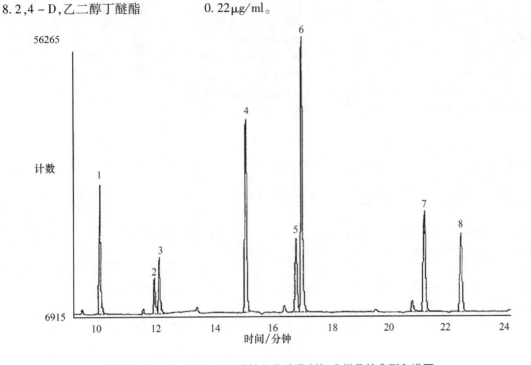

图 2 - 33 - 13　DB - 5 色谱柱氯化除草剂标准样品的典型色谱图

色谱柱:DB - 5ms 石英毛细管柱,30m × 0.32mm(内径) × 1.0μm(膜厚)。

程序升温:90℃(保持 1 分钟),以 35℃/min 的速率升温至 160℃,然后以 5℃/min 的速率升温至 200℃,再以 3℃/min 的速率升温至 230℃,保持 9 分钟。

进样体积和模式:2μl,不分流。

待测物:

1. 2,4 - D,甲基酯 0.3μg/ml;

2. 西玛津 2.0μg/ml;

3. 莠去津 2.5μg/ml;

4. 甲草胺 0.5μg/ml;

5. 异丙甲草胺 0.5μg/ml;

6. 氰草津 0.8μg/ml;

7. 2,4 - D,乙二醇丁醚酯 0.4μg/ml;

8. 2,4 - D,2 - 乙基己基酯 0.3μg/ml。

空气中的甲草胺 5603

C14H20O2NCl	相对分子质量:269.6	CAS 号:15972 - 60 - 8	RTECS 号:AE1225000
方法:5603,第一次修订		方法评价情况:完全评价	第一次修订:1998.1.15
OSHA:无 PEL NIOSH:无 REL ACGIH:无 TLV		性质:无色晶体;密度 1.133g/cm^3(25℃),熔点 39.5 ~ 41.5℃,饱和蒸气 压 0.0029Pa(2.2 × 10^{-5} mmHg)(25℃),可溶于水,溶解度 242mg/L (25℃)	

英文名称:alachlor; 2 - Chloro - 2',6' - diethyl - N - (methoxymethyl)acetanilide; Lasso; Alanex; Alanox; Chimiclor

采样	**分析**
采样管:固相萃取(SPE)片[苯乙烯二乙烯基苯(SDB)- xc 片]	分析方法:酶联免疫吸附分析法(ELISA)
采样流量:1L/min	待测物:甲草胺
最小采样体积:70L	萃取方法:2ml 甲醇
最大采样体积:1750L	测量波长:450nm
运输方法:常规	定量标准:≤1%的甲醇水溶液中的甲草胺标准溶液
样品稳定性:至少7天(25℃);至少21天(4℃)	测定范围:每份样品 20~500ng[1]
样品空白:每批样品 2~10 个	估算检出限:每份样品 9ng[1]
准确性	精密度($\bar{S}_r$):0.072[1]
研究范围:每份样品 0.24~120μg	
偏差:0.0368	
总体精密度($\hat{S}_{rT}$):0.078(12~48μg)[1]	
准确度:±17.4%	

适用范围:本法利用检测水中甲草胺浓度的 ELISA 技术,定量分析了空气中的甲草胺。因为需要排除甲醇在 ELISA 中的干扰,本法的定量下限为每份样品 20ng。本法简单、适应性强,可作为现场的筛选方法

干扰因素:在 ELISA 中 2 - [(2,6 - 二乙基苯基)(甲氧基甲基)氨基] - 2 - 氧代乙烷磺酸(ESA)与甲草胺发生交叉反应,标准 HPLC 或 GC 方法难以检测 ESA[2]。甲草胺相关的乙酰苯胺 LEI 会干扰甲草胺测定,如乙草胺、异丙甲草胺和甲霜灵。ELISA 对固相萃取后残留的有机溶剂浓度也很敏感

其他方法:其他 ELISA 试剂盒也可用于相似的方法中。方法 5602[3] 中也包含甲草胺,用 GC/ECD 检测空气中的有机氮和氯类除草剂

试剂	**仪器**
1. 甲草胺 *	1. 采样管:固相萃取(SPE)片,25mm,SDB - xc(3M Empore® 或等效的片),纤维素衬垫,置于 3 层式滤膜夹中,滤膜夹带有 50mm 的扩展罩
2. 甲醇 *:农药分析纯	2. 个体采样泵:流量 1L/min,配有连接软管
3. 去离子水	3. 酶标仪:450nm,650nm 备用
4. 甲草胺检测试剂盒,EnviroGard® 或等效的检测试剂盒(如 Ohmicron RaPID Assay® 或 Ensys RIS®)	4. 玻璃瓶:广口,约 28.4ml(直径足够大以平铺放置 25mm 片),带 PTFE 内衬的瓶盖
5. 甲草胺储备液:1000μg/ml。取 10mg 纯甲草胺,溶于 10ml 无农药的甲醇中,储存于冰箱中	5. 溶剂解吸瓶:玻璃,4ml,带 PTFE 内衬的瓶盖
	6. 平台轨道振动筛
	7. 计时器
	8. 酶标板清洗机/振动筛(可选)
	9. 移液管:主动置换型
	10. 移液管:多孔道微量加样器,40μl 和 80μl(80μl 和 120μl,用于加大样品数)
	11. 防气溶胶吸头(可选)
	12. 一次性试剂瓶
	13. 镊子
	14. 防护手套
	15. 实验室纸巾
	16. 封口膜

特殊防护措施:NIOSH 研究人员将甲草胺划分为第 I 类化合物,接触低浓度甲草胺会引起急性不良反应。小心操作。穿戴手套和防护服。甲醇易燃,食入和吸入有一定毒性

注:* 见特殊防护措施。

采样

1. 将采样管安装在干净的环境中。

2. 串联一个有代表性的采样管来校准个体采样泵。

3. 在约 1L/min 下,以已知流量采集空气样品,采样时间取决于预测的浓度。

4. 用塞子密封采样管两端,包装后运输,其中包括一定数量的介质空白。

样品处理

5. 用镊子将 SDB 片从采样管移取至玻璃瓶中,玻璃瓶的直径应足够大以平放 SDB 片。

a. 于 SDB 片上,加入 2ml 无农药甲醇,盖上盖子,在平台轨道振动筛上摇动 15 分钟。

b. 转移甲醇溶液至 4ml 带 PTFE 内衬瓶盖的溶剂解吸瓶中。

c. 用移液器或注射器,移取部分样品溶液并用去离子水将其稀释至最低 1:100。

注意:如果浓度高于每份样品 0.5μg,需要进一步稀释以满足测定范围。如果浓度范围未知,可能需进行多次稀释。

d. 用封口膜密封剩余样品,并冷藏。

e. 测定稀释后的样品。

6. 按照 Enviro Gard™ 甲草胺平板试剂盒的说明,调整至适应样品需求。

a. 确定酶标板上孔的数量,制备一个试剂盒阴性对照样和 3 个试剂盒标准,一个基质阴性对照样和 3 个基质标准样品,以及一个甲草胺加标对照样(每 3 个孔条一组),一式两份。移去所需孔条的数量(每条 12 个孔)。将未使用的孔条放入可重新密封的采样袋中,袋中还装有来自试剂盒的干燥剂。冷藏。

b. 在开始分析之前,将孔板和 ELISA 分析剩余的部分放置至室温。

c. 于酶标板孔内,用带防气溶胶吸头的移液器一次加入 80μl 的标准溶液、样品、对照样,一式两份。

注意:ELISA 测定是随时间变化的基质,应连续不间断地加入试剂,以避免在板上发生变化和漂移效应。

d. 以在板上加入标准溶液和样品相同的顺序,加入 2 滴取自酶偶联物瓶中的酶偶联物。

注意:如果使用超过 3 行的孔,应使用多头移液器。如果使用滴管,确保液滴自由下落,不碰触孔的周边。

e. 小心混合孔中溶液。

f. 用封口膜盖住孔板。在室温下用轨道混合器或酶标板振动器培养 1 小时。如果需要,可用固着培养。

g. 用自来水或去离子水洗涤酶标板 6 次,可使用酶标板清洗机或手工清洗。如果手工清洗,用力将板上的物质甩入水池中,用水浸没平板,将水甩干。重复 6 次。

h. 将板倒置于实验室纸巾上,擦去过量的水。

i. 按原来的顺序加入 80μl (2 滴)基质,40μl (1 滴)来自试剂盒的色原体。如果使用的孔条少于 3 条或 4 条,基质与色原体可分别加入;如果使用的孔条多,新鲜混合 2:1 体积的基质与色原体,每个孔中分别加入 120μl 混合物。

注意:仔细配制足够的试剂混合物,加至各孔中和一个小容器里,以便连续加入试剂。加入试剂时出现了任何中断,都可能会影响与标准曲线有关的显色反应。丢弃多余的试剂。

j. 混合,用干净的塑料膜封好,同上再培养 30 分钟。

k. 培养后,于每个孔中,加入 40μl (1 滴)终止溶液(来自试剂盒),并充分混合,直至所有蓝色变为黄色。

注意:必须在加入终止溶液后 30 分钟内读数。

标准曲线绘制与质量控制

7. 根据仪器说明书全面检查酶标仪的性能。

8. 每次分析时,用 3 个标准溶液(100,500,2500ng/L)绘制标准曲线。于适当的基质中,配制标准系列。

a. 用与样品基质体积相似的基质溶剂,逐级稀释甲草胺储备液,配制成 50000ng/L 溶液。(如果样品中的甲醇浓度小于1%,可用水稀释。)但是,样品中的甲醇浓度越高,用与样品中浓度相同的甲醇标准溶液越好。

　　b. 用基质溶剂稀释50000ng/L溶液成100ng/L、500ng/L和25000ng/L的标准系列。

　　9. 测定对照样,每三行样品测定1个对照样,以检测可能的漂移。

　　10. 在分析前,用空气或去离子水将酶标仪调零。

　　11. 用酶标仪的数据还原性能或相应的软件测定甲草胺的浓度。使用半对数或4个参数的对数曲线拟合绘制标准曲线。计算时用适当的稀释倍数进行校正。

　　12. 如果无法使用数据还原性能,则按如下所述进行计算。

　　a. 取阴性对照样的平均光密度(OD)。

　　b. 计算曲线上每个标准溶液的平均光密度(OD)。

　　c. 按此公式计算标准溶液的结合百分比($\%B_o$):$\%B_o$ = 标准溶液$_{平均}$/阴性对照样$_{平均}$×100。

　　d. 按此公式计算样品的结合百分比($\%B_o$):$\%B_o$ = 样本$_{平均}$/阴性对照样$_{平均}$×100。

　　e. 以%Bo对甲草胺的对数浓度(ng/L)绘制标准曲线。

　　13. 按照Enviro Gard甲草胺分析指南进行测定,以确保结果准确[4]。

　　a. 曲线中每个标准溶液的光密度(OD)的变异系数为15%。

　　b. 曲线中的每个标准溶液结合百分比($\%B_o$)也应在如下范围内。

100μg/ml	64%~86%
500μg/ml	33%~55%
2500μg/ml	11%~21%

注:请参阅实验所用批次试剂盒的证书。

样品测定

14. 将酶标仪设置在450nm波长处,参比波长为600nm或650nm。

15. 用空气或空白孔中的200μl水将酶标仪调至零。加入终止溶液,30分钟内在波长450nm处读数。

计算

16. 记录稀释后实际样品溶液的体积V_s(L)和空白溶液的体积V_b(L)。

17. 根据标准曲线计算样品溶液浓度C_s(ng/L)和介质空白浓度C_b(ng/L)。

注:空白浓度一般低于标准曲线范围,不在计算范围内。空白读数有变动性表明分析有问题。

18. 按下式计算空气中甲草胺的浓度C(mg/m³):

$$C = \frac{C_s V_s \times 10^3}{V_{air}}$$

式中:C_s——样品溶液的浓度(ng/m³);

　　　V_s——实际样品溶液的体积(L);

　　　V_{air}——采样体积(L)。

注意:1μg/ml = 1mg/m³

方法评价

　　将待测物加至SDB-xc萃取片上,然后通入洁净的湿空气,对本法进行了评价。空气采样体积以NIOSH除草剂现场调查的空气采样体积为基础[5]。如果进行更长时间的采样,则须进一步稀释样品,那么分析时需用到1∶100稀释倍数。在每份样品0.24~120μg范围内,验证了本法。在整个研究浓度范围内,样品的精密度不具有统计学合并性。但是,在每份样品12,24,48μg范围内,具有合并性,总体精密度为0.0783,准确度估算值为±17.4%。也测定了每个浓度下的精密度、偏差和准确度(表2-33-37)。所有浓度下的平均回收率为100%。在室温下,样品可稳定储存至少7天,冷藏时可稳定储存30天。在采样量为144μg时,没有发生穿透。

参考文献

[1] Sammons DL, Kennedy ER [1997]. Backup Data for Alachlor (Unpublished Report).

[2] Aga DS, Thurman EM, Pomes ML. Determination of Alachlor and Its Sulfonic Acid Metabolite in Water by Solid – phase Extraction and Enzyme – linked Immunosorbent Assay. A nalytical Chemistry. 66:1495 – 1499 (1994).

[3] NIOSH [1998]. Chlorinated Organonitrogen and Acid Herbicides in Air: Method 5602. In: Eller PM, Cassinelli ME, eds. NIOSH Manual of Analytical Methods, 4th ed., 2nd Supplement. Cincinnati, OH: National Institute for Occupational Safety and Health, DHHS (NIOSH) Publication No. 98 – 119.

[4] Enviro Gard Alachlor Plate Kit. P 30128, Rev A 3/14/95. Millipore.

[5] Sanderson WT, Biagini R, Henningsen G, Ringenburg V, MacKenzie B [1995]. Exposure of Commercial Pesticide Applicators to the Herbicide Alachlor. Am Ind Hyg Assoc 5J6 :890 – 897.

方法作者

Deborah Sammons and Eugene Kennedy, Ph. D., NIOSH/DPSE

表 2 – 33 – 37 方法汇总

方法评价数据

接触限值 /(1mg/m³)ᵃ	测试平均值 (微克/样品)	独立平均值 (微克/样品)	精密度ᵇ (采样和分析)	偏差 /(测试/独立 – 1)	计算所得准确度 /(±%)
0.01 ×	0.259	0.24	0.109	0.080	27.7
0.1 ×	2.170	2.40	0.170	– 0.094	35.3
0.5 ×	12.700	12.00	0.081	0.059	23.0
1 ×	23.900	24.00	0.063	– 0.003	13.2
2 ×	48.900	48.00	0.090	0.019	18.4
5 ×	128.400	120.00	0.122	0.070	29.1

注:a 理论接触浓度以 NIOSH REL 中相似类别的农药为基础;b 精密度不具有统计合并性。

空气中的甲基硫菌灵 5606

$C_{12}H_{14}N_4O_4S_2$	相对分子质量:342.40	CAS 号:23564 – 05 – 8	RTECS:BA3675000
方法:5606,第一次修订		方法评价情况:部分评价	第一次修订:2003.5.15
OSHA:N/A NIOSH:N/A ACGIH:N/A		性质:无色棱柱晶体,熔点 181.5 ~ 182.5℃,可溶于丙酮、甲醇、氯仿、乙腈,微溶于其他有机溶剂,不溶于水	

英文名称:thiophanate – methyl; Topsin – M; [1,2 – phenylenebis(iminocarbonothioyl)]bisdimethyl ester carbamic acid

采样

采样管:滤膜/固体吸附剂管(OVS – 2 管,11mm 石英纤维滤膜,XAD – 2,前段 270mg/后段 140mg)

采样流量:0.1 ~ 1L/min

最小采样体积:20L(在 0.1L/min 下)(详见方法评价)

最大采样体积:480L

运输方法:4℃

样品稳定性:至少 28 天(4℃)

样品空白:每批样品 2 ~ 10 个

准确性

研究范围:未测定

偏差:未测定

总体精密度($\hat{S}_{rT}$):未测定

准确度:未测定

分析

分析方法:液相色谱法,紫外检测器(UV)

待测物:甲基硫菌灵

萃取方法:2ml 40% 异丙醇:60% 乙腈

进样体积:5μl

流动相A:2% 正丙醇的水溶液,0.02M TEA – PO₄,使用磷酸调节 pH = 7.0 ± 0.1

流动相B:2% 正丙醇的乙腈溶液;梯度洗脱,从 20% B 增加至 70% B(20 分钟),减少至 20%B(2 分钟),保持 5 分钟

色谱柱:反相 C₁₈ 色谱柱,4μm,250mm × 2.00mm(或等效的色谱柱)

检测器:紫外检测器,200nm(详见方法评价注意)

定量标准:萃取溶剂中甲基硫菌灵的标准溶液

测定范围:每份样品 5 ~ 650μg

估算检出限:每份样品 0.76μg

精密度($\bar{S}_r$):0.0318

适用范围:本法可用于测定果园空气样品中杀虫剂甲基硫菌灵的含量,结合方法 NMAM 5601,可用于测定多菌灵、克菌丹。当样品中同时存在多菌灵、甲基硫菌灵、克菌丹时,由于其相互之间的化学作用,甲基硫菌灵的回收率可能更低。当采样体积为 100L 时,甲基硫菌灵的测定范围为 $0.025 \sim 5.67 mg/m^3$

干扰因素:有机化合物可能会对甲基硫菌灵的分析产生干扰,特别是在 C_{18} 色谱柱上有相同保留时间的杀虫剂和杀真菌剂。可以使用双色谱柱替代 LC 色谱柱进行有效识别。注意:这里可能看到保留时间为 9.8 分钟的多菌灵峰,因为多菌灵是甲基硫菌灵的分解产物

其他方法:此方法在方法 NMAM 5601[1] 的基础上进行了改进,因此,方法 NMAM 5601 所列的几种化合物及甲基硫菌灵可使用本法进行分析

试剂	仪器
1. 异丙醇:HPLC 级	1. 采样管:OSHA 多用途采样管(OVS-2 管),入口 13mm(外径),出口 6mm(外径)。前段装填 270mg 20~60 目 XAD-2 吸收剂,用一个 11mm 直径的石英纤维滤膜和 Teflon® 压环固定,后段装填 140mg XAD-2 吸收剂,用聚氨酯泡沫分隔。亦可购买市售产品
2. 乙腈:HPLC 级	2. 个体采样泵:流量 1L/min,配有聚乙烯或聚四氟乙烯的连接软管
3. 三乙胺(TEA):HPLC 级	3. 高效液相色谱仪:紫外检测器
4. 去离子水	4. 自动进样器:5μl
5. 邻磷酸:>85%,ACS 纯或更高	5. 分析色谱柱:Phenomenex® Synergi™ 4μm Hydro-RP 80A(250 × 2.00mm)或等效色谱柱(详见注意3)
6. 萃取溶剂:40% 异丙醇/60% 乙腈(v/v)	6. 溶剂解吸瓶:4ml、2ml,玻璃,带聚四氟乙烯内衬的瓶盖
7. 甲基硫菌灵储备液:10mg/ml。以乙腈制备并冷藏储存	7. 注射器:50μl,1ml,5ml
8. TEA-PO₄ 防腐剂:以 90ml 去离子水溶解 1.4ml TEA 于 100ml 容量瓶中,用磷酸调节 pH = 7.0 ± 0.1,用已校准的 pH 计进行测定。用水稀释至 100ml,密封冷藏储存,溶液可稳定 12 个月	8. 容量瓶:5ml,100ml,1L
	9. 针式过滤器:PTFE,4mm,孔径 0.45μm
9. 流动相 A:混合 20ml 正丙醇和 2.8ml TEA 于 1L 容量瓶中,并用去离子水稀释至刻度。用磷酸调节 pH = 7.0 ± 0.1,用 pH 计进行测定。溶液最终浓度为 2% 正丙醇,0.02M TEA-PO₄。使用前脱气	10. 镊子
	11. 小瓶/管旋转器
	12. pH 计
	13. 量筒:50ml
10. 流动相 B:于 1L 容量瓶中,用乙腈溶解 20ml 正丙醇,稀释至刻度。使用前脱气	14. 移液管:玻璃,一次性,2ml
	15. 漏斗:塑料
	16. 袋装制冷剂

特殊防护措施:甲基硫菌灵,避免吸入其蒸气或粉尘,避免皮肤接触,处理纯物质时戴上手套及穿戴合适的防护服;溶剂,避免接触皮肤和明火,使用遮光罩;磷酸,避免皮肤接触。见注释

注:* 见特殊防护措施。

采样

1. 串联一个有代表性的采样管来校准个体采样泵。

2. 用软管将采样管连接至采样泵,将采样管垂直、大头向下放置,置于劳动者呼吸带。

3. 在 0.1~1L/min 范围内,以已知流量采样,最大采样体积为 480L。记录采样体积,以及已知的或潜在的干扰因素。

4. 用塑料帽密封采样管两端,包装,袋装制冷剂冷藏运输。

样品处理

5. 打开大头端的塑料帽,将 PTFE 压环、滤膜、前段 XAD-2 树脂移至 4ml 溶剂解吸瓶中,聚氨酯泡沫和后段 XAD-2 树脂转移至另一个 4ml 溶剂解吸瓶。

6. 每个瓶中加入 2ml 萃取溶剂,盖上盖子。

7. 旋转混合约 1 小时。

注意:若此方法与方法 NMAM 5601 结合使用可分析苯来特,混合后将样品置于室温下过夜。这能使残留的苯莱特转换为多菌灵。

8. 以 4mm、0.45μm PTFE 滤膜过滤溶液至自动溶剂解吸瓶中。

标准曲线绘制与质量控制

9. 根据方法 5606 给出的条件设置色谱仪,测定甲基硫菌灵的保留时间,在此色谱条件下,保留时间约为 14.1 分钟(图 2-33-14~2-33-16)。

10. 在测定范围内,配制至少 6 个甲基硫菌灵标准系列,绘制标准曲线。

11. 每批 OVS-2 管至少测定一次解吸效率(DE)。在标准曲线范围内选择 5 个不同浓度,每个浓度测定 3 个样品。另测定 3 个空白采样管。

　　a. 打开采样管的塑料帽,取下 PTFE 压环(以防止压环的毛细作用),在石英纤维滤膜正面加入已知体积的标准储备液。

　　注意:一次加标量不超过 30μl。如果需要更多,将采样管与 ≤1L/min 的真空泵连接,再每次加标 15~30μl,两次加标之间需要几分钟时间使溶剂蒸发,以避免溶剂因毛细作用沿管壁进入管后部(5% 或者更多留存于管壁)。

　　b. 盖上塑料帽,静置至少 1 小时。

　　c. 制备未加标的采样管作为介质空白。

　　d. 解吸(步骤 5~8),并与标准系列一起进行分析(步骤 11~12)。

　　e. 以解吸效率对甲基硫菌灵的回收量(μg)绘制解吸效率曲线。

12. 当接收到现场样品时制备加标样品,现场样品与加标样品一起储存。加标样品与现场样品、空白、标准系列一起分析。

样品测定

13. 根据仪器说明书及方法 5606 给出的条件设置 HPLC:测量波长为 200nm,流量为 0.200ml/min。

14. 自动进样器或进样阀进样 5μl。

　　注意:若峰面积超出标准曲线的线性范围,用萃取溶剂稀释后重新分析,计算时乘以相应的稀释倍数。

15. 测定待测物峰面积。

计算

16. 按下式计算空气中甲基硫菌灵的浓度 C(mg/m³):

$$C = \frac{W_f + W_b - B_f - B_b}{V}$$

式中:W_f—— 样品采样管滤膜和前段吸附剂中甲基硫菌灵的含量(μg);

　　　W_b——样品采样管后段吸附剂中甲基硫菌灵的含量(μg);

　　　B_f——空白采样管滤膜和前段吸附剂中甲基硫菌灵的平均含量(μg);

　　　B_b——空白采样管后段吸附剂中甲基硫菌灵的平均含量(μg);

　　　V——采样体积(L)。

注意:μg/ml = mg/m³;上式中甲基硫菌灵的含量均已用解吸效率校正。

方法评价

在每份样品 79.5~567μg 浓度范围内,使用实验室加标样品,通过进行回收率研究,进行了方法评价。平均回收率为 89.9%~100%。当浓度为每份样品 159μg 时,进行储存稳定性研究,结果表明冷藏储存 28 天后,平均回收率为 91.6%~99.8%。标准系列的浓度高至 324μg/ml 时,也经过了评价,此值相当于现场样品的含量为每份样品 648μg。

本法结合 NMAM 5601 方法可分析甲基硫菌灵、多菌灵、克菌丹,在实验室制备的样品中,发现由于化学作用以及甲基硫菌灵可分解为多菌灵,导致甲基硫菌灵的回收率可能下降,多菌灵的回收率可能会上升[2]。

注意

1. 并未建立甲基硫菌灵的 REL 或者 PEL。对于此待测物的采样需求,REL 假定为 5mg/m³,本法可用于在 5μg/ml 水平下快速检测溶液中的甲基硫菌灵。

2. 甲基硫菌灵的紫外吸收最大波长为 266nm,此波长更适合于分析。但是,本法也可用于同时分析某些其他农药。其中一个待测物的最大吸收波长为 195~200nm,选择 200nm 作为此待测物的测量波长。如果已知在待测物中仅有甲基硫菌灵,测量波长为266nm更佳。

3. 本法中检测用的主要是 Phenomenex® KingSorb™ C_{18}, 5μm, 250×2mm 色谱柱。厂商推荐的另一种色谱柱,Phenomenex® Synergi™,4μm,Hydro – RP,250×2mm 色谱柱会有更好的分离效果和分离度。在 Synergi™色谱柱与 KingSorb™色谱柱上的保留时间相近(图2 – 33 – 14,2 – 33 – 15)。为达到相同的分离效果和保留时间,可小幅度调整流动相梯度。Synergi™,Hydro – RP 色谱柱可分离多菌灵与吡虫啉(在整个过程中的另一个杀菌剂)。吡虫啉存在于现场样品中,可能会产生干扰。在不严重影响任何一种待测物的条件下,KingSorb™色谱柱也不能分离出这两种物质。

参考文献

[1] NIOSH [1998]. Method 5601: Organonitrogen Pesticides. In: Cassinelli ME, O'Connor PF, eds. NIOSH Manual of Analytical Methods (NMAM), 4th ed, 2nd Supplement. Cincinnati, OH: National Institute for Occupational Safety and Health, DHHS (NIOSH) Publication No. 98 – 119.

[2] Jaycox, LB, Andrews RN [2003]. Thiophanate – methyl in Air Backup Data Report. Cincinnati, OH: National Institute for Occupational Safety and Health, Division of Applied Research and Technology (unpublished, May).

[3] Lin J, Reynolds JM, Perkins JB [1996]. Backup Data Report Carbamate, Urea, and Sulfenimide Pesticides, Unpublished.

方法作者

Larry B. Jaycox, Ph.D., NIOSH/DART

Ronnee N. Andrews, NIOSH/DART.

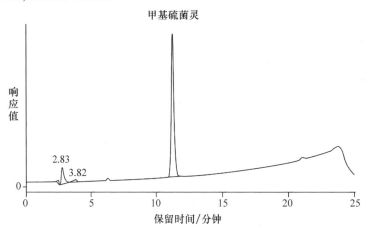

图2 – 33 – 14 此图为典型的甲基硫菌灵样品的色谱图

这显示了 OVS – 2 管上加标为每份样品348μg时,用此 LC 方法进行解吸,用 Kingsorb™色谱柱进行分析,所得甲基硫菌灵的响应值。在 Synergi™色谱柱上,甲基硫菌灵的保留时间为14.1分钟

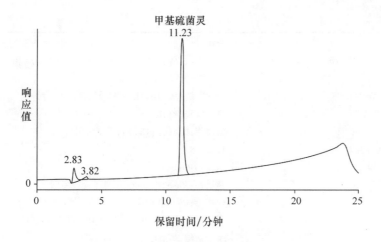

图 2 - 33 - 15　此图为标准溶液的典型色谱图

样品由 Kingsorb™色谱柱分析,在 Synergi™色谱柱上的保留时间为 14.1 分钟

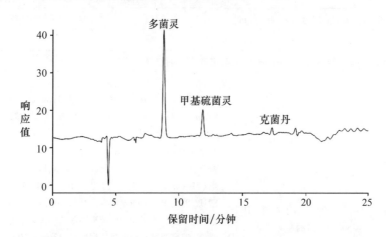

图 2 - 33 - 16　多菌灵、甲基硫菌灵和克菌丹三种待测物从加标 OVS - 2 管中解吸所得色谱图

本图已经过 OVS - 2 空白的背景校正

第三十四节　药物类化合物

利巴韦林 5027

$C_8H_{12}N_4O_5$	相对分子质量:244.21	CAS 号:36791 - 04 - 5	RTECS 号:XZ4250000
方法:5027,第二次修订		方法评价情况:未评价	第一次修改:1989.5.15 第二次修改:1994.8.15
OSHA:无 PEL NIOSH:无 REL ACGIH:无 TLV		性质:固体;熔点 170℃;饱和蒸气压无意义;溶解度(水)142mg/ml 　(25℃)	
英文名称:ribavirin;1 - β - D - ribofuranosyl - 1,2,4 - triazole - 3 - carboxamide;Virazole;ICN 1229			

续表

采样	分析
采样管:滤膜(1μm,37mm 玻璃纤维滤膜)	分析方法:高效液相色谱法(HPLC);紫外检测器(UV)
采样流量:1~4L/min	待测物:利巴韦林
最小采样体积:5L(在 0.4mg/m³ 下)	洗脱方法:3ml H_2SO_4(pH2.5),振荡 30 分钟
最大采样体积:1000L	进样体积:30μl
运输方法:常规	流动相:H_2SO_4(pH2.5),等度洗脱
样品稳定性:室温下避光储存时,稳定[1]	柱温:65℃
样品空白:每批样品 2~10 个	流量:0.6ml/min
	色谱柱:30cm×7.8mm,阳离子交换树脂
准确性	检测器:UV(210nm)
研究范围:未研究	定量标准:H_2SO_4 中的利巴韦林标准溶液(pH2.5)
偏差:未知	测定范围:每份样品 2~2000μg[1,2]
总体精密度($\hat{S}_{rT}$):未知	估算检出限:每份样品 0.7μg[1,2]
准确度:未知	精密度($\bar{S}_r$):0.057(每份样品 19~112μg)[1,2]

适用范围: 采样体积为 50L 时,测定范围为 0.4~40mg/m³

干扰因素: 未知

其他方法: 本法为 Eastman Kodak Company 研发的定性样品测定方法[3]的修订版

试剂	仪器
1. 利巴韦林*:试剂级	1. 采样管:1μm、37mm 玻璃纤维滤膜(Type A/E;Cat. No. 61652,Gelman Sciences, Inc., Ann Arbor, MI 48106,或等效滤膜),带纤维素衬垫,置于 2 层式滤膜夹中
2. 浓 H_2SO_4*	2. 个体采样泵,流量 1~4L/min,能采样 8 小时,配有连接软管
3. 流动相:将浓 H_2SO_4* 加入去离子水,直到 pH 值为 2.5±0.1,pH 值由 pH 计测定	3. 高效液相色谱仪:等度洗脱,冷却系统,以维持柱温为 65℃;紫外检测器(210nm),峰值积分仪,阳离子交换树脂色谱柱(Cat. No. HPX-87H, Bio-Rad Laboratories, Richmond, CA 94804 或等效色谱柱)
4. 标准储备液:于容量瓶中,以流动相作溶剂将 5mg 利巴韦林稀释至 10ml。每日现配	4. 溶剂解吸瓶:10ml,玻璃,带聚四氟乙烯内衬的瓶盖
5. 标准缓冲溶液(pH 值 7.00 和 3.00):用于校准 pH 计。也可用作 USP(Cat. No. 60270-6)的参考标准	5. 试管:带聚四氟乙烯内衬的螺纹盖,13mm×100mm
	6. 针式过滤器:一次性,0.45μm 孔径,用于过滤样品
	7. 移液管:1~10ml
	8. 容量瓶:10ml
	9. 镊子
	10. 机械腕式振荡器
	11. pH 计

特殊防护措施: 已发现利巴韦林对动物有致畸性[4,5];处理时戴防护手套;仅在通风橱中进行操作;育龄妇女操作时应非常小心;避免皮肤接触浓硫酸

注:* 见特殊防护措施。

采样

1. 串联一个有代表性的采样管来校准个体采样泵。用软管连接采样管和个体采样泵。

2. 在 1~4L/min 范围内,以已知流量采集 5~1000L 空气样品。避免滤膜过载(总粉尘增量不得超过 2mg)。

3. 密封采样管,包装后运输。

4. 于玻璃溶剂解吸瓶中采集定性样品(约 1g),单独运输。

样品处理

5. 从滤膜夹中小心移取滤膜。用镊子将滤膜对折,置于试管中。除去衬垫。

6. 加入 3ml 流动相。用螺口密封并用振荡器振摇样品 30 分钟。

注意:尽管利巴韦林作为固体较稳定,但其在流动相中,12 小时后会降解,因此需要每日现配标准系

列,洗脱样品后迅速进行分析[3]。

7. 用针式过滤器过滤样品溶液。

标准曲线绘制与质量控制

8. 在 0.2 ~ 700μg/ml 范围内,配制至少 6 个标准系列,绘制标准曲线。

a. 于 10ml 容量瓶中,加入适量的流动相,再加入已知量的标准储备液,最后用流动相稀释至刻度。

b. 与样品和空白一起进行分析(步骤 11 ~ 13)。

c. 以峰面积对利巴韦林的含量(μg)绘制标准曲线。

9. 每批滤膜至少测定一次回收率(R)。在样品范围内,选择 5 个不同浓度,每个浓度测定 3 个滤膜。另测定 3 个空白滤膜。

a. 将已知量的利巴韦林加至滤膜上。将滤膜放置空气中干燥。

b. 样品在暗处储存过夜。

c. 处理(步骤 5 ~ 7)后与标准系列一起进行分析。

d. 以回收率(R)对利巴韦林的加标量(μg)绘制回收率曲线。

10. 分析 3 个样品加标质控样和 3 个加标样品,以确保标准曲线和回收率曲线在可控范围内。

样品测定

11. 根据仪器说明书和方法 5027 给出的条件设置液相色谱仪。

12. 使用注射器、定量环或自动进样器进样。

注意:若峰面积超出标准曲线的线性范围,稀释后重新分析,计算时乘以相应的稀释倍数。

13. 测定峰面积。

计算

14. 按下式计算空气中利巴韦林的浓度 C(mg/m³):

$$C = \frac{W - B}{V}$$

式中:W ——样品中利巴韦林的含量(μg);

B ——介质空白中利巴韦林的平均含量(μg);

V ——采样体积(L)。

注意:上式中利巴韦林的含量均已用解吸效率校正。

方法评价

本法是由 Eastman Kodak Company 制定的定性样品分析方法改进而得[3]。在每滤膜范围 19.2 ~ 112μg 内,测得 16 个样品的分析精密度 $\bar{S}_r$ 为 0.057,平均回收率为 100% ,无偏差。未测定采样精密度。在每毫升 0.63 ~ 666μg 利巴韦林洗脱溶液的范围内,标准曲线为线性。根据最小平方拟合法绘制的标准曲线,得出检出限为每片滤膜 0.7μg,定量下限为每片滤膜 2μg[1,2]。

参考文献

[1] Belinky, Barry, " NIOSH/DPSE/MRSB Analytical Report for Ribavirin, Sequence #6138 – B," (unpublished, 7/6/88).

[2] Belinky, Barry, " NIOSH/DPSE/MRSB Analytical Report for Ribavirin, Sequence #6138 – A," (unpublished, 7/25/88).

[3] "Liquid Chromatographic Analysis of Ribavirin in Bulk Active Form," Eastman Kodak Company Internal Test Method, # KPAT – A – SS52956 – LC – 16 – 1, Rochester, New York (1985).

[4] "Assessing Exposures of Health – Care Personnel to Aerosols of Ribavirin," Morbidity and Mortality Weekly Report (MMWR), Centers for Disease Control, Atlanta, Georgia, September 16, 37 560 (1988).

[5] Physician's Desk Reference , 41st. ed., E. R. Barnhart Publisher, pp 1025 – 1026 (1987).

方法作者

Barry R. Belinky and G. David Foley, NIOSH/DPSE. NIOSH

喷他脒羟乙磺酸盐 5032

$C_{23}H_{36}N_4S_2O_{10}$	相对分子质量:592.75	CAS 号:140-64-7	RTECS 号:CV6500000
方法:5032,第二次修订		方法评价情况:部分评价	第一次修订:1989.5.15 第二次修订:1994.8.15
OSHA:无 PEL NIOSH:无 REL ACGIH:无 TLV		性质:固体;熔点 192.3~193.7℃;可溶于水和乙醇	

英文名称:pentamidine isethionate;4,4'-[1,5-pentanediylbis(oxy)]bisbenzenecarboximidamide bis(2-hydroxyethanesulfonate);Pentam 300

采样	**分析**
采样管:滤膜(37mm,PVC 滤膜,置于不透明滤膜夹中)	分析方法:高效液相色谱法(HPLC);荧光检测器
采样范围:1~2L/min	待测物:喷他脒羟乙磺酸盐
最小采样体积:50L(在 1μg/m³ 下)	洗脱方法:3ml 50∶50 乙醇∶水,0.085% H_3PO_4 和 0.04% TMAC;超声 10 分钟
最大采样体积:1500L	进样体积:100μl
运输方法:常规	流动相:19.6∶80.4 CH_3CN∶水,0.085% H_3PO_4 和 0.04% TMAC;1ml/min
样品稳定性:≥27 天(避光,25℃)	
样品空白:每批样品 2~10 个	色谱柱:Ultrasphere C-8;5μm 颗粒;25cm×4.6mm;保护柱:ultrasphere C-8
	检测器:荧光检测器,激发/发射波长:270/340nm
准确性	定量标准:洗脱液中的喷他脒羟乙磺酸盐
研究范围:无	测定范围:每份样品 50~3000ng
偏差:未测定	估算检出限:每份样品 18ng
总体精密度($\hat{S}_{rT}$):未测定	精密度($\bar{S}_r$):0.065
准确度:未测定	

适用范围:采样体积为 100L 时,测定范围为 0.5~30μg/m³。本法已用于测定医院空气中的喷他脒羟乙磺酸盐[1]

干扰因素:未评价

其他方法:空气中喷他脒羟乙磺酸盐的测定方法尚未出版。溶液中喷他脒羟乙磺酸盐的测定方法修改自 Lin 等[2]的方法

试剂	**仪器**
1. 喷他脒羟乙磺酸盐:99+% 纯度	1. 采样管:两层式滤膜夹(不透明),37mm PVC 滤膜,5μm 孔径
2. 去离子水	2. 个体采样泵:流量 1~2L/min,配有连接软管
3. 乙醇:未变性,色谱纯	3. 高效液相色谱仪(HPLC):带一根填充 Ultrasphere C_8 的保护柱,一根分析柱(Beckman Instruments)(方法 5032),荧光检测器
4. 乙腈:色谱纯	
5. 磷酸:42.5% 溶液。用水 1∶1 稀释 85% 溶液	4. 容量瓶:2L,25ml
6. 四甲基氯化铵(TMAC):10% 溶液。用水溶解 10.3g 97% 纯试剂,制成 100ml 溶液	5. 注射器:1ml,0.5ml,精确到 10μl;10μl,精确到 0.2μl
7. 洗脱液:于 2L 烧瓶中,加入 1L 乙醇,4ml 42.5% 磷酸,8ml 10% TMAC 溶液。加水制成 2L 溶液	6. 烧杯:50ml
	7. 塑料膜:柔性,耐水
8. 流动相:于 2L 烧瓶中,加入 4ml 42.5% 磷酸,8ml 10% TMAC,再加入 1608ml 水和 392ml 乙腈	8. 移液管:一次性
	9. 镊子
9. 回收率溶液:1.5,35,1000ng/μl。于乙醇中,溶解 25mg 喷他脒羟乙磺酸盐,制成 25ml 溶液。用乙醇逐级稀释。回收率溶液在暗处,0℃ 下可稳定储存至少 6 天	10. 超声波清洗器
	11. 生物学安全工作橱[3]
	12. 手套:一次性
10. 消毒液:70% 乙醇或 70% 异丙醇的水溶液	13. 纱布片

特殊防护措施:本法包括安全措施以尽量减少分析人员暴露于结核细菌(结核分枝杆菌);患有获得性免疫缺陷综合征(AIDS)的一小部分患者患有结核病;因此,活的结核杆菌可在空气采样中被采集,吸入气溶胶中的结核细菌是导致感染的显著的唯一传播方式;皮肤接触不会导致感染;因此,只要不产生气溶胶,分析人员就是安全的;用酒精杀死结核细菌就能增加安全性

注:*见特殊防护措施。

采样

1. 串联一个有代表性的采样管来校准个体采样泵。

2. 用软管连接采样管与个体采样泵。

3. 在 1 ~ 2L/min 范围内,以已知流量采集 50 ~ 1500L 空气样品。滤膜上总粉尘的不得超过 1mg。

4. 用塞子密封采样管入口和出口。

5. 用消毒液浸湿纱布片,擦拭采样管外表面。

6. 包装后运输。

样品处理

注意:样品处理应在生物学安全工作橱中进行。操作时戴防护手套。

7. 将 37mm PVC 滤膜暴露面朝上放入 50ml 烧杯中。

8. 于烧杯中,加入 3.0ml 洗脱液。用柔性、耐水的塑料膜密封烧杯口。

9. 将烧杯超声 10 分钟。用消毒液做超声介质。

10. 用一次性移液管将溶液移至溶剂解吸瓶中。

注意:建议不过滤样品溶液,因为荧光材料能从过滤器或过滤器壳体浸出,对分析过程造成干扰。保护柱保护分析柱不受颗粒物影响,因此也没有必要过滤。

11. 从滤膜夹上层内表面回收喷他脒羟乙磺酸盐。

a. 于滤膜夹上层(原塞子仍在入口)上,加入 3.0ml 洗脱液。

b. 倾斜滤膜夹上层,使其内表面大部分(约 80%)浸湿。避免将洗脱液带入手套中接触皮肤。在约 15 秒内完成这一步,以减少蒸发。

c. 用一次性移液管将溶液移至溶剂解吸瓶中。

标准曲线绘制与质量控制

12. 在 2 ~ 1000ng 喷他脒羟乙磺酸盐/ml 溶液的范围内,配制至少 8 个标准系列,绘制标准曲线。

a. 用洗脱液逐级稀释,配制一系列标准系列。

注意:在 0℃ 下,储存于暗处时,洗脱液中的标准系列可稳定至少 3 个月。

b. 与样品和空白一起进行分析(步骤 15 ~ 17)。

c. 以峰高或峰面积对喷他脒羟乙磺酸盐浓度绘制标准曲线。

13. 在标准曲线范围内(步骤 12),每批 PVC 滤膜至少测定一次回收率(R)。选择 5 个不同浓度,每个浓度测定 3 个滤膜。另测定 3 个空白滤膜。

a. 将滤膜置于 50ml 烧杯中。

b. 用 10μl 注射器,在每个滤膜上加入回收率溶液。

c. 以柔性、耐水的塑料膜密封烧杯口。

d. 将每个样品,在 25℃ 下暗处储存过夜。

e. 处理样品(步骤 7 ~ 10)并与标准系列一起进行分析(步骤 15 ~ 17)。

f. 以回收率 R 对喷他脒羟乙磺酸盐回收量(ng)绘制回收率曲线。

14. 分析 3 个样品加标质控样和 3 个加标样品,以确保标准曲线在可控范围内。

样品测定

15. 根据仪器说明书和方法 5032 给出的条件设置液相色谱仪。

16. 使用手动进样或自动进样器进样 100μl 。

17. 测定峰面积或峰高。

计算

18. 按下式计算空气中喷他脒羟乙磺酸盐的浓度 C(μg/m³):

$$C = \frac{W_f + W_c - B_f - B_c}{V}$$

式中:W_f——滤膜上喷他脒羟乙磺酸盐的含量(ng);

$\quad W_c$——滤膜夹内表面喷他脒羟乙磺酸盐的含量(ng);

　　B_f——介质空白中喷他脒羟乙磺酸盐的平均量(ng);

　　B_c——空白滤膜夹内表面喷他脒羟乙磺酸盐的含量(ng);

　　V——采样体积(L)。

注意:上式中喷他脒羟乙磺酸盐的含量均已用解吸效率校正。

方法评价

　　37mm PVC 滤膜上加标 50,99.9,300,8816ng 的喷他脒羟乙磺酸盐,其平均回收率分别为 0.76,0.81,0.84,0.91;总精密度($\bar{S}_r$)为 0.065(24 个样品)。在室温下,暗处储存 27 天后,加标 324ng 喷他脒羟乙磺酸盐的 PVC 滤膜的平均回收率为 0.97;$\bar{S}_r$ 为 0.045(6 个样品)。本法未在实验室用发生气进行评价。但是,本法已用于测定医院空气中的喷他脒羟乙磺酸盐含量[1]。在 8 个滤膜夹上层内表面上检测到了一定量[10 ~ 3810ng(占总量的 3% ~ 11%)]的喷他脒羟乙磺酸盐。

　　溶液中喷他脒羟乙磺酸盐的检出限(LOD)为 7ng/3ml。根据 PVC 滤膜上喷他脒羟乙磺酸盐的平均回收率对溶液平均浓度的曲线图,当溶液浓度为检出限(LOD)时,保守估计回收率为 0.40。因此,在 PVC 滤膜上的喷他脒羟乙磺酸盐检出限(LOD)为 18ng(7ng 除以 0.4)。在 PVC 滤膜上喷他脒羟乙磺酸盐的定量下限(LOQ)(50ng)是回收率可接受时(>75%)的最低浓度。

　　滤膜夹上层内表面上喷他脒羟乙磺酸盐的检出限(LOD)及定量下限(LOQ)分别为 7ng 和 24ng。

　　在 0℃下,避光储存,浓度为 100ng/ml 时,洗脱液中的喷他脒羟乙磺酸盐标准溶液可稳定储存至少 3 个月。

　　Smith 指出 95% 乙醇和 50% 乙醇分别对于杀死湿的和干的结核细菌是最有效的,而 70% 乙醇是杀死两种细菌的最好方法[4]。但是用 70% 乙醇中的喷他脒羟乙磺酸盐溶液进样,色谱图很差。因此,选择 50% 的乙醇用于回收 PVC 滤膜上的喷他脒羟乙磺酸盐。

参考文献

[1] Tucker, S. P., B. R. Belinky, T. A. Seitz, and G. D. Foley, American Industrial Hygiene Association Journal 54 (10), 628 – 632 (1993).

[2] Lin, J. M. – H., R. J. Shi, and E. T. Lin, Journal of Liquid Chromatography, 9 (9), 2035 – 2046 (1986).

[3] Biosafety in Microbiological and Biomedical Laboratories, 2nd ed., Appendix A, U. S. Department of Health and Human Services, Public Health Service, Centers for Disease Control and National Institutes of Health, Washington, D. C. (1988); HHS Publication No. (NIH) 88 – 8395.

[4] Smith, C. R. Public Health Reports (U. S.), 62, 1285 – 1295 (1947).

方法作者

Samuel P. Tucker, Ph. D., NIOSH/DPSE.

第三十五节　炸药类化合物

硝化甘油 2507 NG

$(CH_2ONO_2)_2CHONO_2$	相对分子质量:227.09	CAS 号:55 – 63 – 0	RTECS 号:QX2100000
方法:2507,第二次修订		方法评价情况:完全评价	第一次修订:1984.2.15 第二次修订:1994.8.15
OSHA:C 0.2ppm(皮) NIOSH:STEL 0.1mg/m³(皮) ACGIH:0.05ppm(皮) (常温常压下,1 ppm =9.29mg/m³)		性质:液体;熔点 3 ~ 13℃;密度 1.592g/ml (20℃);饱和蒸气压 0.034Pa (0.00026mmHg,0.34ppm)(20℃)	

续表

英文名称：nitroglycerin；NG；1,2,3 – propanetriol trinitrate

采样	**分析**
采样管:固体吸附剂管(Tenax – GC,前段100mg/后段50mg)	分析方法:气相色谱法;电子捕获检测器
采样流量:0.2~1.0L/min	待测物:硝化甘油
最小采样体积:3L(在1mg/m³下)	解吸方法:2ml乙醇;解吸30分钟
最大采样体积:100L	进样体积:2μl
运输方法:常规	气化室温度:160℃
样品稳定性:至少25天(25℃)[1]	检测器温度:280℃
样品空白:每批样品2~10个	柱温:125℃
	载气:95% 氩气/甲烷,75ml/min
准确性	色谱柱:玻璃柱,1m×4mm,2mm(内径);填充80~100目Gas Chrom Q,其上涂渍10%OV – 17
研究范围:0.6~3.2mg/m³(15L样品)[2,3]	定量标准:乙醇中的NG溶液
偏差: – 0.02%	测定范围:每份样品3~45μg
总体精密度($\hat{S}_{rT}$):0.104[2]	估算检出限:每份样品0.6μg
准确度:±20.3%	精密度($\bar{S}_r$):0.051[2]

适用范围:本法适用于同时检测硝化甘油和乙二醇二硝酸酯(EGDN);若未超出电子捕获检测器的线性范围,当两种物质的采样体积为15L时,测定范围是0.02~0.3ppm(0.2~3mg/m³)

干扰因素:虽然高浓度的2 – 羟乙基硝酸盐(乙二醇酯)有拖尾,会对EGDN的峰造成干扰,但并不影响EGDN的正常检测

其他方法:本法结合并代替了方法S216[2,5]和P&CAM 203[4]

试剂	**仪器**
1. 无水乙醇	1. 采样管:玻璃管,长10cm,外径8mm,内径6mm。两端熔封,带塑料帽,内装35~60目100mg/50mg Tenax – GC填料,中间用聚氨酯泡沫隔开。前端、尾端装填硅烷化的玻璃棉。空气流量为1L/min时,采样管阻力必须低于3.4kPa。亦可购买市售采样管
2. 硝化甘油(NG)*,以下之一	2. 个体采样泵:配有连接软管,流量0.2~1L/min
a. 纯品	3. 气相色谱仪:电子捕获检测器,积分仪和色谱柱(方法2507)
b. 乙醇中的标准溶液,可从炸药制造商购买	4. 溶剂解吸瓶:5ml,带聚四氟乙烯内衬的瓶盖
c. 舌下片剂,USP(经过分析:NG含量80%~112%)	5. 注射器:10μl,精确到0.1μl
注意:称重,粉碎,乙醇提取后,制备成溶液。过滤并稀释至刻度	6. 大肚玻璃移液管:1,2ml
d. 硝化甘油乳糖粉末,可从NG舌下片剂制造商购买	7. 容量瓶:1,10ml
3. 乙二醇二硝酸酯(EGDN)*,以下之一	
a. 纯品	
b. 炸药,经过分析后可用	
注意:炸药是非均相的。小心制备具有代表性样品	
4. 氩气/甲烷:95:5(v/v):净化	
5. DE储备液:3μg/μl。将30.0mg NG或30.0mg EGDN溶于乙醇中,稀释至10ml	
6. 标准储备液:0.3μg/μl。用乙醇稀释1ml DE储备液至10ml。	

特殊防护措施:乙醇是一种易燃物质,所有操作应在通风橱内或者远离火源的地方进行;纯净的硝化甘油和乙二醇二硝酸酯易爆炸,当大量使用该物质时要特别小心[5,6]

注:＊见特殊防护措施。

采样

1. 串联一个有代表性的采样管来校准个体采样泵。

2. 采样前折断采样管两端,用软管连接至个体采样泵。

3. 在0.2~1L/min范围内,以已知流量采集3~100L空气样品。

4. 用塑料帽(非橡胶)密封采样管,包装后运输。

样品处理

5. 除去玻璃棉和聚氨酯泡沫,将采过样的两段吸附剂分别倒入溶剂解吸瓶中。

6. 于溶剂解吸瓶中各加入 2.0ml 乙醇,密封。

7. 解吸 30 分钟,不时振摇。

标准曲线绘制与质量控制

8. 在每份样品 1~45μg NG 或每份样品 1~45μg EGDN 的范围内,配制至少 5 个浓度的标准系列,绘制标准曲线。

   a. 于 10ml 容量瓶中,加入适量的乙醇,再加入已知量的标准储备液,最后用乙醇稀释至刻度。

   b. 与样品和空白一起进行分析(步骤 11 和步骤 12)。

   c. 以峰面积对 NG 或 EGDN 含量(μg)绘制标准曲线。

9. 每批 Tenax-GC 至少测定一次解吸效率(DE)。在标准曲线范围内选择 5 个不同浓度,每个浓度测定 3 个样品。另测定 3 个空白采样管。

   a. 去掉空白采样管后段吸附剂。

   b. 用微量注射器将已知量的 DE 储备液直接注射至前段吸附剂上。

   c. 封闭采样管两端,放置过夜。

   d. 解吸(步骤 5~7)并与标准系列一起进行分析(步骤 11 和步骤 12)。

   e. 以解吸效率对 NG 或 EGDN 回收量(μg)绘制解吸效率曲线。

10. 分析 3 个样品加标质控样和 3 个加标样品,以确保标准曲线和解吸效率曲线在可控范围内。

样品测定

11. 根据仪器说明书和方法 2507 给出的条件设置气相色谱仪。使用溶剂冲洗技术手动进样或自动进样器进样。

注意:若峰面积超出标准曲线的线性范围,用乙醇稀释后重新分析,计算时乘以相应的稀释倍数。

12. 测量峰面积。

计算

13. 按下式计算空气中 NG 或 EGDN 的浓度 C(cm/m³):

$$C = \frac{(W_f + W_b - B_f - B_b) \times 10^3}{V}$$

式中:W_f—— 样品采样管前段吸附剂中 NG 或 EGDN 的含量(mg);

W_b——样品采样管后段吸附剂中 NG 或 EGDN 的含量(mg);

B_f——空白采样管前段吸附剂中 NG 或 EGDN 的平均含量(mg);

B_b——空白采样管后段吸附剂中 NG 或 EGDN 的平均含量(mg);

V——采样体积(L)。

注意:上式中 NG 或 EGDN 的含量已用解吸效率校正;若 $W_b > W_f/10$,则表示发生穿透,记录该情况及样品损失量。

方法评价

方法 S216[3] 发表于 1975 年 11 月 11 日,在 0.56~3.2mg/m³ NG,0.51~1.8mg/m³ EGDN 浓度范围内已经过验证。使用动态发生气法配制气体,分别采集 18 个 NG 和 18 个 EGDN 样品,采样体积均为 15L。另在采样管上直接加标待测物,制备 18 个加标样品(分为 3 组,每组 6 个,各组浓度分别为 0.5,1,2 倍 OSHA 标准浓度)。在这 3 个浓度下,硝化甘油的平均回收率为 97.6%,总精密度($\bar{S}_r$)为 0.051。乙二醇二硝酸酯的平均回收率为 92.0%,总精密度($\bar{S}_r$)为 0.063。由于 Tenax-GC 对两种化合物的采样效率均为 100%,因此发生气样品校正后的浓度可作为发生气浓度的测量值。在两倍 OSHA 标准浓度下,测定了每种化合物的穿透情况。以 1.1L/min 的采样流量,采集 60、120 和 240 分钟,每个采样时间下采集 2 份样品。对于 EGDN,采样体积为 130~257L 之间的某点时,发生穿透。对于 NG,平均采样体积高达 261L 时,未发生穿透。在室温条件下,每份样品 2.6μg EGDN 和每份样品 9.0μg NG 的稳定性为 25 天,两种化合物均未无损失[1]。

参考文献

[1] Sampling and Analysis of Four Organic Compounds Using Solid Sorbents, Final Report, NIOSHContract No. HSM – 99 – 73 – 63, Southern Research Institute, Birmingham, AL.

[2] Documentation of the NIOSH Validation Tests, S216, U. S. Department of Health, Education, and Welfare, Publ. (NIOSH) 77 – 185 (1977).

[3] NIOSH Manual of Analytical Methods, 2nd. ed., V. 3, S216, U. S. Department of Health, Education, and Welfare, Publ. (NIOSH) 77 – 157 – B (1977).

[4] Ibid, V. 1, P&CAM 203, U. S. Department of Health, Education, and Welfare, Publ. (NIOSH)77 – 157 – A (1977).

[5] Criteria for a Recommended Standard... Occupational Exposure to Nitroglycerin and EthyleneGlycol Dinitrate, U. S. Department of Health, Education, and Welfare, Publ. (NIOSH) 78 – 167(1978).

[6] NIOSH/OSHA Occupational Health Guidelines for Chemical Hazards, U. S. Department of Healthand Human Services, Publ. (NIOSH) 81 – 123, available as GPO Stock #17 – 033 – 00337 – 8 fromSuperintendent of Documents, Washington, D. C. 20402.

方法作者

Martha J. Seymour, NIOSH/DPSE; S216 validated under NIOSH Contract CDC – 99 – 74 – 45.

乙二醇二硝酸酯 2507EGDN

见硝化甘油(方法 2507)

$O_2NOCH_2CH_2ONO_2$	相对分子质量:152.06	CAS 号:628 – 96 – 6	RTECS 号:KW5600000
方法:2507,第二次修订		方法评价情况:完全评价	第一次修订:1984.2.15 第二次修订:1994.8.15
OSHA:0.2mg/m³(皮) NIOSH:STEL 1mg/m³(皮) ACGIH:0.31mg/m³(皮) (常温常压下,1 ppm = 6.22mg/m³)		性质:液体;熔点 – 22℃;114℃时爆炸;密度 1.49g/ml (25℃);饱和蒸气压 6.8 Pa(0.05mmHg,68ppm)(20℃)	

英文名称:ethylene glycol dinitrate; EGDN; ethylene dinitrate.

采样	分析
采样管:固体吸附剂管(Tenax – GC,前段 100mg/后段 50mg) 采样流量:0.2 ~ 1.0L/min 最小采样体积:3L(在 1mg/m³ 下) 最大采样体积:100L 运输方法:常规 样品稳定性:至少 25 天(25℃)[5] 样品空白:每批样品 2 ~ 10 个	分析方法:气相色谱法;电子捕获检测器 待测物:EGDN 解吸方法:2ml 乙醇;解吸 30 分钟 进样体积:2μl 气化室温度:160℃ 检测器温度:280℃ 柱温:125℃ 载气:95% 氩气/甲烷,75ml/min
准确性 研究范围:0.5 ~ 1.8mg/m³[3] 偏差: – 0.02% 总体精密度($\hat{S}_{rT}$):0.089[2] 准确度:±20.3%	色谱柱:玻璃柱,1m×4mm,2mm(内径);填充 60 ~ 80 目 Gas Chrom Q,其上涂渍 10% OV – 17 定量标准:乙醇中的 EGDN 溶液 测定范围:每份样品 3 ~ 45μg 估算检出限:每份样品 0.6μg 精密度($\bar{S}_r$):0.063[2]

适用范围:若未超出电子捕获检测器的线性范围,采样体积为 15L 时,测定范围是 0.03 ~ 0.5ppm(0.2 ~ 3mg/m³)

干扰因素:虽然高浓度的 2 – 羟乙基硝酸酯(乙二醇单酯)有拖尾峰,会对 EGDN 的峰造成干扰,但并不会影响 EGDN 的正常检测

其他方法:本法结合并代替了方法 S216[2,5] 和 P&CAM 203[4]

试剂	仪器
1. 无水乙醇	1. 采样管:玻璃管,长 10cm,外径 8mm,内径 6mm。两端熔封,带塑料帽,内装 35~60 目 Tenax-GC(前段 100mg/后段 50mg),中间用聚氨酯泡沫隔开。前端、尾端装填硅烷化的玻璃棉。空气流量为 1L/min 时,采样管阻力必须低于 3.4 kPa。亦可购买市售采样管
2. 硝化甘油(NG)*,以下之一 　a. 纯品 　b. 乙醇中的标准溶液,可从炸药制造商购买 　c. 舌下片剂,USP(经过分析;NG 含量 80%~112%) 　注意:称重,粉碎,乙醇提取后,制备成溶液。过滤并稀释至刻度 　d. 硝化甘油乳糖粉末,可从 NG 舌下片剂制造商购买	2. 个体采样泵:配有连接软管,流量 0.2~1L/min 3. 气相色谱仪:电子捕获检测器,积分仪和色谱柱(方法 2507) 4. 溶剂解吸瓶:5ml,带聚四氟乙烯内衬的瓶盖 5. 注射器:10μl,精确到 0.1μl 6. 移液管:2ml,玻璃,带洗耳球 7. 容量瓶:1ml 和 10ml
3. 乙二醇二硝酸酯(EGDN)*,以下之一 　a. 纯品 　b. 炸药,经过分析后可用 　注意:炸药是非均相的。小心制备具有代表性样品	
4. 氩气/甲烷:95:5(v/v),净化	
5. DE 储备液:3μg/μl。将 30.0mg NG 或 30.0mg EGDN 溶于乙醇中,稀释至 10ml	
6. 标准储备液:0.3μg/μl。用稀释 1ml DE 储备液至 10ml 乙醇	

特殊防护措施:乙醇是一种易燃物质,所有操作应在通风橱内或者远离火源的地方进行;纯净的硝化甘油和乙二醇二硝酸酯易爆炸,当大量使用该物质时应特别小心[5]

注:*见特殊防护措施。

采样

1. 串联一个有代表性的采样管来校准个体采样泵。

2. 采样前折断采样管两端,用软管连接至个体采样泵。

3. 在 0.2~1L/min 范围内,以已知流量采集 3~100L 空气样品。

4. 用塑料帽(非橡胶)密封采样管,包装后运输。

样品处理

5. 除去玻璃棉和聚氨酯泡沫,将采过样的两段吸附剂分别倒入溶剂解吸瓶中。

6. 于溶剂解吸瓶中各加入 2.0ml 乙醇,密封。

7. 解吸 30 分钟,不时振摇。

标准曲线绘制与质量控制

8. 在每份样品 1~45μg NG 或每份样品 1~45μg EGDN 的范围内,配制至少 5 个浓度的标准系列,绘制标准曲线。

　a. 于 10ml 容量瓶中,加入适量的乙醇,再加入已知量的标准储备液,最后用乙醇稀释至刻度。

　b. 与样品和空白一起进行分析(步骤 11 和步骤 12)。

　c. 以峰面积对 NG 或 EGDN 含量(mg)绘制标准曲线。

9. 每批 Tenax-GC 至少测定一次解吸效率(DE)。在标准曲线范围内选择 5 个不同浓度,每个浓度测定 3 个样品。另测定 3 个空白采样管。

　a. 去掉空白采样管后段吸附剂。

　b. 用微量注射器将已知量的 DE 储备液直接注射至前段吸附剂上。

　c. 封闭采样管两端,放置过夜。

　d. 解吸(步骤 5~7)并与标准系列一起进行分析(步骤 11 和步骤 12)。

　e. 以解吸效率对 NG 或 EGDN 回收量(mg)绘制解吸效率曲线。

10. 分析 3 个样品加标质控样和 3 个加标样品,以确保标准曲线和解吸效率曲线在可控范围内。

样品测定

11. 根据仪器说明书和方法 2507 给出的条件设置气相色谱仪。使用溶剂冲洗技术手动进样或自动进样器进样。

注意:若峰面积超出标准曲线的线性范围,用乙醇稀释后重新分析,计算时乘以相应的稀释倍数。

12. 测量峰面积。

计算

13. 按下式计算空气中 NG 或 EGDN 的浓度 C(mg/m³):

$$C = \frac{(W_f + W_b - B_f - B_b) \times 10^3}{V}$$

式中:W_f—— 样品采样管前段吸附剂中 NG 或 EGDN 的含量(mg);

W_b——样品采样管后段吸附剂中 NG 或 EGDN 的含量(mg);

B_f——空白采样管前段吸附剂中 NG 或 EGDN 的平均含量(mg);

B_b——空白采样管后段吸附剂中 NG 或 EGDN 的平均含量(mg);

V——采样体积(L)。

注意:上式中 NG 或 EGDN 的含量已用解吸效率校正;若 $W_b > W_f/10$,则表示发生穿透,记录该情况及样品损失量。

方法评价

方法 S216[3] 发表于 1975 年 11 月 11 日,在 0.56 ~ 3.2mg/m³ NG,0.51 ~ 1.8mg/m³ EGDN 浓度范围内已经过验证。使用动态发生气法配制气体,分别采集 18 个 NG 和 18 个 EGDN 样品,采样体积均为 15L。另在采样管上直接加标待测物,制备 18 个加标样品(分为 3 组,每组 6 个,每组浓度分别为 0.5,1,2 倍 OSHA 标准浓度)。在这 3 个浓度下,硝化甘油的平均回收率为 97.6%,总精密度($\bar{S}_r$)为 0.051。乙二醇二硝酸酯的平均回收率为 92.0%,总精密度($\bar{S}_r$)为 0.063。由于 Tenax - GC 对两种化合物的采样效率均为 100%,因此发生气样品校正后的浓度可作为发生气浓度的测量值。在两倍 OSHA 标准浓度下,测定了每种化合物的穿透情况。以 1.1L/min 的采样流量,采样 60、120 和 240 分钟,每个采样时间下采集 2 份样品。对于 EGDN,采样体积为 130 ~ 257L 之间的某点时,发生穿透。对于 NG,平均采样体积高达 261L 时,未发生穿透。在室温条件下,每份样品 2.6μg EGDN 和每份样品 9.0μg NG 的稳定性为 25 天,两种化合物均未无损失[1]。

参考文献

[1] Sampling and Analysis of Four Organic Compounds Using Solid Sorbents, Final Report, NIOSHContract No. HSM - 99 - 73 - 63, Southern Research Institute, Birmingham, AL.

[2] Documentation of the NIOSH Validation Tests, S216, U. S. Department of Health, Education, and Welfare, Publ. (NIOSH) 77 - 185 (1977).

[3] NIOSH Manual of Analytical Methods, 2nd. ed., V. 3, S216, U. S. Department of Health, Education, and Welfare, Publ. (NIOSH) 77 - 157 - B (1977).

[4] Ibid, V. 1, P&CAM 203, U. S. Department of Health, Education, and Welfare, Publ. (NIOSH)77 - 157 - A (1977).

[5] Criteria for a Recommended Standard... Occupational Exposure to Nitroglycerin and Ethylene Glycol Dinitrate, U. S. Department of Health, Education, and Welfare, Publ. (NIOSH) 78 - 167(1978).

方法作者

Martha J. Seymour, NIOSH/DPSE; S216 validated under NIOSH ContractCDC - 99 - 74 - 45.

2,4,7 - 三硝基芴酮 5018

$C_{13}H_5N_3O_7$	相对分子质量:315.20	CAS 号:129 - 79 - 3	RTECS 号:LL9100000
方法:5018,第二次修订		方法评价情况:部分评价	第一次修订:1985.5.15 第二次修订:1994.8.15
OSHA:无 PEL NIOSH:无 REL ACGIH:无 TLV		性质:黄色针状固体;熔点 176℃	

英文名称:2,4,7 - trinitrofluoren - 9 - one；TNF

采样	分析
采样管:滤膜(0.5μm,PTFE 滤膜)	分析方法:高效液相色谱法(HPLC);紫外检测器(UV)
采样流量:1 ~ 3L/min	待测物:2,4,7 - 三硝基芴酮
最小采样体积:100L(在 2μg/m³ 下)	处理方法:用 2ml 甲苯洗脱,离心
最大采样体积:500L	进样体积:100μl
运输方法:常规	流动相:20% 异辛烷/80% 二氯甲烷;2ml/min;室温
样品稳定性:至少 2 周(25℃)	色谱柱:Waters Radial PAK B(填充 10μm 二氧化硅),径向压缩柱,或等
样品空白:每批样品 2 ~ 10 个	效色谱柱
	测量波长:280nm
准确性	定量标准:甲苯中的 TNF 标准溶液
研究范围:未研究	测定范围:每份样品 0.2 ~ 4μg[1]
偏差:未测定	估算检出限:每份样品 0.04μg[1]
总体精密度($\hat{S}_{rT}$):未评价	精密度($\bar{S}_r$):0.056[1]
准确度:未测定	

适用范围:采样体积为 500L 时,测定范围为 0.4 ~ 100μg/m³。本法为测定商业复印机废气碳粉中的 TNF 而开发

干扰因素:未知

其他方法:本法是 P&CAM 348[1] 的修订版

试剂	仪器
1. 异辛烷:HPLC 纯	1. 采样管:PTFE 滤膜,0.5μm 孔径,37mm 直径,带衬垫,置于聚苯乙烯滤膜夹
2. 二氯甲烷:HPLC 纯	2. 个体采样泵:流量 1 ~ 3L/min,配有连接软管
3. 甲苯	3. 液相色谱仪:紫外检测器,记录仪,积分仪,自动进样器或注射器,色谱柱(方法 5018)
4. 标准储备液:0.05mg/ml。将 0.5mg 2,4,7 - 三硝基芴酮*(TNF*)溶解于 10ml 甲苯中	4. 超声波清洗器
	5. 离心机
	6. 试管:玻璃,10ml,带螺纹盖
	7. 巴氏移液管
	8. 容量瓶:10ml
	9. 注射器或者微量移液管:5 ~ 100μl
	10. 移液管:2ml,玻璃,TD,带洗耳球
	11. 镊子

特殊防护措施:三硝基芴酮是可疑致癌物和诱变剂

注:*见特殊防护措施。

采样

1. 串联一个有代表性的采样管来校准个体采样泵。

2. 移除滤膜夹上的塞子,用软管将滤膜夹连接至个体采样泵。

3. 在 1 ~ 3L/min 范围内,以已知流量采集 100 ~ 500L 空气样品。

4. 密封滤膜夹入口和出口。包装后运输。

样品处理

5. 从滤膜夹中取出滤膜。折叠或卷起滤膜,用镊子将滤膜置于试管底部。

6. 于每支试管中,加入 2.0ml 甲苯,密封。

7. 将带滤膜的试管悬浮于超声波清洗器中,超声搅拌 5 分钟。

8. 在约 2500 rpm 下,离心样品 30 分钟。

9. 将一定量的干净液体样品移至干净的试管或自动进样瓶中。

标准曲线绘制与质量控制

10. 在每份样品 0.04 ~ 4μg TNF 的范围内,配制至少 6 个标准系列,绘制标准曲线。

a. 于 10ml 容量瓶中,加入适量的甲苯,再加入已知量的标准储备液,最后用甲苯稀释至刻度,制得 0.02 ~ 2μg/ml 浓度的标准系列。

b. 与样品和空白一起进行分析(步骤 13 ~ 15)。

c. 以峰面积对 TNF 的含量(μg)绘制标准曲线。

11. 每批滤膜至少测定一次回收率(R)。在标准曲线范围(步骤 10)内,选择 5 个不同浓度,每个浓度测定 3 个滤膜。另测定 3 个空白滤膜。

a. 将已知量的 TNF 的甲苯溶液加至空白滤膜上。干燥。

b. 将滤膜置于试管中,过夜储存。

c. 洗脱滤膜(步骤 5 ~ 9)并与标准系列一起进行分析(步骤 13 ~ 15)。

d. 以回收率 R(回收量/加入量)对 TNF 回收量(μg)绘制回收率曲线。

12. 分析 3 个样品加标质控样和 3 个加标样品,以确保标准曲线和回收率曲线在可控范围内。

样品测定

13. 根据仪器说明书和方法 5018 给出的条件设置液相色谱仪。

14. 使用注射器、定量环或自动进样器进样。

15. 测定峰面积。

注意:若峰面积超出标准曲线的线性范围,用甲苯稀释后重新分析,计算时乘以相应的稀释倍数。

计算

16. 按下式计算空气中 TNF 的浓度 C(μg/m³):

$$C = \frac{(W - B) \times 10^3}{V}$$

式中:W——样品中 TNF 的含量(μg);

B——介质空白中 TNF 的平均含量(μg);

V——采样体积(L)。

注意:上式中 TNF 的含量均已用解吸效率校正。

方法评价

对加标 2,4,7 - 三硝基芴酮的滤膜进行了实验室测定。在每份样品 0.2 ~ 4.0μg 范围内,平均回收率为 95%,总精密度($\bar{S}_r$)为 0.056。PTFE 滤膜上负载量为 0.4μg 的样品,在室温下储存 2 周后,待测物无损失[1,2]。

参考文献

[1] NIOSH Manual of Analytical Methods, 2nd ed., Vol. 7, P&CAM 348, U. S. Department of Health and Human Services, Publ. (NIOSH) 82 ~ 100 (1981).

[2] Seymour, M. J. J. Chrom., 236, 530 – 534 (1982).

方法作者

Martha J. Seymour, NIOSH/DPSE.

第三十六节　有机金属化合物

四乙铅(以铅计) 2533

Pb(C₂H₅)₄	相对分子质量:323.44	CAS 号:78 - 00 - 2	RTECS 号:TP4550000
方法:2533,第二次修订		方法评价情况:完全评价	第一次修订:1987.8.15 第二次修订:1994.8.15
OSHA:0.075mg/m³(以铅计;皮) NIOSH:0.075mg/m³(以铅计;皮) ACGIH:0.1mg/m³(以铅计;皮)		性质:液体;密度 1.653g/ml(20℃);沸点 200℃;熔点 -138℃ ~ -130℃; 饱和蒸气压 27Pa(0.2mmHg,2.2g/m³)(20℃)	

英文名称: tetraehyl lead; TEL; lead tetraethyl

采样	分析
采样管:固体吸附剂管(XAD-2 树脂,前段 100mg/后段 50mg)	分析方法:气相色谱法;光离子化检测器
采样流量:0.01 ~ 1.0L/min	待测物:四乙铅
最小采样体积:30L	解吸方法:1ml 戊烷;解吸 30 分钟
最大采样体积:200L	进样体积:5μl
运输方法:常规	气化室温度:185℃
样品稳定性:至少 1 周(25℃)[1]	支管温度:200℃
样品空白:每批样品 2 ~ 10 个	光离子化检测器温度:210℃
	柱温:75℃
	载气:N₂,20ml/min
准确性	色谱柱:不锈钢柱,3m×3mm(外径);填充 80 ~ 100 目 Chromosorb WHP,
研究范围:0.045 ~ 0.20mg/m³(以铅计)(120L 样品)[1]	其上涂渍 5% Carbowax 20M
偏差:5.6%	定量标准:戊烷中的四乙铅标准溶液
总体精密度($\hat{S}_{rT}$):0.087[1]	测定范围:每份样品 2 ~ 30μg(以铅计)
准确度:±20.9%	估算检出限:每份样品 0.1μg(以铅计)[1]
	精密度($\bar{S}_r$):0.067[每份样品 4.3 ~ 17μg(以铅计)]

适用范围: 采样体积为 120L 时,测定范围是 0.017 ~ 0.23mg/m³(以铅计)

干扰因素: 未发现。改变色谱柱或分离条件可以消除干扰

其他方法: 本法是方法 S383[2]修订版

试剂	仪器
1. 戊烷:试剂级	1. 采样管:玻璃管,长 10cm,外径 6mm,内径 4mm;带塑料帽,内装 20 ~ 50 目的 XAD-2 树脂(前段 100mg/后段 50mg),中间和两端装填硅烷化的玻璃棉,用于隔开和固定两段吸附剂。亦可购买市售采样管
2. 四乙铅*	
3. XAD-2 树脂(Rohm & Haas Co.):可选择市售采样管。将 XRD 放入索氏提取器或大型提取器中,依次用水、甲醇、乙醚和正戊烷分别提取 24 小时。在低温下真空(0.1 ~ 1 kPa)干燥 24 小时	2. 个体采样泵:配有连接软管,流量 0.01 ~ 1.0L/min
	3. 气相色谱仪:光离子化检测器,积分仪和色谱柱
	4. 溶剂解吸瓶:玻璃,带聚四氟乙烯内衬的瓶盖,5ml
4. 标准储备液:2mg/ml(以铅计)。将 31.2mg 四乙铅(约 19μl)加入到戊烷中,稀释至 10ml。每个浓度配制 2 份	5. 容量瓶:10ml
	6. 注射器:10μl,精确到 0.1μl
	7. 移液管:1ml,带洗耳球

特殊防护措施: 四乙铅是一种剧毒物质。如果吸入或经皮吸收,可能会引发急性或慢性中毒[3]

注:* 见特殊防护措施。

采样

1. 串联一个有代表性的采样管来校准个体采样泵。

2. 采样前折断采样管两端,用软管连接至个体采样泵。

3. 在 0.01 ~ 1L/min 范围内,以已知流量采集 30 ~ 200L 空气样品。

4. 密封采样管,包装后运输。

样品处理

5. 除去玻璃棉,将采过样的两段吸附剂分别倒入溶剂解吸瓶中。

6. 于溶剂解吸瓶中各加入 1.0ml 戊烷,密封。

注意:本步骤需要在样品、空白以及标准系列中加入合适的内标物,如 0.1%(v/v)十二烷[2]。

7. 解吸 30 分钟,不时振摇。

标准曲线绘制与质量控制

8. 配制至少 6 个浓度的标准系列,绘制标准曲线。

a. 于 10ml 容量瓶中,加入适量戊烷,再加入已知量的标准储备液,最后用戊烷稀释至刻度。逐级稀释配制浓度范围为 0.1 ~ 30μg/ml 的四乙铅溶液(以铅计)。

b. 与样品和空白一起进行分析 (步骤 11 和步骤 12)。

c. 以峰面积对四乙铅(以铅计)含量(μg)绘制标准曲线。

9. 每批吸附剂至少测定一次解吸效率(DE)。在标准曲线范围(步骤 9)内选择 5 个不同浓度,每个浓度测定 3 个样品。另测定 3 个空白采样管。

a. 去掉空白采样管后段吸附剂。

b. 用微量注射器将已知体积(2 ~ 20μl)的标准储备液直接注射至前段吸附剂上。

c. 密封采样管,放置过夜。

d. 解吸(步骤 5 ~ 7)并与标准系列一起进行分析(步骤 11 和步骤 12)。

e. 以解吸效率对四乙铅(以铅计)回收量(μg)绘制解吸效率曲线。

10. 分析 3 个样品加标质控样和 3 个加标样品,以确保标准曲线和解吸效率曲线在可控范围内。

样品测定

11. 根据仪器说明书和方法 2533 给出的条件设置气相色谱仪。使用溶剂冲洗技术手动进样或自动进样器进样。

注意:在上述条件下,四乙铅的 t_r 约为 4.5 分钟,十二烷在此之后流出;若峰面积超出标准曲线的线性范围,用戊烷稀释后重新分析,计算时乘以相应的稀释倍数。

12. 测定峰面积。

计算

13. 按下式计算空气中待测物的浓度 C(mg/m³):

$$C = \frac{W_f + W_b - B_f - B_b}{V}$$

式中:W_f—— 样品采样管前段吸附剂中四乙铅(以铅计)的含量(μg);

　　W_b——样品采样管后段吸附剂中四乙铅(以铅计)的含量(μg);

　　B_f——空白采样管前段吸附剂中四乙铅(以铅计)的平均含量(μg);

　　B_b——空白采样管后段吸附剂中四乙铅(以铅计)的平均含量(μg);

　　V ——采样体积(L)。

注意:上式中四乙铅(以铅计)的含量已用解吸效率校正;若 $W_b > W_f/10$,则表示发生穿透,记录该情况及样品损失量。

方法评价

方法 S383 发表于 1977 年 3 月 18 日[2],在 0.045 ~ 0.2mg/m³ 范围内,采集 18 个发生气样品,采样体积 120L,本法已经过验证[1,4]。在相对湿度为 90%,以 1.0L/min 流量采集四乙铅(以铅计)浓度为 0.156mg/m³ 的空气样品,240 分钟后发生部分穿透(流出气浓度为流入气浓度的 2.5%)。在 4.3 ~ 17μg 四乙铅(以铅计)范围内,18 个加标样品的平均解吸效率为 1.05,S_r 为 0.04。

参考文献

[1] A. D. Little, Inc. Backup Data Report S383 Prepared under NIOSH Contract 210 – 76 – 0123 (unpublished, 1976), Available as "Ten NIOSH Analytical Methods, Set 3," Order No. PB – 275 – 834 from NTIS, Springfield, VA 22161.

[2] NIOSH Manual of Analytical Methods, 2nd ed. , Vol. 4, S383, U. S. Department of Health, Education, and Welfare, Publ. (NIOSH) 78 – 175 (1978).

[3] NIOSH/OSHA Occupational Health Guidelines for Chemical Hazards, U. S. Department of Health and Human Services, Publ. (NIOSH) 81 – 123 (1981), Available as Stock #PB83 – 154609 from NTIS, Springfield, VA 22161.

[4] NIOSH Research Report – Development and Validation of Methods for Sampling and Analysis of Workplace Toxic Substances, U. S. Department of Health and Human Services, Publ. (NIOSH) 80 – 133 (1980).

方法作者

G. David Foley, NIOSH/DPSE.

四甲基铅(以铅计) 2534

$Pb(CH_3)_4$	相对分子质量:267.34	CAS 号:75 – 74 – 1	RTECS 号:TP4725000
方法:2534,第二次修订		方法评价情况:完全评价	第一次修订:1987.8.15 第二次修订:1994.8.15

OSHA:0.075mg/m³(以铅计;皮) NIOSH:0.075mg/m³(以铅计;皮) ACGIH:0.15mg/m³(以铅计;皮) (1 ppm = 8.47mg/m³;以铅计)	性质:液体;密度 1.995g/ml(20℃);沸点 110℃;熔点 – 27.5℃;饱和蒸气压 2.9kPa(22mmHg,245g/m³ 以铅计算)(20℃);空气中爆炸极限 1.8%(v/v)

英文名称: tetramethyl lead;TML;lead tetramethyl;tetra methyl plumbane

采样	分析
采样管:固体吸附剂管(XAD – 2 树脂,前段 400mg/后段 200mg) 采样流量:0.01 ~ 0.2L/min 最小采样体积:15L 最大采样体积:100L 运输方法:常规 样品稳定性:7 天后的回收率为 98%(25℃)[1] 样品空白:每批样品 2 ~ 10 个	分析方法:气相色谱法;光离子化检测器 待测物:四甲基铅 解吸方法:2ml 戊烷,解吸 30 分钟 进样体积:5μl 气化室温度:185℃ 支管温度:200℃ 光离子化检测器温度:210℃ 柱温:75℃
准确性 研究范围:0.04 ~ 0.18mg/m³(以铅计)(24L 样品)[1] 偏差: – 0.27% 总体精密度($\hat{S}_{rT}$):0.112 [1] 准确度:±22.2%	载气:氮气,17ml/min 色谱柱:不锈钢柱,6m × 3mm(外径);填充 80 ~ 100 目 Chromosorb WHP,其上涂渍 5% Carbowax 20M 定量标准:戊烷中的四甲基铅标准溶液 测定范围:每份样品 1 ~ 10μg(以铅计) 估算检出限:每份样品 0.4μg(以铅计)[2] 精密度($\bar{S}_r$):0.0763 [每份样品 0.9 ~ 3.6μg(以铅计)][1]

适用范围: 采样体积为 24L 时,测定范围是 0.04 ~ 0.4mg/m³(以铅计)

干扰因素: 未发现。改变色谱柱或分离条件可以消除干扰

其他方法: 本法是方法 S384[2] 的修订版

续表

试剂	仪器
1. 戊烷:试剂级 2. 四甲基铅* 3. 标准储备液:0.4mg/ml(以铅计)。将5.16mg四甲基铅(约2.6μl)加入到戊烷中,稀释至10ml。每个浓度配制2份	1. 采样管:玻璃管,长10cm,外径8mm,内径6mm;带塑料帽,内装20~50目XAD-2树脂(前段400mg/后段200mg),中间和两端装填硅烷化的玻璃棉,用于隔开和固定两段吸附剂。空气流量为1L/min时,采样管阻力必须低于3.4kPa。亦可购买市售采样管(SKC, Inc. ST226-30-06) 2. 个体采样泵:配有连接软管,流量0.01~0.2L/min 3. 气相色谱仪:光离子化检测器,积分仪和色谱柱(方法2534) 4. 溶剂解吸瓶:玻璃,带聚四氟乙烯内衬的瓶盖,4ml 5. 容量瓶:10ml 6. 注射器:10μl,精确到0.1μl 7. 移液管:1ml和2ml

特殊防护措施:四甲基铅是一种剧毒物质且具有后遗症[3],如果吸入或经皮吸收,可能会引发急性或慢性中毒

注:＊见特殊防护措施。

采样

1. 串联一个有代表性的采样管来校准个体采样泵。

2. 采样前折断采样管两端,用软管连接至个体采样泵。

3. 在0.01~0.2L/min范围内,以已知流量采集15~100L空气样品。

4. 密封采样管,包装后运输。

样品处理

5. 除去玻璃棉,将采过样的两段吸附剂分别倒入溶剂解吸瓶中。

6. 于放有400mg吸附剂的溶剂解吸瓶中加入2.0ml戊烷,于放有200mg吸附剂的溶剂解吸瓶中加入1.0ml戊烷,均密封。

注意:本步骤需要在样品、空白中加入合适的内标物,如0.1%(v/v)壬烷[1]。

7. 解吸30分钟,不时振摇。

标准曲线绘制与质量控制

8. 配制至少6个浓度的标准系列,绘制标准曲线。

a. 于10ml容量瓶中,加入适量戊烷,再加入已知量的标准储备液,最后用戊烷稀释至刻度。逐级稀释配制浓度范围为0.2~5μg/ml的四甲基铅溶液(以铅计)。

b. 与样品和空白一起进行分析(步骤11和步骤12)。

c. 以峰面积或峰高对四甲基铅(以铅计)含量(μg)绘制标准曲线。

9. 每批吸附剂至少测定一次解吸效率(DE)。在标准曲线范围(步骤9)内选择5个不同浓度,每个浓度测定3个样品。另测定3个空白采样管。

a. 去掉空白采样管后段吸附剂。

b. 用微量注射器将已知体积(2~20μl)的标准储备液直接注射至前段吸附剂上。

c. 密封采样管,放置过夜。

d. 解吸(步骤5~7)并与标准系列一起进行分析(步骤11和步骤12)。

e. 以解吸效率对四甲基铅(以铅计)回收量(μg)绘制解吸效率曲线。

10. 分析3个样品加标质控样和3个加标样品,以确保标准曲线和解吸效率曲线在可控范围内。

样品测定

11. 根据仪器说明书和方法2534给出的条件设置气相色谱仪。使用溶剂冲洗技术手动进样或自动进样器进样。

注意:在上述条件下,四甲基铅的t_r约为6分钟;若峰面积超出标准曲线的线性范围,用戊烷稀释后重新分析,计算时乘以相应的稀释倍数。

12. 测定峰面积。

计算

13. 按下式计算空气中待测物的浓度 C(mg/m³):

$$C = \frac{W_f + W_b - B_f - B_b}{V}$$

式中:W_f—— 样品采样管前段吸附剂中四甲基铅(以铅计)的含量(μg);

W_b——样品采样管后段吸附剂中四甲基铅(以铅计)的含量(μg);

B_f——空白采样管前段吸附剂中四甲基铅(以铅计)的平均含量(μg);

B_b——空白采样管后段吸附剂中四甲基铅(以铅计)的平均含量(μg);

V ——采样体积(L)。

注意:上式中四甲基铅(以铅计)的含量已用解吸效率校正;若 $W_b > W_f/10$,则表示发生穿透,记录该情况及样品损失量。

方法评价

方法 S384[2] 发表于 1977 年 4 月 15 日,用发生气进行了验证[1,3]。在 0.04 ~ 0.18mg/m³ 范围内,采样体积为 24L 时,平均回收率为 97.4% ±6.5%(18 个样品)。在相对湿度 82% 下,以 0.2L/min 流量采集四甲基铅(以铅计)浓度为 0.312mg/m³ 的空气样品,采样 240 分钟,未发生穿透。在 0.89 ~ 3.6μg 范围内,18 个加标样品的平均解吸效率为 0.84,$\bar{S}_r = 0.091$。在室温下储存 10 天后,样品在前段吸附剂与后段吸附剂之间的交叉影响可以忽略。

参考文献

[1] A. D. Little, Inc. Backup Data Report S384 Prepared under NIOSH Contract 210 – 76 – 0123 (unpublished, 1976), Available as "Ten NIOSH Analytical Methods, Set 3," Order No. PB – 275 – 834 from NTIS, Springfield, VA 22161.

[2] NIOSH Manual of Analytical Methods, 2nd ed., Vol. 4, S384, U. S. Department of Health, Education, and Welfare, Publ. (NIOSH) 78 – 175 (1978).

[3] NIOSH/OSHA Occupational Health Guidelines for Chemical Hazards, U. S. Department of Health and Human Services, Publ. (NIOSH) 81 – 123 (1981), Available as Stock #PB83 – 154609 from NTIS, Springfield, VA 22161.

[4] NIOSH Research Report – Development and Validation of Methods for Sampling and Analysis of Workplace Toxic Substances, U. S. Department of Health and Human Services, Publ. (NIOSH) 80 – 133 (1980).

方法作者

G. David Foley, NIOSH/DPSE.

有机砷化合物 5022

(1)CH₃AsO₃H₂	相对分子质量:(1)139.96	CAS 号:(1)124 – 58 – 3	RTECS 号:(1)PA1575000
(2)(CH₃)₂AsO₂H	(2)137.99	(2)75 – 60 – 5	(2)CH7525000
(3)H₂NC₆H₄AsO₃H	(3)217.07	(3)98 – 50 – 0	(3)CF7875000
方法:5022,第二次修订		方法评价情况:完全评价	第一次修订:1985.5.15 第二次修订:1994.8.15
OSHA:0.5mg/m³(以砷计) NIOSH:无 REL ACGIH:0.2mg/m³(以砷计)		性质:固体;熔点(1)161℃,(2)195℃,(3)232℃	

英文名称:(1) 甲基砷酸 Methylarsonic acid;methanearsonic acid;(2) 二甲基砷酸 Dimethylarsinic acid;cacodylic acid;hydroxydimethyl arsineoxide;(3) 对氨基苯砷酸 p – Aminophenylarsonic acid;p – arsanilic acid;atoxylic acid

续表

采样	分析
采样管:滤膜(1μm PTFE 滤膜)	分析方法:离子色谱法/氢化物原子吸收光谱法
采样流量:1~3L/min	待测物:阴离子(IC);AsH₃(AAS)
最小采样体积:50L(在 0.01mg/m³ 下)	洗脱方法:硼酸盐 – 碳酸盐缓冲溶液,25ml
最大采样体积:1000L	离子色谱
运输方式:常规	定量环体积:0.8ml
样品稳定性:稳定	色谱柱:两个 3×150mm 阴离子柱
样品空白:每批样品 2~10 个	流动相:硼酸盐 – 碳酸盐缓冲溶液,2.5ml/min;3450 kPa(500 psi);常温

分析方法:离子色谱法/氢化物原子吸收光谱法

待测物:阴离子(IC);AsH_3(AAS)

洗脱方法:硼酸盐 – 碳酸盐缓冲溶液,25ml

离子色谱

　定量环体积:0.8ml

　色谱柱:两个 3×150mm 阴离子柱

　流动相:硼酸盐 – 碳酸盐缓冲溶液,2.5ml/min;3450 kPa(500 psi);常温

AAS

　石英炉:800℃

　测量波长:193.7nm(不要 D_2)

准确性

研究范围:0.005~0.2mg/m³[1,2]

偏差:不明显

总体精密度($\hat{S}_{rT}$):0.047(0.02mg/m³)[1],0.14(0.005mg/m³)[1]

准确度:±20%(0.02mg/m³)

定量标准:水中的有机砷

测定范围:每份样品 0.5~2μg As

估算检出限:每份样品 0.2μg As[1]

精密度($\bar{S}_r$):见表 2–36–1

适用范围:当采样体积为100L时,测定范围为 0.005~10mg/m³(砷)。此方法用于测定颗粒物中的有机砷化合物

干扰因素:使用洗脱液 A 时,无机砷(Ⅲ)会与二甲基砷酸共同洗脱,但洗脱液 B 可使两种化合物分离。样品中如果存在其他离子且浓度较高,可能会干扰色谱对砷化合物的分离。此采样管对 As_2O_3 的采样效率较低;如需定量见方法 7901

其他方法:本法是方法 P&CAM 320 的修订版。方法 7200 用氢化物/AAS 测量总砷。方法 7901 测定蒸气态和气溶胶态的 As_2O_3

试剂

1. 去离子水
2. 浓 HCl
3. 洗脱液 A(2.4mM HCO_3^-/1.9mM CO_3^{2-}/1.0mM $B_4O_7^{2-}$)。将 0.8067g $NaHCO_3$、0.8055g Na_2CO_3 和 1.5257g $Na_2B_4O_7 \cdot 10H_2O$ 溶解于 4L 去离子水中
4. 洗脱液 B(5mM $B_4O_7^{2-}$)。将 7.6284 g $Na_2B_4O_7 \cdot 10H_2O$ 溶解于 4L 去离子水中
5. 过硫酸钾溶液*:$K_2S_2O_8$ 饱和于 15%(w/v)HCl 中
6. 硼氢化钠:1% $NaBH_4$(w/v)于 0.2% KOH(w/v)中。向去离子水中加入 5g $NaBH_4$ 和 1g KOH,稀释至 500ml,每周现配
7. 标准储备液:1000μg As/ml
   a. 甲基砷酸*,在去离子水中溶解 0.9341g $CH_3AsO_3H_2$(Ansul Co.,Weslaco,TX),稀释至 500ml
   b. 二甲基砷酸*,在去离子水中溶解 0.9210g $(CH_3)_2AsO_2H$(Ansul Co.),稀释至 500ml
   c. 对氨基苯砷酸,* 在 5ml 1N NaOH 中溶解 1.4485g p–$H_2NC_6H_4AsO_3H$,用去离子水稀释至 500ml,避光
   d. 三氧化二砷*,在 5ml 1N NaOH 中溶解 0.6602g As_2O_3,用去离子水稀释至 500ml
   e. 五氧化二砷*,在 5ml 1N NaOH 中溶解 0.7669g As_2O_5,用去离子水稀释至 500ml
8. 标准储备液:待测物的总浓度为 1μg/ml。在 100ml 容量瓶中,各加入 0.1ml 每种标准储备液(试剂7),用洗脱液 A 稀释,每天制备
9. 氩气

仪器

1. 采样管:PTFE 聚乙烯支撑的滤膜,孔径 1μm(Millipore Type FA 或等效的),直径 37mm,衬垫,置于滤膜夹中
2. 个体采样泵:流量 1~3L/min,配有连接软管
3. 离子色谱仪:抑制器,检测器。通过微孔 PTFE 管(内径 0.3mm×外径 0.6mm,Dionex)将色谱柱中的流出液直接送至砷化氢发生器中(图 2–36–1)
4. 塑料注射器:10ml,公鲁尔接口
5. 砷化氢发生器:带有额定流量泵管的计量泵;内径 1.5mm×外径 3mm 的各种混合线圈,5 匝和 20 匝(Technicon 或等效的);内径 1.5mm×外径 3.5mm 玻璃 T 型管;气 – 液分离器和膨胀室(图 2–36–2);约 1m×1/4″外径的 PTFE 管;三个 1/4″内径的 PTFE Swagelok 套管;以及转子流量计(100~900ml/min)
6. 原子吸收分光光度计(倒数线性 UV 色散,约 0.65nm/mm);无极放电灯和电源;原子化池[16cm×13mm(内径)无窗口的石英管,带有 18cm×4mm(内径)入口管,熔融在石英管中心],用镍铬丝线缠绕(14Ω/m,在每匝之间间隔 2~3mm,并用耐热胶袋包裹)(图 2–36–3)。池内温度用热电偶测量(800℃)。在单槽 AAS 燃烧头的顶部上安装原子化池,并对准燃烧器控制装置
7. 烧杯:50ml**
8. 超声波清洗器
9. 容量瓶:10,100,500ml
10. 移液管:25μl 和 0.1~1ml

特殊防护措施:过硫酸钾是强氧化剂。砷化氢气体有剧毒,且致命。标准储备液中的砷化合物是有毒的[3]

注:* 见特殊防护措施;** 将所有的玻璃器皿浸泡在温和的清洗剂中,然后依次用去离子水、10% HNO_3 和去离子水冲洗。

采样

1. 串联一个有代表性的采样管来校准个体采样泵。

2. 在 1~3L/min 范围内,以已知流量采集 50~1000L 空气样品。

3. 密封滤膜夹,包装后运输。

样品处理

4. 对于每个样品,移取 25ml 洗脱液 A 至干净的 50ml 烧杯中。

5. 打开滤膜夹,用干净的镊子取出 PTFE 滤膜,将其转移至烧杯中。让滤膜的接尘面与溶液接触,盖上烧杯。

6. 将烧杯超声 30 分钟。如果洗脱液不能立即进行分析,于 4℃下保存,直至测定。

标准曲线绘制与质量控制

7. 在每份样品 0.2~2μg As(0.008~0.08μg/ml As)的浓度范围内,配制至少 6 个浓度的标准系列,绘制标准曲线。

　　a. 于 10ml 容量瓶中,加入适量的洗脱液 A,再加入已知量的标准储备液,最后用洗脱液 A 稀释至刻度。

　　b. 与样品和空白一起进行分析(步骤 8~12)。

　　c. 以峰面积或峰高对 As 含量(μg)绘制每种砷化合物的标准曲线。

样品测定

8. 按方法 5022 给出的条件设置离子色谱仪。将流出液出口连接至砷化氢发生器之前,用洗脱液平衡色谱柱 ≥1 小时。

　　注意:洗脱液 A 可使甲基砷酸(t_r = 2 分钟)、对氨基苯砷酸(t_r = 4 分钟)和砷(Ⅴ)(t_r = 7.5 分钟)分离;As(Ⅲ)和二甲基砷酸(t_r = 1 分钟)无法分离。如果在后两种物质的保留时间附近有信号,或者已知样品中同时存在这两种物质,则使用洗脱液 B(低离子强度)进行第二次分析。如果已知其中一种化合物不存在,洗脱液 A 可有效地用于其他剩余化合物的检测。洗脱液 B 会使其他物质的保留时间大幅度延长,且会累积在色谱柱上,并附着在树脂的活性位上。因此,每分析 10~15 个样品后用洗脱液 A 冲洗色谱柱,并在下一次分析前,用洗脱液 B 再进行平衡。

9. 按照下列流量,将 IC 流出液通入砷化氢发生器:

饱和 $K_2S_2O_8$ 溶液:	0.8ml/min
$NaBH_4$ 溶液:	2.0ml/min
Ar 载气:	300ml/min

　　注意:在砷化氢发生器中发生的气态砷化氢首先通过气-液分离器,将其从溶液中分离(图 2-36-2),然后用 Ar 载气经 PTFE 管通入加热的石英炉中。

10. 根据仪器说明书和方法 5022 中给出的条件设置 AAS。将石英池对准光路。使用可调变压器和热电偶逐渐将石英池加热至 800℃。

11. 使用注射器,向仪器进样(2~3ml),冲洗定量环以免被之前的进样污染。在两次进样之间用去离子水冲洗注射器,并干燥。或者使用一次性注射器。

12. 识别物质峰。测定峰高或峰面积。

计算

13. 根据标准曲线计算样品和介质空白中各待测物的浓度,并按下式计算空气中砷的浓度 C(mg/m³):

$$C = \frac{W - B}{V}$$

式中:W——样品中各砷类化合物的含量(μg);

　　　B——介质空白中各砷类化合物的含量(μg);

　　　V——采样体积(L)。

方法评价

在本法推荐的条件下,测定了分析精密度,列于表2－36－1中。使用动态气溶胶发生/采样系统,用滤膜采集含有三种有机砷化合物的颗粒物,测试了方法的总体精密度。各化合物的测试浓度分别为5,10,20μg As/m³。由于浓度和化合物种类不同,相对标准偏差范围从最低浓度的14.4%至最高浓度的4.7%。

在有机砷的浓度为5～20μg/m³、采样体积为300L时,本法的采样效率＞99%。未测定本法对无机砷的采样效率。

用中子活化法(NAA)和X射线荧光光谱法(XRF)分析每组样品中的其他气溶胶态的砷样品,测定了方法的准确度。由于NAA和XRF只能测定总砷含量,所以将IC－AAS分析方法中得到的砷的总量与之进行比较。准确度为NAA和XRF测得值的90%～120%。

参考文献

[1] Colovos, G., N. Hester, G. Ricci, and L. Shepard: "Development of a Method for the Determination of Organoarsenicals in Air," NIOSH Contract #210－77－0134, Available through National Technical Information Service, Springfield, VA 22161 as Order No. PB83－180794.

[2] NIOSH Manual of Analytical Methods, 2nd. ed., V. 6, P&CAM 320, U. S. Department of Health and Human Services, Publ. (NIOSH) 80－125 (1980).

[3] The Merck Index, 11th ed., Merck & Co., Rahway, NJ (1989).

方法修订作者

Mary Ellen Cassinelli, NIOSH/DPSE; P&CAM 320 originally developed under NIOSH Contract210－77－0134.

表2－36－1 砷颗粒物的灵敏度、检出限和测定范围分析数据

砷化合物	灵敏度 (ng/ml/1% Abs)	检出限(以砷计) 采样体积300L		范围[(1)] 采样体积300L		分析精密度 /(% $\bar{S}_r$)
		/(μg/m³)	溶液/(ng/ml)	/(μg/m³)	溶液/(ng/ml)	
二甲基砷酸	1.3	0.62	7	1.7～6.7	20～80	11.2～1.6
三氧化二砷(Ⅲ)	2.1	0.71	8	1.7～6.7	20～80	11.2～1.3
甲基砷酸	2.1	0.72	9	1.7～6.7	20～80	8.1～4.4
对氨基苯砷酸	6.3	0.64	8	1.7～6.7	20～80	6.0～3.0
五氧化二砷(Ⅴ)	13.0	0.46	6	1.7～6.7	20～80	10.8～1.0

注:(1)用更小体积的定量环注入更高浓度的标准系列,可提高分析范围的上限。虽然未检测空气样品,但是根据测定范围,测定范围可扩大,下限从5μg/m³降至1.7μg/m³。

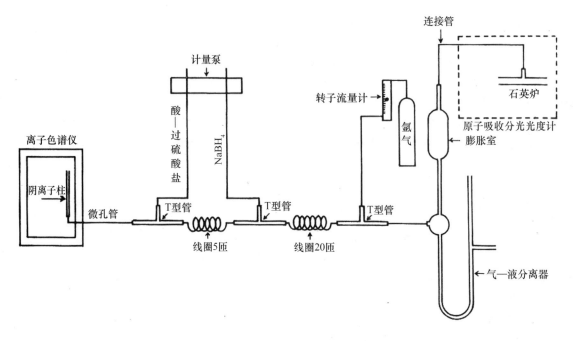

图 2 - 36 - 1　IC/AAS 分析系统

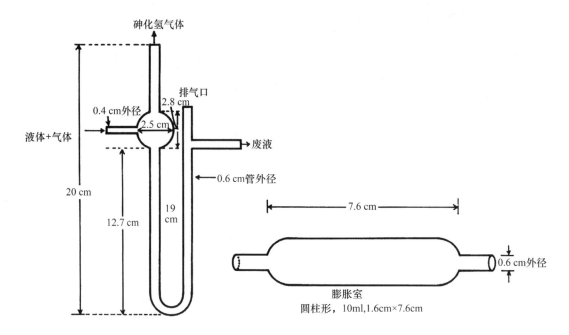

图 2 - 36 - 2　气 - 液分离器和膨胀室

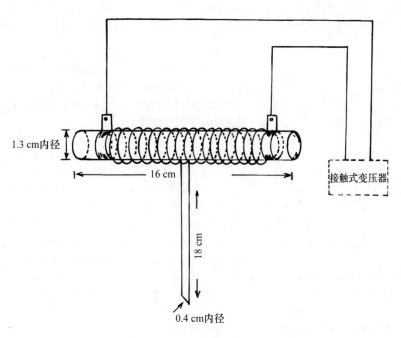

图 2 - 36 - 3　石英炉原子化池

有机锡化合物(以锡计) 5504

分子式:见表 2 - 36 - 2	相对分子质量:见表 2 - 36 - 2	CAS 号:见表 2 - 36 - 2	RTECS 号:见表 2 - 36 - 2
方法:5504,第二次修订		方法评价情况:完全评价	第一次修订:1987. 8. 15 第二次修订:1994. 8. 15
OSHA:0. 1mg/m³ NIOSH:0. 1mg/m³(皮) ACGIH:0. 01mg/m³		性质:见表 2 - 36 - 2	

英文名称:见表 2 - 36 - 2

采样

采样管:滤膜 + 吸附剂管(玻璃纤维滤膜 + XAD - 2,前段 80mg/后段 40mg)

采样流量:1 ~ 1. 5L/min

最小采样体积:50L

最大采样体积:500L

运输方法:组合的采样管置于干冰中运输

样品稳定性:7 天(0℃)[1]

样品空白:每批样品 2 ~ 10 个

介质空白:每批样品 12 个

准确性

研究范围:0. 07 ~ 0. 2mg/m³(300L 样品)[1]

偏差:见方法评价

总体精密度($\hat{S}_{rT}$):0. 07 ~ 0. 10[1]

准确度:见方法评价

分析

分析方法:高效液相色谱法(HPLC)/石墨炉原子吸收光谱法

待测物:锡

解吸方法:10ml 0. 1% 乙酸/乙腈;超声 30 分钟

分离:HPLC(阳离子交换)

石墨炉:80℃下干燥 30 秒;2750℃下原子化 5 秒(气体中断模式)

进样体积:20μl

测量波长:286. 3nm,背景校正

定量标准:乙酸/乙腈中的有机锡化合物标准溶液

测定范围:每份样品 5 ~ 50μg Sn

估算检出限:每份样品 1μg Sn[1]

精密度($\bar{S}_r$):0. 07 ~ 0. 08[1]

适用范围:采样体积为 300L 时,测定范围为 0. 015 ~ 1mg/m³(以 Sn 计)。本法用 TeBT、TBTC、TCHH、BuIOMA 作为有机锡化合物最重要的代表性物质进行了验证[1]。如果不需要识别特定的有机锡化合物和不含无机锡化合物,则 HPLC 分离部分可被删除。使用时要特别小心,以避免 TeBT 和其他挥发性四取代的有机锡化合物发生损失

干扰因素:色谱不能分离的有机锡化合物将相互干扰。而其他有相近保留时间的化合物若不含锡,则不会产生干扰

其他方法:本法替代了比色标准文件的方法[2]

试剂	仪器
1. 醋酸锆氧化物:试剂级	1. 采样管:玻璃纤维滤膜,37mm(Gelman Type AE 或等效滤膜),置于滤膜夹中,后接 XAD-2 吸附剂管(前段 80mg/后段 40mg),用硅烷化的玻璃棉分隔、固定(SKC, Inc., Eighty-Four, PA 15330, Cat. No. 226-30)
2. 醋酸铵:试剂级	
3. 柠檬酸氢二铵:试剂级	
4. 乙腈:色谱纯	
5. 去离子水	2. 个体采样泵:流量 1~1.5L/min,配有连接软管
6. 乙酸:试剂级	3. 装样容器:冷藏,带干冰
7. 甲醇:色谱纯	4. 高效液相色谱仪(HPLC):有自动进样系统接口(图 2-36-4),有二元溶剂能力,溶剂梯度能力和色谱柱
8. 乙酸:0.1%(v/v)。溶于乙腈中	
9. 醋酸缓冲溶液(v/v)70% 甲醇,27% 去离子水,3% 1M乙酸铵水溶液	a. 非四核有机锡化合物:阳离子交换柱(Whatman, Inc. Partisil-10 Strong Cation Exchange Column and Solvecon Pre-Column Kit)
10. 柠檬酸缓冲溶液(v/v)70% 甲醇,26.8% 去离子水,3% 0.2%(v/v)冰乙酸中的 1M 柠檬酸氢二铵水溶液	b. 四核有机锡化合物:C_{18} 色谱柱(Whatman, Inc., Lichrosorb)
11. 有机锡化合物标准溶液:1000μg/ml(以 Sn 计),由 0.1%(v/v)乙酸/乙腈中的纯有机锡化合物配制	5. 原子吸收分光光度计(AAS);记录仪,其输出与吸光度单位成正比;石墨炉配件(热解的,带锆涂层,可能需要涂 L'vov 的平台;见附录);样品自动进样系统,带可移动的样品管架或旋转架(图 2-36-4);自动微量移液器,用于准确地向石墨炉中进样 20μl;背景校正(例如,D_2 或 H_2 灯)能力;锡无极放电灯或空心阴极灯
12. 标准储备液:10μg/ml(以 Sn 计)。配制待测物的有机锡化合物的混合标准溶液。将 0.1ml 每种有机锡标准溶液移至 10ml 容量瓶中。用 0.1%(v/v)乙酸/乙腈稀释至刻度。每天现配	
	6. 超声波清洗器
	7. 容量瓶:10ml
	8. 注射器:20μl,精确到 0.5μl
	9. 烧杯:Phillips,125ml
	10. 移液管:5ml 和 10ml;10μl 和 100μl
	11. 烘箱或马弗炉:200℃
	12. 塑料膜

特殊防护措施:无

采样

1. 串联一个有代表性的采样管来校准个体采样泵。

2. 采样前立即打开吸附剂管两端,以短管连接至滤膜。用软管连接采样管和个体采样泵。

3. 在 1~1.5L/min 范围内,以已知流量采集 50~500L 空气样品。

4. 密封采样管。包装后置于干冰中运输。

注意:储存时滤膜夹与吸附剂管保持连接。在 0℃ 以下储存样品。采集后 7 天内分析。

样品处理

5. 打开滤膜夹。用镊子小心将滤膜移至 125ml 烧杯。

6. 将前段吸附剂和前段玻璃棉放入另一个烧杯中。将后段吸附剂和剩余的玻璃棉置于第三个烧杯中。

7. 将 10.0ml 乙腈和 10μl 乙酸移至每个烧杯中。用塑料膜封口。

8. 超声搅拌 30 分钟。

标准曲线绘制与质量控制

9. 配制至少 6 个标准系列,绘制标准曲线。

a. 于 10ml 容量瓶中,加入适量 0.1%(v/v)乙酸/乙腈,再加入已知量的标准储备液,用 0.1%(v/v)乙酸/乙腈稀释至刻度。根据需要逐级稀释,使每种有机锡化合物的浓度在 0.1~5μg/ml(以 Sn 计)范围内。

b. 与样品和空白一起进行分析(步骤 12~15),响应值相近的样品和标准系列交替分析。

c. 以峰高对每种有机锡化合物的含量(μg)(以 Sn 计)绘制标准曲线。

10. 在测定范围内测定回收率(R)。选择 3 个不同浓度,每个浓度测定 3 个滤膜和吸附剂管。另测定 3 个空白滤膜和空白吸附剂管。

a. 移除介质空白采样管的后段吸附剂。

b. 用微量注射器将已知量(2~20μl)的有机锡化合物标准溶液,直接加至吸附剂管前段吸附剂和单独的滤膜上。

c. 密封采样管。放置过夜。

d. 解吸(步骤5~8)后与标准系列一起进行分析(步骤12~15)。

e. 以回收率对每种有机锡化合物的回收量(μg)(以Sn计)绘制回收率曲线。

11. 分析3个样品加标质控样和3个加标样品,以确保标准曲线和回收率曲线在可控范围内。

样品测定

12. 根据仪器说明书和方法5504给出的条件设置AAS和石墨炉。调整进样/干燥/原子化周期,使其恰好每60秒发生一次。

13. 根据仪器说明书和以下给出的条件操作高效液相色谱仪(表2-36-3)。

a. 非四核有机锡化合物。

ⅰ. 色谱柱:强阳离子交换柱(仪器,4.a)。

ⅱ. 在进样之前用50~60ml乙酸缓冲液冲洗色谱柱。

ⅲ. 洗脱:流速2ml/min。

ⅳ. 洗脱梯度。

ⅴ. 色谱图完成后,泵入乙酸缓冲液冲洗色谱柱15分钟,重新平衡HPLC系统以达到初始条件。

ⅵ. 进样100μl。

b. 四核有机锡化合物。

ⅰ. 色谱柱:C₁₈色谱柱。

ⅱ. 在进样之前用50~60ml 100%乙腈冲洗色谱柱。

ⅲ. 洗脱:流速2ml/min,等度洗脱,100%乙腈。

ⅳ. 进样100μl样品溶液。

14. AAS自动进样器以1份(2ml/min)的速率收集HPLC洗脱液。

注意:在此示例系统中,色谱柱流出物被直接送入样品杯中。1分钟后,样品架转动,洗脱的样品在一个位置被采集,用于AA测定。炉进样装置退回一部分样品,当下一个样品被洗脱、收集时将其放入炉内。

15. 对每种有机锡化合物测定总的AAS峰面积。

注意:记录仪输出由AA峰组成,如果画一条连接AA峰最高点的线,则形成每种有机锡化合物的色谱峰;由一系列对应的AA峰的吸光度总和,测定总的吸光度;石墨管特性会大大影响结果,请特别注意标准溶液的响应值,如果测定结果不稳定或发生非重复性的峰面积,替换石墨管。

计算

16. 按下式计算空气中每种有机锡化合物的浓度(以Sn计)$C(mg/m^3)$,其为颗粒物浓度与蒸气态浓度的总和:

$$C = \frac{W - B + W_f + W_b - B_f - B_b}{V}$$

式中:W —— 滤膜上有机锡化合物的含量(μg);

　　　B —— 空白滤膜上有机锡化合物的平均含量(μg);

　　　W_f —— 样品采样管前段吸附剂(包括前端玻璃棉)中有机锡化合物的含量(μg);

　　　W_b ——样品采样管后段吸附剂(包括剩余玻璃棉)中有机锡化合物的含量(μg);

　　　B_f ——空白采样管前段吸附剂(包括前端玻璃棉)中有机锡化合物的平均含量(μg);

　　　B_b ——空白采样管后段吸附剂(包括剩余玻璃棉)中有机锡化合物的平均含量(μg);

　　　V ——采样体积(L)。

注意:上式中机锡化合物的含量均以Sn计,且已用回收率校正;若$W_b > W_f/10$,则表示发生穿透,记录该情况及样品损失量。

方法评价

本法用四丁基锡(TeBT)、氯化三丁基锡(TBTC)、三环己的氢氧化物(TCHH)和二月桂酸二丁基二(异辛基巯基乙酸)(BuIOMA)进行了验证[1]。在20℃大气温度和756mmHg大气压力下,采样体积为300L时,这些有机锡化合物的测定范围、验证范围和估算线性测定范围(以Sn计)分别如表2-36-4。

参考文献

[1] Gutknecht, W. F. , P. M. Grohse, C. A. Homzak, C. Tronzo, M. H. Ranade, and A. Daml e. Development of a Method for the Sampling and Analysis of Organotin Compounds, NIOSH Contract 210 - 80 - 0066, Research Triangle Institute, Research Triangle Park, NC 27709, Available through NTIS, Springfield, VA 22161, as PB83 - 180737 (May, 1982).

[2] Criteria for a Recommended Standard... Occupational Exposure to Organotin Compounds, U. S. Department of Health, Education, and Welfare, Publ. (NIOSH) 77 - 157 (1976).

方法作者

Eugene R. Kennedy, Ph. D. , NIOSH/DPSE

附录:制备锆涂层的石墨炉管和平台

1. 锆涂层:将热解石墨管和平台置于4.5%(w/v)乙酸锆氧化物溶液中浸泡过夜;然后在马弗炉中以200℃干燥2小时。

2. 热解锆涂层石墨炉管可用于所有有机锡化合物的测定。建议使用热解锆涂层石墨平台(如L'VOV平台),因为它对低浓度有更好的精密度,可提高挥发性物质(如TeBT)原子化响应。平台可购买市售产品或由热解石墨管制备,如图2-36-5。将平台放置于管内(图2-36-2)和进行光学对准期间,必须特别小心。

表2-36-2　分子式和物理性质[3]

化合物/RTECS 号	分子式	W. M.	% Sn	英文名称
二月桂酸二丁基二(异辛基巯基乙酸) WH6719000	$C_{28}H_{56}O_4S_2Sn$	639.57	18.6	Dibutyltin bis (isooctyl mercaptoacetate); BulIOMA; CAS #25168 - 24 - 5
四丁基锡 WH8605000	$C_{16}H_{36}Sn$	347.16	34.2	Tetrabutyltin; Stannane, tetrabutyl - ; TEBT; CAS #1461 - 25 - 2
三氯丁烷化锡 WH6820000	$C_{12}H_{27}ClSn$	325.49	36.5	Tributyltin chloride; Stannane, chlorotributyl - ; TBTC; CAS #1461 - 22 - 9
三环己基氢氧化 WH8750000	$C_{18}H_{34}OSn$	385.16	30.8	Tricyclohexyltin hydroxide; Stannane, tricyclohexyl-hydroxy - ; TCHH; Pilctran; Dowco - 213; CAS #13121 - 70 - 5

表2-36-3　梯度洗脱表

时间/min	%乙酸缓冲液	%柠檬酸缓冲液
0~15	100	0
15~18	100~0	0~100
18~40	0	100

表 2 − 36 − 4　方法特性

种类	验证范围 /(mg/m³)	估算线性测定范围		分析精密度 /%	偏差 /%	总体精密度 /±%	准确度
		/(mg/m³)	/(μg/ml)				
TeBT	0.027 ~ 0.112	0.02 ~ 0.17	0.05 ~ 5.0	8.1	1.8	10.0	21.4
TBTC	0.042 ~ 0.191	0.01 ~ 0.34	0.3 ~ 10.0	5.9	26.7	9.9	26.1
TCHH	0.071 ~ 0.218	0.01 ~ 0.34	0.3 ~ 10.0	6.9	22.3	7.1	16.2
BuIOMA	0.070 ~ 0.220	0.01 ~ 0.34	0.3 ~ 10.0	7.7	21.2	7.4	15.7

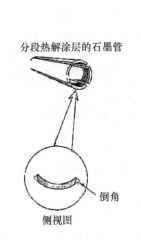

图 2 − 36 − 4　实验室制平台的结构

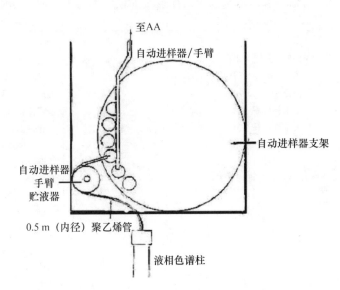

图 2 − 36 − 5　HPLC/AAS 界面系统

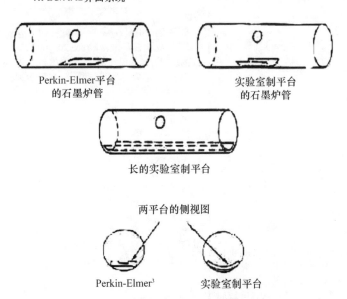

图 2 − 36 − 6　石墨炉管中的市售平台和实验室制 L'VOV 平台

甲基锡氯化物 5526

分子式:见表 2 - 36 - 5	相对分子质量:见表 2 - 36 - 5	CAS 号:见表 2 - 36 - 5	RTECS 号:见表 2 - 36 - 5
方法:5526,第一次修订		方法评价情况:完全评价	第一次修订:2003. 3. 15
OSHA:见表 2 - 36 - 5 NIOSH:见表 2 - 36 - 5 ACGIH:见表 2 - 36 - 5		性质:见表 2 - 36 - 5	

英文名称:三氯甲基锡 Methyltin Trichloride；Trichloromethylstannane，Monomethyltin trichloride；二氯二甲基锡 Dimethyltin Dichloride；Dichlorodimethylstannane，Dichlorodimethyltin；氯三甲基锡 Trimethyltin Chloride；Chlorotrimethylstannane，Chlorotrimethyltin，Trimethyl-stannyl chloride

采样

采样管:滤膜 + 吸附剂管(OVS 管:13mm 玻璃纤维滤膜；XAD - 2,前段 270/后段 140mg)

采样流量:0. 25 ~ 1L/min

最小采样体积:15L

最大采样体积:75L

运输方法:冷藏运输

样品稳定性:14 天(4℃)

样品空白:每批样品 2 ~ 10 个

准确性

研究范围:表 2 - 36 - 6

偏差:表 2 - 36 - 6

总体精密度($\hat{S}_{rT}$):表 2 - 36 - 6

准确度:表 2 - 36 - 6

分析

分析方法:气相色谱法；火焰光度检测器(锡滤光片)

待测物:待测物的四乙基钠衍生物

处理方法:含有 1% 乙酸的乙腈,2ml

进样体积:1μl

气化室温度:冷柱头

检测器温度:250℃

柱温:50℃(保持 3 分钟),以 12℃/min 的速率升温至 200℃(保持 1 分钟)

载气:氮气,6ml/min

色谱柱:熔融石英毛细管柱,30m × 0. 53mm(内径),膜厚 1. 5μm,5% 苯基 - 95% 甲基硅树脂,DB - 5 或等效的色谱柱

定量标准:正己烷中的待测物

测定范围:每份样品 0. 01 ~ 15μg(以锡计)[1]

估算检出限:0. 01μg[1]

精密度($\bar{S}_r$):0. 065[1]

适用范围:为监测空气中的甲基锡氯化物而制定了本法[1]

干扰因素:未确定

其他方法:NMAM 5504 是另一个测定甲基锡氯化物的方法,该方法中用滤膜 + 吸附剂管采样、HPLC/AA 分析

试剂

1. 乙酸:99 + % *
2. 乙腈:液相色谱纯 *
3. 二乙基乙醚:99 + % *
4. 正己烷:液相色谱纯 *
5. 三氯甲基锡:97%
6. 二甲基二氯化锡:97%
7. 三甲基氯化锡
8. 含 1% 乙酸的乙腈溶液,(v/v)
9. 四乙基硼酸钠 *
   注意:四乙基硼酸钠的纯度很重要,它应为白色的细粉末。如果结块或泛黄则表明该化合物可能被取代
10. 乙酸钠 - 乙酸缓冲液:pH 4. 0 ± 0. 2。亦可购买市售的 Fisher Scientific 缓冲液
11. 衍生化溶液:配制含 1% (w/v)四乙基硼酸钠的乙醚溶液,每天临用现配
12. 标准储备液:分别精确称量(精确至 ± 0. 1mg)0. 1g 的三氯甲基锡、二甲基二氯化锡、三甲基氯化锡加入至 50ml 容量瓶中。用含 1% 乙酸的乙腈溶液稀释至刻度。此储备液含每种化合物约 1000μg/ml(以锡计)。冷藏储存,此储备液可稳定储存几周

仪器

1. 采样管:OSHA Versatile 采样管(OVS 管),进口端外径 13mm,出口端外径 6mm,前段内装 270mg 20 ~ 60 目 XAD - 2 吸附剂,用 11mm 直径的玻璃纤维滤膜和 Teflon® 压环固定；后段内装 140mg XAD - 2 吸附剂,中间用聚氨酯泡沫隔开；亦可购买市售 SKC, Inc. (cat. #226 - 30 - 16)和 Supelco, Inc. (cat. #ORBO - 49P)采样管
2. 个体采样泵:配有连接软管,流量 0. 1 ~ 1L/min
3. 气相色谱仪:配有冷柱进样口,自动进样器,DB - 5 毛细管柱,火焰光度检测器(锡 - 滤光片)(610nm),数据收集系统或等效的气相色谱仪(方法 5526)
4. 天平:感量 ± 0. 1mg
5. 机械振摇器
6. 溶剂解吸瓶:带聚四氟乙烯内衬的瓶盖,10ml
7. 移液管或滴管
8. GC 自动进样瓶:带聚四氟乙烯内衬的瓶盖
9. 容量瓶:5,10,50ml
10. 移液管:精确至 10μl ,1. 0,2. 0ml
11. 冰袋:用于运输

特殊防护措施:浓乙酸具有腐蚀性和刺激性；四乙基硼酸钠对空气和水分敏感,应在氮气环境下储存、处理；乙腈、乙醚、正己烷均易燃；这些化合物应在通风良好的通风橱中进行操作,并穿着相应的防护服

注:* 见特殊防护措施。

采样

1. 串联一个有代表性的采样管来校准个体采样泵。

2. 采样前打开采样管,用软管连接至个体采样泵。

3. 以已知流量采集空气样品,以 0.25L/min 进行整个班次采样,以 1L/min 进行 15 分钟采样(STEL),最大采样体积为 75L。

4. 密封采样管,包装后与冷藏袋一起运输。

注意:到达实验室后,样品应在 4℃条件下储存,并在采集后 14 天内分析。

样品处理

5. 除去吸附剂管压环,将玻璃纤维滤膜和前段吸附剂移至 10ml 溶剂解吸瓶中。

6. 除去吸附剂管中间的聚氨酯泡沫,将后段吸附剂移至另一个 10ml 溶剂解吸瓶中。

7. 在每个溶剂解吸瓶中,加入 2ml 含 1% 乙酸的乙腈溶液,以解吸甲基锡氯化物。将溶剂解吸瓶至于机械振摇器上振摇 30 分钟。

8. 在每个溶剂解吸瓶中,加入 2ml pH4 的缓冲液和 1ml 衍生化溶液,将溶剂解吸瓶至于机械振摇器上摇振 15 分钟。

9. 用正己烷萃取溶液 3 次,每次使用 1ml 正己烷。将 3 次萃取后的正己烷溶液置于 5ml 容量瓶中,用正己烷稀释至刻度。

标准曲线绘制与质量控制

10. 在覆盖待测物浓度的范围内,配制至少 6 个浓度的标准系列,绘制标准曲线。

a. 于溶剂解吸瓶中加入 5ml 含 1% 乙酸的乙腈溶液,再准确移取 10μl 标准储备液至该溶剂解吸瓶中。按步骤 7～9 进行样品衍生化。

b. 用正己烷逐级稀释标准衍生化溶液,配制每种甲基锡氯化物浓度为 0.2～0.02μg/ml(以锡计)的溶液。

c. 移至带聚四氟乙烯内衬瓶盖的 GC 自动进样瓶中。

d. 与样品和空白一起进行分析(步骤 12～14)。

e. 以峰面积对每种甲基锡氯化物(以锡计)的含量(μg)绘制标准曲线。

11. 每批 OVS 采样管至少测定一次解吸效率(DE),在标准曲线范围(步骤 10)内选择 6 个不同浓度,每个浓度测定 3 个样品。另测定 3 个空白采样管。

a. 将 OVS 采样管前段吸附剂移至 4ml 溶剂解吸瓶。

b. 将已知体积的标准储备液或其逐级稀释液直接注射至每根 OVS 采样管的前段吸附剂上。

c. 密封溶剂解吸瓶,放置过夜。

d. 解吸(步骤 7～9)并与标准系列和空白一起进行分析(步骤 13～15)。

e. 以解吸效率对每种甲基锡氯化物回收量(μg)绘制解吸效率曲线。

12. 分析 3 个样品加标质控样和 3 个加标样品,以确保标准曲线和 DE 曲线在可控范围内。

样品测定

13. 根据仪器说明书和方法 5526 给出的条件设置气相色谱仪。

14. 使用溶剂冲洗技术手动进样或自动进样器进样,进样 1μl。

注意:若峰面积超出标准曲线的线性范围,用正己烷稀释后重新分析,计算时乘以相应的稀释倍数。

15. 测定甲基锡氯化物的峰面积。样品色谱图详见图 2-36-6。

计算

16. 按下式计算空气中待测物的浓度 C(mg/m³):

$$C = \frac{W_f + W_b - B_f - B_b}{V}$$

式中:W_f——样品采样管前段吸附剂中各甲基锡氯化物的含量(μg);

W_b——样品采样管后段吸附剂中各甲基锡氯化物的含量(μg);

B_f——空白采样管前段吸附剂中各甲基锡氯化物的平均含量(μg);

B_b——空白采样管后段吸附剂中各甲基锡氯化物的平均含量(μg);

V——采样体积(L)。

注意:上式中待测物的含量均已用解吸效率校正;若 $W_b > W_f/10$,则表示发生穿透,记录该情况及样品损失量;$1\mu g/L = 1mg/m^3$

方法评价

为采集和分析空气中的甲基锡氯化物,制定了本法。本法更新了现有的用于测定有机锡化合物的方法[3,4]。本法可用于采集空气样品并分析甲基锡氯化物的含量。文献[1]详述了本法对采集和定量分析空气中三甲基氯化锡、二甲基二氯化锡、三氯甲基锡的验证情况。方法验证时需要提供甲基锡氯化物和稳定剂生产的空气监测能力。表 2-36-6 列出了 NIOSH 指导下的实验验证结果[2],但其所用的浓度水平个数及重复实验次数比推荐的少。本法的准确度、偏差和样品稳定性满足 NIOSH 标准。推荐的采样条件是:流量 250ml/min,最大采样时间 5.5 小时(TWA 采样);和流量 1000ml/min,最大采样时间 20 分钟(STEL 采样)。

参考文献

[1] Yoder RE [2000]. Validation of a Method for the Collection and Quantification of Methyltin Chlorides in the Air. Philadelphia, PA: Atofina Chemicals. Unpublished.

[2] NIOSH [1995]. Guidelines for Air Sampling and Analytical Method Development. Cincinnati, OH: U.S. Department of Health and Human Services, Public Health Service, Centers for Disease Control and Prevention, National Institute for Occupational Safety and Health, DHHS (NIOSH) Publication No. 95-117.

[3] NIOSH [1994]. Organotin Compounds (as Sn): Method 5504. In: Eller PM, Cassinelli ME, eds. NIOSH Manual of Analytical Methods, 4th Ed. Cincinnati, OH: U.S. Department of Health and Human Services, Public Health Service, Centers for Disease Control and Prevention, National Institute for Occupational Safety and Health, DHHS (NIOSH) Publication No. 94-113.

[4] Shangwei H [1997]. Development of a Method for the Sampling and Analysis of Dimethyltin Dichloride and Trimethyltin Chloride [Dissertation]. New Orleans, LA: Tulane University, Department of Environmental Sciences, School of Public Health and Tropical Medicine.

方法作者

R. E. Yoder, C. Boraiko, Atofina Chemicals; P. F. O'Connor, NIOSH/DART.

表 2-36-5　基本信息

待测物	分子式	相对分子质量	CAS 号	RTECS 号	性质	OSHA PEL[a] /(mg/m³)	NIOSH REL[b] /(mg/m³)	ACGIH TLV[c] /(mg/m³)
三氯甲基锡	CH_3Cl_3Sn	240.04	993-16-8	WH858550	无色晶体;熔点 48 ~ 51℃;沸点 171℃	0.1	0.1	0.1 0.2 STEL (皮)
二氯二甲基锡	$C_2H_6C_2Sn$	219.67	753-73-1	WH7245000	无色晶体;熔点 103 ~ 105℃;沸点 188 ~ 190℃	0.1	0.1	0.1 0.2 STEL (皮)
氯三甲基锡	C_3H_9ClSn	199.25	1066-45-1	WH685000	无色晶体;熔点 37 ~ 39℃;沸点 154℃	0.1	0.1	0.1 0.2 STEL (皮)

注:a OSHA PEL 测定空气中有机锡化合物(以 Sn 计)的量;b NIOSH REL 测定空气中有机锡化合物(以 Sn 计)的量;c ACGIH TLV 测定空气中有机锡化合物(以 Sn 计)的量。

表 2 – 36 – 6　方法评价[1]

	研究范围	偏差/%	精密度(S_{rT})/%	准确度/%
三氯甲基锡	0.46 ~ 9.29 微克/样品(以锡计)	0.3	5.2	11
二氯二甲基锡	0.42 ~ 9.17 微克/样品(以锡计)	- 2.5	5.8	12
氯三甲基锡	0.07 ~ 10.48 微克/样品(以锡计)	- 5.2	7.6	16

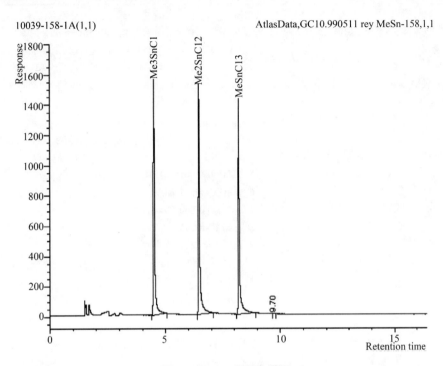

图 2 – 36 – 7　样品色谱图

氯化三苯基锡(以锡计) 5527

C₁₈H₁₅ClSn	相对分子质量:385.46	CAS 号:639 – 58 – 7	RTECS 号:WH6860000
方法:5527,第一次修订		方法评价情况:部分评价	第一次修订:2003. 5. 15
OSHA:0.1mg/m³ 以锡计 NIOSH:0.1mg/m³ 以锡计(皮) ACGIH:0.1mg/m³ 以锡计		性质:固体;熔点108℃;沸点240℃	

英文名称:Triphenyl tin chloride;Chlorotriphenylstannane、Chlorotriphenyltin、Fentin Chloride、Triphenylchlorostannane、Triphenylchlorotin

采样

采样管:(37mm 、5μm 聚氯乙烯滤膜)

采样流量:1 ~ 4L/min

最小采样体积:100L

最大采样体积:2000L

运输方法:常规

样品稳定性:于室温下可稳定28天

样品空白:每批样品2 ~ 10 个

准确性

研究范围:未研究

偏差:未测定

总体精密度($\hat{S}_{rT}$):未测定

准确度:未测定

分析方法

分析方法:HPLC/ICP – AES

待测物:锡

解吸方法:5ml 托酚酮/水/甲醇(0.02:22:78)

分离:HPLC,反相色谱柱 C₁₈,250 × 4.60mm,5μm,Kingsorb 5 或等效色谱柱

ICP:在有机化合物条件下操作

测量波长:189.9nm

进样体积:50μl

定量标准:甲醇中氯化三苯基锡的标准溶液

测定范围:每份样品 10 ~ 225μg[1]

估算检出限:每份样品 3μg[1]

精密度($\bar{S}_r$):0.034[1]

续表

适用范围:采样体积为1000L时,氯化三苯基锡的测定范围为0.01~0.2mg/m³

干扰因素:与氯化三苯基锡保留时间相同的化合物会对氯化三苯基锡的分析产生干扰

其他方法:无其他NIOSH特定方法用于测定氯化三苯基锡,其他有机化合物可用方法NIOSH 5504[2]检测,其使用HPLC - AAS分析技术

试剂	仪器
1. 托酚酮(2 - 羟基 - 2,4,6 - 环庚三烯铜),纯度 >99%	1. 采样管:带衬垫的聚氯乙烯滤膜(3μm,5μm,SKC, Inc., Eighty Four, PA 15330, Cat. No. 225 - 8 - 01 - 1),置于滤膜夹中
2. 冰醋酸:微量金属等级	2. 个体采样泵:流量1~4L/min,配有聚乙烯或PTFE的连接软管
3. 甲醇:HPLC级	3. 高效液相色谱仪:反相色谱柱(Kingsorb 5 C₁₈, 250×4.60mm, 5μm或等效柱),保护柱(Alltima 10mm×4.60mm C₁₈, 5 - micron)及50μl样品定量环
4. 氯化三苯基锡:纯度95%	
5. 去离子、蒸馏水	4. 电感耦合等离子体原子发射光谱仪:配备分析有机物的配件(见附录)
6. 流动相:0.020%(w/v)托酚酮,22%(v/v)水,6.0%(v/v)乙酸,72%(v/v)甲醇[3]	5. 氩气和氧气减压阀
7. 解吸溶剂:0.020%(w/v)托酚酮,22%(v/v)水,78%(v/v)甲醇	6. 烧杯:Griffin,50ml**
8. 氯化三苯基锡标准溶液:200μg/ml,溶于甲醇中	7. 容量瓶:10,100,1000ml**
9. 标准系列:移取适量的氯化三苯基锡标准溶液于10ml容量瓶中,以制备1,5,15,25,35,45μg/ml(以Sn计),加入解吸溶剂定容	8. 注射器:100μl
	9. 超声波清洗器
	10. 移液管:各种规格
10. 氩气	11. 具盖的聚苯乙烯圆底管(8ml)
11. 氧气	12. 塑料膜
	13. 镊子

特殊防护措施:氯化三苯基锡剧毒,易经皮吸收;工作时避免吸入其粉尘,戴手套;浓醋酸具有腐蚀性,对皮肤和眼睛有刺激;甲醇易燃,有毒

注:* 见特殊防护措施;** 用浓HNO₃清洗所有玻璃器皿,用蒸馏水进行彻底冲洗。

采样

1. 串联一个有代表性的采样管来校准个体采样泵。

2. 在1~4L/min范围内,以已知流量采集体积为100~1000L的空气样品。

样品处理

3. 打开滤膜夹,用镊子将样品及空白转移至干净的烧杯中。

4. 加入5ml解吸溶剂,塑料膜封口。

5. 于超声波清洗器中超声5分钟。

6. 转移溶液至聚苯乙烯管中,盖帽。

标准曲线绘制与质量控制

7. 在每份样品5~225μg锡的范围内,配制至少6个浓度的标准系列,绘制标准曲线。

a. 将已知量的氯化三苯基锡标准储备液移至10ml容量瓶中,用解吸溶剂稀释至刻度。

b. 与样品和空白一起进行分析(步骤10~11)。

c. 以峰面积对锡的含量(μg)绘制标准曲线。

8. 样品分析前一天,制备3个介质空白加标样品。解吸(步骤3~6)并与标准系列和空白一起进行分析。

9. 分析3个样品加标质控样和3个加标样品,确保标准曲线在可控范围内。

样品测定

10. 根据仪器说明书设置ICP参数,以测定有机化合物。

11. HPLC按如下条件设置。

a. C₁₈色谱柱。

b. 在连接至 ICP 前,用约 30ml 流动相冲洗色谱柱。

c. 流动相流速:1ml/min。

d. 在 ICP 准备就绪后,连接 HPLC 流路与 ICP 喷雾室。

12. 进样标准系列、样品、空白至 HPLC 色谱柱,记录色谱图。

计算

13. 使用便捷的 HPLC 软件程序分析色谱图。

14. 以峰面积对锡的含量(μg)绘制标准曲线。

15. 按照下式计算空气中待测物的浓度(以锡计)(mg/m³):

$$C = \frac{W - B}{V}$$

式中:W——样品中锡的含量(μg);

B——介质空白中锡的平均含量(μg);

V——采样体积(L)。

注意:1μg/L = 1mg/m³。

方法评价

本方法旨在应用于测定工作场所有机锡化合物,并测试 HPLC – ICP – AES 联用技术的适用性。本法测试的化合物为氯化三苯基锡,它可作为农药、涂料防污剂。

ICP 仪器通常用于无机金属化合物的分析,当作为 HPLC 仪器流出的有机金属化合物的检测器时,则须考虑适当修改 ICP 条件。其离子体炬及雾化室必须适合有机化合物的分析,并且用于分析含有有机物的溶液时,气体流速是不同的。这些信息可从 ICP 仪器说明书获知。此外,将氧气引入等离子体以防止积碳的形成。

此方法已对检出限、线性范围和样品稳定性进行了评价。仪器的检出限为每份样品 3μg(以锡计),相应的定量下限约为 0.1 × PEL,标准系列的结果表明方法的线性范围上限约为 240μg,相当于 PEL 的 2.4 倍,没有测定更高浓度的样品。

使用实验室加标样品,测定回收率,进行了方法的进一步评价。在浓度每份样品 9.5 ~ 190μg 锡范围内,制备 4 个浓度水平的氯化三苯基锡样品,这个范围为 0.1 ~ 2 × PEL。每一个浓度水平分析 6 个加标滤膜,回收率范围是 97% ~ 100%,平均 RSD 为 0.034。在滤膜上加标 95μg,储存于室温下,7、14、28 天后,回收率在 96% ~ 103% 之间,平均 RSD 为 0.032。

参考文献

[1] Hopkins BM [2002] Backup Data Report for Triphenyl Tin Chloride, August 15, 2002, (unpublished report). NIOSH/DART.

[2] NIOSH [1994]. NIOSH Manual of Analytical Methods, 4th ed., Method 5504, DHHS(NIOSH) Publication 94 – 113 (August 1994).

[3] Dauchy X, Cottier R, Batel A, Jeannot R, Borsier M, Astruc A, Astruc M [1993]. Mobile Phase Composition Based on Speciation of Butyltin Compounds by High – performance Liquid Chromatography with Inductively Coupled Plasma Mass Spectrometry Detection. J Chromatogr Sci 31: 416 – 421.

方法作者

Barbara M. Hopkins, Ph. D. NIOSH/DART.

附录:ICP – HPLC 仪器的使用——ICP 条件参考 Spectroflame EOP 设定

1. 在 ICP 仪器中,安装分析有机化合物的离子体炬和雾化室。

2. 将用于有机物分析的入口管连接至雾化室,ICP 废物管连接至废液瓶。

3. 一旦氩气流经仪器,便调节气体压力至使雾化器压力为 2.2 bar,辅助气体流量为 23 SKT。

4. 设置抽取水溶液和有机溶剂转换阀,定位在溶液处,在点燃火炬操作时让水通过系统,系统预热 30 分钟。

5. 启动流动相,通过 HPLC 仪器,流速为 1ml/min,检查流量是否正确。

6. 预热后,采用水溶液校对 ICP 仪器光学部分,溶液为 10 ppm Cd^{+2},10 ppm Li^{+1},50 ppm Zn^{+2}。

7. 设置成功后,打开氧气罐阀门,然后按照以下条件更改设置的 ICP 仪器参数(操作附录)。

发电机参数

等离子体功率(W)	1500
泵步骤	2
冷却液步骤	5
辅助步骤	1
雾化器步骤	1
加热	0
特殊阀	
冲洗步骤	2

8. 将转换阀切换至有机溶剂的位置,用管将 ICP 与 HPLC 柱尾端相连。检查 ICP 侧板内的阀门是否泄漏。

9. 进样前,流动相流经 ICP 10 分钟。

10. 确保样品定量环位置控制阀在 A 位置。

11. 为获得瞬时扫描数据,在 ICP 电脑上选择 SCAN MANAGER,SCAN,TRANSIENT SCAN,输入样品的名称、测量时间(100)、间隔时间(600)和点数(999)。选择锡发射线(189.9nm)。

12. 注入样品的甲醇溶液(约 70μl)至 50μl 样品定量环中。同时推动样品进样阀,按电脑上的 START 按键。

13. 在样品定量环控制阀从位置 B 移动至位置 A 后,取出注射器。

14. 扫描完成后,保存在软盘中。

15. 按照程序 11~14 注入标准系列和未知样品,一式三份。

16. 进样结束后,将 ICP 仪器与色谱柱断开,并以水冲洗 ICP 15 分钟。

17. 以 70% 甲醇和 30% 水的混合溶液冲洗色谱柱,盖好。

18. 关闭氧气阀,将 ICP 冲洗步骤设置为 1。

19. 按关机程序,关闭 ICP 仪器。

第三十七节　其他有机化合物

重氮甲烷 2515

$CH_2 = N^+N^-$	相对分子质量:42.04	CAS 号:334 - 88 - 3	RTECS 号:PA7000000
方法:2515,第一次修订		方法评价情况:部分评价	第一次修订:1985.5.15 第二次修订:1994.8.15
OSHA:0.2 ppm NIOSH:0.2 ppm ACGIH:0.2 ppm;可疑致癌物 (常温常压下,1 ppm = 1.719mg/m^3)		性质:黄色气体;熔点 -145℃;沸点 -23℃;纯重氮甲烷在 150℃ 以上爆炸,而不纯的重氮甲烷在低于 150℃ 的温度下会爆炸	
英文名称:diazomethane;azimethylene;diazirine			

采样	分析
采样管:固体吸附剂管(浸渍辛酸的 XAD-2 树脂,前段 100mg/后段 50mg)	分析方法:气相色谱法;氢火焰离子化检测器
采样流量:0.2L/min	待测物:辛酸甲酯
最小采样体积:6L	解吸方法:1ml CS$_2$;解吸 30 分钟
最大采样体积:30L	进样体积:5μl
运输方法:常规	气化室温度:225℃
样品稳定性:未测定	检测器温度:250℃
样品空白:每批样品 2~10 个	柱温:95℃
	载气:氮气,30ml/min
准确性	色谱柱:不锈钢柱,3m×3mm(外径),填充 100~120 目 Chromosorb WHP,其上涂渍 5% SP-1000;前置一个 15cm×3mm(外径)的不锈钢柱,填充 80/100 目 Gas Chrom Q,其上涂渍 10% Carbowax 20M 和 1.2% NaOH
研究范围:0.17~0.80mg/m³[1](10L 样品)	
偏差:-30%(0.17mg/m³)[1],-10%(0.36~0.75mg/m³)[1]	
总体精密度($\hat{S}_{rT}$):0.084[1]	定量标准:CS$_2$ 中的辛酸甲酯溶液,加入内标物
准确度:22.5%(0.36~0.75mg/m³)	测定范围:每份样品 2~8μg 重氮甲烷(每份样品 8~32μg 辛酸甲酯)
	估算检出限:未测定
	准确度($\bar{S}_r$):0.024[1]

适用范围:采样体积为 10L 时,重氮甲烷的测定范围是 0.1~0.6 ppm (0.2~1mg/m³)

干扰因素:未报道

其他方法:本法是 S137[2]方法的修订版

试剂	仪器
1. 解吸溶剂:CS$_2$*,色谱纯,含十三烷,作为内标物(约 20μg/ml)	1. 采样管:玻璃管,长 7cm,外径 6mm,内径 4mm。带塑料帽,内装 20~50 目 1%辛酸浸渍的 XAD-2 树脂(前段 100mg/后段 50mg),中间和两端装填硅烷化的玻璃棉,用于隔开和固定两段吸附剂。亦可购买市售采样管(SKC, Inc. 226-23 或等效的采样管)
2. 辛酸甲酯:试剂级	
3. 浸渍辛酸的树脂。将 20/50 目的 XAD-2 树脂(Rohm & Haas Co.)填入柱中(柱长与直径比约为 10:1)。用三倍填料床层体积的甲醇和两倍体积的戊烷冲洗。用 GC 检测洗液是否有干扰峰。室温下干燥。称取约 10g 已冲洗和干燥过的 XAD-2 树脂,放入圆底烧瓶中。加入 25ml 丙酮形成悬浊液。加入质量为吸附剂质量的 1%的辛酸。在旋转蒸发器中将溶剂蒸发。在室温下干燥	2. 个体采样泵:流量 0.2L/min,配有连接软管
	3. 气相色谱仪:氢火焰离子化检测器,积分仪和色谱柱(方法 2515)
	4. 溶剂解吸瓶:玻璃,2ml,带聚四氟乙烯内衬的瓶盖
	5. 注射器:10μl,精确到 0.1μl
	6. 移液管:1.0ml,带洗耳球
	7. 容量瓶:10ml
4. 氢气:净化	
5. 氮气:高纯	
6. 空气:过滤	

特殊防护措施:CS$_2$ 有毒,易燃易爆(闪点 = -30℃),操作时应在通风橱中进行,且远离火源;重氮甲烷易爆,具有潜伏毒性和很强的刺激性,可能引发延迟性过敏症或癌症[3],浓溶液可能引起剧烈爆炸,尤其是有杂质存在的情况下,如果容器表面粗糙,如毛玻璃,也可能引发爆炸[4]

注:*见特殊防护措施。

采样

1. 串联一个有代表性的采样管来校准个体采样泵。
2. 采样前折断采样管两端,用软管将两采样管串联,并将小管连接至个体采样泵。
3. 在 0.2±0.03L/min 范围内,以已知流量采集 6~30L 空气样品。
4. 密封。包装后运输。

样品处理

5. 除去玻璃棉,将采过样的两段吸附剂分别倒入溶剂解吸瓶中。

6. 于溶剂解吸瓶中各加入 1.0ml 解吸溶剂,密封。

7. 解吸 30 分钟,不时振摇。

标准曲线绘制与质量控制

8. 在每份样品 1 ~ 32μg 辛酸甲酯的范围内,配制至少 6 个浓度的标准系列,绘制标准曲线。

a. 于 10ml 容量瓶中,加入适量的解吸溶剂,再加入已知量的标准储备液,最后用解吸溶剂稀释至刻度。

b. 与样品和空白一起进行分析(步骤 11 和步骤 12)。

c. 以辛酸甲酯峰面积与内标物峰面积的比值对辛酸甲酯含量(μg)绘制标准曲线。

9. 每批浸渍的 XRD - 2 树脂至少测定一次解吸效率(DE)。在标准曲线范围内选择 5 个不同浓度,每个浓度测定 3 个样品。另测定 3 个空白采样管。

a. 去掉空白采样管后段吸附剂。

b. 用微量注射器将已知量的标准储备液直接注射至前段吸附剂上。

c. 封闭采样管两端,放置过夜。

d. 解吸(步骤 5 ~ 7)并与标准系列一起进行分析(步骤 11 和步骤 12)。

e. 以解吸效率对辛酸甲酯回收量(μg)绘制解吸效率曲线。

10. 分析 3 个样品加标质控样和 3 个加标样品,以确保标准曲线和解吸效率曲线在可控范围内。

样品测定

11. 根据仪器说明书和方法 2515 给出的条件设置气相色谱仪。使用溶剂冲洗技术手动进样或自动进样器进样。

注意:若峰面积超出标准曲线的线性范围,用解吸溶剂稀释后重新分析,计算时乘以相应的稀释倍数。

12. 测定峰面积。计算时将待测物的峰面积除以同一色谱图上内标物的峰面积。

计算

13. 按下式计算空气中重氮甲烷的浓度 C_a(mg/m³):

$$C_a = \frac{(W_f + W_b - B_f - B_b) \times 0.2657}{V}$$

式中:W_f——样品采样管前段吸附剂中辛酸甲酯的含量(μg);

W_b——样品采样管后段吸附剂中辛酸甲酯的含量(μg);

B_f——空白采样管前段吸附剂中辛酸甲酯的含量(μg);

B_b——空白采样管后段吸附剂中辛酸甲酯的含量(μg);

V——采样体积(L);

0.2657——辛酸甲酯与重氮甲烷的相对分子质量之比,42.04/158.24。

注意:上式中辛酸甲酯的含量均已用解吸效率校正;若 $W_b > W_f/10$,则表示发生穿透,记录该情况及样品损失量。

14. 按下式计算回收率(R):

$$R = 0.971 - \frac{0.0327}{C_a}$$

注意:测定回收率时,浓度范围为 0.12 ~ 0.7mg/m³。若超出这个范围,则上式不适用。

15. 按下式计算校正后的浓度 C(mg/m³):

$$C = \frac{C_a}{R}$$

方法评价

方法 S137[2] 发表于 1975 年 6 月 6 日,在 26℃、765mmHg 下,通过采集重氮甲烷浓度分别为 0.17、0.36 和 0.8mg/m³ 的发生气,采样体积为 10L,测定了精密度和偏差[1]。根据步骤 14 中的方程,回收率(测得的空气中浓度除以用独立方法检测出来的浓度,独立方法中用苯甲酸中的二甲苯溶液采集样品)随着浓度的减小而减小。表观浓度为 0.12 ~ 7mg/m³ 时,6 组数据的回收率在 0.68 ~ 0.93 之间。未测定样品的稳定性。该方法不满足 NIOSH 有效方法的偏差标准的要求(10%)。

用浸渍 XAD - 2 作为采样管的前段吸附剂,以 0.22L/min 流量采集重氮甲烷浓度为 0.83mg/m³ 的干燥空气,采样 240 分钟(53L)时,未发生穿透。在吸附剂上加标辛酸甲酯制备的样品,其解吸效率为 1.01 ~ 1.05。采样流量对采样效率以及重氮甲烷与辛酸浸渍的树脂的反应性有很大的影响;因此,必须在 0.2L/min 的流量下采集样品。

参考文献

[1] Documentation of the NIOSH Validation Tests, S137, U. S. Department of Health, Education, and Welfare, Publ. (NIOSH) 77 - 185 (1977), Available as GPO Stock #017 - 033 - 00231 - 2 from Superintendent of Documents, Washington, DC 20402.

[2] NIOSH Manual of Analytical Methods, 2nd ed., Vol. 3, S137, U. S. Department of Health, Education, and Welfare, Publ. (NIOSH) 77 - 157 - B (1977).

[3] NIOSH/OSHA Occupational Health Guidelines for Chemical Hazards, U. S. Department of Health and Human Services, Publ. (NIOSH) 81 - 123 (1981), Available as GPO Stock #017 - 033 - 00337 - 8 from Superintendent of Documents, Washington, DC 20402.

[4] Merck Index, 10th ed., Merck & Co., Inc., NJ (1983).

方法修订作者

Julie R. Okenfuss, NIOSH/DPSE；S137 originally evaluated under NIOSH Contract CDC - 99 - 74 - 45.

亚硝胺 2522

分子式:见表 2 - 37 - 1	相对分子质量:见表 2 - 37 - 1	CAS 号:见表 2 - 37 - 1	RTECS 号:见表 2 - 37 - 1
方法:2522,第二次修订		方法评价情况:部分评价	第一次修订:1989.5.15 第二次修订:1994.8.15
OSHA:无 PELs;N - 亚硝基二甲胺是致癌物 NIOSH:无 RELs;N - 亚硝基二甲胺是可疑致癌物 ACGIH:无 TLVs;N - 亚硝基二甲胺是可疑致癌物		性质:见表 2 - 37 - 1	

英文名称:表 2 - 37 - 1

采样	分析
采样管:固体吸附剂管(Thermosorb/N™空气采样器)	分析方法:气相色谱法;热能分析仪(TEA)[1]
采样流量:0.2 ~ 2L/min	待测物:亚硝胺(表 2 - 37 - 1)
最小采样体积:15L(在 10μg/m³ 下)	解吸方法:2ml 3:1(v/v)二氯甲烷/甲醇;解吸 30 分钟
最大采样体积:1000L	进样体积:5μl
运输方法:常规	色谱柱:不锈钢柱,25.4cm×0.375cm;填充 Chromosorb W - AW,其上涂渍 10% Carbowax 20M +2% KOH
样品稳定性:至少 6 周(20℃)[1,2]	气化室温度:200℃
样品空白:每批样品 2 ~ 10 个	检测器温度:550 ~ 600℃
	柱温:110 ~ 200℃
准确性	程序升温,升温速率 5℃/min
研究范围:未研究	气体:氮气,载气,25ml/min;氧气,5ml/min;臭氧,0.2ml/min
偏差:未测定	定量标准:甲醇/二氯甲烷中待测物的标准溶液
总体精密度($\hat{S}_{rT}$):未测定	测定范围:每份样品 0.15 ~ 0.5μg[2]
准确度:未测定	估算检出限:每份样品 0.05μg[2]
	精密度($\bar{S}_r$):0.014(每份样品 0.05 ~ 0.4μg)[2]

适用范围:采样体积为 50L 时,测定范围为 0.003 ~ 10mg/m³。如果想要采集环境浓度较高的亚硝胺,须再加一个采样管,内装 Thermosorb/N,作为后采样管。

干扰因素:当热能分析仪(TEA)以亚硝胺模式操作时,它对 N - 亚硝基化合物有很高的专一性,因为 TEA 具有很高选择性和灵敏性,即使存在其他共流出的化合物,它也能能够对 N - 亚硝基化合物用色谱分离并进行定量分析;因此,其他化合物对本法检测的干扰很小甚至无干扰

其他方法:本法替代了 NIOSH 方法 P&CAM 252[3] 和 P&CAM 299[4]

试剂	仪器
1. 二氯甲烷:试剂级	1. 采样管:可购买市售采样管(Thermedics Detection, Inc., 220 Mill Rd., Chelmsford, MA 01824, 508/251 - 2000)
2. 甲醇:试剂级	2. 个体采样泵:配有连接软管,流量 0.2 ~2L/min
3. 氮气:高纯	3. 气相色谱仪:热能分析仪(TEA),积分仪,色谱柱(方法 2522)
4. 氧气:净化,99.99%	4. 溶剂解吸瓶:2ml,带聚四氟乙烯内衬的瓶盖
5. N - 亚硝基二甲胺,N - 亚硝基二乙胺,N - 亚硝基二正丁胺,N - 亚硝基二正丙胺,N - 亚硝基吗啉,N - 亚硝基哌啶,N - 亚硝基吡咯烷的标准储备液	5. 移液管:各种规格
	6. 注射器:1,5,10,25 和 100μl。精确到 0.1μl
6. 解吸溶剂:3∶1(v/v)二氯甲烷/甲醇	7. 容量瓶:10ml
7. 空气:过滤	8. 手套:用于处理有毒化学药品
8. 臭氧:净化,99.99%	9. 注射器:玻璃,5.0ml,配有公鲁尔接口
	10. 注射针头:磨口,20 号,配有母鲁尔接口

特殊防护措施:OSHA 规定 N - 亚硝基二甲胺是一种致癌物,其他亚硝胺是可疑致癌物,具有高毒性;处理样品和标准溶液时要在通风橱内操作并带防护手套

注:＊见特殊防护措施。

采样

1. 串联一个有代表性的采样管来校准个体采样泵。

2. 将 Thermosorb/N 采样管从铝箔袋中取出,收好铝箔袋。

3. 将红色的密封帽从采样管两端取下,将其装在写有"AIR IN"的 Thermosorb/N 采样管支架上。

4. 从铝箔袋上取下写有"AIR SAMPLER"的标签,将其贴在 Thermosorb/N 采样管上。

5. 用软管将 Thermosorb/N 采样管和个体采样泵连接。

6. 在 0.2 ~2L/min 范围内,以已知流量采集 15 ~1000L 空气样品。

7. 采样结束后,将采样管从采样泵上卸下。

8. 用红色密封帽密封采样管。

9. 重新将 Thermosorb/N 采样管放入铝箔袋中。将铝箔袋折好并用夹子密封,包装后运输。

样品处理

10. 将采样管从铝箔袋中取出。

11. 将采样管上"AIR SAMPLER"的标签贴在溶剂解吸瓶上。

12. 将红色端帽取下,将其放在采样管支架上。

13. 将注射器针头接在与 Thermosorb/N 管匹配的公鲁尔接口上。

14. 将含有解吸溶剂的注射器筒接在与 Thermosorb/N 管匹配的母鲁尔接口上。

15. 将 2.0ml 的解吸溶剂"反冲"入 Thermosorb/N 管内进行解吸。将流出液收集到标记的溶剂解吸瓶中。

注意:最佳解吸速率为 0.5ml/min。

标准曲线绘制与质量控制

16. 在每份样品 0.05 ~0.5μg 待测物的范围内(0.025 ~0.25μg/ml),配制至少 6 个浓度的标准系列,绘制标准曲线。

　　a. 于 10ml 容量瓶中,加入适量的解吸溶剂,再加入已知量的亚硝胺标准储备液,最后用解吸溶剂稀释至刻度。

　　b. 与样品和空白一起进行分析(步骤 19 ~22)。

c. 以峰面积对待测物含量(μg)绘制标准曲线。

17. 每批 Thermosorb/N 采样管至少测定一次解吸效率(DE)。

a. 用微升注射器将已知量的亚硝胺标准液直接注射至 Thermosorb/N 管中。

b. 密封采样管,放置过夜。

c. 解吸(步骤 12 ~ 15)并与标准系列一起进行分析(步骤 19 和步骤 22)。

d. 以解吸效率对待测物回收量(μg)绘制解吸效率曲线。

18. 分析 3 个样品加标质控样和 3 个加标样品,以确保标准曲线和解吸效率曲线在可控范围内。

样品测定

19. 根据方法 2522 中给出的条件,设定气相色谱条件和 TEA 检测条件。

20. 使用溶剂冲洗技术手动进样或者使用自动进样器进样。

21. 在一定柱温下 7 种亚硝胺的保留时间为如表 2 - 37 - 2。

22. 测定峰面积。

计算

23. 按下式计算空气中待测物的浓度 C(mg/m³):

$$C = \frac{W - B}{V}$$

式中:W—— 样品采样管吸附剂中待测物的含量(μg);

　　B —— 空白采样管吸附剂中待测物的平均含量(μg);

　　V —— 采样体积(L)。

注意:上式中待测物的含量已用解吸效率校正。

方法评价

本法对浓度范围在每份样品 0.05 ~ 0.5μg 内的 7 种亚硝胺进行了评价。通过在 Thermosorb/N 采样管中加标已知量的化合物,进行解吸效率实验,所有亚硝胺样品的解吸效率接近 100%。本法采样装置较小,而干扰也最小;可采集高浓度样品(采样管吸附量达到 1500μg),且不会发生穿透。样品在室温下可以储存很长时间(≥6 周)。本法也对一些现场样品进行了方法评价[2]。

参考文献

[1] Roundbehler, D. and Fajen J. N - Nitroso Compounds in the Factory Environment, NIOSH contract #210 - 77 - 0100 (1977).

[2] Foley, D. NIOSH/MRSB Method Development Efforts, Backup Data Report and Analysis for Nitrosamines, NIOSH, (Unpublished, 1983 - 1988).

[3] NIOSH Manual of Analytical Methods, 2nd ed., V. 1, P&CAM 252, U. S. Department of Health Education, and Welfare, Publ. (NIOSH) 77 - 157 - A (1977).

[4] Ibid., V. 5, P&CAM 299, NIOSH Publ. 79 - 141 (1979).

方法作者

G. David Foley, NIOSH/DPSE.

表 2 - 37 - 1　基本信息

化合物(中、英文名称)	分子式	相对分子质量	性质
N - 亚硝基二甲胺 N - nitrosodimethylamine; N - Methyl - N - nitrosomethanamine; dimethylnitrosamine; DMN; DMNA	(CH₃)₂N - N = O CAS #62 - 75 - 9 RTECS: IQ0525000	74.1	液体;密度 1.00g/ml (20℃);沸点 151℃;饱和蒸气压 0.36 kPa(2.7mmHg)(20℃)

续表

化合物(中、英文名称)	分子式	相对分子质量	性质
N - 亚硝基二乙胺 N - nitrosodiethylamine; N - Ethyl - N - nitrosoethanamine; diethylnitrosamine; DEN; DENA;	$(C_2H_5)_2N - N = O$ CAS #55 - 18 - 5 RTECS: IA3500000	102.1	液体;密度 0.94g/ml (20℃);沸点 175℃;饱和蒸气压 0.1 kPa(0.86mmHg)(20℃)
N - 亚硝基二正丙胺 N - nitrosodipropylamine; N - Propyl - N - nitrosopropylamine; DPN; DPNA;	$(C_3H_7)_2N - N = O$ CAS #621 - 64 - 7 RTECS: JL9700000	130.2	液体;密度 0.916g/ml (20℃);沸点 194.5℃;饱和蒸气压 11Pa(0.085mmHg)(20℃)
N - 亚硝基二正丁胺 N - nitrosodibutylamine; N - Butyl - N - nitrosobutylamine; dibutylnitrosamine;	$(C_4H_9)_2N - N = O$ CAS #924 - 16 - 3 RTECS: EJ4025000	158.3	液体;密度 9.901g/ml (20℃);沸点 116℃ (14mmHg);饱和蒸气压 4Pa (0.03mmHg) (20℃)
N - 亚硝基吗啉 N - nitrosomorpholine; 4 - Nitrosomorpholine; NMOR; MORNA;	$C_4H_8N_2O_2$ CAS #59 - 89 - 2 RTECS: QE7525000	116.1	液体/晶体;密度未知;沸点 225℃;熔点 29℃;饱和蒸气压未知
N - 亚硝基哌啶 N - nitrosopiperidine; N - NPIP;PIPNA;NPIP;	$(CH_2)_5N - N = O$ CAS #100 - 75 - 4 RTECS: TN2100000	114.2	液体;密度 1.063(19℃);沸点 217℃ (720mmHg);饱和蒸气压未知
N - 亚硝基吡咯烷 N - nitrosopyrrolidine; N - NPyr;NPYR,PYRNA; 1 - Nitrosopynolodine;	$C_4H_8N - N = O$ CAS #930 - 55 - 2 RTECS: UY1575000	100.1	液体;密度 1.09g/ml (20℃);沸点 214℃;饱和蒸气压 10Pa(0.072mmHg)(20℃)

表 2 - 37 - 2　化合物柱温及保留时间

化合物	柱温/℃	保留时间/min
N - 亚硝基二甲胺	120	2.2
N - 亚硝基二乙胺	125	3.1
N - 亚硝基二正丙胺	142	6.2
N - 亚硝基二正丁胺	145	7.4
N - 亚硝基吗啉	178	13.2
N - 亚硝基哌啶	169	12.0
N - 亚硝基吡咯烷	166	11.2

挥发性有机化合物(筛选) 2549

分子式:见表2 - 37 - 3	相对分子质量:见表2 - 37 - 3	CAS 号:见表2 - 37 - 3	RTECS 号:见表2 - 37 - 3
方法:2549,第一次修订		方法评价情况:部分评价	第一次修订:1996.5.15
OSHA: NIOSH:随化合物变化 ACGIH:		性质:见表2 - 37 - 3	
英文名称:volatile organic compounds;VOCs;各化合物见表2 - 37 - 3			

续表

采样	分析
采样管:热解吸管[多床层吸附剂管盛有石墨碳和碳分子筛吸附剂(附录)]	分析方法:热解吸 - 气相色谱法;质谱法
	待测物:见表 2 - 37 - 3
采样流量:0. 01 ~ 0. 05L/min	解吸方法:热解吸
最小采样体积:1L	进样体积:由解吸分流速度而定(附录)
最大采样体积:6L	热解吸温度:300℃,10 分钟
运输方法:在储存容器中、环境条件下运输	检测器温度(质谱仪):280℃
样品稳定性:取决于化合物(- 10℃储存)	柱温:35℃,4 分钟;以 8℃/min 升温至 150℃,以 15℃/min 升至 300℃
样品空白:每批样品 1 ~ 3 个	载气:氦气
	色谱柱:30m DB - 1,0. 25mm(内径),膜厚 1. 0μm,或等效色谱柱
准确性	定量标准:基于质谱图解析和电子图库检索进行定性
研究范围:不适用	测定范围:不适用
偏差:不适用	估算检出限:每支采样管 100ng 或更低
总体精密度($\hat{S}_{rT}$):不适用	精密度($\bar{S}_r$):不适用
准确度:不适用	

适用范围:本法已用于含有挥发性有机化合物混合物的环境的测定(表 2 - 37 - 3);用含有多段吸附剂的热解吸管进行样品采集;基于操作者经验和图库检索,本分析过程已能用于宽范围的有机化合物定性

干扰因素:在每种化合物的定性过程中,从色谱柱上共洗脱下来的化合物可能产生干扰。通过采取适当的背景扣除,质谱操作者能够得到每种化合物更具有代表性的质谱图并提出试探性的定性(表 2 - 37 - 3)

其他方法:使用热解吸/气相色谱法对空气中特定的化合物进行测定的其他方法已经出版[1-3]。本法与这些方法最主要的不同是热解吸管中使用的吸附剂

试剂	仪器
1. 空气:干燥	1. 采样管:热采样管,1/4″S. S. 管,能捕获 $C_3 \sim C_{16}$ 范围内有机化合物的多段吸附剂。精确的采样管结构取决于所使用热解吸系统。见图 2 - 37 - 1 举例
2. 氦气:高纯	
3. 用质谱鉴定的有机化合物(表 2 - 37 - 3)*	2. 个体采样泵:流量 0. 01 ~ 0. 05L/min,配有连接软管
4. 用于配制加标溶液的溶剂:CS_2(低苯色谱级),甲醇等(纯度 >99%)	3. 用于运输热解吸采样管的容器
	4. 仪器:热解吸系统,带冷肼,解吸温度可达到管内吸附剂的解吸温度(~300℃),直接连接到 GC - MS 系统
	5. 气相色谱仪:配有 1/4″色谱柱接头的进样器,1/4″接头锁紧螺母和 Teflon 密封性套管(或等效气相色谱仪)
	6. 注射器:1 ,10μl (液体);100,500μl (气密)
	7. 容量瓶:10ml
	8. 采气袋:2L

特殊防护措施:一些溶剂易燃,在通风橱中小心进行操作;采取必要的保护措施以避免吸入来自溶剂的蒸气;避免皮肤接触

注:* 见特殊防护措施。

采样

注意:现场使用前,在载气流量至少 50ml/min 的条件下,在解吸温度或其以上的温度下,加热热解吸管 1~2 小时,以彻底清洁所有热解吸管。热解吸管储存时盖上长期储存帽,或置于防止污染的容器中。在热解吸管或其容器上设一个永久的唯一的编号来识别每一个热解吸管。在任何情况下都不能直接用胶带或标签来标记热解吸管。

1. 串联一只有代表性的采样管来校准个体采样泵。

2. 采样前立即移除采样管的帽。用软管连接采样管和个体采样泵。

注意:对于多床层吸附剂管,采样方向的正确性十分重要,应从最小强度吸附剂到最大强度吸附剂。

3. 对于一般的筛选，以 0.01～0.05L/min 的流量，采集最多 6L 的混合空气样品。采样后立即盖上采样管。样品空白一直盖着帽。如果将未盖帽的采样管留在污染环境中，管将起到扩散式采样器的作用。

4. 采集"湿度测试"样品，以测定热解吸管是否具有很高的水分背景值。

注意：采样体积增大，采样管会采集更多的待测物和水（来自于湿度）。如样品中待测物的浓度和水分足够高，分析过程中质谱仪可能发生故障，从而导致样品的分析结果数据丢失。

5. 采集"控制"样品。对室内样品的采集，即可采集同一地点的室外样品，也可采集非测定区域的室内样品。

6. 样品在环境温度下储存于容器中运输。在 -10℃ 储存。

样品处理

7. 分析前应先将样品平衡至室温。将采样管从储存容器中取出。

8. 首先分析"湿度测试"样品，以测定采样期间湿度是否很高（步骤 10）。

9. 如果湿度很高，在分析前应在环境温度下用高纯氦气以 50～100ml/min 的流量，干燥、净化采样管，最多使用 3L 氦气。

10. 对采样管进行热解吸。解吸方向与采样方向相反。

标准曲线绘制与质量控制

11. 根据仪器说明书对质谱仪进行调整、校准。

12. 在分析任何现场样品前都要进行至少一次空白运行，以确保 TD－GC－MS 系统有一个干净的色谱背景。在对高浓度样品分析后也要进行一次空白运行，以防在系统中有任何携带污染物。如果发现有携带污染物，增加空白运行次数，直至污染物从热解吸系统中冲刷干净。

13. 对热解吸管的使用次数和发现的化合物做好记录。如果在样品中发现了非预期的待测物，可以从这些记录中核实，采样管在以前的采样使用过程中是否接触过这些待测物。

14. 加标样品与筛选的样品一起进行测定，以确认目标化合物。按照附录中概述的过程制备加标样品。

样品测定

15. 条件见附录。MS 扫描范围应覆盖待测物的离子，通常为 20～300 原子质量单位（amu）。质谱可以通过图库检索或人工解释进行定性（表 2－37－3）。在所有的情况中，应检查与图库的匹配性，进行准确的定性。如果需要，也可通过加标标准对其进行验证。

方法评价

本法已多次用于现场的筛选评价，测定挥发性有机化合物。本法的估算检出限是用不同类型的有机化合物的加标样品进行分析所得。在每种化合物含量为 100ng 或更低的条件下，采集可靠的质谱谱图，对各种化合物进行研究。对于样品中可能存在高湿度的情况，一些极性挥发性化合物可能无法有效的吸附在热解吸管的内部。在这种情况下，以 100ml/min 的流量向样品中通入 3L 氦气，去除多余的水，且不会对样品中待测物的回收率造成明显影响。

参考文献

[1] Health and Safety Executive [1992]. MDHS 72 – Volatile Organic Compounds in Air. Methods for the Determination of Hazardous Substances. HMSO：London：ISBN 0 – 11 – 885692 – 8.

[2] McCaffrey CA, MacLachlan J, Brookes BI [1994]. Adsorbent Tube Evaluation for the Preconcentration of Volatile Organic Compounds in Air for Analysis by Gas Chromatography – mass Spectrometry. Analyst 119：897 – 902.

[3] Bianchi AP, Varney MS [1992]. Sampling and Analysis of Volatile Organic Compounds in Estuarine Air by Gas Chromatography and Mass Spectrometry. J. Chromatogr. 643：11 – 23.

[4] EPA [1984]. Environmental Protection Agency Air Toxics Method T01. Rev. 1.0 (April, 1984)：Method for the Determination of Volatile Organic Compounds in Ambient Air Using Tenax (R) Adsorption and Gas Chromatography/Mass Spectrometry (GC/MS), Section 13.

方法作者

Ardith A. Grote and Eugene R. Kennedy, Ph. D. , NIOSH, DPSE

表 2 – 37 – 3   常见挥发性有机化合物的质谱数据

化合物	CAS 号	分子式	相对分子质量 [a]	沸点 [b]	饱和蒸气压 [c](25℃)		特征离子峰
/英文名称	RTECS 号			℃	mmHg	kPa	m/z
芳香族烃							
苯 Benzene	71 – 43 – 2	C_6H_6	78. 11	80. 1	95. 2	12. 7	78 *
/benzol	CY1400000						
二甲苯 Xylene	1330 – 20 – 7	C_8H_{10}	106. 70				91,106 * ,105
/dimethyl benzene	ZE2100000						
邻二甲苯 o – xylene				144. 4	6. 7	0. 9	
间二甲苯 m – xylene				139. 1	8. 4	1. 1	
对二甲苯 p – xylene				138. 4	8. 8	1. 2	
甲苯 Toluene	108 – 88 – 3	C_7H_8	92. 14	110. 6	28. 4	3. 8	91,92 *
/toluol	XS5250000						
脂肪族烃							
正戊烷 n – Pentane	109 – 66 – 0	C_5H_{12}	72. 15	36. 1	512. 5	68. 3	43,72 * ,57
	RZ9450000						
正己烷 n – Hexane	110 – 54 – 3	C_6H_{14}	86. 18	68. 7	151. 3	20. 2	57,43,86 * ,
/hexyl – hydride	MN9275000						41
正庚烷 n – Heptane	142 – 82 – 5	C_7H_{16}	100. 21	98. 4	45. 8	6. 1	43,71,57
	MI7700000						100 * ,41
正辛烷 n – Octane	111 – 65 – 9	C_8H_{18}	114. 23	125. 7	14. 0	1. 9	43,85,114 * ,
	RG8400000						57
正葵烷 n – Decane	124 – 18 – 5	$C_{10}H_{12}$	142. 29	174. 0	1. 4	0. 2	43,57,71,
/decyl hydride	HD6500000						41,142 *
酮类							
丙酮 Acetone	67 – 64 – 1	C_3H_6O	58. 08	56. 0	266. 0	35. 5	43,58 *
/2 – propanone	AL3150000						
2 – 丁酮 2 – Butanone	78 – 93 – 3	C_4H_8O	72. 11	79. 6	100. 0	13. 0	43,72 *
/methyl ethyl ketone	EL6475000						
甲基异丁基甲酮	108 – 10 – 1	$C_6H_{12}O$	100. 16	117. 0	15. 0	2. 0	43,100 * ,58
Methyl isobutyl ketone							
/MIBK, hexone	SA9275000						
环己酮	108 – 94 – 1	$C_6H_{10}O$	98. 15	155. 0	2. 0	0. 3	55,42,98 * ,
Cyclohexanone							
/cyclohexyl ketone	GW1050000						69
醇类							
甲醇 Methanol	67 – 56 – 1	CH_3OH	32. 04	64. 5	115. 0	15. 3	31,29,32 *
/methyl alcohol	PC1400000						
乙醇 Ethanol	64 – 17 – 5	C_2H_5OH	46. 07	78. 5	42. 0	5. 6	31,45,46 *

化合物	CAS 号	分子式	相对分子质量[a]	沸点[b]	饱和蒸气压[c](25℃)		特征离子峰
/ethyl alcohol	KQ6300000						
异丙醇 Isopropanol	67 – 63 – 0	C_3H_7OH	60.09	82.5	33.0	4.40	45,59,43
/1 – methyl ethanol	NT8050000						
丁醇 Butanol	71 – 36 – 3	C_4H_9OH	74.12	117.0	4.2	0.56	56,31,41,
/butyl alcohol	EO1400000						43
乙二醇醚							
乙二醇丁醚 Butyl cellosolve	111 – 76 – 2	$C_6H_{14}O_2$	118.17	171.0	0.8	0.11	57,41,45,
/2 – butoxyethanol	KJ8575000						75,87
二乙二醇乙醚 Diethylene glycol ethyl	111 – 90 – 0	$C_6H_{14}O_3$	134.17	202.0	0.08	0.01	45,59,72,73,
/Carbitol	KK8750000						75,104
酚类							
苯酚 Phenol	108 – 95 – 2	C_6H_5OH	94.11	182.0	47.0	0.35	94*,65,66,39
/hydroxybenzene	SJ3325000						
甲酚 Cresol	1319 – 77 – 3	C_7H_7OH	108.14				108*,107,77,
	GO5950000						79
邻甲酚 2 – methylphenol	95 – 48 – 7			190.9	1.9	0.25	
间甲酚 3 – methylpheno	108 – 39 – 4			202.2	1.0	0.15	
对甲酚 4 – methylpheno	106 – 44 – 5			201.9	0.8	0.11	
氯代烃							
二氯甲烷 Methylene chloride	75 – 09 – 2	CH_2Cl_2	84.94	40.0	349.0	47.00	86*,84,49,
/dichloromethane	PA8050000						51
1,1,1 – 三氯乙烷 1,1,1 – Trichloroethane	71 – 55 – 6	CCl_3CH_3	133.42	75.0	100.0	13.50	97,99,117,
/methyl chloroform	KJ2975000						119
四氯乙烯 Perchloroethylene	127 – 18 – 4	CCl_3CCl_3	236.74	187.0	0.2	<0.10	164*,166,168
/hexachloroethane	KX3850000			(升华)			129,131,133,
							94,96
邻、对二氯苯 o – , p – Dichlorobenzenes		$C_6H_4Cl_2$	147.00				146*,148,111
							113,75
/1,2 – dichlorobenzene	95 – 50 – 1			172.9	1.2	0.20	
	CZ4500000						
	106 – 46 – 7			173.7	1.7	0.20	
/1,4 – dichlorobenzene	CZ4550000						
三氟三氯乙烷 1,1,2 – Trichloro – 1,2,2 – trifluoroethane	76 – 13 – 1	CCl_2FCClF_2	187.38	47.6	384.0	38.00	101,103,151
/Freon 113	KJ4000000						153,85,87

续表

化合物	CAS 号	分子式	相对分子质量[a]	沸点[b]	饱和蒸气压[c](25℃)		特征离子峰
萜类							
右旋萜二烯 d – Limonene	5989 – 27 – 5	$C_{10}H_{16}$	136.23	176.0	1.2		68,67,93,121
	OS8100000						136[*]
松节油(蒎烯)	8006 – 64 – 2	$C_{10}H_{16}$	136.23	156.0 ~	4.0(20℃)		93,121,136[*],91
Turpentine(Pinenes)				170.0			
α – 蒎烯 α – pinene	80 – 56 – 8			156.0			
β – 蒎烯 β – pinene	127 – 91 – 3			165.0			
醛类							
己醛 Hexanal	66 – 25 – 1	$C_6H_{12}O$	100.16	131.0	10.0	1.30	44,56,72,82,
/caproaldehyde	MN7175000						41
苯甲醛 Benzaldehyde	100 – 52 – 7	$C_7H_{12}O$	106.12	179.0	1.0	0.10	77,105,106[*]
/benzoic aldehyde	CU4375000						51
壬醛 Nonanal	124 – 19 – 6	$C_9H_{18}O$	142.24	93.0	23.0	3.00	43,44,57,98
/pelargonic aldehyde	RA5700000						114
乙酸盐							
乙酸乙酯 Ethyl acetate	141 – 78 – 6	$C_4H_8O_2$	88.10	77.0	73.0	9.70	43,88[*],61,70
/acetic ether	AH5425000						73,45
乙酸丁酯 Butyl acetate	123 – 86 – 4	$C_6H_{12}O_2$	116.16	126.0	10.0	1.30	43,56,73,61
/acetic acid butyl ester	AF7350000						
乙酸戊酯 Amyl acetate	628 – 63 – 7	$C_7H_{14}O_2$	130.18	149.0	4.0	0.50	43,70,55,61
/banana oil	AJ1925000						
其他							
八甲基环四硅氧烷	556 – 67 – 2	$C_8H_{24}O_4Si_4$	296.62	175.0			281,282,283
Octamethylcyclotetra – siloxane	GZ4397000						

注:a 相对分子质量;b 沸点;c 饱和蒸气压;* 分子离子峰。

附录

多段吸附剂管:与下面所列等效的其他吸附剂组合与仪器(条件)也适用。特别是如果待测物已知,可选择特定的吸附剂和条件,对特定化合物的测定更有效。该采样管已与 Perkin Elmer ATD 系统的 1/4 不锈钢柱管一起用于 NIOSH 研究,如图 2 – 37 – 1 所示。

加标样品的制备:加标采样管可以用标准溶液或标准气体来制备。

标准溶液:将已知量的待测物加入到含有高纯度溶剂(CS_2、甲醇、甲苯)的 10ml 容量瓶中,制备成储备液;根据待测物的溶解度和色谱对待测物的分离情况选择溶剂,易挥发的化合物应溶解于不易挥发的溶剂中;尽管 CS_2 对先洗脱的化合物存在干扰,但对大多数化合物而言,CS_2 通常是很好的溶剂。

采气袋标准气:将已知量的有机待测物加入到已知体积的充满干净空气的采气袋中[4];在封闭采气袋前,将磁力搅拌子和一些玻璃珠加入到采气袋里,用于加入待测物后的搅拌;将所有的待测物加入采气袋后,将采气袋加热到 50℃,置于磁力搅拌器上搅拌几分钟,以确保待测物能够完全蒸发;搅拌后将采气袋冷却至室温,按照下面的描述用气体注射器从采气袋中取出一定量的气体,加入采样管中。

采样管加标:用 1/4″色谱柱接头安装 GC 进样器,进样器温度维持在 120℃,使进入的样品蒸发;用 1/4″

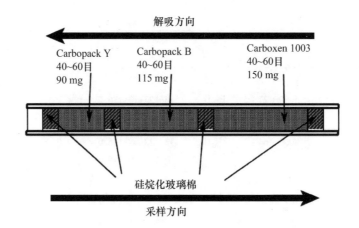

图 2 - 37 - 1　Carbopack™ 和 Carboxen™ 吸附剂均来自于 Supelco，Inc

接头锁紧螺母和特氟龙密封套管，将进样器与干净的热解吸管连接，调节氦气使其以 50ml/min 的流量通过进样器；连接采样管，保证气流方向与采样方向相同；取一定量的标准，标准气体 100～500μl、标准溶液 0.1～2μl，注入到 GC 进样器。平衡 10 分钟；移除采样管，在与现场样品相同的条件下进行热解吸并分析。

仪器：对于未知环境的一般筛选所使用的实际介质、仪器和条件如下：Perkin - Elmer ATD 400（自动热解吸系统），直接连接到 Hewlett - Packard 5980 气相色谱仪/HP5970 质量选择检测器和数据处理系统上。

ATD 条件：

管解吸温度：300℃；

管解吸时间：10 分钟；

阀/传输系统温度：150℃；

冷阱：Carbopack B/Carboxen 1000，60～80 目，在管解吸期间维持 27℃；

冷阱解吸温度：300℃；

解吸流量：50～60ml/min；

入口分流：关；

出口分流：20ml/min；

氦气：10psi。

GC 条件：

DB - 1 熔融石英毛细色谱柱，30m，膜厚 1μm，0.25mm（内径）；

程序升温：初始温度 35℃，保持 4 分钟，以 8℃/min 的速率升温至 100℃，然后以 15℃/min 的速率升温至 300℃，保持 1～5 分钟；

运行时间：27 分钟。

MSD 条件：

传输线温度：280℃；

扫描 20～300 amus，电子轰击电离源（EI）模式；

EMV：设定为调谐值；

溶剂延迟：对于现场样品，为 0 分钟；如果对溶剂 - 加标采样管进行分析，可能要用溶剂延迟，以防止由过大的压力引起的 MS 关闭。

四甲基硫脲 3505

$(CH_3)_2NC(=S)N(CH_3)_2$	相对分子质量:132.23	CAS 号:2782 – 91 – 4	RTECS 号:YU2750000
方法:3505,第二次修订		方法评价情况:部分评价	第一次修订:1989.5.15 第二次修订:1994.8.15
OSHA:无标准 NIOSH:无推荐接触限值 ACGIH:无标准		性质:固体;熔点78℃;沸点245℃	

英文名称:tetramethyl thiourea ; 1,1,3,3 – tetramethyl – 2 – thiourea; TMTU

采样

采样管:冲击式吸收管(水)

采样流量:0.2 ~ 1L/min

最小采样体积:50L(在 0.3mg/m³ 下)

最大采样体积:250L

运输方法:将冲击式吸收管中的溶液置于溶剂解吸瓶中运输

样品稳定性:未知

样品空白:每批样品 2 ~ 10 个

定性样品:需要;采集大体积的空气或沉降尘

准确性

研究范围:未对发生气进行研究

偏差:未测定

总体精密度($\hat{S}_{rT}$):未测定

准确度:未测定

分析

分析方法:可见吸收分光光度法

待测物:四甲基硫脲 – 五氰酸铁络合物

测量波长:590nm

定量标准:四甲基硫脲 – 五氰酸铁络合物的水溶液

测定范围:每份样品 15 ~ 150μg

估算检出限:每份样品 3μg[1]

精密度($\bar{S}_r$):0.02(每份样品 15 ~ 150μg)[1,2]

适用范围:采样体积为 100L 时,测定范围为 0.15 ~ 10mg/m³。四甲基硫脲用于制造胶黏剂及氯丁橡胶。本法也适用于乙烯硫脲[1]

干扰因素:含有硫酮官能团(C=S)的化合物会与五氰酸氨亚铁酸盐络合剂发生络合反应,并在 590nm 吸收带对待测物产生干扰。在 590nm 能够吸光的其他化合物也会产生干扰

其他方法:本法源自并替代了方法 P&CAM 282[1]

试剂

1. 溴:Br_2,ACS 试剂级 *
2. 五氰酸氨亚铁酸二钠二水合物(亚硝基铁氰化钠,即硝普钠):$Na_2Fe(CN)_5NO \cdot 2H_2O$,ACS 级
3. 盐酸羟胺:$NH_2OH \cdot HCl$,ACS 级
4. 碳酸氢钠:$NaHCO_3$
5. 去离子蒸馏水
6. 络合试剂(附录)
7. 稀释络合试剂:将 1 体积的络合试剂与 2 体积的水混合。每天配制新鲜的试剂
8. 四甲基硫脲(TMTU):试剂级 *
9. TMTU 的储备液:1000μg/ml *。称取 0.250g TMTU,溶于蒸馏水中,并稀释至 250ml
10. 标准储备液:20μg/ml。用蒸馏水将 5ml TMTU 储备液稀释至 250ml

仪器

1. 采样管:小型冲击式吸收管,玻璃,内装 15ml 水
2. 个体采样泵:流量 0.2 ~ 1L/min,配有连接软管和防倒吸措施(空的冲击式吸收管或在采样管与泵之间放置带玻璃棉的管)
3. 可见吸收分光光度计:波长 590nm,5cm 比色皿
4. 分析天平:0.1mg
5. 研钵和研杵
6. 试管:20ml,在 15.0ml 处校正
7. 溶剂解吸瓶:玻璃,20ml,带 PTFE 内衬的螺纹瓶盖
8. 烧杯:50ml
9. 移液管:可调节的,0.1 ~ 5ml,带一次性枪头
10. 容量瓶:25ml 和 250ml
11. 镊子
12. 微量取样匙
13. 橡胶洗耳球
14. 称量纸
15. 过滤漏斗、铁架台和滤纸

特殊防护措施:溴具有腐蚀性,且易引起严重灼伤,其蒸气具有强烈的刺激性和毒性,操作时应佩戴手套并在通风橱内操作;四甲基硫脲是一种动物致畸剂和致癌物[3],避免吸入、摄入和与皮肤接触,将 TMTU 保存在贴有"动物致癌物"标签的瓶中,并将瓶放在可重复密封的厚塑料袋中,上锁储存

注:* 见特殊防护措施。

采样

1. 串联一个有代表性的采样管来校准个体采样泵。

2. 在 0.2～1L/min 范围内,以已知流量采集 50～250L 空气样品。将样品液转移到 20ml 的溶剂解吸瓶中运输。

3. 采集大体积的空气样品或橡木粉尘样品。放入玻璃溶剂解吸瓶里,置于单独容器中运输。

样品处理

4. 将溶剂解吸瓶中的样品置于试管中,加水至 15ml 刻度。

标准曲线绘制与质量控制

5. 在每份样品 3～150μTMTU 范围内,配制至少 6 个浓度的标准系列,绘制标准曲线。

a. 用移液管量取 0～10ml 的标准储备液至干净的溶剂解吸瓶中。加入蒸馏水至 15ml。

b. 与样品和空白一起进行分析(步骤 6～8)。

c. 以吸光度对 TMTU 的含量(μg)绘制标准曲线。

样品测定

6. 络合。

注意:标准系列和样品同时进行此步操作。在 3 小时内以约 2% 的速率褪色。

a. 用移液管分别量取 1.5ml 稀释的络合试剂至每个试管或溶剂解吸瓶中。

b. 不时振摇,至少 30 分钟,以确保显色反应完全。

注意:络合物的颜色随着浓度的增大而变化,由黄色变到亮绿色,再变为蓝绿色。高浓度的络合物会呈现普鲁士蓝;分析前用蒸馏水进行稀释,计算时乘以相应的稀释倍数。

7. 将溶液转移至 5cm 比色皿中。用擦镜纸擦去比色皿窗口的水滴。

8. 在 590nm 波长下,参比池中为 15ml 蒸馏水和 1.5ml 稀释络合剂,测定样品的吸光度。

注意:灵敏度约为 0.006 吸光度单位/微克;在 350～700nm 范围内,对定性样品(将几毫克定性样品溶于 15ml 水中,并按照步骤 6～8 进行处理)进行吸光度的扫描测定;与 TMTU 光谱进行比较,以检测可能存在的干扰。

计算

9. 按下式计算空气中 TMTU 的浓度 C(mg/m³):

$$C = \frac{M - B}{V}$$

式中:M——样品中 TMTU 的含量(μg);

B——介质空白中 TMTU 的平均含量(μg);

V——采样体积(L)。

方法评价

在每份样品 15～150μg 范围内,本法对 35 个标准进行了试验,其平均精密度 $\bar{S}_r$ 为 2%[1,2]。所有标准曲线的最小线性相关系数为 0.9999[2]。水浴加热至 60℃,TMTU 会与滤膜材料反应,因此很难用水或甲醇回收加标在 VM-1(PVC)滤膜上的 TMTU[2]。本法测定了小型冲击式吸收管采集的 42 个现场样品[2]。TMTU 的测定量为每份样品 9～302μg。

参考文献

[1] NIOSH Manual of Analytical Methods, 2nd. ed., V. 4, P&CAM 282, U.S. Department of Health, Education, and Welfare, Publ. (NIOSH) 78-175 (1978).

[2] Palassis, J. Sampling and Analytical Determination of Airborne Tetramethyl and EthyleneThiourea, Am. Ind. Hyg. Assoc. J., 41, 91-97 (1980).

[3] Registry of Toxic Effects of Chemical Substances, V. 3, U.S. Department of Health and HumanServices, Publ. (NIOSH) 83-107 (1983).

方法作者

John Palassis，NIOSH/DTMD.

附录:络合剂的配制

1. 称量 0.500g 的 Na$_2$Fe(CN)$_5$NO·2H$_2$O,加入 50ml 烧杯中。用 10ml 蒸馏水溶解。

2. 将 0.500g 的 NH$_2$OH·HCl 和 1.00g 的 NaHCO$_3$ 加入研钵中一起研磨。

3. 在通风橱内,将研磨的混合物加入步骤 1 的溶液中。当停止冒泡后,加入 0.10ml 溴。待反应停止后,加入约 10ml 的蒸馏水。过滤。用 4ml 的蒸馏水清洗烧杯并过滤。将滤液倒入 25ml 的容量瓶中,并用蒸馏水稀释至刻度。冷藏。

有机和无机气体的抽气式傅立叶变换红外光谱法 3800

分子式:见表 2 - 37 - 4	相对分子质量:见表 2 - 37 - 4	CAS 号:见表 2 - 37 - 4	RTECS 号:见表 2 - 37 - 4
方法:3800,第一次修订		方法评价情况:完全评价	第一次修订:2003.3.15
OSHA:见表 2 - 37 - 4 NIOSH:见表 2 - 37 - 4 ACGIH:见表 2 - 37 - 4		性质:见表 2 - 37 - 4	

英文名称:见表 2 - 37 - 4 中列举的化合物

采样	分析
采样管:便携式直读仪器(如果需要,用滤膜采集) 采样流量:0.1~20L/min(取决于系统) 最小采样体积:取决于仪器 最大采样体积:无 压力:在 725~795mmHg(绝对压力)下抽气 温度:在 10~30℃下抽气 样品空白:氮气或零空气	分析方法:抽气式傅立叶变换红外(FTIR)光谱法 待测物:见表 2 - 37 - 4(根据数据的含量目标和 QA/QC 要求,也可对其他化合物进行定性/定量分析) 分析频率:见表 2 - 37 - 5 中列举的化合物 定量标准:校准用标准气体 定性分析:红外光谱解析和参考数据库计算机检索 测定范围:见表 2 - 37 - 5(取决于化合物和吸收光程) 估算检出限:10 米吸收光程下的样品数据见表 2 - 37 - 5 精密度($\bar{S}_r$):见附录 E、2B 和 2C
准确性 研究范围:见表 2 - 37 - 4 偏差:见附录 E 总体精密度($\hat{S}_{rT}$):见附录 E 准确度:见附录 E	

适用范围:已证明 FTIR 技术在环境空气和燃烧气体混合物的分析上十分有用[7,8]。若有熟练的分析人员参与分析(见附录 A),本法可用于检测工作场所中的挥发性有机化合物和无机物,见表 2 - 37 - 4

干扰因素:红外吸收特征峰的重叠可能会影响到各化合物的定量分析;用合适的多元最小平方方法,可准确得出重叠化合物的浓度

其他方法:本法是以 EPA 方法 320[1] 中的一部分以及其附录[2] 为基础制定的,EPA 方法 320 及其附录介绍了用抽气式 FTIR 光谱法检测气体化合物的浓度;几个兼容的 ASTM 标准中所描述的红外技术和术语也可用[3-6]

续表

试剂	仪器
1. 氮气或零空气:高纯(HP)及以上	1. FTIR 光谱系统(光源、干涉仪、样品吸收池和检测器):具有吸收结构。推荐最小仪器线宽(MIL)为 2cm^{-1}或更低
2. 校准用标准(CTS)气体:2% 准确度或更好。浓度是否合适取决于所使用的化合物和仪器的吸收光程。对于氮气中的乙烯,建议标准浓度为使浓度 - 吸收光程积为 100 ~ 400 ppm - m 的浓度。(比如吸收池为 10m 时,建议氮气中乙烯的标准浓度为 10 ~ 40 ppm)	注意:对于特定气体基质,可能需要或者更适合选择较低或较高的 MIL。选择内吸收池材料以使表面/待测物的反应降到最低
	2. 配有相关硬件、软件以及所需标准图库的计算机系统,以获取、储存和分析样品光谱(推荐使用数据备份系统)
3. 液氮[*](LN$_2$):如果需要,用于冷却红外检测器	3. 采样泵:0.1 ~ 10L/min,带有合适的颗粒物滤膜
	4. 不与待测物发生反应的气体调节阀和采样所用管道
	5. 转子流量计或其他设备:准确度 20%,用于测量样品和校准气体的流量
	6. 温度测量和(或)控制设备:用于测量和控制采样系统的所有元件和 IR 吸收池
	注意:当环境温度 < 10℃ 或 > 30℃ 时,需要使用控温设备
	7. 压力表:用于测量吸收池的绝对气压,在一个标准大气压(760mmHg)的绝对压力下,其准确度为 5%
	8. 用于系统测试(但不用于正常操作):真空泵和压力表,能指示 100mmHg 的绝对压力;中红外衰减片(50% 和 25%);冲击式吸收管

特殊防护措施:本法需要使用压缩气体、低温液体和(或)有毒化学品;这些物质很危险,只能由有经验的人员根据相关的安全标准进行操作;本法尚未解决所有与其使用有关的安全问题;使用者有责任建立一个合适的安全健康操作规程,并确定规程和限制的适用性

注:* 见特殊防护措施。

注意:本文档中使用的术语说明请参阅附件(附录 A),同时,在进行任何测试之前必须先进行几个 FT-IR 系统的测试(附录 B)。附件 C、附件 D 和附件 E(分别)简述了 FTIR 光谱法、准备参考图库的注意事项,以及根据本法性能的需要进行计算的示例。

检测前准备

下面的操作(步骤 1 和步骤 2)只能由经验丰富的"分析员"来完成(附录 A)。

1. 按照附录 B 描述的步骤,检查如下性能:波数的重现性、最小仪器线宽(MIL)、吸收光程、系统响应时间,剩余平方面积(RSA)和检测器的线性,以验证 FTIR 系统。如果系统是一个新的,或者最近刚组装好,或者最近进行了维护,须在使用前按照附录 B 所述,进行测试并记录测试结果。

2. 准备测试方案。该方案必须包括以下方面。

a. 所使用的系统配置,包括:样品光谱的吸收光程和积分时间。

b. 各待测物的数据质量目标、分析范围和预期检出限(LOD)值,示例及相关计算见表 2 - 37 - 5 和附录 E。

c. 测试中应列出所有"操作员"和"分析员"的名字。分析员应对以下测试步骤的各方面均有经验,能够完成任何一个或者所有的测试步骤。操作员应对下面的步骤 3 ~ 13 有经验,仅需完成这部分测试步骤。

d. 核查系统配置、存有的 RSA 值和相关 LOD 值是否与本次测试的数据质量目标相一致(附录 E,第 3 部分)。

以下操作(步骤 3 ~ 13)由有经验的操作员或分析员进行。

3. 根据仪器说明书预热 FTIR 系统。确保足够的时间使红外光源、红外检测器和(如果需要)温度控制系统稳定。

4. 确认电脑系统为干涉图的储存编制了程序;如果数据储存能力足以储存所有的干涉图,那么储存单光束谱图。确认(推荐的)数据备份系统的适用性和性能。

5. 绕过采样系统,将氮气或零空气直接通入到红外吸收池中,直至红外响应值和湿度稳定为止。记录本底谱图,其积分时间等于或大于之后用于检测样品光谱的积分时间。

6. 开启整个 FTIR 系统(包括所有采样组件),记录 N_2 或零空气的样品气流的吸收光谱。所用积分时间为之后用于检测样品光谱的积分时间。确认样品流量能够满足或超过系统响应时间文件中所述的流量。检查"系统本底"(SZ)的光谱,确定采样系统和红外吸收池中不存在污染。如果检测到污染,清洗或(和)更换合适的采样系统元件或(和)红外吸收池,并记录新的 SZ 光谱。如果污染无法消除,检测结果和 LOD 值需要在质量控制时(步骤 14~17)进行校正。

校准

7. 使用整个采样系统,获取两个或更多的测试前 CTS 光谱,并用它们来计算系统吸收光程 L_s (附录 B,第 1 部分)。所用积分时间为之后用于检测样品光谱的积分时间。确认此 L_s 值在测试方案中值的 5% 范围内。确认样品的温度和压力分别在 10~30℃ 和 725~795mmHg 之间。

8. 如果可能,在采样前进行以下方面的系统核查。如果需要,这些操作也可延迟,直到(测试后)质量控制步骤(步骤 14~17)完成后再进行。如果采样后再进行检查,那么测试结果和 LOD 可能需要进行校正。

a. 检查 LOD。在待测物相关的分析范围内,用其中一个 SZ 光谱计算 RSA 值(附录 B,第 2 部分)和 LOD 值(附录 E,第 2 部分)。确认系统光程、当前 RSA 值、当前 LOD 值与本次测试的数据质量目标相一致(附录 E,第 3 部分)。

b. 检查波数重现性。记录初始工作场所空气样品的光谱,并按照附录 B 第 3 部分进行计算。

采样

9. 用测试方案中的积分时间,使用整个采样系统,获得样品并记录所要环境气体的红外光谱。根据需要可改变采样位置。测试持续时间大于 2 小时,或者若 FTIR 系统在采样过程中移动,则监控系统的单束光响应值。如果单束光谱的非吸收范围的变化量大于 5%,暂停采样,记录新的本底光谱(步骤 5)。在每一个采样点都必须获取样品的光谱,且所用时间不得少于系统的响应时间(见系统测试文件)。

10. 重复步骤 6;获取至少一个氮气和零空气的测试后 SZ 光谱;确认采样系统无污染。

11. 记录至少一个测试后的 CTS 光谱(步骤 7);确认系统配置和系统吸收光程(在 5% 范围内)与测试方案中的一致。

12. (可选)获取一个测试后的本底光谱(步骤 5)。

样品分析

13. 在测试方案中所述的分析范围内,运用合适的数学分析法(附录 E),根据样品光谱、参比光谱、吸收光程和气压,测定初始待测物的浓度及其 3σ 不确定度。

注意:所有待测物的参考光谱必须满足或高于附录 D 中的 QA/QC 要求。参考光谱库必须包括至少一个波数的标准谱图和至少一个校正用标准(CTS)光谱。任何待测物的样品吸收不能超过参考光谱中该待测物的最大浓度–光程积。

质量控制

以下操作(步骤 14~18)只能由有经验的分析员进行。

14. 在待测物相关的分析范围内,用一个 SZ 光谱,计算 RSA 和 LOD 值(附录 E)。确认系统的光程、当前 RSA 值和当前 LOD 值与测试的数据质量目标相一致。按照附录 B 中第 3、4 部分,用合适的工作场所空气光谱进行波数重现性和分辨率试验。若波数重现性或分辨率结果不能满足技术规范,需进行校正(步骤 17)。

15. 对 SZ 光谱进行测试前和测试后的定性和(或)定量分析,确认采样系统无污染。若在任何分析范围内污染物具有较高的吸收值,则需要进行校正(步骤 17)。对 CTS 光谱进行测试前和测试后的定性和(或)定量分析,确认系统的吸收光程与测试方案中所用值之差在 5% 范围内。

16. 确认参考光谱和检测结果满足测试方案的数据质量目标(附录 D)。若不满足,则进行校正(步骤 17)。检查样品定量分析的结果(步骤 13),并手动验证它们的部分结果(包括浓度相对较高或者较低的结果)以确认分析程序的操作是否合适。在分析所得的浓度下,生成待测物光谱的技术见附录 E,这种光谱称为"倍增光谱(scaled spectra)",其定义见附录 A。分析员应该得出这样的图谱并从视觉上或数学上与样品所示光谱进行比较。

17. 校正:若步骤 14～16 的结果显示未达到测试方案的数据质量目标,分析员须按以下一步或多步操作进行校正。

——取连续的样品光谱的平均值,以减少残余噪声面积(RSA);

——进行数学分析时,加入污染物参考光谱;

——做更准确的待测物或者干扰的参考光谱;

——进行数学分析时,加入其他化合物的参考光谱;

——若样品中明显不存在的待测物和(或)干扰物,排除在数学分析之外;

——调节参考光谱数据库的分辨率和波数,使其与样品光谱匹配(反之亦然);

——修改(测试方案中的)初始数据质量目标到测试数据支撑的水平。

注意:在进行校正后,分析员必须重复步骤 13～16,并重新评价每个化合物的 LOD 值。

报告

18. 报告要求包括待测物和干扰物的浓度,浓度的不确定度,FTIR 光谱仪的配置,采样点和采样条件,参考光谱的来源,CTS 光谱分析结果,QA/QC 的结果,以及所有标准气体的分析证书。任何与测试方案中的测试操作和初始数据质量目标的不同之处都须记录在报告中。(此处所用的一些术语在附录 A 中有定义,并在此后的附录中有介绍。表 2 - 37 - 6 中特别介绍了 FTIR 光谱仪的配置参数。)

方法评价

对于很多化合物(例如,见参考文献 7 和参考文献 8),已根据 EPA 中的方法 301(参考文献 9),现场评价了抽气式 FTIR 方法。

参考文献

[1] U. S. EPA (proposed); Method 320 – Measurement of Vapor Phase Organic and Inorganic Emissions by Extractive FTIR Spectroscopy; Federal Register V63 No. 56, pp. 14219 – 14228 (March 24 1998); Also Available (on May 19 1999) at http://www. epa. gov/ttn/oarpg/t3/fr_notices/, file frprop. pdf.

[2] U. S. EPA (proposed); Addendum to Method 320 – Protocol for the Use of FTIR Spectrometry for the Analysis of Gaseous Emissions from Stationary Sources; Federal Register V63 No. 56, pp. 14229 – 14237 (March 24 1998); Also Available (on May 19 1999) at http://www. epa. gov/ttn/oarpg/t3/fr_notices/, file frprop. pdf.

[3] ASTM Designation D 6348. Standard Test Method for Determination of Gaseous Compounds by Extractive Direct Interface Fourier Transform Infrared (FTIR) Spectroscopy.

[4] ASTM Designation D 1356. Standard Terminology Related to Sampling and Analysis of Atmospheres.

[5] ASTM Designation E 168. Practice for General Techniques of Infrared Quantitative Analysis.

[6] ASTM Designation E 1252. Practice for General Techniques for Obtaining Infrared Spectra for Qualitative Analysis.

[7] EPA – Fourier Transform Infrared (FTIR) Method Validation at a Coal – fired Boiler, Available (on May 191999) at http://www. epa. gov/ttnemc01/f tir/reports, file r03. html.

[8] W. K. Reagen et al., Environmental Science and Technology 33, pp. 1752 – 1759 (1999).

[9] EPA – Validation Protocol, Method 301, Available (on May 19, 1999) through Links Provided in the Document http://www. epa. gov/ttn/emc/promgate. html .

[10] EPA FTIR Library of Hazardous Air Pollutants, Available (on May 19 1999) at http://www. epa. gov/ttnemc01/ftir/data/entropy/. This Library Contains Multiple Quantitative Spectra for Approximately 100 Compounds with 0. 25cm – 1 Resolution (Boxcar Apodization). The User Must Calculate Spectra for the Desired MIL and Apodization from the Interferometric Data Provided at the Site http://www. epa. gov/ttnemc01/ftir/data/igram/(See Reference 2, Appendix K). Some of These Spectra Were Recorded at Elevated Gas Temperatures and May Not Be Suitable for Quantitat Ive Workspace Air Analyses.

[11] NIST Standard Reference Database #79. This Library May Be Purchased through Links Provided at the Website http://www. gases. nist. gov/spectral. htm; It Contains Quantitative Spectra of 24 Different Compounds For Several MILs and several Apodization Functions.

[12] NIOSH Pocket Guide to Chemical Hazards, US Department of Health and Human Services – Centers and Prevention for

Disease Control, June 1997.

[13] 1998 TLV's and BEI's Threshold Limit Values for Chemical Substances and Physical Agents, American Conference of Governmental Industrial Hygienists.

[14] CRC Handbook of Chemistry and Physics 75th Edition, CRC Press, 1994.

[15] Griffiths PR and de Haseth JA, Fourier Transform Infrared Spectroscopy, John Wiley and Sons (New York), 1986.

[16] Hamilton WC, Statistics in Physical Science, Ronald Press Company, New York, 1964, Chapter 4.

[17] Traceability Protocol for Establishing True Concentrations of Gases Used for Calibration and Audits of Continuous Emissions Monitors (Protocol Number 1), June 1978, Quality Assurance Handbook for Air Pollution Measurement Systems, Volume III, Stationary Source Specific Methods, EPA－600/4－77－027b, August 1977.

[18] Plummer GM and Reagen WK, An Examination of a Least Squares Fit FTIR Spectral Analysis Method, Annual Meeting of the Air and Waste Management Association, Nashville, Tennessee, June 1996; Paper No. 96. WA65. 03.

方法作者

Grant M. Plummer, Ph. D. (Rho Squared), William K. Reagen, Ph. D. (3M) and Perry W. Logan (3M).

表 2－37－4 典型的挥发性化合物和化学数据

化合物 /英文名称	CAS 号 RTECS 号	经验式或 分子式	相对分子 质量[a]	沸点[b] /℃	饱和蒸气压[c] (25℃) /mmHg	接触限值/ppm [d,e,f](ACGIH[g]/ NIOSH[h]/OSHA)
芳香烃						
苯/粗苯 Benzene/benzol	71－43－2 CY1400000	C_6H_6	78. 11	80. 1	95. 2	0. 5－C/Ca[e]/10, 25－C
邻二甲苯 o－xylene	95－47－6 ZE2450000	$C_6H_4(CH_3)_2$	106. 7	144. 4	6. 7	100/100/100
间二甲苯 m－xylene	108－38－3 ZE2275000	$C_6H_4(CH_3)_2$	106. 7	139. 1	8. 4	100/100/100
对二甲苯 p－xylene	106－42－3 ZE2625000	$C_6H_4(CH_3)_2$	106. 7	138. 4	8. 8	100/100/100
苯乙烯 Styrene	100－42－5 WL3675000	C_6H_5CH $=CH_2$	104. 2	145. 0	5. 0	20/50/100,200－C
甲苯/甲基苯 Toluene/toluol	108－88－3 XS5250000	$C_6H_5CH_3$	92. 10	110. 6	28. 4	50/100/200,300－C
脂肪烃						
正己烷 n－Hexane/hexyl－hydride	110－54－3 MN9275000	C_6H_{14}	86. 18	68. 7	151. 3	50/50
酮类						
丙酮/2－丙酮 Acetone/2－propanone	67－64－1 AL3150000	C_3H_6O	58. 08	58. 0	232. 0	500/250
2－丁酮/甲乙酮 2－Butanone/methyl ethyl ketone	78－93－3 EL6475000	C_4H_8O	72. 11	79. 6	95. 0	200/200
醇类						
甲醇 Methanol/methyl alcohol	67－56－1 PC1400000	CH_3OH	32. 04	64. 5	95. 0	200/200

续表

化合物 /英文名称	CAS 号 RTECS 号	经验式或 分子式	相对分子 质量 [a]	沸点 [b] /℃	饱和蒸气压 [c] （25℃） /mmHg	接触限值/ppm [d,e,f]（ACGIH [g]/ NIOSH [h]/OSHA）
卤代烃						
二氯甲烷 Methylene chloride/dichloromethane	75 – 09 – 2 PA8050000	CH_2Cl_2	84.94	40.0	349.0	50/Ca [e]
偏二氟乙烯/1,1 二氟乙烯 Vinylidene Fluoride/1,1 – difluoroethene	75 – 38 – 7 KW0560000	$F_2C=CH_2$	64.00	– 85.0	498.9	NA [f]/1
三氯乙烯 Trichloroethylene/TCE	79 – 01 – 6 KX4550000	$ClCH=CCl_2$	131.40	87.0	73.5	50/Ca [e]
四氟乙烯 Tetrafluoroethylene/TFE	116 – 14 – 3	$F_2C=CF_2$	100.00	– 76.0	> 2000.0	5 [i]
醛类						
甲醛 Formaldehyde	50 – 00 – 0 LP8925000	H_2CO	30.00	– 21.0	气体	0.3 – 最高容许浓度/Ca [e]
环氧化合物						
环氧乙烷 Ethylene Oxide	75 – 21 – 8 KX2450000	C_2H_4O	44.00	10.5	气体	1/5 – 最高容许浓度
醚类						
四氢呋喃 Tetrahydrofuran	109 – 99 – 9 LU5950000	C_4H_8O	72.10	66.0	165.0	200/200/200
无机化合物						
一氧化二氮 Nitrous Oxide	10024 – 97 – 2 QX1350000	N_2O	44.00	– 53.0	> 2000.0	50/25
CS₂ Carbon Disulfide	75 – 15 – 0 FF6650000	CS_2	76.10	116.0	297.0	10/1/20
二氧化硫 Sulfur Dioxide	7446 – 09 – 5	SO_2	64.10	– 10.0	气体	2/2/2
氨 Ammonia	7664 – 41 – 7 BO0875000	NH_3	17.00	– 28.0	气体	25/25/50
无机酸 Inorganic Acids						
氢氟酸 Hydrogen Fluoride	7664 – 39 – 3 MW7875000	HF	20.0	20.0	783.0	3/3/3

注：a 相对分子质量（数据来自参考文献[12]~[14]）；b 沸点（数据来自参考文献[12]~[14]）；c 饱和蒸气压（数据来自参考文献[12]~[14]）；d 接触限值为 8 小时时间加权平均浓度，单位 ppm（百万分之一，体积比），最高容许浓度限值用"ceiling"来表示；e Ca 为 NIOSH 所列的致癌物（参考文献[12]中的附录 A）；f NA 表示未发表该类化合物的 TLV（参考文献[13]）；g 1998 年发表的 ACGIH TLV（参考文献[13]）；h 发表的 NIOSH REL –（参考文献[13]）；i 厂商推荐的接触限值。

表 2 – 37 – 5　表 2 – 37 – 4 中化合物的特征红外数据

注意:实验室之间、分析人员之间、仪器之间、不同日之间的检出限(LOD)可能会不同。因此,应该在与样品分析时相同的条件下测定检出限,记录该值时同时记录所用条件。需要强调的是,下表中的值只是本法预期的保守估算值。

化合物	分析范围 /cm^{-1}	参考光谱[a] 文件名[a]	10m[b] 下的 LOD/ppm	10m[c] 下的最大 浓度/ppm	最大 RSA[d] (abs－cm^{-1})	参考光谱来源
芳香烃						
苯	3000～3150	015mav01. spc	0.32	149	0.0360	EPA[e]
邻二甲苯	709～781	171mav01. spc	0.65	150	0.0444	EPA[e]
间二甲苯	782～805	172mav01. spc	1.36	146	0.0377	EPA[e]
对二甲苯	749～840	173mav01. spc	1.17	151	0.0561	EPA[e]
苯乙烯	738～944	147mav01. spc	1.84	150	0.0363	EPA[e]
甲苯	701～768	Tolmav01. spc	1.16	463	0.0499	EPA[e]
脂肪烃						
正己烷	2778～3051	095mav01. spc	0.10	150	0.6390	EPA[e]
酮类						
丙酮	1163～1265	192mav01. spc	0.95	148	0.0211	EPA[e]
2 – 丁酮	1127～1235	mekmav01. spc	0.27	463	0.0233	3M[f]
醇类						
甲醇	941～1100	104mav01. spc	0.28	151	0.0447	EPA[e]
卤代烃						
二氯甲烷	701～789	117mav01. spc	0.31	150	0.0620	EPA[e]
偏二氟乙烯	1080～1215	dfemav05. spc	0.21	25.7	0.0930	3M[f]
三氯乙烯	762～966	tcemav01. spc	0.43	464	0.1071	3M[f]
四氟乙烯	1080～1215	tfemav05. spc	0.17	25.7	0.0930	3M[f]
醛类						
甲醛[g]	2727～2844	087bb. spt	0.40	1125	0.0267	EPA[e,g]
环氧化合物						
环氧乙烷	3059～3070	084mav01. spc	0.11	138	0.0025	EPA[e]
醚类						
四氢呋喃	2750～3085	Thf405. spc	0.18	41	0.0782	3M[f]
无机化合物						
一氧化二氮	1226～1333	n2omav01. spc	0.36	904	0.0301	3M[f]
二硫化碳	2109～2200	028mav01. spc	0.13	151	0.0123	EPA[e]
二氧化硫[h]	1290～1410	so2. spc	0.35	～200[g]	0.1394	NIST[h]
氨	998～1131	nh3mav01. spc	0.77	470	0.0363	3M[f]
无机酸						
氟化氢化氢	4034～4206	21hfrav	0.93	15.8	0.1500	3M[f]

注:a 在 LOD 计算中使用,平均光谱来自引用图库,作者提供的数据;b 10 米吸收光程下的近似检出限(LOD),用 RSA 的典型值、引用分析范围和参考光谱数据,按照附录 E 中公式 E1 计算 LOD 值;c 可引用参考光谱中该化合物的最大 ppm－m 值;d 在特定分析范围内的最大剩余平方面积(RSA)与引用的 LOD 值一致,见附录 E 第 1 部分;e 见参考文献[10],此处为低浓度光谱下的平均吸光度和可接受的标准浓度值,干涉光谱的分辨率减小至 0.5cm^{-1},并使用了三角变迹法;f 作者许可使用的数据;g 在 100℃ 下记录的 EPA 参考光谱(参考文献[10]);h NIST 标准参考数据库#79(参考文献[9]),用三角变迹法以 0.5cm^{-1} 分辨率光谱的线性研究为基础,所引

用的 SO_2 最大浓度,在 1000 ppm－m 下,非线性吸收的误差低于 10%。

附录 A:术语

吸收池(absorption cell)——一种含有流体样品,但在已知温度、压力和吸收光程下光可通过样品的结构。

吸收带(absorption band)——光谱的一段连续波数范围(相当于一组连续的吸光度的数据点),在这范围内吸光度有一个或一系列最大值。

吸收光程(absorption pathlength)——在辐射光束传播的方向上,测得的样品入射表面与样品出射表面之间的距离。

吸光度(absorbance,单位:abs)——入射光强度与透射光强度分别以 I_0 和 I 表示,吸光度定义为 $A = -\log(I/I_0)$。对于一对 FTIR 光束,单光束光谱 A(本底光谱)和 B(样品光谱),光谱中每个波数(索引 i)下的样品吸光度可近似表示为 $A_i = -\log(B_i/A_i)$。

吸光度线性(absorbance linearity)——(理想)吸收光谱的一个特征;对于这样的光谱,测得的吸光度符合比尔(Beer)定律(方程 C1)。

吸收率(absorptivity)——每分子某化合物在单位吸收光程内吸收的入射红外光的比率;见方程 C1。

分析范围(analytical region)——用于一种或多种待测物定量分析的一段连续的波数范围(相当于一组连续的吸收光谱的数据点)。注意:单个待测物的定量结果可能要以多个分析范围的数据为基础。

分析员(analyst)——指对 FTIR 的法的所有操作均熟悉且具有经验的人员。分析员能完成方法中的任何操作,且必须能完成方法中的某些操作(见"操作员")。

待测物(analyte)——样品中需要准确测定浓度的化合物(见"干扰物")。

光阑(aperture)——物理上限制光束直径的光学装置。

变迹法(apodization)——通过乘以一个权函数以改进干涉图,该权函数随着干涉仪的移动元件的位置而不同。

本底光谱(background spectrum)——不含样品时整个系统测得的单光束光谱(或者使用无吸收的气体来代替样品进行测定)

基线(baseline)——在吸收光谱上绘制出的一条线(或者平滑的波数函数)以确定一个参考点,它代表了在给定波长的条件下入射至样品上的功率的函数。

比尔定律(Beer's Law)——均匀样品中化合物吸光度与样品浓度成正比关系。见方程 C1,该方程介绍了更多关于混合气体的情况。

校准用标准(CTS)气体(calibration transfer standard (CTS) gas)——用于测量样品吸收光程的化合物标准气体;见步骤 7、步骤 11、附录 B(第 1 部分)和附录 D(第 5 部分)。

cm^{-1}——见波数。

化合物(compound)——具有特定、唯一的分子结构的物质。

浓度(concentration)——单位量的样品中含有的化合物的量。推荐使用单位"ppm"(数量或者摩尔),以理想气体体积为基准。

浓度光程积(concentration－pathlength product,CCP)——物质浓度与吸收光程的数学乘积。对于参比光谱,这是一个已知量;对于样品光谱,用比尔定律直接测定其值。推荐使用 ppm－m 为单位。

数据质量目标(data quality objectives)——与本法的某些应用相关的参数,包括各化合物的估算 LOD 值。

降分辨(de－resolve)——由高分辨率光谱(低 FWHM)形成低分辨率(高 FWHM)光谱;见参考文献[2](附录 K)和参考文献[11]中降低分辨率的步骤和程序。

检测器线性(detector linearity)——IR 检测器(理想)的特征之一;对于这样的检测器,以检测器的输出电压测量值对入射到检测器上的宽带红外信号的总 IR 绘制曲线,将得到一条直线。

双光束光谱(double beam spectrum)——样品单束光谱除以本底光谱得到的吸收光谱或透射光谱。

　　注意:术语"双光束"用在其他地方表示样品干涉图和本底干涉图是通过物理上不同的吸收光路同时检测得到的光谱。这里的术语表示样品干涉图与本底干涉图是通过同一吸收光路的不同时间得到的光谱。

　　抽气式(extractive)———一种光谱法:将样品流从某处的气体中取出,输送至吸收池,并将样品隔离在吸收池中供分析。其他类型的光谱法有:不将样品隔离在吸收池中,包括"远程"(remote)"开口光路"(open path)和"局部开口光路"(local open path)技术。

　　滤料或滤光片(filter)———滤料是一种由惰性材料制成的装置,可以将固相或液相颗粒从气流中除去;滤光片是一种光学器件,让一部分入射光透过;对于"中性密度"和"网筛"滤光片,在某一特定的波长范围内,所有波长的入射光透过的比率恒定。

　　FFT(Fast Fourier transform,快速傅立叶变换)———一种离散的(数字的)近似于FT(傅立叶变换;见下)的变换,包括将原始数据分解到含有很多零在内的稀疏矩阵。

　　FT(Fourier transform,傅立叶变换)———一种将分析所得(非离散)振幅－时间的函数转换成振幅－频率的函数的数学分析过程,反之亦然。

　　FTIR(Fourier transform infrared,傅立叶红外变换)光谱仪———一个分析系统,包括中红外辐射光源,干涉仪,已知吸收光程的密闭样品池,红外检测器,在组件之间进行红外辐射转换的光学元件,以及电脑系统。用傅立叶变换将时域检测器响应(干涉仪)表示为红外功率对红外频率的响应。见图2－37－2和图2－37－3。

　　FTIR光谱法(FTIR spectrometry)———使用FTIR系统进行定量测量。

　　FTIR系统(FTIR system)———由FTIR光谱仪和样品接口结合组成。

　　FTIR系统配置(FTIR system configuration)———需要复制的一组参数,尽可能与之后的FTIR系统的接近。这组参数(至少)包括:名义MIL、吸收光程、变迹函数、气体温度、气体压力、零填充因子、特定水吸收带的检测波数、参考光谱光谱库、积分时间、检测器类型和标号、检测器组件(包括硬件和软件设置)。

　　FTIR系统响应时间(FTIR system response time)———从FTIR系统输出并能准确反应气体样品成分变化所需的最短时间;见附录B,第5部分。

　　频率ν(frequency)———为单位时间内的周期数;对于光,$ν = s/λ$,式中s为光速,λ为光的波长。与光速和波长不同,其大小与介质相关,而频率与光的传播介质无关。在FTIR光谱中频率经常用波数(w,cm^{-1})来表示,因为(在给定介质中)波数与频率ν成正比。(附录C,第4部分和附录中"波数")

　　半峰宽(full－width－half－maximum,FWHM)———对于单个的对称吸收带,其为吸收带的50%最大吸收值处的全宽。

　　冲击式吸收管(impinger)———一种让气流通过液相进行采样的由惰性材料制成的装置。

　　红外光源(infrared source)———一种能发射一定模式、强度和波数范围稳定的较宽波长的红外辐射的装置。经常将高温灯丝或陶瓷元件与合适的聚光设备连起来使用。

　　红外检测器(infrared detector)———一种将入射红外光的总功率成比例地转换为电压的装置。例如汞镉碲(MCT)检测器,需要冷却(需要冷却至液氮温度);氘化的三甘氨酸硫酸盐(DTGS)检测器,通常在室温下运行。

　　干涉图(interferogram)———记录IR检测器对干涉信号的调制组件的响应值,测得干涉信号为相位延迟的函数。

　　干涉仪(interferometer)———一种将单束辐射能分为两个或更多光束的仪器,在不同光束之间产生不同的光程,然后再将他们重叠在一起,使在最大和最小光程之间产生不同的光学相位差从而产生干涉。

　　积分时间(integration time)———单次扫描的干涉结果平均产生一个干涉图(随后是单光束和双光束图谱)的总时间。大部分软件都允许选择扫描次数而并不是积分时间。积分时间约等于(但是一般都是小于)实际选择的两次扫描之间的时间。

　　干扰物(interferant)———一种存在于样品光谱中的化合物,准确测定一个或多个待测物浓度时,必须考虑它,但是不需要它的浓度。

　　最小平方拟合算法(least squares fitting (LSF) algorithm)———在比尔定律的特定分析范围内,用最小化的平方差,由样品光谱来评估一种或多种化合物浓度的计算方法(方程 C1~C6)。

检出限(limit of detection,LOD,ppm)——在一个确定的 FTIR 系统配置和采样介质条件下,在选定的分析范围内,根据 FTIR 系统的 RSA 值和待测物的结合吸光度,对特定待测物的最低可检出浓度。

线(line)——见吸收带。

线宽(linewidth)——见半峰宽(FWHM)和最小仪器线宽(MIL)。

限流阀(metering valve)——一种气体阀,允许重复调节气体的流量,控制在全流量的误差为 2%。

中红外(mid-infrared,MIR)——电磁波谱范围约为 $400 \sim 500 \mathrm{cm}^{-1}$。

最小仪器线宽(minimum instrumental linewidth,MIL)——对于特定的 FTIR 光谱仪和 FTIR 系统配置,MIL 为吸收带 FWHM 的最小测量值。在波数中,常用以厘米表示的相位差的倒数来估算 MIL。MIL 取决于变迹函数的选择,通常大于由相位差估算的 MIL。

多光路吸收池(minimum instrumental linewidth)——一种样品吸收池,用反射镜可使红外辐射多次通过气体样品,这就使得吸收光程远大于吸收池的长度(见"怀特吸收池")。

mmHg——压力单位,由液态汞在垂直方向上能够升高 1 毫米的压力。一个大气压(atm)的压力差为 $760 \mathrm{mmHg}$,1.01×10^{5} 帕(Pa),14.7 磅/平方英寸(psi)。

操作员(operator)——仅仅对 FTIR 方法检测中的某些方面的操作熟悉和有经验的人。操作员可能完成该方法中的很多部分,但是该方法中的某些特定部分(见上)必须由"分析员"来完成。

峰(peak)——见吸收带。

定性分析(qualitative analysis)——检查样品的光谱,以确定样品中特定化合物是否存在。

定量分析(quantitative analysis)——在特定分析范围内测定特定化合物的准确浓度。

参比光谱(reference spectra)——已知化学成分的气体的吸收光谱,记录下已知吸收光程,这是用于气体样品的定量分析。

相对波数准确度(relative wavenumber accuracy,RWA,%)——FTIR 光谱仪测得的波数值相对于参考图库的标准波数之差的百分比。通过比较两个独立的水蒸气吸收的波数来估算 RWA 值。见附录 B 第 3 部分。

剩余平方面积(residual squared area,RSA)——在吸收光谱下的某一分析范围内,噪音(随机或系统)或频谱产物的测量;见附录第 2 部分的数学定义。RSA 能够用于估算给定的 FTIR 系统配置定给定化合物的 LOD 值。

光程差(retardation)——在同一干涉仪上两束光之间在光路上的差值,也定义为"光路差"。对于一个标准的 Michelson 干涉仪,光程差简单的定义为:在干涉仪进行扫描的过程中,通过反射镜移动的两倍距离即为光程差。

转子流量计(rotameter)——由气流悬浮转子的垂直高度来指示气体体积流量的装置。

采样点(sampling location)——气体样品进入采样界面的空间点。

采样界面(sample interface)——FTIR 系统中与样品气体和(或)校准气相接触的部分。包括:采样探头、采样滤膜、采样管、采样泵、气体阀、吸收池的内表面、压力计、样品转子流量计、排气管线和校准元件(气瓶、调节阀和转子流量计)。

倍增因子(scaling)——光谱中吸光度所用的乘法因子。

扫描(scan)——在干涉仪的移动配置一次完全的移动期间获得检测器输出的数字表达。

单光束光谱(single beam spectrum)——傅立叶变换干涉图,表示了检测器响应与波数的关系。

注意:术语"单光束"用在其他地方时表示通过同一物理吸收路径检测得到的样品干涉图和本底干涉图。但此处的用法不同,是指通过两个不同物理吸收路径来检测得到的干涉图(见上述"双光束光谱")。例如,此处该术语直接用于样品的透射比和吸收光谱的计算中。

系统零(SZ)光谱(system zero spectrum)——用测定样品气的采样界面来测定物吸收气,所得的吸收光谱。

透射比 T(transmittance)——透过样品后的辐射功率与入射到样品上的辐射功率的比值。通过单光束样品与本底光谱之间的比值估算 FTIR 光谱;通常用%T(100×T)表示。

不确定度(uncertainty)——用最小平方拟合法计算所得的数学量,用于估算在样品浓度检测过程中可能出现的误差;见方程 C1~C6。

波长 λ(wavelength)——组成光的电磁波相邻最大值之间的物理距离。波长与光速取决于光的传播介质。

波数 W(wavenumber)——波长的倒数,也表示光每单位长度内波的数量,常用单位 cm^{-1} 来表示。与光速和波长一样,波数也取决于光的传播介质。(见附录 C 第 4 部分和该附录中的"频率"。)

波数调节(wavenumber adjustment)——对单或双光束光谱相关的 cm^{-1} 值重新赋值。在 FFT 过程中,通过部分移动或者延伸波数范围,或者全面地延伸激光波数来调节。

怀特吸收池(White cell)——又名"多光路"吸收池(见上),表明它的来历。

零填充(zero filling)——在干涉图谱的末端加入零值点。在大多数电脑程序中,零填充"因子"N 指干涉图的数据点为原始干涉图谱的 N 倍。

附录 B:系统测试

在新的或者有重大改变的(如更换组件、拆卸和组装、重新组装等)系统上,必须进行至少一次系统测试。无论是在测试前准备还是在质量控制过程中,必须重复操作 B2 部分和 B4 部分所描述的测试过程。在所有情况下,要对 FTIR 系统进行预热,并且保证有足够的时间使红外源、红外检测器和(如果需要)温控系统在测试前稳定。

B1. 吸收光程

在同一化合物的参考校准用标准(CTS)光谱气体的温度和压力条件下,获取一个或多个校准用标准(CTS)气体(推荐使用 200~300 ppm-m 的乙烯)的吸收光谱。对于每一个光谱,根据下面的方程计算吸收光程(方程 B1):

$$L_S = \frac{L_R P_R A_S}{P_S A_R}$$

式中:L_S——样品 CTS 光谱的光程(m);

L_R——参比 CTS 光谱的光程(m);

A_S——样品 CTS 光谱的面积(abscm^{-1});

A_R——参比 CTS 光谱的面积(abscm^{-1});

P_S——样品 CTS 光谱的压力(mmHg);

P_R——参比 CTS 光谱的压力(mmHg)。

当多个 CTS 光谱可用时,L_S 为各光谱 L_S 结果的平均值。所用参考 CTS 光谱的光程和浓度必须以多个高质量标准气体和物理光程的测定为基础(附录 D,第 5 部分)。分析员必须记录分析范围的选择标准和所用的基线校正方法。

B2. 剩余平方面积

注意:如果以下的计算是在检测或者 QC 程序(步骤 14~17)中进行的,那么应该用工作环境空气样品光谱,而不用以下两段所述的"水蒸气(吸收)光谱"。

在记录下述的光谱时,选用现场测试的积分时间。记录干燥 N_2 或零空气的本底光谱。在绝对压力 725~795mmHg 下,用合适的冲击式吸收管为 N_2 或零空气流加湿,记录其单光束光谱,并从单光束光谱中形成该水蒸气样品的吸收光谱。为此光谱命名并保存,用于下面的计算。

从该水蒸气光谱中减去从水蒸气参比图谱中形成的倍增光谱(附录 A),用于随后的定量分析。在不同分析范围内产生的光谱不同,所以为得到最小的待测物吸收光谱,倍增因子可能会不同。将各分析范围内的不同光谱减去零偏移常数、线性函数或二次函数,得到每个范围内的剩余光谱 R。对于每个剩余光谱 R 会有一个离散吸收值 R_i,其中 i 为 p-q,波数范围为 W_p 到 W_q,剩余平方面积(RSA)定义为(方程 B2):

$$RSA = \frac{(w_p - w_q)}{q - p + 1} \sqrt{\sum_{i=p}^{i=q} \frac{(R_i)^2}{q - p}}$$

　　RSA 的值具有一定的大小(abscm^{-1}),并作为整个光谱分析范围内总光谱噪音吸光度和水的干扰的一种测量指标。将相同范围内的化合物总吸收度与 RSA 比较,估算出该范围中该化合物的 LOD 值(附录 D 第 9 部分和附录 E 第 1 部分)。

　　在上述计算中,假定样品中除了待测物外,水是唯一的、明显的红外吸收物,并且在所有分析范围内,只有一个待测物吸收。若存在其他待测物或干扰,则评估一个更保守的将在一组合适的参考光谱,不同光谱中加入其他化合物的吸光度,然后用一组不同的光谱减去它们的吸光度。

B3. 最小仪器线宽(MIL)

　　将吸收池抽真空至低于 100mmHg 压力下记录本底光谱。在近 300mmHg 的绝对压力下,获取工作场所空气样品。记录该低压下样品的吸收光谱。在 FWHM(半峰宽)外测量线宽(吸光度),至少 2 个单独的水蒸气波数(例如,1918cm^{-1} 和 2779cm^{-1} 附近的线)。MIL 为 FWHM 测量值的平均值。

B4. 波数重现性

　　注意:如果该计算是在检测中或作为 QC 过程(步骤 6~10)的某部分进行,那么检测时应该用 B2 部分描述的工作场所空气光谱,而不用水蒸气吸收光谱。

　　用 B2 部分记录的水蒸气光谱,检测 2 个独立水蒸气吸收特征的中心波数值 W_{S1} 和 W_{S2};尽管在 500cm^{-1} 附近或更高波数处的任何其他独立波数对都合适,但是仍建议使用 1918cm^{-1} 和 2779cm^{-1} 附近的峰波数值。将这些结果与中心波数值 W_{R1}、W_{R2} 比较,在水汽波数标准中的同一吸光特征与下述的定量分析使用的参考图库有关,然后按下式计算两个吸收带中各相对波数准确度(RWA),按百分数计(方程 B3):

$$RWA = ABS(s_{Ri} - w_{Si}) \quad i = 1,2$$

　　对于 FTIR 系统,将该两个值中的最大值与 MIL 值进行比较(见 B3 部分)。如果 RWA/MIL 的比超过 2%,可能需要调节样品光谱的波数范围。

　　通过局部移动或延伸波数刻度,或者通过在 FFT 期间全面延伸激光波数,以进行局部的数学波数调节。但是,大的移动(约 5% 或大于 MIL)表明系统需要进行物理调节,例如重新排列激光系统以满足干涉仪移动元件的控制。此外,数学波数调节需要一些与定量光谱分析相关的插值操作,且这些操作可能会导致光谱的不匹配,这对分析准确性有影响,不易进行定量。

　　某种程度上说,是否需要调节波数取决于光谱分析中化合物吸收峰的峰宽。因为很多水的吸收带——几乎普遍存在于工作场所空气的 IR 分析中——非常窄,准确的分析通常对上述中 RWA 与 MIL 的比有相对严格的限制。但是,当该比值超过推荐限值时,尤其是在实际只用宽的吸收特征峰时,可能得到准确的结果。当分析员选择该比值超过推荐限值时,可能会得到满意的分析结果。

B5. 系统响应时间

　　直接将 N$_2$ 或零空气通过整个采样界面,并在每约 30 秒的时间间隔记录光谱。用 CTS 气体突然取代 N$_2$ 和零气流并继续记录光谱。系统的响应时间为 FTIR 系统生成一个 CTS 化合物的计算浓度达到随后光谱中显示的最终(稳定)浓度值的 95% 时的吸收光谱所需的时间。

B6. 检测器线性

　　对所选光学配置,通过以下方式之一衰减检测器的入射功率:调节光圈设置;在红外光束光路上放置滤光片(中性密度或筛网)。在系统全红外功率的 100%、50% 和 25% 条件下,收集本底光谱和 CTS 光谱对。比较三个光谱的 CTS 带的面积,核实它们的面积在平均值的 5% 范围内。如果不在 5% 范围内,根据仪器说明书,对干涉数据进行软件线性校正。如果不能进行该项校正,应进行以下操作之一:表征系统非线性或用合适的浓度进行校正;继续衰减系统的入射功率以确保检测器响为应线性。

附录 C:FTIR 光谱仪的概述

C1. FTIR 光谱仪组成

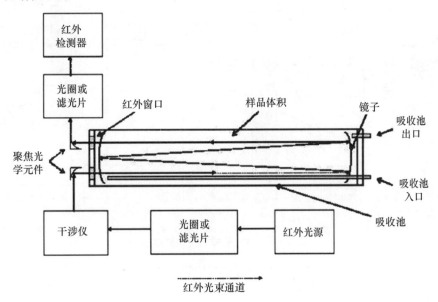

图 2 - 37 - 2　FTIR 光谱仪组成和光路

图 2 - 37 - 2 显示了 FTIR 光谱仪用于气相分析所需的基本组件。红外辐射由红外光源发射,包括波长为 2.0 ~ 20μm 范围内的所有能量;这是电磁波谱的一部分,通常被称为"中红外"(MIR)。在 FTIR 光谱中常用的单位为波数或 cm^{-1},中红外的波数范围为 5000 ~ 500cm^{-1}。红外辐射经过一个干涉仪,此处移动光学元件——通常为一面镜子——来调制红外光束。然后,调制的 IR 光束通过一个窗口(通常由 KBr 或 ZnSe 制成)进入吸收池并与待测物气体相互作用。发生相互作用的物理长度为"吸收光程"。在"多光路"(或"怀特")吸收池中,吸收池内的反射镜使 IR 光束多次通过气体样品;在这样的吸收池中,吸收光程能够达到吸收池本身长度的 4 ~ 50 倍(或更多)。(一般吸收光程越大,灵敏度越高。)然后 IR 光束离开样品池,通过第二个窗口,再次聚焦到 IR 检测器上。由于本抽气式方法需要将气体样品通过 FTIR 吸收池,因此采样系统的设计和完整性就十分重要。同样重要的是,该采样系统需要操作员能完成所有必需的校准和采样过程,且不能降低分析系统的速度和灵活性。虽然也可用其他配置,但是图 2 - 37 - 3 中描绘的采样系统配置已足够满足这些要求。由电脑控制干涉仪的移动并记录因干涉仪光学元件移动 IR 检测器输出的电压。理想地,检测器电压与 IR 光束的总功率成正比。电脑必须准确地记录检测器电压,该电压是干涉仪元件移动位置的函数,因此,基于激光的光学系统经常用于精确测量干涉仪移动元件的位置。在大多数情况下,反射镜或者其他光学元件的移动会重复很多次,将同时产生的单次"扫描"的结果进行平均,以减少系统的剩余噪声面积(RSA)。以 IR 功率对位置信号作图,此为干涉图,如图 2 - 37 - 4 所示。该干涉图是由吸收池内氮气(或一些低水平的水)进行 64 次扫描的结果平均而得。氮气是少数几种不与红外辐射作用的化合物之一,因此该干涉图能够代表无样品情况下的 FTIR 系统响应。要注意的是在干涉图开始附近信号值相对较强,该处为"零相位差(ZPD)突跃"。在对光学系统进行校正的过程中,ZDP 经常用于快速估算 IR 信号强度。

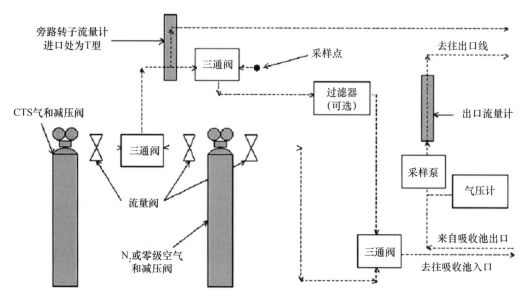

图 2 - 37 - 3　采样配置和样品通路

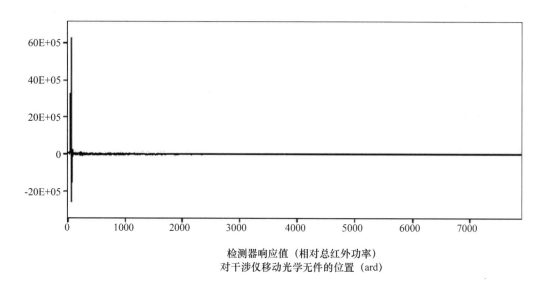

检测器响应值（相对总红外功率）
对干涉仪移动光学元件的位置（ard）

图 2 - 37 - 4　中红外干涉图

C2. 快速傅立叶变换（FFT）

干涉图中的每一个数据点代表了每一个从光源到检测器的红外波长的强度信息。通过使用快速傅立叶变换（FFT），可恢复其强度信息并作为波长的函数。FFT 是从 FTIR 技术中衍生过来的名字。该干涉图谱的数字转换可认为是：当使用的红外光束通过干涉仪进行光学调制时以其数学形式上的倒数来表示。它的功能就像是人类的大脑和耳朵的功能，对于辐射到耳朵的复杂信号（声波），提供了强度信息（音量）对波长的强度。（要注意的是，对于干涉图，在复杂声波中的每一个点都包含了波中含有的每一个强度。然而耳朵和大脑能够使得观众立即感觉到交响乐中（例如）短笛的声音很大，而大号的声音很静。）参考文献[15]（第 3 章）提供了关于 FFT 完整的数学描述。

C3. 仪器的分辨率、变迹函数和最小仪器线宽（MIL）

大部分 FTIR 系统的套装软件都会提供几种关于数据收集和 FFT 应用的选择。这通常至少会包括名义上的"仪器分辨率"（规定为 cm⁻¹）和"变迹函数"（例如"Boxcar"和"Triangular"）。对于定量光谱这些参数十分重要，按照以下顺序进行叙述。

仪器的分辨率是仪器最基本和最重要的参数。它规定了仪器最终输出中特征"峰"（或"线"）的半峰宽(FWHM,cm^{-1})的最小值。在单次扫描中,每个 FTIR 仪器的最小 FWHM 由干涉仪的移动元件所走过的最大距离决定。(对于最普通的 Michelson 干涉仪,FWHM(cm^{-1})等于(2d)$^{-1}$,此处 d 为在扫描过程中动镜移动的距离 cm。)很明显,具有较低 FWHM 的仪器比具有较高 FWHM 的仪器提供更多的光谱信息。但是,这些额外的信息所需成本高,才能满足仪器的设计、结构、大小、机械稳定性、便携性、快速性以及剩余噪声面积(RSA)等。

识别 FTIR 光谱仪"分辨率"的两种使用条件非常重要:高分辨能力或"高分辨率"的仪器,能够提供低的 FWHM 光谱特征;当名义分辨率用单位 cm^{-1} 表示时,具有较低 cm^{-1} 的光谱则相当于具有较高的分辨能力或"高分辨率"。大部分适用于现场的 FTIR 光谱仪的 FWHM 大于或等于 0.5cm^{-1},即他们的光谱分辨率高于 0.5cm^{-1}。大多数具有较高分辨能力(或低 FWHM)的仪器仅适合于在稳定的实验室环境中使用。

为了记录具有 FWHM 值的光谱,此 FWHM 值大于仪器实际的较低的 FWHM 限值,标准的 FTIR 操作软件通常有一定的选择性。这些选择通过在最大可移动范围内将动镜(或者其他光学元件)移动一段距离即可。相比仪器本身提供的操作方式来说,以该方式操作仪器能够得到更高的 FWHM 值("更低"分辨率或更短的干涉图)。较低分辨率(较高 FWHM)的光谱提供的信息较少,但是能够更快速地得到在大多数情况下比较高分辨率光谱更低的 RSA。

仪器操作员也可选择用变迹函数得到 FTIR 光谱。变迹法是在使用 FFT 之前将干涉图谱进行数学上的转换。现已有几种标准的转换函数,且每种函数对气体样品最终吸收光谱的影响不同。选择仪器的分辨率时,每种函数都有其优点和缺点。已知最简单的是"boxcar 变迹法"函数,它能够得到最低的 FWHM 但 S/N 比相对较低。(使用 boxcar 函数生成的光谱一般称为"非变迹"光谱。)其他函数(三角函数、Norton – Beer 及其他几个变迹函数)可得到较高的 S/N 比,但在定量分析中以高 FWHM 值和其他考虑为代价。参考文献[15]更详尽描述了关于不同变迹函数的特征。

对于给定的仪器配置——包括名义光谱分辨率和变迹函数的选择——每个 FTIR 系统能够产生最小仪器线宽(MIL)的吸收带。与实际光谱分辨率(有几个可接受的物理定义——见参考文献[15]第 1 章Ⅳ部分)和名义光谱分辨率参数不同,MIL 是一种易测量的、满足 FTIR 光谱实际应用所需准确度的参数。它可用低压工作场所空气样品中存在的水吸收带来进行测量(附录 B,第 3 部分)。

C4. 单光束光谱

FFT(用于变迹 IR 干涉图)的数学结果被称为单光束光谱。单光束光谱表示透过 FTIR 光谱仪的红外功率是红外"波数"w 的函数,波数的单位通常为厘米的倒数(cm^{-1})。波数实际上是红外线频率的量值,而非波长。在真空中,波长和频率的关系用方程 $\nu = s/\lambda$ 来表示,其中 λ 为波长(cm),ν 为频率(sec^{-1},或 Hz),s(cm/sec)为光速,光速在真空中为 $2.99792954 \times 10^{10}$ cm/sec。在这些单位中,波数 cm^{-1} 用方程 $w = 1/\lambda = \nu/s$ 计算。图 2 – 37 – 5 为两个样品的单光束谱图,这两个样品中主要含有氮气(≥99%)和不同浓度(≤1%)的水蒸气。这两个光谱的纵坐标几乎相同,但为清楚起见将其进行了零偏移。在特定的波数范围内,高水分样品测得的红外功率明显较低,这表明了定性物质和水的红外吸收。

C5. 双光束光谱—透射光谱和吸收光谱

将一对单光束组合在一起,例如图 2 – 37 – 5 中的一对光谱 S 和 B,被称为双光束光谱;它们为 FTIR 光谱提供了定量基础。其中一种双光束光谱为透射光谱。气体样品的单光束光谱 S 相对于本底单光束光谱 B 的透光度定义为 T(%) = 100 * S/B;透光度的值为两个光谱中每个波数下的值。如果本底光谱 B 完全代表 FTIR 系统对透射样品的响应,那么透光度 T 则完全接近于红外辐射通过样品后的百分比(用光谱 S 表示)。因为单光束光谱 B 中水是唯一吸收红外的化合物,因此光谱 T(如图 2 – 37 –6 所示)则完全接近水的透射光谱。

同一对光谱定义样品(双光束)的吸光度 A,公式为 $A = -\log_{10}(S/B)$。水的吸收光谱近似于两个单光束光谱 S 和 B,如图 2 – 37 – 7 所示。一般用吸光度进行定量,因为根据 Beer 定律其呈现线性吸收模式。

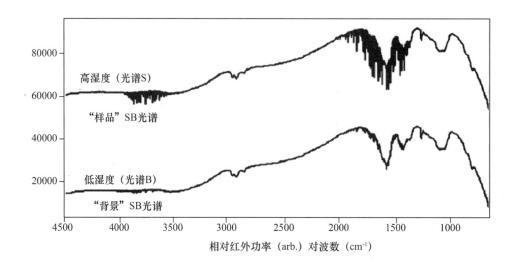

图 2 – 37 – 5　不同湿度下 N_2 的单光束光谱

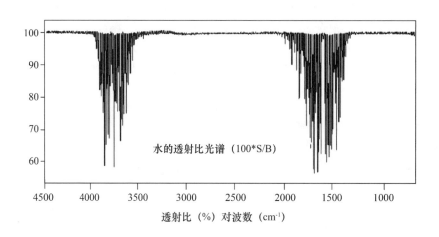

图 2 – 37 – 6　水的双光束透射光谱

C6. Beer 定律

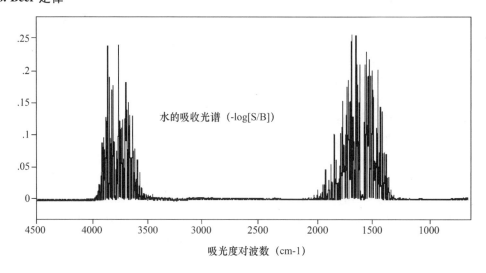

图 2 – 37 – 7　水的双光束吸光度

气体样品的吸收光谱是由红外透射气体的单光束光谱(本底光谱)和样品气体的单光束光谱测定的(部分5)。样品气体的吸收光谱中的吸光度与样品中化合物的浓度之间的基本关系称为 Beer 定律。其关系可以写为(方程 C1):

$$A_i = \sum_{j=1}^{M} L_s a_{ij} C_j$$

式中:i——在样品吸收光谱中观察到的吸光度值的频率的标号;

A$_i$——观察到的在第 i 波数下样品的吸光度(abs);

L$_s$——样品的吸收光程(m);

j——样品中吸收化合物的标号;

a$_{ij}$——第 j 个化合物在 i 波数下的吸收率(abs/ppm/meter);

C$_j$——第 j 个化合物的体积浓度(ppm);

M——样品中吸收化合物的数目。

本法中所描述的操作都与 Beer 定律的参数相关。以下描述了一般情况下的操作和关系。

a. 在已知浓度和光程下,对每一个氮气稀释的纯化合物样品的待测化合物,记录参考吸收光谱,然后将光谱中每一点的吸光度除以浓度－光程积。这样可得出各化合物的吸收率光谱(a$_{ij}$)或者参考光谱。

b. 测量混合化合物的吸光度 A$_i$(步骤 5 ~ 9)。

c. 测量在该 A$_i$ 下的光程 L$_s$(步骤 5 ~ 7)。

d. 选择分析范围——它是一组频率,与标号 i 相对应——用于检测各化合物的浓度,然后用方程 C1 进行数学转换以测定所需浓度 C$_j$。(附录 E 有详细的光谱分析讨论)

注意:单个气体化合物的真实吸收率是化合物结构的唯一特征。但是,具体的 FTIR 系统的性能及操作会影响吸收率测定值和它的准确性。同样,FTIR 测量提供的仅为混合气体化合物的近似吸收光谱,虽然在很多情况下它能够达到足够的准确度。应该由分析员验证并确认参比光谱和样品光谱有足够的精确度,从而可根据 Beer 定律进行定量分析。本附录的以下部分介绍了这种分析的数学形式。附录 D 介绍和讨论了参比图库的建立和使用。附录 E 给出了一个定量分析过程的设计和评价的例子。

C7. 使用最小平方拟合算法测定浓度。

当气体样品仅含有一种吸收化合物时,方程 C1 可以简化为(方程 C2):

$$A_i = L_s a_{ij} C_j$$

这就是说,在仅有一种气体吸收红外的分析范围内,(在很多吸收光谱中)任何一个吸收光谱的 A$_i$ 可用于计算浓度 C$_j$。

在任何分析范围内(从 i = p 到 i = q)单组分光谱的吸收面积 A$_s$ 可写为(方程 C3):

$$A_s = \sum_{i=p}^{i=q} A_i = \sum_{i=p}^{i=q} L_s a_{ij} C_j = L_s C_j \sum_{i=p}^{i=q} a_{ij} = L_s C_j A_R$$

式中 A$_R$ 为在相同分析范围内该化合物的参比光谱的面积。(这是步骤 7 和附录 B 第 1 部分计算吸收光程 L$_s$ 的基础。)因为吸收面积的计算涉及样品光谱中的许多点,所以方程 C3 的计算结果比方程 C2 的单点计算更加准确。

但是,当样品中存在多种吸收化合物时,不同化合物的吸收光谱常会重叠。在这种情况下,对于各化合物,通常不存在独立的只有该化合物吸收红外辐射的分析范围;无单一的吸光度点和单纯的吸光度面积适用于检测化合物的浓度。此时,检测浓度最简单的方法就是使用最小平方拟合(LSF)算法。

LSF 算法利用了这样一个事实:对于任一组化合物,在给定的、Beer 定律的分析范围内,某组估算浓度 D$_j$ 可使得"方差"最小。所选分析范围的唯一要求是必须含有足够的数据点;因为每一个 FTIR 光谱含有成千上万的吸收值,所以基本上都能够满足这一要求。

如果在 Beer 定律中使用估算浓度 D$_j$(而不是真实浓度 C$_j$),那么对于每一个 i 值(在我们选择的分析范围内的每一个点)则会产生一些估算误差 e$_i$。方程 C1 则会变成(方程 C4):

$$A_i = e_i + \sum_{j=1}^{M} L_s a_{ij} D_j$$

Beer 定律中用于估算浓度的估算方差为(方程 C5):

$$E^2 = \sum_{i=1}^{N} (e^i)^2 = \sum_{i=1}^{N} \left[\sum_{j=1}^{M} (L_s a_{ij} D_j) - A_i \right]^2$$

式中 N 代表在分析范围内吸光度的数目。参考文献[16]证明:a. 当 N > M 时,仅有唯一的一组估算浓度 D_j 使得估算方差最小;b. 根据方程 C1 ~ C5 的已知量可计算出该组浓度值;c. 也可用相同的已知量计算 D_j 中不确定度的估算 σ_j。在相关的估算 LSF 浓度中,一般认为 $3\sigma_j$ 是可接受的统计学不确定度的保守估算值(参考文献[3])。

在该分析范围内,每个点的估算 LSF 误差(方程 C6):

$$e_i = A_i - \sum_{j=1}^{M} L_s a_{ij} D_j$$

分析时常被保存为"剩余光谱",它能估算出其他化合物的 LOD 值。此外,剩余光谱和浓度不确定度使得分析员能够鉴定和识别那些实际存在于气体样品中但不包含在数学分析中的化合物。附录 E 提供了关于这些步骤的实例。

以上描述了一个简单且易理解的 LSF 分析。文献中还有更多复杂的、可能对特定类型的样品更准确的 LSF 分析技术(参考文献[18]和其中的参考文献)。

C8. 校准转换和参考图库

方程 C1 ~ C6 表明了量值 L_s(吸收光程)和 a_{ij}(吸收率)在 FTIR 光谱中的重要性。准确测定这些量,并用参考图库可进行定量分析,而不需要特定化合物的现场校准。在该操作和附录 B 中描述的系统测试是为了确认系统配置对校准转换的适用性,这是现场得到 CTS 光谱的需要。附录 D 描述的操作用于记录和处理参考图库。

C9. 在 FTIR 光谱中 Beer 定律的偏差校正

Beer 定律是以基本的、完善的物理原理为基础的。它完全适用于热平衡下和由感应(非自发)发射和吸收过程为主导的情况下的气体样品(注意 A1)。但是,这并不是说通过 FTIR 光谱仪测定的吸光度在所有条件下都符合 Beer 定律。在 FTIR 光谱中经常观察到 Beer 定律的偏差;不过这表明 FTIR 光谱的不准确,但并非违反了 Beer 定律。例如,对于在整个吸光度水平下的范围内记录的单组分参比光谱,经常会出现 Beer 定律的偏差。在足够大的吸光度下,该光谱中具有较强吸收带的点 A_i 不再随着浓度 – 光程积 $L_R C_j$ 呈线性增长;这就是为什么表 2 – 37 – 5 列出在参比光谱中最大 ppm – m 的原因。如果检测器不能满足所设定的线性(附录 B),则相似的影响也会出现在参比光谱和样品光谱中;这是附录 B 第 6 部分所描述的系统测试的基础。

在任何一种非线性影响发生的情况下,通常通过对 Beer 定律得到的浓度估算值 D_j 进行数学校正,也能够减小样品分析的误差。图 2 – 37 – 8 为该校正的一个例子。将一组参比光谱的实际 ppm – m 值对计算 ppm – m 值作图;"逐段线性"近似图形用实线表示,而虚线则为最低吸光度下光谱的理想线性图形。Beer 定律样品分析中的任何一个 ppm – m 值(即在该例中任何一个高达约 900 ppm – m 的 y 轴值),根据实线相应的 x 轴的位置可得到合理的准确值。如果分析员用此法进行校正,那么他(或她)就可用最小方差的参比光谱(方程 C5)计算剩余光谱(方程 C6)。FTIR 分析员和制造商已经发明了在这种环境下提高样品分析准确性的其他校正步骤,包括一些可购买的软件包。

注意:强的红外辐射,如由激光产生的红外辐射,会诱发分子的旋转 – 振动能级处于非平衡态。但是,市售的 FTIR 光谱仪所使用的热红外源远远弱于激光产生的红外辐射。气体在大气压下,市售的热红外源量子能级间的诱发跃迁率,比竞争碰撞松弛过程的小,不会诱发非平衡能级群。此外,在中红外频率处与吸收和发射有关的诱导跃迁率远大于相应的自发(自然)发射率。因此,在中红外频率下的所有 FTIR 测量都服从 Beer 定律,不确定度仅与测量光谱中的 S/N 比有关。

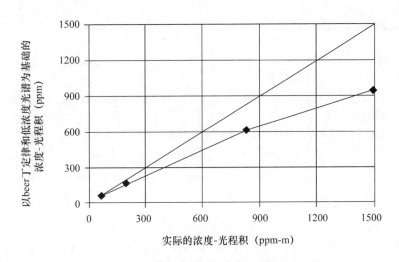

图 2 - 37 - 8   一组单组分参比光谱的非线性吸收度的示例

附录 D：参考图库的目的、准备和使用

D1. 参考图库的目的

FTIR 分析取决于待测化合物光谱库信息的适用性。对于气体，单个组分的吸光度测量值通常与样品中的其他气体无关，所以通常使用单个组分的参考光谱。（对于凝聚态，在不同成分之间往往有较强的相互作用，往往需要混合物的参考光谱库。）参考图库可以用于定量测定待测物的浓度，或从数学上除去混合物中的干扰物，或仅用于定性分析混合物中的化合物。很明显，对于这三个目标，所要求的参考图库的定量准确度水平是不同的；待测物浓度的测定需要最高的准确度，而对干扰物的去除和化合物的定性分析则不需要定量信息。

抽气式 FTIR 光谱法的一个有用特点是，它为多种化合物的准确现场测定提供了方法，但是含有两种化合物时需要进行现场校准。每个空气样品中的水蒸气可用于校准 FTIR 吸收光谱的波数(x)轴；单一校准用标准(CTS)气体用于校准浓度相关的轴(y)。当这两个现场校准与其他化合物的合适参考光谱库结合时，实际上该技术的测量能力仅受到参考图库的含量和范围的限制。如果仔细准备并合理使用参考图库，便会大大降低现场检测的成本，因为定量标准只允许使用一次，且只能在实验室使用。

D2. 参考和现场 FTIR 系统的配置

理想情况下，参考图库可在现场仪器上准备，但这不切实际；参考图库通常在特定的实验室系统下准备，再与许多现场系统结合用于测量。只有当不同系统的配置互相兼容时，记录在特定仪器上的参考图库才能用于准确定量分析其他设备上记录的光谱。下表列出了参考系统配置参数的兼容性注意事项。

表 2 - 37 - 6   参考和现场系统配置参数

参数	参考和现场系统的要求
最小仪器线宽	参考 MIL 必须小于或等于现场 MIL。见附录 B 第 3 部分的 MIL 测量技术
气体温度	参考温度在现场温度 20℃ 范围内。仅在此较窄的温度范围内，根据理想气体规律校正密度是准确的，且其准确度与化合物有关
气体压力	参考压力在现场绝对压力的 20% 范围内。至少在该压力范围内，根据理想气体规律校准压力是准确的，且其准确度与化合物有关。推荐所有的测量使用大气压
变迹函数	参考和现场变迹函数必须相同。用不同的变迹函数会使单组的参考干涉图（本底和样品）生成多组的吸收光谱
零填充因子	参考和现场零填充因子必须相同。用不同的零填充因子会使单组的未使用零填充因子的参考干涉图（本底和样品）生成多组的吸收光谱

续表

参数	参考和现场系统的要求
波数准确度	用在波数标准图谱中水的吸收带的位置进行表征(见下);如果在当前的图库中加入化合物,必须小心使其与所有光谱的 x 轴尽可能接近
积分时间	参考积分时间(本底和样品干涉图谱)应该大于或等于预期现场积分时间。对于参考图库,推荐使用最长的实际积分时间
检测器类型和系列号	如果在参考系统中使用 MCT 或其他潜在的非线性检测器,IR 需要进行衰减以确保线性,见附录 B 第 6 部分;因为每一个检测器可能只呈现出一定程度的线性,所以检测器的系列号应该包括系统配置的所有说明书中

D3. 波数标准光谱

除非在十分干燥的条件下,否则即使在非常短的吸收光程中,也可检测到现场空气中水蒸气的红外吸收。通过参考系统确定的水蒸气的波数位置,分析员能够确定出在不同 FTIR 系统上记录的现场样品光谱波数的准确度。用于该目的时,参考光谱被称为波数标准光谱。

参考图库中的每一个光谱应该与在同一系统配置下收集的波数标准光谱相关;即使当参考 FTIR 系统处在一个稳定的环境中,也建议用该系统每天记录波数标准光谱。

在记录参考光谱之前,分析员应该对照图库中原先的波数标准光谱来核对最近的波数标准光谱,见附录 B 第 4 部分的推荐计算。如果系统的波数重现性很差,则所得参考光谱可能不适合用于其他现场系统的定量分析。

D4. 标准参考气体的获取和制备

所有 FTIR 定量分析的准确度都会受到制备参考图库所用标准气体浓度的准确度的限制。因此,使用最高质量标准气就十分重要。NIST 示踪重量法标准气体可从很多商业源购得,且在很多环境中准确度为 2%;EPA 也曾公布了制备"协议 1"气体的指南(参考文献[17]),但这些仅可用于有限的几种化合物。用户应该从气体供应商处得到关于分析技术和在钢瓶中化合物稳定性限制(浓度和时间)的文档。在可能的情况下,也可用其他分析方法验证钢瓶中物质的浓度,尤其是对于易反应、具有腐蚀性或者沸点高的化合物。

如果对于某化合物,不能使用钢瓶标准气体,分析员可根据称量法、气压法或动态发生气法制备参考气体。在任何情况下,只要可能应该用 NIST 可追踪的设备测定相关的含量、压力和流量。一般而言,能够提供标准气流的方法(动态方法)比静态方法的结果更稳定,因为当标准样品与采样系统或者吸收池表面反应时,静态气体的浓度更易改变。

D5. 参考吸收光程的测定

FTIR 定量分析的准确度受限于制备参考光谱库时已知的吸收池光程的准确度。对于一平行 IR 光束通过的单光路吸收池,其光程能够进行物理测量,且有较高的准确度。对于多光路吸收池,其名义光程可以用基本光程和通过吸收池的次数进行估算。但是,因为在多光路吸收池中需要聚焦光束和曲面镜,在这种形式下估算的光程会与实际光程差很多。因此,应将物理和光学测量与多元 CTS 标准气体(见下)和单光程吸收池结合起来,用于测定多光路吸收池的实际光程。

D6. CTS 光谱的记录

CTS(校准用标准)气体用于表征参考和现场 FTIR 系统的吸收光程。在导致系统在 100 ~ 300 ppm – m 浓度 – 光程值之间的浓度下,推荐使用氮气中的乙烯;对于乙烯,当 ppm – m 值大于 300 时,其光谱则呈现出非线性吸收,必须仔细分析(D8 和 D9 部分)。该准确度为 2% 的标准气体,易于得到,且在 EPA 和 NIST 图库中均有乙烯的光谱,可将这些图库与现场仪器的测量联系起来。然而,其他稳定且具有 IR 特征吸收的化合物几乎都可用来建立独立的参考图库,并用于准确的现场测量。

在现场中,在用同样的系统配置记录样品光谱的前后,必须记录 CTS 光谱(步骤 7 ~ 11)。

建立参考光谱时,分析员必须至少每天记录 CTS 光谱;每个参考光谱应该至少与一个 CTS 光谱有关。分析员应该使用同一个系统配置来记录参比光谱,但是有一个例外:如果所得 CTS 光谱的含量仍然能够满足吸收光程准确测定的要求,那么测定 CTS 光谱所使用的积分时间可小于参考光谱的积分时间。强烈建议,分析员分析师储存所有的产生 CTS 吸收光谱干涉图,包括所有的本底干涉图。干涉数据提供了 FFT 计算和(或)为选择其他变迹函数加入吸收光谱的最直接的方法。

D7. 参考光谱的记录

在记录参考光谱之前,需验证本附录和附录 B 相关部分中的系统核查、系统配置参数、标准气体、吸收光程测定和 CTS 光谱是否满足要求。记录光谱时,还须对气体样品的压力和温度定期进行检查。

强烈建议分析员应该将产生的参考吸收光谱所有干涉图谱储存起来,包括所有的本底干涉图谱。干涉图谱数据提供了为验证 FFT 计算和(或)为选择其他变迹函数加入参比吸收光谱的最直接方法。

Beer 定律(方程 C1)描述了红外吸光度和浓度之间的基本线性关系。但是,对于许多化合物,即使在较低的吸收水平下,通常用于产生现场 FTIR 光谱检测的仪器会有分辨率(或其他)的限制,这常常会导致非线性行为。对于特定化合物的 FTIR 测量结果只有在以下情况下才能得到预期的准确度:在足够数量的浓度 – 光程值(高达某最大值)条件下进行参考吸光度的表征;所有化合物相关的样品吸光度值要小于该化合物在参考图库中最大浓度 – 光程值下的吸光度值。

对于每一个待测物,分析员应该在单吸收光程下对 2 个浓度水平分别记录 2 个参考光谱(即至少 4 个光谱);这 2 个浓度水平要相差不大于 10 倍,推荐使用最大倍。在记录完这些光谱后,分析员必须:长期记录系统参数和最大测量浓度 – 光程积;表征所测浓度 – 光程范围内吸光度的线性(D8 部分)。如果吸光度线性或者最大浓度 – 光程值不适合用于随后的现场测量,则需要记录待测物的其他参考光谱。

D8. 线性核查

对一列参考光谱进行线性核查是 FTIR 光谱法的一个重要方面,且最好通过实例进行说明。下面的例子是基于 3M 环境实验室(3M Environmental Laboratory)对聚四氟乙烯(以下简称为 TFE)进行的一系列参考测定。

图 2 – 37 – 9 中列出了 TFE 的 5 个吸收光谱。测定光谱时在整个中红外范围内进行了记录,但是图中只给出了 TFE 具有最强吸收带的部分光谱。根据在表 2 – 37 – 7 所给出的系统配置参数下记录的大量 TFE 吸收光谱,取其数学平均值,计算得到每个光谱。并在图 2 – 37 – 9 中的整个范围内,对每个光谱进行了线性基线校正。

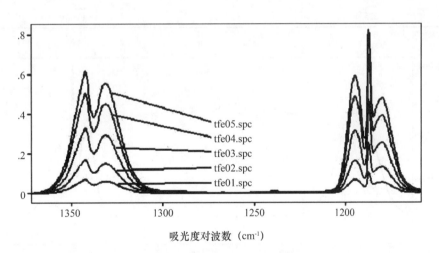

吸光度对波数（cm⁻¹）

图 2 – 37 – 9　TFE 的参考吸收光谱(x 轴部分删除)

通过用 N_2 对单标准气瓶中的 TFE 进行稀释来制备参考气体样品。(由气体供应商)根据 NIST 可追踪的重量测定法测定标准钢瓶中 TFE 的浓度,钢瓶的气体流量用 NISH 可追踪的体积装置进行测定。

一种检测该组线性的技术是,对这 5 个光谱进行标准化的平均,然后用其对最初的 5 个光谱进行线性分析。标准化包括:每个光谱除以其相应的浓度 – 光程积;这些值以 CTS 衍生出的光程 10.23m 为基础,并列于表 2 – 37 – 8 中。表 2 – 37 – 8 还给出了实际气体浓度和新光谱文件名。图 2 – 37 – 10 为标准化后的光谱,所有光谱对应的浓度 - 光程积均为 1.00 ppm - m。像 Beer 定律预测的那样,这些光谱几乎都相等。图中只有光谱 tfe01n. spc(该光谱以最初 25.53 ppm 的光谱为基础)可以从其他光谱中清楚地识别出来。

表 2 - 37 - 7 TFE 参考光谱的系统配置参数

（见图 2 - 37 - 9）

系统配置参数	值/注
MIL/cm^{-1}	0.5
积分时间/sec	1080(每光谱 120 sec ×9 光谱)
吸收光程/m	10.23
气体温度/℃	15
气压/mmHg	760(±10)
变迹函数	三角函数
零填充因子	零
检测器类型	MCT
检测器增益(硬件)	跳线 BCD
检测器增益(软件)	1
参考 CTS 光谱	j2kety. spc
波数标准光谱	j2kety. spc

表 2 - 37 - 8 TFE 光谱的标准化因子

原始光谱	浓度/ppm	浓度—光程积/ppm - m	标准化光谱
tfe01. spc	2.50	25.5	tfe01n. spc
tfe02. spc	6.63	67.8	tfe02n. spc
tfe03. spc	13.3	133.0	tfe03n. spc
tfe04. spc	20.4	208.0	tfe04n. spc
tfe05. spc	25.1	257.0	tfe05n. spc

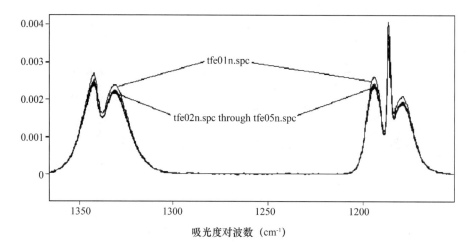

图 2 - 37 - 10 TFE 的标准化参考吸收光谱

表 2 - 37 - 9 为线性最小平方分析的结果,在 1050 ~ 1400cm^{-1} 整个分析范围中使用平均标准化的光谱作为单一参考光谱(使用浓度 - 光程值为 1.00ppm - m)。表中第四列表明线性方法有明显的偏差,这表明分析测得的浓度在最低浓度下偏高,在最高浓度下偏低。表中最后一列的平均值,表明了实际浓度和计算

浓度之差的绝对百分数,其"部分校准不确定度"(fractional calibration uncertainty,FCU;参考文献[2])为 3.2%。这个值代表了参考光谱整个浓度范围内的平均误差,该范围为从参考光谱的线性分析到分析所用的最大浓度 - 光程值(257ppm - m)。如果需要其他准确度,则可以采用上面讨论的(附录 B,第 9 部分)非线性分析或校正。

表 2 - 37 - 9　TFE 参考光谱的线性最小平方分析结果

TFE 参考光谱	计算浓度/ppm	实际浓度/ppm	实际浓度 - 计算浓度/ppm	绝对百分误差
tfe01. spc	2.69	2.50	0.19	7.7
tfe02. spc	6.64	6.63	0.01	0.2
tfe03. spc	12.8	13.0	- 0.20	1.4
tfe04. spc	19.8	20.4	- 0.60	2.9
tfe05. spc	24.2	25.1	- 0.90	3.7

D9. 检出限(LOD)的计算

对于给定的系统配置、参考光谱和分析范围而言,估算 LOD 是各化合物的吸收面积等于 RSA 时的浓度值。对于特定的系统配置和分析范围,化合物的估算 LOD 值的可由下面的方程进行计算,式中包括:该分析范围内参考光谱的吸收面积(A_R,吸光度 - cm^{-1}),参考光谱的浓度 - 光程积(CPP,ppm - m),样品吸收光程(L,m)和 RSA 值(吸光度 - cm^{-1})(方程 D1):

$$LOD = \frac{(CCP)(RSA)}{LA_R}$$

在待测物的分析范围内,A_R 近似值,包括必要时的基线校正,可用于估算 LOD。RSA 是由 FTIR 系统典型的吸收噪音水平的均方根和分析范围的宽度 cm^{-1}(附录 B,第 2 部分)的乘积形成的。RSA 估算值应该能反映对已知干扰图谱进行扣除的误差。附录 E 第 1 部分有详细的 RSA 和 LOD 值计算例子。

D10. 现存参考图库的使用

分析员可以使用任何公开可用的参考图库进行定量分析,但是强烈建议定量分析待测物时所用参考图库要能够满足本附录中讨论的要求。如果记录组成参考图库的光谱时所用分辨率与现场系统所用的不同,那么分析员应该:谱库的光谱用数学分析降分辨为现场数据的光谱;确认图库数据在现场系统的光谱分辨率条件下的所需范围内满足线性。

附录 E:计算示例

本附录对工作场所的空气中四氟乙烯(TFE)和 1,1 - 二氟乙烯(DFE)待测物进行了分析,并举例说明了剩余平方面积(RSA)和检出限(LOD)的计算。以下也讨论了设计、应用和验证内容,以及光谱分析的校正。

该组计算所用的 FTIR 系统配置如下。这些参数与表 2 - 37 - 5 中的 LOD 值一致。

表 2 - 37 - 10　FTIR 系统参数

MIL	$0.5cm^{-1}$
吸收光程	10m
变迹函数	三角函数
气体温度	293K
气体压力	760 托
零填充因子	无
水吸收带波数	$1918cm^{-1}$ 和 $2779cm^{-1}$

续表

MIL	0.5cm^{-1}
参考图库来源	3M 环境实验室
积分时间	70s(64 次扫描)
检测器类型	MCT
检测器增益—硬件	增益跳线 A,D 和 H
检测器增益—软件	1.0

E1. 剩余平方面积(RSA)、分析设计和检出限(LODs)

该分析是对工作场所的空气进行的,所以对于光谱唯一潜在的干扰为水和二氧化碳。图 2 - 37 - 11 是 TFE、DFE 和水的参考光谱。水的光谱为工作场所空气样品的典型吸收;二氧化碳在任何光谱中无吸收。因此,图 2 - 37 - 12 中有限的光谱范围实际上是现场环境空气样品中待测物 DFE 和 TFE 的分析是最感兴趣的。

图 2 - 37 - 12 中更详细地显示了三个参考光谱和两个可能的分析范围。分析范围 1(1370 ～ 1295cm^{-1}),包含了水的吸收带,它在样品光谱中会干扰 TFE 的吸收。分析范围 2(1215 ～ 1100cm^{-1})可能是分析 TFE 和 DFE 样品最好的选择(尽管在 3000cm^{-1} 处 DFE 的吸收较弱,仍是 DFE 的一个选择);它避免了水对 TFE 的干扰,但是这两个待测物的光谱则不可避免地会发生重叠。直到样品中 TFE、DFE 和水的相对浓度已知时,才能知道两个范围中哪个范围能给出更准确的 TFE 浓度估算值,因此对两个范围的计算叙述如下。

估算 TFE 和 DFE 的 LOD,需要在所选分析范围内对实际样品光谱的剩余平方面积(RSA)进行计算。以假定的样品基质和可用的参考光谱为基础,RSA 代表了剩余吸光度的估算值(方程 A6),剩余吸光度可用于从实际样品光谱中计算浓度的不确定度。

读者应该注意 RSA 和分析出来的 LOD 只是估算值。如果进行估算时实际样品的基质与假定样品的基质之间有很大的不同,那么实际样品浓度的不确定度和 LOD 值与按照以下所述进行计算得到的 RSA 和 LOD 值也会有很大的不同。对于工作场所空气样品,在以下考虑的所有分析范围内,水是唯一干扰化合物。因此,通过两个水光谱数学形式上的差值,可得出 RSA 的实际估算值。这两个水光谱必须在相同的 FTIR 系统配置条件下进行记录,且水的浓度有很大的不同。对于每个待测物,估算值都假定:在实际样品光谱中只有水和待测物能够大量吸收红外。随后以实际样品基质为基础的分析可能会导致较高或较低的浓度不确定度与 LOD 估算值;这样分析的例子叙述如下。

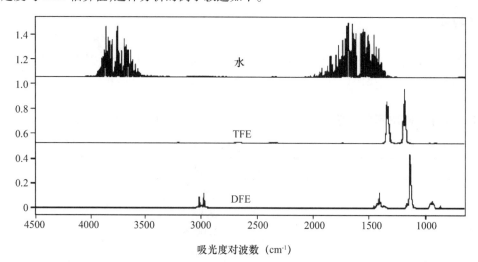

图 2 - 37 - 11　TFE、DFE 和水的吸收参考光谱

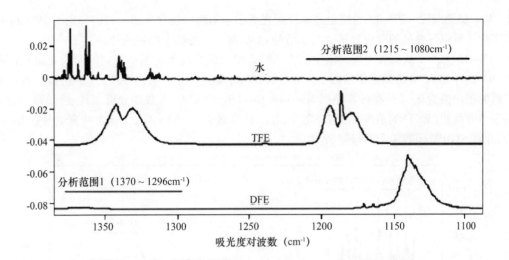

图 2 - 37 - 12　可能的分析范围

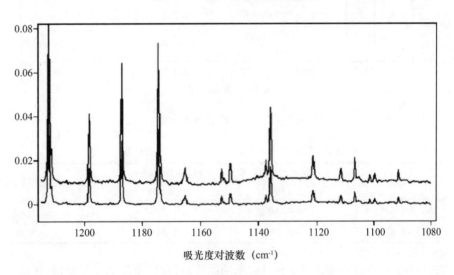

图 2 - 37 - 13　1295~1080cm^{-1}内的水光谱

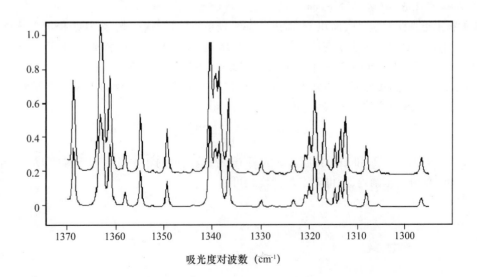

图 2 - 37 - 14　1370~1295cm^{-1}内的水光谱

　　图 2-37-13 和图 2-37-14 为用上述系统配置所记录的两个吸收光谱。它们分别为 20% 和 40% 相对湿度下工作场所空气样品的吸收光谱。为了清楚起见,每个光谱的上部痕迹都补偿了一些。

　　图 2-37-15 为两个从高吸光度光谱中减去低吸光度光谱并按比例缩小得到的剩余光谱。在两个分析范围内,用独立的 LSF 分析测定倍增因子。在分析过程中也进行了基线线性校正(零点和斜率),所以每个剩余光谱的平均值为 0。(这些计算是用 Microsoft Excel 97 的 ANOVA 数据分析工具进行的)。对于剩余光谱的剩余平方面积(RSA)的值由方程 C2 定义,相关计算见表 2-37-11。(这个计算也是在 Excel 程序中进行的,并将 STDEV 函数用于回归剩余。)

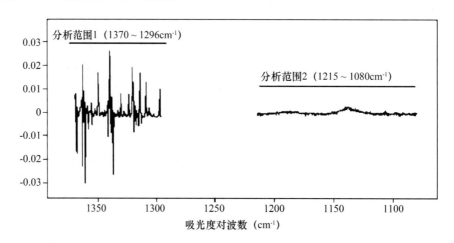

图 2-37-15　水的剩余光谱

表 2-37-11　水参考光谱的 RSA 分析结果

分析范围 /cm^{-1}	计算的比例因素	比例因素不确定度 (1σ)	剩余 RMS 标准偏差 (吸光度)	RSA(吸光度 - cm^{-1};Eq. B2)
1370~1295	1.636	0.003	0.00575	0.431
1215~1080	1.870	0.008	0.00069	0.093

　　两个化合物的 LOD(ppm)估算值(对于特定的系统配置)可用以下参数计算得到:在这些整个分析范围内参考光谱的吸收面积(A_R,吸光度 - cm^{-1}),参考光谱的浓度 - 光程积(CPP,ppm - m),样品吸收光程 L(m)和由上所得的 RSA 值(吸光度 - cm^{-1})。

　　用标准的梯形近似法测定吸收面积,不需进行基线校正。(对于这些光谱,基线校正会导致不同于吸收被引用的值,小 3%,而在下面会被忽略。)图 2-37-16 为 TFE 和 DFE 的特征光谱,用于计算参考光谱 tfeav05.spc(CCP = 256.7 ppm - m)和 dfeav05.spc(CCP = 197.8 ppm - m)的 A_r。

　　对于给定的系统配置、参考光谱和分析范围而言,估算 LOD 是各化合物的吸收面积等于 RSA 时的浓度值。从数学上讲,LOD 估算值按下式计算(方程 E1):

$$LOD = \frac{(CCP)(RSA)}{LA_R}$$

　　表 2-37-12 列出了 DFE 和 TFE 在所考虑的两个分析范围内的相关量值和所得的 LOD。结果表明,在 1215~1080cm^{-1} 的分析范围内,所得 TFE 的浓度最可靠。

表 2 - 37 - 12 从水参考光谱的 RSA 分析所得 TFE 和 DFE 的 LOD

分析范围 /cm^{-1}	化合物	参考光谱				系统配置	
		文件名	CCP /ppm - m	吸收面积 (abs - cm^{-1})	RSA (abs - cm^{-1})	L/m	估算 LOD/ppm
1370 ~ 1295	TFE	tfe05. spc	256. 7	16. 03	0. 431	10. 0	0. 69
1215 ~ 1080	TFE	tfe05. spc	256. 7	13. 97	0. 093	10. 0	0. 17
1215 ~ 1080	DFE	dfe05. spc	197. 8	8. 72	0. 093	10. 0	0. 21

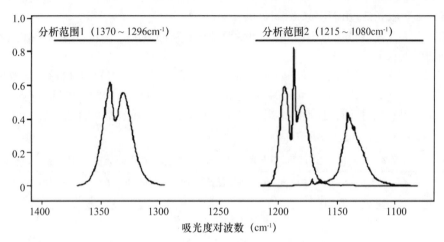

图 2 - 37 - 16 用于吸收面积计算的 TFE 和 DFE 的光谱

E2. TFE 和 DFE 浓度的 LSF 测定

本部分介绍的是对环境空气样品中 TFE 和 DFE 这两种化合物的最小平方拟合(LSF)分析。这种情况下,通常在实际测量之前,对于假定基质(环境空气)中的混合化合物,没有实际样品数据可用于这些分析。因此,下面以由可采用的 TFE、DFE 和水的参考光谱生成的合成光谱为基础进行介绍。

为了不高评 FTIR 技术的有效性,将合成样品光谱中的噪音水平人为提高,所用参考光谱也不是那些可能提供最佳分析结果的光谱。这是分析员在未知条件下对 FTIR 方法性能进行的最保守的预测,也是那些在常规条件下测试的作者向分析员的建议。

该样品基质(见附录 E 第 1 部分)的 LOD 估算值表明,1215 ~ 1080cm^{-1} 的分析范围可能提供最可靠的 TFE 和 DFE 浓度。估算时按下述设置系统配置参数。

E3. TFE 和 DFE 合成样品光谱的生成和分析

表 2 - 37 - 13 为用于之后 LSF 分析的数学合成样品的信息。每个样品光谱是由为缩 TFE(tfe4. spc, CCP = 208. 3ppm - m)、DFE(dfeav05. spc, CCP = 197. 8ppm - m)和水(wat02bl. spc)的调整参考光谱之和组成。表 2 - 37 - 13 列出了在所列浓度和假定吸收光程为 10. 0m 的条件下用于生成合成样品光谱的比例因素。

表 2 - 37 - 13 用于生成含 TFE、DFE 和水的合成样品光谱的参数

TFE 比例因素	TFE 合成浓度/ppm	DFE 比例因素	DFE 合成浓度/ppm	H$_2$O 比例因素	合成样品光谱文件名
0. 000	0. 0	0. 000	0. 0	0. 6	S001. spc
0. 000	0. 0	0. 000	0. 0	1. 2	S002. spc
1. 200	25. 0	1. 264	25. 0	0. 6	S551. spc
1. 200	25. 0	0. 253	5. 0	0. 6	S511. spc
0. 240	5. 0	1. 264	25. 0	0. 6	S151. spc
1. 200	25. 0	1. 264	25. 0	1. 2	S552. spc
1. 200	25. 0	0. 253	5. 0	1. 2	S512. spc
0. 240	5. 0	1. 264	25. 0	1. 2	S152. spc

将一个随机吸收噪音光谱加入到每个合成光谱中。在 GRAMS/32 V4.11（Galactic，Inc.；see the Array Basic User's Guide，V4.1，page 316）程序上用 RANDOM 函数生成噪音光谱；在 Microsoft Excel 中也可用相似的函数。对于噪音光谱,在整个合适的分析范围内按下式计算吸收噪音的均方根 N_{RMS}（方程 C2,该式定义了 RSA）（方程 E2）：

$$N_{RMS} = \sqrt{\sum_{i=p}^{i=q} \frac{(R_i)^2}{q-p}}$$

在 $1438 \sim 1282 cm^{-1}$ 范围内的计算值为 0.00034；该值与用本附录中应用的系统配置在 $1005 \sim 932 cm^{-1}$ 范围内得到的实际吸收光谱（由 MIDAC 公司提供）十分接近。

合成光谱代表了四种不同的 TFE 和 DFE（包括两种化合物都不含的一个"混合物"）混合物,每种混合物有两个不同的湿度水平。

表 2 - 37 - 14 列出了在 $1215 \sim 1080 cm^{-1}$ 分析范围内 TFE、DFE 和水的 LSF 分析结果,所用参考光谱分别为 tfe3.spc（CCP = 133.2 ppm - m）、dfeav04.spc（CCP = 133.3 ppm - m）和 wat01bl.spc。注意:这些光谱与生成合成样品所用的光谱不同,且水的结果为任意单位。该分析还包括化合物浓度和两个基线校准参数的测定。

表 2 - 37 - 14　含 TFE、DFE 和水的最初合成样品光谱的最初 LSF 结果

合成样品光谱文件名	TFE 合成浓度/ppm	TFE 的 LSF 结果/ppm	TFE 的 LSF 3σ 不确定度/%	DFE 合成浓度/ppm	DFE 的 LSF 结果/ppm	DFE 的 LSF 3σ 不确定度/%	H₂O 的 LSF 结果/arb	H₂O 的 LSF 3σ 不确定度/%
S001.spc	0.0	0.02	52.50	0.0	0.07	13.7	1.12	1.23
S002.spc	0.0	0.03	32.20	0.0	0.14	8.95	2.24	0.80
S551.spc	25.0	24.41	0.26	25.0	24.30	0.29	0.87	11.80
S511.spc	25.0	24.43	0.25	5.0	4.88	1.43	0.87	11.50
S151.spc	5.0	4.88	0.41	25.0	24.33	0.09	1.07	3.04
S552.spc	25.0	24.43	0.26	25.0	24.35	0.29	1.99	5.20
S512.spc	25.0	24.45	0.26	5.0	4.95	1.43	1.99	5.11
S152.spc	5.0	4.90	0.43	25.0	24.39	0.10	2.19	1.56
平均 Abs.% 浓度差*		2.24			2.34			
平均 Abs.% 浓度不确定度*			0.31			0.61		6.38

注:*平均值为减去 TFE 和 DFE 零合成浓度下光谱（S001.spc 和 S002）的结果。

非零 TFE 和 DFE 光谱的 LSF 结果一直都很好,在所有情况下与合成浓度的差别小于 3%。表中所列的 TFE 和 DFE 的合成浓度与 LSF 分析所得结果之间的平均百分差值分别为 2.24% 和 2.34%。

表 2 - 37 - 14 中所列的浓度不确定度为 LSF 分析统计测得的 3σ 值。表中最后一行为非零 TFE 和 DFE 光谱的平均百分浓度 3σ 不确定。这些百分不确定度参数和 LSF 剩余光谱的可视外观是最小平方分析法量值的重要指标,在下一部分会有进一步的讨论。

对于不含 TFE 和 DFE（S001 和 S002）特征吸收的两个合成光谱,虽然 TFE 和 DFE 分析结果未列于表中最后两行的平均值中,但却是想要测定的值,且很重要。其 LSF 浓度结果很小（最大值为 0.14ppm）。在每种情况下,这些值均比表 2 - 37 - 12 中所列的 LOD 估算值要小,而且相应的 LSF 分析的 3σ 不确定度也小。可惜的是,按本文件中所述计算的 LOD 与 3σ 不确定值之间并不存在数学上的对应关系。参考文献 [3] 中 A2 部分所述也支持这一观点——共识文件——该部分规定了三种不同的计算 LOD（或参考文献 [3] 中的术语,"最小检测浓度"）的方法。该三个计算方法中有一个与本文件所描述的 LOD 计算方法相似,另有一个方法以与 S001 和 S002 相似的光谱得到的浓度不确定度为基础。在仅有的示例中,参考文献 [3] 中三个不同方法里有两个方法所得结果相差很大,这些结果表明本文件中所述 LOD 计算方法得到的是参考文献[3]中三种 LOD 值计算所得的最保守的估算值——即最高估算值。

E4. 含有干扰化合物的合成样品光谱的分析

当样品中存在干扰化合物时,任何特定化合物的定量分析技术,包括 FTIR 光谱法,可能都无法得出准确的结果。但是,针对特定化合物设计的数学 FTIR 光谱分析能够改善干扰物存在时检测的不足。一个有经验的分析员通常能够对分析进行调节以适应干扰物的存在,并提供准确的结果。

为了说明其对 FTIR 光谱的重要性,在表 2-37-13 叙述的光谱中加入合成干扰物。将两个浓度(5.00ppm 和 10.0ppm)下六氟丙烯(HFP)的按比例画的参考光谱(hfpav06. spc,256.6 ppm-m)加入到最初的合成光谱中。最小平方分析法在上面叙述了 TFE 和 DFE,当应用于含有 HFP 的光谱时,所得结果见以下的表 2-37-16。

表 2-37-15 生成含 TFE、DFE、水和 HFP 的合成样品光谱所用的参数

最初合成样品光谱文件名	HFP 比例因素	HFP 合成浓度/ppm	最终合成样品光谱文件名
S001. spc	0.195	5.0	S0011. spc
S002. spc	0.390	10.0	S0022. spc
S551. spc	0.195	5.0	S5511. spc
S151. spc	0.195	5.0	S1511. spc
S512. spc	0.195	5.0	S5121. spc
S511. spc	0.390	10.0	S5112. spc
S552. spc	0.390	10.0	S5522. spc
S152. spc	0.390	10.0	S1522. spc

表 2-37-16 含 TFE、DFE、水和 HFP 的最终合成样品光谱的 LSF 原始分析结果

合成样品光谱文件名	TFE 合成浓度/ppm	TFE 的 LSF 结果/ppm	TFE 的 LSF 3σ 不确定度/%	DFE 合成浓度/ppm	DFE 的 LSF 结果/ppm	DFE 的 LSF 3σ 不确定度/%	H_2O 的 LSF 结果/arb	H_2O 的 LSF 3σ 不确定度/%
S0011. spc	0.0	1.00	39.60	0.0	-1.58	26.50	1.65	0.89
S0022. spc	0.0	2.01	39.50	0.0	-3.16	26.40	3.29	1.78
S5511. spc	25.0	25.06	1.51	25.0	22.65	1.89	1.43	43.30
S5112. spc	25.0	25.73	2.90	5.0	1.57	53.80	1.99	61.40
S1511. spc	5.0	5.53	6.64	25.0	22.67	1.84	1.63	37.00
S5522. spc	25.0	25.73	2.90	25.0	21.05	4.01	3.10	39.20
S5121. spc	25.0	25.09	1.52	5.0	3.29	13.10	2.55	24.40
S1522. spc	5.0	6.20	11.87	25.0	21.09	3.96	3.30	36.4
平均 Abs. % 浓度不确定度*		4.56				13.10		40.30

注:*平均值为减去 TFE 和 DFE 零合成浓度下光谱(S0011 和 S0022)的结果。

表 2-37-14(不含 HFP 干扰物的最初 LSF 分析)中最后两行所列的结果与表 2-37-16(含 HFP 干扰物的 LSF 分析结果)中的结果明显不同。对 6 个合成光谱取平均值,每个光谱中均含有 TFE 和 DFE。对于含有 HFP 干扰物的光谱,TFE、DFE 和 H_2O 的浓度不确定度(绝对值)都较大。对于 TFE 和 DFE,表 2-37-16 中的平均百分不确定度比表 2-37-14 中的值大了 10 倍。

该实验表明:

● 对于含有较高浓度的 TFE 和 DFE 样品光谱,HFP 的干扰会引起 TFE 和 DFE 绝对浓度的相对不确定度增加;

● 对于含有较低或 0 浓度 TFE 和 DFE 的样品光谱,绝对浓度的相对不确定度并非 HFP 干扰的可靠指标。但是,对于这样的光谱,浓度结果本身通常就不是很可靠;需要注意的是 DFE 浓度结果为负值,且比该化合物的 LOD 估算值要大。(也要注意到,与 LOD 值相比,该负值的浓度结果较小,在统计学上是有效的,并不表明分析失败。）

如果浓度结果出现上述的异常现象,那么分析所得的剩余光谱也会出现异常行为。这种现象如表2－37－17所示,它表明了四种分析所得的剩余光谱。与由无HFP干扰的光谱分析所得的剩余光谱相比,含有HFP干扰的检测结果表现出很强的吸收特征,且不能被其他三个参考光谱模式化。分析员需要在分析前定性分析出干扰化合物。可以通过视觉上比较大量可疑干扰物的剩余光谱和参考光谱进行定性分析,如图2－37－18所示。

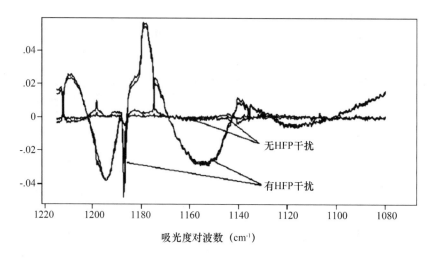

图 2 － 37 － 17　含有和不含 HFP 干扰的剩余光谱

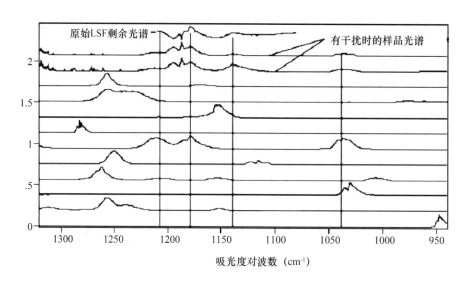

图 2 － 37 － 18　剩余光谱、样品光谱和参考光谱的比较

图2－37－18表明了剩余光谱(上部曲线)中3个主要的相对最大值的位置仅与图里下部曲线中9个候选参考光谱中的一个对应得好。（这9个光谱均为部分或全氟代烃的光谱。）单参考光谱中的另一个吸收带也与两个样品光谱中(上图中的第二和第三个曲线)的较大峰相符合。

仔细检查这一参考光谱——当然是 HFP 光谱——如图2－37－19所示。明显表明,剩余光谱的形状与 HFP 的吸收特征之间有密切的关系。该关系并不准确,因为样品光谱减去的 TFE 和 DFE 化合物的量本身就不准确,这就使得剩余光谱发生变化。

虽然这种定性分析是试验性的,但可通过在 LSF 分析中加入 HFP 进行测试。表2－37－17是按照上述的分析所得的 TFE、DFE 和水的浓度结果,只是该分析中加入了 HFP 作为第四化合物。（一般情况下,分析时加入了合成干扰物的光谱与 HFP 参考光谱不同。）为了方便与之前的表格进行比较,将 HFP 结果从表

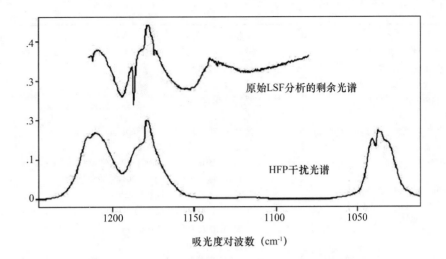

图 2 – 37 – 19　剩余光谱与 HFP 干扰光谱的 LSF 分析

2 – 37 – 17 中除去;在所有情况下,这些结果与其他化合物的结果在质量上都是相似的。

表 2 – 37 – 17　含 TFE、DFE、水和 HFP 最终合成样品光谱的最终 LSF 分析结果

合成样品 光谱文件名	TFE 合成 浓度/ppm	TFE 的 LSF 结果/ppm	TFE 的 LSF 3σ 不确定度/%	DFE 合成 浓度/ppm	DFE 的 LSF 结果/ppm	DFE 的 LSF 3σ 不确定度/%	H₂O 的 LSF 结果/arb	H₂O 的 LSF 3σ 不确定度/%
S0011. spc	0. 0	1. 00	39. 60	0. 0	− 1. 58	26. 50	1. 65	0. 89
S0022. spc	0. 0	2. 01	39. 50	0. 0	− 3. 16	26. 40	3. 29	1. 78
S5511. spc	25. 0	24. 43	0. 27	25. 0	24. 27	0. 33	0. 87	12. 10
S5112. spc	25. 0	24. 45	0. 27	5. 0	4. 81	1. 72	0. 88	12. 34
S1511. spc	5. 0	4. 91	0. 44	25. 0	24. 27	0. 11	1. 08	3. 23
S5522. spc	25. 0	24. 46	0. 28	25. 0	24. 27	0. 35	1. 99	5. 51
S5121. spc	25. 0	24. 45	0. 27	5. 0	4. 92	1. 63	1. 99	5. 25
S1522. spc	5. 0	4. 94	0. 57	25. 0	24. 29	0. 14	2. 20	2. 05
平均 Abs. % 浓度不确定度*			0. 35			0. 71		6. 74

注:∗平均值为减去 TFE 和 DFE 零合成浓度下光谱(S0011 和 S0022)的结果。

结果表明,分析中加入 HFP 后,得到了 TFE、DFE 和水的最初(高)质量的结果,如表 2 – 37 – 13 所示。在最终分析中的百分相对不确定度略高于最初分析,这是可以预料的,因为最终分析中相同数量的光谱信息用于测定其他参数。如图 2 – 37 – 19 所示,通过扩大分析范围至整个 HFP 吸收带,可以进一步提高分析质量。

过氧化苯甲酰 5009

(C₆H₅CO)₂O₂	相对分子质量:242.22	CAS 号:94 – 36 – 0	RTECS 号:DM8575000
方法:5009,第二次修订		方法评价情况:完全评价	第一次修订:1984. 2. 15 第二次修订:1994. 8. 15
OSHA:5mg/m³ NIOSH:5mg/m³ ACGIH:5mg/m³		性质:固体;熔点 103℃;密度 1.334g/cm³(25℃);饱和蒸气压无意义;自燃温度 80℃	
英文名称:benzoyl peroxide;dibenzoyl peroxide;benzoyl superoxide			

采样	分析
采样管:滤膜(0.8μm 纤维素酯滤膜)	分析方法:高效液相色谱法(HPLC);紫外检测器(UV)
采样流量:1~3L/min	待测物:过氧化苯甲酰
最小采样体积:40L(在 5mg/m³ 下)	洗脱方法:乙醚,10ml
最大采样体积:400L	进样体积:20μl
运输方式:冷藏	色谱柱柱压:9000 kPa(1300 psi)
样品稳定性:一周后从滤膜上损失 9%(25℃)	流动相:70/30 甲醇/水;1.6ml/min
样品空白:每批样品 2~10 个	检测器:紫外检测器,254nm
	色谱柱:250mm×3mm (内径)不锈钢柱;Spherisorb ODS(球形二氧化硅
准确性	颗粒,键合 5%的十八烷基)或等效色谱柱
研究范围:3~19mg/m³(90L 样品)[1]	定量标准:乙醚中的过氧化苯甲酰
偏差: -0.52%	测定范围:每份样品 0.2~1.7mg[1]
总体精密度($\hat{S}_{rT}$):0.060[1]	估算检出限:每份样品 0.01mg[2]
准确度: ±11.82%	精密度($\bar{S}_r$):0.024[1]

适用范围: 采样体积为 90L 时,测定范围为 2~19mg/m³

干扰因素: 未评价

其他方法: 本法是方法 S253[3] 的修订版。标准文件中有非特异性的重量法和非特异性的比色法[4]

试剂	仪器
1. 过氧化苯甲酰:99% 纯度 *	1. 采样管:纤维素酯滤膜,0.8μm 孔径,37mm 直径,和衬垫,置于滤膜夹
2. 乙醚:净化,不含稳定剂 *	2. 个体采样泵:流量 1~3L/min,配有连接软管
3. 甲醇:经蒸馏提纯	3. 袋装制冷剂("蓝冰"或等效制冷剂)
4. 水:去离子,蒸馏	4. 溶剂解吸瓶:20ml,带聚四氟乙烯内衬的瓶盖
5. 标准储备液:10mg/ml 。将 250mg 过氧化苯甲酰溶于乙醚中,稀释至 25ml。4℃下至少稳定一周	5. 高效液相色谱仪:254nm 紫外检测器,带 20μl 外部定量环的进样阀,针式过滤器,积分仪和色谱柱(方法 5009),镊子
	6. 微量注射器:10μl 和 100μl
	7. 容量瓶:10ml 和 25ml,各种规格
	8. 移液管:10ml,带洗耳球

特殊防护措施: 过氧化苯甲酰是易燃固体,加热时可能发生爆炸;它会侵蚀某些塑料、橡胶和涂料[4];乙醚高度易燃,暴露在空气中会形成爆炸性的过氧化物

注:* 见特殊防护措施。

采样

1. 串联一个有代表性的采样管来校准个体采样泵。

2. 在 1~3L/min 范围内,以已知流量采集 40~400L 空气样品。滤膜上总粉尘的增量不得超过 2mg。

3. 在配有袋装制冷剂的保温箱中运输样品。

样品处理

4. 实验室收到样品后,立即冷藏。

5. 收到样品后,尽快用镊子将滤膜移至干净的溶剂解吸瓶中。

6. 移取 10ml 乙醚分别加入每个溶剂解吸瓶中;拧上瓶盖。涡旋使其混合。

标准曲线绘制与质量控制

7. 在每份样品 0.01~1.7mg 的范围内,配制至少 6 个标准系列,绘制标准曲线。

　　a. 于 10ml 容量瓶中,加入适量的乙醚,再用微量注射器加入标准储备液,最后用乙醚稀释至刻度。

　　b. 与样品、空白和对照样品一起进行分析(步骤 10~12)。

　　c. 以峰面积对每份样品过氧化苯甲酰的含量(mg)绘制标准曲线。

8. 每批样品至少测定一次滤膜中过氧化苯甲酰的回收率。在标准曲线范围(步骤 7)内,选择 5 个不同浓度,每个浓度测定 3 个滤膜。另测定几个空白滤膜。

　　a. 用微量注射器将一定量的标准储备液直接加至溶剂解吸瓶中的空白滤膜上。

b. 处理并与标准系列一起进行分析(步骤5~6和步骤10~12)。

c. 以回收率对过氧化苯甲酰回收量(mg)绘制回收率曲线。

9. 分析3个样品加标质控样和3个加标样品,以确保标准曲线和回收率曲线在可控范围内。

样品测定

10. 根据仪器说明书和方法5009给出的条件设置高效液相色谱仪。

11. 用样品(0.1ml)彻底冲洗样品定量环,进样。

12. 测定峰面积。

计算

13. 根据标准曲线计算样品中过氧化苯甲酰和介质空白中的平均含量。

14. 按下式计算空气中过氧化苯甲酰的浓度 C(mg/m^3):

$$C = \frac{(W - B) \times 10^3}{V}$$

式中:W——样品滤膜上过氧化苯甲酰的含量(mg);

B——空白滤膜上过氧化苯甲酰的平均含量(mg);

V——采样体积(L)。

注意:上式中过氧化苯甲酰的含量已用解吸效率校正。

方法评价

方法S253发表于1977年1月21日[3],在26℃、764mmHg、3.1~19.1mg/m^{3}范围内,90L采样体积的条件下,方法S345已经过验证[1,5]。在滤膜后的衬垫上,未检测到过氧化苯甲酰,所以滤膜的采样效率定为1.00。在滤膜夹内的滤膜上样品的稳定性研究表明,一周后过氧化苯甲酰的回收率减小了9.3%。在室温下,过氧化苯甲酰于乙醚中至少可储存一周。总体精密度 $\hat{S}_{rT}$ 为0.060。在每份样品0.225~0.900mg范围内,18个加标样品的回收率为0.97。

参考文献

[1] NIOSH Backup Data Report, S253, for Benzoyl Peroxide, Prepared under NIOSH Contract No. 210-76-0123, Available as "Ten NIOSH Analytical Methods, Set 2," Order No. PB 271-464, from NTIS, Springfield, VA 22161.

[2] UBTL Memorandum, UBTL Analytical Laboratory Report for Benzoyl Peroxide, Sequence #2182-J (unpublished, February 29, 1980).

[3] NIOSH Manual of Analytical Methods, 2nd. ed., V. 4, S253, U. S. Department of Health, Education, and Welfare, Publ. (NIOSH) 78-175 (1978).

[4] Criteria for a Recommended Standard... Occupational Exposure to Benzoyl Peroxide, U. S. Department of Health, Education, and Welfare, Publ. (NIOSH) 77-166 (1977).

[5] NIOSH Research Report - Development and Validation of Methods for Sampling and Analysis of Workplace Toxic Substances, U. S. Department of Health and Human Services, Publ. (NIOSH) 80-133 (1980).

方法作者

R. Alan Lunsford, Ph. D., NIOSH/DPSE; S253 Originally Validated under NIOSH Contract 210-76-0123.

亚乙基硫脲 5011

C$_3$H$_6$N$_2$S	相对分子质量:102.17	CAS号:96-45-7	RTECS号:NI9625000
方法:5011,第二次修订		方法评价情况:部分评价	第一次修订:1984.2.15 第二次修订:1994.8.15
OSHA:可疑致癌物 NIOSH:可行的最低浓度;致癌物 ACGIH:无TLV		性质:固体;熔点203~204℃	

英文名称:ethylene thiourea;2 - imidazolidinethione,ETU;4,5 - dihydroimidazole - 2(3H) - thione

采样	分析
采样管:滤膜(5μm PVC 或混合纤维素酯滤膜)	分析方法:可见吸收分光光度法
采样流量:1 ~ 3L/min	待测物:亚乙基硫脲 - 五氰基胺基铁络合物
最小采样体积:200L(在 0.05mg/m³ 下)	洗脱方法:蒸馏水,在 60℃ 下洗脱 45 分钟
最大采样体积:800L	络合剂:五氰基胺基铁试剂
运输方法:常规	测量波长:590nm
样品稳定性:未知	定量标准:ETU 的水溶液
样品空白:每批样品 2 ~ 10 个	测定范围:每份样品 10 ~ 150μg
定性样品:需要;大体积空气样品或沉降尘	估算检出限:每份样品 0.75μg
	精密度($\bar{S}_r$):0.03

准确性	
研究范围:0.03 ~ 1.5mg/m³(100L 样品)	
偏差:很小[3]	
总体精密度($\hat{S}_{rT}$):未测定	
准确度:未测定	

适用范围:采样体积为 200L 时,测定范围是 0.05 ~ 0.75mg/m³。亚乙基硫脲可用于生产杀菌剂、橡胶硫化和染料、药品、合成树脂及电镀液。本法亦适用于四甲基硫脲的测定[1]

干扰因素:含有硫酮官能团(C = S)的化合物可与五氰基胺基铁试剂发生络合反应,并在 590nm 处对 ETU 产生干扰

其他方法:本法源自并替代了方法 P&CAM 281[2]

试剂	仪器
1. 溴:Br₂,ACS 级 *	1. 采样管:PVC 滤膜,孔径 5μm,直径 37mm;或者混合纤维素脂滤膜,孔径 0.8μm,直径 37mm,塑料滤膜夹
2. 五氰基亚硝酰基铁酸钠二水合物(sodium nitroferricyanide;sodium nitroprusside):Na₂Fe(CN)₅NO·2H₂O,ACS 级	2. 个体采样泵:流量 1 ~ 3L/min,配有连接软管
3. 盐酸羟胺:NH₂OH·HCl,ACS 级	3. 可见吸收分光光度计:波长 590nm
4. 碳酸氢钠:NaHCO₃,ACS 级	4. 配套的比色皿:5cm
5. 正己烷:光谱纯	5. 分析天平:精确到 0.1mg
6. 甲醇:光谱纯	6. 研钵及研杵
7. 去离子水或蒸馏水	7. 恒温水浴锅:60 ± 1℃
8. 络合试剂(详见附录)	8. 溶剂解吸瓶:玻璃,20ml,带 PTFE 内衬的螺纹瓶盖
9. 稀释络合试剂:1 体积络合试剂与 2 体积水混匀。每天配制	9. 烧瓶:50 ~ 250ml
10. 亚乙基硫脲(ETU)(详见附录)	10. 可调移液器:5 ~ 50μl,50 ~ 250μl,0.5 ~ 5ml,带一次性吸头
11. 标准储备液:1000μg/ml。称取 0.250g 重结晶的 ETU,溶于蒸馏水中,并稀释至 250ml	11. 移液管:1 ~ 25ml,带洗耳球
	12. 容量瓶:25,100,200,250ml
	13. 其他物品:镊子、微量取样匙、橡胶洗耳球、木涂药棒、称量纸、滤纸和带铁架台过滤漏斗

特殊防护措施:溴具有强腐蚀性,并可造成严重灼伤,其蒸气有强烈刺激性和毒性,操作时应佩戴上手套,并在通风橱中进行;亚乙基硫脲是动物致畸、致癌[3,4],操作时必须格外小心,避免吸入、摄入或与皮肤接触;ETU 应储存在标有"动物致癌物"的瓶中,并将瓶置于可重复密封的厚塑料袋中,上锁储存

注:* 见特殊防护措施。

采样

1. 串联一个有代表性的采样管来校准个体采样泵。

2. 在 1 ~ 3L/min 流量范围内,以已知准确流量采集 200 ~ 800L 空气样品。滤膜上总粉尘的增量不得超过 2mg。

3. 采集大体积空气样品或橡沉降尘样品,放入溶剂解吸瓶里,置于容器中,与滤膜样品分开运输。

样品处理

4. 除去滤膜夹的顶部,将装有滤膜和滤膜衬垫的滤膜夹底部放在一张称量纸上。除去滤膜夹底部的塞子,将涂药棒插进这个小孔,轻轻支起滤膜并用镊子夹住滤膜边缘。小心地将滤膜转移至20ml 的溶剂解吸瓶中并轻推至底部,将任何留在滤膜夹上的物质或称量纸上采集到的物质均加到溶剂解吸瓶中。

5. 用移液管量取 7.0ml 蒸馏水至溶剂解吸瓶中,将滤膜完全浸湿,盖上盖子。

6. 将溶剂解吸瓶放在 60℃水浴中(恒温控制),保持45分钟。水浴的水平面应高于溶剂解吸瓶中的水平面。每5分钟振荡一次。

注意:由于超声波会破坏滤膜,所以不能使用超声波清洗器。

7. 用镊子提起滤膜使其高于样品水平面。用 5ml 的可调移液器每次取 4ml 水清洗滤膜,洗两次,将洗液收集在溶剂解吸瓶中,丢弃滤膜。

标准曲线绘制与质量控制

8. 在 0~150μg/ml 浓度范围内,配制至少6个浓度的标准系列,绘制标准曲线。

a. 用移液管量取 3.0ml 浓度为 1000μg/ml 标准储备液至 200ml 容量瓶中,用蒸馏水稀释至刻度,以配制 15μg/ml 的 ETU 标准溶液。

b. 用移液管量取 0~10ml 浓度为 15μg/ml 标准溶液至干净的溶剂解吸瓶中以配制标准系列,用蒸馏水稀释至 15ml,按照步骤10和步骤11分析标准系列。

c. 以吸光度对 ETU 质量(μg)绘制标准曲线。

9. 所用的每批滤膜至少测定一次回收率。

a. 将 8 个滤膜置于塑料试管架上。用可调移液器取 1000μg/ml 的标准储备液 0,7.5,15,30,45,60,90,120,150μl 至滤膜中央。室温下干燥过夜,洗脱(步骤4~7)并分析(步骤10和步骤11)。

b. 根据标准曲线,将每个样品的吸光度换算成质量 μg。计算回收率 R(测定质量/加入质量)。

样品测定

10. 络合。

注意:标准系列与样品应同时进行此步骤操作,以减少褪色误差。

a. 用移液管分别量取 1.5ml 稀释的络合试剂至每个溶剂解吸瓶中。

b. 在分析之前,每个溶剂解吸瓶静置至少 30 分钟,以确保显色反应完全。每 10 分钟振摇一次溶剂解吸瓶。

注意:随着络合样品浓度的增加,其溶液颜色由黄色变至浅绿色至蓝绿色。当样品浓度非常高时,为普鲁士蓝;此时用蒸馏水稀释,计算时乘以相应的稀释倍数。

11. 测定。

a. 将溶液移至 5cm 比色皿中,用擦镜纸擦去比色皿窗口的水滴。

b. 将比色皿置于样品室中,在波长 590nm 下,测定 5cm 比色皿中样品的吸光度,参比池中为 15ml 蒸馏水和 1.5ml 稀释络合剂。记录每个样品的吸光度。

注意:在 350~700nm 范围内,对定性样品(将几毫克定性样品溶于 15ml 水中,并按照步骤10和步骤11进行处理)进行吸光度的扫描测定,以检测可能存在的干扰。

计算

12. 测定样品中 ETU 的含量 W(μg)(已用回收率校正),介质空白中 ETU 的平均含量 B(μg)。

13. 按下式计算空气中 ETU 的浓度 C(mg/m³):

$$C = \frac{W - B}{V}$$

式中:W——样品中 TMTU 的含量(μg);

　　　B——介质空白中 TMTU 的平均含量(μg);

　　　V——采样体积(L)。

方法评价

在每份样品 15~150μg 范围内,用本法测试了 21 个 PVC(VM-1)/ETU 加标样品,其平均回收率为

98.0±3.2%[1]。在每份样品 15～150μg 范围内,亦测试了 20 个混合纤维素酯膜滤膜加标 ETU 的样品,平均回收率为 99.2±3.6%[1]。所有的标准曲线最小线性相关系数为 0.9999[1]。在两次调研中,用本法测定了用 VM-1 滤膜采集的 50 个现场样品[1]。测得样品中 ETU 的含量为每份样品 5～56μg。未测定样品储存稳定性,亦未测定方法的偏差。

参考文献

[1] Palassis, J. Sampling and Analytical Determination of Airborne Tetramethyl and Ethylene Thiourea, Am. Ind. Hyg. Assoc. J., 41, 91-97 (1980).

[2] NIOSH Manual of Analytical Methods, 2nd. ed., V. 4, P&CAM 281, U. S. Department of Health, Education, and Welfare, Publ. (NIOSH) 78-175 (1978).

[3] Special Occupational Hazard Review... Ethylene Thiourea, U. S. Department of Health, Education, and Welfare, Publ. (NIOSH) 79-109 (1978).

[4] NIOSH Current Intelligence Bulletin No. 22: Ethylene Thiourea, U. S. Department of Health, Education, and Welfare, Publ. (NIOSH) 78-144 (1978).

方法修订作者

John Palassis, NIOSH/DTMD.

附录

1. 络合试剂的配制。

a. 于 50ml 烧杯中,称量 0.500g $Na_2Fe(CN)_5NO \cdot 2H_2O$,溶于 10ml 蒸馏水中。

b. 将 0.500g $NH_2OH \cdot HCl$ 和 1.00g $NaHCO_3$ 放入研钵中一起研磨。

c. 在通风橱中,将研磨的混合物加入至步骤 a 的溶液中。当溶液停止冒泡后,加入 0.10ml 溴。待反应停止后,加入约 10ml 蒸馏水。过滤,用 4ml 蒸馏水冲洗烧杯并过滤。将滤液倒入 25ml 容量瓶中,并用蒸馏水稀释至刻度。冷藏。在 4℃ 下至少可稳定 2 周。

2. ETU 的纯化。

于 250ml 锥形瓶中,称量 3～5g ETU,溶于 100ml 1:1 的甲醇:水溶液中。在通风橱中加热至沸腾。置于室温中冷却 5 分钟。加入 5ml 己烷,振摇 30 秒。用玻璃表面皿盖上。在室温下静置 1 小时,过滤 ETU 晶体,并用 100ml 1:1 的甲醇:水溶液冲洗。在通风橱中风干晶体。

煤焦油沥青挥发物 5023

各种有机可溶的化合物	相对分子质量:不同	CAS 号:65996-93-2	RTECS 号:GF8655000
方法:5023,第二次修订		方法评价情况:部分评价	第一次修订:1985.5.15 第二次修订:1993.8.15
OSHA:0.2mg/m³(苯-可溶物) NIOSH:0.1mg/m³;致癌物(环己烷-可溶物) ACGIH:0.2mg/m³(苯-可溶物)		性质:液体;密度 1.06g/ml (38℃);60%～85% 馏出(≤355℃);杂芬油馏出(270～395℃)	
英文名称:coal tar pitch volatiles; benzene-solubles, cyclohexane-solubles, coal tar pitch volatiles, creosote from coal tar			

续表

采样	分析
采样管:滤膜(2μm,37mm PTFE 滤膜)	分析方法:称量法
采样流量:1~4L/min	待测物:有机可溶物(包括蒽、苯并蒽、苯并芘、咔唑、苯并菲、菲、芘等[1-4])
最小采样体积:500L(在 0.2mg/m³ 下)	
最大采样体积:2400L	洗脱液:苯、环己烷或其他合适的溶剂;超声 20 分钟
运输方式:常规	定量标准:NIST 等级 M 的砝码
样品稳定性:未测定	测定范围:每份样品 0.1~2mg
样品空白:每批样品 2~10 个	估算检出限:每份样品 0.05mg[5]
	精密度($\bar{S}_r$):0.02(1.35mg)[5];0.23(空白)[5]
准确性	
研究范围:未测定	
偏差:未测定	
总体精密度($\hat{S}_{rT}$):未测定	
准确度:未测定	

适用范围:采样体积为100L时,测定范围是 0.1~2mg/m³。本法可用于空气监测焦炉逸散物,石油燃烧产物,如柴油排放物和石油沥青烟雾。该方法可适用于测定定性样品。本法不能测定某特定化合物的浓度,它能检测出样品中可溶于所选溶剂且能从滤膜上颗粒物质中洗脱下来的所有物质

干扰因素:采样前后温度或湿度的改变会影响测量的准确度。采样期间或采样后,采集到的气溶胶的挥发性可引起样品损失

其他方法:本法综合并改进了方法 P&CAM 217 和标准文献方法[2]

试剂	仪器
1. 溶剂:苯、环己烷等,试剂级	1. 采样管:PTFE 滤膜,孔径 2μm,直径 37mm(Zefluor, Membrana Inc., Pleasanton, CA; Gelman Sciences 或等效的),由垫圈支撑,外径 37mm,内径 32mm ID,切割自纤维素衬垫(SKC, Inc. 或等效的),置于塑料滤膜夹中
2. 重铬酸洗液	2. 个体采样泵:流量 1~4L/min,配有连接软管
3. 丙酮:试剂级	3. 超声波清洗器
4. 正己烷	4. 微量天平:感量1μg,配有 NIST 等级 M 的砝码
	5. 放置天平的环境室:如20℃±0.3℃、相对湿度50%±5%
	6. 称量杯:PTFE,2ml,可称重约60mg,置于金属支架中
	7. 真空干燥箱
	注意:保持真空干燥箱室中无尘,以得到最大的灵敏度、再现性和准确度
	8. 镊子
	9. 试管:带 PTFE 内衬的螺纹盖,13mm×100mm**
	10. 滤纸:0.5μm(Millex~SR, Millipore Corp., Bedford, MA 或等效的)
	11. 移液管:1,5ml,带洗耳球

特殊防护措施:苯和煤焦油沥青挥发物为可疑致癌物

注:*见特殊防护措施;**依次用蒸馏水、丙酮、正己烷冲洗;干燥。

采样

1. 串联一个有代表性的采样管来校准采样泵。

2. 在 1~4L/min 流量范围内,以已知流量采集 500~2400L 空气样品。滤膜上总粉尘的增量不得超过 2mg。

3. 重新插上滤膜夹的塞子,运输至实验室。

样品处理

4. 用镊子将滤膜转移至试管中。用移液管加入 5.0ml 溶剂,盖上试管。

注意:因苯具有潜在致癌性,推荐使用环己烷作为溶剂[2];该洗脱方法亦适用于定性样品(研磨并过筛至 250μm)。用 5.0ml 溶剂提取 250mg 定性样品。

5. 将试管垂直放在含水的烧杯中,水面与试管中的液面持平。将烧杯和试管置于超声波清洗器中,超

声20分钟。

6. 用0.5μm滤纸过滤溶液,滤液装入干净的已称重的称量杯中。弃去滤纸。

注意:若需要对样品进行其他分析(如多环芳烃),则可在此步取适量溶液。计算时乘以适当的稀释倍数。

标准曲线绘制与质量控制

7. 将微量天平调零至1.0mg范围,根据仪器说明书校准天平。

注意:应在恒定的温度和相对湿度下进行称量。

8. 制备3个空白滤膜,处理方法和测定过程与样品滤膜相同。

样品测定

9. 移取1.0ml样品洗脱液至称量杯中。

10. 将称量杯置于真空干燥箱中预热至40℃,将其压力调至7~27kPa(50~200mmHg),使溶剂挥发2小时,慢慢打开真空阀放气。真空阀连有滤膜,可除去室内粉尘。

11. 将称量杯的温度和相对湿度平衡至与天平室的相同,至少30分钟。称量称量杯至微克级。

计算

12. 按下式计算空气中有机可溶化合物的浓度C(mg/m³):

$$C = \frac{(W - B) \times 5}{V}$$

其中:W——所测样品中有机可溶化合物的含量(μg);

B——所测空白中有机可溶化合物的平均含量(μg);

V —— 采样体积(L)。

5 ——换算因子(5ml滤液中取出1ml进行测定)。

方法评价

将几份铝电解厂排放的苯洗脱样品合并,使其每份样品中含1.35mg苯可溶物。取9份等量的溶液,称量,相对标准偏差为0.02。用苯洗脱6个空白滤膜,称量,相对标准偏差为0.23[6]。

参考文献

[1] NIOSH/OSHA Occupational Health Guidelines for Chemical Hazards, Coal Tar Pitch Volatiles, U. S. Department of Health and Human Services, Publ. (NIOSH) 81 – 123 (1981), Available as GPO Stock #017 – 033 – 00337 – 8 from Superintendent of Documents, Washington, DC 20402.

[2] Criteria for a Recommended Standard … Occupational Exposure to Coal Tar Products, U. S. Department of Health, Education, and Welfare, Publ. (NIOSH) 78 – 107 (1978).

[3] Criteria for a Recommended Standard … Occupational Exposure to Coke Oven Emissions, U. S. Department of Health, Education, and Welfare, Publ. (NIOSH) 73 – 11016 (1973).

[4] 1992 – 1993 Threshold Limit Values and Biological Exposure Indices. American Conference of Governmental Industrial Hygienists, Cincinnati, OH (1992).

[5] UBTL Report, NIOSH Sequences #4229 – T, U, V (unpublished, April 27, 1984).

[6] NIOSH Manual of Analytical Methods, 2nd ed. , Vol. 1, P&CAM 217, U. S. Department of Health, Education, and Welfare, Publ. (NIOSH) 77 – 157 – A (1977).

方法作者

B. R. Belinky, NIOSH/DPSE.

矿物油雾 5026

C_nH_{2n+2},($n \geqslant 16$)	相对分子质量:无	CAS 号:8012 - 95 - 1	RTECS 号:PY8030000
方法:5026,第二次修订		方法评价情况:完全评价	第一次修订:1987. 8. 15 第二次修订:1996. 5. 15
OSHA:5mg/m³ NIOSH:5mg/m³,STEL 10mg/m³ ACGIH:5mg/m³(由不采集蒸气的方法采集样品)		性质:液体;密度 0. 8 ~ 0. 9g/ml(20℃);沸点 360℃;饱和蒸气压可忽略不计	

英文名称: airborne mist of whitemineral oil or the following water—insoluble petroleum—based cutting oils:cable oil;cutting oil;drawing oil;engine oil;heat - treating oils;hydraulic oils;machine oil;transformer oil

采样	分析
采样管:滤膜(37mm 直径,0. 8μm MCE;5μm PVC,2μm PTFE;或玻璃纤维滤膜)	分析方法:红外光谱法
采样流量:1 ~ 3L/min	待测物:矿物油
最小采样体积:20L(在 5mg/m³ 下)	洗脱方法:10ml 四氯甲烷
最大采样体积:500L	IR 扫描范围:3200 ~ 2700cm⁻¹;空白:四氯化碳
运输方法:常规	定量标准:四氯化碳中的待测物溶液
样品稳定性:稳定	测定范围:每份样品 0. 1 ~ 2. 5mg
样品空白:每批样品 2 ~ 10 个	估算检出限:每份样品 0. 05mg[3]
	精密度($\bar{S}_r$):0. 05[3]
准确性	
研究范围:2. 5 ~ 11. 7mg/m³(100L 样品)[1]	
偏差: - 0. 84%[1]	
总体精密度($\hat{S}_{rT}$):0. 065[1]	
准确度:±11. 8%	

适用范围: 采样体积为 100L 时,测定范围是 1 ~ 20mg/m³。这个方法适用于所有可溶于三氯氟乙烷的矿物油雾,但不适用于(也不符合 OSHA 标准范围)半合成或合成的切削液

干扰因素: 任何红外吸收在 2950cm⁻¹ 附近的气溶胶(例如烟草烟雾)都会产生干扰

其他方法: 本法为方法 P&CAM 283[3] 的修订版,P&CAM 159[4] 和 S 272[5] 使用了相同的采样管,并通过荧光光谱检测。由于后两个方法的局限性(即:并非所有的矿物油含有荧光物质,而其他荧光化合物会产生干扰),因此并未对其修改。红外分析可克服这些局限

试剂	仪器
1. 四氯化碳(CCl₄):试剂级	1. 采样管:滤膜,37mm,0. 8μm MCE,5μm PVC,2μm PTFE,或玻璃纤维滤膜,带纤维素衬垫,置于两层式滤膜夹中 注意:高浓度的油雾可能会堵塞滤膜。玻璃纤维滤膜对油雾的容量比其他滤膜高;用镊子小心处理滤膜,以避免护肤油染污滤膜
2. 矿物油标准储液:20mg/ml。称取 1. 0g 矿物油定性样品,加入 50ml 容量瓶中,用四氯化碳稀释至刻度,一式两份	2. 个体采样泵:流量 1 ~ 3L/min,配有连接软管
	3. 红外分光光度计:双束光,色散型,扫描范围 3200 ~ 2700cm⁻¹。两个 10mm 红外石英的比色皿,配有 PTFE 塞子,置于可拆卸的比色皿座上 注意:如果红外石英的比色皿不可用,则使用标准的玻璃比色皿
	4. 溶剂解吸瓶:闪烁型,20ml,带有箔内衬或 PTFE 内衬的盖
	5. 容量瓶:10,25,50ml
	6. 大肚移液管或试剂分配器:10ml
	7. 移液管:2 ~ 250μl
	8. 镊子

特殊防护措施: 四氯化碳为人类可疑致癌物,应在通风橱中操作

注:*见特殊防护措施。

采样

1. 串联一个有代表性的采样管来校准个体采样泵连接。

2. 在 1 ~ 3L/min 流量范围内,以已知流量采集 20 ~ 500L 空气样品。

注意:油雾浓度高时可能会堵塞滤膜,以致阻力过大。若发生这种情况,停止采样。

3. 采集 5 ~ 10ml 未使用的、未稀释的矿物油于溶剂解吸瓶中,用于配制标准系列。将其与样品一起送至实验室。

样品处理

4. 用镊子将样品滤膜及空白滤膜转移至各溶剂解吸瓶中,加入 10.0ml 四氯化碳,盖上溶剂解吸瓶,混匀。

标准曲线绘制与质量控制

5. 配制至少 6 个浓度的标准系列,绘制标准曲线。

a. 于 10ml 容量瓶中,加入适当的四氯化碳,再加入已知量的矿物油标准储备液,最后用四氯化碳稀释至刻度,使得矿物油的浓度范围为 5 ~ 250μg/ml 。

b. 与样品和空白一起进行分析（步骤 8）。

c. 以峰的吸光度对矿物油含量(μg)绘制标准曲线。

6. 每批滤膜至少测定一次回收率(DE)。在测定范围内选择 5 个不同浓度,每个浓度测定 3 个样品。另测定 3 个空白采样滤膜。

a. 移取已知量的标准储备液置于滤膜上,使溶剂蒸发。

b. 将滤膜置于滤膜夹中,放置过夜。

c. 与标准系列一起进行分析(步骤 11 和步骤 12)。

d. 以回收率对矿物油回收量(μg)绘制回收率曲线。

7. 分析 3 个样品加标质控样和 3 个加标样品,以确保标准曲线和回收率曲线在可控范围内。

样品测定

8. 在吸收模式下,以四氯化碳做参比溶液,在 3200 ~ 2700cm^{-1} 范围下扫描标准溶液、空白和样品。记录 2940cm^{-1} 波长(±11.8%)附近的最大吸光度值。

计算结果

9. 按下式计算空气中矿物油的浓度 C(mg/m^3):

$$C = \frac{W - B}{V}$$

式中:W——样品滤膜上矿物油的含量(μg);

B——空白滤膜上矿物油的平均含量(μg);

V——采样体积(L)。

注意:上式中矿物油的含量已用解吸效率校正。

方法评价

在 22℃ 、755mmHg、2.5 ~ 11.7mg/m^3 浓度范围、采样体积 100L、样品为 Gulf 机床切削油的条件下,用荧光光谱法对本法进行了评价。采样介质为混合纤维素酯滤膜,孔径 0.8μm[1,5]。总体精密度 $\hat{S}_{rT}$ 为 0.065,平均回收率为 98% 。随后 NIOSH 评价了红外检测方法[2,3]。红外光谱法与荧光光谱法的准确度与精密度相似。本法的第一次修订版(发表于 1987 年 8 月 15 日)用 Freon 113 作为溶剂。但是因 Freon 113 会消耗大气层中的臭氧,所以原 P&CAM 283 方法所使用的四氯化碳溶剂再次被使用,虽然它是可疑人类致癌物。

PTFE 滤膜(例如 Gelman Zefluor)亦可用于油雾的采样。相较于 PVC,它的空白值更低,这因为与其他滤膜相比,用四氯化碳洗脱 PTFE 时,滤膜上残留物更少。

参考文献

[1] Documentation of the NIOSH Validation Tests, S272, U. S. Department of Health, Education, and Welfare, Publ. (NIOSH) 77 - 185 (1977), Available as PB 274 - 248 from NTIS, Springfield, VA 22161.

[2] Bolyard, M L. Infrared Quantitation of Mineral Oil Mist in Personal Air Samples, AIH Conference, Houston, TX (1980).

[3] NIOSH Manual of Analytical Methods, 2nd ed., Vol. 4, P&CAM 283, U. S. Department of Health, Education, and Welfare, Publ. (NIOSH) 78 – 175 (1978).

[4] Ibid., Vol. 1, P&CAM 159, U. S. Department of Health, Education, and Welfare, Publ. (NIOSH) 77 – 157 – A (1977).

[5] Ibid., Vol. 3, S272, U. S. Department of Health, Education, and Welfare, Publ. (NIOSH) 77 – 157 – C(1977).

方法作者

Charles Lorberau and Robert Glaser, NIOSH/DPSE.

阿斯巴甜 5031

$C_{14}H_{18}N_2O_5$	相对分子质量:294.34	CAS 号:22839 – 47 – 0	RTECS 号:WM3407000
方法:5031,第二次修订		方法评价情况:部分评价	第一次修订:1990.8.15 第二次修订:1994.8.15
OSHA:无标准 NIOSH:无标准 ACGIH:无标准		性质:固体,熔点 248~250℃	

英文名称: aspartame; L – aspartyl – L – phenylalanine methyl ester; 3 – amino – N – (alpha – carboxyphenethyl) – succinamic acid N – methyl ester

采样	分析
采样管:滤膜(1μm,37mm PTFE 滤膜)	分析方法:高效液相色谱法(HPLC);紫外检测器(UV)
采样流量:1~3L/min	待测物:阿斯巴甜
最小采样体积:70L(在 0.1mg/m³ 下)	提取方法:2ml 洗脱液 B
最大采样体积:1200L	进样体积:25μl
运输方法:常规	色谱柱:C_{18}柱,粒径 10μm
样品稳定性:在 20℃下至少储存 30 天[1]	检测器:紫外(220nm)
样品空白:每批样品 2~10 个	流动相:60%洗脱液 A/40%洗脱液 B,等度洗脱
介质空白:每批样品至少 3 个	定量标准:洗脱液 B 中的阿斯巴甜标准溶液
	测定范围:每份样品 7~800μg[1]
准确性	估算检出限:每份样品 2μg[1]
研究范围:未研究	精密度($\bar{S}_r$):0.026(每份样品 4.4~435μg)[1]
偏差:未测定	
总体精密度($\hat{S}_{rT}$):未测定	
准确度:未测定	

适用范围: 采样体积为 100L 时,测定范围为 0.07~8mg/m³。本法已用于分析商业食品包装厂的健康危害评价期间的个体和区域样品[1]

干扰因素: 阿斯巴甜采样时所采集到的食品添加剂如调味品(人工香料)、稳定剂(抗坏血酸)、食用色素(FD&C 黄色)不影响分析[1]

其他方法: 已有分析阿斯巴甜定性样品的 HPLC 方法报道[2]

试剂	仪器
1. 阿斯巴甜:™96% 纯度	1. 采样管:1μm,37mm PTFE 滤膜(Millipore FALP 或等效滤膜),带纤维素衬垫,置于 37mm 聚苯乙烯两层式滤膜夹中
2. 去离子水	2. 个体采样泵:流量 1~3L/min,配有连接软管
3. 乙腈:蒸馏提纯	3. 高效液相色谱仪(HPLC):紫外检测器(220nm),积分仪与 C_{18} 色谱柱(方法 5031)
4. 甲醇:蒸馏提纯	
5. 1 - 庚烷磺酸钠	4. 针式过滤器,13mm;0.45μm,PTFE
6. 磷酸二氢钾	5. 注射器:10ml,一次性
7. 磷酸:试剂级	6. 闪烁瓶:玻璃,20ml,带聚四氟乙烯内衬的瓶盖
8. 洗脱液 A:将 2.062g 正庚烷磺酸钠和 0.45g 磷酸二氢钾加入 1.0L 去离子水中,用稀磷酸调节 pH 值至 2.5 *	7. 注射器:微量,精确到 0.1μl
	8. 移液管:各种规格
9. 洗脱液 B:将 2.062g 正庚烷磺酸钠加入 1.0L 3:2(v/v)的乙腈:水中,用稀磷酸调节 pH 值至 3.0	9. 镊子
	10. 超声波清洗器
10. 标准储备液:5mg/ml。将 0.05g 阿斯巴甜溶于洗脱液 B,用洗脱液 B 稀释至 10ml	11. pH 计

特殊防护措施:磷酸具有强腐蚀性,在通风橱中带防护手套进行操作

注:* 见特殊防护措施。

采样

1. 串联一个有代表性的采样管来校准个体采样泵。

2. 采样前立即移除前、后的塞子。用软管连接采样管和个体采样泵。

3. 在 1~3L/min 范围内,以准确控制的流量采集 70~1200L 空气样品。

4. 采样完成后,把塞子放回原位,包装、运输。运输中包含适量的空白。

样品处理

5. 用镊子将滤膜移至 20ml 闪烁瓶中。除去衬垫。加入 2.0ml 洗脱液 B。

6. 超声 1 小时。

7. 用安装有 0.45μm PTFE 滤膜的一次性注射器将样品溶液过滤至干净的溶剂解吸瓶中。

标准曲线绘制与质量控制

8. 配制至少 6 个标准系列,绘制标准曲线。

a. 加入已知量的标准储备液至洗脱液 B 中,在 1~400μg/ml 范围内,根据需要,逐级稀释,以获得所需浓度。

b. 与样品和空白一起进行分析(步骤 11~13)。

c. 以峰面积对阿斯巴甜的含量(微克/样品)绘制标准曲线。

9. 在标准曲线范围内,每批滤膜至少测定一次回收率(R)。选择 3 个不同浓度,每个浓度测定 6 个滤膜。另测定 3 个空白滤膜。

a. 将已知量甲醇中的阿斯巴甜加至滤膜上。

b. 盖上滤膜。放置过夜,以便溶剂蒸发。

c. 处理样品(步骤 5~7),并与标准系列一起进行分析(步骤 11~13)。

d. 测定回收率(R)。以回收率 R 对阿斯巴甜回收量(μg)绘制回收率曲线。

10. 分析 3 个样品加标质控样和 3 个加标样品,以确保标准曲线和回收率曲线在可控范围内。

样品测定

11. 根据仪器说明书和方法 5031 给出的条件设置液相色谱仪。

12. 使用手动进样或自动进样器进样。

13. 测定峰面积。

计算

14. 按下式计算空气中阿斯巴甜的浓度 C(mg/m³)：

$$C = \frac{W - B}{V}$$

式中：W——样品中阿斯巴甜的含量（μg）；

　　B——介质空白中阿斯巴甜的平均含量（μg）；

　　V——采样体积（L）。

注意：上式中阿斯巴甜的含量已用解吸效率校正。

方法评价

用 9 个阿斯巴甜浓度为 0.5 ~ 463μg/ml 范围的标准溶液，绘制标准曲线。该曲线呈线性，检出限（LOD）为每滤膜 2μg，定量下限（LOQ）为每滤膜 7μg。将已知量的阿斯巴甜加标至滤膜上，制成测试样品，阿斯巴甜的加标量为每滤膜 4.4 ~ 434μg，加标溶液为甲醇中的阿斯巴甜溶液。在每个浓度上，对 3 个滤膜进行以下研究（表 2 - 37 - 18）。

a. 立即分析滤膜，以评价洗脱效率。

b. 将加标滤膜储存 1 个月后进行分析，评估其储存稳定性。

c. 在分析前，将加标滤膜连接至个体采样泵，用 1000L 实验室气体以 2.5L/min 的流量通过滤膜，以研究采样过程中滤膜上阿斯巴甜的稳定性。

表 2 - 37 - 18　阿斯巴甜的平均回收率（n = 3）

加标量 /μg(n = 3)	洗脱效率 (% RSD)	采样稳定性 (% RSD)	储存稳定性 (% ESD)(30 天)
4.4	100(2.3)	100(1.3)	-
43.5	103(4.8)	98(3.1)	102(2.7)
27	101(1.8)	100(2.4)	-
435	101(1.3)	101(1.3)	-

参考文献

[1] Albrecht, W., G. Burr, and C. Neumeister. Sampling and Analytical Method for Workplace Monitoring of Aspartame in Air., App. Ind. Hyg., 4:9 (1989).

[2] Verzella, G., F. Bagnasco, and A. Mangia. Ion - Pair High - Performance Liquid Chromatographic Analysis of Aspartame and Related Products., J. Chromatogr., 349, 83 (1985).

方法作者

Charles Neumeister, NIOSH/DPSE.

高吸水性树脂 5035

	相对分子质量:变化	CAS 号:见表 2 - 37 - 19	RTECS 号:无
方法:5035,第一次修订		方法评价情况:部分评价	第一次修订:1994.8.15
OSHA:无 PEL NIOSH:无 REL ACGIH:无 TLV		性质:固体;有吸湿性;与水形成凝胶	

英文名称:super absorbent polymers; sodium polyacrylate, Sanwet IM - 3500 (sodium polyacrylate grafted with starch), Water Lock A - 100 (sodium acrylate - acrylamide copolymer grafted with starch), Water Lock B - 204 (potassium acrylate - acrylamide copolymer grafted with starch), Water Lock G - 400 (sodium acrylate - acrylamide copolymer)

续表

采样	分析
采样管:滤膜(PVC,5μm,37mm)	分析方法:ICP – AES 或 AAS
采样流量:1~3L/min	待测物:铜
最小采样体积:50L	洗脱方法:6ml 0.7M 乙酸铜;14ml 水;超声 15 分钟
最大采样体积:1500L	消解液:70% HNO₃,10ml;70% HClO₄,1ml(可选)
运输方法:常规	测量波长:324.7nm
样品稳定性:>8 个月(25℃)[2]	定量标准:蔗糖中高吸水性树脂
样品空白:每批样品 2~10 个	测定范围:见表 2 – 37 – 19
定性样品:需要(20g)	估算检出限:见表 2 – 37 – 19
	精密度($\bar{S}_r$):0.086[2]

准确性

研究范围:0.02~0.15mg/m³(Sanwet IM – 3500)

偏差:很小

总体精密度($\hat{S}_{rT}$):未测定

准确性:未测定

适用范围:曾使用本法测定了尿布生产厂空气中的 Sanwet IM – 3500[2] 含量

干扰因素:含铜化合物的气溶胶会产生干扰;但这个问题不普遍

其他方法:用 PVC 滤膜采集空气样品,可检测空气中高吸水性树脂的含量,用热盐酸处理,可用火焰 AAS 对钠进行测定[2]

试剂	仪器
1. 高吸水性树脂(在空气样品中存在的类型):如果水是唯一的杂质,则纯度>99%。见步骤15,测定水含量	1. 采样管:PVC 滤膜,直径 37mm,孔径 5μm,置于两层式滤膜夹中
2. 乙酸铜:0.07M。将 27.96g 一水合乙酸铜溶解在水中,稀释至 2L。溶液至少可储存 6 个月。在使用前,用 0.45μm 孔径纤维素酯滤膜过滤,立即使用(<4 小时)	2. 个体采样泵:流量 1~3L/min,配有连接软管
	3. 用于测定铜的仪器(LOD < 每份样品 2μg),例如电感耦合等离子体 – 原子发射光谱仪或原子吸收光谱仪
3. 去离子水	
4. 蔗糖:纯度>99%	4. 真空过滤装置:两部分(产品 XX1002500,Millipore Corp.,Bedford,MA,或等效的产品)
5. 标准储备混合物:约 4% 高吸水性树脂(w/w)。将约 380mg 高吸水性树脂与 8000mg 蔗糖混合(不要使用已加热的树脂)。手动振摇 5 分钟。使用冷冻研磨仪将混合物研磨 12 分钟,至细粉末(用液态氮冷却研磨仪)	5. 纤维素酯滤膜:直径 25mm,孔径 0.45μm
	6. 溶剂解吸瓶:20ml
	7. 移液管:5ml 和 6ml,带洗耳球
6. HNO₃:70%	8. 天平:精确到五位小数
7. 高氯酸:70%(可选)*	9. 超声波清洗器
8. 氩气(用于 ICP – AES)	10. 烧杯:50ml 和 250ml
9. 乙炔(用于 AAS)	11. Phillips 烧杯:125ml,玻璃表面皿**
10. 空气(用于 AAS)	12. 钳子
11. 稀释酸:2.8% HNO₃:0.7% HClO₄。向去离子水中加入 40ml 70% HNO₃ 和 10ml 70% HClO₄,稀释至 1L	13. 药匙
	14. 冷冻研磨机或研钵及研杵
	15. 玻璃搅拌棒
12. 稀释酸:3.5% HNO₃。向去离子水中加入 50ml 70% HNO₃,稀释至 1L	16. 加热板:表面温度 150℃

特殊防护措施:使用高氯酸时,操作应该在通风橱中进行

注:* 见特殊防护措施;** 使用前用 70% HNO₃ 清洗 Phillips 烧杯,用去离子水彻底冲洗。

采样

1. 串联一个有代表性的采样管来校准个体采样泵。

2. 用软管将采样管连接至个体采样泵。在 1~3L/min 范围内,以已知流量采集总体积为 50~1500L 空气样品。滤膜上的总颗粒物不得超过 1mg。

3. 用塞子密封采样管的入口和出口,包装后运输。同时采集一份高吸水性树脂定性样品(20g),与空

气样品分开运输。

样品处理

4. 将 37mm 的 PVC 滤膜转移至 20ml 溶剂解吸瓶中,滤膜采样的一面朝内放置。

5. 加入 6ml 0.07M 乙酸铜溶液(在使用前的 4 小时内,用 0.45μm 孔径的纤维素酯过滤器过滤)。

6. 加入 14ml 去离子水,盖好瓶盖。

7. 将溶剂解吸瓶放入超声波清洗器中超声 15 分钟。

8. 真空过滤,在 25mm 纤维素酯滤膜(孔径 0.45μm)上收集铜 – 聚合物沉淀。

注意:向样品和空白中加入乙酸铜溶液后 4 小时内,应收集铜聚合物沉淀。如果溶液已经静置了几天,则在乙酸铜溶液中会出现含有铜的颗粒。这些粒子将产生正干扰。

9. 用 12ml 去离子水冲洗溶剂解吸瓶,将洗液加入过滤装置中,重复一次。如果两次冲洗后,在溶剂解吸瓶中还观察到铜聚合物沉淀物的蓝色颗粒,再用水冲洗溶剂解吸瓶,过滤,直到溶剂解吸瓶中观察不到蓝色的颗粒为止。将冲洗液加入过滤装置中。

10. 从滤膜夹上层内表面回收高吸水性树脂。

a. 用塞子密封滤膜夹上层的入口。

b. 向此滤膜夹中上层加入 5ml 0.07M 乙酸铜。

c. 将此滤膜夹上层放入干净的超声波清洗器中超声 30 秒。

注意:如果超声过程中,铜聚合物沉淀没有脱落,则可使用玻璃搅拌棒使其脱落。

d. 将溶液从滤膜夹上层倒入真空过滤装置中。

e. 用 5ml 去离子水冲洗滤膜夹上层。

11. 将带有收集的沉淀物的 25mm 纤维素酯滤膜转移至一个 125ml Phillips 烧杯中。盖上表面皿。

12. 在 50ml 的烧杯中,用去离子水冲洗过滤装置的上层底部。

13. 用干净的 25mm 纤维素酯滤膜组装真空过滤装置。将 50ml 烧杯中的冲洗液加入真空过滤装置中。将 25mm 滤膜转移至同一个 Phillips 烧杯中(步骤 10)。

注意:适用于步骤 12 和步骤 13 的真空过滤装置为:把滤膜夹在顶层(垂直柱)和底层中间。当垂直柱与滤膜分开时,由于毛细作用水可能会携带铜聚合物沉淀物到达垂直柱的下面。同时,沉淀物可能会吸附在垂直柱的内侧壁上。

14. 在 Phillips 烧杯中,向滤膜上加入 10ml 70% HNO_3 和 1ml 70% $HClO_4$。

注意:是否使用高氯酸是可选的。

a. 用表面皿盖好烧杯。

b. 将烧杯放置在 150℃ 的加热板上,回流一夜。

c. 将表面皿移开,150℃ 加热至混合物恰好蒸干。

d. 从加热板上移开烧杯。加入 0.5ml 4:1 70% HNO_3:70% $HClO_4$(v/v)或 0.5ml 70% HNO_3(根据标准溶液中是否含有高氯酸进行选择)。

e. 用去离子水将混合物稀释至 10ml。

标准曲线绘制与质量控制

15. 检测高吸水性树脂定性样品中水的含量。将一份经准确称量的 20g 高吸水性树脂样品放入 130℃ 干燥炉中 16 个小时。测定失去的重量,计算原样品中水的含量(重量百分比)。

16. 配制至少 6 个标准系列,绘制标准曲线。

a. 通过用蔗糖稀释标准储备混合物,制备蔗糖中高吸水性树脂的标准系列。计算用约 8g 蔗糖稀释所需标准储备混合物的用量,使 50~300mg 的标准系列中无水高吸水性树脂的含量在标准曲线范围内(标准曲线范围为 8~1000μg)。标准系列放在 20ml 溶剂解吸瓶,手动振摇 5 分钟,用冷冻研磨机(用液态氮冷却)或用研钵和研杵研磨每个混合物 12 分钟。

注意:即使标准储备混合物和标准系列中的高吸水性树脂含有水,也能较为容易地表示出高吸水性树脂的真实含量(以无水高吸水性树脂为基础)。

b. 每个浓度下制备 6 个样品和 6 个空白。用精度为 5 位小数的天平准确称量 50~300mg 标准系列

（聚合物－蔗糖混合物），放入 20ml 溶剂解吸瓶中。

　　c. 向每个溶剂解吸瓶中加入 5ml 去离子水。振荡溶剂解吸瓶至蔗糖溶解。

　　d. 加入 6ml 0.07M 乙酸铜溶液（经过滤的，见步骤 5）。

　　e. 将每个溶剂解吸瓶放入超声波清洗器中超声 10 分钟。

　　f. 收集铜－聚合物沉淀（步骤 8 和步骤 9），处理样品（步骤 14），并分析（步骤 18 和步骤 19）。

　　g. 以铜的仪器响应值对无水高吸水性树脂含量（μg）绘制标准曲线。

　　17. 估算 37mm PVC 滤膜中高吸水性树脂的回收率（R）。

　　a. 在每个浓度水平制备 6 个样品。用精度为 5 位小数的天平准确称量 50～300mg 标准系列（聚合物－蔗糖混合物），放入 20ml 溶剂解吸瓶中。在各溶剂解吸瓶中各放入一个 37mm PVC 滤膜。

　　b. 按照步骤 9、步骤 11～14、步骤 18 和步骤 19 进行操作。

　　c. 根据标准曲线（步骤 16. g），测定每个样品中高吸水性树脂的含量。

　　d. 用样品中高吸水性树脂的测定量除以原聚合物的加入量，计算每个样品的回收率。

　　注意：因为没有在 PVC 滤膜上加高吸水性树脂，所以回收率是估算值。

样品测定

　　18. 根据仪器说明书设置测定铜的仪器条件。

　　19. 分析样品和标准。

　　注意：如果样品浓度高于标准曲线的范围，用稀释酸稀释样品后重新分析，计算时乘以相应的稀释倍数。

计算

　　20. 根据标准曲线（步骤 16. g），计算样品中无水高吸水性树脂的含量（已用回收率校正）W（μg）。

　　21. 按下式计算空气中高吸水性树脂浓度 C（mg/m³），采样体积为 V（L）：

$$C = \frac{W}{V}$$

方法评价

　　用 Sanwet IM－3500，Water Lock A－100，Water Lock B－204 和 Water Lock G－400 进行了方法评价。无水 Sanwet IM－3500 的量为 8，16，32，63，515 和 1466μg 时，测得铜的量与无水 Sanwet IM－3500 的量的平均比率为 0.66，0.78，0.69，0.72，0.63 和 0.57（平均比率的 S_r 值分别为 0.34，0.12，0.13，0.05，0.05 和 0.03；总体 $\bar{S}_r$ 为 0.086）。第二种计算精密度的方法是用标准曲线的标准误差除以平均值（铜的平均值）；分析方法的精密度（$\bar{S}_r$） = 16.7/247 = 0.068。

　　测定尿布制造厂的定点空气样品中的 Sanwet IM－3500 含量，并将本采样和分析方法（方法 5035，Cu－SAP 方法）与钠方法进行了比较（表 2－37－20）。

　　每个方法的采样流量为 2L/min。组 1a 和 1b 分别有 3 个样品；组 2a 和 2b 分别有 2 个样品。在 Cu－SAP 方法中分析了 PVC 滤膜和滤膜夹的上层内表面，但未用钠方法进行分析；因此，上述的比较适用于只分析 PVC 滤膜。在滤膜夹的上层内表面上，Sanwet IM－3500 的测定量是总测定量的 12%～39%。尿布厂的 Sanwet IM－3500 定性样品含水量为 7.20%。见参考文献[2]中的附加信息。

　　6 个空白中铜的平均值为 2.95μg，这些空白的标准偏差为 1.04μg（在过滤乙酸铜溶液和用去离子水冲洗时，纤维素酯滤膜会保留少量铜）。37mm PVC 滤膜中 8，17，63 和 526μg Sanwet IM－3500 的回收率分别为 1.27，0.84，0.83 和 1.01。在室温条件下，蔗糖中的 Sanwet IM－3500 的标准混合物（Sanwet IM－3500 为 4.48%，w/w）在溶剂解吸瓶中可稳定储存超过 8 个月。使用两种消解过程：一硝酸和高氯酸，二只有硝酸，对由 500μg Sanwet IM－3500 制备的铜－聚合物沉淀进行了消解，对此消解过程进行了评价，证明两个过程具有相同的效果。

参考文献

［1］Masuda，F.，Super Absorbent Polymers－Characteristics and Trends in Development of Applications，Chemical Economy & Engineering Review，15(11):19－22 (1983).

［2］Tucker，S. P.，M. B. Millson，and D. D. Dollberg，Determination of Polyacrylate Super Absorbent Polymers in Air，Analytical Letters，26(5)：965－980(1993)．

方法作者

Samuel P. Tucker，Ph. D.，Mark B. Millson，and Donald D. Dollberg，Ph. D.，NIOSH/DPSE

表 2－37－19　高吸水性树脂的 CAS 号、检出限和测定范围

高吸水性树脂	CAS 号	检出限*(微克/样品)	测定范围(微克/样品)
Sanwet IM－3500	60323－79－7	4	15～1000
Water Lock A－100	65930－07－6	14	45～1000
Water Lock B－204	72162－30－2	13	42～1000
Water Lock G－400	61788－39－4	8	28～1000

注：＊检出限定义为空白标准偏差的 3 倍；6 个空白的标准偏差为每份样品 1.04μg 铜；平均空白值为 2.95μg 铜；表 2－37－20 中的检出限是每个样品中无水高吸水性树脂的量。

表 2－37－20　Cu－SAP 方法(只用滤膜)和钠方法的比较

组别	分析方法	采样体积/L	Sanwet IM－3500 的平均浓度/(mg/m³)	相对标准偏差
1a	Cu－SAP	840	0.0673	0.19
1b	钠	908	0.108	0.023
2a	Cu－SAP	425	0.0978	0.35
2b	钠	420	0.162	0.052

雌激素 5044

分子式：见表 2－37－21	相对分子质量：见表 2－37－21	CAS 号：见表 2－37－22	PTECS 号：见表 2－37－22
方法：5044，第一次修订		方法评价情况：部分确定	第一次修订：2003.03.15
OSHA：见表 2－37－22 NIOSH：见表 2－37－22 ACGIH：见表 2－37－22		性质：见表 2－37－21	

英文名称：见表 2－37－22

采样

采样管：滤膜(PTFE 滤膜，37mm，2μm)

采样流量：1L/min

最小采样体积：150L

最大采样体积：1000L

运输方法：在环境温度下运输

样品稳定性：30 天(25℃)[1]

样品空白：每批样品 2～10 个

准确性

研究范围：未研究

偏差：未测定

总体精密度($\hat{S}_{rT}$)：未测定

准确度：未测定

分析

分析方法：高效液相色谱法(HPLC)；紫外检测器(UV)

待测物：见表 2－37－21

洗脱方法：甲醇，在室温下洗脱过夜

进样体积：25μl

流动相：60% 乙腈/40% 水(26℃，1.75ml/min)

色谱柱：C_{18} 反相色谱柱，150×4.6mm，5μm；在线预过滤器，2.0μm

检测器：UV/Vis 200nm 和 237nm

定量标准：甲醇中的标准溶液

测定范围：β－雌二醇每份样品 0.3～44μg；雌酮每份样品 0.2～64μg；孕酮每份样品 0.5～64μg；β－雌二醇 3－苯甲酸每份样品 0.5～64μg[1]

估算检出限：见表 2－37－22

精密度($\bar{S}_r$)：β－雌二醇 0.040；雌酮 0.039；孕酮 0.030；β－雌二醇 3－苯甲酸 0.032(每份样品 0.5～64μg)[1]

续表

适用范围:未使用本法对现场空气样品进行评价。在对生产避孕药的设备进行健康危害评价期间,本法对采集的现场擦拭样品进行了初步研究分析。附录中包含擦拭样品待测物回收率的信息

干扰因素:洗脱出的与待测物有相同 HPLC 保留时间的化合物均可能产生干扰

其他方法:未发现有经验证的方法

试剂	仪器
1. 水:去离子,蒸馏,脱气	1. 采样管:PTFE 滤膜,37mm,2μm 孔径(SKC Inc., Cat No. 225 - 17 - 07 或等效滤膜),纤维素衬垫垫圈,37mm(外径),32mm(内径)(SKC Inc., Cat. No. 225 - 23 或等效的衬垫),置于 37mm 滤膜夹中
2. 乙腈:HPLC 纯,脱气	2. 试管:带聚四氟乙烯内衬的螺纹瓶盖,16mm×100mm
3. 甲醇:HPLC 纯 *	3. 溶剂解吸瓶:用于自动进样器,4ml,带聚四氟乙烯内衬的隔垫
4. β - 雌二醇(Sigma E8875 或等效试剂)	4. 移液管:0.5 ~ 20ml
5. 雌酮(Sigma E8875 或等效试剂)	5. 溶剂解吸瓶:带聚四氟乙烯内衬的螺纹瓶盖,20ml
6. 孕酮(Sigma P0130 或等效试剂)	6. 镊子
7. β - 雌二醇 - 3 - 苯甲酸(Sigma E8515 或等效试剂)	7. Hamilton 注射器:50μl 和 100μl
8. 标准储备液:将约 40mg 待测物(精确至 0.001mg),放入 20ml 溶剂解吸瓶中,用 20ml 甲醇溶解。每种待测物单独配制	8. 注射器:一次性,10ml
9. 雌酮混和标准溶液:于 20ml 溶剂解吸瓶中,取 4ml 每种标准储备液,混合。用甲醇逐级稀释此混合标准溶液至 0.05μg/ml	9. 针式过滤器:PTFE,0.45μm
	10. HPLC:积分仪和自动进样器;UV/Vis 检测器(200nm 和 237nm);C₁₈ 色谱柱,150 × 4.6mm(Alltima;Alltech Associates Inc., State College PA, Cat. No. 88053 或等效色谱柱);在线预过滤器,2.0μm(Opti - Solv;Optimize Technologies 或等效过滤器)
	11. 旋转振荡器,管旋转振摇器(Labquake - Thermolyne 或等效振摇器)

特殊防护措施:乙腈和甲醇易燃,对健康有危害;甲醇是一种累积性毒物;雌激素可能是致癌物[3];在通风良好的通风橱中进行操作,穿防护服

注:* 见特殊防护措施。

采样

1. 串联一个有代表性的采样管来校准个体采样泵。

2. 以 1L/min 流量采集 150 ~ 1000L 空气样品。

3. 包装滤膜夹、运输(非冷藏)。

4. 实验室收到样品后在环境温度储存。

样品处理

5. 将滤膜从滤膜夹中取出,用镊子将其卷起,置于 16×100mm 试管中。

6. 于每个管中,加入 4.0ml 甲醇。

7. 以同样的方式处理介质空白和试剂空白。

8. 盖紧每个试管,将其置于旋转器上。在室温旋转 ≥8 小时。

9. 过滤洗脱液,如果需要,用装有 0.45μm 孔径的 PTFE 滤膜的一次性注射器过滤至干净溶剂解吸瓶中。

10. 将全部洗脱液移至有标识的自动进样瓶中。

标准曲线绘制与质量控制

11. 在测定范围内,配制至少 6 个标准系列,绘制标准曲线。

　a. 逐级稀释,配制 0.08 ~ 80μg/ml 范围的混合储备液。

　b. 与样品和空白一起进行分析(步骤 15 ~ 16)。

　c. 以峰面积对待测物的含量(微克/样品)绘制标准曲线。

12. 在标准曲线范围内,每批滤膜需测定解吸效率和回收率。

　a. 选择 3 个不同浓度,每个浓度制备 4 个试管。另制备 3 个空白管。

　b. 于滤膜上加入已知量的甲醇中的待测物或混合待测物的标准溶液。

c. 放置 2 小时以上,使溶剂蒸发。

d. 处理样品(步骤 6 ~ 10)并与标准系列一起进行分析(步骤 15 ~ 16)。

e. 测定回收率。

13. 分析 3 个样品加标质控样和 3 个加标样品,以确保标准曲线和回收率曲线在可控范围内。

样品测定

14. 根据仪器说明书和方法 5044 给出的条件设置高效液相色谱仪。

15. 使用手动进样或自动进样器进样。

16. 测定峰面积。

计算

17. 按下式计算空气中待测物的浓度 C(mg/m³):

$$C = \frac{W - B}{V}$$

式中:W——样品中待测物的含量(μg);

   B——介质空白中待测物的平均含量(μg);

   V——采样体积(L)。

注意:1μg/L = 1mg/m³。

方法评价

本法已用于分析现场擦拭样品[2]。本法未用实验室发生气样品进行评价。LOD/LOQ、洗脱效率、样品稳定性和储存稳定性的研究均用实验室加标滤膜进行实验。

LOD/LOQ 值(微克/滤膜):β - 雌二醇为 0.8/2.5;雌酮为 0.2/0.5;孕酮为 0.5/1.7;β - 雌二醇 3 - 苯甲酸为 0.5/1.7。

β - 雌二醇的洗脱效率在 94% ~ 103% 范围内;雌酮为 95% ~ 104%;孕酮为 97% ~ 102%;β - 雌二醇 3 - 苯甲酸为 95% ~ 101%。使用 Wash'n Dri® 擦拭巾,进行回收率研究,提取效率为 97% ~ 100%。

将空气通过加标滤膜,评价了待测物在滤膜介质上的稳定性(静态效率)。β - 雌二醇的回收率为 94% ~ 102%;雌酮为 96% ~ 101%;孕酮为 99% ~ 102%;β - 雌二醇 3 - 苯甲酸为 92% ~ 101%。

于 25℃ 下储存 30 天后,β - 雌二醇的回收率为 93%,雌酮为 94%,孕酮为 98%,β - 雌二醇 3 - 苯甲酸为 111%。

参考文献

[1] Mathews ES and Neumeister CE [2000]. Backup Data Report for Method 5044, Estrogenic Compounds by HPLC (unpublished), NIOSH, DART.

[2] Neumeister CE [1983]. Analytical Report for Sequence 1400. Cincinnati, OH: National Institute of Occupational Safety and Health (unpublished).

[3] Sixth Annual Report on Carcinogens [1991]. USDHHS/PHS, National Toxicology Program.

方法作者

Elaine S. Mathews and Charles E. Neumeister NIOSH, DART.

表 2 - 37 - 21 性质

化合物	分子式	相对分子质量	熔点/℃	UV 最大吸收波长/nm
β - 雌二醇	$C_{18}H_{24}O_2$	272	173 ~ 179	206
雌酮	$C_{18}H_{22}O_2$	270	254 ~ 256	198
孕酮	$C_{21}H_{30}O_2$	314	127 ~ 131	237
β - 雌二醇 - 3 - 苯甲酸	$C_{25}H_{28}O_3$	376	191 ~ 196	201

表 2 - 37 - 22　LOD/LOQ 测定值

化合物	LOD 微克/滤膜	LOQ 微克/滤膜
β - 雌二醇	0.8	2.5
雌酮	0.2	0.5
孕酮	0.5	1.7
β - 雌二醇 - 3 - 苯甲酸	0.5	1.7

表 2 - 37 - 23　基本信息

化合物	英文名称	CAS 号	RTECS 号	接触限值
β - 雌二醇	β - Estradiol dihydroxyfollicular hormone dihydroxyestrin oestra - 1,3,5(10) triene - 3,17 - betadiol	50 - 28 - 2	KG2975000	未具体规定
雌酮	Estrone 3 - hydroxyestra - 1,3,5(10) - trien - 17 - one 1,3,5 - estratrien - 3 - ol - 17 - one oestrone folliculin	53 - 16 - 7	1009137ES	未具体规定
孕酮	Progesterone pregn - 4 - ene - 3,20 - dione luteohormone Corlutin	57 - 83 - 0	TW0175000	未具体规定
β - 雌二醇 - 3 - 苯甲酸	β - Estradiol - 3 - Benzoate estradiol benzoate oestradiol monobenzoate (17β) - estra - 1,3,5(10) - triene - 3,17 - diol 3 - benzoate Benovocylin	50 - 50 - 0	KG4050000	未具体规定

附录:加标擦拭样品的制备

　　打开擦拭介质(Wash'n Dri® Moist Disposable Towelettes),蒸发干燥。将干纸巾卷起,插入 16 × 100mm 的带聚四氟乙烯盖螺纹盖的管中。用 Hamilton 注射器将被测定量(每 50μl 中含 40 微克/待测物)的甲醇 中的储备液加至每个擦拭介质上。待加入的标准储备液蒸发后,于每个试管中加入 8ml 甲醇,盖上试管盖, 在室温下旋转过夜,从擦拭介质中提取加入的标准溶液中的待测物。

　　提取效率见表 2 - 37 - 24。

表 2 - 37 - 24　化合物提取效率

化合物	提取效率/%(n = 6)	S_r
β - 雌二醇	100	1.40
雌酮	97	3.10
孕酮	99	0.82
β - 雌二醇 - 3 - 苯甲酸	99	0.76

四羟甲基氯化磷 5046

P(CH2OH)4+Cl−	相对分子质量:190.58	CAS 号:124-64-1	RTECS 号:TA2450000
方法:5046,第一次修订	方法评价情况:部分评价		第一次修订:2003.3.15

OSHA:无 NIOSH:无 ACGIH:无	性质:固体,吸湿,对空气敏感;熔点 151℃;离子;不气化;溶于水、甲醇; 不溶于乙醚

英文名称: tetrakis(hydroxymethyl) phosphonium chloride, tetramethylolphosphonium chloride, tetrahydroxymethylphosphonium chloride, THPC, Pyroset TKC, Proban CC, Retardol C, NCI-C55061, Tolcide THPC

采样

采样管:37mm 滤膜夹(开面式滤膜夹,含两个玻璃纤维滤膜,浸渍酸化 2,4-二硝基苯肼)

采样流量:1.0~1.7L/min

最小采样体积:1L(在 6.5mg/m³ 下)

最大采样体积:480L(在 0.15mg/m³ 下)

运输方法:放在冰上运输(0℃)

样品稳定性:28 天(5℃)[1]

样品空白:每批样品 2~10 个

介质空白:每批样品 10 个

准确性

研究范围:未研究

偏差:未测定

总体精密度($\hat{S}_{rT}$):未测定

准确度:未测定

分析

分析方法:高效液相色谱法(HPLC);紫外检测器(UV)

待测物:2,4-二硝基苯肼-甲醛

提取方法:4ml 乙腈;60℃,1 小时

进样体积:20μl

流动相:45 : 55 乙腈 : 水(1.3ml/min)

色谱柱:3.9×150mm 不锈钢柱,填充 5μ C₁₈,Symmetry™ 或等效色谱柱

检测器:紫外检测器(360nm)

定量标准:在浸渍 DNPH 玻璃纤维滤膜上加 THPC 标准溶液(介质标准样品)

测定范围:每份样品 6.5~60μg(仪器)[1]

估算检出限:每份样品 2μg

精密度($\bar{S}_r$):0.0585(每份样品 8~31μg)

适用范围: 采样体积为 15L 时,理论测定范围为 0.43~67mg/m³。本法适用于其他的四(羟甲基)膦盐,例如硫酸盐。本法的评价仅限于 THPC

干扰因素: 甲醛气体会产生干扰。THPC 浓度能够根据用 NMAM 2016[2] 采集的甲醛气体进行修正。臭氧会消耗 DNPH,降解 DNPH-甲醛衍生物[3]。但是,不推荐使用臭氧吸收器,因为这种吸收器可以捕获气溶胶态 THPC。酮和其他醛会与 DNPH 反应,但产生的衍生物可与待测物分离

其他方法: 对空气中 THPC 测定的其他方法尚未知。溶液中四(羟甲基)膦盐的微量分析方法为离子色谱法,柱后与乙酰丙酮试剂形成甲醛衍生物反应,在 425nm 下进行测定[4]

试剂

1. 甲醛-2,4-二硝基苯肼(甲醛-DNPH):纯度 99%,Supelco, Bellefonte, PA, or Aldrich Chemical Co., Milwaukee, W I.
2. 四(羟甲基)氯化磷(THPC)*:80% 水溶液。Aldrich Chemical Co., Milwaukee, W I.
   注意:通过分析,确定溶液百分比浓度准确(用银电极,电位滴定法测定 THPC 的溶液浓度)。用 0.1M 硝酸银滴定 0.22g 80% THPC 溶液(用去离子水稀释,并用 10ml 25% 的硫酸酸化)[1,8]。80% ±2% 水溶液的密度:1.30~1.40g/ml (20℃)
3. 乙腈:用于 HPLC 分析的高纯度溶剂,羰基含量低
   注意:乙腈的羰基含量可以用下述方法测定,即先将 10ml 溶剂通过市售的内浸渍酸化 DNPH 的硅胶管,再用 HPLC 测定甲醛-DNPH。甲醛-DNPH 浓度应低于 LOD[2]
4. 去离子水(DI 水)
5. 标准储备液:于 10ml 容量瓶中,精确称量 10mg 甲醛-DNPH。加入乙腈至 10ml 刻度
6. 加标储备液:10mg/ml。于 14.86g DI 水中,加入 140μl 80% THPC 溶液。

仪器

1. 采样管:37mm,三层式滤膜夹,内含两片玻璃纤维滤膜,一个前置滤膜,一个后置滤膜,用中心滤膜夹层(压环)分隔出 1cm 的间隔,将两滤膜分开。每个滤膜均浸渍 2mg 酸化的 2.4-二硝基苯肼(可从 SKC, Eighty Four, PA 购买市售产品,如戊二醛采样管,产品样本号 225-9003)*
2. 个体采样泵:流量 1.0~1.7L/min,配有连接软管
3. 溶剂解吸瓶:4ml,玻璃,带 PTFE 内衬橡胶隔垫的瓶盖,用于密封
4. 液相色谱仪:紫外检测器,记录仪,积分仪和色谱柱(方法 5046)
5. 注射器:100,500μl 和 10ml
6. 容量瓶:10,25ml
7. 水浴:60℃ ±3℃
8. 针式过滤器:PTFE 膜,0.45μm 孔径
9. 镊子
10. NMAM 2016 第二次修订版中用于甲醛气体的设备[2]

特殊防护措施: 加热时,THPC 将分解产生氯、氨、磷的氧化物;避免 THPC 接触高温、碱或强氧化剂;THPC 可引起眼部灼伤和中度皮肤刺激;对真皮的研究已经表明,四羟甲基膦盐可促进皮肤癌的发生,但不引发皮肤癌;没有 THPC 对大鼠和小鼠致癌的证据[4];肝脏是靶器官;DNPH 是一种可疑致癌物,具有光敏感性[7];乙腈有毒,存在引发火灾的危险(闪点=12.8℃)

　　注:*见特殊防护措施。

采样

1. 串联一个有代表性的采样管和个体采样泵,以需要的采样流量,校准个体采样泵。

2. 除去采样管入口处的滤膜夹片,开面式采样。除去采样管出口端的塞子。因为在闭面式采样期间,过量的 THPC 会耗尽滤膜上小范围的 DNPH 量,所以推荐使用开面式采样。

3. 用软管连接采样管和个体采样泵。

4. 以类似的方式,制备用于采集甲醛气体的浸渍 DNPH 的硅胶采样管。

注意:可在入口处加筛板或滤膜以捕获 THPC 气溶胶,使 THPC 从甲醛气体中分离出来。但是不能确定是否必需使用筛板或滤膜,因此可选择用或不用。

5. 在 1.0～1.7L/min 范围内,采集 1～480L THPC 空气样品。

6. 在相同时间内,同时采集甲醛气体的空气样品。根据 NMAM 2016[2],在 0.5～1.5L/min 范围内,采集甲醛气体。

7. 重新安上 THPC 采样管入口处的滤膜夹片。盖上 THPC 采样管的出口。THPC 样品隔热保存。

8. 塞上甲醛采样管两端,密封包装采样管。甲醛样品隔热保存。

9. 将 THPC 和甲醛样品置于单独的容器内,置于冰上(0℃),运输。

样品处理

10. 用 2 个镊子分别折叠前置和后置的浸渍 DNPH 的滤膜,将其分别置于单独的 4.00ml 溶剂解吸瓶中。避免手指接触。

11. 于溶剂解吸瓶中,加入 4.00ml 无羰基的乙腈。盖紧溶剂解吸瓶。

12. 将溶剂解吸瓶置于 60℃ 水浴锅中,加热 1 小时。

13. 从水浴锅中移出溶剂解吸瓶,冷却至室温。

14. 用针式过滤器过滤样品溶液。用自动进样瓶收集滤液。密封自动进样瓶。

注意:根据 NMAM 2016,第二次修订,分析甲醛气体样品[2]。

标准曲线绘制与质量控制

15. 在测定范围内,配制至少 6 个标准(带介质),绘制标准曲线。

a. 通过去离子水逐级稀释 THPC 加标储备液(试剂第 6 项)配制 THPC 水溶液,用于加标空白的浸渍 DNPH 的滤膜(介质空白)。溶液中 THPC 的推荐浓度为 400～800μg/ml 。介质空白和用于实际空气采样的浸渍滤膜应为同一批,且应以相同的方式进行处理和储存。

b. 将折叠的滤膜放置于 4ml 溶剂解吸瓶中,在 20～80μl 范围内,加标已知量的 THPC 溶液。

c. 处理介质标准(步骤 11～14)并分析(步骤 17～19)。

d. 以峰面积或峰高对 THPC 的含量(微克/样品)绘制标准曲线。

16. 在标准曲线范围内(步骤 15),至少测定一次 THPC 中甲醛的产率。

a. 计算标准储备液(约 1000μg/ml)中甲醛 - DNPC 衍生物的浓度。用衍生物浓度乘以 0.143(甲醛的相对分子质量除以甲醛 - DNPH 的相对分子质量),计算出的溶液中游离甲醛的当量浓度。

b. 逐级稀释,配制 0.02～1μg/ml 的标准系列(标准溶液)。

c. 用已知量的 THPC 加至 6 个浸渍 DNPH 的滤膜上(步骤 15),制备 6 个相同浓度的样品。

d. 分析样品(步骤 17～19)。

e. 计算每个样品中甲醛的摩尔量。

f. 计算加在每个浸渍 DNPH 的滤膜上的 THPC 的摩尔量。

g. 注意:当 DNPC 存在时,1 摩尔的 THPC 释放 1 摩尔的甲醛。计算甲醛的产率(产率应为 100%)。

样品测定

17. 根据仪器说明书和方法 5046 给出的条件设置液相色谱仪。

18. 进样 20μl 过滤后的样品溶液。

19. 测定峰面积或者峰高。若样品峰面积或峰高超出标准曲线的线性范围,稀释剩余的样品溶液,重新分析,计算时乘以相应的稀释倍数。

20. 为了确保样品的有效性,识别含量超过 1000μg THPC 的样品。这些样品已经超出了采样管的采样能力,应当采集更少量的样品。

计算

21. 按下式计算空气中 THPC 的浓度 C(mg/m³):

$$C = \frac{W_f + W_b - 2B}{V}$$

式中:W_f—— 样品前置滤膜中 THPC 的含量(μg);

W_b——样品后置滤膜中 THPC 的含量(μg);

B ——介质空白中 THPC 的平均含量(μg);

V——采样体积(L)。

注意:$1\mu g/ml \equiv 1mg/m^3$;此式中未校正采样点的甲醛气体(如有)。

22. 根据 NMAM 2016[2](NMAM 5046,步骤 4 和步骤 6),计算同时采集到的空气中甲醛的浓度或平均浓度,$C_{甲醛}$,mg/m³。

23. 计算 THPC 的校正浓度 C′(经空气中甲醛气体的浓度校正,mg/m³)。6.35 为 THPC 的相对分子质量 除以甲醛的相对分子质量 。

$$C' = C - 6.35 \times C_{甲醛}$$

方法评价

当存在 DNPH 并加热时,可通过测定从 THPC 中释放的甲醛来测定气溶胶态 THPC。但若空气中存在甲醛气体,这会对 THPC 的测定造成干扰。本法试图以空气中存在的甲醛气体校正测定的 THPC 气溶胶。NMAM 2016[2]中用于甲醛气体的采样管理论上应在入口处设筛板或滤膜以捕获 THPC 气溶胶,并让甲醛气体通过浸渍 DNPH 的硅胶。不能确定是否必需使用筛板或滤膜,因此可选择用或不用。用 NMAM 2016 方法能测定甲醛气体,但不能测定 THPC 气溶胶的干扰程度。本法未对气溶胶态 THPC 的采样进行测试,也未对 THPC 气溶胶环境中甲醛气体的空气采样进行测试。

本法用 37mm 置于三层式滤膜夹中的浸渍 DNPH 的玻璃纤维滤膜和含水的四(羟甲基)氯化磷进行了评价。在 37mm 浸渍了 DNPH 的玻璃纤维滤膜上,THPC 含量分别为 8,14,20,31μg 时,平均回收率为 87%~104%(23 个样品,总 RSD = 5.85%)[1]。浸渍 DNPH 的滤膜上的 THPC 样品可在 5℃ 下避光储存,稳定性较好;在 5℃ 下储存 7~28 天后,在浸渍 DNPH 的玻璃纤维上,THPC 的加标量为 15.0μg 时,平均回收率为108%~131%(21 个样品,RSD = 2.7%~5.4%)[1]。

THPC 的检出限和定量下限分别为每份样品 2μg 和每份样品 6.5μg,测定时采用的是 6 个浸渍 DNPH 的滤膜上 THPC 加标样品,通过最小平方法计算得出。

在 5℃ 下储存在密封的三层式滤膜夹期间,对甲醛从前置滤膜迁移至后置滤膜的可能性进行了研究。在 6 个三层式滤膜夹内的前置滤膜上加标 31.4μg THPC,密封滤膜夹。将这 6 个滤膜夹在 5℃ 避光储存 10天,然后对前置滤膜和后置滤膜分别进行分析。THPC 在前置滤膜和后置滤膜上的平均回收率分别为102% 和 11%(RSD 值分别为 5.7% 和 23%)。THPC 在前置滤膜和后置滤膜上的平均总回收率为 113%(RSD = 5.0%)。这些数据表明:来自 THPC 的甲醛能从一个浸渍 DNPH 的滤膜上转移至另一个浸渍 DNPH 的滤膜上;由于有转移的情况,所以需要分析前置和后置两个滤膜上的 THPC。

来自 THPC 的甲醛产率的测定是为了研究 THPC 分解的化学计量关系。将浸渍 DNPH 的滤膜放入 4ml溶剂解吸瓶中,加入已知量的 THPC,制备 4 个浓度(23 个样品)。样品用常见的处理方法,用乙腈加热处理,与标准溶液(乙腈中的甲醛 - DNPH 标准溶液)一起进行分析。依据在 DNPH 存在和加热的条件下,1摩尔 THPC 释放 1 摩尔甲醛计算甲醛的理论含量。4 个浓度的甲醛平均产率为 100.3%。

滤膜上采集 THPC 的上限经计算为 1mg。由于在 THPC 存在和加热的条件下,1 摩尔 THPC 释放 1 摩尔甲醛的产率为 100%,1mg THPC 将释放 158μg 的甲醛,理论上将与 1.04mg DNPH 发生反应。一个浸渍 DNPH 的滤膜含 2mg DNPH,已超过采集 1mg THPC 时所需的 DNPH 量。

参考文献

[1] Morales, R., S. M. Rappaport, R. W. Weeks, Jr., E. E. Campbell, and H. J. Ettinger. Development of Sampling

and Analytical Methods for Carcinogens, January 1 – September 30, 1976, Los Alamos Scientific Laboratory, Los Alamos, NM (1977) Available as No. LA – 7058 – PR, from NTIS, Springfield, VA 22161.

[2] Kennedy, E. R. and M. J. Seymour. ACS Symposium Series, No. 149, Chemical Hazards in the Workplace – Measurement and Control, 21 – 35, American Chemical Society, Washington, DC (1981).

[3] NIOSH Manual of Analytical Methods, 2nd ed., Vol. 1, P&CAM 243 and P&CAM 246, U. S. Department of Health, Education, and Welfare, Publ. (NIOSH) 77 – 157 – B (1977).

[4] Carcinogenicity and Metabolism of Azo Dyes, Especially Those Derived from Benzidine, NIOSH Technical Report, U. S. Department of Health and Human Services, Publ. (NIOSH) 80 – 119 (1980).

[5] NIOSH/NCI, Current Intelligence Bulletin 24, Benzidine – Derived Dyes, U. S. Department of Health, Education, and Welfare, Publ. (NIOSH) 78 – 148 (1978).

[6] NIOSH/OSHA Occupational Health Guidelines for Chemical Hazards, U. S. Department of Health and Human Services, Publ. (NIOSH) 81 – 123, Available as GPO Stock #17 – 033 – 00337 – 8 from Superintendent of Documents, Washington, D. C. 20402.

方法作者

M. J. Seymour, NIOSH/DPSE.

所有种类的金属加工液(MWF) 5524

定义:金属加工液	CAS 号:无	RTECS 号:无	
方法:5524,第 1 版		方法评价情况:部分评价	第二次修订:2003.3.15
OSHA:无 PEL NIOSH:可吸入颗粒物 0.4mg/m³(总颗粒物 0.5mg/m³) ACGIH:无 TLV		性质:未定义;金属加工液中含有不同量的矿物油、乳化剂、水、链烷醇胺、聚乙氧基乙醇、杀菌剂、表面活性剂、极压添加剂和硼化合物	

英文名称: metalworking fluids (MWF), metal removal fluids, machining fluids, mineral oils, straight fluids, soluble fluids, synthetic fluids and semi – synthetic fluids

采样	分析
采样管:可吸入颗粒物:滤膜 + 旋风式预分离器(37mm, 2μm,PTFE 滤膜 + 采集可吸入颗粒物的旋风式预分离器)	分析方法:称量法
	待测物:空气中的金属加工液
总颗粒物:(37mm,2μm,PTFE 滤膜)	洗脱方法:三元溶剂:二氯甲烷:甲醇:甲苯(1:1:1)
采样流量:可吸入:1.6L/min;总:2L/min	二元溶剂:甲醇:水(1:1)
最小采样体积:1000L(在 0.4mg/m³ 或 0.5mg/m³ 下)	天平:感量 0.001mg;采样前后用同一台天平
最大采样体积:未测定	定量标准:美国国家标准与技术研究院(NIST)等级 S – 1.1 的砝码或美国材料与试验协会(ASTM)等级 1 的砝码
运输方法:常规	
样品稳定性:实验室收到后冷藏,两周内进行分析	测定范围:每份样品 0.05 ~ 2mg
样品空白:每组样品至少 5 个	估算检出限:每份样品总的估算检出限为 0.03mg[7];可洗脱的每份样品 0.03mg[1]
定性样品:每种流体每个位置 1 个,用于可溶性测试	
准确性	精密度($\bar{S}_r$):总的 0.04(≥每份样品 0.2mg)[7];可洗脱的 0.05(≥每份样品 0.2mg)[1]
研究范围:每份样品 0.05 ~ 0.9mg	
偏差:未测定	
总体精密度($\hat{S}_{rT}$):总的 0.06;可洗脱的 0.07	
准确度(估算):总的 0.12;可洗脱的 0.14	

适用范围: 采样体积为 1000L 时,测定范围是 0.050 ~ 2mg/m³。称量法可估算总颗粒物气溶胶的浓度,包括呼吸性粉尘、空气中的金属颗粒物和金属加工液。经过洗脱之后,则该方法可估算出劳动者接触的金属加工液的浓度[1,2]。只要可溶于洗脱液中,本法便可用于所有纯油、可溶油、合成的和半合成的金属加工液。迄今为止,只发现一种 MWF(Glacier,Solutia Inc.)不溶于三元溶剂中。但是,这种 MWF 可溶于二元溶剂中。测试表明,二元溶剂与三元溶剂结合使用,可有效地洗脱这种 MWF[8]

干扰因素: 未确定。但是可被滤膜采集并溶于洗脱液的物质都可能会对待测物产生干扰

其他方法: 本法与方法 0500(一般性总粉尘)相似[3]。本法取代了方法 5026,它使用红外光谱法分析矿物油雾[4]

续表

试剂	仪器
1. 二氯甲烷:蒸馏提纯	1. 采样管:37mm,2μm 孔径,PTFE 滤膜,衬垫,置于 37mm 滤膜夹中有。两层式(闭面)滤膜夹用于采集总颗粒物;三层式滤膜夹和呼尘旋风式预分离器(BGI, Inc. Cat. No. GK2. 69 或等效的)用于采集可吸入颗粒物
2. 甲醇:蒸馏提纯	2. 个体采样泵:流量 1.6 ~ 2L/min,配有连接软管
3. 甲苯:蒸馏提纯	3. 微量天平:感量 0.001mg
4. 二次去离子水	4. 除静电器:²¹⁰Po;超过生产日期 9 个月则需更换
5. 硫酸钙:干燥剂	5. 镊子(最好是尼龙或镀铬钢的)
6. 三元溶剂*:将等体积的二氯甲烷、甲醇和甲苯加入干净无尘的容器中,混匀。用带有螺纹盖的瓶子(如洁净的空溶剂瓶)轻轻涡旋至溶剂混匀,不要剧烈震荡	6. 洗脱漏斗(SKC. , Inc. Cat. No. 225 – 605 或等效的)
	7. 干燥器
	8. 洗瓶:PTFE,用于盛放洗液
7. 二元溶剂*:将等体积的甲醇和水加入干净无尘的容器中,混匀。用带有螺纹盖的瓶子(如洁净的空溶剂瓶)轻轻涡旋至溶剂混匀,不要剧烈震荡	9. 溶剂解吸瓶:20ml,有 PTFE 内衬的防漏瓶盖,用于运输流体定性样品和溶解度测试
	10. 气密性注射器:大口径针,16 号针头
	11. 量筒:20ml
	12. 纸巾
	13. 金属网:用于洗脱后干燥滤膜,约 13.9 平方分米,或其他规格(使用前用三元溶剂清洗金属网,并干燥)

特殊防护措施:二氯甲烷是可疑致癌物;所有溶剂的操作都应在通风橱中进行;混合溶剂时应特别小心;溶剂混合产生的热可能会导致压力增加,而将玻璃容器的瓶塞喷出,使用有 PTFE 螺纹盖的洁净容器

注:* 见特殊防护措施。

采样前滤膜的准备

1. 用圆珠笔给衬垫编号后,编号面朝下放置于滤膜夹底部。

2. 按照步骤 3 给出的称量过程称量滤膜。记录样品滤膜和样品空白滤膜的平均质量 W_1 和 B_1(μg)。

3. 称量。

a. 将滤膜放于恒温恒湿的天平室中,平衡至少 1 小时。

b. 每次称量前调零。

c. 用镊子夹取滤膜。将滤膜通过除静电器上方,直至滤膜易从镊子上脱落或滤膜不再吸引天平盘为止,除去滤膜的静电。静电会导致称量结果不准确。

d. 称量滤膜直到恒重(两次连续称量之差在 10μg 内)。记录最后两次称量的平均值。

4. 将滤膜装入两层或三层式滤膜夹中,固定紧,以防发生漏气。用塞子密封滤膜夹的进出气口,用纤维收缩带缠绕滤膜夹。干燥后标记滤膜夹,编号与衬垫的相同。

采样

5. 采集可吸入样品时,在三层式滤膜夹的入口插入旋风式预分离器。

6. 串联一只有代表性的采样管来校准采样泵。

7. 可吸入颗粒物以 1.6L/min 流量采样 8 小时;总颗粒物以 2L/min 流量采样 8 小时;滤膜上总粉尘的增量不得超过 2mg。

注意:为了测试分析过程中的洗脱步骤,取一些未切割的、纯的金属加工液(MWF)(定性样品)进行溶解度测试。将定性样品放在较小(10ml)的防漏容器中,用带 PTFE 内衬的防漏螺纹瓶盖密封。

8. 每天采集的每组样品,至少准备 5 个空白滤膜作为样品空白。其处理过程与现场样品相同;即在无污染的环境中打开,然后关闭滤膜夹,并与其他的样品一起运输至实验室。

9. 在运送至实验室之前,冷藏需保存的所有样品,过夜(或更长时间)。通过快递将所有隔夜样品送至实验室。

10. 实验室收到样品后立即冷藏,直至准备进行分析时。

11. 在实验室收到样品后的两周内进行分析。

样品处理和测定

12. 定性 MWF 样品的溶解度测试。

a. 振荡盛放定性 MWF 样品的容器,以确保样品均匀。

b. 将 10ml 三元溶剂放置在一个 20ml 的闪烁瓶中。

c. 使用一个大口径气密性注射器,向三元溶剂中注射 50μl 定性 MWF 样品。拧好瓶盖,振荡使 MWF 溶解。若所得溶液透明、无沉淀且不分层,则 MWF 可溶。

d. 若 MWF 可溶于三元溶剂中,则可用三元溶剂洗脱样品。到目前为止,已评价过溶解度的 MWF 见本法的附录,及 NIOSH 检测方法手册网站 (http://www.cdc.gov/niosh/nmam/nmampub.html)。

13. 用湿纸巾擦拭滤膜夹(包括样品或空白)外表面的灰尘,以尽量减少污染。丢弃纸巾。

14. 取下滤膜夹两端的塞子,将滤膜(置于滤膜夹中)放在盛有硫酸钙的干燥器中,平衡 2 小时。

15. 从干燥器中取出滤膜夹,放于天平室中平衡 1 小时。

16. 除去收缩带,打开滤膜夹,轻轻地取出滤膜,避免样品损失。

注意:若滤膜附着在滤膜夹顶部的底面,用手术刀刀片的钝面轻轻将它抬起。操作时必须小心,否则滤膜会被撕裂。

17. 称量(步骤 3.b～3.d)采样后的每个滤膜,包括样品空白。记录采样后的平均质量 W_2 或 B_2 (μg)。同时,记录有关滤膜的任何异常现象(如过载、泄漏、变湿、破裂等)。

标准曲线绘制与质量控制

18. 每次称量前将微量天平调零。采样前后,滤膜称量应使用同一台微量天平。用美国国家标准与技术研究院(NIST)等级 S-1.1 或美国材料与试验协会(ASTM)等级 1 的砝码维护和校准天平。

19. 称量时,为总颗粒物和可洗脱物的样品准备 3 个介质空白。

洗脱

20. 指南(见以下注意事项)。

若样品的质量大于在 REL 浓度下采集的样品质量,如采样体积为 $1m^3$ 时,样品中有 0.4mg 可吸入颗粒物或 0.5mg 总颗粒物,则用如下方法洗脱样品和空白。

注意:样品质量 < 0.4～0.5mg(采样体积 $1m^3$)时可进行洗脱。因为已指定临界值为 0.4mg 和 0.5mg(每 1000L 样品),以确保符合标准。若样品总质量未超出标准,则不需对样品进行洗脱。否则,在每份样品 < 0.4～0.5mg 的浓度下,由洗脱过程的定量下限(LOQ)指示洗脱数据是否有效。在 LOD 和 LOQ 浓度之间,洗脱过程得到的洗脱数据应谨慎采用。

a. 将每个滤膜(膜的一面朝上)放置在过滤漏斗中并连接到真空源。

b. 向漏斗内倒入一份 10ml 的三元溶剂,并没过滤膜。溶剂通过重力作用排出。

c. 向漏斗内倒入一份 10ml 的二元溶剂,并没过滤膜。溶剂通过重力作用排出。

d. 向漏斗内倒入第二份 10ml 的三元溶剂,并没过滤膜。接触时间至少 30 秒。在较小的真空度下将溶剂排出。用装在 PTFE 洗瓶中的 1～2ml 三元溶剂冲洗过滤漏斗的内壁。在较小的真空度下将溶剂排出。

e. 关闭过滤漏斗的真空。

f. 从过滤漏斗中小心移出滤膜,将其放在一个干净的金属滤网上,放入通风橱中,干燥 2 小时。在负压下,不要将滤膜从漏斗中移出,否则滤膜会分层。

注意:有一种金属加工液,Glacier(Solutia Chemical,St Louis)不溶于三元溶剂,但溶于二元溶剂。测试表明,使用步骤 20.a～20.e,这种金属加工液可有效地从滤膜中洗脱。

21. 称量包括样品空白在内的每个滤膜(步骤 3.a～3.d)。记录洗脱后样品滤膜的质量 W_3(mg)和空白滤膜的质量 B_3(mg)。记录有关滤膜的任何异常现象(如破裂、变湿、分层等)。

计算

22. 按下式计算空气中总颗粒物或可吸入颗粒物的浓度 C(mg/m³):

$$C = \frac{[(W_2 - W_1) - (B_2 - B_1)] \times 10^3}{V}$$

其中:W_1——采样前滤膜的平均质量(mg)(步骤3);

　　W_2——采样后含样品的滤膜的平均质量(mg)(步骤17);

　　B_1——空白滤膜的平均质量(mg)(步骤3);

　　B_2——采样后空白滤膜的平均质量(mg)(步骤17);

　　V——采样体积(L)。

23. 计算空气中洗脱出的 MWF 气溶胶的浓度 C_{MWF} (mg/m^3):

$$C = \frac{[(W_2 - W_3) - (B_2 - B_3)] \times 10^3}{V}$$

其中:W_2——采样后洗脱前样品滤膜的平均质量(mg)(步骤17);

　　W_3——洗脱后样品滤膜的平均质量(mg)(步骤21);

　　B_2——采样后洗脱前空白滤膜的平均质量(mg)(步骤17);

　　B_3——洗脱后空白滤膜的平均质量(mg)(步骤21);

　　V——采样体积(L)。

24. 记录总颗粒物或可吸入颗粒的浓度 C,以及 MWF 气溶胶的浓度 C_{MWF}。

方法评价

参考文献[1]中描述了本法用三元溶剂进行洗脱的过程制定。方法最初用纯油、可溶油、半合成和合成的金属加工液(MWF)作为代表性样品进行了测试。将样品加到聚四氟乙烯(PTFE)滤膜上,过夜储存,第二天进行分析。称量样品,然后用 1∶1∶1 混合的二氯甲烷∶甲醇∶甲苯将 MWF 从滤膜中洗脱。所有类型的金属加工液均可从滤膜中定量洗脱出,纯油为 200~815μg,可溶油流体为 223~878μg,半合成油为 51~189μg,合成油为 102~420μg。加入量≥200μg 时,对于四种加工液的质量结果,称量法的估算相对标准偏差为 4%,洗脱过程的估算相对标准偏差为 5%。若加上采样的不精密度 5%,则称量法和洗脱过程的相对标准偏差分别为 6% 和 7%。用与样品滤膜相同的处理和称量过程,处理并分析空白滤膜后估算出称量过程的定量下限为 30μg,洗脱过程的定量下限为 60μg。未估算出偏差[2]。将滤膜干燥,除去过量的水,特别是水基 MWF 样品中的水。

在更严谨的测试方法中,调查了 79 个工厂[7],称量法和洗脱过程的定量下限平均值皆为 0.1mg。但是,对于各采样点,定量下限值有较大的变动。95% 及以上置信水平下,称量法和洗脱过程的定量下限 LOQ 皆为 0.3mg。为了评估所述洗脱步骤的有效性,在调查中对最高负载量的滤膜进行了二次洗脱;结果表明二次洗脱后所有样品的质量 <5%,说明大多数可洗脱的物质在第一次洗脱时已除去。实验室收到样品后需要立即冷藏[6,7]。

选择四种金属加工液和三个主要工序——磨削、铣削和车削,研究了金属加工液类型和工序对洗脱效率(FE 或洗脱质量/样品质量)的影响。结果表明,在三个工序中使用不同类型的金属加工液,其 FE 一般按下列顺序减小:纯油 > 半合成油或可溶油 > 合成油;在所测试的两个样品浓度下,仅磨削工序中纯油和合成油的洗脱效率在统计学上有显著的差别。

在 79 个工厂的调查中,在滤膜上分别加标纯油、可溶油、半合成和合成的金属加工液,制备了质控(QA)样品,并研究其稳定性,结果表明,根据简单的线性衰减方程,所有 QA 样品都有损失量。这些衰减方程可用于估算由实验室操作得出的 QA 滤膜的预期值。储存 17 天至 26 天后,所有 QA 样品的回收量≥由衰变方程所得预期值的 80%。对于这些 QA 样品,四种金属加工液的洗脱效率均为 0.90。

为确保不能在三元溶剂中完全洗脱出的 MWF 化合物可以完全洗脱,洗脱时加入了二元溶剂。并且,二元溶剂可洗脱含三元溶剂混溶的金属加工液和三元溶剂不溶的金属加工液的样品,如 Glacier。对 5 种 MWF(包括 Glacier)进行了洗脱测试,结果表明结合使用三元溶剂与二元溶剂,其洗脱效率与参考文献[1]中只使用三元溶剂(FE > 90%;CV < 0.10)所得的结果具有可比性。在滤膜上加标一定量的 Glacier 金属加工液,用二元溶剂洗脱样品,洗脱液中通常含有钾和磷。用二元溶剂洗脱其他四种金属加工液,并分析洗脱液中的钠、钾或硼元素。可溶性油的洗脱液中存在钠,且大于本底值。半合成油的洗脱物中未检测出硼。合成油的洗脱液中未检测出钾。

参考文献

[1] Glaser RA, Shulman S, Klinger P〔1999〕. Data Supporting a Provisional American Society for Testing and Materials（ASTM）Method for Metal working Fluids, Part 2: Preliminary Report of Evaluation of a Ternary Extraction Solvent in a Provisional ASTM Test Method for Metalworking Fluids（PS – 42 – 97）. Journal of Testing and Evaluation March 1999: 131 – 136.

[2] Glaser RA〔1999〕. Data Supporting a Provisional American Society for Testing and Materials（ASTM）Method for Metalworking Fluids, Part 1: A Solvent Blend with Wide – Ranging Ability to Dissolve Metal Working Fluids. Journal of Testing and Evaluation March 1999: 171 – 174.

[3] NIOSH〔1994〕. Particulates Not Otherwise Regulated: Method 0500. In: Eller, PM, Cassinelli, ME, Eds. NIOSH Manual of Analytical Methods（NMAM）, 4th ed. Cincinnati OH: National Institute for Occupational Safety and Health, DHHS（NIOSH）Publication No. 94 – 113.

[4] NIOSH〔1994〕. Oil Mist, Mineral: Method 5026: In Eller, PM, Cassinelli, ME, eds. , NIOSH Manual of Analytical Methods（NIOSH）, 4th ed. Cincinnati OH: National Institute for Occupational Safety and Health, DHHS（NIOSH）Publication No. 94 – 113.

[5] NIOSH〔1977〕Documentation of the NIOSH Validation Tests, S262, S349. Cincinnati, Ohio: National Institute for Occupational Safety and Health, U. S. Department of Health, Education, and W elfare, Publ.（NIOSH）77 – 185.

[6] Piacitelli G, Hughes R, Catalano J, Sieber W , Glaser RA, and Kent M〔1997〕. Exposures to Metalworking Fluids in Small Size Machine Shops. Presented at The Industrial Metalworking Environment: Assessment and Control of Metal Removal Fluids Symposium, Detroit, Michigan, September.

[7] Glaser RA, Shulman S, Kurimo R, and Piacitelli G〔2002〕Data Supporting a Provisional American Society for Testing and Materials（ASTM）Method for Metalworking Fluids, Part 3: Evaluation of a Provisional ASTM Method for Metalworking Fluids（PS – 42 – 97）in a Joint NIOSH/OSHA Survey of Metalworking Facilities, Journal of Testing and Evaluation, in Press.

[8] Glaser RA〔2002〕. Data Supporting a Provisional American Society for Testing and Materials（ASTM Method for Metalworking Fluids）, Part 4: Modification of a Provisional ASTM Method for Metalworking Fluids（PS – 42 – 97）to Enhance Extraction of Insoluble Materials, in Preparation for Submission to the ASTM, Journal of Testing and Evaluation（2002/ 3）.

方法作者

R. Glaser, NIOSH/DART.

附录

下表为溶于三元溶剂的金属加工液,且类型和厂商已知[6,7]。

表 2 – 37 – 25　金属加工液种类

厂商	商品名称	种类	是否溶解
All Power	KOOLMIST 77	半合成油	是
American Lubricants	All Purpose Cutting Oil	纯油	是
Americhem Crop	AM Cutting 2506 Oil	纯油	是
Angler Industries	Draw LT – 1R	合成油	是
	Angler OIL Cut 121 – M straight oil	纯油	是
Aqueous Cleaning Tech Inc	ACT 486 Cutting Coolant	可溶油	是
	ACT 734 Synthetic Coolant	合成油	是
Associated Chemists	ACI Templex 5950	半合成油	是

续表

厂商	商品名称	种类	是否溶解
	ACI 4926 Carbide Grinding Fluid	合成油	是
	ACI 4920 Grinding Fluid	合成油	是
	ACI Templex 4966	半合成油	是
	ACI Templex 4929 Low Foam Grinding Fluid	合成油	是
	ACI 4931 Mach and Tap Fluid	纯油	是
Blaser Swisslube	BLSOCUT 4000 STRONG	可溶油	是
	Blasocut 2000 Universal	可溶油	是
Castrol	Castrol Meqqem Cob	合成油	是
	Clearedge 6519	半合成油	是
	Clearedge 6584	半合成油	是
	Drawfree 811（Previously lloform）	可溶油	是
	N 100 Pale oil（Brass Oil）	纯油	是
	Safety Cool 407	可溶油	是
	Safety Cool 800	半合成油	是
	Syntilo 9951	合成油	是
	Syntilo 9954	合成油	是
Chemtrol Inc	CT – 345 – J	半合成油	是
Chevron	Chevron Met Working Fluid #503	纯油	是
Citgo Petroleum	Citgo Cutting Oil 205	可溶油	是
	Citgo Cutting Oil 425	纯油	是
	Citicool 22	合成油	是
	Citicool 33	合成油	是
CLC Lubricants	CLC Cut PX2 NS	纯油	是
	CLC Chem Finish 605	纯油	是
	CLC Chem Cut MX – CG	纯油	是
	Coolant 2224 Plus	合成油	是
	Chem Finish 605	纯油	是
Commonwealth Oil	Comminac 32 MAX	纯油	是
Cutting&Grinding Fluid Inc	CG 650 D	可溶油	是
	CG 5352 R	纯油	是
	CG 5352 RR	纯油	是
	Kool Kut 692	可溶油	是
DA Stuart Co	Dascool LN 231 – 78	半合成油	是
	Dascool 2223	半合成油	是
	Superkool 25 straight	纯油	是
	Surgrind 86	合成油	是
Die – Casting ID Corp	ID DUA Chem 202	半合成油	是

续表

厂商	商品名称	种类	是否溶解
Diversy Corp	LUBRICOOLANT AC	可溶油	是
	LUBRICOOLANT 4D	可溶油	是
DoALL Co.	DoALL 80	纯油	是
	Kool All 940	半合成油	是
	Kool All 948	半合成油	是
ELF Lubricants North America Inc	Elfdraw S 13	合成油	是
Enterprise Oil Co	Duracut 130	纯油	是
ENTA Products	Master Draw B 942/1	可溶油	是
Fuchs Lubricants	Fuchs Velvesol 96	可溶油	是
	Lus – Co – Cut 570ST	纯油	是
	Lus – Co – Cut 514 CMP Straight oil	纯油	是
	Lus – Co – Cut 400 Straight oil	纯油	是
	Renodraw 419NC	可溶油	是
	Renocut 471 straight oil	纯油	是
	Shamrock LF	可溶油	是
	Ultracool 430	合成油	是
Hangsterfer's Lab Co	Hangsterfer's Hard Cut #531	纯油	是
Hou ghton Intl	CUTMAX 570	纯油	是
	Cut Max TPO – 46	纯油	是
	Hocut 787 H	可溶油	是
Intercon Enterprises	Jokisch W2 – OP	半合成油	是
ITW Fluid Prod Group	Accu – Lube LB – 2000	纯油	是
	Accu – Lube LB – 3000	纯油	是
	Rustlick PB – 10 Soluble	可溶油	是
	Rustlick WS 5050	可溶油	是
Lillyblad	DB BROMUS B water souble	可溶油	是
	DB water Soluble oil D	可溶油	是
Lyondell Petrochemical	Transkut HD 200	纯油	是
Master Chemical	Trim E 190	可溶油	是
	Trim CE/CE	可溶油	是
	Trim O M287	纯油	是
	TRIMSOL	可溶油	是
	Trim Microsol 265	可溶油	是
	TRIMSOL Silicone Free	可溶油	是
Metalworking Lubricants	METKUT 20546 – TX – 40	纯油	是
Milacron	Cimstarr 60 – LF	半合成油	是
	Cimstar 3700	半合成油	是
	Cimtech 100	合成油	是
	Cimstar Qual Star	半合成油	是
	Cimtap ll		是

续表

厂商	商品名称	种类	是否溶解
	Cimperial 1010	可溶油	是
	Cimperial 1011	可溶油	是
	Cimstar 55	半合成油	是
	Cimstar 540	半合成油	是
	Cimtech 400	合成油	是
	C 10 TX	可溶油	是
Mobil Oil Corp	Mobil Mobilmet Omicron	纯油	是
	Mobil Mobilmet Nu oil	纯油	是
	Mobil Vascul 18F	纯油	是
	Mobilmet Alpha Straight Oil	纯油	是
	Mobilmet Omega	纯油	是
	Vacmul 281	纯油	是
	Mobil Hydraulic AW 68 Straight Oil	纯油	是
	Mobilmet Upsilon	纯油	是
	Vacmul 3A Honing oil/EDM	纯油	是
Monroe Fluid Tech Co	Prime Cut Soluble Oil	可溶油	是
Motor Oil Inc	Thredkut 99 cutting oil	纯油	是
	Kleercut CF	纯油	是
National Oil Products	National Oil Products 3115 cutting oil	纯油	是
	National Oil Products Supreme Soluble HD	可溶油	是
Oakite Products Inc	Oakite Controlant 650 NS	合成油	是
Ocean Stata Oil	Hycut 4 Straight Oil	纯油	是
	Neil Cut 570 Cutting straight oil	纯油	是
Perkins Products	Perkut 296 – H	纯油	是
	Perkool 5005 – EP	半合成油	是
Relton Corp	Relton A – 9 Aluminum Cutting Fluid	可溶油	是
Rex Oil & Chemical Co	Titan Cutting Straight Oil	纯油	是
	Magic Cutting Oil	纯油	是
Richards Apex Prod. Formerly G Whitefield Richards Co	Near – a – Lard # 62	纯油	是
Rock Valley Oil & Chemical Co	Rockpin Straight Oil	纯油	是
Solar Chem Co	Solar Cut	合成油	是
Solutia	Glacier	合成油	否
Spartan Chem Co	COOLSPAR	合成油	是
Steco Corp	TAP Magic Aluminum	半合成油	是
	Tapmagic Extra Cutting Fluid	纯油	是
Stirling Industries Division	Tufcut 316	纯油	是
	Raecut A – 1	纯油	是
	16228 HONING Oil	纯油	是
Sunnen Products	Sunnen Honning Oil MB 30 – 55	纯油	是
Tapmatic Corp	LPS Tapmatic Plus 2	合成油	是

续表

厂商	商品名称	种类	是否溶解
Texaco	Texaco Sulfur Oil（Sultex）	纯油	是
	Texaco SultexF	纯油	是
	Texaco 2731 Almag Special	纯油	是
	Texaco 01659 rando HD 68 brass st oil	纯油	是
Trico Mfg	Tricool	合成油	是
Union Butterfield	Union Butterfield Tapping & Cutting Oil	纯油	是
Unocal Refining	Unocal Kooper Kut 11 HD	纯油	是
US Oil Co Inc	Blanking Oil 250	纯油	是
	Alkut 810	纯油	是
	US Drawlube 1517	纯油	是
	Vanishing Oil 300	纯油	是
	Gem Soluble CP	可溶油	是
	US Cut 6040	纯油	是
	Spindle Oil ISO 10 Al st Oil	纯油	是
	321 – SS Cutting Straight Oil	纯油	是
Valenite Inc	ValCool Turntech	半合成油	是
	Valcool VNT 800	可溶油	是
Varoum Chemical	Gauge Sterling Brass Cutting Oil	纯油	是
	Metacut MS Steel Cutting Oil	纯油	是
	GM 465	纯油	是
Viking Chemical Co	Cut Rite 305 CFX	纯油	是
Vulcan Oil & Chem	Ultrasol Soluble Oil	可溶油	是
	J – Cut 931 Cutting Oil	纯油	是
	Poseidon R & O HD	纯油	是
WS Dodge Oil Co	Pale oil（all Viscosity grades）	纯油	是
	Com bo base 82 Additive	纯油	是
	Deosol 202	可溶油	是
	Pale Straight Oil 55	纯油	是
	Superkut Cutting Oil 72/200	纯油	是
ZEP Products	ZEP Lubeze 14	纯油	是

煤焦油沥青挥发物(CTPV)、炼焦炉排放物(COE)、多环芳烃(PAHs)

方法#:OSHA 58　　　　　　　　　　(1986年7月出版)

标题:煤焦油沥青挥发物(CTPV)、炼焦炉排放物(COE)、多环芳烃(PAHs)

待测物　　　　　　　　　　　　　CAS#

煤焦油沥青　　　　　　　　　　　65996 – 93 – 2

CTPV

炼焦炉排放物

COE

选定的多环芳烃

PAHs

仪器:高效液相色谱仪(HPLC)

基质:空气

方法:将空气通过装有玻璃纤维滤膜(GFF)的滤膜夹来采集空气样品。用苯洗脱滤膜,称量法检测苯溶物(BSF)。如果BSF超过了PEL,再用配有荧光(FL)或者紫外(UV)检测器的高效液相色谱(HPLC)分析样品中的选定的多环芳烃(PAHs)。

推荐的空气采样体积和采样流量:960L,2.0L/min

特殊要求:采样后每一个GFF必须单独转移到闪烁溶剂解吸瓶中。样品必须避光保存。

方法状态:已评价。该方法已由Organic Methods Evaluation Branch所提供的方法评价程序进行评价。

目标浓度:煤焦油沥青(PEL)0.20mg/m³;炼焦炉排放物(PEL)0.15mg/m³;菲8.88μg/m³(1.22 ppm);蒽0.79μg/m³(0.11 ppm);芘9.00μg/m³(1.09 ppm);苯并菲3.27μg/m³(0.35 ppm);苯并芘2.49μg/m³(0.24 ppm)。

方法检出限:BSF 0.006mg/m³;菲(PHEN)0.427μg/m³(59 ppb);蒽(ANTH)0.028μg/m³(4 ppb);芘(PYR)0.260μg/m³(31 ppb);苯并菲(CHRY)0.073μg/m³(8 ppb);苯并芘(BaP):0.045μg/m³(4 ppb)。

定量下限:BSF0.034mg/m³;PHEN 0.740μg/m³(100 ppb);ANTH 0.066μg/m³(9 ppb);PYR 1.13μg/m³(140 ppb);CHRY 0.273μg/m³(29 ppb);BaP 0.207μg/m³(20 ppb)。

目标浓度的估算标准差:BSF 8.3%;PHEN 6.0%;ANTH 6.8%;PYR 6.7%;CHRY 6.3%;BaP 5.8%。

1.0 概述

1.1 背景

1.1.1 历史

煤焦油沥青(CTPV)包括从煤、石油(包括沥青)、木材和其他有机物质的蒸馏残留物中挥发出来的熔融多环芳烃[1]。炼焦炉排放物(COE)为煤在炼焦过程中进行干馏或炭化所产生总颗粒物质中的苯可溶物(BSF)[2]。煤焦油是由烟煤蒸馏而得[3]。煤焦油沥青几乎全部是由多环芳烃化合物组成,且煤焦油含有48%~65%的煤焦油沥青[3]。

本方法的目的是对OSHA常规使用的采样方法和分析方法进行评价,如果需要也进行适当的改进。该方法需要用装有玻璃纤维滤膜(GFF)的三层式聚苯乙烯滤膜夹进行采样。然后密封滤膜夹,在室温下运输至实验室,立即储存在冰箱中直到分析。将GFF置于含有苯的试管中并超声20分钟,所得溶液用多孔玻璃漏斗过滤,再用苯冲洗GFF两次,将洗液过滤并与原始洗脱液合并。将苯的洗脱液浓缩到1ml。每个样品取0.5ml,蒸干,BSF用称量法进行测定。如果BSF超过PEL,则另外一半样品用HPLC分析。

并没有考虑换用采样管,由于OSHA标准规定CTPV和COE为可用GFF采集的化合物,因此未考虑换用其他采样管。但是,为了降低成本,提高灵敏度和精密度,对原实验过程进行了以下改进。

(1)用装有GFF和衬垫的两层式滤膜夹采用闭面采样方式采集样品不必使用三层的滤膜夹。

(2)将GFF从滤膜夹中取出,置于玻璃瓶中,用带有聚四氟乙烯(PTFE)内衬的盖密封后运输。这样与原采样过程相比,待测物回收率会增加。

(3)总洗脱体积从10ml降为3ml。这就免去了原步骤中浓缩一步(浓缩到1ml),且大大提高了回收率和精密度。

（4）样品洗脱液用纯 PTFE 滤膜，取代了多孔玻璃漏斗。空白校正值由原来的 30～70μg 减小为 5～20μg。

在本评价中所改进的操作步骤，需要在运输前将 GFF 从聚苯乙烯滤膜夹中取出并置于密封的瓶中。将 3 毫升的苯加入到溶剂解吸瓶中，然后将溶剂解吸瓶置于机械振荡器上摇荡 1 小时。洗脱液用纯 PTFE 滤膜进行过滤。移取 1ml 或者 1.5ml 苯洗脱液并蒸干，用称量法对 BSF 进行检测。如果 BSF 超过 PEL，用 HPLC 分析剩余的样品。

在本方法评价时所用的 PAHs 为：菲（PHEN）、蒽（ANTH）、芘（PYR）、苯并菲（CHRY）和苯并芘（BaP）。这些化合物是表明 PAHs 存在的标记物，用 HPLC 进行分析。BaP 化合物的存在用 GC/MS 确定。当 BSF 超过 PEL 时，用 BaP 来确定 CTPV 或者 COE 的存在。

1.1.2　毒性影响（本节仅作为参考，不用于 OSHA 政策的制定）

下面的信息在"有害化学物质职业卫生指南（Occupational Health Guidelines for Chemical Hazards）"中有报道[4]。

煤焦油沥青挥发物（CTPV）是烟煤的干馏产品，且含有多环芳烃（PNA's）。这些烃类易升华，所以在工作环境中会引起致癌物质的增加。流行病学表明，在燃烧或蒸馏烟煤的工作场所工作的劳动者与这些物质密切接触后有患癌症的危险，包括：呼吸道癌、肾癌、膀胱癌和皮肤癌。对炼焦炉劳动者进行调查时发现，接触 CTPV 的程度和接触时间的长短会影响癌症的产生和发展。炼焦炉劳动者中患癌症风险最高的是那些在炉上工作超过 5 年的人群，死于肺癌的概率为常人的 10 倍；对于所有炼焦炉劳动者，死于肾癌的概率会增长 7 1/2 倍。炼焦炉劳动者体内的病原体尚未确定，但这可能与炼焦过程中生成的 CTPV 中的几种 PNA's 有关。某些接触煤焦油产品的工业区居民有患皮肤癌的危险。含有 PNA's 的物质，如煤焦油、沥青和切削油，会导致皮肤癌，也可能产生接触性皮炎。PNA's 容易导致豚鼠产生过敏性皮炎，但是很少有职业接触 PNA's 后导致人类患皮肤病的报道；这主要是使用煤焦油制剂进行治疗的结果。沥青的成分和煤焦油会产生光敏性皮疹，通常只有暴露在阳光或紫外光的地方会出现皮疹。大部分的光毒性机理将会引发皮肤的色素沉积；如果慢性光照性皮炎严重且时间较长，可能会引发白斑病。一些含有 PNA's 的油与囊泡或皮脂腺的病变相关，一般会导致痤疮的生成。有证据表明：长期接触炼焦炉气可能会发生慢性支气管炎。煤焦油沥青挥发物与苯结合，可能会引起白血病和再生障碍性贫血。

1.1.3　可能发生接触的操作

1970 年，美国有将近 1.3 万台炼焦炉在使用，使得近 1 万人可能接触 COE。

煤焦油沥青主要用于金属加工和铸造、电子设备安装、管道喷涂和建筑工地。近 14.5 万人可能接触 CTPV。

在本方法评价的研究中，PAHs 存在于很多物质中。包括炼焦炉挥发物、煤焦油、木馏油、内燃机排气和熟肉类物质。苯并芘和苯并菲已从香烟烟雾中分离出来。

1.1.4　物理性质[8]

菲

CAS 号：85 - 01 - 8

相对分子质量：178.22

沸点：340℃（760mmHg）

熔点：100℃

颜色：白色晶体

结构：略

蒽

CAS 号：120 - 12 - 7

相对分子质量：178.22

沸点：342℃（760mmHg）

熔点：218℃

颜色：无色晶体

结构:略

芘

CAS 号:129 − 00 − 0

相对分子质量:202.24

沸点:404℃(760mmHg)

熔点:156℃

颜色:无色晶体

英文名称:benzo(DEf)phenanthrene

结构:略

苯并菲

CAS 号:218 − 01 − 9

相对分子质量:228.28

沸点:448℃(760mmHg)

熔点:254℃

颜色:白色晶体

英文名称:1,2 − benzophenanthrene;

benzo(a)phenanthrene

结构:略

苯并芘

CAS 号:50 − 32 − 8

相对分子质量:252.30

沸点:311℃(10mmHg)

熔点:179℃

颜色:黄色针状物

英文名称:3,4 − benzopyrene;6,7 − benzopyrene

结构:略

苯溶物(GFF 采集这些化合物并溶于苯的总量)

颜色:黄褐色到黑色

1.2　限值参数(该方法所列出的空气待测物浓度以 960L 空气体积和 3ml 洗脱液体积为基础。所列空气浓度以 ppm 为单位,温度 25℃,压力 760mmHg。)

1.2.1　分析过程的检出限

1.2.1.1　苯溶物

分析过程的检出限为每份样品 6μg,根据所使用分析天平的精度确定。该值为 50mg 重量的精密度数据的两倍标准偏差,50mg 为 PTFE 杯的平均近似重量(4.1.1 部分和表 2 − 37 − 39)。检出限同样考虑了稀释因子 2。

1.2.1.2　PAHs

分析过程的检出限列见表 2 − 37 − 26。下表为待测物的峰高约为基线噪音峰高 5 倍时待测物的量(4.1.2 部分)。

表 2.37 − 26　分析检出限

化合物	进样量/ng	检测器*
PHEN	0.132	UV(254nm)
PHEN	0.910	FL
ANTH	0.090	FL

化合物	进样量/ng	检测器*
PYR	0.960	FL
CHRY	0.386	FL
BoP	0.175	FL

注:＊除了 PHEN 外,对于 PAHs 检测,荧光比紫外检测器更灵敏。

1.2.2 方法检出限

表 2 − 37 − 27 为方法检出限,该结果为向采样装置中加标质量为分析检出限的待测物,测得的待测物回收量(4.2 部分)。

表 2 − 37 − 27 方法检出限

	BSF	PHEN	ANTH	PYR	CHRY	BoP
微克/样品	6	0.41	0.027	0.25	0.070	0.043
$\mu g/m^3$	6	0.43	0.028	0.26	0.073	0.045
ppb	—	59.00	4.000	31.00	8.000	4.000

1.2.3 定量下限

定量下限见表 2 − 37 − 28,其值为满足回收率≥75% ,精密度(±1.96 SD) ≤ ±25% 要求,能够定量检测待测物的最小量(4.3 部分)。

表 2 − 37 − 28 定量下限

	BSF	PHEN	ANTH	PYR	CHRY	BoP
微克/样品	33.1	0.71	0.064	1.08	0.262	0.199
$\mu g/m^3$	34.5	0.74	0.066	1.13	0.273	0.207
ppb	—	100.00	9.000	140.00	29.000	20.000

该方法中所报道的定量下限和检出限是在仪器的最佳条件下测得的待测物的最小量。如果待测物的目标浓度比这些限值高很多,则在常规操作参数下可能会无法获得这些数值。

1.2.4 灵敏度

在 0.5 ~ 2 倍目标浓度范围内,分析灵敏度见表 2 − 37 − 29,其为标准曲线的斜率(4.4 部分)。分析时使用的仪器不同,灵敏度也将不同。下表所列的灵敏度在 FL 检测器条件下测得。

表 2 − 37 − 29 PAHs 的灵敏度

化合物	峰面积值($\mu g/ml$)
PHEN	19000
ANTH	178000
PYR	21100
CHRY	58900
BoP	125000

1.2.5 回收率

对储存在溶剂解吸瓶中的样品进行 15 天储存稳定性测试,表 2 − 37 − 30 结果表明待测物的回收率仍然大于下面所列的百分数(4.6 部分)。待测物在存储期间从采样介质回收的回收率必须≥75% 。

表 2 - 37 - 30　室温储存回收率

化合物	% 回收率
BSF	89.4
PHEN	92.2
ANTH	90.7
PYR	86.9
CHRY	96.2
BoP	99.9

1.2.6　精密度(分析过程)

待测物在 0.5 ~ 2 倍目标浓度范围内,对标准样品进行重复分析,其合并变异系数见表 2 - 37 - 31 中。表中结果是用 FL 检测器测得(4.4 部分)。

表 2 - 37 - 31　分析精密度

化合物	CV
PHEN	0.0092
ANTH	0.0051
PYR	0.0128
CHRY	0.0094
BoP	0.0150

1.2.7　总体精密度

对于 15 天室温储存的样品进行测试,在 95% 的置信水平下,精密度数值见表 2 - 37 - 32。这里包括了 ±5% 的采样误差。在 95% 的置信水平,整个过程的测定结果必须在目标浓度的 ±25% 范围内或者更好。

表 2 - 37 - 32　总体精密度

化合物	百分比
BSF	16.2
PHEN	11.8
ANTH	13.4
PYR	13.0
CHRY	12.3
BoP	11.3

1.2.8　再现性

用液体注射法加标煤焦油配制 6 个样品,并用相同方法配制一组样品交给与本评价无关的化学家进行检测。样品在 22℃ 下储存 21 天后进行分析。另外,再用液体注射法加标 PAHs 配制 6 个样品,并用相同方法配制一组样品交给与本评价无关的另一位化学家进行检测。样品在 22℃ 下储存 3 天后进行分析。平均回收率见表 2 - 37 - 33(4.7 部分)。

表 2 - 37 - 33　再现性

化合物	平均值	SD
BSF	94.2	5.4
PHEN	98.0	3.4
ANTH	90.4	2.4
PYR	101.4	3.4
CHRY	98.7	2.7
BoP	100.6	3.0

1.3　优点

1.3.1　运输前,将 GFF 置于密封的玻璃瓶内,可提高待测物的回收率。

1.3.2　每个样品对苯的需求量从 10ml 减少到 3ml,可减少接触致癌物。

1.3.3　定量下限远远低于使用原操作步骤得到的定量下限。

1.3.4　用纯 PTFE 滤膜取代多孔玻璃漏斗,降低了空白校正值,且精密度更好。

1.3.5　缩短了原操作过程中氮气蒸发处理样品的时间,节约了约 2 小时。

1.4　不足

必须将 GFF 从滤膜夹中取出转移到闪烁瓶中。

2.0　采样

2.1　仪器

2.1.1　个体采样泵,对采样装置进行校准,其流量能达到推荐流量的 ±5% 范围内。

2.1.2　装有玻璃纤维滤膜的两层式滤膜夹,作为采样介质。

2.1.3　镊子,用于将 GFF 转移到闪烁瓶中。

2.1.4　闪烁瓶,带有 PTFE 内衬的盖。

2.1.5　铝箔或者不透明容器,用于避光储存样品。

2.2　试剂

不需要采样试剂。

2.3　采样技术

2.3.1　用软管将滤膜夹与采样泵连接,用塑料管以使在滤膜夹中的 GFF 直接接触大气。不要在采样管前安放任何管。采样管应该垂直置于劳动者的呼吸带内,且不影响其工作。采样装置应该避免阳光直射[9]。

2.3.2　采样一段时间后,将采样装置取下,并在滤膜夹两端插入塑料塞。

2.3.3　采样后、样品运输前,尽快将滤膜对折两次(将采样面在里),将其置于闪烁瓶。使用干净的镊子处理 GFF。为了避免任何颗粒物质的损失,用折叠后的滤膜擦拭滤膜夹内部。用带有 PTFE 内衬的盖密封,而不用聚合物密封盖。用铝箔将每个小瓶包好后置于不透明容器中避光保存。

2.3.4　用 OSHA 密封膜(规格 21)包装每个样品。

2.3.5　每一组样品至少要含有一个空白。除了不通入空气外,空白的其他处理方式应该与样品的相同。

2.4　洗脱效率

待测物的平均洗脱效率见表 2 - 37 - 34。检测时使用目标浓度(4.5 部分)。

表 2 - 37 - 34　GFF 的洗脱效率

化合物	百分比
BSF	100.3
PHEN	105.9
ANTH	112.5
PYR	101.4
CHRY	107.5
BoP	108.7

2.5　推荐的空气体积和采样流量

2.5.1　推荐空气体积为 960L。

2.5.2　推荐空气采样流量为 2.0L/min。

2.6　干扰(采样)

样品送到实验室时应该报告其可能存在的干扰。

2.7 安全防护措施(采样)

采样装置应该以不干扰劳动者工作和安全的方式进行安装。

3.0 分析

3.1 仪器

3.1.1 苯溶物。

3.1.1.1 经校准的微量天平,可称量至毫克。该评价过程中使用 Mettler M3 - 03 天平,带有数据传输记录仪。

3.1.1.2 13mm 不锈钢滤膜夹,带有母鲁尔接口配件。

3.1.1.3 13mm 纯 PTFE 滤膜,孔径 $5\mu m$。

3.1.1.4 2ml PTFE 杯,Cahn Scientific.

3.1.1.5 2ml 一次性移液管。

3.1.1.6 10ml 玻璃注射器,带有配套的公鲁尔接口配件。

3.1.1.7 一次性试管($13 \times 100mm$)。

3.1.1.8 真空干燥箱。

3.1.1.9 机械振荡器。

3.1.1.10 镊子。

3.1.2 PAHs。

3.1.2.1 高效液相色谱仪,配有荧光(FL)和紫外(UV)检测器、手动或者自动进样器、梯度淋洗程序和谱图记录仪。本评价中使用 Waters M - 6000 泵,Waters WISP 710B 自动进样器,Waters 660 溶剂程序,Schoeffel 970 FL 检测器,Waters 440 检测器和 Houston 双笔记录仪。

3.1.2.2 HPLC 色谱柱能够将 PAHs 与任何干扰物进行分离。该评价中使用的是 $25cm \times 4.6mm$(内径)Dupont Zorbax ODS ($6\mu m$)色谱柱。

3.1.2.3 电子积分仪,或者其他合适的可测量检测器响应值方法。

3.1.2.4 溶剂解吸瓶,4ml,带有 PTFE 内衬的盖。

3.1.2.5 容量瓶、移液管和注射器。

3.2 试剂

3.2.1 乙腈(ACN),HPLC 级。

3.2.2 水,HPLC 级。该评价中使用 Millipore Milli - Q 系统来制备使用水。

3.2.3 苯,HPLC 级。

3.2.4 氮气。

3.2.5 菲(PHEN)。

3.2.6 蒽(ANTH)。

3.2.7 芘(PYR)。

3.2.8 苯并菲(CHRY)。

3.2.9 苯并芘(BoP)。

3.2.10 四氢呋喃(THF),HPLC 级。

3.3 PAHs 的标准溶液制备

将 PAHs 溶入苯中来制备标准储备液,在测定范围内,用苯稀释标准储备液配制标准系列。

3.4 样品处理

3.4.1 苯溶物(注意:使用苯的所有操作必须在通风橱内进行)

3.4.1.1 将 PTFE 杯置于 THF 中,超声几分钟进行清洗,并用干净的 THF 冲洗两次。将 PTFE 杯置于已编号码的支架上。将这些杯放入预加热干燥箱中(40℃,20 in. Hg,即 50.8cmHg 真空度)1 小时。然后将其冷却至室温并称重,至毫克。用干净、干燥的镊子取放 PTFE 杯。

3.4.1.2 取 3.0ml 苯转移到每个含有样品滤膜的闪烁瓶中。

3.4.1.3 将瓶振荡 60 分钟。

3.4.1.4　将13mm纯净的PTFE滤膜插入不锈钢支架中,并将其与注射器针管连接。在注射器中加入3ml苯,让苯通过过滤单元,用氮气检查是否漏气。在氮气管线上按一个橡胶塞,使注射器针管的压力到10 psi。通入氮气30秒,使滤膜干燥。

3.4.1.5　将闪烁瓶中的苯洗脱液移至注射器中,每个样品一个注射器。如果闪烁瓶中含有大量的颗粒物,将洗脱液倒入注射器中。用氮气给苯洗脱物加压,过滤器到一次性试管中(13×100mm)。

3.4.1.6　量取1.5ml苯洗脱液到去皮称重的PTFE杯中。

3.4.1.7　将PTFE杯置于预热的干燥箱(40℃,15 in. Hg,即38.1cmHg真空度)。向干燥箱内通入空气,将苯的蒸气带走。将杯加热3~4小时。在最后一个小时的干燥时间内关闭排气阀。

3.4.1.8　将杯子从干燥箱中取出冷却至室温,称重至毫克。

3.4.2　PAHs。

将试管中剩余的苯洗脱液转入到溶剂解吸瓶中,并用带PTFE内衬的盖密封。如果BSF≥PEL,则需要对该部分样品中的PAHs进行分析。

3.5　分析

3.5.1　反向HPLC条件。

色谱柱:不锈钢柱,25cm×4.6mm(内径),填充6μm DuPont Zorbax ODS。

流动相:85:15 CAN/水(v/v)。

流速:1.0ml/min(保持5分钟),曲线10(流速程序)5分钟升至1.5ml/min,然后保持10分钟。

FL检测器:254nm激发波长,370nm发射波长。

UV检测器:254nm。

进样量:10μl。

保留时间:7~18min。

色谱图:略。

3.5.2　用至少2个储备溶液,稀释后配制成标准系列采用外标法绘制标准曲线。标准曲线需要每天都绘制。样品浓度要在标准溶液范围内。

3.6　干扰(分析)

3.6.1　苯溶物。

3.6.1.1　任何能够溶于苯,但在煤焦油沥青挥发物和炼焦炉排放物中未发现的物质都是干扰物。在称重过程中任何落入或粘在PTFE杯内的物质都会导致结果值偏高。

3.6.1.2　已经有报道称,在铝工业中矿物油是BSF检测过程中的一种干扰物[10]。在该评价中并没有讨论将矿物油从BSF中分离出来的问题,但是铝协会健康委员会(Aluminum Association Health Committee)的报道中表明,ANCAL IATROSCAN TH-10能够分别对矿物油和BSF分别进行定量分析。可用特定的薄层色谱完全分离,并用氢火焰离子化检测器检测。该报道与Iatroscan方法测量矿物油与BSF总量,以及称量法测定BSF量的结果具有很好的一致性[11]。

3.6.2　PAHs。

3.6.2.1　任何与PAHs物质具有相近保留时间的化合物均为潜在的干扰物。一般而言,改变色谱条件可将干扰物和待测物分离。

3.6.2.2　根据单一色谱柱的保留时间无法对化合物进行化学定性。通过改变HPLC色谱柱、吸收响应比率,以及采用质谱作为辅助分析手段,能够对物质进行定性。

3.7　计算

3.7.1　苯溶物。

通过两次称重(精确到微克)PTFE杯来检测样品中存在BSF的浓度(μg/m³)。公式中因数"2"是对实际样品称量法检测过程中仅用了1/2样品量的修正。

$$\mu g/m^3 = \frac{\left[(样品最终质量-样品最初质量)-(空白最终质量-空白最初质量)\right]}{采样体积}$$

3.7.2 PAHs。

由检测器对待测物的响应值测定样品中 PAHs 的浓度(μg/ml)。根据标准曲线和样品的响应值,计算样品中 PAHs 物质的浓度(μg/ml)。样品溶液总体积为 3ml,按下式计算空气中各待测物的浓度(μg/m³):

$$\mu g/m^3 = \frac{3mL \times (\mu g/mL)}{采样体积 \times 洗脱效率}$$

用下面的公式可将该值转换成 ppm:

$$ppm = (mg/m^3)(24.46)/MW$$

式中:24.46——25℃、760mmHg 下的摩尔体积;

MW——PAHs 的相对分子质量。

3.8 安全防护措施(分析)

3.8.1 避免接触所有的标准样品。

3.8.2 避免皮肤与所有的溶剂接触。

3.8.3 带上护目镜。

3.8.4 所有使用苯的操作均应该在通风橱内完成。苯是一种可疑致癌物。

4.0 备用数据

4.1 分析检出限

4.1.1 苯溶物。

分析检出限为每份样品 6μg。该值等于 PTFE 杯的近似平均质量为 50mg 时精密度数据的 2 倍标准偏差。本次评价中(表 2-37-39)的数据仅适用于 Mettler M3-03 天平。其检出限同样考虑到了稀释因子 2。

4.1.2 PAHs。

每次进样 10μl 标准样品,检测后得出的分析检出限见表 2-37-35。这些含量所产生的峰高约为基线噪音峰高的 5 倍。用分析推荐的进样体积(10μl),测定得该分析检出限。

表 2-37-35 分析检出限

化合物	μg/ml	纳克/每次进样	检测器 *
PHEN	0.0132	0.132	UV(254nm)
PHEN	0.0910	0.910	FL
ANTH	0.0090	0.090	FL
PYR	0.0960	0.960	FL
CHRY	0.0386	0.386	FL
BoP	0.0175	0.175	FL

4.2 方法检出限

方法检出限见表 2-37-36。这些值是由以加标量对回收量绘制的曲线测得,且加标量为分析检出限,用 FL 检测器测定。

表 2-37-36 方法检出限

	BSF	PHEN	ANTH	PYR	CHRY	BoP
微克/样品	6	0.41	0.027	0.25	0.070	0.043
μg/m³	6	0.43	0.028	0.26	0.073	0.045
ppb	—	59.00	4.000	31.00	8.000	4.000

4.3 定量下限

4.3.1 苯溶物

BSF 定量下限为 33.1 微克/样品(34.5μg/m³)。将 4μl 煤焦油溶液(8.28mg/ml)加到 GFF 上制备了 7 个样品。这些样品应在同一天分析,平均结果见表 2-37-37。

表 2 - 37 - 37　定量下限

样品	回收率/%
1	99.7
2	93.7
3	86.6
4	99.7
5	105.7
6	81.6
7	87.6
X = 93.5	
SD = 8.7　1.96 SD = 17.1	

4.3.2　PAHs

定量下限见表 2 - 37 - 38。将几微升含有 PAHs 的苯溶液加于 GFFs 上制备了 6 个样品。样品在当天进行分析。

表 2 - 37 - 38　实际定量下限

待测物	PHEN	ANTH	PYR	CHRY	BoP
加标量/μg	0.71	0.064	1.08	0.262	0.199
(μg/m³)	0.74	0.066	1.13	0.273	0.207
(ppb)	100.00	9.000	140.00	29.000	20.000
%回收率	94.70	90.100	91.10	93.300	97.000
	92.70	91.200	102.00	96.300	105.400
	91.10	89.400	92.20	97.500	102.500
	89.90	86.400	93.90	94.900	98.600
	91.00	87.000	82.30	93.800	99.300
	97.90	87.000	86.90	97.000	95.700
X	92.90	88.500	91.40	95.500	99.800
SD	3.00	2.000	6.70	1.700	3.600
1.96 SD	5.80	3.900	13.10	3.400	7.100

4.4　灵敏度和精密度(仅用于分析方法)

4.4.1　苯溶物的精密度数据

多次称量质量为 0.5 ~ 2 倍 PTFE 杯正常质量的校准砝码,获得以下数据(表 2 - 37 - 39)。进而确定了分析天平的精密度。

表 2 - 37 - 39　精密度数据

	25mg	50mg	100mg			
	25.005	49.991	99.998			
	25.003	49.990	100.001			
	25.007	49.993	100.001	25.007	49.993	100.001
	25.005	49.993	100.002			
	25.006	49.994	100.002			
	25.005	49.992	100.000			
	25.006	49.992	100.000			
	25.008	49.994	100.000			
	25.006	49.994	100.003			
X	25.006	49.993	100.001			
SD	0.0014	0.0015	0.0013			
CV	0.00006	0.00003	0.00001			

4.4.2　PAHs 的灵敏度和精密度

重复进样标准样品,获得以下数据。由这些数据绘制各待测物的标准曲线,从而测得灵敏度(表 2 – 37 – 40 ~ 2 – 37 – 43)。

表 2 – 37 – 40　约 0.5 × 目标浓度下的精密度和灵敏度数据

待测物	PHEN	ANTH	PYR	CHRY	BaP
μg/ml	2.49	0.255	2.94	1.27	0.525
峰面积	45900.50	51249.600	62246.70	75163.50	66750.500
	47374.60	51970.100	65309.60	77086.50	69435.000
	47183.40	52000.000	64947.20	77164.00	68508.000
	46965.10	51575.700	65054.50	77073.20	68420.000
	46142.10	51108.600	63987.10	75900.50	67441.500
	46512.10	51627.200	64048.00	76050.70	67287.000
X	46679.60	51588.500	64265.50	76406.40	67973.700
SD	590.30	363.800	1129.40	825.60	987.000
CV	0.0126	0.0071	0.0176	0.0108	0.0145

表 2 – 37 – 41　约 1 × 目标浓度下的精密度和灵敏度数据

待测物	PHEN	ANTH	PYR	CHRY	BoP
μg/ml	4.9800	0.5100	5.8800	2.5400	1.0500
峰面积	89773.1000	103477.0000	126795.0000	151961.0000	136383.0000
	89874.4000	103385.0000	127081.0000	152486.0000	136615.0000
	89365.4000	103311.0000	126379.0000	151748.0000	135617.0000
	89247.6000	103251.0000	125730.0000	150675.0000	134451.0000
	88542.6000	102573.0000	125370.0000	149400.0000	134111.0000
	89070.5000	103281.0000	126281.0000	150541.0000	134593.0000
X	89312.3000	103213.0000	126273.0000	151135.0000	135295.0000
SD	487.1000	324.0000	630.0000	1136.0000	1061.0000
CV	0.0055	0.0031	0.0051	0.0075	0.0078

表 2 – 37 – 42　约 2 × 目标浓度下的精密度和灵敏度数据

待测物	PHEN	ANTH	PYR	CHRY	BoP
μg/ml	9.7100	0.9900	11.7600	5.0800	2.1000
峰面积	184607.0000	182281.0000	248424.0000	299267.0000	262309.0000
	180064.0000	184202.0000	247112.0000	297709.0000	260233.0000
	182561.0000	183493.0000	246260.0000	297519.0000	259748.0000
	182924.0000	183448.0000	252779.0000	302237.0000	271134.0000
	182992.0000	183215.0000	253143.0000	303651.0000	269743.0000
	183198.0000	184599.0000	252296.0000	303771.0000	270109.0000
X	182724.0000	183540.0000	250002.0000	300692.0000	265546.0000
SD	1482.0000	808.0000	3088.0000	2885.0000	5329.0000
CV	0.0081	0.0044	0.0124	0.0096	0.0201

表 2 - 37 - 43　合并变异系数

PHEN	ANTH	PYR	CHRY	BoP
0.0092	0.0051	0.0128	0.0094	0.0150

4.5　洗脱效率

4.5.1　苯溶物

按照 4.8. 中的步骤,在目标浓度(207μg/GFF)下,用煤焦油溶液对 GFF 进行加标,测定这些加标样品,获得以下数据(表 2 - 37 - 44)。这些数据仅仅表明,特别制备的煤焦油沥青溶液中的化合物能够从 GFF 上洗脱出来。由于 BSF 包含了很多化合物,洗脱效率不适用于计算。PTFE 杯在 24 小时后重新称重,且其结果仍然有效。

表 2 - 37 - 44　苯溶物的洗脱效率

	第一天	24 小时后
回收率百分比	98.1	102.9
	98.1	101.0
	100.0	100.0
	100.0	99.0
	97.1	99.0
	105.8	106.8
	102.9	107.7
X	100.3	102.3
SD	3.1	3.6

4.5.2　PAHs

在目标浓度下对 GFF 进行 PAHs 液体加标,将这些样品干燥然后用苯进行洗脱并在同一天进行分析。表 2 - 37 - 45 所列的数据为 GFF 的分析结果。这些样品在 24 小时后重新分析,发现很稳定(表 2 - 37 - 46)。

表 2 - 37 - 45　PAHs 的洗脱效率

待测物	PHEN	ANTH	PYR	CHRY	BaP
微克/样品	8.5	0.76	8.6	3.1	2.4
% 回收率	107.6	117.70	106.3	111.6	110.9
	108.9	117.00	110.0	112.0	113.2
	104.8	110.00	100.9	105.2	105.9
	104.6	109.90	96.6	103.8	105.2
	106.8	112.00	98.7	107.9	109.3
	106.0	113.00	100.3	108.0	110.4
	104.4	111.50	101.0	106.7	108.2
	104.0	108.70	97.0	104.7	106.5
X	105.9	112.50	101.4	107.5	108.7
SD	1.8	3.30	4.6	3.1	2.8

表 2 - 37 - 46　24 小时后的洗脱效率

待测物	PHEN	ANTH	PYR	CHRY	BaP
微克/样品	8.5	0.76	8.6	3.1	2.4
% 回收率	115.9	121.3	118.4	119.2	122.3
	114.5	119.0	117.7	119.7	120.3
	110.9	116.4	111.4	112.9	118.9
	111.5	117.8	110.3	115.0	119.5
	108.6	116.6	111.2	113.7	115.8
	106.3	109.5	102.3	106.9	112.5
	108.7	110.4	104.7	109.7	110.1
	107.3	111.3	102.9	107.6	111.7
X	110.5	115.3	109.9	113.1	116.4
SD	3.4	4.4	6.2	4.9	4.5

4.6　储存性数据

对 36 个 GFF 用煤焦油进行液体加标,对另外 36 个 GFFs 用 PAHs 进行液体加标,制备了储存样品。所有的加标 GFF 样品储存在密封的玻璃瓶中。其中一半玻璃瓶储存在 -20℃下,另一半于室温下(22℃)储存在封闭的抽屉里。其结果(回收率和储存时间)见表 2 - 37 - 47 ～ 2 - 37 - 49。

表 2 - 37 - 47　加标量(μg/GFF)

BSF	PHEN	ANTH	PRY	CHRY	BaP
207	8.5	0.76	8.6	3.1	2.4

表 2 - 37 - 48　室温储存检测结果(回收率/%)

天数	BSF	PHEN	ANTH	PYR	CHRY	BaP
0	100.5	108.8	113.0	105.9	108.8	110.2
	89.9	107.8	113.4	105.4	108.3	109.5
	90.8	102.4	108.5	100.3	105.0	105.0
	91.8	103.7	108.5	102.6	105.3	110.2
	78.3	100.8	110.4	101.1	104.4	105.5
	88.9	102.9	109.6	100.1	102.8	107.3
3	90.8	98.5	104.3	91.3	97.9	101.4
	99.5	97.5	103.2	95.3	100.3	102.7
	73.4	98.3	100.2	91.5	98.8	100.6
6	87.4	99.6	99.3	99.4	102.8	105.3
	90.3	104.1	104.7	101.1	108.7	108.9
	87.4	103.0	105.9	105.3	110.5	108.4
9	86.5	94.2	94.6	90.4	102.0	104.0
	91.3	101.2	104.6	91.5	101.4	103.5
	90.3	97.5	98.4	91.5	99.2	101.5
12	100.5	88.1	84.3	82.5	92.4	97.3
	87.0	93.1	88.9	93.2	96.6	104.6
	93.7	91.7	88.7	89.6	96.7	101.0
15	91.8	92.0	93.1	85.5	94.4	97.3
	85.0	94.9	99.0	89.0	100.1	101.9
	85.0	95.2	95.3	88.8	95.3	100.0

表 2 – 37 – 49　冷藏储存检测结果（回收率/%）

天数	BSF	PHEN	ANTH	PYR	CHRY	BaP
0	100.5	108.8	113.0	105.9	108.8	110.2
	89.9	107.8	113.4	105.4	108.3	109.5
	90.8	102.4	108.5	100.3	105.0	105.0
	91.8	103.7	108.5	102.6	105.3	110.2
	78.3	100.8	110.4	101.1	104.4	105.5
	88.9	102.9	109.6	100.1	102.8	107.3
3	86.0	98.9	103.3	92.7	100.7	104.5
	84.1	99.0	102.6	95.9	98.9	102.3
	92.8	98.3	101.3	92.8	99.0	104.1
6	90.3	105.0	110.6	100.2	105.0	107.5
	92.3	101.7	106.6	95.5	102.9	106.1
	98.1	99.3	104.4	95.6	102.2	105.6
9	88.4	97.6	100.3	91.3	99.3	101.0
	86.5	95.4	99.9	88.1	98.8	101.3
	93.2	95.4	97.5	87.0	96.1	98.6
12	94.7	95.8	96.7	89.6	96.0	107.6
	92.8	96.3	99.4	96.0	99.6	103.2
	108.2	98.3	99.0	90.1	95.4	101.8
15	90.8	96.5	100.6	94.8	100.6	97.7
	90.8	95.2	101.1	90.9	98.9	100.7
	84.1	101.6	105.2	98.5	102.8	107.9

4.7　再现性数据

用液体注射法加标煤焦油,制备 6 个加标样品,将样品和本方法步骤一起交给一位与该评价不相关的分析员。样品在 22℃ 下储存 21 天后进行分析。另外用液体注射法加标 PAHs 再制备 6 个样品,连同本评价方法步骤一起交给另一位与该评价不相关的分析员。样品在 22℃ 下储存 3 天后进行分析。除了 BSF 数据外,所有数据都用洗脱效率进行了校正(表 2 – 37 – 50)。

表 2 – 37 – 50　再现性结果（为与理论值的百分比）

	BSF	PHEN	ANTH	PYR	CHRY	BaP
	101.4	99.1	91.7	105.4	102.2	105.0
	90.8	97.8	93.0	104.8	101.6	103.4
	87.0	91.8	86.1	96.5	95.5	97.5
	92.8	101.8	90.9	101.7	98.4	100.4
	99.5	99.8	90.9	100.4	98.1	99.2
	93.9	97.8	89.6	99.3	96.5	98.3
X	94.2	98.0	90.4	101.4	98.7	100.6
SD	5.4	3.4	2.4	3.4	2.7	3.0

4.8　在评价中使用的苯溶物标准样品的制备

在本评价中,从收集到的几个确定的煤焦油沥青材料中随机选用了三种不同类型的煤焦油沥青。每种沥青取 20g 置于含有 100ml 苯的烧杯中,超声 1.5 小时。然后用多孔玻璃漏斗过滤溶液两次。随后将所得到的溶液合并,用玻璃纤维滤膜过滤。再通入干燥的氮气,将溶液浓缩,将胶粘的焦油置于烘箱(60℃,20 in. Hg,即50.8cmHg真空度)中加热4小时。用苯将"干燥"的焦油制备成储备液。用此溶液制备成加标滤膜,视其为煤焦油沥青挥发物样品。

参考文献

[1] Code of Federal Regulations, Title 29; 1910.1002, p671, Washington, DC, 1984.

[2] Code of Federal Regulations, Title 29; 1910.1029, p789, Washington, DC, 1984.

[3] Condensed Chemical Dictionary, 10th ed.; Van Nostrand Reinholt Co.: New York, 1981.

[4] Occupational Health Guidelines for Chemical Hazards, NIOSH/OSHA, Jan. 1981, DHHS(NIOSH) Publication No. 81－123.

[5] Criteria for a Recommended Standard...Occupational Exposure to Coke Oven Emissions, Department of Health, Education and Welfare; National Institute for Occupational Safety and Health: Cincinnati, OH, 1973; DHEW(NIOSH) Publication No. 73－11016.

[6] Criteria for a Recommended Standard...Occupational Exposure to Coal Tar Products, Department of Health, Education and Welfare; National Institute for Occupational Safety and Health: Cincinnati, OH, 1977; DHEW(NIOSH) Publication No. 78－107.

[7] IARC Monographs on the Evaluation of the Carcinogenic Risk of Chemicals to Man, Certain Polycyclic Aromatic Hydrocarbons and Heterocyclic Compounds, Lyon, 1973, Vol. 3, 91－136 and 159－177.

[8] Windholz, M., Ed. Merck Index, 10th ed.; Merck and Co: Rahway, NJ, 1983.

[9] Korfmacher, W. A.; Wehry, E. L.; Mamantov, G.; Natusch, D. F. S., Environ. Sci. Technol., 1980, 14(6), 1094.

[10] Balya, D. R.; Danchik, R. S. Am. Ind. Assoc. J. 1984, 45(4), 260.

[11] Danchik, R. S.; Balya, D. R., Aluminum Company of America, July, 1984, Personal Communication.

第三章 空气中金属及其化合物的检测

羰基镍 6007

Ni(CO)$_4$	相对分子质量:170.73	CAS 号:13463 - 39 - 3	RTECS 号:QR6300000
方法:6007,第二次修订		方法评价情况:部分评价	第一次修订:1987.8.15 第二次修订:1994.8.15
OSHA:0.001ppm(以 Ni 计) NIOSH:0.001ppm;致癌物 ACGIH:0.05ppm(以 Ni 计) (常温常压下,1ppm = 6.98mg/m^3)		性质:液体;密度 1.318g/ml (20℃);沸点 43℃;熔点 - 25℃;饱和蒸气压 43kPa(321mmHg,42% v/v)(20℃);空气中爆炸下限 2%(v/v)	
英文名称:nickel carbonyl; nickel tetracarbonyl			

采样

采样管:滤膜 + 固体吸附剂管(低镍活性炭,前段 120mg/后段 60mg,0.8μm 纤维素酯膜)

采样流量:0.05 ~ 0.2L/min

最小采样体积:7L(在 0.001ppm 下)

最大采样体积:80L

运输方法:常规

样品稳定性:室温下储存 17 天后回收率为 95%[1]

样品空白:每批样品 2 ~ 10 个

准确性

研究范围:0.0007 ~ 0.017ppm[1](3 ~ 40L 空气样品)

偏差:- 7%[1]

总体精密度($\hat{S}_{rT}$):0.099[1]

准确度:±26.4%

分析

分析方法:石墨炉原子吸收光谱法

待测物:镍

解吸方法:1ml 3% HNO$_3$,超声 30 分钟

进样体积:20μl

石墨炉:干燥 30 秒(110℃);灰化 15 秒(800℃)

原子化:10 秒(≥2700℃)

测量波长:232nm,背景校正

定量标准:Ni^{2+} 的 3%(w/v)HNO$_3$ 溶液

测定范围:每份样品 0.05 ~ 0.6μg Ni[1]

估算检出限:每份样品 0.01μg Ni[1]

精密度($\overline{S}_r$):0.028(每份样品 0.08 ~ 0.5μg Ni)

适用范围:采样体积为 20L 时,羰基镍的测定范围是 0.00036 ~ 0.007ppm(0.0025 ~ 0.05mg/m^3)

干扰因素:若采样时不使用滤膜,则镍化合物的颗粒物将产生正干扰

其他方法:本法是方法 P&CAM 344[2] 的修订版。另推荐比色法[3]

续表

试剂	仪器
1. 二次蒸馏水(或去离子水) 2. HNO_3:70%(w/v)HNO_3,蒸馏提纯 3. HNO_3:3%(w/v)HNO_3,将31ml 70%(w/v)HNO_3加入至蒸馏水中,稀释至1L 4. 镍储备液:1000μg Ni/ml。称取1.000g纯镍金属,溶于70% HNO_3(最小体积)中。用3% HNO_3稀释至1L。或者购买 5. 标准储备液:50μg Ni/ml。于容量瓶中,用3% HNO_3将0.500ml镍储备液(1000μg/ml)稀释至10ml。储存在聚乙烯瓶中。每周制备新溶液 6. 氩气:高纯,装于带两级减压阀的钢瓶中 　注意:氩气不能用作吹扫,因为会形成紫外吸收的氰 7. 活性炭:酸洗活化。将足够量的初始空白值小于0.02μg Ni/200mg的椰壳活性炭浸泡在3% HNO_3中,过夜,酸洗。用蒸馏水冲洗几次。倒出多余的水,盖上表面皿,600℃下于静止空气中加热1.5小时进行活化	1. 采样管 　a. 滤膜:37mm,0.8μm纤维素酯滤膜和纤维素衬垫,置于塑料滤膜夹中 　b. 玻璃管:长8cm,外径6mm,内径4mm,两端熔封,带塑料帽,内装20~40目酸洗的椰壳活性炭(600℃)(前段120mg/后段60mg),中间用2mm聚氨酯泡沫隔开。前端装填硅烷化的玻璃棉,尾端装填3mm聚氨酯泡沫。空气流量为1L/min,采样管阻力必须低于3.4kPa 　注意:当采集的空气中含有镍粉尘时,必须使用滤膜。用短的塑料管将滤膜与吸附剂管连接 2. 个体采样泵:流量0.05~0.2L/min,配有连接软管 3. 三角锉 4. 原子吸收分光光度计,配备以下装置 　a. 加热的石墨原子化棒、石墨管或石墨炉(非热解的或者热解的皆可;热解的灵敏度更好) 　注意:在干燥、灰化和原子化过程中,能重复控制时间和温度是必不可少的;最低原子化温度为2700℃ 　b. 显示装置(记录仪或数字化的峰高或峰面积分析仪) 　c. 进样系统(自动或手动,5~50μl,根据原子化器的规格选择合适的进样体积) 　d. 背景校正,例如,D_2或H_2灯或无吸收线(对于232nm Ni线,选择231.5nm) 　e. 镍空心阴极灯 5. 溶剂解吸瓶:带塑料内衬的螺纹瓶盖,2ml 6. 移液管:TD,1ml* 7. 超声波清洗器 8. 容量瓶:10ml和1L* 9. 聚乙烯瓶:20ml 10. 注射器:25μl,可精确到0.1μl

特殊防护措施:无

注:* 在热的浓 HNO_3 中将新的玻璃器皿浸泡1小时,然后用蒸馏水彻底冲洗。每次用完玻璃器皿后,依次用清洁剂溶液、自来水、3% HNO_3(浸泡≥4小时)和蒸馏水清洗。

采样
1. 串联一个有代表性的采样管来校准个体采样泵。
2. 采样前折断采样管两端,连接滤膜,用软管将采样管连接至个体采样管。
3. 在0.05~0.2L/min范围内,以已知流量采集7~80L空气样品。
4. 密封采样管,包装后运输。

样品处理
5. 除去玻璃棉和聚氨酯泡沫,将采过样的两段吸附剂分别倒入溶剂解吸瓶。除去滤膜,或分析滤膜上的Ni颗粒物。
6. 于每个溶剂解吸瓶中,加入1.0ml 3% HNO_3。密封。
7. 超声30分钟。

标准曲线绘制与质量控制
8. 配制至少6个浓度的标准系列,绘制标准曲线。
　a. 于10ml容量瓶中,将已知量的标准储备液加入3% HNO_3中,稀释至刻度。逐级稀释配制Ni^{2+}浓度为0.01~0.6μg/ml的标准溶液。储存在聚乙烯瓶中,每天配制新溶液。
　b. 与样品和空白一起进行分析(步骤11~13)。

c. 以吸光度对 Ni^{2+} 含量(μg)绘制标准曲线。

9. 每批吸附剂至少测定一次解吸效率(DE)。在标准曲线范围内,选择 5 个不同浓度,每个浓度测定 3 个样品。另测定 3 个空白采样管。

a. 去掉空白采样管的后段吸附剂。

b. 用微量注射器将已知体积($2\sim20\mu l$)的标准储备液或其逐级稀释液,直接注射至前段吸附剂上。

c. 密封采样管两端,放置过夜。

d. 解吸(步骤 $5\sim7$)并与标准系列一起进行分析(步骤 $11\sim13$)。

e. 以解吸效率对 Ni^{2+} 回收量(μg)绘制解吸效率曲线。

10. 分析 3 个样品加标质控样和 3 个加标样品,以确保标准曲线和解吸效率曲线在可控范围内。

样品测定

11. 根据仪器说明书、方法 6007 给出的条件和以下条件设置分光光度计和石墨炉。

a. 惰性气流:如果在原子化期间,气流中断,灵敏度会增加。

b. 波长:232nm(更灵敏)或 341.5nm。

c. 干燥:110℃,30 秒;溶液 $\geq20\mu l$ 时,可能需要更长的时间和升温程序。

d. 灰化:800℃,15 秒。

e. 原子化:$2700\sim3000$℃,10 秒;低于 2600℃,原子化太慢去得到可重复的结果;"最大功率"可增加灵敏度。

12. 使用手动或自动进样。

13. 测定峰高。在分析每批样品之前和之后,分析标准系列;每分析 10 个样品后,须分析 1 个中间浓度的标准。分析所有溶液,包括吸附剂管空白和试剂空白,一式三份。

注意:在原子化开始后约 3 秒出峰;若峰高超出标准曲线的线性范围,用 3% HNO_3 稀释后重新分析,计算时乘以相应的稀释倍数。

计算

14. 按下式计算空气中待测物的浓度 C(mg/m^3):

$$C = \frac{2.91(W_f + W_b - B_f - B_b)}{V}$$

式中:W_f——样品采样管前段吸附剂中镍的含量(μg);

W_b——样品采样管后段吸附剂中镍的含量(μg);

B_f——空白采样管前段吸附剂中镍的平均含量(μg);

B_b——空白采样管后段吸附剂中镍的平均含量(μg);

V——采样体积(L);

2.91——Ni 转换成 Ni(CO)$_4$ 的化学计量转换系数。

注意:上式中镍的含量已用解吸效率校正;若 $W_b > W_f/10$,则表示发生穿透,记录该情况及样品损失。

方法评价

方法 P&CAM 344[2] 发表于 1981 年 8 月 31 日,已经过验证。验证时用含有 $6\sim300$ppm CO 的 Ni(CO)$_4$ 发生气作为标准气体。在 $5\sim121\mu g/m^3$($0.0007\sim0.017$ppm)浓度范围内,平均回收率为 93%(24 个样品)。在 22℃、相对湿度为 19% 条件下,以 0.475L/min 采样流量,采集 Ni(CO)$_4$ 浓度为 $34\mu g/m^3$(0.005ppm)的空气样品 240 分钟后,未发生穿透(流出气浓度为流入气浓度的 5% 时)。18 个含 $0.08\sim0.5\mu g$ Ni(将硝酸镍标准溶液加标至 120mg 活性炭上)的样品的平均解吸效率为 0.934,$\bar{S}_r$ 为 0.029。在上述实验中观察到,羰基镍能定量穿过 0.8μm 纤维素酯滤膜。

参考文献

[1] Eller, P. M. Determination of Nickel Carbonyl by Charcoal Tube Collection and Furnace Atomic Absorption, Appl. Ind. Hyg. 1:115 – 118 (1986).

[2] NIOSH Manual of Analytical Methods, 2nd ed., Vol. 7, P&CAM 344, U. S. Department of Health and Human Services,

Publ. (NIOSH) 82 - 100 (1982).

[3] Special Occupational Hazard Review and Control Recommendations for Nickel Carbonyl, U. S. Department of Health, Education, and Welfare, Publ. (NIOSH) 77 - 184 (1977).

方法作者

Peter M. Eller, Ph. D. , NIOSH/DPSE.

锑化氢 6008

SbH_3	相对分子质量:124.77	CAS 号:7803 - 52 - 3	RTECS 号:WJ0700000
方法:6008,第二次修订		方法评价情况:完全评价	第一次修订:1987.8.15 第二次修订:1994.8.15
OSHA:0.1ppm NIOSH:0.1ppm/10h ACGIH:0.1ppm (常温常压下,1ppm = 5.10mg/m³)		性质:气体;沸点 -17℃;熔点: -88℃;饱和蒸气压 > 1atm	

英文名称:stibine;antimony trihydride

采样

采样管:固体吸附剂管(浸渍 $HgCl_2$ 的硅胶,前段1g/后段0.5g)

采样流量:0.01 ~ 0.2L/min

最小采样体积:4L

最大采样体积:50L

运输方法:常规

样品稳定性:至少7天(25℃)[1]

样品空白:每批样品2~10个

准确性

研究范围:0.12 ~ 1mg/m³(20L 样品)[1]

偏差: -1.4%

总体精密度($\hat{S}_{rT}$):0.087[1]

准确度: ±17.0%

分析

分析方法:可见分光光度法

待测物:锑

解吸方法:15ml 浓 HCl,解吸30分钟

测量波长:552nm

定量标准:浓 HCl 中的锑(Ⅲ)的标准溶液

测定范围:每份样品2~20μg Sb[1]

估算检出限:每份样品0.4μg SbH_3[1]

精密度($\bar{S}_r$):未测定

适用范围:采样体积为20L时,测定范围是0.1 ~ 3.5mg/m³(0.02 ~ 0.7ppm)

干扰因素:可用异丙醚萃取,与罗丹明 B 形成络合物的物质会对比色法测定锑产生干扰。Am(Ⅲ)(> 250μg),Au(> 1000μg),Fe(Ⅲ)(> 30000μg),Ti(Ⅰ)(> 1000μg)和 Sn(Ⅱ)(> 1000μg)也会产生干扰[2]。如果存在干扰因素,应该用其他方法测定(例如 ICP 或 AAS)

其他方法:本法是方法 S243[3] 的修订版

试剂	仪器
1. 蒸馏水或去离子水	1. 采样管:玻璃管,长 7cm,外径 8mm,内径 6mm,带塑料帽;内装两段浸渍 HgCl₂ 的硅胶(前段 1.0g/后段 0.5g),用硅烷化的玻璃棉隔开并固定。空气流量为 1L/min 时,采样管阻力必须低于 3.4kPa。亦可购买市售采样管
2. 浓 HCl*	
3. 锑储备液:1000µg/ml Sb(Ⅲ)	2. 个体采样泵:流量 0.01~0.2L/min,配有连接软管
4. 硫酸铈:固体	3. 可见分光光度计:552nm,带 PTFE 盖的 1cm 石英比色皿**
5. 异丙醚	4. 分液漏斗:125ml**
6. 罗丹明 B 储备液:0.2% 水溶液。称取 0.5 g 罗丹明 B,溶于 250ml 水中。一式两份	5. 烧杯:Griffin,50ml
	6. 容量瓶:25,50,250 和 500ml
7. 罗丹明 B 工作液:含 0.01% 罗丹明 B 的 0.5M HCl 溶液。将 25ml 罗丹明 B 储备液和 24ml 浓 HCl 稀释至 500ml。每天配制新溶液	7. 移液管:4,15 和 20ml**
	8. 量筒:10 和 25ml**
	9. 离心机:带离心管,15ml,带塑料盖**

特殊防护措施:所有浓酸操作应在通风橱中进行

注:* 见特殊防护措施;** 使用前用浓 HCl 清洗所有玻璃器具,并用蒸馏水或去离子水冲洗。

采样
1. 串联一个有代表性的采样管来校准个体采样泵。
2. 采样前立即打开采样管的塑料帽,用软管将采样管连接至个体采样泵。
注意:如果存在锑化合物粉尘,则使用纤维素酯滤膜。
3. 在 0.01~0.2L/min 范围内,以已知流量采集 4~50L 空气样品。
4. 密封采样管,包装后运输。

样品处理
5. 将前、后段吸附剂分别倒入 50ml 烧杯中,丢弃玻璃棉。
6. 于每个烧杯中加 15.0ml 浓 HCl。
7. 在解吸时间 30 分钟内,每 10 分钟缓慢振摇(涡旋)烧杯。将溶液倒入 25ml 容量瓶中。
8. 于烧杯中,向吸附剂加入 4.0ml 浓 HCl。涡旋并将其倒入步骤 7 的容量瓶中。
9. 重复步骤 8,用浓 HCl 稀释至刻度,并涡旋混匀。
注意:须在 15 分钟内,操作步骤 10~15。
10. 用移液管量取 15.0ml 样品解吸溶液至分液漏斗中。
11. 加入(15±5)mg 硫酸铈,涡旋至溶解,打开塞子,反应 60 秒。
12. 向漏斗中加入 15.0ml 异丙醚,塞住,振荡 30 秒,只在开始和结束时释放压力。
13. 加入 7.0ml 水,振摇 60 秒。分层 60 秒。去除并丢弃水层。小心去除所有的水层。
14. 加入 20.0ml 罗丹明 B 工作液,振摇 60 秒,只在开始和结束时释放压力。各相分层 60 秒。去除并丢弃水(较低)层。排出约 10ml 剩余溶液至 15ml 离心管中,盖紧盖子。
15. 在 2000r/min 下离心 120 秒。移取约 3ml 上层清液至比色皿中,盖紧盖子。立即进行步骤 18。

标准曲线绘制与质量控制
16. 在每份样品 2~20µg 锑的范围内,配制至少 6 个浓度的标准系列,绘制标准曲线。
a. 在 2~20µg 锑/15ml 浓度范围内,于 10ml 容量瓶中,加入已知量的锑储备液和浓盐酸,同时制备试剂空白。
b. 按照步骤 10~15 以及步骤 18 和步骤 19 进行实验。
c. 以吸光度对锑质量(µg/15ml)绘制标准曲线。
17. 分析 3 个样品加标质控样,以确保标准曲线在可控范围内。

样品测定
18. 根据仪器说明书和方法 6008 中给出的的条件设置分光光度计。

19. 用异丙醚作为空白,测定吸光度。

计算

20. 按下式计算空气中锑化氢浓度 C(mg/m³):

$$C = \frac{1.708(W_f + W_b - B_f - B_b)}{V}$$

式中:W_f——样品吸附剂管前段吸附剂中锑化氢的含量(μg);

　　　W_b——样品吸附剂管后段吸附剂中锑化氢的含量(μg);

　　　B_f——空白吸附剂管前段吸附剂中锑化氢的平均含量(μg);

　　　B_b——空白吸附剂管后段吸附剂中锑化氢的平均含量(μg);

　　　1.780——转换系数,(SbH_3 相对分子质量 /Sb 相对分子质量)×(25ml/15ml)

　　　V ——采样体积(L)。

注意:若 $W_b > W_f/10$,则表示发生穿透,记录该情况及样品损失量。

方法评价

在 0.119 ~ 1.01mg/m³ 浓度范围内,采集 20L 空气样品,对方法 S243 进行了评价[1]。在每份样品 0.12 ~ 1.0μg SbH_3 范围内,平均回收率为 98.6%。在相对湿度为 85% 的条件下,以 0.22L/min 采样流量采集 SbH_3 浓度为 1.326mg/m³ 的空气样品,采样管的吸附容量大于 70μg(SbH_3)。在此之前,尝试过用活性炭管作为 SbH_3 的采样介质,但因采样效率差而被否定[4]。

参考文献

[1] S243, Backup Data Report for Stibine, Prepared under NIOSH Contract No. 210 – 76 – 123 (March18, 1977), Available as "Ten NIOSH Analytical Methods, Set 2," Order #PB271 – 464 from NTIS, Springfield, VA 22161.

[2] Ward, F. N. and H. W. Lakin. Anal. Chem., 26, 1168 (1954).

[3] NIOSH Manual of Analytical Methods, 2nd ed., Vol. 4, S243, U. S. Department of Health, Education, and Welfare, Publ. (NIOSH) 78 – 175 (1978).

[4] Failure Report S243, Stibine, Prepared under NIOSH Contract CDC – 99 – 74 – 45 (unpublished, 1977).

方法修订作者

R. DeLon Hull, Ph. D., NIOSH/DBBS.

汞 6009

Hg	相对分子质量:200.59	CAS 号:7439 – 97 – 6	RTECS 号:OV4550000
方法:6009,第二次修订		方法评价情况:部分评价	第一次修订:1989.5.15 第二次修订:1994.8.15
OSHA:C 0.1mg/m³(皮) NIOSH:0.05mg/m³(皮) ACGIH:0.025mg/m³(皮)		性质:液体;密度 13.55g/ml(20℃);沸点 356℃;熔点 –39℃;饱和蒸气压 0.16 Pa(0.0012mmHg,13.2mg/m³)(20℃);饱和蒸气密度 7.0(空气 =1)	
英文名称:mercury; quicksilver			

采样	分析
采样管:固体吸附剂管(Hopcalite,200mg)	分析方法:冷原子吸收光谱法
采样流量:0.15～0.25L/min	待测物:汞元素
最小采样体积:2L(在 0.5mg/m³ 下)	解吸方法:浓 HNO_3/HCl,25℃下解吸;稀释至 50ml
最大采样体积:100L	测量波长:253.7nm
运输方法:常规	定量标准:含 Hg^{2+} 的 1% HNO_3 标准溶液
样品稳定性:30 天(25℃)[1]	测定范围:每份样品 0.1～1.2μg
样品空白:每批样品 2～10 个	估算检出限:每份样品 0.03μg
介质空白:每批至少 3 个	精密度($\bar{S}_r$):0.042(每份样品 0.9～3μg)[4]

准确性

研究范围:0.002～0.8mg/m³[2](10L 样品)

偏差:很小

总体精密度($\hat{S}_{rT}$):未测定

准确度:未测定

适用范围:采样体积为 10L 时,测定范围是 0.01～0.5mg/m³;吸附剂采集汞元素的过程是不可逆的;可用滤膜除去样品中汞物质的颗粒物;滤膜可采用相似的方法进行分析;此方法已用于许多领域的研究[3]

干扰因素:无机和有机的汞化合物可能会使分析结果变大;包括氯气在内的氧化性气体不会产生干扰

其他方法:本法替代了方法 6000 及其前版,方法 6000 的前版需配一个专门的解吸装置[4-6];本法以 Rathje 和 Marcero 的方法[7]为基础,与 OSHA 方法 ID 145H[2]相似

试剂	仪器
1. 去离子水:不含有机物	1. 采样管:玻璃管,长 7cm,外径 6mm,内径 4mm,两端熔封,带塑料帽,内装有一段 200mg Hopcalite,用玻璃棉固定(SKC,Inc.,Cat. # 226－17－1A,或等效的采样管)
2. 浓 HCl	
3. 浓 HNO_3	注意:若要单独测定汞颗粒物,则应在吸附剂管前接装有 37mm 纤维素酯滤膜的滤膜夹
4. HgO:分析纯,干燥	
5. 标准储备液:Hg^{2+},1000μg/ml。称取 1.0798g 干燥的 HgO,溶于 50ml 1:1 的 HCl 中,并用去离子水稀释至 1L。或者购买	2. 个体采样泵:配有连接软管,流量 0.15～0.25L/min
	3. 原子吸收分光光度计:冷原子发生原子化器(见附录)或冷蒸气汞分析仪*
	4. 带状图形记录仪,或积分仪
6. 二级汞标准溶液:1μg/ml。于 100ml 容量瓶中,加入 10ml 去离子水和 1ml HCl,再加入 0.1ml 1000μg/ml 储备液,并用去离子水稀释至刻度。每天制备新溶液	5. 容量瓶:50ml 和 100ml
	6. 移液管:5ml、20ml 和其他规格
	7. 微量移液管:10～1000μl
7. 10% 氯化亚锡的 1:1 HCl 溶液:分析纯。称取 20g 氯化亚锡,溶于 100ml 浓 HCl 中。将此溶液缓慢加入至 100ml 去离子水中,并搅匀。每天制备新溶液	8. BOD 瓶:300ml
8. HNO_3:1%(w/v)。用去离子水将 14ml 浓 HNO_3 稀释至 1L	

特殊防护措施:汞易被吸入和皮吸收,应在通风橱中操作汞系统,或用鼓泡法将排出的汞通入汞吸收器

注:* 见特殊防护措施。

采样

1. 串联一个有代表性的采样管来校准个体采样泵。

2. 在采样前折断采样管两端,用软管将采样管连接至个体采样泵。

3. 在 0.15～0.25L/min 范围内,以已知流量采集 2～100L 空气样品。

注意:从采样所用的同一批次采样管中选出至少 3 个未使用的采样管,作为介质空白。

4. 密封采样管,包装后运输。

样品处理

5. 从采样管中取出 Hopcalite 吸附剂和前端玻璃棉,分别放入 50ml 容量瓶中。每个管对应一个容

量瓶。

6. 加入 2.5ml 浓 HNO_3，然后加入 2.5ml 浓 HCl。

注意：汞必须处于氧化状态才能避免损失，因此，必须先加入 HNO_3。

7. 样品静置 1 小时，或直至黑色的 Hopcalite 溶解为止。溶液会变成深褐色，且可能含有不溶的成分。

8. 用去离子水小心地稀释至 50ml。（溶液最后是蓝色的至蓝绿色的）

9. 于 BOD 瓶中，加入 80ml 去离子水，再用移液管加入 20ml 样品溶液。如果预计样品中汞的含量会超过标准系列，则加入更少量的样品溶液，并相应地调整酸的体积。BOD 瓶中溶液的最终体积必须为 100ml。为避免汞在转移过程中可能发生损失，将移液管的管尖放入 BOD 瓶液面下。

标准曲线绘制与质量控制

10. 在每份样品 0.01～0.5μg 汞范围内，配制至少两组（每组 6 个浓度）标准系列，绘制标准曲线。于 BOD 瓶中，加入足量的 1% HNO_3 溶液，再加入已知量的二级标准溶液，用 1% HNO_3 溶液稀释至 100ml。

11. 与样品和空白一起进行分析（步骤 13～16）。在分析样品前，分析第一组标准系列；样品分析结束后，分析第二组标准系列。为评价仪器在分析过程中的响应状况，可在样品分析过程中也分析标准系列。

12. 以峰高对溶液浓度（微克/样品）绘制标准曲线。

样品测定

13. 取下 BOD 瓶中的鼓泡器，使分光光度计调零，让记录仪上的基线稳定。

14. 于 BOD 瓶中，加入含 0.5μg 汞的 100ml 1% HNO_3 溶液，再放入鼓泡器。调节分光光度计，使其记录仪偏转 75% 至完全偏转。

15. 从系统中放出汞蒸气。

16. 分析定量标准、样品和空白（包括介质空白）。

a. 取下 BOD 瓶中的鼓泡器。

b. 用去离子水冲洗鼓泡器。

c. 运行记录仪，建立稳定的基线。

d. 打开 BOD 瓶的瓶塞，瓶内装有下一个要分析的样品。轻轻涡旋。

e. 快速加入 5ml 10% 氯化亚锡溶液。

f. 快速将鼓泡器放入 BOD 瓶中。

g. 调节分光光度计达到最大吸光度。

h. 从系统中放出汞蒸气。

i. 将鼓泡器放入一个空的 BOD 瓶中。继续排放汞，直至获得稳定基线。

j. 关闭汞排放口。

计算

17. 根据标准曲线计算相应的样品溶液中汞的含量（μg）。

18. 按下式计算空气中待测物的浓度 $C(mg/m^3)$：

$$C = \frac{W \times \frac{V_s}{V_a} - B}{V}$$

式中：W——汞样品溶液中汞的含量（μg）；

　　 V_s——原样品体积（步骤 8：一般 50ml）（ml）；

　　 V_a——进样溶液体积（步骤 9：一般 20ml）（ml）；

　　 B——汞在介质空白中的平均含量（μg）；

　　 V——采样体积（L）。

方法评价

Rathje 和 Marcero 最初使用 Hopcalite（MSA, Inc.）作为吸附材料[7]。后来，Hopcalite 被证明优于其他测定汞蒸气的方法[8]。研究中使用动态发生法发生汞蒸气，汞蒸气浓度范围为 0.05～0.2mg/m³，所用吸附剂管对汞的负载量为 1～7μg。有时用与 Hopcalite 相似的 Hydrar 材料。实验室分析两种材料采集汞的含量，结果差异无显著性[9]。OSHA 也评价了使用 Hydrar 采集汞的检测方法[2]。对于 18 个添加已知汞含量 $(0.9 \sim 3\mu g)$ 的样品[以 $Hg(NO_3)_2$ 计],其平均回收率为 99%, $\bar{S}_r$ 为 $0.042^{[10]}$。在室温下储存 3 周或在 $-15℃$ 下储存 3 个月,样品的回收率无明显变化;尚未研究更长储存时间的回收率[10]。

参考文献

［1］Evaluation of Mercury Solid Sorbent Passive Dosimeter, Backup Data Report. Inorganic Section,OSHA Analytical Laboratory, Salt Lake City, Utah, 1985.

［2］Mercury in Workplace Atmospheres (Hydrar Tubes). Method ID 145H, Inorganic Section, OSHA Analytical Laboratory, Salt Lake City, UT, 1987.

［3］NIOSH/MRSB. Reports for analytical Sequence Nos. 5854, 5900, 6219, and 6311, NIOSH(Unpublished, 1987 – 1988).

［4］NIOSH Manual of Analytical Methods, 3rd. ed. , Method 6000. (1984).

［5］NIOSH Manual of Analytical Methods. 2nd. ed. , V. 4, S199, U. S. Dept. of Health. Education, and Welfare Publ. (NIOSH) 79 – 141 (1979).

［6］Ibid. , V. 5, P&CAM 175, Publ. (NIOSH) 79 – 141 (1979).

［7］Rathje, A. O. , Marcero, D. H. Improved Hopcalite Procedure for The Determination of Mercury in Air By Flameless Atomic Absorption, Am. Ind. Hyg. Assoc. J. 37, 311 – 314 (1976).

［8］McCammon, C. S. , Edwards, S. L. , Hull, R. D. , Woodfin, W. J. , A Comparison of Four Personal Sampling Methods for The Determination of Mercury Vapor, Am. Ind. Hyg. Assoc. J. , 41, 528 – 531 (1980).

［9］Internal Methods Development Research, DataChem Laboratories, Inc. , Salt Lake City, UT (1982).

［10］Eller, P. M. , NIOSH, Unpublished data (1987 – 1988).

方法作者

Keith R. Nicholson and Michael R. Steele, DataChem Laboratories, Inc. , Salt Lake City, Utah, under NIOSH contract No. 200 – 87 – 2533.

附录:冷蒸气汞分析系统

1. 该系统的阀应直接将蒸气排入蒸气罩中或汞洗涤系统中。

2. 当此阀打开至"排放",蠕动泵应该吸入室内空气。在进气口放置一个 Hopcalite 管,清除可能存在的汞。

3. 调节蠕动泵的流速,使 BOD 瓶中具有稳定的气泡流,但是流速不能太大,否则会使液滴进入石英池。

4. 如果水蒸气冷凝在石英池中,用加热线圈将石英池裹住,并附上一个调压变压器,稍稍加热至高于室温。

5. 鼓泡器由底部含一个玻璃泡的玻璃管组成,微微高于 BOD 瓶的瓶底。玻璃泡上有数个孔,能使空气流出至溶液中(连续不断的小气泡)。第二个管为蒸气出口,其管末端的开口最好高于瓶中液体表面。将这两个管固定在一个有塞的装置中(最好是磨砂玻璃的),此装置安装于瓶子的顶部。可用一个粗糙的玻璃多孔板代替第一个管中的玻璃泡,但是,难以防止多孔板污染。

6. 定期更换连接鼓泡器、吸收池和泵连接的柔性管(Tygon 或等效的),以防吸入的汞的污染。

铝及其化合物（以铝计）7013

Al	相对分子质量:26.98（Al）; 101.96（Al_2O_3）	CAS 号:7429 - 90 - 5（Al）; 1344 - 28 - 1（Al_2O_3）	RTECS 号:BD0330000（Al）; BD1200000（Al_2O_3）
方法:7013,第二次修订		方法评价情况:部分评价	第一次修订:1984.2.15 第二次修订:1994.8.15
OSHA:无 PEL NIOSH:见表 3 - 0 - 1 ACGIH:见表 3 - 0 - 1		性质:金属,质软;化合价 + 3;熔点660℃	

英文名称: aluminum and compounds; alumina（Al_2O_3）

采样

采样管:滤膜(0.8μm 纤维素酯滤膜)

采样流量：1~3L/min

最小采样体积:10L(在5mg/m³ 下)

最大采样体积:400L

运输方法:常规

样品稳定性:稳定

样品空白:每批 2~10 个

准确性

研究范围:未研究

偏差:未测定

总体精密度($\hat{S}_{rT}$):未评价

准确度:未评价

分析

分析方法:火焰原子吸收光谱法

待测物:铝

消解方法:浓 HNO_3,6ml,140℃

最终溶液:10% HNO_3,10ml;1000μg/ml Cs

火焰:一氧化二氮 - 乙炔,还原性火焰

测量波长:309.3nm

背景校正:无

定量标准:含 Al^{3+} 的10% HNO_3 溶液

测定范围:每份样品 50~5000μg[1]

估算检出限:每份样品 2μg[2]

精密度($\bar{S}_r$):0.03[1,2]

适用范围:采样体积为100L 时,测定范围是0.5~10mg/m³。本法只测定样品中铝元素总量,而不能测定某种特定的化合物。在样品消解时要保证待测物完全消解。样品溶液也可用于分析其他四种金属含量

干扰因素:使用1000μg/ml Cs 溶液,可控制一氧化二氮 - 乙炔火焰中发生的离子化[3]。大于0.2%（w/w）的铁和 HCl 会降低灵敏度。钒或 H_2SO_4 需用1%（w/w）La 作为释放剂[4]

其他方法:本法是方法 P&CAM 173 的修订版[1]。方法 7300（ICP - AES）也可用于检测铝及其化合物

试剂

1. 浓 HNO_3

2. 10%（v/v）HNO_3:将 100ml 浓 HNO_3 加入至 500ml 水中,稀释至 1L

3. 标准储备液:1000μg Al/ml。购买或将 1.000g 铝丝溶于最小体积的(1 + 1)HCl 中,加入少量 Hg 作催化剂。用1%（v/v）HCl 稀释至 1L

4. Cs 溶液:50mg/ml。将 73.40 g $CsNO_3$ 溶解于 100ml 水中,稀释至 1L

5. 一氧化二氮

6. 乙炔

7. 蒸馏或去离子水

仪器

1. 采样管:纤维素酯滤膜,孔径 0.8μm,直径 37mm;置于滤膜夹中

2. 个体采样泵:配有连接软管,流量 1~3L/min

3. 原子吸收分光光度计:配备一氧化二氮 - 乙炔燃烧器和铝空心阴极灯

4. 减压阀:两级,用于调节一氧化二氮和乙炔

5. 烧杯:Phillips,125ml;或 Griffin,50ml,带表面皿*

6. 容量瓶:10ml 和 100ml*

7. 微量移液管:5~500μl*

8. 电热板:表面温度 100~140℃*

特殊防护措施:所有酸消解操作均在通风橱中进行

注:*使用前用浓 HNO_3 清洗所有玻璃器皿,并用蒸馏水或去离子水彻底冲洗干净。

采样

1. 串联一个具有代表性的采样管来校准个体采样泵。

2. 在 1~3L/min 范围内,以已知的流量采集 10~400L 空气样品。滤膜上总粉尘的增量不得超过2mg。

样品处理

注意:使用本法不能溶解氧化铝(Al_2O_3)。溶解氧化铝需要用硼酸锂熔融。按下面步骤处理样品,可定量回收可溶性铝化合物(见方法评价)。可按方法 7300 中步骤 4~9 处理,也可使用其他定量消解方法处理,尤其是需要测定一张滤膜上的几种金属时。

3. 打开滤膜夹,将样品和空白分别转移至干净烧杯中。

4. 加入 6ml 浓 HNO_3,盖上表面皿。从此步骤开始配制试剂空白。

5. 在电热板上加热,保持温度在 140℃,至样品溶解成淡黄色溶液。加入适量酸除去有机物。

6. 当样品溶液澄清后,取下表面皿,并用 10% HNO_3 溶液冲洗,冲洗液收集到该烧杯中。

7. 将烧杯放置在电加热板上,直至液体体积减少至约 0.5ml。

8. 当样品干燥后,用 3~5ml 10% HNO_3 溶液冲洗烧杯壁,再加热 5 分钟溶解残留物,然后置于空气中冷却。

9. 于 10ml 容量瓶中,加入 0.2ml 50mg/ml Cs 溶液,再定量加入消解后的溶液。用 10% HNO_3 溶液稀释至刻度。

注意:如果存在钒或硫酸,加入 1%(w/w)La 作为释放剂[1,3]。

标准曲线绘制与质量控制

10. 于 100ml 容量瓶中,加入 2.0ml 50mg/ml Cs 溶液,再加入已知量的标准储备液,最后用 10% HNO_3 溶液稀释至刻度,使铝的含量覆盖每份样品 0~500mg 范围。

11. 与样品和空白一起进行分析(步骤 16,17)。

12. 以吸光度对溶液浓度($\mu g/ml$)绘制标准曲线。

13. 每 10 份样品分析一个标准,以检查仪器漂移。

14. 每 10 份样品分析至少一个加标滤膜,以检查回收率。

15. 每隔一段时间,用标准加入法检查干扰因素。

样品测定

16. 根据仪器说明书和方法 7013 中给出的条件设置分光光度计。

17. 测定标准溶液和样品。记录吸光度读数。

注意:若样品的吸光度值超出标准曲线的线性范围,用 10% HNO_3 溶液及适量的 50mg/ml Cs 溶液稀释后重新分析。计算时乘以相应的稀释倍数。

计算

18. 根据测得的吸光度值,由标准曲线计算相应的铝浓度。

19. 按下式计算空气中铝的浓度(mg/m^3):

$$C = \frac{C_s V_s - C_b V_b}{V}$$

式中:C_s——样品溶液中铝的浓度($\mu g/ml$);

　　　C_b——空白膜溶液中铝的平均浓度($\mu g/ml$);

　　　V_s——样品溶液的体积(ml);

　　　V_b——空白膜溶液的体积(ml);

　　　V——采样体积(L)。

方法评价

估算检出限为每份样品 2μg Al[2]。仅验证了本法中的分析部分。

参考文献

[1] NIOSH Manual of Analytical Methods, 2nd ed., V. 5, P&CAM 173, U. S. Department of Health, Education, and Welfare, Publ. (NIOSH) 79-141 (1979).

[2] User check, UBTL, NIOSH Seq. #3990-0 (unpublished, November 29, 1983).

[3] Winefordner, J. D., Ed., Spectrochemical Methods of Analysis, John Wiley & Sons (1971).

[4] Analytical Methods for Atomic Absorption Spectrophotometry, Perkin – Elmer (1976).

方法作者

Mark Millson, NIOSH/DPSE and R. DeLon Hull, Ph. D. , NIOSH/DBBS.

表 3 – 0 – 1　铝接触限值

项目	OSHA/(mg/m^3)	NIOSH/(mg/m^3)	ACGIH/(mg/m^3)
总尘	无 PEL	10	10
呼吸性粉尘	无 PEL	5	–
烟花粉尘	无 PEL	5	5
焊接烟尘	无 PEL	5	5
可溶性盐类	无 PEL	2	2
烷基化合物	无 PEL	2	2

钙及其化合物(以钙计) 7020

Ca	相对分子质量:见表 3 – 0 – 2	CAS 号:见表 3 – 0 – 2	RTECS 号:见表 3 – 0 – 2
方法:7020,第二次修订		方法评价情况:部分评价	第一次修订:1984. 2. 15 第二次修订:1994. 8. 15
OSHA:见表 3 – 0 – 2 NIOSH:见表 3 – 0 – 2 ACGIH:见表 3 – 0 – 2			性质:金属,质软,化学性质活泼;化合价 + 2;熔点 848℃;饱和蒸气压不明显

中文名称:生石灰(CaO);石灰石($CaCO_3$);大理石($CaCO_3$);熟石灰[$Ca(OH)_2$]
英文名称:quicklime(CaO); limestone($CaCO_3$); marble($CaCO_3$); hydrated lime[($Ca(OH)_2$]

采样	分析
采样管:滤膜(0.8μm 纤维素酯滤膜) 采样流量:1~3L/min 最小采样体积:20L(在 $5mg/m^3$ 下) 最大采样体积:400L 运输方法:常规 样品稳定性:稳定 样品空白:每批样品 2~10 个	分析方法:火焰原子吸收光谱法 待测物:Ca 消解方法:浓 HNO_3,6ml,140℃;60%(w/v) $HClO_4$,2ml,400℃ 最终溶液:5% HCl,100ml;1000μg/ml Cs,1000μg/ml La 火焰:空气 – 乙炔,还原性火焰 测量波长:422.7nm 背景校正:无
准确性 研究范围:2.6~10.2mg/m³[1](85L 样品) 偏差: – 0.39% 总体精密度($\hat{S}_{rT}$):0.063[1] 准确度:± 11.5%	定量标准:含 Ca^{2+} 的 5% HCl 溶液 测定范围:每份样品 0.08~1.7μg[2] 估算检出限:每份样品 0.001mg[3] 精密度($\bar{S}_r$):0.02[1,3]

适用范围:采样体积为 85L 时,测定范围是 1~20mg/m³。本法只测定样品中钙元素总量,而不能测定某种特定的化合物。在样品消解时要保证待测物完全消解。样品溶液也可用于分析其他多种金属

干扰因素:使用 1000μg/ml Cs 溶液,可控制火焰中其他金属如 Na、K、Li 和 Mg 的离子化。若存在 Si、Al 或 H_3PO_4,需加入 1%(w/w) La 作为释放剂

其他方法:本法结合并取代了方法 P&CAM 173[4] 和 S205[2]。方法 7300(ICP – AES)也可用于检测钙及其化合物

试剂*	仪器
1. 浓 HNO_3	1. 采样管:纤维素酯滤膜,孔径 $0.8\mu m$,直径 37mm;置于滤膜夹中
2. 浓 HCl	
3. 5%(v/v)HCl:取 50ml 浓 HCl 加入 500ml 水中,稀释至 1L	2. 个体采样泵:流量 $1\sim3L/min$,配有连接软管
4. 标准储备液:$1000\mu g$ Ca/ml。称取 2.498g $CaCO_3$,溶于 50ml 去离子水和 HCl(最小体积 20ml)中,用去离子水稀释至 1L。或者购买	3. 原子吸收分光光度计:配备乙炔–空气火焰燃烧器和钙空心阴极灯
	4. 减压阀:两级,用于调节空气和乙炔
5. Cs 溶液:50mg/ml。称取 73.40g $CsNO_3$ 溶于水中,稀释至 1L	5. 烧杯:Phillips,125ml 或 Griffin,50ml,带表面皿**
6. La 溶液:50mg/ml。称取 156g La$(NO_3)_3\cdot6H_2O$ 溶于水中,稀释至 1L	6. 容量瓶:25ml 和 100ml**
7. 蒸馏水或去离子水	7. 微量移液管:$5\sim500\mu l$**
8. 空气:过滤	8. 电热板:表面温度 100℃ 和 140℃**
9. 乙炔	
10. 60%(w/v)高氯酸	

特殊防护措施:所有高氯酸消解操作均在高氯酸通风橱中进行

注:*见特殊防护措施;**临用前,用浓 HNO_3 清洗所有玻璃器皿,并用蒸馏水或去离子水充分冲洗。

采样

1. 串联一个有代表性的采样管来校准个体采样泵。

2. 在 $1\sim3L/min$ 范围内,以已知流量采集 $20\sim400L$ 空气样品。滤膜上总粉尘的增量不得超过 2mg。

样品处理

注意:按下面步骤处理样品,可使样品定量回收(见方法评价)。可按方法 7300 中步骤 $4\sim9$ 处理,也可使用其他定量消解方法处理,尤其是需要测定一张滤膜上的几种金属时。

3. 打开滤膜夹,将样品和空白分别转移至干净烧杯中。

4. 加入 5ml 浓 HNO_3,盖上表面皿。从此步骤开始制备试剂空白。

5. 在电热板上加热,保持温度在 140℃,至大多数酸蒸发为止。

6. 加入 2ml 浓 HNO_3 和 1ml 60% $HClO_4$。

7. 在电热板上加热,保持温度在 400℃,至冒浓密的高氯酸浓烟为止。

8. 取下表面皿,用去离子水冲洗,洗液加入烧杯中。

9. 在 400℃ 下用电热板将烧杯加热至干燥。

10. 冷却后用 5ml 5% HCl 溶解残渣。

11. 于 100ml 容量瓶中,加入 2ml 浓度为 50mg/ml Cs 溶液和 2ml 浓度为 50mg/ml La 溶液,再定量加入消解后的溶液。

注意:分析样品中的其他金属时,根据所分析金属灵敏度的要求,将消解后的溶液稀释至较小的体积(如 10ml),同时按比例减少 Cs 和 La 溶液的量。

12. 用 5% HCl 稀释至刻度。

标准曲线绘制与质量控制

13. 于 100ml 容量瓶中,加入 2ml 浓度为 50mg/ml Cs 溶液和 2ml 浓度为 50mg/ml La 溶液,再加入已知量的标准储备液,最后用 5% HCl 稀释至刻度,使每份样品中钙的含量在 $0\sim500\mu g$ 范围。

14. 与样品和空白一起进行分析(步骤 16,17)。

15. 以吸光度对溶液浓度($\mu g/ml$)绘制标准曲线。

16. 每 10 份样品分析一个标准溶液,以检查仪器漂移。

17. 每 10 份样品分析至少一个加标滤膜,以检查回收率。

18. 每隔一段时间,用标准加入法检查干扰因素。

样品测定

19. 根据仪器说明书和方法 7020 中给出的条件设置分光光度计。

20. 测定标准溶液和样品。记录吸光度读数。

注意:若样品的吸光度值超出标准曲线的线性范围,用 5% HCl 及适量的 50mg/ml Cs 和 La 溶液稀释后重新分析。计算时乘以相应的稀释倍数。

计算

21. 根据测得的吸光度值,由标准曲线计算相应的钙浓度。

22. 按下式计算空气中钙的浓度 C(mg/m³):

$$C = \frac{C_s V_s - C_b V_b}{V}$$

式中:C_s——样品溶液中钙的浓度(μg/ml);

C_b——空白溶液中钙的平均浓度(μg/ml);

V_s——样品溶液的体积(ml);

V_b——空白溶液的体积(ml);

V——采样体积(L)。

方法评价

方法 S205[2] 发表于 1975 年 9 月 26 日。通过对 85L 空气样品实验测试加标滤膜和用滤膜采集 CaO 发生气,在 2.6 ~ 10.2mg/m³ 范围内,验证了本法,发生气浓度由 EDTA 滴定法验证。此采样装置的采样效率为 1.00。精密度和准确度已列在方法 7020 中。另外,经检测,估算检出限为每份样品 1μg Ca。

参考文献

[1] Documentation of the NIOSH Validation Tests, S205, U. S. Department of Health, Education, and Welfare, Publ. (NIOSH) 77 – 185 (1977).

[2] V. 3, S205, U. S. Department of Health, Education, and Welfare, Publ. (NIOSH) 77 – 157 – C (1979).

[3] User check, UBTL, NIOSH Seq. #3990 – Q (unpublished, November 29, 1983).

[4] Ibid, NIOSH Manual of Analytical Methods, 2nd ed., Vol. 5, P&CAM 173, U. S. Department of Health, Education, and Welfare, Publ. (NIOSH) 79 – 141 (1979).

方法作者

Mark Millson, NIOSH/DPSE and R. DeLon Hull, Ph. D., NIOSH/DBBS; S205 originally validated under NIOSH Contract CDC – 99 – 74 – 45.

表 3 – 0 – 2 基本信息

化学式	相对分子质量	CAS 号	RTECS 号	接触限值/(mg/m³)		
				OHSA	NIOSH	ACGIH
Ca	40.08	7440 – 70 – 2	EV8040000	—	—	—
CaO	56.08	1305 – 78 – 8	EW3100000	5	2	2
Ca(OH)$_2$	74.10	1305 – 62 – 0	EW2800000	无	5	5
Ca(CO$_3$)$_2$ 总尘	100.09	471 – 34 – 1	EV9580000	15(总尘) 5(呼尘)	10(总尘) 5(呼尘)	10

铬及其化合物（以铬计）7024

Cr	相对分子质量：52.00（Cr）	CAS 号：7440 – 47 – 3（金属 Cr）；22541 – 79 – 3［Cr（Ⅱ）］；16065 – 83 – 1［Cr（Ⅲ）］	RTECS 号：（Cr）GB4200000；Cr（Ⅱ）GB6260000；Cr（Ⅲ）GB6261000
方法：7024，第二次修订		方法评价情况：完全评价	第一次修订：1984.2.15 第二次修订：1994.8.15

OSHA：1.0mg/m³（金属）；0.5mg/m³［Cr（Ⅱ），Cr（Ⅲ）］ NIOSH：0.5mg/m³［金属 Cr，Cr（Ⅱ），Cr（Ⅲ）］ ACGIH：0.5mg/m³［金属 Cr，Cr（Ⅱ），及 Cr（Ⅲ）］；Cr（Ⅵ）见方法 7600	性质：金属；密度 7.14g/cm³；熔点 1890℃；在盐中的化合价 +1 ～ +6

英文名称：chromium and compounds

采样	**分析**
采样管：滤膜（0.8μm 纤维素酯滤膜）	分析方法：火焰原子吸收光谱法
采样流量：1 ～3L/min	待测物：铬
最小采样体积：10L（在 0.5mg/m³ 下）	消解方法：浓 HCl，9ml，140℃；浓 HNO₃，9ml，400℃
最大采样体积：1000L	最终溶液：5% HNO₃，20ml
运输方法：常规	火焰：一氧化二氮 – 乙炔，还原性火焰
样品稳定性：稳定	测量波长：357.9nm
样品空白：每批样品 2 ～10 个	定量标准：5% HNO₃ 中的 Cr 标准溶液
	背景校正：无
准确性	测定范围：每份样品 5 ～250μg[2,3]
研究范围：0.4 ～1.8mg/m³（不可溶）；0.3 ～1mg/m³（可溶）[1]；（90L 样品）	估计检出限：每份样品 0.06μg[4]
偏差：– 0.64%	精密度（$\bar{S}_r$）：0.04 ～0.06[5]
总精密度（$\hat{S}_{rT}$）：0.076（不可溶）[1]；0.085（可溶）[1]	
准确度：± 20.91%	

适用范围：采样体积为 100L 时，测定范围是 0.05 ～2.5mg/m³。本法只测定样品中铬元素总量，而不能测定某种特定的化合物。在本法中一些 Cr 化合物可能不易溶解。样品溶液也可用于分析其他四种金属

干扰因素：通过使用高温火焰（一氧化二氮 – 乙炔还原性火焰或空气 – 乙炔氧化性火焰）可使铁和镍产生的干扰最小

其他方法：本法结合并取代了方法 P&CAM 173[4]、P&CAM 152[5]、S323[2] 和 S352[3]。方法 7300（ICP – AES）也可用于测定铬及其化合物。由 PVC 滤膜采集的六价铬可用方法 7600 或方法 7604 的比色法进行分析

试剂*	**仪器**
1. 浓 HNO₃	1. 采样管：纤维素酯滤膜，孔径 0.8μm，直径 37mm；置于滤膜夹
2. 浓 HCl	2. 个体采样泵：流量 1 ～3L/min，配有连接软管
3. 5% HNO₃：取 50ml 浓 HNO₃ 加入水中，稀释至 1L	3. 原子吸收分光光度计：配备一氧化二氮 – 乙炔火焰燃烧器和铬空心阴极灯
4. Cr 标准储备液：1000μg/ml。取 3.735g K₂CrO₄ 或 2.829g K₂Cr₂O₇ 溶于蒸馏水或去离子水中，稀释至 1L	4. 减压阀：两级，用于调节一氧化二氮和乙炔
5. 蒸馏水或去离子水	5. 烧杯：Phillips，125ml；或 Griffin，50ml，带表面皿**
6. 一氧化二氮	6. 容量瓶：100ml**
7. 乙炔	7. 具刻度离心管：15ml**
	8. 移液管：根据需要规格不同**
	9. 电热板：表面温度 140℃**

特殊防护措施：所有酸消解操作均在通风橱中进行

注：* 见特殊防护措施；** 临用前，用浓硝酸清洗所有玻璃器皿，并用蒸馏水或去离子水充分冲洗。

采样

1. 串联一个有代表性的采样管来校准个体采样泵。

2. 在 1~3L/min 范围内,以已知流量采集 10~1000L 空气样品。滤膜上总粉尘的增量不得超过 2mg。

样品处理

注意:按下面步骤处理样品,可使样品定量回收(见方法评价)[2,3]。可按方法 7300 中步骤 4~9 处理,也可使用其他定量消解方法处理,尤其是需要测定一张滤膜上的几种金属时。

3. 打开滤膜夹,将样品和空白分别转移至干净烧杯中。

4. 加入 3ml 浓 HCl,盖上表面皿,在电热板上加热消解,保持温度在 140℃,至体积减小到约 0.5ml 为止。再重复消解两次,每次用 3ml 浓 HCl。

注意:从此步骤开始制备试剂空白。

5. 加入 3ml 浓 HNO_3,盖上表面皿,在电热板上加热消解,保持温度在 140℃,至体积减小到约 0.5ml 为止。重复消解两次。

6. 冷却后,用 1ml 浓 HNO_3 溶解残渣。

7. 将溶液定量转移至 15ml 具刻度离心管中。

8. 用蒸馏水稀释至刻度。

标准曲线绘制与质量控制

9. 配制至少 6 份标准系列,进行校准。于 100ml 容量瓶中,加入已知量的标准储备液,使铬的含量覆盖 0~1000μg(每份样品 0~200μg Cr)范围,用 5% HCl 稀释至刻度。

10. 将标准系列与样品和空白一起进行分析(步骤 15,16)。

11. 以吸光度对溶液浓度(μg/ml)绘制标准曲线。

12. 每 10 份样品分析一个标准溶液,以检查仪器漂移。

13. 每 10 份样品分析至少一个加标滤膜,以检查回收率。

14. 每隔一段时间用标准加入法检查干扰因素。

样品测定

15. 根据仪器说明书和方法 7024 中给出的条件设置分光光度计。

注意:也可用空气-乙炔焰。在贫燃性的空气-乙炔火焰或富燃性的一氧化二氮-乙炔火焰中,可将 Fe 或 Ni 的干扰减至最小,或者可消除 Fe 或 Ni 的干扰,但是 Cr 的灵敏度会降低。虽然空气-乙炔氧化性火焰的灵敏度最高,但对干扰因素最敏感[5]。

16. 测定标准溶液和样品。记录吸光度读数。

注意:若样品的吸光度值超出标准溶液的线性范围,用 5% HNO_3 溶液稀释后重新分析,计算时乘以相应的稀释倍数。

计算

17. 根据测得的吸光度值,由标准曲线计算相应的铬浓度。

18. 按下式计算空气中铬的浓度 C(mg/m³):

$$C = \frac{C_s V_s - C_b V_b}{V}$$

式中:C_s——样品溶液中铬的浓度(μg/ml);

C_b——空白溶液中铬的平均浓度(μg/ml);

V_s——样品溶液的体积(ml);

V_b——空白溶液的体积(ml);

V——采样体积(L)。

方法评价

实验室测试了加标滤膜和用滤膜采集含可溶性铬化合物的发生气制备的样品,样品中可溶性铬化合物(重铬酸钾)的浓度为 0.5,1 和 2 倍 OSHA 标准浓度,而不是 0.5mg Cr(VI)/m³。研究范围为 0.28~0.95mg/m³,精密度为 0.082,无偏差。

另测试了加标滤膜和用滤膜采集含不可溶的铬化合物的发生气(由六羰基铬热分解生成)制备的样品,样品中不可溶的铬化合物的浓度为 0.5,1 和 2 倍 OSHA 标准浓度(1.0mg/m³,金属)。在每份样品 45~

190μg Cr 的范围内,采样效率为1.00,分析平均回收率为98%。

参考文献

[1] Documentation of the NIOSH Validation Tests, U. S. Department of Health, Education, and Welfare, Publ.（NIOSH）77 – 185（1977）.

[2] NIOSH Manual of Analytical Methods, 2nd ed., V. 3, S323, U. S. Department of Health, Education, and Welfare, Publ.（NIOSH）77 – 157 – C（1977）. NIOSH Manual of Analytical Methods（NMAM）, Fourth Edition, 8/15/94.

[3] Ibid, S352.

[4] Ibid, V. 5, P&CAM 173, U. S. Department of Health, Education, and Welfare, Publ.（NIOSH）79 – 141（1979）.

[5] Analytical Methods for Atomic Aborption Spectrophotometry, Perkin – Elmer（1976）.

方法修订作者

Mark Millson, NIOSH/DPSE and R. DeLon Hull, Ph. D., NIOSH/DBBS; Methods S323 and S352 developed under NIOSH Contract CDC – 99 – 74 – 45.

钴及其化合物 7027

Co	相对分子质量:58.93（Co）	CAS 号:7440 – 48 – 4（Co）	RTECS 号:GF8750000
方法:7027,第二次修订		评价方法:完全评价	第一次修订:1984.2.15 第二次修订:1994.8.15
OSHA:0.1mg/m³ NIOSH:0.05mg/m³ ACGIH:0.05mg/m³（烟,尘）		性质:金属,质硬,具有磁性;化合价 +2, +3;熔点1495℃;饱和蒸气压无意义	

英文名称:cobalt and compounds

采样	分析
采样管:滤膜(0.8μm 纤维素酯滤膜)	分析方法:火焰原子吸收光谱法
采样流量:1 ~3L/min	待测物:钴
最小采样体积:10L(在 0.5mg/m³ 下)	消解方法:王水,3ml,140℃;浓 HNO₃,6ml,140℃;室温,30 分钟;140℃ 至接近干燥
最大采样体积:1000L	最终溶液:5% HNO₃,10ml
运输方法:常规	火焰:空气 – 乙炔氧化性火焰
样品稳定性:稳定	测量波长:240.7nm
样品空白:每批样品 2 ~10 个	背景校正:D₂ 或 H₂ 灯
	定量标准:含 Co²⁺ 的 5% HNO₃ 溶液
准确性	测定范围:每份样品 3 ~90μg[2]
研究范围:0.03 ~0.26mg/m³[1]（270L 样品）	估算检出限:每份样品 0.6μg[3]
偏差:5.6%	精密度($\bar{S}_r$):0.03[1];0.02[3]
总体精密度($\hat{S}_{rT}$): 0.070[1]	
准确度: ±18.0%	

适用范围:采样体积为 300L 时,测定范围是 0.01 ~0.3mg/m³。本法只测定样品中钴元素总量,而不能测定某种特定的化合物。在样品消解时要保证待测物完全消解。样品溶液也可用于分析其他四种金属

干扰因素:控制分子或火焰吸收时,需要使用 D₂ 或 H₂ 连续背景校正。尚未发现谱线干扰因素

其他方法:本法结合并取代了钴的检测方法 P&CAM 173[4]和 S203[2]。方法 7300（元素的 ICP – AES 法）也可用于检测钴及其化合物

续表

试剂 *	仪器
1. 浓 HNO₃	1. 采样管:纤维素酯滤膜,孔径 0.8μm,直径 37mm;置于滤膜夹中
2. 浓 HCl	2. 个体采样泵:流量 1～3L/min,带有连接软管
3. 王水:以 3:1 的体积比将浓 HCl 和浓 HNO₃ 混合	3. 原子吸收分光光度计:配备空气 - 乙炔燃烧器和钴空心阴极灯
4. 5%(w/v)HNO₃:加 50ml 浓 HNO₃ 于水中,稀释至 1L	4. 减压阀:两级,用于调节空气和乙炔
5. Co 标准储备液:1000μg/ml。取 1.000g 金属 Co 溶于最小体积的王水中,用 5% HNO₃ 稀释至 1L。或者购买	5. 烧杯:Phillips,125ml 或 Griffin,50ml,带表面皿 *
6. 蒸馏水或去离子水	6. 容量瓶:10,100ml *
7. 空气:过滤	7. 移液管:5,60μl *
8. 乙炔	8. 电热板:表面温度 140℃ *
特殊防护措施:所有酸消解操作均在通风橱中进行	

注:* 临用前,用浓 HNO₃ 清洗所有玻璃器皿,并用蒸馏水或去离子水充分冲洗。

采样

1. 串联一个有代表性的采样管来校准个体采样泵。

2. 在 1～3L/min 范围内,以已知流量采集 30～1500L 空气样品。滤膜上总粉尘的增量不得超过 2mg。

样品处理

注意:按下面步骤处理样品,可使样品定量回收(见方法评价)[2,3]。可按方法 7300 中步骤 4～9 处理,也可使用其他定量消解方法处理,尤其是需要测定一张滤膜上的几种金属时。

3. 打开滤膜夹,将样品和空白分别转移至干净的烧杯中。

4. 加入 3ml 王水,盖上表面皿,在室温下放置 30 分钟。从此步骤开始制备试剂空白。

5. 在电热板上加热,保持温度在 140℃,至大多数酸蒸发为止(剩余约 0.5ml)。

6. 重复消解两次,每次用 3ml 浓 HNO₃。最后一次消解留下约 1ml 溶液。

7. 冷却。取下表面皿,用 5% HNO₃ 溶液冲洗,洗液倒入烧杯中。

8. 用 2～3ml 5% HNO₃ 溶液溶解残渣。

9. 将溶液定量地转移至 10ml 容量瓶中。

10. 用 5% HNO₃ 溶液稀释至刻度。

标准曲线绘制与质量控制

11. 配制至少 6 份标准系列,绘制标准曲线。于 10ml 容量瓶中,加入已知量的标准储备液,用 5% HCl 溶液稀释至刻度,范围应覆盖测定范围(每份样品 0～60μg Co)。

12. 将标准系列与样品和空白一起进行分析(步骤 17,18)。

13. 以吸光度对溶液浓度(μg/ml)绘制标准曲线。

14. 每 10 份样品分析一个标准溶液,以检查仪器漂移。

15. 每 10 份样品分析至少一个加标滤膜,以检查回收率。

16. 每隔一段时间用标准加入法检查干扰因素。

样品测定

17. 根据仪器说明书和方法 7027 中给出的条件设置分光光度计。

18. 测定标准溶液和样品。记录吸光度读数。

注意:若样品的吸光度值超出标准溶液的线性范围,用 5% HNO₃ 稀释后重新分析,计算时乘以相应的稀释倍数。

计算

19. 根据测得的吸光度值,由标准曲线计算相应的钴浓度。

20. 按下式计算空气中钴的浓度 C(mg/m³):

$$C = \frac{C_s V_s - C_b V_b}{V}$$

式中:C_s——样品中溶液钴的浓度($\mu g/ml$);

$\quad C_b$——空白溶液中钴的平均浓度($\mu g/ml$);

$\quad V_s$——样品溶液的体积(ml);

$\quad V_b$——空白溶液的体积(ml);

$\quad V$——采样体积(L)。

注意:$1\mu g/ml = 1mg/m^3$

方法评价

方法 S203[2] 发表于 1977 年 2 月 18 日。在钴尘范围为 0.04 ~ 0.26mg/m³,钴烟范围为 0.03 ~ 0.22mg/m³ 的条件下,用加标滤膜和滤膜采集含钴尘和钴烟(Co_2O_3)的发生气制备的样品,验证了该方法[1]。精密度和准确度见方法 7027。独立检测该方法的结果表明,滤膜上加标量 12μg 或 96μg 可溶性钴时,回收率为 98%。

参考文献

[1] Documentation of the NIOSH Validation Tests, U. S. Department of Health, Education, and Welfare, Publ. (NIOSH) 77 – 185 (1977).

[2] NIOSH Manual of Analytical Methods, 2nd ed., V. 4, Method S203, U. S. Department of Health, Education, and Welfare, Publ. (NIOSH) 78 – 175 (1978).

[3] User check, UBTL, NIOSH Seq. #3990 – N (unpublished, November 29, 1983).

[4] NIOSH Manual of Analytical Methods, 2nd ed., V. 5, P&CAM 173, U. S. Department of Health, Education, and Welfare, Publ. (NIOSH) 79 – 141 (1979).

方法修订作者

Mark Millson, NIOSH/DPSE and R. DeLon Hull, Ph. D., NIOSH/DSHEFS; S203 Originally Validated under NIOSH Contract CDC – 99 – 74 – 45.

铜(尘和烟)7029

Cu	相对分子质量:63.54	CAS 号:7440 – 50 – 8 (Cu)	RTECS:GL5325000
方法:7029,第二次修订		方法评价情况:完全评价	第一次修订:1984.2.15 第二次修订:1994.8.15
OSHA:0.1mg/m³(尘);1mg/m³(烟) NIOSH:0.1mg/m³(尘);1mg/m³(烟) ACGIH:0.2mg/m³(烟);1mg/m³(尘,雾)		性质:金属,质软;在盐中的化合价 +1, +2;熔点 1083℃	
英文名称:copper;CAS #1317 – 39 – 1 (Cu_2O), CAS #1317 – 38 – 0 (CuO)			

采样	分析
采样管:滤膜(0.8μm 纤维素酯滤膜)	分析方法:火焰原子吸收光谱法
采样流量:1 ~ 3L/min	待测物:铜
最小采样体积:50L(在 0.1mg/m³ 下)	消解方法:浓 HNO_3,6ml,140℃;浓 HCl,6ml,400℃
最大采样体积:1500L	最终溶液:0.5N HCl,25ml
运输方法:常规	火焰:空气 – 乙炔,氧化性火焰
样品稳定性:稳定	测量波长:324.7nm
样品空白:每批样品 2 ~ 10 个	背景校正:不需要
准确性	定量标准:含 Cu^{2+} 的 0.5N HCl 标准溶液
研究范围:0.05 ~ 0.059mg/m³(烟)[1,2];0.47 ~ 1.8mg/m³(尘)[3]	测定范围:每份样品 5 ~ 125μg[4]
偏差: – 0.44%	估算检出限:每份样品 0.05μg[5]
总体精密度($\hat{S}_{rT}$):0.044(烟)[1,2];0.051(尘)[3]	精密度($\bar{S}_r$):0.03[1,3,5]
准确度:±11.0%	

续表

适用范围: 采样体积为100L时,测定范围是0.05~1.3mg/m³。本法测定样品中铜元素总量,适用于尘或烟。在有铜烟存在的情况下,加上一定的分离步骤后可用于定量分析可溶性铜尘(如CuSO₄)。样品溶液也可用于分析其他多种金属

干扰因素: 不需要背景校正。对烟/可溶性尘的分离步骤产生干扰的物质包括不溶性铜化合物和某些铜化合物,例如醋酸铜,它溶于水中时会形成不可溶的氢氧化物

其他方法: 本法结合并取代了方法P&CAM 173[5]、S354[4]和S186[6]。方法7300等离子体发射光谱法(ICP-AES)也可用于分析铜及其化合物

试剂*	仪器
1. 浓 HNO₃	1. 采样管:纤维素酯滤膜,孔径0.8μm,直径37mm;置于滤膜夹中
2. 浓 HCl	2. 个体采样泵:流量1~3L/min,配有连接软管
3. 0.5N HCl:加41.5ml浓HCl于水中,稀释至1L	3. 原子吸收分光光度计:配备空气-乙炔燃烧器、铜空心阴极灯以及调节空气和乙炔的两级减压阀
4. 标准储备液:1000μg/ml。称量1.000g Cu溶于最小体积的(1:1)HNO₃中,用0.5N HCl稀释至1L。或者购买	4. 烧杯:Phillips 125ml或Griffin 50ml,带表面皿**
	5. 容量瓶:25ml**
5. 蒸馏或去离子水	6. 移液管:各种规格**
6. 空气:过滤	7. 电热板:表面温度至140℃和400℃**
7. 乙炔	8. 用于烟/尘分离步骤的仪器
	a. 纤维素酯滤膜:直径47mm,孔径5μm(Millipore PHWP或其他等效滤膜)
	b. 纤维素酯滤膜:直径47mm,孔径0.3μm(Millipore PHWP或其他等效滤膜)
	c. 过滤装置(Gelman No. 1107或其他等效装置)

特殊防护措施: 所有酸消解操作均在通风橱中进行

注:*见特殊防护措施;**临用前,用浓HNO₃清洗所有玻璃器皿,并用蒸馏或去离子水充分冲洗。

采样

1. 串联一个有代表性的采样管来校准个体采样泵。

2. 在1~3L/min范围内,以已知流量采集50~1500L空气样品,滤膜上总粉尘的增量不得超过2mg。

样品处理

注意:按下面步骤处理样品,可使样品定量回收(见方法评价)。也可使用其他定量消解方法[如HNO₃-HClO₄(方法7300)],尤其是需要测定一张滤膜上的几种金属时。

3. 如果不需要分离烟/尘,可跳至步骤4。

对于需要烟/尘分离的按以下步骤进行。

a. 用镊子将一个直径47mm,孔径0.3μm的纤维素酯滤膜放在蒸馏水表面上,预润湿滤膜。取出滤膜,使多余的水分流走,安装在过滤装置上。

b. 将样品滤膜从滤膜夹中转移至过滤装置上,放在47mm滤膜上中心位置,使烟沉积下来。

c. 抽真空,然后放气,使37mm滤膜被47mm滤膜上保留的水分轻度润湿;这样也可确保消除滤膜间的气泡。

d. 当烟气样品中能清楚看见气泡且已完全湿润时,抽真空至10~15 PSIG(69~103kPa)。然后放气。

e. 将一个直径47mm,孔径5μm的纤维素酯滤膜放在蒸馏水表面上,使其润湿。取出滤膜,用纸巾吸取多余的水分,然后放在37mm滤膜上中心位置。用干净的纸巾压上层滤膜的表面,确保各滤膜之间无气泡。

f. 安装过滤装置的上面部分,加入5ml蒸馏水,抽真空使水流过滤膜。再用5ml的水重复抽真空。将所有含可溶性铜化合物的滤液合并,倒入干净的烧杯中。从此步骤开始制备试剂空白。

g. 将所有的滤膜转移至干净的烧杯中,跳至步骤5。

4. 打滤膜夹,将样品和空白分别转移至干净烧杯中。

5. 加入 6ml 浓 HNO₃,盖上表面皿。在电热板上加热,温度保持在 140℃,至体积减小到约 0.5ml。再重复两次,每次用 2ml 浓 HNO₃。

注意:如果略去步骤 3,从此步骤开始制备试剂空白。

6. 加入 2ml 浓 HCl,盖上表面皿。在电热板上加热,温度保持在 400℃,至体积减小到约 0.5ml 为止。再重复两次,每次用 2ml 浓 HCl。任何时候不要使溶液蒸干。

7. 冷却溶液并加入 10ml 蒸馏水。

8. 将溶液定量转移至 25ml 容量瓶中,用蒸馏水稀释至刻度。

标准曲线绘制与质量控制

9. 配制至少 6 个标准系列,绘制标准曲线。于 25ml 容量瓶中,加入已知量的标准储备液,使铜的含量覆盖范围为每份样品 0 ~ 125μg,最后用 0.5N HCl 稀释至刻度。

10. 将标准系列与样品和空白一起进行分析(步骤 15,16)。

11. 以吸光度对溶液浓度(μg/ml)绘制标准曲线。

12. 每 10 份样品分析一个标准溶液,以检查仪器漂移。

13. 每 10 份样品分析至少一个加标滤膜,以检查回收率。

14. 每隔一段时间,用标准加入法检查干扰因素。

样品测定

15. 根据仪器说明和方法 7029 中给出的条件设置分光光度计。

16. 测定标准溶液、样品和空白。记录吸光度读数。

注意:如果样品的吸光度值超出标准曲线的线性范围,用 0.5N HCl 溶液稀释后重新分析,计算时乘以相应的稀释倍数。

计算

17. 根据测得的吸光度值,由标准曲线计算样品溶液中的铜浓度 C_s(μg/ml)和空白溶液中的铜浓度 C_b(μg/ml)。

18. 按下式计算空气中铜的浓度 C(mg/m³):

$$C = \frac{C_s V_s - C_b V_b}{V}$$

式中:C_s——样品溶液中铜的浓度(μg/ml);

C_b——空白膜溶液中铜的平均浓度(μg/ml);

V_s——样品溶液的体积(ml);

V_b——空白膜溶液的体积(ml);

V——采样体积(L)。

方法评价

方法 S186 发表于 1975 年 8 月 29 日。在 0.47 ~ 1.8mg/m³ 的范围、采样体积 90L、样品为 CuO 尘的条件下,该方法已经过验证,采样和分析的总体精密度($\hat{S}_{rT}$)为 0.051[3,6]。方法 S354 发表于 1977 年 9 月 30 日。在 0.05 ~ 0.37mg/m³ 的范围、采样体积 480L、样品为铜烟的条件下,该方法已经过验证,采样和分析的总体精密度($\hat{S}_{rT}$)为 0.058[1,4]。铜烟的发生气是通过热分解氧化醋酸铜气溶胶而生成。在电子显微镜下观察到铜烟的大小为 0.04 ~ 0.14μm。铜烟的采样效率为 1.00[1,4,9]。

通过如下步骤过程的样品评价了尘 – 烟的分离步骤。样品制备过程:在采样管上添加铜焊接操作中产生的铜烟,然后将采样管放入尘的发生系统中,使其覆盖上已知量的硫酸铜尘沉积物。硫酸铜尘的负载量约为 600μg,烟浓度为 0.13 ~ 0.59mg/m³ 时,尘的分离效率平均为 96.5%。分析铜烟的总分析精密度($\bar{S}_r$)为 4.4%,平均偏差为 5.3%[2]。

用只含尘或烟的样品测定了铜尘和铜烟的分离效率。测定结果分别为:①滤膜上含 213 ~ 265μg CuSO₄,用 10 ~ 50ml 水时,铜尘的分离效率平均为 97.8%;②负载量约为每份滤膜 200μg Cu,用 10ml 水洗后,滤膜失去 11.5% Cu。由于水洗过程无平衡性,不能准确预计出被水洗出的铜烟的量,因此无法测定出烟去除量的校正因子,也就无法使用校正因子进行计算。评价时使用的元素分析法不能区分来自烟和来自尘的铜[2]。

参考文献

[1] Backup Data Report for Copper Fume, S354, Prepared under NIOSH Contract No. 210 – 76 – 0123, Available as "Ten NIOSH Analytical Methods, Set 5," Order No. PB 287 – 499 from NTIS, Springfield, VA 22101.

[2] Carsey, T. Development of a Sampling and Analytical Method for Copper Fume, Final Report, NIOSH (DPSE) (unpublished, September, 1982).

[3] Documentation of the NIOSH Validation Tests, U. S. Department of Health, Education, and Welfare, Publ. (NIOSH) 77 – 185 (1977).

[4] Ibid, V. 4, Method S354, U. S. Department of Health, Education, and Welfare, Publ. (NIOSH) 78 – 175(1978).

[5] NIOSH Manual of Analytical Methods, 2nd ed., V. 5, P&CAM 173, U. S. Department of Health, Education, and Welfare, Publ. (NIOSH) 79 – 141 (1979).

[6] Ibid, V. 3, Method S186, U. S. Department of Health, Education, and Welfare, Publ. (NIOSH)77 – 157 – C (1977).

[7] Winefordner, J. D., Ed. Spectrochemical Methods of Analysis, John Wiley & Sons (1971).

[8] Analytical Methods for Atomic Absorption Spectrophotometry, Perkin – Elmer (1976).

[9] NIOSH Research Report – Development and Validation of Methods for Sampling and Analysis of Workplace Toxic Substances, U. S. Department of Health and Human Services, Publ. (NIOSH)80 – 133 (1980).

方法修订作者

Mark Millson, NIOSH/DPSE, and R. DeLon Hull, Ph. D., NIOSH/DBBS；Originally Validated under NIOSH Contracts CDC – 94 – 74 – 45 and 210 – 76 – 0123.

锌及其化合物（以锌计）7030

Zn	相对分子质量:65.37（Zn）；83.17（ZnO）	CAS 号:7440 – 66 – 6（Zn）；1314 – 13 – 2（ZnO）	RTECS:ZG8600000（Zn）；ZH4810000（ZnO）
方法:7030,第二次修订		方法评价情况:部分评价	第一次修订:1984.2.15 第二次修订:1994.8.15
OSHA:5mg/m³（ZnO 烟 & 可吸入部分）;10mg/m³（ZnO 尘） NIOSH:5mg/m³（ZnO）;15mg/m³/15min（ZnO 尘）;STEL:10mg/m³（ZnO 烟） ACGIH:5mg/m³;STEL:10mg/m³（ZnO 烟）;10mg/m³（ZnO 尘）			性质:金属;化合价 +2;熔点419℃（Zn）

英文名称:zinc and compounds

采样	分析
采样管:滤膜(0.8μm 纤维素酯滤膜)	分析方法:火焰原子吸收光谱法
采样流量:1 ~ 3L/min	待测物:锌
最小采样体积:2L(在 5mg/m³ 下)	消解方法:浓 HNO_3,6ml,140℃
最大采样体积:400L	最终溶液:1% HNO_3, 100ml
运输方法:常规	火焰:空气 – 乙炔,氧化性火焰
样品稳定性:稳定	测量波长:213.9nm
样品空白:每批样品 2 ~ 10 个	背景校正:D_2 或 H_2 灯,如果需要
	定量标准:含 Zn^{2+} 的 10% HNO_3
准确性	测定范围:每份样品 10 ~ 100μg[1]
研究范围:未研究	估算检出限:每份样品 3μg[2]
偏差:未测定	精密度（$\bar{S}_r$）:0.03
总体精密度（$\hat{S}_{rT}$）:未测定	
准确度:未测定	

续表

适用范围:采用体积为 10L 时,测定范围是 $1 \sim 10mg/m^3$。本法只用于测定样品中元素总量,而不能测定特定的化合物。样品溶液也可用于分析其他金属含量

干扰因素:未知

其他方法:本法修订并替代了锌的测定方法 P&CAM 173[1,3]。也可用方法 7300 等离子体发射光谱法(ICP - AES)测定。方法 7502(X 射线衍射法)仅测定 ZnO

试剂*	仪器
1. 浓 HNO_3	1. 采样管:纤维素酯滤膜,孔径 $0.8\mu m$,直径 37mm;置于滤膜夹中
2. 1%(v/v)HNO_3:加 10ml 浓 HNO_3 于 500ml 水中,稀释至 1L	2. 个体采样泵:流量 $1 \sim 3L/min$,配有连接软管
3. 标准储备液:$1000\mu g/ml$ Zn。溶解 1.00g 金属 Zn 于最小体积的(1+1)HCl 中,用 1%(v/v)HNO_3 稀释至 1L。或购买市售的标准溶液	3. 原子吸收分光光度计:配备空气 - 乙炔火焰燃烧器和锌空心阴极灯,或无极放电灯
	4. 减压阀:两级,用于调节空气和乙炔
4. 空气:过滤	5. 烧杯:Phillips 125ml 或 Griffin 50ml,带表面皿**
5. 乙炔	6. 容量瓶:100ml**
6. 蒸馏水或去离子水	7. 微量移液管:$1 \sim 100\mu l$**
	8. 电热板:表面温度 140℃ **

特殊防护措施:所有酸消解操作均在通风橱中进行

注:*见特殊防护措施;**使用前用浓 HNO_3 清洗并用蒸馏水或去离子水彻底冲洗干净。

采样

1. 串联一个有代表性的采样管来校准个体采样泵。

2. 在 $1 \sim 3L/min$ 范围内,以已知的流量采集 $2 \sim 400L$ 空气样品。滤膜上总粉尘的增量不得超过 2mg。

样品处理

注意:按下面步骤处理样品,可使样品定量回收(见方法评价)。可以按照方法 7300 中步骤 4~9 处理,也可使用其他定量消解方法处理,尤其是需要测定一张滤膜上的几种金属时。

3. 打开滤膜夹,将样品和空白分别转移至干净烧杯中。

4. 加入 6ml 浓 HNO_3,盖上表面皿。从此步骤开始制备试剂空白。

5. 在电热板上加热,保持温度在 140℃,至样品溶解溶液变为淡黄色为止。如有需要,加入更多的酸使有机物完全溶解。

6. 当溶液澄清时,去除表面皿并用 1%(v/v)HNO_3 溶液冲洗,洗液倒入烧杯中。

7. 将烧杯放置到电热板上,加热至接近干燥(剩下约 0.5ml 液体)。

8. 用 10ml 10% HNO_3 溶液冲洗烧杯壁。再加热 5 分钟使残留物溶解,然后放置在空气中冷却。

9. 将溶液定量地转移至 100ml 容量瓶中并用蒸馏水或去离子水稀释至刻度。

注意:分析样品中的其他金属时,根据所分析金属灵敏度的要求,将消解后的溶液稀释至较小的体积(如 10ml)。

标准曲线绘制与质量控制

10. 于 100ml 容量瓶中,加入已知量的标准储备液,使锌的含量覆盖测定范围(每份样品 $0 \sim 125\mu g$),并用 1% HNO_3 溶液稀释至刻度。

11. 与样品和空白一起进行分析(步骤 16,17)。

12. 以吸光度对溶液浓度($\mu g/ml$)绘制标准曲线。

13. 每 10 份样品分析一个标准溶液,以检查仪器漂移。

14. 每 10 份样品分析至少一个加标滤膜,以检查回收率。

15. 每隔一段时间,用标准加入法检查干扰因素。

样品测定

16. 根据仪器说明书和方法 7030 中给出的条件设置分光光度计。

注意:分析某些样品时,需要使用 D_2 或 H_2 灯进行连续背景校正,以保证非原子吸收。

17. 测定标准溶液和样品。记录吸光度读数。

注意:若样品的吸光度值超出标准曲线的线性范围,用1% HNO₃溶液稀释后重新分析,计算时乘以相应的稀释倍数。

计算

18. 根据测得的吸光度值,由标准曲线计算样品和空白中相应的锌浓度(μg/ml)。

19. 按下式计算空气中的锌的浓度 C(mg/m³):

$$C = \frac{C_s V_s - C_b V_b}{V}$$

式中:C_s——样品溶液中锌的浓度(μg/ml);

C_b——空白溶液中锌的平均浓度(μg/ml);

V_s——样品溶液的体积(ml);

V_b——空白溶液的体积(ml);

V——采样体积(L)。

方法评价

锌的估算检出限为3微克/样品。由于只研究了分析过程,因此未测定偏差、总体精密度和准确度。

参考文献

[1] NIOSH Manual of Analytical Methods, 2nd ed., V. 5, P&CAM 173, U.S. Department of Health, Education, and Welfare, Publ. (NIOSH) 79 - 141 (1979).

[2] User Check, UBTL, NIOSH Seq. # 3990 - P (unpublished, November 29, 1983).

[3] Criteria for a Recommended Standard...Occupational Exposure to Zinc Oxide, U.S. Department of Health, Education, and Welfare, Publ. (NIOSH) 76 - 104 (1976).

方法作者

Mark Millson, NIOSH/DPSE and R. DeLon Hull, Ph. D., NIOSH/DBBS.

镉及其化合物(以镉计) 7048

Cd	相对分子质量:112.40(Cd); 128.40(CdO)	CAS 号:7440 - 43 - 9(Cd); 1306 - 19 - 0(CdO)	RTECS:EU9800000(Cd);EV1930000(CdO)
方法:7048,第二次修订		方法评价情况:完全评价	第一次修订:1984.2.15 第二次修订:1994.8.15
OSHA:0.1mg/m³,C 0.3(烟);0.2mg/m³,C 0.6(尘) NIOSH:可行的最低浓度;致癌物 ACGIH:0.01mg/m³(总尘);0.02mg/m³(呼尘);致癌物		性质:金属,质软;化合价 +2;沸点765℃;熔点320.9℃	

英文名称:cadmium and compounds

采样	分析
采样管:滤膜(0.8μm 纤维素酯滤膜)	分析方法:火焰原子吸收光谱法
采样流量:1~3L/min	待测物:镉
最小采样体积:25L(在 0.1mg/m³ 下)	消解方法:浓 HNO₃,6ml,140℃;浓 HCl,6ml,400℃
最大采样体积:1500L	最终溶液:0.5N HCl;25ml
运输方法:常规	火焰:空气 - 乙炔,氧化
样品稳定性:稳定	测量波长:228.8nm
样品空白:每批样品 2~10 个	背景校正:D₂ 或 H₂ 灯,连续光谱
	定量标准:0.5N HCl 中的 Cd 标准溶液
准确性	测定范围:每份样品 2.5~30μg
研究范围:0.12~0.98mg/m³[1](25L 样品)	估算检出限:每份样品 0.05μg[2]
偏差: - 1.57%	精密度($\bar{S}_r$):0.05(3~23μg)[1,3,4]
总体精密度($\hat{S}_{rT}$):0.06[1]	
准确度:± 13.23%	

续表

适用范围:采样体积为 25L 时,测定范围是 0.1~2mg/m³,采样体积为 250L 时,测定范围是 0.01~0.2mg/m³。本法仅能测定 Cd 元素总量,而不能区分 Cd 烟和 Cd 尘。也可取样品溶液用于分析其他多种金属	

干扰因素:控制分子或火焰吸收时,需要背景校正。在 Fe:Cd 等于 20:1 时,铁不会产生干扰

其他方法:本法结合并替代了方法 P&CAM 173[5]、S312[4] 和 S313[6]。标准文件中有类似的方法[7]。方法 7300(等离子体发射光谱法 ICP-AES)可测定多种元素,也可用于测定镉,且与本法的灵敏度差不多。也可取消解后的样品溶液,用石墨炉原子吸收光谱法进行分析,且灵敏度高于火焰原子吸收光谱法

试剂	**仪器**
1. 浓 HNO₃:超纯	1. 采样管:纤维素酯滤膜,孔径 0.8μm,直径 37mm;置于滤膜夹中
2. 浓 HCl:超纯	2. 个体采样泵:流量 1~3L/min,配有连接软管
3. 0.5N HCl:加 41.5ml 浓 HCl 于水中,稀释至 1L	3. 原子吸收分光光度计:配备空气-乙炔燃烧器和镉空心阴极灯,并进行背景校正
4. 标准储备液:100μg Cd/ml *。称取 0.100g Cd 金属溶于最小体积的 HCl 中(1:1),用 0.5N HCl 稀释至 1L。或者购买	4. 减压阀:两级,用于调节空气和乙炔
	5. 烧杯:Phillips 125ml 或 Griffin 50ml,带表面皿**
5. 蒸馏水或去离子水	6. 容量瓶:25ml 和 100ml**
6. 空气:过滤	7. 微量移液管:5~300μl**
7. 乙炔	8. 电热板:表面温度至 140℃**

特殊防护措施:所有酸消解操作均在通风橱中进行;镉化合物毒性很强,应该被认为是致癌物质[3,7],处理时要特别小心

注:* 见特殊防护措施;** 临用前,用浓 HNO₃ 清洗所有玻璃器皿,并用蒸馏水或去离子水充分冲洗。

采样

1. 串联一个有代表性的采样管来校准个体采样泵。

2. 在 2~3L/min 范围内,以已知流量采集 15 分钟(30~45L 空气样品),用于测定最高容许浓度;在 1~3L/min 流量范围内,采集 15~1500L 空气样品,用于测定 TWA。滤膜上总粉尘的增量不得超过 2mg。

样品处理

注意:按下面步骤处理样品,可使样品定量回收(见方法评价)。可按方法 7300 步骤 4~9 处理,也可使用其他定量消解方法处理。

3. 打开滤膜夹,将样品和空白分别转移至干净烧杯中。

4. 加入 2ml 浓 HNO₃,盖上表面皿,在电热板上加热,温度保持在 140℃,至体积减小到约 0.5ml。从此步骤开始制备试剂空白。

5. 再重复消解两次,每次用 2ml 浓 HNO₃。

6. 加入 2ml 浓 HCl,盖上表面皿,在加热板上加热,温度保持在 140℃,至体积减小到约 0.5ml。

7. 再重复消解两次,每次用 2ml 浓 HCl。任何时候都不要使溶液变干。

8. 冷却溶液,加入 10ml 蒸馏水。

9. 将溶液定量地转移至 25ml 容量瓶中。

10. 用蒸馏水稀释至刻度。

标准曲线绘制与质量控制

11. 配制至少 6 份标准系列,绘制标准曲线。于 100ml 容量瓶中,加入已知量的标准储备液,范围应覆盖测定范围(每份样品 0~30μg Cd),用 0.5N HCl 稀释至刻度。

12. 将标准系列与样品和空白一起进行分析(步骤 16,17)。

13. 以吸光度对溶液浓度(μg/ml)绘制标准曲线。

14. 每 10 份样品分析一个标准溶液,以检查仪器漂移。

15. 每 10 份样品分析至少一个加标滤膜,以检查回收率。

16. 每隔一段时间,用标准加入法检查干扰因素。

样品测定

17. 根据仪器说明书和方法 7048 中给出的条件设置分光光度计。

18. 测定标准溶液和样品。记录吸光度读数。

注意:若样品的吸光度值超出标准曲线的线性范围,用 0.5N HCl 溶液稀释后重新分析,计算时乘以相应的稀释倍数。

计算

19. 根据测得的吸光度值,由标准曲线计算样品和空白中相应的镉的浓度($\mu g/ml$)。

20. 按下式计算空气中镉的浓度 C(mg/m^3):

$$C = \frac{C_s V_s - C_b V_b}{V}$$

式中:C_s——样品溶液中镉的浓度($\mu g/ml$);

C_b——空白溶液中镉的平均浓度($\mu g/ml$);

V_s——样品溶液的体积(ml);

V_b——空白溶液的体积(ml);

V——采样体积(L)。

方法评价

方法 S312[4]发表于 1976 年 6 月 12 日,在 0.12 ~ 0.98mg/m³ 范围、采样体积为25L、样品为 CdO 尘的条件下,方法已经过验证[1]。方法 S313 发表于 1976 年 11 月 26 日[6],在 0.12 ~ 0.57mg/m³ 范围、采样体积为25L、样品为 Cd 烟的条件下,以及在0.04 ~ 0.18mg/m³ 范围、采样体积为 140L、样品为 Cd 烟的条件下,方法已经过验证[1]。

参考文献

[1] Documentation of the NIOSH Validation Tests, S312 and S313, U. S. Department of Health, Education, and Welfare, Publ. (NIOSH) 77 – 185 (1977).

[2] User Check, UBTL, NIOSH Seq. #3990 – M (unpublished, November 29, 1983).

[3] Current Intelligence Bulletin 42: Cadmium. U. S. Department of Health and Human Services, Publ. (NIOSH) 84 – 116 (Sept. 27, 1984).

[4] NIOSH Manual of Analytical Methods, V. 3, Method S312, U. S. Department of Health, Education, and Welfare, Publ. (NIOSH) 77 – 157 – C (1977).

[5] Ibid, 2nd ed., V. 5, P&CAM 173, U. S. Department of Health, Education, and Welfare, Publ. (NIOSH)79 – 141 (1979).

[6] Ibid, Method S313.

[7] Criteria for a Recommended Standard...Occupational Exposure to Cadmium, Appendix II, U. S. Department of Health, Education, and Welfare, Publ. (NIOSH) 76 – 192 (1976).

方法修订作者

Mark Millson, NIOSH/DPSE and R. DeLon Hull, Ph. D., NIOSH/DBBS; S312 and S313 Originally Validated under NIOSH Contract CDC – 94 – 74 – 45.

可溶性钡化合物 7056

Ba	相对分子质量:137.34	CAS 号:7440 – 39 – 3	RTECS:CQ8370000
方法:7056,第二次修订		方法评价情况:完全评价	第一次修订:1984.2.15 第二次修订:1994.8.15
OSHA:0.5mg/m³ NIOSH:0.5mg/m³ ACGIH:0.5mg/m³		性质:100℃下的溶解度 $BaCO_3$:0.006g/100g H_2O $BaCl_2$:59g/100g H_2O $Ba(NO_3)_2$:34g/100g H_2O BaO:91g/100g H_2O	

英文名称:barium, soluble compounds

采样	分析
采样管:滤膜(0.8μm 纤维素酯滤膜)	分析方法:火焰原子吸收光谱法
采样流量:1~4L/min	待测物:钡离子(Ba^{2+})
最小采样体积:50L(在 0.5mg/m³ 下)	洗脱方法:10ml 热水提取 10 分钟,两次;加 3 滴浓 HCl,蒸干
最大采样体积:2000L	最终溶液:5% HCl/1.1mg/ml Na^+,5ml
运输方法:常规	火焰:一氧化二氮 – 乙炔,富燃性
样品稳定性:稳定	测量波长:553.6nm
样品空白:2~10 个	背景校正:D_2 或 H_2 灯,连续光谱

准确性	
研究范围:0.28~1.08mg/m³[1](168L 样品)	定量标准:含 Ba^{2+} 的 5% HCl/1.1mg/ml Na^+ 标准溶液
偏差: – 0.55%	测定范围:每份样品 25~200μg[1]
总体精密度($\hat{S}_{rT}$):0.054	估算检出限:每份样品 2μg[1]
准确度:±10.81%	精密度($\bar{S}_r$):0.025(每份样品 43~180μg)[1]

适用范围:采样体积为 200L 时,测定范围是 0.13~10mg/m³。本法适用于检测水溶性钡化合物的 Ba^{2+}。不可溶性钡化合物(如 $BaSO_4$)需进行消解处理

干扰因素:向样品和标准溶液中加入 NaCl 可控制火焰中钡的离子化。大于 0.1% 的钙会产生正干扰,需要进行背景校正

其他方法:本法是方法 S198[2]的修订版

试剂	仪器
1. 蒸馏水或去离子水	1. 采样管:纤维素酯滤膜,孔径 0.8μm,直径 37mm;滤膜夹
2. 浓 HNO_3*	2. 个体采样泵:流量 1~4L/min,配有连接软管
3. 浓 HCl*	3. 原子吸收分光光度计:配备一氧化二氮 – 乙炔燃烧头和钡空心阴极灯
4. 氯化钠	注意:样品中 Ca^{2+} 含量大于 0.1%(w/v)时,需要进行背景校正(如 D_2 或 H_2 灯)
5. 5% HCl(v/v)/1.1mg/ml Na^+:将 5ml 浓 HCl 和 0.28g NaCl 溶于去离子水中,稀释至 100ml	4. 减压阀:两级,用于调节一氧化二氮和乙炔
6. 标准储备液:1000μg Ba/ml。称取 1.437g $BaCO_3$ 溶于最小体积的(1+1) HCl 中,用 1%(v/v)HCl 稀释至 1L。或者购买	5. 烧杯:Phillips 125ml 或 Griffin 50ml 烧杯,带表面皿**
	6. 容量瓶:10ml 和 100ml**
7. 一氧化二氮:98%	7. 移液管:4~400μl 和 5ml
8. 乙炔:99.6%	8. 电热板:表面温度 140℃**
	9. 镊子:塑料头
	10. 离心机和 50ml 离心管

特殊防护措施:HNO_3 和 HCl 为腐蚀性液体。在通风橱中进行操作,并穿防护服

注:* 见特殊防护措施;** 所有玻璃器皿,临用前用浓 HNO_3 清洗,并用蒸馏水或去离子水充分冲洗。

采样

1. 串联一个有代表性的采样管来校准个体采样泵。

2. 在 1~4L/min 范围内,以已知流量采集 50~2000L 空气样品,滤膜上总尘的增量不要超过 2mg。

样品处理

3. 打开滤膜夹,将样品和空白分别转移至干净烧杯中。

4. 加入 10ml 沸腾的蒸馏水,放置 10 分钟,不时涡旋。将洗脱液倒入到离心管中。

5. 用热蒸馏水清洗滤膜和烧杯两次,每次用约 2ml 蒸馏水,并将洗液加入到离心管中。

6. 重复提取和冲洗(步骤 4,5),将溶液加入到离心管中。

7. 用镊子移除滤膜,并用热蒸馏水冲洗,洗液加入离心管中。

8. 用热的蒸馏水清洗之前用的烧杯 3 次,每次用约 2ml 蒸馏水,并将洗液加入到离心管中。离心并将溶液倒出至第 2 个烧杯中。

9. 向样品中加入 3 滴浓 HCl,蒸发至约剩 0.5ml 液体。

10. 冷却烧杯。移取 5.0ml 5% HCl/1.1mg/ml Na⁺ 溶液于每个烧杯中。涡旋使残留物溶解。

标准曲线绘制与质量控制

11. 于 10ml 容量瓶中加入已知量的标准储备液,并用 5% HCl/1.1mg/ml Na⁺ 溶液稀释至刻度,使 Ba²⁺ 的含量覆盖 0.4 ~ 40μg/ml(每份样品 0.002 ~ 0.2mg)范围。每天配制新溶液。

12. 与样品和空白一起进行分析(步骤 17,18)。

13. 以吸光度对溶液浓度(μg/ml)绘制标准曲线。

14. 每 10 份样品分析一个标准溶液,以检查仪器漂移。

15. 每 10 份样品分析至少一个加标滤膜,以检查回收率。

16. 每隔一段时间,用标准加入法检查干扰因素。

样品测定

17. 根据仪器说明书和方法 7056 中给出的条件设置分光光度计。

18. 测定标准溶液和样品。记录吸光度读数。

注意:若样品的吸光度值超出标准曲线的线性范围,用 5% HCl/1.1mg/ml Na⁺ 溶液稀释后重新分析。计算时乘以相应的稀释倍数。

计算

19. 根据测得的吸光度值,由标准曲线计算样品和空白中相应的钡浓度(μg/ml)。

20. 按下式计算空气中的钡浓度 C(mg/m³):

$$C = \frac{C_s V_s - C_b V_b}{V}$$

式中:C_s——样品溶液中的浓度(μg/ml);

C_b——空白溶液中钡的平均浓度(μg/ml);

V_s——样品溶液的体积(ml);

V_b——空白溶液的体积(ml);

V——采样体积(L)。

方法评价

将氯化钡的水溶液雾化,发生浓度为 0.3 ~ 1.1mg/m³ 的发生气,用发生气样品验证了方法 S198[1]。在 1.4L/min 采样流量下,采样效率为 100%。在钡浓度为每份样品 0.043 ~ 0.18mg 的范围内,滤膜上加标氯化钡,回收率为 102%,精密度($\bar{S}_r$)为 1.4%。

参考文献

[1] Documentation of the NIOSH Validation Tests, S198, U. S. Department of Health, Education, and Welfare, Publ. (NIOSH) 77 – 185 (1977), Available as Stock No. PB 274 – 248 from NTIS, Springfield, VA 22161.

[2] NIOSH Manual of Analytical Methods, 2nd ed. , Vol. 3, S198, U. S. Department of Health, Education, and Welfare, Publ. (NIOSH) 77 – 157 – C (1977).

方法修订作者

Mary Ellen Cassinelli, NIOSH/DPSE.

钨(可溶的和不可溶的)7074

W	相对分子质量:183.85	CAS 号:7440－33－7	RTECS 号:Y07175000
方法:7074,第二次修订		方法评价情况:完全评价	第一次修订:1984.2.15 第二次修订:1994.8.15

OSHA:无 PEL NIOSH:1mg/m³,可溶的;STEL 3mg/m³ 　　　5mg/m³,不可溶的;STEL 10mg/m³ ACGIH:1mg/m³,可溶的;STEL 3mg/m³ 　　　5mg/m³,不可溶的;STEL 10mg/m³	性质:金属,质脆;熔点 3410℃;化合价 +2,+3,+4,+5,+6

英文名称:tungsten(soluble and insoluble);wolfram

采样	**分析**
采样管:滤膜(0.8μm 纤维素酯滤膜) 采样流量:1～4L/min 最小采样体积:200L(在 1mg/m³ 下) 最大采样体积:1000L 运输方法:常规 样品稳定性:稳定至少 2 周(25℃) 样品空白:每批样品 2～10 个	分析方法:火焰原子吸收光谱法 待测物:钨 洗脱方法:H_2O;6 分钟,25℃(可溶的) 消解方法:HF:HNO_3 =1:1,10ml;6 小时,150℃(不可溶的) 最终溶液:0.05M NaOH/2% Na_2SO_4;25ml 火焰:一氧化二氮－乙炔,还原性火焰 测量波长:255.1nm
准确性	背景校正:无 定量标准:0.05M NaOH 和 2% Na_2SO_4 中的 W
研究范围:0.42～2.0mg/m³(可溶的)[1];0.84～ 　　19.7mg/m³(不可溶的)[1] 偏差:+0.015 总体精度($\hat{S}_{rT}$):0.055(可溶的)[1];0.056(不可溶 　　的)[1] 准确度:±12.5%	测定范围:每份样品 0.1～0.5mg(可溶的);每份样品 0.25～12mg/(不 　　可溶的) 估算检出限:每份样品 50μg(可溶的);每份样品 125μg(不可溶的)[2] 精密度($\bar{S}_r$):0.029[1]

适用范围:采样体积为 400L 时,本法测定范围是 0.25～5mg/m³(可溶的),0.6～5mg/m³(不可溶的)。本法只测定样品中钨元素总含量,而不能测定某种特定的化合物。对于黏合碳化钨样品,可从 HCl 洗脱液中定量测量钴,以排除干扰

干扰因素:未知。Ni、Mo、V、Mn、Cr、Co 和 Fe 的浓度达到 50 倍钨浓度时不产生干扰[3]

其他方法:本法是方法 P&CAM 271[1,3] 的修订版。方法 7300(ICP－AES)也可用于检测钨(可溶的和不可溶的);但是必须遵循本法中描述的洗脱和消解过程

试剂	**仪器**
1. 浓 HNO_3 * 2. 浓 HF* 3. 浓 HCl* 4. 1%(v/v)HCl:取 26.5ml 浓 HCl 加入 500ml 水中,稀 　释至 1L 5. 0.5M NaOH:将 20g NaOH 溶于 500ml 水中,稀释至 1L 6. 20%(w/v)Na_2SO_4:将 20g Na_2SO_4 溶解于 80ml 水 　中,稀释至 100ml 7. 标准储备液:10mg W/ml。可购买市售标准溶液或将 　1.5985g Na_2WO_4(在 125℃ 干燥)溶于水中,加入 　10ml 0.5M NaOH,稀释至 100ml 8. 蒸馏水或去离子水	1. 采样管:纤维素酯滤膜,孔径 0.8μm,直径 37mm;置于滤膜夹中 2. 个体采样泵:流量 1～4L/min,配有连接软管 3. 原子吸收分光光度计:配备一氧化二氮－乙炔火焰燃烧器 4. 钨空心阴极灯 5. 减压阀:两级,用于调节一氧化二氮和乙炔 6. 烧杯:PTFE,100ml(带盖)** 7. 容量瓶:10,25 和 100ml** 8. 各种体积移液管:根据需要,带洗耳球 9. 电热板:在 150℃ 使用 10. 蒸气浴或 100℃ 电热板 11. 过滤装置(漏斗、夹具、多孔板、支架):直径 47mm、孔径 0.45μm 的 　纤维素酯滤膜,收集容器

特殊防护措施:当使用 HF 时,穿防护用品(手套、实验工作服、护目眼镜);不要在玻璃实验室器皿中使用 HF;所有酸的消解操作均在通风橱中进行

注:*见特殊防护措施;**使用前用浓 HNO_3 清洗所有实验室器皿,并用蒸馏水彻底冲洗。

采样

1. 串联一个有代表性的采样管来校准个体采样泵。

2. 在 1~4L/min 范围内,以已知流量采集 200~1000L 空气样品。滤膜上总粉尘的增量不得超过 2mg。

样品处理

3. 打开滤膜夹,将滤膜移至过滤装置顶部的 47mm 滤膜上。

4. 将 3ml 去离子水加到样品滤膜上,放置 3 分钟,抽真空使洗脱液进入收集容器中。再加 3ml 水,重复该操作。

5. 将洗脱液移至 10ml 容量瓶中,加入 1.0ml 20% Na_2SO_4,稀释至刻度,分析可溶性钨(步骤 17~19)。

6. 在 150℃ 条件下,用 5.0ml 浓 HNO_3 和 5.0ml 浓 HF 在带盖的 PTFE 烧杯中消解滤膜和残留物。

7. 除去烧杯盖,使体积减少至 2ml(150℃)。在 100℃ 条件下干燥。

8. 停止加热,冷却,加入 10ml 1% HCl,手动搅拌 5 分钟。

9. 再用一个 47mm 滤膜过滤(滤液可用于分析钴)。

10. 在 150℃ 条件下,用 5.0ml 浓 HNO_3 和 5.0ml 浓 HF 在 PTFE 烧杯中消解滤膜和残留物。

11. 除去烧杯盖,使体积减少至 1ml(150℃)。如果有明显的滤膜残留物(深色的,烧焦物质),另外加入 HNO_3 和 HF(各 2ml)。

12. 在 100℃ 条件下,至接近干燥。

13. 在 100℃ 条件下,用 2.5ml 0.5M NaOH 和 2.5ml 20% Na_2SO_4 在烧杯中溶解残留物(15 分钟)。

14. 移至 25ml 容量瓶中,稀释至刻度。

标准曲线绘制与质量控制

15. 在每份样品 0.05~12mg W 的范围内,配制至少 6 个浓度的标准系列,绘制标准曲线。

a. 于 100ml 容量瓶中,加入 10ml 0.5M NaOH 和 10ml 20% Na_2SO_4,再加入已知量的标准储备液;用蒸馏水或去离子水稀释至刻度。

b. 与样品和空白一起进行分析(步骤 17~19)。

c. 以吸光度对溶液浓度(μg/ml)绘制标准曲线。

16. 分析 3 个样品加标质控样和 3 个加标样品,以确保回收率和标准曲线在可控范围内(步骤 6~14,17~19)。

样品测定

17. 根据方法 7074 中给出的条件设置分光光度计。

18. 测定标准溶液和样品。记录吸光度读数。

19. 若样品的吸光度值超出标准曲线的范围,用 0.05M NaOH/2% Na_2SO_4 溶液稀释后重新分析,计算时乘以相应的稀释倍数。

计算

20. 由标准曲线计算样品中钨的溶液浓度 C_s(μg/ml)和介质空白中钨的平均浓度 C_b(μg/ml)。

21. 按下式计算空气中钨的浓度 C(mg/m³):

$$C = \frac{C_s V_s - C_b V_b}{V}$$

式中:C_s——样品溶液中钨的浓度(μg/ml);

C_b——空白溶液中钨的平均浓度(μg/ml);

V_s——样品溶液的体积(ml);

V_b——空白溶液的体积(ml);

V——采样体积(L)。

方法评价

本法以方法 P&CAM 271[3,4] 为基础,在合同中进行了进一步评价和强化[1]。实验室对加标量为 0.17~0.8mg(可溶的)和 0.34~7.9mg(不可溶的)的加标样品进行了测定,精密度($\bar{S}_r$)分别为 0.079(可溶的)和 0.076(不可溶的)[1]。滤膜上采集的可溶的和不可溶的钨均可稳定 2 周[1]。

参考文献

[1] Carlin, L. M. , G. Colovos, D. Garland, M. Jamin, M. Klenck, T. Long, and C. Nelson. Analytical Methods Evaluation and Validation: Arsfenic, Nickel, Tungsten, Vanadium, Talc and Wood Dust, NIOSH Contract No. 210 – 79 – 0060 (1981), Available as Order No. PB 83 – 155325 from NTIS, Springfield, VA 22161.

[2] User Check, UBTL, Inc. , NIOSH Sequence #4213 – M (unpublished, May 23, 1984).

[3] NIOSH Manual of Analytical Methods, 2nd ed. , Vol. 4, P&CAM 271, U. S. Department of Health, Education, and Welfare, Publ. (NIOSH) 78 – 175 (1978).

[4] Hull, R. D. Analysis of Tungsten by Atomic Absorption Spectrophotometry: A Feasibility Study, NIOSH, DPSE, MRB, IMDS Technical Report (unpublished, December, 1977).

方法作者

R. DeLon Hull, Ph. D. , NIOSH/DBBS; Additional Data Obtained under NIOSH Contract 210 – 79 – 0060.

铅的火焰原子吸收光谱法 7082

Pb	相对分子质量:207.19 (Pb); 223.19 (PbO)	CAS 号:7439 – 92 – 1 (Pb); 1317 – 36 – 8 (PbO)	RTECS 号:OF7525000 (Pb);OG1750000 (PbO)
方法:7082,第二次修订		方法评价情况:完全评价	第一次修订:1984. 2. 15 第二次修订:1994. 8. 15
OSHA:0.05mg/m³ NIOSH:<0.1mg/m³;血铅≤60μg/100g ACGIH:0.05mg/m³		性质:金属,质软;密度11.3g/cm³;熔点327.5℃;化合价+2,+4(盐中)	

英文名称: lead; elemental lead; lead compounds except alkyl lead

采样	分析
采样管:滤膜(0.8μm 纤维素酯滤膜) 采样流量:1~4L/min 最小采样体积:200L(在 0.05mg/m³ 下) 最大采样体积:1500L 运输方法:常规 样品稳定性:稳定 样品空白:每批样品 2~10 个	分析方法:火焰原子吸收光谱法 待测物:铅 消解方法:浓 HNO₃,6ml + 30% H₂O₂,1ml;140℃ 最终溶液:10% HNO₃,10ml 火焰:空气 – 乙炔,氧化性火焰 测量波长:283.3nm 背景校正:D₂ 或 H₂ 灯,或塞曼光谱 定量标准:10% HNO₃ 中的 Pb²⁺
准确性 研究范围:0.13 ~ 0.4mg/m³[1];0.15 ~ 1.7mg/m³ (烟)[2] 偏差: – 3.1% 总体精密度($\hat{S}_{rT}$):0.072[1];0.068(烟)[2] 准确度:±17.6%	测定范围:每份样品 10 ~ 200μg[2,3] 估算检出限:每份样品 2.6μg[4] 精密度($\bar{S}_r$):0.03[1]

适用范围: 采样体积为 200L 时,测定范围是 0.05 至大于 1mg/m³。本法适用于测定铅元素,包括铅烟和其他含铅的气溶胶。本法只测定样品中铅元素总量,而不能测定某种特定的化合物。样品溶液也可用于分析其他多种金属含量

干扰因素: 使用 D₂ 或 H₂ 连续光谱或塞曼光谱背景校正以控制火焰或分子吸收。高浓度的钙、硫酸盐、碳酸盐、磷酸盐、碘化物、氟化物或醋酸盐的干扰能被校正

其他方法: 本法结合并替代了测定铅的方法 P&CAM 173[3] 和 S341[4,5]。方法 7300 (ICP – AES)和 7105 (AAS/GF)也可用于分析铅。方法 7505 是特定的测定硫化铅的方法。下面的方法未经修订:P&CAM 102[5] 和铅标准方法[6] 中的双硫腙法,P&CAM 191 (ASV)[7]

续表

试剂	仪器
1. 浓 HNO_3 *	1. 采样管:纤维素酯滤膜,孔径 $0.8\mu m$,直径 37mm;置于滤膜夹中
2. 10%(v/v)HNO_3 溶液:于 500ml 水中加入 100ml 浓 HNO_3,稀释至 1L	2. 个体采样泵:流量 1~4L/min,配有连接软管
3. H_2O_2:30% H_2O_2(w/w),试剂级 *	3. 原子吸收分光光度计:配备空气 – 乙炔火焰燃烧器和背景校正器
4. 标准储备液:1000μg/ml Pb。可购买市售标准溶液,或者配制[于最小体积的(1+1)HCl 中溶解 1.00g Pb 金属,用 1%(v/v)HCl 稀释至 1L]。储存在聚乙烯瓶中。稳定性≥1 年	4. 铅空心阴极灯或无极放电灯
	5. 减压阀:两级,用于调节空气和乙炔
	6. 烧杯:Phillips,125ml 或 Griffin,50ml,带表面皿 **
5. 压缩空气:过滤	7. 容量瓶:10ml 和 100ml **
6. 乙炔	8. 各种规格的移液管:根据需要 **
7. 蒸馏水或去离子水	9. 电热板:表面温度 140℃
	10. 聚乙烯瓶:100ml

特殊防护措施:浓 HNO_3 具有刺激性,可灼伤皮肤。所有酸的消解操作均在通风橱中进行。H_2O_2 是强氧化剂,具有强刺激性,可腐蚀皮肤。操作时需戴手套和防护眼镜

注:* 见特殊防护措施;** 使用前用浓 HNO_3 清洗所有玻璃器皿,并用蒸馏水或去离子水彻底冲洗。

采样

1. 串联一个有代表性的采样管来校准个体采样泵。

2. 在 1~4L/min 范围内,以已知流量采样 8 小时,采集 200~1500L 空气样品以测定 TWA。滤膜上总粉尘的增量不得超过 2mg。

样品处理

注意:下面的样品处理给出了定量的回收率(见方法评价)[4];也可用方法 7300 的步骤 4~9 或其他定量消解技术,尤其是需要测定一张滤膜上的几种金属时;需要完全回收某些基质中的铅时,特别是环氧树脂类涂料,用附录给出的微波消解操作。

3. 打开滤膜夹,将样品和空白分别移至干净的烧杯中。

4. 加入 3ml 浓 HNO_3 和 1ml 30% H_2O_2,盖上表面皿。从此步骤开始制备试剂空白。

注意:如果样品中不存在 PbO_2,不必加入 30% H_2O_2[2,4]。

5. 在 140℃电热板上加热,至体积减小到约 0.5ml。

6. 再重复消解两次,每次用 2ml 浓 HNO_3 和 1ml 30% H_2O_2。

7. 在 140℃电热板上加热至剩余约 0.5ml 液体。

8. 当样品干燥后,用 3~5ml 10% HNO_3 溶液冲洗表面皿和烧杯壁,将溶液蒸发至干。

9. 冷却每个烧杯,用 1ml 浓 HNO_3 溶解残留物。

10. 将溶液定量转移至 10ml 容量瓶中,用蒸馏水稀释至刻度。

注意:如果下列物质的浓度预计超过铅浓度 10 倍(含 10 倍)以上,在稀释至刻度前,向每个烧瓶中加入 1ml 1M Na_2EDTA:CO_3^{2-},PO_4^{3-},I^-,F^-,CH_3COO^-。如果存在超过 10 倍(含 10 倍)的 Ca^{2+} 或 SO_4^{2-},使所有标准和样品溶液中含 1%(w/w)La^{2+}[3]。

标准曲线绘制与质量控制

11. 配制 0.25~20μg/ml Pb(每份样品 2.5~200μg Pb)浓度范围的标准系列。

a. 于 100ml 容量瓶中,加入标准储备液,用 10% HNO_3 溶液稀释至刻度。标准系列储存于聚乙烯瓶中,每周现配。

b. 将标准系列与样品和空白一起进行分析(步骤 14,15)。

c. 以吸光度对溶液浓度(μg/ml)绘制标准曲线。

12. 每 10 个样品分析一个标准溶液,以检查仪器漂移。

13. 每 10 份样品至少分析一个加标滤膜,以检查回收率。每隔一段时间,用标准加入法检查干扰因素。

样品测定

14. 根据仪器说明书和方法 7082 中给出的条件设置原子吸收分光光度计。

注意：也可用波长 217.0nm[8]。在 217.0nm 下分析的灵敏度较大，但是与 283.3nm 相比信噪比较低。同时，非原子吸收在 217.0nm 的条件下明显更大，在该波长下必须使用 D_2 或 H_2 连续光谱或塞曼光谱背景校正。

15. 测定标准系列、样品和空白。记录吸光度读数。

注意：若样品的吸光度值超出标准曲线的测定范围，用 10% HNO_3 溶液稀释后重新分析，计算时乘以相应的稀释倍数。

计算

16. 根据测得的吸光度值，由标准曲线计算样品中相应的铅浓度 C_s（μg/ml）和空白中铅的平均浓度 C_b（μg/ml）。

17. 按下式计算空气中铅的浓度 C（mg/m³）：

$$C = \frac{C_s V_s - C_b V_b}{V}$$

式中：C_s——样品溶液中铅的浓度（μg/ml）；

C_b——空白溶液中铅的平均浓度（μg/ml）；

V_s——样品溶液的体积（ml）；

V_b——空白溶液的体积（ml）；

V——采样体积（L）。

方法评价

方法 S341[9] 发表于 1975 年 10 月 24 日。在 0.13～0.4mg/m³ 范围、180L 采样体积的条件下，用发生的硝酸铅气溶胶[1]，验证了本法。在每份样品 18～72μg Pb 的范围内，回收率为 98%，0.8μm 混合纤维素酯膜（Millipore Type AA）对气溶胶的采样效率为 100%。对于每份样品含 200μg Pb，分析回收率的研究结果见表 3-0-3。[2,4]

表 3-0-3　铅的分析回收率

物质	消解方法	分析回收率/%
金属 Pb	只用 HNO_3	92 ± 4
金属 Pb	HNO_3 + H_2O_2	103 ± 3
PbO	只用 HNO_3	93 ± 4
PbS	只用 HNO_3	93 ± 5
PbO_2	只用 HNO_3	82 ± 3
PbO_2	HNO_3 + H_2O_2	100 ± 1
涂料中的 Pb*	只用 HNO_3	95 ± 6
涂料中的 Pb*	HNO_3 + H_2O_2	95 ± 6

注：* 标准物质#1579，美国国家标准与技术研究院。

也研究了用 Gelman GN-4 滤膜采集几何平均直径为 0.1μm 的铅烟的采样效率[2]。采样流量为 0.15～4.0L/min 时，24 个样品的平均采样效率 >（97 ±2）%。对于硝酸铅气溶胶和铅烟的总体精密度（$\dot{S}_{rT}$）分别为 0.072[1,9] 和 0.068[2,4]。

参考文献

[1] Documentation of the NIOSH Validation Tests, U. S. Department of Health, Education, and Welfare, Publ. (NIOSH) 77-185 (1977).

[2] Heavy Metal Aerosols: Collection and Dissolution Efficiencies, Final Report of NIOSH Contract 210-79-0058, W. F.

Gutknecht, M. H. Ranade, P. M. Grohse, A. Daml e, and D. O'Neal, Research Triangle Institute; available as Order No. PB 83 – 106740 from NTIS, Springfield, VA 22161 (1981).

[3] NIOSH Manual of Analytical Methods, 2nd ed., V. 5, P&CAM 173, U. S. Department of Health, Education, and Welfare, Publ. (NIOSH) 77 – 157 – A (1979).

[4] NIOSH Manual of Analytical Methods, 2nd ed., V. 7, S341 (revised 3/25/81), U. S. Department of Health and Human Services, Publ. (NIOSH) 82 – 100 (1982).

[5] NIOSH Manual of Analytical Methods, 2nd. ed., V. 1, P&CAM 102, U. S. Department of Health, Education, and Welfare, Publ. (NIOSH) 77 – 157 – A (1977).

[6] Criteria for a Recommended Standard... Occupational Exposure to Inorganic Lead (Revised Criteria), U. S. Department of Health, Education, and Welfare, Publ. (NIOSH) 78 – 158 (1978).

[7] NIOSH Manual of Analytical Methods, 2nd ed., P&CAM 191.

[8] Analytical Methods for Atomic Absorption Spectrophotometry, Perkin – Elmer (1976).

[9] NIOSH Manual of Analytical Methods, 2nd ed., V. 3, S341, U. S. Department of Health, Education, and Welfare, Publ. (NIOSH) 77 – 157 – C (1977).

[10] Data Chem Laboratories In – house Procedure for Microwave Sample Digestion.

[11] Test Methods for Evaluating Solid Waste, Physical/Chemical Methods, 3rd Ed; U. S. Environmental Protection Agency, Office of Solid Waste and Emergency Response. U. S. Government Printing Office: Washington, DC, SW – 846 (1986).

[12] Kingston, H. M. and L. B. Jassie, Safety Guidelines for Microwave Systems in the Analytical Laboratory. Introduction to Microwave Acid Decomposition: Theory and Practice; Kingston, H. M. and Jassie, L. B., Eds.; ACS Professional Reference Book Series; American Chemical Society: Washington, DC, (1988).

[13] 1985 Annual Book of ASTM Standards, Vol. 11.01; Standard Specification for Reagent Water; ASTM, Philadelphia, PA, D1193 – 77 (1985).

[14] Introduction to Microwave Sample Preparation: Theory and Practice; Kingston, H. M. and Jassie, L. B., Eds.; ACS Professional Reference Book Series; American Chemical Society: Washington DC (1988).

[15] Kingston, H. M. EPA IAG #DW1 – 393254 – 01 – 0 January 1 – March 31, 1988, Quarterly Report.

[16] Binstock, D. A., Yeager, W. M., Grohse, P. M. and Gaskill, A. Validation of a Method for Determining Elements in Solid Waste by Microwave Digestion, Research Triangle Institute Technical Report Draft, RTI Project Number 321U – 3579 – 24, Prepared for The Office of Solid Waste, U. S. Environmental Protection Agency, Washington, DC 20460 (November, 1989).

方法修订作者

Mark Millson, NIOSH/DPSE and R. DeLon Hull, Ph. D., NIOSH/DBBS; S341 Originally Validated under NIOSH Contract CDC – 94 – 74 – 45; Additional Studies under NIOSH Contract 210 – 79 – 0058.

James B. Perkins, David L. Wheeler, and Keith Nicholson, Ph. D., DataChem Laboratories, Salt Lake City, UT, Prepared The Microwave Digestion Procedure in The Appendix.

附录 – 涂料碎片(及其他基质)中铅的微波消解

本操作可用于本法中样品处理部分。在用火焰原子吸收(FAA)光谱法、石墨炉原子吸收(HGFAA)光谱法和电感耦合等离子体(ICP)法进行分析之前,它能提供快速、完全的酸消解[10]。

仪器和材料[11 – 16]

1. 微波仪器要求。

a. 微波装置提供至少 574W 的可编程电源,并可编程设定所需功率 ± 10W 内的功率。

b. 微波装置内腔具有抗腐蚀性和通风性。为安全操作,所有电子仪器均需有抗腐蚀性防护。

c. 该系统需要 Teflon PFA 消解容器(容量 120ml),其承压能力可达(7.5 ± 0.7)atm[(110 ± 10)psi],在压力超过(7.5 ± 0.7)atm[(110 ± 10)psi]时能控制减压。

d. 采用旋转转盘确保装置内微波辐射均匀分布。转盘的速度至少应为 3r/min。

e. 使用微波装置内无压力安全阀的密封装置时,需考虑安全问题。温度是控制反应的重要变量。需要压力来实现温度的升高,但必须进行安全控制[12]。

f. 聚合塑料容量器皿(Teflon 或聚四氟乙烯),容积 50ml 或 100ml。

g. 一次性聚丙烯过滤漏斗。

h. 分析天平,能称量 300g,最小可精确至 ±0.001g。

试剂

2. 浓 HNO_3,光谱纯。

3. 试剂水。试剂水应无干扰物。方法中所有提及水均指满足 ASTM 2 型标准的试剂水。

步骤

4. 校准微波仪器。根据仪器说明书校准微波仪器。如果未提供校准说明,见 EPA 方法 3051[11]。

5. 所有的消解容器和容量器皿必须仔细地用酸洗,用试剂水冲洗。所有的消解容器应用(1:1)HNO_3 淋洗至少 15 分钟,用试剂水冲洗,在干净环境中干燥,使容器清洁。

6. 样品消解。

a. 称量 Teflon PFA 消解容器的皮重。

b. 称出 0.1g 涂料碎片样品,精确到 0.001g,放入 Teflon PFA 样品管中。大的涂料碎片样品,要挑出 $2cm^2$ 小块,称量至 0.001g,并定量移至样品管中。

c. 在通风橱中,加入(5.0±0.1)ml 浓 HNO_3 至样品管中。如果发生剧烈反应,反应停止后盖上盖子。根据仪器说明书,盖上样品管的盖子,转矩达到 12 ft-lb (16N·m)的力矩。可用 Teflon PFA 连接管将样品管与溢流管连接。将样品管放入微波仪器中的旋转盘中。将溢流管与装置中央井连接。

d. 将 2 个、6 个或 12 个样品管均匀地放置在微波单元的转盘上。含 5ml HNO_3 的试剂空白管,也作为样品管。当被消解的样品数少于推荐数目时,如 3 个样品加上 1 个空白,剩余的样品管应装入 5ml HNO_3 以达到推荐数目。由于微波功率的吸收与腔内的总质量成正比,因此这样可到达能量平衡[14]。在 50psi 压力下消解 5 分钟,每组样品温度达到 180℃。在压力 100psi 下继续消解 25 分钟后,温度可达到 180℃。继续消解 5 分钟。对于 12 个样品的样品消解步骤见表 3-0-4。

表 3-0-4 用 HNO_3 消解涂料碎片样品的过程变量

阶段	1	2	3
功率	90%	90%	0%
压力/psi	50	100	0
运行时间/min	10:00	20:00	05:00
压力下的时间/min	05:00	15:00	00:00
温度	180℃	180℃	0℃
转速	100%	100%	100%
样品管数目	12		
每管的液体体积	5ml		
样品质量	0.1g		

如果分析员想一次消解非 2 个、6 个或 12 个样品时,可使用不同的功率值,只要能产生相同的时间和温度条件即可。

e. 在微波消解结束时,冷却至少 5 分钟再从微波装置中取出样品管。如果发现样品有损失(如溢流管中有物质,内衬管外有液体),找出损失的原因(如样品管密封性不好,使用的消解时间超过 30 分钟,样品量过大,或加热条件不当等)。一旦纠正了损失原因后,从第二部分开始重新制备样品。如果用于重新分析的样品量不足,稀释剩余的消解液,注意样品可能已经发生损失。

f. 在通风橱中打开每个样品管。加入 20ml 试剂水,然后再重新密封样品管,振摇混合均匀。将样品移至经酸清洗过的聚乙烯瓶中。如果消解样品含有颗粒物,可能会堵塞雾化器或影响进样,应将样品沉淀或过滤。

沉淀:将样品放置一段时间,至上清液澄清(通常过夜即可)。如未澄清,过滤样品。

过滤:过滤装置必须用稀 HNO_3 彻底预清洗和冲洗。用定量滤纸过滤样品,滤入另一个经酸清洗过的容器中。

此时消解液即可用适当的方法进行元素分析。

7. 计算:报告基于原始样品实际质量的浓度。

铍及其化合物(以铍计) 7102

Be	相对分子质量:9.01	CAS 号:7440 – 41 – 7	RTECS 号:DS1750000
方法:7102,第二次修订		方法评价情况:完全评价	第一次修订:1984. 2. 15 第二次修订:1994. 8. 15
OSHA:$2\mu g/m^3$;C $5\mu g/m^3$;P $25\mu g/m^3/30min$ NIOSH:不得超过 $0.5\mu g/m^3$(可疑致癌物) ACGIH:$2\mu g/m^3$(可疑致癌物)		性质:硬质,轻金属;化合价 +2;熔点 1284 ~ 1300℃	

英文名称:beryllium and compounds

采样

采样管:滤膜($0.8\mu m$ 纤维素酯滤膜)

采样流量:1 ~ 4L/min

最小采样体积:25L(在 $2\mu g/m^3$ 下)

最大采样体积:1000L

运输方法:常规

样品稳定性:稳定

样品空白:每批样品 2 ~ 10 个

准确性

研究范围:2.7 ~ 11. 8$\mu g/m^3$[1](40L 样品)

偏差: – 0.39%

总体精密度($\hat{S}_{rT}$):0. 064 [1]

准确度:±12.42%

分析

分析方法:石墨炉原子吸收光谱法

待测物:铍

消解剂:HNO_3,10ml;H_2SO_4,1ml

消解条件:150℃下至棕色烟雾消失;400℃下至出现 H_2SO_4 浓密烟雾

最终溶液:2% Na_2SO_4/ 3% H_2SO_4;10ml

石墨炉原子化器:110℃ 干燥 20 秒;900℃ 炭化 10 秒;2800℃ 原子化 18 秒

测量波长:234. 9nm

背景校正:D_2 或 H_2 连续光谱

进样体积:10μl

定量标准:2% Na_2SO_4/3% H_2SO_4 中的 Be^{2+}

测定范围:每份样品 0. 05 ~ 1μg[2]

估算检出限:每份样品 0. 005μg[2]

精密度($\bar{S}_r$):0. 008[2]

适用范围:采样体积为 90L 时,测定范围是 0. 5 ~ 10$\mu g/m^3$。本法适用于用 25L 空气样品测定最高容许浓度

干扰因素:用 3%(v/v)硫酸可消除钙的干扰。钠、钾和铝能增强铍的吸光度;可通过向标准溶液和样品中加入 2%(w/v)硫酸钠消除其干扰。高氯酸、氢氟酸和磷酸会产生非原子峰干扰。这些干扰必须通过消解并干燥而排除

其他方法:本法是方法 P&CAM 288[2] 的修订版,替代了方法 S339[3]。火焰原子吸收光谱法和等离子体发射光谱(ICP – AES)法对于这些浓度的铍不够灵敏

试剂	仪器
1. 浓 HNO_3:试剂级或更高	1. 采样管:混合纤维素酯滤膜,孔径 $0.8\mu m$,直径 $37mm$;置于两层式滤膜夹中
2. 浓 H_2SO_4:试剂级或更高	
3. 硫酸钠:试剂级	2. 个体采样泵:流量 $1\sim4L/min$,配有连接软管
4. 2%（w/v）硫酸钠/3%（v/v）H_2SO_4:加入 10g 硫酸钠和 15ml H_2SO_4 到去离子水中,稀释至 500ml	3. 原子吸收分光光度计:配备石墨炉原子化器和背景校正器
	4. 铍空心阴极灯
5. 标准储备液:$1000\mu g\ Be/ml^*$,可购买市售溶液;或者用最小体积的 1:1 HCl 溶解 1.000g Be 金属,再用 1%（v/v）HCl 稀释至 1L	5. 减压阀:两级,用于调节氩气
	6. 烧杯:Phillips,$125ml^{**}$
	7. 表面皿**
	8. 容量瓶:10ml
6. 氩气:高纯	9. 移液管:10ml,带洗耳球
7. 蒸馏水或去离子水	10. 自动移液器:带吸头,$10\mu l$ 和各种规格(用于配制标准溶液)
	11. 电热板:$150\sim400°C$
	12. 水浴:$60\sim70°C$
	13. 聚乙烯瓶:25ml

特殊防护措施:铍的毒性很高且是人类可疑致癌物[4],所有酸消解操作均在通风橱中进行

注:* 见特殊防护措施;** 使用前,用浓 HNO_3 清洗所有玻璃器皿,并充分冲洗。

采样

1. 串联一个有代表性的采样管来校准个体采样泵。

2. 在 $1\sim4L/min$ 范围内,以已知流量采集 $25\sim1000L$ 空气样品。滤膜上总粉尘的增量不得超过 2mg。

样品处理

3. 打开滤膜夹,将滤膜移至干净的烧杯中。

4. 加入 10ml 浓 HNO_3 和 1ml 浓 H_2SO_4。盖上表面皿。

5. 在通风橱内,用电热板($150°C$)加热至 HNO_3 的棕色烟雾消失,然后在 $400°C$ 加热至出现 H_2SO_4 浓烟。

注意:确保用该消解过程时样品中的化合物是可溶的。矿石或采矿的样品消解中需要 HF,如果使用其他消解酸(如 $HClO_4$ 或 H_3PO_4),在此步骤要蒸发至完全干燥。

6. 冷却,用蒸馏水冲洗表面皿和烧杯壁并蒸干。立即除去烧杯,在空气中冷却。

7. 于烧杯中,移取 10ml 2% Na_2SO_4/ 3% H_2SO_4 溶液,加盖。

注意:从此步骤开始制备试剂空白。

8. 在 $60\sim70°C$ 水浴中加热 10 分钟。分析前放置过夜,确保 $BeSO_4$ 完全溶解。

标准曲线绘制与质量控制

9. 在每份样品 $0.005\sim1\mu g$ Be 的范围内,配制至少 6 个浓度的标准系列,绘制标准曲线。

a. 在 2% Na_2SO_4/3% H_2SO_4 中逐级稀释已知量的标准储备液以配制标准系列。储存在聚乙烯瓶中。至少可稳定 4 周。

b. 与样品和空白一起进行分析(步骤 11,12)。

注意:交替分析标准系列与样品,以补偿由于石墨炉老化引起的铍信号增强。

10. 分析 3 个样品加标质控样和 3 个加标样品。

样品测定

11. 根据仪器说明书和方法 7102 中给出的条件设置分光光度计和石墨炉原子化器。

12. 进样 $10\mu l$ 样品到石墨管中。记录吸光度(峰高模式)。

计算

13. 读取样品的吸光度 A;介质空白的平均吸光度 A_b;硫酸盐试剂空白的平均吸光度 A_r 和标准系列的吸光度 A_s。

14. 按下式计算空气中铍的浓度 $C(\mu g/m^3)$:

$$C = \frac{(A - A_b) C_s \times 10^4}{(A_s - A_r) V}$$

式中：A——样品的吸光度；

　　A_b——介质空白的平均吸光度；

　　A_r——硫酸盐试剂空白的平均吸光度；

　　A_s——标准系列的吸光度；

　　C_s——标准系列的浓度（μg/ml）；

　　V——采样体积（L）。

方法评价

本法使用 NTIS 标准物质 No. 2675 在每片滤膜 0.1 ~ 0.4μg 铍（相当于 0.5 ~ 2 倍 OSHA PEL）范围下进行了评价。铍的回收率为 98.2%，分析精密度（$\bar{S}_r$）为 0.008[2]。本法改进了方法 S339[3]，该方法在 2.68 ~ 11.84μg/m³ 范围内，采样体积为 40L 时进行了验证。平均回收率为 106.9%，总体精密度为 0.064[1]。

参考文献

[1] Documentation of the NIOSH Validation Tests, S339, U. S. Department of Health, Education and Welfare, Publ. (NIOSH) 77 - 185 (1977).

[2] NIOSH Manual of Analytical Methods, 2nd ed., V. 5, P&CAM 288, U. S. Department of Health, Education and Welfare, Publ. (NIOSH) 79 - 141 (1979).

[3] Ibid., V. 3, S339, U. S. Department of Health, Education, and Welfare, Publ. (NIOSH) 77 - 157 - C (1977).

[4] Criteria for a Recommended Standard... Occupational Exposure to Beryllium, U. S. Department of Health, Education and Welfare, Publ. (NIOSH) 72 - 10268 (1972); and as Revised in August, 1977 in NIOSH Testimony at OSHA Hearing.

方法修订作者

Mary Ellen Cassinelli, NIOSH/DPSE; S339 validated under NIOSH Contract CDC - 99 - 74 - 45.

铅的 GFAAS 法 7105

Pb	相对分子质量：207. 19（Pb）；223. 19（PbO）	CAS 号：7439 - 92 - 1（Pb）；1317 - 36 - 8（PbO）	RTECS 号：OF7525000（Pb）；OG1750000（PbO）
方法：7105，第二次修订		方法评价情况：部分评价	第一次修订：1990. 8. 15 第二次修订：1994. 8. 15
OSHA：0. 05mg/m³ NIOSH：< 0. 1mg/m³，血铅≤60μg/100g ACGIH：0. 05mg/m³		性质：软金属；密度 11. 3g/cm³；熔点 327. 5℃；化合价 +2，+4（盐中）	
英文名称：lead; elemental lead; lead compounds except alkyl lead			

采样	分析
采样管:滤膜(0.8μm 纤维素酯滤膜)	分析方法:石墨炉原子吸收光谱法
采样流量:1~4L/min	待测物:铅
最小采样体积:1L(在 0.05mg/m³ 下)	消解方法:浓 HNO₃,3ml;30% H₂O₂,1ml;140℃
最大采样体积:1500L	最终溶液:10ml 5% HNO₃
运输方法:常规	测量波长:283.3nm
样品稳定性:稳定	石墨管:热解涂层的石墨管
样品空白:每批样品 2~10 个	进样:20μl + 10μl 基体改进剂;干燥 110℃,70 秒;炭化 800℃,30 秒;原子化 1800℃,5 秒

消解方法写作 HNO_3，3ml；30% H_2O_2，1ml；140℃
最终溶液：10ml 5% HNO_3

准确性	
研究范围:未研究	背景校正:D₂,H₂,或塞曼光谱
偏差:未测定	定量标准:5% HNO₃ 中的 Pb²⁺
总体精密度($\hat{S}_{rT}$):未测定	测定范围:每份样品 0.05~100μg[1]
准确度:未测定	估算检出限:每份样品 0.02μg[1]
	精密度($\bar{S}_r$):0.049[1]

适用范围:采样体积为 200L 时,测定范围是 0.002 至大于 $1mg/m^3$。如果预计浓度很高,样品应该用火焰原子吸收光谱法分析。本法适用于测定铅元素,包括铅烟和其他含铅的气溶胶。本法只测定样品中铅元素总量,而不能测定某种特定的化合物。样品溶液也可用于分析其他多种金属含量

干扰因素:使用 D_2 或 H_2 连续光谱或塞曼光谱背景校正以控制分子吸收。可通过其他样品处理方法消除高浓度的钙、硫酸盐、碳酸盐、磷酸盐、碘化物、氟化物或醋酸盐的干扰

其他方法:本法修订并替代了 P&CAM 214[2]。方法 7300(ICP - AES)也可用于分析铅。方法 7505 是特定的 X 射线衍射法测定硫化铅的方法。方法 7082 是火焰原子吸收光谱法,有更高的测定范围

试剂	仪器
1. 浓 HNO₃ *	1. 采样管:纤维素酯滤膜,孔径 0.8μm,直径 37mm;置于两层式滤膜夹中
2. 5%(v/v)HNO₃:于 500ml 水中,加入 50ml 浓 HNO₃;稀释至 1L	2. 个体采样泵:流量 1~4L/min,配有连接软管
3. H₂O₂:30% H₂O₂(w/w),试剂级 *	3. 原子吸收分光光度计:配备石墨炉原子化器和背景校正器
4. 标准储备液:1000μg/ml Pb。于最小体积的 HNO₃ 中溶解 1.00g Pb 金属,用 1%(v/v)HNO₃ 稀释至 1L。亦可购买市售标准溶液。储存于聚乙烯瓶中	4. 铅空心阴极灯或无极放电灯
	5. 减压阀:两级,用于调节氩气
	6. 烧杯:Phillips,125ml 或 Griffin,50ml,带表面皿 * *
5. 基体改进剂:于 100ml 容量瓶中,放入 0.2g NH₄H₂PO₄ 和 0.3g Mg(NO₃)₂。加入 2ml 浓 HNO₃,用蒸馏水或去离子水稀释至刻度	7. 容量瓶:10ml 和 100ml * *
	8. 移液管:根据需要的各种规格 * *
6. 氩气:高纯	9. 电热板:表面温度 140℃
7. 蒸馏水或去离子水	10. 聚乙烯瓶:100ml

特殊防护措施:浓 HNO₃ 具有刺激性,可灼伤皮肤;所有酸的消解操作均在通风橱中进行;H₂O₂ 是强氧化剂,具有强刺激性,可腐蚀皮肤;操作时需戴手套和防护眼镜

注:*见特殊防护措施;* * 使用前用浓 HNO₃ 清洗所有玻璃器具,并用蒸馏水或去离子水彻底冲洗。

采样

1. 串联一个有代表性的采样管来校准个体采样泵。

2. 在 1~4L/min 范围内,以已知流量采样 8 小时,采集 1~1500L 空气样品以测定 TWA。滤膜上总粉尘的增量不得超过 2mg。

样品处理

注意:一些基质,尤其是含有环氧树脂类涂料的样品,铅的完全回收可能需要不同的消解过程。见方法 7082(铅的火焰原子吸收分光光度法)附录的微波消解过程,使用该过程能达到此目的。

3. 打开滤膜夹,将样品和空白移至干净的烧杯中。

4. 加入 3ml 浓 HNO$_3$ 和 1ml 30% H$_2$O$_2$，盖上表面皿。从此步骤开始制备试剂空白。

5. 在 140℃ 电热板上加热至体积减小到约 0.5ml。

6. 用 3 ~ 5ml 5% HNO$_3$ 冲洗表面皿和烧杯壁，使溶液蒸发至 0.5ml。

7. 冷却每个烧杯。

8. 将溶液定量的转移至 10ml 容量瓶中，用蒸馏水稀释至刻度。

标准曲线绘制与质量控制

9. 在 0.002 ~ 1μg/ml 铅(每份样品 0.02 ~ 1.0μg 铅)的范围内，配制 6 个浓度的标准系列。

a. 于 100ml 容量瓶中，加入适量的标准储备液，用 5% HNO$_3$ 稀释至刻度。标准系列储存于聚乙烯瓶中，每周现配。

b. 将标准系列与样品和空白一起进行分析(步骤 12 ~ 14)。

c. 以吸光度对溶液浓度(μg/ml)绘制标准曲线。

10. 每 10 个样品分析一个标准溶液，以检查仪器漂移。

11. 每 10 份样品分析至少一个加标滤膜，以检查回收率。

注意:偶尔测定基质加标样品，以检查基质的干扰。如果未获得足够的回收率(85% ~ 100%)，应使用其他分析方法，如火焰 AAS 或 ICP。

样品测定

12. 根据仪器说明书和方法 7105 中给出的条件设置分光光度计。

注意:也可用波长 217.0nm[3]。与 283.3nm 相比，在 217.0nm 下分析的灵敏度稍大，但信噪比较低。同时，非原子吸收在 217.0nm 下的条件下明显更大，在该波长下必须使用 D$_2$ 或 H$_2$ 连续光谱或塞曼光谱背景校正。

13. 向样品和标准溶液中加入合适比例(2:1)的基体改进剂(样品或标准溶液比基体改进剂)。

14. 测定标准溶液、样品和空白。记录吸光度读数。

注意:若样品的吸光度值超出标准曲线的线性范围，用 5% HNO$_3$ 稀释后重新分析，计算时乘以相应的稀释倍数。

计算

15. 根据测得的吸光度值，由标准曲线计算样品和空白中相应的铅浓度。

16. 按下式计算空气中铅的浓度 C(mg/m^3):

$$C = \frac{C_s V_s - C_b V_b}{V}$$

式中:C$_s$——样品溶液中铅的浓度(μg/ml);

C$_b$——空白溶液中铅的平均浓度(μg/ml);

V$_s$——样品溶液的体积(ml);

V$_b$——空白溶液的体积(ml);

V——采样体积(L)。

方法评价

方法 P&CAM 214[2] 发表于 1976 年 1 月 29 日，以水中金属污染物的测定方法[4] 为基础。空气采样和消解过程按照方法 7082 进行。该分析过程已于 1990 年经 DataChem 实验室评价。经测定，LOD 为每份样品 0.02μg，LOQ 为每份样品 0.05μg。分析过程的精密度为 0.049。未测定方法的总体精密度、偏差和准确度。用于消解各种铅类物质的试剂见表 3 - 0 - 5。

表 3 - 0 - 5　铅的消解方法

物质	消解方法
金属 Pb	只用 HNO$_3$
金属 Pb	HNO$_3$ + H$_2$O$_2$
Pb	只用 HNO$_3$

续表

物质	消解方法
PbS	只用 HNO_3
PbO_2	只用 HNO_3
PbO_2	$HNO_3 + H_2O_2$
涂料中的 Pb*	只用 HNO_3
涂料中的 Pb*	$HNO_3 + H_2O_2$

注：* 标准物质#1579，美国国家标准与技术研究院。

参考文献

[1] Backup Data Report for Method 7105 Submitted to NIOSH by DataChem Laboratories, NIOSH (Unpublished, September, 1990).

[2] NIOSH Manual of Analytical Methods, 2nd. ed., V. 1, P&CAM 214, U. S. Department of Health, Education, and Welfare, Publ. (NIOSH) 77 – 157 – A (1977).

[3] Analytical Methods for Atomic Absorption Spectrophotometry, Perkin – Elmer Corporation (1976).

[4] Fernandez, F. J. and D. C. Manning. Atomic Absorbtion Analyses of Metal Pollutants in Water Using a Heated Graphite Atomizer, Atomic Absorption Newsletter 10, 65 (1971).

方法修订作者

James B. Perkins, Brent E. Stephens, and Michael P. Beesley, DataChem Laboratories, Salt Lake City, UT.

元素的测定 – ICP 法（硝酸/高氯酸消解）7300

元素：见表 3 – 0 – 6	相对分子质量：见表 3 – 0 – 6	CAS 号：见表 3 – 0 – 7	RTECS 号：见表 3 – 0 – 7
方法：7300，第三次修订		方法评价情况：部分评价	第一次修订：1990. 8. 15 第三次修订：2003. 3. 15
OSHA：见表 3 – 0 – 7 NIOSH：见表 3 – 0 – 7 ACGIH：见表 3 – 0 – 7		性质：见表 3 – 0 – 6	

元素：铝*、钙、镧、镍、锶、钨*、锑*、铬*、锂*、钾、碲、钒*、砷、钴*、镁、磷、锡、钇、钡、铜、锰*、硒、铊、锌、铍、铁、钼、银、钛、锆、镉、铅*

采样	分析
采样管：滤膜（0.8μm 纤维素酯滤膜或 5.0μm 聚氯乙烯滤膜）	分析方法：电感耦合氩等离子体 – 原子发射光谱法（ICP – AES）
采样流量：1~4L/min	待测物：上述元素
最小采样体积：见表 3 – 0 – 6	消解试剂：浓 HNO_3/浓 $HClO_4$（4:1），5ml；如需要可多加 2ml
最大采样体积：见表 3 – 0 – 6	消解条件：室温，30 分钟；150℃ 至近蒸干
运输方法：常规	最终溶液：4% HNO_3；1% $HClO_4$，25ml
样品稳定性：稳定	测量波长：各元素不同，见表 3 – 0 – 8
样品空白：每批样品 2~10 个	背景校正：光谱波长转换
	定量标准：含待测元素的 4% HNO_3，1% $HClO_4$ 溶液
准确性	测定范围：各元素不同[1]
研究范围：未研究	估算检出限：见表 3 – 0 – 8 和表 3 – 0 – 9
偏差：未测定	精密度（ $\bar{S}_r$ ）：见表 3 – 0 – 8 和表 3 – 0 – 9
总体精密度（ $\hat{S}_{rT}$ ）：未测定	
准确度：未测定	

续表

适用范围：采样体积为 500L 时，每种元素的测定范围是 $0.005 \sim 2.0 mg/m^3$。本法是对各种元素同时进行分析而不是分析某种特定的化合物。通过选择不同的消解过程，保证样品中各种类型的化合物全部溶解
干扰因素：光谱干扰是 ICP – AES 分析遇到的主要干扰。通过选择合适的波长、采用内标元素校正因子和背景校正，可将干扰降至最低[1-4]
其他方法：本法对方法 7300 的第一次修订版和第二次修订版进行了更新，替代了用于痕量元素分析的 P&CAM 351 方法[3]。这些元素中的许多元素，可利用火焰原子吸收光谱法（如方法 70XX）进行分析。石墨炉原子吸收光谱法（如 7102 测 Be，7105 测 Pb）是一种更灵敏的分析方法

试剂	仪器
1. 浓 HNO_3：超纯	1. 采样管：纤维素酯滤膜，孔径 $0.8\mu m$；或聚氯乙烯滤膜，孔径 $5.0\mu m$；直径 37mm，置于滤膜夹中
2. $HClO_4$：超纯**	2. 个体采样泵：流量 $1 \sim 4L/min$，配有连接软管
3. 消解酸：4：1（v/v）HNO_3：$HClO_4$。将 4 体积浓 HNO_3 与 1 体积浓 $HClO_4$ 混合	3. 电感耦合等离子体 – 原子发射光谱仪：根据待测元素，由仪器制造商按要求配置
4. 标准储备液：$1000\mu g/ml$，购买或按仪器说明书制备。（步骤 12）	4. 减压阀：两级，用于氩气
5. 稀释酸：4% HNO_3，1% $HClO_4$。将 50ml 消解酸加入 600ml 水中，稀释至 1L	5. 烧杯：Phillips 125ml 或 Griffin 50ml，带表面皿***
6. 氩气	6. 容量瓶：10，25，100ml 和 1L***
7. 蒸馏、去离子水	7. 移液管：各种规格***
	8. 加热板：表面温度 150℃

特殊防护措施：所有的高氯酸消解操作需要在风橱中进行。当使用浓酸时，要穿防护服和戴手套

注：* 这些元素的某些化合物需要特殊的样品处理；** 见特殊防护措施；*** 所有玻璃器皿使用前用浓 HNO_3 清洗并用蒸馏水彻底冲洗干净。

采样

1. 串联一个有代表性的采样管来校准个体采样泵。

2. 在 $1 \sim 4L/min$ 范围内，以已知流量采样，用于 TWA 测定的采样体积为 $200 \sim 2000L$（表 3 – 0 – 6）。滤膜上总粉尘的增量不得超过 2mg。

样品处理

3. 打开滤膜夹，将样品滤膜和空白滤膜分别转移至干净烧杯中。

4. 加入 5ml 消解酸，盖上表面皿，室温下放置 30 分钟。

注意：从此步骤开始制备试剂空白。

5. 在加热板（120℃）上加热至体积减小到约 0.5ml。

注意：如从某些涂料基质中回收铅需采用其他消解技术；可采用方法 7082（用火焰 AAS 测铅）中加热消解的方法或方法 7302 的微波消解方法；含 Al、Be、Co、Cr、Li、Mn、Mo、V 和 Zr 元素的一些物质使用本法消解会不完全溶解；对于这些元素中的大多数元素可找到其他的消解技术[5-10]。例如，对于 Mn 元素使用王水进行消解[6,12]。

6. 加入 2ml 消解酸并重复步骤 5。重复本步骤至溶液澄清。

7. 取下表面皿并用蒸馏水冲洗，冲洗液收集到烧杯中。

8. 升温至 150℃，使样品接近蒸干（约 0.5ml）。

9. 用 $2 \sim 3ml$ 稀释酸溶解残留物。

10. 将溶液定量地转移至 25ml 容量瓶中。

11. 用稀释酸稀释至刻线。

注意：如果需要更高的灵敏度，最终的样品溶液体积可至 10ml。

标准曲线绘制与质量控制

12. 按照仪器说明书绘制标准曲线。

注意：通常应用一个酸空白和 $1.0\mu g/ml$ 多元素标准系列。可按下列分组方法，将多种元素组合在一

起,配制 4% HNO_3/1% HClO_4 为溶剂的多元素标准系列。

　　a. Al、As、Ba、Be、Ca、Cd、Co、Cr、Cu、Fe、La、In、Na。

　　b. Ag、K、Li、Mg、Mn、Ni、P、Pb、Se、Sr、Tl、V、Y、Zn、Sc。

　　c. Mo、Sb、Sn、Te、Ti、W、Zr。

　　d. 酸空白。

13. 每 10 个样品分析一个标准溶液。

14. 每 10 个样品至少测定两个加标滤膜,以检查回收率。

样品测定

15. 根据仪器说明书设定光谱仪。

16. 分析标准系列、样品和空白。

注意:如果样品值高于标准曲线线性范围,用稀释酸稀释溶液后重新分析,计算时乘以相应的稀释倍数。

计算

17. 从仪器上读出样品溶液和介质空白中待测元素的浓度。

18. 按下式计算空气中待测元素的浓度 C(mg/m^3):

$$C = \frac{C_s V_s - C_b V_b}{V}$$

式中:C_s——样品溶液中的浓度(μg/ml);

　　　C_b——介质空白中的平均浓度(μg/ml);

　　　V_s——样品溶液体积(ml);

　　　V_b——介质空白体积(ml);

　　　V——采样体积(L)。

注意:1μg/L = 1mg/m^3。

方法评价

第一次修订和第二次修订:方法 7300 于 1981 年进行了最初评价。通过在滤膜上加标测定了精密度和回收率,获得精密度和回收率数据,每种元素的加标量在每份样品 2.5 ~ 1000μg 范围内。第一次修订和第二次修订中,方法评价使用 Jarrell – Ash 型 1160 电感耦合等离子体光谱仪,按照仪器说明书进行操作。

第三次修订:本法更新了 NIOSH 7300 方法,使用购买的加标滤膜进行了精密度和回收率实验,浓度为约 3 倍和 10 倍仪器检出限,最终的样品溶液体积为 25ml。获得精密度和回收率数据。表 3 – 0 – 8 和表 3 – 0 – 9 列出了混合纤维素酯(MCE)和聚氯乙烯(PVC)滤膜的精密度和回收率数据,仪器检出限及分析波长。PVC 滤膜能够用于总尘测定,消解后用于金属测定,经检测发现结果良好。表 3 – 0 – 8 和表 3 – 0 – 9 列出的数据是使用 Spectro 分析仪 Model End On Plasma (EOP)(轴向),按仪器说明书操作测得的数据。

参考文献

[1] Millson M, Andrews R [2002]. Backup Data Report, Method 7300, Unpublished Report, NIOSH/DART.

[2] Hull RD [1981]. Multielement Analysis of Industrial Hygiene Samples, NIOSH Internal Report, Presented at The American Industrial Hygiene Conference, Portland, Oregon.

[3] NIOSH [1982]. NIOSH Manual of Analytical Methods, 2nd ed., V. 7, P&CAM 351 (Elements by ICP), U. S. Department of Health and Human Services, Publ. (NIOSH) 82 – 100.

[4] NIOSH [1994]. Elements by ICP: Method 7300, Issue 2. In: Eller PM, Cassinelli ME, eds., NIOSH Manual of Analytical Methods, 4th ed. Cincinnati, OH: U. S. Department of Health and Human Services, Centers for Disease Control and Prevention, National Institute for Occupational Safety and Health, DHHS(NIOSH) Publication No. 94 – 113.

[5] NIOSH [1994]. Lead by FAAS: Method 7082. In: Eller PM, Cassinelli ME, eds., NIOSH Manual of Analytical Methods, 4th ed. Cincinnati, OH: U. S. Department of Health and Human Services, Centers for Disease Control and Prevention, National Institute for Occupational Safety and Health, DHHS (NIOSH) Publication No. 94 – 113.

[6] NIOSH [1977]. NIOSH Manual of Analytical Methods, 2nd ed., V. 2, S5 (Manganese), U. S. Department of Health,

Education, and Welfare, Publ. (NIOSH) 77 – 157 – B.

[7] NIOSH [1994]. Tungsten, soluble/insoluble: Method 7074. In: Eller PM, Cassinelli ME, eds. , NIOSH Manual of Analytical Methods, 4ᵗʰ ed. Cincinnati, OH: U. S. Department of Health and Human Services, Centers for Disease Control and Prevention, National Institute for Occupational Safety and Health, DHHS (NIOSH) Publication No. 94 – 113.

[8] NIOSH [1979]. NIOSH Manual of Analytical Methods, 2nd ed. , V. 5, P&CAM 173 (Metals by Atomic Absorption), U. S. Department of Health, Education, and Welfare, Publ. (NIOSH) 79 – 141.

[9] NIOSH [1977]. NIOSH Manual of Analytical Methods, 2nd ed. , V. 3, S183 (Tin), S185 (Zirconium), and S376 (Molybdenum), U. S. Department of Health, Education, and Welfare, Publ. (NIOSH) 77 – 157 – C.

[10] ISO [2001]. Workplace air – Determination of Metals and Metalloids in Airborne Particulate Matter by Inductively Coupled Plasma Atomic Emission Spectrometry – Part 2: Sample Preparation. International Organization for Standardization. ISO 15202 – 2:2001(E).

[11] ASTM [1985]. 1985 Annual Book of ASTM Standards, Vol. 11. 01; Standard Specification for Reagent Water; ASTM, Philadelphia, PA, D1193 – 77 (1985).

[12] Certification Inorganic Ventures for Spikes.

方法修订作者

Mark Millson and Ronnee Andrews, NIOSH/DART.

Method Originally Written by Mark Millson, NIOSH/DART, and R. DeLon Hull, Ph. D. , NIOSH/DSHEFS, James B. Perkins, David L. Wheeler, and Keith Nicholson, DataChem Labortories, Salt Lake City, UT.

表 3 – 0 – 6 性质及采样体积

| 元素 | 性质 | | 采样体积/L(在 OSHA PEL 下) | |
（符号）	原子量	熔点/℃	最小	最大
银（Ag）	107. 87	961. 00	250	2000
铝（Al）	26. 98	660. 00	5	100
砷（As）	74. 92	817. 00	5	2000
钡（Ba）	137. 34	710. 00	50	2000
铍（Be）	9. 01	1278. 00	1250	2000
钙（Ca）	40. 08	842. 00	5	200
镉（Cd）	112. 40	321. 00	13	2000
钴（Co）	58. 93	1495. 00	25	2000
铬（Cr）	52. 00	1890. 00	5	1000
铜（Cu）	63. 54	1083. 00	5	1000
铁（Fe）	55. 85	1535. 00	5	100
钾（K）	39. 10	63. 65	5	1000
镧（La）	138. 91	920. 00	5	1000
锂（Li）	6. 94	179. 00	100	2000
镁（Mg）	24. 31	651. 00	5	67
锰（Mn）	54. 94	1244. 00	5	200
钼（Mo）	95. 94	651. 00	5	67
镍（Ni）	58. 71	1453. 00	5	1000

续表

元素 （符号）	性质		采样体积/L（在 OSHA PEL 下）	
	原子量	熔点/℃	最小	最大
磷（P）	30.97	44.00	25	2000
铅（Pb）	207.19	328.00	50	2000
锑（Sb）	121.75	630.50	50	2000
硒（Se）	78.96	217.00	13	2000
锡（Sn）	118.69	231.90	5	1000
锶（Sr）	87.62	769.00	10	1000
碲（Te）	127.60	450.00	25	2000
钛（Ti）	47.90	1675.00	5	100
铊（Tl）	204.37	304.00	25	2000
钒（V）	50.94	1890.00	5	2000
钨（W）	183.85	3410.00	5	1000
钇（Y）	88.91	1495.00	5	1000
锌（Zn）	65.37	419.00	5	200
锆（Zr）	91.22	1852.00	5	200

表 3 - 0 - 7　接触限值，CAS 号，RTECS 号

元素 （符号）	CAS 号	RTECS 号	接触限值/(mg/m³)(Ca = 致癌物质)		
			OSHA	NIOSH	ACGIH
银（Ag）	7440 - 22 - 4	VW3500000	0.01（尘,烟,金属）	0.01（金属,可溶物）	0.1（金属） 0.01（可溶物）
铝（Al）	7429 - 90 - 5	BD0330000	15（总尘） 5（可吸入物）	10（总尘） 5（可吸入性烟） 2（盐,烷基化合物）	10（尘） 5（粉末,烟） 2（盐,烷基化合物）
砷（As）	7440 - 38 - 2	CG0525000	不同	0.002,Ca	0.01,Ca
钡（Ba）	7440 - 39 - 3	CQ8370000	0.5	0.5	0.5
铍（Be）	7440 - 41 - 7	DS1750000	0.002,C 0.005	0.0005,Ca	0.002,Ca
钙（Ca）	7440 - 70 - 2	—	不同	不同	不同
镉（Cd）	7440 - 43 - 9	EU9800000	0.005	最低可行,Ca	0.01（总尘）,Ca 0.002（可吸入物）,Ca
钴（Co）	7440 - 48 - 4	GF8750000	0.1	0.05（尘,烟）	0.02（尘,烟）
铬（Cr）	7440 - 47 - 3	GB4200000	0.5	0.5	0.5
铜（Cu）	7440 - 50 - 8	GL5325000	1（尘,雾） 0.1（烟）	1（尘） 0.1（烟）	1（尘,雾） 0.2（烟）
铁（Fe）	7439 - 89 - 6	NO4565500	10（尘,烟）	5（尘,烟）	5（尘）
钾（K）	7440 - 09 - 7	TS6460000	—	—	—
镧（La）	7439 - 91 - 0	—	—	—	—
锂（Li）	7439 - 93 - 2	—	—	—	—
镁（Mg）	7439 - 95 - 4	OM2100000	15（尘）作为氧化物 5（可吸入物）	10（烟）作为氧化物	10（烟）作为氧化物

续表

元素 （符号）	CAS 号	RTECS 号	接触限值/（mg/m³）（Ca = 致癌物质）		
			OSHA	NIOSH	ACGIH
锰（Mn）	7439 – 96 – 5	7439 – 96 – 5	C 5	1；STEL 3	5（尘） 1；STEL 3（烟）
钼（Mo）	7439 – 98 – 7	7439 – 98 – 7	5（可溶物） 15（全部不溶）	5（可溶物） 10（不溶物）	5（可溶物） 10（不溶物）
镍（Ni）	7440 – 02 – 0	QR5950000	1	0.015，Ca	0.1（可溶物） 1（不溶物，金属）
磷（P）	7723 – 14 – 0	TH3500000	0.1	0.1	0.1
铅（Pb）	7439 – 92 – 1	OF7525000	0.05	0.05	0.05
锑（Sb）	7440 – 36 – 0	7440 – 36 – 0	0.5	0.5	0.5
硒（Se）	7782 – 49 – 2	VS7700000	0.2	0.2	0.2
锡（Sn）	7440 – 31 – 5	XP7320000	2	2	2
锶（Sr）	7440 – 24 – 6	—	—	—	—
碲（Te）	13494 – 80 – 9	WY2625000	0.1	0.1	0.1
钛（Ti）	7440 – 32 – 6	XR1700000	—		—
铊（Tl）	7440 – 28 – 0	XG3425000	0.1（皮肤）（可溶物）	0.1（皮肤）（可溶物）	0.1（皮肤）
钒（V）	7440 – 62 – 2	YW240000	—	C 0.05	
钨（W）	7440 – 33 – 7	—	5	5 10（STEL）	5 10（STEL）
钇（Y）	7440 – 65 – 5	ZG2980000	1	N/A	1
锌（Zn）	7440 – 66 – 6	ZG8600000			
锆（Zr）	7440 – 67 – 7	ZH7070000	5	5，STEL 10	5，STEL 10

表 3 – 0 – 8　样品测定过程和数据[1]

混合纤维素酯滤膜（0.45μm）

元素 （a）	波长 /nm	估算 LOD /（微克/滤膜）	LOD /（ng/ml）	验证 3 × LOD （b）	回收率/% （c）	RSD/% （N = 25）	验证 10 × LOD （b）	回收率/% （c）	RSD/% （N = 25）
Ag	328	0.0420	1.7	0.77	102.9	2.64	3.21	98.3	1.53
Al	167	0.1150	4.6	1.54	105.4	11.50	6.40	101.5	1.98
As	189	0.1400	5.6	3.08	94.9	2.28	12.90	93.9	1.30
Ba	455	0.0050	0.2	0.31	101.8	1.72	1.29	97.7	0.69
Be	313	0.0050	0.2	0.31	100.0	1.44	1.29	98.4	0.75
Ca	317	0.9080	36.3	15.4	98.7	6.65	64.00	100.2	1.30
Cd	226	0.0075	0.3	0.31	99.8	1.99	1.29	97.5	0.88
Co	228	0.0120	0.5	0.31	100.8	1.97	1.29	98.4	0.90
Cr	267	0.0200	0.8	0.31	93.4	16.30	1.29	101.2	2.79
Cu	324	0.0680	2.7	1.54	102.8	1.47	6.40	100.6	0.92
Fe	259	0.0950	3.8	1.54	103.3	5.46	6.40	98.0	0.95

续表

元素 (a)	波长 /nm	估算 LOD /(微克/滤膜)	LOD /(ng/ml)	验证 3×LOD (b)	回收率/% (c)	RSD/% (N=25)	验证 10×LOD (b)	回收率/% (c)	RSD/% (N=25)
K	766	1.7300	69.3	23.00	90.8	1.51	96.40	97.6	0.80
La	408	0.0480	1.9	0.77	102.8	2.23	3.21	100.1	0.92
Li	670	0.0100	0.4	0.31	110.0	1.91	1.29	97.7	0.81
Mg	279	0.0980	3.9	1.54	101.1	8.35	6.40	98.0	1.53
Mn	257	0.0050	0.2	0.31	101.0	1.77	1.29	94.7	0.73
Mo	202	0.0200	0.8	0.31	105.3	2.47	1.29	98.6	1.09
Ni	231	0.0200	0.8	0.31	109.6	3.54	1.29	101.2	1.38
P	178	0.0920	3.7	1.54	84.4	6.19	6.40	82.5	4.75
Pb	168	0.0620	2.5	1.54	109.4	2.41	6.40	101.7	0.88
Sb	206	0.1920	7.7	3.08	90.2	11.40	12.90	**41.3**	32.58
Se	196	0.1350	5.4	2.30	87.6	11.60	9.64	84.9	4.78
Sn	189	0.0400	1.6	0.77	90.2	18.00	3.21	**49.0**	21.79
Sr	407	0.0050	0.2	0.31	101.0	1.55	1.29	97.3	0.65
Te	214	0.0780	3.1	1.54	102.0	2.67	6.40	97.4	1.24
Ti	334	0.0500	2.0	0.77	98.4	2.04	3.21	93.4	1.08
Tl	190	0.0920	3.7	1.54	100.9	2.48	6.40	99.1	0.80
V	292	0.0280	1.1	0.77	103.2	1.92	3.21	98.3	0.84
W	207	0.0750	3.0	1.54	72.2	10.10	6.40	**57.6**	14.72
Y	371	0.0120	0.5	0.31	100.5	1.80	1.29	97.4	0.75
Zn	213	0.3100	12.4	4.60	102.2	1.87	19.30	95.3	0.90
Zr	339	0.0220	0.9	0.31	88.0	19.40	1.29	**25.0**	57.87

注:(a)由于回收率低,黑体值只是定性结果;(b)在约 3 倍和 10 倍仪器检出限,Inorganic Ventures INC. 对数据进行了验证;(c)报道的数值是使用 Spectro 分析仪 EOP ICP 测得;仪器性能可能因仪器而不同,应该分别验证。

表 3-0-9　样品测定过程和数据[1]
聚氯乙烯滤膜(5.0μm)

元素 (a)	波长 /nm	估算 LOD /(微克/滤膜)	LOD /(ng/ml)	验证 3×LOD (b)	回收率/% (c)	RSD/% (N=25)	验证 10×LOD (b)	回收率/% (c)	RSD/% (N=25)
Ag	328	0.0420	1.7	0.78	104.2	8.20	3.180	81.8	18.9
Al	167	0.1150	4.6	1.56	77.4	115.24	6.400	92.9	20.9
As	189	0.1400	5.6	3.10	100.7	5.13	12.700	96.9	3.2
Ba	455	0.0050	0.2	0.31	102.4	3.89	1.270	99.8	2.0
Be	313	0.0050	0.2	0.31	106.8	3.53	1.270	102.8	2.1
Ca	317	0.9080	36.3	15.6	**68.1**	12.66	64.000	96.8	5.3
Cd	226	0.0075	0.3	0.31	105.2	5.57	1.270	101.9	2.8
Co	228	0.0120	0.5	0.31	109.3	4.67	1.270	102.8	2.8

续表

元素 (a)	波长 /nm	估算 LOD /(微克/滤膜)	LOD /(ng/ml)	验证 3 × LOD (b)	回收率/% (c)	RSD/% (N = 25)	验证 10 × LOD (b)	回收率/% (c)	RSD/% (N = 25)
Cr	267	0.0200	0.8	0.31	109.4	5.31	1.270	103.4	4.1
Cu	324	0.0680	2.7	1.56	104.9	5.18	6.400	101.8	2.4
Fe	259	0.0950	3.8	1.56	88.7	46.82	6.400	99.1	9.7
K	766	1.7300	69.3	23.40	96.4	4.70	95.000	99.2	2.2
La	408	0.0480	1.9	0.78	**45.5**	4.19	3.180	98.8	2.6
Li	670	0.0100	0.4	0.31	107.7	4.80	1.270	110.4	2.7
Mg	279	0.0980	3.9	1.56	**54.8**	20.59	6.400	**64.5**	5.7
Mn	257	0.0050	0.2	0.31	101.9	4.18	1.270	99.3	2.4
Mo	202	0.0200	0.8	0.31	106.6	5.82	1.270	98.1	3.8
Ni	231	0.0200	0.8	0.31	111.0	5.89	1.270	103.6	3.2
P	178	0.0920	3.7	1.56	101.9	17.82	6.400	86.5	10.4
Pb	168	0.0620	2.5	1.56	109.6	6.12	6.400	103.2	2.9
Sb	206	0.1920	7.7	3.10	**64.6**	22.54	12.700	**38.1**	30.5
Se	196	0.1350	5.4	2.30	83.1	26.20	9.500	76.0	17.2
Sn	189	0.0400	1.6	0.78	85.7	27.29	3.180	**52.0**	29.4
Sr	407	0.0050	0.2	0.31	**71.8**	4.09	1.270	81.2	2.7
Te	214	0.0780	3.1	1.56	109.6	7.49	6.400	97.3	3.8
Ti	334	0.0500	2.0	0.78	101.0	9.46	3.180	92.4	5.5
Tl	190	0.0920	3.7	1.56	110.3	4.04	6.400	101.9	2.0
V	292	0.0280	1.1	0.78	108.3	3.94	3.180	102.5	2.6
W	207	0.0750	3.0	1.56	**74.9**	15.70	6.400	**44.7**	19.6
Y	371	0.0120	0.5	0.31	101.5	3.63	1.270	101.4	2.5
Zn	213	0.3100	12.4	4.70	91.0	68.69	19.100	101.0	9.6
Zr	339	0.0220	0.9	0.31	**70.7**	54.20	1.270	**40.4**	42.1

注:(a)报道的数值是使用 Spectro 分析仪 EOP ICP 测得;仪器性能可能因仪器不同而不同,应该分别验证;(b)在约3倍和10倍仪器检出限,Inorganic Ventures INC. 对数据进行了验证;(c)由于回收率低,黑体值只是定性结果。对这些元素和其化合物可使用其他消解技术。

元素的测定 - ICP 法(王水消解) 7301

元素:见表 3 - 0 - 10	相对分子质量:见表 3 - 0 - 10	CAS 号:见表 3 - 0 - 11	RTECS 号:见表 3 - 0 - 11
方法:7301,第一次修订		方法评价情况:部分评价	第一次修订:2003. 3. 15
OSHA:见表 3 - 0 - 11 NIOSH:见表 3 - 0 - 11 ACGIH:见表 3 - 0 - 11		性质:见表 3 - 0 - 10	
元素:铝*、钙、铅*、磷、铊、锌、锑*、铬*、锂*、钾、锡、锆*、砷、钴、镁、硒、钛、钡、铜、锰、银、钨*、铍、铁*、钼、锶、钒、镉、镧、镍、碲、钇			

续表

采样	分析
采样管:滤膜(0.8μm 纤维素酯滤膜或 5.0μm 聚氯乙烯滤膜)	分析方法:电感耦合氩等离子体 – 原子发射光谱法（ICP – AES）
采样流量:1 ~ 4L/min	待测物:上述元素
最小采样体积:见表 3 – 0 – 10	消解试剂:王水(1 HNO_3:3 HCl)
最大采样体积:见表 3 – 0 – 10	消解条件:室温,30 分钟;150℃至接近蒸干
运输方法:常规	最终溶液:5% 王水,25ml
样品稳定性:稳定	测定波长:各元素不同;见表 3 – 0 – 12
样品空白:每批样品 2 ~ 10 个	背景校正:光谱波长转换
	定量标准:含待测元素的 5% 王水溶液
准确性	测定范围:各元素不同[1]
研究范围:未研究	估算检出限:见表 3 – 0 – 12 和表 3 – 0 – 13
偏差:未测定	精密度($\bar{S}_r$):见表 3 – 0 – 12 和表 3 – 0 – 13
总体精密度($\hat{S}_{rT}$):未测定	
准确度:未测定	

适用范围:采样体积为 500L 时,每种元素的测定范围是 0.005 ~ 2.0mg/ m^3。本法是对各种元素同时进行分析,而不能分析某种特定的化合物。通过选择不同的消解过程,保证样品中各种类型的化合物全部溶解。本法不能完全消解 PVC 滤膜

干扰因素:光谱干扰是 ICP – AES 分析遇到的主要干扰。通过选择合适的波长、采用内标元素校正因子和背景校正,可将干扰降至最低[1-4]

其他方法:这些元素中的许多元素,可利用火焰原子吸收光谱法(如方法 70XX)进行分析。石墨炉原子吸收光谱法(如 7102 测 Be,7105 测 Pb)是一种更灵敏的分析方法。可采用 NIOSH 方法 7300 和 7302 的消解过程

试剂	仪器
1. 浓 HNO_3 ＊＊:超纯	1. 采样管:纤维素酯滤膜,孔径 0.8μm;或聚氯乙烯滤膜(PVC),孔径 5.0μm;直径 37mm,置于滤膜夹中
2. $HClO_4$ ＊＊:超纯	2. 个体采样泵:流量 1 ~ 4L/min,配有连接软管
3. 王水:1:3 (v/v) HNO_3:HCl。将 1 体积浓 HNO_3 与 3 体积浓 HCl 混合	3. 电感耦合等离子体 – 原子发射光谱仪:根据待测元素,由仪器制造商按要求配置
4. 标准储备液:1000μg/ml,购买或按仪器说明书制备。(步骤 12)	4. 减压阀:两级,用于氩气
5. 稀释酸:1% HNO_3,3% HCl。将 50ml 王水加入 600ml 水中,稀释至 1L	5. 烧杯:Phillips 125ml 或 Griffin 50ml,带表面皿＊＊＊
6. 氩气	6. 容量瓶:10,25,100ml 和 1L＊＊＊
7. 蒸馏、去离子水	7. 移液管:各种规格＊＊＊
	8. 加热板:表面温度 150℃

特殊防护措施:浓酸是具有强氧化性、毒性和腐蚀性的液体,穿防护服并在通风橱中操作

注:＊这些元素的某些化合物需要特殊的样品处理;＊＊特殊防护措施;＊＊＊所有玻璃器皿使用前用浓 HNO_3 清洗并用蒸馏水彻底冲洗干净。

采样

1. 串联一个有代表性的采样管来校准个体采样泵。

2. 在 1 ~ 4L/min 范围内,以已知流量采样,用于 TWA 测定的采样体积为 200 ~ 2000L(表 3 – 0 – 10)。滤膜上总粉尘的增量不得超过 2mg。

样品处理

3. 打开滤膜夹,将样品滤膜和空白滤膜分别转移至干净烧杯中。

4. 加入 5ml 消解酸,盖上表面皿,室温下放置 30 分钟。

注意:从此步骤开始制备试剂空白。

5. 在加热板(120℃)上加热至体积减小到约 0.5ml。

注意:如从某些涂料基质中回收铅需采用其他消解技术。可采用方法 7082(用火焰 AAS 测铅)中加热消解的方法或方法 7302 的微波消解方法;含 Al、Be、Co、Cr、Li、Mn、Mo、V 和 Zr 元素的一些物质使用本法消

解会不完全溶解,对于这些元素中的大多数元素可找到其他的消解技术[5-10]。

6. 加入2ml消解酸并重复步骤5。重复本步骤至溶液澄清。

注意:PVC滤膜在重复加入消解酸后会不完全溶解。

7. 移开表面皿并用蒸馏水冲洗,冲洗液收集到烧杯中。

8. 升温至150℃,使样品接近蒸干(约0.5ml)。

9. 用2~3ml稀释酸溶解残留物。

10. 将溶液定量地转移至25ml容量瓶中。

11. 用稀释酸稀释至刻线。

标准曲线绘制与质量控制

12. 按照仪器说明书绘制标准曲线。

注意:通常应用一个酸空白和1.0μg/ml多元素标准系列。可按下列分组方法,将多种元素组合在一起,配制5%王水为溶剂的多元素标准系列。

a. Al、As、Ba、Be、Ca、Cd、Co、Cr、Cu、Fe、La、In、Na。

b. Ag、K、Li、Mg、Mn、Ni、P、Pb、Se、Sr、Tl、V、Y、Zn、Sc。

c. Mo、Sb、Sn、Te、Ti、W、Zr。

d. 酸空白。

13. 每10个样品分析一次标准溶液。

14. 每10个样品至少测定两个加标滤膜,以检查回收率。

样品测定

15. 根据仪器说明书设定光谱仪。

16. 分析标准系列、样品、空白。

注意:如果样品值高于标准曲线线性范围,用稀释酸稀释溶液后重新分析,计算时乘以相应的稀释倍数。如果需要更高的灵敏度,最终的样品体积可至10ml。

计算结果:

17. 从仪器上读出样品溶液和介质空白中待测元素的浓度。

18. 按下式计算空气中待测元素的浓度$C(mg/m^3)$:

$$C = \frac{C_s V_s - C_b V_b}{V}$$

式中:C_s——样品溶液浓度$(\mu g/ml)$;

　　C_b——介质空白中的平均浓度$(\mu g/ml)$;

　　V_s——样品溶液体积(ml);

　　V_b——介质空白体积(ml);

　　V——采样体积(L)。

注意:$1\mu g/L = 1mg/m^3$

方法评估:

用购买的加标滤膜进行了精密度和回收率实验,浓度在约3倍和10倍仪器检出限下,最终的样品溶液体积为25ml[12]。获得了精密度和回收率数据。精密度和回收率数据、仪器检出限及分析波长列于表3-0-12和表3-0-13中。一般情况下,MCE滤膜比PVC滤膜的回收率更好。表3-0-12和表3-0-13列出的数据是使用Spectro分析仪Model End On Plasma(EOP)(轴向),按仪器说明书操作测得的数据。

参考文献

[1] Millson M, Andrews R [2002]. Backup Data Report, Method 7301, Unpublished Report, NIOSH/DART.

[2] Hull RD [1981]. Multielement Analysis of Industrial Hygiene Samples, NIOSH Internal Report, Presented at the American Industrial Hygiene Conference, Portland, Oregon.

[3] NIOSH [1982]. NIOSH Manual of Analytical Methods, 2nd ed. , V. 7, P&CAM 351 (Elements by ICP), U.S. Depart-

ment of Health and Human Services, Publ. (NIOSH) 82 ~ 100.

[4] NIOSH [1994]. Elements by ICP: Method 7300. In: Eller PM, Cassinelli ME, eds. , NIOSH Manual of Analytical Methods, 4th ed. Cincinnati, OH: U. S. Department of Health and Human Services, Centers for Disease Control and Prevention, National Institute for Occupational Safety and Health, DHHS (NIOSH) Publication No. 94 – 113.

[5] NIOSH [1994]. Lead by FAAS: Method 7082. In: Eller PM, Cassinelli ME, eds. , NIOSH Manual of Analytical Methods, 4th ed. Cincinnati, OH: U. S. Department of Health and Human Services, Centers for Disease Control and Prevention, National Institute for Occupational Safety and Health, DHHS (NIOSH) Publication No. 94 – 113.

[6] NIOSH [1977]. NIOSH Manual of Analytical Methods, 2nd ed. , V. 2, S5 (Manganese), U. S. Department of Health, Education, and Welfare, Publ. (NIOSH) 77 – 157 – B.

[7] NIOSH [1994]. Tungsten, soluble/insoluble: Method 7074. In: Eller PM, Cassinelli ME, eds. , NIOSH Manual of Analytical Methods, 4th ed. Cincinnati, OH: U. S. Department of Health and Human Services, Centers for Disease Control and Prevention, National Institute for Occupational Safety and Health, DHHS (NIOSH) Publication No. 94 – 113.

[8] NIOSH [1979]. NIOSH Manual of Analytical Methods, 2nd ed. , V. 5, P&CAM 173 (Metals by Atomic Absorption), U. S. Department of Health, Education, and Welfare, Publ. (NIOSH) 79 – 141.

[9] NIOSH [1977]. NIOSH Manual of Analytical Methods, 2nd ed. , V. 3, S183 (Tin), S185 (Zirconium), and S376 (Molybdenum), U. S. Department of Health, Education, and Welfare, Publ. (NIOSH) 77 – 157 – C.

[10] ISO [2001]. Workplace air – Determination of Metals and Metalloids in Airborne Particulate Matter by Inductively Coupled Plasma Atomic Emission Spectrometry – Part 2: Sample Preparation. International Organization for Standardization. ISO 15202 – 2:2001(E).

[11] ASTM [1985]. 1985 Annual Book of ASTM Standards, Vol. 11. 01; Standard Specification for Reagent Water; ASTM, Philadelphia, PA, D1193 – 77 (1985).

[12] Certification Inorganic Ventures for Spikes.

方法作者

Mark Millson, NIOSH/DART, and Ronnee Andrews, NIOSH/DART.

表 3 – 0 – 10　性质及采样体积

元素(符号)	性质		采样体积/L(在 OSHA PEL 下)	
	原子量	熔点/℃	最小	最大
银(Ag)	107. 87	961. 00	250	2000
铝(Al)	26. 98	660. 00	5	100
砷(As)	74. 92	817. 00	5	2000
钡(Ba)	137. 34	710. 00	50	2000
铍(Be)	9. 01	1278. 00	1250	2000
钙(Ca)	40. 08	842. 00	5	200
镉(Cd)	112. 40	321. 00	13	2000
钴(Co)	58. 93	1495. 00	25	2000
铬(Cr)	52. 00	1890. 00	5	1000
铜(Cu)	63. 54	1083. 00	5	1000
铁(Fe)	55. 85	1535. 00	5	100
钾(K)	39. 10	63. 65	5	1000
镧(La)	138. 91	920. 00	5	1000

续表

元素(符号)	性质		采样体积/L(在 OSHA PEL 下)	
	原子量	熔点/℃	最小	最大
锂(Li)	6.94	179.00	100	2000
镁(Mg)	24.31	651.00	5	67
锰(Mn)	54.94	1244.00	5	200
钼(Mo)	95.94	651.00	5	67
镍(Ni)	58.71	1453.00	5	1000
磷(P)	30.97	44.00	25	2000
铅(Pb)	207.19	328.00	50	2000
锑(Sb)	121.75	630.50	50	2000
硒(Se)	78.96	217.00	13	2000
锡(Sn)	118.69	231.90	5	1000
锶(Sr)	87.62	769.00	10	1000
碲(Te)	127.60	450.00	25	2000
钛(Ti)	47.90	1675.00	5	100
铊(Tl)	204.37	304.00	25	2000
钒(V)	50.94	1890.00	5	2000
钨(W)	183.85	3410.00	5	1000
钇(Y)	88.91	1495.00	5	1000
锌(Zn)	65.37	419.00	5	200
锆(Zr)	91.22	1852.00	5	200

表 3-0-11　接触限值、CAS 号和 RTECS 号

元素(符号)	CAS 号	RTECS 号	接触限值/(mg/m³)(Ca = 致癌物质)		
			OSHA	NIOSH	ACGIH
银(Ag)	7440-22-4	VW3500000	0.01(尘、烟、金属)	0.01(金属,可溶物)	0.1(金属) 0.01(可溶物)
铝(Al)	7429-90-5	BD0330000	15(总尘) 5(可吸入物)	10(总尘) 5(可吸入性烟) 2(盐,烷基化合物)	10(尘) 5(粉末,烟) 2(盐,烷基化合物)
砷(As)	7440-38-2	CG0525000	不同	0.002, Ca	0.01, Ca
钡(Ba)	7440-39-3	CQ8370000	0.5	0.5	0.5
铍(Be)	7440-41-7	DS1750000	0.002,C 0.005	0.0005,Ca	0.002, Ca
钙(Ca)	7440-70-2	—	不同	不同	不同
镉(Cd)	7440-43-9	EU9800000	0.005	最低可行, Ca	0.01(总尘), Ca 0.002(可吸入物),Ca
钴(Co)	7440-48-4	GF8750000	0.1	0.05(尘,烟)	0.02(尘,烟)
铬(Cr)	7440-47-3	GB4200000	0.5	0.5	0.5
铜(Cu)	7440-50-8	GL5325000	1(尘,雾) 0.1(烟)	1(尘) 0.1(烟)	1(尘,雾) 0.2(烟)
铁(Fe)	7439-89-6	NO4565500	10(尘,烟)	5(尘,烟)	5(尘)
钾(K)	7440-09-7	TS6460000	—	—	—

续表

元素(符号)	CAS 号	RTECS 号	接触限值/(mg/m³)(Ca＝致癌物质)		
			OSHA	NIOSH	ACGIH
镧(La)	7439-91-0	—	—	—	—
锂(Li)	7439-93-2	—	—	—	—
镁(Mg)	7439-95-4	OM2100000	15(尘)作为氧化物 5(可吸入物)	10(烟)作为氧化物	10(烟)作为氧化物
锰(Mn)	7439-96-5	7439-96-5	C 5	1；STEL 3	5(尘) 1；STEL 3(烟)
钼(Mo)	7439-98-7	7439-98-7	5(可溶物) 15(全部不溶)	5(可溶物) 10(不溶物)	5(可溶物) 10(不溶物)
镍(Ni)	7440-02-0	QR5950000	1	0.015，Ca	0.1(可溶物) 1(不溶物,金属)
磷(P)	7723-14-0	TH3500000	0.1	0.1	0.1
铅(Pb)	7439-92-1	OF7525000	0.05	0.05	0.05
锑(Sb)	7440-36-0	7440-36-0	0.5	0.5	0.5
硒(Se)	7782-49-2	VS7700000	0.2	0.2	0.2
锡(Sn)	7440-31-5	XP7320000	2	2	2
锶(Sr)	7440-24-6	—	—	—	—
碲(Te)	13494-80-9	WY2625000	0.1	0.1	0.1
钛(Ti)	7440-32-6	XR1700000	—	—	—
铊(Tl)	7440-28-0	XG3425000	0.1(皮肤)(可溶物)	0.1(皮肤)(可溶物)	0.1(皮肤)
钒(V)	7440-62-2	YW240000	—	C 0.05	—
钨(W)	7440-33-7	—	5	5 10(STEL)	5 10(STEL)
钇(Y)	7440-65-5	ZG2980000	1	N/A	1
锌(Zn)	7440-66-6	ZG8600000	—	—	—
锆(Zr)	7440-67-7		5	5，STEL 10	5，STEL 10

表 3-0-12　样品测定过程和数据

混合纤维素酯滤膜(0.45μm)

元素 (a)	波长 /nm	估算 LOD/ /(微克/滤膜)	LOD/ /(ng/ml)	验证/ (3×LOD) (b)	回收率/% (c)	RSD/% (N＝25)	验证/ (10×LOD) (b)	回收率/% (c)	RSD/% (N＝25)
Ag	328	0.042	1.7	0.77	100.3	2.39	3.21	93.4	4.95
Al	167	0.115	4.6	1.54	208.1	42.40	6.40	99.6	9.43
As	189	0.140	5.6	3.08	97.6	4.71	12.90	95.1	1.14
Ba	455	0.005	0.2	0.31	104.3	1.65	1.29	100.8	1.54
Be	313	0.005	0.2	0.31	99.6	1.42	1.29	100.6	0.68
Ca	317	0.908	36.3	15.4	101.6	5.01	64.00	101.6	1.42
Cd	226	0.0075	0.3	0.31	106.8	2.60	1.29	99.2	0.76
Co	228	0.012	0.5	0.31	105.6	1.64	1.29	100.4	0.87
Cr	267	0.020	0.8	0.31	97.0	27.00	1.29	88.0	5.38

续表

元素 （a）	波长 /nm	估算 LOD/ /（微克/滤膜）	LOD/ /（ng/ml）	验证/ （3 × LOD） （b）	回收率/% （c）	RSD/% （N = 25）	验证/ （10 × LOD） （b）	回收率/% （c）	RSD/% （N = 25）
Cu	324	0.068	2.7	1.54	118.9	65.20	6.40	102.0	0.68
Fe	259	0.095	3.8	1.54	114.9	43.00	6.40	82.7	7.81
K	766	1.730	69.3	23.00	94.7	2.60	96.40	95.8	0.98
La	408	0.048	1.9	0.77	105.7	1.80	3.21	101.3	0.84
Li	670	0.010	0.4	0.31	104.3	2.37	1.29	99.3	0.89
Mg	279	0.098	3.9	1.54	105.2	4.23	6.40	99.2	1.24
Mn	257	0.005	0.2	0.31	103.5	1.64	1.29	91.2	2.01
Mo	202	0.020	0.8	0.31	108.9	2.70	1.29	97.4	1.25
Ni	231	0.020	0.8	0.31	112.2	2.28	1.29	94.2	1.73
P	178	0.092	3.7	1.54	93.2	10.90	6.40	97.1	5.93
Pb	168	0.062	2.5	1.54	88.0	6.52	6.40	102.2	1.06
Sb	206	0.192	7.7	3.08	50.1	54.70	12.90	80.0	19.46
Se	196	0.135	5.4	2.30	93.2	8.38	9.64	89.1	7.23
Sn	189	0.040	1.6	0.77	25.8	81.90	3.21	91.7	16.39
Sr	407	0.005	0.2	0.31	100.8	1.27	1.29	99.3	0.66
Te	214	0.078	3.1	1.54	103.1	1.88	6.40	95.0	1.31
Ti	334	0.050	2.0	0.77	98.3	1.88	3.21	96.0	1.06
Tl	190	0.092	3.7	1.54	101.3	3.57	6.40	98.2	0.71
V	292	0.028	1.1	0.77	106.0	1.38	3.21	101.3	0.81
W	207	0.075	3.0	1.54	64.9	21.80	6.40	74.1	11.34
Y	371	0.012	0.5	0.31	104.3	1.55	1.29	99.3	0.72
Zn	213	0.310	12.4	4.60	99.8	9.73	19.30	98.0	0.86
Zr	339	0.022	0.9	0.31	52.5	71.20	1.29	76.6	18.19

注：（a）由于回收率低，黑体值只是定性结果；（b）在约 3 倍和 10 倍仪器检出限，Inorganic Ventures INC. 对数据进行验证；（c）报道的数值是使用 Spectro 分析仪 EOP ICP 测得；仪器性能可能因仪器不同而不同，应该分别验证。

表 3 - 0 - 13　样品测定过程和数据
聚氯乙烯滤膜（5.0μm）

元素 （a）	波长 /nm	估算 LOD/ /（微克/滤膜）	LOD/ /（ng/ml）	验证/ （3 × LOD） （b）	回收率/% （c）	RSD/% （N = 25）	验证/ （10 × LOD） （b）	回收率/% （c）	RSD/% （N = 25）
Ag	328	0.0420	1.7	0.78	57.9	0.2	3.18	55.0	21.7
Al	167	0.1150	4.6	1.56	1.9		6.40	112.1	59.6
As	189	0.1400	5.6	3.10	78.2	1.6	12.70	80.2	7.9
Ba	455	0.0050	0.2	0.31	73.0	0.1	1.27	95.7	3.7
Be	313	0.0050	0.2	0.31	81.1	0.1	1.27	97.2	4.3

续表

元素 (a)	波长 /nm	估算 LOD/ /(微克/滤膜)	LOD/ /(ng/ml)	验证/ (3×LOD) (b)	回收率/% (c)	RSD/% (N=25)	验证/ (10×LOD) (b)	回收率/% (c)	RSD/% (N=25)
Ca	317	0.9080	36.3	15.60	68.2	4.9	64.00	97.7	4.5
Cd	226	0.0075	0.3	0.31	86.7	0.1	1.27	97.4	4.3
Co	228	0.0120	0.5	0.31	83.8	0.1	1.27	99.2	4.4
Cr	267	0.0200	0.8	0.31	80.1	0.1	1.27	94.1	6.8
Cu	324	0.0680	2.7	1.56	75.9	0.5	6.40	96.1	4.3
Fe	259	0.0950	3.8	1.56	78.4	0.6	6.40	88.4	9.0
K	766	1.7300	69.3	23.40	61.4	3.1	95.00	91.6	5.7
La	408	0.0480	1.9	1.78	34.4	0.4	3.18	95.3	3.8
Li	670	0.0100	0.4	0.31	76.3	0.0	1.27	96.0	4.7
Mg	279	0.0980	3.9	1.56	77.5	0.6	6.40	94.0	4.6
Mn	257	0.0050	0.2	0.31	77.4	0.1	1.27	93.4	4.2
Mo	202	0.0200	0.8	0.31	79.7	0.2	1.27	89.2	9.8
Ni	231	0.0200	0.8	0.31	86.2	0.1	1.27	100.8	4.8
P	178	0.0920	3.7	1.56	76.9	0.9	6.40	69.0	14.5
Pb	168	0.0620	2.5	1.56	82.0	0.9	6.40	99.4	4.4
Sb	206	0.1920	7.7	3.10	40.3	1.5	12.70	23.0	76.5
Se	196	0.1350	5.4	2.30	89.4	1.2	9.50	87.5	9.9
Sn	189	0.0400	1.6	0.78	101.1	0.4	3.18	21.1	124.0
Sr	407	0.0050	0.2	0.31	73.4	0.1	1.27	95.2	3.9
Te	214	0.0780	3.1	1.56	91.8	0.7	6.40	85.3	7.5
Ti	334	0.0500	2.0	0.78	53.4	0.2	3.18	46.3	39.9
Tl	190	0.0920	3.7	1.56	71.6	0.8	6.40	86.1	9.3
V	292	0.0280	1.1	0.78	77.8	0.3	3.18	96.1	4.6
W	207	0.0750	3.0	1.56	51.3	0.8	6.40	29.8	47.0
Y	371	0.0120	0.5	0.31	79.6	0.1	1.27	95.8	4.4
Zn	213	0.3100	12.4	4.70	80.9	2.2	19.10	94.7	4.2
Zr	339	0.0220	0.9	0.31	46.2	0.1	1.27	39.2	112.7

注:(a) 由于回收率低,黑体值只是定性结果;(b) 在约3倍和10倍仪器 LOD,Inorganic Ventures INC. 对数据进行验证;(c) 报道的数值是使用 Spectro 分析仪 EOP ICP 测得;仪器性能可能因仪器不同而不同,应该分别验证。

元素的测定 - ICP 法(Hotblock/HCl/HNO₃ 消解) 7303

元素:见表 3 - 0 - 14	相对分子质量:见表 3 - 0 - 14	CAS 号:见表 3 - 0 - 15	RTECS 号:见表 3 - 0 - 15
方法:7303,第一次修订		方法评价情况:部分评价	第一次修订:2003.3.15
OSHA:见表 3 - 0 - 15 NIOSH:见表 3 - 0 - 15 ACGIH:见表 3 - 0 - 15		性质:见表 3 - 0 - 14	

元素:铝＊、镉、铟、镍、锶、锌、锑＊、钙、铁、钯、碲、砷、铬、铅＊、磷、铊、钡、钴、镁、铂、锡＊、铍、铜＊、锰、钾、钛、铋＊、镓、钼、硒、钇

采样	分析
采样管:滤膜(0.8μm,纤维素酯滤膜)	分析方法:电感耦合氩等离子体 - 原子发射光谱法（ICP - AES）
采样流量:1 ~ 4L/min	待测物:上述元素
最小采样体积:见表 3 - 0 - 14	消解试剂:浓 HCl, 1.25ml;浓 HNO3, 1.25ml
最大采样体积:见表 3 - 0 - 14	最终溶液:5% HCl 和5% HNO₃, 25ml
运输方法:常规	测定波长:根据特定元素和仪器
样品稳定性:稳定	背景校正:光谱波长转换
样品空白:每批样品 2 ~ 10 个	定量标准:含待测元素的5% HCl,5% HNO₃ 溶液
	测定范围:每份样品 LOQ 至每份样品 50000μg[1]
准确性	估算检出限:各元素不同;见表 3 - 0 - 14
研究范围:每份样品 5000 ~ 50000μg	精密度($\bar{S_r}$):未评价
偏差:未测定	
总体精密度($\hat{S}_{rT}$):未测定	
准确度:未测定	

适用范围:采样体积为500L 时,每种元素的测定上限为100mg/m³（每种元素的测定下限取决于 LOD,表 3 - 0 - 14）。本法不针对某种特定的化合物。本法是否适于某特定元素(化合物)的检测见表 3 - 0 - 16。对于待定的元素(化合物),是否可采用本法进行测定,应先用已知量的此化合物进行测试实验

干扰:光谱会产生干扰。通过选择合适的波长、采用内标元素校正因子和背景校正,可校正干扰

其他方法:对于某些元素,可采用更灵敏的石墨炉原子吸收光谱法。本法与 NIOSH 方法 7301 类似,只有消解方法不同,本法用 Hotblock 消解滤膜

试剂	仪器
1. 浓 HCl＊＊:超纯	1. 采样管:纤维素酯滤膜,孔径 0.8μm,直径 37mm,置于滤膜夹中
2. 浓 HNO₃＊＊:超纯	2. 个体采样泵:流量 1 ~ 4L/min,配有连接软管
3. 标准储备液:50 ~ 1000μg/ml,购买单一元素溶液或按仪器说明书制备多元素溶液	3. 电感耦合等离子体 - 原子发射光谱仪:根据待测元素,由仪器制造商按要求配置
4. 氩气:净化	4. Hotblock 消解器:95℃
5. 蒸馏、去离子水:Ⅱ级水	5. 消解管:50ml,带盖
6. 稀释溶液:5% HCl:5% HNO₃。在1L 容量瓶中加入约 600ml 去离子水,缓慢加入 50ml 浓 HCl 和50ml 浓 HNO₃。用去离子水稀释至刻度	6. 表面皿
	7. 移液器:电子的和机械的
	8. 减压阀:两级,用于氩气
	9. 镊子

特殊防护:浓酸是具有强氧化性、毒性和腐蚀性的液体,穿防护服并在通风橱中操作

注:＊元素有某些特定的限制条件(表 3 - 0 - 16);＊＊特殊防护措施。

采样

1. 串联一个有代表性的采样管来校准个体采样泵。

2. 在 1 ~ 4L/min 范围内,以已知流量采样,用于 TWA 测定的采样体积为 200 ~ 2000L(表 3 - 0 - 14)。滤膜上总粉尘的增量不得超过 2mg。

样品处理

3. 打开滤膜夹,用镊子取出滤膜,将滤膜对折两次,注意不要损失任何样品,并转移至一个干净的 50ml Hotblock 消解管中。

4. 加入 1.25ml HCl。盖上玻璃表面皿,放入内部温度为 95℃ 的 Hotblock 中,加热 15 分钟。

注意:内部温度可能与数字读数不同。消解前要校正。

5. 从 Hotblock 中取出样品并冷却 5 分钟。取下表面皿,加入 1.25ml HNO₃。盖上表面皿并放回 Hotblock 中,于 95℃ 下加热 15 分钟。

6. 从 Hotblock 中取出样品并至少冷却 5 分钟。冲洗表面皿,冲洗液收集到消解管中。

7. 用蒸馏、去离子 II 级水稀释至最终体积为 25ml。

标准曲线绘制与质量控制

8. 按照仪器说明书绘制标准曲线。使用含 5% HCl:5% HNO₃ 的稀释溶液作为标准溶液与样品的稀释溶剂。

9. 每 10 个样品分析一次标准溶液。

10. 每 20 个样品分析一个介质空白,每 10 个样品分析一次试剂空白。

11. 每 40 个样品分析一组两个实验室间质量控制样品。

12. 每 10 个样品至少测定两个加标滤膜,以检查回收率。

注意:在测定铅时,可能存在干扰物质(如铝含量高的样品)。目前多数仪器可对此进行校正。

样品测定

13. 根据仪器说明书设定光谱仪条件。

14. 分析标准溶液、样品和质量控制检查样品。

注意:如果待测元素值高于元素的线性范围,用 5% HCl:5% HNO₃ 溶液稀释后重新分析,计算时乘以相应的稀释倍数。

计算

15. 从仪器上读出样品溶液和介质空白中待测元素的浓度。

16. 按下式计算空气中待测元素的浓度 $C(mg/m^3)$:

$$C = \frac{C_s V_s - C_b V_b}{V}$$

式中:C_s——样品溶液中的浓度($\mu g/ml$);

$\quad C_b$——介质空白中的平均浓度($\mu g/ml$);

$\quad V_s$——样品溶液体积(ml);

$\quad V_b$——介质空白体积(ml);

$\quad V$ ——采样体积(L)。

注意:$1\mu g/L = 1mg/m^3$

方法评价

在 1999 年至 2001 年期间,使用已知量的定性物质,对于列于表 3-0-14 和表 3-0-15 所有的元素和化合物,进行了方法评价[4]。对于其他元素和化合物的评价也在进行中。对每种元素测定了检出限和定量下限。方法评价中使用了两种 ICP 仪器,Thermal Jarrell Ash Model 61E[5] 和 TJA IRIS[6],按照仪器说明书进行操作。

参考文献

[1] WOHL [2001]. Metals Validation Using Hot Block Digestion, Unpublished Data. Wisconsin Occupational Health Laboratory, Madison, WI.

[2] NIOSH [1994]. Method 7300: Elements by ICP, NIOSH Manual of Analytical Methods, Fourth Edition, Issue 2, Aug. 15, 1994.

[3] WOHL [2001]. Metals Manual 2001, WOHL Internal Document, Updated Apr. 1, 2001. Wisconsin Occupational Health

Laboratory, Madison, WI.

[4] WOHL [2001]. WOHL General Operations Procedures Manual, WOHL Internal Document, Updated 2001. Wisconsin Occupational Health Laboratory, Madison, WI.

[5] Thermal Jarrell Ash [1991]. ICAP 61E Plasma Spectrometer Operator's Manual, Thermal Jarrell Ash Corp., Part No. 128832 - 01, Feb., 1991.

[6] Thermal Jarrell Ash [1997]. IRIS Plasma Spectrometer User's Guide, Thermal Jarrell Ash Corp., Part No. 135811 - 0, Feb. 4, 1997.

方法作者

Jason Loughrin, Lyle Reichmann, Doug Smieja, Shakker Amer, Curtis Hedman Wisconsin Occupational Health Laboratory (WOHL).

表 3 - 0 - 14　有效的元素和化合物的分析信息

待测物	性质		LOD/	LOQ/	估算 LOQ/	最小采样体积**	最大采样体积***
	分子量	熔点/℃	(μg/ml)	(μg/ml)	(微克/样品)*	/L	/L
Al	26.980	660.00	0.11100	0.3700	9.250	2.00	10000
As	74.920	817.00	0.00900	0.0300	0.075	8.00	5000000
Au	196.970	10.63	0.01500	0.0500	1.250	1.00	3300
B	10.810	2177.00	0.00940	0.0283	0.710	1.00	3300
Ba	137.340	3.51	0.00180	0.0060	0.150	1.00	100000
Be	9.010	2178.00	0.00075	0.0025	0.062	35.00	2500000
Bi	208.980	271.00	0.02500	0.0850	2.120	1.00	10000
Ca	40.080	842.00	0.09900	0.3300	8.250	2.00	10000
CaO	56.080	2927.00	0.13900	0.4620	11.600	3.00	10000
Cd	112.400	321.00	0.00370	0.0120	0.300	3.00	500000
Co	58.930	1495.00	0.00300	0.0110	0.270	3.00	500000
Cr	52.000	1890.00	0.00900	0.0300	0.750	8.00	500000
Cu	63.540	1083.00	0.02000	0.0600	1.500	15.00	500000
Fe	55.850	1535.00	0.07000	0.2000	5.000	1.00	5000
Fe_2O_3 (as Fe)	159.690	1462.00	0.07000	0.2000	5.000	1.00	5000
Ga	69.720	29.75	0.03000	0.0900	2.250	1.00	3300
In	114.820	156.30	0.01500	0.0500	1.250	15.00	500000
Mg	24.310	651.00	0.04700	0.1400	3.500	1.00	10000
MgO	40.320	2825.00	0.07800	0.2300	5.750	5.00	33000
Mn	54.940	1244.00	0.00120	0.0040	0.100	0.05	10000
Mo	95.940	651.00	0.00720	0.0240	0.600	0.50	10000
Nd	92.906	2477.00	0.01000	0.0300	0.750	0.10	3300
Ni	58.710	1453.00	0.01200	0.0390	0.980	1.00	50000
P	30.970	44.00	0.30000	1.0000	25.000	250.00	500000
Pb	207.190	328.00	0.02300	0.0700	1.750	35.00	100000
Pd	106.400	1550.00	0.00900	0.0300	0.750	0.10	3300
Pt	195.090	1769.00	0.00450	0.0150	0.380	200.00	25000000

续表

待测物	性质		LOD/（μg/ml）	LOQ/（μg/ml）	估算 LOQ/（微克/样品）*	最小采样体积**/L	最大采样体积***/L
	分子量	熔点/℃					
Sb	121.750	630.50	0.01800	0.0600	1.500	3.00	100000
Se	78.960	217.00	0.02100	0.0640	1.600	8.00	250000
Sn	118.690	232.00	0.01500	0.0500	1.250	1.00	25000
Sr	87.620	769.00	0.00200	0.0060	0.150	300.00	100000000
Te	127.600	450.00	0.15000	0.5000	12.500	125.00	500000
Ti	47.900	1675.00	0.00500	0.0160	0.400	0.10	10000
Tl	204.370	304.00	0.04400	0.1330	3.320	35.00	500000
V	50.940	1890.00	0.00300	0.0100	0.250	2.50	500000
Y	88.910	1495.00	0.00100	0.0030	0.075	0.10	50000
Zn	65.370	419.00	0.02200	0.0660	1.650	0.50	10000
ZnO	81.370	1970.00	0.02700	0.0820	2.050	0.50	10000

注：*样品溶液的体积25ml；**元素/化合物的样品消解体积为25ml时，在 OSHA PEL、LOQ 浓度下，需要的最小采样体积；***对于给定样品的最大采样体积，是通过将50000μg 作为元素（化合物）最大限值计算所得。

注意：LOD 和 LOQ 值取决于所使用的特定仪器；同时，由于某些元素间的干扰，LOD 和 LOQ 值可能因特定元素而不同。

表 3-0-15　接触限值，CAS #，RTECS

元素（符号）	CAS 号	RTECS 号	接触限值/（mg/m³）（Ca = 致癌物质）		
			OSHA	NIOSH	ACGIH
银（Ag）	7440-22-4	VW3500000	0.01（尘、烟、金属）	0.01（金属，可溶物）	0.1（金属） 0.01（可溶物）
铝（Al）	7429-90-5	BD0330000	15（总尘） 5（可吸入物）	10（总尘） 5（可吸入性烟） 2（盐，烷基化合物）	10（尘） 5（粉末，烟） 2（盐，烷基化合物）
砷（As）	7440-38-2	CG0525000	不同	0.002，Ca	0.01，Ca
钡（Ba）	7440-39-3	CQ8370000	0.5	0.5	0.5
铍（Be）	7440-41-7	DS1750000	0.002，C 0.005	0.0005，Ca	0.002，Ca
钙（Ca）	7440-70-2	—	不同	不同	不同
镉（Cd）	7440-43-9	EU9800000	0.005	最低可行，Ca	0.01（总尘），Ca 0.002（可吸入物），Ca
钴（Co）	7440-48-4	GF8750000	0.1	0.05（尘，烟）	0.02（尘，烟）
铬（Cr）	7440-47-3	GB4200000	0.5	0.5	0.5
铜（Cu）	7440-50-8	GL5325000	1（尘，雾） 0.1（烟）	1（尘） 0.1（烟）	1（尘，雾） 0.2（烟）
铁（Fe）	7439-89-6	NO4565500	10（尘，烟）	5（尘，烟）	5（尘）
钾（K）	7440-09-7	TS6460000	—	—	—
镧（La）	7439-91-0	—	—	—	—
锂（Li）	7439-93-2		—	—	—
镁（Mg）	7439-95-4	OM2100000	15（尘）作为氧化物 5（可吸入物）	10（烟）作为氧化物	10（烟）作为氧化物

续表

元素(符号)	CAS 号	RTECS 号	接触限值/(mg/m³)(Ca=致癌物质)		
			OSHA	NIOSH	ACGIH
锰(Mn)	7439-96-5	7439-96-5	C 5	1；STEL 3	5（尘） 1；STEL 3（烟）
钼(Mo)	7439-98-7	7439-98-7	5（可溶物） 15（全部不溶）	5（可溶物） 10（不溶物）	5（可溶物） 10（不溶物）
镍（Ni）	7440-02-0	QR5950000	1	0.015，Ca	0.1（可溶物） 1（不溶物，金属）
磷（P）	7723-14-0	TH3500000	0.1	0.1	0.1
铅（Pb）	7439-92-1	OF7525000	0.05	0.05	0.05
锑（Sb）	7440-36-0	7440-36-0	0.5	0.5	0.5
硒（Se）	7782-49-2	VS7700000	0.2	0.2	0.2
锡（Sn）	7440-31-5	XP7320000	2	2	2
锶（Sr）	7440-24-6	—	—	—	—
碲（Te）	13494-80-9	WY2625000	0.1	0.1	0.1
钛（Ti）	7440-32-6	XR1700000	—	—	—
铊（Tl）	7440-28-0	XG3425000	0.1（皮）（可溶物）	0.1（皮）（可溶物）	0.1（皮）
钒（V）	7440-62-2	YW240000	—	C 0.05	
钨（W）	7440-33-7	—	5	5 10（STEL）	5 10（STEL）
钇（Y）	7440-65-5	ZG2980000	1	N/A	1
锌（Zn）	7440-66-6	ZG8600000	-	—	
锆（Zr）	7440-67-7		5	5，STEL 10	5，STEL 10

表 3-0-16　有效性总结

待测物	状态[1]	待测物	状态	待测物	状态
Ag	无效	CuO	有效	S	无效
Al	有效	Fe	有效	Sb	部分有效[4]
Al₂O₃	无效	Fe₂O₃	有效	Sb₂O₃	部分有效[5]
As	有效	Ga	有效	Se	有效
Au	有效	In	有效	Si	无效
B	有效	KCl	待定	Sn	部分有效[6]
Ba	待定	Mg	有效	SnO	待定
BaO	待定	MgO	有效	SnO₂	待定
BaO₂	待定	Mn	有效	Sr	有效
BaCl₂	有效	MnO	有效	SrCrO₄	有效（通过 Cr）
BaSO₄	待定	Mo	有效	Te	有效
Be	有效	NaCl	待定	Ti	有效
Bi	部分有效[2]	Nd	有效	Tl	有效
Ca	有效	Ni	有效	V	有效
CaCO₃	有效	P	有效	V₂O₅	有效
CaO	有效	Pb	部分有效[3]	Y	有效

待测物	状态[1]	待测物	状态	待测物	状态
Cd	有效	PbCrO₄	有效(通过 Cr)	Zn	有效
Co	有效	PbO	有效	ZnO	有效
Cr	有效	Pd	有效	Zr	无效
Cu	有效	Pt	有效	ZrO	无效

注:1 状态定义;有效——本法适用于样品含量高达 0.0500g 的定性物质,回收率在 90% 和 110% 之间,这个量超出了大多数工作场所中待测物的含量;部分有效——该方法适用于在一定条件下,定性样品回收率在 90% 和 110% 之间(如上面的脚注);无效——该方法对于回收率在 90% 和 110% 之间的任何含量的样品均不适用,应该使用其他方法;2 有效至最大 10000 微克/样品,并在样品消解后 7 天内有效;3 有效至最大 50000 微克/样品并在样品消解至少 24 小时有效,有效至最大 15000μg 并在消解后 24 小时之内有效;4 有效至最大 25000 微克/样品,并在样品消解后 7 天内有效;5 有效至最大 25000 微克/样品,并在样品消解后 7 天内有效;6 有效至最大 30000 微克/样品,并在样品消解后 7 天内有效。

注意:分析时,通过连续稀释样品可以增大方法的上限。

氧化锌 7502

ZnO	相对分子质量:81.38	CAS 号:1314 - 13 - 2	RTECS 号:ZH4810000
方法:7502,第二版		方法评价情况:完全评价	第一次修订:1984. 2. 15 第二次修订:1994. 8. 15
OSHA:5mg/m³(烟);15mg/m³(尘); NIOSH:5mg/m³; C 15mg/m³/15min (尘);5mg/m³; 　　STEL 10mg/m³(烟) ACGIH:5mg/m³; STEL 10mg/m³(烟);10mg/m³(尘)			性质:固体;密度 5.61g/cm³(25℃);熔点 1975℃

英文名称:zinc oxide; China white; zinc white; zincite

采样	分析
采样滤膜:滤膜(0.8μm PVC 滤膜,直径 25mm,开面式滤膜夹)	分析方法:X 射线粉末衍射法
采样流量:1 ~ 3L/min	待测物:晶体 ZnO;直接在滤膜上分析
最小采样体积:10L	XRD:铜钯 X 射线管,石墨单色仪,优化强度;1°狭缝,慢步扫描,0.02°/10 秒扣除本底值后积分强度
最大采样体积:400L	定量标准:异丙醇中的 ZnO 悬浮液
运输方法:常规	测定范围:每份样品 50 ~ 2000μg
样品稳定性:稳定	估算检出限:每份样品 5μg
样品空白:每批样品 2 ~ 10 个	精密度($\bar{S}_r$):0.15 (1mg/m³);0.05(大于 2mg/m³)
定性样品:采集大体积空气样品	

准确性

研究范围:0.1 ~ 11mg/m³[1,2](180L 样品)

偏差:2.7%[2-4]

总体精密度($\hat{S}_{rT}$):0.09[2]

准确度:±21.6%

适用范围:采样体积为 200L 时,测定范围为 0.25 ~ 10mg/m³。本法不能从 ZnO 尘中区分出 ZnO 烟

干扰因素:主要干扰包括 Fe₂O₃、Zn、Zn(NH₃)₂Cl₂、(NH₄)₃ZnCl₅、(NH₄)₂ZnCl₄ 和 (NH₄)₂Zn(SO₄)₂·6H₂O;这些干扰可以通过选择另一个待测物的峰而排除。粒度会影响强度的测量

其他方法:本法结合和替代了方法 P&CAM 222[1] 和 S316[5]。标准文档中包含对锌元素的分析[6]

续表

试剂	仪器
1. ZnO：ACS 试剂级。平均粒度在 0.5~10μm 之间 2. 异丙醇 3. 干燥剂 4. 胶水或胶带：用于将滤膜固定至 XRD 样品架上	1. 采样管：聚氯乙烯（PVC）或 PVC－丙烯腈滤膜，直径 25mm，孔径 0.8μm；三层式滤膜夹 　注意：最好在滤膜夹上加一个扩展罩使样品沉积均匀，且能防止采样过程中开面式滤膜夹被污染 2. 个体采样泵：1~3L/min，带连接软管 3. 高流量采样泵：10L/min 4. X 射线粉末衍射仪：配有铜靶 X 射线管和闪烁检测器 5. 参考样品（云母，Arkansas 石，或其他稳定的标准物）：用于数据标准化 6. 过滤器和侧臂真空过滤瓶：具 25mm 过滤支架 7. 分析天平（0.01mg）；磁力搅拌器；超声波清洗器或超声波探头；移液管和烧瓶；干燥箱；带玻璃磨口塞的试剂瓶；烘箱；聚乙烯洗瓶

特殊防护措施：无

采样

1. 串联一个有代表性的采样管来校准个体采样泵。

2. 以 1~3L/min 开面式采样，采样体积为 10~400L，滤膜上总粉尘的增量不得超过 2mg。

3. 在同一区域内，用一个干净的采样管和高流量的采样泵，采集一个大体积空气样品（4000L），用于定性分析。

样品处理

4. 采用适当的方法将现场样品和空白固定到 XRD 样品架上。

标准曲线绘制与质量控制

5. 制备两个 ZnO 悬浮液：称取 10mg 和 50mg 干燥粉末，精确至 0.01mg。用 1.00L 异丙醇将其定量转移到 1L 带玻璃塞的试剂瓶中。

6. 用超声波探头或超声波清洗器超声 20 分钟，使粉末悬浮于异丙醇中。立即将瓶子移到顶部隔热的磁力搅拌器上，并加入搅拌子。移取溶液之前先让溶液冷却至室温。

7. 用 10mg/L 和 50mg/L 的悬浮液制备一系列标准滤膜。在分析范围（或已知的样品范围）内，用合适的移液管，制备足够数量的标准样品，一式三份，通常标样的浓度范围为 20，30，50，100，200 和 500μg 已足可满足要求。

8. 将一张滤膜固定到过滤装置上。加几毫升异丙醇到滤膜上。关闭搅拌器并手动剧烈摇振。放下瓶子几秒钟内打开瓶盖，用移液管从悬浮液中心处移取溶液。不要通过排出悬浮液的方法调节移液管中溶液的体积。如果取出的溶液多于所需的量，将所有悬浮液放回瓶中，冲洗移液管并使之干燥，重新移取。将移液管中的溶液转移到滤膜上，保持移液管的尖部接近悬浮液表面但不浸入已放出的悬浮液中。

9. 用几毫升异丙醇冲洗移液管，将冲洗液倒入漏斗中。重复冲洗几次。

10. 用真空泵迅速过滤悬浮液。保持真空直到滤膜干燥。当沉积到适当位置后，不要冲洗漏斗两侧，避免沉淀层被破坏。当滤膜完全干燥后，将滤膜安装到 XRD 样品架上。

11. 对标准样品进行扫描，所用的衍射峰和仪器条件应与样品的相同（步骤 16）。标准样品的强度结果，按下面方法进行归一化。

12. 在每个未知、标准样品或空白扫描之前或之后，测定参考样品的净计数值 I_r，应使用能够快速测量且重现性良好（S_r 小于 1%）的高强度衍射峰。选择一个适当的归一化比例因子 N，约等于参考样品峰的净计数值，该因子永远不变并用于特定衍射仪上进行的所有分析。计算和记录每个样品、样品空白、介质空白及标准样品中待测物或银峰归一化强度 $\hat{I}_x^\circ$。

$$\hat{I}_x^\circ = \frac{I_x^\circ}{I_r} \cdot N$$

注意:参考样品强度归一化可补偿 X 射线管强度的长期漂移。如果强度测量稳定,测量参考样品的频率可以适当减少。在这种情况下,待测物的净强度 I_x 应该用最近测量的参考样品强度进行归一化。

13. 以 $\hat{I}_x^o$ 对待测物的量(μg)绘制标准曲线。

注意:在任何给定的浓度水平下,重复性差表明样品制备技术存在问题,应该重新制备标准样品。数据应呈线性。用加权最小平方方法($1/\sigma^2$ 加权)绘制标准曲线更好。通过用待测物的质量吸收系数进行吸收校正可以消除标线弯曲[7-9]。

14. 计算标准曲线线性部分的初始斜率 m(计数值/微克)。直线 $\hat{I}_x^o$ 与轴相交的截距 b,应约等于 0。

注意:较大的负截距表明背景测量中存在误差。这可能是由于未正确测定基线或背景测量角度上其他相位的干扰。较大的正截距表明基线测量中存在误差或测量峰中含有杂质。

样品测定

15. 获取大体积呼尘样品的定性 X 射线扫描谱图(宽 2θ 范围),以确定 ZnO 和基质干扰物的存在。预期的衍射峰如表 3 – 0 – 17。

表 3 – 0 – 17　ZnO 特征峰

ZnO 峰(2θ 角度)		
第一特征峰	第二特征峰	第三特征峰
36.26	31.75	34.44

16. 通过步扫描 ZnO 最强的无干扰的衍射峰,分析样品滤膜,测定其积分强度。在峰的两侧测定背景,扫描时间为峰扫描中所用时间的一半。并将每侧的值加起来作为总(平均)本底值。测定每个样品背景的 2θ 位置。净计数值或强度 I_x 是峰积分计数值与总背景计数值之差。净强度按照步骤 12 标准化获得。

17. 在待测物使用的 2θ 范围内扫描每个样品空白。这些分析仅为了证明没有发生滤膜污染。结果应该没有待测物的峰。

计算

18. 计算空气中 ZnO 的浓度 C(mg/m³):

$$C = \frac{\hat{I}_x - b}{mV}$$

式中:$\hat{I}_x$——样品峰归一化强度;

　　　b——标准曲线的截距($\hat{I}_x^o$ vs. W);

　　　m——标准曲线的初始斜率(计数值/微克);

　　　V——采样体积(L)。

在高负载的样品中,尤其是那些富含重金属的样品中,X 射线吸收会导致样品峰强度降低,从而使 ZnO 测定值降低。如果怀疑有此情况,需进行吸收校正[8]。将采样滤膜和空白安装在一个光滑的金属片(基底)上,用于 XRD 分析。该基底应该在同时测定 ZnO 峰时无干扰衍射峰。通过测定样品和空白的基底峰,能够与测定二氧化硅方法(方法 7500)一样进行吸收校正。按照方法 7500 中的公式,该公式考虑了所选的特定物质的衍射角,必须计算每个样品吸收校正因子。Altree – Williams 在采样滤膜下用了一个银滤膜[7]。

方法评价

在原子吸收光谱法与本法的比较中[3,4],在加标 ZnO(250 ~ 1000μg)的 15 对 Gelman DM – 800 滤膜上,对 Zn 进行了测定。15 对滤膜的平均差为 2.7%。浓度在 2.4 ~ 9.9mg/m³ 范围内,用发生气体对方法 S316 进行了验证[2,5,10]。采集 18 个采样体积为 180L 的气溶胶样品,总体精密度($\hat{S}_{rT}$)为 0.088。

参考文献

[1] NIOSH Manual of Analytical Methods, 2nd. ed., V. 1, P&CAM 222, U. S. Department of Health, Education, and Welfare, Publ. (NIOSH) 77 – 157 – A (1977).

[2] Zinc Oxide Fume, S316, Backup Data Report, NIOSH Contract No. 210 – 76 – 0123, Available as "Ten NIOSH Analytical Methods, Set 3," Order No. PB 275 – 834 from National Technical Information Service, Springfield, VA 22161.

[3] Haartz, J. C., M. L. Bolyard and M. T. Abell. Quantitation of Zinc Chloride and Zinc Oxide in Airborne Samples, Paper Presented at the American Industrial Hygiene Conference, Minneapolis, MN (June, 1975).

[4] Dollberg, D. D., M. T. Abell and B. A. Lange. Occupational Health Analytical Chemistry: Quantitation Using X – Ray Powder Diffraction, ACS Symposium Series, 120, 43 (1980).

[5] NIOSH Manual of Analytical Methods, 2nd ed., V. 4, S316, U. S. Department of Health, Education, and Welfare, Publ. (NIOSH) 78 – 175 (1979).

[6] Criteria for a Recommended Standard...Occupational Exposure to Zinc Oxide, U. S. Department of Health, Education, and Welfare, Publ. (NIOSH) 76 – 104 (1975).

[7] Altree – Williams, S., J. Lee and N. V. Mezin. Quantitative X – ray Diffraction on Respirable Dust Collected on Nuclepore Filters, Annals of Occup. Hyg., 20, 109 (1977).

[8] Leroux, J. and C. Powers. Direct X – Ray Diffraction Quantitative Analysis of Quartz in Industrial Dust Films Deposited on Silver Membrane Filters, Occup. Health Rev., 21, 26 (1970).

[9] Williams, D. D. Direct Quantitative Diffractometric Analysis, Anal. Chem., 31, 1841 (1959).

[10] NIOSH Research Report – Development and Validation of Methods for Sampling and Analysis of Workplace Toxic Substances, U. S. Department of Health and Human Services, Publ. (NIOSH) 80 – 133 (1980).

方法作者

D. D. Dollberg, Ph. D, and M. T. Abell, NIOSH/DPSE.

钒的氧化物 7504

(1)V_2O_5； (2)V_2O_3； (3)NH_4VO_3	相对分子质量：(1)181.88； (2)149.88；(3)116.99	CAS 号：(1)1314 – 62 – 1； (2)1314 – 34 – 7；(3)7803 – 55 – 6	RTECS 号：(1)YW2450000（尘）； (2) YW2460000（烟）；(3) YW3050000； (4)YW0875000
方法：7504,第二次修订		方法评价情况：部分评价	第一次修订：1987.8.15 第二次修订：1994.8.15
OSHA：C 0.5mg/m³（以 V 计）（V_2O_5 尘）；C 0.1mg/m³（以 V 计）（V_2O_5 烟）；1mg/m³（FeV） NIOSH：C 0.05mg/m³/15min（以 V_2O_5 计） ACGIH：0.05mg/m³（呼尘，以 V_2O_5 计）		性质：固体；(1)熔点658℃，(2)熔点1967℃	

英文名称：(1)vanadicanhydride；vanadium pentoxide；(2)vanadicoxide；vanadium sesquioxide；vanadium trioxide

采样

采样管:旋风式预分离器 + 滤膜[10mm 尼龙旋风式预分离器或 Higgins – Dewell(HD)旋风式预分离器 + 5μm PVC 膜]

采样流量:尼龙旋风式预分离器:1.7L/min HD 旋风式预分离器:2.2L/min

最小采样体积:200L(在 0.5mg/m³ 下)

最大采样体积:1000L

运输方法:常规

样品稳定性:稳定

样品空白:每批样品 2 ~ 10 个

定性样品:大体积呼吸性粉尘(优先)或沉降尘,用于识别干扰物

准确性

研究范围:(1)0.8 ~ 2.6mg/m³;(2)0.2 ~ 2.6mg/m³[1]

偏差:见表 3 – 0 – 18

总体精密度($\hat{S}_{rT}$):见表 3 – 0 – 18

准确度:±26% ~ ±62%

分析

分析方法:X 射线粉末衍射法

待测物:五氧化二钒、三氧化二钒或偏钒酸铵

样品处理:将滤膜溶于四氢呋喃中,在银滤膜上再沉积

XRD:铜钯 X 射线管优化强度;1° 2θ 狭缝,石墨单色仪,闪烁检测器,扣除本底值后积分强度,慢步扫描(10s/0.02°2θ)

定量标准:沉积在银滤膜上的待测物悬浮液

测定范围:每份样品 0.1 ~ 2mg V

估算检出限:见表 3 – 0 – 18

精密度($\bar{S}_r$):见表 3 – 0 – 18

适用范围:采样体积为 500L 时,测定范围为 0.2 ~ 4mg/m³(以 V 计)。本法能够分别检测同一样品中的 V_2O_5、NH_4VO_3、V_2O_3

干扰因素:α – 石英(可能存在于矿物样品中)会干扰(表 3 – 0 – 18),但可选用其他衍射线。可能存在于样品中的其他化合物不会产生干扰[1]

其他方法:本法替代了 P&CAM 364[2]。方法 S391(石墨炉原子化器 AAS 检测钒)和 7300(ICP – AES 测定元素)可测定总 V 量

试剂

1. V_2O_5、V_2O_3 或 NH_4VO_3(≥99%):在冷冻磨仪中研磨。在异丙醇(对于 V_2O_3 或 NH_4VO_3)或乙腈(对于 V_2O_5)中用 10μm 筛筛分。储存在干燥器中
2. 四氢呋喃:试剂级 *
3. 异丙醇:试剂级
4. 乙腈:试剂级
5. 胶水或胶带:用于将银滤膜固定到 XRD 样品架上
6. 干燥剂

仪器

1. 采样管
   a. 滤膜:37mm 直径,5μm 孔径,聚氯乙烯滤膜(MSA, Gelman GLA – 5000 或等效物),带衬垫,置于两层式 37mm 滤膜夹(最好为导电型的)中,用胶带或纤维素酯收缩带连在一起
      注意:测试 PVC 滤膜是否可用 THF 消解(步骤4)
   b. 旋风式预分离器:10mm 尼龙或 Higgins – Dewell(HD)或等效的
   c. 采样头架:架必须能将滤膜夹、旋风式预分离器和连接器牢固地连接在一起,使空气只从旋风式预分离器进气口进入
2. 定性样品采样器:PVC 滤膜,37mm,孔径 5μm,置于两层式滤膜夹中。闭面采样,流量 3L/min
3. 采样泵:HD 旋风式预分离器 2.2L/min;尼龙旋风式预分离器 1.7L/min;定性样品采样管 3L/min
4. 银滤膜,直径 25mm,孔径 0.45μm(Osmonics, Inc., Nuclepore, Poretics, 或等效滤膜)
5. X 射线粉末衍射仪:配有铜靶 X 射线管、石墨单色仪和闪烁检测器
6. 参考物质(云母、Arkansas 石或其他稳定的定量标准,来源:Gem Dugout, State College, PA, 16801):用于数据归一化
7. 过滤器和侧壁真空过滤瓶:具 25mm 过滤架
8. 筛子:10μm,用于湿法筛分
9. 离心管:广口,40ml
10. 超声波清洗器或超声波探头
11. 分析天平(0.01mg)
12. 磁力搅拌器:顶部隔热
13. 带磨口玻璃塞的试剂瓶
14. 烘箱
15. 聚乙烯洗瓶
16. 干燥器
17. 移液管:TD,2 ~ 25ml

特殊防护措施:THF 极度易燃,应在通风橱中使用

注:* 见特殊防护措施。

采样

1. 串联一个有代表性的采样管来校准采样泵。

2. 尼龙旋风式预分离器以$(1.7 \pm 5)\%$ L/min 流量采样，HD 旋风式预分离器以$(2.2 \pm 5)\%$ L/min 流量采样，总采样体积为 200~1000L。滤膜上总粉尘的增量不得超过 2mg。

注意：任何时候采样装置不能装反。旋风式预分离器不能平放，以防止上面的大颗粒掉到滤膜上。

3. 在邻近的个体采样的区域采集一个大体积的样品。

样品处理

4. 将样品滤膜放置于离心管中，加入 10ml THF，将离心管放置于超声波清洗器中超声 10 分钟。

注意：滤膜应该立即溶解。

5. 将银滤膜放在过滤器中，漏斗边缘应高于整个滤膜边缘上。不抽真空，将 2~3ml THF 倒至滤膜上，再将样品悬浮液从离心管中倒入漏斗中，用 5ml THF 冲洗离心管，洗两次，将冲洗液加入到漏斗中，抽真空。

6. 过滤期间，控制过滤速度保持液面接近漏斗顶部。当滤膜上的液位低于 4cm 时，不要冲洗漏斗壁或向漏斗中加 THF。过滤后，保持真空，直至滤膜干燥。用镊子将滤膜取出，装进样品架上，用于 XRD 分析。

标准曲线绘制与质量控制

7. 从用于样品沉积的同一批银滤膜盒中随机取出 6 片银滤膜作为介质空白。这些滤膜用于校正样品的自吸收。将各介质空白安装至过滤器上，加入 5~10ml THF，抽真空，使 THF 通过空白滤膜。取下滤膜，干燥，安装到 XRD 样品架上。

注意：这些滤膜将被用于测定样品的自吸收。

8. 制备标准悬浮液。

a. 称取 10mg 和 50mg 干燥的待测物，精确至 0.01mg。定量地转移到 1L 具塞玻璃瓶中。加入 1.00L 乙腈（对于 V_2O_5）或异丙醇（对于 V_2O_3 或 NH_4VO_3）。

b. 用超声波探头或超声波清洗器超声 20 分钟，使粉末悬浮于液体中。立即将瓶子移到磁力搅拌器上，并加入搅拌子。移取溶液前将溶液放置至室温。

9. 在每份样品 0.05~2mg V 浓度范围内，制备一系列标准滤膜。

a. 将滤膜安装到过滤装置中。用约 3ml 乙腈（对于 V_2O_5）或异丙醇（对于 V_2O_3 或 NH_4VO_3）湿润滤膜。

b. 关闭搅拌器并用手剧烈振摇瓶子。立即移去塞子并用移液管从悬浮液中心处取出一份溶液（2~25ml）。在排出悬浮液部分时，不要改变移液管的体积。不要用通过排除部分悬浮液的方法调整移液管中悬浮液的体积。如果取出的溶液多于所需的量，将所有悬浮液放回瓶中，冲洗移液管并使之干燥，再重新取一份。

c. 将移液管中的溶液转移到漏斗中，保持移液管的吸头靠近悬浮液表面但不浸入悬浮液中。用约 5ml 乙腈（对于 V_2O_5）或异丙醇（对于 V_2O_3 或 NH_4VO_3）冲洗移液管，将冲洗液倒到漏斗中。重复冲洗 3 次以上。

d. 抽真空使悬浮液迅速过滤。保持真空直到滤膜干燥。当沉积到适当位置后，不要冲洗漏斗两侧（以避免物质在滤膜上的重排）。

e. 将滤膜转移到 XRD 样品架上。

10. 用与定量标准和参考物质相同的条件，扫描样品。用步骤 12 和步骤 13 测定各峰的归一化强度 $\hat{I}_x^o$。使用与样品完全相同的归一化因子（步骤 13）。

11. 以 $\hat{I}_x^o$ 对各定量标准的量（mg）绘制标准曲线。测定其斜率 m（计数/微克）。

注意：直线与 $\hat{I}_x^o$ 轴相交的截距 b 应约等于 0，大的负截距表明本底测量中存在误差（如未校正基线或本底测量的角度有其他相的干扰），大的正截距表明基线测量中存在误差或所测峰中含有杂质；在给定的水平下，重现性差表明样品处理中存在问题，应该配制新的定量标准；用基于待测物的质量吸收系数的吸收校正可以消除弯曲（步骤 15，或表 3-0-19）。

样品测定

12. 获取大体积样品的定性 X 射线步扫描（宽 2θ 范围）衍射峰，以测定存在的干扰物。

注意:如果对该样品进行定量分析,首先通过 $10\mu m$ 筛进行湿筛。

13. 将滤膜(样品、定量标准或空白)固定到 XRD 仪器上并按以下步骤进行操作。

a. 在滤膜扫描之前测定参考物质净强度 I_r^o。选择一个适当的归一化因子 N,约等于参考物质峰的净计数,并将 N 值用于所有分析。

b. 逐步扫描各待测化合物的无干扰的最强衍射峰,积分计数。

注意:待测物的分析线见表 3-0-18。使用不会产生基质干扰的待测物的最强线。避免使用接近 Ag(JCPDS #4-0783[3])和 AgCl(JCPDS #31-1238[4])的线(后者经常出现在银滤膜表面)。

c. 测定峰两侧的本底值,扫描时间为峰扫描中所用时间的一半。将每侧的计数相加获得总(平均)本底值。

d. 计算净强度 I_x(峰累积计数与总本底计数值之差)。

e. 按下式计算并记录每个样品或定量标准中待测物峰的归一化强度。

$$\hat{I}_x = \frac{I_x}{I_r^o}N$$

对于每个空白,测定待测物衍射峰的净计数。对 6 个空白计算平均归一化强度 $\hat{I}_b$。

f. 按照相同的步骤测定样品滤膜上无干扰银峰的净计数 I_{Ag}。在整个方法中,对银峰使用短的扫描时间(如待测物峰扫描时间的 5%),且保持一致。测定每个介质空白的银峰净计数。计算 6 个介质空白的平均值 $\hat{I}_{Ag}$。

注意:归一化参考物质强度能补偿 X 射线管强度的长期漂移。如果强度测量值稳定,可以减小测定参照物的频率。在这种情况下,待测物、空白和银峰的净强度(I_x、I_b 和 I_{Ag})应该用最近测量的参照物强度进行归一化。

14. 在与待测物和银峰相同的 2θ 范围内扫描样品空白。不应该存在待测物的峰。样品空白银峰的归一化强度应该与介质空白银峰的一致。

计算

15. 按下式计算吸收校正因子(表 3-0-19、3-0-20 和 3-0-21)[5]:

$$f(T) = \frac{-R\ln T}{1 - T^R}$$

式中:$R = (\sin\theta_{Ag})/(\sin\theta_x)$;

$T = \hat{I}_{Ag}/\hat{I}_{Ag}^o$——样品透射比。

16. 按下式计算空气中待测物的浓度 C(mg/m^3):

$$C = \frac{[\hat{I}_x f(T)] - \hat{I}_b}{mV}$$

式中:$\hat{I}_x$——样品峰归一化强度;

$\hat{I}_b$——空白的归一化强度;

m——标准曲线的斜率(计数/微克);

V = 采样体积(L)。

方法评价

五氧化二钒:用 V_2O_5 加标样品和发生样品对本 V_2O_5 方法进行了评价[1]。对于加标样品,用 31.05°线,负载量为 433~699 微克/滤膜时,总体精密度($\hat{S}_{rT}$)为 8.3%,平均偏差为 -7.3%。对于 5 组发生样品,V_2O_5 的范围为 184~2400 微克/滤膜时,平均偏差为 10.12%,合并精密度($\bar{S}_r$)为 6.9%。对于气溶胶发生样品,已用与 10mm 尼龙旋风式预分离器的特性类似的旋风式预分离器调整了大小,但 10mm 旋风式预分离器上未使用滤膜夹。

三氧化二钒:用 V_2O_3 的加标样品和发生样品对本法进行了评价[1]。对于加标样品,用 24.39°线,负载量为 107~321 微克/滤膜时,总体精密度($\hat{S}_{rT}$)为 8.2%,平均偏差为 12.2%。对于 5 组发生气浓度为 0.24~2.57mg V_2O_3/m^3 的发生样品,平均偏差为 -10.1%,合并 $\bar{S}_r$ 为 13.4%(24.39°线)。与上面一样,对于气溶胶发生样品,已用与10mm尼龙旋风式预分离器的特性类似的旋风式预分离器调整了大小,但10mm旋风式预分离器上未使用滤膜夹。

偏钒酸铵:用 NH_4VO_3 范围为109~277微克/滤膜的 NH_4VO_3 加标样品和发生气浓度为0.037~0.435mg NH_4VO_3/m^3 的发生样品对本法进行了评价[1]。2θ线在18.10°时,总体精密度($\hat{S}_{rT}$)为26.3%,在整个发生气范围内的偏差为-10.2%。化合物的稳定性非常重要,分析应在采样后两周内进行,否则冷藏样品。使用所述两次过滤技术(two-filter technique)可定量采样。

对于待测物,假设悬浮液的体积是真值体积,测定了加标样品的偏差。假设用ICP-AES分析AAWP滤膜所得浓度是真值浓度,测定了发生样品的偏差。

沉积量越少,仪器的精密度越高。对于低负载量,因需要旋转样品,所以需要更长的计数时间,这可以提高精密度。当使用推荐分析线时,所规定的各待测物的约 $100\mu g$ 定量下限为在大量的加标样品和发生样品实验中的估算值。

参考文献

[1] T. Carsey, Quantitation of Vanadium Oxides in Airborne Dusts by X-Ray Diffraction, Anal. Chem., 57: 2125-2130 (1985).

[2] NIOSH Manual of Analytical Methods, 2nd ed., Vol. 8 (unpublished, 1982).

[3] Powder Diffraction File Search Manual, International Centre for Diffraction Data (JCPDS), Swarthmore, PA, 19081, p. 809 (1981).

[4] Ibid., p. 810.

[5] M. Abell, D. Dollberg, J. Crable, Quantitative Analysis of Dust Samples from Occupational Environments Using Computer-Automated X-ray Diffraction, in Advances in X-Ray Analysis, Vol. 24, Plenum, p. 37 (1981).

[6] E. Bertin: Principles and Practice of X-ray Spectrometric Analysis, 2nd Ed., Plenum, New York, p. 471 (1975).

[7] Criteria for a Recommended Standard... Occupational Exposure to Vanadium, U.S. Department of Health, Education, and Welfare, Publ. (NIOSH) 77-222 (1977).

方法修订作者

Charles Lorberau, NIOSH/DPSE.

表3-0-18 分析线的特征

d距离 (A)	相对强度[1]	峰 2θ[1]	扫描 最小 2θ	扫描 最大 2θ	检出限[2] /μg	标准曲线斜率 /(ct/μg)	精密度[3] /(%, $\hat{S}_{rT}$)	偏差[4] /%	注释
					五氧化二钒(PDF#9-0387)				
4.380	100	20.27	19.40	20.9	4.0	205.0	11.5	-28.9	a-石英干扰20.85°2θ
4.090	35	21.73	20.90	22.4	13.0	57.1	-	-	a-石英干扰20.85°2θ
3.400	90	26.21	25.50	26.6	10.0	54.2	11.3	-22.3	a-石英干扰26.69°2θ
2.880	65	31.05	30.30	31.4	9.0	73.0	8.3	10.1	良好
2.185	17	41.32	40.50	41.6	28.0	24.9	-	-	弱;V_2O_3干扰41.42°2θ
					三氧化二钒(PDF#26-278)				
3.650	60	24.39	24.75	23.5	6.0	75.1	14.7	-10.1	良好
2.700	80	33.18	33.50	32.5	5.0	78.3	16.0	0.0	AgCl干扰32.32°2θ
2.470	60	36.37	36.80	35.7	9.0	70.6	15.6	14.2	a-石英干扰36.53°2θ
2.180	20	41.42	41.70	40.6	62.0	11.7	-	-	弱;V_2O_5干扰41.32°2θ
1.830	25	49.83	50.40	49.3	21.0	30.2	-	-	弱
1.690	100	54.28	54.50	53.3	5.0	91.2	20.7	-10.1	良好

续表

d 距离（A）	相对强度[1]	峰 2θ[1]	扫描		检出限[2] /μg	标准曲线斜率/（ct/μg）	精密度[3]（%, $\hat{S}_{rT}$）	偏差[4] /%	注释
			最小 2θ	最大 2θ					
五氧化二钒（PDF # 9 – 0387）									
1.43	30	65.25[5]							
偏钒酸铵（PDF # 9 – 411）									
5.880	50	15.07	14.30	15.4	7.0	133.8	24.0	11.4	良好
4.900	75	18.10	17.70	18.2	7.0	101.4	26.3	– 10.2	良好
4.140	95	21.46	21.00	21.8	10.0	49.8	—	13.2	弱；V_2O_5 干扰 21.73° 2θ
3.770	40	23.60	23.10	23.9	18.0	38.5	—	—	弱；V_2O_5 干扰 41.32° 2θ
3.164	100	28.21[6]			50.3	—	—		AgCl 干扰 27.88° 2θ
2.912	60	30.74	30.10	30.9	21.0	33.9	—	—	弱
2.628	45	34.12	33.50	34.4	20.0	36.0	—	—	弱

注：1 来自参考文献[7]，p.979（g = 1.5418A）°；2 参考文献[6]；3 $\hat{S}_{rT} = (GRSD^2 + 0.1667\ SRSD^2 + .05^2)^{1/2}$ 其中 GRSD 是发生气样品的总相对标准偏差，SRSD 是加标样品的总相对标准偏差；此式用于估算总（采样加上分析）空气监测方法的相对标准偏差；4 来自发生样品；5 由于在 2θ 为 64.48 °时 Ag 的干扰，因此未进行评价；6 由于在 2θ 为 27.88 °时 AgCl 的干扰，因此未进行评价。

表 3 – 0 – 19　五氧化二钒／银峰的 2θ 角基质吸收校正因子

V_2O_5 银	T	20.27° 38.12° f(T)	26.13° 38.12° f(T)	31.00° 38.12° f(T)	T	20.27° 38.12° f(T)	26.13° 38.12° f(T)	31.00° 38.12° f(T)
	1.00	1.0000	1.0000	1.0000	0.74	1.3053	1.2332	1.1952
	0.99	1.0094	1.0073	1.0062	0.73	1.3203	1.2445	1.2046
	0.98	1.0189	1.0147	1.0124	0.72	1.3356	1.2560	1.2141
	0.97	1.0285	1.0222	1.0187	0.71	1.3512	1.2677	1.2238
	0.96	1.0384	1.0298	1.0251	0.70	1.3672	1.2796	1.2337
	0.95	1.0483	1.0375	1.0317	0.69	1.3835	1.2918	1.2438
	0.94	1.0585	1.0454	1.0383	0.68	1.4002	1.3043	1.2541
	0.93	1.0688	1.0533	1.0450	0.67	1.4172	1.3170	1.2646
	0.92	1.0794	1.0614	1.0518	0.66	1.4346	1.3300	1.2753
	0.91	1.0901	1.0697	1.0587	0.65	1.4524	1.3432	1.2862
	0.90	1.1009	1.0780	1.0658	0.64	1.4706	1.3567	1.2973
	0.89	1.1120	1.0865	1.0729	0.63	1.4892	1.3706	1.3087
	0.88	1.1233	1.0952	1.0801	0.62	1.5083	1.3847	1.3203
	0.87	1.1348	1.1040	1.0875	0.61	1.5278	1.3992	1.3322
	0.86	1.1465	1.1129	1.0950	0.60	1.5478	1.4139	1.3444
	0.85	1.1584	1.1220	1.1026	0.59	1.5682	1.4291	1.3568
	0.84	1.1705	1.1312	1.1103	0.58	1.5892	1.4445	1.3695

续表

V$_2$O$_5$ 银	T	20.27° 38.12° f(T)	26.13° 38.12° f(T)	31.00° 38.12° f(T)	T	20.27° 38.12° f(T)	26.13° 38.12° f(T)	31.00° 38.12° f(T)
	0.83	1.1828	1.1406	1.1182	0.57	1.6107	1.4604	1.3825
	0.82	1.1954	1.1502	1.1261	0.56	1.6327	1.4766	1.3957
	0.81	1.2082	1.1599	1.1343	0.55	1.6553	1.4932	1.4094
	0.80	1.2213	1.1698	1.1425	0.54	1.6784	1.5102	1.4233
	0.79	1.2346	1.1799	1.1509	0.53	1.7022	1.5277	1.4376
	0.78	1.2482	1.1902	1.1595	0.52	1.7266	1.5456	1.4522
	0.77	1.2620	1.2006	1.1682	0.51	1.7516	1.5640	1.4672
	0.76	1.2762	1.2113	1.1770	0.50	1.7774	1.5828	1.4826
	0.75	1.2906	1.2221	1.1860	0.49	1.8039	1.6022	1.4984

注：T—样品透射比（步骤15）；f(T)—样品校正因子（步骤15）。

表3-0-20　三氧化二钒/银峰的2θ角基质吸收校正因子

V$_2$O$_3$ 银	T	24.39° 38.15° f(T)	33.18° 38.15° f(T)	36.37° 38.15° f(T)	54.28° 38.15° f(T)	T	24.39° 38.15° f(T)	33.18° 38.15° f(T)	36.37° 38.15° f(T)	54.28° 38.15° f(T)
	1.00	1.00000	1.00000	1.00000	1.00000	0.74	1.25097	1.18219	1.16591	1.11173
	0.99	1.00779	1.00576	1.00527	1.00360	0.73	1.26315	1.19089	1.17379	1.11696
	0.98	1.01571	1.01161	1.01061	1.00725	0.72	1.27558	1.19975	1.18182	1.12228
	0.97	1.02375	1.01753	1.01603	1.01095	0.73	1.28825	1.20877	1.19000	1.12769
	0.96	1.03191	1.02354	1.02152	1.01469	0.70	1.30119	1.21797	1.19832	1.13320
	0.95	1.04021	1.02964	1.02709	1.01849	0.69	1.31439	1.22734	1.20681	1.13880
	0.94	1.04863	1.03583	1.03274	1.02233	0.68	1.32786	1.23689	1.21546	1.14450
	0.93	1.05719	1.04211	1.03847	1.02622	0.67	1.34162	1.24663	1.22427	1.15030
	0.92	1.06589	1.04848	1.04429	1.03016	0.66	1.35567	1.25657	1.23326	1.00000
	0.91	1.07474	1.05494	1.05019	1.03416	0.65	1.37002	1.26670	1.24242	1.16223
	0.90	1.08372	1.06151	1.05617	1.03822	0.64	1.38469	1.27705	1.25177	1.16837
	0.89	1.09286	1.06817	1.06225	1.04232	0.63	1.39968	1.28761	1.26131	1.17462
	0.88	1.10215	1.07494	1.06842	1.04649	0.62	1.41500	1.29839	1.27105	1.18099
	0.87	1.11160	1.08181	1.07468	1.05071	0.61	1.43068	1.30941	1.28100	1.18749
	0.86	1.12122	1.08879	1.08104	1.05500	0.60	1.44672	1.32066	1.29116	1.19411
	0.85	1.13099	1.09589	1.08749	1.05934	0.59	1.46313	1.33216	1.30153	1.20088
	0.84	1.14094	1.10309	1.09405	1.06375	0.58	1.47993	1.34392	1.31214	1.20778
	0.83	1.15107	1.11042	1.10072	1.06823	0.57	1.49713	1.35595	1.32298	1.21483
	0.82	1.16137	1.11786	1.10749	1.07277	0.56	1.51475	1.36825	1.33408	1.22203
	0.81	1.17186	1.12543	1.11437	1.07738	0.55	1.53281	1.38084	1.34542	1.22939
	0.80	1.18255	1.13313	1.12137	1.08206	0.54	1.55133	1.39374	1.35704	1.23691
	0.79	1.19342	1.14096	1.12848	1.08681	0.53	1.57031	1.40695	1.36893	1.24460

续表

V$_2$O$_3$ 银	T	24.39° 38.15° f(T)	33.18° 38.15° f(T)	36.37° 38.15° f(T)	54.28° 38.15° f(T)	T	24.39° 38.15° f(T)	33.18° 38.15° f(T)	36.37° 38.15° f(T)	54.28° 38.15° f(T)
	0.78	1.20450	1.14892	1.13571	1.09164	0.52	1.58979	1.42048	1.38111	1.25246
	0.77	1.21579	1.15702	1.14306	1.09654	0.51	1.60978	1.43435	1.39359	1.26051
	0.76	1.22729	1.16526	1.15055	1.10152	0.50	1.63030	1.44858	1.40639	1.26875
	0.75	1.23902	1.17365	1.15816	1.10659	0.49	1.65139	1.46318	1.41952	1.27719

注:T—样品透射比(步骤15);f(T)—样品校正因子(步骤15)。

表 3 - 0 - 21　偏钒酸铵/银峰的 2θ 角基质吸收校正因子

NH$_4$VO$_3$ 银	T	15.07° 38.15° f(T)	18.10° 38.15° f(T)	21.46° 38.15° f(T)	23.60° 38.15° f(T)	T	15.07° 38.15° f(T)	18.10° 38.15° f(T)	21.46° 38.15° f(T)	23.60° 38.15° f(T)
	1.00	1.0000	1.0000	1.0000	1.0000	0.74	1.0000	1.0000	1.0000	1.0000
	0.99	1.0126	1.0105	1.0088	1.0081	0.73	1.0126	1.0105	1.0088	1.0081
	0.98	1.0254	1.0211	1.0178	1.0162	0.72	1.0254	1.0211	1.0178	1.0162
	0.97	1.0384	1.0320	1.0270	1.0245	0.71	1.0384	1.0320	1.0270	1.0245
	0.96	1.0517	1.0430	1.0362	1.0330	0.70	1.0517	1.0430	1.0362	1.0330
	0.95	1.0653	1.0542	1.0457	1.0415	0.69	1.0653	1.0542	1.0457	1.0415
	0.94	1.0791	1.0656	1.0553	1.0503	0.68	1.0791	1.0656	1.0553	1.0503
	0.93	1.0932	1.0773	1.0650	1.0591	0.67	1.0932	1.0773	1.0650	1.0591
	0.92	1.1075	1.0891	1.0749	1.0681	0.66	1.1075	1.0891	1.0749	1.0681
	0.91	1.1221	1.1011	1.0850	1.0773	0.65	1.1221	1.1011	1.0850	1.0773
	0.90	1.1371	1.1134	1.0953	1.0866	0.64	1.1371	1.1134	1.0953	1.0866
	0.89	1.1523	1.1259	1.1057	1.0960	0.63	1.1523	1.1259	1.1057	1.0960
	0.88	1.1678	1.1386	1.1164	1.1056	0.62	1.1678	1.1386	1.1164	1.1056
	0.87	1.1836	1.1516	1.1272	1.1154	0.61	1.1836	1.1516	1.1272	1.1154
	0.86	1.1997	1.1648	1.1382	1.1254	0.60	1.1997	1.1648	1.1382	1.1254
	0.85	1.2162	1.1783	1.1494	1.1355	0.59	1.2162	1.1783	1.1494	1.1355
	0.84	1.2330	1.1920	1.1608	1.1458	0.58	1.2330	1.1920	1.1608	1.1458
	0.83	1.2501	1.2060	1.1724	1.1563	0.57	1.2501	1.2060	1.1724	1.1563
	0.82	1.2676	1.2202	1.1842	1.1669	0.56	1.2676	1.2202	1.1842	1.1669
	0.81	1.2855	1.2348	1.1963	1.1778	0.55	1.2855	1.2348	1.1963	1.1778
	0.80	1.3038	1.2496	1.2086	1.1889	0.54	1.3038	1.2496	1.2086	1.1889
	0.79	1.3224	1.2647	1.2211	1.2002	0.53	1.3224	1.2647	1.2211	1.2002
	0.78	1.3414	1.2801	1.2338	1.2116	0.52	1.3414	1.2801	1.2338	1.2116
	0.77	1.3609	1.2959	1.2468	1.2233	0.51	1.3609	1.2959	1.2468	1.2233
	0.76	1.3807	1.3120	1.2601	1.2353	0.50	1.3807	1.3120	1.2601	1.2353
	0.75	1.4474	1.3284	1.2736	1.2474	0.49	1.4010	1.3284	1.2736	1.2474

注:T—样品透射比(步骤15);f(T)—样品校正因子(步骤15)。

硫化铅 7505

PbS	相对分子质量:239.25	CAS 号:1314 - 87 - 0	RTECS 号:OG4550000
方法:7505,第二次修订		方法评价情况:部分评价	第一次修订:1984.2.15 第二次修订:1994.8.15
OSHA:0.05mg(Pb)/m³ NIOSH:<0.1mg(Pb)/m³;血铅≤60μg/100g ACGIH:0.15mg(Pb)/m³		性质:固体;密度7.5g/ml;熔点1114℃	

英文名称: lead sulfide;galena(mineral) 方铅矿(矿物)

采样	分析
采样管:旋风式预分离器 + 滤膜[10mm 尼龙旋风式预 　分离器或 Higgins – Dewell(HD)旋风式预分离器 + 　5μm PVC 膜] 采样流量:尼龙旋风式预分离器:1.7L/min HD 旋风式预分离器:2.2L/min 最小采样体积:600L[0.05mg(Pb)/m³] 最大采样体积:1000L 运输方法:常规 样品稳定性:45 天后降解4%;避光保存 样品空白:每批样品 2~10 个 定性样品:需要;定点呼吸性粉尘或沉降尘	分析方法:X 射线粉末衍射法 待测物:硫化铅 溶解:将滤膜溶于四氢呋喃 悬浮:粉尘悬浮于四氢呋喃 再沉积:在 0.45μm 银滤膜上 XRD:铜靶 X 射线管 最佳强度:接收狭缝1°,石墨单色仪,闪烁检测器,慢扫描(0.02°/10s), 　扣除本底值后积分强度 定量标准:异丙醇中的 PbS 悬浮液 测定范围:每份样品 30~2000μg 估算检出限:每份样品 5μg
准确性 研究范围:12~37μg/m³ [1] 偏差:当样品和标准物粒径相同时,很小 总体精密度($\hat{S}_{rT}$):0.103 [1] 准确度:约±22%	精密度($\bar{S}_r$):0.081(每份样品 40~260μg) [1]

适用范围: 当采样体积为 500L 时,测定范围为 0.06~4mg/m³。本法专用于测定其他矿物粉尘中的硫化铅

干扰因素: 氧化铅(PbO、Pb_3O_4)、硫酸铅(铅矾)、铜铁硫化物(黄铜矿),见附录

其他方法: 本法替代了 P&CAM 350 [2]

试剂	仪器
1. 硫化铅:ACS 级,粒径 <10μm * 　注意:经过定性分析来确定硫化铅的纯度(步骤 　10)。物质必用 10μm 孔径的筛子进行超声湿 　筛得到近似的呼吸性粉尘。将醇蒸发。将过筛 　的物质在110℃的烘箱中烘 1 小时,冷却后储存 　在干燥器中 2. 异丙醇 3. 四氢呋喃(THF) *	1. 采样管 　a. 滤膜:直径37mm,孔径 5.0μm,聚氯乙烯滤膜,带衬垫,置于两层式 　　37mm 滤膜夹(导电的更好)中,用胶带或纤维素酯收缩带紧固 　b. 旋风式预分离器:10mm 尼龙,Higgins – De well(HD)或等效的 　c. 采样头架:必须将滤膜夹、旋风式预分离器和连接器紧紧地连接在一 　　起,使空气只从旋风式预分离器进气口进入 2. 定性样品采样器:PVC 滤膜,直径37mm,孔径 5μm,置于两层式小孔滤膜 　夹中,以 2L/min 流量采样 3. 采样泵:HD 旋风式预分离器,2.2L/min;尼龙旋风式预分离器,1.7L/min; 　或定性样品采样器,3L/min 4. 银滤膜:直径25mm,孔径 0.45μm,(Osmonics,Inc.,Nuclepore,Poretics 或 　等效的) 5. X 射线粉末衍射仪:带铜靶 X 射线管、石墨单色器和闪烁检测器 6. 参考样品(云母,Arkansas 石或其他稳定的定量标准):用于数据归一化 7. 过滤器和侧臂真空瓶:带 25μm 和 37μm 过滤架 8. 筛子:10μm,用于湿筛 9. 分析天平(0.01mg):磁力搅拌器;超声波清洗器或超声探头,移液管和容 　量瓶;离心管(广口)40ml,及试管架;干燥器;试剂瓶,1L,具玻璃磨口塞; 　烘箱;聚乙烯洗瓶;50ml 烧杯,和表面皿;胶水或胶带,用于将银滤膜固定 　到 XRD 样品架上

特殊防护措施: THF 极度易燃,应在通风橱中使用;避免吸入硫化铅粉尘 [3]

　注:* 见特殊防护措施。

采样

1. 串联一个有代表性的采样管来校准采样泵。

2. 尼龙旋风式预分离器以$(1.7 \pm 5)\%$ L/min 流量采样,HD 旋风式预分离器以$(2.2 \pm 5)\%$ L/min 流量采样,采样体积为 600～1000L。滤膜上粉尘增量不得超过 2mg。

注意:任何时候采样装置不能装反。旋风式预分离器不能平放,以防上面的大粒径颗粒掉落到滤膜上。

3. 采集一个大体积的粉尘样品(如:$1m^3$,以 3L/min 采样)。

注意:样品应避光保存。

样品处理

4. 用镊子将滤膜放入 40ml 广口离心管中,各加入 10ml THF。将离心管放在试管架上,置于超声波清洗器中超声 10 分钟。

5. 将银滤膜放入过滤器中连接漏斗;将离心管中混悬液倒入漏斗中。

6. 用 5ml THF 冲洗离心管,振摇数秒钟。将 THF 倒入漏斗中。重复以上操作两次,每次用 5ml 以上的 THF。

7. 控制过滤速率,保持漏斗中的液面接近顶端,当滤膜上的液位低于 4cm 时,不要冲洗过滤器壁或向漏斗中加入 THF。过滤后,保持真空,直至滤膜干燥。用镊子将银滤膜取出,并装进 XRD 样品架上。

标准曲线绘制与质量控制

8. 从用于样品沉积的同一批银滤膜盒中随机取出 6 片银滤膜作为介质空白。这些滤膜用于校正样品的自吸收。将每个介质空白装进过滤器上,用 5～10ml 异丙醇将每个空白滤膜真空抽滤,取下滤膜,干燥,装入 XRD 样品架上。测定每个空白银滤膜的银峰净归一化计数 $\hat{I}_{Ag}$(步骤 11)。计算 6 个介质空白的平均值。

9. 制备并分析标准工作滤膜。

a. 配制两种浓度的悬浮液。分别称取 10mg 和 100mg 干燥的、筛分的硫化铅,精确至 0.01mg,用 1.00L 异丙醇定量转移入 1L 带玻璃塞的试剂瓶中将硫化铅悬浮在异丙醇中。

b. 用超声波探头或超声波清洗器超声 20 分钟,将硫化铅悬浮在异丙醇中。立即将瓶子移到顶部隔热的磁力搅拌器上,并加入搅拌子。使用前冷却至室温。

c. 将一片银滤膜安装在过滤器上。加 2～4ml 异丙醇到滤膜上。关闭搅拌器并手动剧烈摇振悬浮液。立即拿掉塞子并从悬浮液中心处取出一定量的溶液。不要用通过排除部分悬浮液的方法调整移液管中悬浮液的体积。如果取出的溶液多于所需的量,将所有悬浮液放回瓶中,冲洗移液管使之干燥,再重新取一份。将移液管中的溶液转移到滤膜上,保持移液管的尖部接近悬浮液表面但不浸入悬浮液中。

d. 用几毫升异丙醇冲洗移液管,将冲洗液倒入漏斗中。重复冲洗几次。

e. 用真空泵迅速过滤悬浮液。保持真空直到滤膜干燥。当沉积到适当位置后,不要冲洗漏斗两侧以避免滤膜上物质的重排。将滤膜安装在 XRD 样品架上。用这种技术制备标准工作滤膜(硫化铅浓度为:5,10,30,50,100,200,500,1000 及 2000 微克/样品),一式三份。

f. 用 XRD 进行分析(步骤 11)。使用和样品一样的衍射峰和仪器条件。标准工作滤膜的净 XRD 强度和归一化的 XRD 强度分别记为 I_x(步骤 11d)和 $\hat{I}_x$(步骤 11e)。对于含量高于 200μg PbS 的定量标准,应校正 $\hat{I}_x$(步骤 11f,步骤 12)。

g. 以 $\hat{I}_x$ 对 PbS 的含量(μg)制作标准曲线。最好使用加权最小平方拟合法($1/\sigma^2$ 加权)。

h. 确定标准曲线斜率 m(计数/微克),截距应在(0 ± 5)μg 内。

样品测定

10. 为了确定沉降尘样品或大体积呼吸性粉尘样品是否存在硫化铅以及有何干扰,需获得 X 射线定性扫描(如范围为 10～80°2θ)范围(附录)。如果对现场样品进行定量分析(PbS 的百分含量),应先将样品通过 10μm 筛进行湿筛使样品粒度与标准物的粒度匹配。预期的衍射峰见表 3 – 0 – 22。

表 3 − 0 − 22　硫化铅和银的特征峰

	峰(2θ角度)	
	第一特征峰	第二特征峰
硫化铅	30.10°	25.98°
银	38.12°	44.28°

11. 将滤膜(样品、定量标准或空白)安装到 XRD 仪器中,并按以下步骤进行操作。

a. 在每个滤膜扫描之前测定参考样品净强度 I_r^o。选择一个适当的归一化换算因素 N,约等于参考样品峰的净计数,并将 N 值用于所有分析。

b. 测定无干扰的 PbS 最强锋的衍射峰面积。扫描时间必须长,如 15 分钟。

c. 测定峰两侧的本底值,扫描时间为峰扫描中所用时间的一半。将每侧的计数相加获得总(平均)本底值。测定每个样品本底的位置。

d. 计算净强度 I_x(峰累积计数与总本底计数值之差)。

e. 计算每个样品、样品空白或定量标准中样品峰的归一化强度 $\hat{I}_x$:

$$\hat{I}_x = \frac{I_x}{I_r} N$$

注意:参考样品强度归一化能补偿 X 射线管强度的长期漂移。如果强度测量值稳定,参考样品的测定频率可以减少,并且待测物净强度应该归一化到最近测量的参考样品强度。

f. 按照相同的步骤测定无干扰银峰的样品滤膜上净计数 I_{Ag}。在整个方法中,对银峰使用短的扫描时间(如待测物峰扫描时间的 5%)。

g. 在与 PbS 和银峰相同的 2θ 范围内扫描样品空白。这些分析仅为了验证滤膜没有发生污染。不应该存在待测物的峰。银峰的标准化强度应该与空白一致。

计算

12. 按下式计算空气中硫化铅浓度 C(mg/m³):

$$C = \frac{\hat{I}_x f(T) - b}{mV}$$

式中:$\hat{I}_x$—样品峰的归一化强度;

b——标准曲线的截距(I_x^o vs. W);

m——标准曲线的初始斜率(计数/微克);

V——采样体积 (L)。

$$f(T) = \frac{- R\ln T}{1 - T^4} = 吸收校正因子(表 3 − 0 − 23)$$

式中:$R = \sin(\theta_{Ag}) / \sin(\theta_X)$;

$T = \hat{I}_{Ag} / (平均 \hat{I}_A) = 样品透射度$;

$\hat{I}_{Ag}$——样品的归一化银峰强度;

平均 $\hat{I}_{Ag}$——介质空白的归一化银峰强度(6 个值的平均值)。

注意:关于吸收校正方法的更为详细的讨论,见参考文献[4]和[5]。

方法评价

最初用 PbS 范围为每片滤膜 30 ~ 2000μg 的 30 个样品测定了分析精密度($\bar{S}_r$),为 0.0047[6]。为了验证 PbS 滤膜沉积的准确度,对这 30 个样品加上 5 个空白滤膜用 X 射线荧光法测定了铅和硫,用 ICP – AES 测定了铅。用滤膜上 PbS 的范围为 30 ~ 150μg 的 20 个加标样品进行了回收率实验,结果表明平均回收率为 102.6%,相对标准偏差为 0.05。

最近,研究了滤膜上 PbS 的范围为 40 ~ 250μg 的 54 个加标样品[1]。结果表明,精密度($\bar{S}_r$)为 0.0081,回收率为 98%。研究了在方铅矿工厂收集的 8 组样品,并对整个方法进行了评价。每组用滤膜收集了 6

个平行样品。这些样品组的 PbS 在空气中的平均浓度范围为 12～35μg/m³,其中 7 组的合并平均 $\dot{S}_{rT}$ 为 0.103。第 8 组为异常值[1]。

进行了两组稳定性实验:一个短期的(47 天)和一个长期的(6.5 个月)。在短期研究中,15 个 PbS 样品被暴露于不同条件中,从强光到无光,从潮湿空气到真空;经过一定的时间间隔后进行分析。分析期间,它们均受到1400w 的 X 射线辐射超过 2 小时。在持续的强光下,PbS 的降解率为 14.4%。无光时降解率最小(1.2%～3.8%)。在长期研究中,PbS 定性样品暴露于实验室空气中并在光照条件下受到总时长为 36 小时的 X 射线辐射,降解了 37.6%。同样暴露于实验室 158 天且受到总时长为 28 小时的 X 射线辐射时,降解了 12.2%。因此,建议样品避光保存。

参考文献

[1] Abell, M. T. Evaluation of a Sampling and Analytical Method for Lead Sulfide, NIOSH/MRB Internal Report (September 30, 1983).

[2] NIOSH Manual of Analytical Methods, 2nd. ed., V. 7, P&CAM 350, U. S. Department of Health and Human Services, Publ. (NIOSH) 82～100 (1981).

[3] Criteria for a Recommended Standard...Occupational Exposure to Inorganic Lead (Revised), U. S. Department of Health, Education, and Welfare, Publ. (NIOSH) 78－158 (1978).

[4] Leroux, J. and C. Powers. Direct X－Ray Diffraction Quantitative Analysis of Quartz in Industrial Dust Films Deposited on Silver Membrane Filters, Occup. Health Rev., 21, 26 (1970).

[5] Williams, D. D. Direct Quantitative Diffractometric Analysis, Anal. Chem., 31, 1841 (1959).

[6] Palassis, J., D. D. Dollberg and M. S. Hawkins. Air Sampling and Analysis of Lead Sulfide in Galena Mining by X－Ray Powder Diffraction and X－ray Fluorescence Spectrometry, Paper Presented to the ACGIH, Cincinnati, OH (June 8, 1982).

[7] Snell, F. D. and L. S. Ettre. Encyclopedia of Industrial Chemical Analysis, 15, 161－169, Interscience Publishers, NY (1972).

方法作者

J. Palassis, NIOSH/DTMD, M. T. Abell, D. D. Dollberg, Ph. D. and M. Hawkins, NIOSH/DPSE.

附录:干扰

如果存在干扰物,使用不同的硫化铅峰。使用铜 K_a X 射线辐射时,氧化铅(PbO,黄色形式),硫酸铅(铅钒)和铜铁硫化物(CuFeS₂ 黄铜矿)干扰硫化铅的第一特征锋。氧化铅(Pb_3O_4,橙色形式)和硫酸铅(铅钒)会干扰硫化铅的第二特征峰。自然界中,在方铅矿开采时铅的氧化物的含量很低,可忽略,但是高温加热时会形成硫化铅(即在冶炼和煅烧操作中)[7]。方铅矿开采中,通常存在白云石、硫化锌(ZnS 闪锌矿)和黄铜矿,但不会干扰硫化铅的第二特征峰;因此,选择硫化铅的第二特征峰作为分析峰。硫化铅的第三特征峰会干扰银的第二特征峰。

当峰的重叠不严重时,可以使用相似的接收狭缝或铬 X－辐射;但是需要新的标准曲线。

样品中某些元素(尤其是铁元素)的存在能产生很强的 X 射线荧光,导致本底强度的增加。可用衍射光束单色仪使其减小。

样品的 X 射线吸收的干扰效应会导致衍射束的衰减,必须进行校正(步骤 12 和表 3－0－23)。

表 3 - 0 - 23　硫化铅/银峰的基质吸收校正因子(2θ角)

硫化铅 银	T	30.10° 38.12° f(T)	25.98° 38.12° f(T)	T	30.10° 38.12° f(T)	25.98° 38.12° f(T)
	1.00	1.0000	1.0000	0.74	1.2013	1.2346
	0.99	1.0063	1.0073	0.73	1.2109	1.2460
	0.98	1.0128	1.0147	0.72	1.2208	1.2575
	0.97	1.0193	1.0223	0.71	1.2308	1.2693
	0.96	1.0259	1.0299	0.70	1.2410	1.2814
	0.95	1.0326	1.0377	0.69	1.2514	1.2936
	0.94	1.0394	1.0456	0.68	1.2620	1.3062
	0.93	1.0463	1.0536	0.67	1.2729	1.3190
	0.92	1.0533	1.0618	0.66	1.2839	1.3320
	0.91	1.0605	1.0701	0.65	1.2952	1.3453
	0.90	1.0677	1.0785	0.64	1.3067	1.3590
	0.89	1.0751	1.0870	0.63	1.3185	1.3729
	0.88	1.0825	1.0957	0.62	1.3305	1.3871
	0.87	1.0901	1.1046	0.61	1.3428	1.4017
	0.86	1.0978	1.1136	0.60	1.3554	1.4165
	0.85	1.1057	1.1227	0.59	1.3682	1.4318
	0.84	1.1136	1.1320	0.58	1.3813	1.4473
	0.83	1.1217	1.1414	0.57	1.3948	1.4633
	0.82	1.1300	1.1511	0.56	1.4085	1.4796
	0.81	1.1383	1.1609	0.55	1.4226	1.4963
	0.80	1.1469	1.1708	0.54	1.4370	1.5135
	0.79	1.1555	1.1810	0.53	1.4518	1.5311
	0.78	1.1644	1.1913	0.52	1.4669	1.5491
	0.77	1.1733	1.2018	0.51	1.4825	1.5676
	0.76	1.1825	1.2126	0.50	1.4984	1.5866
	0.75	1.1918	1.2235	0.49	1.5148	1.6061

注:T—样品透射度(步骤12);f(T)—样品校正因子(步骤12)。

六价铬 7600

Cr(VI)	相对分子质量:52.00（Cr）; 99.99(CrO₃)	CAS 号:18540 - 29 - 9	RTECS 号:GB6262000
方法:7600,第二次修订		方法评价情况:完全评价	第一次修订:1989.5.15 第二次修订:1994.8.15
OSHA:0.1mg/m³(CrO₃) NIOSH:0.001mg/m³/10h;致癌物 ACGIH:0.050mg/m³(Cr,可溶的);某些不溶的铬酸盐 　　是人类致癌物		性质:氧化剂	
英文名称:chromium, hexavalent			

Cr(VI) 相对分子质量:52.00（Cr）; 99.99(CrO_3)

OSHA:0.1mg/m³(CrO_3)

NIOSH:0.001mg/m³/10h;致癌物

ACGIH:0.050mg/m³(Cr,可溶的)

续表

采样	分析
采样管:滤膜(5.0μm PVC 滤膜)	分析方法:可见吸收分光光度法
采样流量:1~4L/min	待测物:CrO_4^{2-} – 二苯(基)卡巴肼络合物
最小采样体积:8L(在 0.025mg/m³ 下)	洗脱方法:0.5N H_2SO_4 或 2% NaOH – 3% Na_2CO_3(步骤 4,5)
最大采样体积:400L	测量波长:540nm;光程 5cm
运输方法:常规	定量标准:0.5N H_2SO_4 中的 K_2CrO_4 标准溶液
样品稳定性:在两周内进行分析[1]	测定范围:每份样品 0.2~7μg
样品空白:每批样品 2~10 个	估算检出限:每份样品 0.05μg
	精密度($\bar{S}_r$):0.029(每份样品 0.3~1.2μg)[3]
准确性	
研究范围:0.05~0.2mg/m³[2](22L 样品)	
偏差:–5.48%	
总体精密度($\hat{S}_{rT}$):0.084[2]	
准确度:±18.58%	

适用范围:采样体积为 200L 时,测定范围为 0.001~5mg/m³。本法可用于测定可溶性的 Cr(VI)(用 0.5N H_2SO_4 作为洗脱液)或不可溶的 Cr(VI)(用 2% NaOH – 3% Na_2CO_3 作为洗脱液)[3]

干扰因素:可能的干扰物是铁、铜、镍和钒;由于有色络合物的形成,10μg 干扰物产生的有色络合物的吸光度相当于 0.02μg Cr(VI) 产生的吸光度。碱性洗脱液可使还原剂造成的干扰(如 Fe,Fe^{2+})减少到最小(步骤 5)

其他方法:本法综合并替代了方法 P&CAM 169[1]、S317[2] 和方法 P&CAM 319[3];Cr(VI)标准文档[4] 中记录了与方法 P&CAM 169 类似的方法。方法 7604 是用离子色谱检测六价铬的特定方法

试剂*	仪器
1. 浓 H_2SO_4:(98% w/w)	1. 采样管:聚氯乙烯(PVC)滤膜,孔径 5.0μm,直径 37mm,置于聚乙烯滤膜夹中[FWSB(MSA)或 VM – 1(Gelman)或等效的滤膜夹]
2. H_2SO_4:6N。于 1L 容量瓶中,将 167ml 浓 H_2SO_4 加入水中,稀释到刻度	注意:某些 PVC 滤膜会加速 Cr(VI) 的还原反应。检查每批滤膜的 Cr(VI)加标样品的回收率
3. H_2SO_4:0.5N。于 1L 容量瓶中,将 14.0ml 浓 H_2SO_4 加入水中,稀释到刻度	2. 个体采样泵:流量 1~4L/min,配有连接软管
4. 无水碳酸钠	3. 闪烁瓶:20ml 玻璃,带 PTFE 内衬的螺纹瓶盖**
5. NaOH	4. 镊子:塑料
6. 铬酸钾	5. 紫外可见分光光度计:(540nm),5cm 比色皿
7. 二苯卡巴肼溶液:称取 500mg 二苯基甲酰胺,溶于 100ml 丙酮和 100ml 水中	6. 真空过滤装置**
8. Cr(VI)标准溶液:1000μg/ml。称取 3.735g K_2CrO_4,溶于去离子水中并稀释至 1L,或购买	7. 烧杯:硅硼玻璃,50ml**
9. 标准储备液:10μg/ml。用去离子水按 1:100 稀释 1000μg/ml Cr(VI)标准溶液	8. 表面皿**
10. 滤膜洗脱液:2% NaOH – 3% Na_2CO_3。称取 20g NaOH 和 30g Na_2CO_3,溶于去离子水中,制成 1L 溶液	9. 容量瓶:25,100 及 1000ml**
11. 氮气:高纯	10. 电热板:120~140℃
	11. 微量移液器:10μl~1ml
	12. 离心管:40ml,带刻度,带塑料塞**
	13. 布氏漏斗**
	14. 移液管:TD 5ml**

特殊防护措施:不可溶铬酸盐为可疑人类致癌物[4],所有样品配制必须在通风橱中进行操作

注:* 见特殊防护措施;** 所有玻璃器皿使用前用 1:1 HNO_3 洗净并彻底冲洗。

采样

1. 串联一个有代表性的采样管来校准个体采样泵。

2. 在 1~4L/min 范围内,以已知流量采集 8~400L 空气样品。滤膜上总粉尘的增量不得超过 1mg。

3. 完成采样后 1 小时内,用镊子将滤膜从滤膜夹中取出,并置于闪烁瓶中运送至实验室。丢弃衬垫。

样品处理

注意：下面列出了两种样品处理方法。对于可溶的铬酸盐或铬酸，按照步骤4进行处理；对于不可溶的铬酸盐或存在 Fe、Fe^{2+} 或其他还原剂中的 Cr(Ⅵ)，按照步骤5进行处理。

4. 可溶的铬酸盐和铬酸的样品配制。

a. 从闪烁瓶中取出空白和样品滤膜，将它们折叠放入离心管中。

b. 向每个离心管中加入 6～7ml 0.5N H_2SO_4，盖上盖子，振摇以洗涤滤膜的所有表面。滤膜在离心管中停留 5～10min[6]。

c. 用塑料镊子将滤膜从离心管中取出，再用 1～2ml 0.5N H_2SO_4 小心地洗涤所有表面。丢弃滤膜。从此步开始配制试剂空白。

d. 用布氏漏斗中湿润的 PVC 滤膜过滤溶液，除去悬浮尘干扰因素。将滤液收于干净的离心管中。用 2～3ml 0.5N H_2SO_4 冲洗装有滤膜的闪烁瓶，并倒入到漏斗中。用 5～8ml 0.5N H_2SO_4 冲洗漏斗和滤膜。

e. 向每个离心管中加入 0.5ml 二苯卡巴肼溶液。于每个离心管中，加入 0.5N H_2SO_4 至总体积为 25ml。振摇混合并发生显色反应（至少 2 分钟但不超过 40 分钟[6]）。将溶液转移至干净的 5cm 比色皿中并在混合后 40 分钟内进行分析（步骤 9～11）。

5. 不溶的铬酸盐或存在 Fe、Fe^{2+} 或其他还原剂中的 Cr(Ⅵ) 的样品配制。

注意：如果预计存在大量的 Cr(Ⅲ)，在步骤 5a 进行溶液上部空间净化前，向样品溶液中通入氮气 5 分钟，使样品溶液脱气。

a. 从闪烁瓶中取出 PVC 滤膜，置于 50ml 烧杯中，并加入 5.0ml 滤膜洗脱液，2% NaOH – 3% Na_2CO_3。从此步骤开始配制试剂空白。洗脱过程中用氮气净化溶液上部空间以避免 Cr(Ⅲ) 的氧化。用表面皿盖上烧杯，放在电热板上加热至接近沸点，加热 30～45 分钟，间歇涡旋。勿使溶液沸腾或加热时间超过 45min。勿将溶液蒸发至干，因为六价铬可能与 PVC 滤膜发生反应而损失。如 PVC 滤膜呈现棕色说明六价铬已经损失。

b. 冷却溶液，用蒸馏水冲洗，定量的转移至 25ml 容量瓶中，保持总体积约 20ml。

注意：如果溶液浑浊，用真空过滤装置中的 PVC 滤膜过滤，用去离子水进行冲洗。

c. 于容量瓶中，加入 1.90ml 6N 的 H_2SO_4 并涡旋混合。

警告：CO_2 会使容量瓶中压力增大。将溶液静置几分钟直至停止产生剧烈的气泡。

d. 加入 0.5ml 二苯卡巴肼溶液，用蒸馏水稀释至刻度并颠倒几次使之完全混合。倒出容量瓶中约 1/2 的溶液，盖上塞子并剧烈振摇几次，每次均打开塞子释放压力。

注意：本步须释放 CO_2 气体，否则会导致读数升高或不稳定。

e. 移取容量瓶中部分剩余溶液至 5cm 比色皿中并进行分析（步骤 9～11）。

标准曲线绘制与质量控制

6. 配制至少 6 个浓度的标准系列，绘制标准曲线。移取 6～7ml 0.5N H_2SO_4 至各 25ml 容量瓶中。用移液管量取 0～0.7ml 10μg/ml 标准储备液至容量瓶中。向每个容量瓶中加入 0.5ml 二苯卡巴肼溶液和 0.5N H_2SO_4 至 25ml。这些标准系列含 0～7μg Cr(Ⅵ)。

7. 与空白和样品一起进行分析（步骤 9～11）。

8. 以吸光度对 Cr(Ⅵ) 的含量（μg）绘制标准曲线。

样品测定

9. 将分光光度计设置在 540nm 波长处。

10. 用 0.5N H_2SO_4 试剂空白调零。

11. 将样品溶液转移至比色皿中并记录吸光度。

注意：1.5μg Cr(Ⅵ)/25ml 样品的吸光度约为 0.2；如果样品的吸光度值高于标准曲线的范围，用 0.5N H_2SO_4 稀释，重复此步，计算时乘以相应的稀释倍数。

计算

12. 根据标准曲线，测定每个样品中的 Cr(Ⅵ) 含量 W（μg）和在空白中 Cr(Ⅵ) 的平均含量 B（μg）。

13. 按下式计算 Cr(Ⅵ) 浓度 C（mg/m^3）：

$$C = \frac{W - B}{V}$$

式中：W——样品中 Cr(Ⅵ)的含量(μg)；

　　　B——空白中 Cr(Ⅵ)的平均含量(μg)；

　　　V ——采样体积(L)。

方法评价

　　方法 P&CAM169 和 S317 基本上相同,适用于可溶性的铬酸盐和铬酸。方法 S317 用发生的铬酸雾样品进行了验证[2,6],用现场样品测试了方法 P&CAM 169[1,7]。为了分析不可溶铬酸盐,研究了方法 P&CAM 319[3]。用涂料、底漆和陶瓷粉末中的不可溶铬酸盐测试了本法[3]。

　　三种方法的精密度、测定范围、回收率数据等汇总如下。

　　总体精密度($\hat{S}_{rT}$):0.084；

　　分析精密度($\bar{S}_r$)[1-3]:0.02～0.04；

　　测定范围[3]:0.5～10μg/m³；

　　采样效率[5]:94.5%；

　　采样流量[1-3]:1.5～2.5L/min；

　　稳定性(两周)[1]:96% 回收率；

　　可用滤膜[3]:FWSB（MSA）；VM-1（Gelman）。

参考文献

[1] NIOSH Manual of Analytical Methods, 2nd. ed. , V. 1, P&CAM 169, U. S. Department of Health, Education, and Welfare, Publ. (NIOSH) 77 - 157 - A (1977).

[2] Ibid, V. 3, S317, U. S. Department of Health, Education, and Welfare, Publ. (NIOSH) 77 - 157 - C (1977).

[3] Ibid, V. 6, P&CAM 319, U. S. Department of Health and Human Services, Publ. (NIOSH) 80 - 125 (1980).

[4] NIOSH (1975) Criteria for a Recommended Standard: Occupational Exposure to Chromium (Ⅵ). Cincinnati, OH: U. S. Department of Health, Education, and Welfare, National Institute for Occupational Safety and Health, DHEW (NIOSH) Publication No. 76 - 129.

[5] NIOSH/OSHA Occupational Health Guidelines for Chemical Hazards. Occupational Health Guidelines for Chromic Acid and Chromates. U. S. Department of Health and Human Services (NIOSH) Publication No. 81 - 123 (1981).

[6] Documentation of the NIOSH Validation Tests, U. S. Department of Health, Education, and Welfare, Publ. (NIOSH) 77 - 185 (1977).

[7] Abell, M. T. and J. R. Carlberg. A Simple Reliable Method for the Determination of Airborne Hexavalent Chromium, Am. Ind. Hyg. Assoc. J. , 35, 229 (1974).

方法修订作者

Martin T. Abell, NIOSH/DPSE; Method S317 validated under NIOSH Contract CDC - 99 - 74 - 45.

六价铬的离子色谱法 7605

Cr(Ⅵ)	相对分子质量: 52.00（Cr）; 99.99（CrO₃）	CAS:18540 - 29 - 9	RTECS: GB6262000
方法:7605,第一次		方法评价情况:完全评价	第一次修订:2003.3.15
OSHA:0.1mg/m³(CrO₃) NIOSH:0.001mg/m³/10h;致癌物 ACGIH:0.050mg/m³(Cr,可溶的);某些不溶性的铬酸盐是人类致癌物		性质:氧化剂	
英文名称:chromium, hexavalent;chromate commonly used, chrome six			

续表

采样	分析
采样滤膜:滤膜(5.0μm PVC 膜)	分析方法:离子色谱法,柱后衍生,UV 检测器
采样流量:1~4L/min	分析物质:CrO_4^{2-}－二苯卡巴肼(DPC)络合物
最小采样体积:1L(在 0.025mg/m³ 下)	处理方法:5ml 2% NaOH－3% Na_2CO_3。加热后稀释至 25ml
最大采样体积:400L	进样体积:100μl
运输方式:常规。当认为必要时,冷藏运输	色谱柱:DionexNG1 保护柱,HPIC－AS7 分离柱或等效的色谱柱
样品稳定性:室温下稳定 2 周;如果储存在冰箱中可稳定 4 周	流动相:250mM (NH_4)$_2SO_4$/100mM NH_4OH
样品空白:每批样品 2~10 个	流速:1.0ml/min; 0.7ml/min
准确性	柱后试剂:2.0mM DPC + 10% MeOH + 1N H_2SO_4
研究范围:0.05~120μg Cr(Ⅵ)[1,2]	测量波长:540nm
偏差:－1.6%[2]	定量标准:0.5N H_2SO_4 中的 K_2CrO_4 标准溶液
总体精密度($\hat{S}_{rT}$):0.07	测定范围:每份样品 0.05~20μg
准确度:±17.4%(0.6~960μg/m³)[1]	估算检出限:每份样品 0.02μg[3]
	精密度($\bar{S}_r$):0.015(0.5~5μg)[3]

适用范围: 采样体积为 200L 时,测定范围为 0.00025~0.1mg/m³。用 2% NaOH－3% Na_2CO_3 作为洗脱液,本法可用于测定 Cr(Ⅵ)

干扰因素: 可能的干扰是铁、铜、镍和钒;由于有色络合物的形成,10μg 干扰物产生的有色络合物的吸光度相当于 0.02μg Cr(Ⅵ)产生的吸光度。碱性洗脱液可使还原剂造成的干扰(如 Fe, Fe^{2+})减少到最小(步骤 5)

其他方法: 本法是一种测定 Cr(Ⅵ)的便携式方法。OSHA 方法 W400 用于测定擦拭样品中的 Cr(Ⅵ)[4]。OSHA 方法 ID－215 用于测定 Cr(Ⅵ)且用预沉淀还原 Cr(Ⅲ)氧化物[5]。ISO 16740 是与之类似的方法[6]。EPA 方法 218.6 用于水基质样品的测定[7]。方法 7604 使用离子色谱法,也专用于测定六价铬,比 7605 的检出限更高

试剂	仪器
1. (98% w/w)浓 H_2SO_4 *	1. 采样滤膜:聚氯乙烯(PVC)滤膜,孔径 5.0μm,直径 37mm。聚乙烯滤膜夹
2. 浓氨水(28%) *	注意:某些 PVC 滤膜会促进 Cr(Ⅵ)的还原。对每批滤膜检查 Cr(Ⅵ)标准溶液的回收率
3. 一水合硫酸铵:试剂级	
4. 无水碳酸钠	2. 个体采样泵:1~4L/min,配有连接软管
5. NaOH:试剂级。*	3. 闪烁瓶:20ml,玻璃,带 PTFE 内衬的螺纹瓶盖**
6. 甲醇:HPLC 级 *	4. 非金属镊子
7. 1,5－二苯卡巴肼溶液:试剂级	5. 聚丙烯或乳胶手套
8. 重铬酸钾或铬酸钾 *:在 100℃下干燥并储存在干燥器中	6. 液相色谱仪:含自动进样器;泵;NG1(Dionex Corp.)或等效的保护柱;HPIC－AS7 分离柱,4×250mm(戴安公司),或等效的分离柱;柱后衍生试剂输送系统,2.2m PEEK™ 管混合/反应环,其中 1m 置于(32±3)℃水浴中;UV 检测器**
9. 柱后衍生试剂:二苯卡巴肼溶液。溶解 500mg 1,5－二苯卡巴肼于 100ml HPLC 级甲醇中。搅拌下加入 500ml 含 28ml 浓硫酸的水。用水稀释至最终体积为 1L。本试剂可稳定 4~5 天。根据需要制备 1L 的量	
10. Cr(Ⅵ)标准溶液:1000μg/ml。溶解 2.892g 重铬酸钾于去离子水中,稀释至 1L,或购买 注意:也可用 3.731g K_2CrO_4	7. 过滤装置:PTFE 鲁尔锁紧头过滤器(Gelman IC Acrodisc 或等效物)/注射器
	8. 烧杯:硼硅玻璃,50ml
11. 标准储备液:10μg/ml。用去离子水 1:100 稀释 1000μg/ml Cr(Ⅵ)标准溶液	9. 表面皿**
	10. 容量瓶:25,100 及 1000ml**
12. 滤膜洗脱液:2% NaOH－3% Na_2CO_3。溶解 20g NaOH 和 30g Na_2CO_3 于去离子水中,制成 1L 溶液	11. 烘箱:107℃,不超过 115℃ 注意:可以使用电热板。可以用超声波清洗器代替烘箱或电热板
13. 流动相:250mM 硫酸铵/200mM 氢氧化铵。溶解 33g 硫酸铵于约 500ml 蒸馏水中,加入 6.5ml 氢氧化铵。用去离子水稀释至 1L,混合	12. 微量移液管:10μl~0.5ml
	13. 移液管:TD,5ml**
14. 氮气:高纯	14. 冰袋

特殊防护措施: 很多铬酸盐化合物为可疑致癌物[8];所有样品的制备和处理应在通风橱中进行;浓酸和碱具有毒性和腐蚀性;当对浓酸和碱进行操作时,要穿防护服;氢氧化铵为呼吸性刺激物;甲醇易燃并有毒

注:* 见特殊防护措施;** 使用前,所有玻璃器皿应用 1:1 HNO_3 洗净并彻底冲洗。

采样

1. 串联一个有代表性的采样管来校准个体采样泵。

2. 在 1~4L/min 范围内,以已知流量采集 1~400L 的空气样品。滤膜上总粉尘的增量不得超过 1mg。

3. 可将滤膜放于滤膜夹中,运输至实验室。为尽量减小运输过程中的污染,在采样后 1 小时内将滤膜从滤膜夹中取出,放至闪烁瓶中,运输到实验室。夹取滤膜时仅用镊子,并戴手套。丢弃衬垫。预防起见,建议将样品置于冰袋中运输。

样品处理

4. 戴上一双一次塑料手套(为了防止样品污染)。用镊子将 PVC 滤膜转移到 50ml 烧杯中,加入 5.0ml 滤膜洗脱液 2% NaOH – 3% Na_2CO_3。从此步开始制备试剂空白。

注意:如果预计样品中存在大量的 Cr(Ⅲ),则采取以下两种操作之一,①在处理之前,用鼓泡法将氮气通过 NaOH/碳酸钠洗脱液 5 分钟,使其脱气;②使用沉淀剂[1];如果只需测定可溶性铬酸盐,则用硫酸铵缓冲溶液代替碳酸盐洗脱液[9, 10]。

5. 用表面皿盖上烧杯并在烘箱中加热至接近沸点(100~115℃),且不时涡旋 45 分钟。不要使溶液沸腾。某些样品(如喷漆)可能需要长时间加热(高至 90 分钟)。不要使溶液蒸干,因为六价铬会与滤膜和(或)共同采集的气溶胶成分发生反应,从而导致样品损失。若 PVC 滤膜为棕色,则表明六价铬已经以这种方式损失。

注意:在本步中也可以用加热板、加热块或超声波清洗器[9, 11]。

a. 将溶液冷却后,定量转移到 25ml 容量瓶中,用蒸馏水冲洗,洗液加入容量瓶中。加蒸馏水至刻度。

注意:如果溶液浑浊,则用连有注射器的 PTFE 鲁尔锁紧头过滤器过滤溶液。

b. 将一份溶液转移到适当的小瓶中,用于色谱仪自动进样并分析(步骤 9~13)。

标准曲线绘制与质量控制

6. 用至少 6 个标准系列,绘制标准曲线。将 5ml 洗脱液转移到一系列 25ml 容量瓶中。取已知体积(0~5ml)的标准储备液(1.0μg/ml),加入容量瓶中。对于更高的标准溶液,移取 10~20μl、1000μg/ml 的浓储备溶液,用蒸馏水稀释至 25ml。这些工作标准溶液的浓度包含每份样品 0~20μg Cr(Ⅵ)。

7. 将标准系列与空白和样品一起进行分析。

8. 以仪器响应值对 Cr(Ⅵ)的量(μg)绘制标准曲线。

样品测定

9. 设定检测器的波长为 540nm。

10. 按照仪器说明书和方法 7605 的参数设置液相色谱仪。流动相流速为 1.0ml/min,柱后衍生试剂流速为 0.7ml/min,柱后管长 2.2m,衍生保留时间应该在 3.7~4.7 分钟。

注意:如果仪器响应值高于标准曲线范围,用洗脱液稀释(稀释倍数为 5:1),以维持稳定的离子强度;重新分析;计算时乘以适当的稀释倍数。或者,进样更小的体积,计算时乘以适当的因子。

11. 分析完成后,用 ASTM Type Ⅱ水以 1.0ml/min 流量冲洗整个系统至少 1 小时。所有柱子均在线。除去柱子后再继续冲洗 2 小时。用水进样几次,以冲洗自动进样器。系统闲置时,不建议让柱子在线。

计算结果:

12. 根据标准曲线计算各样品中 Cr(Ⅵ)的含量 W(μg)和空白中的平均含量 B(μg)。

13. 按下式计算空气中 Cr(Ⅵ)的浓度 C(mg/m³),采样体积为 V(L):

$$C = \frac{W - B}{V}$$

注意:1μg/L = 1mg/m³

方法评价

在实验室中,已用加标滤膜和含已知 Cr(Ⅵ)负载量的有证标准物质,对本法进行了评价。有证标准物质(CRM)为欧洲委员会标准物质和测量协会(EC/IRMM)(European Commission, Institute for Reference Materials and Measurement)的 CRM 545,玻璃纤维滤膜上负载的焊尘中的总 Cr(Ⅵ)[12]。在 0.15~5μg 范围内,本法测试了两个品牌的滤膜,SILICAL®和 GLA – 5000™,评价了其提取效率[3]。在这些实验室中,测试气并非发生气,而是将铬酸盐作为 Cr(VI),加至滤膜表面,然后以 1L/min 流量通入相对湿度为 35% 的空气 240L。研究了两种滤膜的储存稳定性,待测物含量为每份样品 1.5μg(30 倍 LOQ),储存时间为 30 天,储存温度为室温和 4℃。储存样品的平均回收率为 94.8%。通过测定一系列液体标准,估算了检出限和定量下限(LOD/LOQ)。用 Burkart 方法计算的 LOD 和 LOQ 分别为:0.02μg 和 0.07μg[13]。

　　为了完全评价本法,进行了现场研究,在喷漆和电镀操作中,采集了平行样品,用以测定 Cr(VI)的接触情况。这些样品随后用 4 种不同的方法进行了分析(NIOSH 方法 7605、7703、7300 和 OSHA ID-215)[1]。NIOSH 方法 7300 用于测量总铬。另外 3 种方法的相关性很好,表明这三种方法之间没有统计学上的差异。CRM 545 ($n = 6$)的回收率为(98.4 ± 3.4)%[2]。

参考文献

[1] Boiano JM, Wallace ME, Sieber WK, Groff JH, Wang J, Ashley K [2000]. Comparison of Three Sampling and Analytical Methods for The Determination of Airborne Hexavalent Chromium. J Environ Monit 2: 329-333.

[2] Ashley K, Andrews RN, Cavazos L, Demange M [2001]. Ultrasonic Extraction as A Sample Preparation Technique for Elemental Analysis by Atomic Spectrometry. J Anal At Spectrom 16:1147-1153.

[3] Foote P, Wickman DC, Perkins JB [2002]. Back-up Data Report for Determination of Hexavalent Chromiumby HPLC with Post-column Derivatization, Prepared under NIOSH Contract 2000-95-2955. , Unpublished, August.

[4] Eide ME [2000]. Hexavalent Chromium, Method No. W4001. Salt Lake City, Utah: US Department of Labor (USDOL), Occupational Safety and Health Administration (OSHA), Salt Lake Technical Center. (September).

[5] Ku JC, Eide M [1998]. Hexavalent Chromium in The Workplace Atmosphere, OSHA ID-215. Salt Lake City, Utah: US Department of Labor (USDOL), Occupational Safety and Health Administration (OSHA), Salt Lake Technical Center (1998).

[6] ISO [2003]. Method No. 16740 (Draft International Standard), March, 1999. Reference Number ISO/TC146 /SC 2/ WG 2N136. Geneva, Switzerland: International Organization for Standardization.

[7] Arar EJ, Pfaff, JD, Martin TD [1994]. Method 218.6, Revision 3.3 (1994). Cincinnati, Ohio: Environmental Monitoring Systems Laboratory, Office of Research and Development, U.S. EnvironmentalProtection Agency.

[8] NIOSH [1975]. Criteria for a Recommended Standard: Occupational Exposure to Chromium (VI). Cincinnati, OH: U. S. Department of Health, Education, and Welfare; National Institute for Occupational Safety and Health; DHEW (NIOSH) Publication No. 76-129.

[9] Wang J, Ashley K, Kennedy ER, Neumeister C [1997]. Determination of Hexavalent Chromium in Industrial Hygiene Samples Using Ultrasonic Extraction and Flow Injection Analysis. Analyst 122: 1307-1312.

[10] Ndung'u K, Djane N-K, Malcus F, Mathiasson L [1999]. Ultrasonic Extraction of Hexavalent Chromium Insolid Samples Followed by Automated Analysis Using a Combination of Supported Liquid Membrane Extraction and uv Detection in A Flow System. Analyst 124:1367-1372.

[11] Wang J, Ashley K, Marlow D, England EC, Carlton G [1999]. Field Method for The Determination of Hexavalent Chromium by Ultrasonic and Strong Anion Exchange Solid Phase Extraction. Anal Chem 71:1027-1032.

[12] EC/IRMM [1997]. Certificate of Analysis, CRM545: Cr(VI) and Total Leach Eable Cr in Welding Dust Loadedon A Filter. Brussels: Commission of the European Communities, Institute for Reference Materials and Measurements.

[13] Burkart JA [1986]. General Procedures for Limit of Detection Calculations in Industrial Hygiene Chemistry Laboratory. ApplIndHyg, 1(3): 153-155.

方法作者

Kevin Ashley, NIOSH/DART.

Penny A. Foote, DataChem Laboratories, Inc. , Salt Lake City, Utah.

James B. Perkins, DataChem Laboratories, Inc. , Salt Lake City, Utah.

Don C. Wickman, DataChem Laboratories, Inc. , Salt Lake City, Utah.

铅的便携式超声洗脱/阳极溶出伏安法 7701

Pb	相对分子质量:207.19 (Pb); 223.19 (PbO)	CAS:7439 - 92 - 1 (Pb); 1317 - 36 - 8 (PbO)	RTECS:OF7525000 (Pb);OG1750000 (PbO)
方法:7701,第二次修订		方法评价情况:完全评价	第一次修订:1998.1.15 第二次修订:2003.3.15
OSHA:0.05mg/m³ NIOSH:0.05mg/m³ ACGIH:0.05mg/m³		性质:金属,质软,密度11.3g/cm³(20℃);熔点327.5℃;沸点1740℃;在 盐中的化合价+2,+4	

英文名称:lead;elemental lead,lead compounds(except alkyl lead)

采样	分析
采样滤膜:滤膜(0.8μm 混合纤维素酯滤膜) 采样流量:1~4L/min 最小采样体积:200L(在 0.05mg/m³ 下) 最大采样体积:1500L 运输方法:常规 样品稳定性:稳定 样品空白:每批样品至少2个	分析方法:便携式阳极溶出伏安法 待测物:铅 处理方法:10% HNO₃,10ml;超声 分析液体积:0.1~5ml 沉积电位:-0.8V ~ -1.0V vs. Ag/AgCl 阳极扫描:沉积电位至 0.0V vs. Ag/AgCl,扫描速率可变[1,2] 参比电极:Ag/AgCl 或甘汞电极 工作电极:玻碳镀汞电极或丝网印刷电极 定量标准:含 Pb²⁺ 的 5% HNO₃
准确性 研究范围:0.025~0.150mg/m³(以铅计)(以 Pb 的负载 　质量计算)[4] 偏差:在实验室研究中未测定[3-5] 现场研究中 <10%[6] 总体精密度($\hat{S}_{rT}$):0.087(丝网印刷电极);0.094(玻碳 　镀汞电极)[4] 准确度:±17.2%(一次性电极);± 19.3%(可再生电 　极)[4]	测定范围:每份样品 0.31 ~ >1000μg Pb[3,4] 检出限:每份样品 0.09μg[3] 精密度($\bar{S}_r$):0.068(每份样品 60μg,以铅 Pb 计)[3]

适用范围:采样体积为 120L 时,测定范围是(至少)0.20 ~ 5.00mg/m³(以铅计)。超声洗脱/ASV 测定的铅方法适用于测定现场、基于现场的空气滤膜样品中的铅,也可用于以实验室为基础的空气滤膜样品的处理和分析

干扰因素:铊是已知的干扰物,但是在大多数样品中它是不可能存在的。过高浓度的铜可能引起正偏差。表面活性剂会使电极中毒,因此若样品中可能含有表面活性剂,应在样品处理时将其除去[7,8]

其他方法:以实验室为基础的方法包括浓酸加热板消解 - 原子光谱法:NIOSH 方法 7082(火焰 AAS)、7105(石墨炉 AAS)和 7300(ICP - AES)。NIOSH 方法中用于样品收集、处理和分析的 ASTM 标准物已有出版[9]

试剂	仪器
1. 10%(v/v)HNO₃ *(由浓 HNO₃ 配制,试剂级;如果进 　行痕量分析需光谱级) 2. 蒸馏或去离子水(ASTM Type I 或以上[10]) 3. 标准储备液:1000μg/ml Pb。将 1.00g 金属 Pb 溶于 　最小体积的 50% HCl 中,用 1%(v/v)HCl 稀释至 　1L。储存于聚乙烯瓶中。可稳定至少一年。或者 　购买 4. 支持电解液:惰性盐混合物水溶液,如 2.5M NaCl 和 　0.25M NaOH *(试剂级或等效的)[3,4] 5. 溶解氧清除剂,如 0.25M L - 抗坏血酸(组织培养级 　或等效的)[3,4] 6. 硝酸汞(试剂级):根据需要(用于 Hg 膜电极) 7. 铅的有证标准物质(CRMs):一级或二级	1. 采样滤膜:混合纤维素酯滤膜,孔径 0.8μm,直径 37mm;置于滤膜 　夹中 2. 个体采样泵:流量 1~4L/min,配有连接软管 3. 便携式阳极溶出伏安仪 4. 一次性或可再生伏安法电极 5. 超声波清洗器:最小功率 50W 6. 超声波清洗器电源 7. 塑料离心管:50ml,带螺纹盖 8. 试管架(适合于超声波清洗器的大小) 9. 塑料的样品池容器 10. 机械移液管(A 类等效物):0.1~10ml,根据需要 11. 用于机械移液管的吸头 12. 镊子 13. 聚乙烯瓶:100 ~ 1000ml 14. 容量瓶:100ml(用于实验室准备工作) 15. 塑料棒 注意:所有玻璃器皿和可重复使用的塑料器皿在使用前须用浓 HNO₃ 清 　　洗并用蒸馏水或去离子水彻底冲洗

特殊防护措施:HNO₃ 和 NaOH 有刺激性并可能灼伤皮肤;应在通风橱中进行洗脱处理;戴手套和护目镜

注:* 见特殊防护措施。

采样

1. 串联一个有代表性的采样管来校准个体采样泵。

2. 在 1～4L/min 流量范围内,采集 20～1500L 的样品,采样时间 8 小时,用于测定 TWA。滤膜上的总粉尘的增量不得超过 2mg。

样品处理

3. 打开滤膜夹,用镊子将样品和空白分别转移至 50ml 的离心管中。用塑料棒将滤膜推到管底。

4. 加入 10ml 10% HNO_3,盖上离心管。

5. 将离心管放入超声波清洗器中,室温下搅拌超声至少 30 分钟。

注意:超声波清洗器中的水位应该高于离心管中的液位;使用前应验证超声波清洗器的性能是否合适,可通过测定性能评估物质中铅的回收率来检查。

6. 摇振离心管 5～10 秒,静置。

绘制标准曲线和质量控制

7. 现场工作前,配制 Pb 浓度为 0.25～20μg/ml 的标准系列。

a. 于 100ml 容量瓶中,加入适量的标准储备液,用 10% HNO_3 稀释至体积。将标准系列储存于聚乙烯瓶中运输。每周新制备。

b. 将标准系列与空白和样品一起进行分析(步骤 11～14)。

c. 以仪器响应值对铅浓度(μg/ml Pb)绘制标准曲线。

注意:某些便携式仪器可以直接读取浓度。按照仪器说明书进行校准。

8. 每 20 个样品测定一次标准溶液,以检查仪器漂移(步骤 11～14)。

9. 每 20 个样品(每批最小量)至少测定一次介质加标样品的回收率。用有证标准物质检查回收率。采用标准加入法检查基质效应或干扰。

10. 每 20 个样品(每批最小量)分析至少一个试剂空白和一个介质空白,以检查铅的污染(步骤 11～14)。

样品测定

11. 根据仪器说明书或方法 7701 中给出的条件设置仪器参数。

注意:如果使用可再生电极,应将玻碳电极清理干净后沉积新的汞膜,再用于分析。

12. 将样品(1～5ml)转移到分析池中。若需要,用 10% HNO_3 稀释。

注意:高浓度的铅需要将待测物溶液稀释后再分析。

13. 将支持电解液和溶解氧清除剂加入样品池中,用蒸馏或去离子水稀释,确保最终体积为 5ml(一次性电极)或 10ml(可再生电极)。

14. 测定样品溶液中的铅含量(微克/样品或 μg/ml),记录结果。

注意:对于可再生电极,运行样品间隙,用蒸馏水或去离子水冲洗电化学样品池至少 3 次,倒掉洗液,对于一次性电极,分析每个样品都要用新的塑料样品池;若测量值超出上述标准系列的线性范围,用 10% HNO_3 稀释后,重新分析,计算时乘以适当的稀释倍数。

计算

15. 根据标准曲线和测定的铅含量,计算原始洗脱样品中相应的铅浓度 C_s(μg/ml)和空白中的平均浓度 C_b(μg/ml)。

注意:计算时一定要说明稀释倍数。

16. 按下式计算空气中铅的浓度 $C(mg/m^3)$:

$$C = \frac{C_s V_s - C_b V_b}{V}$$

式中:C_s——样品溶液中铅的浓度(μg/ml);

C_b——空白溶液中铅的平均浓度(μg/ml);

V_s——样品溶液体积(ml);

V_b——空白溶液体积(ml);

V——采样体积(L)。

注意:$1\mu g/ml = 1mg/m^3$。

方法评价

本法已用实验室发生的气溶胶态铅样品(每片滤膜 $40\sim 80\mu g$ Pb)进行了评价[3],并对在高架桥铅油漆喷砂的工作场所中采集的空气颗粒样品进行了分析[4]。对于后者,Pb 负载量覆盖了从最低检出限每片滤膜 $0.09\mu g$ Pb 到每片滤膜大于 $1500\mu g$ Pb 的范围[4]。也用性能评估物质和实验室间测试对本法进行了评价[3-5]。本法可定量回收有证标准物质中的铅($\geqslant 90\%$),其回收率等于由验证性分析方法(NIOSH 7082,7105,和 7300[11])测得的回收率。

参考文献

[1] Wang J [1985]. Stripping Analysis. New York:VCH Publishers.

[2] Wang J [1996]. Electrochemical Preconcentration. In:Kissinger PT, Heineman WR, Eds. Laboratory Techniques in Electroanalytical Chemistry. 2nd ed. New York:Marcel Dekker.

[3] Ashley K [1995]. Ultrasonic Extraction and Field – portable Anodic Stripping Voltammetry of Lead from Environmental Samples. Electroanalysis 7:1189 – 1192.

[4] Ashley K, Mapp KJ, Millson M [1998]. Ultrasonic Extraction and Field – portable Anodic Stripping Voltammetry for The Determination of Lead in Workplace Air Samples. AIHAJ 59:671 – 679.

[5] Ashley K, Song R, Esche CA, Schlecht PC, Baron PC, Wise TJ [1999]. Ultrasonic Extraction and Portable Anodic Stripping Voltammetric Measurement of Lead in Paint, Dust Wipes, Soil, And Air:An Interlaboratory Evaluation. J. Environ. Monit. 1:459 – 464.

[6] Sussell A, Ashley K [2002]. Field Measurement of Lead in Workplace Air And Paint Chip Samples by Ultrasonic Extraction And Portable Anodic Stripping. J. Environ. Monit. 4:156 – 161.

[7] Ashley K [1994]. Electroanalytical Applications in Occupational And Environmental Health. Electroanalysis 6:805 – 820.

[8] Ashley K, Wise TJ, Mercado W, Parry DB [2001]. Ultrasonic Extraction And Portable Anodic Stripping Voltammetric Measurement of Lead in Dust Wipe Samples. J. Hazard. Mater. 83:41 – 50.

[9] ASTM [2003]. Standard Nos. E1613, E1741, E1775, E1979, E2051. In:Annual Book of ASTM Standards, Vol. 04. 11. W. Conshohocken, PA:American Society for Testing and Materials.

[10] ASTM [2003]. Standard No. D1193:Specification for Reagent Water. In:Annual Book of ASTM Standards, Vol. 11. 01. W. Conshohocken, PA:American Society for Testing and Materials.

[11] NIOSH [1994]. Lead:Method 7082, Lead by GFAAS:Method 7105, Elements:Method 7300. In:Eller PM, Cassinelli ME, Eds. NIOSH Manual of Analytical Methods (NMAM). 4th ed. Cincinnati, OH:National Institute for Occupational Safety and Health.

方法作者

Kevin Ashley, Ph. D. , NIOSH/DART.

铅的现场便携式 X 射线荧光光谱法(XRF) 7702

Pb	相对分子质量:207.19 (Pb); 223.19 (PbO)	CAS 号:7439 – 92 – 1 (Pb); 1317 – 36 – 8 (PbO)	RTECS 号:OF7525000 (Pb); OG1750000 (PbO)
方法:7702,第一次修订		方法评价情况:完全评价	第一次修订:1998.1.15
OSHA:0.05mg/m³ NIOSH:<0.1mg/m³,血铅≤60µg/100g ACGIH:0.05mg/m³ 血液生物接触限值:30µg/100ml		性质:金属,质软;密度 11.3g/cm³(20℃);熔点 327.5℃;沸点 1740℃;在盐中的化合价 +2、+4	
英文名称:lead; elemental lead and lead compounds except alkyl lead			

续表

采样	分析
采样滤膜:滤膜(0.8μm,37mm 混合纤维素酯滤膜)	分析方法:X 射线荧光光谱法(XRF),便携式,L 系射线(如[109] Cd 辐射源)
采样流量:1~4L/min	
最小采样体积:570L(在 30.0μg/m³ 下)[1]	注意:性能参数以 NITON® 700 XRF 的研究[1]为基础
最大采样体积:1900L(在 9.0μg/m³ 下)	待测物:铅
运输方法:常规	定量标准:铅薄膜标准物(Micromatter Co.,或等效的);仪器内部自校准
样品稳定性:稳定	测定范围:每份样品 17~1500μg Pb[1]
样品空白:每批样品 2~10 个	估算检出限:每份样品 6μg[1]

准确性	
研究范围:0.1~1514.6mg/m³(以铅计);(以 Pb 的负载量为基础)	
偏差:0.069[1]	
精密度($\hat{S}_{rT}$):0.054(在 10.3~612μg Pb 下)	
准确度:±16.4%	

适用范围:用滤膜采集空气样品,本法已经过评价。本法的测定范围是 0.017~1.5mg/m³。本法是现场便携式分析方法,特别适用于初始接触评估样品的分析或不能在实验室分析样品。另外,本法不破坏样品,经现场分析后样品可再送至实验室进行分析。本法可分析所有元素态铅,包括铅烟及其他含铅气溶胶

干扰因素:溴会引起铅的 XRF 读数偏高,产生正偏差。其他 XRF 仪器中,也可能存在其他干扰因素

其他方法:以实验室为基础的方法包括电热板热消解－原子吸收光谱法、NIOSH 方法 7082(火焰原子吸收分光光度法)[2]、7105(石墨炉原子吸收分光光度法)[3]和 7300(电感耦合等离子体原子发射光谱法)[4]。已经研制了超声洗脱/阳极溶出伏安法(ASV)分析铅空气滤膜样品的现场便携式方法,见 NIOSH 方法 7701[5]。还研制了现场检测盒－现场便携式筛选法,见 NIOSH 方法 7700[6]

试剂	仪器
无	1. 采样滤膜:混合纤维素酯滤膜,孔径 0.8μm,直径 37mm;带纤维素衬垫,置于闭面式滤膜夹中
	2. 个体采样泵:流量 1~4L/min,配有连接软管
	3. 现场便携式、L 系 X 射线荧光光谱仪(XRF):镉 109 发射源
	4. 滤膜套:将薄硬纸板剪成为直径 37mm,两片醋酸纤维滤膜(Mylar™)(NITON,Bedford,MA 或等效的)之间用光固化胶黏剂覆盖
	注意:材料必须可透过 X 线
	5. 滤膜测试平台:用于固定滤膜(针对仪器)
	6. 镊子
	7. 15~150μg/cm² 薄膜标准参考物质(Micromatter Co.,Deer Harbor,WA),或等效物[7,8]

特殊防护措施:无

采样

1. 串联一个有代表性的采样管来校准个体采样泵。

2. 在 1~4L/min 流量范围内,以已知流量采集约 1000L 空气样品。滤膜上总粉尘的增量不得超过 2mg。

样品处理

3. 用镊子从滤膜夹中取出 MCE 滤膜放入滤膜套中,衬垫留在滤膜夹中。滤膜套的材料必须在 X 光下透明(见仪器,第 4 项)。

注意:将滤膜与衬垫分开时应特别小心,避免含铅的尘损失。

4. 将滤膜放置于 37mm 开管中并用 Mylar™ 膜密封以防止损失,使滤膜分析不受干扰。

5. 将密封的滤膜放到仪器的滤膜测试平台上进行分析。

注意：NITON® 700 系列 XRF 的滤膜测试平台允许 3 次读数，且没有基底效应。

标准曲线绘制与质量控制

6. 开启 XRF，预热 30 分钟。仪器将进行内部自校准。

7. 用薄膜标准物[8]，验证内部校准结果在标准物的 5% 以内。使用至少 3 个浓度的标准物，其中两个浓度分别为 $15\mu g/cm^2$、$150\mu g/cm^2$，另一个在这两个值之间。

8. 在样品分析前，为确保仪器的准确度，需重启仪器。

注意：当薄膜标准物测量值不在特定的参数内时，仪器可能需要返厂重新进行校正。

9. 每两小时分析一次薄膜标准物，以检查仪器漂移。

10. 当所有的分析均完成时，重复步骤 7，作为后校准检查。

样品测定

11. 根据仪器说明书设定仪器参数并分析滤膜样品。以下测量技术以 NITON® 700 XRF 为基础。

a. 首先分析样品滤膜的中间部分（图 3 - 0 - 1M）。

b. 仪器采用一源记录的读数这个时间可能比一次实时记录的读数时间长，它取决于辐射源的强度。）分析铅空气滤膜样品时，一源记录读数能确保 L 系射线读数的准确度。

c. 分析滤膜样品的顶部，得一源记录读数（图 3 - 0 - 1T）。

d. 分析滤膜样品的底部，得一源记录读数（图 3 - 0 - 1B）。

e. 使用仪器软件的计算程序可将 3 次读数由 $\mu g/cm^2$ 转化为分析结果每份样品中铅的含量（μg）。第 3 次滤膜读数结束后，将显示出分析结果[1]。

f. 每两个小时分析一次定量标准（步骤 9）。

g. 分析结束后，重复 3 次读数的校准检查。

计算

12. 由测得的样品中铅含量，按下式计算空气中铅的浓度 C（mg/m^3）：

$$C = \frac{W}{V}$$

式中：W—测得的样品中铅含量（μg）；

V—采样体积（L）。

注意：$1\mu g/ml = 1mg/m^3$。

方法评价

通过采集桥梁铅减排项目中的铅颗粒样品，作为现场样品，对本法进行了验证。桥梁铅减排项目中包括喷砂产生的污染物在内，空气中铅的浓度为 $1 \sim 10mg/m^3$，区域样品的采样时间为 15 秒到 2 小时，共采集 61 个滤膜样品，每个样品的铅的含量为 $0.1 \sim 1514.6\mu g$。采集 4 个来自桥梁铅减排项目中手工刮擦的个体样品，采样体积为 65L。样品先用非破坏性的、现场便携式 XRF 测定，然后送至实验室，用基于 NIOSH 7105 方法的铅 - GFAAS 法进行验证分析[3]。按照 NIOSH 的"空气采样和分析方法制定和评价指南"，对本法进行了统计学评价[9]。XRF 方法的总体精密度 $\hat{S}_{rT}$ 为 0.054，在 95% 置信区间（CI）为 $0.035 \sim 0.073$，偏差为 0.069，其 95% CI 为 $0.006 \sim 1.515$。XRF 方法的准确度为 ±16%；但是，在 90% CI 的上限处，准确度为 ±27%。由于置信区间包含了 ±25%，因此不能判定方法满足 NIOSH 精密度标准。但是，用于评价本法的样品为现场样品。用实验室制备的气溶胶样品预计能够得出较好的精密度。另外，XRF 方法不会破坏样品；必要时现场分析样品后，可将样品送至实验室，用更准确的方法进行分析。滤膜套与 NITON® 700 系列 XRF 配套使用，用聚酯薄膜覆盖和密封 37mm 滤膜。这样，滤膜表面的铅颗粒会与 Mylar™ 接触。NIOSH 方法 7105 指出，Mylar™ 膜和滤膜均须用 HNO_3 和过氧化氢消解[3]。

参考文献

[1] Morley JC [1997]. Evaluation of a Portable X - ray Fluorescence Instrument for The Determination of Lead in Workplace Air Samples [Thesis]. Cincinnati, OH: University of Cincinnati, Department of Environmental Health, College of Medi-

cine.

［2］NIOSH［1994］. Lead by FAAS：Method 7082. In：Eller PM, Cassinelli ME, eds. NIOSH Manual of Analytical Methods（NMAM）, 4th ed. Cincinnati, OH：National Institute for Occupational Safety and Health, DHHS（NIOSH）Publication No. 94 – 113.

［3］NIOSH［1994］. Lead by GFAAS：Method 7105. In：Eller PM, Cassinelli ME, eds. NIOSH Manual of Analytical Methods（NMAM）, 4th ed. Cincinnati, OH：National Institute for Occupational Safety and Health, DHHS（NIOSH）Publication No. 94 – 113.

［4］NIOSH［1994］. Elements：Method 7300. In：Eller PM, Cassinelli ME, eds. NIOSH Manual of Analytical Methods（NMAM）, 4th ed Cincinnati, OH：National Institute for Occupational Safety and Health, DHHS（NIOSH）Publication No. 94 – 113.

［5］NIOSH［1994］. Lead by ultrasound/ASV：Method 7701（supplement issued 1/15/98）. In：Eller PM, Cassinelli ME, eds. NIOSH Manual of Analytical Methods（NMAM）, Cincinnati, OH：National Institute for Occupational Safety and Health, DHHS（NIOSH）Publication No. 98 – 119.

［6］NIOSH［1994］. Lead in Air by Chemical Spot Test：Method 7700（supplement issued 5/15/96）. In：Eller PM, Cassinelli ME, eds. NIOSH Manual of Analytical Methods（NMAM）, Cincinnati, OH：National Institute for Occupational Safety and Health, DHHS（NIOSH）Publication No. 96 – 135.

［7］National Institute of Standards and Technology, Standard Reference Material Program, Standard Reference Material 2579, Lead Paint Film on Mylar Sheet for Portable X – ray Fluorescence Analyzers, Gaithersburg, MD 20899.

［8］Micromatter Co. , XRF Calibration Standards, P. O. Box 123, Deer Harbor, Washington, 98243, Phone（360）3 76 – 4007.

［9］NIOSH［1995］. Kennedy, E. R. , Fishbach, T. J. , Song, R. , Eller, P. M. , Shulman, S. S. . Guidelines for Air Sampling and Analytical Method Development and Evaluation. Cincinnati, Ohio：National Institute for Occupational Safety and Health, DHHS（NIOSH）Publication No. 95 – 117.

方法作者：

J. Clinton Morley, MS, NIOSH/DSHEFS

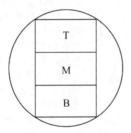

图 3 - 0 - 1　37mm 滤膜的 XRF 分析（XRF 的 M、T 和 B 的窗口大小为 2cm×1cm）

六价铬的现场便携式分光光度法 7703

Cr(Ⅵ)	相对分子质量：52.00（Cr）；99.99（CrO₃）	CAS 号：18540 – 29 – 9	RTECS 号：GB6262000
方法：7703,第一次修订		方法评价情况:完全评价	第一次修订:2003.3.15
OSHA:C 0.1mg/m³（如 CrO₃） NIOSH:0.001mg/（m³·10h）;致癌物 ACGIH:0.050mg/m³（水溶性化合物）;0.010mg/m³（不溶性化合物）		性质:氧化剂	
英文名称:chromium, hexavalent; chromate commonly used（通常使用铬酸盐）			

采样

采样滤膜:滤膜(5.0μmPVC 滤膜[1,2];0.8μm MCE 或 1.0μm PTFE,可用于现场分析[3])

采样流量:1~4L/min

最小采样体积:10L(以2L/min 采集5分钟)

最大采样体积:1200L(以2L/min 采集600分钟)

运输方法:制冷剂包装运输[(4±2)℃](可选)

样品稳定性:在24小时内进行分析;在(4±2)℃保存

样品空白:每20个现场样品1个样品空白,每批样品至少2个

准确性

研究范围:0.045~1146μg/m³(20~200L样品)[3,4]

偏差:-1.00%[3]

总体精密度($\hat{S}_{rT}$):0.080

准确度:±15.7%

分析

分析方法:现场便携式可见吸收分光光度法

待测物:六价铬-二苯基卡巴腙络合物

萃取方法:10ml 0.05M (NH₄)₂SO₄/0.05M NH₄OH (pH=8±0.5),超声30分钟

六价铬分离:强阴离子交换固相萃取

洗脱液:0.5M (NH₄)₂SO₄/0.1M NH₄OH

测量波长:540nm;光程1cm

定量标准:0.5M (NH₄)₂SO₄/0.1M NH₄OH 中的 K₂CrO₄ 标准溶液

测定范围:每份样品 1~400μg

估算检出限:每份样品 0.08μg Cr[Ⅵ][3]

精密度($\bar{S}_r$):0.035(每份样品3~400μg)[3]

适用范围:采样体积为200~500L时,测定范围为(至少)0.05~1000μg/m³。本法可用于测定可溶的 Cr[Ⅵ]。不可溶的 Cr[Ⅵ]需修订本法,用碳酸盐缓冲溶液超声洗脱

干扰因素:用碱超声和固相萃取方法尽可能减少还原剂如 Fe²⁺ 的干扰。其他金属阳离子的干扰通过固相萃取消除[5]。在采样期间,由于存在 Fe²⁺、有机物和或酸性条件,滤膜上通常会发生还原反应[6]。在任何类型的滤膜上,尤其 MCE 滤膜[7],随着时间的延长都会发生 Cr[Ⅵ]的还原反应。不过,MCE 和 PTFE 滤膜也可用于现场采样,其效果与 PVC 滤膜相同[3]。在超声洗脱期间,用铵缓冲溶液防止 Cr[Ⅲ]氧化为 Cr[Ⅵ][8]

其他方法:本法主要用于现场,但也可用于实验室;它是除实验室方法 NIOSH 方法 7605 和 OSHA 方法 ID-215(电热板消解和离子色谱法)外的另一个实验室方法;NIOSH 方法 7600 与之相似,但未使用分离步骤;不含 Cr(Ⅵ)分离步骤的现场方法,MDHS 方法 61,已经由英国健康与安全管理局发布[9]

试剂

1. 硫酸铵:试剂级
2. 氢氧化铵:试剂级
3. 蒸馏水或去离子水
4. HCl(37%):试剂级
5. 乙腈:试剂级*
6. 1,5-二苯基缩二氨基脲(DPC):试剂级
7. 甲醇:试剂级
8. 萃取溶剂(萃取缓冲溶液):0.05M (NH₄)₂SO₄/0.05M NH₄OH,1L,于蒸馏水或去离子水中

   注意:对于不可溶 Cr[Ⅵ],需用碳酸盐缓冲溶液(如碳酸钠)修订本法
9. 洗脱溶液(洗脱缓冲溶液):0.5M (NH₄)₂SO₄/0.1M NH₄OH,250ml,于蒸馏水或去离子水中
10. Cr(Ⅵ)标准溶液(如铬酸钾):1000μg/ml
11. 标准储备液,100μg/ml:按1:10用萃取缓冲溶液稀释1000μg/ml Cr(Ⅵ)标准溶液(溶液稳定储存1个月)
12. 二苯卡巴肼络合溶液(20m M):称量0.48g DPC 粉末并置于100ml 容量瓶中。加入80ml 乙腈溶解DPC。再用乙腈稀释至刻度并充分混合

仪器

1. 采样滤膜:孔径5.0μm 的聚氯乙烯(PVC)滤膜,孔径0.8μm 混合纤维素酯(MCE),或1.0μm 聚四氟乙烯(PTFE)滤膜,直径37mm,带衬垫,2或3层式聚苯乙烯滤膜夹

   注意:MCE 滤膜和 PVC 滤膜几天之内会随时间发生 Cr(Ⅵ)的还原反应。但是,只要在采样后24小时内分析样品,这两种滤膜均可用于现场分析
2. 个体采样泵:1~4L/min,配有连接软管
3. 超声波清洗器(超声波发生器):最小功率100W
4. 12或24管固相萃取装置
5. 便携式真空泵:带压力调节阀
6. 便携式可见分光光度计:样品池光程,1cm,石英比色皿
7. 强阴离子交换固相萃取(SPE)柱:10ml,一次性的;装填500或1000mg 季胺键合硅胶,柱容量~1meq/g
8. 可调移液器:各种规格(如1~10ml)带一次性吸头
9. 微量可调移液器:各种规格(如10~100μl)带一次性吸头
10. 离心管:塑料,15ml,带螺纹盖
11. 闪烁瓶:20ml,玻璃,带螺纹的 PTFE 瓶盖
12. 各种烧杯(也可用锥形瓶):各种规格
13. 容量瓶:25,100,250和1000ml
14. 镊子:PTFE 包头
15. 玻璃或塑料棒
16. 一次性塑料或乳胶手套
17. 实验室擦拭巾
18. 便携式发电机(如果需要)

    注意:如果现场无电源,可通过便携式汽油(或其他)发电机提供电力

特殊防护措施:六价铬是人类呼吸系统致癌物质[10];应防止含铬酸盐的化合物和溶液雾化;所有样品应该在通风良好的地方处理(通风橱更好);若无通风橱,则应使用机械通风;乙腈溶液易燃,须小心处理,即:佩戴防渗透手套,避免接触蒸气。尽可能在实验室配制溶液,再带至现场

注:*见特殊防护措施。

采样

1. 串联一个有代表性的采样管来校准个体采样泵。

2. 在 1~4L/min 流量范围内,以已知流量采集 100~1000L 空气样品。滤膜上总粉尘的增量不得超过 2mg。

3. 佩戴新的一次性塑料或乳胶手套(以避免样品的污染)。

4. 采样完成后,用包覆聚四氟乙烯的镊子从滤膜夹中取出滤膜,并置于 15ml 塑料离心管中,用于样品处理。丢弃纤维素酯衬垫和手套。

样品处理

5. 向每个含滤膜样品的 15ml 离心管中加入 10ml 的萃取溶剂(弱缓冲溶液)。确保滤膜被萃取溶液覆盖。如需要,则用干净的玻璃或塑料棒往下推使整个滤膜浸没。盖上盖子,并将离心管做好标识。

6. 将样品管放入超声波清洗器(超声发生器)中,超声 30 分钟。清洗器中的水位应该高于离心管中的液位。

注意:根据超声波清洗器的大小,将多个含有样品滤膜的离心管同时进行超声。确保清洗器是热的(但要≤40℃)。

7. 安装多管固相萃取装置。

a. 将一次性固相萃取(SPE)柱放入每个孔中,在柱下方放置闪烁瓶。标识萃取柱。

b. 连接真空泵至 SPE 装置上。

c. 活化 SPE 柱,移取 3ml 甲醇至每个柱子中,并抽干。移取 3ml 萃取溶液至每个柱子中,并抽干。重复操作。

8. 从样品溶液中萃取 Cr(Ⅵ)。

a. 从离心管中每个样品移取 3~5ml 溶液至一次性 SPE 柱中。丢弃吸头。

b. 调节真空以获得每秒约 1 滴的萃取速度(约 8 秒 Hg;不超过 10 秒 Hg)。如需要,可手动拧紧柱子,减慢液体滴下的速率。

注意:若预计样品中 Cr(Ⅵ)浓度高,应取更小的体积(1~2ml)至 SPE 柱中以防止穿透,如果可观测到橘黄色,则说明 Cr(Ⅵ)浓度过高。对于 Cr(Ⅵ)浓度低的样品,再取 3~5ml 超声的样品溶液加至 SPE 柱上(步骤 8a)。如此,该柱子可用于 Cr(Ⅵ)的预浓缩。

c. 当溶液已经通过所有柱子时,增加真空以确保所有的溶液通过柱子。本步选择性将 Cr(Ⅵ)吸附在每个柱子的固定相中。

d. 为除去残留的 Cr(Ⅲ)和其他潜在的干扰,关闭真空(逆时针方向旋转)至 0″ Hg。于每个柱子中加入 1ml 蒸馏水或去离子水,调节真空为 1 滴/秒(约 8″ Hg),滴完后降至 0″ Hg。

e. 取出柱子下方的闪烁瓶并弃去其溶液。

注意:该丢弃的溶液内应不含 Cr(Ⅵ)。

9. 在 SPE 装置的校准柱下方放置干净的、有标识的闪烁瓶。

a. 向每个柱子中加入 9ml 洗脱液(洗脱缓冲溶液)以洗脱 Cr(Ⅵ),重复步骤 8b~8d。

b. 取出闪烁瓶,密封。丢弃用过的 SPE 柱。

注意:此时闪烁瓶内含有萃取和分离的 Cr(Ⅵ),用于随后的分析。

10. 打开每个装有萃取和分离的 Cr(Ⅵ)的闪烁瓶,加入 100μl HCl。

11. 加入 2ml DPC 络合溶液,盖上盖子,完全混合。静置至少 5 分钟使显色反应完全。

标准曲线绘制与质量控制

12. 在 0~2μg/ml 浓度范围内,配制至少 6 个标准系列,绘制标准曲线。

a. 于 10ml 容量瓶中,加入约 5ml 洗脱液(强缓冲溶液),移取已知体积的(20~300μl) Cr(Ⅵ)标准储备液(100μg/ml),配制浓度为 0.1,0.2,0.5,1.0 和 2.0μg/ml 的溶液。于每个容量瓶中,加入 100μl HCl 和 2ml 二苯卡巴肼(DPC)络合溶液。用洗脱溶液稀释至刻度并完全混合。

注意:最少有两个浓度(如 0.1μg/ml 和 1.0μg/ml)应至少配制一式三份。

b. 配制空白溶液。于 10ml 容量瓶中,加入约 5ml 洗脱溶液(强缓冲溶液),再移取加入 100μl HCl 和

2ml 二苯卡巴肼(DPC)络合溶液;用洗脱溶液稀释至刻度并完全混合。

　　c. 分析标准系列和空白(步骤 15～20)。

13. 至少分析两个样品空白,每 20 个样品至少分析一个样品空白(步骤 10,11,15～20)。同时至少分析 3 个标准系列,每个溶液一式三份。

14. 以吸光度对 Cr(Ⅵ)浓度绘制标准曲线。

注意:可用标准加入法替代步骤 12～14[11]。

样品测定

15. 开启分光光度计并适当预热。

16. 将分光光度计设置在 540nm。根据仪器说明书和方法 7703 给出的条件设置分光光度计的参数。

17. 用蒸馏水或去离子水冲洗石英比色皿 3 次,然后用空白溶液冲洗。

18. 测定空白,调节分光光度计至零吸光度。

19. 打开装有待测物样品溶液的闪烁瓶,用于分析。

a. 将待测物溶液装入比色皿,倒掉溶液,以清洗比色皿。

b. 再次将待测物溶液装满比色皿。

c. 将比色皿放入分光光度计中。

注意:用干的实验室擦巾擦拭比色皿外壁多余的水分,并小心地操作比色皿,仅接触磨砂面。

20. 分析样品、标准系列和空白。记录吸光度。

注意:如果吸光度值大于 2 个吸光度单位,用洗脱溶液(强缓冲溶液)稀释后重新进行分析。

计算

21. 根据标准曲线,计算每个样品中 Cr(Ⅵ)的含量 W(μg)和样品空白中 Cr(Ⅵ)的平均含量 B(μg)。

注意:如果使用标准加入法,从标准曲线中获得的结果进行适当调整[11]。

22. 按下式计算样品中 Cr(Ⅵ)的浓度 C(mg/m³):

$$C = \frac{W - B}{V}$$

式中:W——样品中 Cr(Ⅵ)的含量(μg);

　　　B——样品空白中 Cr(Ⅵ)的平均含量(μg);

　　　V——采样体积(L)。

注意:如果在配制样品过程中稀释了样品,则在计算中须考虑稀释倍数。

方法评价

在实验室中,用加标滤膜[3-5]和已知 Cr(Ⅵ)含量的有证标准物质[4],进行了方法评价。有证标准物质(CRM)为欧洲委员会参考物质及测定研究院的(EC/IRMM) CRM 545,即玻璃纤维滤膜上负载的焊接烟尘中的 Cr(Ⅵ)和总 Cr[12]。本法也经过了现场评价:在飞机维护期间采集样品并进行现场分析[3,4]。用 NIOSH 技术报告中总结的方法估计了准确度[13]。

还可使用其他类型滤膜,如 PTFE、无黏合剂的玻璃纤维滤膜或石英纤维滤膜。使用前须对滤膜材料进行测试,确保 Cr(Ⅵ)的稳定性。滤膜可用碱进行处理,以便减小在高铁或酸性环境采样期间 Cr(Ⅵ)的还原。

参考文献

[1] NIOSH [1994] Chromium, Hexavalent: Method 7600. Eller PM, Cassinelli ME, eds. NIOSH Manual of Analytical Methods (NMAM), 4thed. Cincinnati, OH: National Institute for Occupational Safety and Health, DHHS (NIOSH) Publication No. 94 – 113.

[2] NIOSH [1994] Chromium, Hexavalent: Method 7604. Eller PM, Cassinelli ME, eds. NIOSH Manual of Analytical Methods (NMAM), 4thed Cincinnati, OH: National Institute for Occupational Safety and Health, DHHS (NIOSH) Publication No. 94 – 113.

[3] Marlow D, Wang J, Wise T J, Ashley K [2000]. Field Test of a Portable Method for the Determination of Hexavalent

Chromium in Workplace Air. Am. Lab. 32（15）：26 – 28.

［4］Wang J, Ashley K, Marlow D, England E C, and Carlton, G.［1999］. Field Method for the Determination of Hexavalent Chromium by Ultrasonication and Strong Anion Exchange Solid Phase Extraction. Anal. Chem. 71：1027 – 1032.

［5］Wang J, Ashley K, Kennedy E R, Neumeister C［1997］. Determination of Hexavalent Chromium in Industrial Hygiene Samples Using Ultrasonic Extraction and Flow Injection Analysis. Analyst 122：1307 – 1312.

［6］Foster, R D, Howe A M, Cottrell S J, and Northage C［1996］. An Investigation of the Exposure of Workers to Hexavalent Chromium in the Air of Chrome Plating Works（Project Report）. Health and Safety Laboratory, Health and Safety Executive：Sheffield, England.

［7］Molina D, and Abell M T［1987］. An Ion Chromatographic Method for Insoluble Chromium in Paint Aerosol. Am. Ind. Hyg. Assoc. J. 48：830 – 835.

［8］Ndung'u K, Djane, N. – K, Malcus F, and Mathiasson L［1999］. Ultrasonic Extraction of Hexavalent Chromium in Solid Samples Followed by Automated Analysis Using a Combination of Supported Liquid Membrane Extraction and UV Detection in a Flow System. Analyst 124：1367 – 1372.

［9］Health and Safety Laboratory［1998］. Methods for the Determination of Hazardous Substances, MDHS Method No. 61. Total Hexavalent Chromium Compounds in Air. Health and Safety Laboratory, Health and Safety Executive：Sheffield, England.

［10］Hayes R B［1982］. Biological and Environmental Aspects of Chromium. Elsevier：Amsterdam.

［11］Skoog D A, West D M, and Holler F J［1988］. Fundamentals of Analytical Chemistry, 5[th]ed. Saunders：Philadelphia.

［12］Commission of the European Communities, Institute for Reference Materials and Measurements. Certificate of Analysis, CRM 545：Cr（Ⅵ）And Total Leachable Cr in Welding Dust Loaded on A Filter. EC/IRMM：Brussels（1997）.

［13］Kennedy E R, Fischbach T J, Song R, Eller P M, and Shulman S A［1995］. Guidelines for Air Sampling and Analytical Method Development and Evaluation（DHHS［NIOSH］Publication No. 95 – 117）. National Institute for Occupational Safety and Health：Cincinnati, OH.

方法作者

Kevin Ashley, Ph. D. , NIOSH/DART；Jin Wang, Ph. D. , NIOSH/HELD；David Marlow, NIOSH/DART；James Boiano, CIH, NIOSH/DSHEFS.

空气中铍的现场便携式荧光法 7704

Be	相对分子质量:9.0121	CAS:7440 – 41 – 7	RTECS:DS1750000
方法:7704,第一次修订		方法评价情况:部分评价	第一次修订:2007.4.6
美国监管职业接触限值 OSHA:2μg/m³,C(ceiling)5μg/m³；P(peak)25μg/m³ MSHA:2μg/m³ DOE:2μg/m³（行动水平0.2μg/m³） 其他出版的接触限值和指南 其他:见表3 – 0 – 26		性质:固体,密度1.85g/ml,熔点1278℃,饱和蒸气压0kPa(0mmHg,25℃)	
英文名称:beryllium in air；beryllium metal			

采样	分析
采样滤膜:滤膜(0.8μm 孔径,25 或 37mm 混合纤维素酯滤膜或尼龙滤膜)	分析方法:现场便携式紫外可见 – 荧光分析法
采样流量:1 ~ 4L/min	待测物:羟基苯并喹啉磺酸盐(HBQS)与铍的络合物
最小采样体积:240L	处理方法:10 g/L 氟化氢铵(水溶液)
最大采样体积:2000L	检测溶液:63.4μmol/L HBQS, 2.5mmol/L EDTA 和 50.8mmol/L 赖氨酸单盐酸盐;用 10mol/L NaOH 调节 pH 至 12.85
运输方式:常规	检测器:激发波长 360 ~ 390nm;发射波长 400 ~ 700nm ($\lambda_{max} \approx 475$nm)
样品稳定性:稳定	定量校准:铍标准溶液
样品空白:每批样品 2 ~ 10 个	测定范围:每片滤膜 0.005 ~ 6μg [1]
准确性	估算检出限:每片滤膜 0.00075μg [2]
研究范围:未研究	精密度($\hat{S}_r$):0.021(约每片滤膜 0.2μg);0.076(约每片滤膜 1.5μg);
偏差: – 0.39%	0.052(约每片滤膜 3μg)
总体精密度($\hat{S}_{rT}$):0.064	
准确度:±12.42%	

适用范围:采样体积为 1000L 时,测定范围是 0.005 ~ 6μg /m³。本法只测定样品中铍元素总量,而不能测定某种特定的化合物

干扰因素:如果铁的浓度很高会对分析产生微小的干扰。含铁浓度高的样品为黄色或金黄色。使用前将样品洗脱液静置至少 4 小时,让溶液澄清后,过滤,可尽量减小干扰

其他方法:方法 7300(电热板消解 – 电感耦合等离子体发射光谱法)也可用于测定铍元素(参考方法)[3]。ASTM 方法 D7202 用荧光法检测铍元素,与本法相似[4]

试剂	仪器
1. 氟化氢铵 *	1. 采样滤膜:混合纤维素酯(MCE)或尼龙滤膜,孔径 0.8μm,直径 25 或 37mm
2. 乙二胺四乙酸(EDTA)二钠,二水化合物	2. 个体采样泵:流量 1 ~ 4L/min,配有夹子和连接软管
3. 10 – 羟基苯并(h)喹啉 – 7 – 磺酸盐(HBQS)[5]	3. 便携式紫外/可见(UV/Vis)荧光计,激发灯(λ = 380nm)和时间积分可见检测器(400 ~ 700nm, $\lambda_{max} \approx 475$nm)或合适波长的滤波片(激发波长 360 ~ 390nm;发射波长 ≈475nm,半峰全宽小于 ±10nm)
4. L – 赖氨酸单盐酸盐	
5. NaOH *	4. 机械搅拌器,摇床或旋转器
6. 去离子水	5. 加热板样品处理器(用于洗脱氧化铍)
7. 溶解液:* 10g/L 氟化氢铵水溶液(将氟化氢铵溶于去离子水中制得)	6. 一次性荧光比色皿:直径 10mm,在 UV/Vis 辐射下透明
8. 检测溶液:* 63.4μmol/L HBQS、2.5mmol/L EDTA 和 50.8mmol/L 赖氨酸单盐酸盐;用 10mol/L NaOH 调节 pH 至 12.85	7. 塑料离心管:15ml
	8. 针式过滤器:尼龙,孔径 0.45μm,直径 13 或 25mm,置于塑料罩中 注意:聚四氟乙烯(PTFE)滤膜不适用于本法
9. 1000mg/L 铍标准溶液(购买)*	9. 不同体积的机械移液管
10. 铍标准介质(购买)*	10. 不同体积的一次性塑料移液吸头
	11. 不同体积的塑料实验室器具(如烧杯、烧瓶、量筒)
	12. 镊子:塑料或塑料包覆的
	13. 实验室擦拭巾
	14. 个体防护用品(面罩、手套、实验服、护目镜):根据需要

特殊防护措施:在采样和分析期间应穿戴合适的个体防护用品;当使用化学物质时需要穿戴合适的手套、护目镜、实验服等;在干净的通风良好的区域进行样品处理和分析,这能除去任何可能的铍的污染;任何接触被溶解液和检测溶液的地方,须要立即用大量水冲洗;氟化氢铵腐蚀玻璃,因此须将所有氟化氢铵装在塑料实验器皿中;避免接触皮肤或眼睛,或吸入蒸气

注:* 见特殊防护措施。

采样

1. 串联一个有代表性的采样管来校准个体采样泵。

2. 在 1 ~ 4L/min 范围内,以已知的流量采集 240 ~ 2000L 空气样品,用于测定 TWA。滤膜上总粉尘的增量不得超过 2mg。

3. 采样后,用干净的镊子从滤膜夹中取出滤膜,放置在已标记的15ml塑料离心管中。

样品处理

4. 向含有空气滤膜样品的15ml离心管中,各加入5ml溶解液(10g/L氟化氢铵),盖上。

5. 将离心管放到机械旋转器上,旋转至少30分钟。

注意:只要溶解液能够润湿滤膜,旋转器可以用摇床或搅拌器代替。超声也有效。当溶解难溶物如高温焙烧过的氧化铍时,必须将含采样介质的溶解液加热至80℃,并搅拌30分钟。任何标准溶解过程均取决于粒径。用于验证本法的两种来源的BeO见备用数据报告[6]。

6. 用尼龙针式过滤器过滤上述溶液,滤液装入干净的管中。

注意:该管应该能盖上盖子,这样可以保存溶液并在需要的情况下用于再分析。

7. 移取样品滤液0.1ml到含1.9ml检测溶液的比色皿中。盖上,混合。

注意:通常上述过程的分析范围为每采样介质0.05~4μg铍;分析其他范围的铍浓度,则用其他比率的溶解液和检测溶液;为了测定每采样介质0.05~4μg范围的铍,可将0.4ml的样品滤液加入到含1.6ml检测溶液的比色皿中;如果可能或明显含有(因为可看见悬浮的沉淀)高浓度的铁或钛,则将溶液静置,使沉淀沉积,并用尼龙针式过滤器过滤;检测溶液和溶解液能够稳定一年以上,含这两者的混合检测溶液能够稳定30天以上,溶液必须保存在密封容器中,并且检测溶液和混合溶液必须避光保存。

标准曲线绘制与质量控制

8. 用铍标准储备液,以荧光强度对储备液中铍浓度(ng/ml)绘制标准曲线。

注意:为测定采样介质上0.05~4μg范围内的铍,用氟化氢铵溶解液稀释铍光谱级标准物制备标准铍储备液;建议标准储备液的浓度为800,200,40,10和0ng/ml;与样品溶液一样,将0.1ml的铍标准储备液加入到1.9ml检测溶液(稀释20倍)中配制成标准储备液,用于分析,见表3-0-24;为测定采样介质上0.005~0.4μg范围内的铍,建议标准储备液的浓度为80,20,4,1和0ng/ml;这些标准溶液铍的浓度更低,可稀释上述的标准储备液10倍配制而成;与样品溶液一样,将0.4ml的铍标准储备液加入到1.6ml检测溶液(稀释5倍)中配制成标准储备液,用于分析,见表3-0-25;若用其他比率的溶解液和检测溶液来处理样品,则绘制标准曲线时也用相似的比率。

9. 每20个样品分析一个加标样品和一个样品加标质控样(每批样品最少3个),以确保回收率在可控范围内(如100±15)。如果回收率与100%差值较大,用平均回收率校正样品结果。

样品测定

10. 在λ_{max}或滤波片的适当波长下测定各样品的荧光强度。

11. 若样品的荧光强度超出标准储备液的荧光强度,用溶解液稀释样品滤液,重新分析,计算时乘以相应的稀释倍数(D)。

计算

12. 根据标准曲线计算样品滤液中铍的浓度C_s(ng/ml),以及空白中铍的平均浓度C_b(ng/ml)。

13. 按下式计算空气中铍的浓度C($\mu g/m^3$):

$$C = D \times \frac{C_s V_s - C_b V_b}{V}$$

式中:V_s——样品溶解液的体积,通常为5ml;

　　　V_b——介质空白溶解液的体积,通常为5ml;

　　　V——采样体积(L)。

　　　D——稀释倍数。

注意:可用表3-0-24和表3-0-25中溶液中的铍浓度校正采样介质中的铍含量。表3-0-24为0.2~4μg铍测试介质稀释20倍后的结果,表3-0-25为0.02~0.4μg铍测试介质稀释5倍后的结果。

表 3 - 0 - 24　采样介质中的铍含量与标准储备液中的铍浓度和被分析的铍浓度的相关性,假设 0.1ml 的
样品或标准储备液加入到 1.9ml 检测溶液中(稀释 20 倍)

储备液中的 Be 浓度 /(ng/ml)	被分析的 Be 浓度 /(ng/ml)	介质中的 Be 含量* /ng
0	0.0	0
10	0.5	50
40	2.0	200
200	10.0	1000
800	40.0	4000

注:* 等于标准储备液中 Be 浓度(ng/ml)用于洗脱介质的溶解液体积(5ml)。

表 3 - 0 - 25　采样介质中的铍含量与标准储备液中的铍浓度和被分析的铍浓度的相关性,假设 0.4ml 的样品或
标准储备液加入到 1.6ml 检测溶液中(稀释 5 倍)

储备溶液中的 Be 浓度 /(ng/ml)	被分析的 Be 浓度 /(ng/ml)	介质中的 Be 含量* /ng
0	0.0	0
1	0.2	5
4	1.0	20
20	4.0	100
80	16.0	400

注:* 等于标准储备液 Be 浓度(ng/ml)用于洗脱介质的溶解液体积(5ml)。

方法评价

按照出版的指南[7],已对本法进行了评价[6]。使用 Ocean Optics® 便携式荧光计进行实验,相关组件如下。

USB 200 分光仪,#2（UV/Vis 600）光谱光栅;

LS - 1 灯(380nm),LS - 450 外罩;

UV - 2 铸件;

OFLV 线性滤波片 200 - 850;

L2 聚光透镜和狭缝 - 200。

在相对光强度模式,积分时间 2 ~ 5 秒的条件下进行测试。

在 0,0.02,0.1,0.2,0.3,0.4,1.5,3.0 和 6.0μg 水平下(每个水平 5 个样品),将氧化铍加标到混合纤维素酯(MCE)滤膜上,对本法进行了评价。

用将 0.1μg Be 加入 MCE 滤膜上配制成的样品[数目(n)=30],验证了样品的长期稳定性。第一天分析一部分样品(n=12),其他样品分别在 1 周(n=6)、10 天(n=3)、2 周(n=3)、3 周(n=3)和 1 个月(n=3)后进行分析。结果表明,样品在储存 30 天后处理并分析,其荧光强度并未减小。

在存在 0.4mmol/L Al、Ca、Co、Cu、Fe、Ti、Li、Ni、Pb、Sn、U、V、W 或 Zn 的条件下,分别对 0nmol/L、100nmol/L 和 1.0μmol/L Be 的溶液进行了干扰测试(每种潜在的干扰物分别进行实验)。也进行了实验室间的方法评价[8]。

参考文献

[1] Agrawal A, Cronin J, Tonazzi J, McCleskey TM, Ehler DS, Minogue EM, Whitney G, Brink C, Burrell AK, Warner B, Goldcamp MJ, Schlecht PC, Sonthalia P, Ashley K [2006]. Validation of A Standardized Portable Fluoresence method for Determining Trace Beryllium in Workplace Air and Wipe Samples. J Environ Monit 2006 (8): 619 - 624.

[2] Ashley K, Agrawal A, Cronin J, Tonazzi J, McCleskey TM, Burrell AK, Ehler DS [2007]. Ultra - trace Determination Pf Beryllium in Occupational Hygiene Samples by Ammonium Bifluoride Extraction And Fluorescence Detection Using Hydroxybenzoquinoline Sulfonate. Analytica Chimica Acta 584 (2007): 281 - 286.

[3] NIOSH [1994]. Elements by ICP (nitric/perchloric acid ashing): Method 7300 (supplement issued 3/15/03). In: NIOSH Manual of Analytical Methods. 4th ed. Cincinnati, OH: U.S. Department of Health and Human Services, Public

Health Service, Centers for Disease Control and Prevention, National Institute for Occupational Safety and Health, DHHS (NIOSH) Publication No. 94 – 113.

[4] ASTM [2006]. D7202 – Standard Test Method for Determination of Beryllium in The Workplace Using Field – based Extraction And Fluorescence Detection. West Conshohocken, PA: ASTM International.

[5] Matsumiya H, Hoshino H, Yotsuyanagi T [2001]. A Novel Fluorescence Reagent, 10 – hydroxyben – zo[h]Quinoline – 7 – sulfonate, for Selective Determination of Beryllium(II) Ion at Pg cm^{-3} Levels. Analyst 126:2082 – 2086.

[6] McCleskey TM, Agrawal A, Ashley K [2007]. Backup Data – method Nos. 7704 and 9110 / beryllium, Issue 1. NIOSH Docket Office, mailstop C – 34, 4676 Columbia Parkway, Cincinnati, Ohio 45226, e – mail: NIOSHDocket@ cdc. gov.

[7] Kennedy ER, Fischbach TJ, Song R, Eller PM, Shulman SA [1995]. Guidelines for Air Sampling And Analytical Method Development and Evaluation. Cincinnati, OH: U. S. Department of Health and Human Services, Public Health Service, Centers for Disease Control and Prevention, National Institute for Occupational Safety and Health, DHHS (NIOSH) Publication No. 95 – 117.

[8] Ashley K, McCleskey TM, Brisson MJ, Goodyear G, Cronin J, Agrawal A [2005]. Interlaboratory Evaluation of A Portable Fluorescence Method for The Measurement of Trace Beryllium in The Workplace. J ASTM Int 2(9), 8 pp., Paper ID JAI13156.

参考书目

Minogue EM, Ehler DS, Burrell AK, McCleskey TM, Taylor TP [2005]. Development of a New Fluorescence Method for The Detection of Beryllium on Surfaces. J ASTM Int 2(9), 10 pp., Paper ID JAI13168.

方法作者

T. Mark McCleskey, Los Alamos National Laboratory, Los Alamos, NM; Kevin Ashley, CDC/NIOSH, Division of Applied Research and Technology; Anoop Agrawal, Berylliant Inc., Tucson, AZ.

表 3 – 0 – 26 铍的美国监管职业接触限值(OELs)、其他出版的职业接触限值及指南*

美国监管职业接触限值机构	8 小时吸入接触限值 /(μg/m³)	短时吸入接触限值 /(μg/m³)
MSHA	2	未确立
OSHA	2	5(最高容许浓度) 25(30 分钟的最大值)
DOE, 10 CFR 850	2 (0.2 行动水平)	未确立

其他出版的 OELs 和指南⁺

国家或组织	8 小时吸入接触限值/(μg/m³)
德国	5.0
ACGIH TLV®、阿根廷、比利时、保加利亚、加拿大(阿尔伯达省、英国哥伦比亚、安大略、魁北克)、中国(香港)、哥伦比亚、埃及、芬兰、法国、爱尔兰、印度、日本、约旦、朝鲜、马来西亚、墨西哥、荷兰、新西兰、菲律宾、新加坡、南非、西班牙、瑞典、瑞士、泰国、土耳其、英国、越南、捷克共和国、丹麦、匈牙利、挪威、波兰、俄罗斯	2.0 1.0
NIOSH REL	0.5
中国	0.1
AIHA WEEL®	未确立

注:*缩略语:ACGIH—美国政府工业卫生师协会,AIHA—美国工业卫生协会,CFR—美国联邦法规,DOE—美国能源部,TLV®—阈限值,WEEL®—工作环境接触限值;⁺除 NIOSH 的推荐接触限值(REL)外,职业接触限值和指南未经 NIOSH 评审;专业协会和其他国家的接触限值及指南能帮助 NMAM 使用者查找额外信息;这些标准值和指南并未被 NIOSH 认可;®用 NIOSH 之前关于致癌物的政策(29CFR 1990. 103)制定了 NIOSH REL;NIOSH 目前关于致癌物的政策已于 1995 年 9 月施行;这两个 NIOSH 关于致癌物的政策见 http://www. cdc. gov/niosh/npg /nengapdx. html #a;在之前的政策中,NIOSH 通常推荐致癌物的接触限值为"可行的最低浓度",这是一个非定量的值;在之前的政策中,最初建立 REL 时,大多数致癌物的定量 REL 设定在可达到的检出限(LOD)。

二硫化碳 1600

CS$_2$	相对分子质量:76.14	CAS 号:75 – 15 – 0	RTECS 号:FF6650000
方法:1600,第二次修订		方法评价情况:完全评价	第一次修订:1985.5.15 第二次修订:1994.8.15

OSHA:20ppm;C 30ppm;P 100ppm

NIOSH:1ppm;STEL 10ppm(皮)

ACGIH:10ppm(皮)

(常温常压下,1ppm = 3.11mg/m^3)

性质:液体;密度 1.263g/ml(20℃);沸点 46.5℃;熔点 – 112℃;饱和蒸气压 40kPa(300mmHg,40% v/v)(20℃);空气中爆炸极限 1% ~ 50%(v/v)

英文名称:carbon disulfide; dithiocarbonic anhydride

采样

采样管:固体吸附剂管 + 干燥管(椰壳活性炭前段 100mg/后段 50mg 和硫酸钠 270mg)

采样流量:0.01 ~ 0.2L/min

最小采样体积:2L(在 10ppm 下)

最大采样体积:25L

运输方法:干燥管与炭连接,冷藏

样品稳定性:1 周(25℃);6 周(0℃)

样品空白:每批 2 ~ 10 个

准确性

研究范围:46 ~ 183mg/m^3[2](6L 样品)

偏差: – 0.78%

总体精密度($\hat{S}_{rT}$):0.059[1]

准确度:±12.9%

分析

分析方法:气相色谱法;硫火焰光度检测器

待测物:硫

解吸方法:1ml 甲苯,放置 30 分钟

进样体积:5μl

气化室温度:150℃

检测器温度:145℃

柱温:30℃

载气:氮气或氦气,20ml/min

色谱柱:玻璃柱,2m×6mm(外径);填充 80 ~ 100 目涂渍 5% OV – 17 的 GasChrom Q 或等效的色谱填料

定量标准:甲苯中的 CS$_2$ 标准溶液

测定范围:每份样品 0.05 ~ 0.5mg

估算检出限:每份样品 0.02mg[2]

精密度($\bar{S}_r$):0.052(每份样品 0.28 ~ 1.1mg)[1]

适用范围:采样体积为 5L 时,测定范围是 10 ~ 200mg/m^3(3 ~ 64ppm)。适用于最高容许浓度的检测。如果相对湿度不大,采样流量大时,灵敏度更高[3,4]。本法广泛用于人造丝工业和 CS$_2$ 生产中

干扰因素:硫化氢不会产生干扰[4]。干燥管吸收的水蒸气是采样时的潜在干扰因素。使用填充 Chromosorb G – HP,涂渍 5% OV – 210 的填充柱或采用 DB – 5 熔融石英毛细管柱可防止干扰

其他方法:本法是方法 S248 和方法 1600(1984 年 2 月 15 日)的修订版。标准文档方法[3]采用较大的采样流量。本法替代了 P&CAM 179,在方法 P&CAM 179 中,采用相似的采样方法,但采用萃取 – 原子吸收法进行测定[6]

续表

试剂	仪器
1. CS₂:色谱纯*	1. 采样管

试剂

1. CS_2:色谱纯*
2. 甲苯:色谱纯
3. 标准储备液:0.0253mg/μl。用甲苯将0.253g CS_2(0.200ml,20℃)稀释至10ml。每个浓度配制两份
4. 氧气:净化
5. 氮气或氦气:高纯
6. 氢气:净化
7. 空气:过滤

仪器

1. 采样管
   a. 干燥管:玻璃管,长7cm,外径6mm,内径4mm;内装270mg无水硫酸钠颗粒,两端装填硅烷化的玻璃棉。在22℃下,相对湿度为100%时,该干燥管能除去6L空气中的水分
   b. 吸附剂管:玻璃管,长7cm,外径6mm,两端熔封,带塑料帽,内装椰壳活性炭(600℃)(前段100/后段50mg),中间用2mm聚氨酯泡沫隔开。前端装填硅烷化的玻璃棉,尾端装填3mm聚氨酯泡沫。空气流量为1L/min时,采样管阻力必须低于3.4kPa。亦可购买市售采样管
2. 个体采样泵:配有连接软管,流量0.01~0.2L/min
3. 聚四氟乙烯管:内径5mm
4. 袋装制冷剂(0℃)
5. 气相色谱仪:火焰光度检测器(FPD),积分仪,色谱柱(方法1600)
   注意:为保护检测器,安装一个气阀用以排放从色谱柱中洗脱出的溶剂
6. 溶剂解吸瓶:带聚四氟乙烯内衬的瓶盖,25ml
7. 容量瓶:10ml
8. 注射器:10μl,精确到0.1μl
9. 移液管:1~100μl和1ml,带洗耳球

特殊防护措施:CS_2有毒且极易燃易爆(闪点-30℃)[3,7];所有操作应在通风橱中进行

注:*见特殊防护措施。

采样

1. 串联一个有代表性的采样管来校准个体采样泵。
2. 采样前折断采样管两端,用软管连接至个体采样泵。干燥管由一个20mm聚四氟乙烯管连接至活性炭管前段。
3. 在0.01~0.2L/min范围内,以已知流量采集2~25L的空气样品。

注意:若环境湿度小,采样流量可升至1L/min[3,4]。

4. 运输时保持干燥管与炭管连接。冷藏(0℃)以防止CS_2污染后段。密封采样管,包装后运输。

注意:为避免污染,储存样品时应远离CS_2。

样品处理

5. 除去干燥管、玻璃棉和聚氨酯泡沫,将采过样的两段吸附剂分别倒入溶剂解吸瓶中。
6. 于溶剂解吸瓶中各加入1.0ml解吸溶剂,密封。
7. 解吸60分钟,不时振摇。

注意:为避免污染,解吸后的样品和标准系列应远离CS_2。

标准曲线绘制与质量控制

8. 配制至少6个浓度的标准系列,绘制标准曲线。
   a. 于10ml容量瓶中,加入适量甲苯,再加入已知量的标准储备液,最后用甲苯稀释至刻度,标准系列的浓度为0.02~0.5mg/ml。
   b. 与样品和空白一起进行分析(步骤11,12)。
   c. 以(峰面积)^{1/2}对CS_2(mg)绘制标准曲线。

注意:FPD线性范围小。需要额外配制标准系列[9]。

9. 在标准曲线范围(步骤8)内,每批活性炭至少测定一次解吸效率(DE)。
   a. 选择5个不同浓度,每个浓度测定3个样品。另测定3个空白采样管。
   b. 去掉空白采样管的后段吸附剂。
   c. 将已知体积的储备液(1~20μl)直接注射至前段吸附剂上。
   d. 封闭采样管两端,放置过夜。

　　e. 解吸(步骤5~7)并与标准系列一起进行分析(步骤11,12)。

　　f. 以解吸效率对 CS₂ 回收量(mg)绘制标准曲线。

　　10. 分析3个样品加标质控样和3个加标样品,以确保标准曲线和 DE 曲线在可控范围内。

　　注意:低浓度(<每份样品0.1mg)时,DE 低且易变。

样品测定

　　11. 根据仪器说明书和方法1600给出的条件设置气相色谱仪。使用溶剂冲洗技术手动进样或自动进样器进样。

　　注意:甲苯的保留时间约为30分钟,用程序升温法可缩短保留时间;若峰面积超出标准曲线的线性范围,用甲苯稀释后重新分析,计算时乘以相应的稀释倍数。

　　12. 测定峰面积。

计算

　　13. 按下式计算空气中 CS₂ 的浓度 C(mg/m³):

$$C = \frac{(W_f + W_b - B_f - B_b) \times 10^3}{V}$$

式中:W_f—— 样品采样管前段吸附剂中 CS₂ 的含量(mg);

　　　　W_b——样品采样管后段吸附剂中 CS₂ 的含量(mg);

　　　　B_f——空白采样管前段吸附剂中 CS₂ 的平均含量(mg);

　　　　B_b——空白采样管后段吸附剂中 CS₂ 的平均含量(mg);

　　注意:式中 CS₂ 的含量已用解吸效率校正;若 $W_b > W_f/10$,则表示发生穿透,记录该情况及样品损失量。

方法评价

　　本法是 S248 的修订版,本法中用1ml 甲苯代替10ml 苯作为解吸溶剂,在低浓度下也有较好的解吸效率,对分析人员而言,工作条件更安全[8]。方法 S248[5]发表于1976年1月30日。在15~59mg/m³ 浓度范围内,采样体积为6L 时,用加标样品和发生气样品对方法 S248 进行了验证,发生气用注射泵/三倍空气稀释法配制,并用总烃分析仪验证其浓度[1]。对于18个测试样品,"测定"浓度比"真实"浓度低0.8%,总体精密度 $\dot{S}_{rT}$ 为0.059,无明显的偏差。在100%相对湿度下,CS₂ 浓度为40ppm,采样流量为0.2L/min,采样162分钟时发生穿透(活性炭管前段带有干燥管),穿透体积为32.4L;解吸效率(每份样品0.28~1.12mg)为0.86;在25℃下储存1周后,表示储存稳定性(每份样品0.56mg)的回收率为85%。采样流量为1L/min,浓度为100mg/m³ 时,穿透体积为19L[4]。本法给出 CS₂ 的估算 LOD 值为每份样品0.02mg[2]。

参考文献

[1] Documentation of the NIOSH Validation Tests, S248, U. S. Department of Health, Education, and Welfare, Publ. (NIOSH) 77 – 185 (1977), Available as GPO Stock #017 – 033 – 00231 – 2 from Superintendent of Documents, Washington, DC 20402.

[2] User check, UBTL, Inc., NIOSH Sequence #3990 – L (unpublished, November 9, 1983).

[3] Criteria for a Recommended Standard... Occupational Exposure to Carbon Disulfide, U. S. Department of Health, Education, and Welfare, Publ. (NIOSH) 77 – 156 (1977), Available as GPO Stock #017 – 033 – 00231 – 2 from Superintendent of Documents, Washington, DC 20402.

[4] McCammon, C. S., P. M. Quinn and R. Kupel. A Charcoal Sampling Method and a Gas Chromatographic Analytical Procedure for Carbon Disulfide, Am. Ind. Hyg. Assoc. J., 36, 618 – 624 (1975).

[5] NIOSH Manual of Analytical Methods, 2nd ed., Vol. 3, S248, U. S. Department of Health, Education, and Welfare, Publ. (NIOSH) 77 – 157 – C (1977).

[6] Ibid., Vol. 1, P&CAM 179, U. S. Department of Health, Education, and Welfare, Publ. (NIOSH) 77 – 157 – A (1977).

[7] NIOSH/OSHA Occupational Health Guidelines for Chemical Hazards, U. S. Department of Health and Human Services, Publ. (NIOSH) 81 – 123, Available as GPO Stock #017 – 033 – 00337 – 8 from Superintendent of Documents, Washing-

ton, DC 20402.

[8] Foley, G. D. NIOSH/DPSE（internal memo, April 17, 1985）.

[9] Quincoces, C. E. and M. G. Gonzaleg. Characterization of the Flame Photometric Detector in the Sulfur Mode, Chromatographia 20:371（1985）.

方法修订作者

Mary Lynn Woebkenberg, NIOSH/DPSE；S248 Originally Validated under NIOSH Contract CDC - 99 - 74 - 45.

砷化氢 6001

AsH$_3$	相对分子质量:77.95	CAS 号:7784 - 42 - 1	RTECS 号:CG6475000
方法:6001,第二次修订		方法评价情况:完全评价	第一次修订:1985.5.15 第二次修订:1994.8.15
OSHA:0.05ppm NIOSH:C 0.002mg/m^3/15min;致癌物 ACGIH:0.05ppm;致癌物 （常温常压下,1ppm = 3.19mg/m^3）		性质:气体;密度 3.484g/L(20℃);沸点 - 62.5℃;熔点 - 116.3℃	

英文名称:arsine; hydrogen arsenide; arsenic trihydride

采样	分析
采样管:固体吸附剂管(椰壳活性炭,前段 100mg/后段 50mg) 采样流量:0.01 ~ 0.2L/min 最小采样体积:0.1L(在 0.05ppm 下) 最大采样体积:10L 运输方法:常规 样品稳定性:至少 6 天(25℃)[1] 样品空白:每批样品 2 ~ 10 个 **准确性** 研究范围:0.09 ~ 0.4mg/m^3[1](10L 样品);0.001 ~ 0.01mg/m^3[2] 偏差: - 6.13%(0.01 ~ 0.2L/min)[1]; - 11%(0.876L/min)[2] 总体精密度($\hat{S}_{rT}$):0.087[2] 准确度:±23.2%	分析方法:石墨炉原子吸收光谱法 待测物:砷 解吸方法:1ml 0.01M HNO$_3$,超声 30 分钟 基体改进剂:Ni^{2+},1000μg/ml 测量波长:193.7nm;D$_2$ 或 H$_2$ 校正 石墨炉:干燥 40 秒(110℃);灰化 15 秒(1200℃);原子化 7 秒(2540℃) 进样体积:50μl 定量标准:含 100mg 炭的 0.01M HNO$_3$ 中的砷(Ⅲ) 测定范围:每份样品 0.01 ~ 0.3μg[2] 估算检出限:每份样品 0.004μg 精密度($\bar{S}_r$):0.060(每份样品 0.012 ~ 0.11μg)[2]

适用范围:采样体积为 10L 时,测定范围是 0.0003 ~ 0.06ppm(0.001 ~ 0.2mg/m^3)。本法只测定样品中砷元素总量,而不能测定某种特定的化合物

干扰因素:用背景校正控制分子吸收。其他砷化合物(气体或气溶胶)可能被收集在采样管上,并被误认为砷化氢。采样管前加一张纤维素酯滤膜可清除气溶胶[3,4]。尚未研究相对湿度对采样管吸附砷化氢的能力的影响

其他方法:本法综合并替代了方法 P&CAM 265[5] 和 S229[6]

试剂	仪器
1. 蒸馏水或去离子水	1. 采样管:玻璃管,长7cm,外径6mm,内径4mm,两端熔封,内装椰壳活性炭(600℃)(前段100mg/后段50mg),中间用2mm聚氨酯泡沫隔开。前端装填硅烷化的玻璃棉,尾端装填3mm聚氨酯泡沫。空气流量为1L/min时,采样管阻力必须低于3.4kPa,亦可购买市售采样管注意:如果存在砷的颗粒物,则在采样管前加一张纤维素酯滤膜
2. 浓 HNO_3 *	
3. HNO_3:0.01M。用水将0.4ml浓 HNO_3 稀释至1L	
4. HNO_3:0.1M。用水将4ml浓 HNO_3 稀释至1L	
5. 砷储备液:1000μg As(Ⅲ)/ml *。市售标准或称取1.322g干燥的、有证的三氧化二砷,溶于10ml 0.1M HNO_3 中,并用0.1M HNO_3 稀释至1L	2. 个体采样泵:配有连接软管,流量0.01至0.2L/min
	3. 原子吸收分光光度计:石墨炉,非热解管,背景校正器和无极放电灯(和电源)或砷空心阴极灯
6. 标准储备液:1.0μg As(Ⅲ)/ml *。用0.01M HNO_3 将0.1ml砷储备液(1000μg As/ml)稀释至100ml,每天配制	4. 容量瓶:1L和100ml**
	5. 微量移液管:5~500μl**
7. 硝酸镍溶液:1000μg Ni/ml *。市售镍原子吸收标准或称取3.112g干燥试剂 $Ni(NO_3)_2$,溶于100ml 0.1M HNO_3 中,用水稀释至1L	6. 离心管:10ml或15ml**
	7. 超声波清洗器
	8. 离心机
8. 氩气	9. 气体注射器:0.1ml,可精确到1μl
9. 砷化氢*:99%,或有证氮气混合物	

特殊防护措施:砷化氢是人类致癌物[7]。所有浓酸的操作都应在通风橱中进行。砷化氢吸入后对人体有剧毒,应在通风橱中进行操作

注:＊见特殊防护措施;＊＊使用前用浓 HNO_3 清洗所有玻璃器皿,并用蒸馏水或去离子水彻底冲洗干净。

采样

1. 串联一个有代表性的采样管来校准个体采样泵。

2. 采样前折断采样管两端,用软管将采样管连接至个体采样泵。

注意:如果存在砷化合物颗粒物,采样管前加纤维素酯滤膜[3,4]。

3. 在0.01~0.2L/min范围内,以已知流量采集0.1~10L空气样品。

4. 用塑料(非橡胶)帽密封采样管,包装后运输。

样品处理

5. 除去玻璃棉和聚氨酯泡沫,将采过样的两段吸附剂分别倒入离心管中。

6. 于每个离心管中,加入1.0ml 0.01M HNO_3。密封。

7. 超声30分钟。

8. 离心。

标准曲线绘制与质量控制

9. 在每份样品0.004~0.3μg砷范围内,配制至少6个浓度的标准系列,绘制标准曲线。

a. 向离心管中加100mg空白采样管中的活性炭,加入已知量的标准储备液和1ml 0.01M HNO_3。

b. 与样品和空白一起进行分析(步骤12,13)。每5个样品分析一个标准系列以检查仪器漂移。

c. 以吸光度对砷含量(μg)绘制标准曲线。

10. 每批活性炭至少测定一次解吸效率(DE)。在每份样品0.004~2μg砷范围内,选择5个不同浓度,每个浓度测定3个样品。另测定3个空白采样管。

a. 去掉空白采样管的后段吸附剂。

b. 用微量注射器将已知量的纯砷化氢气体(或含砷化氢的混合气体)直接注射至前段吸附剂上。

c. 密封采样管两端,放置过夜。

d. 解吸(步骤5~8)并与标准系列一起进行分析(步骤12,13)。

e. 以解吸效率对砷回收量(μg)绘制解吸效率曲线。

11. 分析3个样品加标质控样,以确保标准曲线在可控范围内。

样品测定

12. 根据仪器说明书和方法 6001 给出的条件设置分光光度计和石墨炉。

13. 在分析之前,进 50μl 样品或定量标准,然后进 50μl 硝酸镍溶液。测定峰面积。

注意:若样品吸光度超出标准曲线的线性范围,用 0.01M HNO$_3$ 稀释后重新分析,计算时乘以相应的稀释倍数;在整个测定中,监控标准系列的峰面积的重复性;如果结果不稳定,重新优化仪器参数并更换石墨管。

计算

14. 按下式计算空气中待测物的浓度 C(mg/m^3):

$$C = \frac{W_f + W_b - B_f - B_b}{V}$$

式中:W$_f$——样品采样管前段吸附剂中砷化氢的含量(μg);

　　　W$_b$——样品采样管后段吸附剂中砷化氢的含量(μg);

　　　B$_f$——空白采样管前段吸附剂中砷化氢的平均含量(μg);

　　　B$_b$——空白采样管后段吸附剂中砷化氢的平均含量(μg);

　　　V——采样体积(L)。

注意:上式中砷化氢的含量为每段吸附剂中砷的含量乘以 1.040(砷化氢的相对分子质量/砷的相对分子质量);若 W$_b$ > W$_f$/10,则表示发生穿透,记录该情况及样品损失量。

方法评价

在 0.094 ~ 0.404mg/m^3 浓度范围内,用 SKC Lot 105 椰壳活性炭采集 10L 空气样品[1],验证了方法 S229[6]。采样流量为 0.227L/min,采集砷化氢浓度为 0.405mg/m^3(负载 0.022mg)的空气样品 240 分钟后,未发生穿透(后段吸附剂)。回收率为 93.7%。每份样品 1μg 砷化氢下,解吸效率为 0.90;每份样品 2μg 和 4μg 砷化氢下,解吸效率为 1.00。

在 0.001 ~ 0.01mg/m^3 范围内,采样流量为 0.875L/min 的条件下,用 SKC Lot 106 椰壳活性炭采样 15 分钟,采集 15L 空气样品[2],验证了方法 P&CAM 265[5]。在此采样流量下,采样效率为 89.1%[3]。未研究高湿度对采样管吸附能力的影响。在每份样品 0.015 ~ 0.2μg 砷化氢范围内,解吸效率为 0.90。

参考文献

[1] Documentation of the NIOSH Validation Tests, S229, U. S. Department of Health, Education, and Welfare, Publ. (NIOSH) 77 – 185 (1977), also Available as Order No. PB 263959 from NTIS, Springfield, VA 22161 (1975).

[2] Evaluation and Refinement of Personal Sampling Method for Arsine, NIOSH Research Report, Prepared under NIOSH Contract No. 210 – 76 – 0142 (NIOSH, unpublished, 1977).

[3] Costello, R. J., P. M. Eller and R. D. Hull. Measurement of Multiple Inorganic Arsenic Species, Am. Ind. Hyg. Assoc. J., 44(1), 21 – 28 (1983).

[4] Methods 7900 (Arsenic) and 7901 (Arsenic Trioxide), this Manual.

[5] NIOSH Manual of Analytical Methods, 2nd. ed., V. 4, P&CAM 265, U. S. Department of Health, Education, and Welfare, Publ. (NIOSH) 78 – 175 (1978).

[6] NIOSH Manual of Analytical Methods, 2nd. ed., V. 3, S229, U. S. Department of Health, Education, and Welfare, Publ. (NIOSH) 77 – 157 – C (1977).

[7] Criteria for a Recommended Standard... Occupational Exposure to Inorganic Arsenic, U. S. Department of Health, Education, and Welfare, Publ. (NIOSH) 77 – 149 (1977).

方法修订作者

R. D. Hull, Ph. D., NIOSH/DBBS.

磷化氢 6002

PH₃	相对分子质量:34.00	CAS 号:7803 − 51 − 2	RTECS 号:SY7525000
方法:6002,第二次修订		方法评价情况:完全评价	第一次修订:1994.8.15 第二次修订:1998.1.15
OSHA:0.3ppm NIOSH:0.3ppm;1ppm STEL ACGIH:0.3ppm;1ppm STEL (常温常压下,1ppm = 1.39mg/m³)		性质:气体;沸点 − 87.8℃;蒸气密度 1.17(空气 = 1);若存在在 P_2H_4,则在空气中自燃	

英文名称:phosphine; hydrogen phosphide; phosphorous hydride; phosphorated hydrogen; phosphorous trihydride

采样	分析
采样	**分析**
采样管:吸附剂管(浸渍 $Hg(CN)_2$ 的硅胶,前段 300mg/后段 150mg)	分析方法:紫外可见分光光度计
采样流量:0.01 ~ 0.2L/min	待测物:磷酸盐
最小采样体积:1L(在 0.3ppm 下)	洗脱方法:10ml 热(65 ~ 70℃)酸性高锰酸钾溶液
最大采样体积:16L	检测器:UV,波长 625nm
运输方法:常规	定量标准:磷酸二氢钾(KH_2PO_4)的标准溶液(1.00ml = 49.94μg PH₃)
样品稳定性:7 天(25℃)	测定范围:每份样品 0.3 ~ 10μg[2]
样品空白:每批样品 2 ~ 10 个	估算检出限:每份样品 0.1μg[1]
	精密度($\bar{S}_r$):0.074(每份样品 2.6 ~ 17.4μg)[2]
准确性	
研究范围:0.195 ~ 0.887mg/m³[1](16L 样品)	
偏差: − 0.4%	
总体精密度($\hat{S}_{rT}$):0.091(2.64 ~ 17.41 微克/样品)[2]	
准确度:± 17.6%	

适用范围:采样体积为 16L 时,测定范围是 0.013 ~ 0.6ppm (0.02 ~ 0.9mg/m³)。此采样管无市售

干扰因素:在此条件下,磷酸盐的比色检测法受可形成钼酸盐络合物的物质干扰;可能产生干扰的物质有 PCl_3 和 PCl_5 蒸气及有机磷化合物

其他方法:本法是方法 S332[2] 的修订版。OSHA 方法中 ID − 180"工作场所空气中的磷化氢"[3],用浸渍 KOH 的活性炭采样,它是另一种检测方法

试剂	仪器
1. 无水磷酸二氢钾（KH_2PO_4）:ACS 级	1. 采样管:玻璃管,长 12cm,外径 6mm,内径 4mm,两端熔封,带塑料帽,内装 45~60 目浸渍氰化汞的硅胶（前段 100mg/后段 150mg）,用硅烷化的玻璃棉隔开并固定（附录）
2. 浓 H_2SO_4:ACS 级	2. 个体采样泵:流量 0.01~0.2L/min,配有聚乙烯或 PTFE 连接软管
3. 钼酸铵（NH_4）$_6Mo_7O_{24}$·$4H_2O$	3. 分光光度计:测量吸光度或透光率,波长 625nm
4. 硫酸亚铁铵 $Fe(NH_4)_2(SO_4)_2$	4. 两个匹配的 5cm 比色皿:石英材料,带盖
5. 高锰酸钾 $KMnO_4$	5. 分液漏斗:125ml
6. 氯化亚锡 $SnCl_2$	6. 烧杯:50ml
7. 甘油	7. 移液管:0.2,10 和 25ml 和其他规格
8. 甲苯	8. 容量瓶:10,25,100 和 1000ml
9. 异丁醇	9. 恒温水浴锅:65~70℃
10. 甲醇	10. 量筒:玻璃,10ml
11. 去离子水或蒸馏水	11. 注射器:0.5ml 和 1.0ml
12. 氰化汞 $Hg(CN)_2$*	12. 天平
13. 磷酸盐标准溶液:称取 200mg KH_2PO_4,溶于 1L 蒸馏水中（1.00ml = 49.94μg PH_3）	13. 温度计
14. 钼酸盐溶液:用蒸馏水溶解 49.4g（NH_4）$_6Mo_7O_{24}$·$4H_2O$ 和 112ml 浓 H_2SO_4 和至 1L	14. 秒表
15. H_2SO_4 的醇溶液:于 950ml 甲醇中,加入 50ml 浓 H_2SO_4	15. 气压计
16. 甲苯–异丁醇溶剂:混合等体积的甲苯和异丁醇	
17. 亚铁溶液:将 7.9g $Fe(NH_4)_2(SO_4)_2$ 和 1ml 浓 H_2SO_4 溶于水中至 100ml	
18. 氯化亚锡溶液:称取 0.4g $SnCl_2$,溶于 50ml 甘油中（加热溶解）	
19. 酸性高锰酸钾溶液:将 0.316g 高锰酸钾和 6ml 浓 H_2SO_4 溶于 1L 水中	
20. 氰化汞溶液:称取 2g $Hg(CN)_2$,溶于 100ml 水中	

特殊防护措施:由于氰化汞有毒,所以配制采样介质时要小心谨慎。应在通风橱中进行操作

注:＊见特殊防护措施。

采样

1. 串联一个有代表性的采样管来校准个体采样泵。

2. 采样前折断采样管两端,打开至少为管内径二分之一的开口,用软管连接采样管和个体采样泵。

3. 在 0.01~0.2L/min 范围内,以已知流量采集 1~16L 空气样品。

4. 用塑料（非橡胶）帽密封采样管。

样品处理

5. 将前、后段吸附剂分别倒入 50ml 烧杯中。

6. 于每个烧杯中加入 10ml 酸性高锰酸钾溶液。置于 65~70℃的水浴器中,保持 90 分钟。

7. 将酸性高锰酸钾溶液倒入另一个 10ml 容量瓶中,并用蒸馏水稀释至刻度。

8. 用 3ml 蒸馏水冲洗硅胶两次,倒入另一个装有 1ml 亚铁溶液的 10ml 容量瓶中。用蒸馏水稀释至刻度。

9. 将两个 10ml 容量瓶（解吸溶剂和冲洗液）中的溶液加至 125ml 分液漏斗中。

10. 向漏斗中加入 7.5ml 钼酸盐试剂和 25ml 甲苯–异丁醇溶剂。振摇 60 秒。将分液漏斗静置 60 秒,使水层和非水层分离。除去较低（水）层。

11. 于 25ml 容量瓶中,加入 10ml H_2SO_4 的醇溶液,再用移液管移取 10ml 非水层至容量瓶中。

标准曲线绘制与质量控制

12. 配制至少 6 个浓度的标准系列,绘制标准曲线。

a. 将 10ml 酸性高锰酸钾溶液和 1ml 亚铁试剂加入至 125ml 的分液漏斗中。

b. 在 0.1 ~ 10μg 磷化氢范围内,加入 2 ~ 400μl 的标准磷酸盐溶液,再加入 8 ~ 9ml 水,使溶液(高锰酸钾溶液、亚铁溶液、磷酸盐溶液和水)的总体积为 20ml。配制至少 6 个浓度的标准系列和一个不含磷酸盐的空白。

c. 向漏斗中加入 7.5ml 钼酸盐试剂和 25ml 甲苯 – 异丁醇溶剂。振摇 60 秒。将分液漏斗静置 60 秒,使水层和非水层分离。除去较低(水)层(步骤 10)。

d. 于 25ml 容量瓶中,加入 10ml H_2SO_4 的醇溶液,再用移液管移取 10ml 非水层至容量瓶中。(步骤 11)

e. 与样品和空白一起进行分析(步骤 15 ~ 18)。

f. 以吸光度对磷化氢的含量(μg)绘制标准曲线。

13. 每批吸附剂管至少测定一次解吸效率(DE)。在标准曲线范围内选择 5 个不同浓度,每个浓度测定 3 个样品。另测定 3 个介质空白。

a. 除去介质空白采样管的后段吸附剂。

b. 用微量注射器将已知量(2 ~ 400μl)的磷酸盐标准溶液直接注射在前段吸附剂上。

c. 密封采样管。放置过夜。

d. 解吸(步骤 6 ~ 8)并与标准系列一起进行分析(步骤 15,18)。

e. 以解吸效率对磷化氢回收质量(μg)绘制曲线。

14. 分析 3 个样品加标质控样和 3 个加标样品,以确保标准曲线和效率解吸曲线在可控范围内。

样品测定

15. 打开分光光度计,充分预热。将波长调整至 625nm,并用装有蒸馏水的 5cm 比色皿调至 0 和 100% 透光率。在测量前,检查上述设置以检查仪器漂移。

注意:步骤 16 ~ 18 必须在 1 分钟内完成。

16. 加入 0.5ml(25 滴)氯化亚锡试剂,并用 H_2SO_4 的醇溶液稀释至刻度。混匀。

17. 将样品加入至 5cm 比色皿中,并立即盖上盖子。

18. 以水为空白,测定吸光度或透光率。

计算

19. 按下式计算空气中磷化氢的浓度 C(mg/m³):

$$C = \frac{W_f + W_b - B_f - B_b}{V}$$

式中:W_f——样品管前段吸附剂中磷化氢的含量(μg);

W_b——样品管后段吸附剂中磷化氢的含量(μg);

B_f——介质空白前段吸附剂中磷化氢的平均含量(μg);

B_b——介质空白后段吸附剂中磷化氢的平均含量(μg);

V ——采样体积(L)。

方法评价

在 19℃、765.3mmHg、0.195 ~ 0.877mg/m³ 浓度范围内,采集 16L 样品,进行了方法验证。必须在上述范围内测定解吸效率。本法的测定上限取决于浸渍氰化汞的硅胶的吸附容量。吸附容量可能会随空气中磷化氢和其他物质的浓度而改变。在相对湿度为 90% 下,以 0.2L/min 流量,采集磷化氢浓度为 0.957mg/m³ 的样品,采样体积为 20.75L 时发生了穿透(吸附容量 = 19.86μg PH_3)。

参考文献

[1] Backup Data Report for Phosphine, S332, Prepared under NIOSH Contract No. 210 – 76 – 0123, March 17, 1978.

[2] NIOSH Manual of Analytical Methods, 2nd. ed., V. 5, S332, U.S. Department of Health, Education, and Welfare, Publ. (NIOSH) 79 – 141 (1979).

[3] OSHA Analytical Methods Manual (USDOL/OSHA – SLCAL Method No. ID – 80). Publ. No. (ISBN) 0 – 936712 –

66 – X. American Conference of Governmental Industrial Hygienists, Cincinnati, OH.

方法修订作者

Charles Lorberau, NIOSH/DPSE.

附录:采样介质的制备

硅胶的浸渍

1. 在 90℃下,将 100g 硅胶(45/60 目)干燥 2 小时。

2. 配制 2%(w/v)氰化汞水溶液[称取 2g $Hg(CN)_2$,溶于 100ml 水中]。

3. 将干燥的硅胶加入氰化汞溶液中,浸渍 15 分钟,偶尔搅拌。

4. 滤去多余的氰化汞溶液,并将剩下的硅胶在 90℃干燥 3 小时。

5. 在有盖的烧杯中,将硅胶冷却至室温。

6. 将硅胶暴露在潮湿气体(相对湿度 >80%)中 24 小时。

采样管的制备

7. 在约 12cm 长的玻璃管的一端放置硅烷化的玻璃棉(外径 6cm,内径 4cm)。向管中灌入 300mg 处理过的硅胶。将硅烷化的玻璃棉放置在前段吸附剂之后。再向管中加入 150mg 处理过的硅胶。将硅烷化的玻璃棉放置在后段吸附剂的后面。

8. 检查有代表性的采样管的阻力。在流量为 0.2L/min 下,采样管的阻力必须低于 50.8mmHg。

9. 熔封采样管两端。

二氧化硫 6004

SO_2	相对分子质量:64.06	CAS 号:7446 – 09 – 5	RTECS 号:WS4550000
方法:6004,第二次修订		方法评价情况:部分评价	第一次修订:1989.5.15 第二次修订:1994.8.15
OSHA:5ppm NIOSH:2ppm;STEL 5ppm;第 I 类农药 ACGIH:2ppm;STEL 5ppm(常温常压下 1ppm = 2.62mg/ m³)		性质:气体;饱和蒸气密度 2.26(空气 =1);沸点 – 10℃;熔点 – 72.7℃; 不易燃	

英文名称:sulfur dioxide

采样	**分析**
采样管:滤膜 + 处理过的滤膜(纤维素滤膜 + Na_2CO_3,前置 0.8μm 纤维素酯滤膜)	分析方法:离子色谱法
	待测物:亚硫酸根和硫酸根
采样流量:0.5 ~ 1.5L/min	萃取方法:10ml 1.75mM $NaHCO_3$/2.0mM Na_2CO_3
最小采样体积:4L(在 5ppm 下)	定量环体积:50μl
最大采样体积:200L	流动相:1.75mM $NaHCO_3$/2.0mM Na_2CO_3,2 ~ 3ml/min
运输方法:常规	色谱柱:Ion Pac AS4A 分离柱,Ion Pac AG4A 保护柱;微膜抑制器[2]
样品稳定性:未测定	电导率设定:10μS 满量程
样品空白:每批样品 2 ~ 10 个	定量标准:流动相中 SO_3^{2-} 和 SO_4^{2-} 的标准溶液
准确性	测定范围:每份样品 11 ~ 200μg SO_2
研究范围:未测定	估算检出限:每份样品 3μg SO_2[2]
偏差:未测定	精密度($\bar{S}_r$):0.042[2]
总体精密度($\hat{S}_{rT}$):未测定	
准确度:未测定	

适用范围：当采样体积为100L时,测定范围为0.2~8ppm（0.5~20mg/m³）。本法适用于检测STEL。SO_2被采集在后（浸渍）滤膜上。H_2SO_4、硫酸盐和亚硫酸盐被采集在前滤膜上,也可用于测定硫酸盐总量

干扰因素：如果在干燥气体中存在SO_3,可能会对SO_2产生正干扰

其他方法：本法是P&CAM 268[3]的修订版。P&CAM 146[4]、P&CAM 163[5]和S308[6]使用0.3N H_2O_2采样,然后用NaOH或高氯酸钡滴定。P&CAM 160[7]使用四氯化汞溶液和可见分光光度法。P&CAM 204[8]使用固体吸附剂（5A分子筛）,热解吸和质谱法

试剂*	仪器
1. 去离子水,过滤,比电导率≤10μS/cm	1. 采样管：两个直径37mm的滤膜夹（用M－M鲁尔接口适配器串联,例
2. 浸渍液：25g Na_2CO_3溶于去离子水中,加入20ml甘油,并用去离子水稀释至1L	如：MilliporeXX1102503或一段短塑料管）,包括以下内容
3. 流动相：1.75mM $NaHCO_3$/2.0mM Na_2CO_3。将0.588g $NaHCO_3$和0.848g Na_2CO_3溶于4L过滤的去离子水中	a. （前滤膜夹）孔径0.8μm纤维素酯滤膜,由衬垫支撑
	b. （后滤膜夹）纤维素滤膜（Whatman 40或等效的）,用浸渍液浸泡,并在100℃干燥20~30分钟,由多孔塑料衬垫支撑
4. 标准储备液：1mg/ml（以阴离子计）。一式两份	2. 个体采样泵：流量0.5~1.5L/min,有连接软管
a. 亚硫酸盐：0.1575g Na_2SO_3溶于水中,加入2ml甘油,用水稀释至100ml。每天制备	3. 溶剂解吸瓶：玻璃,20ml,带螺旋盖,如闪烁瓶**
	4. 离子色谱仪：HPIC－AS4A阴离子分离柱,HPIC－AG4A保护柱,阴离子微膜抑制器,电导检测器,带状图表记录仪（可选积分仪）
b. 硫酸盐：0.1479g Na_2SO_4溶于去离子水中,稀释至100ml。可稳定数周	5. 注射器：10ml,聚乙烯,有鲁尔接口**
	6. 过滤器：串联,带有滤膜的鲁尔锁紧头,滤膜为13mm或25mm、孔径0.45μm
	7. 微量移液管：50~1000μl和其他规格**
	8. 容量瓶：50ml和100ml**
	9. 移液管：10ml**
	10. 聚乙烯瓶：250ml**

特殊防护措施：无

注：*见特殊防护措施；**用去离子水彻底冲洗干净。

采样

1. 串联一个有代表性的采样管来校准个体采样泵。

2. 采样前去除采样管前后端的帽,用软管连接至个体采样泵。

3. 在0.5~1.5L/min范围内,以已知流量采集40~200L空气样品。前滤膜上总粉尘的增量不得超过2mg。

4. 密封采样管,包装后运输。

注意：如需检测硫酸,在4小时内将前滤膜转移至一个干净的溶剂解吸瓶中,以避免硫酸盐的回收率变低。用镊子夹取滤膜,以免污染。

样品处理

5. 从收集器中取出两个滤膜,分别放在干净的溶剂解吸瓶内。弃去衬垫。向各溶剂解吸瓶中加入10ml流动相,静置30分钟,不时搅拌。

注意：浸渍（后）滤膜采集的SO_2以亚硫酸根形式存在,亚硫酸根在空气中缓慢（超过数周）氧化生成硫酸根。后段滤膜上的亚硫酸根质量与硫酸根质量分别乘以相应的化学计量系数后相加,得到SO_2的浓度（步骤11）。

6. 将每个样品注入配有过滤器的注射器中。

标准曲线绘制与质量控制

7. 用至少6个浓度的标准系列,绘制标准曲线。

a. 于50ml容量瓶中,加入适量流动相,再加入已知量的标准储备液,最后用流动相稀释至刻度,配制成浓度范围为1~20μg/ml的SO_4^{2-}标准系列。

b. 以相同方法,配制相同浓度范围的亚硫酸盐标准系列。

c. 标准系列放入聚乙烯瓶中拧紧瓶盖保存,每天制备新的标准系列。

d. 与样品和空白一起进行分析(步骤 8~10)。

e. 以每种阴离子的峰高(mm 或 μS)对硫酸盐或亚硫酸盐含量(μg)绘制标准曲线。

样品测定

8. 根据仪器说明书和方法 6004 给出的条件设置离子色谱仪。

9. 进样。对于手动进样,用注射器进 2ml 样品,以确保样品充分清洗定量环。

注意:所有注入离子色谱的样品、流动相和水必须过滤,以免堵塞系统阀或色谱柱。

10. 测定硫酸盐和亚硫酸盐的峰高。

注意:若峰高超出标准曲线的线性范围,用流动相稀释后重新分析,计算时乘以相应的稀释倍数。

计算

11. 计算采过样的采样管和空白采样管中待测物的含量。

W_f——样品采样管前滤膜中总硫酸盐等价物的含量(μg);

W_b——样品采样管后滤膜中总硫酸盐等价物的含量(μg);

B_f—— 空白采样管前滤膜中总硫酸盐等价物的平均含量(μg);

B_b—— 空白采样管后滤膜中总硫酸盐等价物的平均含量(μg)。

注意:在色谱图上,总硫酸盐质量是硫酸盐质量(μg)与 1.200 倍亚硫酸盐质量(μg)之和(1.200 = SO_4^{2-} 摩尔质量/SO_3^{2-} 摩尔质量):$\mu g_{硫酸盐等价物} = \mu g_{硫酸盐} + 1.200 \mu g_{亚硫酸盐}$。

12. 按下式计算空气中 SO_2 浓度 C_{SO_2}(mg/m³),采样体积为 V(L),换算系数 0.667(MW SO_2/MW SO_4^{2-}):

$$C_{SO_2} = \frac{W_b - B_b}{V} \times 0.667$$

13. 按下式计算空气微粒中硫酸盐(包括 H_2SO_4)的浓度 C_{SO_4}(mg/m³),采样体积为 V(L):

$$C_{SO_4} = \frac{W_f - B_f}{V}$$

方法评价

采样管由 Pate 等[9]进行改进。在实验中,SO_2 由渗透管产生并收集在含有过氧化氢的冲击式吸收管中。未处理过的 0.8μm 滤膜可以使 SO_2 完全透过[10],用两个串联的浸渍滤膜放置在纤维素酯滤膜后,以 1L/min 流量对约含 10ppm SO_2 的空气采样 30 分钟。回收量:前浸渍滤膜 SO_2 为 0.667mg,后浸渍滤膜 SO_2 为 0.02mg,含有 0.3N H_2O_2 的备用冲击式吸收管中 SO_2 低于 0.003mg[11]。在纤维素酯滤膜上加标 0.2mg H_2SO_4,回收效率:用水萃取时回收率为 83.5%,用热水萃取时回收率为 98.5%,用 0.01M HCl 萃取时回收率为 82.5%。

研究并比较了 $NaHCO_3$ 和 KOH 浸渍滤膜的结果。在 KOH 浸渍滤膜与 $NaHCO_3$ 浸渍滤膜上加标 H_2SO_4,分析后发现,前者谱图峰形明显变宽和扁平,保留时间缩短约 10%[1]。

参考文献

[1] Williamson, G. Y. NIOSH/MRSB Sequence 7452 - B (unpublished, July 6, 1992).

[2] Williamson, G. Y. NIOSH/MRSB Sequence 7452 - C (unpublished, July 22, 1992).

[3] NIOSH Manual of Analytical Methods, 2nd ed., Vol. 5, P&CAM 268, U. S. Department of Health and Human Services, Publ. (NIOSH) 79 - 141 (1979).

[4] Ibid., 2nd ed., Vol. 1, P&CAM 146, Publ. (NIOSH) 77 - 157 - A (1977).

[5] Ibid., 2nd ed., Vol. 1, P&CAM 163, Publ. (NIOSH) 77 - 157 - A (1977).

[6] Ibid., 2nd ed., Vol. 4, S308, Publ. (NIOSH) 78 - 175 (1978).

[7] Ibid., 2nd ed., Vol. 1, P&CAM 160, Publ. (NIOSH) 77 - 157 - A (1977).

[8] Ibid., 2nd ed., Vol. 1, P&CAM 204, Publ. (NIOSH) 77 - 157 - A (1977).

[9] Pate, J. B., J. P. Lodge, Jr., and M. P. Neary. The Use of Impregnated Filters to Collect Traces of Gases in the Atmos-

phere, Anal. Chim. Acta, 28:341 (1963).

[10] Grote, A. A. (NIOSH, unpublished results, 1973).

[11] Eller, P. M. and M. A. Kraus. Methods for the Determination of Oxidized Sulfur and Nitrogen Species in Air, Internal Report, (unpublished, July 29, 1977).

方法修订作者

Peter M. Eller, Ph. D., and Mary Ellen Cassinelli, NIOSH/DPSE.

碘 6005

I₂	相对分子质量:253.81	CAS 号:7553 - 56 - 2	RTECS:NN1575000
方法:6005,第二次修订		方法评价情况:部分评价	第一次修订:1987.8.15 第二次修订:1994.8.15
OSHA:C 0.1ppm NIOSH:C 0.1ppm;一类杀虫剂 ACGIH:C 0.1ppm(常温常压下,1ppm = 10.38mg/m³)		性质:固体;密度4.93g/ml (25℃);熔点113.6℃;沸点185.2℃;饱和蒸气压40kPa(0.305mmHg,395ppm)(25℃);不易燃	

英文名称:iodine

采样

采样管:固体吸附剂管(碱处理过的炭,前段100mg/后段50mg)

采样流量:0.5~1L/min

最小采样体积:15L(在0.05ppm下)

最大采样体积:225L

运输方法:常规

样品稳定性:8天(25℃)[1]

样品空白:2~10个样品空白

介质空白:每组样品6个 + 每批炭15个

准确性

研究范围:0.74~2.1mg/m³[1](15L样品)

偏差:-5.7%

总体精密度($\hat{S}_{rT}$):0.085[2]

准确度:±22.4%

分析

分析方法:离子色谱法

待测物:碘离子(I⁻)

解吸方法:3ml 10mM Na₂CO₃

定量环体积:50μl

流动相:10mM Na₂CO₃,3ml/min

色谱柱:HPIC - AS4A 阴离子分离柱;HPIC - AG4A 阴离子保护柱;微膜抑制器

电导设置:3μS 满量程

定量标准:流动相中 KI 的标准溶液

测定范围:每份样品8~200μg I₂[1]

估算检出限:每份样品1μg I₂[1]

精密度($\bar{S}_r$):0.071(每份样品10~30μg I₂)[1]

适用范围:当采样体积为15L时,测定范围为0.05~5ppm(0.5~50mg/m³)。本法适用于15分钟的最大容许浓度测量

干扰因素:碘盐颗粒、HI 或有机碘化物会产生正干扰,但尚未研究在处理过的炭上采集的这些化合物是否有干扰。碘酸盐、其他卤素、硝酸盐、磷酸盐和硫酸盐不会产生干扰

其他方法:使用安培检测器(AS1 柱[2]或 AG2 和 AS2 柱[3])检测灵敏度更高(达 ppb 级)。AS5 柱用 2% 乙腈中的 6m MNa₂CO₃/0.8mM paracyanopheno 作为流动相,用电导或安培检测器,灵敏度最高

试剂	仪器
1. 去离子水:过滤,比电导率≤10μS/cm	1. 采样管:玻璃管长7cm,外径6mm,内径4mm,两端熔封,并配有塑料帽。内装20~40目碱处理过的炭(Barnebey-Cheney Type 580-19)(前段100mg/后段50mg),中间用2mm聚氨酯泡沫隔开。前端装填玻璃棉和金属丝网,尾端装填3mm聚氨酯泡沫。空气流量为1.2L/min,采样管阻力应≤2.1kPa。亦可购买市售采样管(SKC No.226-67,SKC,Inc.,84,PA,或等效的)
2. 碳酸钠:试剂级	
3. 碘化钾:试剂级	
4. 碘:试剂级*	
5. 甲苯:玻璃容器中蒸馏提纯	
6. 流动相:10mM Na₂CO₃。4.240g Na₂CO₃溶于4L过滤的去离子水中	2. 个体采样泵:配有连接软管,流量0.5~1L/min
7. 标准储备液:I⁻浓度为1000μg/ml。0.1308g KI溶于过滤的去离子水中,稀释至100ml	3. 离子色谱仪(IC):阴离子分离柱和保护柱,阴离子抑制器(方法6005),电导检测器,积分仪(可选),带状图表记录仪
	4. 三角锉
	5. 超声波清洗器
8. 解吸效率(DE)储备液:50μg/μl。500mg I₂溶于甲苯中稀释至10ml	6. 溶剂解吸瓶:20ml,带聚四氟乙烯内衬的螺纹瓶盖
	7. 聚乙烯注射器:3ml,鲁尔吸头
	8. 过滤器:鲁尔吸头,带PTFE滤膜,直径13mm,5μm孔径
	9. 容量瓶:10,50和100ml
	10. 聚乙烯瓶:100ml
	11. 移液管:0.05~3ml
	12. 注射器:5μl,精确到0.1μl

特殊防护措施:碘对眼睛和呼吸系统有强烈刺激性,对皮肤刺激较小[4]

注:* 见特殊防护措施。

采样

1. 串联一个有代表性的采样管来校准个体采样泵。

2. 采样前折断采样管两端,用软管连接至个体采样泵。

3. 在0.5~1L/min范围内,以已知流量采集15~225L空气样品。

4. 密封采样管,包装后运输。

注意:如果储存超过7天,样品需冷藏。

样品处理

5. 将冷藏的样品平衡至室温。

6. 用锉刀在采样管前段吸附剂的前端刻痕,并折断采样管。

7. 将前段吸附剂和玻璃棉倒入溶剂解吸瓶中。

8. 将后段吸附剂和聚氨酯泡沫放入另一个溶剂解吸瓶中。

9. 于溶剂解吸瓶中各加入3ml流动相,立即拧紧瓶盖。

10. 在室温下,将溶剂解吸瓶放入超声波清洗器中超声2分钟。

11. 用配有13mm PTEF过滤器的3ml注射器提取样品。

注意:所有注入离子色谱仪的样品、流动相和水必须过滤,以免堵塞系统阀或色谱柱。

标准曲线绘制与质量控制

12. 配制至少6个浓度的标准系列,绘制标准曲线。

a. 于50ml容量瓶中,加入适量的流动相,再加入已知量的标准储备液,最后用流动相稀释至刻度。标准系列I⁻浓度范围为1~60μg/ml(相当于浓度为1.2~72μg/ml的I₂)。储存在紧密的聚乙烯瓶中。每周重新制备。

b. 与样品和空白一起进行分析(步骤15~17)。

c. 以峰高(mm或μS)对含量(μg)绘制标准曲线。

13. 每批炭管至少测定一次解吸效率(DE)。在测定范围内选择5个不同浓度,每个浓度测定3个样品。

a. 将未使用过的炭管的前段吸附剂放入溶剂解吸瓶中,弃去玻璃棉和后段吸附剂。

b. 用微量注射器将已知量的$(2 \sim 5 \mu l)$DE 储备液或其稀释液注入管前段吸附剂上。

c. 拧紧瓶盖。放置过夜。

d. 解吸(步骤 $9 \sim 11$)并与标准系列一起进行分析(步骤 $15 \sim 17$)。

e. 解吸效率对 I_2 回收量(μg)绘制解吸效率曲线。

14. 分析 3 个样品加标质控样和 3 个加标样品,以确保标准曲线和解吸效率曲线在可控范围内。

样品测定

15. 根据仪器说明书和方法 6005 给出的条件设置离子色谱仪。

16. 用注射器手动进样 $1 \sim 2ml$,以确保定量环被完全洗净,或使用自动进样器。

17. 测定峰高。

注意:若峰高超出标准曲线的线性范围,用流动相稀释后重新分析,计算时乘以相应的稀释倍数。

计算

18. 按下式计算空气中待测物的浓度 $C(mg/m^3)$:

$$C = \frac{1.2(W_f + W_b - B_f - B_b) \times 10^3}{V}$$

式中:W_f——样品采样管前段吸附剂中待测物的含量(μg);

W_b——样品采样管后段吸附剂中待测物的含量(μg);

B_f——空白采样管前段吸附剂中待测物的平均含量(μg);

B_b——空白采样管后段吸附剂中待测物的平均含量(μg);

V——采样体积(L);

1.2——采样管上碘转化为碘化物的化学计量系数($3 I_2 + 6 OH^- \longrightarrow 3H_2O + 5 I^- + IO_3^-$)。

注意:上式中待测物的含量均已用解吸效率校正;若 $W_b > W_f/10$,则表示发生穿透,记录该情况及样品损失量。

方法评价

本法以 Kim 等[5]建立的方法为基础,由南方研究所(Southern Research Institute)进行了优化和评价[1]。采集碘浓度为 $0.74 \sim 2.11mg/m^3$ 的空气 15L,对本法进行了评价,采样和分析的总精密度($\bar{S}_r$)为 0.062。炭管前段吸附剂(100mg)至少可采集 6mg 碘蒸气。包括采样泵误差在内的总体精密度($\hat{S}_{rT}$)为 0.085。选取 18 个样品,3 个浓度,每个浓度各 6 个样品,平均回收率为 90.8%。用解吸效率校正后(浓度为每份样品 $0.0088 \sim 0.03mg$ 碘的解吸效率为 0.962),回收率为 94.3%,无明显的偏差。与一天之内分析样品相比,样品在室温下储存 8 天的回收率为 101.6%,精密度($\bar{S}_r$)为 0.103,表明样品可在室温下稳定保存 8 天。

参考文献

[1] Dillon, H. K., M. L. Bryant and W. K. Fowler. Methods Development for Sampling and Analysis of Chlorine, Chlorine Dioxide, Bromine and Iodine: Research Report for Iodine, Contract 210 – 80 – 0067, Southern Research Institute, Birmingham, AL, (1983), available as PB83 – 246595 from NTIS, Springfield, VA 22161.

[2] The Determination of Iodide by Ion Chromatography, Application Note 37, Dionex Corporation, Sunnyvale, CA (February-y, 1982).

[3] Han, K., W. F. Koch and K. W. Pratt. Improved Procedure for the Determination of Iodide by Ion Chromatography with Electrochemical Detection, Anal. Chem. 59, 731 – 736(1987).

[4] NIOSH/OSHA Occupational Health Guidelines for Chemical Hazards, U. S. Department of Healthand Human Services, Publ. (NIOSH) 81 – 123 (1981), available as GPO Stock #017 – 033 – 00337 – 8 from Superintendent of Documents, Washington, DC 20402.

[5] Kim, W. S., J. D. McGlothlin and R. E. Kupel. Sampling and Analysis of Iodine in the Industrial Atmosphere, Am. Ind. Hyg. Assoc. J., 43, 187 – 190 (1981).

方法修订作者

Mary Ellen Cassinelli, NIOSH/DPSE.

乙硼烷 6006

B₂H₆	相对分子质量:27.67	CAS 号:19287 - 45 - 7	RTECS 号:HQ9275000
方法:6006,第二次修订		方法评价情况:完全评价	第一次修订:1987.8.15 第二次修订:1994.8.15

OSHA:0.1ppm NIOSH:0.1ppm ACGIH:0.1ppm (常温常压下,1ppm = 1.131mg/m³)	性质:气体;饱和蒸气密度 0.96(空气 = 1);沸点 - 92.5℃;熔点 - 165.5℃; 空气中爆炸极限 0.8% ~ 98% (v/v)

英文名称:diborane;boroethane;boronhydride

采样	分析
采样管:滤膜 + 固体吸附剂管(PTFE 滤膜 + 浸渍氧化剂 的炭,前段 100mg/后段 50mg) 采样流量:0.5 ~ 1L/min 最小采样体积:60L(在 0.1ppm 下) 最大采样体积:260L 运输方法:常规 样品稳定性:7 天(25℃)[1] 样品空白:每批样品 2 ~ 10 个	分析方法:等离子体发射光谱法 待测物:硼 处理方法:10ml 3% H₂O₂;处理 30 分钟,超声 20 分钟 测量波长:249.8nm 入射狭缝:50 × 300mm 定量标准:吸附在浸渍的炭上的 1% (v/v)乙硼烷 测定范围:每份样品 7 ~ 30μg 乙硼烷[1] 估算检出限:每份样品 1μg 乙硼烷[1]
准确性	精密度:0.063(每份样品 7 ~ 27μg 乙硼烷)[1]
研究范围:0.06 ~ 0.25mg/m³(120L 样品)[1] 偏差: - 4.8% 总体精密度($\hat{S}_{rT}$):0.085[1] 准确度:±21.5%	

适用范围:采样体积为 120L 时,测定范围是 0.05 ~ 0.22ppm (0.06 ~ 0.25mg/m³)

干扰因素:滤膜可除去含硼粉尘。在样品处理过程中避免硼硅酸盐玻璃器皿以防止硼污染样品。更高的硼烷(例如丁硼烷)会产生干扰,但在大多数样品中不可能遇到

其他方法:本法是方法 P&CAM 341 的修订版。也可用电感耦合等离子体原子发射光谱进行检测(方法 7300)

试剂	仪器
1. 乙硼烷:1% (v/v),有证气体混合物 * 2. H₂O₂:去离子水中的 3% w/v 3. 标准储备液:每毫升 1000μg 硼。称取 0.572g 硼酸, 　溶于去离子水中,配制 100ml 溶液。储存于聚乙烯瓶 　中。可购买市售标准储备液 4. 氩气:用于 DC 等离子体激发	1. 采样管 　a. PTFE 滤膜:直径 13mm,孔径 1μm(例如:Millipore FALP),置于塑 　　料滤膜夹中(Millipore SX00013,或等效的滤膜夹) 　b. 玻璃管:长 8cm,外径 6mm,内径 4mm,两端熔封,带塑料帽,内装浸 　　渍氧化剂的炭(前段 100mg/后段 50mg),用硅烷化的玻璃棉隔开 　　并固定 2. 个体采样泵:流量 0.5 ~ 1L/min,配有连接软管 3. 带 DC 等离子体激发源的等离子体发射光谱仪 4. 移液管:塑料,10ml 和 5 ~ 50μl 5. 容量瓶:塑料,10ml 6. 塑料瓶:带螺纹盖,60ml 7. 注射器:塑料,10ml,与 0.5μm PTFE 滤膜匹配 8. 溶剂解吸瓶:塑料,7ml,带隔垫的螺纹盖 9. 超声波清洗器 10. 具刻度的气密性注射器:0.5ml 和 5ml

特殊防护措施:乙硼烷有毒且易燃,浓度达到 40ppm 时,会立即对生命或健康造成危险;具有甜的、令人恶心的刺激性气味[3]

　注:* 见特殊防护措施。

采样

1. 串联一个有代表性的采样管来校准个体采样泵。

2. 采样前立即折断采样管两端，用短管将滤膜夹连接至采样管前端。用软管将采样管的出口连接至个体采样泵。

3. 在 $0.5 \sim 1$ L/min 范围内，以已知流量采集 $60 \sim 260$ L 空气样品。

4. 分开滤膜和采样管。密封采样管。包装后运输。

样品处理

5. 用移液管量取 10.0ml 3% H_2O_2 至一系列塑料瓶中。快速将采样管的前段和后段吸附剂分别倒入瓶中，并拧好瓶盖，丢弃玻璃棉。

6. 静置 30 分钟，然后超声 20 分钟。

7. 用注射器，通过 $0.5\mu m$ PTFE 滤膜吸取样品。

标准曲线绘制与质量控制

8. 配制至少 6 个浓度的标准系列，绘制标准曲线。

a. 于 10ml 容量瓶中，加入 3% H_2O_2，再加入已知量的标准储备液，稀释至刻度。在 $0.1 \sim 4\mu g/ml$ 浓度范围内，逐级稀释配制硼标准系列。

b. 与样品和空白一起进行分析（步骤 11,12）。

c. 以响应值对硼的含量（μg）绘制标准曲线。

9. 每批浸渍的炭至少测定一次解吸效率（DE）。在标准曲线范围内，选择 5 个不同浓度，每个浓度测定 3 个采样管，另测 3 个介质空白。

a. 于溶剂解吸瓶中，放入 100mg 浸渍的炭（如未用的前段吸附剂），并拧好带隔垫的瓶盖。

b. 用惰性气体（如氮气）冲洗气密性注射器。用注射器将已知量（$0.1 \sim 5$ml）的乙硼烷气体混合物注入溶剂解吸瓶中。用同样的方法处理两个平行空白，但不添加乙硼烷。

c. 放置过夜。

d. 解吸（步骤 5~7）并与标准系列一起进行分析（步骤 11,12）。

e. 以解吸效率对硼的回收质量（μg）绘制解吸效率曲线。

10. 分析 3 个样品加标质控样和 3 个加标样品，以确保标准曲线和解吸效率曲线在可控范围内。

样品测定

11. 根据仪器说明书和方法 6006 给出的条件设置分光仪。

12. 分析标准溶液和样品。

注意：如果样品响应值高于标准溶液的范围，用 3% H_2O_2 稀释样品溶液后重新进行分析，计算时乘以相应的稀释倍数。

计算

13. 按下式计算乙硼烷的浓度 C（mg/m³）：

$$C = \frac{1.28(W_f + W_b - B_f - B_b)}{V}$$

式中：W_f——样品吸附剂管前段吸附剂中硼的含量（μg）；

W_b——样品吸附剂管后段吸附剂中硼的含量（μg）；

B_f——空白吸附剂管前段吸附剂中硼的平均含量（μg）；

B_b——空白吸附剂管后段吸附剂中硼的平均含量（μg）；

V ——采样体积（L）；

1.28——硼转换成乙硼烷的化学计量转换系数。

注意：若 $W_b > W_f/10$，则表示发生穿透，记录该情况和样品损失。

方法评价

将 6.7、13.4 和 26.8mg 乙硼烷气体加标至 100mg 浸渍的炭上配制了 18 个样品，它们相当于乙硼烷浓度为 0.05、0.1 和 0.2ppm 的 120L 空气样品。通过分析这 18 个样品，对本法进行了测试[2]。在这三个浓度下的解吸效率分别为 0.889、0.964 和 0.994。经分析,三个浓度下的精密度分别为 8.4%、4.0% 和 3.8%。0.05,0.1 和 0.2ppm 的测试气体用乙硼烷气体发生。样品是在 1L/min 采样流量下,用 100mg/50mg 的浸渍炭的采样管采集 2 小时而得。采集 18 个样品,一天后解吸。同时分析了 0.2ppm 浓度下的衬垫样品。另外分析了 6 个 0.1ppm 储存 7 天后的发生气样品。18 个样品的平均回收率为 95.2%,合并的 $\bar{S}_r$ 为 2.7%。衬垫上未发现乙硼烷(硼)。

储存 7 天的样品的平均回收率为 101.6% ±2.1%。

在 1.9ppm 浓度下,用 4 个浸渍的炭采样管采集发生气进行了穿透测试。采样体积为 120L。前段吸附剂的平均采样效率为 99.8% ±0.3%。只有两个样品发生了穿透,穿透率分别为 0.6% 和 0.2%。另外,在相对湿度为 60% ~70% 下,用乙硼烷浓度为 0.34ppm 的发生气,也进行了穿透研究。用浸渍的炭采样管,分别在 60,120,235 分钟采样时间下各收集两个样品。所有样品均未检测出穿透。因此,炭采样管的容量至少为 80μg 乙硼烷。

在 0.1ppm 浓度下,用滤膜同时采集 12 个样品,其中 6 个带预滤膜,6 个不带预滤膜,对其进行了研究。结果表明,用 PTFE 滤膜不会影响方法的精密度和准确度。混合纤维素酯预滤膜在采样效率中会造成 7.5% 的损失,因此,不建议使用。

参考文献

[1] Arthur D. Little, Inc., Backup Data Report for Diborane, Prepared under NIOSH Contract No. 210 – 80 – 0099 (June 1, 1981).

[2] NIOSH Manual of Analytical Methods, 2nd ed., Vol. 7, P&CAM 341, U. S. Department of Healthand Human Services, Publ. (NIOSH) 82 ~ 100 (1981).

[3] NIOSH/OSHA Occupational Health Guidelines for Chemical Hazards, U. S. Department of Healthand Human Services, Publ. (NIOSH) 81 – 123 (1981), available as Stock #PB83 – 154609 from NTIS, Springfield, VA 22161.

方法修订作者
B. R. Belinky, NIOSH/DPSE and J. Palassis, NIOSH/DTMD.

氰化氢 6010

HCN	相对分子质量:27.03	CAS 号:74 – 90 – 8	RTECS 号:MW6825000
方法:6010,第二次修订		方法评价情况:完全评价	第一次修订:1989.5.15 第二次修订:1994.8.15
OSHA:10ppm(皮) NIOSH:STEL 4.7ppm ACGIH:C 10ppm(皮) (常温常压下,1ppm = 1.105mg/m³)		性质:气体;沸点26℃;蒸气密度0.93(空气 = 1);密度(液体)0.69g/ml (20℃);饱和蒸气压82.7kPa(620mmHg)(20℃);空气中爆炸极限 5% ~40%(v/v)	

英文名称:hydrogen cyanide; hydrocyanic acid; prussic acid; formonitrile

采样	分析
采样管:固体吸附剂管(碱石灰,前段 600mg/后段 200mg)	分析方法:可见吸收分光光度法
采样流量:0.05~0.2L/min	待测物:氰根离子络合物
最小采样体积:2L(在 5ppm 下)	解吸方法:10ml 去离子水,解吸 60 分钟
最大采样体积:90L	显色反应:N-氯代丁二酰亚胺/丁二酰亚胺氧化剂和巴比妥酸/吡啶偶
运输方法:常规	联剂(吸收(580nm,1cm 比色皿)
样品稳定性:至少 2 周(25℃)[1]	定量标准:0.1N NaOH 中的 KCN 标准溶液
样品空白:每批样品 2~10 个样品空白	测定范围:每份样品 10~300μgCN⁻[1]
	估算检出限:每份样品 1μgCN⁻[1]
准确性	精密度($\bar{S}_r$):0.041(每份样品 10~50mg)[1]
研究范围:2~15mg/m³[1](3L 样品)	
偏差:不明显	
总体精密度($\hat{S}_{rT}$):0.076[1]	
准确度:±15.0%	

适用范围:采样体积为 3L 时,测定范围是 0.3~235ppm(3~260mg/m³)。本法适用于测定 STEL。前置玻璃纤维滤膜能采集氰化物粉尘。本法与使用离子选择电极法的 NIOSH 方法 7904 相比,灵敏度更高,且干扰更少。本法常用于检测消防环境中的 HCN[2]

干扰因素:高浓度的硫化氢会产生负干扰

其他方法:本法基于 Lambert 等[3]的方法。NIOSH 方法 7904 用离子选择电极进行检测。本法亦适于 Technicon 自动分析仪[4]

试剂	仪器
1. 氰化钾*:试剂级	1. 采样管:玻璃管,长 9cm,外径 7mm,内径 5mm,带塑料帽;内装 10~35 目、颗粒状碱石灰(前段 600mg/后段 200mg);用硅烷化的玻璃棉隔开并固定两段吸附剂,在入口的玻璃棉塞前,放置直径 5mm 的玻璃纤维滤膜。亦可购买市售采样管(SKC,Inc. 226-28 或等效的采样管)
2. 丁二酰亚胺:试剂级	
3. N-氯代丁二酰亚胺:试剂级	
4. 巴比妥酸:试剂级	
5. 吡啶:光谱纯	2. 可见分光光度计:波长 580nm,1cm 比色皿
6. 酚酞:乙醇或甲醇中 1%(w/v),试剂级	3. 个体采样泵:流量 0.05~0.2L/min,配有连接软管
7. 浓 HCl:试剂级	4. 移液管:0.1,0.5,1.0,2.0 和 10.0ml
8. NaOH:试剂级*	5. 溶剂解吸瓶:玻璃或塑料,15ml,带 PTFE 内衬的瓶盖
9. 碱石灰(CaO+5%~20% NaOH):试剂级(Aldrich #26643-4 或等效的)。粉碎并筛至 10~35 目。储存在密封容器中*	6. 容量瓶:25,50,100 和 1000ml,带塞子
	7. 吸管:一次性的
10. 水:去离子,蒸馏	8. 注射器:10μl,精确到 0.1μl
11. NaOH 溶液:0.1N*	9. 锥形瓶:100ml
12. 标准储备液:1mg/ml CN⁻。于 50ml 容量瓶中,将 0.125g KCN 溶于 0.1N NaOH 中,用 0.1N NaOH 稀释至刻度。用标准 AgNO₃ 溶液标定(附录)	10. 注射器:10ml,聚乙烯,鲁尔接口
	11. 滤膜夹:带滤膜,直径 13mm,0.45μm 孔径,鲁尔接口
13. HCl 溶液:0.15N	
14. N-氯代丁二酰亚胺/丁二酰亚胺氧化剂:称取 10.0g 丁二酰亚胺,溶于约 200ml 蒸馏水中。加入 1.00g N-氯代丁二酰亚胺。搅拌至溶解。用蒸馏水调至 1L。冷藏稳定储存 6 个月	
15. 巴比妥酸/吡啶试剂:于 100ml 锥形瓶中,称取 6.0g 巴比妥酸,加入约 30ml 蒸馏水。缓慢加入 30ml 吡啶并搅拌。用水调至 100ml。冷藏稳定储存 2 个月	

特殊防护措施:HCN 和氰化物粉尘有剧毒,如果食入、吸入或经皮吸收,则可能致命[5]。碱石灰和 NaOH 有强腐蚀性。处理这些化学物质应佩戴手套并在通风橱中操作[5]

注:*见特殊防护措施。

采样

1. 串联一个有代表性的采样管来校准个体采样泵。

2. 在采样前立即折断采样管两端,用软管连接至个体采样泵。

3. 在 0.05 ~ 0.2L/min 范围内,以已知流量采集 0.6 ~ 90L 空气样品。

4. 密封采样管,包装后运输。

样品处理

5. 用锉刀在每个采样管上刻痕,在刻痕处折断采样管。

6. 将前段和后段吸附剂分别倒入溶剂解吸瓶中。丢弃用于隔开和固定吸附剂的玻璃棉。

注意:通过按如下步骤分析玻璃纤维滤膜,可得到氰化物粉尘的估计值;但是,本法无检测氰化物粉尘的评价数据。

a. 将采样管入口处的玻璃棉及其后的玻璃纤维滤膜立即放入第三个溶剂解吸瓶中。

b. 向各溶剂解吸瓶中加入 10.0ml 0.1N NaOH。

c. 进行步骤 8。

7. 于装有吸附剂的溶剂解吸瓶中,加入 10.0ml 去离子蒸馏水,拧紧盖子。

8. 解吸 60 分钟,不时搅拌。再将解吸液转移至配有 0.45μm 滤膜的 10ml 塑料注射器中。将滤液收集在干净的溶剂解吸瓶中

标准曲线绘制与质量控制

9. 在每份样品 1 ~ 300μg CN⁻ 范围内,配制至少 6 个浓度的标准系列,绘制标准曲线。

a. 配制标准溶液,1.00μg/ml CN⁻:用 0.1N NaOH 将 100μl 标准储备液稀释至 100ml。

b. 用移液管量取 0.50,1.00,1.50,2.00 和 2.50ml 标准溶液至 25ml 容量瓶,配制 0.50,1.00,1.50,2.00 和 2.50μg CN⁻标准系列。

c. 与现场样品和空白一起进行分析(步骤 11 ~ 19)。

d. 以吸光度对 CN⁻ 的含量(μg)绘制标准曲线。

10. 每批碱石灰吸附剂至少测定一次解吸效率。选择 5 个不同浓度,每个浓度至少测定 3 个样品,另测定 3 个空白采样管。

a. 除去空白采样管的后段吸附剂。

b. 用微量注射器直接在碱石灰上注射已知体积的标准储备液。

c. 封闭采样管,放置过夜。

d. 解吸(步骤 5 ~ 8)并与标准系列和空白一起进行分析 (步骤 12 ~ 19)。

e. 以解吸效率对 CN 回收质量(μg)绘制解吸效率曲线。

11. 分析 3 个样品加标质控样和 3 个加标样品,以确保标准曲线和 DE 曲线在可控范围内。

样品测定

12. 根据仪器说明书和方法 6010 中给出的条件设置分光光度计。

13. 移取估计含有 0.5 ~ 2.5μg CN⁻ 的样品至 25ml 容量瓶中。也可在覆盖未知样品的浓度范围内,对于每个样品,用移液管量取 0.5,1.00 和 3.00ml 分别加入 25ml 容量瓶中。根据预测待测物浓度的经验,确定采用更大或更小体积。

14. 用移液管量取 0.5ml 0.1N NaOH 至 25ml 容量瓶中,作为试剂空白。

15. 向每个标准溶液和样品中加入一滴酚酞溶液。

注意:为了易于混合,可加入一些去离子蒸馏水以增大溶液体积。此时,溶液呈碱性(粉色)。

16. 从试剂空白开始,逐滴加入 0.15N HCl,混匀,直至粉色刚好消失。

警告:可能会产生 HCN。在通风橱中进行操作。立即加入 1.0ml N – 氯代丁二酰亚胺/丁二酰亚胺氧化剂。混合并使其反应。

注意:为避免 HCN 可能的损失,在处理下一个样品前,加入氧化剂;配制的样品不要多于在最长显色反应时间 30 分钟内能分析的样品。

17. 反应至少 5 分钟后(但不超过 15 分钟),从试剂空白开始,加入 1.0ml 巴比妥酸 – 吡啶耦联剂,

混匀。

18. 用去离子蒸馏水调节样品体积至 25ml,显色反应 12 分钟(不超过 30 分钟)。

19. 读取分光光度计中 1cm 比色皿在 580nm 处的吸光度。如果样品吸光度超出标准溶液的范围,取少量样品溶液,稀释后重新分析(步骤 12~19),计算时乘以相应的稀释倍数。

计算

20. 计算溶液中的 CN^- 的含量(μg),乘以相应的稀释倍数计算得原 10ml 溶液中 CN^- 的含量(μg)。

21. 按下式计算空气中 HCN 的浓度 C(mg/m^3):

$$C = \frac{1.039(W_f + W_b - B_f - B_b)}{V}$$

式中:W_f——样品吸附剂管前段吸附剂中 HCN 的含量(μg);

W_b——样品吸附剂管后段吸附剂中 HCN 的含量(μg);

B_f——空白吸附剂管前段吸附剂中 HCN 的平均含量(μg);

B_b——空白吸附剂管后段吸附剂中 HCN 的平均含量(μg);

V ——采样体积(L);

1.039——CN^- 转换成 HCN 的转换系数。

注意:上式中 CN^- 的含量已用解吸效率校正;若 $W_b > W_f/10$,则表示发生穿透,记录该情况及样品损失量。

方法评价

用氮气中 HCN 的压缩混合气配制 HCN 测试气体,采样,进行了方法评价[1]。对于 3L 空气样品,HCN 的浓度范围等于 2~15mg/m^3。在采样流量为 0.2L/min,采集 15 分钟,22 个样品,总体精密度 $\hat{S}_{rT}$ 为 0.076,回收率接近 100%。在采样流量为 0.2L/min 下,采集 HCN 浓度为 48mg/m^3 的空气样品 40 分钟后发生穿透。将 KCN 溶液加标至采样管上,并在储存后进行分析,显示氰根离子样品在采样管上至少可稳定 2 周。在 10~50μg 范围内,将 KCN 标准溶液加标至 22 个采样管上进行分析,回收率接近 100%,总体精密度为 0.041。在小于 10μg CN^- 条件下,解吸效率会降低[6]。

参考文献

[1] Williamson, George. "Method Development Protocol and Backup Data Report on HydrogenCyanide" Internal NIOSH/MRSB Report, Unpubl. NIOSH (1988).

[2] Williamson, George. Analysis of Air Samples on Project 166 (Firesmoke) on HCN; Sequence NIOSH/MRSB – 6366A, Unpubl. NIOSH, (1988).

[3] Lambert, J. L., Ramasamy, J., and J. V. Paukstelis, Stable Reagents for the Colorimetric Determination of Cyanide by Modified Konig Reactions, Analyt. Chem., 47, 916 – 918 (1975).

[4] DataChem Laboratories, NIOSH Sequence #6837 – K (unpublished, March 21, 1990).

[5] NIOSH/OSHA Occupational Health Guidelines for Chemical Hazards, U. S. Department of Healthand Human Services. Publ. (NIOSH) 81 – 123 (1981), Available as stock #PB 83 – 154609 form NTIS, Springfield, VA 22161.

[6] DataChem Laboratories, User Check, NIOSH Sequence #6837 – J (unpublished, March 19, 1990).

方法修订作者

George Williamson, NIOSH/DPSE.

附录:标准储备液的标定

用标准硝酸银(AgNO$_3$)溶液滴定一份氰化物的标准储备液(试剂 12)。滴定终点为开始形成白色沉淀 Ag[Ag(CN)$_2$]。按下式计算氰化物浓度 M_c(mg/ml):

$$M_c = 52.04 V_a \frac{M_a}{V_c}$$

其中:V_a——硝酸银标准溶液的体积(ml);

　　　M_a——硝酸银标准溶液的浓度(mol/L);

　　　V_c——滴定所用的标准储备液的体积(ml)。

溴 6011

见氯,方法6011,实验步骤

Br_2	相对分子质量:159.82	CAS号:7726 – 95 – 6	RTECS号:EF9100000
方法:6011,第二次修订		方法评价情况:完全评价	第一次修订:1989. 5. 15 第二次修订:1994. 8. 15
OSHA:0. 1ppm NIOSH:0. 1ppm;STEL 0. 3ppm ACGIH:0. 1ppm;STEL 0. 3ppm (1ppm = 6. 53mg/m^3)		性质:液体;密度 3.119g/ml (20℃);沸点 58.78℃;饱和蒸气压 23.3 kPA(175mmHg)(20℃);饱和蒸气密度 5.5(空气 =1)	

英文名称:bromine

采样	分析
采样管:预滤膜 + 滤膜(PTFE 滤膜,0. 5μm + 银滤膜, 　25mm,0. 45μm)	**分析方法:**离子色谱法;电导检测器
采样流量:0. 3 ~ 1L/min	**待测物:**溴离子(Br$^-$)
最小采样体积:8L(在 0. 1ppm 下)	**洗脱方法:**3ml 6mM Na$_2$S$_2$O$_3$,洗脱 10 分钟
最大采样体积:360L	**进样体积:**50μl
运输方法:常规,避光	**色谱柱:**Dionex HPIC – AG4A 保护柱,HPIC – AS4A 分离柱,MFC – 1 预柱,AMMS 阴离子抑制器
样品稳定性:大于 30 天(25℃)[1]	**检测器设置:**满量程 10μS
样品空白:每批样品 2 ~ 10 个	**流动相:**0. 25mM NaHCO$_3$/4mM Na$_2$CO$_3$/0. 78mM 对氰基苯酚,流速 2ml/min
准确性	**定量标准:**去离子水中溴离子的标准溶液
研究范围:0. 07 ~ 1. 42mg/m^3(72L 样品)	**测定范围:**每份样品 5 ~ 150μg Br$^-$[1]
偏差: – 1. 2%	**检出限:**每份样品 1. 6μg Br$^-$[1]
总体精密度($\hat{S}_{rT}$):0. 069[1]	**精密度($\bar{S}_r$):**0. 045(每份样品 5 ~ 100μg)[1]
准确性:±13. 6%	

适用范围:采样体积为 90L 时,Br_2 和 Cl_2 的测定范围分别是 0. 008 ~ 0. 4ppm (0. 06 ~ 2. 6mg/m^3)和 0. 007 ~ 0. 5ppm (0. 02 ~ 1. 5 mg/m^3)。本法对于 STEL 样品有足够的灵敏度

干扰因素:硫化氢产生负干扰。当 HCl 浓度达到每份样品 15μg 以上时,HCl 产生正干扰。当 HBr 连续采集时,HBr 产生正干扰[1]

其他方法:P&CAM 209(比色法)[2]。也可采用 OSHA ID – 101[3] 和 ID – 108[4] 方法

试剂	仪器
1. 硫代硫酸钠:试剂级	1. 采样管:银滤膜**,25mm,0.45μm(Costar/ Nuclepore,Poretics 或等效的产品),带有多孔塑料衬垫(Costar/Nuclepore);PTFE 预滤膜,0.5μm,带 PTFE 衬垫,(Gelman Zefluor,SKC,或等效的产品),或聚酯预滤膜,0.4μm(Costar/Nuclepore),带多孔塑料衬垫;三层式,25mm 碳填充聚丙烯滤膜夹(不透明)带 50mm 扩展罩(Costar/Nuclepore 或 Gelman)(图4－0－1)
2. 去离子水	a. 在滤膜夹的出口固定片处,放置多孔塑料衬垫和干净的银滤膜。牢固插入 50mm 扩展罩
3. 洗脱液:6mM $Na_2S_2O_3$,将 0.474g $Na_2S_2O_3$ 溶于 500ml 去离子水中	b. 在扩展罩的入口(顶部)放置可多孔塑料衬垫和预滤膜。牢固插入滤膜夹入口固定片
4. 流动相:0.25mM $NaHCO_3$/4mM Na_2CO_3/0.78mM 对氰基苯酚。将 0.041g $NaHCO_3$,0.848g Na_2CO_3 和 0.186g 对氰基苯酚溶于 2L 经过滤的去离子水中	c. 用伸缩带或胶带密封每个连接件
5. 抑制剂:0.025N H_2SO_4。将 2.8ml 浓 H_2SO_4 用去离子水稀释至 4L*	2. 个体采样泵:配有连接软管,流量 0.3～1L/min
6. 标准储备液:1mg/ml(作为阴离子)。①将 0.149g KBr 溶于 100ml 去离子水。②将 0.21g KCl 溶于 100ml 去离子水	3. 离子色谱仪:Dionex MF C－1,HPIC－AG4A,HPIC－AS4A 色谱柱,AMMS 阴离子微膜抑制器,电导检测器和积分仪(方法6011)
	4. 广口瓶:30ml,带螺纹瓶盖,棕色或不透明的聚乙烯
	5. 微量移液器:一次性吸头
	6. 容量瓶:10ml 和 100ml
	7. 瓶式分液器:0～10ml
	8. 注射器:10ml,聚乙烯,鲁尔尖
	9. 镊子

特殊防护措施:H_2SO_4 对皮肤、眼睛和黏膜有极大的腐蚀性,应穿防护服,在通风橱中操作

注:*见特殊防护措施;**银滤膜在使用前必须清洗(附录 A)。注意:有些银滤膜含极高的氯背景值,现场使用前请先筛选。

采样

1. 串联一个有代表性的采样管来校准个体采样泵。

2. 用软管将采样管连接至个体采样泵。

3. 在 0.3～1L/min 范围内,以已知流量采集 8～360L 空气样品(溴),采集 2～90L 空气样品(氯)。

4. 用密封塞密封采样管两端,包装后运输。

样品处理

注意:卤化银具有感光性。在转移和洗脱过程中,应避光。

5. 在非常暗或红光中,打开滤膜夹,并用镊子将银滤膜移入至棕色广口瓶中。加入 3ml 6mM $Na_2S_2O_3$,盖好盖子。

注意:预滤膜在采集含有卤化银的颗粒时分析使用,否则可丢弃。

6. 洗脱至少 10 分钟,不时涡旋。

注意:解吸后,样品将不再具感光性。

7. 打开溶剂解吸瓶盖,加入 7ml 去离子水,至溶液总体积为 10ml。

8. 将样品吸入 10ml 塑料注射器中手动进样或加入自动进样瓶中。

标准曲线绘制与质量控制

9. 溴在 0.2～15μg/ml 样品浓度范围内;氯在 0.05～5μg/ml 样品浓度范围内,配制至少 6 个浓度的标准系列,绘制标准曲线。

a. 于 10ml 容量瓶中,加入适量的去离子水,再加入已知量的标准储备液,最后用去离子水稀释至刻度。

b. 每两周配制一次标准系列

c. 与样品和空白一起进行分析(步骤 11～13)。

d. 以峰高对样品中阴离子含量(μg)绘制标准曲线。

10. 分析 3 个样品加标质控样,3 个加标样品和介质空白,确保标准曲线在可控范围内。

样品测定

11. 根据仪器说明书和方法 6011 给出的条件设置离子色谱仪。

注意:过量的 Ag^+ 和 $Ag(S_2O_3)_2^{3-}$ 会使色谱柱的性能恶化。在色谱柱前要使用无金属(MFC-1)预柱,并且每分析 100~150 次样品后要清洗一次柱子以提高其分离性能(附录 B)。

12. 手动或自动进样 50μl。对于手动操作,需用注射器注入 2~3ml 样品溶液,才能确保充分清洗样品定量管。

13. 测量峰高。若峰高超出标准曲线的线性范围,用去离子水稀释后重新分析,计算时乘以相应的稀释倍数。

计算

14. 根据标准曲线计算样品、空白滤膜中 Br^- 或 Cl^- 的含量(μg)。

15. 按下式计算空气中待测物 Br_2 或 Cl_2 的浓度 C(mg/m³):

$$C = \frac{W - B}{V}$$

式中:W ——样品中 Br^- 或 Cl^- 的含量(μg);

B——空白滤膜中 Br^- 或 Cl^- 的平均含量(μg);

V ——采样体积(L)。

方法评价

在相对湿度高(80%)和低(20%)两种条件下,采集配制的 Br_2 和 Cl_2 气体采样,进行了方法评价。在 0.007~1.42mg/m³(Br_2)和 0.354~6.77mg/m³(Cl_2)浓度范围内,采集 4 个浓度水平的样品。Br_2 的总体回收率为 98.8%,总体精密度($\hat{S}_{rT}$)为 6.8%。Cl_2 的总体回收率为 98.6%,总体精密度($\hat{S}_{rT}$)为 6.7%。Cl_2 样品在25℃条件下至少可稳定储存 30 天(回收率 103% ±4%),5℃条件下可稳定储存至 60 天(回收率 101% ±3%)。Br_2 样品在 25℃时可稳定储存至 60 天(回收率 99.2% ±10.1%)。

参考文献

[1] Cassinelli, M. E. Development of Solid Sorbent Monitoring Method for Chlorine and Bromine with Determination by Ion Chromatography, Appl. Occup. Environ. Hyg. , 6:215-226 (1991).

[2] NIOSH Manual of Analytical Methods, 2nd ed. ; Taylor, D. G. , Ed. ; V. 1, P&CAM 209; U. S. Department of Health Education and Welfare, Public Health Service, Centers for Disease Control, National Institute for Occupational Safety and Health; DHEW (NIOSH) Publication No. 77-157, 1977.

[3] Occupational Safety and Health Administration Analytical Laboratory: OSHA Analytical Methods Manual, Method No. ID-101). American Conference of Governmental Industrial Hygienists: Cincinnati, OH, 1985; Publ. No. ISBN: 0-936712-66-X.

[4] Occupational Safety and Health Administration Analytical Laboratory: OSHA Analytical Methods Manual, (Method No. ID-108). American Conference of Governmental Industrial Hygienists: Cincinnati, OH, 1985; Publ. No. ISBN: 0-936712-66-X.

方法修订作者

Mary Ellen Cassinelli, NIOSH/DPSE

附录 A:银滤膜的清洗步骤

注意:有些银滤膜有极高的氯背景值。如果背景值过高,即使重复多次清洗,也无法去除所有氯。在进行本法实验前,要对每批滤膜进行筛选。可按下面步骤进行筛选(至少检测两次),或采用 XRD 分析方法进行筛选。

1. 将每个滤膜放在 30ml 广口瓶中,并加入 3ml 6mM $Na_2S_2O_3$。
2. 反应至少 10 分钟,不时涡旋。
3. 弃去溶液,并用去离子水彻底冲洗。滤膜在最后一次冲洗液中静置几分钟。
4. 从瓶中取出滤膜,并放在两层实验室用吸水毛巾之间干燥。
5. 干净的滤膜储存在制造商提供的容器的纸盘之间。滤膜至少可稳定 8 个月。

附录 B:色谱柱清洗步骤

按下列顺序操作,各种清洗液流速为 2ml/min。
a. 用 30ml 去离子水冲洗。
b. 用 60ml 1M HNO_3 除去污染物。
c. 用 30ml 0.1M Na_2CO_3 除去 NO_3^-。
d. 用流动相平衡。
推荐在分析 100~150 次待测物后进行清洗

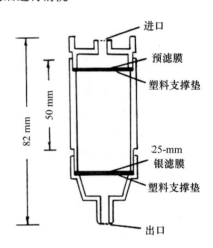

图 4-0-1　银滤膜采样管

氯 6011

Cl_2	相对分子质量:70.91	CAS 号:7782-50-5	RTECS 号:FO2100000
方法:6011,第二次修订		方法评价情况:完全评价	第一次修订:1989.5.15 第二次修订:1994.8.15
OSHA:C 1ppm NIOSH:0.5ppm;STEL 1ppm ACGIH:0.5ppm;STEL 1ppm (常温常压下,1ppm=2.90mg/m³)		性质:气体;密度 3.214g/L(0℃);沸点 -34.6℃;饱和蒸气密度 2.5(空气=1)	
英文名称:chlorine			

采样	分析
采样滤膜:预处理滤膜 + 滤膜(PTFE,0.5μm + 银滤膜,25mm,0.45μm)	分析方法:离子色谱法;电导检测器
采样流量:0.3 ~1L/min	待测物:氯离子(Cl⁻)或溴离子(Br⁻)
最小采样体积:2L(0.5ppm)	洗脱方法:3ml 6mM Na₂S₂O₃,洗脱 10 分钟
最大采样体积:90L	进样体积:50μl
运输方法:常规,避光	色谱柱:Dionex HPIC - AG4A 保护柱,HPIC - AS4A 分离柱,MFC - 1 预柱,AMMS 阴离子抑制器
样品稳定性:大于 30 天(25℃)[1]	检测器设置:满量程:10μS
样品空白:每批样品 2 ~10 个	流动相:0.25mM NaHCO₃/4mM Na₂CO₃/0.78mM 对氰基苯酚,2ml/min

采样栏（续）:

待测物:氯离子(Cl⁻)或溴离子(Br⁻)
洗脱方法:3ml 6mM $Na_2S_2O_3$,洗脱 10 分钟
进样体积:50μl
色谱柱:Dionex HPIC - AG4A 保护柱,HPIC - AS4A 分离柱,MFC - 1 预柱,AMMS 阴离子抑制器
检测器设置:满量程:10μS
流动相:0.25mM $NaHCO_3$/4mM Na_2CO_3/0.78mM 对氰基苯酚,2ml/min

准确性

研究范围:0.35 ~6.77mg/m³(15L 样品)

偏差: -1.4%

总体精密度($\hat{S}_{rT}$):0.075[1]

准确性:±14.8%

定量标准:去离子水中氯离子的标准溶液

测定范围:每份样品 2 ~50μg Cl⁻[1]

估算检出限:每份样品 0.6μg Cl⁻[1]

精密度($\bar{S}_r$):0.067(每份样品 5.3 ~100μg)[1]

适用范围: 采样体积为 90L 时,Br₂ 和 Cl₂ 的测定范围分别是 0.008 ~0.4ppm (0.06 ~2.6mg/m³) 和 0.007 ~0.5ppm (0.02 ~1.5 mg/m³)。本法对于 STEL 样品有足够的灵敏度

干扰因素: 硫化氢产生负干扰。当 HCl 浓度达到每份样品 15μg 以上时,HCl 产生正干扰。当 HBr 连续采集时,HBr 产生正干扰[1]

其他方法: P&CAM 209(比色)。也可采用 OSHA ID - 101[3] 和 ID - 108[4] 方法

试剂

1. 硫代硫酸钠:试剂级
2. 去离子水
3. 洗脱液:6mM Na₂S₂O₃,将 0.474g Na₂S₂O₃ 溶于 500ml 去离子水中
4. 流动相:0.25mM NaHCO₃/4mM Na₂CO₃/0.78mM 对氰基苯酚。将 0.041g NaHCO₃,0.848g Na₂CO₃ 和 0.186g 对氰基苯酚溶于 2L 经过滤的去离子水中
5. 抑制剂:0.025N H₂SO₄,将 2.8ml 浓 H₂SO₄ 用去离子水稀释至 4L*
6. 标准储备液:1mg/ml(作为阴离子)。①将 0.149g KBr 溶于 100ml 去离子水;②将 0.21g KCl 溶于 100ml 去离子水

仪器

1. 采样滤膜:银滤膜**,25mm,0.45μm(Costar/ Nuclepore,Poretics 或等效的产品),带有多孔塑料衬垫(Costar/Nuclepore);PTFE 预滤膜,0.5μm,带 PTFE 衬垫,(Gelman Zefluor,SKC,或等效的产品),或聚酯预滤膜,0.4μm(Costar/Nuclepore),带多孔塑料衬垫;三层式,25mm 碳填充聚丙烯滤膜夹(不透明)带 50mm 扩展罩(Costar/Nuclepore 或 Gelman)(图 4-0-2)

   a. 在滤膜夹的出口固定片处,放置多孔塑料衬垫和干净的银滤膜。牢固插入 50mm 扩展罩(罩)

   b. 在扩展罩的入口(顶部)放置可多孔塑料衬垫和预滤膜。牢固插入滤膜夹入口固定片

   c. 用伸缩带或胶带密封每个连接件

2. 个体采样泵:配有连接软管,流量 0.3 ~1L/min
3. 离子色谱仪:Dionex MFC - 1,HPIC - AG4A,HPIC - AS4A 色谱柱,AMMS 阴离子微膜抑制器,电导检测器和积分仪(方法 6011)
4. 广口瓶:30ml,带螺纹瓶盖,棕色或不透明的聚乙烯
5. 微量移液器:一次性吸头
6. 容量瓶:10ml 和 100ml
7. 瓶式分液器:0 ~10ml
8. 注射器:10ml,聚乙烯,鲁尔吸头
9. 镊子

特殊防护措施: H₂SO₄ 对皮肤、眼睛和黏膜有极大的腐蚀性。应穿防护服,在通风橱中操作

注:* 见特殊防护措施;** 银滤膜在使用前必须清洗(附录 A),有些银滤膜含极高的氯背景值,现场使用前请先筛选。

采样

1. 串联一个有代表性的采样管来校准个体采样泵。
2. 用软管将采样管连接至个体采样泵。
3. 在 0.3 ~1L/min 范围内,以已知流量采集 8 ~360L 空气样品(溴),采集 2 ~90L 空气样品(氯)。

4. 用密封塞密封采样管两端,包装后运输。

样品处理

注意:卤化银具有感光性。在转移和洗脱过程中,应避光。

5. 在非常暗或红光中,打开滤膜夹,并用镊子将银滤膜移入至棕色广口瓶中。加入 3ml 6mM $Na_2S_2O_3$,盖好盖子。

注意:预滤膜在采集含有卤化银的颗粒时分析,否则可丢弃。

6. 洗脱至少 10 分钟,不时涡旋。

注意:解吸后,样品将不再具感光性。

7. 打开溶剂解吸瓶盖,加入 7ml 去离子水,至溶液总体积为 10ml。

8. 将样品吸入 10ml 塑料注射器中手动进样或加入自动进样瓶中。

标准曲线绘制与质量控制

9. 溴在 0.2~15μg/ml 浓度范围内;氯在 0.05~5μg/ml 浓度范围内,配制至少 6 个浓度的标准系列,绘制标准曲线。

　　a. 于 10ml 容量瓶中,加入适量的去离子水,再加入已知量的标准储备液,最后用去离子水稀释至刻度。

　　b. 每两周配制一次标准系列。

　　c. 与样品和空白一起进行分析（步骤 11~13）。

　　d. 以峰高对样品中阴离子含量（μg）绘制标准曲线。

10. 分析 3 个样品加标质控样,3 个加标样品和介质空白,确保标准曲线在可控范围内。

样品测定

11. 根据仪器说明书和方法 6011 给出的条件设置离子色谱仪。

注意:过量的 Ag^+ 和 $Ag(S_2O_3)_2^{3-}$ 会使色谱柱的性能恶化。在色谱柱前要使用无金属（MFC-1）预柱,并且每分析 100~150 次样品后要清洗一次柱子以提高其分离性能（附录 B）。

12. 手动或自动进样 50μl。对于手动操作,需用注射器注入 2~3ml 样品溶液,才能确保充分清洗样品定量管。

13. 测量峰高。若峰高超出标准曲线的线性范围,用去离子水稀释后重新分析,计算时乘以相应的稀释倍数。

计算

14. 根据标准曲线计算样品、空白滤膜中 Br^- 或 Cl^- 的含量（μg）。

15. 按下式计算空气中待测物 Br_2 或 Cl_2 的浓度 C（mg/m³）:

$$C = \frac{W - B}{V}$$

式中:W——样品中 Br^- 或 Cl^- 的含量（μg）;

　　　B——空白滤膜中 Br^- 或 Cl^- 的平均含量（μg）;

　　　V——采样体积（L）。

方法评价

在相对湿度高（80%）和低（20%）两种条件下,采集配制的 Br_2 和 Cl_2 气体采样,进行方法评价。在 0.007~1.42mg/m³（Br_2）和 0.354~6.77mg/m³（Cl_2）浓度范围内,采集 4 个浓度水平的样品。Br_2 的总体回收率为 98.8%,总体精密度（$\hat{S}_{rT}$）为 6.8%。Cl_2 的总体回收率为 98.6%,总体精密度（$\hat{S}_{rT}$）为 6.7%。Cl_2 样品在 25℃ 条件下至少可稳定储存 30 天（回收率 103% ±4%）,5℃ 条件下可稳定储存至 60 天（回收率 101% ±3%）。Br_2 样品在 25℃ 时可稳定储存至 60 天（99.2% ±10.1%）。

参考文献

[1] Cassinelli, M. E. Development of Solid Sorbent Monitoring Method for Chlorine and Bromine with Determination by Ion Chromatography, Appl. Occup. Environ. Hyg., 6:215-226 (1991).

[2] NIOSH Manual of Analytical Methods, 2nd ed.; Taylor, D. G., Ed.; V. 1, P&CAM 209; U. S. Department of Health Education and Welfare, Public Health Service, Centers for Disease Control, National Institute for Occupational Safety and Health; DHEW (NIOSH) Publication No. 77-157, 1977.

[3] Occupational Safety and Health Administration Analytical Laboratory; OSHA Analytical Methods Manual, Method No. ID-101). American Conference of Governmental Industrial Hygienists; Cincinnati, OH, 1985; Publ. No. ISBN; 0-936712-66-X.

[4] Occupational Safety and Health Administration Analytical Laboratory; OSHA Analytical Methods Manual, (Method No. ID-108). American Conference of Governmental Industrial Hygienists; Cincinnati, OH, 1985; Publ. No. ISBN; 0-936712-66-X.

方法修订作者

Mary Ellen Cassinelli, NIOSH/DPSE.

附录 A:银滤膜的清洗步骤

注意:有些银滤膜有极高的氯背景值。如果背景值过高,即使重复多次清洗,也无法去除所有氯。在进行本法实验前,要对每批滤膜进行筛选。可按下面步骤进行筛选(至少检测两次),或采用 XRD 分析方法进行筛选。

1. 将每个滤膜放在 30ml 广口瓶中,并加入 3ml 6mM $Na_2S_2O_3$。
2. 反应至少 10 分钟,不时涡旋。
3. 弃去溶液,并用去离子水彻底冲洗。滤膜在最后一次冲洗液中静置几分钟。
4. 从瓶中取出滤膜,并放在两层实验室用吸水毛巾之间干燥。
5. 干净的滤膜储存在制造商提供的容器的纸盘之间。滤膜至少可稳定 8 个月。

附录 B:色谱柱清洗步骤

按下列顺序操作,各种清洗液流速为 2ml/min。

a. 用 30ml 去离子水冲洗。

b. 用 60ml 1M HNO_3 除去污染物。

c. 用 30ml 0.1M Na_2CO_3 除去 NO_3^-。

d. 用流动相平衡。

推荐在分析 100~150 次待测物后进行清洗。

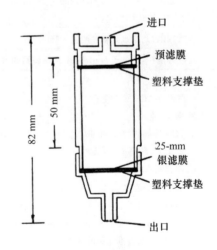

图 4-0-2 银滤膜采样管

磺酰氟 6012

SO_2F_2	相对分子质量:102.06	CAS 号:2699 - 79 - 8	RTECS 号:WT5075000
方法:6012,第一次修订		方法评价情况:完全评价	第一次修订:1994.8.15

OSHA:5ppm NIOSH:5ppm;STEL 10ppm;第 I 类杀虫剂 ACGIH:5ppm;STEL 10ppm (常温常压下,1ppm = 4.17mg/m³)	性质:气体;沸点 -55℃;饱和蒸气密度 3.5(空气 =1);不燃,无色,无味

英文名称:sulfuryl fluoride;sulfur difluoride;sulfuric oxyfluoride;Vikane

采样	**分析**
采样管:固体吸附剂管(椰壳活性炭,前段 800mg/后段 200mg)	分析方法:离子色谱法;电导检测器
采样流量:0.05 ~ 0.1L/min	待测物:氟离子(F⁻)
最小采样体积:1.3L(在 5ppm 下)	解吸方法:20ml 40mN NaOH,超声 60 分钟
最大采样体积:10L	进样体积:50μl
运输方法:0℃运输	流动相:40mN NaOH,1.0ml/min
样品稳定性:至少 12 天(0℃)	色谱柱:Dionex Ion - Pac AG4A 保护柱,IonPac - AS4A 分离柱,Dionex 微膜抑制器
样品空白:每批样品 2 ~ 10 个	检测器:电导检测器,满量程:30μS
	定量标准:在采样介质上加标的氟离子标准溶液
准确性	测定范围:每份样品 10 ~ 80μg 氟
研究范围:20 ~ 420mg/m³(0.2 ~ 6L 样品)	估算检出限:每份样品 7μg SO_2F_2[2]
偏差: - 3.0%	精密度($\bar{S_r}$):0.052(每份样品 9 ~ 140mg/m³ SO_2F_2)[1]
总体精密度($\hat{S}_{rT}$):0.070[1]	
准确度:±16.7%	

适用范围:采样体积为 3L 时,测定范围是 2.2 ~ 17ppm(9 ~ 75mg/m³)。本法适用于检测 STEL(1.5L)样品。本法已用于测定在住宅烟熏地采集的样品[2,3]

干扰因素:其他氟化物会产生干扰

其他方法:本法基于 Bouyoucos 等[4]编写的方法。NIOSH 方法#S245 使用采气袋采样,气相色谱/FPD 分析[5]

试剂	**仪器**
1. NaOH:ACS 试剂级 *	1. 采样管:玻璃管,长 11cm,外径 10mm,内径 7mm,两端熔封,内装椰壳活性炭(600℃)(前段 800mg/后段 200mg),中间用 2mm 聚氨酯泡沫隔开。前端装填硅烷化的玻璃棉,尾端装填 3mm 聚氨酯泡沫。空气流量为 1L/min 时,采样管阻力必须低于 3.4kPa。亦可购买市售采样管
2. 水:高纯	
3. 解吸溶剂和流动相:40mN NaOH。将 3.2g NaOH 溶解于 2L 高纯水(脱气)	
4. 抑制剂:25mN H_2SO_4 *	2. 个体采样泵:配有聚乙烯连接软管或 PTFE 连接管,流量 0.05 ~ 0.1L/min
5. 标准储备液:1mg 氟离子/ml。将 0.2210g NaF 溶于 100ml 去离子水中	3. 袋装制冷剂("蓝冰",或等效的产品)
6. 磺酰氟*:气体。Scott - Marrin,Inc.,Riverside,CA 92507 提供校准用标准气体	4. 过滤器:滤膜,孔径 0.45μm,13mm,鲁尔接口
	5. 离子色谱仪:电导检测器,图表记录仪,积分仪和色谱柱(方法 6012)
	6. 溶剂解吸瓶:玻璃,20ml,带塑料盖
	7. 溶剂解吸瓶:聚乙烯,20ml,带塑料盖
	8. 微量移液器:一次性塑料吸头
	9. 容量瓶:100ml
	10. 移液管:10ml,分度值 0.1ml
	11. 移液管:20ml
	12. 注射器:10ml,塑料,鲁尔接口

特殊防护措施:磺酰氟是一种限制使用的杀虫剂,吸入后有毒;其蒸气或液体是极高危险品,吸入其蒸气可致命;阅读并按照所有标注的预防措施操作[6];H_2SO_4 和 NaOH 对皮肤、眼睛和黏膜均有腐蚀性。所有有危害的化学药品操作均应在通风橱中进行

注:* 见特殊防护措施。

采样

1. 串联一个有代表性的采样管来校准个体采样泵。

2. 采样前折断采样管两端,用软管连接至个体采样泵。

3. 在 0.05~0.1L/min 范围内,以已知流量采集 1.3~10L 空气样品。

4. 用塑料帽(非橡胶)密封采样管,0℃储存,包装后运输。

样品处理

5. 除去玻璃棉和聚氨酯泡沫,将采过样的两段吸附剂分别倒入 20ml 塑料溶剂解吸瓶中。

6. 于溶剂解吸瓶中加 20ml 40mN NaOH,旋紧瓶盖。超声 60 分钟。

7. 用塑料注射器和 0.45μm 滤膜过滤,将 5~7ml 滤液转移至一个已称重的 20ml 玻璃溶剂解吸瓶中。

8. 重新称量每个玻璃溶剂解吸瓶的含量,计算溶液的净重。

9. 将无盖的玻璃溶剂解吸瓶放在加热板上,至完全蒸干。冷却,然后加高纯水至溶液的原始净重。

标准曲线绘制与质量控制

10. 制备至少 6 个浓度的标准样品,绘制标准曲线。

注意:按下列步骤在炭管上加标制备标准系列,以避免使用液态加标时产生回收率很高的假象。

a. 在炭管上加已知量的标准储备液(5.0~80μg F^-),并采用与现场样品(步骤 5~9)相同的方法解吸。

b. 与样品和空白一起分析(步骤 12~14)。

c. 以峰高对每 20ml 样品中氟的含量(μg)绘制标准曲线。

11. (可选)每批活性炭至少测定一次回收率(R)。在标准曲线范围内选择 5 个不同浓度,每个浓度测定 4 个样品。另测定 3 个空白采样管。

a. 在每个炭管上采集已知量的 SO_2F_2 气体(步骤 1~9)。

b. 用与现场样品同样的方法分析(步骤 12~14)。

c. 以回收率对磺酰氟回收量(μg)绘制回收率曲线。

样品测定

12. 按方法 6012 中给出的条件设置离子色谱仪。

13. 如果需要,重新过滤样品,然后将样品溶液进样到离子色谱仪中。

14. 测量峰高。

计算

15. 根据标准曲线计算样品采样管前、后段吸附剂,空白采样管前、后段吸附剂中氟的含量(μg)。

16. 按下式计算空气中磺酰氟的浓度 C(mg/m³):

$$C = \frac{2.686(W_f + W_b - B_f - B_b)}{V}$$

式中:W_f——样品采样管前段吸附剂中氟的含量(μg);

W_b——样品采样管后段吸附剂中氟的含量(μg);

B_f——空白采样管前段吸附剂中氟的平均含量(μg);

B_b——空白采样管后段吸附剂中氟的平均含量(μg);

V ——采样体积(L)。

注意:转换系数为 2.686(SO_2F_2 相对分子质量/F^- 相对分子质量;反应为:$SO_2F_2 + 4NaOH \rightarrow 2NaF + Na_2SO_4 + 2H_2O$)。

方法评价

本法在 20~420mg/m³ 浓度范围内进行了方法评价。采样和分析的总体精密度 $\hat{S}_{rT}$ 为 0.070。在镀铝的采气袋(Calibrated Instruments, Inc., Hawthorne, NY 10532)中制备测试气体,炭管上 SO_2F_2 的平均回收率为 99%。在每份样品 10~160μg F^- 范围内,采样介质上氟回收率为 97%。浓度为每份样品 417mg/m³ SO_2F_2 时,进行了储存稳定性评价。当样品在 0~5℃储存 12 天后,与储存 1 天的样品相比,其样品回收率为 101%。

参考文献

［1］Williamson, G. Y. Backup Data Report for Sulfuryl Fluoride. NIOSH/MRSB Internal Report（unpublished）（1991）.

［2］Analysis of NIOSH Samples for Sulfuryl Fluoride, NIOSH/MRSB Sequence #7161 – A,（unpublished, May 13, 1991）.

［3］Analysis of NIOSH Samples for Sulfuryl Fluoride, NIOSH/MRSB Sequence #7691 – D（unpublished, January 27, 1993）.

［4］Bouyoucos, S. A., Melcher, R. G., and Vaccaro, J. R., Collection and Determination of Sulfuryl Fluoride in Air by Ion Chromatography, Am. Ind. Hyg. J., 44, 57 – 61（1983）.

［5］NIOSH Manual of Analytical Methods, 2nd. ed., V. 6, S245, U. S. Department of Health, Education, and Welfare, Publ.（NIOSH）80 – 125（1980）.

［6］NIOSH/OSHA Occupational Health Guidelines for Occupational Hazards, U. S. Department of Health and Human Services, Publ.（NIOSH）81 – 123（1981）, available as GPO Stock #017 – 033 – 00337 – 8 from Superintendent of Documents, Washington, DC 20402.

方法作者

George Y. Williamson, MRSB, DPSE.

硫化氢 6013

H_2S	相对分子质量:34.08	CAS 号:7783 – 06 – 4	RTECS 号:MX1225000
方法:6013,第一次修订		方法评价情况:完全评价	第一次修订:1994.8.15

OSHA:C 20ppm;P 50ppm/10min NIOSH:C 10ppm/10min ACGIH: 10ppm;STEL:15ppm （常温常压下,1ppm = 1.39mg/m³）	性质:气体;密度(液体)1.54g/ml（0℃）;沸点 – 60℃;饱和蒸气压 20atm（25℃）;蒸气密度 1.19(空气 = 1);空气中爆炸极限 4.3% ~ 46%（v/v）

英文名称:hydrogen sulfide; sulfuretted hydrogen;hydrosulfuric acid; hepatic gas;stink damp

采样	分析
采样滤膜:滤膜 + 固体吸附剂(Zefluor, 0.5μm;椰壳活性炭,前段400mg/后段200mg)	分析方法:离子色谱法;电导检测器
	待测物:硫酸根离子
采样流量:0.1 ~ 1.5L/min(推荐:0.2L/min)	解吸方法:2ml 0.2M NH_4OH + 5ml 30% H_2O_2
最小采样体积:1.2L(在 10ppm 下)	进样体积:50μl
最大采样体积:40L	流动相:40mM NaOH, 1.5ml/min
运输方法:常规	色谱柱:分离柱 Ion – Pac AS4A, 保护柱 AG4A
样品稳定性:至少 30 天(25℃)[1]	定量标准:去离子水中硫酸根溶液
样品空白:每批样品 2 ~ 10 个	测定范围:每份样品 17 ~ 200μg
	估算检出限:每份样品 11μg
准确性	精密度($\bar{S}_r$):0.031[1]
研究范围:1.4 ~ 22.0mg/m³[1](20L 样品)	
偏差: – 0.23%[1]	
总体精密度($\hat{S}_{rT}$):0.059[1]	
准确度:±11.8%	

适用范围:采样体积为 20L 时,测定范围是 0.6 ~ 14ppm（0.9 ~ 20mg/m³）。本法适于以 1L/min 流量采样 15 分钟或以 1.5L/min 流量采样 10 分钟。采样体积上限取决于空气中硫化氢和其他物质(包括水蒸气)的浓度。相对湿度高的空气(80%)样品比干燥空气样品穿透容量增大 4 倍。有些活性炭有高硫本底值和(或)低的解吸效率,因此,在使用前应进行筛选

干扰因素:SO_2 产生正干扰,SO_2 的含量浓度相当于 H_2S 的 2 倍,甲硫醇和乙基硫醇对测定无干扰[1]

其他方法:本法的替代方法是 S4[2],它使用冲击式吸收管进行采样;还有 P&CAM 296[3],它使用分子筛采样,但是稳定性低

续表

试剂	仪器
1. 氨水溶液:25%	1. 采样管:玻璃管,长 10cm,外径 8mm,内径 6mm,两端熔封,配有塑料帽,内装 20~40 目椰壳活性炭(600℃)(前段 400mg/后段 200mg),中间用 6mm 聚氨酯泡沫隔开。前端装填硅烷化的玻璃棉,尾端装填 6mm 聚氨酯泡沫。空气流量为 1L/min 时,采样管阻力必须低于 3.4kPa。亦可购买市售采样管。Zefluor PTFE 预处理滤膜,45μm,25mm 多孔塑料衬垫,置于 25mm 滤膜夹中 注意:有些活性炭有高硫本底值和(或)低的解吸效率,因此,在使用前应进行筛选
2. H_2O_2:30% *	2. 个体采样泵:配有连接软管,流量 0.1~1.5L/min
3. NaOH 溶液:50%(w/v)*	3. 离子色谱仪:电导检测器,积分仪和色谱柱(方法 6013)
4. 解吸溶剂:0.2M NH_4OH	4. 离心管:15ml,塑料,带螺纹盖
5. 流动相:40mM NaOH,用去离子水将 4.16ml 50% NaOH 稀释至 2L(脱气)	5. 注射器:10ml,聚乙烯,带鲁尔头
6. 抑制液:0.025N H_2SO_4。用去离子水将 1.4ml 浓 H_2SO_4 稀释至 2L*	6. 针式过滤器:13mm,孔径 0.45μm
7. 标准储备液:1mg/ml(阴离子)。将 0.1814g K_2SO_4 溶解于 100ml 去离子水中	7. 溶剂解吸瓶:用于自动进样器,4ml,带聚四氟乙烯内衬垫的瓶盖
8. H_2S:标准混合气体,或渗透装置	8. 微量移液器:一次性吸头
	9. 移液管:2,3,5ml
	10. 容量瓶:10,25ml
	11. 搅拌器(可选)

特殊防护措施:H_2O_2 是强氧化剂,可能引起皮肤和黏膜烧伤;H_2SO_4 和 NaOH 对人体组织有强腐蚀性;使用时应穿防护服并佩戴护目眼镜;所有操作应在通风橱中进行

注:* 见特殊防护措施。

采样

1. 串联一个有代表性的采样管来校准个体采样泵。

2. 采样前折断采样管两端,迅速用一小段软管连接采样管和滤膜夹,用软管将采样管连接至个体采样泵。

3. 在 0.1~1.5L/min 范围内,以已知流量采集 15~40L 空气样品。

4. 用塑料帽(非橡胶)密封采样管,密封滤膜夹,包装后运输。

注意:滤膜可以丢弃或用于颗粒中硫酸盐分析(方法 6004)。

样品处理

5. 除去玻璃棉和聚氨酯泡沫,将采过样的两段吸附剂分别倒入离心试管中。

6. 每个离心试管中各加 2.0ml 0.2M NH_4OH 和 5.0ml H_2O_2。旋紧瓶盖后放松 1/4 圈。

7. 反应至少 10 分钟。旋紧盖子震动 30 秒或涡旋 10 秒。

8. 加 3ml 去离子水稀释至 10ml。盖紧并剧烈振动。

9. 将样品转移至 10ml 注射器中,注射器配有针式过滤器。

标准曲线绘制与质量控制

10. 在 0.1~20μg/ml 硫酸根离子浓度范围内(1~200μg/10ml),配制至少 6 个浓度的标准系列,绘制标准曲线。

　　a. 于 10ml 或 25ml 容量瓶中,加入已知量的标准储备液,用去离子水稀释至刻度。每两周制备一次标准系列。

　　b. 与样品和空白一起进行分析(步骤 14 和步骤 15)。

　　c. 以峰高对 SO_4^{2-} 含量(微克/样品)绘制标准曲线。

11. 每批活性炭至少测定一次解吸效率(DE)。在标准曲线范围内(步骤 10)选择 3 个不同浓度,每个浓度测定 4 个样品。另测定 3 个空白采样管。

　　a. 用标准混合气或者渗透装置配制一定浓度的标准气体,如需要,可用空气进行稀释。

 b. 以 1L/min 流量,采集样品 30 分钟。

 c. 封闭采样管两端,放置过夜。

 d. 解吸(步骤 5~9)并与标准系列一起进行分析(步骤 14,15)。

 e. 以解吸效率对硫酸根离子回收量(μg)绘制解吸效率曲线。

12. 分析 3 个样品加标质控样和 3 个加标样品,以确保标准曲线在可控范围内。

样品测定

13. 根据仪器说明书和方法 6013 给出的条件设置离子色谱仪。

14. 手动或自动进样 50μl。

15. 测量峰高。

注意:如果峰高超出标准曲线的线性范围,用去离子水稀释后重新分析,计算时乘以相应的稀释倍数。

计算

16. 根据标准曲线计算样品采样管前、后段吸附剂,空白采样管前、后段吸附剂中硫酸根离子的含量(μg)。

17. 按下式计算空气中硫化氢的浓度 C(mg/m³):

$$C = \frac{0.3548(W_f + W_b - B_f - B_b)}{V}$$

式中:W_f—— 样品采样管前段吸附剂中硫酸根离子的含量(μg);

  W_b——样品采样管后段吸附剂中硫酸根离子的含量(μg);

  B_f——空白采样管前段吸附剂中硫酸根离子的平均含量(μg);

  B_b——空白采样管后段吸附剂中硫酸根离子的平均含量(μg);

  V ——采样体积(L);

  0.3548 ——转换系数(H_2S 相对分子质量 /SO_4^{2-} 相对分子质量)。

注意:上式中硫酸根离子的含量已用解吸效率校正;若 $W_b > W_f/10$,则表示发生穿透,记录该情况及样品损失量。

 方法评价

 本法通过采集发生的硫化氢测试空气样品进行了方法评价。在 1.4~22mg/m³(1~16ppm)浓度范围内,采集 4 个浓度水平的样品,用于测定时间加权平均浓度。当测定瞬时接触浓度或短时间接触浓度时,以 1L/min 流量采集 15L 空气样品。在相对湿度为 20%、80% 下,发生气浓度为 20ppm(2×PEL)时,椰壳活性炭管发生穿透。相对湿度低和相对湿度高的环境下,穿透体积分别是 21L 和 84L,分别对应硫化氢质量为 588μg 和 2352μg。在 1 倍 PEL 浓度下,穿透体积分别是 42L(低湿)和 164L(高湿)。大的活性炭管可以在 10ppm 的 PEL 浓度下采集样品 4 小时,也可用于采集 STEL 样品(15ppm 下采集 15 分钟)。H_2S 样品可以至少稳定储存 30 天。以第一天样品的 H_2S 分析结果为基础,在常温和冷藏条件下储存,回收率分别为 97.2% 和 98.9%。方法检出限为每份样品 11μg,定量下限为每份样品 17μg。配制 4 个浓度水平(0.1,0.5,1 和 2 倍 PEL 浓度),每个浓度分别进行 6 次回收率测定,偏差为 -0.17%,精密度($\bar{S}_r$)为 0.031。方法总体精密度($\hat{S}_{rT}$)为 0.059,包括采样泵误差和 ±11.6% 的估算总体误差。

参考文献

[1] Cassinelli, ME, Backup Data Report, NMAM 6013, Hydrogen Sulfide. NIOSH/DPSE (1992).

[2] NIOSH Manual of Analytical Methods, 2nd ed., V. 2, S4, U. S. Department of Health, Education, and Welfare, Publ. (NIOSH) 77-157-B (1977).

[3] NIOSH Manual of Analytical Methods, 2nd ed., V. 6, P&CAM 296, U. S. Department of Health and Human Services, Publ. (NIOSH) 80-125 (1980).

 方法作者

 Mary Ellen Cassinelli, NIOSH/DPSE.

一氧化氮和二氧化氮 6014

NO NO$_2$	相对分子质量:30.01;46.01	CAS 号:10102 – 43 – 9; 10102 – 44 – 0	RTECS 号:QX0525000;QW9800000
方法:6014,第一次修订		方法评价情况:完全评价	第一次修订:1994.8.15

OSHA:25ppm NO;C 1ppm NO$_2$ NIOSH:25ppm NO;1ppm STEL NO$_2$ ACGIH:25ppm NO;3ppm TWA;5ppm STEL NO$_2$ (常温常压下,1ppm NO = 1.227mg/m^3) (常温常压下,1ppm NO$_2$ = 1.882mg/m^3)	性质:(1)NO:气体;沸点 – 151.7℃;饱和蒸气密度1.0(空气 =1);(2) NO$_2$,气体;熔点 – 11.2℃;沸点21℃;饱和蒸气密度2.83(空气 =1)

英文名称:NO,nitrogen monoxide;NO$_2$,nitrogen peroxide,nitrogen tetroxide

采样	**分析**
采样管:固体吸附剂管(氧化剂 + 两个浸渍三乙醇胺的 分子筛) 采样流量:NO,0.025L/min;NO$_2$,0.025 ~ 0.2L/min 最小采样体积:1.5L 最大采样体积:6L 运输方法:常规 样品稳定性:至少7天(25℃) 样品空白:每批样品 3 ~ 6 个 介质空白:每批样品 10 个	分析方法:可见吸收分光光度法 待测物:亚硝酸离子,NO$_2^-$ 解吸方法:吸收液,50ml 波长:540nm 定量标准:NO$_2^-$ 的标准溶液 测定范围:每份样品 3 ~ 18μg NO$_2^-$ [1] 检出限:每份样品 1μg NO$_2^-$ [3] 精密度($\bar{S}_r$):NO,0.061 [1];NO$_2$,0.026 [2]
准确性	
研究范围:NO,11 ~ 48ppm [1](1.5L 样品);NO$_2$,2 ~ 12ppm [2](3L 样品) 偏差:NO,4.1% [1];NO$_2$, – 2% [2] 总体精密度($\hat{S}_{rT}$):NO,0.083;NO$_2$,0.063 准确度:NO, ±20.4%;NO$_2$, ±14.6%	

适用范围:采样体积为1.5L 时,NO 的测定范围是 1 ~ 50ppm(1.3 ~ 61mg/m^3)。采样体积为3L 时,NO$_2$ 的测定范围是 0.5 ~ 25ppm
(1 ~ 47mg/m^3)。以低流量采集 NO 是为了 NO 氧化完全,并吸附在后采样管的吸附剂上。以较低的流量采样,可同时检测 NO 和 NO$_2$

干扰因素:任何与显色试剂可发生反应的化合物,都会产生干扰

其他方法:本法基于 Willey 等[4]编写的方法,结合 S321、S320 和 P&CAM 231 方法并进行了修改[3,5]。OSHA 方法 ID – 182 和 ID –
190 使用了相同的采样管,用离子色谱进行检测[6]

试剂	**仪器**
1. 三乙醇胺:TEA,试剂级 2. 正丁醇:试剂级 3. 浓磷酸:试剂级 * 4. N –(1 – 萘基)乙二胺二盐酸盐,NEDA 5. 亚硝酸钠 6. 吸收液:将 15.0g 三乙醇胺溶于约 500ml 去离子水 中,再加入 0.5ml 正丁醇,并稀释至 1L 7. H$_2$O$_2$ 溶液,0.02%(v/v):用去离子水将 0.2ml 30% H$_2$O$_2$ 稀释至250ml 8. 磺胺溶液:将 10g 磺胺溶于400ml 去离子水中,加入 25ml 浓磷酸,并稀释至500ml 9. NEDA 溶液:将 0.5g N –(1 – 萘基)乙二胺二盐酸盐 溶于 500ml 去离子水中 10. 标准储备液,100NO$_2^-$ μg/ml:将 0.1500g NaNO$_2$ 溶 于1L 去离子水中	1. 采样管:三个玻璃管,外径 7mm,两端熔封,配有塑料帽,用玻璃棉 固定 管 A:400mg 浸渍 TEA 的分子筛(类型 13x,30 – 40 目) 管 B:800mg 氧化剂(铬酸盐),将 NO 转化为 NO$_2$ 管 C:同管 A 用连接软管将这些管串联。将管 C 放在最靠近采样泵入口的地 方。亦可购买市售采样管(SKC – 226 – 40,或等效采样管) 2. 个体采样泵:配有连接软管,流量 0.025 ~ 0.2L/min 3. 紫外可见分光光度计(540nm):1cm 石英比色皿 4. 烧杯:100ml 5. 容量瓶:50ml 和其他规格 6. 移液管:1,5,10ml 和其他规格 7. 秒表

特殊防护措施:浓酸对皮肤和黏膜有腐蚀性;在通风橱中操作

注:* 见特殊防护措施。

采样

1. 串联一个有代表性的采样管来校准个体采样泵。

2. 采样前折断采样管两端，用软管连接至个体采样泵。

注意：第一个管（管 A）采集 NO_2，从而将 NO 与其分开，NO 在管 B 中氧化，然后在管 C 中采集（临近采样泵）。

3. 在 0.025L/min ±5% 内，以准确流量采集空气样品。

注意：如果不检测 NO，流量可使用 0.2L/min。

4. 用塑料帽密封采样管，包装后运输。向实验室提供足够的样品空白和介质空白。

样品处理

5. 除去玻璃棉和氧化剂（管 B），将管 A 和管 C 的吸附剂分别转移至 50ml 容量瓶中。

6. 于 50ml 容量瓶中，向样品中加入吸收液，至刻度。

7. 盖上瓶盖，并剧烈震荡 30 秒。静置，沉淀。

8. 向一个 50ml 容量瓶中加入 10ml 样品解吸溶剂。

注意：从此步骤开始制备试剂空白。

9. 加入 1.0ml H_2O_2 溶液、10ml 磺胺溶液和 1.4ml NEDA 溶液，每次添加后要混匀。

10. 反应 10 分钟，以完全显色。

标准曲线绘制与质量控制

11. 在 1~18μg NO_2^-/10ml 范围内，配制至少 6 个浓度的标准系列，绘制标准曲线。

a. 标准系列与样品和空白一起进行分析（步骤 8~10，12~14）。

b. 以吸光度对 NO_2^- 含量（微克/样品）绘制标准曲线。

样品测定

12. 设置分光光度计的波长至 540nm。

13. 用试剂空白调零。

14. 从步骤 10 中转移一些样品溶液到比色皿中，记录吸光度。

计算

15. 按下式计算空气中 NO_2 浓度 C_{NO_2}（mg/m^3）：

$$C_{NO_2} = \frac{W_A - B_A}{0.63V}$$

式中：W_A——根据标准曲线，测得 A 管吸附剂中的含量（μg）；

B_A——根据标准曲线，测得空白管吸附剂中的平均含量（μg）；

V ——采样体积（L）；

0.63——转换系数。

注意：转换系数 0.63，代表由 1mol NO_2 气体生成的摩尔数。对于 NO 或 NO_2，气体浓度大于 10ppm 时，转换系数为 0.5。

16. 按下式计算空气中 NO 浓度 C_{NO}（mg/m^3）：

$$C_{NO} = \frac{0.652(W_C - B_C)}{0.63V}$$

式中：W_A——根据标准曲线，测得 C 管吸附剂中的含量（μg）；

B_C——根据标准曲线，测得空白管吸附剂中的平均含量（μg）；

V ——采样体积（L）；

0.652——NO 相对分子质量/NO_2 相对分子质量。

方法评价

NO：采集 1.5L 浓度在 11.1~47.7ppm（13.8~58.5mg/m^3）范围内的动态发生的测试气体，对方法 S321[1,8] 进行了评价。测试样品浓度用直读仪 Energetic Sciences Enolyzer 评价。1.2g 氧化剂可足够采样 60 分钟。NO 样品在常温储存 7 天后，平均回收率为 99.5%。

NO$_2$:采集 3.9L 浓度在 3.0~11.6ppm(5.8~21.6mg/m^3)范围内的样品,对方法 S320 进行了评价[2,7]。相对湿度为 84% 的条件下,以 0.064L/min 流量采集浓度为 11.59ppm 的 NO$_2$ 空气样品,采样 60 分钟后,穿透了 1.0%;采样 180 分钟后,穿透了 2.4%。含量为 47μg NO$_2$ 的样品在常温下储存 12 天,可获得定量回收率。

参考文献

[1] Backup Data Report for Nitric Oxide, S321, Prepared under NIOSH Contract No. 210 - 76 - 0123.

[2] Backup Data Report for Nitrogen Dioxide, S320, Prepared under NIOSH Contract No. 210 - 76 - 0123.

[3] NIOSH Manual of Analytical Methods, 2nd ed., Vol. 4, Methods S320 and S321. U. S. Department of Health, Education, and Welfare. DHEW (NIOSH) Publication No. 78 - 175.

[4] Willey, M. A., C. S. McCammon, and L. J. Doemeny, Am. Ind. Hyg. Assoc. J. 38, 358 (1977).

[5] NIOSH Manual of Analytical Methods, 2nd ed., Vol. 1, P&CAM 231, U. S. Department of Health, Education, and Welfare (NIOSH) Publ. 77 - 157 - A (1977).

[6] OSHA Analytical Methods Manual, 2nd ed., Part 2, Vol. 2, ID - 182 and ID - 190, U. S. Department of Labor, Salt Lake City, UT (1991).

[7] Gold, A., Anal. Chem. 49, 1443 - 1450 (1977).

[8] NIOSH Research Report - Development and Validation of Methods for Sampling and Analysis of Workplace Toxic Substances, U. S. Department of Health and Human Services, Publ. (NIOSH) 80 - 133 (1980).

方法修订作者

W. J. Woodfin and M. E. Cassinelli, NIOSH/DPSE; Method S321 Validated under NIOSH Contract No. 210 - 76 - 0123.

氨 6015

NH$_3$	相对分子质量:17.03	CAS 号:7664 - 41 - 7	RTECS 号:BO0875000
方法:6015,第二次修订		方法评价情况:部分评价	第一次修订:1994.8.15

OSHA:50ppm NIOSH:25ppm;STEL 35ppm;第Ⅲ类杀虫剂 ACGIH:25ppm;STEL 35ppm (常温常压下,1ppm = 0.697mg/m^3)	性质:气体;熔点 - 77.7℃;沸点 - 33.4℃;空气中爆炸极限 16% ~25% 　(v/v);饱和蒸气密度 0.6(空气 = 1)

英文名称:ammonia

采样	分析
采样管:固体吸附剂管(浸渍 H$_2$SO$_4$ 的硅胶);可用一个 　0.8μm MCE 预滤膜消除颗粒干扰 采样流量:0.1~0.2L/min 最小采样体积:0.1L(在 50ppm 下) 最大采样体积:96L 运输方法:常规 样品稳定性:未测定 样品空白:每批样品 2~10 个	分析方法:可见吸收分光光度法 待测物:靛酚蓝 解吸方法:20ml 去离子水 显色反应:EDTA 抗沉淀剂、酚偶联剂、硝普钠增强剂、次氯酸盐 测量波长:630mm 或 660nm 定量标准:去离子水中氯化铵的标准溶液 测定范围:每份样品 1.5~20μg[1] 估算检出限:每份样品 0.5μg 精密度($\bar{S}_r$):未测定

准确性	
研究范围:未研究 准确度:未测定 偏差:未测定 总体精密度($\hat{S}_{rT}$):未测定	

适用范围:采样体积为 10L 时,测定范围是 0.2~400ppm(0.15~300mg/m³),本法适用于 STEL 检测

干扰因素:未确定

其他方法:本法采用方法 S347[2] 的采样过程,EPA 方法 350.1[3] 和标准方法 417G[4] 的自动分析过程。NIOSH 方法 6701[5] 采用液体吸附剂徽章式采样器采样,离子色谱法分析,其灵敏度较低。NIOSH 方法 P&CAM 205[6] 采用冲击式吸收管采样和纳氏试剂手动比色法分析。OSHA ID-164[7] 采用冲击式吸收管采样,离子选择性电极法分析;ID-188[8] 使用硫酸浸渍的活性炭采样,然后用离子色谱法分析

试剂*

1. 水:蒸馏、去离子。将蒸馏水通过强酸性阳离子交换树脂柱和强碱性阴离子交换树脂柱,确保蒸馏水中没有氨。依据制造商的说明进行操作,离子交换柱可再生
   注意:制备所有溶液,必须使用没有氨的水
2. 浓 H_2SO_4:试剂级
3. 苯酚
4. NaOH:试剂级
5. Brij-35
6. 氯化铵
7. 氯仿
8. H_2SO_4:5N。空气吸收器溶液(AAII)。小心地向 500ml 无氨的去离子水中加入 140ml 浓 H_2SO_4。冷却至室温,用无氨的去离子水稀释至 1L
9. 苯酚钠:在 1L 容量瓶中,用 500ml 去离子水溶解 83g 苯酚(或 80ml 90% 苯酚)。少量多次、缓慢加入 32g NaOH(对于 TRAACS,96g 50% NaOH)并搅拌。用自来水冷却容量瓶。冷却后,用去离子水稀释至 1L。如果需要,可进行过滤。储存在棕色玻璃瓶中。对于 AAII,加入 0.5ml Brij-35
10. 次氯酸钠溶液:将一定体积的含 5.25% NaOCl 的漂白剂溶液(如"Clorox"),与等体积的去离子水混合。有效氯含量约为 2%~3%
11. 乙二胺四乙酸二钠(EDTA)(5%):在 1L 去离子水中溶解 50g EDTA 和 6 小片 NaOH。(对于 TRAACS,溶解 41g EDTA,1g 50% NaOH 和 3~6ml Brij-35)
12. 硝普酸钠(0.05%):在 1L 去离子水中溶解 0.5g 硝普酸钠(或 1.1g,TRAACS)
    注意:硝普酸钠溶液感光,储存和使用时均用棕色瓶
13. 标准储备液:100mg NH_3/L;将 0.3144g 无水氯化铵 NH_4Cl(在 105℃ 干燥过),溶解于去离子水中并稀释至 1L。加入 1ml 氯仿作为防腐剂

仪器

1. 采样管
   a. 预滤膜(消除颗粒干扰):37mm 纤维素酯滤膜(0.8μm 孔径),由不锈钢网支撑,置于两层式滤膜夹中
   b. 浸渍 H_2SO_4 的硅胶采样管。玻璃管:两端未密封,且火焰打磨光滑,长 6cm,外径 6mm,内径 4mm,内装 20~40 目浸渍 H_2SO_4 的硅胶(前段 200mg/后段 100mg),中间用 2mm 玻璃棉隔开,前端、尾端装填硅烷化的玻璃棉。空气流量为 0.2L/min 时,采样管阻力必须低于 33cmH_2O(附录)。玻璃管在填装前,应用丙酮漂洗并干燥。盖上塑料盖。亦可购买市售采样管
2. 个体采样泵:配有连接软管,流量 0.1~0.2L/min
3. Technicon 自动分析仪装置(AAII)(或 TRAACS 800):由自动进样器和分析管(AAII)、计量泵、比色计(配有 15,30,50mm 的管状流通池和 630-660nm 滤光片)、一个数据采集系统,和记录仪组成
4. pH 计和 pH 电极
5. 塑料溶剂解吸瓶:80ml 或 50ml
6. 聚乙烯离心管
7. 磁力搅拌器和搅拌棒
8. 移液管:TD,各种合适规格
9. 容量瓶:1L 和 50ml,及其他规格
10. 秒表
11. 压力计

特殊防护措施:苯酚被食入、吸入或经皮肤吸收后,具有腐蚀性、毒性,避免皮肤接触和吸入其蒸气;NaOH、H_2SO_4 和次氯酸钠(漂白剂)均有腐蚀性,避免皮肤接触或吸入其蒸气;三氯甲烷为致癌物,已有在动物体内致突变和致畸作用的报告,应在通风橱中操作,避免皮肤接触,硝普酸钠剧毒,请格外小心,避免食入或吸入粉尘

注:* 见特殊防护措施。

采样

1. 串联一个有代表性的采样管来校准个体采样泵。
2. 在 0.1~0.2L/min 范围内,以已知流量采集 0.1~96L 空气样品。
3. 采样后,立即用塑料帽(非橡胶)密封采样管。
4. 包装后运输。

样品处理

5. 打开塑料帽,除去玻璃棉,将采过样的两段浸渍 H_2SO_4 的吸附剂分别倒入 80ml 溶剂解吸瓶中。分别分析两段吸附剂。

注意:为将浸渍 H_2SO_4 的硅胶完全转移,可轻轻敲击采样管。

6. 向每个溶剂解吸瓶中加入 20ml 无氨的去离子水。盖好瓶盖并剧烈震荡。45 分钟解吸完全。用 NaOH 调节每个样品的 pH 值至 5.0 ~ 6.5。

注意:在氨解吸后,应在一天内完成分析。

标准曲线绘制与质量控制

7. 在 0.05 ~ 1μg/ml 范围内,配制至少 6 个浓度的标准系列,绘制标准曲线。使用标准储备液,在 100ml 容量瓶中,按照下表制备标准系列(每天制备一次)。

a. 在 100ml 容量瓶中,向去离子水中加入一定量的标准储备液,并稀释至刻度。每天制备一次。

表 4 - 0 - 1　标准溶液制备

$NH_3/(\mu g/ml)$	ml 储备液/100ml
0.05	0.05
0.10	0.10
0.20	0.20
0.40	0.40
0.80	0.80
1.00	1.00

b. 将标准系列与样品和空白一起进行分析(步骤 9 ~ 12)。

c. 该仪器会自动生成标准曲线(峰高对浓度)。样品浓度将直接在这个图表上打印出。

8. 分析 3 个样品加标质控样和 3 个加标样品,以确保标准曲线在可控范围内。

样品测定

9. 对于测定范围为 0.05 ~ 1.0μg NH_3/ml,AAII 按图 4 - 0 - 3 所示进行设置,TRAACS 的设置如图 4 - 0 - 4 所示。较高浓度样品可稀释后再进行分析。

10. 比色计和记录仪预热 30 分钟。所有试剂、去离子水流经样品流路,以获得稳定的基线。

11. 正常情况下,使用 30 ~ 40/h、2:1 比率对 AAII 进行普通清洗。对于 TRAACS,采样速率在 90 ~ 120/h 之间时,样品/清洗比采用 3:1、4:1 或 5:1。

12. 在样品盘上,按照氨浓度降低的顺序排列氨标准和未知样品。开始分析。

计算

13. 按下式计算空气中 NH_3 的浓度 $C(mg/m^3)$:

$$C = \frac{W_f V_f + W_b V_b}{V}$$

式中:W_f——样品采样管前段吸附剂中 NH_3 的浓度(μg/ml);

W_b——样品采样管后段吸附剂中 NH_3 的浓度(μg/ml);

V_f——样品采样管前段吸附剂所用解吸溶剂的体积(ml);

V_b——样品采样管后段吸附剂所用解吸溶剂的体积(ml);

V——采样体积(L)。

注意:可直接从仪器的打印输出上读出解吸液中氨的浓度(μg/ml)。

参考文献

[1] DataChem Laboratories Report for NIOSH Seq. 7482 - L (NIOSH/DPSE, Unpublished, May 20, 1992).

[2] NIOSH Manual of Analytical Methods, 2nd ed., Volume 5, S347, U. S. Department of Health, Education, and Welfare, Publ. (NIOSH) 79 - 141 (1979).

[3] Methods for Chemical Analysis of Water and Wastes, EPA - 600/4 - 79 - 020 Revised March 1983, U. S. Environmental Protection Agency, Environmental Monitoring and Support Laboratory, Cincinnati, Ohio.

[4] Standard Methods for the Examination of Water and Wastewater, 16th ed., 1985, APHA, AWWA, WPCF.

[5] NIOSH Manual of Analytical Methods, 3rd ed., Method 6701, U. S. Department of Health, Education, and Welfare,

Publ. (NIOSH) 84 - 100, February 1984.

[6] NIOSH Manual of Analytical Methods, 2nd ed., Volume 1, P&CAM 205, U.S. Department of Health, Education, and Welfare, Publ. (NIOSH) 77 - 157 - A (1977).

[7] "Ammonia in Workplace Atmosphere" Method ID - 164, Inorganic Methods Evaluation Branch, OSHA Analytical Laboratory, Salt Lake City, Utah.

[8] "Ammonia in Workplace Atmosphere" Method ID - 188, Inorganic Methods Evaluation Branch, OSHA Analytical Laboratory, Salt Lake City, Utah, (April, 1988).

[9] The Merck Index, 11th Edition, 7206 Phenol, 2141 Chloroform, Merck & Co., Inc., Rahway, NJ (1989).

[10] NIOSH/OSHA Occupational Health Guidelines for Chemical Hazards, U.S. Department of Health and Human Services Publ. (NIOSH) 81 - 123 (1981), available as GPO Stock #17 - 033 - 00337 - 8 from Superintendent of Documents, Washington, D.C. 20402.

方法作者

Norman K. Christensen, DataChem Laboratories, Salt Lake City, Utah.

附录:浸渍硫酸硅胶的制备

1. 在 250ml 烧杯中加入 6g 20/40 目硅胶。
2. 向烧杯中加入 15ml 0.4N 硫酸。搅拌混合物,并用表面皿盖住烧杯。
3. 在通风橱中,用煤气喷灯将硅胶 - 酸的混合物加热至稍稍沸腾。蒸发约 1/2 液体。
4. 将盖好盖的烧杯置于 120℃ 干燥炉中,直到剩下的水蒸发完全。
5. 所制备的浸渍酸的硅胶应该能自由流动,不黏附在烧杯中。使用前硅胶储存在干燥器中。

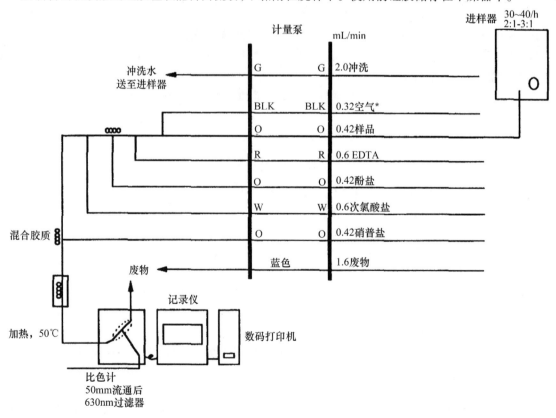

* 经 5N 的 H_2SO_4 吸收后。

图 4 - 0 - 3 (AAII)氨 - 多通道

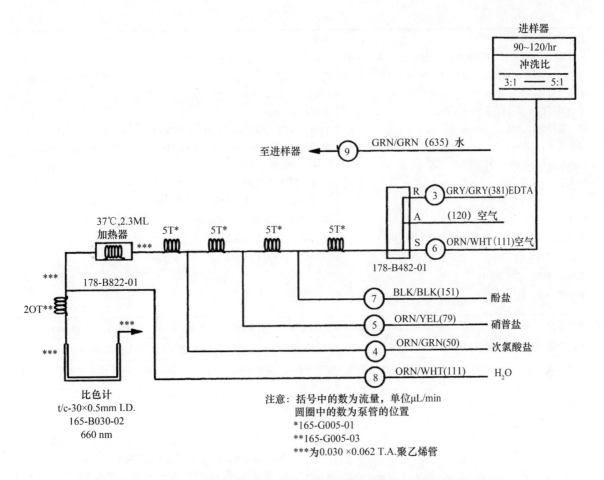

图 4 - 0 - 4　(TRAACS)环境多次测试管(水中和冲洗液中的氨范围为 0.05 ~ 1mg/L)

氨的离子色谱法 6016

NH₃	相对分子质量:17.03	CAS 号:7664 - 41 - 7	RTECS 号:BO0875000
方法:6016,第一次修订		方法评价情况:完全评价	第一次修订:1996.5.15
OSHA:50ppm NIOSH:25ppm;STEL:35ppm;第Ⅲ类农药 ACGIH:10ppm;STEL:35ppm (常温常压下,1ppm = 0.697mg/m³)		性质:气体;熔点 - 77.7℃;沸点 - 33.4℃;饱和蒸气压 888kPa(8.76 atm)(21.1℃);饱和蒸气密度 0.6(空气 = 1);空气中爆炸极限 16% ~ 25%	
英文名称:ammonia			

注意:括号中的数为流量,单位μL/min
圆圈中的数为泵管的位置
*165-G005-01
**165-G005-03
***为0.030 ×0.062 T.A.聚乙烯管

续表

采样	分析
采样管:固体吸附剂管(浸渍 H_2SO_4 的硅胶),可用一个 0.8μm MCE 预滤膜以消除颗粒干扰	分析方法:离子色谱法;电导检测器
采样流量:0.1~0.5L/min	待测物:铵离子(NH_4^+)
最小采样体积:0.1L(在50ppm下)	解吸方法:10ml 去离子水
最大采样体积:96L(在50ppm下)[1]	进样体积:50μl
运输方法:常规	流动相:48mM HCl/4mM DAP – HCl/4mM;L – histidine – HCl;1ml/min
样品稳定性:至少35天(5℃)[2]	色谱柱:HPIC – CS3 阳离子分离柱,HPIC – CG3 阳离子保护柱,CMM – 1 阳离子微膜抑制器
样品空白:每批样品2~10个	电导设置:满量程:30μS
	定量标准:去离子水中 NH_4^+ 的标准溶液
准确性	测定范围:每份样品4~100μg[3]
研究范围:17~68mg/m³[1](30L样品)	估算检出限:每份样品2μg[3]
偏差:-2.4%[1]	精密度($\bar{S}_r$):0.038[2]
总体精密度($\hat{S}_{rT}$):0.071[1]	
准确度:±14.5%	

适用范围:采样体积为30L时,测定范围是24~98ppm(17~68mg/m³)。当采样流量 >0.2L/min 时,本法适用于 STEL 测定

干扰因素:乙醇胺(乙醇胺、异丙醇胺及二甲基异丙醇胺)与 NH_4^+ 保留时间接近。使用弱的流动相有助于分离这些峰

其他方法:本法结合了方法 S347[4] 和方法 6015 的采样步骤以及采用了方法 6701[5] 和方法 OSHA ID – 188[3] 类似的离子色谱分析步骤

试剂	仪器
1. 水:去离子,过滤	1. 采样管
2. H_2SO_4 溶液:0.01N*。将 0.28ml 浓 H_2SO_4 加入到盛有 500ml 去离子水的1L 容量瓶中。用去离子水稀释至1L	a. 预滤膜:37mm 混合纤维素滤膜,孔径0.8μm,不锈钢网或多孔塑料网支撑,置于两层式滤膜夹中
3. HCl 溶液:1N*。将 82.5ml 浓 HCl 加入到盛有500ml 去离子水的1L 容量瓶中。用去离子水稀释至1L	b. 浸渍 H_2SO_4 的硅胶采样管:玻璃管,两端未密封,且火焰打磨光滑,长 6cm,外径 6mm,内径 4mm,内装 20~40 目浸渍 H_2SO_4 的硅胶(前段200mg/后段100mg),装填硅烷化玻璃棉分隔和固定吸附剂,盖上塑料帽。亦可购买市售采样管
4. 2,3 – 二氨基丙酸单盐酸盐(DAP – HCl)	2. 个体采样泵:配有连接软管,流量0.1~0.5L/min
5. L – 组氨酸单盐酸盐一水合物(L – histidine – HCl)	3. 离子色谱仪:电导检测器,阳离子色谱柱和保护柱,阳离子微膜抑制器
6. 流动相:(48mM HCl/4mM DAP – HCl/4mM L – histidine – HCl):加 0.560g DAP – HCl,0.840g L – histidine – HCl 于1L 容量瓶中。加入 48ml 1N HCl,用去离子水稀释至1L。有效期为1个月	4. 注射器:10ml,聚乙烯,鲁尔吸头
7. 替代流动相(12mM HCl/0.25mM DAP – HCl/0.25mM L – histidine – HCl):将252ml 流动相和 36ml 1N HCl 用去离子水稀释至4L。每次使用时制备	5. 离心管:塑料,15ml,具刻度,螺纹盖
8. 25% 氢氧化四甲胺(TMAOH),(Aldrich Chemical Co. Milwaukee, WI)	6. 容量瓶:10ml,50ml,100ml,1L
9. 再生溶液:用去离子水稀释57.4ml 25% TMAOH 至4L	7. 针式过滤器:13mm,0.8μm 滤膜
10. 氨标准储备液:1000μg/ml NH_3(1059μg/ml NH_4^+):溶解 3.1409g 氯化铵于去离子水中。稀释至1L	8. 微量移液器:一次性吸头
	9. 分析天平(感量为0.01mg)

特殊防护措施:浓 H_2SO_4 腐蚀皮肤,处理酸应在通风橱中进行,佩戴防护手套

注:*见特殊防护措施。

采样

1. 串联一个有代表性的采样管来校准个体采样泵。

2. 在 0.1~0.5L/min 范围内,以已知流量采集 0.1~96L 空气样品。

3. 采样后立即用塑料帽(非橡胶)密封采样管。

4. 包装后运输。

样品处理

5. 打开采样管塑料帽。将采过样的两段浸渍 H_2SO_4 的吸附剂分别倒入 15ml 带刻度的离心管中。

注意：为将浸渍 H_2SO_4 的硅胶完全转移，可敲击采样管。

6. 向每个离心管中加 10ml 去离子水。盖上盖后剧烈震荡。放置 45 分钟，不时振摇。（解吸在 45 分钟内完成。）

注意：氨解吸后，应在一天内完成分析。

7. 将样品转移至 10ml 带针式过滤器的注射器中，手动进样或转移至自动进样瓶中。

标准曲线绘制与质量控制

8. 在每份样品 $1 \sim 100\mu g$ NH_3（$0.11 \sim 12\mu g/ml$ NH_4^+）范围内，配制至少 6 个浓度的标准系列，绘制标准曲线。

a. 于 10ml 容量瓶中，再加入已知量的氨标准储备液，用 0.01N H_2SO_4 稀释至刻度。

注意：在使用之前制备标准系列。

b. 标准系列与样品和空白一起进行分析（步骤 9 ~ 11）。

c. 以峰高对 NH_3 含量（μg）绘制标准曲线。

样品测定

9. 根据仪器说明书，按方法 6016 中给出的条件设置离子色谱仪。

10. 手动或自动进样 $50\mu l$。对于手动操作，用滤膜/注射器注入 2 ~ 3ml 样品以确保完全冲洗样品定量管。

11. 测量峰高。

注意：如果峰高超出标准曲线线性范围，用 0.01N H_2SO_4 稀释后重新分析，计算时乘以相应的稀释倍数。

计算

12. 根据标准曲线计算样品采样管前、后段吸附剂，空白采样管前、后段吸附剂中氨的含量（μg）。

13. 按下式计算空气中 NH_3 的浓度（mg/m^3）：

$$C = \frac{W_f + W_b - B_f - B_b}{V}$$

式中：W_f——样品采样管前段吸附剂中 NH_3 的含量（μg）；

$\quad W_b$——样品采样管后段吸附剂中 NH_3 的含量（μg）；

$\quad B_f$——空白采样管前段吸附剂中 NH_3 的平均含量（μg）；

$\quad B_b$——空白采样管后段吸附剂中 NH_3 的平均含量（μg）；

$\quad V$——采样体积（L）。

方法评价

本法结合了 NIOSH 方法 S347[4]、6015 的采样方法及 NIOSH 方法 6701[5] 及 OSHA 方法 ID – 188[4] 的离子色谱分析方法。本法可替代方法 6015 自动分光光度法的分析方法，尽管后者已经过全部方法评价，但将浸渍 H_2SO_4 的硅胶管采样和离子色谱法相结合，尚未经过全部方法评价。在氨被动式采样检测方法（6701）的制定过程中，用浸渍 H_2SO_4 的硅胶管作为参考方法之一[5]。硅胶管采样、离子色谱法分析的方法与其他标准方法检测的结果一致，如：气泡吸收管采样，奈氏试剂比色法分析；气泡吸收管采样，离子色谱法分析。

比较浸渍 H_2SO_4 的硅胶采样管和 OSHA 方法 ID – 188 中使用的浸渍 H_2SO_4 的炭珠采样管，进行了样品储存稳定性研究。在室温下储存 5 天后冷藏 20 天。硅胶采样管样品的平均回收率为（102 ± 3.8）%（n = 8），而炭珠采样管样品的平均回收率为（95 ± 1.6）%（n = 8）。炭珠样品储存 35 天后，回收率远低于（尽管仍可以接受）样品储存 14 天的回收率：硅胶（103 ± 3.8）%（n = 12），炭珠（108 ± 7.0）%（n = 12）。

参考文献

[1] NIOSH［1977］. Ammonia：Backup Data Report No. S347. Ten NIOSH Analytical Methods，set 6. SRI International

Contract No. 210 – 76 – 0123. Available NTIS PB – 288629.

[2] DataChem [1995]. User Check of Method 6015 for Ammonia. Sequence 8321 – J, K, L, M. Unpublished Report.

[3] OSHA [1991]. Ammonia in Workplace Atmospheres – solid Sorbent: Method ID – 188, OSHA Analytical Methods Manual, 2nd ed., Part 2, Inorganic Substances.

[4] NIOSH [1979]. Ammonia: Method S347. In: Taylor DG, Ed. NIOSH Manual of Analytical Methods, 2nd ed., Volume 5. Cincinnati, OH: National Institute for Occupational Safety and Health, DHEW (NIOSH) Publication No. 79 – 141.

[5] NIOSH [1984]. Ammonia: Method 6701. In: Eller PM, Ed. NIOSH Manual of Analytical Methods, 3rd ed. Cincinnati, OH: National Institute for Occupational Safety and Health, DHHS (NIOSH) Publication No. 84 – 100.

方法作者

Mary Ellen Cassinelli, NIOSH/DPSE/QASA

氰化氢 6017

HCN	相对分子质量:27.03	CAS 号:74 – 90 – 8	RTECS 号:MW6825000
方法:6017,第一版		方法评价情况:部分评价	第一次修订:2003.3.15
OSHA:10ppm(皮) NIOSH:STEL:4.7ppm ACGIH:C 10ppm(皮) (1ppm = 1.105mg/m³)		性质:气体;沸点 26℃;蒸气密度 0.93(空气 = 1);密度(液体)0.69g/ml (20℃);饱和蒸气压 82.7kPa(620mmHg)(20℃);空气中爆炸极限 5% ~40%(v/v)	

英文名称: hydrogen cyanide; hydrocyanic acid, prussic acid; formonitrile

采样	分析
采样管:固体吸附剂管(碱石灰,前段 600mg/后段 200mg)+ 玻璃纤维滤膜,5mm	分析方法:离子色谱法(IC)/直流安培检测器
采样流量:0.05 ~ 0.2L/min	待测物:CN⁻
最小采样体积:2L(在 5ppm 下)	解吸方法:10ml 去离子水,振摇,解吸 60 分钟
最大采样体积:90L	进样体积:50μl
运输方法:常规	流动相:0.5M NaAc;0.1M NaOH;0.5% 乙二胺
样品稳定性:至少两周(25℃)[1]	色谱柱:HPIC – AS7 或等效阴离子分离柱,HPIC – AG7 或等效阴离子保护柱
样品空白:每批样品 2 ~ 10 个	检测器:外加电压:0.0 V,Ag⁰/AgCl 参考电极
	定量标准:0.1N NaOH 中 KCN 的标准溶液
准确性	测定范围:每份样品 10 ~ 300μg CN⁻ [2]
研究范围:未研究	估算检出限:每份样品 1μg CN⁻ [2]
偏差:未测定	精密度($\bar{S}_r$):0.041
总体精密度($\hat{S}_{rT}$):未测定	
准确度:未测定	

适用范围: 采样体积为 3L 时,测定范围是 0.3~235ppm(0.3~260mg/m³)。本法适用于 STEL 的测定。氢化物颗粒用前置的玻璃纤维滤膜采集。与使用离子选择电极进行分析的 NIOSH 方法 7904 相比,本法更灵敏,且干扰更少[3]

干扰因素: 高浓度的 H₂S 会产生负干扰,与氰化物保留时间相同的任何组分都会干扰

其他方法: 本法是基于 NIOSH 6010 方法,NIOSH 6010 使用同样的采样过程、用可见吸收分光光度计进行分析[4]。本法适用于使用 Technicon 自动分析仪[5]。NIOSH 方法 7904 使用离子选择电极分析,并已用于消防环境中 HCN 的检测[6]

续表

试剂	仪器
1. 氰化钾:试剂级*	1. 采样管:玻璃管,长 9cm,外径 7mm,内径 5mm,配有塑料帽,内装 10 ~ 35 目碱石灰(前段 600mg/后段 200mg),用硅烷化的玻璃棉分隔、固定吸附剂。在采样管入口玻璃棉塞前放置直径 5mm 玻璃纤维滤膜(SKC, Inc. 226 - 28, 或等效产品)
2. 三水合醋酸钠:A. C. S. 级	2. 个体采样泵:配有连接软管,流量 0.05 ~ 0.2L/min
3. 乙二胺:99%	3. DIONEX DX - 500 或等效的离子色谱仪
4. NaOH:试剂级*	4. DIONEX ED - 40 或等效的电化学检测器
5. 钠石灰:(CaO + 5% ~ 20% NaOH),试剂级(Aldrich #26,643 - 4,或等效产品)。粉碎过筛至 10/35 目。储存在带盖的容器中	5. DIONEX 或等效的安培池,银工作电极和氯化银参比电极
6. 去离子水或蒸馏水	6. DIONEX AS7 色谱柱,AG7 保护柱或等效柱
7. NaOH 溶液:0.1N*	7. 自动进样器
8. 标准储备液,1mg/ml CN⁻:于 50ml 容量瓶中,将 0.125g KCN 溶解于 0.1N NaOH 中,用 0.1N NaOH 稀释至刻度。用 AgNO₃ 标准溶液进行标定	8. 自动进样瓶
	9. 溶剂解吸瓶:15 ~ 20ml,用于样品处理
9. 流动相,0.5M 醋酸钠,0.1M NaOH,0.5% 乙二胺:60g 醋酸钠和 4g NaOH 颗粒溶于 800ml H_2O 中。加入 5ml 乙二胺。用蒸馏水稀释至 1L	10. 滤纸:0.45μm,与注射器相连
	11. 微量移液器:带一次性吸头
	12. 容量瓶:25,50,100,1000ml
	13. 吸管:一次性的

特殊防护措施:HCN 气体和氰化物颗粒均有剧毒,如果食入、吸入或经皮肤吸收可能会致命[7];碱石灰和 NaOH 具有强腐蚀性;处理这些化学品时要戴手套,并在通风橱中进行

注:* 见特殊防护措施。

采样

1. 串联一个有代表性的采样管来校准个体采样泵。
2. 采样前折断采样管两端,用软管连接至个体采样泵。
3. 在 0.05 ~ 0.2L/min 范围内,以已知流量采集 0.6 ~ 90L 空气样品。
4. 用塑料帽密封采样管,包装后运输。

样品处理

5. 用锉刀在每个采样管上刻痕。在刻痕处折断采样管。
6. 除去玻璃棉,将采过样的两段吸附剂分别倒入溶剂解吸瓶中。

注意:通过分析采样管前面放置的玻璃纤维滤膜,可估算出氰化物微粒中氰化物含量,步骤如下;但是,用这种方式测定氰化物微粒,没有有效的评价数据。

a. 迅速将玻璃纤滤膜和采样管入口处的玻璃棉转移至第三个溶剂解吸瓶中。

b. 向每个溶剂解吸瓶中加入 10.0ml 0.1N NaOH。

c. 继续进行步骤 8。

7. 向每个含吸附剂的溶剂解吸瓶中加入 10.0ml 去离子水并盖上瓶盖。

8. 放置 60 分钟,不时振动,溶液转移至带 0.45μm 滤纸的 10ml 玻璃注射器中。收集滤液至干净的溶剂解吸瓶中。(如果样品允许放置一段时间,可不必过滤。)

标准曲线绘制与质量控制

9. 在每份样品 1 ~ 250μg/ml CN⁻ 的浓度范围内,配制至少 6 个浓度的标准系列,绘制标准曲线。

a. 配制标准系列,1μg/ml CN⁻:用 0.1N NaOH 将 100μl 标准储备液稀释至 100ml。

b. 移取 0.5,1.00,1.50,2.00 和 2.50ml 标准系列于 25ml 容量瓶中,配制成 0.5,1.00,1.50,2.00 和 2.50μg CN⁻ 标准溶液。

c. 与样品和空白一起进行分析(步骤 12,14)。

d. 以峰高(nA)对 CN⁻ 含量(μg)绘制标准曲线。

10. 每批碱石灰至少测定一次解吸效率(DE)。在标准曲线范围内选择 5 个不同浓度,每个浓度测定 3 个样品。另测定 3 个空白采样管。

　　a. 去掉空白采样管后段吸附剂。

　　b. 用微量注射器将已知量的标准储备液直接注射至碱石灰上。

　　c. 封闭采样管,放置过夜。

　　d. 解吸(步骤 5~8)并与标准系列一起进行分析(步骤 12,14)。

　　e. 以解吸效率对 CN⁻回收量(μg)绘制解吸效率曲线。

11. 分析 3 个样品加标质控样和 3 个加标样品,以确保标准曲线和解吸效率曲线在可控范围内。

样品测定

12. 根据仪器说明书和方法 6017 给出的条件设置离子色谱仪。

13. 进样 50μl。对于手动操作,注入经滤纸或注射器过滤的 2~3ml 样品,以确保完全冲洗样品定量管。

　　注意:流经离子色谱仪的所有样品、流动相和水都必须过滤,以免堵塞系统中的阀和色谱柱。

14. 测量峰高。

　　注意:若峰高超出标准曲线的线性范围,用流动相稀释后重新分析,计算时乘以相应的稀释倍数。

计算

15. 计算分析溶液中 CN⁻ 的含量。使用适当的因子计算原 10ml 溶液中 CN⁻ 含量。

16. 按下式计算空气中 HCN 的浓度 $C(mg/m^3)$:

$$C = \frac{1.039(W_f + W_b - B_f - B_b)}{V}$$

式中:W_f——样品采样管前段吸附剂中 CN⁻ 的含量(μg);

　　W_b——样品采样管后段吸附剂中 CN⁻ 的含量(μg);

　　B_f——空白采样管前段吸附剂中 CN⁻ 的平均含量(μg);

　　B_b——空白采样管后段吸附剂中 CN⁻ 的平均含量(μg);

　　V ——采样体积(L);

　　1.039 ——CN⁻转换为 HCN 的系数。

　　注意:上式中 CN⁻ 的含量已用解吸效率校正;若 $W_b > W_f/10$,则表示发生穿透,记录该情况及样品损失量;$1μg/L = 1mg/m^3$

方法评价

　　本法仅对分析步骤进行了评价。用氮气中 HCN 压缩混合气发生 HCN 测试气体样品,NIOSH 方法 6010 对采样管、碱石灰管进行了评价[1]。HCN 的浓度在 2~15mg/m³ 范围内,以 0.2L/min 流量采集 15 分钟,采集 3L 空气样品,共采集 22 个样品,经检测,总体精密度($\hat{S}_{rT}$)为 0.076,回收率接近 100%。HCN 浓度为 148mg/m³,以 0.2L/min 流量采样 40 分钟后,采样管发生穿透。采样管中加标 KCN 溶液,储存后分析表明样品中的氰离子能够在采样管中可至少稳定 2 周。在采样管中加标 KCN 溶液,使 CN⁻ 含量在 10~50μg 范围内,制备 22 个样品管,分析表明回收率接近 100%,总体精密度($\bar{S}_{rT}$)为 0.041。CN⁻ 含量低于 10μg 时,解吸效率可能较低[6]。

　　本检测 CN⁻ 的离子色谱(IC)法由 1997 年威斯康星州职业卫生实验室(WOHL)制定[2]。通过研究解吸效率、定量下限和线性范围,发现与方法 6010 具有可比性。WOHL 也表明低于 10μg 时回收率是有问题的。

参考文献

[1] Williamson, George [1988]. Method Development Protocol and Backup Data Report on Hydrogen Cyanide: Internal NIOSH/MRSB Report. NIOSH (Unpublished).

[2] Dobson L, Popp D, Reichmann L [1997]. Development of an Automated, Pyridine – Free Method for Aerosol Cyanide Compounds and Hydrogen Cyanide. Unpublished Paper.

[3] NIOSH [1994]. Cyanides, Aerosol and Gas: Method 7904. In: Eller PM, Cassinelli ME, eds. NIOSH Manual of Analytical Methods, 4th ed. Cincinnati, OH: U.S. Department of Health and Human Services, Public Health Service, Cen-

ters for Disease Control and prevention, National Institute for Occupational Safety and Health, DHHS (NIOSH) Publication No. 94 – 113.

[4] NIOSH [1994], Hydrogen Cyanide: Method 6010. In: Eller PM, Cassinelli ME, eds. NIOSH Manual of Analytical Methods, 4th ed. Cincinnati, OH: U. S. Department of Health and Human Services, Public Health Service, Centers for Disease Control and Prevention, National Institute for Occupational Safety and Health, DHHS (NIOSH) Publication No. 94 – 113.

[5] DataChem Laboratories [1990]. NIOSH Sequence #6837 – K, Unpubl. (March 21, 1990).

[6] Williamson, George [1988]. Analysis of Air Samples on Project 166 (Firesmoke) on HCN; Sequence NIOSH/MRSB – 6366A. NIOSH. (Unpublished).

[7] NIOSH [1988]. NIOSH/OSHA Occupational Health Guidelines for Chemical Hazards [1981]. U. S. Department of Health and Human Services, Public Health Service, Centers for Disease Control and Prevention, National Institute for Occupational Safety and Health, DHHS (NIOSH) Publication No. 88 – 119.

[8] DataChem Laboratories [1990]. User Check, NIOSH Sequence #6837 – J, (March 19, Unpublished).

方法作者

LeRoy Dobson, Wisconsin Occupational Health Laboratory, Madison, WI.

三氯化磷 6402

PCl$_3$	相对分子质量:137.33	CAS 号:7719 – 12 – 2	RTECS 号:TH3675000
方法:6402,第二次修订		方法评价情况:部分评价	第一次修订:1985.5.15 第二次修订:1994.8.15
OSHA:0.5ppm NIOSH:0.2ppm; STEL 0.5ppm ACGIH:0.2ppm; STEL 0.5ppm (常温常压下,1ppm = 5.61mg/m³)		性质:液体;密度:1.574g/ml (21℃);沸点:76℃;熔点: – 112℃;饱和蒸气压:13kPa(100mmHg,13% v/v)(21℃)	

英文名称:phosphorus trichloride; phosporous chloride

采样	分析
采样管:气泡吸收管(15ml H$_2$O) 采样流量:0.05 ~ 0.2L/min 最小采样体积:11L(在 0.5ppm 下) 最大采样体积:100L 运输方法:密封于气泡吸收管中 样品稳定性:未测定 样品空白:每批样品 2 ~ 10 个	分析方法:可见分光光度法 待测物:钼蓝 显色反应:3ml 溴水 + 5mlNa$_2$MoO$_4$ + 2ml 硫酸肼钼蓝 测量波长:830nm 定量标准:KH$_2$PO$_4$ 溶液 测定范围:每份样品 0.03 ~ 0.5mgPCl$_3$ 估算检出限:每份样品 3μg PCl$_3$
准确性 研究范围:约 3.1mg/m³ [1] 偏差:不明显[1] 总体精密度($\hat{S}_{rT}$):未测定 准确度:未测定	精密度($\bar{S}_r$):0.06(每份样品 0.03 ~ 0.14mg PCl$_3$)[1]

适用范围:采样体积为 25L 时,测定范围为 0.2 ~ 14ppm(1.2 ~ 80mg/m³)

干扰因素:含磷(v)的化合物不产生干扰。在采样期间,样品溶液在空气中氧化是稳定的[1]

其他方法:本法是方法 P&CAM 305 [2]的修订版

试剂	仪器
1. 磷酸氢二钾储备液,100μg H_3PO_4/ml:称取 0.1389g KH_2PO_4,溶于蒸馏水中,并稀释至 1L	1. 采样管:玻璃,小型气泡吸收管＊＊,带非橡胶(如 PTFE)塞和多孔玻璃进气口(Corning EC 或 170~220μm 最大孔);玻璃管长 5cm,带玻璃棉,防止倒吸以保护泵
2. 标准储备液,10μg/ml H_3PO_4:用蒸馏水稀释 100ml KH_2PO_4 储备液至 1L	2. 个体采样泵:流量 0.05~0.2L/min,配有连接软管
3. H_2SO_4,10N:于 500ml 蒸馏水中,缓慢加入 279ml 浓 H_2SO_4,冷却后稀释至 1L	3. 分光光度计:波长 830nm,带匹配的 1cm 玻璃比色皿
4. 钼酸钠溶液:用 10N H_2SO_4 稀释 25.0g $Na_2MoO_4 \cdot 2H_4O$ 至 1L	4. 沸水浴
	5. 移液管:0.1,1,2,3,5 和 25ml＊＊
5. 饱和溴水＊:于蒸馏水中,边搅拌边加入液 Br_2 至饱和	6. 容量瓶:50ml 和 1L＊＊
6. 硫酸肼溶液,1.5g/L:称取 1.5g $N_2H_6SO_4$,溶于蒸馏水中,制成 1L 溶液	7. 烧杯:50ml＊＊
7. 饱和硫酸肼:于蒸馏水中,边搅拌边加入硫酸肼至饱和。	8. 冷水浴

特殊防护措施:液溴会导致严重的眼睛和皮肤灼伤;溴蒸气严重刺激眼睛和呼吸道;可能导致永久性的呼吸困难[3]

注:＊ 见特殊防护措施;＊＊ 所有被磷酸盐洗涤剂污染的玻璃仪器需在 1:1 HCl 中煮沸,用蒸馏水彻底冲洗。

采样

1. 串联一个有代表性的采样管来校准个体采样泵。

2. 向气泡吸收管中加入 15ml 蒸馏水。在 0.05~0.2L/min 流量范围内,以已知流量采集 11~100L 空气样品。

注意:在采样期间,气泡吸收管必须保持垂直。如果气泡吸收管中的溶液溢出至玻璃管中,则弃去该样品。

3. 取出气泡吸收管的内管,对着吸收管内壁轻拍内管,尽可能回收样品溶液。用几毫升蒸馏水冲洗气泡吸收管内管,将冲洗液收集在气泡吸收管中。

4. 用塞子密封气泡吸收管底部。或者用 PTFE 管连接气泡吸收管顶部的进气口与出气口,并用胶带密封顶部至底部。

样品处理

5. 将气泡吸收管中的溶液定量地转移至 50ml 容量瓶中。用蒸馏水稀释到刻度并混匀。

注意:从此步开始配制试剂空白。

6. 用移液管量取 25ml 稀释的样品至 50ml 烧杯中。

7. 用移液管量取 3ml 的饱和溴水至烧杯中。氧化反应 60 秒。

注意:加入溴水的目的是将 PCl_3 氧化为 H_3PO_4,在水中以 H_3PO_3 形式存在。

8. 逐滴加入饱和硫酸肼,直至过量溴的橙黄色消失;再加一滴。将溶液转移至第二个 50ml 容量瓶中。用几毫升蒸馏水洗涤烧杯几次,将洗涤液加入到第二个容量瓶中。

9. 用移液管量取 5ml 钼酸钠溶液和 2ml 1.5g/L 硫酸肼溶液至第二个容量瓶中(含氧化的样品)。向步骤 5 中装有 25ml 未氧化样品的容量瓶中加入等量的试剂。用蒸馏水稀释两个溶液至刻度并摇匀。

10. 将容量瓶浸入沸水浴中 10 分钟。取出并在冷水浴中迅速冷却至室温。立即进行测定(步骤 12~14)。

标准曲线绘制与质量控制

11. 在每份样品 3~500μg PCl_3($2~360μg H_3PO_4$)的范围内,配制至少 6 个浓度的标准系列,绘制标准曲线。

a. 用移液管量取标准储备液至 50ml 容量瓶中。

b. 与样品和空白一起进行制备(步骤 5~10)和测定(步骤 12~14)。

c. 以吸光度对磷酸的含量(μg)绘制标准曲线。

样品测定

12. 根据仪器说明书给出的条件,将分光光度计设置在830nm波长处。

13. 将几毫升样品或标准溶液加入比色皿中并放入分光光度计中。

14. 以试剂空白为参比,测定样品的吸光度。

计算

15. 根据标准曲线,计算每个氧化样品中磷酸的含量 M_o(μg)、未氧化样品中磷酸的含量 M_u(μg)和介质空白中磷酸的平均含量 M_b(μg)。

16. 按下式计算空气中 PCl_3 的浓度 C(mg/m^3):

$$C = \frac{1.4(2M_o - 2M_u - M_b)}{V}$$

式中:M_o——氧化样品中磷酸的含量(μg);

M_u——未氧化样品中磷酸的含量(μg);

M_b——介质空白中磷酸的平均含量 M_b(μg);

V ——采样体积(L)。

式中:1.4 = PCl_3 相对分子质量/H_3PO_4 = 相对分子质量 = 137.3/98.0。

方法评价

本法基于方法 P&CAM 305[1,2]。制备浓度为 0.5,1 和 2 倍 OSHA 标准的加标样品,样品回收率分别为 0.992,1.04 和 1.05。总体精密度和准确度尚未测定。用 6 对气泡吸收管采集 PCl_3 浓度为 3.1mg/m^3 的发生气(使用扩散池配制),PCl_3 的气泡吸收管采样效率为(0.99 ±0.06)。在浓度测定研究过程中,发现 PCl_3 有与空气中的水蒸气反应生成 H_3PO_3 雾的倾向。尝试用聚氯乙烯滤膜将 H_3PO_3 气溶胶从 PCl_3 蒸气中分离,由于滤膜与 PCl_3 反应而未成功。钼蓝的显色反应如下所示。

$PCl_3 + 3H_2O \longrightarrow H_3PO_3 + 3HCl$

$H_3PO_3 + Br_2 + H_2O \longrightarrow H_3PO_4 + 2HBr$

$H_3PO_4 + Na_2MoO_4 + N_2H_6SO_4 \longrightarrow$ 钼蓝

参考文献

[1] Arthur D. Little, Inc. Development of Methods for the Determination of Phosphoric Acid, PCl_3, PCl_5 and P_4S_{10} in Air, Final Report of NIOSH Contract 210 - 76 - 0038 (unpublished, May 10,1977).

[2] NIOSH Manual of Analytical Methods, 2nd ed., Vol. 5, P&CAM 305, U.S. Department of Health, Education, and Welfare, Publ. (NIOSH) 79 - 141 (1979).

[3] NIOSH/OSHA Occupational Health Guidelines for Chemical Hazards, U.S. Department of Healthand Human Services, Publ. (NIOSH) 81 - 123 (1981), available as GPO Stock #017 - 033 - 00337 - 8from Superintendent of Documents, Washington, DC 20402.

方法修订作者

Martin Abell, NIOSH/DPSE; P&CAM 305 Originally Developed under NIOSH Contract 210 - 75 - 0038.

一氧化二氮 6600

N_2O	相对分子质量:44.01	CAS 号:10024 - 97 - 2	RTECS 号:QX1350000
方法:6600,第二次修订		方法评价情况:完全评价	第一次修订:1984.2.15 第二次修订:1994.8.15
OSHA:无 NIOSH:25ppm ACGIH:50ppm (常温常压下,1ppm = 1.80mg/m^3)		性质:气体;沸点 -88.46℃;密度 1.53(空气 = 1)	

英文名称:nitrous oxide；hyponitrous acid anhydride；laughing gas

采样	分析
采样管:环境空气或采样袋	分析方法:长光程便携式红外光谱仪(现场读数)
最小采样体积:至少2倍光谱仪样品池体积	待测物:一氧化二氮(N_2O)
最大采样体积:无	操作:按照仪器说明书进行
样品稳定性:25℃下,采样袋样品为2小时	测量波长:4.48μm
样品空白:未受污染的空气	光程:0.5~40m(为所测浓度的函数)
	校准物质:N_2O的闭环稀释气
准确性	测定范围:10ppm 至 >1% N_2O(空气中)
研究范围:10~1000ppm	估算检出限:约1ppm(10m光程长);随着压力和仪器而改变
偏差:未知	精密度($\bar{S}_r$):0.01 [1](同一仪器)
总体精密度($\hat{S}_{rT}$):0.013 [1](不同仪器之间)	
准确度:±2.5%	

适用范围:测定范围为10ppm(v/v)至1%(v/v)N_2O以上。通过改变测定波长和光程,本法可用于两种或两种以上待测物的连续检测

干扰因素:在常见的应用领域里(即医院、牙科手术室或兽医手术室),无确定的干扰因素

其他方法:废麻醉气的标准文件[2]中也描述了一种红外方法

试剂	仪器
1. 99%一氧化二氮压缩气 * 　注意:现场校准时需要用该气体 2. 未受污染的空气	1. 红外光谱仪:便携式,长光程(0.5~40m,根据所测浓度范围的需要确定),波长4.48μm,带有体积已知的样品池 　注意:读数漂移必须小于每8小时5%满量程 2. 泵:用于将空气样品循环通过光谱仪的样品池;流量为每分钟约1样品池体积 3. 气密性注射器:0.1,0.5和1ml 4. 减压阀:用于调节一氧化二氮 5. 带状图形记录仪:应与光谱仪兼容(可选) 6. 个体采样泵:0.1~4L/min,能够使采样袋充满,带连接软管;塑料袋,惰性、干净、不渗透,各种规格,容量≥2倍光谱仪样品池的体积(可选,用于TWA样品) 7. 塑料管(可选;用于远程、实时分析)

特殊防护措施:一氧化二氮能支持燃烧,运输压缩标准气时,必须遵守关于危险品运输的49 CFR 1992条例

注:* 见特殊防护措施。

采样

1. 根据所需数据的形式,选择下列方法之一进行采样。

a. 环境空气。以每分钟约1倍样品池体积的流量,将环境空气泵入光谱仪样品池中。

注意:若数据以TWA浓度表示,则记录并积分连续输出的光谱仪信号;采集远程空气样品时,用真空泵连接塑料管,将其泵入光谱仪样品池中,并用与环境空气样品相同的方法进行分析。

b. 用于TWA测定的综合空气样品。

ⅰ. 将干净的塑料袋排空。

ⅱ. 将塑料袋与个体采样泵连接,以计算所得的流量(在采样时间下,以该流量采集的空气应足够使塑料袋充满)采集空气至袋中。当采样体积达到80%塑料袋容积时停止采样。

注意:在整个采样期间,流量必须保持在初始值±5%之内。

ⅲ. 在采样完成后,2小时内分析袋装样品,以尽量减小吸附和渗透造成的样品损失。

仪器准备和标准曲线绘制

2. 根据分析要求设置仪器参数。充分预热并平衡。

3. 在 10~1000ppm 浓度范围内,在现场用至少 5 个浓度,绘制标准曲线。

a. 当未污染的空气再次循环通过样品池时,将仪器调零。

b. 用气密性注射器将已知体积的 N_2O 注入样品池中。

注意:通过附在样品池的管和隔膜注入 N_2O。

c. 按下式计算样品池中 N_2O 的浓度 C_s(ppm):

$$C_s = \frac{\text{注入的 } N_2O \text{ 体积}(\mu l)}{\text{样品池体积}(L)}$$

d. 当仪器读数稳定时,记录仪表或记录仪的偏转。

e. 以 C_s 对仪表或记录器的偏转绘制标准曲线。

4. 进行日常仪器维护。

a. 按照厂商建议经常更换闭环系统中的隔膜。

b. 检查红外光谱仪中的 NaCl 窗口,一旦浑浊,更换。

注意:AgBr 光学器件浑浊较慢。

c. 遵照厂商建议,进行特定日常维护。

样品测定

5. 将空气泵入样品池以清洗样品池,然后进行分析。通常需要泵入 2~3 个样品池体积。当输出稳定时,记下仪表或记录仪读数。

6. 根据标准曲线上仪表或记录仪的偏转,直接读取未知样品中 N_2O 的浓度 C_v(ppm)。

7. 在每天操作过程中,按照步骤 2 定期检查标准曲线,检查时须重复标准曲线上的 3 个或以上的点。

方法评价

本法已成功用于医院、牙科手术室和兽医手术室。标准曲线具有重现性。Bartlett 均匀性测试表明不同操作人员所得的数据之间具有统计学可比性。在 10~1000ppm 范围内,由不同人员用相同的仪器绘制标准曲线,所得相对标准偏差($\bar{S}_r$)可低至 0.006 [1]。

参考文献

[1] Burroughs, G. E. NIOSH, Division of Physical Sciences and Engineering, unpublished data (1983).

[2] Criteria for a Recommended Standard... Occupational Exposure to Waste Anesthetic Gases and Vapors, U. S. Department of Health, Education, and Welfare, Publ. (NIOSH) 77 – 140 (1977).

方法作者

G. E. Burroughs and M. L. Woebkenberg, NIOSH/DPSE.

氧气 6601

O_2	相对分子质量:32.00	CAS 号:7782 – 44 – 7	RTECS 号:EL9450000
方法:6601,第二次修订		方法评价情况:完全评价	第一次修订:1985. 5. 15 第二次修订:1994. 8. 15
OSHA:19.5% (v/v) 最小值 NIOSH:19. 5~25% (v/v)(760mmHg) ACGIH:无标准		性质:气体;密度 1. 331g/L(25℃);分压 21.23kPa(159. 22mmHg, 20. 9% v/v,海平面)	
英文名称:oxygen			

采样	分析
采样管:便携直读式 O_2 监测器	分析方法:电化学传感器
采样流量:扩散式采样,无须采样泵	待测物:O_2
最小采样体积:1L	响应时间:O_2 浓度由 21%（v/v）O_2 到 19.5%（v/v）O_2 时,仪器相应时间为 5～25 秒[1]
最大采样体积:无	
运输方法:常规	定量标准:新鲜空气或压缩气罐中的标准气
样品稳定性:采气袋中稳定 4 小时	测定范围:N_2 中 0%～25%（v/v）O_2（线性响应）
样品空白:新鲜空气或来自气瓶的压缩合成空气	灵敏度:0.1%（v/v）O_2

准确性	
研究范围:空气中 15%～21%（v/v）O_2[1]	精密度（$\tilde{S}_r$）:0.096[1]
偏差:无[1]	
总体精密度（$\hat{S}_{rT}$）:0.096[1]	
准确度:±19%	

适用范围:测定范围为 0%～25%（v/v）O_2。对某些监测器,测定范围为 0%～100%。本法可用于测定工作场所空气中 O_2 浓度,尤其可测定有限空间的安全进入条件。许多仪器都足够小,可以佩戴在被测对象身上,用于测定个人呼吸带的 O_2 浓度

干扰因素:浓度为 5 倍 TLV 的许多常见工业化学物质不会对电化学传感器产生不利影响。压力和温度的变化对传感器有影响。大多数仪器都配有温度补偿电路,但是某些仪器需要平衡 1 小时。有几种型号的仪器带有压力补偿电路

其他方法:NIOSH 中无相关研究。本法是对 18 种市售 O_2 监测器的评价结果[2]

试剂	仪器
1. 新鲜空气或压缩气瓶中的 0.9% O_2,79.1% N_2 *	1. 氧气监测器,带电化学传感器,具有以下性能:对氮气中 15%～21% 范围内的 O_2 线性响应;8 小时的量程漂移和零点漂移≤0.2% O_2;O_2 浓度变化 1% 时,响应时间≤0.5 分钟
2. 压缩气瓶中的 16% O_2,84% N_2,用于溯源校准 *	2. 空气泵:0.2～2L/min,塑料管,用于采集远距离样品（可选）
	3. 采气袋:用于收集样品（可选）
	4. 传感器盖:带出口和进口配件,用于在受污染的大气中用压缩标准气瓶进行校准
	5. 空气在线适配器:用于采样富氧空气

特殊防护措施:运输压缩的标准气体时必须符合 49 CFR 1992 条例

注:* 见特殊防护措施。

采样和样品测定

1. 根据仪器说明书启动监测器。如果监测器在不同的环境中使用,应使其充分预热或平衡。如果遥感传感器与电子监测器在不同的区域使用,则用更长时间达到热平衡。

注意:仪器预热的时间通常为 10 分钟或更短,但是,如果采样环境温度与当前环境温度之差为 5° 或大于 5°,则预热时间需长达 1 小时。

2. 选择以下一种合适的采样方法。

a. 环境空气或贫氧空气。

ⅰ. 将监测器放置于被分析的大气中。使之平衡。

ⅱ. 记录% O_2。读取和记录。观察% O_2 的任何下降趋势。如果浓度降至 19.5% O_2,通入新鲜空气。

警告:当 O_2 的浓度低于 19.5% 时,从此区域撤离[3]。

b. 富氧空气。

ⅰ. 将传感器放置于空气线适配器中。使之平衡。

注意:如果线是受压的,在大气压下排出传感器中气流,以免传感器受压。

ⅱ. 记录% O_2。

标准曲线绘制与质量控制

3. 在检测现场,将传感器用新鲜空气或标准气体(O_2浓度20.9%)绘制标准曲线,多进行几次,当在新鲜空气中仪器也无法读取到20.9% O_2读数时,应更换传感器。

警告:不要试图用气瓶混合气给传感器加压,因为这会导致读数偏高,并且可能对传感器造成不可修复的损坏。

4. 将传感器置于含16%~19% O_2的氮气中,校准低浓度值,至少每天一次。

5. 将传感器置于来自气瓶的含16%~19% O_2的氮气中或将自己呼出的气体直接吹至传感器上以检查报警功能(若有)。按照仪器说明书进行本步操作,调整读数表,使其与校准值一致。

6. 日常的仪器维护。

a. 检查由于污垢和水分造成的传感器的扩散障碍。如有必要,用软布或纸巾进行清理。

b. 平均使用6~9个月后,更换传感器。

注意:当不使用时,将传感器池保存在氮气中,以延长使用寿命;某些型号使用非一次性的、用户可充电的传感器,这种传感器每2~4个星期需要进行充电。

c. 检查电池是否需要更换。

注意:对于可更换电池的型号,电池的寿命为2~6个月。某些仪器配有镍镉蓄电池,需要定期充电。大多数仪器可至少工作16小时而不用充电。某些仪器具有电量低的指标。

方法评价

O_2监测器已经成功地用于多个行业。对O_2浓度低的场所,可在进入前进行检测,并且在这些区域工作时可进行持续监测[3]。O_2检测器也已经在医院使用,监测因医疗而富氧环境中的O_2浓度。本法已经对缺氧环境做了大量的实验室进行了评价,表明本法具有稳定性和重现性[1]。用15种不同仪器监测相同的大气(在实验室条件下),监测8小时,100个读数的相对标准偏差(S_r)为0.52%。在每天开始的时候进行仪器校准,用18种不同仪器监测相同的大气,监测2天,126个读数的相对标准偏差(S_r)为1.22%[1]。

参考文献

[1] Woodfin, W. J. and M. L. Woebkenberg. An Evaluation of Portable Direct - Reading Oxygen Deficiency Monitors (NIOSH, unpublished, 1984).

[2] Katz, Morris, Ph. D. , Ed. Methods of Air Sampling and Analysis (Second Edition), Library of Congress Cat. No. 77 - 6876, American Public Health Association (1977).

[3] Criteria for a Recommended Standard. . . Working in Confined Spaces, U. S. Department of Health, Education, and Welfare, Publ. (NIOSH) 80 - 106 (1979).

方法作者

William J. Woodfin and Mary Lynn Woebkenberg, NIOSH/DPSE.

六氟化硫的便携式气相色谱法 6602

SF$_6$	相对分子质量:146.06	CAS号:2551 - 62 - 4	RTECS号:WS4900000
方法:6602,第一次修订		方法评价:完全评价	第一次修订时间:1994.8.15
OSHA:1000ppm NIOSH:1000ppm ACGIH:1000ppm (常温常压下,1ppm=5.97mg/m³)		性质:无色、无味的气体;熔点 -50.8℃; -63.8℃时升华;密度5.0(空气=1)	
英文名称:sulfur hexafluoride			

采样	分析
采样管:采气袋	分析方法:气相色谱法(便携式)
采样流量:0.02～0.1L/min;采样体积≤80% 容量;区域 样品(步骤2a)或 TWA 样品(步骤2b)	待测物:六氟化硫(SF_6)
样品稳定性:在5层采气袋中稳定28小时;在 Tedlar 袋 中稳定8小时	色谱柱:38cm×6mm(外径)不锈钢柱,填充 100～120 目活性氧化铝 检测器:电子捕获检测器
样品空白:采气袋采集的非工作区气体	定量标准:袋装标准物质或混合标准气体
	测定范围:0.1～>10,000 ppb
准确性	估算检出限:0.05 ppb
研究范围:0.1～200 ppb	精密度($\bar{S}_r$):0.022
偏差:-0.4%	
总体精密度($\hat{S}_{rT}$):0.022	
准确度:±4.8%	

适用范围: 在相对不复杂的、已知存在 SF_6 的大气中,其测定范围为 0.1～10,000 ppb。如在室内环境中,其已通过释放 SF_6 进行了通风测试

干扰因素: 任何在色谱柱上与 SF_6 具有相同或相近保留时间的化合物都会产生正干扰。在室内空气质量的研究中,CO_2 是另一种常见的用于评估通风系统的监测物质,因此它不会产生干扰

其他方法: 方法 S244[1] 描述了用采气袋收集 SF_6 后,用热导检测器进行测定的过程,该方法具有较低的检出限 500ppm,但其灵敏度不够用于通风研究

试剂	仪器
1. SF_6 浓度已知的空气,用于现场校准。现场制备:将经验证的市售标准压缩气体* 或已知量的纯(或高浓度)SF_6* 注入至含有已知体积的干净空气样品袋中(见"仪器")	1. 便携式气相色谱(GC),带电子捕获检测器,必要时带定量环(使用定量环会限制进样体积的大小,因此会限制方法的使用范围),并适当带形图纸记录仪
2. 压缩的氩气或其他气体*,约 30psi,用作载气	2. 个体采样泵:0.02～0.1L/min 或适用于其他采气袋的流量,带有连接软管 注意:不要用石油产品润滑泵
	3. 采气袋:1～20L 或其他规格,如 Calibrated Instruments, Inc. , 200 Saw Mill River Rd. , Hawthorne, NY 10532; SKC, Inc. , 334 Valley View Rd. , Eighty - Four, PA 15330 - 9614
	4. 气密注射器:适于 GC 的各种规格 注意:为减少污染的可能性,用未用过的注射器分别转移标准工作气体和样品。通过向注射器注满干净的空气,并分析其中的成分来检查注射器的污染
	5. 标签纸和记号笔:用于标记采气袋

特殊防护措施: 运送放射性同位素、标准物质和压缩气体时必须符合关于危险品运送的 49 CFR 171～177 条例;操作压缩气体时,应该采取适当的防护措施

注:* 见特殊防护措施。

采样和样品测定

1. 按照仪器说明书启动 GC 和记录仪,并进行预热。

注意:在可能使用的最高灵敏度时应有稳定持续的电流和稳定的基线。

2. 选择下列一种采样方法或者两者都选。

a. 区域样品。

若有采样泵,用采样泵将空气样品泵入到 GC 气体定量环中,或者用气密注射器进样至 GC 中。

注意:不准确的重复进样是本法中产生随机误差的潜在原因。减小误差的方法:用气体定量环进样;每个样品至少进行3次重复测定;用可精确读取的进样体积,并与校准气体的体积一致。

b. 用于时间加权平均浓度(TWA)测定的综合空气样品。

用最短的软管将干净的采气袋接至个体采样泵的出口。

注意:为减少记忆效应和污染,在采样之间,应该用干净的空气净化采气袋;理想情况下,在使用之前,采气袋应该充满干净的空气,并将采气袋中的空气样品注入至 GC 中以验证采气袋在使用前是干净的;以已校准的采样流量将空气样品注入至采气袋中,在所需的采样期间,采气袋的充入量应 <80% 容量;但是无须知道准确的采样流量,重要的是在整个采样期间,采样流量恒定;在采样完成后 8 小时内,将一定量的样品进样至 GC 中(如上述步骤 2a);如果使用中证明采气袋是完好的,则袋装样品可以储存更长的时间。

c. 测定 SF_6 的峰高或峰面积。

标准曲线绘制与质量控制

3. 现场采样前,在实验室中进行如下操作。

a. 用至少 5 个不同待测物体积的样品,每个体积至少重复测定 3 次,绘制实验室标准曲线。以峰高(或面积)对 SF_6 体积绘制标准曲线。

b. 测定检测器漂移,取预计现场使用时间的平均值。

c. 测定气相色谱柱的分离能力,即将 SF_6 与其他已知或预计存在于现场样品中的物质分离的能力。

4. 在与样品相同的条件下(步骤 2a)测定标准工作气,一式三份,进行日常的现场校准。以峰高(或面积)对 SF_6 体积的绘制标准曲线。如可能,交替分析样品和标准工作气。

计算

5. 将样品峰高或峰面积与标准曲线(步骤 5)比较,计算待测物在样品中的体积 V_a(计为 pL)。用 V_a 除以进样体积 V_i(ml),计算样品中 SF_6 的浓度 C(ppb):

$$C = \frac{V_a}{V_i}$$

注意:某些 GC 会执行部分或全部计算;测定的 SF_6 浓度,计为 pg/ml(即 mg/m^3),也可通过以峰高或峰面积对待测物含量(mg)绘制实验室和现场的标准曲线(步骤 4,5),则步骤 6 中"V_a"变为待测物的含量"M_a"。

方法评价

在 SF_6 浓度为 0.1 ~ 200 ppb(0.0006 ~ 1.2 pg/m^3)的范围内,用增设了注射器进样口的离子跟踪仪(ITI)505 型便携式 SF_6 检测器色谱仪对本法进行了验证。SF_6 空气混合气来自 Scott Specialty Gases, Inc.,浓度(±5%)为 1.02,10.5,36.6,77.6,105,155 和 203 ppb。(10.5 ppb 标准气按 1:100 稀释至 0.105 ppb 的标准气。)用实验室的压缩空气稀释 SF_6(最低纯度为 99.8%,Union Carbide)配制标准气。将稀释的空气通过活性炭以除去痕量的碳氢化合物。由于痕量的 SF_6 不会被炭除去,因此在使用之前需进行检测。用与进样样品类型相同的气密注射器进样 SF_6,进行测定,但是用于制备标准气的注射器不能用于进样到 GC 中,因为在进样中已经显示它们会保留痕量的 SF_6。用 2L 的 Hamilton 注射器将稀释的空气计量至与采集样品时所用惰性采气袋型号相同的袋中。填充柱 – 室温等温气相色谱法几乎不需要对样品进行处理,并可快速分析待测物,但这会降低待测物从潜在干扰物中分离的能力。评价本法时用的色谱柱为 38cm×0.6cm(外径)不锈钢柱,填充 100 ~ 120 目活性氧化铝,氩气为载气,流量约为 30ml/min。在一个工作班次期间,对上述条件下的多个样品和校准标准气进行重复分析,SF_6 的保留时间约为 1.4 分钟。提高载气流量会加快分析,但降低了灵敏度。每小时的基线漂移通常低于 10%。重复分析的相对标准偏差范围为 0.90% ~ 5.64%,平均值为 2.2%。分析市售标准气的结果在 97.6% ~ 102.8% 之间,平均值为 99.6%。

多层 5.5mil 袋(Calibrated Instruments, Inc.)中的样品,经检测在 28 小时内没有明显的浓度变化。4mil Tedlar 袋(SKC 公司)中的样品,经检测在 28 小时后没有明显的浓度变化。

参考文献

[1] NIOSH Manual of Analytical Methods, 2nd ed., Vol. 5, U. S. Department of Health, Education, and Welfare (NIOSH) Publ. 79 – 141 (1979).

方法作者

G. E. Burroughs，NIOSH/DPSE

二氧化碳 6603

CO_2	相对分子质量:44.01	CAS 号:124 – 38 – 9	RTECS 号:FF6400000
方法:6603,第二次修订		方法评价情况:完全评价	第一次修订:1989.5.15 第二次修订:1994.8.15
OSHA:5000ppm；STEL 30000ppm NIOSH:5000ppm；STEL 30000ppm ACGIH:5000ppm；STEL 30000ppm （常温常压下,1ppm = 1.8mg/m³）		性质:气体；– 78.5℃ 时升华	
英文名称:carbon dioxide; carbonic acid ; dry ice			

采样	分析
采样	**分析**

采样

采样管:气体采样袋

采样流量:0.02 ~ 0.1L/min;采样体积为≤80% 采样袋
　　容量;区域样品（步骤 2a）或 TWA 样品（步骤 2b）

样品稳定性:至少 7 天(25℃)[1]

样品空白:非工作区域的气体,收集于采样袋中

准确性

研究范围:2270 ~ 10000ppm[3]（3.5L 样品）

偏差: – 2.5%[3]

总体精密度（$\hat{S}_{rT}$）:0.014[1]

准确度:±5.3%[1]

分析

分析方法:气相色谱法（便携式）,热导检测器（TCD）

待测物:CO_2

气化室温度:室温

检测器温度:70℃

柱温:室温

载气:氦气,100ml/min

色谱柱:不锈钢柱,1.5m×6mm（内径）,填充 80 ~ 100 目 Poropak QS

检测器:热导检测器

定量标准:袋装标准气或已校准的混合气体

测定范围:500 ~ 15000ppm[2]

估算检出限:1ppm

精密度（$\bar{S}_r$）:0.005[1]

适用范围:当空气组分相对简单时,测定范围是 500 ~ 15000ppm（900 ~ 2700mg/m³）

干扰因素:用相同的色谱柱时,与 CO_2 具有相同或近似保留时间的任意化合物

其他方法:本法是方法 S249[2] 的修订版

试剂

1. CO_2 * : 99% 或更高的纯度

2. 氮气 * :高纯

3. 氦气 * :高纯

4. 空气 * :过滤

仪器

1. 便携式气相色谱仪（GC）:热导检测器,色谱柱（方法 6603）和 5ml 定量环

2. 如果方便,安装条形图纸记录仪（许多 GC 已经内置数据处理功能）

3. 个体采样泵:配有连接软管,流量 0.02 ~ 0.1L/min 或适于填充采气袋的流量

4. 采气袋:5 层,2 ~ 20L 或其他适当的规格,装有金属阀和软管接口（Calibrated Instruments,731 Saw MillRd. , Ardsley, NY 10502 或等效物）

5. 气密性注射器:10ml 和其他规格,用于制备标准溶液,如果 GC 没有配置定量环,亦可用于 GC 进样

6. 已校准的转子流量计:用于制备标准溶液

7. 标记胶带和记号笔:用于标记样品袋

特殊防护措施:运送压缩气体时必须符合危险品运输的 DOT 49 CFR 171 – 177 条例

注:* 见特殊防护措施。

采样和样品测定

1. 按照仪器说明书开启 GC 和记录仪（如果使用的话）并进行预热。

注意：基线变直时进样，可以获得最高灵敏度。

2. 选择以下采样模式之一。

a. 区域样品。如果连接了采样泵，用采样泵抽取空气样品，注入 GC 定量环中。或者，用气密注射器将采集的空气进样到 GC 中。

注意：不精确的重复进样是产生随机误差的重要因素。为提高精密度可以如下操作。

ⅰ. 可以使用定量环进样。

ⅱ. 每个样品至少进行 3 次重复测定。

ⅲ. 注入足够大的体积以便可以精确读取，且与标准溶液所用体积一致。

b. 用于 TWA 检测的综合空气样品。

ⅰ. 用个体采样泵进气口排空干净的样品袋。

注意：为减少记忆效应和污染，仅用之前未使用过的样品袋。

ⅱ. 用最短长度的软管将样品袋连接至个体采样泵出口。

ⅲ. 计算在一定的采样时间内将空气样品注入样品袋中，使充入量≤80% 样品袋容量时，所需的采样流量，以此流量采样。

注意：在整个采样期间，流量必须已知，且变化在 ±5% 以内。

ⅳ. 在采样后 24 小时内，将样品进样到 GC 中（与步骤 2a 一样）。

3. 获得进样样品的 CO_2 峰高。

注意：在这些条件下，CO_2 约在 2 分钟时流出，且在 O_2 和 N_2 之后出峰。

标准曲线绘制与质量控制

4. 在现场工作开始之前，在实验室按如下步骤操作。

a. 配制至少 5 个浓度的标准工作气，每个浓度重复测定 3 次，以峰高对 CO_2 含量绘制标准曲线。

b. 测定在现场使用的预计时间段内的平均检测器漂移。

c. 测定 GC 柱将 CO_2 色谱峰从其他已知或预测存在于现场样品中的物质中分离的能力。

5. 在与样品相同的条件下（步骤 2a）重复三次测定标准工作气体，以峰高对 CO_2 含量绘制现场标准曲线。如果可能的话，交替分析样品和标准工作气。

计算

6. 将样品峰高与标准曲线进行对比（步骤 5），计算样品中 CO_2 的含量 W（ng）。测定 CO_2 在进样体积 V（ml）中的浓度 C（mg/m^3）：

$$C = \frac{W}{V}$$

注意：某些 GCs 会自动进行此计算。

方法评价

本法用于测定 CO_2，并在与参考文献[3]所描述的验证标准一致的条件下进行了评价。确认范围为 2270 ~ 10000ppm，评价所用仪器为：配备热导检测器和 5ml 定量环的 Fisher - Hamilton Gas PartitionerModel 29 型气相色谱仪[1,2]。浓度为 5800ppm 的 CO_2 在储存 7 天后的回收率分别为 92.5%（Saran 或 Tedlar 袋）和 99.5%（5 层袋）。除了在方法评价中使用的 GC 和色谱柱外，其他型号的 GC 和色谱柱亦可用于 CO_2 的检测。

参考文献

[1] Documentation of the NIOSH Validation Tests, S249, U. S. Department of Health, Education, and Welfare Publ. (NIOSH) 77 - 185 (1977).

[2] NIOSH Manual of Analytical Methods, 2nd ed., Vol. 3, S249, U. S. Department of Health, Education, and Welfare (NIOSH) Publ. 77 - 157 - C (1977).

[3] NIOSH Research Report - Development and Validation of Methods for Sampling and Analysis ofWorkplace Toxic Substances, U. S. Department of Health and Human Services, Publ. (NIOSH)80 - 133 (1980).

方法作者

M. L. Woebkenberg, NIOSH/DPSE

一氧化碳 6604

CO	相对分子质量:28.00	CAS 号:630 – 08 – 0	RTECS 号:FG3500000
方法:6604,第一次修订		方法评价情况:完全评价	第一次修订:1996.5.15
OSHA:50ppm NIOSH:35ppm; C 200ppm ACGIH:25ppm (1ppm = 1.14mg/m³)		性质:气体;沸点 – 192℃;熔点 – 207℃;饱和蒸气密度 0.967(空气 = 1);空气中爆炸极限12.5% ~74.2%	
英文名称:carbon monoxide; carbon oxide; carbonic oxide; flue gas			

采样	分析
采样管:便携直读式 CO 监测仪	分析方法:电化学传感器
最小采样体积:取决于仪器	待测物:CO
最大采样体积:无	定量标准:
运输方法:仪器的常规运输	零点校准:无 CO 的空气
样品稳定性:至少 7 天(25℃)[1](铝塑采气袋)	量程校准:所需量程范围的标准气瓶
样品空白:新鲜空气或来自钢瓶的无 CO 压缩空气	测定范围:0 ~200ppm
准确性	估算检出限:1ppm
研究范围:0 ~200ppm	精密度($\bar{S}_r$):0.035(20ppm);0.012(50ppm);0.008(100ppm)[2]
偏差: – 1.7%[2]	
总体精密度($\hat{S}_{rT}$):0.022[2]	
准确度:±6.0%	

适用范围:便携式、直读式 CO 监测仪适用于任何环境中的个体或定点检测

干扰因素:在 5ppm 以上浓度下,几种气体污染物(如:NO_2、SO_3)会产生干扰。如果已知或怀疑存在这些或其他污染物,可使用传感器上带化学干扰吸收器的监测仪。未知的污染物需要进一步的实验以确定它们对传感器的影响。经过测试,SO_2(5ppm)、CO_2(5000ppm)、二氯甲烷(500ppm)、柴油(6μl/L,约 0.3ppm 苯)和汽油蒸气(1μl/L,约 1ppm 苯)对大多数监测仪的读数没有影响[2]。某些监测仪配有化学干扰吸收器,而其他监测仪则选择性配有化学干扰吸收器

其他方法:袋装样品收集于铝塑采气袋(2L 或更大)内,用标准帽接到传感器上,再用个体采样泵以 0.250L/min 的流量将样品通入传感器,进行分析

试剂	仪器
CO* 标准气体,20 ~50ppm,压缩气钢瓶,适当的减压阀,以及厂商建议的用于现场检查检测器响应的其他物品	1. CO 监测仪:Envirocheck I 单传感器 CO 监测仪(Quest Technologies);CO262 或 STX70(Industrial Scientifi);MiniCO(MSA);或其他具有等效性能规格的电化学 CO 监测仪 2. 个体采样泵:流量 0.250L/min。当需要实验室分析时,带进、出气口,用于采气袋采样和样品分析 3. 铝塑采气袋:2L 或其他规格(可选) 4. 替换电池或蓄电池充电器:适用于监测仪

特殊防护措施:CO 极易燃,易引起火灾和爆炸,且吸入后有毒性;必须遵循 49 CFR 1992 压缩标准气体运输条例

注:* 见特殊防护措施。

采样和样品测定

1. 如可能,在与工作环境相同的温度和相对湿度下,用无 CO 的空气进行调零。

注意:监测仪对温度的变化比对湿度的更灵敏。大多数监测仪有温度补偿电路。

2. 对于个体监测,尽可能在靠近劳动者的呼吸带处放置监测仪。

3. 对于定点监测,在空气循环良好的距离地面152.4 ~177.8cm 处放置监测仪。

注意:确保传感器在两种应用中不会被阻塞。

标准曲线绘制与质量控制

4. 用加压钢瓶中的 CO 标准气体绘制标准曲线,其浓度由监测仪生产厂家建议的 CO 浓度(通常为 20~50ppm CO)。尽可能在接近使用监测仪工作环境的温度和相对湿度下进行。

5. 每天检查标准曲线,当监测仪读数与量程校准气体浓度相差 5% 或更多时,或者按照仪器说明书的建议,重新绘制标准曲线。

计算

6. 从监测仪的显示器上直接读取浓度。

某些监测仪(数据记录器模式)可以累积数据,保持数据的连续记录并计算平均值、时间加权平均浓度(TWA)、峰浓度等。这些数据可在任何时候从显示器上读取。有些监测仪也可保存这些信息,在监测结束时以下载到计算机或打印机上。其他监测仪仅能显示当前的读数,要求操作者手工记录数据。所有监测仪配有警报器(听觉的、视觉的或两者兼有),当 CO 浓度超出预设的警报浓度时,可以提醒用户。许多监测仪配有两级警报[3]。

方法评价

在室温和一定相对湿度下,CO 浓度达到 200ppm 时,对 6 个直读式 CO 监测仪的性能进行了为期 12 个月的评价。大多数测试在或接近 PEL 浓度下进行。平均回收率的研究:用 6 种不同的监测仪,每隔约 1 小时读数。在 20ppm 下的回收率为 105%(n=42);在 50ppm 下的回收率为 99.6%(n=36);在 100ppm 下的回收率为 99.9%(n=30)。因此,总体平均偏差为 -1.7%。在 20ppm 下的精密度($\bar{s}_r$)为 0.035(5 个监测仪在 7 小时内的 35 个读数),在 50ppm 下的精密度($\bar{S}_r$)为 0.012(5 个监测仪在 6 小时内的 30 个读数),在 100ppm 下的精密度($\bar{S}_r$)为 0.008(6 个监测仪在 6 小时内的 36 个读数)。同时也研究了响应时间、零点漂移、量程漂移、报警分贝水平、电池寿命、传感器寿命、所选干扰物(气体、蒸气和射频)的影响,以及处理和传送数据至远程站点的影响。

参考文献

[1] NIOSH [1977]. Backup Data Report No. S340, Prepared under NIOSH Contract No. 210-76-0123.

[2] Woodfin WJ, Woebkenberg ML [in preparation]. An Evaluation of Portable Direct-reading Carbon Monoxide Monitors.

[3] Ashley K [1994]. Electroanalytical Applications in Occupational and Environmental Health. Electroanalysis 6:805-820.

方法作者

W. James Woodfin, NIOSH, DPSE, MRB

二氧化氮(扩散式采样管) 6700

NO₂	相对分子质量:46.01	CAS 号:10102-44-0	RTECS 号:QW9805000
方法:6700,第二次修订		方法评价情况:完全评价	第一次修订:1984.2.15 第二次修订:1998.1.15
OSHA:C 5ppm NIOSH:STEL 1ppm/15min ACGIH:3ppm; STEL 1ppm (常温常压下 1ppm=1.881mg/m³)			性质:棕黄色发烟液体或红褐色气体;沸点 21℃;熔点 -9.3℃;密度 1.448(20℃);饱和蒸气密度 1.59(空气=1)

英文名称:nitrogen dioxide; nitrogen peroxide, dinitrogen tetroxide, Azote

采样	分析
采样管:扩散式采样管(Palmes 管,带三个三乙醇胺处理过的筛网)[1]	分析方法:可见吸收分光光度法
最小采样时间:15 分钟(在 5ppm 下)	待测物:亚硝酸根离子(NO_2^-)
最大采样时间:8 小时(在 10ppm 下)	试剂:磺胺水溶液,H_3PO_4 和 N -(1 - 萘基)乙二胺二盐酸盐
运输方法:常规	测量波长:540nm
样品稳定性:制备后一个月内使用采样管;采样后一个月内进行分析	光程:1cm
样品空白:每批样品 2 ~ 10 个	定量标准:试剂中的 $NaNO_2$ 溶液
	测定范围:每份样品 0.13 ~ 8.5μg NO_2^-[2]
准确性	估算检出限:每份样品 0.01μgNO_2
研究范围:1.2 ~ 80ppm - h(每份样品 0.13 ~ 8.5μg NO_2)[2]	精密度($\bar{S}_r$):0.05[2]
偏差: - 6.8%	
总体精密度($\hat{S}_{rT}$):0.06[3]	
准确度:±16.0%	

适用范围:测定范围为 1.2 ~ 80ppm - h[2]。本法适用于测定最高容许浓度和短时间接触浓度样品。在开发此被动式采样器时,假设 NO_2 完全转化为亚硝酸根离子[1]。NO_2 未完全转化为亚硝酸根离子(索尔兹曼因子 <1)可导致负偏差[1]。在低压下(- 7%,海拔 5500m),扩散式采样器的采样效率较低[4]

干扰因素:在多尘环境中,粉尘会沉积在采样管的内表面。将分析纯试剂中的尘再悬浮会使分光光度的读数产生正偏差

其他方法:短期检测管、长期检测管、被动指示器管及其他各种扩散式采样器及电化学仪器已用于采集 NO_2。NMAM 方法 6014[5] 也采用用活性固体吸附剂的采样方法,有相似的显色反应

试剂	仪器
1. 吸附剂:将 1 份试剂级的三乙醇胺(TEA)和 7 份分析纯丙酮混合 *	1. 采样管:见附录[1]
2. 磺胺溶液:将 2g 磺胺和 5ml 浓 H_3PO_4 混合,用蒸馏水稀释至 100ml	a. 丙烯酸管:内径 9.5mm
3. N -(1 - 萘基)乙二胺二盐酸盐(NEDA)溶液:称取 70mg NEDA,溶于 50ml 蒸馏水中	b. 不锈钢网:每厘米 16 × 16 目
4. 混合试剂:混合 1 份磺胺溶液、1 份水和 1 份 NEDA 溶液。避光冷藏。稳定 1 个月	c. 聚乙烯盖:无凸缘的,12.7mm
5. 亚硝酸钠储备液:0.05M。准确称量 0.345g $NaNO_2$(试剂级)。溶于 100ml 去离子水中。避光冷藏。稳定 90 天	d. 聚乙烯盖:凸缘的 12.7mm
	e. 钢笔夹:12.2mm
	f. 电工胶带:塑料
	g. 管阀润滑脂
6. 标准储备液:用蒸馏水稀释 $NaNO_2$ 储备液(如 1:50 稀释,得到 1nmol NO_2^-/μl)。使用前配制新溶液	2. 分光光度计:波长 540nm,带 1cm 比色皿
	3. 容量瓶和移液管
	4. 混合器:振动或涡旋(可选)
	5. 镊子

特殊防护措施:丙酮具有火灾危险

注:* 见特殊防护措施。

采样

1. 安装采样管,法兰帽朝下。取下法兰帽,开始采样。估算大致的采样时间,使 NO_2 的采集量在 1.2 ~ 80ppm - h(0.13 ~ 8.5μg NO_2)范围内。

2. 盖上法兰帽,停止采样。

标准曲线绘制与质量控制

3. 在 0 ~ 40nmol(0 ~ 1.84μg)NO_2^-/2.1ml 混合试剂范围内,配制至少 6 个浓度的标准系列,绘制标准曲线。

a. 用标准储备液配制标准系列,立即使用。

b. 显色反应 10 分钟。

c. 将标准系列转移至比色皿中并进行分析(步骤 6 ~ 8)。

4. 以 540nm 处的吸光度对 NO_2 的含量(nmol)绘制标准曲线。

注意:40nmol NO_2 的吸光度约为 1 个吸光度单位。

5. 测定采样管的尺寸。如果采样管的横截面积与管的长度的比值(A/L)与 0.10cm 相差较大,重新计算扩散采样效率(步骤 9)。

样品测定

6. 从采样管上取下法兰帽。直接向采样管中加入 2.1ml 混合试剂。

注意:如果 2.1ml 不能完全覆盖分光光度计的出口狭缝,则需使用更大的体积,并且标准溶液和未知样品使用的体积相同。

7. 再次盖上采样管,手动或用混合器混匀。显色反应 10 分钟。

8. 将溶液转移至比色皿中,在加入试剂 30 分钟内读取 540nm 处的吸光度。

注意:如果读数超出标准曲线的范围,用混合试剂稀释或扩大标准曲线范围。

计算

9. 根据标准曲线,计算采样管采集的亚硝酸根离子(NO_2^-)的纳摩尔数。除以 2.3nmol/ppm – h(扩散采样效率[1])和样品接触时间 t(h),得 NO_2 的时间加权平均浓度 C(ppmNO_2):

$$C = \frac{\text{nmol } NO_2^-}{2.3t}$$

注意:如果采样管的尺寸与附录中指定的不同,用 $2.3 \times [$ 实际 $A_t/L(cm) \div 0.1cm]$nmol/ppm – h 作为扩散采样效率;因为采样量小,假设 NO_2 完全转化为 NO_2^-[1]。

方法评价

本法以纽约大学的 E. D. Palmeset 等开发的方法为基础[1]。由 NIOSH(1982)[2] 进行了实验室评价,估算了分析精密度和测定范围。用在地下盐矿采集的平行样品估算了总体精密度($\hat{S}_{rT}$)为 0.03[3]。在实验室研究中,在 1.3 ~ 79ppm – h 范围内[2],本法的结果平均为文献方法的(94 ± 4)%(平均值 ± S_r)。现场研究中,在 12 ~ 19ppm – h 范围内[3],本法的结果为文献方法的(109 ± 9)%(平均值 ± S_r)。当浓度随时间变化且采样时间较短时,本法可能存在采样误差[6,7]。例如,S_r 值与 TWA 的估算值相关,S_r 计算[6] 等于 0.5,TWA 为在 15 分钟采样时间内随机 10 秒的浓度脉冲。其次,文献[6]报道的一组特定的实时浓度数据是在工业环境中测得的。对于这些数据,在进行 15 分钟 TWA 估算时,误差(S_r)等于 0.12。尽管误差很大,但因为采样误差的方差与采样时间成反比,所以由时间变化产生的类似误差,可通过增加采样时间得到良好控制。

参考文献

[1] Palmes ED, Gunnison AF, DeMattio J, Tomczyk C [1976]. Personal Sampler for Nitrogen Dioxide. AmIndHygAssoc J 37:570 – 577.

[2] Woebkenberg ML[1982]. A Comparison of Three Personal Passive Sampling Methods for NO_2. AmIndHygAssoc J 43:553 – 561.

[3] Jones W, Palmes ED, Tomczyk C, Millson M [1979]. Field Comparison of Two Methods for The Determination of NO_2 Concentration in air. Am IndHygAssocJ 40:437 – 438.

[4] Lindenboom R, Palmes ED [1983]. Effect of Reduced Atmospheric Pressure on a Diffusional Sampler. AmIndHygAssoc J 44:105 – 108.

[5] NIOSH [1994]. Nitric Oxide and Nitrogen Dioxide: Method 6014. In: Eller PM, Cassinelli ME, Eds. NIOSH Manual of Analytical Methods (NMAM), 4th ed. Cincinnati, OH: National Institute for Occupational Safety and Health, DHHS (NIOSH) Publication No. 94 – 113.

[6] Bartley DL, Doemeny LJ, Taylor DG [1983]. Diffusive Monitoring of Fluctuating Concentrations. AmIndHygAssoc J 44:241 – 247.

[7] Hearl FJ, Manning MP [1980]. Transient Response of Diffusive Dosimeters. AmIndHygAssoc J41:778 – 783.

方法修订作者

Frank Hearl，NIOSH/DRDS；Mary Lynn Woebkenberg，NIOSH/DPSE.

附录：采样管的制备

1. 测定一段内径为 9.5mm 丙烯酸管的平均横截面积。

a. 将管的一端盖上盖子。倒入已知体积 v(ml)的水，至将近充满整个管(例如：180cm 长的管需 100ml 水)。

b. 测定管中水柱的高度 h(cm)。

c. 测定管的平均横截面积 $A_t(cm^2)$：

$$A_t = \frac{v}{h}$$

2. 将管切成长 L(约 7.1cm)，如此 A_t/L 正好等于 0.1cm。

注意：采样率与 A_t/L 成正比。$A_t/L = 0.1cm$ 时，采样率为 2.3nmol/ppm - h [2]。

3. 用 10.3mm 纸打孔机或其他合适的方法，将不锈钢网切成圆形部分，直径为 10.3～11.1mm。

4. 在超声波清洗器中用洗涤剂溶液清洗管、网、和盖子。用去离子水冲洗，空气干燥。

5. 将网浸入吸附剂中。

6. 用镊子将网放置在吸水纸上。立即用镊子尖头压住网，使丙酮蒸发。

7. 在无法兰帽的底部叠放 3 个处理过的网。将丙烯酸管插入到无法兰帽中，固定网(图 4 - 0 - 5)。

8. 钢笔夹在丙烯酸管上滑动至接触无法兰帽。用电工胶带固定钢笔夹和无法兰帽。

9. 在丙烯酸管未盖的一端外侧涂上少量的活塞润滑脂，并使法兰帽滑动到适当的位置。

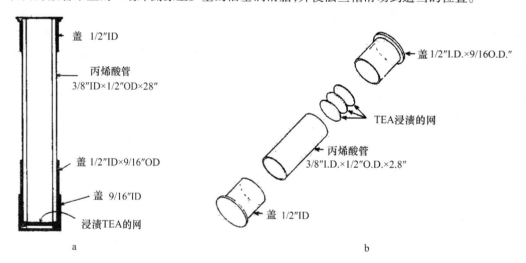

图 4 - 0 - 5　采样管的装配视图(a)和分解视图(b)(ID—内径，OD—外径)

碳化硼 7506

B₄C	相对分子质量:55.26	CAS 号:12069 - 32 - 8	RTECS:无
方法:7506,第二次修订	方法评价情况:部分评价	第一次修订:1985.8.15 第二次修订:1994.8.15	
OSHA:无 NIOSH:无 ACGIH:无	性质:固体;密度 2.51g/ml;熔点 2350℃		

英文名称: boron carbide

采样	**分析**
采样管:旋风式预分离器 + 滤膜(10mm 尼龙旋风式预分离器或 Higgins – Dewell(HD)旋风式预分离器 + 5μmPVC 滤膜)	分析方法:X 射线粉末衍射
	待测物:碳化硼
采样流量:尼龙旋风式预分离器:1.7L/min	灰化:RF 等离子体灰化器
HD 旋风式预分离器:2.2L/min	悬浮:于 2 – 丙酮中
最小采样体积:100L(在 1mg/m³ 下)	再沉积:0.45μm Ag 膜滤器
最大采样体积:1000L	XRD:铜钯 X 射线管,优化强度;接受狭缝 1°,石墨单色仪;闪烁检测器,慢步扫描(慢)0.02°/10s,扣除背景后积分强度
运输方法:常规	
样品稳定性:稳定	定量标准:异丙醇中的 B₄C 悬浮标准液
样品空白:每批样品 2 ~ 10 个	测定范围:每份样品 0.1 ~ 2mg
定性样品:需要;定点呼尘或沉降尘	估算检出限 LOD:每份样品 0.05mg
准确性	精密度($\bar{S}_r$):0.04 [1]
研究范围:未研究	
偏差:未测定	
总体精密度($\hat{S}_{rT}$):未测定	
准确度:未测定	

适用范围: 采用体积为 500L 时,测定范围为 0.2 ~ 4mg/m³。本法特定用于测定其他矿物粉尘中的碳化硼

干扰因素: 二氧化钛、银、二硼化钛、氧化铌、氯化银干扰物;见附录 A

其他方法: 本法是 P&CAM 324 [1] 的修订版

试剂	**仪器**
1. 碳化硼:ACS 级,粒度小于 10μm。用 10μm 孔径的筛进行超声湿筛分,达到近似的呼尘。蒸发醇。将筛分的物质在 110℃ 的烘箱中干燥 1 小时,冷却后储存在干燥器中	1. 采样管 　a. 滤膜:聚氯乙烯滤膜,直径 37mm,孔径 5.0μm,由衬垫支撑,置于两层式滤膜夹(最好为导电型)中。用胶带或纤维素收缩带密封在一起 　　注意:测试用于 THF 消解的 PVC 滤膜 　b. 旋风式预分离器:10mm 尼龙或 Higgins – Dewell(HD)或等效产品 　c. 采样头架:架必须将滤膜夹、旋风式预分离器和连接器紧紧地连接在一起,使空气只从旋风式预分离器进气口进入
2. 异丙醇	
3. 干燥剂	2. 定性样品采样器:PVC 滤膜,直径 37mm,孔径 5μm,三层式滤膜夹,采样流量 4L/min
	3. 采样泵:HD 旋风式预分离器 2.2L/min;尼龙旋风式预分离器 1.7L/min;定性样品采样器:3L/min
	4. 银滤膜:直径 25mm,孔径 0.45μm,滤膜可商购(如 Poretics Corp., Millipore Corp.)
	5. X 射线粉末衍射仪,配铜靶 X 射线管、石墨单色仪和闪烁检测器
	6. 参考样品(云母,Arkansas 石,或其他稳定的标准物):用于数据标准化
	7. 过滤器和侧臂真空过滤瓶:具 25mm 和 37mm 过滤架
	8. 筛子:10μm,用于湿筛
	9. 分析天平(0.01mg)
	10. 磁力搅拌器:带绝热顶
	11. 超声波清洗器或超声波探头
	12. 移液管:2 ~ 20ml
	13. 容量瓶:1L
	14. 干燥器
	15. 具玻璃磨口塞的试剂瓶
	16. 烘箱
	17. 聚乙烯洗瓶
	18. 烧杯:硼硅玻璃,50ml,配表面皿
	19. 胶水或胶带:用于将银滤膜固定在 XRD 样品架上

特殊防护措施: 无

采样

1. 串联一个有代表性的采样管来校准采样泵。

2. 尼龙旋风式预分离器以 $(1.7 \pm 5)\%$ L/min 流量采样,HD 旋风式预分离器以 $(2.2 \pm 5)\%$ L/min 流量采样,总采样体积为 $100 \sim 1000$L。滤膜上总粉尘的增量不得超过 2mg。

注意:任何时候采样装置不能装反;旋转旋风式预分离器不能平放,以防上面的大颗粒掉到滤膜上;若要测定总碳化硼的量,则不使用旋风式预分离器,而用 PVC 滤膜以 $1 \sim 4$L/min 流量采样。

3. 采一个粉尘定性样品[如 $1m^3$(4L/min)]。

样品处理

4. 制备大采样体积的呼尘或沉降尘样品,用于定性分析。转移到滤膜和 XRD 样品架上,操作方法如下。

a. 个体样品按照如下描述进行灰化和再沉积。

b. 从一个积层较厚的样品中移取部分粉尘并进行再沉积。

c. 将全部或部分采集的滤膜固定到样品架上。对沉降尘进行研磨或湿筛使其与空气中粉尘的颗粒大小一致。用 $10\mu m$ 筛、异丙醇和超声波清洗器进行湿筛,然后将过量的醇蒸发,放入烘箱中干燥 2 小时,在干燥器中过夜储存。将最终的产物放置到滤膜上或者装填到常规的 XRD 样品架上,接着进行步骤 10。

注意:定量测定碳化硼的百分含量时,称出 2mg 的呼尘或筛出的粉尘(一式三份),转移到 50ml 烧杯中,加入 10ml 异丙醇并继续步骤 6,7。

5. 将滤膜放置于 50ml 烧杯中,放入低温灰化器中。按照说明书进行灰化。灰化后,向每个烧杯中小心地加入 15ml 异丙醇。

6. 用表面皿盖住烧杯。超声搅拌至少 3 分钟(确保团聚在一起的颗粒破碎)。用异丙醇冲洗表面皿底面,洗液倒入烧杯中。

7. 在过滤装置中放一个银滤膜,滤膜紧密贴在漏斗上,漏斗边缘高于滤膜边缘。不抽真空,倒入 $2 \sim 3$ml 异丙醇到滤膜上。将样品悬浮液从烧杯倒入漏斗中,抽真空,过滤期间,冲洗烧杯几次并将冲洗液加入到漏斗中。冲洗期间控制过滤速率,保持漏斗中的液面接近漏斗顶端。当滤膜上的液面低于 4cm 时不要冲洗漏斗壁或向漏斗中加入异丙醇。过滤后,保持真空直至滤膜干燥。用镊子将滤膜取出,并装进 XRD 样品架上。

标准曲线绘制与质量控制

8. 从与用于沉积样品的同一批滤膜盒中随机取出 6 片银滤膜作为介质空白。这些滤膜用于校正样品的自吸收。将每个介质空白安装到过滤装置上,加入 $5 \sim 10$ml 异丙醇,真空过滤。取下滤膜,干燥后安装到 XRD 样品架上。测定每个空白银滤膜的银峰净标准化强度 $\dot{I}_{Ag}$(步骤 11)。计算 6 个空白的平均值。

9. 制备并分析标准工作滤膜。

a. 称取 10mg 和 100mg 碳化硼,精确至 0.01mg。用 1.00L 异丙醇定量地转移到 1L 具塞玻璃瓶中。

b. 用超声波探头或超声波清洗器超声 20 分钟使粉末悬浮于异丙醇中。立即将瓶子移到磁力搅拌器上,并加入搅拌子。使用前将溶液放置至室温。

c. 将一个银滤膜安装到过滤装置上。加 $2 \sim 4$ml 异丙醇到滤膜上。关闭搅拌器并用手剧烈摇振。立即取下瓶盖,用移液管从悬浮液中心处取出一份溶液。不要用通过排出部分悬浮液的方法,调整移液管内悬浮液的体积。若取出的量大于所需的量,将悬浮液倒回瓶中,冲洗移液管并使之干燥,再重新取一份。将移液管中的份悬浮液转移到银滤膜上,保持移液管的尖部接近悬浮液表面但不能被已放出的悬浮液浸没。

d. 用几毫升异丙醇冲洗移液管,将冲洗液倒入漏斗中。重复冲洗几次。

e. 用真空泵迅速过滤悬浮液。保持真空直到滤膜干燥。当沉积到适当位置后,不要冲洗漏斗两侧以避免物质在滤膜上重新排布。当滤膜完全干燥后,将滤膜安装到 XRD 样品架上。例如在碳化硼的浓度为 50,100,200,500,1000 和 2000μg 时,用这种技术制备工作加标样品,一式三份。

f. 用 XRD 进行分析(步骤 11)。使用和样品一样的衍射峰和仪器条件。标准工作滤膜净的和归一化的 XRD 强度分别为 I_x^o(步骤 11d)和 $\dot{I}_x^o$(步骤 11e)。对于含量高于 200μg B_4C 的标准样品,应用基质吸收校

正 $\hat{I}_x^o$（步骤 11f,12）。

g. 用加权最小平方拟合法 $1/\sigma^2$，以 $\hat{I}_x^o$ 对 B_4C 质量（μg）绘制标准曲线。

h. 测定标准曲线斜率 m（每微克计数）。直线与 $\hat{I}_x^o$ 轴的截距应在 $0 \pm 5\mu g$ 内。

样品测定

10. 为了确定沉降尘定性样品或大采样体积的呼尘样品是否存在碳化硼以及有何干扰,需获得 X 射线定性扫描（如 2θ 范围为 $10 \sim 80°$）（见附录）。预期的衍射峰如表 $4-0-2$。

表 4 – 0 – 2　碳化硼和银的特征峰

	峰（2θ 角度）	
	第一特征峰	第二特征峰
碳化硼	37.80°	34.91°
银	38.12°	44.28°

11. 将滤膜（样品、定量标准和空白）安装到 XRD 仪中,并按以下步骤进行操作。

a. 在每个滤膜扫描之前测定参考样品的净强度 $\hat{I}_r^o$。选择一个适当的归一化换算因数 N（约等于参考样品峰的净计数）,并将 N 值用于所有分析。

注意:归一化参考样品的强度能补偿 X 射线管强度的长期漂移。如果强度测量值稳定,参考样品的测定频率可以减少,并且净强度应该归一化到最近测量的参考强度。

b. 测定无干扰的 B_4C 最强锋的衍射峰面积。扫描时间必须较长,如 15 分钟。

c. 测定每个样品背景的位置。测定峰两侧的本底值,扫描时间为峰扫描时间的一半。将两个结果相加为总本底值。

d. 计算净强度 I_x（峰积分强度计数值与总本底计数值之间的差值）。

e. 按下式计算归一化强度 $\hat{I}_x$：

$$\hat{I}_x = \frac{I_x}{I_r} \times N$$

f. 按照相同的步骤测定样品滤膜上无干扰的银峰的净归一化强度 $\hat{I}_{Ag}$。测定银峰时使用较短的扫描时间（如为待测物峰扫描时间的 5%）并在整个方法中保持一致。

g. 用与 B_4C 和银峰相同的 2θ 扫描范围,分析样品空白。这些分析是为了验证滤膜没有发生污染。样品空白中应该不存在待测物的峰。银峰的归一化强度应该与介质空白一致。

计算

12. 按下式计算空气中碳化硼浓度 C（mg/m^3）：

$$C = \frac{\hat{I}_x f(T) - b}{mV}$$

式中: $\hat{I}_x$——样品峰的归一化强度;

　　b——标准曲线的截距（$\hat{I}_x^o$ vs. W）;

　　m——标准曲线的初始斜率（计数/微克）;

　　V——采样体积为（L）。

$$f(T) = \frac{-R\ln T}{1 - T^R} = \text{吸收校正因子（表 } 4-0-3）$$

式中:R——$\sin\theta_{Ag}/\sin\theta_X$;

　　T——$\hat{I}_{Ag}/$（平均 $\hat{I}_{Ag}^o$）= 样品透射度;

　　$\hat{I}_{Ag}$——样品的归一化银峰强度;

　　平均 $\hat{I}_{Ag}^o$——介质空白的归一化银峰强度（6 个值的平均值）。

注意:关于吸收校正方法的更为详细的讨论,见参考文献[2]和[3]。

方法评价

由于 B_4C 的第一特征峰受到通常存在于银滤膜上的 AgCl 的第一特征峰的干扰,所以用 B_4C 的第二特征峰制定了本法[1]。用预先研磨、通过 $10\mu m$ 筛筛分并干燥的 B_4C,在 $20 \sim 2000\mu g$ 浓度范围内,制备了 30 个标准 25mm 银滤膜(10 个浓度水平、每个浓度水平 3 标准样品)。检出限为每片滤膜 $50\mu g$。定量下限为每片滤膜 $100\mu g$。标准曲线的线性相关性系数为 0.9999,总相对标准偏差为 0.04(n = 24)。5 个加标量为 $600\mu g$ 的 FWS – B(MSA Co.)加标滤膜的回收率为 0.92,S_r 为 0.02;这些滤膜在低温灰化器中灰化且按样品处理中描述的方法进行处理。

参考文献

[1] NIOSH Manual of Analytical Methods, 2nd ed., Vol. 6, P&CAM 324, U. S. Department of Health and Human Services, Publ. (NIOSH) 80 ~ 125 (1980).

[2] Leroux, J. and C. Powers. Direct X – Ray Diffraction Quantitative Analysis of Quartz in Industrial DustFilms Deposited on Silver Membrane Filters, Occup. Health Rev., 21, 26 (1970).

[3] Williams, D. D. Direct Quantitative Diffractometric Analysis, Anal. Chem., 31, 1841 (1959).

方法作者

J. Palassis, NIOSH/DTMD

附录:干扰物

当使用铜 K_a X 射线辐射时,二氧化钛(锐钛矿)和银的第一特征峰会干扰碳化硼的第一特征峰;因此,无法测量碳化硼和银第一特征峰峰。如果不存在其他干扰,选择碳化硼第二特征峰作为分析峰。

二硼化钛的第二特征峰在某种程度上会干扰碳化硼的第二特征峰。二硼化钛的第一特征峰会干扰银的第二特征峰。

氧化铌会干扰碳化硼的第一特征峰峰。

氯化银,是银滤膜上的杂质,可能会干扰碳化硼的某些低强度的峰。

当峰的重叠不严重时,可以使用相似的接收狭缝或铬 X – 辐射;但是需要重新绘制标准曲线。

样品中某些元素(尤其是铁元素)的存在能够产生很强的 X 射线荧光,导致背景值的增加。可用衍射束单色仪降低。

样品的 X 射线吸收造成的干扰效应会导致衍射束的衰减,必须进行校正(步骤 12 和表 4 – 0 – 3)

表 4 – 0 – 3 碳化硼/银峰的基质吸收校正因子,2θ 角

碳化硼	T	34. 91°	23. 54°	22. 11°	T	34. 91°	23. 54°	22. 11°
银		44. 28°	44. 28°	44. 28°		44. 28°	44. 28°	44. 28°
		f(T)	f(T)	f(T)		f(T)	f(T)	f(T)
	1. 00	1. 0000	1. 0000	1. 0000	0. 74	1. 2011	1. 3038	1. 3249
	0. 99	1. 0063	1. 0093	1. 0099	0. 73	1. 2107	1. 3187	1. 3409
	0. 98	1. 0127	1. 0188	1. 0200	0. 72	1. 2205	1. 3340	1. 3573
	0. 97	1. 0193	1. 0284	1. 0302	0. 71	1. 2305	1. 3495	1. 3740
	0. 96	1. 0259	1. 0382	1. 0407	0. 70	1. 2407	1. 3654	1. 3911
	0. 95	1. 0326	1. 0481	1. 0513	0. 69	1. 2512	1. 3816	1. 4086
	0. 94	1. 0394	1. 0582	1. 0620	0. 68	1. 2618	1. 3982	1. 4264
	0. 93	1. 0463	1. 0685	1. 0730	0. 67	1. 2726	1. 4152	1. 4447
	0. 92	1. 0533	1. 0790	1. 0842	0. 66	1. 2836	1. 4325	1. 4633

续表

碳化硼银	T	34.91° 44.28° f(T)	23.54° 44.28° f(T)	22.11° 44.28° f(T)	T	34.91° 44.28° f(T)	23.54° 44.28° f(T)	22.11° 44.28° f(T)
	0.91	1.0604	1.0897	1.0955	0.65	1.2949	1.4502	1.4824
	0.90	1.0676	1.1005	1.1071	0.64	1.3064	1.4683	1.5019
	0.89	1.0750	1.1115	1.1189	0.63	1.3182	1.4868	1.5218
	0.88	1.0825	1.1227	1.1309	0.62	1.3302	1.5058	1.5423
	0.87	1.0900	1.1342	1.1431	0.61	1.3425	1.5252	1.5632
	0.86	1.0977	1.1458	1.1555	0.60	1.3550	1.5450	1.5846
	0.85	1.1056	1.1576	1.1682	0.59	1.3678	1.5654	1.6066
	0.84	1.1135	1.1697	1.1811	0.58	1.3809	1.5862	1.6290
	0.83	1.1216	1.1820	1.1943	0.57	1.3944	1.6076	1.6521
	0.82	1.1298	1.1945	1.2077	0.56	1.4081	1.6295	1.6757
	0.81	1.1382	1.2073	1.2213	0.55	1.4221	1.6519	1.7000
	0.80	1.1467	1.2203	1.2353	0.54	1.4365	1.6750	1.7249
	0.79	1.1554	1.2335	1.2495	0.53	1.4513	1.6986	1.7504
	0.78	1.1642	1.2470	1.2640	0.52	1.4664	1.7229	1.7766
	0.77	1.1732	1.2608	1.2787	0.51	1.4819	1.7478	1.8036
	0.76	1.1823	1.2749	1.2938	0.50	1.4979	1.7734	1.8312
	0.75	1.1916	1.2892	1.3092				

注:T—样品透射度(步骤12);f(T)—样品校正因子(步骤12)。

砷及其化合物(以砷计,AsH_3 及 As_2O_3 除外) 7900

As	相对分子质量:74.92	CAS 号:7440 - 38 - 2	RTECS 号:CG525000
方法:7900,第二次修订		方法评价情况:部分评价	第一次修订:1984.2.15 第一次修订:1994.8.15
OSHA:0.01mg/m³ NIOSH:C 0.002mg/(m³·15min);致癌物 ACGIH:0.01mg/m³;致癌物			性质:类金属,质软,化学性质活泼;熔点848℃;在盐中的化合价 ±3, 5
英文名称:arsenic and compounds			

采样

采样滤膜:滤膜(0.8μm 纤维素酯滤膜)

采样流量:1~3L/min

最小采样体积:30L(在0.002mg/m³ 下)

最大采样体积:1000L

运输方法:常规

样品稳定性:稳定(冷藏)

样品空白:每批样品2~10 个

准确性

研究范围:未研究

偏差:见适用范围

总体精密度($\hat{S}_{rT}$):未测定

准确度:未测定

分析

分析方法:火焰原子吸收光谱法,砷化氢发生系统

待测物:砷

消解方法:浓 HNO_3,3ml;浓 H_2SO_4,1ml;浓 $HClO_4$,1ml;140℃

最终溶液:4% H_2SO_4,25ml

火焰:氢气 - 氩气

测量波长:193.7nm

背景校正:D_2 或 H_2,连续光谱

定量标准:含 As 的4% H_2SO_4 溶液

测定范围:每份样品 0.05~2.0μg[1]

估算检出限:每份样品 0.02μg[1]

精密度($\bar{S}_r$):0.11[1]

适用范围:采样体积为 200L 时,测定范围为 $0.00025 \sim 0.01\,mg/m^3$;采样体积为 30L 时,测定范围为 $0.002 \sim 0.07\,mg/m^3$。本法只收集砷粉尘;如果存在三氧化二砷(As_2O_3)蒸气,用方法 7901 中的采样管。本法只测定样品中砷元素总量,而不能测定某种特定的化合物。挥发性有机砷化合物、As_2O_3 蒸气和砷化氢不能通过该方法有效收集

干扰因素:用连续的 D_2 或 H_2 能消除背景吸收

其他方法:本法是方法 P&CAM 139[1] 的修订版,在标准文档中有一类似的方法[2]。方法 7901 使用特制的采样管收集 As_2O_3 蒸气,也是一种检测方法(石墨炉 – AAS)。方法 7300(ICP – AES)也可用于检测砷及其化合物

试剂	仪器
1. 浓 HNO_3	1. 采样滤膜:孔径 $0.8\mu m$、直径 37mm,置于滤膜夹中
2. 浓 HCl	2. 个体采样泵:流量 $1 \sim 3L/min$,配有连接软管
3. 浓 H_2SO_4	3. 原子吸收分光光度计:配备氢气燃烧器或石英管炉,和砷空心阴极灯或 EDL 及砷化氢发生系统
4. 浓高氯酸*	4. 减压阀:两级,用于调节空气、氢气和氩气
5. 标准储备液,1000mg/ml。* 市售的。或者配制:称取 1.320g 基准物 As_2O_3,溶于 25ml 20%(w/v)KOH 中。以酚酞为指示剂,用 20%(v/v)HNO_3 滴至终点。加入 10ml 浓 HNO_3,用蒸馏水或去离子水稀释至 1L	5. 烧杯:Phillips,125ml;或 Griffin,50ml;带表面皿**
6. 消解酸:3 体积 HNO_3、1 体积 H_2SO_4、1 体积 $HClO_4$	6. 容量瓶:25 和 100ml**
7. 氢气	7. 移液管**
8. 氩气	8. 电热板:表面温度 140℃
9. 蒸馏水或去离子水	
10. 硼氢化钠:丸状	
11. 压缩空气	

特殊防护措施:砷是致癌物,妥善处理[2];所有的高氯酸消解操作均应在高氯酸通风橱中进行

注:* 见特殊防护措施;** 使用前用浓 HNO_3 清洗所有玻璃器皿,并用蒸馏水或去离子水彻底冲洗干净。

采样

1. 串联一个具有代表性的采样管来校准个体采样泵。

2. 在 $1 \sim 3L/min$ 范围内,以已知的流量采集 $30 \sim 1000L$ 空气样品。滤膜上总粉尘的增量不得超过 2mg。

样品处理

3. 打开滤膜夹,将样品和空白转移至干净的烧杯中。

注意:若想定性分析 As_2O_3 蒸气,则另需分析衬垫。若想定量收集 As_2O_3 蒸气,则用方法 7901。

4. 加入 5ml 消解酸,盖上表面皿。

5. 在电热板上加热,保持温度在 140℃,直至溶液呈无色。

6. 加入 1ml 浓 HNO_3 和(或)70% $HClO_4$,逐滴加入直至完成消解。

7. 移去表面皿。

8. 在 140℃ 电热板上加热,直至出现 SO_3 浓烟。

9. 冷却混合溶液。

10. 将溶液定量地转移至 25ml 容量瓶中。

11. 用蒸馏水或去离子水稀释至刻度。

标准曲线绘制与质量控制

12. 制备标准系列。于 100ml 容量瓶中,加入 4ml 浓 H_2SO_4,再加入已知量的 $1000\mu g/ml$ As 标准储备液,最后用蒸馏水或去离子水稀释至刻度,使 As 的浓度范围为 $0.2 \sim 8\mu g/100ml$(每份样品 $0.05 \sim 2\mu g$ As)。

13. 与空白和样品一起进行分析(步骤 $18 \sim 25$)。

14. 以吸光度对溶液浓度($\mu g/ml$)绘制标准曲线。

15. 每 10 个样品分析一个标准溶液。

16. 每 10 个样品分析至少一个加标滤膜,以检查回收率。

17. 每隔一段时间,用标准加入法检查干扰因素。

分析方法

18. 根据仪器说明书和方法 7900 中给出的条件设置分光光度计。

19. 按照仪器说明书设置砷化氢发生器。

20. 移取 25ml 样品中的 5ml 至砷化氢发生瓶中。

21. 加入 25ml 蒸馏水或去离子水,3ml 浓 HCl,混匀。

22. 将瓶连接至发生系统。

23. 于样品溶液中,加入一粒丸状硼氢化钠或硼氢化钠溶液。

24. 使气体进入原子吸收仪的火焰中。

25. 记录吸光度读数。

注意:如果样品的吸光度值超出标准曲线的线性范围,稀释溶液或取更小份的溶液重新分析,计算时乘以相应的稀释倍数。

计算

26. 根据测得的吸光度值,由标准曲线计算相应的砷浓度。

27. 按下式计算空气中砷的浓度(mg/m³):

$$C = \frac{C_s V_s - C_b V_b}{V}$$

式中:C_s——样品溶液中砷的浓度($\mu g/ml$);

C_b——空白溶液中砷的平均浓度($\mu g/ml$);

V_s——样品溶液的体积(ml);

V_b——空白溶液的体积(ml);

V——采样体积(L)。

方法评价

本法于 1976 年 7 月进行了验证。验证范围为每份样品 0.02~3mg,采用加标滤膜进行测试。方法 7901[1] 中给出了精密度和准确度。

参考文献

[1] NIOSH Manual of Analytical Methods, 2nd. ed., V. 1, P&CAM 139, U. S. Department of Health, Education, and Welfare, Publ. (NIOSH) 77 - 157 - A (1977).

[2] Criteria for a Recommended Standard... Occupational Exposure to Inorganic Arsenic, U. S. Department of Health, Education, and Welfare, Publ. (NIOSH) 75 - 149 (1975).

方法作者

Mark Millson, NIOSH/DPSE.

三氧化二砷(以砷计) 7901

As₂O₃	相对分子质量:197.84	CAS 号:1327 - 53 - 3	RTECS 号:CG3325000
方法:7901,第二次修订		方法评价情况:完全评价	第一次修订:1984.2.15 第二次修订:1994.8.15
OSHA:0.01mg/m³(As) NIOSH:C 0.002mg/[m³(As)·15min];致癌物 ACGIH:0.01mg/m³;致癌物			性质:固体;熔点 275℃或 313℃(升华);饱和蒸气压 0.0075 Pa (5.6 × 10⁻⁵ mmHg,0.45μgAs/m³)(25℃)

英文名称:arsenic trioxide; arsenous acid anhydride; arsenous sesquioxide; arsenolite; claudetite

续表

采样	分析
采样滤膜:滤膜(浸渍 Na_2CO_3,0.8μm 纤维素酯滤膜 + 衬垫)	分析方法:原子吸收光谱法,石墨炉
采样流量:1~3L/min	待测物:砷
最小采样体积:30L(在 0.01mg/m³ 下)	消解方法:15ml HNO_3 +6ml H_2O_2;150℃
最大采样体积:1000L	最终溶液:1% HNO_3,10ml;0.1% Ni^{2+}
运输方法:常规	测量波长:193.7nm,D_2 或 H_2 校正
样品稳定性:稳定	石墨管:热解管
样品空白:每批样品 2~10 个	石墨炉:干燥100℃,70 秒;炭化1300℃,30 秒;原子化2700℃,10 秒
	进样体积:25μl
准确性	标准溶液:含 As 的1% HNO_3 溶液,0.1% Ni^{2+}
研究范围:0.67~32μg/m³[1,2](400L 样品)	测定范围:每份样品 0.3~13μg
偏差:-0.55%	估算检出限:每份样品 0.06μg
总体精密度($\hat{S}_{rT}$):0.075[1,2]	精密度($\bar{S}_r$):0.029[3,4]
准确度:±11.9%	

适用范围:采样体积为 200L 时,测定范围为 0.001~0.06mg/m³。本法可收集砷化合物颗粒和三氧化二砷蒸气。如果仅测定砷的总尘,则不需使用处理过的滤膜且不对衬垫进行分析。砷化氢不能用本采样方法收集

干扰因素:用氘背景校正器可消除背景吸收。用 Ni^{2+} 溶液进行基体改进后,石墨炉可用更高的炭化温度。其他砷化合物尘可能会干扰

其他方法:本法综合并替代了方法 P&CAM 346[3]、S309[4] 和 P&CAM 286[5]。方法 7300(ICP-AES)和砷化氢的发生(方法 7900 和标准文档方法[1])用于砷化合物粉尘。由于干扰或灵敏度差,其他方法(P&CAM 173[7]、P&CAM 180[8] 及 P&CAM 188[9])尚未进行修订

试剂	仪器
1. 浓 HNO_3	1. 采样滤膜:纤维素酯滤膜,孔径0.8μm、直径37mm,和纤维素衬垫,置于滤膜夹中。按以下步骤操作
2. 1%(v/v)HNO_3。用蒸馏水或去离子水将 10ml 浓 HNO_3 稀释至 1L	a. 打开装有滤膜的滤膜夹的进口塞
3. 30%(w/w)过氧化氢	b. 用微量注射器直接将 20:1 的 Na_2CO_3:甘油溶液注射至滤膜上(湿润全部表面)
4. 含 Ni^{2+} 的1% HNO_3,1000μg/ml。称取 4.95g Ni(NO_3)$_2$,溶于1% HNO_3 中,并稀释至1L	c. 连接至真空泵,通过滤膜抽吸 30~60L 干净空气
5. 标准储备液:1000mg/ml*。称取 1.320g 初级标准物 As_2O_3,溶于 25ml 20%(w/v)KOH 中。以酚酞为指示剂,用20%的 HNO_3 滴至终点。用1% HNO_3 稀释至1L。或者购买	d. 干燥过夜或干燥 8 小时(120℃)。封好进口塞
	e. 一周内使用
6. 1M Na_2CO_3:甘油溶液,20:1。称取 9.5g 碳酸钠,溶于 100ml 蒸馏水或去离子水中。加入 5ml 纯甘油	2. 个体采样泵:配有连接软管,流量 1~3L/min 注意:处理过的滤膜有较大阻力;需使用能控制采样流量的个体采样泵
7. 蒸馏水或去离子水	3. 原子吸收分光光度计,石墨炉原子化器、砷无极放电灯和背景校正器
8. 氩气	4. 减压阀:两级,用于调节氩气
	5. 烧杯:Phillips,125ml;或 Griffin,50ml;带表面皿**
	6. 容量瓶:10ml**
	7. 各种规格的移液管**
	8. 电热板:表面温度 150℃
	9. 蒸气加热装置

特殊防护措施:砷是致癌物[6],妥善处理;所有的操作应在通风橱中进行

注:*见特殊防护措施;**使用前用浓 HNO_3 清洗所有玻璃器皿,并用蒸馏水或去离子水彻底冲洗干净。

采样

1. 串联一个具有代表性的采样管来校准个体采样泵。

2. 在 1~3L/min 范围内,以已知的流量采集 30~1000L 空气样品。滤膜上总粉尘的增量不得超过 2mg。

样品处理

3. 将处理过的滤膜和衬垫转移至干净的烧杯中。

4. 加入 15ml 浓 HNO_3，盖上表面皿。

注意：从此步骤开始制备试剂空白。

5. 在电热板上加热，保持温度在 150℃，直至液体体积减少到约 1ml。

6. 小心地用去离子水冲洗表面皿底部和烧杯壁的物质至样品溶液中。加入 6ml 30% H_2O_2。

7. 在蒸发加热装置中蒸发至刚好蒸干。

8. 冷却烧杯。加入 10.0ml 1000μg/ml Ni^{2+} 溶液，盖上表面皿，超声 30 分钟。

标准曲线绘制与质量控制

9. 用 1000μg/ml Ni^{2+} 溶液按 1:100 稀释标准储备液，配制成浓度为 10.0μg/ml As 的标准溶液。每天配制。

10. 在 0~1.25μg/ml As 范围内，配制 6 个标准系列。

a. 于 10ml 容量瓶中，加入 10.0μg/ml As 溶液，并用 1000μg/ml Ni^{2+} 溶液稀释至刻度。

b. 与样品和空白一起进行分析（步骤 13,14）。

c. 以吸光度对标准系列的浓度（μg/ml）绘制标准曲线。每隔一个样品分析一个标准溶液，以检查仪器漂移。

11. 每 10 份样品分析至少 2 个加标滤膜，以检查回收率。

12. 不时用标准加入法检查干扰因素。

样品测定

13. 根据仪器说明书和方法 7901 中给出的条件设置分光光度计。

14. 测定标准系列和样品。记录吸光度读数。

注意：若样品的吸光度值超出标准曲线的线性范围，用 1000μg/ml Ni^{2+} 溶液稀释后重新分析。计算时乘以相应的稀释倍数。

计算

15. 按下式计算空气中砷的浓度 C(mg/m³)：

$$C = \frac{C_s V_s - C_b V_b}{V}$$

式中：C_s——样品溶液中砷的浓度（μg/ml）；

　　C_b——空白溶液中砷的平均浓度（μg/ml）；

　　V_s——样品溶液的体积（ml）；

　　V_b——空白溶液的体积（ml）；

　　V——采样体积（L）。

方法评价

方法 S309[4] 发表于 1975 年 9 月 26 日，并用由 NaOH 稀释的 As_2O_3 溶液发生的气溶胶进行了验证[2]。方法 P&CAM 346 发表于 1981 年 8 月，在每份样品 0.268~12.8μg As 范围内，通过采集浓度为 0.67~32.2μg/m³ 的空气样品 400L 进行了验证[1]。通过空气加热 As_2O_3 产生发生气。在上述条件下，对于未处理的 0.8μm 纤维素酯滤膜和纤维素衬垫，As_2O_3 的采样效率（CE）分别为 0.42 和 0.67。在同样的条件下，用 Na_2CO_3 处理过的滤膜的采样效率为 0.93[5]。本法已用于有明显蒸气的铅酸蓄电池工厂的检测[10]。

参考文献

[1] Carlin, L. M., G. Colovos, D. Garland, M. E. Jamin, M. Klenck, T. J. Long, and C. L. Nealy. Analytical Methods Evaluation and Validation – As, Ni, W, V, Talc, and Wood Dust, Rockwell International, Final Report on NIOSH Contract No. 210 – 79 – 0060; Available as Order No. PB83 – 155325 from NTIS, Springfield, VA 22161.

[2] Documentation of the NIOSH Validation Tests, S309, U. S. Department of Health, Education, andWelfare, Publ. (NIOSH) 77 – 185 (1977).

[3] Ibid, NIOSH Manual of Analytical Methods, 2nd ed. , V. 7, P&CAM 346, U. S. Department of Healthand Human Services, Publ. (NIOSH) 82 ~ 100 (1982).

[4] Ibid, V. 3, S309, U. S. Department of Health, Education, and Welfare, Publ. (NIOSH) 77 – 157 – C(1977).

[5] Ibid, P&CAM 286.

[6] Criteria for a Recommended Standard... Occupational Exposure to Inorganic Arsenic, U. S. Department of Health, Education, and Welfare, Publ. (NIOSH) 75 – 149 (1975).

[7] Ibid, V. 5, P&CAM 173, U. S. Department of Health, Education, and Welfare, Publ. (NIOSH)79 – 141 – C (1979).

[8] Ibid, V. 1, P&CAM 180, U. S. Department of Health, Education, and Welfare, Publ. (NIOSH)77 – 157 – A (1977).

[9] Ibid, P&CAM 188.

[10] Costello, R. J., P. M. Eller, and R. D. Hull. Measurement of Multiple Inorganic Arsenic Species, Am. Ind. Hyg. Assoc. J., 44, 21 – 28 (1983).

方法修订作者

M. Millson and P. M. Eller, Ph. D., NIOSH/DPSE; P&CAM 346 Originally Developed under NIOSH Contract 210 – 79 – 0060.

氟化物(气溶胶和气体)的离子选择性电极法 7902

F^-	相对分子质量:18.998	CAS 号:(HF) 7664 – 39 – 3	RTECS 号:(HF) MW7875000
方法:7902,第二次修订		方法评价情况:部分评价	第一次修订:1984.2.15 第二次修订: 1994.8.15
OSHA:2.5mg/m³(氟化物);3ppm(HF) NIOSH:2.5mg/m³(氟化物);3ppm(HF);STEL 6ppm(HF) ACGIH:2.5mg/m³(氟化物);3ppm(HF) (常温常压下,1ppm HF = 0.818mg/m³)			性质:HF 液体;沸点 19.5℃;氟化盐与酸反应生成 HF

英文名称:fluorides; sodium fluoride (CAS #7681 – 49 – 4); hydrogen fluoride; hydrofluoric acid; cryolite; sodium hexafluoroaluminate (CAS #13775 – 53 – 6).

采样	分析
采样滤膜:滤膜 + 碱性衬垫(0.8μm 纤维素酯膜 + Na₂CO₃ 碱性纤维素衬垫)	分析方法:离子选择性电极法
采样流量:1 ~ 2L/min	待测物:氟离子(F^-)
最小采样体积:12L(在 2.5mg/m³ 下)	滤膜处理方法:(微粒 F^-)用 NaOH 熔融,溶解于 50ml 水 + TISAB 碱性滤膜处理方法;(气态 F^-)用 50ml 水洗脱 + TISAB
最大采样体积:800L	定量标准:TISAB 中 F^- 的标准溶液
运输方法:常规	测定范围:每份样品 0.03 ~ 1.2mg F^-
样品稳定性:稳定	估算检出限:每份样品 3μgF^- [1]
样品空白:每批样品 2 ~ 10 个	精密度($\bar{S}_r$):0.017(55 ~ 220μg) [2]
准确性	
研究范围:未研究	
偏差:未测定	
总体精密度($\hat{S}_{rT}$):未测定	
准确度:未测定	

适用范围:采样体积为 250L 时,其测定范围为 0.12 ~ 8mg/m³。本法适用于矿样和来自铝电解、陶瓷、玻璃刻蚀、电解、半导体和氟化物工业的样品。如果存在其他气溶胶,由于气态氟化物会吸附在采集的粒子上,会降低其浓度,同时会增加微粒或气态氟化物的比率[3-8]

干扰因素:样品含有冰晶石时,由于铝的浓度浓集会导致氟化物浓度结果错误[3]。大于氟浓度 1/10 的氢氧根离子会产生正干扰。Fe^{3+}、Si^{4+}、Al^{3+} 会产生负干扰。这些元素浓度大于 8μg/ml 时不能被消除[9]。TISAB 能抑制高达 500μg/ml 的 Fe^{3+} 和 90μg/ml 的 Si^{4+} 干扰

其他方法:本法是 89.5.15 作废方法 7902[10] 的修订版。本法来源于 Elfers 和 Decker 的方法[11] 和测 HF 的 NIOSH 方法 S176[2]。方法 7903(无机酸)是一种用于测 HF 的替代方法。方法 7906(用 IC 测氟)应用相同的采样方法,但使用离子色谱仪进行分析

试剂	仪器
1. 碳酸钠	1. 采样滤膜:孔径 0.8μm、直径 37mm 纤维素酯滤膜,多孔塑料衬垫(Nu-clepore #220800,或等效产品),碱性纤维素垫(用 0.8ml 碱性溶液湿润并在 105℃ 干燥 30~45 分钟。如果烧焦,弃去。)置于带 1.27cm 垫圈的三层式滤膜夹中
2. 甘油	安装采样管:将碱性衬垫放置在滤膜夹下层(出口),放入 1.27cm 垫圈,在垫圈上部放置多孔塑料垫和滤膜,并插入滤膜夹的上片(入口)。并拧紧封口
3. 氯化钾	注意:用手持真空泵试漏
4. 醋酸钠	2. 个体采样泵:1~2L/min,配有连接软管
5. 环己烷二胺四乙酸(CDTA)	3. 镍、锆或铬镍合金坩埚:20 或 30ml
6. 1:1 (v/v)HCl	4. 本生灯或 Meaker 灯
7. 氟化钠(NaF)*	5. 三脚架
8. 去离子水	6. 瓷三角
9. 碱性溶液:溶解 25g Na₂CO₃ 于去离子水中,加入 20ml 甘油,稀释至 1L	7. 容量瓶:50ml 和 100ml、1L
10. 总离子强度调节缓冲溶液(TISAB),pH5.5:溶解 37g KCl、68g 醋酸钠和 36g CDTA 于 H₂O 中。用 1:1 HCl 调节 pH 至 5.5 ±0.2。稀释至 1L	8. 移液管:各种规格
11. 标准储备液,100μg/ml:溶解 0.2211g NaF(在 105℃ 干燥 2 小时)于去离子水中,稀释至 1L	9. 塑料烧杯:100ml 或 150ml
12. NaOH,20% (w/v):溶解 200g NaOH 于去离子水中,稀释至 1L	10. 磁力搅拌器
	11. 搅拌棒:PTFE 包覆
	12. 氟离子选择性电极(ISE),NaF 复合电极或带甘汞参比电极
	13. pH/离子计:可读出毫伏,及 pH 电极
	14. 手持真空泵

特殊防护措施:氟化物极易腐蚀皮肤、眼睛和黏膜[12],所有的熔化操作均在通风橱中进行

注:* 见特殊防护措施。

采样

1. 串联一个有代表性的采样管来校准采样泵。

2. 采样流量在 1~2L/min 范围内,总采样体积为 12~800L。滤膜上总粉尘的增量不得超过 2mg。

3. 安全包装、运输。

样品处理

4. 纤维素酯滤膜(微粒氟化物)。

注意:水溶性微粒氟化物可以用气态氟的方法萃取。不溶性微粒需要熔化。

a. 将滤膜转移到含 5ml 20% NaOH 的坩埚中。

b. 蒸发至干。

c. 加热残留物至熔化温度,1~2 分钟,冷却并溶于约 5ml 去离子水中。

d. 将样品转移到 100ml 塑料烧杯中。

e. 用 25ml TISAB 淋洗坩埚,然后用几滴 1:1 HCl 淋洗。

f. 用 1:1 HCl 调节 pH 至(5.5±0.2)。

g. 转移到 50ml 容量瓶中;用去离子水稀释至刻度。

5. 碱性衬垫(气态氟)。

a. 将碱性衬垫转移到 100ml 塑料烧杯中。

b. 加入 25ml TISAB 和 25ml 去离子水。

c. 浸泡衬垫 30 分钟并充分搅拌使之变为浆状。

标准曲线绘制与质量控制

6. 在每份样品 3～1200μg F⁻ 范围内,制备至少 6 个标准系列,绘制标准曲线。

　　a. 在 100ml 烧杯中,加入 25ml TISAB 和 5ml 20% NaOH(微粒氟)或 25ml TISAB(气态氟),加入已知量的标准储备液。

　　b. 用 1:1 HCl 调节 pH 至 5.5±0.2。

　　c. 转移到 50ml 容量瓶中,用去离子水稀释至刻度。

　　d. 与样品及空白一起进行分析(步骤 7～10)。

　　e. 以 mV 值对 log F⁻,分别绘制微粒氟和气态氟的标准曲线。

注意:在低于 0.1μg/ml 或高于 25μg/ml 时标准曲线不成线性。

样品测定

7. 将样品和标准溶液放置至室温。

注意:为了使结果准确,样品和标准溶液必须具有相同的温度(±2℃)。

8. 倒入约 20ml 每种溶液到塑料烧杯中。

9. 放入磁力搅拌棒,插入电极,然后在磁力搅拌器上慢慢搅拌。

10. 2 分钟后,记录电位值(mV)。

注意:如果测量的 F⁻ 大于 25μg/ml,用适当的基质进行稀释(步骤 6),稀释后重新分析,计算时乘以相应的稀释倍数。

计算

11. 使用适当的标准曲线(微粒或气态),将电位值(mV)转换成样品溶液中氟的浓度 C_s(μg/ml)。

12. 按照下式计算空气中氟浓度 C(mg/m³):

$$C = \frac{C_s V_s - C_b V_b}{V}$$

式中:C_s——样品溶液中氟的浓度(μg/ml);

　　C_b——介质空白溶液中氟的平均浓度(μg/ml);

　　V_s——样品溶液体积(ml);

　　V_b——介质空白溶液体积(ml);

　　V——采样体积(L)。

方法评价

在每份样品 0.055～0.22mg HF 浓度范围内,分析精密度($\bar{S}_r$)为 0.017,平均回收率 100.0%[2]。对于气态或微粒氟的现场样品分析结果的检出限均为每份样品 3μg[1]。据报道,气态氟和微粒氟的采样范围分别为每份样品 4～61μg 和每份样品 4～410μg[10]。

参考文献

[1] UBTL Reports, NIOSH/DPSE Analytical Sequence Nos. #2454, 2703, 3117 and 3366. Measurement Research Support Branch, NIOSH (unpublished).

[2] Documentation of the NIOSH Validation Tests, S176, U. S. Department of Health, Education, andWelfare, Publ. (NIOSH) 77 – 185 (1977).

[3] Ibid, P&CAM 117.

[4] Jahr, J. A New Dual Filter Method for Separate Determination of Hydrogen Fluoride and Dustlike Fluorides in the Air. Staub – Reinhalt. derLuft, 32(6) 17 (1972).

[5] Israel, G. W. Evaluation and Comparison of Three Atmospheric Fluoride Monitors under Field Conditions. Atmos. Environment, 8, 159 (1974).

[6] Pack, M. R., A. C. Hill, and G. M. Benedict. Sampling Atmospheric Fluorides with Glass Fiber Filters. J. Air Pollution Control Assoc., 13 (8), 374 (1963).

[7] Einfeld, W. Investigation of a Dual Filter Sampling Method for the Separate Estimation of Gaseousand Particulate Fluor-

ides in Air. Thesis (M. S. , Public Health), Univ. of Washington (1977).

[8] Einfeld, W. and S. W. Hoestmann. Investigation of a Dual Filter Sampling Method for the Gaseousand Particulate Fluorides. Am. Ind. Hyg. Assoc. J. 40(7), 626 (1979).

[9] Abell, M. T. Evaluation of Methods for Fluorides, Internal Technical Report, NIOSH, DPSE (1975).

[10] NIOSH Manual of Analytical Methods, 3rd ed. , Method No. 7902 (Fluorides, Aerosol and Gas),Vol. I (1984).

[11] Elfers, L. A. and C. E. Decker. Determination of Fluoride in Air and Stack Gas Samples by Use ofan Ion Specific Electrode. Anal. Chem. 40, 1658 (1968).

[12] NIOSH/OSHA Occupational Health Guidelines for Chemical Hazards, U. S. Department of Healthand Human Services Publ. (NIOSH) 81 – 123 (1981), available as GPO Stock #17 – 033 – 00337 – 8 from Superintendent of Documents, Washington, DC 20402.

方法作者

Charles Lorberau, NIOSH/DPSE.

无机酸 7903

(1) HF; (2) HCl; (3) H_3PO_4; (4) HBr; (5) HNO_3; (6) H_2SO_4	相对分子质量:见表 4 – 0 – 5	CAS 号:见表 4 – 0 – 5	RTECS 号:见表 4 – 0 – 5
方法:7903,第二次修订		方法评价情况:完全评价	第一次修订:1984. 2. 15 第二次修订:1994. 8. 15
OSHA:见表 4 – 0 – 5 NIOSH:见表 4 – 0 – 5 ACGIH:见表 4 – 0 – 5		性质:见表 4 – 0 – 5	

英文名称:(1) hydrofluoric acid; hydrogen fluoride. 氢氟酸;氟化氢;(2) hydrochloric acid; hydrogen chloride. 盐酸、氯化氢;(3) phosphoric acid; ortho – phosphoric acid; meta – phosphoric acid. 磷酸、正磷酸、偏磷酸;(4) hydrobromic acid; hydrogen bromide. 氢溴酸;溴化氢;(5) nitric acid; aqua fortis. 硝酸;(6) sulfuric acid; oil of vitriol. 硫酸;矾油

采样	分析
采样管:固体吸附剂管(水洗硅胶,前段 400mg/后段 200mg,带玻璃纤维滤膜)	分析方法:离子色谱法
采样流量:0. 2 ~ 0.5L/min	待测物:F^-、Cl^-、PO_4^{3-}、Br^-、NO_3^-,SO_4^{2-}
最小采样体积:3L(在 2.5mg/m^3 下)	解吸方法:10ml 1. 7mM $NaHCO_3$/1. 8mM Na_2CO_3
最大采样体积:100L	进样体积:50μl
运输方法:常规	流动相:1. 7mM $NaHCO_3$/1. 8mM Na_2CO_3;3ml/min
样品稳定性:25℃下至少可稳定 21 天[1]	色谱柱:HPIC – AS4A 阴离子分离柱;HPIC – AG4A 保护柱,阴离子微膜抑制器[2]
样品空白:每批样品 2 ~ 10 个	电导率设置:10μS 满量程
	测定范围:见方法评价
准确性	估算检出限:见方法评价
研究范围:见方法评价	精度($\bar{S}_r$):见方法评价
偏差:见方法评价	
总体精密度($\hat{S}_{rT}$):见方法评价	
准确度:±12 ~ ± 23%	

适用范围:当采样体积为 50L 时,测定范围为 0. 01 ~ 5mg/m^3(见方法评价)。本法可测定空气中 6 种阴离子的总浓度。相应的酸可以用单独的采样管采集并测定。甲酸已用本法测定[3]

干扰因素:所有酸的颗粒状盐都会产生正干扰。氯气或次氯酸根离子会干扰氯化物的测定,溴会干扰溴化物的测定。硅胶能采集约 30% 空气中的游离 Cl_2 和 Br_2[4]。醋酸盐、甲酸盐和丙酸盐的出峰时间与 F^- 和 Cl^- 相近。如果存在这些阴离子,则用弱的流动相(如 5mM $Na_2B_4O_7$)会使色谱峰分离度更好

其他方法:本法是 P&CAM 339[5] 的修订版。本法替代了 7902 测定氟的方法和 P&CAM 268 测定硫酸盐的方法[6]

试剂 *	仪器
1. $NaHCO_3$:试剂级	1. 采样管:玻璃管,11cm×7mm 外径,内装水洗硅胶(前段 400mg/后段 200mg),两端熔封,带塑料帽,中间和后端分别用聚氨酯泡沫隔开和固定。前端装填玻璃纤维滤膜。亦可购买市售采样管(Supelco ORBO 53 或等效的)或按照附录制备
2. Na_2CO_3:试剂级	
3. 蒸馏、去离子水,用 0.45μm 过滤器过滤	
4. 流动相:碳酸氢盐/碳酸盐缓冲溶液(1.7mM $NaHCO_3$/1.8mM Na_2CO_3)。溶解 0.5712g $NaHCO_3$ 和 0.7631g Na_2CO_3 于 4L 已过滤的去离子水中	2. 个体采样泵:配有连接软管,流量 0.2~0.5L/min
	3. 离子色谱仪:HPIC - AS4A 阴离子分离柱和 HPIC - AG4A 阴离子微膜抑制器,电导检测器、积分仪和带状图标记录仪
	4. 水浴:电热板和装有沸水的烧杯
5. 标准储备液:1mg/ml(以阴离子计)。溶解盐于已过滤的去离子水中	5. 具刻度离心管:15ml,带盖 * *
a. 氟化物:0.2210g NaF/100ml	6. 聚乙烯注射器:10ml,带鲁尔式针头
b. 氯化物:0.2103g KCl/100ml	7. 过滤器:带鲁尔式针头和 13mm 直径、0.8μm 孔径滤膜
c. 磷酸盐:0.1433g KH_2PO_4/100ml	8. 微量移液管:带一次性吸头
d. 溴化物:0.1288g NaBr/100ml	9. 容量瓶:50 和 100ml。* *
e. 硝酸盐:0.1371g $NaNO_3$/100ml	10. 实验室用计时器
f. 硫酸盐:0.1814g K_2SO_4/100ml	11. 聚乙烯瓶:100ml
	12. 自动进样瓶(可选)

特殊防护措施:酸,尤其是 HF,极易腐蚀皮肤、眼睛和黏膜;HF 会腐蚀玻璃;建议实验室使用塑料器皿

注:* 见特殊防护措施;* * 玻璃器皿用清洁剂彻底洗净,再用去离子水彻底冲洗,以使阴离子的空白值最小。

采样

1. 串联一个有代表性的采样管来校准个体采样泵。

2. 采样前折断采样管两端,用软管连接至个体采样泵。

3. 在 0.2~0.5L/min 范围内,以已知流量采集 3~100L 空气样品。

注意:当采集 HF 时,不要超过 0.3L/min。

样品处理

4. 用锉刀在采样管前段吸附剂前端处刻痕。

5. 在刻痕处折断采样管。将前段吸附剂和玻璃纤维滤膜倒入 15ml 具刻度离心管中。

注意:如果在空气样品中挥发性酸(HCl、HB、HF 和 HNO_3)以颗粒状盐的形式存在,将被采集在玻璃纤维滤膜上。为了计算这些盐的浓度,玻璃纤维滤膜应与前段吸附剂分开分析。

6. 将后段吸附剂放入另一离心管中,弃去聚氨酯泡沫。

7. 于离心管中各加入 6~8ml 流动相。沸水浴中加热 10 分钟。

注意:用于解吸的流动相与离子色谱使用的流动相应为同一批次,以避免碳酸盐或碳酸氢盐峰接近 F^- 和 Cl^- 的峰。

8. 冷却,用流动相稀释至 10.0ml。

9. 盖上离心管并剧烈振摇。

10. 将样品抽入带过滤器的 10ml 塑料注射器中。

标准曲线绘制与质量控制

11. 在每份样品 0.001~0.3μg 阴离子的范围内,配制至少 6 个浓度的标准系列,绘制标准曲线。

a. 于 50ml 容量瓶中,加入适量流动相,再加入已知量的标准储备液,最后用流动相稀释至刻度。

b. 将标准系列储存于可拧紧的聚乙烯瓶中。每周重新制备。

c. 与样品和空白一起进行分析(步骤 12~14)。

d. 以各阴离子的峰高(mm 或 μS)对待测物含量(微克/样品)绘制标准曲线。

样品测定

12. 根据仪器说明书和方法 7903 给出的条件设置离子色谱仪。

13. 进样 50μl。用注射器(连接滤纸)手动进样 2~3ml 样品,以确保定量环被完全洗净。

注意:所有样品、流动相和水都要经过过滤器再注入离子色谱仪中,以避免堵塞系统阀或色谱柱。

14. 测定峰高。

注意:若峰高超出标准曲线的线性范围,用流动相稀释后重新分析,计算时乘以相应的稀释倍数。

计算

15. 按下式计算空气中甲酸的浓度 C(mg/m³):

$$C = \frac{F(W_f + W_b - B_f - B_b)}{V}$$

式中:W_f——测得的样品采样管前段硅胶中阴离子的含量(μg);

　　　W_b——测得的样品采样管后段硅胶中阴离子的含量(μg);

　　　B_f——测得的空白采样管前段硅胶中阴离子的平均含量(μg);

　　　B_b——测得的空白采样管后段硅胶中阴离子的平均含量(μg);

　　　V ——采样体积(L);

　　　F(由阴离子换算成酸的转换系数)的值分别为:HF——1.053;HCl——1.028;H_3PO_4——1.032;

　　　HBr——1.012;HNO_3——1.016;H_2SO_4——1.021。

方法评价

用实验室配制的 HCl、氢溴酸、HNO_3、磷酸和 H_2SO_4 的混合酸,对本法进行了评价[1]。每种待测物的数据如表4-0-4。

表4-0-4　方法评价数据

| 酸 | 研究范围 | | /% | 分析精密度 ($\bar{S}_r$) | 总体精密度 ($\hat{S}_{rT}$) | 准确度 /% | 估算 LOD[2] /(微克/样品) |
	/(mg/m³)	/(微克/样品)					
HF[7]	0.35~6	0.5~200	0.7	0.053	0.116	±23.4	0.7
HCl[8]	0.14~14	0.5~200	0.3	0.025	0.059	±11.9	0.6
H_3PO_4[1]	0.5~2	3~100	-0.9	0.029	0.096	±19.7	2.0
HBr[1]	2~20	3~960	2.0	0.056	0.074	±16.5	0.9
HNO_3[1]	1~10	3~500	2.0	0.018	0.085	±18.7	0.7
H_2SO_4[1]	0.5~2	3~100	2.4	0.028	0.087	±19.4	0.9

本法在两个电镀工厂,用硅胶管和气泡吸收管采样,进行了现场评价。本法在1983年使用硅胶管和冲击式吸收管对氢氟酸进行了方法评价[7]。冲击式吸收管中氢氟酸的回收率为106%,$\hat{S}_{rT}$为0.116。硅胶管对 HF 的吸附量为820μg,这等于2~3倍 OSHA PEL 限值的浓度下采样8小时的结果。样品在25℃下至少可稳定保存21天。NIOSH 方法已经使用了新的色谱柱用于分析[2]。

参考文献

[1] Cassinelli, M. E. and D. G. Taylor. Airborne Inorganic Acids, ACS Symposium Series 149,137-152(1981).

[2] DataChem, Inc. NIOSH Analytical Sequences #7546, #7357, and #7594 (unpublished, 1992).

[3] DataChem Laboratories, NIOSH Sequence #7923-C,D (unpublished, Jan. 25, 1994).

[4] Cassinelli, M. E. "Development of a Solid Sorbent Monitoring Method for Chlorine and Brominein Air with Determination by Ion Chromatography."Appl. Occup. Environ. Hyg. 6:215-226(1991).

[5] NIOSH Manual of Analytical Methods, 2nd. ed., V. 7, P&CAM 339, U.S. Department of Health and Human Services, (NIOSH) Publication No. 82~100 (1982).

[6] NIOSH Manual of Analytical Methods, 2nd. ed., V. 5, P&CAM 268, U.S. Department of Health and Human Services, (NIOSH) Publication No. 82~100 (1982).

[7] Cassinelli, M. E. "Laboratory Evaluation of Silica Gel Sorbent Tubes for Sampling Hydrogen Fluoride," Am. Ind. Hyg. Assoc. J., 47(4):219-224 (1986).

[8] Cassinelli, M. E. and P. M. Eller. Ion Chromatographic Determination of Hydrogen Chloride, Abstract No. 150, Ameri-

can Industrial Hygiene Conference, Chicago, IL (1979).

方法作者

Mary Ellen Cassinelli, NIOSH/DPSE.

附录:采样管的制备

硅胶清洗过程:在 1L 烧杯中加入约 200ml 硅胶,一边搅拌一边缓慢加入 500~600ml 的去离子水。当放热反应已经平息时,在沸水浴中加热约 30 分钟,并不时搅拌。轻轻倒出并用去离子水冲洗 4~5 次。重复清洗过程并在 100℃ 烘箱中干燥过夜直到可以自由流动。如果离子色谱分析显示空白硅胶不纯,则重复清洗过程。

硅胶管:玻璃管,7mm 外径,4.8mm 内径,11cm 长,装填 20/40 目的水洗硅胶,前段装 400mg,后段装 200mg,中间和尾端用聚氨酯泡沫固定。用直径 6mm、厚度 1mm 的玻璃纤维滤膜塞(Gelman 66088)将前部硅胶固定。

表 4 - 0 - 5　基本信息

酸的性质			接触限值				
沸点/℃ 相对分子质量	CAS 号 比重(液体) RTECS 号	饱和蒸气压(20℃) kPa(mmHg) OSHA	NIOSH	ACGIH	$mg/m^3 = 1ppm$ (常温常压)	物态	熔点/℃
HF 19.50 (20.01)	7664 - 39 - 3 0.987 MW7875000	3ppm >101 (>760)	3ppm STEL 6ppm	C 3ppm	0.818	气态	-83.1
HCl -114.80 (36.46)	7647 - 01 - 0 -85.00 MW4025000	C 5ppm 1.194	C 5ppm >101 (760)	C 5ppm	1.491	气态	
H₃PO₄ 260.00 (97.99)	7664 - 38 - 2 1.70 TB6300000	1mg/m³ 0.0038 (0.03)	1mg/m³ ; * STEL 3mg/m³	1mg/m³ ; STEL 3mg/m³	(气溶胶)	液态	21.0
HBr -66.80 (80.92)	10035 - 10 - 6 2.16 MW3850000	3ppm >101 (>760)	C 3ppm	C 3ppm	3.310	气态	-88.5
HNO₃ -42.00 (63.01)	7697 - 37 - 2 83.00 QU5775000	2ppm 1.50	2ppm STEL 4ppm	2ppm STEL 4ppm	2.580	液态	
H₂SO₄ 290.00 (98.08)	7664 - 93 - 9 1.84 W55600000	1mg/m³ <0.0001 (<0.001)	1mg/m³ *	1mg/m³ ; STEL 3mg/m³	(气溶胶)	液态	3.0

注:＊第 I 类农药。

氰化物（气溶胶和气体）7904

HCN 及其盐	相对分子质量:27.03（HCN）; 65.11（KCN）	CAS 号:74 – 90 – 8（HCN）; 151 – 50 – 8（KCN）	RTECS 号:MW6825000（HCN）; TS8750000（KCN）
方法:7904,第二次修订		方法评价情况:完全评价	第一次修订:1984.2.15 第二次修订:1994.8.15
OSHA:11mg/m³;皮（HCN）5mg/m³;皮（氰化物;CN⁻） NIOSH:C 5mg/m³/10min（CN⁻） ACGIH:11mg/m³;皮（HCN）;5mg/m³;皮（氰化物; 　CN⁻）		性质:HCN 气体,沸点 26℃;饱和蒸气压 620mmHg（20℃）;饱和蒸气密 　度 0.94（空气 = 1）;KCN 固体,密度 1.52g/ml;熔点 634℃	

英文名称:cyanides；HCN: hydrocyanic acid, prussic acid, formonitrile, cyanides

采样	分析
采样滤膜:滤膜 + 气泡吸收管（0.8μm PVC 滤膜 + 15ml 　0.1N KOH）[1] 采样流量:0.5 ~1L/min 最小采样体积:10L（在 0.5mg/m³ 下,CN⁻） 最大采样体积:180L（在 11mg/m³ 下,CN⁻） 运输方法:常规 样品稳定性:5 天内进行分析;滤膜上的微粒可能会释 　放 HCN 气体[1] 样品空白:每批样品 2 ~10 个	分析方法:离子选择电极法 待测物:氰根离子（CN⁻） 滤膜萃取:25ml 0.1N KOH;30 分钟 冲洗气泡吸收管:2ml 0.1N KOH;用 0.1N KOH 稀释至 25ml 测定:mV 读数（氰离子电极对参比电极） 定量标准:0.1N KOH 中 KCN 的标准溶液 测定范围:0.05 ~2mg CN⁻ 估算检出限:2.5μg CN⁻ [2] 精密度（ $\bar{S}_r$):0.043（HCN）[3];0.038（KCN）[2]
准确性 研究范围:5 ~ 21mg/m³（HCN）[3];2.6 ~ 10mg/m³ 　（KCN）[2] 偏差: -7.6% 总体精密度（ $\hat{S}_{rT}$):0.062（HCN）[3];0.103（KCN）[2] 准确度:±20.0%	

适用范围:采样体积为 90L 时,测定范围（CN⁻）为 0.5 ~15mg/m³ 或者采样体积为 10L 时,测定范围（CN⁻）为 5 ~20mg/m³

干扰:硫化物、氯化物、碘化物、溴化物、镉、锌、银、镍、亚铜离子和汞会产生干扰。在潮湿的大气中,某些采集在滤膜上的氰化物微粒会释放氰化氢,进入气泡吸收管中[2]。本法不能区别这种形式形成的 HCN 和原本存在于大气中的 HCN

其他方法:本法结合和替代了方法 S288[4]、S250[5] 和 P&CAM 116[6]。方法 6010（氰化氢）使用碱石灰管作为采样管,用比色法进行测定

试剂	仪器
1. 去离子水 2. 氰化钾 * 3. 标准储备液:1000μg/ml CN⁻。溶解 0.250g KCN 于 　0.1N KOH 中制成 100ml 溶液。在聚乙烯瓶中稳定 　至少 1 周 4. 0.1N KOH:溶解 5.6g KOH 于去离子水中;稀释 　至 1000ml 5. 醋酸铅试纸 6. 碳酸镉（如果存在硫化物） 7. 30% 过氧化氢（如果存在硫化物） 8.1M 亚硫酸钠（如果存在硫化物）	1. 采样滤膜:聚氯乙烯滤膜,直径 37mm,孔径 0.8μm,置于两层式滤膜 　夹中,后接一个含 15ml 0.1N KOH 玻璃小型气泡吸收管 2. 个体采样泵:流量 0.5 ~1L/min,带飞溅保护装置并连有连接软管 3. 聚乙烯瓶:20ml,带螺纹瓶盖,塑料膜密封 4. 氰离子电极（Orion 94 ~06 或等效产品） 5. 参比电极 6. 酸度计:可读至 0.1mV 7. 磁力搅拌器和搅拌棒 8. 溶剂解吸瓶:玻璃,60ml,带铝衬的螺纹瓶盖 9. 移液管:0.05 ~2ml 和 25ml,带洗耳球 10. 容量瓶:25ml 11. 烧杯:50ml 12. 分析天平:可精确至 0.1mg

特殊防护措施:食入、吸入或经皮吸收氰化氢气体和氰化物微粒都可能会致命;在通风橱中进行操作;亚硝酸异戊酯是氰化物中毒的解药[7]

注: * 见特殊防护措施。

采样

1. 串联一个有代表性的采样管来校准个体采样泵。

2. 控制采样流量在 0.5~1L/min 之间,采样体积为 10~180L。

注意:在采样期间保持气泡吸收管处于垂直位置。不允许液面降到 10ml 水平下。

3. 移去气泡吸收管内管并轻轻敲打气泡吸收管内壁对侧。用 1~2ml 未使用过的 0.1N KOH 冲洗气泡吸收管内管。将冲洗液加入到气泡吸收管中。

4. 将气泡吸收管中的物质定量地转移到 20ml 溶剂解吸瓶中。盖紧瓶盖,用塑料袋包裹以免在运输过程中造成样品损失。标识每个溶剂解吸瓶。

样品处理

5. 将滤膜从滤膜夹中转移到 60ml 溶剂解吸瓶中。

6. 移取 25.0ml 0.1N KOH 到溶剂解吸瓶中。盖上瓶盖并放置至少 30 分钟,偶尔振摇以完全洗脱。在 2 小时内进行分析。

7. 将溶剂解吸瓶中的物质全部倒入 25ml 容量瓶中,用 0.1N KOH 冲洗溶剂解吸瓶。将冲洗液加入到容量瓶中。用 0.1N KOH 稀释至刻度。

注意:硫离子会不可逆地损坏氰离子选择电极,如果存在的话必须除去。在醋酸铅试纸上滴上一滴样品溶液可检查硫离子的存在。如存在硫离子,试纸将变色。如含有硫离子,按下述方法之一去除硫离子。

a. 在稀释至刻度之前,向样品溶液中加入 1M H_2O_2 和 1ml 1M Na_2SO_3。

b. 向样品中加入少量(小勺尖端)碳酸镉粉末。涡旋,使固体分散,用醋酸铅试纸再次进行检测。如果硫离子没有被完全除去,加入更多的碳酸镉。避免碳酸镉过量和长时间接触溶液。当加入一滴液体后,一条醋酸铅试纸不再褪色,则在滴管中塞少量玻璃棉过滤样品溶液并进行分析。

标准曲线绘制与质量控制

8. 在浓度为每份样品 50~2000μg CN^- 范围内,通过用 0.1N KOH 稀释一定量的 1000μg/ml 标准储备液(如 0.05~2.0ml 标准储备液稀释至 25ml)配制标准系列,每天现制备至少 6 个标准系列,绘制标准曲线。

9. 按照步骤 11 和步骤 12 分析标准系列、样品和空白。

10. 用半对数坐标纸,对数轴为氰离子浓度,线性轴为电位值 mV,绘制标准曲线。

样品测定

11. 将待测溶液转移到 50ml 烧杯中,将氰离子电极和参比电极浸入样品中,磁力搅拌。

12. 在磁力搅拌下,使电位读数稳定。记录 mV 读数。

注意:电位读数是温度的函数,样品和标准系列的测定应在相同的温度(±2℃)下进行;如果存在氯离子、碘离子和溴离子,会生成足量的银盐,导致氰离子电极失效;金属离子如镉、锌、银、镍、亚铜及汞离子也可以与氰离子形成复合物,当这些离子存在时请查阅电极说明书中的使用方法。

计算

13. 按下式计算空气中微粒氰化物的浓度 C_p(mg/m³)和氰化氢的浓度 C_{HCN}(mg/m³):

$$C_p = \frac{W_f - B_f}{V}$$

$$C_{HCN} = \frac{1.04(W_b - B_b)}{V}$$

式中:W_f——样品滤膜中氰根离子的含量(μg);

W_b——样品气泡吸收管中氰根离子的含量(μg);

B_f——滤膜介质空白中氰根离子的平均含量(μg);

B_b——空白气泡吸收管中氰根离子的平均含量(μg);

V——采样体积(L);

1.04——CN 转化为 HCN 的化学计量系数。

注意:氰化物微粒会被收集到滤膜上。但是现已发现在潮湿环境中,收集氰化物微粒的期间,微粒会逐渐释放出 HCN[2];因此,并未完全排除氰化物微粒的干扰。

方法评价

HCN:方法 S288 发表于 1977 年 9 月 2 日[4]。用 HCN 与 N₂ 的压缩混合气发生 HCN 测试气体[3,8]。当采样体积为 12L 时,HCN 的测定范围为 5 ～ 21mg/m³。以 0.2L/min 流量采集 60 分钟,18 个 HCN 样品,总体精密度($\bar{S}_{rT}$)为 6.2%,回收率为 96.7%。在 OSHA 标准浓度水平,对 6 个样品进行 8 天储存稳定性研究,结果表明:储存一天的样品平均回收率为 92.4%,8 天的样品的平均回收率为 92.6%。在两倍 OSHA 标准水平下,加上一个后备气泡吸收管,进行了采样效率研究,结果表明 HCN 在第一个气泡吸收管中的平均采样效率为 99.8%。HCN 的发生气体浓度通过滴定法进行了独立的验证[3]。

KCN:方法 S250 发表于 1976 年 1 月 30 日[5]。在 1.8 ～ 2.5mg KCN/滤膜范围内,一组 6 个称重的 KCN 样品,回收率为 97%,分析精密度为 3.8%[2]。用 KCN 水溶液或碱性溶液加标,实验失败(回收率低),这是因为水中存在的 CO₂ 会造成氰化物不稳定。通过将 KCN 水溶液(162g/L)雾化进入干燥空气流中,发生 KCN 的测试气体。在 0.1N NaOH 中,以 1.5L/min 流量,采集 60 分钟,共采集 18 个 KCN 样品,总体精密度($\bar{S}_{rT}$)为 0.103。在 2 倍 OSHA 标准浓度水平下,在纤维素酯膜滤膜后加一个气泡吸收管,进行采样,滤膜的采样效率为 100.0%。已知在潮湿的空气中氰化物的盐会分解释放出 HCN。在 1 倍和 2 倍 OSHA 浓度水平下,用两组样品,每组 6 个,进行了不稳定性试验。2 倍 OSHA 标准浓度水平时,每个样品后连接两个气泡吸收管。每组损失量均为 16.5%。

参考文献

[1] Perkins, J. B., D. G. Tharr, J. Palassis, D. B. Fannin, and P. M. Eller, Case Studies: Reduction of Blank Values in the Determination of Particulate Cyanides. Appl. Occup. Environ. Hyg. 5:836 – 837(1990).

[2] Documentation of the NIOSH Validation Tests, S250, U. S. Department of Health, Education, and Welfare, Publ. (NIOSH) 77 – 185 (1977).

[3] Backup Data Report for Hydrogen Cyanide, S288, Available as Ten NIOSH Analytical Methods, Set5, Order No. BP 287 – 499 from NTIS, Springfield, VA 22161.

[4] NIOSH Manual of Analytical Methods, 2nd. ed. , V. 4, S288, U. S. Department of Health, Education, and Welfare, Publ. (NIOSH) 78 – 175 (1978).

[5] Ibid, V. 3, S250, U. S. Department of Health, Education, and Welfare, Publ. (NIOSH) 77 – 157 – C(1977).

[6] Ibid, V. 1, P&CAM 116, U. S. Department of Health, Education, and Welfare, Publ. (NIOSH)77 – 157 – A (1977).

[7] Criteria for a Recommended Standard...Occupational Exposure to Hydrogen Cyanide and CyanideSalts, 5 – 9, U. S. Department of Health, Education, and Welfare, Publ. (NIOSH) 77 – 108 (1976).

[8] NIOSH Research Report – Development and Validation of Methods for Sampling and Analysis of Workplace Toxic Substances, U. S. Department of Health and Human Services, Publ. (NIOSH)80 – 133 (1980).

方法作者

J. Palassis, NIOSH/DTMD;方法 S250 和方法 S288 最初分别在 NIOSH 合约 CDC – 99 – 74 – 45 和 210 – 76 – 0123 进行了验证。

磷 7905

P₄	相对分子质量:123.90	CAS 号:7723 – 14 – 0	RTEC 号:TH3500000
方法:7905,第二次修订		方法评价情况:完全评价	第一次修订:1989.5.15 第二次修订:1994.8.15
OSHA:0.1mg/m³ NIOSH:0.1mg/m³;第Ⅰ类农药 ACGIH:0.1mg/m³ (常温常压下,1ppm = 5.07mg/m³)		性质:固体;密度 1.83g/cm³(20℃);熔点 44℃;沸点 280℃;饱和蒸气压 3.5Pa(2.6×10⁻²mmHg,172mg/m³)(20℃)	

续表

英文名称:phosphorus；white phosphorus；yellow phosphorus

采样	分析
采样管:固体吸附剂管(Tenax GC,前段 100mg/后段 50mg)	分析方法:气相色谱法
采样流量:0.01~0.2L/min	待测物:磷
最小采样体积:5L(在 0.1mg/m³ 下)	解吸方法:1ml 二甲苯;解吸 30 分钟
最大采样体积:100L	进样体积:5μl
运输方法:常规	气化室温度:200℃
样品稳定性:7 天(25℃)	检测器温度:200℃
样品空白:每批样品 2~10 个	色谱柱温度:80℃

采样体积为12L时,测定范围为0.04 - 0.8mg/m³(0.0008~0.16ppm)为5~20mg/m³。本法仅适用于蒸气态磷的检测。若想要采集空气中的 P₄ 微粒,则使用滤膜一起采样

准确性

研究范围:0.056~0.24mg/m³[1](12L 样品)

偏差:+5.5%

总体精密度($\hat{S}_{rT}$):0.090 [1]

准确度:±21.3%

色谱柱:玻璃柱,1.8m×6mm(外径)×2mm(内径)

测定范围:每份样品 0.5~5μg

估算检出限:每份样品 0.005μg[1]

精密度($\bar{S}_r$):0.024 (每份样品 0.6~2.4μg)[1]

适用范围:采样体积为12L时,测定范围为0.04 - 0.8mg/m³(0.0008~0.16ppm)为5~20mg/m³。本法仅适用于蒸气态磷的检测。若想要采集空气中的 P₄ 微粒,则使用滤膜一起采样

干扰因素:未测定

其他方法:本法结合并替代了方法 S334[2] 和 P&CAM 257[3]。P&CAM 242 利用冲击式吸收管采样(吸收液为二甲苯),尚未修订[4]

试剂

1. 纯白磷:储存在蒸馏水中*
2. 二甲苯(混合):试剂级
3. 纯丙酮
4. 标准储备液:0.20mg/ml。在氮气下或其他惰性气体保护下制备。将已知量(约 2mg)的、用丙酮洗过的、干燥的磷溶于 10ml 二甲苯中。搅拌直至溶解。一式两份
5. 氦气:净化
6. 氢气:净化
7. 空气:过滤
8. 氮气:高纯

仪器

1. 采样管:玻璃管(硼硅酸盐),长 7cm,外径 8mm,内径 6mm,两端熔封,内装 35~60 目 Tenax GC(前段 100mg/后段 50mg),中间和两端装填硅烷化的玻璃棉,用于隔开和固定两段吸附剂。采样流量为 0.2L/min 时,采样管阻力必须低于 3.3kPa (25mmHg)
   注意:若希望空气样品中包含微粒磷,则采样时在 Tenax 管前加上直径 37mm 的纤维素酯滤膜
2. 个体采样泵:配有连接软管,流量 0.01~0.2L/min
3. 气相色谱仪:火焰光度检测器(磷模式),积分仪和色谱柱(方法 7905)
4. 溶剂解吸瓶:20ml,带 PTFE 内衬隔垫的瓶盖
5. 注射器:5,10 和 25μl,用于标准溶液的制备和气相色谱进样
6. 容量瓶:10ml
7. 移液管:TD,1ml,带洗耳球
8. 分析天平:感量 0.01mg

特殊防护措施:若摄入白磷,即使是少量,也可能会致命[5];磷蒸气有毒;在含有磷的空气中工作时应特别小心

注:* 见特殊防护措施。

采样

1. 串联一个有代表性的采样管来校准个体采样泵。
2. 采样前折断采样管两端,用软管连接至个体采样泵。
3. 在 0.01~0.2L/min 范围内,以已知流量采集 5~100L 空气样品。
4. 密封采样管,包装后运输。

样品处理

5. 除去玻璃棉,将采过样的两段吸附剂分别倒入溶剂解吸瓶中。
6. 于溶剂解吸瓶中各加入 1.0ml 二甲苯,密封。
注意:如果需要,在放入滤膜的溶剂解吸瓶中加入 5.0ml 二甲苯。

7. 解吸 30 分钟,不时振摇。

标准曲线绘制与质量控制

8. 配制至少 6 个浓度的标准系列,绘制标准曲线。

a. 于 10ml 容量瓶中,加入适量的二甲苯,再加入已知量的标准储备液或其稀释液,最后用二甲苯稀释至刻度,使磷的浓度在 0.01 ~ 5μg/ml 范围。

b. 与样品和空白一起进行分析 (步骤 11,12)。

c. 以峰面积对磷含量(μg)绘制标准曲线。

9. 每批 Tenax – GC 至少测定一次解吸效率(DE)。在标准曲线范围内选择 5 个不同浓度,每个浓度测定 3 个样品。另测定 3 个空白采样管。

a. 去掉空白采样管后段吸附剂。

b. 用微量注射器将已知量(2 ~ 20μl)的标准储备液直接注射至前段吸附剂上。

c. 封闭采样管两端,放置过夜。

d. 解吸(步骤 5 ~ 7)并与标准系列一起进行分析(步骤 11,12)。

e. 以解吸效率对磷回收量(μg)绘制解吸效率曲线。

10. 分析 3 个样品加标质控样和 3 个加标样品,以确保标准曲线和解吸曲线在可控范围内。

样品测定

11. 按照仪器说明书和方法 7905 给出的条件设置气相色谱仪。使用溶剂冲洗技术手动进样或自动进样器进样。

注意:若峰面积超出标准曲线的线性范围,用二甲苯稀释后重新分析,计算时乘以相应的稀释倍数。

12. 测定峰面积。

计算

13. 按下式计算空气中磷的浓度 C(mg/m³):

$$C = \frac{W_f + W_b - B_f - B_b}{V}$$

式中:W_f—— 样品采样管前段吸附剂中磷的含量(μg);

W_b——样品采样管后段吸附剂中磷的含量(μg);

B_f——空白采样管前段吸附剂中磷的平均含量(μg);

B_b——空白采样管后段吸附剂中磷的平均含量(μg);

V ——采样体积(L)。

注意:式中磷的含量已用解吸效率校正;如果 $W_b > W_f/10$,则表示发生穿透,记录该情况及样品损失量。

方法评估

方法 S334[2] 发表于 1977 年 11 月 25 日,已经过验证,方法中用磷(11mg/ml)的四氢化萘溶液和已校准的注射器驱动装置发生气体,并用二甲苯采集后分析验证了其浓度[1]。在 0.056 ~ 0.24mg/m³ 浓度范围内,采样体积为 12L 时,平均回收率为 106%,总体精密度 ($\hat{S}_{rT}$) 为 0.074(18 个样品)。用冲击式吸收管采集磷蒸气浓度为 0.35mg/m³ 的气体,采样体积为 25L 时,经分析表明,无论有或无纤维素酯滤膜,冲击式吸收管中测得的磷浓度相同。在相对湿度 85% 下,以 0.2L/min 流量采集磷浓度为 0.311mg/m³ 的气体,采样 240 分钟后未发生穿透(流出气浓度为流入气浓度的 5%)。在每份样品 0.6 ~ 2.4μg 的范围内,18 个样品的平均解吸效率为 95%,精密度 ($\bar{S}_r$) 为 0.026。总体精密度 ($\hat{S}_{rT}$) 为 0.090,包含泵误差。

参考文献

[1] Backup Data Report, S334, (November 25, 1977), Available as "Ten NIOSH Analytical Methods, Set5," order No. PB 287 –499, from NTIS, Springfield, VA 22161.

[2] NIOSH Manual of Analytical Methods, 2nd. ed., V. 4, S334, U. S. Department of Health, Education, and Welfare, Publ. (NIOSH) 78 – 175 (1978).

[3] Ibid., Vol. 1, P&CAM 257, U. S. Department of Health, Education, and Welfare, Publ. (NIOSH) 77 – 157 – A (1977).

[4] Ibid., P&CAM 242.

[5] Merck Index, 11th ed., Merck & Co., Rahway, NJ (1989).

方法作者

GangadharChoudhary, Ph. D., ATSDR 和 Peter M. Eller, Ph. D., NIOSH/DPSE. S334 最初在 NIOSH 合约 CDC – 210 – 75 – 0047 下进行了验证。

氟化物(气溶胶和气体)的离子色谱法 7906

F⁻		相对分子质量:18.998	CAS 号:(HF) 7664 – 39 – 3	RTECS 号:(HF) MW7875000
方法:7906,第一次修订			方法评价情况:部分评价	第一次修订:1994.8.15
OSHA:2.5mg/m³(氟化物);3ppm(HF) NIOSH:2.5mg/m³(氟化物);3ppm(HF);STEL 6ppm(HF) ACGIH:2.5mg/m³(氟化物);3ppm(HF) (常温常压下,1ppm HF = 0.818mg/m³)			性质:HF 液体;沸点 19.5℃;氟化物的盐在酸存在下释放 HF	

英文名称:sodium fluoride(CAS #7681 – 49 – 4);hydrogen fluoride;hydrofluoric acid;cryolite;sodium hexafluoroaluminate(CAS #13775 – 53 – 6)

中文名称:氟化钠(CAS #7681 – 49 – 4);氟化氢;氢氟酸;冰晶石;氟铝酸钠(CAS#13775 – 53 – 6)

采样

采样滤膜:滤膜 + 处理过的衬垫(0.8μm 纤维素酯膜 + 浸渍 Na₂CO₃ 的纤维素衬垫)

采样流量:1 ~ 2L/min

最小采样体积:1L(3ppm,HF);120L(2.5mg/m³)(非水溶性微粒)

最大采样体积:800L

运输方法:常规

样品稳定性:稳定

样品空白:每批样品 2 ~ 10 个

准确性

研究范围:未研究

偏差:未测定

总体精密度($\hat{S}_{rT}$):未测定

准确度:未测定

分析

分析方法:离子色谱法/电导检测器

待测物:氟离子(F⁻)

滤膜(微粒 F⁻):用 NaOH 熔融,溶于 100ml 水中,用水稀释(1:40)

浸渍滤膜(气态 F⁻):用 100ml 水进行洗脱

进样体积:50μl

流动相:1.25mM Na₂B₄O₇,2ml/min

色谱柱:IonPac – AS4A 分离柱,IonPac – AG4A

保护柱:阴离子微膜抑制器

电导池设置:满量程,10μS

定量标准:水中 F⁻ 的标准溶液

测定范围:每份样品 0.01 ~ 0.25mg F⁻(气体);[1] 每份样品 0.30 ~ 10mg F⁻(微粒)[1]

估算检出限:每份样品 3μgF⁻(气体)[1];每份样品 120μgF⁻(微粒)[1]

精密度($\bar{S}_r$):0.019(气体)[1];0.066(微粒)[1]

适用范围:当采样体积为 250L 时,测定范围为 HF 0.05 ~ 10ppm(0.04 ~ 8mg/m³),非水溶性氟化物测定范围为 1.2 ~ 8mg/m³。水溶性微粒氟化物可以使用气态氟化物的处理方法进行洗脱。不溶性微粒需要进行熔融。本法适用于采矿样品、铝电解、陶瓷、玻璃刻蚀、电镀、电导体和氟化工业。本法适用于空气污染物瞬时浓度和短时间接触浓度(STEL)的监测

干扰因素:如果空气中存在其他气溶胶,由于气态氟化物被吸附或与微粒发生反应,气态氟化物测定浓度可能稍微偏低,同时会使微粒/气态氟化物的比率偏高[2-6]

其他方法:方法 7902(ISE 测氟)的采样过程与本法相同,但使用离子选择性电极进行测定。方法 7903(无机酸)也可对 HF 进行测定

续表

试剂	仪器
1. 碳酸钠 2. 甘油 3. 氟化钠* 4. 醋酸钠 5. 硼砂 6. 碱性浸渍液:溶解 25g Na_2CO_3 于去离子水中,加入 20ml 甘油,稀释至 1L 7. 标准储备液,100μg/ml:0.2211g NaF(105℃ 干燥 2 小时)溶于去离子水中,稀释至 1L 8. 20%(w/v)NaOH:溶解 200g NaOH 于去离子水中,稀释至 1L 9. 醋酸盐储备液:0.1389g 醋酸钠溶于去离子水中,稀释至 100ml 10. 混合阴离子溶液:加入 0.10ml 氟化物标准储备液和 0.1ml 醋酸盐储备液于去离子水中,稀释至 50ml 11. 流动相,1.25mM 硼砂:1.9079g $Na_2B_4O_7 \cdot 10H_2O$ 溶于去离子水中,稀释至 4L	1. 采样滤膜:直径 37mm,孔径 0.8μm 纤维素酯滤膜,带多孔塑料衬垫(Nuclepore#220800,或等效产品),浸渍纤维素衬垫(用 0.8ml 浸渍液湿润并在 105℃ 干燥 30~45 分钟。如烧焦则舍弃)置于三层式滤膜夹中,滤膜夹带 1/2 扩展罩 采样管的安装:在滤膜夹的后侧(出口)放置一个碱性纤维素衬垫,插入 1.27cm 扩展罩,将多孔塑料衬垫和滤膜放在扩展罩上,插入滤膜夹的上侧(入口),压紧并收缩带或胶带密封 注意:用手持真空泵检漏 2. 个体采样泵:配有连接软管,流量 1~2L/min 3. 离子色谱仪:电导检测器,根据方法 7906 给出的条件设置离子色谱仪 4. 镍、锆或铬镍合金坩埚:20ml 或 30ml 5. Bunsen 或 Meeker 燃烧器 6. 三脚架 7. 瓷三角 8. 容量瓶:50ml 和 100ml 及 1L 9. 移液管:用于移取标准溶液的适当规格 10. 样品容器:螺纹盖,塑料,150ml 11. 塑料注射器:10ml 12. 针式过滤器:25mm 13. 超声波清洗器 14. 加热板 15. 手持式真空泵

特殊防护措施:氟化物对皮肤、眼睛和黏膜有极强的腐蚀作用,样品熔融等操作均在通风橱中进行

注:* 见特殊防护措施。

采样

1. 串联一个有代表性的采样管来校准个体采样泵。

2. 控制采样流量在 1~2L/min 之间,以精确流量采样,采样体积为 1L(气体)−800L 或 120L(微粒)−800L。滤膜上总粉尘的增量不得超过 2mg。

3. 包装后运输。

样品处理

4. 纤维素酯滤膜(微粒氟化物)。

注意:水溶性微粒氟的洗脱可以用气态氟的洗脱方法。不溶性微粒需要熔融否则会降低分析灵敏度。

a. 将滤膜放入含 5ml 20% NaOH 的坩埚中。

b. 在加热板上蒸干。

c. 在 Bunsen 或 Meeker 燃烧器上加热残留物至熔融温度,1~2 分钟后,冷却。

d. 将含有样品的坩埚转移到样品容器中,用移液管加入 100ml 去离子水,用螺纹盖密封。

e. 放置到超声波清洗器中超声 15~20 分钟。

f. 用去离子水稀释(1:40)并用针式过滤器过滤,将滤液注入合适的溶剂解吸瓶中,用于 IC 分析。

5. 碱浸渍的衬垫(气态氟化物)。

a. 将浸渍过的衬垫放入样品容器中,用移液管加入 100ml 去离子水,用螺纹盖密封。

b. 放到超声波清洗器中超声 15~20 分钟。

c. 过滤到合适的溶剂解吸瓶中,用于 IC 分析。

标准曲线绘制与质量控制

6. 在样品测定范围内,配制至少 6 个浓度的标准系列,绘制标准曲线。

a. 于 50ml 容量瓶中,加入适量的去离子水,再加入已知量的阴离子标准储备液,最后用去离子水稀释

至刻度。

b. 每周重新制备。

c. 与样品和空白一起进行分析(步骤 8~10)。

注意:确保氟化物和醋酸根离子的色谱峰分离。如果采用峰高进行定量,不需要达到基线分离。

d. 以峰高(μS 或 mm)对 F$^-$浓度(μg/ml)绘制标准曲线。

7. 分析 3 个样品加标质控样和 3 个加标样品,以确保标准曲线在可控范围内。

样品测定

8. 根据仪器说明书和方法 7906 给出的条件设置离子色谱仪。

9. 进样 50μl。

注意:所有样品和标准系列必须过滤后再注入离子色谱仪,避免堵塞系统阀或色谱柱。

10. 测定峰高

注意:若峰高超出标准曲线的线性范围,稀释后重新分析,计算时乘以相应的稀释倍数。

计算

11. 分别按下面的式子计算空气中微粒氟化物的浓度 C$_p$(mg/m^3)和气态氟化物的浓度 C$_g$(mg/m^3):

$$C_p = \frac{W_p V_p - B_p V_{pb}}{V}$$

式中:W$_p$——样品溶液中微粒氟化物的浓度(μg/ml);

B$_p$——介质空白溶液中微粒氟化物的平均浓度(μg/ml);

V$_p$——样品溶液的体积(L);

V$_{pb}$——介质空白溶液的体积(L);

V——采样体积(L)。

$$C_g = \frac{W_g V_g - B_g V_{gb}}{V}$$

式中:W$_g$——样品衬垫溶液中氟化物的浓度(μg/ml);

B$_g$——衬垫空白溶液中氟化物的平均浓度(μg/ml);

V$_g$——样品衬垫溶液的体积(L);

V$_{gb}$——衬垫介质空白溶液的体积(L);

V——采样体积(L)。

方法评价

用离子色谱分析方法,测定了以下性能指标[1]。在浓度为每份样品 0.01~0.25mg 范围内,气态氟化物(浸渍的衬垫)的 LOD 为每份样品 3μg。在每份样品 13~250μg 范围内,精密度($\bar{S}_r$)为 0.019。用 NaOH 熔融的样品会有很高的离子强度,因此需要进一步稀释(1:40)。在每份样品 0.30~10mg 范围内,微粒氟化物(前滤膜)的估算检出限(LOD)为每份样品 120μg。每份样品 250μg 时,微粒氟化物的精密度($\bar{S}_r$)为 0.066。未测定总体精密度和偏差。

参考文献

[1] Lorberau, C. Determination of Gaseous and Particulate Fluorides by Ion Chromatographic Analysis. Appl. Occup. Environ. Hyg. 8(9), 775-784 (1993).

[2] Jahr, J. A New Dual Filter Method for Separate Determination of Hydrogen Fluoride and Dustlike Fluorides in the Air. Staub-Reinhalt. derLuft, 32(6) 17 (1972).

[3] Israel, G. W. Evaluation and Comparison of Three Atmospheric Fluoride Monitors under Field Conditions. Atmos. Environment, 8, 159 (1974).

[4] Pack, M. R., A. C. Hill, and G. M. Benedict. Sampling Atmospheric Fluorides with glass Fiber Filters. J. Air Pollution Control Assoc., 13 (8), 374 (1963).

[5] Einfeld, W. Investigation of a Dual Filter Sampling Method for the Separate Estimation of Gaseous and Particulate Fluor-

ides in Air. Thesis（M. S. , Public Health）, Univ. of Washington（1977）.

[6] Einfeld, W. and S. W. Hoestmann. Investigation of a Dual Filter Sampling Method for the Gaseous and Particulate Fluor-ides. Am. Ind. Hyg. Assoc. J. 40(7), 626 (1979).

[7] NIOSH/OSHA Occupational Health Guidelines for Chemical Hazards, U. S. Department of Health and Human Services, Publ. （NIOSH）81 – 123（1981）, Available as GPO Stock #17 – 033 – 00337 – 8 from Superintendent of Documents, Washington, D. C. 20402.

方法作者

Charles Lorberau, NIOSH/DPSE.

第五章 空气中粉尘的检测

其他粉尘,总尘 0500

定义:总气溶胶	CAS 号:无		RTECS 号:无
方法:0500,第二次修订	方法评价情况:完全评价		第一次修订:1984. 2. 15 第二次修订:1994. 8. 15
OSHA:15mg/m³ NIOSH:无 REL ACGIH:10mg/m³,总粉尘中石英含量低于1%		性质:不含石棉,石英含量低于1%	

中文别名:总悬浮颗粒物

英文名称:particulae not othereise regulated, total; nuisance dusts; particulates not otherwise classified

采样	分析
采样滤膜:滤膜(37mm、5μm 聚氯乙烯(PVC)滤膜)	分析方法:称量法(滤膜称量法)
采样流量:1 ~ 2L/min	待测物:空气中的悬浮颗粒物
最小采样体积:7L(在 15mg/m³ 下)	天平:感量 0.001mg;采样前后用同一天平
最大采样体积:133L(在 15mg/m³ 下)	标准物质:美国国家标准与技术研究院(NIST)等级 S – 1. 1 的砝码或美国材料与试验协会(ASTM)等级为 1 的砝码
运输方法:常规	
样品稳定性:不确定	测定范围:每份样品 0.1 ~ 2mg
样品空白:每批样品 2 ~ 10 个	估算检出限:每份样品 0.03mg
定性样品:不需要	精密度($\bar{S}_r$):0.026[2]

准确性

研究范围:8 ~ 28mg/m³(20L 样品)

偏差:0.01%

总体精密度($\hat{S}_{rT}$):0.056[1]

准确度:±11.04%

适用范围:采样体积为 100L 时,测定范围是 1 ~ 20mg/m³。本法不能测定某特定化合物的浓度,测定的是劳动者接触的总粉尘浓度。本法不仅可以用于测定其他 ACGIH 颗粒物(另有规定的除外),还可用于称量法测定玻璃纤维[4]

干扰因素:通过干燥灰化可以除去有机和易挥发的颗粒物[3]

其他方法:本法与玻璃纤维的标准文件方法和炭黑的方法 5000 相似,取代了方法 S349[5]。也可用冲击式吸收管采集总粉尘,或用直读式仪器测量总粉尘,但这两种方法不适用于个体采样

仪器

1. 采样滤膜:37mm、孔径 2 ~ 5μm 的 PVC 滤膜或等效的疏水性滤膜,衬垫,置于 37mm 滤膜夹中

2. 个体采样泵:流量 1 ~ 2L/min,配有连接软管

3. 微量天平:感量为 0.001mg

4. 除静电器:如 Po – 210;超过生产日期 9 个月则需更换

5. 镊子(最好是尼龙的)

6. 放置天平恒温恒湿室[如(20 ±1)℃,相对湿度(50 ±5)%]

特殊防护措施:无

采样前滤膜的准备

1. 将滤膜放于恒温恒湿的天平室中,平衡至少 2 小时。

注意:最好在环境控制室中进行。

2. 用圆珠笔给衬垫编号后,编号面朝下放置于滤膜夹底部。

3. 在恒温恒湿的天平室中称量滤膜,记录滤膜初始质量 W_1(mg)。

a. 每次称量前调零。

b. 用镊子夹取滤膜,将其通过除静电器上方,直至滤膜易从镊子上脱落或滤膜不再吸引天平盘为止,除去滤膜的静电(静电会导致称量结果不准确)。

4. 将滤膜装入滤膜夹中,固定紧,以防漏气。用塞子密封滤膜夹的进出气口,用纤维素收缩带缠绕滤膜夹。干燥后标记滤膜夹,编号与衬垫的相同。

采样

5. 串联一个有代表性的采样管来校准采样泵。

6. 在 1~2L/min 流量范围内,以已知流量采集 7~133L 空气样品。滤膜上总粉尘的增量不得超过 2mg。每批现场样品采集 2~4 个平行样品,用于质量保证。

样品处理

7. 用湿纸巾擦拭滤膜夹外表面的粉尘,以尽可能减少污染。丢弃使用过的纸巾。

8. 取下滤膜夹两端开口的塞子,放入天平室中,平衡至少 2 小时。

9. 取下滤膜夹上的纤维素收缩带,打开滤膜夹,将滤膜轻轻取出,避免粉尘损失。

注意:若滤膜粘在滤膜夹顶部的下侧,用手术刀片的刀背将其轻轻抬起。操作时必须小心,防止滤膜破裂。

标准曲线绘制与质量控制

10. 每次称量前将微量天平调零。采样前后,滤膜称量应使用同一台天平。用美国国家标准与技术研究院(NIST)等级 S–1.1 或美国材料与试验协会(ASTM)等级 1 的砝码维护和校准天平。

11. 无论在粉尘实验室[7]或现场[8],每批平行样品所接触的粉尘环境应该相同。质控样品所用的设备、方法和人员应该与常规现场样品的相同。由平行样品结果计算所得的相对标准偏差应记录于控制图中。若精密度失控,应及时采取行动。

样品测定

12. 称量包括样品空白在内的每个滤膜。记录采样后滤膜的质量 W_2(mg)。记录有关滤膜的任何异常现象(如过载、泄漏、变湿、破裂等)。

计算

13. 按下式计算空气中总粉尘浓度 C(mg/m³):

$$C = \frac{(W_2 - W_1) - (B_2 - B_1)}{V} \times 10^3$$

式中:W_1——采样前滤膜的质量(mg);

　　W_2——采样后滤膜的质量(mg);

　　B_1——采样前空白滤膜的质量(mg);

　　B_2——采样后空白滤膜的质量(mg);

　　V——采样体积(L)。

方法评价

用空白滤膜和含炭黑的发生气进行实验室测试,炭黑浓度为 8~28mg/m³[2,6]。精密度($\overline{S_r}$)和准确度数据见方法 0500。

参考文献

[1] NIOSH Manual of Analytical Methods, 3rd ed., NMAM 5000, DHHS (NIOSH) Publication No. 84 – 100 (1984).

[2] Unpublished data from Non – textile Cotton Study, NIOSH/DRDS/EIB.

[3] NIOSH Criteria for a Recommended Standard ... Occupational Exposure to Fibrous Glass, U. S. Department of Health, Education, and Welfare, Publ. (NIOSH) 77 – 152, 119 – 142 (1977).

[4] 1993 – 1994 Threshold Limit Values and Biological Exposure Indices, Appendix D, ACGIH, Cincinnati, OH (1993).

[5] NIOSH Manual of Analytical Methods, 2nd ed., V. 3, S349, U. S. Department of Health, Education, and Welfare, Publ. (NIOSH) 77 – 157 – C (1977).

[6] Documentation of the NIOSH Validation Tests, S262 and S349, U. S. Department of Health, Education, and Welfare, Publ. (NIOSH) 77 – 185 (1977).

[7] Bowman, J. D., D. L. Bartley, G. M. Breuer, L. J. Doemeny, and D. J. Murdock. Accuracy Criteria Recommended for the Certification of Gravimetric Coal Mine Dust Personal Samplers. NTIS Pub. No. PB 85 – 222446 (1984).

[8] Breslin, J. A., S. J. Page, and R. A. Jankowski. Precision of Personal Sampling of Respirable Dust in Coal Mines, U. S. Bureau of Mines Report of Investigations #8740 (1983).

方法修订作者

Jerry Clere and Frank Hearl, P. E., NIOSH/DRDS.

其他粉尘,呼尘 0600

定义:由带 4μm 切割头的粉尘采样器收集的气溶胶	CAS 号:无	RTECS 号:无
方法:0600,第三次修订	方法评价情况:完全评价	第一次修订:1984.2.15 第二次修订:1998.1.15
OSHA:5mg/m³ NIOSH:无 REL ACGIH:3mg/m³	性质:不含石棉,石英含量低于1%;能进入无纤毛的呼吸系统	

中文别名: 可吸入颗粒物、呼尘

英文名称: particulates not otherwise regulated, respirable; nuisance dusts; particulates not otherwise classified

采样

采样滤膜:旋风式预分离器 + 滤膜(10mm 尼龙旋风式预分离器,Higgins – Dewell[HD]旋风式预分离器或铝制旋风式预分离器 +5μm 聚氯乙烯(PVC)滤膜)

采样流量:尼龙旋风式预分离器 1.7L/min;HD 旋风式预分离器 2.2L/min;铝制旋风式预分离器 2.5L/min

最小采样体积:20L(在 5mg/m³ 下)

最大采样体积:400L

运输方法:常规

样品稳定性:稳定

样品空白:每批样品 2 ~ 10 个

准确性

研究范围:0.5 ~ 10mg/m³(实验室或现场)

偏差:依粉尘大小分布不同[1]

总体精密度($\hat{S}_{rT}$):依粉尘大小分布不同[1,2]

准确度:依粉尘大小分布不同[1]

分析

分析方法:称量法(滤膜称量法)

待测物:呼吸性粉尘

天平:感量 0.001mg;采样前后使用同一天平

定量标准:美国国家标准与技术研究院(NIST)等级 S – 1.1 的砝码或美国材料与试验协会(ASTM)等级 1 的砝码

测定范围:每份样品 0.1 ~ 2mg

估算检出限:每份样品 0.03mg

精密度($\bar{S}_r$):<10μg(0.001mg 天平);< 70μg(0.01mg 天平)[3]

适用范围: 采样体积为 200L 时,测定范围是 0.5 ~ 10mg/m³。本法测定的是非挥发性呼尘的质量浓度。除惰性粉尘[4]外,本法可用于检测呼吸性煤尘。方法偏重于根据国际最新定义的呼尘,例如:偏差 ≈ +7% 的非柴油、煤矿粉尘[5]

干扰因素: 显微分析发现,在某些情况下旋风式预分离器滤膜上有大于可吸入颗粒物(超过 10μm)的颗粒存在。样品中的超大颗粒物是由旋风式预分离器的反向安装引起的。粉尘负荷量大、纤维和水饱和的粉尘也会干扰旋风式预分离器的尺寸选择性。建议使用导电型粉尘采样仪,以尽量减小粒子的电荷效应

其他方法:本法以采样数据表#29.02 为基础并取代了采样数据表#29.02[6]

仪器

1. 采样滤膜

   a. 滤膜:孔径 50μm,聚氯乙烯滤膜或等效的疏水性滤膜(最好是导电的),置于滤膜夹中

   b. 旋风式预分离器:10mm 尼龙旋风式预分离器(Mine Safety Appliance Co., Instrument Division, P. O. Box 427, Pittsburgh, PA 15230),Higgins – Dewell 旋风式预分离器(BGI Inc., 58 Guinan St., Waltham, MA 02154)[7],铝制旋风式预分离器 (SKC Inc., 863 Valley View Road, Eighty Four, PA 15330)或等效的

2. 个体采样泵,尼龙旋风式预分离器为 1.7L/min ±5%,HD 旋风式预分离器为 2.2L/min ±5%,或者铝制旋风式预分离器为 2.5L/min ±5%,配有连接软管

   注意:泵中流量的波动必须在平均流量的(±20)% 范围内

3. 分析天平:感量 0.001mg

4. 砝码:NIST 等级 S – 1.1 或 ASTM 等级 1

5. 除静电器:例如聚乙烯 – 210,超过生产日期 9 个月则需更换

6. 镊子(最好是尼龙的)

7. 放置天平的恒温恒湿室[如:(20 ±1)℃,相对湿度(50 ±5)%]

特殊防护措施:无

采样前过滤器的准备

1. 将滤膜放于恒温恒湿的天平室中,平衡至少 2 小时。

2. 在恒温恒湿的天平室中称量滤膜,记录滤膜初始质量 W_1(mg)。

a. 每次称量前调零。

b. 用镊子夹取滤膜(若需要进一步分析,则用尼龙的镊子)。

c. 将滤膜通过除静电器上方,直至滤膜易从镊子上脱落或滤膜不再吸引天平盘为止,除去滤膜的静电。静电会导致称量结果不准确。

3. 将滤膜装入滤膜夹中,固定紧,以防漏气。用塞子密封滤膜夹的进出气口。干燥后标记滤膜夹,编号与衬垫的相同。

4. 使用前移去旋风式预分离器的磨砂盖,并检查旋风式预分离器的内部。若管内有明显的划痕,则不能使用,因为旋风式预分离器的粉尘分离性能可能发生改变。

5. 组装采样头。检查滤膜夹和采样头中的旋风式预分离器是否成一直线,以防渗漏。

采样

6. 串联一个有代表性的采样管来校准个体采样泵。

注意:由于旋风式预分离器入口的设计,尼龙和铝制旋风式预分离器需放在一个大的、有进出口的容器中进行校准;容器进口与校准器(如气泡流量计)相连;旋风式预分离器出口与容器内部的出口相连,容器出口与泵连接;也可用其他标准步骤,见附录(校准器可直接与 HD 旋风式预分离器连用);由于旋风式预分离器有自我校正的性能,因此即使校准和使用时的流量改变了一定的量,但仍可用名义流量计算浓度。

7. 采样时间 45 分钟至 8 小时。滤膜上粉尘的增量不得超过 2mg。每批现场样品采集 2 ~4 个平行样品,用于质量保证(见步骤 10)。

注意:不得将采样管安反。旋风式预分离器不能平放,以防上面的大颗粒掉到滤膜上。

样品处理

8. 取下滤膜夹两端的塞子,将滤膜放在恒温恒湿的天平室中,平衡至少 2 小时。

标准曲线绘制与质量控制

9. 每次称量前将微量天平调零。采样前后,滤膜称量应使用同一台天平。用美国国家标准与技术研究院(NIST)等级 S – 1.1 或美国材料与试验协会(ASTM)等级 1 的砝码维护和校准天平。

10. 无论在粉尘实验室[8]或现场[9],每批平行样品所接触的粉尘环境应该相同。质控样品所用的设

备、方法和人员应该与常规现场样品的相同。由平行样品结果计算精密度,将相对标准偏差(S_r)记录在控制图中。若精密度失控,应及时采取行动[8]。

样品测定

11. 称量包括样品空白在内的每个滤膜。记录采样后滤膜的质量 W_2(mg)。记录有关滤膜的任何明显的异常现象(如颗粒过大、超负荷、泄漏、变湿、破裂等)。

计算

12. 按下式计算空气中呼尘的浓度 C(mg/m³):

$$C = \frac{(W_2 - W_1) - (B_2 - B_1)}{V} \times 10^3$$

其中:W_1——采样前滤膜的质量(mg);

$\quad$ W_2——采样后带有样品的滤膜的质量(mg);

$\quad$ B_1——采样前空白滤膜的质量(mg);

$\quad$ B_2——采样后空白滤膜的质量(mg);

$\quad$ V——名义流量下的采样体积(L)(如1.7L/min或2.2L/min)。

方法评价

1. 偏差

在呼吸性粉尘的测量中,样品偏差的计算与呼吸性粉尘的约定定义有关。Bartley 和 Breuer 建立了计算偏差的理论[10]。因此,本法中,偏差的计算取决于国际上约定的呼吸性粉尘的定义、旋风式预分离器的渗透曲线和环境粉尘的粒径分布。以测得的非脉动流的渗透曲线为基础[1],计算本法的偏差,结果如图5-0-1所示。

NIOSH 对本法进行了验证,结果表明,对于粒径分布在阴影区域的粉尘,本法的偏差在 ±0.10 之内。因此,对于某些工作场所中的气溶胶,偏差可能大于 ±0.10。但是,对于大多数工作场所而言,粉尘的几何标准偏差大于 2.0 时,偏差在 ±0.20 之内。

对于旋风式预分离器,个体采样泵的波动也可能引起偏差。Bartley 等[12]研究表明,相对于稳定流的样品,具有脉动流的旋风式预分离器采集的样品,其偏差可能为负,且高达 -0.22。偏差的大小取决于旋风式预分离器孔径的脉动振幅和粉尘的粒径分布。对于工作场所中多数粒径分布的粉尘而言,采样泵的瞬时流量在平均值20%以内时,偏差变动的值小于0.02。

粉尘和旋风式预分离器上的电荷也会引起偏差。Briant 和 Moss[13] 已发现由静电引起的偏差可达 -50%,并指出用填充石墨的尼龙制造的旋风式预分离器可以消除这个问题。推荐使用导电型采样管和滤膜夹(Omega Specialty Instrument Co., 4 Kidder Road, Chelmsford, MA 01824)。

2. 精密度

上面引用的精密度0.068mg是以美国矿山安全健康局(Mine Safety and Health Administration, MSHA)曾经研究的称量方法为基础的[3],该方法中,滤膜在使用前由滤膜制造商称重,使用后由 MSHA[14]用感量0.010mg 的天平称重。最近的 MSHA 研究表明[14],使用后用 0.001mg 的天平称重,不准确度为 0.006mg。

根据建议,用一个感量 0.001mg 的天平称量滤膜,得到的不准确度为0.010mg,由此估算 LOD。尽管实际测得的精密度可能在很大程度上取决于滤膜在两次称量时所处的特定环境,但这个 LOD 值与另一项重复称量的研究[15]结果一致。

参考文献

[1] Bartley DL, Chen CC, Song R, Fischbach TJ [1994]. Respirable Aerosol Sampler Performance Testing. Am Ind Hyg Assoc J, 55(11): 1036 - 1046.

[2] Bowman JD, Bartley DL, Breuer GM, Shulman SA [1985]. The Precision of Coalmine Dust Sampling. Cincinnati, OH: National Institute for Occupational Safety and Health, DHEW (NIOSH) Pub. No. 85 - 220721.

[3] Parobeck P, Tomb TF, Ku H, Cameron J [1981]. Measurement Assurance Program for the Weighings of Respirable Coalmine Dust Samples. J Qual Tech 13:157.

[4] ACGIH [1996]. 1996 Threshold Limit Values (TLVs™) for Chemical Substances and Physical Agents and Biological Exposure Indices (BEIs™). Cincinnati, OH: American Conference of Governmental Industrial Hygienists.

[5] American Conference of Governmental Industrial Hygienists [1991]. Notice of Intended Change – appendix D – particle size – selective Sampling Criteria for Airborne Particulate Matter. Appl Occup Env Hyg 6(9): 817 – 818.

[6] NIOSH [1977]. NIOSH Manual of Sampling Data Sheets. Cincinnati, OH: National Institute for Occupational Safety and Health, DHEW (NIOSH) Publication No. 77 – 159.

[7] Higgins RI, Dewell P [1967]. A Gravimetric Size Selecting Personal Dust Sampler. In: Davies CN, Ed. Inhaled Particles and Vapors II. Oxford: Pergammon Press, pp. 575 – 586.

[8] Bowman JD, Bartley DL, Breuer GM, Doemeny LJ, Murdock DJ [1984]. Accuracy Criteria Recommended for the Certification of Gravimetric Coalmine Dust Personal Samplers. NTIS Pub. No. PB 85 – 222446 (1984).

[9] Breslin, JA, Page SJ, Jankowski RA [1983]. Precision of Personal Sampling of Respirable Dust in Coalmines. U. S. Bureau of Mines Report of Investigations #8740.

[10] Bartley DL, Breuer GM [1982]. Analysis and Optimization of the Performance of the 10 – mm Cyclone. Am Ind Hyg Assoc J 43: 520 – 528.

[11] Caplan KJ, Doemeny LJ, Sorenson S [1973]. Evaluation of Coalmine Dust Personal Sampler Performance, Final Report. NIOSH Contract No. PH CPE – r – 70 – 0036.

[12] Bartley DL, Breuer GM, Baron PA, Bowman JD [1984]. Pump Fluctuations and Their Effect on Cyclone Performance. Am Ind Hyg Assoc J 45(1): 10 – 18.

[13] Briant JK, Moss OR [1983]. The Influence of Electrostatic Charge on the Performance of 10 – mm Nylon Cyclones. Unpublished Paper Presented at the American Industrial Hygiene Conference, Philadelphia, PA, May 1983.

[14] Koqut J [1994]. Private Communication from MSHA, May 12, 1994.

[15] Vaughn NP, Chalmers CP, Botham [1990]. Field Comparison of Personal Samplers for Inhalable Dust. Ann Occup Hyg 34: 553 – 573.

方法修订作者

David L. Bartley, Ph. D. , NIOSH/DPSE/ARDB and Ray Feldman, OSHA.

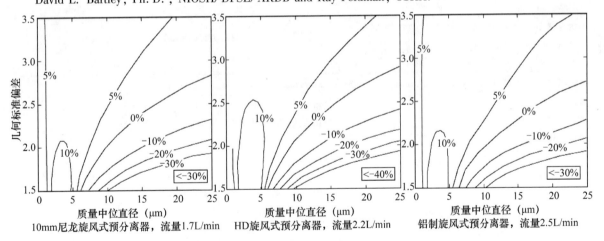

图 5 - 0 - 1　根据国际呼尘采样的约定,三种旋风式预分离器(尼龙、HD、铝制)的偏差

附录:旋风式预分离器的无瓶校准法

以下步骤可用于现场校准连接好的空气采样泵和旋风式预分离器,且不需使用 1L "校准瓶"。

1. 用 T 型接头和连接软管将泵与压力表或水压计和压力等于 5. 08 ~ 12. 7cmH₂O 的轻载物(调节阀或 5μm 滤膜)连接。用连接软管将阀的另一端与电子气泡流量计或标准气泡管相连(如图 5 - 0 - 2)。

注意:轻载物可以是5μm滤膜和/或调节阀,重载物可以是几个0.8μm滤膜和/或调节阀。

2. 若以气泡流量计或气泡管指示流量,泵的流量调节至1.7L/min;若以气压计或压力表指示流量,则将泵的流量调节至轻载物的条件(5.08～12.7cmH₂O)。

3. 增加压力,直到压力表或水压计显示为63.5～88.9cmH₂O为止。再次检查泵的流量。流量应保持在1.7L/min±5%。

4. 将压力表或水压计和电子气泡流量计或标准气泡管更换为旋风式预分离器,旋风式预分离器上也安有干净的滤膜(如图5-0-3)。若安上旋风式预分离器后,压力为5.08～12.7cmH₂O,则校准完成,泵和旋风式预分离器可用于采样。

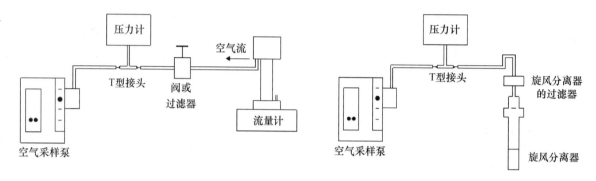

图5-0-2　泵/载物/流量计的安装图　　　　图5-0-3　旋风式预分离器作为测试载物时的安装图

炭黑5000

C	相对分子质量:12.01	CAS号:1333-86-4	RTECS号:FF5800000
方法:5000,第二次修订		方法评价情况:完全评价	第一次修订:1989.5.15 第二次修订:1994.8.15
OSHA:3.5mg/m³ NIOSH:3.5mg/m³(存在多环芳烃时:致癌物/多环芳烃,提取出环己烷,0.1mg/m³) ACGIH:3.5mg/m³		性质:固体;可能含有多环芳烃(PAHs)	

英文名称:carbon black; acetylene black; amorphous carbon; furnace black; lamp black

采样	分析
采样滤膜:滤膜(5μm PVC滤膜)	分析方法:称量法(滤膜称量法)
采样流量:1～2L/min	待测物:空气中的颗粒物
最小采样体积:30L(在3.5mg/m³下)	天平:感量0.001mg;采样前后用同一天平
最大采样体积:570L	定量标准:美国国家标准与技术研究院(NIST)等级S-1.1的砝码或美国材料与试验协会(ASTM)等级1的砝码
运输方法:常规	测定范围:每份样品0.1～2mg
样品稳定性:不确定	估算检出限:每份样品0.03mg
样品空白:每批样品1～10个空白	精密度($\bar{S}_r$):0.025(3.5mg/m³)[1,2]
准确性	
研究范围:2～8mg/m³(100L样品)	
偏差:0.01%	
总体精密度($\hat{S}_{rT}$):0.056[1]	
准确度:±11.0%	

适用范围:采样体积为200L时,测定范围为0.5~10mg/m³。本法不适用于"环己烷可溶物质"的检测[3]。本法简单,但是不能测定某特定化合物的浓度。其他存在的颗粒信息也须进行评价。通过减小采样体积,可将本法的测定范围扩大至更大的浓度(例如:滋扰粉尘)[4]

干扰因素:由于本法使用的是称量法,因此空气中其他颗粒物质的存在都会产生正干扰

其他方法:本法是S262[5]方法的修订版。除了采样装置不同外,本法与标准文件中的炭黑检测方法相似[3]

仪器

1. 采样滤膜:37mm,5μm孔径的PVC滤膜和37mm不锈钢网,置于滤膜夹(最好为导电型)中

2. 个体采样泵:1~2L/min,配有连接软管

3. 微量天平:感量0.001mg

4. 除静电器;例如Po-210;超过生产日期9个月则需更换

5. 镊子(最好是尼龙的)

6. 放置天平的恒温恒湿室[如:(20±1)℃,相对湿度(50±5)%]

特殊防护措施:炭黑中含多环芳烃(环己烷提取物)的量超过0.1%(w/w)时,将它视作可疑致癌物[3]

采样前滤膜的准备

1. 将滤膜放于恒温恒湿的天平室中,平衡至少2小时。

注意:最好在环境控制室中进行。

2. 用圆珠笔给衬垫编号后,编号面朝下放置于滤膜夹底部。

3. 在恒温恒湿的天平室中称量滤膜,记录滤膜初始质量 W_1(mg)。

a. 每次称量前调零。

b. 用镊子夹取滤膜,将其通过除静电器上方,直至滤膜易从镊子上脱落或滤膜不再吸引天平盘为止,除去滤膜的静电。静电会导致称量结果不准确。

4. 将滤膜装入滤膜夹中,固定紧,以防漏气。用塞子密封滤膜夹的进出气口,用纤维收缩带缠绕滤膜夹。干燥后标记滤膜夹,编号与衬垫的相同。

采样

5. 串联一个有代表性的采样管来校准采样泵。

6. 在1~2L/min流量范围内,以已知流量采集30~570L空气样品。滤膜上总粉尘的增量不得超过2mg。每批现场样品采集2~4个平行样品,用于质量保证。

样品处理

7. 用湿纸巾擦拭滤膜夹外表面的粉尘,以尽可能减少污染。丢弃使用过的纸巾。

8. 取下滤膜夹两端开口的塞子,放入天平室中,平衡至少2小时。

9. 除去滤膜夹上的纤维收缩带,打开滤膜夹,将滤膜轻轻取出,避免粉尘损失。

注意:若滤膜粘在滤膜夹顶部的下侧,用手术刀片的刀背将其轻轻抬起。操作时必须小心,防止滤膜破裂。

标准曲线绘制与质量控制

10. 每次称量前将微量天平调零。采样前后,滤膜称量应使用同一台天平。用美国国家标准与技术研究院(NIST)等级S-1.1或美国材料与试验协会(ASTM)等级为1的砝码维护和校准天平。

11. 无论在粉尘实验室[6]或现场[7],每批平行样品所接触的粉尘环境应该相同。质控样品所用的设备、方法和人员应该与常规现场样品的相同。由平行样品结果计算所得的相对标准偏差应记录于控制图中。若精密度失控,应及时采取行动[6]

样品测定

12. 称量包括样品空白在内的每个滤膜。记录采样后滤膜的质量 W_2(mg)。记录有关滤膜的任何异常现象(如过载、泄漏、变湿、破裂等)。

计算

13. 按下式计算空气中炭黑的浓度 C(mg/m³):

$$C = \frac{(W_2 - W_1) - (B_2 - B_1)}{V} \times 10^3$$

其中:W_1——采样前滤膜的质量(mg);

　　　W_2——采样后滤膜的质量(mg);

　　　B_1——采样前空白滤膜的质量(mg);

　　　B_2——采样后空白滤膜的质量(mg);

　　　V——采样体积(L)。

方法评价

方法 S262[5] 发表于 1976 年 1 月 30 日,用 Vulcan XC72 (粒径 0.03μm,Cabot Corp)和 Wright Dust Feeder,在 1.9 ~ 7.7mg/m³ 范围、200L 采样体积的条件下和 7.8 ~ 28mg/m³ 范围、100L 采样体积的条件下,本法已经过验证[1]。总体精密度 ($\hat{S}_{rT}$) 为 0.056。采样效率为 99% ~ 100%。

参考文献

[1] Documentation of the NIOSH Validation Tests, S262 and S349, U. S. Department of Health, Education, and Welfare, Publ. (NIOSH) 77 – 185 (1977).

[2] Unpublished Data from Non – textile Cotton Study, NIOSH/DRDS/EIB.

[3] NIOSH Criteria for a Recommended Standard... Occupational Exposure to Carbon Black, U. S. Department of Health, Education, and Welfare, Publ. (NIOSH) 78 – 204, 80 – 88 (1978).

[4] NIOSH Manual of Analytical Methods, 2nd ed., V. 3, S349, U. S. Department of Health, Education, and Welfare, Publ. (NIOSH) 77 – 157 – C (1977).

[5] NIOSH Manual of Analytical Methods, 2nd ed., V. 3, S262, U. S. Department of Health, Education, and Welfare, Publ. (NIOSH) 77 – 157 – C (1977).

[6] Bowman, J. D., D. L. Bartley, G. M. Breuer, L. J. Doemeny, D. J. Murdock. Accuracy Criteria Recommendation for the Certification of Gravimetric Coal Mine Dust Personal Samplers. U. S. Department of Health and Human Services, NTIS Pub. No. 85 – 222446 (1984).

[7] Breslin, J. A., S. J. Page, R. A. Jankowski. Precision of Personal Sampling of Respirable Dust in Coal Mines, U. S. Bureau of Mines Reports of Investigations #8740 (1983).

方法作者

Frank Hearl, P. E., NIOSH/DRDS; S262 and S349 originally validated under NIOSH Contract CDC – 99 – 74 – 45.

柴油机粉尘(以元素碳计)5040

C	相对分子质量:12.01	CAS 号:无	RTECS 号:无
方法:5040,第三次修订		方法评价情况:完全评价	第一次修订:1996.5.15 第三次修订:2003.3.15
OSHA:无 PEL NIOSH:无 REL ACGIH:20μg/m³(以元素碳计)(推荐[1])		性质:非挥发性固体	
英文名称:diesel particulate matter, diesel exhaust, diesel soot, diesel emissions			

续表

采样

采样滤膜:滤膜:石英纤维滤膜,37mm;可选其他规格采样管[2]

采样流量:2~4L/min(特殊场所除外)

最小采样体积:142L(在40μg/m³下)

最大采样体积:19m³(滤膜负载约90μg/cm²)

运输方法:常规

样品稳定性:稳定

样品空白:每批样品2~10个

分析

分析方法:热-光学分析法;氢火焰离子化检测器(FID)

待测物:碳(EC)。测定总碳量,但是建议EC接触指标。具体详见文献[2]

测试滤膜规格:1.5cm²(或其他规格[2])

定量标准:甲烷气体

测定范围:1~105微克/滤膜[2]

估算检出限:0.3微克/滤膜

精密度($\bar{S}_r$):0.19(1μg C);0.01(10~72μg C)

准确性

研究范围:23~240μg/m³[2]

偏差:无[2]

总体精密度($\hat{S}_{rT}$):0.085~23μg/m³[2]

准确度:±16.7%(23μg/m³)[2]

适用范围:用37mm滤膜采集960L的空气样品,测试滤膜面积为1.5cm²,方法测定范围约为6~630μg/m³,检出限(LOD)约为2μg/m³。如果需要更低的检出限(LOD),可采用更大的样品体积或25mm滤膜[例如,25mm滤膜上采样体积为920L的样品,其检出限(LOD)为0.4μg/m³]。如果样品的透光率过低,有机碳(OC)和EC之间的划分可能不准确。EC的负载量取决于激光强度。在一般情况下,当EC高于20μg/m³时,OC-EC的划分可能不准确。因为透光率低且相对恒定,高负荷可能会使EC结果降低(可变的),直到一些EC被氧化。在这种情况下,划分结果应重新分配(EC峰之前)[3]。EC的测定上限为800μg/m³(90μg/cm²)

干扰因素:本法测定总碳量(含OC和EC),但因为OC可能存在干扰,推荐EC作为衡量工作场所接触指标[2,3]。在测定EC时,香烟烟雾和碳酸盐通常不会产生干扰。香烟烟雾中元素碳小于1%。如果预计碳酸盐的负载较大,应选择其他采样管[冲击式吸收管和(或)旋风式预分离器][2]。对于煤矿中柴油源EC的测量,必须使用带亚微米切割头的旋风式预分离器和冲击式吸收管,以减少煤尘的采集。如果其他工作场所中存在含EC的粉尘,则可能需要旋风式预分离器和/或冲击式吸收管

其他方法:已采用其他方法测定EC和OC,但均不等同于本文所描述的方法。其他方法的信息总结于其他文献[2]

试剂*

1. 蔗糖水溶液:试剂级(99+%),0.1~3mg C/ml溶液。确保滤膜的加标量范围包括样品的含量范围
2. 超纯水:Ⅰ型,或等效水
3. UHP氦气(99.999%):还需要净化以除氧
4. 氢气:高纯(99.995%),气瓶或氢气发生器
5. 超零空气(低烃)
6. 10%氧气于氦气中平衡,均为UHP气体,有证混合气
7. 5%甲烷于氦气中平衡,均为UHP气体,有证混合气

仪器

1. 采样滤膜:石英纤维滤膜,经预处理(在低温灰化器2~3小时,或在马弗炉约800℃1~2小时),37mm,置于有滤膜衬垫(不锈钢网,纤维素衬垫,或另一个石英滤膜)的三层式滤膜夹中,在多尘环境中,可能需要其他采样管[2]

   注意:必须使用高纯、高效、无黏合剂的石英纤维滤膜(例如,Pall Gelman Sciences PallflexTissuequartz 2500QAT-UP),可从一些实验室获得经预处理的滤膜;也可购买市售滤膜,在实验室内进行预处理,滤膜应在马弗炉中800~900℃处理1~2小时;检查(分析)滤膜以确保除去OC污染物;也可采用较短的处理时间;处理后立即测定的OC,结果应小于0.1μg/cm²;OC蒸气易吸附于干净滤膜上;即使储存于密闭容器中,几周后OC的浓度可能变为0.5μg/cm²;纤维素衬垫相较于网和石英滤膜有更高的OC空白;可用底部石英滤膜来校正蒸气吸附情况[2]

2. 个体采样泵:配有连接软管
3. 热光分析仪[2]
4. 金属打孔机,在石英滤膜上切下一个1.5cm²的矩形部分

   注意:可使用小部件(例如,用木塞穿孔器),但该区域必须大到足以容纳整个激光束(即束光应该通过样品,而不是在样品周围)。此部分的面积必须精确已知,样品必须小心定位(当样品放置正确时,滤膜透光率急剧下降)。建议切下的滤膜部分直径≥0.5cm²,或宽度≤1cm

5. 注射器:10μl
6. 铝箔
7. 针头(用于提起切下的矩形滤膜)
8. 镊子
9. 容量瓶:A级
10. 分析天平

特殊防护措施:氢气是易燃气体,使用者必须熟悉可燃和不可燃气体、气瓶和调节阀的正确使用方法。根据仪器制造商提供的信息,该仪器应是Ⅰ级激光产品。这个名称指的是在正常操作期间有无激光辐射暴露。在操作过程中弱散射激光是可见的,但不会给用户造成危害。内部激光源是Ⅲb级产品,如果直接或从像镜表面(即镜面反射)观看可能对眼睛造成危害。Ⅲb级激光器通常不产生有害漫反射。光学系统维修和其他需要去除仪器外壳的维修,应仅由有资质的服务技术人员操作

注:*见特殊防护措施。

采样

1. 串联一个有代表性的采样管来校准个体采样泵。

注意：开面式和闭面式滤膜夹均已使用。两种收集器均可以使颗粒物均匀分布。当使用闭面式滤膜夹时，在较高流量（如4L/min）下，在滤膜中心偶尔可以观察到小斑点。这些物质可能为压紧的柴油团聚物和/或非柴油微粒。滤膜上大部分区域的 EC 结果有较好的一致性，这些斑点对分析的影响不大。若柴油微粒可均匀分布，也可以使用其他采样管[2]。因为对样品的某部分进行分析时，必须能代表整个沉积部分，所以必须均匀沉积。如果沉积不均匀，就必须分析整个样品。在某些情况下可能需要使用冲击式吸收管/旋风式预分离器。

2. 用软管连接采样管出口和个体采样泵。

3. 以已知的流量采集空气样品。典型的流量是 2~4L/min[注意：为防止负载过大，在矿中已使用更低的流量（如1L/min）]。

4. 如采用开面式滤膜夹，采样后将滤膜夹上层放回原位，安全包装、运输至实验室。

注意：在职业环境采集的柴油颗粒物样品一般不要求冷藏运输，除非可能接触高温（即远高于采集温度）。在实验室条件下，滤膜样品通常是稳定的。如果样品中含有其他来源的 OC（如香烟烟雾），随着时间的推移，可能会出现一些 OC 损失。样品采集后，即使在高 EC 含量（如80%）的样品中，也未出现 OC 蒸气吸附的现象。

样品处理

5. 将滤膜置于刚刚清洁的铝箔表面。可用异丙醇或丙酮来清洁铝箔。在使用前，蒸发掉表面的剩余溶剂。切下样品滤膜上有代表性的部分。注意不要扰乱沉积物，避免用手接触样品。可用针以一定角度插入，从打孔机中移出切下的矩形滤膜。新仪器有一个外部安装的支架，当移出前一个样品、放置新样品时，用于放置石英滤膜样品。通过标准打孔机侧面的孔洞，用针可将切下的矩形滤膜从打孔机上推至样品支架上。只要避免污染，根据使用者习惯，也可使用替代的方法。

标准曲线绘制与质量控制

6. 至少分析一个平行样品。当每批高达 50 个样品时，平行样品数为 10%。当每批超过 50 个样品时，平行样品数为 5%。如果滤膜沉积出现不均匀（如果滤膜夹密封正确则不应该这样），将另一部分（步骤5）用于分析，以检查沉积的均匀度。

注意：滤膜平行分析的精密度通常低于 5%（典型的 1%~3%）。

7. 分析 3 个样品加标质控样和 3 个加标样品，以确保仪器校准在可控范围内。加标样品制备如下。

a. 用 10μl（或其他）注射器，将 OC 标准溶液直接加入至从经预处理滤膜上切下的矩形滤膜上（步骤5）。最好在加入溶液前，将切下的矩形滤膜用预处理滤膜相同的处理方法再次处理。

注意：使用少量溶液（如≤10μl），在矩形滤膜的一端分散标准溶液，以确保标准溶液在激光束中。为了防止溶液可能损失至表面，矩形滤膜不应接近其表面。使用大体积溶液可轻易渗透到滤膜部分的底面。

b. 蒸发掉水分，将加标样品与样品和空白一起进行分析（步骤 9~10）。

注意：若在分析的第一温度阶段滤膜透光度明显减少，表明水分损失。此时应将矩形滤膜干燥更长时间。如果需要的话，加标的矩形滤膜也可在烘箱中干燥。为了快速干燥，可选择菜单上的"干净烘箱"命令，并在约 4 秒后取消。这个时间的选择取决于仪器，但烘箱的温度应低于 100℃，以避免溶液沸腾。此方法很方便，并能防止实验室空气中的有机蒸气吸附在滤膜上。

8. 每批样品均需测定仪器空白（用刚刚处理的矩形滤膜分析）。

样品测定

9. 根据仪器说明书（见仪器操作手册和背景信息[2]）调节分析仪。将样品放入样品炉中。

注意：难以氧化的碳（如石墨），需要较长的时间和较高的温度，以确保除去所有的 EC（EC 峰与校准峰不会合并）。调整相应的时间和温度。最高温度不应超过 940℃。

10. 测定 EC（和 OC）的含量，μg。报告的分析结果单位为 μg/cm² 的 C。报告值中所用滤膜为由生产商提供的标准打孔机切下的样品滤膜，面积约为 1.5cm²。如果所用的滤膜面积不同于在 ocecpar. txt 文件中的输入值，将结果乘以 1.5（或 ocecpar. txt 文件中的值），再除以分析的实际面积，以获得面积校正后的结果(即报告结果 ×1.5/滤膜面积 = 校正后的结果,μg/cm²)。在数据电子表格中很容易计算出结果。或者,如果滤膜面积被输入到参数文件(ocecpar. txt)中,用数据计算程序将获得校正的结果,但无法获得所有滤膜面积的校正结果。因此,使用不同面积的打孔机时,这种方法很麻烦。

计算

11. 报告(或经面积校正)的 EC 结果(μg/cm²)乘以滤膜沉积面积(cm²)(37mm 滤膜通常为 8.5cm²)得到每个滤膜样品的 EC 总含量(W_{EC})(μg)。按此方法计算空白和样品空白的平均含量(W_b,μg)。同样地,计算 OC 的含量,但 OC 样品空白的平均值可能小于由蒸气吸附产生的 OC 量。在样品滤膜下放置石英滤膜可更好地估算 OC 的吸附量。

12. 按下式计算空气中 EC 的浓度 C_{EC}(mg/m³)采样体积为 V(L):

$$C_{EC} = \frac{W_{EC} - W_b}{V}$$

方法评价

NMAM 副刊的一章中提供了本法的评价细节[2]。这章中包括自本法首次出版后进行的实验室间比对工作的总结。也提供了方法使用的背景信息、指南和采样要求。在一般工业中,37mm 滤膜夹通常适用于空气采样,但也有例外。在煤矿环境中,必须使用旋风式预分离器串联带亚微米切割头的冲击式吸收管进行采样。而在金属和非金属矿中,MSHA 也推荐使用旋风式预分离器 – 冲击式吸收管进行采样[5]。冲击式吸收管可购买市售的[6]。在其他多尘的环境中[2],特别是粉尘中含碳时,也可能需要选择其他采样管(无论是冲击式吸收管和/或旋风式预分离器)。如果样品中含有碳酸盐,碳酸盐碳(CC)会作为 OC 而被定量分析。通过将样品滤膜酸化或分离碳酸盐峰积分,可获得减去碳酸盐的结果。(注意:高温下天然碱和其他含钠化合物会蚀刻石英炉壁,因此应避免此类物质溢出到样品炉中)。这些步骤在副刊这一章中均有描述[2]。热光分析法适用于不挥发的含碳物质(即 OC、CC 和 EC 颗粒)。本法不适用于挥发性或半挥发性物质,这些物质需要吸附剂,才能有效采集。

参考文献

[1] ACGIH [2001]. Cincinnati, OH: American Conference of Environmental Industrial Hygienists. Diesel Exhaust (Particulate and Particulate Adsorbed Components), Draft TLV – TWA Document, 2001.

NOTE: Recently, Diesel Exhaust Has Been Taken off the ACGIH Notice of Intended Changes list. See reference [2].

[2] NIOSH [2003]. Manual of Analytical Methods (NMAM). O' Connor PF, Schlecht, PC, Monitoring of Diesel Particulate Exhaust in the Workplace, Chapter Q, Third Supplement to NMAM, 4th Edition, NIOSH, Cincinnati, OH. DHHS (NIOSH) Publication No. 2003 – 154.

[3] Birch, ME, Cary, RA [1996]. Elemental Carbon – based Method for Monitoring Occupational Exposures to Particulate Diesel Exhaust Aerosol Sci Technol 25:221 – 241.

[4] Birch, ME [1998]. Analysis of Carbonaceous Aerosols: Interlaboratory Comparison, Analyst, 123:851 – 857.

[5] Mine Safety and Health Administration (MSHA) [2001]. Department of Labor, 30 CFR Part 57, Diesel Particulate Matter Exposure of Underground Metal and Nonmetal Miners; Final Rule, Federal Register Vol. 66, No. 13, January 19.

[6] SKC, Eight Sixty Three Valley View Road, Eighty Four, PA 15330.

方法作者

M. Eileen Birch, Ph. D. , NIOSH/DART

苯溶物和总颗粒物(沥青烟)5042

相对分子质量:不同	CAS 号:8052 – 42 – 4 沥青;无,沥青烟	RTECS 号:CI99000 沥青;无,沥青烟
方法:5042,第一次修订	方法评价情况:部分评价	第二次修订:1998. 1. 15
OSHA:无 PEL NIOSH:C 5mg/m³(15min)总颗粒物 ACGIH:5mg/m³	性质:未定义	

英文名称:benzene – soluble fraction and total particulate (asphalt fume) ; bitumen fumes

采样	分析
采样滤膜:滤膜(37mm,2μm,PTFE 滤膜) 采样流量:1 ~ 4L/min 最小采样体积:28L(在 5mg/m³ 下) 最大采样体积:400L(在 5mg/m³ 下) 运输方法:常规 样品稳定性:未测定 样品空白:每天 5 个	分析方法:称量法 待测物:空气中的总颗粒物(TP)和苯溶物(BSF) 洗脱方法:3ml 苯,超声 20 分钟 天平:感量 0.001mg;采样前后使用同一天平 定量标准:根据厂商说明检查、维护和校准天平 测定范围:TP,每份样品 0.13 ~ 2mg;BSF,每份样品 0.14 ~ 2mg 检出限:TP,每份样品 0.04mg;BSF,每份样品 0.04mg 精密度($\bar{S}_r$):TP,0.048(每份样品≥0.10mg);BSF,0.061(每份样品≥0.21mg)
准确性 研究范围:未研究 偏差:未测定 总体精密度($\hat{S}_{rT}$):未测定 准确度:未测定	

适用范围:采样体积为 1000L 时,测定范围是 0.14 ~ 2mg/m³。本法适用于 15 分钟短时间采样,已对沥青烟进行了评价。但是,本法不能测定某特定化合物的浓度,测定的是劳动者接触的总颗粒物和苯溶物的浓度。因此,对于每个采集了除沥青烟以外的物质的样品基质,须选择一个替代标准(surrogate standard)并加入采样介质上,所制得的样品用于测定回收率、精密度和准确度,以及 LOD 和 LOQ;另外,还可以对除苯以外的其他溶剂进行评价。颗粒物的粒径应小于 40μm,最好小于 30μm。若颗粒大于 40μm,须使用其他采样管进行采样

干扰因素:采样前后进行称重时,温度和相对湿度的改变会影响准确度。应控制实验室的环境,防止因灰尘污染而引起的正干扰。在采样、运输和分析过程中,空气逸出或收集的样品蒸发,会导致样品损失

其他方法:本法中总颗粒物的采集和分析是以 NMAM 0500 为基础的[1]。其他适用于沥青烟的方法有 NMAM 5800(多环芳香类化合物)[2]和 NMAM 2550(沥青烟中的苯并噻唑)[3]

续表

试剂	仪器
1. 苯 * :蒸发残留物 ≤ 5ppm,如 Aldrich Chemical Co. Cat. No. 27070 - 9 或等效的 2. 丙酮 * :HPLC 纯 3. 己烷 * :HPLC 纯 4. 氮气 * :高纯	1. 采样滤膜:37mm,2μm 孔径,PTFE 滤膜(Zefluor,Pall Gelman Sciences, Cat. No. P5PJ037;Supelco, Cat. No. 2 - 0043;SKC Cat. No. 225 - 17 - 07;或等效的疏水性滤膜),纤维素衬垫,置于在 37mm 滤膜夹中 2. 个体采样泵:流量 1 ~ 4L/min,带有连接软管 3. 天平:感量 0.001mg 4. 除静电器:^{210}Po;根据厂商说明更换 5. 恒温恒湿天平室:温度(20 ± 1)℃,相对湿度变化 ±5% ,无尘 6. 称量杯 * :PTFE,2ml(Fisher Cat. No. 2006529,或等效的),置于运输盘内 7. 真空干燥箱:配有带滤膜的真空阀,以去除灰尘 　　注意:保持真空干燥箱内无尘,以获得最大灵敏度、重现性和准确度 8. 镊子 9. 试管 *** :玻璃,13mm × 100mm,带 PTFE 内衬的螺纹盖 10. 大肚移液管 *** :玻璃,3ml,带洗耳球 11. 移液管 *** :玻璃,Mohr,2ml,带洗耳球 12. 过滤器:6ml,PTFE 处理过的容器,带 1μm PTFE 多孔板(Daigger and Company, Inc. , Lincolnshire, IL, Cat. No. LID - 2102 ~ 10US, 或等效的) 13. 压力调节器,阀,管道,用于除去灰尘和有机物的滤膜,用适配器将氮气引至过滤器中 14. 超声波清洗器

特殊防护措施:苯为可疑致癌物[4];沥青烟被认为是潜在的职业致癌物[4];苯、己烷和丙酮均极易燃;在通风橱中配制和处理样品和标准,避免皮肤接触;使用压缩气体时应小心

　　注:* 见特殊防护措施;** 按以下步骤冲洗称量杯:①用丙酮清洗,直至去除可见的残渣;②用己烷淋洗数秒;③空气干燥;④将不干净的称量杯丢弃;*** 用丙酮、己烷依次冲洗所有的玻璃器皿;空气干燥。

采样前滤膜的制备

1. 用圆珠笔给衬垫编号后,编号面朝下放置于滤膜夹底部。

2. 按照步骤 3 给出的称量过程称量滤膜。记录样品滤膜和样品空白滤膜的平均质量 W_1 和 B_1 (μg)。

3. 称量方法。

a. 将滤膜或称量杯放于恒温恒湿的天平室中,平衡至少 2 小时。

b. 每次称量前,天平调零。

c. 用镊子夹取滤膜。将滤膜或称量杯通过除静电器上方,直至滤膜易从镊子上脱落或滤膜不再吸引天平盘为止,除去滤膜的静电。静电会导致称量结果不准确。

d. 称量滤膜或称量杯,直到恒重(两次连续称量之差在 10μg 内)。记录最后两次称量的平均值。

4. 将滤膜装入滤膜夹中,固定紧,以防漏气。用塞子密封滤膜夹的进出气口,用纤维收缩带缠绕滤膜夹。干燥后标记滤膜夹,编号与衬垫的相同。

采样

5. 串联一只有代表性的采样管来校准采样泵。

6. 在 1 ~ 4L/min 流量范围内,以已知流量采集 28 ~ 400L 空气样品。滤膜上总粉尘的增量不得超过 2mg。

7. 采样时每天采集 5 个样品空白,用于测定 LOD 和 LOQ。

8. 重新插上滤膜夹的塞子,包装后运输至实验室。建议实验室收到样品后将其冷藏。

标准曲线绘制与质量控制

9. 采样前后和苯蒸发前后,称量滤膜和称量杯时应使用同一台天平。根据厂商说明检查、维护和校准天平。每次称量前将天平调零。

10. 称量总颗粒物和苯溶物时,同时测量 3 个介质空白。

总颗粒物的测定

11. 采样后操作。

a. 称量前,将冷藏的样品滤膜夹放置至室温。

b. 用湿纸巾擦拭滤膜夹外表面的灰尘,以尽量减少污染;丢弃纸巾。

c. 打开滤膜夹进出气口的塞子,将滤膜夹放在天平室中,平衡至少 2 小时。

d. 除去伸缩带,打开滤膜夹,轻轻地移出滤膜,避免样品损失。

e. 再次称量(步骤3)每个滤膜,包括样品空白,记录采样后的平均质量 W_2 或 $B_2(\mu g)$,同时,记录有关滤膜的任何异常现象(如过载、泄漏、变湿、破裂等)。

f. 称量后,用镊子小心地将滤膜转移至一个干净的试管中,并将试管盖好。

总颗粒物的计算

12. 按下式计算空气中总颗粒的浓度 $C_{TP}(mg/m^3)$:

$$C_{TP} = \frac{(W_2 - W_1) - (B_2 - B_1)}{V}$$

式中:W_1——采样前样品滤膜的平均质量(μg);

　　W_2——采样后样品滤膜的平均质量(μg);

　　B_1——采样前样品空白滤膜的平均质量(μg);

　　B_2——采样后样品空白滤膜的平均质量(μg);

　　V——采样体积(L)。

苯溶物的测定

13. 用 1.5ml 苯淋洗过滤器的容器,以老化过滤器。用氮气压力使苯通过多孔板。妥善处理苯淋洗液。

14. 洗脱苯溶物。

a. 用 3ml 移液管向含滤膜的试管(步骤11e)中加入 3.0ml 苯。重新盖好试管。

b. 将试管垂直放入装有水的烧杯中,水面与试管的液面同高。将烧杯和试管放在超声波清洗器中,搅拌超声 20 分钟。

c. 将苯洗脱液转移至处理后的过滤器中,并按照步骤13用氮气压使洗脱液通过多孔板进入干净的试管中。弃去样品滤膜和过滤器。

注意:请务必确保过滤器的末端插入试管内,以防止溅射而使样品损失。

15. 用步骤 3 中的称量过程,称量干净的称量杯。记录平均质量 W_3 或 $B_3(\mu g)$。

注意:称量杯应该已按照仪器部分的描述进行了清洗和干燥。

a. 在运输盘内放称量杯位置上作标记。

b. 用 2ml Mohr 移液管转移 1.5ml 苯洗脱液至称量杯中。

注意:若需分析样品中的其他待测物(如多环芳香类化合物),可从步骤中的洗脱液中取出一部分进行操作。计算时乘以相应的倍数。

16. 将称量杯运输盘放在真空干燥箱中,预热至 40℃。抽真空至炉内压力为 7 ~ 27kPa(50 ~ 200mmHg),使溶剂蒸发(约 2 小时)。缓慢打开真空阀,放气,真空阀串联滤膜可除去室内粉尘。

17. 用步骤 3 中的称量程序,重新称量称量杯。记录采样后的平均质量 W_4 或 $B_4(\mu g)$。同时,记录有关滤膜的任何异常现象(如过载、泄漏、变湿、破裂等)。

18. 称量后,按照仪器部分清洗称量杯。

苯溶物的计算

19. 按下式计算空气中苯溶物的浓度 $C_{BSF}(mg/m^3)$:

$$C_{BSF} = \frac{2[(W_4 - W_3) - (B_4 - B_3)]}{V}$$

式中:W_3——采样前样品称量杯的平均质量(μg);

W_4——采样后样品称量杯的平均质量(μg);

B_3——采样前样品空白称量杯的平均质量(μg);

B_4——采样后样品空白称量杯的平均质量(μg);

V——采样体积(L);

2——倍数。

方法评价

在 PTFE 滤膜上加标 NIOSH 原先调查[5]时采集的沥青烟,过夜干燥,用苯洗脱。结果见表 5-0-1。

表 5-0-1　方法评价结果

加标量/mg*	总颗粒物		苯溶物	
	回收率/%	S_r	回收率/%	S_r
1.85	102.0	5.97	97.9	0.738
1.17	103.0	3.98	98.8	2.02
0.62	94.0	5.85	94.8	1.85
0.23	91.6	3.50	96.9	6.10
0.12	82.1	3.91	80.9	9.54
0.058	110.0	16.4	92.1	13.5
0.025	105.0	11.4	73.1	17.4

注:*每个浓度6个平行样品。

当每份样品负载量大于等于 0.10mg 时,总颗粒物的总相对标准偏差($\bar{S}_r$)为 4.8%。当每份样品负载量大于等于 0.21mg 时,苯溶物的总相对标准偏差为 6.1%。

为使待测物负载量的范围和样品介质上待测物的加标量的测定结果可靠,规定了待测物的测量值在至少95%置信水平下的准确度标准,即:95%的待测物的测量结果,其值与真值之差在 25% 以内。由于没有单独检测总颗粒物浓度的方法,未对总颗粒数据的偏差进行估算;因此在满足准确度标准的情况下计算最大允许偏差。根据加标滤膜所得的结果,若每片滤膜的总颗粒物负载量大于等于 0.10mg,且真实偏差小于 10.0%,则在 95% 的情况下测量值与真值之差在 25% 以内。苯溶物的偏差为负值(见表 5-0-1 的数据),且变化很小,所以可将每片滤膜加入量在 1.85～0.20mg 范围内的偏差合并。经测定,若每片滤膜的苯溶物大于等于 0.20mg,则结果满足 25% 准确度标准。

用样品空白测定检出限(LOD)和定量下限(LOQ)[6]。LOD 等于采样前后样品空白的测量值之差的 3 倍标准偏差,LOQ 等于采样前后样品空白的测量值之差的 10 倍标准偏差。现场样品的结果用空白校正后,才能与 LOD 和 LOQ 进行比较。

对于总颗粒物,样品空白的标准偏差为每份样品 0.013mg;对于苯溶物,样品空白的标准偏差为每份样品 0.014mg。因此,每份样品总颗粒物的 LOD 和 LOQ 分别为 0.04mg 和 0.13mg,每份样品苯溶物的 LOD 和 LOQ 分别为 0.04mg 和 0.14mg。LOQ 和 LOD 值只能与空白校正后的现场样品的数据进行比较。

在预称重的 PTFE 滤膜上每片滤膜分别加 1.08,0.392 和 0.216mg 芘,由一个单独的化学家进行分析,以检查本法[6]。总颗粒物的平均回收率为 103%(S_r=5.85%),苯溶物的平均回收率为 109%(S_r=9.91%)。苯溶物质量与总颗粒物的含量是线性相关的,R^2=0.994,苯溶物与总颗粒物的质量比平均为 106%(S_r=7.80%)。

在其他实验中,制备了60个样品空白(分为3组,每组20个样品空白),进行测定。与其他样品空白的结果相比,其中 3 个的苯溶物的含量明显高于预期值[6]。这种现象引起了两个不好的结果:其一,因样品空白的平均质量增加,校正后现场样品的结果偏小;其二,因样品空白质量的标准偏差增加,导致 LOD 和 LOQ 值偏大。例如,若一组(20 个)样品空白中含有一个较高的空白值,且被随机(重复地)分配到几组样品(一组 3 个样品)中,则含有较高空白值的那组样品,其标准偏差可能会比其他各组样品的标准偏差大 1.6 倍以上。这种现象也可能发生在现场样品上,当评价数据时,无法排除这些增大的结果。虽然使用注射型的过滤器而不用推荐过滤器时,可能发生这种现象,但其产生原因尚未确定。因此,重要的是要合理地、尽可能多地采集样品空白(每天5个空白);同时,可建立一个监控程序,跟踪调查结果增大的样品空白;如果可能的话,确定并消除空白值增大的原因。

在另一个实验中,用推荐的过滤器(PTFE 处理过的容器和 PTFE 滤膜)与3个注射器型过滤器,对本法进行了评价[6]。与注射器型过滤器相比,用推荐的过滤器时,可洗脱的物质的平均量更小,并且其释放的可洗脱的物质的量不会随着与溶剂接触的时间的增加而增加。预淋洗推荐的过滤器可降低洗脱物质的平均量。另外,推荐的过滤器不需要使用玻璃注射器,比注射型过滤器更方便使用。

在初步实验中,在 PTFE 滤膜上加标沥青烟后,用苯和二氯甲烷作为洗脱液,对本法进行了评价[6]。沥青烟的每片滤膜加标量为 3.38,0.68,0.14 和 0.034mg[5]。在所有沥青烟的加标量水平下,苯的回收率均高于100%。而对于二氯甲烷,两个最高加标量下的回收率大于96%,而两个低加标量的回收率均小于67%。

参考文献

[1] NIOSH [1994]. Particulate Not Otherwise Regulated, Total: Method 0500. In: Eller PM, Cassinelli ME, eds. NIOSH Manual of Analytical Methods (NMAM®), 4th ed. Cincinnati, OH: National Institute for Occupational Safety and Health, DHHS (NIOSH) Publication No. 94 – 113.

[2] NIOSH [1998]. Polycyclic Aromatic Compounds: Method 5800. In: Eller PM, Cassinelli ME, eds. NIOSH Manual of Analytical Methods (NMAM?), 4th ed. , 2nd Supplement. Cincinnati, OH: National Institute for Occupational Safety and Health, DHHS (NIOSH) Publication No. 98 – 119.

[3] NIOSH [1998]. Benzothiazole in Asphalt Fume: Method 2550. In: Eller PM, Cassinelli ME, eds. NIOSH Manual of Analytical Methods (NMAM?), 4th ed. , 2nd Supplement Cincinnati, OH: National Institute for Occupational Safety and Health, DHHS (NIOSH) Publication No.98 – 119.

[4] NIOSH [1992]. NIOSH Recommendations for Occupational Safety and Health, Compendium of Policy Documents and Statements. Cincinnati, OH: National Institute for Occupational Safety and Health, DHHS (NIOSH) Publication No. 92 ~ 100.

[5] Sivak A, Niemeier R, Lynch D, Beltis K, Simon S, Salomon R, Latta R, Belinky B, Menzies K, Lunsford A, Cooper C, Ross A, Bruner R [1997]. Skin Carcinogenicity of Condensed Asphalt Roofing Fumes and Their Fractions Following Dermal Application to Mice. Cancer Letters 117:113 ~ 123.

[6] NIOSH [1998]. NIOSH Backup Data Report for Total Particulate and Benzene – Soluble Fraction (asphalt fume), NIOSH Method 5042 (unpublished).

方法作者

Larry D. Olsen (Team Leader), Barry Belinky, Peter Eller, Robert Glaser, R. Alan Lunsford, Charles Neumeister, Stanley Shulman, NIOSH/DPSE.

石棉和其他纤维的相差显微镜法（PCM）7400

分子式:不同	相对分子质量:不同	CAS 号:见英文名称	RTECS:不同
方法:7400,第二次修订		方法评价装有:完全评价	第一次修订第三次修改:发表于 1989.3.15 第二次修订:1994.8.15

OSHA:0.1 石棉纤维（＞5μm 长）/cc;1f/cc,30min 漂移;致癌物 MSHA:2 石棉纤维/cc NIOSH:0.1 f/cc(纤维＞5μm 长),400L;致癌物 ACGIH:0.2 f/cc 青石棉;0.5 f/cc 铁石棉;2 f/cc 温石棉和其他石棉;致癌物	性质:固体,纤维状,透明的,各向异性

中英文名称[CAS 号]:阳起石 actinolite［77536－66－4］或铁阳起石 ferroactinolite［15669－07－5］;铁石棉 amosite［12172－73－5］;直闪石 anthophyllite［77536－67－5］;温石棉 chrysotile［12001－29－5］;蛇纹石 serpentine［18786－24－8］;青石棉 crocidolite［12001－28－4］;透闪石 tremolite［77536－68－6］;闪石石棉 amphibole asbestos［1332－21－4］;耐火陶瓷纤维 refractory ceramic fibers［142844－00－6］;玻璃纤维 fibrous glass

采样

采样滤膜:滤膜(0.45～1.2μm 纤维素酯滤膜,25mm;滤膜夹上有导电罩)

采样流量*:0.5～16L/min

最小采样体积*:400L(0.1 纤维/cc)

最大采样体积*:(见采样步骤 4)

运输方法:常规(包装以减少震动)

样品稳定性:稳定

样品空白:2～10 个

准确性

研究范围:计数 80～100 根纤维数

偏差:见方法评价

总体精密度($\hat{S}_{rT}$):0.115～0.13 [1]

准确度:见方法评价

分析

分析方法:相衬光学显微镜

待测物:纤维（人工计数）

样品处理:丙酮－熏蒸/三乙酸甘油酯－固定方法 [2]

计数规则:在本法之前的版本中的"A"规则 [1,3]

仪器:正置相差显微镜;Walton－Beckett 目镜测微尺(100μm 视野)G－22 型;相位移测试片(HSE/NPL)

定量标准:HSE /NPL 测试片

测定范围:每平方毫米滤膜面积 100～1300 根纤维

估算检出限:每平方毫米滤膜面积 7 根纤维

精密度($\bar{S}_r$):0.10～0.12 [1];见方法评价

适用范围:采样体积为 1000L 时,定量测定范围为 0.04～0.5 根纤维/cc。LOD 取决于采样体积和干扰粉尘的量,无干扰的大气时 LOD 小于每 cc 0.01 根纤维。本法给出了一个空气中纤维的指标。虽然 PCM 并不能区分出石棉和其他纤维,但本法主要用于估算石棉的浓度。将本法与电子显微镜法结合(方法 7402),可用于纤维的定性分析。本法不能检测到直径小于约 0.25μm 的纤维 [4]。运用其他计数规则(附录 C),本法可用于检测其他物质如玻璃纤维

干扰因素:若用本法检测特定类型的纤维,则空气中的其他纤维可能会产生干扰,因为所有满足计数标准的颗粒物均被计数。链状颗粒可能表现为纤维状。高浓度的非纤维粉尘颗粒可能会掩盖视野中的纤维,从而使检出限增大

其他方法:本修订版替代了方法 7400 第 3 次修改版(发表于 1989 年 5 月 15 日)

试剂	仪器
1. 丙酮*:试剂级 2. 三乙酸甘油酯:试剂级	1. 采样滤膜:现场监测仪,25mm,3 层式滤膜夹,带约 50mm 导电扩展罩、纤维素酯滤膜(孔径 0.45~1.2μm)和衬垫 注意:在使用前分析具有代表性的滤膜,用于检查清晰度和本底值;若平均值≥5 根纤维/100 个镜测微尺区域,则丢弃滤膜;分析结果定义为实验室空白;只要按照下述步骤分析样品空白,通常厂商提供的对滤膜空白的含量保证检查就已足够;导电扩展罩能减小静电效应,当采样时,将罩尽可能接地;用 0.8μm 孔径的滤膜进行个体采样;当需要对同一样品进行 TEM 分析时,建议使用 0.45μm 滤膜进行采样;但是,其阻力较高,阻碍了它们与个体采样泵的联用;建议使用能够提高沉积滤膜表面上纤维均匀性的其他滤膜夹,如喇叭状采样管(Envirometrics, Charleston, SC);如果所测浓度等于运用上述样品采集器所得浓度,则可用其他滤膜夹 2. 个体采样泵:电池或连有动力,满足流量的要求(流量见步骤 4),配有连接软管 3. 导线:多股,规格 22;1″软管夹,连接导线和滤膜夹 4. 收缩带或胶带 5. 载玻片:玻璃,末端磨砂,预清洁,25mm×75mm 6. 盖玻片:22mm×22mm,No. 1 1/2,除非显微镜另有规定 7. 漆或指甲油 8. 手术刀:#10 外科钢,圆弧刃 9. 镊子 10. 丙酮熏蒸装置:用于使载玻片上的滤膜透明(规格见文献[5],等效的装置见仪器说明书) 11. 微量移液管或注射器:5μl 和 100~500μl 12. 正置相差显微镜:带绿色或蓝色滤光片,可调视野光阑,8~10 倍目镜,和 40~45 倍相衬物镜(总放大倍数约 400 倍);数值孔径 0.65~0.75 13. 目镜测微尺:Walton – Beckett 型,在样品平面(G – 22 型)上有直径 100μm 的圆形区域(面积 = 0.00785mm^2)。购买自 Optometrics USA, P. O. Box 699, Ayer, MA 01432[电话(508)– 772 – 1700]和 McCrone Accessories and Components, 850 Pasquinelli Drive, Westmont, IL 60559[电话(312) 887 – 7100] 注意:每个显微镜的目镜测微尺是定做的(订购程序见附录 A) 14. HSE/NPL 相差测试片:Mark Ⅱ。购自 Optometrics USA(地址同上) 15. 望远镜:目镜相 – 环形中心 16. 物镜测微尺(每个刻度的间距为 0.01mm)

特殊防护措施:丙酮极易燃;采取预防措施不要点燃它;加热体积大于 1ml 的丙酮时,必须使用无火焰、无电火花的热源,并在实验室通风橱中进行

注:* 见特殊防护措施。

采样

1. 串联一个有代表性的采样管来校准个体采样泵。

2. 为减少污染并保持与滤膜夹紧密连接在一起,用收缩胶带或浅色胶带密封滤膜夹底部和扩展罩之间的连接处。个体采样时,将(无罩的)开面式滤膜夹夹在劳动者的衣领上。进စ口应朝下。

注意:区域采样时,扩展罩应接地,尤其是在相对湿度较低的条件下。用一个软管夹将导线(仪器第 3 项)的一端与检测仪扩展罩连接,将另一端接地(即冷水管)。

3. 对于每批样品,至少准备 2 个(或样品总数的 10%,取其中较大数)样品空白。样品空白的处理方法应为实际处理该批现场样品的代表性方法。仅在临采样前,将样品空白滤膜夹与其他滤膜夹同时打开,

采样期间滤膜夹及其顶部的盖保存在干净的地方(如封闭的袋子或盒子)。

4. 以 0.5L/min 或更大的流量采样[6]。调节采样流量 Q(L/min)和时间 t(min),使纤维密度 E 为每平方毫米100～1300 根纤维($3.85 \times 10^4 \sim 5 \times 10^5$ 根纤维/ 25 - mm 滤膜,有效采集面积 $A_c = 385mm^2$),可以得到最佳精确度。这些变量与所采纤维气溶胶的行动水平(现行标准的一半)、L(纤维/cc)的关系如下。

$$t = \frac{A_c \times E}{Q \times L \times 10^3}.$$

注意:调节采样时间的目的在于获得滤膜上纤维的最佳负载量。对于石棉纤维,流量在 0.5～16L/min 时,采样效率与流量无函数关系[7]。较大直径的纤维($>3\mu m$)可能有明显的吸入损失和进口沉积现象。在含约每 cc 0.1 根纤维且无大量非石棉粉尘的大气中,以采样流量 1～4L/min,采样 8 小时比较合适。含尘大气需要更小的采样体积($\leqslant$400L)以获得可计数的样品。在这种情况下采用短时的、连续的采样并将总采集时间内的结果平均。为记录短时间接触,在较短的采样时间内用高流量(7～16L/min)采样。在相对干净的大气中,即目标纤维浓度低于每 cc 0.1 根纤维,使用更大的采样体积(3000～10000L)以获得可计量的负载。但是,注意不要使滤膜上的背景粉尘过量。如果$\geqslant$50%的滤膜表面被颗粒覆盖,则滤膜可能超载而不能计数,并且导致纤维浓度的测量值产生偏差。OSHA 条例指出漂移限值测量的最小采样体积为48L,最大采样流量为 2.5L/min[3]。

5. 采样结束时,重新盖上顶盖和两端的塞子。

6. 将导电罩滤膜夹放在装有填料的刚性容器中,运输样品。填料用于防挤撞或损坏。

注意:在容器中不能使用未经处理的聚乙烯泡沫,因为静电可能导致样品滤膜上的纤维损失。

样品处理

注:目的在于使样品在折射率$\leqslant$1.46 的介质中具有光滑的(非粗糙的)背景。本法使滤膜透明,更易聚焦,并产生一个永久性(1～10 年)的标本,有利于质量控制和实验室间的比较。铝制加热板(加热板)或类似的熏蒸技术可在实验室外使用[2]。也可用符合上述标准的其他固定技术(如方法 7400,1985 年 5 月 15 日版中的产生丙酮蒸气的实验室通风橱方法,或 P&CAM 239 中使用的非永久的现场固定技术[3,7-9])。除非滤膜的有效面积已知,否则需测定有效面积并记录样品 ID 号的相关参考信息[1,9-11]。丙酮中过多的水可能减缓滤膜的透明,导致物质从滤膜表面洗掉。同时,清洗之前滤膜若暴露在高湿度中,则可能产生粒状背景。

7. 确保载玻片和盖玻片均无粉尘和纤维。

8. 调节变阻器加热板至约70℃[2]。

注意:如果加热板未在通风橱中使用,它必须放置在一个陶瓷板上并远离任何易受热损坏的表面。

9. 将从样品滤膜上切下的楔形物固定到干净的载玻片上。

a. 用手术刀将滤膜切成 4 块楔形小块,每块面积约为滤膜的 25%,防止滤膜撕裂。将一块楔形小块的粉尘面朝上放置于载玻片上。

注:静电通常能将楔形物保持在载玻片上。

b. 将带有楔形滤膜的载玻片放到加热板底部的接收槽中。迅速将含约 250μl 丙酮的微量移液管针头插入到加热板顶部 PTFE 罩的进口中,使移液管稳固地保持在适当的位置上,并用一个缓慢平稳的压力将丙酮注入气化室。等待 3～5 秒,滤膜透明后,从进口中移去移液管,取出载玻片。

警告:尽管所用丙酮体积很小,仍需采取安全预防措施。在通风良好的地方操作(如实验室通风橱)。注意不要点燃丙酮。在不通风的空间中连续使用本装置,产生的丙酮蒸气浓度可能达到爆炸极限。

c. 用5μl 微量移液管,迅速将3.0～3.5μl 三乙酸甘油酯加到楔形小块上。轻轻地将一块干净的盖玻片以微小的角度放到楔形小块上,以减少气泡的产生。避免压力过大或移动盖玻片。

注意:如果产生的气泡太多或者是三乙酸甘油酯的量不足,盖玻片可能在几小时内就分离。如果过量的三乙酸甘油酯留在盖玻片下滤膜的边缘,可能会使纤维发生移动。

d. 用玻璃记号笔标记滤膜的轮廓,以助显微镜的观看。

e. 用漆或指甲油将盖玻片边缘与载玻片黏合[12]。在透明和固定完成后,计数可立即进行。

注意:如果透明缓慢,将载玻片放在加热板(表面温度 50℃)上加热 15 分钟,以加速透明。应小心加热防止产生气泡。

标准曲线绘制与质量控制

10. 按照仪器说明书调节显微镜。每天至少一次使用由厂商提供的望远镜目镜(对于某些显微镜,或用 Bertrand 透镜)确保相环(环状光阑和相位移元件)同心。每台显微镜,放置一本记录本,用以记录显微镜清洗和主要维修的日期。

a. 每次检查一个样品,按如下操作。

ⅰ. 调节光源,使整个聚光光阑下的视野照明均匀。如果有的话,使用柯勒照明。某些显微镜,照明可能安装亮场镜片而不是相差镜片。

ⅱ. 聚焦于被检测的颗粒物上。

ⅲ. 确保聚光光阑对准焦点,集中在样品上,使视野刚好完全照明。

b. 对于每一个分析人员/显微镜组合,要定期检查显微镜的相移检出限。

ⅰ. 将 HSE/NPL 相差测试片放在相衬物镜下的中心。

ⅱ. 将槽线块移动到目镜测微尺区域的中心。

注意:测试片包含 7 个槽线块 (每块约有 20 条槽线),能见度依次递减。对于石棉计数,显微镜光学必须完全分清到第 3 块上的槽线(尽管它们可能显得有些模糊),并且当集中在目镜测微尺区域时第 6 和 7 块的槽线必须看不见。第 4 和 5 块至少须要部分可见,但不同显微镜之间的能见度可能略有不同。无法满足这些要求的显微镜,其分辨率对纤维计数太低或太高。

ⅲ. 如果图像质量变差,清洗显微镜的光学器件。如果问题仍存在,咨询显微镜制造商。

11. 对于每个计数者建立实验室精密度文档,用于重复的纤维计数。

a. 作为实验室质量保证程序的一部分,保留一组参考测试片,用于每天的质控。参考测试片应由包括负载的和背景的粉尘浓度范围的滤膜制备的样品组成,来自包括现场样品和参考样品在内的各种来源(如 PAT、AAR、商业样品)。应该由质保专员保管测试片,且每个工作日为各计数者提供至少一个参考测试片。定期改变参考测试片上的标记,以便计数者不会熟悉这些测试片。

b. 从参考测试片上的盲法重复计数,估算实验室内计数者之间的精密度。在以下范围分析每个样品基质:在 100 个目镜测微尺区域含 5～20 根纤维;在 100 个目镜测微尺区域含 20～50 根纤维;在 100 个目镜测微尺区域含 50～100 根纤维,分别得到每个范围下的相对标准偏差(S_r)。保留每组数据文件的控制图表。

注意:已经表明某些样品基质(如石棉水泥)的精密度很差[9]。

12. 随同现场样品仪器制备和技术样品空白,报告每个样品空白的计数。

注意:计数完成前,计数者对空白滤膜的特性应是不知道的;如果样品空白结果大于 7 根纤维/100 个目镜测微尺区域,报告样品可能被污染。

13. 由同一个计数者对 10% 已计数的滤膜进行再次盲法计数(由该计数者外的人再次标记测试片)。对于由同一个计数者对同一张滤膜的一对计数,用如下的测试决定是否因可能的偏差而被拒绝:如果两次计数(每平方毫米所含纤维)的平方根之差的绝对值超过 $2.77XS_r'$, 其中 X = 两次纤维计数(每平方毫米纤维)平方根的平均值,$S_r' = S_r/2$,S_r 是在步骤 11 中测得的适当的计数(所含纤维)范围内计数者的相对标准偏差。更多完整的讨论见参考文献[13]。

注意:由于纤维计数是随机放置的纤维的测量值,该测量值可能服从泊松分布,则纤维计数数据转换为平方根后的结果近似服从正态分布[13];如果计数对被本测试拒绝,重新计数剩余的样品,并测试新的计数,与第一次计数对比。则放弃所有被拒的计数对。没有必要对空白进行这样的统计。

14. 分析员是本分析过程的关键。必须小心,提供一个无压力和舒适的环境用于纤维计数。应该使用符合人体工效学设计的椅子,显微镜目镜应位于合适的高度以便于观察。外部照明的照度应该与显微镜的照度相近,以减少眼睛疲劳。每隔 1～2 个小时计数者应该适当休息 10～20 分钟,以防止疲劳[14]。在休息期间,应该进行眼睛、上背或颈部的运动,以缓解压力。

15. 所有从事石棉计数的实验室都应该参加能力测试计划,例如对于石棉的 AIHA - NIOSH 能力分析测试(PAT)程序,经常与其他实验室交换现场样品,以比较计数者的能力。

样品测定

16. 将测试片放在已校准的显微镜的载物台中心,位于物镜的下方。使显微镜聚焦在滤膜平面上。

17. 调节显微镜(步骤10)。

注意:用 HSE/NPL 测试片校准,测定最低可检测的纤维直径(约 $0.25\mu m$)[4]。

18. 计数规则:(同 P&CAM 239 规则[1,10,11]:见附件 B 中的例子)。

a. 计数长于 $5\mu m$ 的完全位于目镜测微尺计数视野内的纤维。

ⅰ. 仅计数长于 $5\mu m$ 的纤维。沿着弯曲纤维的曲线测量其长度。

ⅱ. 仅计数长 – 宽比例≥3∶1 的纤维。

b. 对于部分跨越目镜测微尺计数视野边界的纤维。

ⅰ. 只有一端位于目镜测微尺计数视野的纤维计数为 1/2 根,条件是纤维满足上述规则的标准。

ⅱ. 不计数超越目镜测微尺计数视野边界不止一次的纤维。

ⅲ. 拒绝且不计数其他纤维。

c. 将一束纤维计数为一根纤维,除非单根纤维的两端均能被观察到。

d. 计数足够的目镜测微尺计数视野以得到 100 根纤维,最少计数 20 个计数视野。不管计数为多少,最多计数 100 个目镜测微尺计数视野。

19. 从楔形滤膜尖端开始沿径向线向外边缘进行计数。在滤膜上向上或向下移动,并反向继续进行。通过短暂的调远目镜同时推进机械载物台来随机选择目镜测微尺的计数视野。至少确保每次分析要覆盖一条从滤膜中心到滤膜外边缘的径向线。当聚团或气泡覆盖了约 1/6 及以上目镜测微尺计数视野时,不计数该目镜测微尺计数视野,另外选择一个计数视野。在总的计数数目中不要报告未计数的目镜测微尺计数视野。

注意:当对目镜测微尺计数视野进行计数时,通过转动微调螺旋,在对焦平面范围内不断扫描,来检测已经嵌入到滤膜中的很细的纤维。这种小直径的纤维很模糊但是对于总计数有很重要的贡献。每个计数视野的最短计数时间为 15 秒,适合于准确计数。本法未考虑纤维在形态上的差异。尽管一些有经验的计数者具有选择计数那些仅为石棉状纤维的能力,但目前没有公认的方法来确保不同实验室之间统一判断。因此,用本法报告总纤维数是所有实验室义不容辞的责任。如果样品被非石棉纤维严重污染,则必须用其他技术如透射电子显微镜来测定样品中石棉纤维的百分比(见 NIOSH 方法7402)。在某些情况下(即对于直径大于 >$1\mu m$ 的纤维),偏光显微镜(如 NIOSH 方法7403)可用于鉴定和消除非结晶态纤维的干扰[15]。不要在滤膜切断的边缘计数。移动至离边缘至少 1mm。在某些条件下,静电荷可能影响对纤维的采样。这些静电效应最有可能发生在相对湿度较低(低于20%)和在气溶胶源附近采样的情况下。结果导致沉积在滤膜上的纤维减少,特别是接近滤膜边缘的地方。如果在计数期间注意到这样的情况,则选择尽可能接近滤膜中心的视野进行计数[5]。将计数记录数据表上。数据表上至少提供记录的空间(在上面记录计数的每个视野)、滤膜标识号、分析者姓名、日期、计数的总纤维、计数的总视野、平均计数、纤维密度和说明。平均计数是通过将总纤维计数除以观察过的视野数目计算得到。纤维密度(每平方毫米纤维数)定义为平均计数(纤维/视野)除以视野(目镜测微尺)面积(平方毫米/计数视野)。

计算和报告结果

20. 计算和报告滤膜上的纤维密度 E(每平方毫米纤维数),等于将每目镜测微尺计数视野的平均纤维计数 F/n_f 减去每目镜测微尺计数视野的平均样品空白 B/n_b,除以目镜测微尺计数视野面积 A_f(约为 $0.00785mm^2$):

$$E = \frac{(F/n_f - B/n_b)}{A_f}$$

注意:每平方毫米纤维计数大于 1300 根,且大于 50% 的滤膜面积被颗粒物覆盖的样品计数应报告为“不可计数”或“可能存在偏差”。其他每平方毫米超出 100~1300 根纤维范围的计数,应报告为有“大于最佳变异性”和“可能存在偏差的”。

21. 按下式计算和报告采样空气中纤维的浓度 C(每 cc 纤维数):

$$C = \frac{EA_c}{V \times 10^3}$$

式中：V——采样体积（L）；

　　A_c——所用滤膜的有效采集面积（对于 25mm 滤膜约为 385mm^2）。

注意：如果需要，定期检查和调整 A_c。

22. 报告每组结果的实验室内和实验室间的相对标准偏差（步骤 11）。

注意：精密度取决于纤维计数的总数目[1,16]。对于在 100 个目镜测微尺计数视野，达到 100 根纤维的纤维计数，其相对标准偏差已记录在参考文献中[1,15-17]。实验室间结果的可比性在下面讨论。作为第一个近似值，用大于 213% 和小于 49% 的计数作为大于 20 纤维计数置信区间的上限和下限（图 5 - 0 - 4）。

方法评价

方法修改。

本法是 P&CAM 239[10] 的修订版。修改总结如下。

1. 采样　采样体积相近时，滤膜由 37mm 改为 25mm，提高了灵敏度。流量方面的改变允许采集 2m^3 全工作日（full - shift）的样品，条件是滤膜不被非纤维颗粒过载。在 0.5 ~ 16L/min 范围内，滤膜的采样效率不是流量的函数[10]。

2. 样品处理技术　丙酮蒸气 - 三乙酸甘油酯处理方法是比 P&CAM 239[2,4,10] 中邻苯二甲酸二甲酯/乙二酸二乙酯方法更快速、更永久的固定技术。铝制加热板技术处理样品所需的丙酮量最小。

3. 样品测定。

a. 用 Walton - Beckett 目镜测微尺可使计数视野标准化[14,18,19]。

b. HSE/NPL 测试片规范了显微镜的光学器件对纤维直径的灵敏度[4,14]。

c. 由于过去低纤维数的不准确性，最小推荐负载量每平方毫米曾增加至 100 根纤维的纤维面积（在 100 个计数视野内计数的总纤维数为 78.5 根纤维，每个计数视野面积 = 0.00785mm^2）。与推荐分析范围比较，较低的浓度一般会导致纤维计数的估算值偏高[20]。推荐负载量下，不同计数者所得结果的相对标准偏差 S_r 应该在 0.10 ~ 0.17 范围内[21-23]。

实验室间的可比性。

一个国际合作研究涉及了 16 个实验室，所用测试玻片来自石棉水泥、制造、矿业、纺织和摩擦材料工业[9]。相对标准偏差（S_r）因样品类型和实验室而不同。范围见表 5 - 0 - 2。

表 5 - 0 - 2　实验室间结果比较

规则	同一实验室内 S_r	不同实验室间 S_r	总体 S_r
AIA（NIOSH A 规则）*	0.12 ~ 0.40	0.27 ~ 0.85	0.46
修改的 CRS（NIOSH B 规则）↑	0.11 ~ 0.29	0.20 ~ 0.35	0.25

注：* 在 AIA 规则下，仅计数直径小于 3μm 的纤维，且不计数附着于粒径大于 3μm 的颗粒上的纤维；NIOSH A 规在其他方面类似于 AIA 规则；↑ 见附录 C。

NIOSH 对石棉的现场样品进行了研究，结果表明在 0.17 ~ 0.25 范围内，同一实验室内的 S_r 为 0.25，不同实验室间的 S_r 为 0.45[21]。这些与最近的其他研究结果很吻合[9,14,16]。

现在没有单独的方法可用于评估本法的总体精密度。一种测量可靠性的方法是估算单个样品计数在多大程度上符合来自大量实验室的平均计数。接下来的讨论表明，基于实验室间变异性的测量，这种估算是如何实行的，同时表明了本法的结果与理论可实现的计数精密度、测得的实验室内和实验间的相对标准偏差 S_r 之间的相关性。（注意：下面的讨论不包括偏差估算，且不能表明轻度负载的样品与适度负载的样品具有同样的准确度）。

理论上，在滤膜表面（泊松）分布的纤维的随机计数过程所得的相对标准偏差 S_r 取决于计数的纤维数 N。

$$S_r = 1/N^{1/2}$$

因此对于计数为 100 根纤维的 S_r 为 0.1，10 根纤维的 S_r 为 0.32。大量研究发现实际 S_r 大于这些理论值[17,19-21]。

变异性的另一个因素主要是来自实验室间的主观差异。在一个连续样品交换的项目中，对 10 个计数者进行了研究，Ogden[15] 发现实验室内 S_r 的主观因素约为 0.2，由下式估算总体 S_r。

$$\frac{[N+(0.2 \times N)^2]^{1/2}}{N}$$

Ogden 发现单个实验室内计数平均值的 90% 置信区间为 $+2\,S_r$ 至 $-1.5\,S_r$。在这个项目中，10 个样品里有 1 个为质控样品。不进行严格质量保证程序的实验室，主观因素引起的变异性可能会更高。

在对 46 个实验室的现场样品结果的研究中，石棉信息协会（Asbestos Information Association）同样发现变异性包括一个恒定的成分和一个取决于纤维计数的成分[14]。结果表明现场样品的主观因素的实验室间 S_r（与 Ogden 的条件相同）约为 0.45。12 个实验室分析了一组 24 个现场样品，所得的结果与该值相近[21]。这个值略高于在 NIOSH PAT 项目中，80 个参照实验室用实验室制备的样品进行研究，发现的 S_r（0.25 ~ 0.42，1984-85）范围[17]。

在一个给定的实验室中有很多影响 S_r 的因素，例如实验室的实际计数技能和被分析样品的类型。在缺乏其他信息的情况下，例如用样品空白现场样品时的实验室间质量保证程序等，变异性中主观因素的值选为 0.45。这是希望实验室能够实施推荐的实验室间质量保证程序，以提高它们的技能从而减小 S_r。

当总体平均值已经确定时，应用上面的相对标准偏差。但是，这对实验室估算单个样品纤维计数平均值的 90% 置信区间更有用（图 5-0-4）。对于实验室间和实验室内结果的计数分布，曲线呈现出相似的形状[16]。

例如：如果一个样品的计数为 24 根纤维，图 5-0-4 表明在 90% 置信水平的情况下，平均实验室间计数将落在这个值的 227% 以上和 52% 以下。我们也可以将这些比例直接用于空气的浓度。例如，如果该样品（24 纤维计数）的采样体积为 500L，则测得浓度为每毫升 0.02 根纤维（假设计数视野为 100，25mm 滤膜，0.00785mm² 计数视野面积）。如果同样的样品被一组实验室计数，则平均值将有 90% 的可能性落在每毫升 0.01 ~ 0.08 根纤维之间。应该在实验室间的结果比较中报道这些范围。

注意：图 5-0-4 是用 $S_r = 0.45$ 制得的，这个值仅作为一个随机组实验室的估算值。如果几个属于质量保证组的实验室，其 S_r 更小，那么用更小的 S_r 会更准确。但是，如果没有这样的信息，则应该用估计的 S_r 即 0.45。还请注意：已经发现对于某些种类的样品，如石棉水泥，S_r 更高[9]。

通常由一次石棉分析的结果估算出的空气中浓度来与法规标准进行比较。例如，如果有人想用一个样品，计数 100 根纤维来表示是否符合每毫升 0.5 根纤维的标准，那么图 5-0-4 表明每毫升 0.5 根纤维的标准必须比测量的空气浓度高 213%。这表明如果测得的纤维浓度为每毫升 0.16 根纤维（100 根纤维被计数），那么由一组实验室（符合标准化的实验室可能是其中一个）测得的纤维计数有 95% 的机会小于每毫升 0.5 根纤维；即 $0.16 + 2.13 \times 0.16 = 0.5$。

从图 5-0-4 中可以看出除非纤维计数很小，否则由泊松分布引起的变异性并不是很重要。因此，仅用 213% 和 49% 作为平均值为 100 根纤维计数的置信区间的上限值和下限值即可。

图 5-0-4 中的曲线由以下公式定义：

$$U_{CL} = \frac{2X + 2.25 + [(2.25 + 2X)^2 - 4(1 - 2.25S_r^2)X^2]^{1/2}}{2(1 - 2.25S_r^2)}$$

$$L_{CL} = \frac{2X + 4 - [(4 + 2X)^2 - 4(1 - 4S_r^2)X^2]^{1/2}}{2(1 - 4S_r^2)}$$

式中，S_r——主观实验室间相对标准偏差，当约 100 根纤维被计数时，接近总实验室间 S_r；

　　X——样品的总纤维计数；

　　L_{CL}——95% 的置信区间下限值；

　　U_{CL}——95% 的置信区间上限值。

注意：两个界限之间的范围代表总范围的 90%。

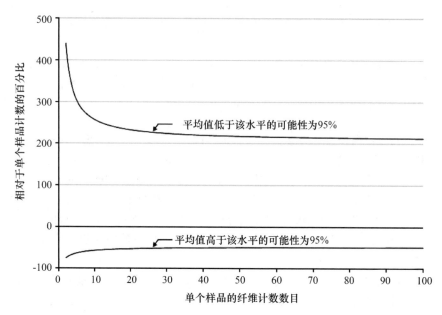

图 5 - 0 - 4　纤维计数的实验室间精密度

参考文献

［1］Leidel, N. A., S. G. Bayer, R. D. Zumwalde, and K. A. Busch. USPHS/NIOSH Membrane Filter Method for Evaluating Airborne Asbestos Fibers, U. S. Department of Health, Education, and Welfare, Publ. (NIOSH) 79 - 127 (1979).

［2］Baron, P. A. and G. C. Pickford. An Asbestos Sample Filter Clearing Procedure, Appl. Ind. Hyg. , 1, 169 - 171, 199 (1986).

［3］Occupational Safety and Health Administration, U. S. Department of Labor, Occupational Exposure to Asbestos, Tremolite, Anthophyllite, and Actinolite Asbestos; Final Rules, 29 CFR Part 1910.1001 Amended June 20, 1986.

［4］Rooker, S. J. , N. P. Vaughn, and J. M. LeGuen. On the Visibility of Fibers by Phase Contrast Microscopy, Amer. Ind. Hyg. Assoc. J. , 43 , 505 - 515 (1982).

［5］Baron, P. and G. Deye, Electrostatic Effects in Asbestos Sampling, Parts I and II, Amer. Ind. Hyg. AssJ. , 51 , 51 - 69 (1990).

［6］Johnston, A. M. , A. D. Jones, and J. H. Vincent. The Influence of External Aerodynamic Factors on the Measurement of the Airborne Concentration of Asbestos Fibers by the Membrane Filter Method, Ann. Occup. Hyg. , 25, 309 - 316 (1982).

［7］Beckett, S. T. , The Effects of Sampling Practice on the Measured Concentration of Airborne Asbestos, Ann. Occup. Hyg. , 21, 259 - 272 (1980).

［8］Jankovic, J. T. , W. Jones, and J. Clere. Field Techniques for Clearing Cellulose Ester Filters Used in Asbestos Sampling, Appl. Ind. Hyg. , 1, 145 - 147 (1986).

［9］Crawford, N. P. , H. L. Thorpe, and W. Alexander. A Comparison of the Effects of Different Counting Rules and Aspect Ratios on the Level and Reproducibility of Asbestos Fiber Counts, Part I: Effects on Level (Report No. TM/82/23), Part II: Effects on Reproducibility (Report No. TM/82/24), Institute Occupational Medicine, Edinburgh, Scotland (DEcember, 1982).

［10］NIOSH Manual of Analytical Methods, 2nd ed. , Vol. 1. , P&CAM 239, U. S. Department of Health, Education, and Welfare, Publ. (NIOSH) 77 - 157 - A (1977).

［11］Revised Recommended Asbestos Standard, U. S. Department of Health, Education, and Welfare, Publ. (NIOSH) 77 - 169 (1976); as Amended in NIOSH Statement at OSHA Public Hearing, June 21, 1984.

［12］Asbestos International Association, AIA Health and Safety Recommended Technical Method #1 (RTMI). Airborne Asbestos Fiber Concentrations at Workplaces by Light Microscopy (Membrane Filter Method), London (1979).

[13] Abell, M., S. Shulman and P. Baron. The Quality of Fiber Count Data, Appl. Ind. Hyg., 4, 273 – 285 (1989).

[14] A Study of the Empirical Precision of Airborne Asbestos Concentration Measurements in the Workplace by the Membrane Filter Method, Asbestos Information Association, Air Monitoring Committee Report, Arlington, VA (June, 1983).

[15] McCrone, W., L. McCrone and J. Delly, Polarized Light Microscopy, Ann Arbor Science (1978).

[16] Ogden, T. L. The Reproducibility of Fiber Counts, Health and Safety Executive Research Paper 18 (1982).

[17] Schlecht, P. C. and S. A. Schulman. Performance of Asbestos Fiber Counting Laboratories in the NIOSH Proficiency Analytical Testing (PAT) Program, Am. Ind. Hyg. Assoc. J., 47, 259 – 266 (1986).

[18] Chatfield, E. J. Measurement of Asbestos Fiber Concentrations in Workplace Atmospheres, Royal Commission on Matters of Health and Safety Arising from the Use of Asbestos in Ontario, Study No. 9, 180 Dundas Street West, 22nd Floor, Toronto, Ontario, CANADA M5G 1Z8.

[19] Walton, W. H. The Nature, Hazards, and Assessment of Occupational Exposure to Airborne Asbestos Dust: A Review, Ann. Occup. Hyg., 25, 115 – 247 (1982).

[20] Cherrie, J., A. D. Jones, and A. M. Johnston. The Influence of Fiber Density on the Assessment of Fiber Concentration Using the membrane filter Method. Am. Ind. Hyg. Assoc. J., 47(8), 465 – 74 (1986).

[21] Baron, P. A. and S. Shulman. Evaluation of the Magiscan Image Analyzer for Asbestos Fiber Counting. Am. Ind. Hyg. Assoc. J., (in press).

[22] Taylor, D. G., P. A. Baron, S. A. Shulman and J. W. Carter. Identification and Counting of Asbestos Fibers, Am. Ind. Hyg. Assoc. J. 45 (2), 84 – 88 (1984).

[23] Potential Health Hazards of Video Display Terminals, NIOSH Research Report, June 1981.

[24] Reference Methods for Measuring Airborne Man – Made Mineral Fibers (MMMF), WHO/EURO Technical Committee for Monitoring an Evaluating Airborne MMMF, World Health Organization, Copenhagen (1985).

[25] Criteria for a Recommended Standard⋯Occupational Exposure to Fibrous Glass, U. S. Department of Health, Education, and Welfare, Publ. (NIOSH) 77 – 152 (1977).

方法作者

Paul A. Baron, Ph. D., NIOSH/DPSE.

附录 A: WALTON – BECKETT 目镜测微尺的校准

在订购 Walton – Beckett 目镜测微尺前,必须进行以下的校准,以在像平面上获得直径为 $100\mu m$ 的计数视野(D)。当订购目镜测微尺时,必须说明圆形计数视野的直径 $d_c(mm)$ 和盘的直径。

1. 将任何可用的目镜测微尺插入目镜中并聚焦,使目镜测微尺的线清晰可辨。

2. 设置适当的两个目镜之间的距离,如果可以的话,重新调节双目镜头调节器以使放大倍数保持不变。

3. 安装 40× ~45× 的物镜。

4. 放置一个物镜测微尺于显微镜载物台上,并显微镜聚焦在刻度线上。

5. 用物镜测微尺测量放大的目镜测微尺格子的长度 $L_o(\mu m)$。

6. 将目镜测微尺从显微镜上取下并测量它的实际的格子长度 $L_a(mm)$。最好用载物台配备的微调装置完成。

7. 计算 Walton – Beckett 目镜测微尺的圆形直径 $d_c(mm)$:

$$d_c = \frac{L_a}{L_o} \times D$$

例:如果 $L_o = 112\mu m$,$L_a = 4.5mm$,且 $D = 100\mu m$,则 $d_c = 4.02mm$。

8. 用物镜测微尺检查计数视野直径 D[可接受的范围为 $(100 \pm 2)\mu m$]。确定计数视野面积[可接受范围 $(0.00754 \sim 0.00817)mm^2$]。

附录 B:计数规则的比较

图 5 - 0 - 5 为通过显微镜看到的带纤维的 Walton - Beckett 目镜测微尺。将规则应用到图中的标记物来进行讨论。

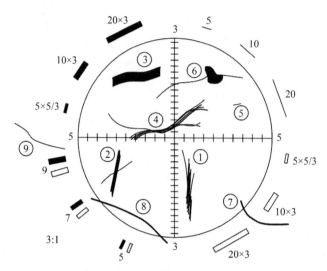

图 5 - 0 - 5　带纤维的 Walton - Beckett 目镜测微尺

这些规则有时候被称作"A"规则。

对象	计数	讨论
1	1 根纤维	光学可见的纤维实际上是细小的纤维束。如果该细小纤维看起来是同一束,则计数为单根纤维。但是注意,所有符合长度和长宽比标准的纤维,不管它们是否是石棉都应该被计数
2	2 根纤维	如果同时符合长度和长宽比标准(长 $>5\mu m$ 且长宽比 $>3:1$)的纤维重叠但不为同一束,则将它们分别计数为单根纤维
3	1 根纤维	虽然观察到的纤维具有相对较大的直径($>3\mu m$),但在该计数规则下被计数。在该计数规则下,纤维的直径没有上限。注意:在纤维的最宽部分测量纤维的宽度
4	1 根纤维	尽管长的细小纤维可能从纤维主体中伸出,如果它们看起来曾是这一纤维束的一部分,则小纤维仍被认为是纤维的一部分
5	不计数	如果纤维 $\leqslant 5\mu m$ 长,则不计数
6	1 根纤维	被颗粒物部分遮盖的纤维记为 1 纤维。如果从颗粒伸出来的纤维末端看上去不是来自同一纤维,且每个末端都符合长度和长宽比标准,则将它们分别计数为单根纤维
7	1/2 根纤维	纤维的一端在视野内的计为 1/2 根纤维
8	不计数	纤维的两端都不在技术视野内的纤维,不计数
9	不计数	在计数视野外的纤维,不计数

附录 C:非石棉纤维的替代计数规则

其他计数规则可能更适合测量特定类型的非石棉纤维,如玻璃纤维,包括下面的"B"规则(来自 NIOSH 方法 7400,第二次修订,发表于 1987 年 8 月 15 日),用于人造矿物纤维计数的世界卫生组织标准方法[24],和 NIOSH 玻璃纤维标准文档方法[25]。在这些方法中有直径上限值,这防止了吸入性纤维的测量。重要的是注意到在这些方法中的长宽比限值不同。计数时 NIOSH 推荐使用 3:1 的长宽比。

要强调的是不能将不同的计数规则混合使用。应报告用于分析结果的是具体计数规则。

"B"计数规则如下。

1. 仅计数纤维的两端。每根纤维必须长于 $5\mu m$ 且直径小于 $3\mu m$。

2. 仅计数长宽比等于或大于 5:1 的纤维两端。

3. 若纤维的每一端均落在目镜测微尺计数视野内且符合上述的规则 1 和 2,则每端计数为一端。若分裂纤维也满足上述规则 1 和 2 的标准,则计数分裂纤维的端。

4. 当纤维附着在颗粒时,无论其他颗粒的大小,符合上述规则 1 和 2 的纤维,则计数可见的自由端。如果覆盖纤维端的颗粒直径小于 3μm,则计数被该颗粒遮盖的纤维一端。

5. 最大为 10 个末端(5 根纤维)的大块纤维和纤维束,若每个分裂纤维均符合规则 1 和 2,则计数从其中发出的纤维自由端。

6. 计数足够的目镜测微尺计数视野以达到 200 个末端。最少计数 20 个目镜测微尺计数视野。无论计数是多少,显微镜计数视野达到 100 个时即停止。

7. 将所有的末端计数除以 2 得到纤维计数。

附录 D:定性和定量的等效限值

表 5 - 0 - 3　定性和定量的等效限值

滤膜上的纤维密度 *		空气中的纤维浓度/(f/cc)	
每 100 个计数视野的纤维数	纤维/平方毫米	400L 空气样品	1000L 空气样品
200.0	255.0	0.25	0.10
100.0	127.0	0.125	0.05
LOQ　　80.0	102.0	0.10	0.04
50.0	64.0	0.0625	0.025
25.0	32.0	0.03	0.0125
20.0	25.0	0.025	0.01
10.0	12.7	0.0125	0.005
8.0	10.2	0.01	0.004
LOD　　5.5	7.0	0.00675	0.0027

注:* 假定有效滤膜采集面积为 385mm^2,计数视野面积为 0.00785mm^2,用相对"干净"(除纤维外只有很少的颗粒)的滤膜。

碱尘 7401

NaOH、KOH、LiOH、(NaOH)及碱性盐	相对分子质量:40.00 (NaOH); 56.11 (KOH);23.95 (LiOH)	CAS 号:1310 - 73 - 2;1310 - 58 - 3;1310 - 65 - 2	RTECS 号:WB490000;TT2100000 (KOH);OJ6307070 (LiOH)
方法:7401,第二次修订		方法评价情况:完全评价	第一次修订:1984.2.15 第二次修订:1994.8.15
OSHA:2mg/m^3 (NaOH) NIOSH:C 2mg/m^3/15min (NaOH);第 I 类农药 ACGIH:C 2mg/m^3 (NaOH)		性质:具有碱性、吸湿性、腐蚀性的固体和气溶胶;饱和蒸气压无意义	

英文名称:alkaline dusts; alkali; caustic soda; lye; sodium hydroxide; potassium hydroxide

中文名称:强碱;苛性钠;碱液;氢氧化钠;氢氧化钾

续表

采样	分析
采样滤膜:滤膜(1μm PTFE 滤膜)	分析方法:酸碱滴定法
采样流量:1~4L/min	待测物:OH^-(碱度)
最小采样体积:70L(在 2mg/m³ 下)	洗脱方法:5.00ml 0.01N HCl,氮气下搅拌 15 分钟
最大采样体积:1000L	滴定:氮气下 0.01N NaOH,pH 电极确定终点
运输方法:常规	定量标准:0.01N NaOH 标准溶液和 0.01N HCl
样品稳定性:至少 7 天(25℃)[1,2]	测定范围:每份样品 0.14~1.9mg(以 NaOH 计)[1]
样品空白:每批样品 2~10 个	估算检出限:每份样品 0.03mg(以 NaOH 计)[1](7×10⁻⁴mol 碱度)
准确性	精密度($\bar{S_r}$):0.033(每份样品 0.38~1.5mg NaOH)
研究范围:0.76~3.9mg/m³[1](360L 样品)	
偏差:5.6%	
总体精密度($\hat{S_{rT}}$):0.062[1]	
准确度:±16.2%	

适用范围:当采样体积为 360L 时,其测定范围是 0.4~5.4mg/m³。本法是测量碱性氢氧化物、碳酸盐、硼酸盐、硅酸盐、磷酸盐和其他碱性盐的总碱度,以 NaOH 计

干扰因素:空气中的 CO_2 可能与滤膜上的碱反应生成碳酸盐,但在滴定时不会产生干扰。碳酸盐会生成等量的强碱,该强碱在滤膜上会被消耗[1]。酸性气溶胶可以中和样品,如果存在,会造成负干扰

其他方法:本法是方法 S381[2] 和 P&CAM 241[3] 的修订版

试剂	仪器
1. 碳酸钠:初级标准等级	1. 采样滤膜:直径 37mm PTFE 滤膜(Millipore,Fluoropore 或等效滤膜),孔径 1.0μm;由纤维素酯衬垫,置于滤膜夹
2. 0.1N HCl 储备液:用碳酸钠基准试剂标定	2. 个体采样泵:流量 1~4L/min,配有连接软管
3. 0.01N 稀 HCl:在容量瓶中用蒸馏水稀释 10.0ml 0.1N HCl 储备液到 100ml	3. pH 计带 pH 电极和记录仪
4. 蒸馏水:无 CO_2。在氮气下煮沸和冷却,或将氮气通入蒸馏水 30 分钟。保存在带烧碱石棉阱的试剂瓶中	4. 滴定容器:150~200ml 烧杯、烧瓶或广口瓶,带有开口的盖子,开口用于 pH 电极和 N_2 的进出
5. 氮气:压缩的	5. 磁力搅拌器及搅拌子
6. 50% w/v NaOH:* 溶解 50g NaOH 于无 CO_2 的蒸馏水中并稀释至 100ml。保存在带烧碱石棉阱的试剂瓶中	6. 玻璃棒:直径约 5mm,长约 10cm,使滤膜保持在滴定容器液面下
7. NaOH 储备液:0.1N。用无 CO_2 的蒸馏水将 8ml 50% NaOH 稀释至 1L。保存在带烧碱石棉阱的试剂瓶中	7. 移液管:5ml 和 10ml
8. NaOH 工作液:0.01N。用无 CO_2 的蒸馏水稀释 10ml 储备液(0.01N NaOH)至 100ml	8. 容量瓶:100ml 和 1L
9. 标准缓冲溶液:pH 为 4 和 7	9. 滴定管:50ml,可读至 0.1ml
	10. 镊子

特殊防护措施:NaOH 溶液能够腐蚀组织[4];小心处理

注:* 特殊防护措施。

采样

1. 串联一个有代表性的采样管来校准采样泵。

2. 在 1~4L/min 之间,以已知流量采集 70~1000L 空气样品,滤膜上总粉尘的增量不得超过 2mg。

样品处理

3. 用镊子将样品滤膜转移到滴定容器中。将滤膜正面朝下放入滴定容器中。

4. 将玻璃棒末端置于滤膜中心,在分析过程中保持滤膜在液面以下。

5. 盖上滴定容器的盖子,加入 5.00ml 0.01N HCl,打开磁力搅拌器并通入 N_2 净化(约 0.1ml/min)。

6. 静置 15 分钟(不时搅拌)。

标准曲线绘制与质量控制

7. 用 pH 为 4 和 7 的缓冲溶液校准酸度计。

8. 用 Na_2CO_3 标定 0.1N HCl 储备液,一式三份[3]。

a. 在 250℃下干燥 3~5g 初级标准等级的 Na_2CO_3 4 小时。在干燥器中冷却。

b. 称取约 2.5g Na_2CO_3,精确至 mg。用无 CO_2 的蒸馏水溶解并准确稀释至 1L。浓度约为 0.05N Na_2CO_3。

c. 将 5.00ml 0.05N Na_2CO_3 溶液放置于滴定容器中,采用电位滴定至 pH 5。

d. 移出电极,冲洗电极,冲洗液流至滴定容器中,并用 N_2 通入滴定容器的溶液中 3~5 分钟以除去 CO_2。

e. 继续滴定至终点。

f. 按下式计算 HCl 储备溶的当量浓度:

$$N_{HCl} = \frac{(Na_2CO_3\ 重量,g)(滴定中使用的\ Na_2CO_3,ml)}{(52.99)(使用的\ HCl,ml)}$$

9. 按照步骤 8c 和 8e,用标定后的 HCl 储备液代替 Na_2CO_3,用 0.01N NaOH 溶液代替 0.1N HCl,用标定后的 HCl 溶液来标定(约 0.01N) NaOH 工作溶液。计算滴定的 NaOH 的当量浓度。

$$N_{NaOH} = (N_{HCl})(使用的\ HCl\ ml)/(使用的\ NaOH\ ml)$$

10. 在预期现场样品浓度水平下,至少制备 3 个加标样品测定分析回收率。

样品测定

11. 在 N_2 流下,用标准 NaOH 溶液反滴定样品、空白和加标空白溶液中的过量 HCl。

12. 观察酸度计。计算终点(ml,使用的 0.01N NaOH)。

计算

13. 使用 NaOH 的当量浓度(N)、滴定样品时消耗 NaOH 的体积(V_{NaOH-s})、滴定空白时消耗 NaOH 的平均体积(V_{NaOH-b}),采样体积 V(L),计算空气中碱尘的浓度 C(mg/m³)(以 NaOH 当量 40.0 计):

$$C = \frac{(V_{NaOH-b} - V_{VNaOH-s}) \times N \times 4 \times 10^4}{V}$$

方法评价

方法 S381[1]发表于 1977 年 7 月 8 日,使用发生的 NaOH 空气样品,在发生气浓度在 0.76~3.9mg/m³ 范围内,采样体积为 360ml 条件下,进行了方法验证[1,6]。总体精密度($\hat{S}_{rT}$)0.062,平均回收率 105%,无明显偏差。NaOH 的浓度用原子吸收分光光度法进行了独立验证。用后备 Fluoropore 滤膜,采集含 NaOH 7.50mg/m³ 的大气 1~360L;以及用吸收液为水的冲击式吸收管,采集两个 615L 样品,结果表明总平均采样效率大于 99%。

参考文献

[1] Backup Data Report No. S381, Sodium Hydroxide, Prepared under NIOSH Contract No. 210 – 76 – 0123, available as Order No. PB 275 – 838 from NTIS, Springfield, VA 22161(July 8, 1977).

[2] NIOSH Manual of Analytical Methods, 2nd. Ed., V. 4, S381, U. S. Department of Health, Education, and Welfare, Publ. (NIOSH) 78 – 175 (1978).

[3] Ibid, V. 1, P&CAM 241, U. S. Department of Health, Education, and Welfare, Publ. (NIOSH)77 – 157 – A (1977).

[4] Criteria for a Recommended Standard... Occupational Exposure to Sodium Hydroxide, U. S. Department of Health, Education, and Welfare, Publ. (NIOSH) 76 – 105 (1975).

[5] Standard Methods for the Examination of Water and Wastewater, 15th Edition, American PublicHealth Association, American Water Works Association and Water Pollution Control Federation(1981).

[6] NIOSH Research Report – Development and Validation of Methods for Sampling and Analysis of Workplace Toxic Substances, U. S. Department of Health and Human Services, Publ. (NIOSH)80 – 133 (1980).

方法作者

Mary Ellen Cassinelli, NIOSH/DPSE; S381 originally validated under NIOSH Contract No. 210 – 76 – 0123.

石棉的透射电子显微镜法(TEM) 7402

分子式:不同	相对分子质量:不同	CAS 号:不同	RTECS 号:不同
方法:7402		方法评价情况:部分评价	第一次修订:1989.5.15 第二次修订:1994.8.15

OSHA:0.1 根石棉纤维(>5μm)/cc;1 f/cc/30min 超限 倍数;致癌物 MSHA:每 cc 2 根石棉纤维 NIOSH:0.1 f/cc (纤维 >5μm)/400L;致癌物 ACGIH:青石棉 0.2;铁石棉 0.5;温石棉 2;其他石棉 2 单位:每 cc 纤维根数;致癌物	性质:固体,纤维状,晶体,各向异性

中、英文名称 [CAS#]:阳起石 actinolite [77536 - 66 - 4] 或低铁阳起石 ferroactinolite [15669 - 07 - 5];铁石棉 amosite [12172 - 73 - 5];直闪石 anthophyllite [77536 - 67 - 5];温石棉 chrysotile [12001 - 29 - 5];蛇纹石 serpentine [18786 - 24 - 8];青石棉 crocidolite [12001 - 28 - 4];透闪石 tremolite [77536 - 68 - 6];闪石石 amphibole asbestos 棉 [1332 - 21 - 4]

采样

采样滤膜:滤膜(0.45 ~ 1.2μm 纤维素酯膜,直径 25mm;导电型滤膜夹)

采样流量:0.5 ~ 16L/min

最小采样体积*:400L(0.1f/cc)

最大采样体积*:(步骤 4,采样)

运输方法:常规(包装减少震动)

样品稳定性:稳定

样品空白:每批样品 2 ~ 10 个

准确性

研究范围:80 ~ 100 纤维数

相对偏差:未测定

总体精密度($\hat{S}_{rT}$):见方法评估

准确度:未测定

分析

分析方法:透射电子显微镜(TEM)

待测物:石棉纤维

样品处理:改进的 Jaffe wick 法

仪器:透射电子显微镜,能量色散型 X 射线荧光分析仪(EDX)

校准:定性电子衍射;TEM 放大倍数和 EDX 系统的校准

测定范围:每平方毫米滤膜面积 100 ~ 1300 根纤维[1]

估算检出限:在 95% 预计平均空白值以上 1 根确定的石棉纤维

精密度($\bar{S}_r$):当 65% 纤维为石棉时:0.28

当调整纤维计数应用于 PCM 计数时:0.20 [2]

适用范围:采样体积为 1000L 时,定量测定范围为每 cc 0.04 ~ 0.5 根纤维。LOD 取决于采样体积和干扰粉尘的量;同时,在无干扰的大气情况下,LOD < 每 cc 0.01 根纤维。本法用于检测可见光范围内的石棉纤维,旨在补充相衬显微镜所得的结果

干扰因素:其他长宽比大于 3:1 的闪石颗粒和元素组成与石棉矿类似的物质可能干扰 TEM 分析。某些非闪石类矿物的电子衍射图像可能与闪石类似。高浓度的背景粉尘会干扰纤维的鉴别。某些非石棉闪石矿物的电子衍射图像可能与石棉闪石类似

其他方法:本法是为使用方法 7400 (相衬显微镜)设计的

试剂 丙酮*(见特殊防护措施)

仪器

1. 采样滤膜:现场监测器,25mm;带约 50mm 导电扩展罩的三层式滤膜夹;纤维素酯滤膜,孔径 0.45 ~ 1.2μm;衬垫
   注意:使用前分析具有代表性的滤膜,作为纤维本底值;若平均计数大于 5 根纤维/100 视野,则丢弃这批滤膜;所得结果为实验室空白值;使用导电扩展罩,可减小静电效应对滤膜采样和样品运输过程的影响,采样期间需要时,可能的话,将扩展罩接地;建议用 0.8μm 孔径的滤膜采集个体样品,当用 TEM 对样品进行分析时,建议用 0.45μm 滤膜采样,因为颗粒在滤膜表面上沉积得更牢固;但是,0.45μm 滤膜的采样阻力较高,影响到与个体采样泵的联用

2. 个体采样泵:流量 0.5 ~ 16L/min,带有连接软管

3. 透射电子显微镜:操作电压 100 kV,具有电子衍射和能量色散 X 射线功能,并带着刻或衬有校正尺的荧光屏(步骤 15)
   注意:若校正尺是由刻在荧光屏的一系列线或从中心开始每隔 2cm 的部分圆组成,则非常有效

4. 衍射复制光栅:具有已知的每毫米的刻度线

5. 载玻片:玻璃,预清洁,25 × 75mm

6. 手术刀

7. 镊子

8. TEM 铜网:200 目(可选碳涂层的铜网)

9. 具盖培养皿:深 15mm。具盖培养皿的顶部和底部必须很好地贴合在一起。为了确保紧密地贴合,用一个粗糙的砂轮如碳化硅同时打磨顶部和底部,生成毛玻璃接触表面

10. 干净的聚氨酯泡沫:有吸水性,厚 12mm

11. 滤纸:Whatman No. 1 定性滤纸或等效的滤纸;或擦镜纸

12. 真空蒸发器

13. 软木钻孔机(约 8mm)

14. 防水记号笔

15. 双面胶纸

16. 石棉标准定性样品物质,用于参考;如:SRM #1866,购自美国国家标准与技术研究院

17. 碳棒:磨尖至 1mm × 8mm

18. 光学相差显微镜(PCM):带 Walton – Beckett 目镜测微尺(见方法 7400)

19. 接地线:规格 22,多股

20. 收缩带或胶带

特殊防护措施:丙酮极度易燃(闪点 = 0 ℉)。采取预防措施不要点燃它。加热丙酮必须在通风橱中使用无火焰、无火花的加热源。石棉是已确认的人类致癌物。仅在通风良好的通风橱中处理

注:* 见特殊防护措施。

采样

1. 串联一个有代表性的采样管来校准个体采样泵。

2. 个体采样时,将采样管佩戴在靠近劳动者嘴处的衣领上。移去扩展罩扩展进气口朝上,采样管的进气口朝下。用收缩带或胶带将扩展罩和滤膜夹接合处包起来使滤膜夹固定。为识别滤膜夹,标记滤膜夹表面。如有可能,特别是在低相对湿度(%)下将采样管接地,以减小采样期间的静电效应。

3. 每组样品至少制备 2 个样品空白(或总样品的 10%,取两者较大的量)。在采样期间移去样品空白滤膜夹的上盖,并将滤膜夹放在干净的地方(如一个封闭的袋子或盒子),采样结束后重新盖上。

4. 以 0.5 ~ 16L/min 的采样流量采样[3]。调整流量 Q(L/min)和时间 t(min),使纤维密度 E 在每平方毫米 100 ~ 1300 根纤维(每 25 毫米滤膜 3.85×10^4 ~ 5×10^5 根纤维,有效采集面积 $A_c = 385mm^2$),以获得最好的准确度。滤膜上总粉尘的增量不得超过约 0.5mg。这些变量与所采集纤维气溶胶的行动水平(现有标准值的一半)L(每 cc 纤维根数)的关系为:

$$t = \frac{A_c E}{QL \times 10^3}$$

注意:调整采样时间(t,min)的目的是为了使滤膜上采集的纤维量最优。采集含约每 cc 0.1 根纤维且无大量非纤维粉尘的大气时,以 1 ~ 4L/min 流量采样 8 小时(700 ~ 2800L)比较合适。含尘大气需要较小的采样体积(≤400L)以获得可计数的样品。在这种情况下,采集短时的、连续的采样并且计算总采样时间内的平均结果。为记录短时间接触的情况,以高流量(7 ~ 16L/min)采集更短的时间。在目标纤维浓度小于每 cc 0.1 根纤维的相对干净的大气下,用大的采样体积(3000 ~ 10000L)以获得定量分析的样品。但是需要注意,不要使滤膜上的背景粉尘超载[3]。

5. 在采样结束时,重新盖上盖子和两端的塞子。

6. 将装好导电扩展罩的滤膜夹放在装有填料的刚性容器内,样品直立运输。容器中的填料用以防挤撞或损害。

注意:装样容器中不要装填未经处理的聚苯乙烯塑料,因为静电可能导致样品滤膜上的纤维损失。

样品处理

7. 用软木钻孔机从样品滤膜和空白滤膜上取出 3/4 的圆形片[4]。为减小沉积在滤膜上的粉尘对局部变化的影响,用 3 个铜网制备样品。

8. 用双面胶将圆形滤片贴到干净的载玻片上。用防水记号笔标记载玻片。

注意:同一个载玻片上可贴 8 个滤膜片。

9. 将浸泡过 2~3ml 丙酮的几张滤纸放入培养皿中。将载玻片放入培养皿中,盖上培养皿盖,等待 2~4 分钟,让样品滤膜熔化和透明。

注意:方法 7400 的加热板透明技术[5]或 DMF 清洁技术[6]可以用来替代步骤 8 和步骤 9。

10. 将载玻片转移到真空蒸发器钟形罩内的旋转载物台上。将 1mm×5mm 的石墨棒蒸发到透明滤膜上。将载玻片移到一个干净、干燥、具盖的培养皿中[4]。

11. 制备第二个培养皿,作为具有芯基板的 Jaffe 灯芯清洗器(wick washer),芯基板由滤纸或擦镜纸放在一个 12mm 厚的干净、吸水的聚氨酯泡沫塑料上组成[7]。在泡沫和滤纸边缘切一个 V 形凹口。用这个 V 形凹口作为加溶剂的容器。

注意:芯基板应该足够薄以使之恰好放入培养皿中而不接触到培养皿的盖子。

12. 将 TEM 铜网放到滤纸或擦镜纸上。用铅笔在滤纸上标记 TEM 网或将培养皿 1/2 处做上印记并在培养皿上用防水记号笔标记。在通风橱中,向培养皿中注入丙酮直到 wicking 基底饱和。

注意:丙酮的量应刚够使滤纸饱和而不产生小坑。

13. 用手术刀和镊子从载玻片上切取 1/4 的镀碳滤纸。小心地将取下的滤纸放到丙酮饱和的培养皿中的有相应标记的 TEM 网上,碳面朝下。滤膜都转移完后,缓慢加入更多的溶剂到 V 形槽中,以尽可能提高丙酮液面但不能干扰样品制备。盖上培养皿。将一块载玻片放置在培养皿下,使培养皿一侧抬高(在接近边缘处形成滴状的冷凝丙酮,不要在中心处——在中心处丙酮可能会滴到制备的铜网上)。

标准曲线绘制与质量控制

14. 测定在荧光屏上的 TEM 放大倍数。

a. 用标志线或物理边界确定荧光屏上的视野。

注意:视野应是可测量的或预先用刻度尺或中心圆刻写的(所有的刻度应该是十进制的)[7]。

b. 将衍射光栅插入到样品架中并放入显微镜中。调整该衍射光栅使光栅线与 TEM 荧光屏上的刻度垂直。确保测角仪平台倾斜度为 0。

c. 调整显微镜的放大倍数为 10000 倍。测量复制光栅上的两条光栅线同一相对位置(如左边缘)之间的距离(mm)。计算线条间的空间数目。

注意:在大多数显微镜中,仅在荧光屏中心 8~10cm 直径范围内,放大倍数是一个常数。

d. 按下式计算荧光屏上真实的放大倍数(M)。

$$M = \frac{XG}{Y}$$

其中:X——两条光栅线之间的总距离(mm);

G——光栅的校准常数(线数/mm);

Y——计数所得光栅空间的数目。

e. 校准后,注意荧光屏上 0.25μm 和 5.0μm 的可视尺寸(这些尺寸是相差显微镜计数石棉纤维的边界限值)。

15. 将铜网放在载玻片上并在 PCM 下检测,在 200 目铜网上随机测量 20 个网格。使用 Walton-Beckett 型显微镜的目镜测微尺测量栅格孔的大小。用次数计算一个平均目镜测微尺的视野大小,并用于计算相对于一个栅格孔的目镜测微尺的视野面积。

注:一个栅格被认为是一个目镜测微尺的视野。

16. 从标准石棉材料获得参照选区电子衍射(SAED)或微衍射图像,用于 TEM 分析。

注:这是一个可视的参照技术。无须 SAED 定量分析[7]。微衍射能够对很小的纤维或部分被其他材料遮盖的纤维产生更清晰的图像。

a. 设置样品架的倾斜度为 0。

b. 对准一根纤维,聚焦,使最小的限场光圈对准纤维。获得一个衍射图像。对每个特征图像拍照并保存照片用于与未知物比较。

注意:并非所有的纤维都存在衍射图像。需要调整物镜电流,以给出最佳的图像清晰度。还有更多的闪石的衍射图像与方法 7402 的待测物相似。其中有一些可以用化学分离方法消除。另外,一些非闪石(如辉石、某些滑石纤维)也可能产生干扰。

17. 获取大约 5 根纤维的 X 射线能量色散谱(EDX),这 5 根纤维是来自标准参考物质,每根纤维的直径在 $0.25 \sim 0.5 \mu m$ 之间[7]。

注意:为获得足够的信号,可能需要将样品倾斜。对于所有的光谱使用相同的倾斜角。

a. 制备所有石棉品种的 TEM 网。

b. 用足够的收集时间(至少 100 秒),以显示出一个硅峰,改硅峰的高度至少是每条通道 ≥500 计数的检测纵坐标的 75%。

c. 用目测估算元素峰的高度,具体如下。

ⅰ. 按硅峰标定所有的峰(设定任意值为 10)

ⅱ. 只直观地解释所有存在的其他峰,并赋予与硅峰相关的值。

ⅲ. 用元素 Na、Mg、Si、Ca 及 Fe 确定纤维的元素轮廓。

如:$0 - 4 - 10 - 3 - <1$[7]。

注意:对于非石棉的纤维,可能也需要通过测定 Al、K、Ti、S、P 和 F 进行表征。

ⅳ. 测定并记录每种石棉的典型轮廓范围,用于与未知物进行比较。

样品测定

18. 用步骤 17 检查所有在 TEM 下计数的纤维的衍射图像。按以下结构之一设定衍射图像。

a. 温石棉。

b. 闪石。

c. 不确定的。

d. 无。

注意:有些晶体物质也能显示出与那些石棉纤维类似的衍射图像。其中很多物质(水镁石、埃洛石等)可用化学方法从中排除,不予考虑。但是,有一些矿物(如辉石、大块闪石和滑石纤维)化学上与石棉的相似并可以认为是干扰物。这些干扰物的存在使得在进行定性分析之前,需要用更强的衍射图像分析。若怀疑有干扰物,形态学可对定性发挥重要作用。

19. 按照步骤 18,在 TEM 或 STEM 模式下获取现场样品上纤维的 EDX 光谱。用衍射图像和 EDX 光谱,对纤维分类。

a. 对于温石棉结构,在前 5 根纤维及其后的 10 根纤维中的一根纤维上获取 EDX 光谱,轮廓范围从 $0 - 5 - 10 - 0 - 0$ 到 $0 - 10 - 10 - 0 - 0$ 的标记为"温石棉"。

b. 对于闪石结构,在前 10 根纤维及其后的 10 根纤维中的一根纤维上获取 EDX 光谱,轮廓约 $0 - 2 - 10 - 0 - 7$ 的标记为"可能是铁石棉";轮廓约 $1 - 1 - 10 - 0 - 6$ 为"可能是青石棉";轮廓约 $0 - 4 - 10 - 3 - <1$ 的为"可能是透闪石",轮廓约 $0 - 3 - 10 - 0 - 1$ 的为"可能是直闪石"。

注意:根据光谱仪的相对检测器效率,对于每种存在的元素,闪石的轮廓范围会变化 ± 1 个单位。

c. 对于不确定的结构,在所有的纤维上获取 EDX 光谱。轮廓类似于温石棉的标记为"可能是温石棉"。轮廓类似于各种闪石的标记为"可能是闪石"。其他的标记为"未知物"或"非石棉"。

20. 计数和测量尺寸。

a. 将样品网插入样品架中,并在低放大倍率(300 × ~500 ×)零倾斜角扫描样品网。确保约 75% 的栅格开口碳膜完整未破损。

b. 为了确定栅格如何被抽取,在低放大倍率扫描(500 × ~1000 ×)过程中估算每个栅格孔的纤维数目。在纤维计数和分析时,允许待测物覆盖栅格的大部分区域。按以下规则挑选栅格孔进行计数[7,8]。

ⅰ. 低负载(每栅格孔 <5 根纤维):总计数 40 个栅格孔。

ⅱ. 中度负载(每栅格孔 5 ~25 根纤维):最少计数 40 个栅格孔或 100 根纤维。

ⅲ. 重负载(每栅格孔 >25 根纤维):最少计数 100 根纤维和至少 6 个栅格孔。

注意:应从 3 个大致相同的栅格中,随机选择栅格孔。

c. 仅选择碳膜完整的栅格孔进行计数。在 500 × ~1000 × 的放大倍率下,从一端开始计数并按顺序移动栅格,再反向移动到末端。根据初始扫描所显示的负载量选择每次移动的视野数。每组样品至少计数2个样品空白以记录样品可能的污染。使用如下的规则进行纤维计数。

ⅰ. 计数所有直径大于0.25μm符合纤维定义(长宽比≥3:1,长于5μm)的微粒。参照相差显微镜方法(方法7400)中的计数指南计数所有纤维。用更高的放大倍率(10000×)测定纤维大小和可接受标准下的可数性。分析至少10%的纤维,且至少3根石棉纤维,用EDX和SAED来评价石棉是否存在。在高放大倍率下,无须SAED便可评价具有相似形态的纤维为石棉。具有可疑形态的微粒须用SEAD和EDX进行辅助分析。

ⅱ. 部分被栅格遮盖的纤维计数为0.5根纤维。

注意:如果在视野边缘纤维被栅格条部分遮盖,只有超过2.5μm的可视纤维才计数为0.5根纤维。

ⅲ. 计数时,测量每根纤维的大小并记录直径和长度。将纤维移到屏幕中心。直接从屏幕上的刻度读出纤维的长度。纤维大小测完后,调回至低放大倍率,继续移动栅格视野到下一根纤维。

注意:直接从屏幕上记录的数据以μm计,随后由电脑转化为μm;对于超过视场的纤维,必须移到和重叠到刻度上直到已经测量它的全长。

d. 记录以下纤维计数。

ⅰ. f_s、f_b分别为样品滤膜和相应的样品空白上被分析的栅格孔内的石棉纤维数。

ⅱ. F_s、F_b分别为样品滤膜和相应的样品空白上被分析的栅格孔内的纤维数(无论何种纤维)。

计算

21. 计算并报告滤膜上光学可见的石棉纤维的比值$(f_s - f_b)/(F_s - F_b)$。将这个比值应用到PCM获取的同一滤膜上的纤维计数,或者TEM样品具有代表性的滤膜上的纤维计数。最终的结果为石棉纤维的计数。存在的石棉纤维类型也须要报告。

22. 作为报告的一部分,需要给出TEM和EDX系统的型号和厂商。

方法评价

本TEM方法直接计数石棉纤维,对铁石棉和硅灰石纤维混合物进行了评价,精密度为0.275($\bar{S}_r$)。但是石棉比值估算值的精密度为0.11($\bar{S}_r$)。将此比值应用到PCM计数时,合并分析的总体精密度为0.20[2]。

参考文献

[1] Walton, W. H. "The Nature, Hazards, and Assessment of Occupational Exposure to Airborne Asbestos Dust: A Review," Ann. Occup. Hyg., 25, 115-247 (1982).

[2] Taylor, D. G., P. A. Baron, S. A. Shulman and J. W. Carter. "Identification and Counting of Asbestos Fibers," Am. Ind. Hyg. Assoc. J. 45(2), 84-88 (1984).

[3] Johnston, A. M., A. D. Jones, and J. H. Vincent. "The Influence of External Aerodynamic Factors on the Measurement of the Airborne Concentration of Asbestos Fibers by the Membrane Filter Method," Ann. Occup. Hyg., 25, 309-316 (1982).

[4] Zumwalde, R. D. and J. M. Dement. Review and Evaluation of Analytical Methods for Environmental Studies of Fibrous Particulate Exposures, NIOSH Technical Information Bulletin #77-204 (1977).

[5] Baron, P. A. and G. C. Pickford. "An Asbestos Sample Filter Clearing Procedure," Appl. Ind. Hyg., 1: 169-171, 199 (1986).

[6] LeGuen, J. M. and S. Galvin "Clearing and Mounting Techniques for the Evaluation of Asbestos Fibers by the Membrane Filter Method"Ann. Occup. Hyg. 24, 273-280 (1981).

[7] Yamate, G., S. A. Agarwal, and R. D. Gibbons. "Methodology for the Measurement of Airborne Asbestos by Electron Microscopy," EPA Contract No. 68-02-3266 (in press).

[8] Steel, E. B. and J. A. Small. "Accuracy of Transmission Electron Microcopy for the Analysis of Asbestos in Ambient Environments," Anal. Chem., 57, 209-213 (1985).

方法作者

Paul A. Baron, Ph. D. ; NIOSH/DPSE.

纤维素绝缘材料 7404

$(C_6H_{10}O_5)_n$	相对分子质量:00.00	CAS 号:9004 – 34 – 6	RTECS 号:FJ5691460
方法:7404,第一次修订		方法评价情况:部分评价	第一次修订:2003.3.15
		性质:固体	

英文名称:cellulose insula tion; cellulosic fiber loose fill thermal insulation. cocoon

中文名称:纤维素纤维,蓬松的装填物,热绝缘,茧状物

采样	**分析**
采样滤膜:滤膜(0.45～1.2μm 聚碳酸酯滤膜,25mm;滤膜夹上配有导电罩)	分析方法:扫描电子显微镜法(SEM)
采样流量:1L/min	待测物:纤维(手动计数)
最小采样体积:N/A	样品制备:胶体石墨涂料/碳圆片
最大采样体积:N/A	仪器:扫描电子显微镜
运输方法:常规(包装以减少震动)	定量标准:SEM 性能标准物
样品稳定性:稳定	测定范围:未测定
样品空白:每批样品 2 个或 10%	估算检出限:比 95% 预计平均空白大 1 个确定的纤维素纤维
	精密度($\bar{S_r}$):未测定
准确性	
研究范围:未研究	
偏差:未测定	
总体精密度($\hat{S}_{rT}$):未测定	
准确度:未测定	

适用范围:本法用于定量检测安装绝缘材料时空气中的纤维素纤维[1]

干扰因素:非纤维素纤维。很大的纤维素纤维和具有复杂形状的纤维素纤维可能干扰纤维素的表征。其他纤维素类型十分罕见且仅为痕量

其他方法:本法中的计数规则来源于方法 7400

试剂	**仪器**
胶体石墨*	1. 采样滤膜:现场监测器,25mm,三层式滤膜夹,配有 50mm 导电扩展罩和聚碳酸酯滤膜(孔径 0.45～1.2μm)及衬垫
	注意:滤膜使用之前,分析具有代表性的滤膜获得纤维本底,如果样品空白含有纤维,这步是必需的;用导电扩展罩可减小静电效应,当采样需要时,将罩接地
	2. 个体采样泵:电池或连有动力真空,可满足流量的要求(步骤4),配有连接软管
	3. 扫描电子显微镜:在 15kV 进行操作,并配有刻度或已校准的标尺的显示屏(步骤15)
	4. 胶带
	5. 镊子
	6. 25mm 碳圆片
	7. 胶体石墨涂料
	8. 地线:规格 22,多股
	9. 喷涂仪

特殊防护措施:胶体石墨所含的异丙醇易燃;采取预防措施不要将其点燃;只在通风良好的地方使用

注:* 见特殊防护措施。

采样

1. 串联一个有代表性的采样管来校准个体采样泵。

2. 个体采样时,将采样管佩戴在靠近劳动者嘴处的衣领上。移去扩展罩进气口上的盖,采样管进气口朝下。用胶带将扩展器和滤膜夹接合处包起来使滤膜夹固定,标记滤膜夹表面。如有可能,特别是在低相对湿度(%)下将采样管接地,以减小采样期间的静电效应。

3. 每组样品至少采集2个样品空白(或总样品的10%,取两者较大的数)。移去样品空白滤膜夹的上盖,采样期间将上盖和滤膜夹放在干净的地方(如一个封闭的袋子或盒子)。采样结束后重新盖上。

4. 以1L/min的流量采样。

注意:如果纤维素绝缘材料用于干燥环境,比用于潮湿环境中的采样时间更短。每名劳动者采集2个样品。每个样品以相同的流量、不同采样时间采集。含尘量很大的环境中采样时间最小为1分钟。采样时间的长短决定于总含尘量、被绝缘面积的大小和其他因素。

5. 在采样结束时,重新盖上盖子和两端的塞子。

6. 将样品带着导电扩展罩放在装有填料的刚性容器内运输,样品应直立。容器中的填料用以防挤撞或损害。

注意:装样容器中不要装填未经处理的聚苯乙烯塑料,因为静电可能导致样品滤膜上的纤维损失。

样品处理

7. 在碳圆片上涂上胶体石墨涂料并立即铺上25mm样品滤膜,使滤膜固定。样品面朝上。在固定滤膜之前,将样品号刻在圆盘的背面。

8. 将圆片放至带标识的培养皿中并使之完全干燥。

9. 干燥后,将样品放到喷涂仪中并沉积,按照仪器说明书,使样品上出现一层重金属导电涂层。

标准曲线绘制与质量控制

10. 显微镜调节。按照仪器说明书。每天至少使用一次SEM性能标准,如源于U1011的NIST,进行校准。将这种标准的检查结果记录在日志中。

11. 如果需要严格地放大倍率校准,使用衍射复制光栅。

a. 将一个固定的衍射复制光栅插入到样品室中。

b. 获得复制光栅的二次电子图像,并测量复制光栅上的两条光栅线同一相对位置(如左边缘)之间的距离。

c. 测量复制光栅上两个分散线间的距离。计数线条间的空间数目。

d. 计算荧光屏上真实的放大倍数(M)。

$$M = \frac{XG}{Y}$$

式中:X——两条光栅线之间的总距离(mm);

G——复制光栅的校准常数(线数/mm);

Y——计数所得的复制光栅空间的数目。

样品测定

12. 使用二次电子检测器(在~15 KeV)并在低放大倍率(~100倍)下扫描滤膜。观察微粒的负载。如果滤膜不是均匀负载,则该滤膜不应该被分析(见16d的注意④)

13. 调整放大倍率至~1200倍并用X-Y操纵器找到滤膜的中心。从滤膜中心沿着一个方向移动,有规律地对视野进行检查。

14. 在该放大倍率下,用分度尺测定视野面积。

15. 计数每个视野中的纤维数;基于形态学,辨别纤维素和其他类型纤维,并注意视野中纤维与非纤维的相对比例。

16. 计数规则(修改过的A规则,NIOSH方法7400)。[2]

a. 计数任何长于5μm的纤维(注意②)。

ⅰ. 仅计数长于5μm的纤维。测量并记录纤维的长度。

ⅱ. 仅计数长宽比等于或大于 3：1 的纤维。

b. 对于跨越视野边界的纤维。

ⅰ. 根据需要使用 X – Y 操纵器,跟踪和测量每个符合以上规则的纤维的全长。在移到下一个视野前回到原来的视野。

ⅱ. 不计数所有其他类型的纤维。

c. 在足够多的视野内计数,得到至少 100 根纤维素纤维。最少计数 40 个视野。

d. 选择视野时,确保那些视野不含已经被计数并在以前的视野中被测量过的纤维。

注意:①分析一个视野时,通过调焦旋钮持续地扫描一系列聚焦平面,来观察和测量不是平躺在滤膜上的纤维。②本法可根据形态学来区分纤维。通过形态学,纤维素纤维易于将石棉和玻璃纤维区分[3]。不要计数有平行边的纤维。③不要计数滤膜边缘的 3 个视野。④在一定的条件下,静电荷可能影响纤维的采样。当相对湿度较低(在干燥环境中应用)和采样接近气溶胶源时最可能发生静电效应。结果是滤膜上的纤维沉积量减少,特别是接近滤膜边缘的地方。在极端情况下,大部分样品可能附着在滤膜夹上[4]。

计算

17. 计算和报告滤膜上纤维密度 E(每平方毫米纤维数)。将每个视野平均纤维数 F/n_f 减去每个视野的平均样品空白纤维数再除以视野面积 A_f:

$$E = \frac{\dfrac{F}{n_f} - \dfrac{B}{n_b}}{A_f}$$

18. 计算并报告空气中纤维素纤维浓度 C(每毫升纤维数),空气采样体积为 V(L)使用的滤膜的有效采集面积为 A_c(对于 25mm 滤膜约 $385mm^2$):

$$C = \frac{(E)(A_c)}{(V)(10^3)}$$

19. 计算并报告纤维的长度范围(最小值和最大值)以及平均长度。

方法评价

本法用方法 7400 的计数方法和方法 7402 的仪器和装置。主要的不同之处是计数规则改编自 A 规则,允许计数和测量的所有纤维素纤维的长宽比为 3：1 或更大且长度至少为 $5\mu m$。纤维实际上是三维的,所以没有直径的限制,下面的图可以看出。由于纤维形状复杂,以及直径不断变化,甚至不可能测量纤维的近似直径。

本法应用于采样并分析湿的和干燥的纤维素绝缘材料的应用现场,结果表明在湿的应用现场,整个滤膜上纤维沉积得更均匀,同时纤维吸附在滤膜夹上的损失也更少。

参考文献

[1] NIOSH [2001]. Hazard evaluation and technical assistance report：Cellulose Insulation Applicators：U. S. Department of Health and Human Services, Public Health Service, Centers for Disease Control and Prevention, National Institute for Occupational Safety and Health, NIOSH HETA Report No. 2000 – 0332 – 22827.

[2] NIOSH [1994]. Asbestos and Other Fibers by PCM：Method 7400. In：Eller PM, Cassinelli ME, eds. NIOSH manual of analytical methods, 4th ed. Cincinnati, OH：U. S. Department of Health and Human Services, Public Health Service, Centers for Disease Control and Prevention, National Institute for Occupational Safety and Health, DHHS (NIOSH) Publication No. 94 – 113.

[3] McCrone W and Delly J [1973]. "The Particle Atlas," Ann Arbor, MI：Ann Arbor Science.

[4] Baron P, Deye G [1990]. "Electrostatic Effects in Asbestos Sampling," Parts I and II Amer. Ind. Hyg. Assoc. J., 51, 51 – 69.

方法作者

Joseph E. Fernback, NIOSH/DART

图 5 – 0 – 6 和图 5 – 0 – 7 是含有纤维素绝缘纤维和伴随的非纤维状纤维素的例子。

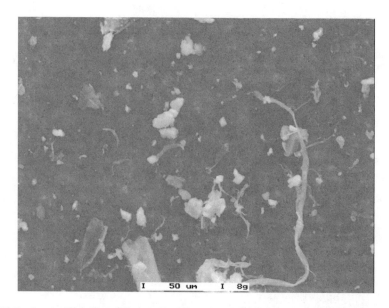

图 5-0-6　图中显示了许多不同形状和大小的纤维和非纤维纤维素绝缘材料

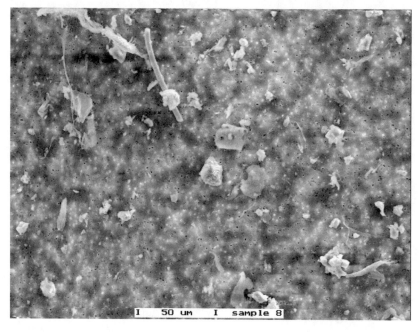

图 5-0-7　图中显示了不同的形状和大小的纤维,如图 5-0-6 以及以前阁楼绝缘材料剩下的玻璃纤维

结晶型二氧化硅—XRD(滤膜再沉积) 7500

SiO_2	相对分子质量:60.08	CAS 号:14808 - 60 - 7(石英); 14464 - 46 - 1(方石英); 15468 - 32 - 3(鳞石英)	RTECS 号:VV7330000(石英);VV7325000 (方石英);VV7335000(鳞石英)
方法:7500,第四次修订		方法评价情况:完全评价	第一次修订:1990.8.15 第四次修订:2003.3.15
OSHA:石英(呼尘)10mg/m³/(%SiO₂ +2);方石英和鳞 　石英(呼尘)上述值的1/2 NIOSH:0.05mg/m³;致癌物 ACGIH:石英(呼尘)0.1mg/m³;方石英(呼尘)0.05mg/ 　m³;鳞石英(呼尘)0.05mg/m³		性质:固体,密度2.65g/cm³(0℃);晶型转化:石英到鳞石英(867℃),鳞 　石英到方石英(1470℃),α-石英到β-石英(573℃)	

英文名称: silica, rystal line; silica; free crystalline silica; silicon dioxide

采样	分析
样品收集器:旋风式预分离器 + 滤膜[10mm 尼龙旋风 　式预分离器、Higgins - Dewell(HD)旋风式预分离器 　或铝制旋风式预分离器 + 5μm PVC 滤膜] 采样流量:尼龙旋风式预分离器:1.7L/min HD 旋风式预分离器:2.2L/min 铝制旋风式预分离器:2.5L/min 最小采样体积:400L 最大采样体积:1000L 运输方法:常规 样品稳定性:稳定 样品空白:每批样品 2 ~ 10 个(步骤 13g) 定性样品:大体积样品或沉降尘;用于确定干扰因素	分析方法:X 射线粉末衍射法 待测物:SiO₂ 晶体 处理方法:马弗炉或 RF 等离子体灰化器或溶解在四氢呋喃中 再沉积:在 0.45μm 银滤膜上 XRD:铜钯 X 射线管,石墨单色仪,优化强度;发散狭缝 1°,扫描速度 　(慢) 0.02°/10s,扣除背景值后积分强度 定量标准:NIST SRM 1878a 石英;NIST SRM 1879a 方石英;USGS 210 - 　75 - 0043 异丙醇中的鳞石英悬浮液 测定范围:每份样品 0.02 ~ 2mg SiO₂[2] 估算检出限:每份样品 0.005mg SiO₂[2] 精密度($\bar{S}_r$):0.08(每份样品 0.005 ~ 0.2mg)[1]
准确性 研究范围:25 ~ 2500μg/m³[1](800L 样品) 偏差:未知 总体精密度($\hat{S}_{rT}$):0.09 (50 ~ 200μg)[1] 准确度:±18%	

适用范围: 采样体积为 800L 时,测定范围为 0.025 ~ 2.5mg/m³

干扰因素: 云母、碳酸钾、长石、锆石、石墨和铝硅酸盐。见附录

其他方法: 本法与标准文件[3]中的方法和 P&CAM 259[4] 相似,P&CAM 259 已经进行协同测试。除采样外,本法与 S315[5,6] 相似。方法 P&CAM 109[7-9] 采用内标法,但已弃用。XRD 能区分这三种二氧化硅多晶型物质,并且通过磷酸化处理后能消除二氧化硅干扰物。如果不存在大量无定形二氧化硅或硅酸盐,IR(方法 7602 和 7603)同样可用于定性分析石英、方石英和鳞石英。但是,若存在多种多晶型物质且必须使用第二特征时,灵敏度将降低。结晶型二氧化硅也可用可见分光光度法测定(方法 7601),但是不能区分多晶型物。另外,与 XRD 和 IR 方法相比,使用可见吸收光谱法,不同实验室之间变化较大。因此,建议可见吸收光谱法仅用于研究[10]

续表

试剂

1. 二氧化硅定量标准

   a. 石英*（SRMs 1878a，2950，2951，2958）和方石英*（SRMs 1879a，2960，2957），购于标准 Standard Reference Materials Program，Rm. 204，Bldg. 202，National Institute of Standards and Technology（NIST），Gaithersburg，MD 20899；www. nist. gov.

   b. 鳞石英*（210 - 75 - 0043），购于美国地质调查局。U. S. Geological Survey，Box 25046，MS 973，Denver，CO 80225

2. 异丙醇*：试剂级

3. 干燥剂

4. 胶水或胶带：用于将银滤膜固定到 XRD 样品台上

5. 可选：四氢呋喃（THF）*（如果没有 LTA 或马弗炉）

6. 1.5% 火棉胶片溶液：溶解 1.5g 火棉胶片*于乙酸异戊酯*中，并用乙酸异戊酯稀释至 100ml

7. 可选（如果存在方解石），25% v/v HCl。浓 HCl*（ACS 试剂级）于蒸馏水中。以及直径 25mm、孔径 1μm 或更小的 PVC 或纤维素酯滤膜

仪器

1. 样品收集器

   a. 滤膜：聚氯乙烯（PVC）滤膜，37mm，5μm 孔径；衬垫，用胶带或纤维素收缩带连在一起，置于两层式滤膜夹（最好为导电型）中

   注意：每批新的 PVC 滤膜，都用本法分析其中的一个或多个滤膜进行检查。例如，由于较高的灰分和本底值，发现 Gelman VM - 1 滤膜（所有批次）不可用。如果使用 THF，则用 THF 溶解一个空白 PVC 滤膜，并按照步骤 5c 到步骤 8 检查是否完全溶解

   b. 旋风式预分离器：10mm 尼龙，Higgins - Dewell（HD），铝制（Al）或等效物[11]

2. 区域采样用采样管：PVC 滤膜，37mm 直径，5μm 孔径；三层式滤膜夹

3. 采样泵：配有连接软管，流量应满足以下条件。尼龙旋风式预分离器：1.7L/min；HD 旋风式预分离器 2.2L/min；Al 旋风式预分离器 2.5L/min；定性样品采集：3L/min

4. 银滤膜：25mm 直径，0.45μm 孔径，购于 Sterlitech Corp.，22027 70th Ave S，Kent，WA 98032 - 1911；www. sterlitech. com

5. X 射线粉末衍射仪（XRD）：配备铜靶 X 射线管、石墨单色仪和闪烁检测器

6. 参考样品（云母，Arkansas 石，或其他稳定的标准物）：用于使数据标准化

7. 低温射频等离子体灰化器（LTA）、马弗炉或超声波清洗器（≥150 W），用于处理滤膜

8. 过滤器：侧壁真空瓶，25mm 过滤架

9. 筛子：10μm，用于湿筛

10. 分析天平（0.001mg）；磁力搅拌器，带绝热顶；超声波清洗器或超声波探头；定量移液管和烧瓶；具盖 Pyrex 坩埚（马弗炉）；40ml 广口瓶或 50ml 离心管（THF 方法）；干燥器；具磨口玻璃塞的试剂瓶；烘箱；聚乙烯洗瓶

11. 防爆型电热板

12. 特氟隆片：厚 0.3 ~ 1mm

特殊防护措施：避免吸入二氧化硅粉尘[3]；THF 极度易燃，应该在通风橱中使用；异丙醇、火棉胶片和乙酸异戊酯易燃；HCl 具有腐蚀性，应该在通风橱中使用

注：* 见特殊防护措施。

采样

1. 串联一个有代表性的采样管来校准采样泵。

2. 尼龙旋风式预分离器以 1.7 ±5% L/min 流量采样，HD 旋风式预分离器以 2.2 ±5% L/min 流量采样，总采样体积为 400 ~1000L。滤膜上总粉尘的增量不得超过 2mg。

注意：任何时候采样装置不能装反，旋风式预分离器不能平放，以防上面的大颗粒掉到滤膜上；各采样管/流量应该在已给定的使用范围内。结晶型二氧化硅和煤矿粉尘都须采集时，应该遵循 ISO/CEN/ACGIH/ASTM 呼尘气溶胶的采样规定。为此，Dorr - Oliver 尼龙旋风式预分离器的最佳流量为 1.7L/min，Higgins - Dewell 旋风式预分离器的最佳流量为 2.2L/min。除了煤矿粉尘的采集外，目前监管部门已采用上述流量，如美国的 Dorr - Oliver 旋风式预分离器，英国的 Higgins - Dewell 采样管。尽管 NIOSH 标准文档中的采样建议已被 MSHA 正式认可用于煤矿粉尘采样，但是为了与早期采样公约[12]相符，目前美国使用 Dorr - Oliver 旋风式预分离器时，流量为 2.0L/min，转换因子为 1.38。在任何情况下，各采样管/流量都应该在已给定的使用范围内使用，以便消除不同采样管类型和采样公约[11]引起的偏差。

3. 若工作环境中的粉尘未经表征，采集一个定点空气样品或收集一个沉降尘样品。

样品处理

4. 选择以下一种合适的方法对样品进行表征。

a. 干扰因素检查。将定点粉尘样品或沉降尘样品直接放到 XRD 样品架上,或者将粉尘沉积或再沉积到另外的滤膜上后放到 XRD 样品架上,又或者将粉尘样品放入 XRD 粉末支架上并压紧,然后进行 XRD 分析。跳至步骤 11。

b. 定性分析。将定点空气样品或沉降尘样品研磨或湿筛,使其与空气中粉尘的颗粒大小一致,用于定性分析。湿筛时用 10μm 筛、异丙醇[13],并超声[13],然后将过量的醇蒸发掉,放入烘箱中干燥 2 小时,在干燥器中过夜储存。将最终产物沉积到滤膜上(步骤 7~8)或装到 XRD 样品架中。

注意:定量测定 SiO$_2$ 的百分含量时,称量筛出的粉尘 2mg,一式三份,转移到 50ml 烧杯中,加入 10ml 异丙醇,并继续步骤 6。对于定性样品,若因存在干扰化合物而难以定性或定量分析石英,则需用热磷酸[14]小心处理该样品,以溶解干扰化合物,避免石英损失。这种处理也可用于溶解一些 50mg 样品,使石英的含量浓缩,从而降低 LOD。

5. 用下列方法之一处理滤膜样品和空白。

a. 低温灰化法:将滤膜置于 50ml 烧杯中,放入低温灰化器内,使样品与等离子体的接触达到最佳状态。按照厂商说明进行灰化。灰化后,向每个烧杯中小心地加入 15ml 异丙醇。

b. 马弗炉灰化法。

ⅰ. 若样品中含有大量的方解石(> 20% 的总尘负载),则二氧化硅可能会因形成 CaSiO$_3$ 而造成损失。按照以下步骤除去方解石:在过滤器上放置一个孔径 0.5μm、直径 25mm 的 PVC 滤膜,并将其固定在过滤漏斗上;从滤膜夹中取出样品滤膜,折叠,放到 25mm 滤膜上;向过滤漏斗中加入 10ml 25% v/v HCl 和 5ml 异丙醇,放置 5 分钟。用真空抽取漏斗中的酸和醇;连续用 3 份 10ml 的蒸馏水洗涤;停止抽真空;将经过灰化后的两个滤膜放到一起。

ⅱ. 将滤膜样品放到陶瓷坩埚中,轻轻盖上,放于马弗炉中,600℃ 下(若含有石墨,则在 800℃ 下)灰化 2 小时。然后加入几毫升异丙醇,用玻璃棒刮坩埚使所有颗粒均松落并转移到 50ml 烧杯中。洗涤坩埚几次,将洗液加入到烧杯中。向烧杯中加入异丙醇,使体积约为 15ml。

c. 滤膜溶解:用镊子和抹刀,将滤膜从滤膜夹中取出,对折三次,放入 40ml 或 50ml 离心管中。加入 10ml THF,放置至少 5 分钟。用铝箔盖上离心管,以防止污染。用手或混旋器轻轻搅拌离心管,THF 不能靠近离心管顶部。将离心管放在超声波清洗器中(水位离顶部 2.5cm),超声至少 10 分钟(滤膜应该完全溶解)。过滤前,将样品放在混旋器上搅拌 10~20 秒。继续步骤 6,用异丙醇代替 THF,用烧杯替代离心管。

6. 用表面皿盖住烧杯,超声搅拌至少 3 分钟。观察悬浮液,确保团聚在一起的颗粒破碎。用异丙醇洗涤表明皿底部,洗液倒入烧杯中。

7. 将一片银滤膜安装在过滤器上,漏斗边缘应高于滤膜边缘。倒 2~3ml 异丙醇到滤膜上,冲洗烧杯几次并将冲洗液加到漏斗中,冲洗后溶液总体积为 20ml。为尽量减小样品扩散到沉积区域外,将悬浮液沉淀几分钟后再抽真空。物质沉积后,不要冲洗漏斗壁,这样会破坏沉积薄层。

8. 过滤后,保持真空,直至滤膜干燥。滴两滴 1.5% 火棉胶片到载玻片上。用镊子取出银滤膜,将滤膜底部放入火棉胶片溶液中,使物质固定在滤膜上。在低温下加热特氟隆片,在其顶部放饱和的滤膜,完全干燥后,将银滤膜固定到 XRD 样品架上。

标准曲线绘制与质量控制

9. 制备并分析至少 6 个水平的标准滤膜。

注意:校准标准物仅可用纯度、粒度已知,样品之间均匀的 NIST 和 USGS 标准物质。目前已在美国和加拿大的实验室用过,包括 5μm Min - U - Sil 在内的至少 12 种物质,已经经过评价,且发现无其他物质可以替代本法引用的已认证的标准物质[10]。标准参考物质应该用相纯度进行校正。结晶型二氧化硅方法需要纯度已知、特定粒度和粒径分布、样品到样品均匀的标准物质。特定 NIST 和 USGS 初级标准物质与其二级校准标准物的溯源性的建立,需要使用比工业卫生现场常用的 XRD、IR 和可见吸收光谱法精密度和准确度更高的测量方法。另外,粒径分布的测量具有很大的误差。因此,即使二级标准物质可溯源到 NIST 和

USGS 有证标准物,也不适合用于本法中。NIST SRM 2950 校准物质(α 石英)和 NIST SRM 2960 校正物质(方石英)可用于制备已知浓度的工作标准物质。

　　a. 称取 10mg 和 50mg 标准物质,精确至 0.01mg,加入 1L 具塞玻璃瓶中,再加入 1.00L 异丙醇,配制成两份待测物的悬浮液。

　　b. 用超声波探头或超声波清洗器超声 20 分钟使粉末悬浮于异丙醇中。立即将瓶子移到顶部隔热的磁力搅拌器上,并加入搅拌子搅拌。取液前将溶液放置到室温。

　　c. 将银滤膜安装到过滤器上。加几毫升异丙醇到滤膜上。关闭搅拌器,用手剧烈摇振。立即取下塞子,在 10mg/L 或 50mg/L 悬浮液高度一半的中心处取出一份悬浮液。不要通过排出部分悬浮液的方法,调整移液管内悬浮液的体积。若取出的量大于所需的量,将悬浮液倒回烧杯中,冲洗并使之干燥,再重新取一份。将移液管中的悬浮液转移到银滤膜上,移液管的尖部应接近悬浮液表面但不能被已放出的悬浮液浸没。

　　d. 用几毫升异丙醇冲洗移液管,将冲洗液倒入漏斗中。重复冲洗几次。

　　e. 悬浮液放置几分钟后,抽真空,快速过滤悬浮液。颗粒物沉积到适当位置后,不要冲洗漏斗两侧,以避免物质在银滤膜上重新排列。保持真空,直至滤膜干燥。滴两滴 1.5% 火棉胶片到载玻片上。用镊子夹取滤膜,将其底部一侧放在火棉胶片溶液中,使物质固定在滤膜上。将饱和的滤膜放到热特氟隆片的顶部。当滤膜完全干燥后,将银滤膜安装到 XRD 样品架上。制备工作标准滤膜,悬浮物含量分别为 10,20,50,100,250 和 500μg,一式三份。

　　f. 将工作标准滤膜与样品和空白一起进行分析(步骤12)。工作标准滤膜的 XRD 强度(步骤12)记为 I_x^o,然后归一化获得 $\hat{I}_x^o$。由于基质吸收,需校正 >200μg 的工作标准物的强度(见步骤 12f,13)。

　　g. 以 $\hat{I}_x^o$ 对标准物的含量(μg)绘制标准曲线。

　　注意:在任何给定的水平下,重现性差(二氧化硅大于 0.04mg 时,>10%)则须制备新的标准物质。最好采用加权最小平方法(1/σ² 加权)绘制曲线,数据应呈直线分布。

　　h. 测定标准曲线的斜率 m,单位 counts/μg。横坐截距 b 应该在(0±5)μg 之内。

　　注意:截距过大表明测定本底值时存在误差,即基线未正确校正,或是被其他晶相干扰。

　　10. 从与用于沉积样品的同一批滤膜盒中随机取出 6 片银滤膜作为空白,用于测试样品的自吸收。将每个空白安装到过滤器上,加入 5～10ml 异丙醇,真空过滤。取下滤膜,干燥后安装到 XRD 样品架上。测定各空白的净衍射峰强度,归一化后记为 $\hat{I}_{Ag}$(步骤12g)。计算 6 个空白的平均值 $\hat{I}_{Ag}^o$。

　　注意:若之前有记录不需进行校正,则不需要以下的吸收校正过程。分析员是分析过程中的关键[12]。因此需要高水平的分析专家,他们能优化仪器参数,校正在样品处理阶段或数据分析阶段的基质干扰,分析各晶相[15]。为了获得晶体的结构、衍射类型和晶相转化方面的背景知识,应该对分析员进行一些矿物学或晶体学的培训(大学或短期课程)。另外,可进行关于 X 射线衍射基本原理的短期强化课程的培训。

样品测定

　　11. 获取定点空气样品(或沉降尘定性样品)的定性 X 射线扫描(如:2θ 为 10～80°),测定多晶型游离二氧化硅和干扰物(见附录)。衍射峰如表 5-0-4。

表 5-0-4　待测物特征峰

矿物	峰(2θ)		
	第一特征峰	第二特征峰	第三特征峰
石英	26.66	20.85	50.16
方石英	21.93	36.11	31.46
鳞石英	21.62	20.50	23.28
银	38.12	44.28	77.47

　　注意:可通过分析定点空气样品、沉降尘样品或磨细的定性样品,证明是否有污染。对于个体空气样品,慢扫描石英的三个主峰(若此前未确定样品中不含方石英和鳞石英,则也须扫描石英和鳞石英的三个

主峰),验证它们的强度在纯石英峰强度的15%以内,以充分证明其他物质不会干扰二氧化硅的测定。

12. 对每个样品、工作标准物和空白滤膜进行以下操作。

a. 安装参考样品。在扫描各滤膜前后,测定参考样品的净峰强度 I_r。选择能够迅速测量但重现性(S_r <0.01)良好的高强度的衍射峰。

b. 安装样品、工作标准物或空白滤膜。测定各多晶型二氧化硅的衍射峰面积。扫描时间必须较长,如15分钟(更长的扫描时间会降低检出限)。

c. 测定峰两侧的本底值,扫描时间为峰扫描时间的一半。将两个结果相加为平均本底值。测定每个样品背景的位置。

d. 计算净强度 I_x(峰积分强度与总背景强度之差)。

e. 按下式计算每个峰的归一化强度 $\hat{I}_x$,并记录结果。

$$\hat{I}_x = \frac{I_x}{I_r} \times N$$

注意:选择一个适当的归一化换算因素 N(约等于参考样品峰的净强度),用于所有分析中。归一化参考样品强度能补偿 X 射线管强度的长期漂移。如果强度测量值稳定,参考样品的测定频率可减少,且净强度应该归一化到最近测量的参考强度。

f. 按照相同的步骤测定样品滤膜上无干扰的银峰的归一化强度 $\hat{I}_{Ag}$。整个测定过程中,对银峰使用较短的扫描时间(如为待测物峰扫描时间的5%)。

g. 在与待测物和银峰相同的 2θ 扫描范围,扫描样品空白,以便证明滤膜没有发生污染。样品空白的衍射峰中应该不存在待测物的峰。归一化后的银峰强度应该与介质空白一致。每个实验都应该测定样品空白的特性。若发生污染,应该查明原因并采取适当的措施。实际上,样品空白的污染极其罕见,通常与滤膜的污染途径不同。如果经验判定现场和实验室操作中不可能存在污染,那么可不分析空白;但是,明智的做法是不时确认一下无污染。

计算

13. 计算空气中结晶型二氧化硅的浓度(mg/m³):

$$C = \frac{\hat{I}_x \cdot f(t) - b}{mV}$$

式中,$\hat{I}_x$——样品峰的标准化强度;

　　　b——标准曲线的截距($\hat{I}_x^o$ vs. μg);

　　　m——标准曲线的斜率(counts/μg);

　　　$f(t)$—— $-RlnT/(1 - T^R)$ = 吸收校正因子(表5-0-6);

　　　R——$sin(\theta_{Ag})/sin(\theta_x)$;

　　　T——$\hat{I}_{Ag}/(平均 \hat{I}_{Ag}^o)$ = 样品透射度;

　　　$\hat{I}_{Ag}$ = 样品中银峰的归一化强度;

　　　$\hat{I}_{Ag}^o$ = 空白中银峰的归一化强度(6 个值的平均值);

　　　V——样品的体积(L)。

方法评价

本法以 P&CAM 259 为基础,P&CAM 259 已经过协同测试[1]。测试内容包括一个强化步骤,测试马弗炉或等离子体灰化器的使用(但不使用 THF)、样品运输、灰化时间和超声时间的影响。结果表明上述因素对测定无影响。

当参考 Talvitie 分光光度法[14],以及当所有标准物和样品均为 Min - U - Sil 5 时,本法无偏差。实验室内部的相对标准偏差(S_r)、分析和总体(包括采样)的变异性如表5-0-5。

表 5 - 0 - 5　方法评价结果

	分析水平/μg	测量精密度/S_r	总体精密度/S_{Tr}
实验室内部	50 ~ 200	0.08[1]	
	20	0.20[5]	
	10	0.28[9]	
总体(实验室内部和实验室间)	50 ~ 200	0.17[1]	0.29[1]

参考文献

[1] Anderson CC [9183]. Collaborative Tests of Two Methods for Eetermining Free Silica in Airborne Dust. S. Department of Health and Human Services, Publ. (NIOSH) 83 ~ 124.

[2] NIOSH [1983]. User Check, UBTL, NIOSH Sequence #4121 - M (unpublished).

[3] NIOSH [1974]. Criteria for a Recommended Standard: Occupational Exposure to Crystalline Silica. U. S. Department of Health, Education, and Welfare, Publ. (NIOSH) 75 - 120.

[4] NIOSH [1979]. Silica, crystalline: Method P&CAM 259. In: Taylor DG, ed., NIOSH Manual of Analytical Methods, 2nd ed., Vol. 5. Cincinnati, OH: U. S. Department of Health, Education, and Welfare, Publ. (NIOSH) 79 - 141.

[5] Ibid, Vol. 3, S315. U. S. Department of Health, Education, and Welfare, Publ. (NIOSH) 77 - 157 - C (1977).

[6] NIOSH [1977]. Documentation of the NIOSH Validation Tests. S315, U. S. Department of Health, Education, and Welfare, Publ. (NIOSH) 77 - 185.

[7] NIOSH [1977]. Silica (XRD): Method P&CAM 109. In: Taylor DG, ed., NIOSH Manual of Analytical Methods, 2nd ed., Vol. 1. Cincinnati, OH: U. S. Department of Health, Education, and Welfare, Publ. (NIOSH) 77 - 157 - A.

[8] Bumsted HE [1973]. Determination of Alpha - quartz in the Respirable Portion of Airborne Particles by X - ray Diffraction. Am Ind Hyg Assoc J 34:150.

[9] Peters ET [1976]. Evaluation of the NIOSH X - ray Diffraction Method for the Determination of Free Silica in Respirable Dust. Final Report, NIOSH Contract CDC - 99 - 74 - 51.

[10] Eller PM, Feng HA, Song RS, Key - Schwartz RJ, Esche CA, Groff JH [1999]. Proficiency Analytical Testing (PAT) Silica Variability, 1990 - 1998. Am Ind Hyg Assoc J 60(4):533 - 539.

[11] Key - Schwartz RJ, Baron PA, Bartley DL, Rice FL, Schlecht PC [2003]. Chapter R, Determination of airborne crystalline Silica. In: NIOSH Manual of Analytical Methods, 4th ed., 3rd Suppl. Cincinnati, OH: U. S. Department of Health and Human Services, Public Health Service, Centers for Disease Controland Prevention, National Institute for Occupational Safety and Health, DHHS (NIOSH) Publication No. 2003 - 154.

[12] Inhaled Particles and Vapours [1961]. Pergamon Press, Oxford, U. K.

[13] Kupel RE, Kinser RE, Mauer PA [1968]. Separation and Analysis of the Less Shan 10 - micron Fractions of Industrial Dusts. Am Ind Hyg Assoc J 29:364.

[14] Talvitie NA [1951]. Determination of Quartz in Presence of Silicates Using Phosphoric Acid. Anal Chem 23 (4).

[15] Hurst VJ, Schroeder PA and Styron RW [1997]. Accurate Quantification of Quartz and Other Ahases by Powder X - ray Diffractometry. Anal Chem Acta 337:233 - 252.

[16] Williams DD [1959]. Direct Quantitative Diffractometric Analysis. Anal Chem 31:1841.

[17] Abell MT, Dollberg DD, Crable JV [1981]. Quantitative Analysis of Dust Samples from Occupational Environments Using Computer Automated X - ray Diffraction. Advances in X - Ray Analysis 24:37.

[18] Abell MT, Dollberg DD, Lange BA, Hornung RW, Haartz JC [1981]. Absorption Corrections in X - ray Diffraction Dust Analyses: Procedures Employing Silver Filters. Electron Microscopy and X - Ray Applications, V. 2, p. 115, Ann Arbor Science Publishers, Inc.

[19] Dollberg DD, Abell MT, Lange BA [1980]. Occupational Health Analytical Chemistry: Quantitation Using X - ray Powder Diffraction. ACS Symposium Series, No. 120, 43.

[20] Altree - Williams S, Lee J, Mezin NV. Qualitative X - ray Diffractometry on Respirable Dust Collected on Nuclepore Filters. Ann Occup Health Hyg 20:109.

[21] Leroux J, Powers C [1970]. Direct X – ray Diffraction Quantitative Analysis of Quartz in Industrial Dust Films Deposited on Silver Membrane Filters. Occup Health Rev 21:26.

方法作者

Rosa Key – Schwartz, Ph. D. , Dawn Ramsey, M. S. , and Paul Schlecht, NIOSH/DART.

附录:干扰物

干扰物包括重晶石、云母(白云母、黑云母)、碳酸钾、长石(微斜长石、斜长石)、蒙脱石、硅线石、锆石、石墨、碳化铁、单斜铁辉石、硅灰石、透长石、白榴石、正长石和硫化铅。

三种晶形的磷酸铝[JCPDS 10 – 423, 11 – 500, 20 – 44]的衍射图分别与石英、方石英、鳞石英几乎相同。石英的第二特征峰和方石英的第一特征峰接近;方石英的第二特征峰与石英峰重叠;如果量足够,鳞石英将干扰石英和方石英的所有特征峰(第一、第二、第三特征峰)。如果在银滤膜上存在氯化银,它将对石英的第二特征峰产生轻微干扰。在有石英存在的情况下,许多上述干扰将会发生;但在对采集自11个不同企业的样品的研究中,Altree – Williams[20]发现并无明显的干扰。

某些元素如铁的存在,能产生很大的 X 射线荧光,导致背景强度很高。衍射束单色仪可使问题最小化。

如果存在方解石,当样品在马弗炉中灰化时,石英会损失。除去方解石的过程见样品处理(步骤5b)。

如果存在对二氧化硅第一特征峰的干扰,使用较低灵敏度的峰。当重叠并不严重时,使用更小的接收狭缝和铬辐射;但是,需要绘制新的标准曲线。

表5 – 0 – 6 吸收校正因子作为某些二氧化硅 – 银组合的透射度函数[16 – 21]

透射度 T	二氧化硅 银	26.66 38.12	26.66 44.28	20.83 38.12	20.83 44.28	21.93 38.12	21.93 44.28	21.62 38.12	21.62 44.28
1.00	1.0000	1.0000	1.0000	1.0000	1.0000	1.0000	1.0000	1.0000	1.00
0.99	1.0071	1.0082	1.0091	1.0105	1.0087	1.0100	1.0088	1.0101	0.99
0.98	1.0144	1.0166	1.0184	1.0212	1.0174	1.0201	1.0177	1.0204	0.98
0.97	1.0217	1.0251	1.0278	1.0321	1.0264	1.0305	1.0268	1.0309	0.97
0.96	1.0292	1.0337	1.0373	1.0432	1.0355	1.0410	1.0360	1.0416	0.96
0.95	1.0368	1.0425	1.0470	1.0544	1.0447	1.0517	1.0453	1.0524	0.95
0.94	1.0445	1.0514	1.0569	1.0659	1.0541	1.0625	1.0548	1.0635	0.94
0.93	1.0523	1.0605	1.0670	1.0776	1.0636	1.0736	1.0645	1.0747	0.93
0.92	1.0602	1.0697	1.0772	1.0894	1.0733	1.0849	1.0743	1.0861	0.92
0.91	1.0683	1.0791	1.0876	1.1015	1.0831	1.0963	1.0844	1.0977	0.91
0.90	1.0765	1.0886	1.0982	1.1138	1.0932	1.1080	1.0945	1.1096	0.90
0.89	1.0848	1.0983	1.1089	1.1264	1.1034	1.1199	1.1049	1.1216	0.89
0.88	1.0933	1.1081	1.1199	1.1392	1.1137	1.1320	1.1154	1.1339	0.88
0.87	1.1019	1.1181	1.1311	1.1522	1.1243	1.1443	1.1261	1.1464	0.87
0.86	1.1106	1.1283	1.1424	1.1654	1.1350	1.1568	1.1370	1.1592	0.86
0.85	1.1195	1.1387	1.1540	1.1790	1.1460	1.1696	1.1481	1.1722	0.85
0.84	1.1286	1.1493	1.1657	1.1927	1.1571	1.1827	1.1595	1.1854	0.84
0.83	1.1378	1.1600	1.1777	1.2068	1.1685	1.1959	1.1710	1.1989	0.83
0.82	1.1471	1.1709	1.1899	1.2211	1.1800	1.2095	1.1827	1.2126	0.82

续表

透射度 T	二氧化硅 银	26.66 38.12	26.66 44.28	20.83 38.12	20.83 44.28	21.93 38.12	21.93 44.28	21.62 38.12	21.62 44.28
0.81	1.1566	1.1821	1.2024	1.2357	1.1918	1.2232	1.1946	1.2266	0.81
0.80	1.1663	1.1934	1.2150	1.2506	1.2038	1.2373	1.2068	1.2409	0.80
0.79	1.1762	1.2050	1.2280	1.2658	1.2160	1.2516	1.2192	1.2555	0.79
0.78	1.1863	1.2168	1.2411	1.2812	1.2284	1.2663	1.2319	1.2703	0.78
0.77	1.1965	1.2288	1.2546	1.2971	1.2411	1.2812	1.2447	1.2855	0.77
0.76	1.2069	1.2410	1.2683	1.3132	1.2540	1.2964	1.2579	1.3009	0.76
0.75	1.2175	1.2535	1.2822	1.3297	1.2672	1.3119	1.2713	1.3167	0.75
0.74	1.2283	1.2662	1.2965	1.3456	1.2806	1.3278	1.2849	1.3328	0.74
0.73	1.2394	1.2792	1.3110	1.3637	1.2944	1.3440	1.2989	1.3493	0.73
0.72	1.2506	1.2924	1.3259	1.3812	1.3084	1.3605	1.3131	1.3661	0.72
0.71	1.2621	1.3059	1.3410	1.3991	1.3226	1.3774	1.3276	1.3883	0.71
0.70	1.2738	1.3197	1.3565	1.4174	1.3372	1.3946	1.3424	1.4008	0.70
0.69	1.2857	1.3337	1.3723	1.4362	1.3521	1.4122	1.3576	1.4187	0.69
0.68	1.2979	1.3481	1.3885	1.4553	1.3673	1.4303	1.3730	1.4370	0.68
0.67	1.3103	1.3682	1.4050	1.4749	1.3829	1.4487	1.3888	1.4558	0.67
0.66	1.3230	1.3777	1.4218	1.4949	1.3987	1.4675	1.4050	1.4749	0.66
0.65	1.3359	1.3931	1.4390	1.5154	1.4150	1.4868	1.4215	1.4945	0.65
0.64	1.3491	1.4087	1.4567	1.5363	1.4316	1.5064	1.4383	1.5145	0.64
0.63	1.3626	1.4247	1.4747	1.5578	1.4485	1.5266	1.4556	1.5350	0.63
0.62	1.3765	1.4411	1.4931	1.5797	1.4659	1.5472	1.4732	1.5560	0.62
0.61	1.3906	1.4578	1.5120	1.6022	1.4836	1.5684	1.4913	1.5775	0.61
0.60	1.4050	1.4749	1.5314	1.6252	1.5018	1.5900	1.5098	1.5995	0.60
0.59	1.4198	1.4925	1.5511	1.6488	1.5204	1.6122	1.5287	1.6221	0.59
0.58	1.4349	1.5104	1.5714	1.6730	1.5394	1.6349	1.5481	1.6452	0.58
0.57	1.4504	1.5288	1.5922	1.6978	1.5590	1.6582	1.5679	1.6689	0.57
0.56	1.4662	1.5476	1.6135	1.7233	1.5790	1.6820	1.5883	1.6932	0.56
0.55	1.4824	1.5670	1.6353	1.7494	1.5995	1.7065	1.6092	1.7181	0.55
0.54	1.4991	1.6858	1.6577	1.7762	1.6205	1.7317	1.6306	1.7437	0.54
0.53	1.5161	1.6071	1.6807	1.8037	1.6421	1.7575	1.6525	1.7699	0.53
0.52	1.5336	1.6279	1.7043	1.8319	1.6642	1.7840	1.6751	1.7969	0.52
0.51	1.5515	1.6493	1.7285	1.8609	1.6870	1.8112	1.6982	1.8246	0.51
0.50	1.5699	1.6713	1.7534	1.8908	1.7103	1.8391	1.7220	1.8531	0.50

f(T)（在显示的 2θ 角度）

无定形二氧化硅 7501

SiO$_2$	相对分子质量:60.08	CAS 号:见表 5 - 0 - 8	RTECS:见表 5 - 0 - 8
方法:7501,第三次修订		方法评价情况:部分评价	第一次修订:1985.3.15 第三次修订:2003.3.15
OSHA:见表 5 - 0 - 8 NIOSH:见表 5 - 0 - 8 ACGIH:见表 5 - 0 - 8		性质:固体;密度 2.2g/cm^3;熔点 >1600℃	

英文名称: silica, amorphous; fumed amorphous silica (Aerosil, silica aerogel, silicic anhydride); fused amorphous silica (Cab - o - sil, colloidal silica, xerogel, diatomaceous earth); hydrated amorphous silica (Hi - sil)

采样

采样滤膜:滤膜(总尘)或旋风式预分离器 + 滤膜(可吸入)(10mm 尼龙旋风式预分离器,或 Higgins - Dewell +5μmPVC 膜)

采样流量:总尘:1~3L/min

尼龙旋风式预分离器:1.7L/min

HD 旋风式预分离器:2.2L/min

最小采样体积:50L

最大采样体积:400L(5mg/m^3,限于滤膜上粉尘 <2mg)

运输方法:常规

样品稳定性:稳定

样品空白:每批样品 2~10 个

定性样品:大体积采样时需要

准确性

研究范围:未测定

偏差:未测定

总体精密度($\hat{S}_{rT}$):未测定

准确度:未测定

分析

分析方法:X 射线粉末衍射

待测物:方石英

消解方法:低温等离子体;酸洗;沉积在 PCV 滤膜

XRD 分析:加热之前和之后,XRD 分析石英、方石英和鳞石英

加热:1500℃,2 小时(煅制无定形二氧化硅)或 1100℃,6 小时(其他无定形二氧化硅);在银滤膜上沉积

定量标准:在异丙醇中的无定形二氧化硅的标准物悬浮液,对于样品则转换为方石英

测定范围:每份样品 0.02~2mg

估算检出限:每份样品 0.005mg

精密度($\bar{S}_r$):0.10(0.4~5mg);0.33(0.2mg)[1]

适用范围: 本法专门用于测定采样体积为 200L,浓度为 1~10mg/m^3 范围的结晶型(如石英)基质样品中的无定形二氧化硅。无定形二氧化硅通常含有结晶型二氧化硅[2]。在本书中也可见到关于晶体二氧化硅的讨论

干扰因素: 钠长石、磷酸铵和鳞石英会干扰方石英的最强峰。在热处理之前测定石英和方石英含量并从方石英的最终含量中减去。碱和碱土氧化物会妨碍百分百的转化;这些物质可在热处理前通过酸洗除去。XRD 信号强度与粒径成比例;样品和标准物质的粒径应相近

其他方法: 本法改进了方法 P&CAM 316 的样品处理和质量控制过程,取代了方法 P&CAM 316[4,5]。XRD 分析步骤类似于方法 7500(结晶型二氧化硅)

试剂	仪器
1. 适合于空气样品的无定形二氧化硅标准物质,有以下几种 　a. 煅制无定形二氧化硅:CAB－O－SIL® M－5 等级,购自 Cabot Corp.;www. cabot－corp. com 　b. 胶体无定形二氧化硅:Britesorb® D300 xerogel 等级,购自 The PQ Corp., PO Box 840, Valley Forge, PA 19482－0840;www. pqcorp. com 　c. 硅藻土无定形二氧化硅:Celite 521 等级,购自 FisherScientific;www. fishersci. com 　d. 沉淀无定形二氧化硅:Zeothix® 265 等级,购自 J. M. HuberCorp.;www. hubermaterials. com 　注意:某些胶体的或沉淀的无定形二氧化硅含多达 7% 的水分,需在115℃过夜干燥所有无定形样品[5];XRD信号强度与粒径成比例,如果需要,筛选标准物质(10μm 筛),与样品中的估计粒径匹配 2. 异丙醇*:试剂级 3. 去离子水 4. 氯化钠:试剂级 5. 2%(v/v)HCl:用去离子水稀释20ml 浓 HCl 至1L 6. 干燥剂	1. 采样滤膜 　a. 总尘:37mm 直径,孔径 5μm,聚氯乙烯滤膜(MSA,Gelman GLA－5000 或等效滤膜)。由衬垫支撑,置于两层式滤膜夹(最好为导电型)中。用胶带或纤维素收缩带密封滤膜夹 　注意:不可使用 Gelman VM－1 和 Millipore BS 滤膜,因为其灰分高或无定形二氧化硅的含量高 　b. 呼尘:PVC 滤膜(上述 1a)加上 10mm 尼龙或 Higgins－Dewell(HD)旋风式预分离器,带采样头架。架必须能支撑滤膜夹,并将二者紧紧地连接在一起,使空气只能从旋风式预分离器进气口进入 　c. 区域样品:PVC 滤膜(上述 1a)3L/min 2. 个体采样泵:1～3L/min(总尘或区域样品);1.7L/min(尼龙旋风式预分离器)或 2.2L/min(HD 旋风式预分离器) 3. PVC 滤膜:直径25mm,孔径 0.45μm 4. 银滤膜:直径25mm,孔径 0.45μm,购自 Sterlitech Corp., 22027 70th Ave S, Kent, WA 98032－1911;www. sterlitech. com 5. X 射线粉末衍射仪:配备铜靶 X 射线管和闪烁检测器 6. 胶水或胶带用于将 Ag 滤膜固定到 XRD 样品架上 7. 参考样品(云母、Arkansas 石或其他稳定的标准物):用于数据标准化 8. 低温射频等离子体灰化器(LTA)或马弗炉 9. 过滤器:带侧臂真空瓶,25mm 及 37mm 滤膜支架 10. 筛子:10μm 用于湿法筛分 11. 能够在1100℃保持 6 小时或1500℃保持 2 小时并且能以 50℃/min 升温到500℃的马弗炉 12. 铂坩埚:带盖 13. 分析天平(0.01mg) 14. 磁力搅拌器:带绝热顶 15. 超声波清洗器或超声波探头 16. 移液管:2～25ml 17. 容量瓶:1L 18. 干燥器 19. 瓶子:1L,具磨口玻璃塞 20. 烘箱 21. 聚乙烯洗瓶 22. 玛瑙研钵及研杵 23. 橡皮头玻璃搅棒 24. 烧杯:100ml,带表面皿盖

特殊防护措施:异丙醇易燃;HCl 具有腐蚀性,应该在通风橱中进行操作

注:＊见特殊防护措施。

采样

1. 串联一个有代表性的采样管来校准采样泵。

2. 以 1～3L/min 采集总尘、区域样品,尼龙旋风式预分离器以 1.7L/min 或 HD 旋风式预分离器以 2.2L/min 流量采样,总采样体积为 50～400L。滤膜上总粉尘的增量不得超过2mg。

注意:使用旋风式预分离器时,务必正确组装采样管,旋转旋风式预分离器必须平放,以防上面的大颗粒掉到滤膜上;各采样管/流量应该在已给定的使用范围内。结晶型二氧化硅和煤矿粉尘都须采集时,应该遵循 ISO/CEN/ACGIH/ASTM 呼尘气溶胶的采样规定。为此,Dorr－Oliver 尼龙旋风式预分离器的最佳流量为 1.7L/min,HD 旋风式预分离器的最佳流量为 2.2L/min。除了煤矿粉尘的采集外,目前监管部门已

采用上述流量采样,如美国的 Dorr - Oliver 旋风式预分离器,英国的 Higgins - Dewell 采样管。尽管 NIOSH 标准文档中的采样建议已被 MSHA 正式认可用于煤矿粉尘采样[6],但是为了与早期采样公约[6]相符,目前,美国使用 Dorr - Oliver 旋风式预分离器时,流量为 2.0L/min,转换因子为 1.38。在任何情况下,各采样管/流量都应该在已给定的使用范围内使用,以便消除不同采样管类型和采样公约[3]引起的偏差。

样品处理

3. 按照说明书,用 LTA 在 100ml 烧杯中灰化滤膜。灰化后,向每个烧杯中小心地(以避免样品损失)加入 50ml 2% HCl。

4. 用表面皿盖住烧杯。在超声波清洗器中至少振摇 3 分钟(直至团聚在一起的颗粒分散)。用蒸馏水洗涤表面皿底部,将洗液加入至烧杯中。

5. 在过滤器中放置一个 25mm 的 PVC 滤膜,使滤膜紧紧地贴紧漏斗四周。倒 2~3ml 去离子水到滤膜上。将烧杯中的样品悬浮液倒入漏斗中,抽真空。样品全部转移后,冲洗烧杯几次并将冲洗液加到漏斗中,冲洗后溶液总体积为 20ml。为尽量减小样品扩散到沉积区域外,将悬浮液沉淀几分钟后再抽真空。物质沉积后,不要冲洗漏斗壁,这样会破坏沉积薄层。当过滤完成后,保持真空直到滤膜干燥。用镊子移取滤膜并将其安装到 XRD 样品架上。

标准曲线绘制与质量控制

6. 称取约 100mg 干燥的无定形二氧化硅,精确至 0.01mg。用 1.00L 异丙醇将之定量地转移到 1L 玻璃瓶中,浓度将为 100μg/ml。

7. 用超声波探头或超声波清洗器超声 20 分钟,使粉末悬浮于异丙醇中。立即将瓶子移到顶部隔热的磁力搅拌器上,并加入搅拌子,搅拌。取出溶液之前让溶液冷却到室温。

8. 在每份样品 0.005~2mg 范围内,制备一系列标准滤膜,一式三份。

a. 将一张 37mm 滤膜安装到过滤器上。加几毫升异丙醇到滤膜上。关闭搅拌器,用手剧烈摇振。立即取下塞子,用移液管从悬浮液高度一半的中心处取出一份溶液(如 2~25ml)。不要通过排除部分悬浮液的方法,调整移液管内悬浮液的体积。若取出的量大于所需的量,将悬浮液倒回烧杯中,冲洗移液管并使之干燥,再重新移取一份。将移液管中的悬浮液转移到滤膜上,移液管的尖部应接近悬浮液表面但不能被已放出的的悬浮液浸没。

b. 用几毫升异丙醇冲洗移液管,将冲洗液倒入漏斗中。重复冲洗几次。

c. 悬浮液沉淀几分钟后,抽真空,迅速过滤悬浮液。颗粒物沉积到适当位置后,不要冲洗漏斗壁,以避免物质在滤膜上重排。当过滤完成后,保持真空直到滤膜干燥。当滤膜完全干燥后,将滤膜固定到 XRD 样品架上。

9. 加标样品的制备与分析要与样品完全一样。

a. 在 LTA 中灰化;在 25mm PVC 滤膜上再沉积(步骤 3~5)。

b. 进行 XRD 分析(步骤 13)。

c. 加热使无定形硅转化为方石英;再沉积在银滤膜上(步骤 14~16)。

d. 进行 XRD 分析(步骤 17)。

10. 制作标准曲线(vsμg 标准物)。

注意:由于在任何浓度水平下重现性差(二氧化硅大于 0.04mg 时, >10% 以上)(即 $S_r > 0.1$),因此则须制备新的标准样品。最好使用加权最小平方法($1/\sigma^2$ 加权)绘制曲线,数据应呈直线分布。通过吸收校正可去除曲率(步骤 20)[7]。

11. 从用于沉淀样品的相同批次的滤膜中随机选择 6 个银滤膜作为空白。将每个空白滤膜固定到过滤装置中,并用真空抽取 5~10ml 异丙醇过滤。取下滤膜,干燥后固定到 XRD 样品架上。测定介质空白的净衍射峰强度,标准化后记为。计算 6 个介质空白的平均值。

注意:分析员是分析过程中的关键[3]。需要高水平的分析专家,他们能优化仪器参数并校正在样品制备阶段或数据分析阶段的基质干扰,分析各晶相。为了获得晶体的结构、衍射类型和矿物转化,应该对 XRD 分析员进行一些矿物学或晶体学的培训(大学或短期课程)。另外,可进行关于 X 射线衍射基本原理的短期强化课程的培训。

样品测定

12. 获取定性样品(大体积呼尘)的定性 X 射线衍射扫描(如:2θ 为 10 ~ 80 °),测定多晶型游离二氧化硅物和干扰物(见附录)。衍射峰如表 5 - 0 - 7。

表 5 - 0 - 7　待测物的特征峰

矿物	峰(2θ 角度)		
	第一特征峰	第二特征峰	第三特征峰
石英	26. 66	20. 85	50. 16
方石英	21. 93	36. 11	31. 46
鳞石英	21. 62	20. 50	23. 28
银	38. 12	44. 28	77. 47

注意:为定量测定定性样品中的无定形二氧化硅,在超声波清洗器中,用异丙醇、10μm 筛湿筛一部分定性样品。在烘箱中蒸发丙醇并使之干燥。称取 2mg 的筛出的粉尘(一式三份),转移到烧杯中。加入 10ml 异丙醇,沉积到 PVC 滤膜上(步骤 5)并继续步骤 13 ~ 17。

13. 每个样品、标准工作样品和空白滤膜进行以下操作。

a. 安装参考样品。在扫描各滤膜前后,测定参考样品的净峰强度 I_r。衍射峰应选择能够迅速测量且重现性($S_r < 0.01$)良好的高强度衍射峰。

b. 安装样品、标准物质或空白滤膜。测定各多晶型二氧化硅的衍射峰面积。扫描时间必须较长,如 15 分钟(更长的扫描时间会降低检出限)。

c. 测定峰两侧的本底值,扫描时间为峰扫描中所用时间的一半。将两个结果相加获得平均本底值。测定每个样品本底的位置。

d. 计算净强度 I_x(峰积分强度与总背景强度之差)。

e. 按下式计算每个峰的归一化强度 $\hat{I}_x$,并记录结果:

$$\hat{I}_x = \frac{I_x}{I_r} \times N$$

注意:选择一个适当的归一化换算因素 N,约等于参照样品峰的净强度,并将该值用于所有分析。归一化参考样品强度能补偿 X 射线管强度的长期漂移。如果强度测量稳定,测定参考样品的测定频率可以减少,且净强度应该归一化到最近测量的参考强度。

14. 将 PVC 滤膜从 XRD 样品架上取下,小心地折叠滤膜并将它放入铂坩埚中,再放入马弗炉。将马弗炉缓慢升温(约50℃/min)至 500℃,使滤膜灰化。当灰化完后(约 0.5 小时),升温至 1500℃并在 1500℃保持 2 小时(煅制无定形二氧化硅),或者升温至 1100℃并在 1100℃保持 6 小时(其他无定形二氧化硅)。关闭马弗炉并使坩埚在马弗炉中冷却过夜。

15. 加入 10mg NaCl 于坩埚中并与坩埚中的灰烬混合。将坩埚中的混合物转移到玛瑙研钵中并用玛瑙研杵研成粉末。用聚乙烯洗瓶取蒸馏水加入到研钵中。用橡皮头玻璃搅棒搅拌。当 NaCl 溶解后,将溶液转移到 100ml 烧杯中(将橡皮头玻璃搅棒固定在研钵边缘,将溶液引流至烧杯中)。冲洗研钵、研杵和橡皮头玻璃搅棒,收集滤液至烧杯中。将烧杯盖上表面皿并放置在超声波清洗器中超声 2 ~ 3 分钟。

注意:当对干燥的样品进行操作时,由于它极易形成气溶胶而损失,因而要极度小心避免气流;使用均匀的研磨技术,使标准物质和样品最后的粒度相似。

16. 冲洗表面皿底面并收集冲洗液至烧杯中。放置一个银滤膜于过滤器中,过滤烧杯中的物质(步骤 5)。

17. 将银膜滤器安装到 XRD 仪器上,且操作如下。

a. 分析三种二氧化硅多晶型物质(步骤 13)。

b. 按照相同的步骤测定样品滤膜上无干扰的银峰归一化强度 $\hat{I}_{Ag}$。整个测定过程中,测定银峰时使用较短的扫描时间(如为待测物峰扫描时间的 5%)。

计算

18. 计算空气中无定形二氧化硅的浓度(mg/m^3)，以热处理前后方石英的浓度之差计：

$$C = \frac{\dfrac{\hat{I}'_x - b}{m}f(t) - \dfrac{\hat{I}_x - b}{m}}{V}$$

$\hat{I}'_x$——银滤膜上方石英样品峰的归一化强度(步骤 17a)；

$\hat{I}_x$——热处理前 PVC 滤膜上方石英样品峰归一化强度(步骤 13)；

b——标准曲线的截距($\hat{I}^o_x$ vs. μg)；

m——标准曲线的斜率(计数/微克)；

$f(t)$—— $-R\ln T/(1-T^R)$ = 吸收校正因子(表 5 - 0 - 9)；

R——$\sin(\theta_{Ag})/\sin(\theta_x)$；

T——$\hat{I}_{Ag}/(平均\ \hat{I}^o_{Ag})$ = 样品透光度；

$\hat{I}_{Ag}$——样品的归一化银峰强度；

$\hat{I}^o_{Ag}$——介质空白的归一化银峰强度(6 个值的平均值)；

V——采样体积(L)。

注意：用表 5 - 0 - 8 中的公式和热处理前空气样品中的结晶石英百分含量计算相应的 OSHA 标准。

方法评价

本法以 NIOSH P&CAM 316[4,5] 为基础，此方法在 1982 年 7 月[1]使用现场样品进行了进一步评价。已经测定了相关类型的无定形二氧化硅的相对标准偏差；在 0.5 ~ 5mg 范围内，胶体的、煅制的和沉淀无定形二氧化硅的相对标准偏差分别为 4.4%、8.2% 和 4.7%。用 11 种不同类型的胶体、沉淀、煅制无定形二氧化硅和硅藻土对本法进行了进一步的评价[8]，结论如下。

(1)1100℃下，煅制二氧化硅未全部转化为方石英，则需要更高的温度(1500℃)来使煅制二氧化硅全部转化为方石英。

(2)胶体和沉淀二氧化硅的含水量约为 7%；硅藻土的约为 4%；煅制的约为 0.5% ~ 3%。

(3)四种不同类型的无定形二氧化硅的标准曲线的斜率相近(S = ±6.6%)。

(4)将四个斜率与一个纯的可吸入方石英材料的斜率比较，斜率值下降了约 30%。因此，无定形二氧化硅的现场样品只能与由无定形二氧化硅制备的标准样品相比较进行定量。

(5)在 0.2、1.0 和 2.5mg 水平(每个水平 6 个样品)下考察胶体、沉淀、硅藻土和煅制二氧化硅的精密度，总体精密度 $\bar{S}_r$ 分别为：8.8%、10.5%、5.6% 和 21.5%。

(6)在相同的浓度水平下，对相同的胶体、沉淀、煅制二氧化硅和硅藻土的回收率进行研究，平均回收率分别为 82%、115%、95% 和 111%，总体精密度 $\bar{S}_r$ 分别为 18.2%、13.1%、12.9% 和 15.3%。

参考文献

[1] Palassis J [1982]. NIOSH Internal Report. Cincinnati, OH: National Institute for Occupational Safetyand Health, (unpublished, August).

[2] NIOSH [1981]. NIOSH/OSHA Occupational Health Guidelines for Chemical Hazards. Cincinnati, OH: U. S. Department of Health and Human Services, Public Health Service, Centers for Disease Control, National Institute for Occupational Safety and Health. DHHS (NIOSH) Publication No. 81 - 123. Available as GPO Stock #017 - 033 - 00337 - 8 from Superintendent of Documents, Washington, DC 20402.

[3] Key - Schwartz RJ, Baron PA, Bartley DL, Rice FL, Schlecht PC [2003]. Chapter R, Determination ofOH: U. S. Department of Health and Human Services, Public Health Service, Centers for Disease Control, National Institute for Occupational Safety and Health, DHHS (NIOSH) Publication No. 2003 - 154.

[4] NIOSH [1980]. Amorphous Silica: Method P&CAM 316. In: Taylor DG, ed., NIOSH Manual of Analytical Methods, 2nd ed., Vol. 6. Cincinnati, OH: U. S. Department of Health and HumanServices, Public Health Service, Centers for Disease Control, National Institute for Occupational Safety and Health, DHHS (NIOSH) Publication No. 80 - 125.

[5] Lange BA, Haartz JC, Hornung RW [1981]. Determination of Synthetic Amorphous Silica Onindustrial Air Samples, Anal Chem 53(9):1479 – 84.

[6] Inhaled Particles and Vapours [1961]. Pergamon Press, Oxford, U. K.

[7] Leroux, J, Powers C [1969]. Direct X – ray Diffraction Quantitative Analysis of Quartz in Industrial Dustfilms Deposited on Silver Membrane Filters, Luft 29(5):26.

[8] Palassis, J [1984]. Amorphous Silica Analysis by X – ray Powder Diffraction. Paper Presented to the Am IndHyg Conference. Detroit, MI (May 1984).

方法作者

Rosa Key – Schwartz, Ph. D. , NIOSH/DART

表 5 – 0 – 8　无定形二氧化硅的 CAS 号、RTECS 号及接触限值

无定形类型	CAS 号	RTECS	OSHA PEL /(mg/m³)	NIOSH PEL /(mg/m³)	ACGIH TLV /(mg/m³)
硅藻土 <1%结晶型 SiO₂	61790 – 53 – 2	HL8600000	80/% SiO₂	6	10(总尘)
沉淀和胶体	7699 – 41 – 4 112926 – 00 – 8	VV8850000	80/% SiO₂	6	10(总尘)
煅制	69012 – 64 – 2 112945 – 52 – 5	VV310000	80/% SiO₂	—	2(吸入性)
煅制	60676 – 86 – 0	VV7328000	—	—	0.1(吸入性)

表 5 – 0 – 9　对于方石英(热 – 转化的无定形二氧化硅)和银峰的基质吸收校正系数

		2θ 角度			
方石英	21.93	38.12		21.93	38.12
银	21.93	44.28		21.93	44.28
T	f(T)	f(T)	T	f(T)	f(T)
1.00	1.0000	1.0000	0.74	1.2806	1.3278
0.99	1.0087	1.0100	0.73	1.2944	1.3440
0.98	1.0174	1.0201	0.72	1.3084	1.3605
0.97	1.0264	1.0305	0.71	1.3226	1.3774
0.96	1.0355	1.0410	0.70	1.3372	1.3946
0.95	1.0447	1.0517	0.69	1.3521	1.4122
0.94	1.0541	1.0625	0.68	1.3673	1.4303
0.93	1.0636	1.0736	0.67	1.3829	1.4487
0.92	1.0733	1.0849	0.66	1.3987	1.4675
0.91	1.0831	1.0963	0.65	1.4150	1.4868
0.90	1.0932	1.1080	0.64	1.4316	1.5064
0.89	1.1034	1.1199	0.63	1.4485	1.5266
0.88	1.1137	1.1320	0.62	1.4659	1.5472
0.87	1.1243	1.1443	0.61	1.4836	1.5684
0.86	1.1350	1.1568	0.60	1.5018	1.5900

续表

		2θ 角度			
方石英	21.93	38.12		21.93	38.12
银	21.93	44.28		21.93	44.28
0.85	1.1460	1.1696	0.59	1.5204	1.6122
0.84	1.1571	1.1827	0.58	1.5394	1.6349
0.83	1.1685	1.1959	0.57	1.5590	1.6582
0.82	1.1800	1.2095	0.56	1.5790	1.6820
0.81	1.1918	1.2232	0.55	1.5995	1.7065
0.80	1.2038	1.2373	0.54	1.6205	1.7317
0.79	1.2160	1.2516	0.53	1.6421	1.7575
0.78	1.2284	1.2663	0.52	1.6642	1.7840
0.77	1.2411	1.2812	0.51	1.6870	1.8112
0.76	1.2540	1.2964	0.50	1.7103	1.8391
0.75	1.2672	1.3199			

结晶型二氧化硅（VIS 法）7601

SiO_2	相对分子质量:60.08	CAS 号:14808 - 60 - 7（石英）；14464 - 46 - 1（方石英）；15468 - 32 - 3（鳞石英）	RTECS 号:VV7330000（石英）；VV7325000（方石英）；VV7335000（鳞石英）
方法:7601,第二次修订		方法评价情况:部分评价	第一次修订:1984.2.15 第二次修订:2003.3.15

OSHA:石英（可吸入）10mg/m³/（% SiO_2 + 2）;方石英和 　鳞石英（可吸入）上述值的 1/2 NIOSH:0.05mg/m³;致癌物 ACGIH:石英（可吸入）0.1mg/m³;方石英（可吸入） 　0.05mg/m³;鳞石英（可吸入）0.05mg/m³	性质:固体;密度 2.65g/cm³（0℃）;晶型转化:石英到鳞石英（867℃）,鳞 　石英到方石英（1470℃）,α - 石英到 β - 石英（573℃）

采样	分析
采样滤膜:旋风式预分离器 + 滤膜［10mm 尼龙旋风式 　预分离器或 Higgins - Dewell（HD）旋风式预分离器 + 　0.8μm MCE 或 5μmPVC 膜］ 采样流量:尼龙旋风式预分离器:1.7L/min HD 旋风式预分离器:2.2L/min 最小采样体积:400L 最大采样体积:800L 运输方法:常规 样品稳定性:稳定 样品空白:每批样品 2 ~ 10 个	分析方法:可见吸收分光光度法 待测物:硅络合物 - 硅钼酸盐（420nm）和钼蓝（820nm） 消化:磷酸,用于除去干扰的硅化合物 过滤:用于收集不消化的物质 溶解:HF 中的结晶型二氧化硅 定量标准:溶于 HF 中 NIST SRM 1878a 石英, NIST 1879a 方石英, USGS 　210 - 75 - 0043 测定范围:硅钼酸盐:0.1 ~ 2.5mg SiO_2 钼蓝:0.02 ~ 0.15mg SiO_2 估算检出限:10μg SiO_2 精密度（$\bar{S}_r$）:0.09 [1]
准确性 研究范围:未研究 偏差:未测定 总体精密度（$\hat{S}_{rT}$）:未测定 准确度:未测定	

适用范围:测定呼吸性粉尘或总尘、沉降尘和生物样品中的结晶型二氧化硅[1,2]。本法不能区别三种多晶型物质。采样体积为500L时,测定范围为 0.04 ~ 5mg/m³。其他方法 XRD 法(如 NMAM 7500)和 IR 法(如 NMAM 7602 和 7603)比可见吸收法有更好的实验室间的一致性。因此建议本法仅用于研究[3]。在本书中也可见到关于结晶型二氧化硅的讨论[4]

干扰因素:任何溶于 HF 的硅化合物均产生正干扰。见附录 A

其他方法:本法是方法 P&CAM 106 的修订版[1]。X 射线衍射法(XRD;方法 7500)能够区分这三种主要的多晶型物,但是不能测定无定形二氧化硅。硅酸盐会干扰 XRD,但可以通过磷酸除去。红外光谱法(IR;方法 7602 和方法 7603)能测定这三种多晶型物,尽管如果同时存在两种或多种,必须采用较低灵敏度的峰;但是,大量的无定形硅和硅酸盐会干扰 IR 的测定

试剂

1. 二氧化硅标准物质

　a. 石英*(SRMs 1878a, 2950, 2951, 2958)和方石英*(SRMs 1879a, 2960, 2957),购自 Standard Reference Materials Program, Rm. 204, Bldg. 202, National Institute of Standards and Technology (NIST), Gaithersburg, MD20899; www. nist. gov

　b. 鳞石英*(210 – 75 – 0043)购自 U. S. Geological Survey。Box 25046, MS 973, Denver, CO 80225

2. 48%氢氟酸*

3. 85%磷酸*

4. 不含二氧化硅的水:所有使用的水必须去离子化并储存于聚乙烯容器中

5. HCl*:浓 HCl 1:10 v/v 溶于去离子水中

6. 10N H₂SO₄*:于约 1.3L 去离子水中,小心地加入 555ml 浓 H₂SO₄。冷却。稀释至 2L

7. 浓 HNO₃*

8. 浓高氯酸*:当样品采集在 PVC 滤膜上时使用

9. 5%硼酸溶液:称取 200g 硼酸晶体,溶于 4L 热的去离子水中。冷却后用 0.45μm 滤膜真空过滤。储存于聚乙烯容器中

10. 钼酸盐试剂:称取 50g 四水合钼酸铵,溶于约 400ml 去离子水中。加入约 50ml 浓 H₂SO₄。冷却。稀释至 500ml。避光储存

11. 还原性溶液:称取 9g 亚硫酸氢钠,溶于 80ml 去离子水中。称取 0.7g 无水亚硫酸钠和 0.15g 1 – 氨基 – 2 – 萘酚 – 4 – 磺酸,按此顺序溶于 10ml 去离子水中。合并这几种溶液并用去离子水稀释至 100ml。冷藏可稳定 1 个月

12. 二氧化硅标准储备液:0.5mg/ml。称取 250mg 石英,溶于 10ml 48% HF 中。用不含二氧化硅的水稀释至 500ml。储存于聚乙烯容器中。长期稳定

仪器

1. 采样滤膜

　a. 滤膜:混合纤维素酯(MCE)滤膜,37mm, 0.8μm,或聚氯乙烯(PVC)滤膜,37mm,孔径 5μm,由衬垫支撑,置于两层式 37mm 滤膜夹中(最好导电,用胶带或纤维素酯收缩带密封)

　注意:如果使用 PVC 滤膜,则须在用高氯酸通风橱、低温射频等离子体灰化器或马弗炉将其灰化(附录 B)

　b. 旋风式预分离器:10mm 尼龙或 Higgins – Dewell(HD)

　c. 采样头架:架必须能将滤膜夹、尼龙旋风式预分离器和连接器紧紧地连接在一起,使空气只能从旋风式预分离器进样气口进入

2. 区域样品空气采样管:PVC 滤膜,直径 37mm,孔径 5μm 孔径,置于两层式滤膜夹中。以 3L/min 流量闭面采样

3. 采样泵:HD 旋风式预分离器,2.2L/min;尼龙旋风式预分离器,1.7L/min;区域样品采样管,3L/min

4. 精密加热器:550 W, 115 V, RH 型;750W 可调变压器,内置电压计;变速临床旋转器,约在 30 ~ 80 rpm 范围(由可调变压器控制)

5. 秒表或实验室用定时器

6. Phillips 烧杯:玻璃,250ml;短颈玻璃漏斗带弯颈(必须实验室做);坩埚钳,带聚乙烯或橡胶衬头;聚乙烯搅拌棒;50mm 聚乙烯圆盘

7. 真空过滤装置:MCE 滤膜,孔径 0.45μm,直径 47mm;过滤漏斗,包括固定膜和烧瓶的配件,47mm

8. 滴定管:聚丙烯,10ml;用于盛放水、硼酸和标准溶液的聚乙烯瓶

9. 恒温水浴锅:40℃

10. 分光光度计:波长 420 ~ 820nm 和 1cm 比色皿

11. 电热板:表面温度 150℃

12. 量筒或具刻度移液管:10ml 和 25ml

13. 聚乙烯量筒或移液管:25ml 和 5ml

特殊防护措施:避免吸入二氧化硅粉尘[5]。使用个人防护用品防止皮肤与酸接触。HF 会腐蚀玻璃,所有含 HF 的溶液必须使用塑料的实验室器具。浓酸具有腐蚀性

注:*见特殊防护措施。

采样

1. 串联一个有代表性的采样管来校准个体采样泵。

2. 尼龙旋风式预分离器以 1.7 ± 5% L/min 流量采样,HD 旋风式预分离器以 2.2 ± 5% L/min 流量采样,采样体积为 400 ~ 800L。滤膜上总粉尘的增量不得超过 2mg。

注意:任何时候采样装置不能装反;旋风式预分离器不能平方,以防上面的大颗粒掉到滤膜上;各采样管/流量应该在已给定的使用范围内。结晶型二氧化硅和煤矿粉尘都须采集时,应该遵循 ISO/CEN/ACGIH/ASTM 呼尘气溶胶采样规定。为此 Dorr - Oliver 尼龙旋风式预分离器的最佳流量为 1.7L/min 和 Higgins - Dewell 旋风式预分离器的最佳流量为 2.2L/min 时是最佳的。除了煤矿粉尘的采集之外,目前监管部门采用上述流量,如美国的 Dorr - Oliver 旋风式预分离器,英国的 Higgins - Dewell 采样管。尽管 NIOSH 标准文档中的采样建议已被 MSHA 正式认可用于煤矿粉尘采样,但是为了与早期采样公约相符的目的,目前,美国使用 Dorr - Oliver 旋风式预分离器时,采样流量为 2.0L/min,转换因子为 1.38[6]。在任何情况下,各采样管/流量都应该在已给定的范围内使用,以便消除不同采样管类型和采样公约引起的偏差[5,7]。

样品处理

注意:本法的成功与否取决于操作细节和样品处理过程中的一致性。

3. 将 SiO_2 含量不超过 2.5mg 的称重样品或滤膜样品置于 250ml Phillips 烧杯中。加入 3 ~ 4ml 浓 HNO_3 灰化滤膜。在电热板上加热至无棕色烟雾。

4. 加入 2ml 浓 HNO_3 并加热至干。重复此步至残留物变为白色。

注意:用 2ml 浓 $HClO_4$ 灰化 PVC 滤膜。缓慢加热直至滤膜收缩、变为棕色并溶解。如需要,则额外加入 $HClO_4$。如果无高氯酸通风橱,见附录 B,使用 PVC 滤膜的其他灰化方法。参考文献[7]中列出了从定性样品中除去各种污染物的处理方法。

5. 向烧杯中加入 25ml 85% H_3PO_4。用弯颈漏斗盖住烧杯。确保漏斗颈的尖端与烧瓶壁接触。从此步骤开始制备试剂空白。

注意:弯颈漏斗能防止样品的快速脱水并防止飞溅。

6. 在通风橱中,将 550 W 加热器放置在旋转器上。预热加热器并调节温度保持在 240°C。加热每个样品和空白,准确加热 8 分钟,开启变速旋转器使之涡旋。

注意:在此步骤中,烧瓶中的溶液应该达到 240℃。

7. 用带衬的钳子从加热器上取下烧杯并涡旋 1 分钟。使烧杯冷却。加入约 125ml 热的(60 ~ 70℃)去离子水并涡旋使之混合完全。

8. 用 47mm 滤膜真空过滤样品。用 1:10 HCl 彻底清洗。

9. 将 47mm 滤膜置于 150ml 聚乙烯烧杯底上。加入 0.5ml 48% HF 至滤膜表面。将一个约 50mm 的薄聚乙烯圆片浮于 47mm 滤膜上,并盖上烧杯。放置 30 分钟。

标准曲线绘制与质量控制

10. 在硅 - 钼酸盐范围内绘制标准曲线。

a. 于聚乙烯烧杯中,用不含二氧化硅的水稀释 1,2,3,4,5,6ml 二氧化硅标准储备液(NIST SRM 1878a 石英)至 25ml。

b. 与样品和空白一起进行分析(步骤 14 ~ 16)。

c. 以吸光度对 SiO_2 的含量(mg)绘制标准曲线。

11. 在钼蓝范围内绘制标准曲线。

a. 按 1:25 稀释步骤 10 中的标准系列。

b. 分析配制的标准系列(步骤 14 ~ 16)。

c. 以吸光度对 SiO_2 的含量(mg)绘制标准曲线。

12. 配制含硅酸盐化合物(除石英外)的质控样品(约 50mg $MgSiO_4$ 样品)。如果在磷酸处理时仅存在石英,那么石英的回收率会较低且精密度更差。

注意:校正用的标准物质仅限于纯度已知、粒度分布均匀的 NIST 和 USGS 有证标准物;至少 12 种物质,包括 5μm Min - U - Sil,已在美国和加拿大的实验室使用过,已经过评价;且发现无其他物质可以替代本法引用的有证标准物[3];标准参考物质应该用纯度校正;结晶型二氧化硅方法需要纯度已知、特定粒度分布和样品到样品均匀的校准标准物;特定 NIST 和 USGS 初级标准物质与其二级校准标准物的溯源性的建立,需要使用比 XRD、IR 和可见吸收分光光度法精密度和准确度更高的测量方法;另外,粒度分布的测定具有相当大的误差。因此,即使二级校准标准物可溯源到 NIST 和 USGS 有证标准物,也不适合用于本方法中;应该对分析员或实验室管理员进行一次有关于地质学或矿物学的培训(大学或短期课程),让他们了解关于晶体结构和矿物转化的背景知识,以便能回答实验室客户的问题,理解基质效应。

样品测定

13. 向装有样品的聚乙烯烧杯中,加入 25ml 无二氧化硅的水。

14. 加入 50ml 硼酸溶液,充分搅拌。盖上盖子。在 40℃水浴中加热溶液 10 分钟。

15. 边搅拌边加入 4ml 钼酸盐试剂,与样品交替加入,间隔 2 分钟。加入钼酸盐试剂正好 20 分钟后,加入 20ml 10N H_2SO_4 并充分搅拌。

16. 注意溶液的颜色。

a. 如果产生的溶液为无色,放置 2~5 分钟并加入 1ml 1-氨基-2-萘酚-4-磺酸试剂,混合。20 分钟后,在波长 820nm 处读数,以去离子水为参比。该颜色可以稳定几小时。

b. 记录样品和试剂空白的吸光度 A 及 B。

计算

17. 按下式计算结晶型二氧化硅的浓度 C (mg/m^3):

$$C = \frac{A - B}{mV}$$

式中:A——样品的吸光度;

B ——试剂空白的吸光度;

m——标准曲线的斜率(μg^{-1});

V ——采样体积(L)。

方法评价

本法以性能很好的 Talvitie 方法[1,8-10]为基础。

参考文献

[1] NIOSH [1977]. Silica, crystalline, Method P & CAM 106. In: Taylor DG, ed., NIOSH Manual of Analytical Methods, 2nd ed., Vol. 1. Cincinnati, OH: U. S. Department of Health, Education, and Welfare, Publ. (NIOSH) 77 – 157 – A.

[2] Sweet DV, Wolowicz FR, Crable JV [1973]. Spectrophotometric Determination of Free Silica, Am IndHygAssoc J 34: 500 – 506.

[3] Eller PM, Feng HA, Song RS, Key – Schwartz RJ, Esche CA, Groff JH [1999]. Proficiency analytical testing (PAT) Silica Variability, 1990 – 1998. AmIndHygAssoc J 60: 533 – 539.

[4] Key – Schwartz RJ, Baron PA, Bartley DL, Rice FL, Schlecht PC [2003]. Chapter R, Determination of airborne Crystalline Silica. In: NIOSH Manual of Analytical Methods, 4th ed., 3rdSuppl. Cincinnati, OH: U. S. Department of Health and Human Services, Public Health Service, Centers for Disease Control and Prevention, National Institute for Occupational Safety and Health, DHHS (NIOSH) Publication No. 2003 – 154.

[5] NIOSH [1974]. Criteria for a Recommended Standard: Occupational Exposure to Crystalline Silica. Cincinnati, OH: U. S. Department of Health, Education, and Welfare, Health Services and Mental Health Administration, National Institute for Occupational Safety and Health, DHEW (NIOSH) Publication No. 75 – 120.

[6] Inhaled Particles and Vapours [1961]. Pergamon Press, Oxford, U. K.

[7] HSE [2000]. General Methods for Sampling and Gravimetric Analysis of Respirable and Inhalable Dust: MDHS 14 – 3. In: Methods for the determination of hazardous substances. London: Health and Safety Executive.

[8] Talvitie NA, Hyslop F [1958]. Colorimetric Determination of Siliceous Atmospheric Contaminants, AmIndHygAssoc J 19 (1):54 – 58.

[9] Talvitie NA [1964]. Determination of Free Silica: Gravimetric and Spectrophotometric Procedures Applicable to Airborne and Settled Dust, Am IndHygAssoc J 25:169 – 178.

[10] Talvitie NA [1951]. Determination of Quartz in Presence of Silicates Using Phosphoric Acid, Anal Chem,23(4):623 – 626.

方法修订作者

第一次修订：Jensen Groff, NIOSH/DART

第二次修订：Rosa Key – Schwartz, Ph. D. and Paul Schlecht, NIOSH/DART.

附录 A：干扰物

某些硅酸盐能够耐磷酸的消解[8]。经磷酸处理未除去的硅酸盐将产生正干扰。无定形二氧化硅，如果经磷酸处理未完全除去，将产生正干扰。磷酸根离子络合钼酸生成黄色的磷钼酸盐，可通过用 10N 硫酸降低 pH 值消除。过量的铁离子（超过 1mg）将消耗还原剂并抑制硅钼酸盐还原为钼蓝。如果铁离子含量超过 1mg，须用 10∶1 的 $HCl∶HNO_3$ 进行预处理除去。

附录 B：PVC 滤膜的其他灰化方法

如果无高氯酸通风橱，用以下方法之一灰化 PVC 滤膜。

1. 马弗炉灰化：如果样品中含大量的方解石（总尘负载量的 20%），用 25% v/v HCl 冲洗滤膜；如果没有，继续下一步。将 0.5μm、47mm PVC 滤膜置于过滤装置中。将样品滤膜放在第一张滤膜上的中心位置。由滤膜漏斗固定在多孔板上，让沉积的粉尘完全暴露。于滤膜漏斗中，加入 10ml HCl 溶液和 5ml 异丙醇，静置 5 分钟。抽真空，使酸或乙醇溶液通过滤膜。用 10ml 去离子水洗涤 3 次。放气。

将滤膜样品松散地放置于陶瓷坩埚中，在 600℃下，于马弗炉中灰化 2 小时（如果是石墨炉，800℃）。加入几毫升异丙醇，刮落坩埚中的所有粉尘并将残留物转移至 250ml Phillips 玻璃烧杯中。洗涤坩埚几次并将洗涤液倒入烧杯中。在无明火的加热板上加热，蒸发掉异丙醇。当烧杯蒸干后，继续样品处理的步骤 4。

2. 低温灰化：将滤膜置于 50ml 玻璃烧杯中，放入 LTA 内，让样品暴露于等离子体中。按照厂商说明进行灰化。灰化后，向烧杯中加入异丙醇，在将残留物转移至 250ml Phillips 玻璃烧杯中。用异丙醇洗涤烧杯几次并将洗液倒入到 Phillips 烧杯中。在无明火的加热板上加热，蒸发掉异丙醇。蒸干后，继续样品处理的步骤 4。

结晶型二氧化硅的 IR（KBr 压片）法 7602

SiO_2	相对分子质量：60.08	CAS 号：14808 – 60 – 7（石英）；14464 – 46 – 1（方石英）；15468 – 32 – 3（鳞石英）	RTECS 号：VV7330000（石英）；VV7325000（方石英）；VV7335000（鳞石英）
方法：7602，第三次修订		方法评价情况：部分评价	第一次修订：1984. 2. 15 第二次修订：2003. 3. 15
OSHA：石英（可吸入）：10mg/m³/（% SiO_2 + 2）；方石英和鳞石英（可吸入）：上述值的 1/2 NIOSH：0.05mg/m³；致癌物 ACGIH：石英（可吸入）0.1mg/m³；方石英（可吸入）0.05mg/m³；鳞石英（可吸入）0.05mg/m³			性质：固体；密度 2.65g/cm³（0℃）；晶型转化：石英到鳞石英（867℃），鳞石英到方石英（1470℃），α – 石英到 β – 石英（573℃）

英文名称：silica, crystalline; free crystalline silica; silicon dioxide

采样

采样管:旋风式预分离器 + 滤膜[10mm 尼龙或 Higgins – Dewell（HD）旋风式预分离器和 PVC 滤膜,37mm、5μm]

采样流量:尼龙旋风式预分离器,1.7L/min

HD 旋风式预分离器:2.2L/min

最小采样体积:400L

最大采样体积:800L

运输方法:常规

样品稳定性:稳定

样品空白:每批样品 2 ~ 10 个

定性样品:大体积样品或沉降尘,用于识别干扰因素

准确性

研究范围:未研究

偏差:未测定

总体精密度（$\hat{S}_{rT}$）:未测定

准确度:未测定

分析

分析方法:红外吸收分光光度法

待测物:石英

灰化方法:马弗炉射频等离子体灰化器

压片:将滤留物与 KBr 混合;压成 13mm 压片

IR:在 1000 ~ 600cm^{-1} 范围内扫描吸光度

定量标准:用 KBr 稀释的 NIST SRM 1878a 石英、NIST 1879a 方石英、USGS 210 – 75 – 0043

测定范围:10 ~ 160μg 石英

估算检出限:5μg 石英

精密度（$\bar{S}_r$）: < 0.15（30μg 石英/样品,煤尘中）[1]

适用范围: 采样体积为 400L 时,测定范围为 0.025 ~ 0.4mg/m³。方石英和鳞石英在 800cm^{-1} 也存在主要的吸收峰,这可用于对他们进行检测[1-6]。如果样品中不存在大量的无定形二氧化硅和硅酸盐,则 IR 方法能用于定量分析石英、方石英和鳞石英。但是,如果存在多种多晶型物质,会降低灵敏度,必须使用第二特征峰。当用基质吸收效应进行校正时,可能会存在潜在的偏差,且石英浓度较低时,偏差可能会增加。本书中也有关于结晶型二氧化硅的讨论[7]

干扰因素: 无定形二氧化硅、方解石、方石英、高岭石和鳞石英会产生干扰;见附录

其他方法: 本法是 P&CAM 110 修订版[1]。除了样品处理过程外,与方法 7603 类似(再沉积,本法为 KBr 压片)。XRD（方法 7500）能够区别三种多晶型二氧化硅,且能通过磷酸处理消除无定形二氧化硅的干扰。结晶型二氧化硅也能用可见吸收分光光度法测定（方法 7601）,但是该方法不能区分多晶型物质。同时,可见吸收分光光度法比 XRD 和 IR 方法有更大的实验室之间的变异性,因此建议仅用于研究[8]

试剂

1. 二氧化硅标准物质
   a. 石英 *（SRMs 1878a, 2950, 2951, 2958）和方石英 *（SRMs 1879a, 2960, 2957）:购自标准参考物质项目 Rm. 204, Bldg. 202,美国国家标准与技术研究院（NIST）, Gaithersburg, MD 20899; www.nist.gov
   b. 鳞石英 *（210 – 75 – 0043）购自美国地质调查局。PO Box 25046, MS 973, Denver, CO 80225
2. 溴化钾（KBr）:红外质量级
3. 95%乙醇:用于清洗样品和处理的仪器 *
4. 9% w/w HCl:加入 25ml 浓 HCl（37% w/w）于 70ml 去离子水中,冷却,并用去离子水稀释至 100ml
5. 0.5% w/w 标准储备液:准确称量 5g KBr（在 110℃过夜干燥）,与 25mg 石英充分混合。储存于瓶中,放入干燥器

仪器

1. 采样管
   a. 滤膜:37mm,5μm 孔径,聚氯乙烯（PVC）滤膜,由衬垫支撑,置于两层式 37mm 滤膜夹中（最好为导电的）,用胶带或纤维素收缩带连接
   b. 旋风式预分离器:10mm 尼龙或 Higgins – Dewell（HD）
   c. 采样头架:架必须能将滤膜夹、尼龙旋风式预分离器和连接器紧紧地连接在一起,以使空气只能从旋风式预分离器进气口进入
2. 定点空气样品收集器:PVC 滤膜,37mm 直径,5μm 孔径;置于两层式滤膜夹中。以 3L/min 流量闭面采样
3. 采样泵:尼龙旋风式预分离器:1.7L/min; HD 旋风式预分离器:2.2L/min;定点空气样品收集器:3L/min
4. 红外分光光度计:用于制备 KBr 压片的实验室压片机;13mm KBr 压片模具(可拆卸)
5. 低温(射频等离子体)灰化器和铝称量盘,或者马弗炉和陶瓷坩埚
6. 研钵和研杵,50mm 玛瑙或莫来石金属的微型铲;无锯齿、无磁性的镊子;干燥器、骆驼毛刷、玻璃纸
7. 分析天平(0.001mg):用于制备标准物质
8. 滤膜,37mm,用于过滤

特殊防护措施: 避免吸入二氧化硅粉尘[9]。乙醇是易燃物,应远离火焰。佩戴个人防护品以防止皮肤接触酸。浓酸具有腐蚀性

注:* 见特殊防护措施。

采样

1. 串联一个有代表性的采样管来校准采样泵。

2. 尼龙旋风式预分离器以 1.7 ±5% L/min 流量采样,HD 旋风式预分离器以 2.2 ±5% L/min 流量采样,铝制旋风式预分离器以 2.5 ±5% L/min 流量采样,总采样体积为 400 ~ 800L。滤膜上总粉尘的增量不得超过 2mg。

注意:任何时候采样装置不能装反;旋转旋风式预分离器不能瓶放,以防上面的大颗粒掉到滤膜上;各采样管/流量应该在已给定的使用范围内;结晶型二氧化硅和煤矿粉尘都须采集时,应该遵循 ISO/CEN/ACGIH/ASTM 呼尘气溶胶的采样规定;为此,Dorr – Oliver 尼龙旋风式预分离器的最佳流量为 1.7L/min,Higgins – Dewell 旋风式预分离器的最佳流量为 2.2L/min;除了煤矿粉尘的采集外,目前监管部门已采用上述流量,如美国的 Dorr – Oliver 旋风式预分离器,英国的 Higgins – Dewell 采样管;尽管 NIOSH 标准文档中的采样建议已被 MSHA 正式认可用于煤矿粉尘采样,但是为了与早期采样公约[10]相符,目前,美国使用 Dorr – Oliver 旋风式预分离器时,流量为 2.0L/min,转换因子为 1.38;在任何情况下,各采样管/流量都应该在已给定的使用范围内使用,以便消除不同采样管类型和采样公约[7]引起的偏差。

样品处理

3. 使用以下方法之一灰化样品和空白。

a. 低温(RF 等离子体)灰化器:将滤膜放置于已标记的铝盘中(预先依次用蒸馏水、乙醇冲洗,然后空气干燥)。将铝盘放置于低温灰化器中,以便优化样品暴露于等离子体中的状况。按照厂商说明进行灰化。小心地将灰化器恢复到大气压并移出铝盘。

b. 马弗炉:如果样品中含大量的方解石(大于总粉尘增量的 20%),用 9% w/wHCl 清洗滤膜;其他样品进入步骤 3bii。

ⅰ. 将 0.5μm、47mm PVC 滤膜放置于过滤器中。将样品滤膜从滤膜夹中取出,移到第一张滤膜上的中心位置上。将漏斗固定在多孔板上,让沉积的粉尘完全暴露。加入 10ml 9% w/w HCl 溶液和 5ml 异丙醇。放置 5 分钟。抽真空,缓慢抽吸漏斗中的酸和醇。每次用 10ml 去离子水洗涤,洗 3 次。放气。

ⅱ. 将滤膜样品和空白放置于陶瓷坩埚中,松松地盖上,放入马弗炉中,在 600℃(如果是石墨炉,则为 800℃)下灰化 2 小时。

4. 对于每个样品,加入约 300mg KBr(精确至 0.1mg),在 110℃下过夜干燥。用研杵将样品的灰化产物与 KBr 充分混合。如果需要,转移到研体中进行混合。用玻璃纸和骆驼发刷将混合物转移到 13mm 可拆卸的压片模具中。用标准技术进行压片。称量完成的压片,精确至 0.1mg。计算制成的压片质量与初始加入的 KBr 质量的比值;通常约为 0.98。处理两样品之间,用乙醇清洗样品处理装置。

注意:当使用 KBr 时,低的相对湿度环境有利于样品的处理。

标准曲线绘制与质量控制

5. 制备至少 5 个工作标准压片。

注意:校准标准物仅限于纯度、粒度已知,样品到样品均匀的 NIST 和 USGS 认定的标准物;目前已在美国和加拿大的实验室使用过包括 5μm Min – U – Sil 在内的至少 12 种物质,已经过评价,且未发现其他任何物质可以替代本法引用的有证标准物[7];标准参考物质应该用相纯度进行校正;特定 NIST 和 USGS 初级标准物质与其二级标准物质的溯源性的建立,需要使用比 XRD、IR 和可见吸收分光光度法精密度和准确度更高的测量方法;XRD、IR 和可见吸收分光光度法通常可用于工业卫生领域;另外,粒度分布的测定具有相当大的误差;因此,即使二级校准标准物可溯源到 NIST 和 USGS 有证标准物,也不适合用于本方法中。

a. 称量一份 NIST α 石英 SRM 1878a、NIST 方石英 SRM 1879a、USGS 鳞石英 210 – 75 – 00473,其中含 10 ~ 200μg 的标准物质,精确至 0.001mg。

b. 加入准确称量的 300mg KBr。按照步骤 4 继续进行。

c. 计算制成的压片质量与加入的固体的质量的比值,通常约为 0.98。

d. 按照以下分析步骤(步骤 8),测定在 800cm^{-1} 下每个标准压片的吸光度。以吸光度对 SiO$_2$ 的含量(μg)绘制标准曲线。

6. 如果样品在低温下灰化(步骤 3a)且存在高岭石,则制备含 10 ~ 600μg 高岭石的压片。在 800cm^{-1}

和 950cm^{-1} 测定吸光度,作为横坐标。制备至少 5 个不同高岭石浓度的标准压片,绘制曲线,用于校正在 800cm^{-1} 下任何含高岭石的样品的吸光度值。

7. 用同样的样品处理过程,对空白和加标已知石英量的滤膜进行处理,用以监测污染和样品损失情况。

注意:关于地质学或矿物学的一些培训(大学或短期课程)对分析员或实验室管理人员十分有用。尽管大多数分析化学家熟悉用于有机分析的 IR 技术,但是矿物学样品的分析需要更多地质学和矿物学的知识,从而能向实验室客户解释晶体结构、基质干扰和矿物转化。

样品测定

8. 将红外分光光度计设定为吸光度模式,并设置在适当的条件下,用于定量分析。在 1000cm^{-1} ~ 600cm^{-1} 范围内扫描压片。旋转压片 45° 并扫描其直径。重复两次以上直到获得 4 次扫描。如果在 800cm^{-1} 处的峰较小,使用扩大至 5 倍纵坐标的扫描范围,以增加峰高。在约 820 ~ 670cm^{-1} 范围内,画出适当的 800cm^{-1} 下的基线。测定 800cm^{-1} 处从最大值到基线的吸光度。对每个样品计算 4 次值的平均值。

9. 如果样品在低温下灰化(步骤 3a),则在 915cm^{-1} 有最大吸收带将表明存在高岭石。在约 960 ~ 860cm^{-1} 的吸收带下画出适当的基线,并测定 915cm^{-1} 下基线与最大值之间的吸光度值。

计算

10. 为了对高岭石进行校正,在 915cm^{-1} 测定样品的吸光度(步骤 9)并参考高岭石曲线(步骤 6)找出在 800cm^{-1} 处的吸光度。用步骤 11 中的校正值进行计算。

11. 如果不需要对高岭石进行校正,使用 800cm^{-1} 处的吸光度,根据标准曲线,得出石英的含量 W_q(μg)。

12. 按下式计算空气中二氧化硅的浓度 C(mg/m^3),采样体积为 V(L):

$$C = \frac{W_q}{V}$$

13. 如果需要测定石英的百分含量 %Q,则将石英的含量 W_q(μg)除以总样品质量 W_s(μg):

$$\%Q = \frac{W_q}{W_s} \times 100$$

方法评价

本法以性能良好的红外方法为基础[1]。粒度对本法有很大的影响。标准物质和样品粒度的不匹配将导致不可校正的偏差。仅发现 NIST 有证标准物质(SRM)1878a 和 1879a,以及 USGS 210 – 75 – 0043,有足够的纯度,且结晶型二氧化硅的含量和粒度从样品到样品也有足够的均匀性,而这对于确保结果与其他实验室使用其他方法获得的结果相似是必要的。尚未对 IR 方法的偏差范围进行全面研究。

参考文献

[1] NIOSH [1977]. Quartz in Coal Dust by Infrared Spectroscopy: Method P&CAM 110. In: Taylor DG, ed., NIOSH Manual of Analytical Methods, 2nd. ed., Vol. 1. Cincinnati, OH: U. S. Department of Health, Education, and Welfare, Publ. (NIOSH) 77 – 157 – A.

[2] Talvitie NA [1951]. Determination of Quartz in the Presence of Silicates Using Phosphoric Acid. Anal Chem 23: 623 – 626.

[3] Larsen DJ, von Loenhoff LJ, Crable JV [1972]. The Quantitative Determination of Quartz in Coal Dust by Infrared Spectroscopy. AmIndHygAssoc J 33: 367 – 372.

[4] Dodgson J, Whittaker W [1973]. The Determination of Quartz in Respirable Dust Samples by Infrared Spectrophotometry – 1: The Potassium Bromide Disc Method. Ann OccupHyg 16: 373 – 387.

[5] Cares JW, Goldin AS, Lynch JJ, Burgess W A [1973]. The Determination of Quartz in Airborne Resarablegranite Dust by Infrared Spectrophotometry. AmIndHygAssoc J 34: 298 – 305.

[6] Taylor DG, Nenadic CM, Crable JV [1970]. Infrared Spectra Formineral Identification. AmIndHygAssoc J 31: 100 – 108.

[7] Key – Schwartz RJ, Baron PA, Bartley DL, Rice FL, Schlecht PC [2003]. Chapter R, Determination of Airborne Crys-

talline silica. In: NIOSH Manual of Analytical Methods, 4th ed. , 3rd Suppl. Cincinnati, OH: U. S. Department of Health and Human Services, Public Health Service, Centers for Disease Control and Prevention, National Institute for Occupational Safety and Health, DHHS (NIOSH) Publication No. 2003 – 154.

[8] Eller PM, Feng HA, Song RS, Key – Schwartz RJ, Esche CA, Groff JH [1999]. Proficiency Analy Ticaltesting (PAT) Silica Variability, 1990 – 1998. Am IndHygAssoc J 60(4):533 – 539.

[9] NIOSH [1974]. Criteria for a Recom Mended Standard. Occupational Exposure to Crystalline Silica. U. S. Department of Health, Education, and Welfare, Publ. (NIOSH) 75 – 120.

[10] Inhaled Particles and Vapours [1961]. Pergamon Press, Oxford, U. K.

方法修订作者

Peter Eller, Ph. D. , Paul Schlecht, Rosa Key – Schwartz, Ph. D. , NIOSH/DART

附录 A:干扰物

在灵敏度较低的带,695cm^{-1}(石英)和625cm^{-1}(方石英),石英和方石英能够在彼此存在的情况下测定。鳞石英只能在另外两种多晶型物不存在的情况下测定;这在工业卫生样品中罕见。使用磷酸清理过程能够除去硅酸盐的干扰[2]。

尽管方石英和鳞石英在工业卫生样品中很少存在,但它们对800cm^{-1}处的峰有正干扰。高岭石是煤的主要成分,当 RF 等离子体用于灰化采样滤膜时,会产生干扰。校正步骤列于本方法中(步骤6~10)。方解石大于总粉尘增量的20%时,在马弗炉灰化中会与石英反应而产生干扰。除去它的过程已经给出(步骤3b)。无定形二氧化硅如果大量存在时可能会产生干扰。该干扰能够通过画基线时考虑其宽吸收带而最小化。

石英是泥土、岩石、沙子、砂浆、水泥、助溶剂、磨料、玻璃、瓷、涂料和砖。方石英较少见但在火山岩和土壤中能够发现,并在高温过程如铸造、煅烧硅藻土、砖生产、陶瓷生产和碳化硅生产中能够形成。鳞石英较罕见,但在一些火山岩和土壤中存在。

附录 B:在定性样品中测定石英

所需的其他仪器:干燥箱、Wilks Mini – 压片机或其他压片机、Min – U – Sil 30。

1. 如果有必要,让样品均匀(如用大的研钵和研杵研磨)并干燥(如在真空干燥箱中110℃干燥2~4小时)。

2. 使用铝称量盘和六位分析天平,称出0.1~1mg样品。称出的量中应该含有一定量的石英且产生的吸收能够测量,但是吸收不要超过0.9。

注意:样品和 KBr 称量的量满足 Wilks Mini – 压片机产生的压片直径约为8mm。如果需要其他规格的压片,可适当调节用量。

3. 将称量的样品定量地转移到研钵中并完全研磨。加入74~100mg 干燥 KBr 并与研磨的样品完全混合。

4. 将混合物定量地转移到压片机中。按照厂商的说明压片。

注意:称量纸和骆驼发刷有助于移取样品。

5. 在600~1000cm^{-1}范围内扫描压片,使用空白 KBr 压片作为背景。旋转压片90°,再获取光谱。在978cm^{-1}测量并记录样品平均峰吸光度。

6. 标准曲线绘制与质量控制。

a. 使用干燥的 Min – U – Sil 30,用与样品完全相同的方式(步骤2~5)制备校准标准物。

b. 分析已知石英含量的定性样品并制作回收率控制图表,用于后续的分析。

煤矿粉尘中石英的 IR(再沉积)法 7603

SiO₂	相对分子质量:60.08	CAS 号:14808 – 60 – 7	RTECS 号:VV7330000
方法:7603,第三次修订		方法评价情况:未评价	第一次修订:1989.5.15 第三次修订:2003.3.15

OSHA:石英(可吸入):10mg/m³/(%SiO₂ +2); NIOSH:0.05mg/m³(可疑致癌物) ACGIH:0.1mg/m³	性质:固体;密度 2.65g/cm³(0℃);晶型转化:石英到鳞石英(867℃), 鳞石英到方石英(1470℃),α – 石英到 β – 石英(573℃)

英文名称:quartz in coalmine dust; free crystalline silica; silicon dioxide

采样

采样滤膜:旋风式预分离器 + 预称量的滤膜[10mm 尼龙或 Higgins – Dewell (HD) 旋风式预分离器和 PVC 滤膜,37mm、5μm]

采样流量:尼龙旋风式预分离器:1.7L/min

HD 旋风式预分离器:2.2L/min

最小采样体积:300L(在 0.1mg/m³ 下)

最大采样体积:1000L

运输方法:常规

样品稳定性:稳定

样品空白:每批样品 2 ~ 10 个

定性样品:需要用于 OSHA 标准计算;定点呼尘样品或沉降尘

准确性

研究范围:25 ~ 160μg/样品[1](2mg 石英/m³ 空气)

偏差:未知

总体精密度($\hat{S}_{rT}$):0.13 ~ 0.22(因样品负载量和基质而不同)

准确度:±25.6% ~ ±43.4%

分析

分析方法:红外吸收分光光度法

待测物:石英

称量:滤膜夹

灰化方法:马弗炉射频等离子体灰化器

再沉积:0.45μm 丙烯酸共聚物滤膜

IR:在 1000 ~ 650cm⁻¹ 范围内扫描,吸光度模式,空白滤膜为参考光束

定量标准:悬浮于异丙醇中的 NIST SRM 1878a

测定范围:每份样品 30 ~ 250μg 石英[1]

估算检出限:每份样品 10μg 石英[1]

精密度($\bar{S}_r$):0.98(每份样品 100 ~ 500μg,因样品基质而不同)[1]

适用范围:采样体积为 1000L 时,测定范围为 0.03 ~ 0.25mg/m³。本法是专门为可吸入煤粉尘样品而制定的[1]。上述的精密度($\hat{S}_{rT}$ 和 $\bar{S}_r$)是以强化数据为基础的[2]。IR 可用于测定像煤尘这样能够消除干扰的样品基质。本书中也有关于结晶型二氧化硅的讨论[3]

干扰因素:在煤矿中方解石被用作隔离剂,在马弗炉处理过程中与石英反应而产生干扰,导致石英结果偏低。高岭石有时会存在于煤尘中,并在石英的分析波长 800cm⁻¹ 处有辐射吸收,从而产生干扰。这些干扰可通过本法中给出的步骤进行校正。云母不会产生干扰。方石英和鳞石英在 800cm⁻¹ 处也有吸收峰。在煤矿粉尘中尚未检测出方石英和鳞石英

其他方法:本法与 MSHA P – 7 类似,已进行了协同测试[2,4]。石英也能够用方法 7500 (XRD)和方法 7602 (IR)进行测定。XRD 能够区分三种多晶型二氧化硅,且能通过磷酸处理消除二氧化硅的干扰。结晶型二氧化硅也能用可见吸收分光光度法测定(如方法 7601),但是该方法不能区分多晶型物质。同时,可见吸收分光光度法比 XRD 和 IR 法有更大的实验室之间的变异性,因此建议仅用于研究[5]

续表

试剂	仪器

试剂

1. 石英*（SRMs 1878a，2950，2951，2958）：购自标准参考物质项目 Rm. 204，Bldg. 202，美国国家标准与技术研究院（NIST），Gaithersburg, MD20899；www. nist. gov

2. 异丙醇*：试剂级

3. 标准储备液：15μg/ml。于 500ml 容量瓶中，将 7.5mg 石英悬浮于异丙醇中，并用异丙醇稀释至刻度（见标准曲线绘制与质量控制）

4. 高岭石（Hydrite UF，来自格鲁吉亚高岭土）：用于制备标准样品，100μg/ml。于 500ml 容量瓶中，将 50mg 干燥的高岭土悬浮于异丙醇中，并用异丙醇稀释至刻度
注意：如果用马弗炉灰化样品则不需要该标准样品（步骤 5）

5. HCl 溶液：将 25% v/v 浓 HCl 稀释于蒸馏水中。如果存在方解石且用马弗炉灰化样品时需要

6. 干燥剂（硫酸钙）

7. O₂：净化

仪器

1. 采样滤膜
   a. 滤膜：37mm 直径，5μm 孔径，聚氯乙烯（PVC）滤膜，由衬垫支撑，置于两层式 37mm 滤膜夹中（最好为导电的），用胶带或纤维素酯收缩带固定
   b. 旋风式预分离器：10mm 尼龙或 Higgins – Dewell（HD）
   c. 采样头架：架必须能将滤膜夹、尼龙旋风式预分离器和连接器紧紧地连接在一起，以使空气只能从旋风式预分离器进气口进入

2. 定点空气样品收集器：PVC 滤膜，37mm 直径，5μm 孔径；置于两层式滤膜夹中。以 3L/min 流量闭面采样

3. 采样泵：尼龙旋风式预分离器：1.7L/min；HD 旋风式预分离器：2.2L/min；定点空气样品收集器：3L/min

4. 用于标准物质和再沉积的滤膜：直径 47mm，孔径 0.45μm，氯乙烯 – 丙烯腈共聚物膜（DM – 450 Gelman Sciences 或等效的滤膜）

5. 玻璃纤维滤纸：过滤时用来做衬垫

6. 过滤器：用于样品灰化后的再沉积。由多孔衬垫（Millipore XX1002502）、侧臂真空瓶和特制的漏斗组成，该漏斗与 Millipore XX1002514 类似，但内径为 1cm，是玻璃的，带胶木底，能够与多孔支持物密封，使整个装置液密**

7. 漏斗：用于处理滤膜以除去方解石（仅在使用马弗炉时需要）：Millipore XX1002514 和上述第 6 项中的装置，但是漏斗的直径约为 1.6cm；PVC 滤膜，直径 37mm、孔径 0.5μm 用于回收残留物**

8. 双光束红外分光光度计，带有红外仪样品架：金属（最好是钢的）盘，中心有孔，孔径（1cm）与沉积样品匹配；小的环形磁铁，能使滤膜固定在盘上的适当位置

9. 低温射频灰化器（LTA）或马弗炉（600℃）

10. 超声波清洗器

11. 带盖的陶瓷坩埚：10ml**

12. 烧杯：50ml**

13. 分析天平：0.01mg；干燥橱

14. 磁力搅拌器：带隔热顶和搅拌子

15. 试剂瓶：带磨口玻璃塞，50ml；容量瓶，500ml**

16. 镊子

17. 培养皿：塑料；用于 47mm 直径的滤膜

18. 聚乙烯洗瓶；金属药匙

19. 血清移液管：根据需要有不同的大小

20. 发光看片灯（可选）

特殊防护措施：避免吸入石英粉尘[6]。异丙醇易燃。盐酸具有腐蚀性，应该在通风橱中进行操作

注：* 见特殊防护措施；** 玻璃仪器须用清洁剂清洗，用蒸馏水或去离子水彻底冲洗，再用异丙醇冲洗，在无尘的区域干燥。

采样

1. 串联一个有代表性的采样管来校准采样泵。

2. 预称量每个滤膜，精确至 0.01mg。

3. 尼龙旋风式预分离器以 1.7±5% L/min 流量采样，HD 旋风式预分离器以 2.2±5% L/min 流量采样，总采样体积为 300～1000L。滤膜上总粉尘的增量不得超过 2mg。

注意：使用旋风式预分离器时，务必正确组装采样管；旋转旋风式预分离器必须水平放置，否则过大的物质会通过旋风式预分离器主体而沉积到滤膜上；各采样管/流量应该在已给定的使用范围内；结晶型二氧化硅和煤矿粉尘都须采集时，应该遵循 ISO/CEN/ACGIH/ASTM 呼吸性气溶胶的采样规定；为此，Dorr –

Oliver 尼龙旋风式预分离器的最佳流量为 1.7L/min,Higgins – Dewell 旋风式预分离器的最佳流量为 2.2L/min;除了煤矿粉尘的采集外,目前监管部门已采用上述流量,如美国的 Dorr – Oliver 旋风式预分离器,英国的 Higgins – Dewell 采样管;尽管 NIOSH 标准文档中的采样建议已被 MSHA 正式认可用于煤矿粉尘采样,但是为了与早期采样公约[7]相符,目前,美国使用 Dorr – Oliver 旋风式预分离器时,流量为 2.0L/min,转换因子为 1.38;在任何情况下,各采样管/流量都应该在已给定的使用范围内使用,以便消除不同采样管类型和采样公约[11]引起的偏差。

样品处理

4. 在与预称量相同的条件下,再次称量这些滤膜。两者的差值为样品的含量 W_s(μg)。

5. 使用以下方法之一灰化样品滤膜和空白滤膜。

a. 低温灰化(LTA)。

用镊子将滤膜转移至 50ml 烧杯中。按照仪器手册的建议,在 300W 的射频功率、75ml/min 氧气流量下灰化 2 小时。灰化后,向每个烧杯中加入 15ml 异丙醇。

b. 马弗炉灰化。

ⅰ. 如果样品中所含的方解石大于总粉尘增量的 20%,则在 1.6cm 内径的玻璃漏斗中用酸冲洗滤膜。放置一个 25mm 的玻璃纤维滤纸在多孔板上,然后在玻璃纤维滤膜上放置一个 0.5μm、37mm 的 PVC 滤膜。夹紧过滤漏斗。加入 5ml 异丙醇并查漏。从滤膜夹中取出样品滤膜。将滤膜对折,接尘面朝里,再对折。将折叠后的滤膜放在漏斗中。如果必要的话,用玻璃棒将滤膜推至距漏斗底部一半的地方。加入 10ml HCl 溶液,然后加入 5ml 异丙醇。抽真空,至所有的液体都被除去为止。如果必须除去所有的液体,挤压折叠后的样品滤膜到收集滤纸表面。将滤膜和滤纸取出,放置到陶瓷坩埚中,在空气中干燥。

ⅱ. 如果不需要酸洗,将样品滤膜和空白转移到陶瓷坩埚中。

ⅲ. 松松地盖住,放于马弗炉中,于 600℃下灰化 2 小时。灰化后加入几毫升异丙醇至灰化物中,刮下坩埚中的所有颗粒,将其转移到 50ml 烧杯中。洗涤坩埚几次并将洗涤液倒入烧杯中。向烧杯中加入异丙醇至体积约为 15ml。

6. 用带 1cm 漏斗的过滤装置按如下操作再沉积样品残留物。施加一个较小的真空,将一个 25mm 的玻璃纤维滤纸放置到玻板基底上。将一个 47 – mm DM – 450 剪成两半。将其中一半叠加到另一半上,光滑面朝下,放置在玻璃纤维滤纸上。(47 – mm DM – 450 下面的一半用作空白并用于红外分光光度计的参比光束)。放上过滤漏斗,用夹具固定,关闭真空。加入几毫升异丙醇。检查以确保漏斗被安全和均匀地夹紧。将样品烧杯放到超声波清洗器中,超声至少 30 秒,确保分散均匀。取出烧杯,擦去外部多余的水,将悬浮液转移到漏斗中并抽真空。在过滤过程中,用异丙醇冲洗烧杯几次,除去烧杯中的所有粉尘,将冲洗液加入漏斗中。在冲洗过程中控制过滤速率,保持液体接近漏斗顶部,以避免破坏沉积物。当漏斗中的液体在滤膜上接近约 4cm 时,用异丙醇轻轻地冲洗漏斗内部并使之完全过滤。取下夹具,拿下漏斗,小心不要破坏沉积物。放气。用铅笔或刻刀沿圆周做标记,确定沉积面积。这对标准物质或浅色的样品特别重要。将半片的 DM –450 滤膜放置在培养皿中并使之空气干燥。

标准曲线绘制与质量控制

7. 制备并分析 NIST SRM 1878a 标准石英滤膜。

注意:校准标准物仅限于 NIST 和 USGS 认定的已知纯度、粒度和样品均匀性的标准物;至少 12 种物质,包括 5μm Min – U – Sil,以前在美国和加拿大的实验室使用过,已经过评价,且未发现其他物质可以替代本法引用的有证标准物[3];标准参考物质应该用相纯度进行校正;建立可追溯于特定 NIST 和 USGS 初级标准物质的二级标准物质,需要使用比 XRD、IR 和可见吸收分光光度法精密度和准确度更高的测量方法;XRD、IR 和可见吸收分光光度法通常可用于工业卫生领域;另外,粒度分布的测量具有相当大的误差;因此,不适合使用源于 NIST 和 USGS 有证标准物的二级标准物质;NIST SRM 2950 校准组(α – 石英)可能对制备已知浓度的标准工作物质有用。

a. 将含有标准储备液的烧瓶放置于超声波清洗器中超声 30 ~ 45 分钟。

b. 烧瓶冷却到室温后,将烧瓶移到磁力搅拌器上,缓慢搅拌。当处理标准溶液时继续缓慢搅拌。

c. 用与再沉积样品相同的方式,将一个 DM – 450 滤膜固定到过滤装置上。加入 5ml 异丙醇到漏斗中。

从烧瓶中心取出一份石英悬浮液。吸取液体至刻度但不要试图通过排出移液调节体积。小心擦拭移液管外部,然后将悬浮液排出至过滤漏斗中。用几毫升异丙醇冲洗移液管内壁,将冲洗液排出到过滤漏斗中。使用真空使之完全过滤。制备的石英标准物质的应覆盖每片滤膜 $10 \sim 250 \mu g$ 的浓度范围。

d. 按照步骤 5 和步骤 6 另外制备一组标准物质和空白,用以监测样品的污染和损失。

注意:准确度取决于能否获取在整个滤膜表面均匀沉积的样品和标准物质,以及能否从石英悬浮液中获取具有再现性的样品。这需要一些技术。应该在分析样品之前取得石英标准曲线,作为对分析员制备均匀沉积物的能力的检查。对于大于 $40 \mu g$ 石英的平行标准物质,其重现性应该 $<10\%$ 。

8. 对每个加标样品进行红外扫描,在参比光束中使用另一半滤膜(步骤 10 ~ 12)。以 $800 cm^{-1}$ 下的吸光度对石英含量(μg)绘制标准曲线。该曲线应该是线性的并通过原点。

9. (仅用于 LTA 灰化的样品。)在每片滤膜 $100 \sim 600 \mu g$ 的范围内,制备至少 5 个高岭石标准物质。在 $1000 \sim 650 cm^{-1}$ 范围内进行 IR 扫描。按照步骤 12 所述画基线,在 $915 cm^{-1}$ 和 $800 cm^{-1}$ 处测定吸收带的高度。以 $915 cm^{-1}$ 下的吸光度作纵坐标, $800 cm^{-1}$ 下的吸光度作横坐标,绘制曲线。每个标准物质一个点。由于曲线参数可能每天会发生变化,如果可能,在进行煤矿粉尘样品分析的同一天,得到校正曲线的数据。通过各点的曲线应该是线性的,但是由于 $915 cm^{-1}$ 处的峰强度高于 $800 cm^{-1}$ 处的峰,且少量的高岭石不干扰石英分析,因此曲线不会通过原点。

注意:当样品在 LTA 灰化时,需要高岭石校正曲线;由于高岭石在这些情况下不会分解且在 $800 cm^{-1}$ 处存在干扰峰,所以必须进行校正;关于 IR 峰更详细的讨论见本书中的红外部分[3];关于地质学或矿物学的一些培训(大学或短期课程)对分析员或实验室管理人员十分有用;当用于有机物分析时,尽管大多数分析化学家熟悉用于有机分析的 IR 技术,但是矿物学样品的分析需要更多地质学和矿物学的知识,从而能向实验室客户解释晶体结构、基质干扰和矿物转化。

样品测定

10. 设定适当的仪器条件,用于定量分析。

11. 将干燥的含尘土沉积的半片 DM - 450 滤膜放置在样品架上。将沉积的滤膜放在样品架的孔中心上并用磁铁固定。(发光看片灯有益于本步的操作)。将样品插入分光光度计的光束中。将另半片 DM - 450 滤膜放置于另一个样品架上,用磁铁固定并插入参比光束中。

注意:为了获得最好的精密度,参比滤膜应该为含再次沉积物的相同的半片 DM - 450 滤膜。但是,对于常规分析,异丙醇处理的相同空白滤膜也能用于同一批号的所有滤膜。

12. 采用线性吸光度模式,在 $1000 \sim 650 cm^{-1}$ 进行红外扫描。在约 $820 \sim 670 cm^{-1}$ 范围,画出 $800 cm^{-1}$ 下的吸收带基线。测定并记录 $800 cm^{-1}$ 处从最大值到基线的吸光度。如果样品在 LTA 中灰化,则在 $915 cm^{-1}$ 有最大吸收带将表明存在高岭石。在约 $960 \sim 860 cm^{-1}$ 的吸收带下画出适当的基线。测定并记录 $915 cm^{-1}$ 下基线与最大值之间的吸光度值。

13. 分析空白。检查结果判断是否存在污染。

计算结果

14. 若需要,对高岭石进行校正。用 $915 cm^{-1}$ 处样品的吸光度,并参考高岭石曲线(步骤 6),找出在 $800 cm^{-1}$ 处的吸光度。将样品在 $800 cm^{-1}$ 处的吸光度减去这个值。用这个校正值计算样品中的石英含量(μg)。

15. 如果不需要对高岭石进行校正,用步骤 12 测定的 $800 cm^{-1}$ 处的吸光度,根据石英标准曲线,得出石英的含量 W_q (μg)。由于样品和标准物质的沉积面积相同,因而不需要对面积进行校正。

16. 将石英的含量 W_q (μg)除以总样品质量 W_s (μg),计算石英的百分含量:

$$\% 石英 = \frac{W_q}{W_s} \times 100$$

方法评价

本法以 MSHA P - 7 为基础,MSHA P - 7 已经过协同测试[2,4]。测试包括一个强化步骤,用于测定马弗炉或等离子体灰化器的使用、方解石或高岭石在样品中的含量、灰化时间、除去方解石的溶剂的 pH、样品的运输等因素的影响。这些因素均无影响。本法得到的结果与方法 7500 获得的结果相同。该强化方法的协同研究由 15 个实验室参与进行[2]。总误差、实验室间误差和实验室内误差取决于样品的类型。对于收集自实验室发生的气溶胶样品,用一组匹配的流量孔,在 60~150μg 石英的范围内,相对标准偏差的下限和上限如下。

	下限	上限
总误差(RSD)	0.13	0.22
实验室内误差	0.07	0.10
实验室间误差	0.08	0.14

下限适用于含 1mg 煤矿粉尘、高岭石低于 2% 的样品;上限适用于含 2mg 煤矿粉尘的样,或者煤矿粉尘含量较少、高岭石含量大于百分之几的样品。当使用个体采样泵采样时,总误差上升至 0.36~0.40(范围的下限和上限值)。采样泵的误差增加了实验室间的误差。在 100~500μg 范围内,纯石英样品的精密度约为 0.05[4]。实际样品的精密度没有这么好,且取决于样品的大小和灰化技术。

粒度对本法有较大影响。标准物质和样品的粒度应该尽可能匹配,以防止结果出现本法不可校正的误差。尚未对 IR 方法的偏差范围进行彻底研究。

参考文献

[1] Freedman RW, Toma SZ, Lang HW [1974]. On – filter Analysis of Quartz in Respirable Coal Dust Byinfrared Absorption and X – ray Diffraction. AmIndHygAssoc J 35:411.

[2] Anderson CC [1983]. Collaborative Tests of Two Methods for Determining Free Silica in Airborne Dust. Cincinnati, OH: U. S. Department of Health and Human Services, Public Health Service, Centers for Disease Control, National Institute for Occupational Safety and Health, DHHS(NIOSH) Pub. No. 83 ~124.

[3] Key – Schwartz RJ, Baron PA, Bartley DL, Rice FL, Schlecht PC [2003]. Chapter R, Determination of Airborne Crystalline Silica. In: NIOSH Manual of Analytical Methods, 4th ed. , 3rd Suppl. Cincinnati, OH: U. S. Department of Health and Human Services, Public Health Service, Centers for Disease Controland Prevention, National Institute for Occupational Safety and Health, DHHS (NIOSH) Publication No. 2003 – 154.

[4] MSHA [1994]. Infrared Determination of Quartz in Respirable Coalmine Dust: Method P – 7. Pittsburgh, PA: U. S. Department of Labor, Mine Safety and Health Administration.

[5] Eller PM, Feng HA, Song RS, Key – Schwartz RJ, Esche CA, Groff, JH [1999]. Proficiency Analytical Testing (PAT) Silica Variability, 1990 – 1998. Am IndHygAssoc J 60(4):533 –539.

[6] NIOSH [1974]. Criteria for a Recommended Standard: Occupational Exposure to Crystalline Silica. Cincinnati, OH: U. S. Department of Health, Education, and Welfare, Publ. (NIOSH) 75 – 120.

[7] Inhaled Particles and Vapours [1961]. Pergamon Press, Oxford, U. K.

方法修订作者

Paul Schlecht, Rosa Key – Schwartz, Ph. D. , NIOSH/DART.

石棉,温石棉(XRD 法) 9000

$Mg_3Si_2O_5(OH)_4$	相对分子质量:约 283	CAS 号:12001 – 29 – 5	PTECS 号:CI6478500
方法:9000,第二次修订		方法评价情况:完全评价	第一次修订:1989.5.15 第二次修订:1994.8.15
EPA 标准(定性):1%(质量)		性质:固体;纤维状;在 580℃转化为镁橄榄石;受酸腐蚀;在 300℃ 以上失去水分	
英文名称:asbestos, Chrysotile			

采样	分析
定性样品:1~10g	分析方法:X射线粉末衍射法
运输方法:牢固密封以防石棉丢失	待测物:温石棉
样品稳定性:不确定	处理方法:在液氮下研磨;通过10μm筛进行湿筛
样品空白:不需要	沉积:在0.45μm银滤膜上沉积5mg尘
	XRD:铜钯X射线管;优化强度;狭缝1°;扣除背景值后积分强度
准确性	定量标准:石棉的异丙醇悬浮液
研究范围:在滑石中为1%~100%[1]	测定范围:1%~100%(w/w)
偏差:如样品和标准物粒度匹配可忽略不计[1]	估算检出限:在滑石和方解石中为0.2%;在重原子吸收体(如Fe_2O_3)中
总体精密度($\hat{S}_{rT}$):未知,取决于基质和浓度	为0.4%
准确度:±14%~±25%	精密度($\bar{S}_r$):0.07(5%~100%);0.10(3%);0.125(1%)

适用范围: 用于分析在定性样品中温石棉百分比

干扰因素: 叶蛇纹石(块状的蛇纹石)、绿泥石、高岭石、硅锰矿和钙磷石会产生干扰。某些元素的X-射线荧光性和吸收也会产生干扰,可以用衍射束单色仪将荧光规避,在本法中对吸收进行了校正

其他方法: P&CAM 309[2]仅用于定性样品;由于灵敏度的问题,该方法不适用于个体空气样品。EPA检测方法用于测定定性样品绝缘样品中的石棉,与本法类似[3]。方法7400是对个体样品中的空气中的纤维进行测定的光学方法。方法7402(用透射电子显微镜测定石棉)和方法9002(偏光显微镜测定石棉)也可用于对石棉进行定性分析

试剂	仪器
1. 温石棉*:购自:Analytical Reference Minerals, Measurements Research Branch, DPSE, NIOSH, 4676 Columbia Parkway, Cincinnati, OH 45226; or UICC Asbestos Reference Sample Set, UICC MRC Pneumoconiosis Unit Llandough Hospital, Penarth, Glamorgan, CF6 1XW, UK. 2	1. 溶剂解吸瓶:塑料(用于定性样品)
	2. 冷冻研磨仪,液氮冷却的(Spex Model或等效物),研磨瓶(Spex6701),提取器(Spex 6704)
	3. 超声波清洗器:4.10μm筛,用于湿筛
	4. 聚碳酸酯滤膜:1.0μm,37mm(Nuclepore或等效滤膜)
2. 异丙醇*	5. 过滤器和侧臂真空瓶:带25mm和37mm滤膜支撑架
3. 干燥剂	6. 烘箱:110℃
4. 胶水或胶带:用于将银滤膜安装到XRD样品架上	7. 分析天平:可精确至0.01mg
	8. Griffin烧杯:50ml,带表面皿
	9. 滤膜:银滤膜,直径25mm
	10. 干燥器
	11. 玻璃瓶:1L,带磨口玻璃瓶塞
	12. 聚乙烯洗瓶
	13. 磁力搅拌器
	14. X射线粉末衍射仪:配备铜钯X射线管和闪烁检测器
	15. 参考样品(云母、阿肯色岩或其他稳定的定量标准):用于数据标准化
	16. 移液管和容量瓶

特殊防护措施: 石棉致癌,应该在通风橱中对其进行操作[4];异丙醇易燃

注:＊见特殊防护措施。

采样

1. 取几克待分析的尘土放置于溶剂解吸瓶中,密封好并用含有填料的纸箱运输。

样品处理

2. 放置约0.5g样品粉尘于研磨瓶中,在液氮冷却下研磨2~10分钟。

3. 用10μm筛和异丙醇湿筛出该尘。将尘放置于筛上并将筛直接放于超声波清洗器中,或者放在大圆盘中后再放入超声波清洗器中。加入的异丙醇应足够覆盖粉尘(如果用含异丙醇的盘子,在清洗器中加入水)。使用超声功率筛分尘土。

注意:或许需要一段时间才能获得几毫克的尘土。可能需要加热异丙醇,冷却一段时间。

4. 用非纤维的滤膜(聚碳酸酯)过滤悬浮液,或者在加热板上除去异丙醇,从异丙醇中回收被筛分过的样品粉尘。筛分后的样品在110℃干燥4小时或更长时间。

5. 称出约5mg筛分后的物质,放在一小片已去皮的称量纸上。记录准确重量W,精确至0.01mg。将粉尘转移到50ml烧杯中,用几毫升异丙醇冲洗称量纸。向烧杯中加入10～15ml异丙醇。

6. 用表面皿盖住烧杯。在超声波清洗器中超声至少3分钟,直到所有的团聚颗粒分散开。用异丙醇冲洗表面皿底面,收集洗液至烧杯中。

7. 在过滤装置中放置一个银滤膜。把漏斗紧紧地固定到整个滤膜圆周上。倒入2～3ml异丙醇到滤膜上。将样品悬浮液从烧杯中倒入漏斗中,抽真空。在过滤期间,冲洗烧杯几次并将冲洗液加入到漏斗中。

注意:在进行冲洗时,控制过滤速率,使漏斗中的液位保持在接近顶部的地方。当液位低于滤膜以上4cm时,不要冲洗漏斗壁或向漏斗中加入异丙醇。过滤完成后,保持真空直至滤膜干燥。

8. 用镊子取出滤膜,并将它安装到XRD样品架上,用于分析。

标准曲线绘制与质量控制

9. 制备并分析标准滤膜。

a. 制备两种温石棉在异丙醇中的悬浮液。称取10mg和100mg干燥的粉末,精确至0.01mg。用1.00L异丙醇定量地转移到1L具塞玻璃瓶中。

注意:根据标准物的粒度,可能需要研磨和湿筛(步骤3)。在110℃下干燥4小时或更长时间,保存在干燥器中。

b. 用超声波探头或超声波清洗器超声20分钟,使粉末悬浮于异丙醇。立即将玻璃瓶移到带绝缘顶的磁力搅拌器上,并加入搅拌子搅拌。在移取溶液前使溶液恢复到室温。

c. 将一片银滤膜安装到过滤装置上。向滤膜表面加几毫升异丙醇。关闭搅拌器并用手剧烈摇振悬浮液。几秒钟内将玻璃瓶放置下来,取下瓶盖并从悬浮液中心处取出一定量的10mg/L或100mg/L的悬浮液。不要用通过排出部分悬浮液的方法调整移液管中悬浮液的体积。如果取出的量多于所需的量,将所有悬浮液放回瓶中,冲洗移液管并使之干燥,再重新取一份。将移液管中的悬浮液转移到滤膜上,保持移液管的尖部接近悬浮液表面但不被已放出的悬浮液浸没。

d. 用几毫升异丙醇冲洗移液管,将冲洗液倒入漏斗中。重复冲洗几次。按照上述方法制备标准工作滤膜,一式三份,含量可为0,20,30,50,100,200和500μg。

e. 抽真空,迅速过滤悬浮液。保持真空直到滤膜干燥。当悬浮物沉积后,不要冲洗漏斗两侧,避免滤膜上的物质重排。当滤膜完全干燥后,将滤膜安装到XRD样品架上。

f. 用XRD进行分析(步骤12)。定义该XRD强度为I_x^o(步骤12d),然后归一化得$\dot{I}_x^o$(步骤12e)。对于高于200mg的标准滤膜的强度应该用基质吸收校正(步骤12f,13)。

g. 以$\dot{I}_x^o$对标准样品的含量(μg),绘制标准曲线。用加权最小平方方法($1/\sigma^2$加权)拟合更好。

注意:若重现性差(温石棉大于0.04mg时,>10%)则需制备新的标准曲线。数据应呈线性。最好采用最小平方方法($1/\sigma^2$加权),其中σ^2是给定负载下的数据方差。

h. 测定标准曲线斜率m(计数/μg)。直线的横截距应在0±5μg内。

注意:截距过大表明测定本底值时存在误差,即基线未正确校正,或是被其他晶相干扰。

10. 从与用于沉积样品的滤膜相同的盒中随机选择取出6片银滤膜作为介质空白(用于测定样品的自吸收,步骤13)。将每个介质空白滤膜安装到过滤器上,加入5～10ml异丙醇,真空过滤。取下滤膜,使之干燥,安装到XRD样品架上。测定每个介质空白的银峰的归一化后计数值,记为$\dot{I}_{Ag}^o$(步骤12)。计算6个介质空白的平均值。

样品测定

11. 获取样品的定性X射线衍射扫描(如:2θ为10°～80°),来测定样品中存在的温石棉和干扰物(附录)。衍射峰如表5-0-10。

表 5 - 0 - 10　待测物特征峰

	峰(2θ 角度)	
	第一特征峰	第二特征峰
温石棉	12.08°	24.38°
银	38.12°	44.28°

12. 将滤膜(样品、标准滤膜或空白)安装到 XRD 仪器中,并按以下步骤进行操作。

a. 在每个滤膜扫描之前测定参考样品的净强度 I_r。选择一个适当的归一化换算因子 N,约等于参样品峰的净强度,并将该值用于所有分析。

b. 测定无干扰的温石棉的衍射峰峰面积。扫描时间必须较长,如 15 分钟。

c. 测定峰两侧的本底值,扫描时间为峰扫描时间的一半。将两个结果相加获得平均本底值。测定每个样品本底的位置。

d. 计算净强度 I_x(峰积分强度计数值与总本底计数值之间的差)。

e. 按下式计算每个样品和标物质中的样品峰的归一化强度 $\hat{I}_x$,并记录结果:

$$\hat{I}_x = \frac{I_x}{I_r} \times N$$

注意:归一化参考样品强度能补偿 X 射线管强度的长期漂移。如果强度测量稳定,参考样品的测定频率可以减少,且净强度应该归一化到最近测量的参考强度。

f. 按照相同的步骤测定样品滤膜上无干扰的银峰的净计数值 I_{Ag}。对银峰使用短的扫描时间(如待测物峰扫描时间的 5%)并在整个方法中保持一致。

g. 用与待测物和银峰相同的 2θ 扫描范围,扫描样品空白。这些分析仅为了证明滤膜没有发生污染。样品空白的衍射峰中应该不存在待测物的峰。归一化后的银峰强度应该与介质空白一致。

计算

13. 计算定性尘样品中温石棉的百分含量(%):

$$C = \frac{100[\hat{I}_x f(T) - b]}{mW}$$

式中:$\hat{I}_x$——样品峰归一化强度;

　　b——标准曲线的截距($\hat{I}_x^0$ vs. W);

　　m——标准曲线的斜率(计数值/微克);

　　$f(T)$——$\dfrac{-R\ln T}{1 - T^R}$ = 吸收校正因子(表 5 - 0 - 12);

　　R——$(\sin \theta_{Ag})/(\sin \theta_x)$;

　　T——$\hat{I}_{Ag}/($ 平均 $\hat{I}_{Ag}^0)$ = 样品透光度;

　　$\hat{I}_{Ag}$——来自样品的归一化银峰强度;

　　平均 $\hat{I}_{Ag}^0$ 来自介质空白的归一化银峰强度(6 个值的平均值);

　　W——沉积样品的含量 μg。

注意:关于吸收校正方法的更为详细的讨论,见参考文献[5]~[8]。

方法评价

本法以 B. A. Lange 开发 P&CAM 309[1,2] 为基础。已经研究了滑石中含温石棉 1% ~ 100% 的样品,以建立用 XRD 方法测定空气传播的石棉的可行性。分析精密度如表 5 - 0 - 11。

表 5 - 0 - 11 方法评价结果

滑石中的% 温石棉	$\overline{S}_r/\%$
100	6. 9
10	4. 7
7	9. 8
5	8. 2
3	10. 1
1	12. 5

本研究表明,吸收校正后的结果偏差很小。

参考文献

[1] Lange, B. A. Determination of Microgram Quantities of Asbestos by X - Ray Diffraction:Chrysotile in Thin Dust Layers of Matrix Material, Anal. Chem. , 51:520(1979).

[2] NIOSH Manual of Analytical Methods, 2nd ed. , V. 5, P&CAM 309, U. S. Department of Health,Education, and Welfare, Publ. (NIOSH) 79 - 141 (1979).

[3] Perkins, R. L. and B. W. Harvey. U. S. Environmental Protection Agency Test Method for the Determination of Asbestos in Bulk Building Materials, EPA/600/R - 93/116 (June, 1993).

[4] Criteria for a Recommended Standard. . . Occupational Exposure to Asbestos (Revised) , U. S. Department of Health, Education, and Welfare, Publ. (NIOSH) 77 - 169 (1976).

[5] Leroux, J. and C. Powers. Direct X - Ray Diffraction Quantitative Analysis of Quartz in Industrial Dust Films Deposited on Silver Membrane Filters, Occup. Health Rev. , 21:26 (1970).

[6] Williams, D. D. Direct Quantitative Diffractometric Analysis, Anal. Chem. , 31:1841 (1959).

[7] Abell, M. T. , D. D. Dollberg, B. A. Lange, R. W. Hornung and J. C. Haartz. Absorption Corrections in X - ray Diffraction Dust Analyses:Procedures Employing Silver Filters, Electro Microscopy and X - ray Applications, V. 2, 115, Ann Arbor Science Publishers, Inc. (1981).

[8] Dollberg, D. D. , M. T. Abell, and B. A. Lange. Occupational Health Analytical Chemistry:Quantitation Using X - Ray Powder Diffraction, ACS Symposium Series, No. 120, 43 (1980).

方法修订作者

M. T. Abell, NIOSH/DPSE.

表 5 - 0 - 12 某些温石棉 - 银峰组合透光度函数的吸收校正因子

透光率	温石棉	f(T)		透光率	f(T)	
		12. 08	24. 38		12. 08	12. 08
T	银	38. 12	38. 12	T	38. 12	38. 12
1. 00		1. 0000	1. 0000	0. 69	1. 6839	1. 3142
0. 99		1. 0157	1. 0078	0. 68	1. 7151	1. 3277
0. 98		1. 0317	1. 0157	0. 67	1. 7470	1. 3414
0. 97		1. 0480	1. 0237	0. 66	1. 7797	1. 3555
0. 96		1. 0647	1. 0319	0. 65	1. 8132	1. 3698
0. 95		1. 0817	1. 0402	0. 64	1. 8475	1. 3845
0. 94		1. 0991	1. 0486	0. 63	1. 8827	1. 3995
0. 93		1. 1168	1. 0572	0. 62	1. 9188	1. 4148
0. 92		1. 1350	1. 0659	0. 61	1. 9558	1. 4305

续表

透光率	温石棉	f(T) 12.08	24.38	透光率	f(T) 12.08	12.08
T	银	38.12	38.12	T	38.12	38.12
0.91		1.1535	1.0747	0.60	1.9938	1.4465
0.90		1.1724	1.0837	0.59	2.0328	1.4629
0.89		1.1917	1.0928	0.58	2.0728	1.4797
0.88		1.2114	1.1021	0.57	2.1139	1.4969
0.87		1.2316	1.1115	0.56	2.1560	1.5145
0.86		1.2522	1.1212	0.55	2.1993	1.5325
0.85		1.2733	1.1309	0.54	2.2438	1.5510
0.84		1.2948	1.1409	0.53	2.2895	1.5700
0.83		1.3168	1.1510	0.52	2.3365	1.5895
0.82		1.3394	1.1613	0.51	2.3848	1.6095
0.81		1.3624	1.1718	0.50	2.4344	1.6300
0.80		1.3859	1.1825	0.49	2.4855	1.6510
0.79		1.4100	1.1933	0.48	2.5380	1.6727
0.78		1.4346	1.2044	0.47	2.5921	1.6950
0.77		1.4598	1.2157	0.46	2.6478	1.7179
0.76		1.4856	1.2272	0.45	2.7051	1.7414
0.75		1.5120	1.2389	0.44	2.7642	1.7657
0.74		1.5390	1.2508	0.43	2.8251	1.7907
0.73		1.5666	1.2630	0.42	2.8879	1.8165
0.72		1.5949	1.2754	0.41	2.9526	1.8431
0.71		1.6239	1.2881	0.40	3.0195	1.8705
0.70		1.6536	1.3010			

石棉(定性样品)—偏光显微镜法 9002

各不相同	相对分子质量:各不相同	CAS 号:1332 – 21 – 4	PTECS 号:C16475000	
方法:9002,第二次修订		方法评价情况:部分评价	第一次修订:1989.5.15	
			第二次修订:1994.8.15	
EPA 标准(定性样品):1%		性质:固体;纤维状;透明,各向异性		

中、英文名称:阳起石 actinolite[77536 – 66 – 4] 或低铁阳起石 ferroactinolite [15669 – 07 – 5];铁石棉 amosite[12172 – 73 – 5];直闪石 anthophyllite [77536 – 67 – 5];温石棉 chrysotile [12001 – 29 – 5]; serpentine 蛇纹石[18786 – 24 – 8];青石棉 crocidolite [12001 – 28 – 4];透闪石 tremolite [77536 – 68 – 6];闪石 amphibole

采样

定性样品:1 ~ 10g

运输方法:牢固密封以防石棉丢失

样品稳定性:稳定

样品空白:不需要

准确性

研究范围:<1% ~100% 石棉

偏差:未测定

总体精密度($\hat{S}_{rT}$):未测定

准确度:未测定

分析

分析方法:立体偏光显微镜法,色散着色

待测物:阳起石石棉、铁石棉、直闪石石棉、温石棉、青石棉、透闪石石棉

仪器:偏光显微镜,100 ~ 400 倍色散着色物镜,立体显微镜,10 ~ 45 倍

测定范围:1% ~100%

估算检出限:<1% [1]

精密度($\bar{S}_r$):未测定

适用范围:本法适用于定性识别石棉及半定量定性样品中石棉的含量。本法对石棉百分含量的测定,是分析人员通过比较标准投影面积、照片和图集,或者由培训经验而得知的。本法不适用于含有大量低于光学显微镜分辨率的细小纤维的样品

干扰因素:与石棉矿物光学性能相似的其他纤维会产生正干扰。石棉的光学性能可能会被纤维表面的覆盖物掩盖。细于显微镜分辨能力(约0.3μm)的纤维将不能被测定。加热和酸处理会改变石棉的折射率并改变它的颜色

其他方法:本法(源方法为7403)可与方法7400(相差显微镜)和方法7402(电子显微镜/EDS)同时使用。本法与EPA测定石棉定性样品的方法类似[1]

试剂	仪器
1. 折射率(RI)液,用于分散着色:高色散系列,1.550、1.605、1.620	1. 装样容器:塑料瓶,带螺纹盖,容积10~50ml
2. 折射率液:1.670、1.680和1.700	2. 偏光显微镜:带偏振镜,分析器,延迟板端口,360°具刻度的旋转载物台,带光圈的台式聚光器、灯、灯光圈和以下物品
3. 石棉参考样品:如SRM#1866,购自美国国家标准与技术研究院*	a. 物镜:10倍、20倍和40倍或相近的等效产品
4. 去离子水(可选)	b. 目镜:最小10倍
5. 浓HCl:ACS试剂级	c. 目镜标线:十字
	d. 色散着色物镜或等效产品
	e. 补偿板:约550±20nm,延迟:"一级红色"补偿器
	3. 载玻片:75mm×25mm
	4. 盖玻片
	5. 通风橱或负压手套箱
	6. 研钵及研杵:玛瑙或瓷的
	7. 立体显微镜:约10~40倍
	8. 光源:白炽灯或荧光灯
	9. 镊子、解剖针、刮刀、探头和手术刀
	10. 玻璃纸或干净的玻璃板
	11. 低速手钻带粗磨钻头(可选)

特殊防护措施:石棉是一种人类致癌物,应该仅在通风橱中进行操作[装配有高效空气过滤器(HEPA)][2]。当采集可能是石棉的未知样品时,应该采取防护措施,以防止采集样品的人接触到石棉[3],并将对母体物质的破坏降至最低[3]。处理含有石棉的物质时应该遵循EPA指导方针[4]

注:*见特殊防护措施。

采样

1. 放置1~10克待测物于样品容器中。

注意:对于较均匀的大量样品(即整个天花板砖),应该取具有代表性的一小部分用于分析。须调整样品大小以确保能够代表整个母体物质。

2. 确保样品容器已经被粘牢,以使容器在运输过程中不会打开。

3. 在一个填有足够填充物质的刚性容器中运送样品以防止样品的破坏或损失。

样品处理

4. 在通风橱中,用低放大倍率的立体显微镜从视觉上检测容器中的样品。(如有必要的话,应该小心地将样品从容器中取出,并放置到玻璃转移纸上或干净的玻璃板上进行检测)。折断一部分样品,并检测显现的纤维的边缘。注意样品的均匀性。某些硬瓷砖可以打碎,并检测边缘显现的纤维。如果发现了纤维,估计存在的纤维数量和类型,确定纤维类型(步骤14)和数量(步骤15)。

5. 在通风橱中,打开样品容器并用镊子取出少量有代表性样品。

a. 如果出现明显的分层,对每层进行单独地采样和分析。

b. 如果样品出现轻微的不均匀性,在取出部分进行分析前,用镊子或刮刀在样品容器中将其混匀。或者,每种物质均取出有代表性的一小部分并放置在载玻片上。

c. 在硬瓷砖上可能存在薄的、不可分离的层,用手术刀切下所有的层作为代表性样品。然后再加上折射率(RI)液之后,试图减小物质的厚度之前,将它切成更小的块。

注意:这种类型的样品通常需要进行灰化或专业的制备,并可能需要用透射电子显微镜来检测这种地

面瓷砖所特有的短的石棉纤维。

d. 如果样品是大的、坚硬的颗粒,在研钵中将它研磨。不要研磨得太细以致破坏了纤维的特征。

e. 如有必要的话,在通风橱中用适当的溶剂对一部分样品进行处理,以除去样品中可能存在的黏合剂、焦油或其他干扰物。对用该过程除去的非纤维物质进行校正。

注意:其他样品处理的方法如酸洗和偏磷酸钠处理,可能需要灰化,尤其适用测定低浓度的石棉。如果需要的话,使用参考文献[1]中所描述的方法。

6. 在向载玻片上加入几滴 RI 液体后,向液体中加入少量样品。用针分开或用刮刀或探头平坦的一端将小块粉碎,产生均一的厚度或颗粒以便能更好地估算投影面积的百分比。混合载玻片上的纤维和颗粒,使它们尽可能均匀。

注意:分散好的样品应该覆盖盖玻片下的整个区域。某些颗粒可用来判断放置到载玻片上的物质的量。太少的样品将不能给出足够的信息,而太多的样品不易分析。

标准曲线绘制与质量控制

7. 每天进行检查污染操作。在使用之前,用镜头纸擦拭载玻片和盖玻片。检查折射率液。将结果记录在一个单独的记录本上。

8. 每周进行一次验证折射率液折射率的操作。并将检查结果记录在一个单独的记录本上。

9. 遵循仪器说明书对照明、聚光器和其他的显微镜调节装置进行操作。在每个样品组测定之前进行这些调节操作。

10. 通过与标准物投影的比较,测定每种确定的石棉种类的百分含量(图 5 - 0 - 8)[1]。如果在均匀的样品中没有检测到纤维,在做出没有石棉存在的结论前,至少检测两个另外的制备样品。

11. 如果是由于制备技术不能在载玻片上产生一个均匀的或代表性的样品,再制备一个玻片平行样品并将结果平均。有时,平行样品的结果差别很大,将有必要再制备另外一个玻片并平均所有的结果。

12. 分析已知石棉含量的约5%的盲样。

13. 执行这个分析方法的实验室应该加入国家实验认可计划(the National Voluntary Laboratory Accreditation Program)[5]或类似的实验室间的含量控制考核。每个分析员应该经过关于偏光显微镜及其用于石棉结晶物质的完整的正规训练。在训练有素的石棉分析员指导下的实验室石棉分析培训可以代替正规训练。由于本法具有主观性,为了保持熟练地估算投影面积百分比,必须进行频繁的练习。

定性

14. 扫描玻片,用形态上的光学性能、折射率、颜色、多色性、双折射、消光特性、延伸信号和分散着色特性来对所有的石棉矿物进行识别:

注意:用偏光显微镜识别石棉的方法不同于大多数的其他分析方法。结果的准确性取决于分析员的技术和判断。由不同分析员设计的各种不同的步骤可能产生等效的结果。下面步骤重复利用了以前描述的样品制备步骤。

a. 用 1.550 HD RI 液制备载玻片样品。调节偏振滤光镜,使偏振镜部分相交,约15°偏移。扫描制备的样品,检测纤维的形态。如果没有发现纤维,扫描另外的制备样品。如果在任何制备样品中均没有发现纤维,将该样品报道为不含石棉并从这里停止分析。

b. 如果发现了纤维,调节偏振滤光镜,使偏振镜全部相交。如果所有的纤维都是各向同性的(在所有的旋转角度均消失不见),那么这些纤维不是石棉。玻璃纤维和矿物棉,是疑似样品中常见的成分,是各向同性的。如果在另外的制备样品中仅发现存在各向同性的纤维,报道无石棉纤维,并停止分析。

c. 如果发现了各向异性的纤维,旋转载物台测定消光角。除了透闪石石棉在 10° ~ 20° 具有斜消光,其他形式的石棉表现出平行消光(表 5 - 0 - 13)。透闪石可能既显示平行消光又显示斜消光。

d. 将一级红色补偿板插入显微镜中并测定延伸信号。除了青石棉外,其他所有形式的石棉均具有正的延伸信号。如果发现延伸信号是负的,至步骤"g"。

注意:为测定在特定显微镜配置下的延伸信号的方向,测定一个已知的温石棉并用蓝染色标记方向[东北—西南(NE - SW)或西北—东南(NW - SE)]。温石棉具有正的延伸信号。

e. 将一级红色补偿板从显微镜中取出并使偏振镜平行(不相交)。平面偏振光下检查纤维 - 油的交界面呈现的蓝色或黄褐色 Becke 色(即折射率匹配)。贝克色并不总是很明显。测定的纤维形态为扭曲的、波浪束纤维,这是温石棉的特征。具有弯曲的、带状的形态和细胞内部特征表明可能是纤维素纤维。如果在 1.550 折射率精确匹配,可能需要使偏振镜部分相交,以观察纤维。如果纤维具有更高的折射率,至步骤"h",否则继续。

f. 识别温石棉。插入色散着色物镜。观察色散着色的颜色,蓝色和蓝 – 洋红色可评价为温石棉。纤维素是在 1.550 的折射率下的一种常见干扰,但不会表现出这些色散着色的颜色。如果发现了温石棉,至步骤 15 进行定量测定。

g. 识别青石棉。在 1.700 RI 液中制备玻片样品。在平面偏振光下(未相交)检测;检查青石棉的形态。青石棉中的纤维将是直的,具有刚性外观并可能出现蓝色或紫 – 蓝色。青石棉是多色的,即通过平面偏振光的旋转,它会表现出不同的颜色(蓝色或灰色)。插入色散着色物镜。中心光阑分散着色的颜色为红 – 洋红和蓝 – 洋红,然而,由于深蓝色的纤维是不透明的,这些颜色有时是很难观察到的。如果上述观察表明存在青石棉,至步骤 15 进行定量测定。

h. 识别铁石棉。在 1.680 RI 液中制备玻片样品。观察纤维的形态,铁石棉的特征:直纤维和扫帚状或末端舒展的纤维束。如果观察的形态与铁石棉相符,用分散着色物镜检测纤维。蓝色和淡蓝色表明是镁铁闪石形式的铁石棉,且金色和蓝色表明是铁闪石形式的铁石棉。如果通过本检测确定了铁石棉,至步骤 15 进行定量测定,否则继续。

i. 识别直闪石 – 透闪石 – 阳起石。在 1.605 HD RI 液中制备玻片样品。将检测到的形态与直闪石 – 透闪石 – 阳起石石棉纤维比较。这些形式的石棉的折射率自然不同。通过直闪石几乎平行的消光,可以将它与阳起石和透闪石区别开来。在平面偏振光下,阳起石发出深绿色的光并表现出一些多色性。对于所有的这三种石棉,其纤维是直的、单根纤维和某些更大的复合纤维。也可能存在分裂碎片。使用中心光阑分散着色物镜检测。直闪石将表现出蓝色和金色/金色 – 洋红色的中心光阑颜色;透闪石将表现出淡蓝色和黄色;并且阳起石将表现出洋红色和金黄色。

注意:在该折射率范围内,硅灰石是一种常见的干扰矿物,它具有相似的形态,包括存在的分裂碎片。它既有正的延伸信号又有负的延伸信号,平行消光并且中心光阑分散着色的颜色为淡黄色和淡黄色到洋红色。如果需要进一步评价硅灰石和直闪石,至步骤"j"。如果已评价了上述任何形式的石棉,至步骤 15 进行定量测定。如果没有检测到上述确定的石棉纤维,检测另外的制备样品,且如果结果相同,报道本样品中不存在石棉。

j. 用一滴浓盐酸洗涤载玻片上的一小部分样品,将盖玻片放置在适当的位置,然后将玻片放置在一个热的加热板上直到干燥。通过毛细作用,在盖玻片下加入 1.620 的 RI 液并检测该玻片样品。硅灰石纤维将在纤维长度出现"交叉的影线"且不出现中心光阑分散颜色。直闪石和透闪石仍然显示出它们原始的色散颜色。

注意:可以选择另一种方法替代上述的步进式方法,并产生等效的结果。其中一些替代方法如下。

ⅰ. 使用正交偏光镜和一级红色补偿器,进行初始扫描,检测石棉的存在。可同时观察双折射的和无定形的物质并测定他们的延伸信号。某些覆盖灰浆的纤维用这种配置可进行最好的观察。

ⅱ. 某些分析员更喜欢将他们第一次制备的样品放在不同的折射液中,而不是放置不同的石棉物质并在平面偏振光下进行最初的检测。

ⅲ. 如果不使用这些指定的而使用另一种 RI 液,观察到的分散着色颜色也会改变。在实际使用的 RI 液体中,石棉的特定颜色,可以参考适当的参考文献。

定量

15. 用 1.550 RI 制备样品,估算样品中存在的特定石棉类型的含量。将估算值表达为所有存在物质中的面积百分比,考虑了在载玻片上所有样品物质负载和的分布。可参考图 5 - 0 - 8,辅助进行估算。如果样品中还有另外的未确定的纤维,继续定性测量(步骤 14)。

注意:不建议用点计数来确定纤维矿物的百分含量。仅当物质在载玻片上均匀分布且具有均一厚度时,而这通常很难获得,点计数才产生准确的定量数据[6]。EPA 建议用点计数技术来测定石棉的含量[1];但是,在最近的石棉危害应急法案(AHERA)条例中,可用点计数或等效的估算方法来对石棉定量[7]。

16. 采用粗略估算与显微镜检测估算相结合的方法,对样品中石棉含量进行定量估算。如果已经确定含有石棉纤维,报道为"内含石棉"。应该把石棉含量报道为百分含量范围。该报道范围应该标明估算石棉含量的分析员的精密度。对于大量的石棉参照图 5 - 0 - 8 来进行估算。

方法评价

本法编译自矿物学中所使用的标准技术[8-13]和已经使用了好几年的对大块石棉样品分析的标准实验室方法。从1982开始,这些技术已经被成功地用于分析 EPA Bulk Sample Analysis Quality Assurance Program 样品[1,5]。然而,正如本文所写的,一直使用的这种方法,还没有获得正式的评价。

参考文献

[1] Perkins, R. L. and B. W. Harvey, U. S. Environmental Protection Agency. Test Method for the Determination of Asbestos in Bulk Building Materials. EPA/600/R - 93/116 (June. 1993).

[2] Criteria for a Recommended Standard...Occupational Exposure to Asbestos (Revised), U. S. Department of Health, Education, and Welfare, Publ. (NIOSH) 77 - 169 (1976), AS AMENDED IN NIOSH Statement at OSHA Public Hearing, (June 21, 1984).

[3] Jankovic, J. T. Asbestos Bulk Sampling Procedure, Amer. Ind. Hyg. Assoc. J., B - 8 to B - 10, (February, 1985).

[4] U. S. Environmental Protection Agency, "Asbestos Waste Management Guidance" EPA/530 - SW - 85 - 007, (May, 1985).

[5] National Voluntary Laboratory Accreditation Program, National Institute of Standards and Technology, Bldg 101, Room A - 807 Gaithersburg, MD. 20899.

[6] Jankovic, J. T., J. L. Clere, W. Sanderson, and L. Piacitelli. Estimating Quantities of Asbestos in Building Materials. National Asbestos Council Journal, (Fall, 1988).

[7] Title 40, Code of Federal Regulations, Part 763. Appendix A to Subpart F. Interim Method of the Determination of Asbestos in Bulk Insulation Samples, (April 15, 1988).

[8] Bloss, F. Donald, Introduction to the Methods of Optical Crystallography, Holt, Rinehart, & Winston, (1961).

[9] Kerr, Paul F., Optical Mineralogy, 4th Ed., New York, McGraw - Hill, (1977).

[10] Shelley, David, Optical Mineralogy, 2nd Ed., New York, Elsevier, (1985).

[11] Phillips, W. R. and D. T. Griffen, Optical Mineralogy, W. H. Freeman and Co., (1981).

[12] McCrone, Walter, The Asbestos Particle Atlas, Ann Arbor Science, Michigan, (1980).

[13] "Selected Silicate Minerals and their Asbestiform Varieties," Bureau of Mines Information Circular IC 8751, (1977)

方法作者

Patricia A. Klinger, CIHT, and Keith R. Nicholson, CIH, DataChem Laboratories, Inc., Salt Lake City, Utah, under NIOSH Contract 200 - 84 - 2608, and Frank J. Hearl, PE, NIOSH/DRDS and John T. Jankovic, CIH.

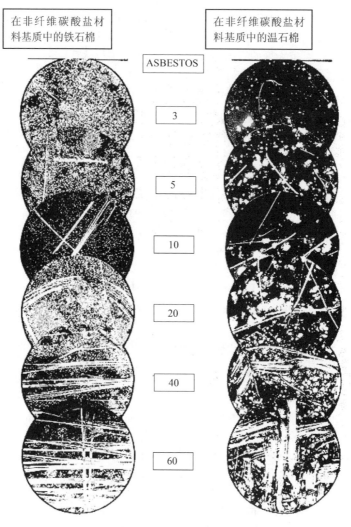

在非纤维碳酸盐材料基质中的铁石棉　　在非纤维碳酸盐材料基质中的温石棉

ASBESTOS

3
5
10
20
40
60

图 5 - 0 - 8　百分比估算比较器

表 5 - 0 - 13　石棉纤维的光学性能

矿物	形态和颜色	折射率(近似值)		
		＿至延伸率	至延伸率	双折射
温石棉	波浪状纤维,有弯折。大纤维束有舒展的末端。基于加热,无色至亮棕色。非多色性。长宽比通常大于 10:1	1.54	1.55	0.002 ~ 0.014
镁铁闪石 - 铁闪石(铁石棉)	直的纤维和纤维束。纤维束末端扫帚状或展开状。基于加热,无色至棕色。可能为弱多色。长宽比通常大于 10:1	1.67	1.70	0.02 ~ 0.03
青石棉(钠闪石)	直的纤维和纤维束。长纤维有弯曲。纤维束有舒展末端(八字形)。特征性蓝色。多色。长宽比通常大于 10:1	1.71	1.70	0.014 ~ 0.016 干扰色可能会被蓝色掩盖
直闪石	直的纤维和纤维束。可能存在分裂碎片。无色至亮棕色。非多色至弱多色。长宽比一般小于 10:1	1.61	1.63	0.019 ~ 0.024
透闪石 - 阳起石	直的和弯曲的纤维。常见分裂碎片。大纤维束有舒展的末端(八字形)。透闪石为无色,阳起石为绿色并有弱到中度的多色。长宽比一般小于 10:1	1.60 ~ 1.62 (透闪石) 1.62 ~ 1.67 (阳起石)	1.62 ~ 1.64 (透闪石) 1.64 ~ 1.68 (阳起石)	0.02 ~ 0.03

续表

矿物	消光	延伸信号	RI 液	中心光阑分散着色颜色	
				____至振动	至振动
温石棉	平行于纤维长度	+（正延性）	1.550 HD	蓝色	蓝－洋红色
镁铁闪石－铁闪石	平行于纤维长度	+（正延性）	1.670	红－洋红色至蓝色	黄色
（铁石棉）			纤维受到高温时将不		
镁铁闪石－铁闪石			会色散着色		
			1.680	淡蓝色	蓝色
			1.680	蓝色	金色
青石棉	平行于纤维长度	－（负延性）	1.700	红洋红色	蓝－洋红色
（钠闪石）			1.680	黄色	淡黄色
直闪石	平行于纤维长度	+（正延性）	1.605 HD	蓝色	金色至金洋红色
			1.620 HD	蓝绿色	金黄色
透闪石－阳起石	对于碎片倾斜 10° ~ 20°，一些复合纤维表现为消光	+（正延性）	1.605 HD	淡蓝色（透闪石）黄色（阳起石）	黄色（透闪石）淡黄色（阳起石）

HD = 高色散 RI 液系列

室内空气中生物气溶胶的采样(可培养的生物体:细菌、真菌、嗜热放线菌)0800

方法:0800,第一次修订	方法评价情况:不适用	第一次修订:1998.1.15

目的:对可培养的微生物进行定性分析,对来自建筑物宿主的可能繁殖和传播的细菌或真菌进行评价。

现场仪器

1. 采样器。

a. Andersen 两级撞击式空气微生物采样器或等效的采样器,用于采集真菌和中温菌。

b. Andersen N－6 一级采样器或等效的采样器,用于采集嗜热放线菌。

2. 采样介质,根据采样器厂商的说明在平板上准备。

a. 对于真菌,用麦芽汁琼脂(MEA)。

b. 对于中温菌和嗜热放线菌,使用胰蛋白大豆琼脂。

注意:如果适合,也可用其他的采样介质,例如:适旱霉菌用二氯喃甘油琼脂(DG18);异养细菌用 R2A 琼脂;葡萄穗霉等生长缓慢的真菌用玫瑰红琼脂。

3. 能满足采样器厂商说明中流量要求的采样泵(例如,28.3L/min),配有连接软管。

4. 纱布垫,如 10.16cm×10.16cm。

5. 外用酒精,70% 异丙醇。

6. 制冷袋,样品需冷藏运输时使用。

注意:样品冷藏但不能冰冻。

采样方案

7. 至少选择 3 个采样点,分别代表检测区、非检测区(其他方面尽可能与检测区相似)和室外。

8. 依次在每个地点,同时采集真菌、嗜热菌、嗜热放线菌。一般采样时间为 10 分钟。在去下一个地点前,再重复采样 2 次,即每个地点连续采样 3 次。

9. 向采样器中加入采样介质,再立即卸下,作为样品空白。

10. 第二天再采集一整套的样品和空白。

采样

11. 串联一个有代表性的采样器来校准个体采样泵。

12. 每次运行前,用外用酒精小心、彻底地擦拭采样器的每一级。干燥。确保空气通道通畅。

13. 将采样介质加入采样器中,移去介质的盖,用软管连接采样器与泵。

注意:装入和卸下采样介质的过程中,要特别小心,避免污染介质。请勿触摸琼脂表面。

14. 以预设的流量采样,采样时间已知,如 10 分钟(在严重污染的区域,可以采用稍短一些的取样时间)。

15. 更换采样介质的盖子,卸下采样介质,包装后运输。(平板应在采样介质面的上面)

运输:将采集的样品和空白冷藏(无须至冰点),并尽快运输至实验室,进行计数和定性分析。

分析:中温菌和嗜热放线菌通常定性到种,真菌通常定性到属。通过比较检测区和控制区(非检测区和室外)的分类群的总数和等级排列,得出主观的结果。

方法作者

Miriam K. Lonon, Ph. D. , NIOSH/DPSE

空气中传播的结核杆菌 0900

方法:0900,第一次修订	方法评价情况:不适用	第一次修订:1998. 1. 15

生物指标:接触 M – 结核杆菌(M. tuberculosis)

英文名称:TB, tubercle bacilli

采样	分析
采样滤膜:滤膜(37mm、聚四氟乙烯滤膜)	分析方法:聚合酶链反应(PCR)/酶标仪[2]
采样流量:4L/min 或者更高[1]	待测物:M – 结核杆菌
建议:如果空气中颗粒物的浓度低,则至少采样 8 小时,	波长:450nm
和(或)使用大体积采样;实验室研究时,采样时间为	质控样品:3 个阴性 PCR 实验室对照样品,所有读数都应少于 0.25 个吸
10 分钟	光度单位;2 个阳性 PCR 实验室对照样品,且读数都大于等于 2.0 个
防腐剂:无	吸光度单位
运输方法:依据美国疾病预防与控制中心(CDC)关于人	测定范围:净化的 M – 结核杆菌 H37Ra DNA,复制 1 ~ 300 个;H37Ra 分
类病原体(42 CFR Part 72)的州际运输条例进行运	枝杆菌,4 ~ 1950 个微粒(范围更高时检测结果均为阳)
输;可在室温下运输	估算检出限:约 20 个分枝杆菌颗粒(空气样品中)
样品稳定性:室温下可稳定一周以上; – 20℃下不确定	
对照样品:2 个以上样品空白	

适用范围:本法为定性检测空气中 M – 结核杆菌微粒的方法。它可检测出 20 个及以上的 M – 结核杆菌颗粒。此方法不能定量检测出颗粒的个数

干扰因素:产生阳性干扰的有 M. bovis、M. bovis BCG;产生阴性干扰的有金属和空中其他未知的微粒物质。(注意:为了检测出可能的阴性干扰物质,在现场样品中加标能产生阴性结果的 M – 结核杆菌 H37Ra DNA 或 H37Ra,并重新分析。或者,用瑞士罗氏诊断系统(Roche Diagnostic Systems)的阳性对照样品代替 H37Ra

其他方法:本检测方法最初是由罗氏诊断系统(Roche Diagnostic System)制定,用于分析临床样品[2]。现有多种其他方法,也可用于检测 M – 结核杆菌,如基因探针法(Gen – Probe)[3,4]和双基因法(Digene)[5]

试剂 *	仪器
1. 滤膜洗脱液:pH = 8.0、含有 1% Triton X – 100 的 100mM Tris – HCl 溶液;或者用唾液清洗剂(瑞士罗氏公司)	1. 采样滤膜:聚四氟乙烯(PTFE)滤膜,37mm、1.0μm 孔径,带纤维素衬垫,置于三层式滤膜夹(Costar #130810)中
2. 罗氏试剂盒,AMPLICOR 结核分枝杆菌测试,包含各种溶液和对照样品	2. 个体采样泵:流量 4L/min 或者更大,配有连接软管
3. 漂白剂(5.25% 次氯酸钠)	3. 培养皿:聚苯乙烯,50mm(Gelman #7242,或等效的)
	4. 钳子和(或)镊子
	5. 一次性手套
	6. 临床用旋转台
	7. 血清移液管:无菌、一次性,2.0ml
	8. 微型离心管:2.0ml
	9. 微型离心机
	10. 加热板或热水浴
	11. PCR 温度循环仪及附件
	12. 酶标仪
	13. 微型清洗器
	14. 微型细菌培养箱
	15. 阻隔气溶胶的移液管吸头或正位移微型移液管
	16. 采样袋:规格 10.2 × 15.2cm

特殊防护措施:进入空气中带有结核杆菌(TB)的房间,健康会受到危害,应该佩戴适当的呼吸防护用具[6];应该在具有生物安全性的橱窗内打开滤膜样品;样品经过加热一定的时间后,对进行分析的实验室工作人员的危害很小;TB PCR 法非常敏感,因此,为避免产生错误的阳性结果,必须隔离实验室的各种活动

注:* 见特殊防护措施。

采样管的安装

1. 将滤膜夹安装都在一个干净的环境中,穿戴一次性、最好是无粉或低粉的手套。

  a. 用镊子,将衬垫和 PTEF 滤膜放入滤膜夹的下层。

  b. 组装滤膜夹,插入塞子。

  c. 在滤膜夹外缠上封口膜,空气干燥。

  d. 将各滤膜夹分别放入采样袋中进行运输(每个袋中放一个滤膜夹)。

采样

2. 串联一个有代表性的滤膜夹来校准个体采样泵。

3. 以 4L/min 或更大的流量进行闭面采样。采样时间取决于可疑浓度的大小。如果浓度未知,采样需要较长时间(几小时)。

注意:如果空气中的颗粒浓度未知,则假设颗粒浓度较低。

4. 重新插入滤膜夹的塞子,将各滤膜夹分别放入采样袋中(每个袋中放一个滤膜夹),包装后运输。根据美国 CDC 关于人类病原体运输的条例(42 CFR Part 72),在室温下运输。

样品处理

5. 将 2.0ml 滤膜洗脱溶液加入 50mm 培养皿中。

6. 用钳子或镊子取出 PTFE 滤膜。

7. 将滤膜的两个面分别接触洗脱溶液,润湿滤膜的两面,然后将滤膜放置在培养皿中(每个培养皿放一张滤膜),样品朝上,盖紧盖子。

8. 将培养皿放在临床用旋转台上,洗脱滤膜 30 分钟。洗脱液应在滤膜表面来回移动。

9. 将洗脱液转移至 2.0ml 的微型离心管中。

10. 以 12500×g 转速离心 10 分钟,将上清液倒入盛有漂白剂的烧杯中。(须将微型离心管中残余的洗脱液倒出)

11. 向每个离心管中加入 100μl 的罗氏溶解试剂,紧密盖子,60℃ 下加热 45 分钟。

12. 按照罗氏试剂盒中 AMPLICOR 结核分枝杆菌检测手册中描述的步骤进行操作。

标准曲线绘制与质量控制

13. 根据仪器说明书,校准 PCR 热循环仪和酶标仪。

14. 按罗氏试剂手册中的描述,准备阳性对照样品和阴性对照样品。

注意:罗氏试剂盒中含有阳性对照样品和阴性对照样品。每次检测时用 3 个阴性对照样品和 2 个阳性对照样品,随机放置这些样品。若一个及以上阴性对照样品的值超过 0.25 个吸光度单位,或任何一个阳性对照样品的值低于 2.0 个吸光度单位,则停止该步操作。

样品测定

15. 如果未知样品的吸光度≥0.35 个吸光度单位,则认为样品中有结核杆菌。一个样品产生的吸光度 <0.35 个吸光度单位,则认为样品中结核杆菌的结果为阴。

计算

16. 因本法为定性分析法(阳/阴),所以不需要进行计算。

参考文献

[1] Schafer MP, Fernback JE, Jensen PA [in press]. Sampling and Analytical Method Development for Qualitative Assessment of Airborne Mycobacterial Species of the Mycobacterium Tuberculosis Complex. Am Ind Hyg Assoc J (submitted).

[2] Devallois A, Legrand E, Rastogi N [1996]. Evaluation of Amplicor MTB Test as Adjunct to Smears and Culture for Direct Detection of Mycobacterium Tuberculosis in the French Caribbean. J Clin Microbiol 34:1065 – 1068.

[3] Pfyffer GE, Kissling P, Wirth R, Weber R [1994]. Direct Detection of Mycobacterium Tuberculosis Complex in Respiratory Specimens by a Target – amplified Test System. J Clin Microbiol 32:918 – 923.

[4] Bodmer T, Gurtner A, Schopfer K, Matter L [1994]. Screening of Respiratory Tract Specimens for the Presence of Mycobacterium Tuberculosis by Using the Gen – Probe Amplified Mycobacterium Tuberculosis Direct Test. J Clin Microbiol 32:

1483 – 1487.

[5] Huang T – S, Liu Y – C, Lin H – H, Huang W – K, Cheng D – L [1996]. Comparison of the Roche AMPLICOR MY-COBACTERIUM Assay and Digene SHARP Signal System with In – house PCR and Culture for Detection of Mycobacterium Tuberculosis in Respiratory Specimens. J Clin Microbiol 34:3092 – 3096.

[6] NIOSH [1996]. Protect Yourself Against Tuberculosis—A Respiratory Protection Guide for Health Care Workers. DHHS (NIOSH) Publication No. 96 – 102.

方法作者

Millie P. Schafer, Ph. D. , NIOSH/DPSE

血液中的五氯苯酚 8001

C_6HCl_5O	相对分子质量:266.34	CAS 号:87 – 86 – 5	RTECS 号:SM6300000
方法:8001,第二次修订		方法评价情况:完全评价	第一次修订:1989.5.15 第二次修订:1994.8.15

生物指标:接触五氯苯酚

英文名称:pentachlorophenol in blood;PCP;Penta

采样	分析
样品:采集全血放入 5ml 样品管中	分析方法:气相色谱法,ECD 检测器
采样体积:5ml	待测物:五氯甲氧基苯(PCP 甲基醚)
防腐剂:无	进样体积:5μl
运输方法:聚乙烯箱中,10℃下运输	色谱柱:玻璃柱,1.8m×4mm(内径);80~100 目硅烷化填料,其上涂渍
抗凝剂:EDTA	4% SE – 30 +6% OV – 210
样品稳定性:未测定	载气:含5%甲烷的氩气,60ml/min
样品空白:如果样品数量超过 30 个,取 3 份不接触待测物的正常人血样品,或每 10 个样品加入一个空白样品	气化室温度:220℃
	柱温:190℃
	传输管温度:250℃
	检测器温度:300℃
	定量标准:正己烷中的五氯甲氧基苯的溶液
	质量控制:加标混合血液
	测定范围:0.01~1μg PCP/ml 血液
	估算检出限:0.001~1μg PCP/ml 血液
	回收率:90%
	精密度($\overline{S}_r$):0.02
	准确度:±13.9%

适用范围:本法用于测定游离的 PCP。可用于监测经皮肤接触、吸入和摄取的 PCP 接触值。血液 PCP 浓度值能够及时反映短期 PCP 接触水平,因为在接触4小时后,血液中的 PCP 浓度可达到最大[1]。方法 8303(尿中的五氯苯酚)是测定 PCP 长期暴露水平的最佳方法

干扰因素:正己烷也可提取氯萘、多氯联苯和敌草隆,但能够通过柱色谱法将这些化合物与 PCP 分离

其他方法:本法是基于 Borsetti[2] 的方法制定的

试剂	仪器
1. 正己烷、丙酮和苯*（农药级）	1. 采血管：5ml，含 7.5mg Na$_2$EDTA 抗凝剂（如"lavender - top"管）
2. 含 20%（v/v）苯的正己烷；含 10%（v/v）苯的正己烷	2. 气相色谱仪：电子捕获检测器（^{63}Ni）、积分仪和色谱柱（方法 8001）
3. 6M H$_2$SO$_4$	3. 试管：16×150mm 和 16×125mm，带 PTFE 内衬的螺纹瓶盖**
4. 亚硫酸氢钠	4. 可调变速旋转混合器
5. 无水硫酸钠	5. 离心机（可选择冷冻离心机）
6. 氧化铝（酸洗）：Brockman 活度 I 级，80~200 目	6. 色谱柱：7mm（内径）×200mm，带 50ml 储液器和 PTFE 活塞**
7. 五氯甲氧基苯（购自 EPA 分析参考实验室）	7. 玻璃注射器：10μl
8. 五氯苯酚标准储备液：100mg/L。称取 0.0105g 五氯苯酚，溶于正己烷中，定容至 100ml。在冰箱中可保存 2 个月	8. 移液管：10~1000μl**
	9. 容量瓶：10,25 和 100ml**
9. 重氮甲烷*：使用 Diazald kit 按照厂商说明制备[9]	10. 巴斯德吸管：一次性
10. 含 5% 甲烷的氩气	11. 具刻度离心管：玻璃塞,15ml**
	12. 水浴锅：100℃

特殊防护措施：血液样品可能会危害采集和处理血液样品的人的健康；主要有传染性生物样品，如传染性肝炎和其他疾病，会对人产生严重的健康危害；这些样品中的化学物质也会危害健康，但危害较小；处理血液样品时，应佩戴防护手套，并避免样品雾化；禁止用嘴移液；苯是已知的致癌物，使用时必须遵守 29 CFR 1910.1005；重氮甲烷及其前体，N - 甲基 - N - 亚硝基对甲苯磺酰胺，是很强的诱变剂；处理大量前体时应在手套箱中进行；制备重氮甲烷时应在防爆板后面操作

注：*见特殊防护措施；**用清洁剂洗涤后，用铬酸清洗，最后用蒸馏水、丙酮冲洗。

采样

1. 在疑似接触 4 小时后，采集静脉全血 5ml 于采血管（含 7.5mg Na$_2$EDTA 抗凝剂）中。

2. 将血液样品放入带有制冷剂的保温箱中，保持温度约 10℃，不要冷冻。

样品处理

3. 加入 2ml 全血于 16×150mm 试管中。小心缓慢地加入 5ml 6M 硫酸钠。冷却至室温。

4. 在通风橱中加 6ml 正己烷到试管中；盖上盖子，放入沸水浴中 45 分钟，每隔 15 分钟摇振一次。

5. 使试管冷却至室温，以 2000~2500rpm 转速离心。

6. 将正己烷层溶液转入 16×150mm 试管中。

7. 再用正己烷提取两次，每次 2ml,2 分钟。最后合并提取液。

8. 用小流量 N$_2$ 吹扫，使提取液浓缩至约 0.6ml。

9. 在通风橱中加入 10ml 重氮甲烷试剂到试管中，静置 1 小时。

10. 用小流量 N$_2$ 吹扫，使提取液浓缩至约 0.6ml。

11. 加入 4ml 正己烷。蒸发至溶液体积为 0.6ml。

12. 加入 4g 酸洗氧化铝到 7mm（内径）×200mm 色谱柱中。用 1.6g 无水硫酸钠覆盖。用含 20% 苯的正己烷冲洗色谱柱。使柱子在空气中干燥后，放在 130℃烘箱中过夜。使用前将色谱柱冷却至室温。

13. 在通风橱中用 5ml 正己烷润湿色谱柱。

14. 当溶剂层到达硫酸钠的顶部时，加入浓缩的衍生化的提取液。

15. 用 0.5ml 的正己烷冲洗试管 3 次。将冲洗液加入到色谱柱中。

16. 加入 3.5ml 正己烷到色谱柱中。弃去正己烷洗脱液。

17. 用 20ml 含 10%（v/v）苯的正己烷洗脱 PCP 衍生物五氯甲氧基苯。

18. 在带刻度的离心管中浓缩样品至 2.0ml。

标准曲线绘制与质量控制

19. 在 0.01~1μg/ml 浓度范围内，稀释 PCP 标准储备液，配制至少 6 个浓度的 PCP 标准系列。

20. 以峰面积对 PCP（μg/ml）绘制标准曲线。

21. 每进 5 个样品后进一次标准系列。

22. 每 10 个样品，做一个加标混合控制血样，如果样品数量少于 10 个，每次分析时至少做 3 个加标混

合血样。

注意:在使用之前,所有用于加标混合控制血样必须对 PCP 进行分析,因为 PCP 是普遍存在的。

样品测定

23. 根据仪器说明书和方法 8001 给出的条件设置气相色谱仪。

24. 进样提取液 5μl(步骤 18)。测定待测物的峰面积。

注意:五氯甲氧基苯的保留时间约为 4.7 ~ 5.0 分钟。

计算

25. 将样品测得的峰面积与标准曲线比较,计算得到血液中 PCP 的浓度 C (μg/ml)。

指导说明

未接触人群血液中的 PCP 水平为 0.016 ~ 0.32μg/ml[4,5,6]。对于班末血浆,游离 PCP 的生物接触限值为 5mg/L[7]。

方法评价

PCP 浓度在 0.05 ~ 1μg/ml 范围内,做 3 组加标全血样,每组 3 个,精密度(相对标准偏差)为 2% ,回收率为 88% ~ 93% 。

参考文献

[1] Brauan, W. H. , G. E. Blau, M. B. Chenoweth. The Metabolism/Pharmacokinetics of Pentachlorophenol in Man, and a Comparison with Rat and Monkey, Toxicology ResearchLaboratory, Dow Chemical, Midland, MI 48640.

[2] Borsetti, A. P. Determination of Pentachlorophenol in Milk and Blood of Dairy Cattle, J. Agric. Food Chem. , 28, 710 – 714 (1980).

[3] Diazald, Cat. No. 02800 – 0, Aldrich Chem. Co. Inc. , Milwaukee, WI.

[4] Dougherty, R. C. Human Exposure to Pentachlorophenol in Human Blood and Urine, Dept. of Chemistry, Florida State University, Tallahassee, FL.

[5] Casarett, L. J. , Bevenue, A. , Yauger, W. L. , and Whalen, S. A. Observation on Pentachlorophenolin Human Blood and Urine, Am. Ind. Hyg. Assoc. J. , 360 – 365 (July – August, 1969).

[6] Klemmer, H. W. , Wang, L. , Sato, M. M. , Reichert, E. L. , Korsak, R. J. and Rashad, N. M. Clinical Findings in Workers Exposed to Pentachlorophenol, Arch. Environ. Contam. Toxicol, 9, 715 – 725(1980).

[7]1993 – 1994 Threshold Limit Values and Biological Exposure Indices, American Conference of Governmental Industrial Hygienists, Cincinnati, OH (1993).

方法修订作者
William P. Tolos, NIOSH/DBBS.

血液中的甲乙酮、乙醇和甲苯 8002

(1)$CH_3CH_2COCH_3$ (2)CH_3CH_2OH (3)C_7H_8	相对分子质量:72.11; 46.07;92.14	CAS 号:78 – 93 – 3;64 – 17 – 5;108 – 88 – 3	RTECS 号:EL6475000;KQ6300000; XS5250000
方法:8002,第二版		方法评价情况:部分评价	第一次修订:1984.2.15 第二次修订:1994.8.15
生物指标:接触 2 – 丁酮、乙醇和甲苯			
英文名称:(1) methyl ethyl ketone;MEK: 2 – butanone 甲乙酮、2 – 丁酮、甲乙酮;(2) ethanol; ethyl alcohol 乙醇、酒精;(3) toluene: methyl benzene 甲苯、甲基苯			

续表

采样	分析
样品:接触 2 小时或更长时间的静脉血	分析方法:气相色谱法,FID
样品收集器:5ml 肝素涂覆的真空管	待测物:甲乙酮、乙醇、甲苯(同时测定)
运输方法:空运(4℃)	进样体积:5μl
样品稳定性:4℃下可保存 3 周	气化室温度:150℃
对照样品:班前的全血样品以及未接触者的血液样品组的全血样品	检测器温度:200℃
准确度:(1)　±28.6% ;(2)　±13.0% ;(3)　±26.2%	柱温:85℃(保持 4 分钟),以 16℃/min 升温至 200℃,220℃(保持 4 分钟)
	载气:氢气,25ml/min
	色谱柱:玻璃柱,3m×2mm(内径),100~120 目 Chromosorb WHP,其上涂渍 5% Carbowax 20M
	定量标准:血液中待测物的标准溶液
	测定范围:(1) 0.1~8μg/ml;(2) 0.01~0.6mg/ml;(3) 1~600μg/ml
	回收率:(1) 0.90(2μg/ml 血液);(2) 0.98(0.05mg/ml 血液);(3) 0.93(2μg/ml 血液)
	精密度($\bar{S}_r$):(1) 0.095(1μg/ml 血液);(2) 0.056(0.1mg/ml 血液);(3) 0.098(1μg/ml 血液)

适用范围:在喷漆行业工作的人体中通常能够发现痕量的甲乙酮和甲苯。有时也会存在痕量的乙醇。使用本法可以对劳动者体内的这些中枢神经系统抑制剂进行筛查

干扰因素:超过规定范围浓度的乙醇可能干扰低浓度 MEK(<0.2μg MEK/ml 血液)的测定。乙醇超过规定的范围时也会使血液中甲苯的浓度增加[1]。当血液中可能存在干扰物时,需进行定性以确定可能存在的干扰[2]

其他方法:尚无可同时测定这些化合物的方法。其他方法需要提取或蒸馏来浓缩血液中这些痕量的化学物质

试剂	仪器
1. 甲乙酮标准储备液(3.864mg/ml):用去离子水将 1.2ml MEK(2-丁酮)稀释至 250ml。4℃下可稳定数月	1. 肝素涂覆的真空管:5ml
2. 甲苯标准储备液(3.81mg/ml):用丙酮将 1.1ml 甲苯稀释至 250ml。可稳定数月	2. 气相色谱仪:氢火焰离子化检测器,积分仪和色谱柱(方法 8002)
3. 乙醇标准储备液(157.8mg/ml):用去离子水将 10ml 无水乙醇稀释至 50ml。4℃可稳定数月	3. 旋转器:用于混合血液标品
4. 柠檬酸	4. 溶剂解吸瓶:有隔垫的螺纹瓶盖,7ml
5. 柠檬酸钠	5. 隔盘:PTFE 内衬
6. 葡萄糖	6. 加热器:Dri-block,带温控(30~100℃),可放入 7ml 溶剂解吸瓶
7. 丙酮	7. 微量移液管:100~1000μl
8. 异丁醇(水溶液):8μg/ml,内标	8. 气密性注射器:1ml,带阀
9. 柠檬酸葡萄糖溶液(ACD):准确称量 4.8g 柠檬酸、13.2g 柠檬酸钠和 14.7g 葡萄糖。用去离子水溶解并稀释至 1L	9. 结核菌素注射器:一次性,1ml,带 21 号针头
10. 人血:来自血液中心或未接触待测物的个人。* 4℃可下保存 3 周	10. 容量瓶:50ml 和 250ml

特殊防护措施:血液样品可能会危害采集和处理血液样品的人的健康;主要有传染性生物样品,如传染性肝炎和其他疾病,会对人产生严重的健康危害;这些样品中的化学物质也会存在危害,但危害较小;处理血液样品时,应佩戴防护手套,并避免样品雾化;禁止用嘴移液

注:* 见特殊防护措施。

采样

1. 用肝素涂覆的真空管采集 5ml 全血样品。倒转真空管几次使样品混匀。
2. 用含冰袋或制冷剂的泡沫塑料包装后运输。

样品处理

3. 移取 0.5ml ACD 溶液和 0.25ml 异丁醇标准储备液于 7ml 溶剂解吸瓶中,拧上瓶盖,混匀。

4. 用带 21 号针头的结核菌素注射器,从真空管中吸取 0.25ml 血样加入溶剂解吸瓶中。

5. 盖紧瓶盖。

6. 在旋转器上慢速混合样品 5 分钟。

标准曲线绘制与质量控制

7. 标准系列。从各物质的标准储备液中分别移取 2ml 到不同的 200ml 容量瓶中。用去离子水稀释至刻度。甲苯、MEK 和乙醇的浓度分别为 38.1,38.6 和 1.58mg/ml。每 92 小时重新制备。

8. 在 0~8μg MEK/ml 血液和 0~8μg 甲苯/ml 血液范围内,配制 5 个浓度的血样标准溶液;在 0~500μg 乙醇/ml 血液范围内,配制 5 个浓度的血样标准溶液。用微量注射器加入一定量的标准系列到 2ml 的血样中。每 92 小时重新制备,并于 4℃储存。

9. 分析血样标准溶液(步骤 3~6,12~14)。

10. 以每种待测物峰面积与同一色谱图中内标物峰面积的比值对每种待测物的浓度(μg/ml)绘制标准曲线。

11. 每次分析包含一个血液对照样品。

样品测定

12. 在 60℃ 加热器上加热密封的溶剂解吸瓶 15 分钟。

13. 用 60℃ 气密性注射器从溶剂解吸瓶中抽取 1ml 顶空气注入气相色谱仪。

注意:血样和注射器的温度控制对于分析结果的准确性十分重要。在烘箱中加热气密注射器至 60℃。

14. 测定峰面积。在同一谱图中,用每种待测物的峰面积除以内标物的峰面积。

计算

15. 由标准曲线计算得出血液样品中 MEK、甲苯和乙醇的浓度。

指导说明

16. 分析时通常以 mg/dl 或% w/v 表示血液中乙醇浓度(BAC)。因此,BAC 可以表示为 300μg/ml 或 30mg/dl 或 0.03g/dl 或 0.03% w/v。法律规定的血液中乙醇浓度见参考文献[3]。

17. 人接触甲苯浓度为 50 和 100ppm 空气 3 小时后,测得血液中甲苯平均浓度分别为 1.6ppm 和 3.9ppm[4]。另一项研究报道表明当接触空气的甲苯浓度为 200ppm 时,测得甲苯浓度为 4.1~7.3ppm[5]。

18. 班末劳动者的静脉血中甲苯的生物接触指数为 1mg/L[6]。

方法评价

19. 对血液中 MEK、甲苯和乙醇浓度分别为 1μg/ml 和 10μg/ml 的 10 个平行加标血液样品进行分析,精密度分别为 9.5%、9.8% 和 5.6%。

20. 测定 MEK、甲苯、乙醇浓度分别为 3μg/ml、2μg/ml 和 0.05mg/ml 的 10 个平行混合加标血液样品,平均回收率分别为 90%、93% 和 98%。

参考文献

[1] Waldron, H. A., N. Cherry, and J. D. Johnson. The Effects of Ethanol on Blood Toluene Concentrations, Int. Arch. Occup. Environ. Health, 51, 365 – 369 (1983).

[2] Hachenberg, H. and A. P. Schmidt. Gas Chromatographic Headspace Analysis, 2nd ed., Heydenand Son Ltd., Philadelphia, PA (1979).

[3] Dubowski, K. M. Alcohol Analysis: Clinical Laboratory Aspects, Part II, Laboratory Management, 27 – 36 (April, 1982).

[4] Stewart, R. D., C. L. Hake, H. V. Forster, A. J. Lebrun, J. E. Peterson, and A. Wu. Toluene: Development of a Biological Standard for Industrial Worker by Breath Analysis, NIOSH ContractReport No. 99 – 72 – 84 (1975).

[5] Lauwerys, R. R. Industrial Chemical Exposure: Guidelines for Biological Monitoring, Biomedical Publications, Davis, CA (1983).

[6] 1993 – 1994 Threshold Limit Values and Biological Exposure Indices, American Conference of Governmental Industrial Hygienists, Cincinnati, OH (1993).

方法作者

William P. Tolos, NIOSH/DBBS.

血液和尿中的铅 8003

Pb	相对分子质量:207.19	CAS 号:7439 – 92 – 1	R TECS 号:OF7525000
方法:8003,第二次修订		方法评价情况:完全评价	第一次修订:1984.2.15 第二次修订:1994.8.15

生物指标:接触铅及其化合物

英文名称:lead in blood and urine

生物采样	分析
样品:全血;尿(班末)	分析方法:火焰原子吸收光谱法
样品收集器:无铅试管(血液),10ml;聚乙烯瓶(尿),125ml	待测物:Pb(II) – APDC(吡咯烷二硫代氨基甲酸铵)络合物
抗凝血剂:肝素(血液)	提取方法:APDC – MIBK(甲基异丁基酮)
防腐剂:浓 HNO₃,0.2ml(尿)	定量标准:含 Pb(II) – APDC 络合物的甲基异丁基酮溶液
运输方法:聚乙烯装样容器	质控样品:市售对照样品;采集的结合尿或血液;经肌酐校正的尿
样品稳定性:血液:3 天(4℃);长期(超声并冷冻于塑料管中)	测定范围:5~150μg/100g 血液;5~150μg/100ml 尿
尿:长期(用 HNO₃ 保持酸化)	估算检出限:0.05μg Pb/g 血液或 ml 尿[1]
对照样品:购买的尿和血铅对照样品以及采集的未接触铅者的结合尿和血液	回收率:0.99
	精密度($\bar{S_r}$):0.05[1]
	准确度:±10.8%

适用范围:本法可以定量测定血液或尿中的 Pb²⁺,以评估体内负荷、造血系统的损伤,促使遵守联邦法规。血铅是铅吸收的首选生物指标。最佳测定范围是 0.1~1.5μg Pb 每克血液或每毫升尿[2]

干扰因素:磷酸盐、EDTA 和草酸盐会与铅多价螯合而降低其检测值

其他方法:本法综合并替代了方法 P&CAM 208[1] 和 262[3]。方法 P&CAM 102(二硫腙),195(阳极溶出伏安法)、200(阳极溶出伏安法)和 214(石墨炉原子吸收分光光度法)[4] 尚未进行修订。如果配有专用设备,还可用阳极溶出伏安法(ASV)[5]

试剂	仪器
1. 吡咯烷二硫代氨基甲酸铵(APDC):可稳定 6 个月	1. 肝素化、无铅、"蓝色头"采血管,专门用于采集血液样品以测定血铅浓度
2. 非离子型表面活性剂:聚乙二醇辛基苯醚(Triton X – 100 或等效物)	2. 真空采血针(规格 21)及固定器
3. APDC – 表面活性剂溶液(APDC – Tx):溶解 4g APDC 和 5ml 非离子型表面活性剂于 40ml 去离子水中。稀释至 200ml。检查每一批次的提取效率。稳定至少 2 个月	3. 止血带和酒精棉签
	4. 聚乙烯瓶(广口):125ml
4. 硝酸铅 Pb(NO₃)₂:在 120℃ 加热 4 小时。冷却并储存在干燥器中	5. 试管:16×100mm,带 PTFE 内衬的螺纹瓶盖 *
	6. 离心机
5. 70%(w/w)浓 HNO₃:再次蒸馏提纯	7. 旋转振动混合器(涡旋器)或等效设备
6. 甲基异丁基酮(MIBK):饱和水溶液。加入 100ml 水至 900ml MIBK 中。间歇振摇 1 小时	8. 原子吸收分光光度计:铅空心阴极灯或无极放电灯
7. 标准储备液(1000μg/ml):称取 1.598g Pb(NO₃)₂,溶解于 2%(w/v)HNO₃ 中,并稀释至 1L。储存在聚乙烯瓶中。稳定 1 年	9. 分析天平
	10. 干燥器
8. 空气(40 psi):过滤,除去油和水	11. 移液管、容量瓶和其他适用于称量、储存和配制试剂及样品的玻璃或塑料器皿 *
9. 乙炔:原子吸收分光光度计说明书中要求的级别	

特殊防护措施:采集和处理人的血样及尿样可能会危害实验人员的健康,主要是由于个人接触传染性生物样品,从而产生严重的健康后果,如传染性肝炎和其他疾病;样品中的化学物质也会带来一些较小的风险;处理血液样品的人应该佩戴防护手套并避免样品烟雾化;当然,必须避免吸入

注:* 所有玻璃和塑料器皿应该用清洁剂洗涤,再用自来水和去离子彻底冲洗,然后在 1:1 的 HNO₃:H₂O 中浸泡 4 小时,最后用去离子水进行冲洗。

采样

1. 用含肝素化的采血管中采集血样。立即混合。在4℃下运输,在分析之前均保持在这个温度。

2. 于125ml 聚乙烯瓶中,加入0.2ml 浓 HNO_3。在工作结束时用该瓶采集尿样,混匀。取25ml 样品用于测定铅,另取25ml 用于测定肌酐。

样品处理

3. 分析之前将尿样过滤。按照标准方法[6]分析25ml 尿样以测定肌酐。

4. 于 $16 \times 150mm$ 试管中,加入2.0ml 过滤的尿样或2.0g 全血。用2ml 去离子水做试剂空白。

5. 加入0.8ml APDC 表面活性剂。密封,混合10秒。

6. 加入2.00ml MIBK 饱和水溶液。密封,混合2分钟。在2000转/分下离心10分钟,在洗脱后2小时内,分析 MIBK 中的 Pb – APDC 溶液。

注意:如果患者接受 EDTA 治疗或用含 Na_2EDTA 抗凝剂的管采集血液样品,则在加入 MIBK 之前迅速加入50μl 1.5 M $CaCl_2$ [7]。

标准曲线绘制与质量控制

7. 在 $10 \sim 150 \mu g$ 铅/100ml 浓度范围内,用2%(w/v)HNO_3 稀释标准储备液,配制6个标准系列,绘制标准曲线。

例如:0.4ml 标准储备液稀释至1L,浓度为40μg/100ml。

8. 分析标准系列(步骤4~6,12,13)。

9. 绘制标准曲线。以浓度(μg/100ml)对标准系列的吸光度绘制标准曲线,用试剂空白校正。

10. 每5个样品分析1个标准溶液以维护标定。

11. 每10个样品分析1次样品加标质控样、采集的接触铅劳动者的合并样品或市售质量控制样品;每组研究至少进行分析3次分析。

注意:在制备样品加标质控样之前必须测定血液或尿中铅的背景浓度。

样品测定

12. 按照仪器说明书和方法8003给出的条件设置原子吸收分光光度计。通入 MIBK 饱和水溶液并减小乙炔气流,火焰的直至化学计量背景值最小(<0.01吸光度)。记录该读数。

13. 通入每个样品和空白。记录最大吸光度。

注意:样品的吸光度值大于0.35时,必须用 MIBK 稀释后重新分析。计算时乘以相应的稀释倍数。

计算

14. 计算净吸光度(样品或空白的吸光度与 MIBK 最大吸光度之间的差)。

15. 根据标准曲线,用金属测定血液和尿样品中的铅浓度(W_s)和试剂空白中的平均浓度(B)。

16. 尿样用 μg Pb/g 肌酐表示。血样用 μg Pb/g 全血表示。

指导说明

健康成人的血铅浓度为 $7 \sim 22 \mu g/100g$ 全血[2],尿的范围更宽:$4 \sim 270 \mu g/g$ 肌酐;但是,最正常的值应接近 $16 \sim 60 \mu g/g$ 肌酐[4]。

血铅值常用于生物监测。血铅值高于40μg/100g 表明过度接触,血铅高于60μg/100g 的人应该调离接触环境[8]。

方法评价

在 $25 \sim 200 \mu g/100ml$ 浓度范围内,加标42个血液样品,其回收率为94%~106%,平均值为100%[7]。

在 $10 \sim 100 \mu g/ml$ 浓度范围内,加标25个尿样品,其平均回收率为100%(95%~106%)[7]。

参考文献

[1] NIOSH Manual of Analytical Methods, 2nd ed. , V. 1, P&CAM 208, U. S. Department of Health, Education, and Welfare, Publ. (NIOSH) 77 – 157 – A (1977).

[2] Baselt, R. C. Biological Monitoring Methods for Industrial Chemicals, p. 159, Biomedical Publications, Davis, CA (1980).

［3］NIOSH Manual of Analytical Methods, 2nd. ed., V. 1, P&CAM 262, U. S. Department of Health, Education, and Welfare, Publ. (NIOSH) 77 – 157 – A (1977).

［4］Ibid. , P&CAM 102, 195, 200, and 214.

［5］Environmental Sciences Associates, Inc. Methods Manual Methods TMA – 1 and TMA – 2, Bedford, MA.

［6］Hessel, D. W. Atomic Absorption Newslett. , 7, 55 (1968).

［7］Zenterhofer, L. J. M. , P. I. Jatlow, and A. Fappiano. Atomic Abosrption Determination of Lead in Blood and Urine in the Presence of EDTA, J. Lab. Clin. Med. , 78, 664 – 674 (October, 1971).

［8］Occupational Safety and Health Administration, Chapter XVII, 1910.1025, Section C, 691.

方法修订作者

Anthony W. Smallwood and Frederick C. Phipps, NIOSH/DBBS；Peter M. Eller, Ph. D. , andMark B. Millson, NIOSH/DPSE.

血清中的多氯联苯 8004

$C_{12}H_{10-x}Cl_x(x = 1-10)$	相对分子质量:188 – 498	CAS 号:各不相同	RTECS 号:各不相同
方法:8004,第二次修订		方法评价情况:完全评价	第一次修订:1984.2.15 第一次修订:1994.8.15
生物指标:接触 PCB			
中英文名称:polychlorobiphenyls in serum；Aroclor；PCB；chlorodiphenyl 多氯联苯；PCB;氯化联苯			

采样	分析
样品:血清	分析方法:气相色谱法,ECD
采样体积:10ml	进样体积:3μl,Grob 型不分流
防腐剂:无	色谱柱:毛细管柱, 15m × 0.2mm(径), 涂覆 WCOT SE – 54
运输方法:聚乙烯容器(10℃)	载气:含 5% 甲烷的氩气,1ml/min
样品稳定性:冷冻保存无日期限制	气化室温度:260℃
样品空白:如果样品数量超过 30 个,取 3 份不接触待测物的正常人血样品,或每 10 个样品一个空白样品	色谱柱温度:100℃(保持 2 分钟);以 20℃/min 升温至 260℃(保持 4 分钟)
定性样品:取一份劳动者接触的样品进行定性	检测器温度:350℃
	定量标准:多氯联苯 1016,1221,1232,1242,1248,1254 和 1260,的正己烷溶液
	质量控制:合并血清或加标血清
	测定范围:0.005 ~ 1.0μg/ml
	估算检出限:0.001μg/ml
	回收率:大于 80%
	精密度($\bar{S}_r$):0.16
	准确度:> ±30%

适用范围:由于 PCB 可以迅速地被肺、胃、肠道和皮肤吸收,因此本法可用于评价 PCB 的短期和长期接触情况,前提条件为:①PCB 不参加新陈代谢,②所有 PCB 的同分异构体有相同的提取效率,③所有 PCB 在 ECD 上的响应值相似。PCB 具有高生物和化学稳定性。它们可在脂肪层组织中累积,可能严重危害人体健康。代谢途径包括羟基化作用和与葡萄糖及磺胺基类物质结合

干扰因素:氯化烃类、邻苯二甲酸酯微粒、多氯代二苯并呋喃和氯化萘有干扰

其他方法:本法替代了方法 P&CAM 329[1]。其他方法有测定全血中多氯联苯的方法 1254[2]

试剂	仪器
1. 甲醇、己烷、乙醚和丙酮(农药级)	1. 气－液色谱仪,电子捕获检测器
2. KOH	2. 玻璃注射器:30ml＊＊
3. 0.1mg/ml 标准储备液＊:溶解 10mg 定性样品或其他合适的标准物,如多氯联苯 1016,1221,1232,1242, 1248,1254 和 1260 于 100ml 正己烷中(标准物购自 EPA)	3. 试管:16×150mm,不含有机物,带 PTFE 内衬的螺纹盖＊＊
	4. 旋转混合器:变速式
	5. 离心机
4. 硅胶:Ⅰ级活性	6. Kuderna－Danish 浓缩管:25ml＊＊
a. 加热至 130℃保持 24 小时	7. 微型 Synder 柱＊＊
b. 冷却并向每 100g 硅胶中加入 3g 水。在一个密封容器中混合 2 小时	8. 管式加热器
5. 硫酸钠(无水)	9. 色谱柱:7mm(内径)×200mm,带 50ml 储液器和 PTFE 活塞
6. 1,1－二氯－2,2－双(对氯苯基)乙烯(DDE)溶液, 50 ng/ml,于正己烷中	a. 将一小团玻璃棉塞入色谱柱底部
	b. 将 3g 硅胶与 50ml 正己烷混合成悬浮液,并加入色谱柱中
7. 2%（w/v）KOH 甲醇溶液:溶解 2g KOH 于甲醇中并稀释至 100ml	c. 悬浮液沉淀后加入 5~7g 硫酸钠
8. 甲醇－水溶液 1:1 (v/v)	10. 玻璃注射器:10μl
9. 正己烷－乙醚溶液 1:1(v/v)	11. 量筒:25ml＊＊
10. 氮气:高纯	12. 巴斯德吸管

特殊防护措施: 血液样品可能会危害采集和处理血液样品的人的健康,主要有传染性生物样品,如传染性肝炎和其他疾病,会对人产生严重的健康危害;这些样品中的化学物质也会存在危害,但危害较小;处理血液样品时,应佩戴防护手套,并避免样品雾化;禁止用嘴移液;PCB 为可疑致癌物,它们是微粒体酶诱导剂和肝毒素;因此,使用时应非常小心[3]。

注:＊见特殊防护措施;＊＊所有玻璃器皿包括在采样中使用的均需按如下步骤清洗:用清洁剂洗涤后,用自来水冲洗,之后在铬酸中浸泡,最后依次用自来水、蒸馏水、丙酮和正己烷冲洗。

采样

1. 用 30ml 玻璃注射器采集静脉全血 20~25ml。

2. 血液凝结后,在 2000rpm 离心 10 分钟。将血清转移到 16×150mm 带 PTFE 内衬螺纹盖的试管中。

3. 将血清放入带有制冷剂的保温箱中,4℃下运输。

4. 样品到达实验室后冷冻。

样品处理

5. 移取 5ml 血清到一个装有 4ml 甲醇的洁净试管中。

6. 将试管盖上盖子并在旋转混合器上混合 4 分钟。

7. 加入 5ml(1:1, v/v)正己烷－乙醚。

8. 在旋转混合器上混合 15 分钟。

9. 以 2000rpm 离心 5 分钟。

10. 用吸量管将上层溶液转移到 25ml Kuderna－Danish 浓缩管中。

11. 重复步骤 7~10 两次,合并提取液到浓缩管中。

12. 用小流量、干燥、无有机物的氮气吹扫,使提取液浓缩至 0.5ml。

13. 加入 2ml KOH 甲醇溶液到浓缩管中,放入一块中空玻璃(巴斯德吸管末端)防止爆沸。

14. 加上一个微型 Synder 柱并用管式加热器使溶液轻微沸腾,使溶液浓缩至 0.3ml。

注意:如果有沉淀生成,加入几滴甲醇 KOH 溶液并在管式加热器上加热至沉淀溶解。

15. 待溶液稍微冷却后加入 2ml 1:1 甲醇:水。

16. 当溶液冷却至室温加入 2ml 正己烷。

17. 拧紧浓缩管并剧烈摇振。

18. 用 20ml 正己烷润洗制备好的色谱柱(仪器9)。当正己烷达到硫酸钠层时,加入样品。

19. 在色谱柱下放一个 25ml 量筒。

20. 用 1ml 己烷冲洗浓缩管和微型 Synder 柱。

21. 当皂化的提取液进入到硫酸钠层时,将浓缩器管和微型 Synder 柱中的冲洗液加入到色谱柱中。

22. 当冲洗液到达硫酸钠层时,加入 25ml 己烷。

23. 用量筒收集 25ml 色谱柱洗脱液。

24. 用 2ml 正己烷冲洗量筒壁。

25. 用小流量氮气吹扫,并浓缩至 1ml。加入 10ml DDE 溶液并分析(步骤 29,30)。

标准曲线绘制与质量控制

26. 分析定性样品中的 PCB[4]。

27. 在 0.005~1mg/ml 范围内配置至少 5 个浓度的 PCB 标准系列,绘制标准曲线。

a. 于 10ml 容量瓶中加入适量正己烷,再加入已知量的标准储备液,最后用正己烷稀释至刻度。

b. 与样品和空白一起进行分析(步骤 29,30)。

c. 以每种 PCB 的浓度对 PCB 峰面积之和绘制标准曲线。

28. 分析至少 3 个混合或加标血清样品。

样品测定

29. 根据仪器说明书和方法 8004 中给出的条件设置气相色谱仪。将 2μl 样品和 1ml DDE 溶液混合进样。

30. 测定 PCB 的峰面积。计算待测物相对于 DDE 的保留时间。

计算

31. 比较样品(相对于 DDE)与标准系列和定性样品的保留时间,确定有效的 PCB 峰。

32. 由标准曲线计算正己烷溶液中 PCB 的浓度(μg/ml)。

33. 按下式计算血清中 PCB 的浓度 C (μg/ml),用提取液中 PCB 的浓度 C_e 除以 5(5ml 血清浓缩为 1ml 提取液):

$$C = \frac{C_e}{5}$$

指导说明

PCB 存在于生物圈中。Baselt[5]指出当血浆中 PCB 浓度达到 2~4μg/L 时,表示人体与 PCB 有大量接触。Finklea[6]报道有 57% 的人体内 PCB 水平低于 5μg/L。大多数控制人群血清中 PCB 浓度低于 20μg/L。对人体产生危害的 PCB 浓度水平尚无报道,但建议 200μg/L 为上限值[7]。如怀疑有大量 PCB 接触,那么除了测定血清中的 PCB 水平外,还需进行肝和甘油三酸酯功能成套测验以及完整的医学评价来对劳动者的健康风险进行评估。

方法评价

在 0.025~0.400μg/L 范围内,对 4 个加标人血清样品中的多氯联苯 1242 和 1254 进行了 89 次分析,回收率大于 80%,精密度($\bar{S}_r$)为 0.16[8]。

参考文献

[1] NIOSH Manual of Analytical Methods, 2nd. ed., V. 6, P&CAM 329, U. S. Department of Health and Human Services, Publ. (NIOSH) 80 – 125 (1980).

[2] QueHee, S. S., J. A. Ward, M. W. Tabor, and R. R. Suskind. Screening Method for Aroclor 1254 inWhole Blood, Anal. Chem., 55, 157 – 160 (1983).

[3] Criteria for a Recommended Standard... Occupational Exposure to Polychlorinated Biphenyls (PCB), U. S. Department of Health, Education, and Welfare, Publ. (NIOSH) 77 – 225 (1977).

[4] Bellar, T. A., and J. J. Lichtenberg. The Determination of Polychlorinated Biphenyls in Transformer Fluids and Waste Oils, EPA Office of Toxic Substances, Publication 600/4 – 81 – 045.

[5] Baselt, R. C. Biological Monitoring Methods for Industrial Chemicals, 230 – 233, Biomedical Pubications, Davis, CA

（1980）．

［6］Finklea, J. , L. E. Priester, J. P. Cresson, T. Hauser, T. Hinners, and D. I. Hammer. Polychlorinated Biphenyl Residues in Human Plasma Exposure：A Major Urban Pollution Problem, Am. J. Publ. Health, 62, 645 – 651 (1972).

［7］Ouw, H. K. Use and Health Effects of Aroclor 1242, a Polychlorinated Biphenyl in an Electrical Industry, Arch. Environ. Health, 31, 189 – 194 (1976).

［8］Analysis of PCB in Blood Samples, NIOSH Contract 210 – 78 – 0107, Environmental Science and Engineering, Inc. , Gainesville, FL (1978).

方法作者：

Anthony W. Smallwood, Karl E. DeBord, and Alexander W. Teass, Ph. D. , NIOSH/DBBS.

血液或组织中元素的测定 8005

化学式：见表6-0-1	相对分子质量：见表6-0-1	CAS号：见表6-0-1	RTECS号：见表6-0-1	
方法：8005，第二次修订		方法评价情况：部分评价	第一次修订：1985.3.15 第二次修订：1994.8.15	

生物指标：接触以下元素或它们的化合物，锑、镉、铬、钴、铜、铁、镧、铅、锂、镁、锰、钼、镍、铂、银、锶、铊、钒、锌和锆 antimony, cadmium, chromium, cobalt, copper, iron, lanthanum, lead, lithium, magnesium, manganese, molybdenum, nickel, platinum, silver, strontium, thallium, vanadium, zinc and zirconium

英文名称：elements in blood or tissue

采样	分析
样品：血液或组织	分析方法：电感耦合等离子体 – 原子发射光谱法（ICP – AES）
采样体积：10ml（血液）或1g（组织）	待测物：上述元素
防腐剂：肝素（血液）；不需要（组织）	消解酸：3:1:1（v/v/v）$HNO_3:HClO_4:H_2SO_4$
运输方法：冷冻血液和"湿"组织；常规运输"干"组织	最终溶液：10% H_2SO_4；10ml（血液），5ml（组织）
样品稳定性：未测定	测量波长：各元素不同，见表6-0-2
对照样品：采集至少3个未接触人员的血液样品	背景校正：光谱波长转换
	定量标准：含待测元素的10% H_2SO_4 或钇内标溶液
	质量控制：加标血液或组织；参考物质
	测定范围：10 ~ 10,000μg/100g 血液；2 ~ 2000μg/g 组织
	估算检出限：0.001μg/100g 血液 0.2μg/g 组织
	回收率：大于80%
	精密度（$\bar{S}_r$）：见表6-0-2
	准确度：见表6-0-2

适用范围：本法用于监测同时接触几种金属的劳动者的血液。本法为同时分析多种元素，而不能分析特定的化合物

干扰因素：有时会遇到光谱干扰。通过选择合适的波长、采用内标元素校正因子和背景校正（光谱波长转换），可将干扰降至最低[1,2]

其他方法：本法使用了与方法7300（空气样品中元素的测定）和8310（尿中金属的测定）类似的分析技术

试剂	仪器

试剂

1. 浓 HNO_3：高纯 *

2. 浓 $HClO_4$：高纯 *

3. 浓 HSO_4：高纯 *

4. 消解酸：3∶1∶1（v/v/v）HNO_3∶$HClO_4$∶H_2SO_4。* 将 3 体积浓 HNO_3、1 体积浓 $HClO_4$ 和 1 体积浓 H_2SO_4 混合

5. 元素标准溶液：1000μg/ml。商购或按仪器说明书制备

6. 已知元素组成的参考物质。推荐：SRM #1577a，牛肝来自 the U. S. National Institute of Standards and Technology

7. 氩气

8. 去离子水

9. 钇标准溶液：5μg/ml（5% HNO_3 溶液）。混合 50ml 浓 HNO_3、约 500ml 去离子水和 5ml 1000μg Y/ml 标准溶液。稀释至 1L

仪器

1. 采血管：肝素化、无铅，特制用于采集血液样品，测定血铅
   注意：肝素可能含有大量的 Ca、Cu、Mn、Sr 和 Zn，如果测定这些元素，则不能使用此采血管[3]

2. 真空采血针（规格 21）及固定器
   注意：在某些情况下，这些可能是污染的重要来源[4]

3. 止血带和酒精棉签

4. 玻璃或聚乙烯瓶：带 PTFE 内衬垫的瓶盖，20ml（如：闪烁瓶）**

5. 电感耦合等离子体－原子发射光谱仪：根据待测元素，由仪器制造商按要求配置

6. 减压阀：两级，用于氩气

7. 分析天平：感量 1mg

8. Griffin（50－ml）或 Phillips（125－ml）烧杯：带表面皿 **

9. 加热板：在 110 和 250℃ 使用

10. 移液管：5 和 10ml，带洗耳球 **

11. 容量瓶：5，10ml 及 1L **

12. 塑料 **、玻璃 ** 或单元素（如钽）刀和镊子：用于切割组织样品[3-5]

13. 具有塑料工作台面的工作站，带垂直层流空气净化设备和高效微粒空气过滤器或静电除尘器

14. 手套，塑料、无金属

特殊防护措施：浓酸具有极强的腐蚀性；穿戴适当的防护用品（防护眼镜或面罩、手套及实验服）在通风橱中进行操作；采集到的人的血液和组织样品会影响采集和处理这些样品的实验劳动者的健康；主要有个人接触到的传染性生物样品，如传染性肝炎和其他疾病，可能会严重危害健康；这些样品中的化学物质也会带来危害，但危害很小；处理血液样品的人应该戴防护手套并避免样品烟雾化；禁止用嘴吸液

注：* 见特殊防护措施；** 所有接触标准物、空白或样品的玻璃器皿和塑料器皿应该用清洁剂洗涤，用自来水和去离子水彻底冲洗，在 10%（v/v）HNO_3 中浸泡 12 小时并在去离子水中浸泡 12 小时。

采样

1. 采集血样于肝素化的采血管中。立即混匀。采集组织样品（约 0.25g"干"组织或约 1g"湿"组织于瓶中。

注意：如果使用未肝素化采血管，立即冷冻样品。

2. 将样品放在干冰中运输并在消解前冷冻储存（＜15℃）。

样品处理

3. 使样品与室温达到平衡。

4. 准确称量 10g 血样、0.25g"干"组织或 1.0g"湿"组织，转移到烧杯中。

5. 向每个血样中加入 10.0ml 的消解酸，每个组织样品中加入 5.0ml 的消解酸。在 110℃ 加热 2 小时。

注意：从这步开始制备试剂空白，一式三份。

6. 将加热板升温至 250℃ 并加热至约剩余 1ml（血样）或约 0.5ml（组织样品）（2～3 小时）。

7. 冷却烧杯。

8. 选择下列方法之一。

a. 外标法。将烧杯中的物质转移到容量瓶中（血样 10ml；组织样品 5ml）。用去离子水稀释至刻度。

b. 内标法。用移液管加入 10ml（血样）或 5ml（组织样品）钇标准溶液至烧杯中。

标准曲线绘制与质量控制

9. 按照仪器说明书校准光谱仪。

注意：通常使用一个酸空白和 10μg/ml 多元素标准溶液。

10. 每10个样品分析一次标准溶液。

11. 用至少3个加标样品、未接触样品或已知元素组成的参考物质,检查待测元素的分析回收率。这些质量控制样品应占所有分析样品的15% ~ 20%。

注意:对于血液或组织加标样品,将对照样品分为一个不加标样品和一个加标样品。在加标样品中测定的元素含量减去在未加标样品中测定的元素含量来测定分析回收率。用该分析回收率校正所有的样品。回收率校正对血样尤其重要,因为样品中铁含量高,铁有很多发射光谱波长,常规的内标元素校正无法充分补偿。

样品测定

12. 根据仪器说明书设定光谱仪条件。

13. 分析标准溶液和样品。

注意:如果样品的测定值高于标准溶液的范围,用10% H_2SO_4 稀释样品溶液后重新分析,计算时乘以相应的稀释倍数。

计算结果:

14. 从仪器上读出样品溶液中待测元素浓度 C_s($\mu g/ml$)和介质空白中待测元素的平均浓度 C_b($\mu g/ml$)。

15. 按照方法的定量方法,按下式计算出待测元素在所取样品中的浓度 C ($\mu g/g$)。

a. 外标法。

$$C = \frac{C_s V_s - C_b V_b}{M}$$

式中:V_s——样品的最终溶液体积(ml);

V_b——空白的最终溶液体积(ml)。

b. 内标法。

$$C = \frac{\dfrac{C_s C_y V_y}{C_{sy}} - \dfrac{C_b C_y V_y}{C_{by}}}{M}$$

式中:C_y——钇标准溶液的浓度($\mu g/ml$);

V_y——加入的钇标准溶液的体积(ml);

C_{sy}——样品中钇的浓度($\mu g/ml$);

C_b——介质空白中待测元素的浓度($\mu g/ml$);

C_{by}——介质空白中钇的浓度($\mu g/ml$);

M——所用样品中待测元素的质量(g)。

指导说明

尚未使用本法测定各种元素可接受和不可接受的浓度水平。Iyengar[6]报道了在组织和体液中的各种金属浓度。Iyengar[6]论述了各种金属并可给予咨询性指导和解释。组织中各种痕量元素的浓度因组织类型和器官的不同而不同。Iyengar[6]报道了非职业接触人群不同组织的元素浓度。非职业接触个体的血液中金属浓度列于表6-0-2。

参考文献

[1] Hull, R. D. Analysis of Trace Metals for Occupationally Exposed Workers, Morbidity and Mortality Weekly Report, 33, (1984).

[2] Hull, R. D. ICP - AES Multielement Analysis of Industrial Hygiene Samples, NTIS Publication No. PB 85 - 221414, (1985).

[3] Katz, S. A. Amer. Biotechnology Lab., 2(4), 24 - 30 (1984).

[4] Versieck, J., F. Barbier, R. Cornelis and J. Hoste. Talanta, 29, 973 - 984 (1982).

[5] Behne, D. J. Clin. Chem. Clin. Biochem., 19, 115 - 120 (1981).

［6］Iyengar, G. V., W. E. Kollmer and H. J. M. Bowen. The Elemental Composition of Human Tissues and Body Fluids, Verlag Chemie., New York (1978).

［7］Lauwerys, R. R. Industrial Chemical Exposure: Guidelines for Biological Monitoring, Biomedical Publications, Davis, CA (1983).

［8］Toxic and Trace Metals in the Workplace and the Natural Environment, Environmental Sciences Associates, Inc., Bedford, MA 01730 (1981).

［9］Tipton, I. H. and J. J. Shafer. Statistical Analysis of Lung Trace Element Levels, Arch. of Environ. Health, 8, 66 (1964).

［10］Brune, D., G. Nordberg and P. O. Wester. Distribution of 23 Elements in the Kidney Liver and Lungs of Workers from a Smeltery and Refinery in North Sweden Exposed to a Number of Elements and of a Control Group., Sci. of the Total Environ., 16, 13 (1980).

［11］Mulay, I. L., R. Roy, B. E. Knox, N. H. Shur and W. E. Delaney. Trace Metal Analysis of Cancerous and Noncancerous Human Tissues, J. of the Natl. Cancer Inst., 47, 9 (1971). Some Inorganic Substances in Body Fluids and Tissues, Presented at AIHA Annual Meeting, Detroit, MI (1961).

［12］Smith, R. G. A Summary of Recent Information on "Normal Levels" and "Significant Levels" of Some Inorganic Substances in Body Fluids and Tissues, Presented at AIHA Annual Meeting, Detroit, MI (1961).

［13］Crable, J. V., R. G. Keenan, R. E. Kinser, A. W. Smallwood and P. A. Mauer. Metal and Mineral Concentrations in Lungs of Bituminous Coal Miners, Am. Ind. Hyg. Assoc. J., 29, 106 (1968).

［14］Sweet, D. V., W. E. Crouse and J. V. Crable. Chemical and Statistical Studies of Contaminants in Urban Lungs, Am. Ind. Hyg. Assoc. J., 39, 515 (1978).

［15］Lauwerys, R. Biological Criteria for Selected Industrial Toxic Chemicals: A Review, Scand. J. Work Environ. and Health, 1, 139 (1975).

［16］Haas, W. H., K. W. Olson, V. A. Fassel and E. L. DeKalb. Development of Multielement Sampling and Analyses Methods Using Inductively Coupled Plasma – Atomic Emission Spectroscopy, Annual Progress Report for NIOSH, Interagency Agreement NIOSH – IA – 77 – 24 (1980).

［17］Baselt, R. C. Biological Monitoring Methods for Industrial Chemicals, Biomedical Publications, Davis, CA (1980).

［18］Goldwater, L. J. Normal Concentrations of Metals in Urine and Blood, WHO Chron., 21(5), 191 (1967).

［19］Bowen, H. J. M. Trace Elements in Biochemistry, Academic Press (1966)

方法作者

R. DeLon Hull, Ph. D., NIOSH/DBBS.

表 6 – 0 – 1 基本信息

元素(符号)	相对原子质量	CAS 号	RTECS 号
锑(Sb)	121.75	7440 – 36 – 0	CC4025000
镉(Cd)	112.40	7440 – 43 – 9	EU9800000
钴(Co)	58.93	7440 – 48 – 4	GF8750000
铬(Cr)	52.00	7440 – 47 – 3	GB4200000
铜(Cu)	63.54	7440 – 50 – 8	GL5325000
铁(Fe)	55.85	7439 – 89 – 6	NO4565500
镧(La)	138.91	7439 – 91 – 0	—
铅(Pb)	207.19	7439 – 92 – 1	OF7525000
锂(Li)	6.94	7439 – 93 – 2	OJ5540000
镁(Mg)	24.31	7439 – 95 – 4	OM2100000
锰(Mn)	54.94	7439 – 96 – 5	OO9275000
钼(Mo)	95.94	7439 – 98 – 7	QA4680000

续表

元素(符号)	相对原子质量	CAS 号	RTECS 号
镍(Ni)	58.71	7440-02-0	QR5950000
铂(Pt)	195.09	7440-06-4	TP2160000
银(Ag)	107.87	7440-22-4	VW3500000
锶(Sr)	87.62	7440-24-6	—
铊(Tl)	204.37	7440-28-0	XG3425000
钒(V)	50.94	7440-62-2	YW1355000
锌(Zn)	65.37	7440-66-6	ZG8600000
锆(Zr)	91.22	7440-67-7	ZH7070000

表6-0-2　血液中金属的回收率[1,2]

元素 (符号)	波长 /nm	值[a] /(μg/100ml)	金属"未接触"加入量 /(微克/样品)	定量回收率 /%	精密度(% S_r) n=4	准确度 /(±%)
锑(Sb)	217.58	0.4	10	106	4.9	15.6
镉(Cd)	226.5	0.5	10	120	1.1	22.2
钴(Co)	231.2	1.0	10	81	21	60.2
铬(Cr)	205.6	4.5	10	114	4.7	23.2
铜(Cu)	324.8	100	10	101	5.8	12.4
铁(Fe)	45000	0	—[b]	—[b]		—
镧(La)	—[c]	10	119		2.4	23.7
铅(Pb)	220.4	23	10	113	0.85	14.7
锂(Li)	670.8	1.0	10	113	1.1	15.2
镁(Mg)	279.6	3800	110	104	12	27.5
锰(Mn)	257.6	4.0	10	98	2.1	6.1
钼(Mo)	281.6	4.0	10	126	3.1	32.1
镍(Ni)	231.6	5.0	10	86	16	45.4
铂(Pt)	203.7	—[c]	10	92	14	35.4
银(Ag)	328.3	3.5	10	115	0.8	16.6
锶(Sr)	421.5	2.8	10	113	0.88	14.7
铊(Tl)	190.9	1.0	10	97	8.7	20.0
钒(V)	310.2	1.2	10	131	1.1	33.2
锌(Zn)	213.9	700	60	103	17	36.3
锆(Zr)	339.2	1.5	10	71	8.7	46.0

　　a "未接触"值是非职业接触个体血液中各元素的平均浓度,表中的数值来自文献[6-19];b 未测定回收率(血液中 Fe 的浓度高于光谱仪的定量上限);c 未报道浓度。

尿中的马尿酸 8300

$C_6H_5CONHCH_2COOH$	相对分子质量:179.18	CAS 号:495 - 69 - 2	RTECS 号:MR8150000
方法:8300,第二次修订		方法评价情况:部分评价	第一次修订:1984.2.15 第二次修订:1994.8.15

生物指标:接触甲苯

英文名称:hippuric acid in urine; N - benzoylglycine

采样	分析
样品:尿,接触 2 天后班末的尿 采样体积:取 50~100ml 于 125ml 塑料瓶中 防腐剂:少量百里酚晶体;在约 4℃ 储存 运输方法:包装在冰袋制冷的保温运输箱中;空运 样品稳定性:稳定 1 天(20℃);1 周(4℃)及 2 个月 　　(-20℃) 对照样品:采集班前的尿和未接触者的尿作为对照样品	分析方法:可见吸收分光光度法 待测物:马尿酸和苯磺酰氯复合物 测量波长:410nm 光程长:1cm 定量标准:马尿酸标准水溶液 质量控制:冷冻的合并尿;肌酐校正 测定范围:0.005~0.5g/L(1:5 稀释尿) 估算检出限:0.002g/L 精密度($\bar{S}_r$):0.06 准确度:未测定

适用范围:甲苯经由身体代谢并在尿中以马尿酸排出,马尿酸是由甘氨酸和苯甲酸结合而来。本法对于筛查接触甲苯且不接触二甲苯或苯乙烯的劳动者十分有用。后两种化合物产生的代谢物也以"马尿酸"测定

干扰因素:除了来自工作场所中苯乙烯和二甲苯的正干扰,劳动者摄取食物中的苯甲酸钠、水杨酸或阿司匹林也会产生正干扰。建议进行仔细的工作史问卷调查

其他方法:本法替代了 P&CAM 327[1],并进行了少量修改。方法 8301(尿中的马尿酸和甲基马尿酸)是一种特定的 HPLC 方法并可以在二甲苯、苯乙烯、水杨酸和阿司匹林存在时使用。其他生物监测方法包括测量血液中甲苯和肺泡空气中甲苯的方法[2]

试剂	仪器
1. 标准储备液:0.5g/L。溶解 50mg 马尿酸于 100ml 蒸馏水中。在 25℃ 可稳定 1 个月 2. 苯磺酰氯* 3. 吡啶:试剂级* 4. 百里酚:USP 5. 乙醇:无水	1. 聚乙烯瓶:125ml 2. 分光光度计:光程长 1cm,在 410nm 读数,谱带宽度≤10nm,带 1cm 比色皿 3. 临床离心机:平顶 4. 离心管:15ml,圆锥形 5. 血清移液管:0.5,1.0 和 5.0ml 6. 洗耳球 7. 振荡混合器 8. 容量瓶:10ml 和 100ml 9. 量筒:10ml

特殊防护措施:采集的人的尿样可能会影响采集和处理这些样品的实验劳动者的健康,主要是有个人接触的传染性生物样品,如传染性肝炎和其他疾病,可能产生严重的健康危害;这些样品中的化学物质也会带来一些危害,但危害很小;处理尿样的人应该戴防护手套并避免样品烟雾化;禁止用嘴吸液;对吡啶和苯磺酸氯的操作要在通风橱中进行

注:*见特殊防护措施。

采样

1. 采集特定劳动者尿样 50~100ml 于盛有少量百里酚晶体的 125ml 聚乙烯瓶中。

注意:在第二天工作结束时,采集疑似接触甲苯的劳动者的尿样品。同时采集接触前的劳动者的尿样品和未接触劳动者的尿样品作为对照样品。

2. 将样品包装在冰袋制冷的保温运输箱中。

样品处理

3. 如果冰冻,解冻尿样。

4. 取一部分尿样进行肌酐测定[3]。

5. 将 1 体积尿样用 4 体积蒸馏水稀释。

标准曲线绘制与质量控制

6. 通过稀释标准储备液,制备 0.005 ~ 0.5g/L 范围内的标准系列。在室温下标准系列可稳定 1 周。

7. 分析标准系列(步骤 10 ~ 15)。

8. 每次分析时,要包括一个冷冻的混合尿对照样品。

9. 在 410nm 处,以吸光度对标准系列中马尿酸浓度(g/L)绘制标准曲线。

样品测定

10. 将 0.5ml 稀释尿样与 0.5ml 吡啶混合于尖底离心管中。

11. 加入 0.2ml 苯磺酰氯,并在振荡混合器上混合约 5 秒。

12. 在 20 ~ 30℃下静置 30 分钟。

13. 加入 5.0ml 乙醇中止反应,然后在振荡混合器上混匀。

14. 在 1500 ~ 2000rpm(全速)离心 5 分钟以降低浊度。

15. 用移液管取出上清液并放入到 1cm 的比色皿中。用乙醇校准仪器零点,在 410nm 读数。

注意:如果吸光度高于标准曲线范围,弃去样品并制备一个新的浓度更低的样品(从步骤 5 开始)。

计算

16. 根据样品吸光度、标准曲线,计算出样品中马尿酸浓度 C_s(g/L)。

17. 按下式计算尿样中马尿酸/g 肌酐的浓度 C(克/克肌酐):

$$C = \frac{C_s D}{C_r}$$

式中:C_s——样品中马尿酸浓度(g/L);

C_r——步骤 4 的肌酐值(克肌酐/升尿样);

D——步骤 5 中的稀释因子(一般为 5)。

解释指导

1. Tomukuni 等[4]报道了 20 个未接触成人的正常范围为(0.44 ± 0.20)g/L(相当于约 0.7 克/克肌酐)。

2. Lauwreys[2]报道了正常范围为 1.5 克/克肌酐及"试验性的最大容许值"为 2.5 克/克肌酐。

3. Pagnotto 等[5]报道了接触 100 ppm 甲苯会使班末尿产生马尿酸浓度为 4g/L(相当于约 5 克/克肌酐)。

4. 应该采集未接触劳动者的尿和来自接触劳动者班前的尿,因为马尿酸在尿中的浓度变化范围很大。

方法评价

在测定范围内,批内和批间的精密度($\bar{S}_r$)平均值为 0.06。没有进行方法比较研究。

参考文献

[1] NIOSH Manual of Analytical Methods, 2nd Ed., Vol. 6, Method P&CAM 327, U.S. Department of Health and Human Services, Publ. (NIOSH) 80 – 125 (1980).

[2] Lauwerys, R. R. Industrial Chemical Exposure: Guidelines for Biological Monitoring, Biomedical Publications, Davis, California, 57 – 65 (1983).

[3] Tietz, N. W. Fundamentals of Clinical Chemistry, 2nd ed., pp. 994 – 999, W. B. Saunders Co., Philadelphia, PA (1976).

[4] Tomokuni, K. and M. Ogata. Direct Colorimetric Determination of Hippuric Acid in Urine, Clin. Chem. 18, 349 – 351 (1972).

[5] Pagnotto, L. D. and L. M. Lieberman. Am. Ind. Hyg. Assoc. J., 28, 129 – 134 (1967).

方法修订作者

Frederick C. Phipps, NIOSH/DBBS.

尿中的马尿酸和甲基马尿酸 8301

(1)马尿酸 $C_6H_6CONHCH_2CO_2H$；(2)2-甲基马尿酸 $CH_3C_6H_5CONHCH_2CO_2H$；(3)3-甲基马尿酸 $CH_3C_6H_5CONHCH_2CO_2H$；(4)4-甲基马尿酸 $CH_3C_6H_5CONHCH_2CO_2H$	相对分子质量:179.18；193.20；193.20；193.20	CAS号:495-69-2;42013-20-7;27115-49-7；27115-50-7	RTECS号:MR8150000
方法:8301,第二次修订	方法评价情况:部分评价	第一次修订:1984.2.15 第二次修订:2003.3.15	
生物指标:接触甲苯和二甲苯			

英文名称:hippuric and methyl hippuric acids in urine；(1)马尿酸:hippuric acid；N-benzoylglycine;(2)2-甲基马尿酸:2-methyl hippuric acid；N-(o-Toluoyl) glycine;(3)3-甲基马尿酸:3-methyl hippuric acid；N-(m-Toluoyl) glycine;(4)4-甲基马尿酸:4-methyl hippuric acid；N-(p-Toluoyl) glycine

采样	分析
样品:(1)班前尿;(2)接触2天后班末的尿	分析方法:高效液相色谱法(HPLC),紫外检测器(UV)
采样体积:全部尿	待测物:(1)马尿酸;(2)2-甲基马尿酸;(3)3-甲基马尿酸和4-甲基马尿酸
防腐剂:少量百里酚晶体;在4℃储存	萃取溶剂:乙酸乙酯
运输方法:包装在有冰袋制冷剂的聚苯乙烯泡沫塑料储运箱中;隔夜运输	进样体积:10μl
样品稳定性:稳定30天(4℃)	测定波长:254nm
对照样品:未接触的、匹配人群的尿样	色谱柱:反相(C_{18})柱,柱温37℃
	流动相:84/16/0.025% (v/v/v)水/乙腈/冰醋酸;1.5ml/min
	定量标准:待测物的合成尿溶液
	测定范围:10.0~1000μg/ml
	估算检出限:(1)4μg/ml;(2)5μg/ml;(3)6μg/ml
	注意:见方法评价
	精密度($\bar{S}_r$):(1)0.020;(2)0.015;(3)0.011(表6-0-3)

适用范围:马尿酸和甲基马尿酸分别是甲苯和二甲苯的主要代谢产物。通过跟踪尿中的这些代谢产物的排泄模式可以监测甲苯和二甲苯的职业接触情况。由于接触劳动者和未接触劳动者之间的马尿酸浓度范围重叠,监测一组劳动者尿中马尿酸浓度比检测单个劳动者尿中马尿酸浓度更合适

干扰因素:未确定;然而在本系统中,间、对异构体一起流出。马尿酸也有其他来源,如食物防腐剂、苯乙烷和苯乙烯

其他方法:本法基于 Matsui 等[3]的方法。方法8300可以用于筛查。也可使用毛细管等速电泳方法[4]。近期很多HPLC方法可以更好地分离这些化合物[5]

试剂	仪器
1. 百里酚:USP	1. 聚乙烯瓶:250ml
2. 氯化钠	2. 冰袋("蓝冰"或等效物)
3. HCl(6N)*	3. HPLC 系统:由进样器、泵、254nm 紫外检测器、带记录仪、积分仪、RP C_{18} 柱及柱箱(Supelco Discovery#322201-01 或等效产品)组成
4. 乙酸乙酯:HPLC 级	
5. 马尿酸:试剂级	4. 水浴锅:由氮气吹扫装置净化
6. 2-甲基马尿酸:试剂级	5. 离心机
7. 3-甲基马尿酸:试剂级	6. 分析天平
8. 4-甲基马尿酸:试剂级	7. 硼硅酸盐玻璃管:15ml,带瓶盖
9. 混合的马尿酸储液,每种待测物 1mg/ml:在 40ml 瓶中加入 35ml 合成尿,加入马尿酸、2-甲基马尿酸、3-甲基马尿酸、4-甲基马尿酸各 35mg。盖紧瓶盖并超声 30 分钟,然后放置于 30℃水浴中 5 分钟。从视觉上核实所有化合物都溶解	8. HPLC 进样瓶:带瓶盖及定体积的内插管(Kimble Glass, Inc. No. 60745N -1232)
	9. 微量注射器:10,100,250,500μl,1ml 和 10ml
	10. 正位移式吸管(40μl)
	11. 旋转混合器(Fisher model 34601 or equivalent)
注意:在室温时马尿酸溶液会有沉淀析出,因此该制备溶液从 30℃水浴取出后要立即使用	
10. 氮气:高纯,99.9%	
11. 合成尿(Uri sub™ 来自 CST Technologies, Inc., Great Neck, NY)	
12. 合并的、未接触者的尿[1]	

特殊防护措施:采集的人的尿样可能会危害采集和处理这些样品的实验劳动者的健康,这主要是个人接触的传染性生物样品,如传染性肝炎和其他疾病,可能产生严重的危害;这些样品中的化学物质也会带来一些危害,但危害很小;处理尿样的人应该戴防护手套并避免样品烟雾化;避免用嘴吸液;酸具有很强的腐蚀性;在通风橱中操作并穿戴个人防护用品

注:* 见特殊防护措施。

采样

1. 采集班前和班末的尿于盛有少量百里酚晶体的 250ml 聚乙烯瓶中。

注意:在第二天工作结束时,采集疑似接触甲苯或二甲苯的劳动者的尿样。同时采集接触前的劳动者的尿样和未接触劳动者的尿样作为对照样品。

2. 将样品包装在有冰袋制冷剂的聚苯乙烯泡沫塑料储运箱中并隔夜运输。

样品处理

3. 取一部分尿样进行肌酐测定[6]

4. 移取 1.0ml 充分混合的尿到 15ml 带瓶盖的硼硅酸盐玻璃管中。

5. 用正位移式吸管加入 80μl 6N HCl,混匀并加入 0.3g 氯化钠。

6. 加入 4ml 乙酸乙酯。用旋转混合器混合 2 分钟。

7. 在 100×重力下离心 5 分钟。

注意:$RPM = 10^3 \sqrt{RCF/1.12r_{max}}$;$r_{max}$=转子半径;相对离心力(RCF)=重力。

8. 转移 200μl 有机层(上层)到 HPLC 进样瓶中并用热水浴(约 30℃)和小流量的氮气流蒸发至干(约 30 分钟)。

9. 用 200μl 蒸馏水再次溶解该残留物。

标准曲线绘制与质量控制

10. 通过稀释混合的尿储备液,制备 10~1000μg/ml 范围内的标准系列。在室温下标准系列可稳定 1 周,在 4℃下可稳定 30 天。

11. 每次分析时,要包括未接触、匹配人群的对照样品。如果对照样品没有送到,使用合并的、未接触者的尿样。

12. 萃取并分析标准系列、样品和对照样品(步骤 4~9,14,15)。

13. 每分析 10 个样品后,再重复分析其中一个样品来监测仪器的准确度。

样品测定

14. 按照仪器说明书和方法 8301 的条件设置 HPLC。

15. 进样 10μl 的标准溶液、样品和对照样品到 HPLC 中。测定峰高。

计算

16. 根据以峰高对浓度值绘制的标准曲线,计算尿样中每种待测物的浓度 C_u(μg/ml)。

17. 按下式计算尿样中待测物浓度 C(克/克肌酐) :

$$C = \frac{C_u}{C_R} \times \frac{1000\mu l}{L}$$

式中: C_u——尿样中待测物的浓度(μg/ml) ;

　　　C_R——步骤 3 测得的尿样中肌酐的浓度(克肌酐/升尿样) 。

解释指导

1. 未接触者排泄的马尿酸通常为 1.0 克/克肌酐[2]。未接触者中未发现甲基马尿酸。

2. 对于劳动者班末采集的尿样,马尿酸阈限值为(TLV[®])[9]为 1.6 克/克肌酐,甲基马尿酸的阈限值为 1.5 克/克肌酐。

方法评价

使用合成尿、含标准物的合并尿及含标准物的水溶液进行了 LOD/LOQ 研究。对于溶解于合成尿中的标准物,马尿酸、2 - 甲基马尿酸、3 - 甲基马尿酸和 4 - 甲基马尿酸的 LOD 分别为 4,5,6μg/ml。实验证实,对于马尿酸,水是不良基质,变异性高。合并尿由于存在初始背景,同样具有高的变异性。合并尿中的内源性马尿酸会使标准曲线倾斜。

回收率研究数据显示加标合成尿的总体回收率大于 96%。加标合并尿的总体回收率略低(93%),这可能是由于自然发生的马尿酸的变异性。在 10μg/ml ~ 1000μg/L 范围内,6 个不同浓度水平,每个浓度 7 个平行合成尿样品,获得的精密度、准确度和偏差数据列于表 6 - 0 - 3。使用合并尿的结果类似。

30 天的储存稳定性研究表明合成尿中的马尿酸可以在 22℃下稳定储存 7 天,在 4℃下稳定储存 30 天。在单个的合成尿样中,温度在 -20℃ ~ 30℃之间,可稳定储存 24 小时。超声处理不影响样品中马尿酸的稳定性。

参考文献

[1] Motok GT, Perkins JB, Reynolds JM[2002]. Hippuric and Methyl Hippuric Acids in Urine, Back up Data Report. Salt Lake City, Utah: DataChem Laboratories, Inc.

[2] Pacific Toxicology Laboratories [2003]. Human Toxic Chemical Exposure, The Bulletin of Pacific Toxicology Laboratories, www. pactox. com/toluene. htm.

[3] Matsui H, Kasao M, Imamura S [1978]. High Performance Liquid Chromatographic Determination of Hippuric Acid in Human Urine, J. Chromatog. , 45:231.

[4] Sollenberg J and Baldesten A [1977]. Isotachophoretic Analysis of Mandelic Acid, Phenylglyoxylic Acid, and/or Xylene, J. Chromatog. , 132:469.

[5] Tardif R and Brodeur J [1985]. J. Anal. Tox. , 13:313.

[6] Tietz NW [1976]. Fundamentals of Clinical Chemistry, 2nd ed. , pp. 994 - 999, W. B. Saunders Co. , Philadelphia, PA.

[7] Lauwerys RR [1996]. Industrial Chemical Exposure: Guidelines for Biological Monitoring. Davis, CA: Biomedical Publications, pp. 57 - 69.

[8] Phipps F [1994]. Hippuric and Methyl Hippuric Acids in Urine, Method 8301, Issue 2. In: Eller PM, Cassinelli ME, eds. NIOSH Manual of Analytical Methods, 4th edition. Cincinnati, OH: Centers for Disease Control and Prevention, National Institute for Occupational Safety and Health. DHHS (NIOSH) Publication No. 94 - 113.

[9] UK [2003]. UK Government Information Notes on the Diagnosis of Prescribed Diseases. Conditions Due to Chemical Agent, www. mapperleyplains. co. uk/oprus/benzenes. htm.

方法修订作者

George T. Motock, James B. Perkins, and John M. Reynolds, DataChem Laboratories, Inc., Salt Lake City, Utah 84123, under NIOSH contract CDC-200-2001-08000.

前一版作者

Frederick C. Phipps, NIOSH/DBBS

表6-0-3　总体精密度、准确度和偏差

化合物	研究范围 /(μg/ml)	估算准确度 /%	偏差 平均	偏差 范围	总体精密度 /$\hat{S}_{rT}$	仪器精密度 /$\bar{S}_r$
马尿酸	10-1000	16.0	-0.081	-0.312~0.0237	0.0538	0.020
2-甲基马尿酸	10~1000	19.8	-0.099	-0.286~0.0141	0.0672	0.015
3-甲基马尿酸和4-甲基	10~1000	18.9	-0.097	-0.2959~0.3869	0.0615	0.011

尿中的4,4'-二氨基-3,3'-二氯二苯甲烷 8302

$(H_2NC_6H_3Cl)_2CH_2$	相对分子质量:267.16	CAS号:101-14-4	RTECS号:CY1050000
方法:8302,第二次修订		方法评价情况:部分评价	第一次修订:1984.2.15 第一次修订:1994.8.15

生物指标:4,4'-二氨基-3,3'-二氯二苯甲烷

英文名称:MOCA；di-(4-amino-3-chlorophenyl)methane；4,4'-methylenebis(2-chloroaniline)

采样	分析
样品:2种尿(接触前和接触后)	分析方法:气相色谱法,电子捕获检测器(ECD)
采样体积:50~100ml于带螺盖的聚乙烯瓶中(含防腐剂)	待测物:七氟丁酰-MBOCA衍生物
防腐剂:3ml 30%(w/w)柠檬酸溶液	萃取溶剂:MBOCA及待测物
运输方法:在含干冰的保温箱中冷冻运输	进样体积:1μl
样品稳定性:2天(25℃),1个月(-20℃)	气化室温度:200℃
样品空白:采集未接触待测物劳动者的尿样	检测器温度:300℃
	柱温:90℃(保持1分钟);以35℃/min升温至250℃(保持4分钟)
	色谱柱:SE-54毛细管柱,30m×0.25-mm(内径)熔融石英
	载气:含5%甲烷的氩气,40ml/min
	定量标准:用MBOCA作为控制尿样;MDA作为内标
	质量控制:冷冻的合并尿,用肌酐校正
	测定范围:10~250μg/L尿
	估算检出限:1μg/L尿
	回收率:89%(100μg/L尿);79%(4~25μg/L尿)
	精密度($\bar{S}_r$):0.08
	准确度:±27%~37%

适用范围:MBOCA常见于塑料工业劳动者的尿中。尽管MBOCA在老鼠体内大量代谢,但是在接触MBOCA的劳动者尿中仅含有MBOCA[1]。本GC-ECD方法可用于对接触MBOCA的劳动者进行筛查

干扰因素:丙咪嗪具有相近的保留时间。建议进行仔细的工作史或问卷调查

其他方法:本法修订了方法P&CAM 342[2]和方法8302(1984年2月15日)。本法的灵敏度是特殊风险审查(Special Hazard Review)中测定方法的40倍[3]。对GC-FID法测定进行了描述,但灵敏度较低[4]

试剂	仪器
1. 4,4′-二氨基-3,3′-二氯二苯甲烷(MBOCA)标准储备液,200mg/ml。* 准确称量50mg MBOCA,用少量甲醇溶解并稀释至250ml。25℃下稳定5天	1. 带螺盖的聚乙烯瓶:125ml
2. 甲醇中的4,4′-亚甲基双苯胺(MDA),内标,10μg/ml	2. 气相色谱仪:[63]Ni电子捕获检测器,积分仪和色谱柱(方法8302)
3. 正己烷*	3. 巴斯德吸管
4. 乙醚*	4. 带玻璃塞的具刻度离心管:15ml
5. 三乙胺(TEA)储备液:0.05M,溶于正己烷	5. 旋转混合器:50~60rpm,可装20mm试管
6. 七氟丁酸酐(HFBA)	6. 试管:20×150mm,带聚四氟乙烯内衬的螺纹瓶盖
7. 弗罗里硅土:60~100目,650℃活化,130℃保持24小时,加入10%(w/w)水去活,在旋转混合器上以50rpm混合2小时。可稳定一周	7. 振动式混合器
	8. 层析柱:7mm(内径)×20cm,容积25ml和PTFE活塞
8. 苯*	9. pH试纸:范围大
9. NaOH	10. 氮气输气管:用于蒸发有机溶液
10. 0.1M KH_2PO_4 缓冲溶液:用浓HCl调节至pH为6	11. 移液管:10ml
11. 无水硫酸钠:颗粒状	12. 离心机:平顶。Clinical
12. 甲醇	13. 玻璃注射器:10μl和50μl
13. 柠檬酸一水合物:颗粒状	14. 水浴锅:50℃
14. 混合尿样或Hycel控制尿(Hycel Co,TX)	15. 容量瓶:100ml和250ml
15. 浓HCl	16. 玻璃棉
16. P-5载气:含5%甲烷的氩气	

特殊防护措施:尿样品可能会危害采集和处理尿样品的人的健康,主要有传染性生物样品,如传染性肝炎和其他疾病,会对严重危害人体健康;这些样品中的化学物质也会存在危害,但危害较小;处理尿样品时,应佩戴防护手套,并避免样品雾化;禁止用嘴移液;MBOCA、MDA和苯是可疑致癌物;在手套箱中或在通风良好的通风橱中进行操作;使用乙醚和己烷时要小心;它们都极易燃,应该在通风橱中使用

注:* 见特殊防护措施。

采样

1. 采集50~100ml尿样于含3ml 30%柠檬酸的125ml聚乙烯瓶中。

2. 采样后立即拧紧瓶盖,轻旋混匀。

3. 将样品放于带干冰的保温箱中运输。

样品处理

4. 解冻尿样。

5. 取一部分尿样进行肌酐测定[5]。

6. 移取5ml的尿样到一个干净的试管中。

7. 用10N NaOH(约0.1ml)调节pH>12。

8. 加入1ml甲醇,充分混匀。

9. 加入5ml 1:1乙醚:正己烷。摇动2分钟以提取MBOCA。离心使溶液分层。用巴斯德吸管将有机相转移到试管中。重复以上步骤两次,并将有机相合并。

　　注意:可能会形成乳浊液;可加入甲醇或再次离心。

10. 在通风橱中用小流量氮气吹扫提取液,浓缩至约1ml。

11. 向浓缩液中加入50μl TEA、50μl HFBA和25μl MDA。在通风橱中充分混匀。

12. 确保瓶盖是松开的。50℃水浴加热15分钟。

13. 从水浴中取出。加入2ml正己烷和5ml KH_2PO_4 缓冲溶液。充分混匀。

14. 离心使溶液完全分层。用巴斯德吸管将含衍生物的有机层转移至15ml离心管中,不要干扰水层。

15. 如果分析低浓度样品（<5μg/L 尿），使用弗罗里硅土提纯（附录 A）。加入 0.2g Na₂SO₄ 并混匀。

标准曲线绘制与质量控制

16. 将标准储备液加入到控制尿样中，配制成浓度范围为 0（控制尿样）~200μg/L 尿的标准系列。

17. 每个标准系列取 5ml 进行提取（步骤 6~15）。标准系列和样品一起进行分析（步骤 20,21）。

18. 以待测物峰面积与 MDA 峰面积的比值对 MBOCA 的浓度（μg/L）绘制标准曲线。

样品测定

19. 据仪器说明书和方法 8302 中给出的条件设置气相色谱仪。

20. 进 1μl 正己烷提取液（来自步骤 15）。

21. 测定样品和内标物的峰面积。在同一谱图中，用样品峰面积除以内标物峰面积。

计算

22. 由标准曲线计算得出尿样中 MBOCA 的浓度 C_u（μg/L）。

23. 按下式计算尿样中 MBOCA/克肌酐的浓度 C（μg/g 肌酐），肌酐值（C_r）由步骤 5 得到。

$$C = \frac{C_u}{C_r}$$

指导说明

Linch 等[1] 报道了接触待测物的劳动者尿中 MBOCA 的浓度达到 370μg/L。文献中没有发现其他报道。CAL/OSHA 建议尿中 MBOCA 水平应不超过 100μg/L[6]。

方法评价

分析浓度为 4,30 和 150μg/L 尿的 MBOCA 尿样品，每个浓度 10 个样品。上述分析范围的精密度（$\bar{S}_r$）为 0.082[2]。

参考文献

[1] Linch, A. L., G. B. O'Connor, J. R. Barnes, A. S. Killian, and W. E. Neeld. Methylene – bis – Ortho – Chloroaniline (MOCA)：Evaluation of Hazards and Exposure Control, Am. Ind. Hyg. Assoc. J., 32, 802 – 819 (1971).

[2] NIOSH Manual of Analytical Methods, 2nd ed., Vol. 7, P&CAM 342, U. S. Department of Healthand Human Services, Publ. (NIOSH) 82~100 (1981).

[3] Special Hazard Review with Control Recommendations for 4,4′ – Methylenebis – (2 – Chloroaniline), U. S. Department of Health, Education, and Welfare, Publ. (NIOSH) 78 – 188 (1978).

[4] Van Roosmalen, P. B., A. L. Klein, and I. Drummond. An Improved Method for Determination of4,4′ – Methylenebis – (2 – Chloroaniline) (MOCA) in Urine, Am. Ind. Hyg. Assoc. J., 40, 66 – 69 (1979).

[5] Tietz, N. W. Fundamentals of Clinical Chemistry, 2nd ed., pp. 994 – 999, W. B. Saunders, Co., Philadelphia, PA (1976).

[6] California Occupational Safety and Health Administration (CAL/OSHA), Title 8, Sec. 5215;General Industry Safety Orders, 4,4′ – Methylenebis(2 – chloroaniline), Register 81, No. 22 (May 30,1981).

方法作者

William P. Tolos, NIOSH/DBBS.

附录 A:弗罗里硅土净化及分析（用于尿含量 <5mg MBOCA/L）

1. 用一个温和的氮气流在 30℃ 水浴中将提取液（来自步骤 14 的有机层）浓缩至 0.5ml。

2. 将一小团玻璃棉塞入色谱柱中。加入 1.6g 的 10% 去活的弗罗里硅土。在顶部加入 2cm 无水 Na₂SO₄。

3. 用 10ml 己烷对装填的色谱柱进行预冲洗。

4. 用巴斯德吸管转移 0.5ml 衍生化的提取液到色谱柱中。加入的提取液的量与和冲洗 Na₂SO₄ 层所用的己烷相同。

5. 迅速用另外的少量己烷冲洗提取管。冲洗液不要低于 Na_2SO_4 层。

6. 弃去预冲洗的洗脱液。

7. 用 10ml 的 40% 苯/己烷（v/v）洗脱色谱柱。混合溶剂应该不低于 Na_2SO_4 层;弃去洗脱液。

8. 用 10ml 的 100% 苯洗脱色谱柱。收集洗脱液并浓缩至 1ml。

9. 进样 1μl 浓缩的苯至已按方法 8302 所述条件设置的 GC 中。

尿中的五氯苯酚 8303

C_6Cl_5OH	相对分子质量:266.34	CAS 号:87 - 86 - 5	RTECS 号:SM6300000
方法:8303,第二次修订		方法评价情况:完全评价	第一次修订:1989.5.15 第二次修订:1994.8.15

生物指标:五氯苯酚

英文名称:pentachlorophenol in urine; PCP;Penta

采样	分析
样品:班末、工作时间中期到后期的尿 采样体积:100ml,装入聚乙烯瓶中 防腐剂:采样后加入 2 ~ 3 滴浓 HCl 运输方法:于干冰中冷冻运输 样品稳定性:冷冻可保存 40 天 对照样品:每批样品取 3 个不接触待测物的正常人尿样,或每 10 个样品采集 1 个控制尿样	分析方法:气相色谱法,电子捕获检测器(ECD) 待测物:五氯甲氧基苯(PCP 甲基醚) 进样体积:5μl 色谱柱:玻璃柱,1.8m × 4mm(内径);80 ~ 100 目硅烷化填料,涂渍 4% 　　SE - 30 +6% OV - 210 载气:含 5% 甲烷的氩气,60ml/min 气化室温度:220℃ 柱温:190℃ 传输管温度:250℃ 检测器温度:300℃ 定量标准:正己烷中的五氯甲氧基苯溶液 质量控制:加标混合尿;肌酐含量校正 测定范围:5 ~ 1000μg/L 估算检出限 LOD:1μg/L[1] 回收率:0.947 精密度($\bar{S}_r$):0.03[1] 准确度: ±10.3%

适用范围:本法可测定游离态和结合态的 PCP 水解产物。可用于经皮肤吸收、摄入和吸入等途径长期接触 PCP 的监测。在接触 42 小时后,尿中的 PCP 达到最高水平[2]。短期接触值的最佳测定方法为方法 8001(血液中的五氯苯酚)。尿中含约 82% 游离 PCP 和 13% PCP 葡萄糖甘酸[1]

干扰因素:尿提取液中存在许多潜在干扰,包括氯萘、多氯联苯和敌草隆,但能够通过样品净化而除去

其他方法:本法综合并替代了方法 P&CAM 230[3] 和方法 P&CAM 358[1]

续表

试剂	仪器
1. 正己烷、丙酮和苯*（农药级）	1. 聚乙烯瓶：带螺纹盖，125ml**
2. 含20%（v/v）苯的己烷	2. 气相色谱仪：电子捕获检测器（^{63}Ni）
3. 含10%（v/v）苯的己烷	3. 试管：16×150mm 和 16×125mm，带螺纹的 PTFE 盖**
4. 浓 HCl	4. 可调变速旋转混合器
5. 亚硫酸氢钠	5. 离心机（可选择冷冻离心机）
6. 硫酸钠	6. 色谱柱：7mm（内径）×200mm，带50ml储液器和PTFE活塞**
7. 氧化铝（酸洗）Brockman 活度 I 级：80～200 目	7. 玻璃注射器（10μl）
8. 五氯甲氧基苯（购自，Analytical Reference Lab）	8. 移液管：1000,500,250,100,50,25 和 10μl**
9. PCP 的标准储备液：100mg/L。称取 0.0105g 五氯苯酚，溶于正己烷中，定容至100ml。在冰箱中可保存2个月	9. 容量瓶：10ml 和 100ml。**
	10. 巴斯德吸管：一次性
10. 重氮甲烷*：使用 Diazald kit 按照厂商说明制备[4]	11. 具刻度离心管：玻璃塞，15ml**
11. 含5%甲烷的氩气。	12. 水浴：100℃

特殊防护措施：尿样品可能会影响对采集和处理尼尿样品的人的健康,主要有传染性生物样品,如传染性肝炎和其他疾病,会产生严重危害的人体健康；这些样品中的化学物质也会存在危害,但危害较小；处理尿样品时,应佩戴防护手套,并避免样品雾化；禁止用嘴移液；苯是已知的致癌物,使用时必须遵守 29 CFR 1910.1005；重氮甲烷及其前体,N-甲基-N-亚硝基对甲苯磺酰胺,是很强的诱变剂；处理大量前体时应在手套箱中进行；制备重氮甲烷时应在防爆板后面操作

注：* 见特殊防护措施；** 用清洁剂洗涤；用铬酸清洗；依次用蒸馏水、丙酮和正己烷冲洗。

采样

1. 采集现场尿样 100ml 于 125ml 聚乙烯瓶中。

2. 向样品中加入 2～3 滴浓 HCl 作为防腐剂。

3. 将样品放入保温箱（如带干冰的聚苯乙烯泡沫）中冷冻运输。

样品处理

4. 取一部分尿样进行肌酐测定[5]。

5. 从每个样品中移取 4ml 尿样到 16mm×150mm 的试管中。

6. 向每个试管中加入 1.0ml 浓 HCl 和 100mg 亚硫酸氢钠。

7. 盖上管盖并放入沸水浴中 1 小时,每隔 15 分钟轻轻震摇一次。

8. 将试管冷却至室温。

9. 向每个试管中加入 5ml 苯。以 60rpm 在旋转混合器提取 1 小时。

10. 3000rpm 离心。将苯层移入 16mm×150mm 的试管中。再用 5ml 苯重复提取一次。合并提取液。

11. 用小流量氮气吹扫,使提取液浓缩至约 0.6ml。

12. 在通风橱中加入 10ml 重氮甲烷试剂到试管中,静置 1 小时。

13. 用小流量氮气吹扫,使提取液浓缩至约 0.6ml。

14. 加入 4ml 正己烷。蒸发至溶液体积约为 0.6ml。

15. 加入 4g 酸洗氧化铝到 7mm ID×200mm 色谱柱中。用 1.6g 无水硫酸钠覆盖。用含 20% 苯的正己烷冲洗色谱柱。使柱子在空气中干燥后,放在 130℃ 烘箱中过夜。使用前将色谱柱冷却至室温。

16. 在通风橱中用 5ml 正己烷润湿色谱柱。

17. 当溶剂层到达硫酸钠的顶部时,加入浓缩的衍生化的提取液。

18. 用 0.5ml 的正己烷冲洗试管 3 次。将冲洗液加入到色谱柱中。

19. 加入 3.5ml 正己烷到色谱柱中。弃去正己烷洗脱液。

20. 用 20ml 含 10%（v/v）苯的正己烷洗脱 PCP 衍生物五氯甲氧基苯。

21. 在带刻度的离心管中浓缩样品至 2.0ml。

标准曲线绘制与质量控制

22. 在 5～1000μg/L 浓度范围内,稀释 PCP 标准储备液,配制至少 6 个浓度的 PCP 标准系列。

23. 以峰面积对 PCP 浓度(μg/L)绘制标准曲线。

24. 每进 5 个样品后进一次标准系列。

25. 每 10 个样品或不足 10 个样品,须做一个加标尿样,每次分析至少做 3 个加标尿样。

注意:用于加标的尿使用之前必须测定本底值。

样品测定

26. 根据仪器说明书和方法 8303 给出的条件设置气相色谱仪。

27. 进样提取液 5μl(步骤 21)。测定待测物的峰面积。

注意:五氯甲氧基苯的保留时间约为 4.7 ~ 5.0 分钟。

计算

28. 由标准曲线计算得出提取液中 PCP 的浓度 C_e(μg/L PCP)。

29. 计算尿样中的 PCP 浓度 C (μg/L PCP),提取浓缩因子为 2。(4ml 尿浓缩为 2ml 提取液)

$$C = 0.5C_e$$

30. PCP 的浓度以 μg PCP/g 肌酐表示。

指导说明

未接触人群尿中的五氯苯酚水平为 20 ~ 40μg/L PCP[6-8]。有报告称浓度为 200μg/L PCP 时出现症状,大于 20mg/L 是致命的[7,9]。Lauwerys 建议上限为 1mg/g 肌酐[10]。ACGIH 生物接触指标为 2mg PCP/g 肌酐[11]。

方法评价

在 5 ~ 1000μg PCP/L 尿浓度范围内加标尿样的 PCP 回收率为 93% ~ 96%。将 100ng PCP/L 尿的加标尿样品冷冻并储存 36 天,PCP 回收率为 85% ~ 91%。

参考文献

[1] NIOSH Manual of Analytical Methods, P&CAM 358 (unpublished, 1983).

[2] Bruan, W. H., Blau, G. E., Chensweth, M. B. The Metabolism/Pharmacokinetics of Pentachlorophenolin Man, and a Comparison with the Rat and Monkey, Toxicology Research Laboratory, DowChemical, USA, Midland, MI 48640.

[3] NIOSH Manual of Analytical Methods, 2nd ed., V. 1, P&CAM 230, U. S. Department of Health, Education, and Welfare, Publ. (NIOSH) 77 – 157 – A (1977).

[4] Diazald, Cat. No. 02800 – 0, Aldrich Chemical Co., Inc., Milwaukee, WI.

[5] Tietz, N. W. Fundamentals of Clinical Chemistry, 2nd ed., 994 – 999, W. B. Saunders Co., Philadelphia, PA (1976).

[6] Edgerton, T. R., Moseman, R. F. Determination of Pentachlorophenol in Urine: The Importance of Hydrolysis, J. Agric. Food Chem., 27, 197 – 199 (1979).

[7] Dougherty, R. C. Human Exposure to Pentachlorophenol, Dept. of Chemistry, Florida State University, Tallahassee, FL.

[8] Klemmer, H. W., Wang, L., Sato, M. M., Reichert, E. L., Korsak, R. J. and Rashad, M. N. Clinical Findings in Workers Exposed to Pentachlorophenol, Arch. Environm. Contam. Toxicol., 9, 715 – 725 (1980).

[9] Williams, P. L. Pentachlorophenol, an Assessment of the Occupational Hazard, Am. Ind. Hyg. Assoc. J., 43, 799 – 810 (1982).

[10] Lauwery, R. R. Industrial Chemical Exposure, Guidelines for Biological Monitoring, 143, Biomedical Publications, Davis, CA (1983).

[11] 1993—1994 Threshold Limit Values and Biological Exposure Indices, American Conference of Governmental Industrial Hygienists, Cincinnati, OH (1993).

方法修订作者

Anthony W. Smallwood, William P. Tolos, and Karl E. DeBord, NIOSH/DBBS; and Robert Kurimo, NIOSH/DPSE.

尿中的联苯胺(筛选试验) 8304

$C_{12}H_{12}N_2$	相对分子质量:184.24	CAS 号:92 - 87 - 5	RTECS 号:DC9625000
方法:8304,第二次修订		方法评价情况:部分评价	第一次修订:1984.2.15 第二次修订:1993.8.15

生物指标:接触联苯胺为基础的偶氮染料

英文名称:benzidine in urine; [1,1′ - biphenyl] - 4,4′ - diamine

采样	分析
样品:接触前和接触6小时后的两种尿样,每种150ml 防腐剂:无 运输方法:带干冰的保温箱 样品稳定性:稳定2个月(-20℃) 对照样品:未接触劳动者的尿样	分析方法:可见吸收/薄层色谱法(TLC) 待测物:联苯胺的2,4,6 - 三硝基苯磺酸衍生物 测定波长:400nm TLC 鉴定:UV 及可见 $R_f = 0.41$ 估算检出限 LOD:0.1μg/100ml 尿(可见吸收);0.3μg/100ml 尿 (TLC) 定量标准:联苯胺的水溶液 质量控制:冷冻的混合尿 测定范围:0.1~20μg/100ml 尿 回收率:70%(0.5μg/100ml 尿) 精密度($\bar{S}_r$):0.12(0.5μg/100ml 尿) 准确度:±53%

适用范围:本法是测定芳香胺的特定方法并可用于筛选接触联苯胺或联苯胺为基础的偶氮染料的劳动者

干扰因素:除了来自其他游离芳香胺的假阳性干扰外,某些药物(如抗组胺)含有游离的芳香胺也会产生干扰;但这些化合物不会产生与联苯胺相应的 TLC R_f 值

其他方法:本法替代了方法 P&CAM315[1],并进行了少量修改。方法 8306 是通过电子捕获检测器 - 气相色谱法测定尿中联苯胺的特定方法

试剂	仪器
1. 甲醇 2. 联苯胺:99%(小心:致癌物) 3. 联苯胺储备液:500μg/ml。称取50mg联苯胺。溶于甲醇中稀释至100ml。在 -8℃可稳定1个月 4. 联苯胺标准储备液:10μg/ml。*用甲醇稀释1ml联苯胺储备液至50ml。每天新制备 5. 氯仿 6. HCl 　a. 1.0N:用去离子水稀释83ml 浓 HCl 至100ml 　b. 0.1N:用去离子水稀释10ml 1.0N HCl 至100ml 7. NaOH 溶液:1.0N。溶解40g NaOH 于水中,稀释至1L 8. 氯化钠晶体 9. 醋酸钠缓冲溶液:2M,pH 5.5。用6N HCl 滴定2M 醋酸钠。冷藏 10. 2,4,6 - 三硝基苯磺酸(TNBS):0.1g/ml。溶解2.5g TN-BS 于25ml 蒸馏水中。避光储藏可稳定7天 11. 丙酮 12. 甲酸 13. 压缩氮气 14. 氯仿:甲酸,90:10 (v/v)。每天新制备	1. 聚乙烯瓶:250ml 2. 分光光度计:测量波长400nm,1ml 半微型比色皿 3. 离心机:400rpm 4. 旋转混合器:用于25×200mm 测试管 5. pH 计 6. TCL 板:预涂硅胶,在110℃活化30分钟,无荧光指示剂(0.5mm 厚) 7. TLC 层析槽 8. UV 源:用于观察TLC 板 9. 玻璃瓶:180ml,带 PTFE 内衬的瓶盖 10. 玻璃移液管:2,5和100ml,带洗耳球 11. 分液漏斗:125ml 12. 容量瓶:25,100ml;棕色10ml 13. 玻璃试管:带 PTFE 内衬的盖(16mm×125mm 和 25mm×200mm) 14. 微量吸管:0.01,0.1 和 0.7ml 15. 巴斯德吸管 16. 塑料手套 17. 干燥器 18. pH 试纸(pH2)

特殊防护措施:联苯胺是一个已知的人类致癌物,应该采取适当的防护措施以减少接触;所有的废液,包括冲洗脏的玻璃器皿所用的丙酮,应该被收集起来并用规定的方法进行处理

注:* 见特殊防护措施。

采样

1. 采集班前和班后的尿样(约150ml)于250ml聚乙烯瓶中。

2. 用带干冰的保温箱运输。

样品处理

3. 如果样品冷冻储存,样品应解冻。用1N HCl或1N NaOH调节尿的pH在5～6之间。

4. 移取100ml尿到180ml玻璃瓶中。制备空白控制尿样品(100ml),并在两个对照样品中加标联苯胺溶液(0.3～1.0μg)作为质控样(100ml)。

5. 向已调节pH的尿中加入0.2g NaCl。

6. 用10ml氯仿萃取尿2分钟,两次或多于两次。如果为乳浊液,离心分离两相,收集并保留氯仿层。

7. 用10ml氯仿再萃取尿两次或多次。合并萃取的氯仿层。

8. 加2ml 0.1N HCl在旋转混合器上涡旋30分钟反萃取合并的氯仿混合液。

9. 用巴斯德吸管将水相(约2ml)转移到试管中(16mm×125mm)。

10. 加入2ml pH 5.5醋酸钠缓冲溶液和0.7ml TNBS试剂,充分混匀,并使之在室温下静置15分钟。制备试剂空白(2ml 0.1N HCl、2ml pH 5.5醋酸钠缓冲和0.7ml TNBS试剂)。

标准曲线绘制与质量控制

11. 将标准储备液加入到混合尿样品中使总体积为100ml(将控制尿样品预先混合,混合尿<0.1μg联苯胺/100ml尿)制备标准系列,在0～20μg联苯胺/100ml尿的范围内,制备标准系列。

12. 处理并分析标准系列(步骤3～10,14～16)。

13. 在400nm处测定吸光度,以吸光度对待测物的浓度(μg/100ml尿)绘制标准曲线。

样品测定

14. 向步骤10中的萃取液加入2ml CHCl$_3$并震荡1分钟。

15. 在400nm处用试剂空白的有机相调零,测定样品吸光度。如果样品中的含量超过0.3μg/100ml,保留有机相用于联苯胺TLC的评价(步骤16～19)。

16. 用氮气蒸发浓缩含TNBS-胺衍生物的有机相至约0.2ml。

17. 在活化的硅胶TLC板上点样10μl的浓缩的有机相。

18. 在90:10氯仿:甲酸中展开。

19. 将未知的胺衍生物的R$_f$与联苯胺加标衍生物的R$_f$进行比较。联苯胺产生R$_f$ = 0.41的斑点,在可见光下是黄色的,在紫外光(254nm)下是黑暗的。

计算

20. 根据样品吸光度和标准曲线,计算尿样中待测物的浓度。

注意:由于在尿中制备标准溶液,且对标准溶液和样品进行同样的处理,因此不需要用萃取效率进行校正。

指导说明

在本实验室中,未接触联苯胺或芳香胺的NIOSH劳动者的尿样的正常范围如表6-0-4。

表6-0-4　尿样中芳香胺正常浓度范围

尿样数目	芳香胺浓度/(μg/100ml)
10	<0.1
2	0.1～0.2
1	0.2
1	0.3

在14个尿样中未用TLC测定联苯胺(LOD = 0.3μg/100ml)。

方法评价

对含0.5μg联苯胺/100ml尿的10个加标尿样进行了分析。10个样品的精密度$\bar{S}_r$为0.12。

参考文献

[1] NIOSH Manual of Analytical Methods, 2nd. ed., V. 5, P&CAM 315, U.S. Department of Health Education, and Welfare, Publ. (NIOSH) 79－141 (1979).

方法作者

William P. Tolos, NIOSH/DBBS.

尿中的苯酚和对甲酚 8305

(1)C_6H_5OH； (2)$CH_3C_6H_4OH$	相对分子质量:94.11;108.14	CAS 号:108－95－2；106－44－5	RTECS 号:SJ3325000;GO6475000
方法:8305,第二次修订		方法评价情况:部分评价	第一次修订:1985.5.15 第一次修订:1994.8.15

生物指标:接触苯酚、苯和对甲基甲苯酚

英文名称:(1)苯酚:phenol; carbolic acid;(2)对甲酚:p－cresol; 4－methylphenol

采样	分析
样品:两种现场尿样(接触前和接触后)	**分析方法**:气相色谱法,氢离子化检测器
采样体积:50~100ml,置于含防腐剂的带螺纹盖的聚乙烯瓶中	**待测物**:苯酚和对甲酚
防腐剂:少量百里酚晶体	**处理方法**:加酸水解;提取
运输方法:冷冻尿;在含干冰的保温箱中运送	**进样体积**:5μl
样品稳定性:在25℃稳定4天;在－4℃稳定3个月	**气化室温度**:180℃
控制样品:未接触劳动者的尿;混合并冷冻控制尿样	**检测器温度**:200℃
	柱温:120℃保持4分钟;升温速率16℃/min,升温至190℃,保持4分钟
	色谱柱:玻璃柱,3m × 2mm(内径),60~80目 Anakrom Q,其上涂渍2%二甘醇己二酸酯
	载气:氮气,25ml/min
	定量标准:控制尿中的含待测物溶液;硝基苯内标
	测定范围:2~300μg 苯酚/ml 尿;2~500μg 对甲酚/ml 尿
	估算检出限:0.5μg/ml
	回收率:(1)94%(15mg/ml);(2)95%(50μg/ml)
	精密度($\bar{S}_r$):(1)0.128;(2)0.091
	准确度:(1)±31.0%;(2)±22.8%

适用范围:苯酚和对甲酚常见于尿中。本法对于筛查接触苯酚、对甲酚和苯的劳动者十分有效。苯的主要代谢产物是苯酚[1]。当苯浓度为25ppm,接触时间为8小时,劳动者排出尿中约含150mg/L的苯酚[2]

干扰因素:邻苯酚与苯酚的 GC 保留时间相近。建议进行仔细的工作史/问卷调查

其他方法:本法替代了 P&CAM330[3]。非特异性的比色法测得正常尿中的苯酚浓度比本法测得的值高50%[4]

试剂	仪器
1. 苯酚标准储备液,2mg/ml:准确称量200mg苯酚*并溶于蒸馏子水中,稀释至100ml。在25℃下可稳定14天	1. 聚乙烯瓶:带螺纹瓶盖,125ml
2. 对甲酚标准储备液,5mg/ml:准确称量500mg对甲酚*,溶于甲醇*中,稀释至100ml。在25℃下可稳定14天	2. 气相色谱仪:FID,积分仪和色谱柱(方法8305)
3. 乙醚*	3. 离心管:15ml,带刻度,玻璃塞
4. 浓HCl或70% HClO₄*	4. 注射器:10μl,可精确至0.1μl
5. 无水硫酸钠:颗粒状	5. 容量瓶:100ml
6. 百里酚(美国药典USP)	6. 巴斯德移液管
7. 0.6mg/ml内标溶液:溶解30g硝基苯于50ml甲醇*中	7. 移液管:1,2和5ml
8. 甲醇*	8. 振动混合器
9. 氮气:高纯	9. 离心管:一次性,10×75mm
10. 氢气:净化	10. 水浴锅:95℃
11. 空气:过滤	11. 冰浴或冰箱
12. 干冰	

特殊防护措施:采集自人体的尿样可能会危害收集和处理这些样品的实验劳动者的健康,主要是个体接触传染性生物样品后可能会产生严重的健康影响,如传染性肝炎和其他疾病;这些样品中的化学物质也会带来一些危害,但是危害小;处理尿样时应该戴防护手套并避免使这些样品生成气溶胶;禁止用嘴吸液;乙醚和甲醇易引起火灾;苯酚、对甲酚、甲醇和硝基苯有毒且可经皮肤吸收;盐酸和高氯酸能够损害皮肤;操作时戴手套和护目镜,在通风橱中进行;仅在高氯酸通风橱中处理HClO₄

注:*见特殊防护措施。

采样

1. 收集尿样50~100ml置于含少量百里酚的125ml聚乙烯瓶中。

注意:对每个劳动者采集两种尿样,一种在接触前采集,一种在接触后采集。同时,收集未接触劳动者的尿作为控制尿样,并将其混合。

2. 采样后立即盖紧瓶子并轻轻涡旋混匀。

3. 冷冻尿并在含干冰的保温箱中运送。

样品处理

4. 解冻尿样。

5. 取一小份尿样,测定其肌酐含量(g/L尿)[5]。

6. 移取5ml尿至15ml离心管中。

7. 加入1.0ml浓HCl或5滴70% HClO₄。混匀。

8. 塞上塞子,不能太紧。95℃水浴加热1.5小时。

9. 从水浴中取出离心管。加入10μl内标物。用去离子水稀释至10ml。

10. 移取2ml乙醚到离心管中。盖上塞子并用力摇振1分钟。冷却离心管到0℃并使两相分离。

11. 移取约0.5ml的乙醚上清液到试管中。加入几毫克Na₂SO₄并混匀。在测量之前盖上细胞试管并保持在0℃以免蒸发。

标准曲线绘制与质量控制

12. 用含0.5~300μg/ml苯酚和0.5~500μg/ml对甲酚的混合标准系列,绘制标准曲线。

a. 于100ml容量瓶中,加入适量的混合控制尿样,再加入已知量的苯酚和对甲酚标准储备液,最后用混合控制尿样稀释至刻度。

b. 每份标准系列取5ml,用与样品相同的步骤进行处理(步骤6~11)。

c. 将标准系列与尿样和混合控制尿样一起进行分析。

d. 以待测物峰面积与硝基苯峰面积之比对待测物溶液浓度(μg/ml)分别绘制苯酚和对甲酚的标准曲线。

样品测定

13. 根据说明书和方法 8305 给出的条件设置气相色谱仪。将步骤 11 所得的提取液用溶剂冲洗技术进样。

14. 测定峰面积。将苯酚和对甲酚的峰面积除以同一色谱图中硝基苯的峰面积。

计算

15. 根据标准曲线计算尿样中苯酚和对甲酚的浓度（$\mu g/ml$）。

16. 将尿样中苯酚和对甲酚的浓度除以在步骤 5 中测得的肌酐值，换算成样品中每克肌酐所含苯酚和对甲酚的浓度。比较每个劳动者班前和班后样品的结果。

指导说明

本实验室研究发现，未接触苯、苯酚或对甲酚的人的苯酚的正常范围为 4.5～20.7 毫克苯酚/克肌酐。对甲酚的正常范围为 5.5～65mg/g 肌酐。必须强调的是，实验室必须用来自未接触苯、苯酚、对甲酚，或未接触过量食用苯甲酸钠（在某些食物中作为防腐剂）的人群的尿样建立自己的正常范围。Lauwerys[6] 报道了接触苯的"试验性的最大容许值"为 45 毫克苯酚/克肌酐，接触苯酚的为 300 毫克苯酚/克肌酐。没有报道对甲酚的值。ACGIH 生物接触指数为 250 毫克苯酚/克肌酐[7]。

方法评价

在尿中加入浓度分别为 $10\mu g/ml$ 和 $50\mu g/ml$ 的苯酚和对甲酚，配制 10 份加标尿样，分析其中的每种待测物。对于这 10 个尿样，苯酚的精密度（$\bar{S}_r$）为 0.128，对甲酚的精密度（$\bar{S}_r$）为 0.091。

<h2 align="center">参考文献</h2>

[1] Rainsford, S. G. and T. A. Lloyd Davies. Urinary Excretion of Phenol by Men Exposed to Vapour of Benzene: Screening Test, British J. Ind. Med., 22, 21 – 26 (1965).

[2] Docter, H. J. and R. L. Zielkuis. Phenol Excretion as a Measure of Benzene Exposure, Ann. Occup. Hyg., 10, 317 – 326 (1967).

[3] NIOSH Manual of Analytical Methods, 2nd ed., Vol. 6, P&CAM 330, U. S. Department of Healthand Human Services, Publ. (NIOSH) 80 – 125 (1980).

[4] Buchwald, H. The Colorimetric Determination of Phenol in Air and Urine with a Stabilized Diazonium Salt, Ann. Occup. Hyg., 9, 7 – 14 (1966).

[5] Tietz, N. W. Fundamentals of Clinical Chemistry, 2nd ed., 994 – 999, W. B. Saunders Co., Philadelphia, PA (1976).

[6] Lauwerys, Robert R. Industrial Chemical Exposure: Guidelines for Biological Monitoring, 136 – 140, Biomedical Publications, Davis, CA (1983).

[7] 1993 – 1994 Threshold Limit Values and Biological Exposure Indices, American Conference of Governmental Industrial Hygienists, Cincinnati, OH (1993).

方法修订作者

William P. Tolos, NIOSH/DBBS

<h3 align="center">尿中的联苯胺 8306</h3>

$C_{12}H_{12}N_2$	相对分子质量:184.24	CAS:92 – 87 – 5	RTECS:DC9625000
方法:8306,第二次修订		方法评价情况:部分评价	第一次修订:1984.2.15 第二次修订:1994.8.15
生物指标:接触联苯胺及联苯胺系偶氮染料			
英文名称:benzidine in urine; [1,1′ – biphenyl] – 4,4′ – diamine			

采样	分析
样品:接触 2~3 小时后的尿	分析方法:气相色谱法,电子捕获检测器
采样体积:采集 100ml 于聚乙烯瓶中	待测物:N,N′-二七氟代丁酰联苯胺
防腐剂:采集后加入 2 滴 12N HCl	进样体积:3μl,Grob 型-不分流
运输方法:冷冻,于干冰中运输	色谱柱:毛细管柱,15m×0.25-mm(内径),涂覆 WCOT-SE-54
样品稳定性:未知	载气:含 5%甲烷的氩气,1ml/min
对照样品:每次研究时至少 3 个未接触者的尿样品;每 10 个样品需 1 个对照样品	气化室温度:260℃
	检测器温度:350℃
	柱温:120℃保持 2 分钟;以 40℃/min 升温至 280℃,保持 6 分钟
	定量标准:苯中的联苯胺溶液,含内标物
	质量控质:加标尿,用于校正肌酐含量
	测定范围:10~1000μg/L
	回收率:92%
	估算检出限:5μg/L
	精密度($\bar{S}_r$):0.11
	准确度:±29%

适用范围:本法用于监测联苯胺或联苯胺系偶氮染料的接触情况,联苯胺或联苯胺系偶氮染料可通过皮肤、肺或胃肠道吸收,其代谢物为联苯胺或乙酰联苯胺。本法可定量分析联苯胺、N-乙酰联苯胺、N,N′-二乙酰联苯胺,它们是二联苯的偶联物。接触 2~3 小时后尿中的联苯胺的浓度达到最大[1]

干扰因素:未知

其他方法:本法参考文献[2]和[3]

试剂

1. 浓 HCl(比重 1.18)
2. NaOH:10N。溶解 400g NaOH 于 1:1(v/v)甲醇:水中,配制成 1L 溶液。小心:此为放热反应
3. NaOH 溶液:5N。用 1:1(v/v)甲醇:水稀释 10N NaOH
4. 丙酮、己烷、甲醇和苯*:农药级
5. 己烷:苯,3:2(v/v)
6. 用苯在索氏提取器中提取无水硫酸钠 24 小时
7. 三甲胺储备液
   a. 溶解 2g(CH₃)₃NHCl 于 5ml 5 NNaOH 中
   小心:此为放热反应
   b. 用苯提取 4 次,每次用苯 5ml
   c. 每 5ml 提取液用 2cm 的无水硫酸钠过滤柱过滤
   d. 不使用时避光或冷藏保存。试剂的稳定性未知
8. 三甲胺标准系列:用苯 1:20 稀释三甲胺储备液。试剂的稳定性未知
9. 联苯胺储备液*:100μg/ml。准确称量的 10mg 联苯胺溶解于苯中,配制成 100ml 的溶液。冷藏。如果有颜色变化则废弃不用
10. 亚甲基联苯胺储备液:100μg/ml。准确称量 10mg 亚甲基联苯胺,溶解于苯中,配制成 100ml 的溶液。冷藏。如果有颜色变化则废弃不用
11. 衍生化亚甲基联苯胺储备液:1μg/ml
    a. 加入 0.1ml 亚甲基联苯胺储备液于 1.5ml 苯和 0.5ml 三甲胺工作溶液中
    b. 衍生化:洗涤(步骤 12,13)
    c. 用 2cm 的无水硫酸钠过滤
    d. 用苯稀释至 10ml。可稳定至少 1 周
12. 弗罗里硅土:PR 级,60/100 目;在 650℃下活化
    a. 用苯在索氏提取器中提取 24 小时
    b. 在 130℃加热 24 小时
    c. 冷却,每 100g 弗罗里硅土加入 10g 蒸馏水。振摇过夜
13. 缓冲溶液:溶解 136g KH₂PO₄ 于 900ml H₂O 水中。用 10N NaOH 溶液调节 pH 至 6。用 H₂O 稀释至 1L 并用 100ml 苯提取一次
14. 液状石蜡
15. 七氟丁酸酐
16. 氮气:高纯

仪器

1. 聚乙烯瓶:125ml
2. 气相色谱仪:⁶³Ni 电子捕获检测器,程序升温,毛细管柱,Grob 型进样系统和电子积分仪
3. 振荡器和旋转器
4. 蒸发器和涡旋混旋器
5. 离心机(冷藏,可选)
6. 水浴锅:温度范围为 30~100℃
7. 索氏提取器
8. 试管:25mm×200mm、20mm×125mm 和 16mm×150mm,带 PTFE 内衬的螺纹盖
9. 移液管:1,5ml 和 10ml,巴斯德移液管(一次性)**
10. 具刻度的离心管:15ml,玻璃塞**
11. 容量瓶**

特殊防护措施:采集自人体的尿样可能会危害收集和处理这些样品的实验劳动者的健康,主要有个体接触的传染性生物样品,如传染性肝炎和其他疾病,可能会严重危害健康;这些样品中的化学物质也会带来一些危害,但危害小;处理尿样品时应该戴防护手套并避免使这些样品生成气溶胶;禁止用嘴吸液;联苯胺和苯是人类致癌物,处理时必须遵守 29 CFR 1910.1005 和 1910.1028

注:*见特殊防护措施;**用清洁剂洗涤,用铬酸清洗,用蒸馏水、丙酮、苯冲洗。

采样

1. 采集现场尿样,置于聚乙烯瓶中。加入 2 滴 12N HCl 作为防腐剂。

2. 冷冻样品,用带干冰的保温箱进行运送。

3. 分析前冷冻保存样品。

样品处理

4. 取一小份尿样,测定肌酐含量[4]。

5. 移取 10ml 的尿样至含 10ml 10N NaOH 的 50ml 试管中。

6. 密封试管,在 80℃培养 2 小时。

7. 冷却至室温,加入 20ml 苯,密封,摇振 1 小时。

8. 取出苯层,用 2cm 的无水硫酸钠过滤柱过滤。将提取液收集于 25 × 200mm 的试管中。

9. 重复步骤 8 两次。合并提取液。

10. 向提取液中加入 3 或 4 滴液状石蜡并在缓慢的氮气流下浓缩提取液至接近干燥。

11. 加入 1.5ml 苯和 0.5ml 三甲胺工作溶液。

12. 加入 50μl 七氟丁酸酐。密封并置于 50℃水浴中 20 分钟。冷却至室温。

13. 洗涤衍生化后的提取液。

a. 加入 2ml pH6 的缓冲溶液。密封并振摇 2 分钟。

b. 离心 2 分钟。弃去底(水)层。

c. 再用 2ml pH6 的缓冲溶液洗涤,重复 2 次。

14. 用一小团玻璃棉塞住色谱柱并加入 1.6g 弗罗里硅土。在其顶部加入 2cm 的无水硫酸钠。用 50ml 己烷洗涤色谱柱。

15. 将洗涤后的缓冲溶液、衍生化后的提取液加入弗罗里硅土柱中。用约 2ml 的苯冲洗试管,冲洗两次,并将冲洗液加入到弗罗里硅土柱中。

16. 当提取液开始进入硫酸钠层时,加入 10ml 3:2(v/v)己烷:苯。弃去洗脱液。

17. 用 15ml 苯洗脱 N,N′-二七氟代丁酰联苯胺。

18. 向洗脱液中加入 0.5ml 衍生化亚甲基联苯胺储备液。在缓慢的氮气流下浓缩至 10ml。

标准曲线绘制与质量控制

19. 配制 6 个标准系列,联苯胺的含量在 0 ~ 10μg 范围内。

a. 加入适量的联苯胺储备液至 1.5ml 苯和 0.5ml 三甲胺工作溶液中。

b. 按照步骤 12 和步骤 13 进行。

c. 用 2cm 的无水硫酸钠过滤柱过滤苯层。

d. 加入 0.5ml 衍生化后的亚甲基储备液。

e. 用苯稀释至 10ml。

f. 将标准系列与样品和空白一起进行分析(步骤 21,22)。

g. 以标准系列的浓度对联苯胺与亚甲基联苯胺峰面积之比绘制标准曲线。

20. 每 10 个样品分析一次加标尿样(每批最少 3 个)。

样品测定

21. 根据仪器说明书和方法 8306 给出的条件设置气相色谱仪。

22. 进样 3μl 衍生化后的样品提取液(步骤 18)。测定亚甲基联苯胺和联苯胺的峰面积。计算峰面积之比(联苯胺比亚甲基联苯胺)。在此条件下,亚甲基联苯胺的保留时间为 7.6 分钟,联苯胺的保留时间为 8.0 分钟。

计算

23. 将样品中联苯胺与亚甲基联苯胺峰面积之比与由标准曲线上的标准系列的浓度进行比较,确定尿中联苯胺的浓度(μg/ml)。

指导说明

OSHA 规定联苯胺是人类致癌物。尽管尚未设定特定的标准,但联苯胺是人类致癌物的事实意味着在尿或其他生理体液中不应该检测到它或它的代谢产物。已建议 0.010μg/ml 的浓度水平作为过度接触的指标[1]。

参考文献

[1] Baselt, R. C. Biological Monitoring Methods for Industrial Chemicals, 43, Biomedical Publications, Davis, CA (1980).

[2] Nony, C. R., and M. C. Bowman. Trace Analysis of Potentially Carcinogenic Metabolites of an Azo Dye and Pigment in Hamster and Human Urine as Determined by Two Chromatographic Procedures, J. Chromatographic Sci., 18, 64 (February, 1980).

[3] Benzidine – Based Dyes, 46, U. S. Department of Health and Human Services, Publ. (NIOSH)80 – 109 (1980).

[4] Tietz, N. W. Fundamentals of Clinical Chemistry, 2nd ed., 994 – 997, W. B. Saunders Co., Philadelphia, PA (1976).

方法修订作者

Anthony W. Smallwood, Karl E. DeBord, and Alex W. Teass, Ph. D., NIOSH/DBBS.

尿中的氟化物 8308

F⁻	相对分子质量:19.00	CAS 号:16984 – 48 – 8	RTECS 号:LM6290000
方法:8308,第二次修订		方法评价情况:完全评价	第一次修订:1984.2.15 第二次修订:1994.8.15

生物学指标:接触无机氟化物[1,2]

英文名称:fluoride in urine

采样	分析
样品:班前和班后的尿	分析方法:离子选择性电极(ISE)
采样体积:50ml 于化学清洁的聚乙烯瓶中	待测物:氟离子(F⁻)
防腐剂:采样前在瓶中加入 0.2g EDTA	稀释:将尿样和 TISAB 等体积混合
运输方法:用冰袋于保温箱中运送	定量标准:氟化钠的水溶液
样品稳定性:2 周(4℃),如果冷冻更长	质量控制:加标合并尿样,用肌酐含量校正
对照样品:3 组未接触劳动者(班前和班后)的尿样品	测定范围:1~100mg/L 尿
	估算检出限:0.1mg/L 尿
	回收率:0.95[3]
	精密度($\bar{S}_r$):0.04
	准确度:±23.6%

适用范围:任何含氟的物质都可以代谢为氟化物(F⁻),能够用本法进行监测。氟的无机化合物能够被身体吸收,以氟离子的形式如氟化钠进行排泄。含氟的饮食和国内水源,以及牙科治疗必须予以考虑

干扰因素:氢氧化物,是唯一的正干扰物,可以通过使用缓冲溶液而去除。负干扰来自氟与阳离子形成的络合物,如钙离子,通过加入 EDTA 防腐剂和高离子强度调节剂可将干扰降至最低

其他方法:本法是方法 P&CAM 114[4] 的修订版。其他使用过的方法有:在 NIOSH 标准文件中描述过的关于无机氟化物[1]和氟化氢[2]的方法

续表

试剂	仪器
1. 蒸馏水或去离子水	1. 聚乙烯瓶:125ml,广口
2. 柠檬酸钠	2. 氟离子选择电极(ISE):带参比电极
3. 乙二胺四乙酸(EDTA)二钠盐	3. pH/毫伏计:可读至 ± 0.5mV
4. 冰醋酸	4. 磁力搅拌器
5. 氯化钠	5. 搅拌棒:包覆 PTFE
6. NaOH:5M。溶解 20g NaOH 于蒸馏水中,稀释至 100ml	6. 塑料烧杯:50ml
	7. pH 电极
7. 氟化钠	8. 移液管:各种规格
8. 标准储备液:100μgF⁻/ml。将 0.2211g 干燥的氟化钠溶解于蒸馏水中,稀释至 1000ml	9. 容量瓶:用于配制标准溶液
	10. 水浴锅
9. 总离子强度调节剂(TISAB):pH5。加入 57ml 冰醋酸、58g 氯化钠和 0.30g 柠檬酸钠于盛有 500ml 蒸馏水的 1L 烧杯中。搅拌使之溶解。将烧杯放置于水浴中冷却。缓慢加入 5M NaOH 至 pH5.0 ~ 5.5。冷却至室温;用蒸馏水稀释至 1L	

特殊防护措施:采集的人的尿样可能会危害采集和处理这些样品的实验劳动者的健康,主要有个人接触的传染性生物样品,如传染性肝炎和其他疾病,可能严重危害健康;这些样品中的化学物质也会带来一些危害,但危害很小;处理尿样的人应该戴防护手套并避免样品烟雾化;禁止用嘴吸液

采样

1. 采集班前和班后的特定人员尿样于含 0.2g EDTA 的聚乙烯瓶中。

2. 将样品置于冰袋制冷的 4℃ 保温箱中运输。

样品处理

3. 取一份尿样进行肌酐测定[5]。

标准曲线绘制与质量控制

4. 在 0.1 ~ 100μgF⁻/ml 范围内,通过用蒸馏水稀释标准储备液,制备至少 5 个标准系列。

5. 标准系列与样品和空白一起进行分析(步骤 9 ~ 12)。从低浓度开始。

注意:为了使结果准确,标准系列、样品和空白必须在相同的条件下进行分析,包括温度。

6. 以毫伏值对氟离子浓度的对数绘制标准曲线(或用三周半对数坐标纸绘制标准曲线,在线性标尺上为毫伏值,在对数标尺上为氟的浓度值 μg/ml)。

7. 每分析 10 个样品,分析一次标准溶液,以保证曲线的有效性。

8. 每分析 10 个样品,分析一次加标控制尿样以保证定量的准确性。

注意:用于加标的控制样必须在使用前分析本底氟浓度值。

样品测定

9. 向 50ml 的塑料烧杯中加入 10ml 充分混合的尿和 10ml TISAB。

10. 在烧杯中放置一个小的搅拌子,在室温下,将烧杯放在磁力搅拌器上不断混合。

11. 浸入电极。使样品混合 2 ~ 3 分钟,然后记录毫伏计的读数。

12. 进行下一个样品分析之前,用蒸馏水充分冲洗电极和搅拌子并用纸巾擦干。

计算

13. 根据标准曲线,将样品的毫伏值转换为氟化物的浓度。

14. 将氟化物浓度表示为 mg F⁻/g 肌酐。

指导说明

据报道正常的非职业性接触的劳动者,其尿中的氟化物仅来源于日常饮食,其尿中氟化物的浓度范围为 0.2 ~ 3.2mg/L[6]。班前的浓度水平低于 4mg/g 肌酐,且班后的浓度水平低于 7mg/g 肌酐,这样的浓度值即可以保护劳动者免遭骨氟中毒[7]。NIOSH 已经建议班后尿样应该不超过 7mg/L(修正到比重 1.024),且

班前的尿样应该不超过 4mg/L（1.024）[1,2]。

氟化物的生物接触指标为班前 3mg/g 肌酐,班后为 10mg/g 肌酐[8]。

方法评价

还没有正式的方法评价报道;但是,Tusl[3]报道了氟化物的加标回收率为 94% ~100%。对一式三份的 25 个样品进行分析,精密度（$\bar{S}_r$）好于 0.04。

参考文献

[1] Criteria for a Recommended Standard... Occupational Exposure to Inorganic Fluorides, U. S. Department of Health, Education, and Welfare, Publ. (NIOSH) 76 – 103 (1976).

[2] Criteria for a Recommended Standard... Occupational Exposure to Hydrogen Fluoride, U. S. Department of Health, Education, and Welfare, Publ. (NIOSH) 76 – 143 (1976).

[3] Tusl, J. Direct Determination of Fluoride in Human Urine Using Fluoride Electrode, Clin. Chim. Acta, 27, 216 – 218 (1970).

[4] NIOSH Manual of Analytical Methods, 2nd. ed., V. 1, P&CAM 114, U. S. Department of Health, Education, and Welfare, Publ. (NIOSH) 77 – 157 – A (1977).

[5] Tietz, N. W. Fundamentals of Clinical Chemistry, 2nd ed., W. B. Saunders Co., Philadelphia, PA, 994 – 999 (1976).

[6] Baselt, R. C. Biological Monitoring Methods for Industrial Chemicals, Biomedical Publications, Davis, CA, 140 – 143 (1980).

[7] Lauwreys, R. R. Industrial Chemical Exposure: Guidelines for Biological Monitoring, BiomedicalPublications, Davis, CA, 26 – 27, 134 (1983).

[8] 1993 – 1994 Threshold Limit Values and Biological Exposure Indices, American Conference of Governmental Industrial Hygienists, Cincinnati, OH (1993).

方法作者

William P. Tolos, NIOSH/DBBS.

尿中金属元素的测定 8310

见表 6 – 0 – 4	相对分子质量:见表 6 – 0 – 5	CAS 号:见表 6 – 0 – 5	RTECS 号:见表 6 – 0 – 5
方法:8310,第二次修订		方法评价情况:部分评价	第一次修订:1984.2.15 第二次修订:1994.8.15

生物指标:接触以下金属或其化合物:铝、钡、镉、铬、铜、铁、铅、锰、钼、镍、铂、银、锶、锡、钛和锌

英文名称:metals in urine

采样	分析
样品:尿	分析方法:电感耦合氩等离子体 – 原子发射光谱法（ICP – AES）
采样体积:50 ~200ml 于聚乙烯瓶中	待测物:上述元素
防腐剂:采集后加入 5.0ml 浓 HNO_3	提取介质:二硫代氨基甲酸盐聚合物树脂
运输方法:冷冻于干冰中	最终溶液:4% HNO_3,1% $HClO_4$;5ml
样品稳定性:未测定	测量波长:各元素不同,见表 6 – 0 – 6
对照样品:从未接触劳动者采集至少 3 个尿样品	背景校正:光谱波长转换
	定量标准:含待测元素的 4% HNO_3,1% $HClO_4$ 溶液
	质量控制:加标尿样,用肌酐校正
	测定范围:每份样品 0.25 ~200μg
	估算检出限 LOD:每份样品 0.1μg
	精密度（$\bar{S}_r$）:见表 6 – 0 – 6
	准确度:见表 6 – 0 – 6

续表

适用范围:本法测定尿中金属的浓度。适用于检测同时接触几种金属的劳动者的尿。本法可同时分析多种元素,但不能分析某种特定的化合物

干扰因素:光谱干扰是 ICP – AES 分析中的主要干扰。通过选择合适的波长、采用内标元素校正因子和背景校正(光谱波长转换),可将干扰降至最低[1,2]

其他方法:本法使用了与用于空气样品测定的方法 7300(用 ICP 测定元素)类似的分析技术

试剂	仪器
1. 二硫代氨基甲酸盐聚合物树脂:按附录制备	1. 聚乙烯瓶:125ml 或 250ml,带塑料衬垫的螺纹瓶盖**
2. 浓 HCl*	2. 电感耦合等离子体 – 原子发射光谱仪:根据待测元素,由仪器制造商按要求配置
3. 浓 $HClO_4$*	
4. 溶解酸:4:1 (v/v) HNO_3:$HClO_4$。将 4 体积的浓 HNO_3 与 1 体积的浓 $HClO_4$ 混合*	3. 减压阀:两级,用于氩气
	4. 过滤装置:用于 50ml 液体,带 47mm、0.8μm 孔径的纤维素酯滤膜
5. 1000μg/ml 金属标准溶液:购买或按照仪器说明书制备	5. Griffin 烧杯:50ml,带表面皿**
6. 氩气	6. pH 计和电极
7. 去离子水	7. 容量瓶:5ml 和 100ml**
8. 5M NaOH:将 20g NaOH 溶解于 50ml 煮沸的、去离子水中;稀释至 100ml。储存在聚乙烯瓶中	8. 移液管:各种规格**
	9. 加热板:适合在 100℃使用
	10. 机械振荡器
	11. 低温氧等离子体灰化器(可用酸消化替代;见步骤9)

特殊防护措施:浓酸具有极强的腐蚀性;穿戴适当的防护用品(防护眼镜或面罩、手套及实验服)在通风橱中进行操作;采集的人的尿样可能会危害采集和处理这些样品的实验劳动者的健康,主要有个人接触的传染性生物样品,如传染性肝炎和其他疾病,可能严重危害健康;这些样品中的化学物质也会带来一些危害,但危害很小;处理尿样的人应该戴防护手套并避免样品烟雾化;禁止用嘴吸液

注:* 见特殊防护措施;** 所有实验器皿用清洁剂清洗,在10% (v/v) HNO_3 浸泡12小时,并在去离子水中浸泡12小时。

采样

1. 采集尿样 50ml 于聚乙烯瓶中。

2. 加入 5ml 浓 HNO_3 作为防腐剂。

3. 包装样品,置于含制冷剂(如聚乙烯泡沫塑料包裹干冰)的保温箱中运输到实验室。

样品处理

4. 取一部分尿样进行肌酐测定[3]。

5. 用 5M NaOH 调节样品 pH 至(2.0±0.1),然后加入(60±10)mg 二硫代氨基甲酸盐聚合物树脂。

注意:从这步开始制备试剂空白,一式三份。包括树脂和滤膜(步骤7)。

6. 振荡(在振荡器上)样品至少 12 小时。

7. 通过 0.8μm 纤维素酯滤膜过滤器过滤样品,保存滤液和树脂。将收集的树脂和滤液分别放置到干净的 50ml 烧杯中。

8. 用 5M NaOH 调节滤液 pH 至(8.0±0.1),加入更多的树脂,然后重复步骤 5 和步骤 6,合并来自两次提取的滤膜和树脂。

9. 在低温氧等离子体灰化器中灰化滤膜和树脂 6 小时直到灰化完成(200W,1~2 托,或按仪器说明书)。

注意:方法 7300(用 ICP 测定元素)的步骤 5~10,HNO_3/$HClO_4$ 消解可以替代低温氧等离子体灰化。最终溶液的体积为 5.0ml(步骤11)。

10. 加入 0.5ml 溶解酸并在加热板上加热(50℃,15 分钟)。

11. 将溶液定量地转移到 5ml 容量瓶中并用蒸馏、去离子水稀释至刻线。

标准曲线绘制与质量控制

12. 按照仪器说明书校准光谱仪。

13. 每 10 个样品分析一个标准溶液。

14. 每 10 个样品用至少 3 个加标的未接触者尿样检查加标回收率。

注意：对尿加标时，将 100ml 控制尿样分为 50ml 加标尿样和 50ml 未加标尿样，进行分析。从加标样品中测定的金属含量减去未加标样品中测定的金属含量，得到加标回收率。

样品测定

15. 按照仪器说明书设定光谱仪条件。

16. 分析标准溶液和样品。

注意：如果样品的测定值高于标准溶液的范围，用 1 体积溶解酸和 9 体积去离子水稀释样品溶液后重新分析，计算时乘以相应的稀释倍数。

计算

17. 从仪器上读出样品溶液中待测元素浓度 C_s（μg/ml）和空白中平均待测元素浓度 C_b（μg/ml）。

18. 按下式计算尿样中待测元素的浓度 C（μg/ml）：

$$C = \frac{C_s V_s - C_b V_b}{V}$$

式中：C_s——样品溶液中待测元素浓度（μg/ml）；

C_b——平均介质空白中待测元素浓度（μg/ml）；

V_s——样品溶液体积（ml）；

V_b——空白溶液体积（ml）；

V ——采集的尿体积（ml）。

19. 将结果报告为微克金属/克肌酐。

解释指导

尚未用本法确定金属可接受和不可接受的浓度水平。Lauwerys[4] 论述了各种金属并可给予咨询性指导和解释。

方法评价

从加标尿样中测定的 16 种金属的回收率见表 6 - 0 - 6（回收率范围从 77% ~ 100%）。各种元素的分析精密度也列于表 6 - 0 - 6[1]。

参考文献

[1] Hull, R. D. Analysis of Trace Metals for Occupationally Exposed Workers, Morbidity and Mortality Weekly Report, 33, (1984).

[2] Hull, R. D. ICP - AESMulti - element Analysis of Industrial Hygiene Samples, NTIS Publication No. PB85 - 221414, 1985.

[3] Tietz, N. W. Fundamentals of Clinical Chemistry, 2nd ed. , pp. 994 - 997, W. B. Saunders Co. , Philadelphia, PA (1976).

[4] Lauwerys, R. R. Industrial Chemical Exposure：Guidelines for Biological Monitoring, Biomedical Publications, Davis, CA (1983).

[5] Hackett, D. S. and S. Siggia. Selective Concentration and Determination of Trace Metals Using Polydithiocarbamate Chelating Ion - Exchange Resins, Environmental Analysis, p. 253,(G. W. Ewing, ed.), Academic Press, NY (1977).

[6] Bray, J. T. and F. J. Reilly. Extraction of Fourteen Elements from a Sea Water Matrix by a Polydithiocarbamate Resin, Jarrell - Ash Plasma Newsletter, 4, 4 (1981).

方法作者

R. DeLon Hull, Ph. D. , NIOSH/DBBS.

表6－0－5　基本信息

元素(符号)	相对原子质量	CAS 号	RTECS 号
铝(Al)	26.98	7429－90－5	BD0330000
钡(Ba)	137.34	7440－39－3	CQ8370000
镉(Cd)	112.40	7440－43－9	EU9800000
铬(Cr)	52.00	7440－47－3	GB4200000
铜(Cu)	63.54	7440－50－8	GL5325000
铁(Fe)	55.85	7439－89－6	NO4565500
铅(Pb)	207.19	7439－92－1	OF7525000
锰(Mn)	54.94	7439－96－5	OO9275000
钼(Mo)	95.94	7439－98－7	QA4680000
镍(Ni)	58.71	7440－02－0	QR5950000
铂(Pt)	195.09	7440－06－4	TP2160000
银(Ag)	107.87	7440－22－4	VW3500000
锶(Sr)	87.62	7440－24－6	
锡(Sn)	118.69	7440－31－5	XP7320000
钛(Ti)	47.90	7440－32－6	XR1700000
锌(Zn)	65.37	7440－66－6	ZG8600000

表6－0－6　尿中金属的回收率[1,2]

元素 (符号)	波长 /nm	加入量/μg/50ml 样品	精密度($\bar{S}_r$) (n = 4)	精密度 /%回收率	准确度 (±%)
铝(Al)	308.2	20	0.088	100	17.2
钡(Ba)	455.4	0.4	0.11	80	41.6[a]
镉(Cd)	226.5	1.0	0.12	100	23.5
铬(Cr)	205.6	1.0	0.078	100	15.3
铜(Cu)	324.8	10	0.042	100	8.2
铁(Fe)	259.9	40	0.059	100	11.6
铅(Pb)	220.4	10	0.040	100	7.8
锰(Mn)	257.6	10	0.50	85	113[a]
钼(Mo)	281.6	2.0	0.16	100	31.4[a]
镍(Ni)	231.6	2.0	0.42	80	102[a]
铂(Pt)	203.7	0.4	0.29	77	79.8[a]
银(Ag)	328.3	2.0	0.12	100	23.5
锶(Sr)	421.5	4.0	0.25	100	49.0[a]
锡(Sn)	190.0	2.0	0.21	100	41.2[a]
钛(Ti)	334.9	2.0	0.16	86	45.4[a]
锌(Zn)	213.9	200	0.089	100	17.4

注:a 不符合 NIOSH 标准 ±25% 的准确度要求。

附录:二硫代氨基甲酸盐聚合物树脂的制备

二硫代氨基甲酸盐聚合物树脂的制备过程来自于 Bary 和 Reilly[6] 对 Hackett 和 Siggia[5] 制备方法的修改。

1. 将 72g 相对分子质量为 1800 的聚乙烯亚胺溶解于 1L 四氢呋喃中,将 28g 多亚甲基多苯基多异氰酸酯溶于 1L 的四氢呋喃中。

注意:保存一年的聚乙烯亚胺将不溶于溶剂;但是新的聚乙烯亚胺易溶。

2. 将这两种溶液同时倒入一个大的烧瓶中,在进入烧瓶前允许两者混合。

3. 使混合液静置至少 12 小时,不时轻轻搅动,然后通过过滤除去溶剂。

4. 用甲醇洗涤产品 2 次,并用去离子水洗涤 1 次。

5. 将产品加入到 300ml 的 CS_2、100ml 氨水和 500ml 异丙醇中,并静置 72 小时。

6. 过滤,将树脂与溶剂混合物分离。用甲醇洗涤树脂 3 次并使之干燥。

7. 将树脂研磨过筛,保留 60/80 目大小的树脂,备用。

尿中的三嗪类除草剂及其代谢产物 8315

分子式:见表 6-0-9	相对分子质量:见表 6-0-9	CAS:见表 6-0-9	RTECS:见表 6-0-9
方法:8315,第一版		方法评价情况:部分评价	第一次修订:2003.3.15

生物指标:接触三嗪类除草剂(1)~(4)

英文名称:triazine herbicides and their meta bolites in urine;见表 6-0-9

采样	分析
样品:尿	分析方法:气相色谱法,质谱检测器或者 ms
采样体积:至少 15ml	待测物:s-三嗪类(1)~(6)
防腐剂:无	提取方法:液/液两次提取
运输方法:冷冻	进样体积:1μl
样品稳定性:未测定。冷冻时可稳定很长时间(>1年)	气化室温度:280℃
对照样品:非接触者的尿	检测器温度:285℃
	柱温:50℃ 保持 1 分钟,以 50℃/min 升温至 160℃,3.5℃/min 升温至 230℃,50℃/min 升温至 280℃,保持 2 分钟。总运行时间 26.20 分钟;溶剂延迟时间 5.5 分钟
	电子倍增器电压:调谐电压 +153mV
	载气:氦气,1.5ml/min
	色谱柱:熔融石英毛细管柱,30m×0.20mm(内径);膜厚 0.20μm,SPB-5 或等效的毛细管柱
	定量标准:乙酸乙酯中待测物的标准溶液,含内标物
	测定范围:LOD 至约 1900nmol/L
	估算检出限:20~47nmol/L,取决于化合物
	精密度($\bar{S}_r$):约 20%,依化合物而不同

适用范围:三嗪类化合物是常见的农业除草剂。本法专门用于测定母体化合物及其两种代谢产物,且可对这三种化合物进行同时测定。它适用于该除草剂的使用者、农民或其他接触三嗪类除草剂的职业人群

干扰因素:未确定

其他方法:本法改编自 Catenacci 等[2] 的方法

续表

试剂	仪器
1. 碳酸氢钠:认证级	1. 气相色谱仪:质量选择性检测器,SPB-5 或等效的毛细管柱,自动进样器(方法 8315) 注意:如果测定大批量的样品,冷却自动进样器托盘,确保样品没有蒸发
2. 乙酸乙酯:HPLC 级 *	
3. 乙醚:光谱级 *	
4. 阿特拉津	
5. 草净津	2. 保护柱:1.5m×0.4mm(内径),由与分析柱相同的材料(或 SPB-1)制成,并用毛细管柱平接接头和聚酰胺(石墨压环)与分析柱连接 注意:每 35~40 个样品后须更换保护柱和进样口衬垫
6. 扑灭津	
7. 西玛津	
8. 脱乙基阿特拉津	
9. 脱异丙基阿特拉津	3. 分析天平
10. 内标物溶液:菲-d_{10},在甲醇中 100μg/ml。保存在冰箱中	4. 分析蒸发器(歧管):供应氮气
	5. 离心机
11. 无水硫酸钠:认证 ACS 级	6. "Roto-torque"旋转器
12. 氯化钠:试剂级	7. 一次性试管:16×125mm,带 PTFE 内衬的螺纹盖。 注意:不能用带橡胶内衬的盖
13. 氮气:零级	
14. 氮气:零级	8. 一次性大肚移液管:5ml
15. 甲醇:HPLC 级 *	9. 一次性转移移液管:短的和长的
16. 去离子水	10. 容量瓶:25ml
17. 采集的合并尿:使用前分别冷冻,使用时取出使之完全混合	11. 烧杯:50,5ml
	12. 一次性离心管:15ml,带盖
	13. 自动进样瓶:带 100μl 聚丙烯内插管和盖
	14. 注射器:10μl 和 100μl
	15. 聚丙烯瓶:30ml 和 250ml
	16. 一次性过滤柱:10ml,孔径 20μm
	17. 金属药勺
	18. Repipet 分配器瓶:1L

特殊防护措施:处理体液或其提取物时,应采取普遍的预防措施;甲醇、乙醚和乙酸乙酯均极度易燃;应小心处理并在通风橱中使用;试剂4~10来自厂商,并具有保质期;一定要注意这些日期

注:* 见特殊防护措施。

采样

1. 采集尿样 50ml 至聚乙烯瓶中并盖上瓶盖。

2. 将样品置于含干冰的保温箱中运输。至实验室后,立即置于-80℃下保存。提醒:商业运输有特殊的标记要求,即包装时包含干冰。

样品处理

3. 称量 0.7g 氯化钠于带螺纹盖的试管中。

4. 各称量 0.5g 碳酸氢钠,加入每个试管中。盖上盖子,这样样品可保存至少 2 周,并可能保存至所需要的时间。

5. 标记两个试管(一个是空的,一个中含有上述两种盐)和一个离心管。对于每个样品,每个离心管具有唯一的编号。

注意:只要样品不会混乱,标记体系就不重要了,保证所记录的样品编号与试管的编号相对应即可。

6. 解冻样品至室温。可用热水。

7. 由于尿在冷冻时变得不均匀,因此要将解冻后的尿彻底混匀。

8. 将 5ml 的尿样品转移至其含盐的试管中。取下试管的盖子,直至将所有的样品均分配到每个管中,且释放出所有 CO_2 为止。

9. 在设置为 4 高的 Roto-torque 旋转器上旋转约 1 分钟使盐溶解。一些盐将保留在管中。

10. 向每个含尿的管中加入 5ml 乙醚。再次取下盖子或松开盖子使气体释放。

11. 在设置为 4 高的 Roto-torque 旋转器上旋转 15 分钟。

12. 以 3000rpm 转速离心样品 5 分钟。

13. 用短的转移移液管取出乙醚层(上层),转移至第二个标记的试管中。取出所有的乙醚层;取一些不影响分析的水相。

14. 向每个仍留有水相的样品管中加入 5ml 的乙酸乙酯。

15. 在设置为 4 高的 Roto - torque 旋转器上旋转 15 分钟。

16. 以 3000rpm 转速离心样品 5 分钟。

17. 用短的转移移液管取出有机层(上层)并加入到乙醚层中。取出所有的有机层。

18. 用无水硫酸钠填充过滤柱,至柱的约 3/4 处。

19. 将过滤柱放在已标记的 15ml 离心管顶部。

20. 用转移移液管将上述提取液转移至相应的过滤柱中。

21. 取一转移移液管的乙醚,冲洗装有机相的试管,并将冲洗后的溶液加入到过滤柱中。

22. 再用 2ml 乙醚冲洗过滤柱。

23. 使过滤柱过滤完全。

24. 将该离心管放置在分析蒸发器中并用氮气流缓慢地蒸发溶剂直至管干燥。

注意:水浴可以防止冷却,但重要的是要将水浴温度保持在室温。将水浴升温至 30℃ 可能会导致待草净津和扑灭津的回收率明显下降,可能也会影响其他待测物。

25. 用约 0.5ml 乙醚冲洗离心管壁。

26. 再次蒸发至干燥。

27. 向每个离心管中加入 10μl 内标物。

28. 向每个离心管中加入 90μl 乙酸乙酯并混匀。

29. 静置提取液,至少 30 分钟。

30. 标记自动进样瓶并向每个瓶中放入一个内插管。为每个进样瓶准备好瓶盖。

31. 用长的转移移液管将所有的提取液加入自动进样瓶中。

32. 盖紧进样瓶并放置在 GC 自动进样器托盘的适当位置。

标准曲线绘制与质量控制

33. 制备 6 种待测物的储备液。准确称量 1.25mg 纯固体的每种待测物,加入 25ml 容量瓶(也可使用更大的容量瓶,加入相应量的固体)中,加入乙酸乙酯至刻度。为了完全和迅速溶解,通常需要超声容量瓶,超声之后待测物处于溶液中。取一定量的各待测物溶液,加入自动进样瓶中,盖上瓶盖,置于冰箱中保存。由称量的固体质量计算每种待测物的准确浓度。在乙酸乙酯中,这些待测物能够稳定保存更长时间。标准溶液不会出现变质,因而在这些条件下可稳定至少 6 个月。

34. 分析当天制备标准系列。在进行移液之前,将储备液和内标物溶液放置至室温。在本步中所有的移液操作均使用 100μl LC 注射器。加入 10μl 储备液到 440μl 乙酸乙酯中使标准溶液稀释,制得二级溶液。首先移取 10μl 内标溶液至每个已标记的自动进样器的内插管(瓶)中,然后在三个瓶中加入 10,45 和 90μl 的稀释标准溶液,在四个瓶中加入 10,20,50 和 90μl 的储备液,最后于每个瓶中加入一定量的乙酸乙酯,使溶液的最终体积为 100μl,从而配制成 7 个标准系列。这样,制得的标准溶液浓度约为 0.48,2.4,4.8,24,48,120 和 216μmol/L。通过储备液的浓度计算每个待测物在标准溶液中的准确浓度。将标准溶液放入步骤 32 的自动进样器中。

35. 分别加入 75μl 和 250μl 储备液至 250ml 混合尿中,配制成两个浓度的质控样品。由储备液的浓度计算各质控标准溶液中每种待测物的准确浓度。QC 样品(质控样品)的数量应足够,约为自动进样器上所有样品数的 10% ,且两个水平的质控样品数应均分。每个 QC 样品取 5ml,与样品一起进行处理(步骤 3 ~ 32)。

36. 以待测物标准溶液面积与内标物面积的比值对标准溶液浓度与内标物浓度的比值绘制 6 种待测物的标准曲线。

样品测定

37. 根据仪器说明书和方法 8315 给出的条件设置气相色谱仪。

38. 按照如下 SIM 参数(表 6 - 0 - 7)设置质量选择检测器。

表 6-0-7 SIM 参数设置

化合物	驻留时间/ms	起始时间*	离子源
代谢产物(5)&(6)	100	5.5	173、158、145、172、187
母体(1)~(3)	100	14.1	201、186、200、215、214、229
菲-d_{10}	100	15.5	188
草净津(4)	100	19.5	172、225、240

注:*必要时可以改变这些起始时间,并应该定期检查,特别是在更换保护柱之后;标准溶液应该获得全扫描色谱图,以检查保留时间和 SIM 窗口。

39. 进样 1μl 来自步骤 32 的乙酸乙酯提取液。

40. 测定样品和内标物的峰面积。将样品的峰面积除以同一色谱图中内标物的峰面积。除非质量选择性检测器可将一种以上离子的峰面积相加,否则不可使用表 6-0-8 中的离子数。

表 6-0-8 待测物的离子数

脱异丙基阿特拉津	158
脱乙基阿特拉津	172
西玛津	201
阿特拉津	200
扑灭津	214
草净津	225

计算

41. 由标准曲线确定提取液中待测物的浓度 C_c(μmol/L)。

42. 按下式计算尿中待测物的浓度 C_u(nmol/L):

$$C_u = \frac{C_c}{50} \times 1000$$

式中:C_c——提取液中待测物的浓度(μmol/L);

　　50——尿由 5ml 至 100μl 的浓缩系数;

　　1000——由 μmol/L 至 nmol/L 的转换系数。

注意:如果需要且获得了这些值,这些浓度可以用肌酐水平或样品密度校正。

指导说明

本法的局限性之一在于不同的三嗪类母体代谢为相同的化合物。例如,阿特拉津和草净津发生去烷基化反应脱去异丙基后均生成脱异丙基阿特拉津,而西玛津发生去烷基化反应脱去一个乙基后也可生成脱异丙基阿特拉津。除非接触高浓度的母体化合物,否则尿中不会发现母体化合物,这样对于常见的除草剂,同时接触多种混合物后,分析人员便不可能知道样品中的代谢物来自何种母体化合物。如果需要,可将发现的任何母体化合物和代谢物的结果相加作为三嗪类除草剂的总浓度。

文献中,三嗪类化合物及其代谢物的生物监测的研究中,关于制定一个好的参考范围的研究很少。据我们所知,还没有关于这些待测物在一般人群中的浓度水平的研究或报道。

43. Catenacci(1990)观察阿特拉津制造厂的劳动者时,发现其人体尿中母体三嗪类化合物的最大排泄速率为 0.14~0.42nmol/hr,且尿中的浓度和空气中的浓度相关性很差。接触时间在 12 小时以内时,排泄速率下降一个数量级或更多。

44. Ikonen 将两种代谢产物(脱异丙基阿特拉津和双去烷基化的阿特拉津,在研究中未对后者进行研究)的结果相加,发现在铁路喷工尿中的浓度为 30~110μmol/L。

45. Catenacci (1993)又用一种改进后的能够测定阿特拉津的所有三种代谢产物(去烷基化阿特拉津)的方法,回到阿特拉津制造厂进行检测,发现双去烷基化代谢产物的排泄速率范围为 1.1~1.6μmol/24hr,

脱异丙基阿特拉津为 0.13~0.21μmol/24hr,脱乙基阿特拉津为 0.11~0.20μmol/24hr,母体阿特拉津为 0.017~0.021μmol/24hr。为了将结果转化为浓度,可以假设平均尿排泄量为 1.1L/24hr(参考文献[4])。使用这个假设并将所有代谢产物的结果相加,得到阿特拉津的平均浓度为 1.2~1.8μmol/L。

46. Hines[5] 提供了最近的关于三嗪类生物监测的代谢研究概述及其结果,并且对除草剂使用者的研究表明本法(以及其他方法)可用。

47. 没有关于人体中草净津的研究,因此未能够获得任何形式的参考范围。

方法评价

通过向尿样中加入 5.8~1878nmol/L 的待测物,制备 15 个加标样品,并在不同的三天进行分析,对本法进行了评价。对于 s–三嗪类化合物(1~5)的回收率为 84%~88%,化合物(6)即扑灭津为 67%。由本实验测定了精密度和检出限,结果见方法 8315。

未详尽地测定样品的稳定性。但是,将样品分成两组,一组储存于 -20℃下,一组储存于 -80℃下,几个月后分析这两组样品,发现两者之间并未因储存温度不同而引起偏差。相信样品储存在 -80℃下可稳定更长的时间。QC 样品也可从侧面说明样品的稳定性。将第一批这些样品储存于 -20℃下,18 个月后分析,控制图显示这些样品仍没有变化趋势。多次冷冻(解冻)可能会使样品中的一些信号丢失,但是并未对此进行确证实验,它可能不是由于待测物分解而引起的,而是尿在冷冻(解冻)过程中形成的固体量的函数。因此,有一个很好的主意,即:每次从 QC 样品只取出部分放入容器中,仅解冻一次或两次后就弃去。

参考文献

[1] Catenacci G, Maroni M, Cottica D, Pozzoli L [1990]. Assessment of Human Exposure to Atrazine through the Determination of Free Atrazine in Urine. Bull. Environ. Contam. Toxicol. 44: 1–7.

[2] Catenacci G, Barbieri F, Bersani M, Ferioli A, Cottica D, Maroni M [1993]. Biological Monitoring of Human Exposure to Atrazine. Toxicology Letters 69: 217–222.

[3] Ikonen R, Kangas J, Savolainen H [1988]. Urinary Atrazine Metabolites as Indicators for Rat and Human Exposure to Atrazine. Toxicology Letters 44: 109–112.

[4] Gordon Ross, Ed., [1982]. Essentials of Human Physiology, 2nd Edition. Chicago, IL: Year Book Medical Publishers, Inc, p. 382.

[5] Hines C, Deddens J, Striley C, Biagini R, Shoemaker D, Brown K, MacKenzie B, Hull R [2003]. Biological Monitoring for Selected Herbicide Biomarkers in The Urine of Exposed Custom Applicators Application of mixed–effect Models. Annals of Occupational Hygiene 47(6): 503–517.

方法作者

Dale A. Shoemaker, Ph. D., NIOSH/DART

表 6-0-9 结构式、相对分子质量和性质

化合物	分子式	相对分子质量	CAS 号	RTECS 号	英文名称
(1)阿特拉津	$C_8H_{14}ClN_5$	215.72	1912–24–9	XY5600000	Atrazine; 2–Chloro–4–ethylamino–6–isopropylamino–s–triazine; 2–Chloro–4–ethylamino–6–isopropylamino–1,3,5–triazine;
(2)西玛津	$C_7H_{12}ClN_5$	201.69	122–34–9	XY5250000	Simazine 2–Chloro–4,6–bis(ethylamino)–s–triazine
(3)扑灭津	$C_9H_{16}ClN_5$	229.75	139–40–2	XY5300000	Propazine Chloro–4,6–bis(isopropylamino)–s–triazine; 2,4–Bis(isopropylamino)–6–chloro–1,3,5–triazine

续表

化合物	分子式	相对分子质量	CAS 号	RTECS 号	英文名称
(4)草净津	$C_9H_{13}ClN_6$	240.73	21725 – 46 – 2	UG1490000	Cyanazine 2 – Chloro – 4 – ethylamino – 6 – (1 – cyano – 1 – methyl) ethylamino – s – triazine; 2 – [(4 – chloro – 6 – ethylamino – s – triazin – 2 – yl) amino] – 2 – methylproprionitrile
(5)脱乙基阿特拉津	$C_6H_{10}ClN_5$	187.66	6190 – 65 – 4		Desethylatrazine 2 – Amino – 4 – chloro – 6 – isopropylamino – s – triazine; 6 – Chloro – N – (1 – methylethyl) – 1,3,5 – triazine – 2,4 – diamine
(6)脱异丙基阿特拉津	$C_5H_8ClN_5$	173.67	1007 – 28 – 9		Desisopropylatrazine 2 – Amino – 4 – chloro – 6 – ethylamino – s – triazine; 6 – Chloro – N – ethyl – 1,3,5 – triazine – 2,4 – diamine

尿中的正丁氧基乙酸 8316

$C_6H_{12}O_3$	相对分子质量:132.16	CAS:2516 – 93 – 0	RTECS:无
方法:8316,第一次修订		方法评价情况:部分评价	第一次修订:2003.3.15

生物指标:接触:2 – 丁氧基乙醇(CAS 号 111 – 76 – 2, RTECS 号 KJ8575000);乙酸 – 2 – 丁氧基乙酯(CAS 号 112 – 07 – 2, RTECS 号 KJ8925000)

英文名称:butoxyacetic acid in urine;2 – 丁氧基乙醇:Ethylene glycol monobutyl ether, Monobutyl glycolether, Butyl Cellosolve®, Butyl oxitol, Dowanol® EB, E GBE, EktasolveEB®, Jefferso l EB;乙酸 – 2 – 丁氧基乙酯:Ethylene glycol monobutyl ether acetate, Butyl Cellosolve® acetate, Butyl glycol aceta te, EGBE A, Ektasolve EB® acetate

采样	分析
样品:尿	分析方法:气相色谱法,^{63}Ni 电子捕获检测器
采样体积:20ml	待测物:五氟苄基丁氧基乙酸酯,PFB – BAA
防腐剂:无	进样体积:5μl
运输方法:冷冻;置于干冰中运输	气化室温度:150℃
样品稳定性:– 70℃下至少稳定 9 个月	检测器温度:177℃
质控样品:未接触者的尿,数量取决于研究的设计	柱温:70℃保持 2 分钟,以 50℃/min 升温至 120℃,2℃/min 升温至 170℃
	载气:氮气, 10ml/min
	色谱柱:熔融石英毛细管柱,5m×0.53mm(内径),去活,无涂层;后接 30m×0.53mm(内径)的熔融石英毛细管柱,膜厚 2.65μm,聚二甲基硅氧烷,HP – 1 或等效物
	校准物质:甲苯/异丙醇中的 PFB – BAA 标准溶液
	质量控制:尿中的丁氧基乙酸标准溶液
	测定范围:10 ~ 450μmol/L
	估算检出限:10μmol/L
	精密度($\bar{S}_r$):0.13
	准确度:未测定

适用范围:尿中的丁氧基乙酸(BAA)是接触2-丁氧基乙醇和乙酸-2-丁氧基乙酯的生物标志物。2-丁氧基乙醇和乙酸-2-丁氧基乙酯均代谢为丁氧基乙酸(BAA)和N-丁氧基乙酰谷酰胺,经由尿排泄[1]。因接触2-丁氧基乙醇和乙酸-2-丁氧基乙酯,产生的BAA对血液系统有不利影响,因此尿中的BAA也作为评价这些特定相关接触引起的不良健康影响的生物标志物

干扰因素:尚未发现分析干扰因素。乙醇的消化将抑制2-丁氧基乙醇代谢为BAA[2],因此会影响生物监测的准确性

其他方法:本法基于Smallwood等[3]和Johanson[4]的方法。Grosenken等[5]出版了使用冻干法、五氟代苄基(PFB)溴衍生化,然后用GC检测的方法。Rettenmeier等[1]的方法中,经萃取并用4-硝基苄基溴进行衍生化后,用HPLC检测,测定了游离的BAA及其与谷氨酰胺的结合物。Sakai等[6]使用加酸水解、萃取、三甲基硅烷基重氮甲烷衍生化后,用GC检测,能够测定游离和结合的BAA

试剂	仪器
1. 四丁基硫酸氢铵($C_{16}H_{36}N \cdot HSO_4$)	1. 气相色谱仪:^{63}Ni电子捕获检测器。程序升温,带吹扫的不分流进样口,自动进样器。检测器的尾吹气为含5%甲烷的氩气,流量60ml/min
2. 磷酸二氢钾	2. 聚丙烯瓶:30ml和250ml,带螺纹盖
3. KOH	3. 量筒:100ml和250ml
4. 85%磷酸*	4. 运送容器:聚乙烯泡沫塑料带干冰
5. 去离子水	5. 一次性试管:16mm×100mm,带聚四氟乙烯内衬的螺纹盖
6. $C_{16}H_{36}N \cdot HSO_4$的磷酸缓冲溶液:将0.2M KH_2PO_4和0.1M $C_{16}H_{36}N \cdot HSO_4$溶于去离子水中,用85% H_3PO_4或10M KOH调节pH至6	6. 一次性血清移液管:0.2ml,分度值0.001ml和2ml,分度值0.1ml。微量移液管,10μl
7. 二氯甲烷	7. 铝箔
8. PFB溴化物,2,3,4,5,6-五氟苄基溴*	8. 管旋转器
9. 异丙醇	9. 离心机:3000rpm
10. 甲苯*	10. 蒸发器:氮气吹扫型,30℃下加热
11. 异丙醇-甲苯混合液:1:1(v/v)	11. 涡旋混旋器
12. PFB-BAA,五氟苄基丁氧基乙酸酯,相对分子质量为312.24 amu。按照Groeseneken[5]合成,用RP-HPLC净化,直至GC/MS分析时只有一个主峰。密度1.359g/ml,GC-MS(EI)碎片模式;240、181、131、87、73、51amu	12. 超声波清洗器:室温
13. PFB-BAA标准储备液:680μmol/L。于100ml容量瓶中,将21±0.1mg PFB-BAA溶解于100ml 1:1异丙醇-甲苯中。0~5℃下保存	13. 自动进样瓶:棕色,带螺纹盖
14. BAA,丁氧基乙酸,>99%	14. 分析天平:可以精确到五位小数
15. 未接触志愿者的尿:在-20℃、-15℃下保存至多2周	15. 容量瓶:棕色,10ml和100ml
16. BAA-尿储备液:4000μmol/L。将53±1mg BAA溶解于100ml尿中。用未接触志愿者的尿稀释以制备质控样品	
17. 含5%甲烷的氩气	
18. 氮气	

特殊防护措施:见材料安全数据表。尿样可能含有很多细菌和抗病毒药物,包括乙型肝炎病毒,应该采用第二级生物安全等级的操作规范、防护设备和设施(CDC & NIH, Biosafety in Microbiological and Biomedical Laboratories,3rd ed.),五氟苄基溴易挥发,是强催泪剂,可疑致癌物;二氯甲烷、异丙醇和甲苯是NFPA 3级火灾隐患物;磷酸具有高度腐蚀性

注:*见特殊防护措施。

采样

1. 采集现场尿样50ml于一个或几个250ml聚丙烯瓶中。测定并记录全部排尿体积,转移20ml尿至30ml聚丙烯瓶中。标识聚丙烯瓶,编号与样品一一对应。立即用干冰冷冻。

2. 置于含聚苯乙烯泡沫的容器中运输,用运输时仍用干冰保持冷冻。

3. 将样品保存在-76℃下直至分析。

样品处理

4. 将尿样解冻至室温。取出一部分进行肌酐分析[8]。

5. 转移 0.200ml 样品到试管中。

6. 依次加入 1.80ml 四丁基硫酸氢铵的磷酸缓冲溶液、2.00ml 二氯甲烷和 10μl 五氟苄基溴。盖上盖子。

7. 用铝箔包裹试管以防止被光照射,并用旋转器在 30rev/min 下混合 20 小时。时间很关键,因为待测物回收率在 20 小时时达到最大,大于 20 小时将降低。

8. 20 小时后,取下试管,在 3000rpm 下离心 5 分钟。

9. 取 1.5ml 二氯甲烷(底层)放入干净的试管中。在 30℃ 和氮气下蒸发至干。

10. 加入 1.00ml 1:1 异丙醇 – 甲苯到残留物中,涡旋 1 分钟,然后超声 1 分钟。

11. 将溶液转移到自动进样小瓶中,盖上盖子并密封。

标准曲线绘制与质量控制

12. 每批样品绘制一次 GC 标准曲线。

a. 用 1:1 甲苯:丙醇稀释 PFB – BAA 储备液,配制成 9 个浓度在 0.8 ~ 68μmol/L(相当于尿浓度为 5.3 ~ 453μmol/L)之间的标准系列,且这 9 个标准系列的浓度等量增加。

b. 在步骤 17 按随机顺序分析未知样品和标准系列,但每分析三个未知样品后须分析一次标准系列。

c. 以峰面积对待测物浓度绘制标准曲线。若需要,可用二次回归拟合数据。

13. 每批样品配制并分析至少 4 个 BAA – 尿的质控样品。

a. 取适量的 BAA – 尿储备液,用未接触者的尿稀释,配制成浓度为 0、20、90 和 400μmol/L 的质控样品。

b. 将质控样品和 5 个未加入 BAA – 尿储备液的尿样品与未知样品一起进行分析。

c. 用空白尿中 BAA 水平校准对照样品的标称值。

d. 计算回收率并将它们标绘在本法的控制表中。

14. 每分析一批样品时,重新分析两个前一批的现场样品。

a. 如果可能的话,选择浓度在测定范围两端但高于检出限的现场样品。

b. 计算每个平行品的差值百分比并将其标绘在本法的控制图中。

15. 每批样品中至少分析一个纯水样品,用于检查背景干扰。

样品测定

16. 根据仪器说明书和方法 8316 给出的条件设置气相色谱系统。

17. 进样来自步骤 11 的样品或来自步骤 12 的标准溶液,5μl。

注意:制定方法时,用气相色谱系统分析 PFB – BAA,塔板数为 124000,不对称因子为 1.4,保留时间为 31.7 分钟。检测器对 PFB – BAA 响应的强度和精密度都对温度敏感,在 177℃ 时精密度最佳。

18. 测定峰面积。

计算结果

19. 由标准曲线计算最终溶液中 PFB – BAA 的浓度 C_c(μmol/L)。

20. 按下式计算尿样中 BAA 的浓度 C_u(μmol/L):

$$C_u = 6.67 C_c$$

式中:6.67——样品处理步骤中的稀释因子。

21. 用肌酐水平换算结果,以 mmol/mol 肌酐或 mg/g 肌酐记录结果。换算式为:1μmol/mol = 1.17mg/g。

指导说明

51mmol/mol 肌酐(60mg/g 肌酐)的尿 BAA 浓度相当于工作 10 小时接触 TWA 为 5 ppm 的 2 – 丁氧基乙醇和乙酸 – 2 – 丁氧基乙酯的 NIOSH 推荐接触浓度,且假设皮肤没有接触含这两种物质的液体。由于①皮吸收可能是主要的接触途径之一,②工作量会明显影响吸入性接触,③正丁氧基乙酸本身对产生血液有毒[2],因此建议采用生物监测测定接触程度。

在职业接触的人群中已测得 BAA 的浓度达 282μmol/mol（330mg/g 肌酐）[7]。在未职业接触 2 - 丁氧基乙醇和乙酸 - 2 - 丁氧基乙酯的人群中，BAA 的浓度为 0.5μmol/mol（0.6mg/g 肌酐）[6]。2 - 丁氧基乙醇常见于日用品中，如颜料和清洁剂。

方法评价

在 11 份尿中加入 BAA，配制成浓度为 0.27 ~ 32μmol/L 的加标样品，经测定，估算检出限为 10μmol/L。BAA 浓度为 12 ~ 3000μmol/L 的 20 个质量控制样品，平均回收率为 93%（53% ~ 146%）。重复分析来自接触 2 - 丁氧基乙醇劳动者的 12 个现场样品，相对标准偏差为 13%，由此估算出精密度（$\bar{S}_r$）。

参考文献

[1] Rettenmeier AW, Hennigs R, Wodarz R [1993]. Determination of Butoxyacetic Acid and N - butoxyacetylglutamine in Urine of Lacquerers Exposed to 2 - butoxyethanol, Int Arch Occup Environ Health, 65, S151 - S153.

[2] NIOSH [1990]. Criteria for a Recommended Standard. Occupational Exposure to Ethylene Glycol Monobutyl Ether and Ethylene Glycol Monobutyl Ether Acetate, DHHS (NIOSH) Publication No. 90 - 118.

[3] Smallwood AW, DeBord K, Burg J, Moseley C, Lowry L [1988]. Determination of Urinary 2 - ethoxyacetic Acid as an Indicator of Occupational Exposure to 2 - ethoxyethanol, Appl. Ind. Hyg., 3(2), 47 - 50.

[4] Johanson G [1989]. Analysis of Ethylene Glycol Ether Metabolites in Urine by Extractive Alkylation and Electron - capture Gas Chromatography, Arch. Toxicol., 63, 107 - 111.

[5] Groesenken D, Veulemans H, Masschelein R, Van Vlem E [1989]. An Improved Method for The Determination in Urine of Alkoxyacetic Acids, Int. Arch. Occup. Environ. Health, 61, 249 - 254.

[6] Sakai T, Araki T, Morita Y, Masuyama Y [1994]. Gas Chromatographic Determination of Butoxyacetic Acid After Hydrolysis of Conjugated Metabolites in Urine from Workers Exposed to 2 - butoxyethanol, Int. Arch. Occup. Environ. Health, 66, 249 - 254.

[7] Kelly JE, Van Gilder TJ [1994]. Health Hazard Evaluation Report No. HETA - 93 - 0562 - 2464, Ohio University, Athens, Ohio. Cincinnati, OH: National Institute for Occupational Safety and Health.

[8] Spencer K [1986]. Analytical Reviews in Clinical Biochemistry: The Estimation of Creatinine, Ann. Clin. Biochem, 23, 1 - 25.

方法作者

Kenneth K. Brown Ph. D., NIOSH/DART.

尿中的苯胺和邻甲苯胺 8317

(1)苯胺:C_6H_7N;(2)邻甲苯胺:C_7H_9N	相对分子质量:93.13;107.16	CAS 号:62 - 53 - 3;95 - 53 - 4	RTECS 号:BW6650000;XU2975000
方法:8317,第一次修订		方法评价情况:部分评价	第一次修订:2003.3.15
生物指标:接触(1)苯胺和(2)邻甲苯胺;ACGIH BEI:无			
英文名称:(1) aniline: benzeneamine; aminobenzene; phenylamine;(2) @ - toluidine: 2 - aminotoluene			
中文名称:(1)苯胺:苯基胺;氨基苯;胺苯(2)邻甲苯胺:2 - 氨基甲苯			

续表

采样	分析
样品:尿 采样体积:至少4ml 样品 防腐剂:5g 柠檬酸 运输方法:冷冻尿,在盛有干冰的保温箱中运输 样品稳定性:稳定超过 6 个月(-65℃) 对照样品:采集非职业接触劳动者的尿	分析方法:液相色谱法(HPLC),电化学检测器 待测物:苯胺和邻甲苯胺 处理方法:碱解和液液萃取 进样体积:50μl 流动相:37∶53 甲醇 - 磷酸盐缓冲溶液 (pH 3.3),含约 67mg/L 十二烷基硫酸钠 流速:0.8ml/min 保护电池:1000mV 检测器:双电极库伦电化学检测器,在 600mV 条件下测定 色谱柱:Highly endcapped C_{18} – RP 柱(Waters NovaPak),300mm × 4.6mm,柱温 30℃,带 0.2μm 在线过滤器和相同吸附剂的保护柱 定量标准:含待测物的流动相溶液 质量控制:含 0,4,20,100ng/ml 待测物的尿 测定范围:1.4 ~ 1200 ng/ml 估算检出限:苯胺:1.4 ng/ml 邻甲苯胺:0.6 ng/ml 精密度($\bar{S}_r$):苯胺 0.17[4];乙酰苯胺 0.16(18ng/ml);邻甲苯胺 0.20;N – 乙酰甲苯胺0.17(16ng/ml),0.10(200ng/ml)

适用范围:本法监测母体化合物及其乙酰代谢产物,以消除来自氨基苯酚源的不确定性

干扰因素:未发现苯胺和邻甲苯胺的干扰物

其他方法: El Bayoumy 在 1986 年制定了一种生物监测苯胺和邻甲苯胺的方法[3],对每升含内标的加标尿样进行冻干、复原、浓缩、液/液萃取 3 次、蒸发至干、回流水解 2.5 小时,再液/液萃取 3 次,蒸发至干,与五氟丙酸反应,然后进行 GC – ECD 分析

试剂	仪器
1. 苯胺和邻甲苯胺储备液:100mg/L。溶解 100mg 邻甲苯胺和 139mg 盐酸苯胺于 1L 0.1N HCl 中 2. 苯胺和邻甲苯胺标准溶液:1000μg/L。用水稀释 1.000ml 储备液至 100ml,制成 1000μg/L 溶液,用于加标 3. 苯胺和邻甲苯胺标准溶液:100μg/L。用水稀释上述 1000μg/L 的储备液 10.00ml 至 100ml,制成 100μg/L 溶液。这些标准溶液在 4℃ 保存稳定至少两周 4. 流动相:加入 23.0g $NaH_2PO_4CH_2O$ 和 6ml 8.5 % 磷酸于 2L 容量瓶中。加入水至接近 2L 体积,混匀,并用 8.5% 磷酸或 50% NaOH 调节至 pH3.3 ± 0.05,然后稀释至 2L 刻度。加 1226ml 甲醇和 200 ± 0.5mg 十二烷基硫酸钠至 4L HPLC 流动相储瓶中,并混匀。将甲醇溶液与缓冲水溶液混合制备成流动相。当溶液混合后总液体体积会减小 5. 高纯水:> 10MΩ 6. 甲醇:HPLC 级 7. 一水磷酸二氢钠 8. 十二烷基硫酸钠 9. 盐酸苯胺 * 10. 邻甲苯胺 * 11.85% 磷酸 * 12. 氯丁烷:HPLC 级 * 13. NaOH:试剂级颗粒 * 14. HCl:0.1N,Fisher 认证的 * 15. 无水柠檬酸:试剂级 16. 未职业接触烟草烟的接触者尿 *	1. 聚丙烯瓶:带螺纹瓶盖,8oz,250ml 2. 聚丙烯瓶:带螺纹瓶盖,2oz,60ml 3. HPLC 系统,由以下组件组成:5L 流动相储瓶、在线过滤器、泵、脉冲阻尼器、电化学保护电池(1.0V)、自动进样器、串联 0.2μm 在线过滤器、保护柱、300mm × 4.6mm 分析柱,柱温设定为 30℃;双电极库伦电化学检测器,数据采集系统;废液容器。柱填充材料为高封端率的 3μm C_{18} – RP 微粒(Waters NovaPak 或等效产品)。该检测器具有两个电极,一个用于除去低于 400mV 的氧化潜在干扰,且另一个用于在 600mV 检测待测物 4. pH 计 5. 涡旋混合器 6. 旋转混合器 7. 离心管:15ml,带特氟隆内衬盖,一次性 8. 试剂分配器:8ml 9. 自动进样瓶 10. 水浴锅:80℃ 11. 分液器:2ml 和 5ml,一次性 12. 微量移液管:1000μl 13. 巴斯德转移吸量管 14. 移液管 * *:1,2,3,4,5 和 10ml 15. 注射器:塑料,3cc,一次性 16. 针式过滤器:Anotop™10,0.2μm 孔径 17. 容量瓶 * *:用于制备标准溶液 18. 闪烁瓶:10ml,聚丙烯

特殊防护措施:尿样可能含有很多细菌和病毒,包括乙型肝炎病毒,应该采用第二级生物安全等级的操作规范、防护设备和设施〔 CDC & NIH, Biosafety in Microbiological and Biomedical Laboratories,3rd ed. , HHS Publication No. (CDC) 93 - 8395 (1993)〕。甲醇和氯丁烷除了具有腐蚀性外,还是 NFPA level 3 火灾隐患物;浓磷酸和氢氧化钠是 NFPA level 3 健康危害物和 level 2 的反应性危害物;邻甲苯胺是一种膀胱致癌物,并可能对血液或肾脏造成损害;如果摄入、吸入或经皮肤吸收苯胺可能致命;苯胺刺激皮肤、眼睛以及呼吸道,并可能导致黄萎病

注:* 见特殊防护措施;* * 所有永久性玻璃器皿使用前用 0.1N NaOH、0.1N HCl、水和甲醇洗涤。

采样

1. 定时采集:在人体内,苯胺会被迅速的代谢并从尿中排出[1]。大鼠的数据表明邻甲苯胺同样也会被迅速地代谢和排出[2]。因此,建议使用班前和班后的尿样进行生物监测,为的是在接触之后迅速捕获代谢产物。

2. 用一个或多个 250ml 聚丙烯瓶采集尿样。测量总体积,转移约 50ml 于盛有 5.0g 柠檬酸防腐剂的 60ml 聚丙烯瓶中。用唯一的编号对样品进行标识。立即用干冰冷冻。

3. 用特定设计的使用干冰储存和运送的包装箱进行运输。将样品保存在 -65℃。

样品处理

4. 每批 20 个现场尿样、2 个质量控制样品、2 个水空白和 2 个前一批次分析过的现场样品,每批共 26 个样品。

5. 将 26 个锥形离心管置于样品架上。

6. 加入 1.00 ± 0.05g NaOH 颗粒,盖上盖子并将每个离心管做好标识。

7. 解冻样品至室温。为使待测物损失最小,保持盖密封并使步骤 7 ~ 14 的操作时间最短。

注意:冻结的尿样是不均匀的。在取出部分尿前,确保样品完全解冻并混匀。

8. 向每个离心管中加入 4.0ml 样品并再次将盖子盖紧。

9. 在 80℃ 水浴中加热(2 小时 ±5 分钟)。

10. 冷却至室温,并向管中加入 8.0ml 氯丁烷,再次将盖子盖紧。

11. 在 50rpm 混合离心管中样品 10 分钟并在 3000rpm 离心 5 分钟。

12. 转移上层氯丁烷层 5.0ml 至第二组标识好的离心管中。

13. 向含氯丁烷的离心管中加入 1.0ml 0.1N HCl。

14. 在 50rpm 混合离心管中样品 10 分钟并在 3000rpm 离心 5 分钟。

15. 用巴斯德吸管取出下部的水层,并转移到 3cc 注射器筒中,用 10mm 0.2μm 过滤器过滤。

16. 插入注射器塞杆并将水溶液提取物通过过滤器注射到 HPLC 自动进样瓶中并密封。

17. 将样品和标准溶液以固定的模式放置在自动进样转盘上,即两个标准溶液之间夹两个样品提取液,如:标准溶液、未知、未知、标准溶液、未知……标准溶液。在固定顺序中分别随机排放标准溶液和样品。

18. 用 HPLC 分析样品(步骤 29 ~ 32)。

标准曲线绘制与质量控制

19. 用列于表 6 - 0 - 10 中第二列的浓度标识 10 个 50ml 的容量瓶。使用表 6 - 0 - 10,通过用流动相稀释指定体积的标准储备液至 50ml,制备所列的标准溶液。

表 6 - 0 - 10　标准溶液制备方法

	标准溶液 /(μg/L)	标准储备液的体积(ml) /(1000μg/L)	/(100μg/L)	流动相的体积 /ml
1	100	5.0		45.0
2	80	4.0		46.0
3	60	3.0		47.0
4	40	2.0		48.0
5	20	1.0		49.0
6	10		5.0	45.0
7	8		4.0	46.0
8	6		3.0	47.0
9	4		2.0	48.0
10	2		1.0	49.0

标准溶液在4℃稳定至少2周。建议每批样品制备一半的新鲜标准溶液。交替使用初级标准储备液，以便每隔一批标准溶液由替代的标准储备液配制。

20. 每一批次样品分析10个标准溶液，所以每2个现场样品放置一个标准溶液。

21. 因为校准结果在低浓度时是非线性的，所以应该用标准溶液的数据制作二次曲线。苯胺的注射质量(pg)为X轴的独立变量，并且它的峰高响应值为标准曲线的因变量。

$$Y = aX^2 + bX + c$$

式中a、b和c是回归系数。

22. 同样，通过采集1L未接触的、不吸烟的、未接触药物治疗的个人的新鲜尿制备质量控制样品。

23. 向每升新鲜尿加入100g柠檬酸。

24. 分别加入25,5和1ml 1000μg/L标准储备液于三个250ml容量瓶，并用酸化的尿稀释至刻度。这些样品的表观浓度分别为:100,20和4μg/L,此浓度要用稀释尿中邻甲苯胺和苯胺的浓度进行校正。

25. 在将每个标准溶液加入到尿中后，将部分加标的和未加标的尿加入到10ml聚丙烯闪烁瓶中并保存在-65℃条件下。

26. 与每批样品一起分析这些质量控制样品并持续绘制质量控制图表。

27. 同样，每一新批次分析至少一个来自前一批次的保留样品,用变量矩阵评估精密度。

28. 建议测定现场的单个盲样以检查方法的精密度。

样品测定

29. 按照仪器说明书和方法8317的条件设置色谱仪。进样步骤16的最终溶液50μl。

30. 测定标准溶液和样品中苯胺和邻甲苯胺的峰高。

31. 如果必要的话，一次电极2设定在520mV、一次电极2设定在600mV,对提取液和3个标准溶液再分析,可以证实峰纯度。在这两个电压下未知样品的响应比率应该与校准溶液的响应比率相匹配,在±3标准偏差之内。

32. 如果样品的苯胺和邻甲苯胺峰的峰高超出标准曲线范围,用5μl的进样量再分析提取液。如果5μl进样量的峰仍旧超出标准曲线范围,降低检测器增益。

计算

33. 根据未知样品峰高和标准曲线，得到苯胺和邻甲苯胺浓度(C,μg/L),分别计算未知样品中苯胺和邻甲苯胺的浓度C(pg/μl):

$$C = \left(-b + \frac{\sqrt{b^2 - 4a(c-Y)}}{2a} \right) \times \frac{1}{D} \times \frac{E}{F} \times \frac{G}{H}$$

式中:a, b, c和Y在步骤21中有定义;

D——进样体积(μl);

E——初始尿体积;

F——0.1M HCl提取后提取液的体积;

G——初始氯丁烷体积;

H——转移的氯丁烷体积。

本方程没有考虑检测器增益的变化。

指导说明

本法已用于已知发生膀胱癌的化工厂劳动者的171个尿样检测。邻甲苯胺的平均浓度水平为:接触人群班前=11μg/L;接触人群班后=65μg/L;未接触人群班前=0.7μg/L;未接触人群班后=2.6μg/L。苯胺的平均浓度水平为:接触人群班前=11μg/L;接触班后=23μg/L;未接触人群班前=2.0μg/L;未接触人群班后=3.2μg/L[4-8]。

Karam El-Bayoumy等的研究报道了由19个职业接触对象排泄的尿中苯胺和邻甲苯胺的总量,并且他们发现在24小时内,劳动者尿中排出的苯胺为0.02~8.8μg,邻甲苯胺为0.3~12.9μg。

方法评价

美国政府工业卫生师协会已经建议苯胺的生物接触指标(BEI)为班末的尿样中含50mg 4-氨基苯酚/

mg 肌酐,4 - 氨基苯酚是苯胺的环状羟基化代谢产物[1]。在建立邻甲苯胺 BEI 之前,必须建立接触邻甲苯胺与排泄的代谢产物之间的关系。大鼠研究表明邻甲苯胺也大量地通过环状羟基化途径代谢,但是没有人证明尿中存在该代谢产物是由于接触了邻甲苯胺[2]。其他外源性物质,如对乙酰氨基酚,与苯胺具有相同的代谢产物 4 - 氨基苯酚。本法检测母体化合物及其乙酰代谢产物,消除了来自氨基酚源的不确定性。

本法用 45 个批次的现场样品进行了研究。每个批次样品含有苯胺加标相当浓度为 6.9,18 和 77ng/ml 的苯胺 QC 样品和邻甲苯胺加标相当浓度为 4.2,20 和 102ng/ml 的邻甲苯胺 QC 样品。QC 样品也使用乙酰苯胺和 N - 乙酰邻甲苯胺加标,加标量相当于游离苯胺浓度为 19ng/ml 和 16ng/ml 苯胺和邻甲苯胺。方法 8317 中报道的精密度和回收率数据是这些数值的平均值。另外,盲样也用于表征方法的精密度。

表 6 - 0 - 11　方法评价结果

回收率[4]	苯胺	109 % (6.9 ng/ml)
	苯胺	97 % (18 ng/ml)
	苯胺	93 % (77 ng/ml)
	乙酰苯胺	96 % (19 ng/ml)
	邻甲苯胺	101 % (4.2 ng/ml)
	邻甲苯胺	93 % (20 ng/ml)
	邻甲苯胺	86 % (102 ng/ml)
	N - 乙酰甲苯胺	83 % (16 ng/ml)
精密度($\bar{S}_r$)[4]	苯胺	0.26 (6.9 ng/ml)
	苯胺	0.14 (18 ng/ml)
	苯胺	0.12 (77 ng/ml)
	乙酰苯胺	0.16 (19 ng/ml)
	邻甲苯胺	0.32 (4.2 ng/ml)
	邻甲苯胺	0.17 (20 ng/ml)
	邻甲苯胺	0.14 (102 ng/ml)
	N - 乙酰甲苯胺	0.17 (16 ng/ml)
	盲样留样	
	留样对数	43
	范围(ng/ml)	10 ~ 350
	平均相对标准偏差	23 %

参考文献

[1] ACGIH [1986]. American Conference of Governmental Industrial Hygienists: Biological Exposure Indices, 5th ed, pp. BE151 - BE153. Cincinnati, OH: American Conference of Governmental Industrial Hygienists.

[2] Cheever KL, Richards DE, Plotnik HB [1980]. Metabolism of ortho - , meta - , and para - Toluidine in the Adult Male Rat, Toxicol. Appl. Pharmacol. 56:361 - 369.

[3] El - Bayoumy K, Donahue JM, Hecht SS, Hoffmann D [1986]. Identification and Quantitative Determination of Aniline and Toluidines in Human Urine. Cancer Res 46:6064 - 6067.

[4] Brown KK, Teass AW, Simon S, Ward EM (1995). A Biological Monitoring Method for @ - Toluidine and Aniline in Urine Using High Performance Liquid Chromatography with Electrochemical Detection, Appl. Occup. Environ. Hyg. , 10 (6):557 - 565.

[5] Teass AW, DeBord DG, Brown KK, Cheever KL, Stettler LE, Savage RE, Weigel WW, Dankovic D, Ward E [1993]. Biological Monitoring for Occupational Exposures to @ - Toluidine and Aniline, Int. Arch. Occup. Environ. Health, 65:

S115 – S118.

[6] Stettler LE, Savage RE, Brown KK, Cheever KL, Weigel WW, DeBord DG, Teass AW, Dankovic D, Ward EM [1992]. Biological Monitoring for Occupational Exposures to @ – Toluidine and Aniline, Scand J. Work Environ. Health; 18: Supple 2: 78 – 81.

[7] Ward EM, Sabbioni G, DeBord DG, Teass AW, Brown KK, Talaska GG, Roberts DR, Ruder AM, Streicher RP [1996]. Monitoring of Aromatic Amine Exposures in Workers at a Chemical Plant With a Known Bladder Cancer Excess, J. Nat. Cancer Inst. , 88(15): 1046 – 1052.

[8] Ruder AM, Ward EM, Roberts DR, Teass AW, Brown KK, Fingerhut MA, Stettler LE [1992]. Response of the National Institute for Occupational Safety and Health to an Occupational Health Risk from exposure to @ – Toluidine and Aniline, Scand J. Work Environ. Health, 18: Supple 2: 82 – 84.

方法作者

Kenneth K. Brown, Ph. D. , NIOSH/ DART

皮肤贴片中的代森锰 3600

$C_4H_6N_2S_4Mn$	相对分子质量:265.2	CAS 号:12427 - 38 - 2	RTECS:OP07000
方法:3600,第一次修订		方法评价情况:部分评价	第一次修订:2003.3.15
OSHA:不适用 NIOSH:不适用 ACGIH:不适用		性质:黄色粉末,易受潮;难溶于水和有机溶剂;饱和蒸气压无意义	

英文名称:maneb; manganous ethylenebis(dithiocarbamic acid), Manzate; Dithane M - 22

采样	分析
样品收集器:贴片	分析方法:高效液相色谱法;紫外检测器
Dry NuGauze®,纺涤纶纱贴片(图7-0-1)	待测物:二乙烯基二硫代氨基甲酸
采样流量:不适用	洗脱方法:40ml 洗脱液(1% L - 半胱氨酸 - 3% Na_4EDTA · $2H_2O$ 水溶
最小采样体积:不适用	液)置于 50~65ml 的广口瓶中,带的聚四氟乙烯内衬的螺纹瓶盖
最大采样体积:不适用	进样体积:100μl
运输方法:立即在运输瓶中解吸,并用袋装制冷剂(蓝	流动相:0.0675M 的磷酸盐,0.0525 M 的 $NaClO_4$, pH 6.9,1g/L
冰)包裹,保持在4℃,连夜快递	Na_2EDTA · $2H_2O$,2ml/min
样品稳定性:至少1周(4℃)	色谱柱:Dionex AS7 阴离子交换柱或其他相似产品,GS7 保护柱
样品空白:每批样品 2~10 个	检测器:紫外检测器,285nm(最大测量波长 λ)或254nm
	定量标准:1% L - 半胱氨酸 - 3% Na_2EDTA 中的代森锰标准溶液
准确性	测定范围:每份样品 0.02~4mg[1]
研究范围:不适用	估算检出限:每份样品 0.02mg(0.5μg/ml)[1]
偏差:未测定	精密度($\bar{S}_r$):0.015[1]
总体精密度($\hat{S}_{rT}$):未测定	
准确度:未测定	

适用范围:将干燥的 Nu Gauze®(涤纶纱)皮肤贴片贴在农业劳动者的手臂、腿或躯干上,采集代森锰,用本法对其进行检测。同时,本法也适用于检测代森锌、代森锰锌和代森钠,因为当它们溶于 EDTA 溶液后会转换成相同的待测物

干扰因素:未进行全面研究。在该方法中尚未发现干扰因素

其他方法:首先对代森锰进行甲基化,随后使用 C_{18} 色谱柱进行 HPLC 分析,也可以实现对代森锰的检测[2-5]

续表

试剂	仪器
1. 代森锰*：纯度 >90%	1. 样品收集器：涤纶纱，Johnson & Johnson Nu Gauze® 10cm × 10cm(10.16cm×10.16cm)，4 层，或其他等效产品
2. 去离子水	2. 贴片夹，镀铝卡纸(图 7-0-1)
3. 流动相：0.0675M 磷酸缓冲溶液，0.0525M $NaClO_4$，1g/L $Na_2 EDTA \cdot 2H_2O$。在 1L 容量瓶中，将 4.79g 磷酸氢二钠、4.59g 磷酸二氢钾、6.43g 氯酸钠、1g 乙二胺四乙酸二钠二水合物溶于 500ml 去离子水中。并用去离子水稀释至刻度，调节 pH 到 6.9	3. 高效液相色谱仪(HPLC)：254nm 紫外检测器(若紫外检测器的波长可变，也可选择 285nm)，自动进样器。按照方法 3600 设定色谱条件
4. L-半胱氨酸：试剂级	4. 色谱柱：Dionex AS7 阴离子交换柱，AG7 保护柱或其他等效色谱柱
5. 乙二胺四乙酸二钠二水合物：试剂级	5. 超声波清洗器
6. 无水磷酸氢二钠：试剂级	6. 镊子
7. 无水磷酸二氢钾：试剂级	7. 棕色广口瓶：50~65ml，带聚四氟乙烯内衬的螺纹瓶盖
8. 氯酸钠：试剂级	8. 容量瓶：10ml，100ml，1L
9. 乙二胺四乙酸四钠二水合物*	9. 量筒：50ml
10. 解吸剂：1% L-半胱氨酸-3% $Na_4 EDTA$ 水溶液。在 1L 容量瓶中，将 10g L-半胱氨酸和 30g $Na_4 EDTA \cdot 2H_2O$ 溶于 500ml 水中。用去离子水稀释定容(pH 约为 8.6*)	10. 溶剂解吸瓶
	11. 玻璃移液管：各种型号
11. 标准储备液*：1mg/ml：将 10mg 代森锰溶于 10ml 解吸液中	12. 注射器：100μl，带有大孔注射针(≥19 号)

特殊防护措施： 代森锰的降解产物是已知的致癌物，能够诱导畸变[6-9]；穿上合适的防护用品，避免与其接触；$Na_4 EDTA$ 强碱性，无论是粉末或其水溶液，避免与皮肤或眼睛接触

注：*见特殊防护措施。

采样

注意：尚未对采样过程进行充分研究。这只是一个方法原型。

1. 将 Nu Gauze® 贴片置于贴片夹上。

2. 将每个贴片夹上标上名称、日期、身体部位和贴附时间；然后将贴片按照标识的部位分别对应贴于人的胳膊、腿和躯干部位处的衣服上。

3. 将用于运输的棕色广口瓶标上同样的信息。

4. 劳动者携带贴片在现场工作或使用带有代森锰的仪器 4~8 小时后，将贴片夹取下并记录时间。

5. 用镊子将 Nu Gauze® 贴片的角折叠到贴片中心并从贴片夹上取下。将贴片置于运输瓶中，尽可能减少对收集到的代森锰造成干扰。

6. 制备足够的解吸溶剂以满足所有样品和空白的需要。将 4g L-半胱氨酸和 12g $Na_4 EDTA \cdot 2H_2O$ 溶于入 400ml 去离子水中，可用于 10 个样品(每个样品 40ml)。在现场制备这些溶液以防止 L-半胱氨酸防腐剂过早的氧化。

注意：这里 EDTA 必须是四钠盐形式，而不是二钠盐形式。见特殊防护措施。

7. 在每个运输瓶中加入 40ml 解吸溶剂，盖上瓶盖，摇匀使 Nu Gauze® 贴片湿润并溶解代森锰。

8. 在运输瓶中加入干净的 Nu Gauze® 贴片，加入 40ml 解吸溶剂，制备 2~10 个空白。

9. 将运输瓶包装好并置于袋装制冷剂中或其他方法使其保持在 4℃，连夜快递。

样品处理

注意：现场进行样品解吸。

10. 样品到达实验室，于 4℃下储存。

11. 将溶剂解吸瓶带瓶盖超声 5~10 分钟。

12. 将样品溶液、标准系列和空白的解吸液转移 1~2ml 到自动进样瓶中用于分析。在 24 小时内进行分析。

标准曲线绘制与质量控制

13. 在 0.1～100μg 范围内,配置至少 6 个浓度的标准系列,绘制标准曲线。

a. 取一定量的标准储备液到 10ml 容量瓶中,并用解吸溶剂稀释至刻度。

b. 包括一个未加标标准储备液的校准空白。

c. 与现场样品、样品空白和实验室对照样品一起分析(步骤 15～17)。

d. 以峰面积对待测物浓度(μg/ml)绘制标准曲线。

注意:制备代森锰的甲醇悬浮液,1mg/ml,用于制备介质标准样品。超声约 2 分钟使代森锰粉碎并分散。不时地摇晃代森锰悬浮液使代森锰保持悬浮态。可以加入高达 20% 的乙二醇来辅助颗粒悬浮。用带有大孔注射针(≥19 号)的 100μl 注射器吸取已知量的悬浮液,加到 50～65ml 棕色广口瓶中的干燥 Nu Gauze® 贴片上。干燥后,用 40ml 的解吸溶剂超声解吸加标代森锰的 Nu Gauze® 贴片。

14. 每组样品制备 2 份实验室对照样品(LCS)。

a. 在检测浓度范围内,于 50～65ml 棕色玻璃瓶中,用含有代森锰的甲醇溶液在 10cm×10cm Nu Gauze® 贴片上进行加标。

b. 用 40ml 解吸溶剂进行解吸。

c. 与现场样品、标准系列和空白样品一起进行分析(步骤 15～17)。

样品测定

15. 根据仪器说明书和方法 3600 给出的条件设置液相色谱仪。

16. 将一定量样品转移到溶剂解吸瓶中。手动进样或使用自动进样器进样 100μl。每次进样后要将进样针冲洗干净并干燥。

17. 测定峰面积。若峰面积超出标准曲线的线性范围,用含 1% L-半胱氨酸-3% $Na_4EDTA \cdot 2H_2O$ 的水溶液稀释后重新分析,计算时乘以相应的稀释倍数。

计算

18. 根据标准曲线,计算样品中代森锰的浓度 C(μg/ml)。

19. 计算样品中代森锰的含量 M(微克/样品):

$$M = C \times 40ml$$

确定

没有对方法进行确定。也可以选用其他方法,比如,可选择使用配 C_{18} 反相柱的离子对色谱法进行检测[5],或使用 C_{18} 色谱柱对米乙基衍生物进行分析[3,4]。

方法评价

本法仅在实验室条件下进行了评价。到目前为止,尚未对现场样品进行分析确定。

LOD/LOQ

在 0.1～100μg/ml 范围内,制备一系列的介质标准样品(见上述步骤 13b 下的注意),一式两份,分析,拟合为线性曲线。NIOSH SOP 018[10] 方法对检出限(LOD)、定量下限(LOQ)进行估算,解吸溶剂体积为 40ml 时,检出限(LOD)为 0.02mg,定量下限(LOQ)为 0.066mg。

精密度和准确度

按照上述步骤 13d 中的注意,制备 24 个介质标准样品,每个浓度水平 6 个样品,共 4 个浓度水平:3×LOQ、10×LOQ、30×LOQ 和 100×LOQ。这些介质标准样品用 40ml 解吸溶剂进行解吸,分析。用浓度水平在 3×LOQ、10×LOQ 和 100×LOQ 的样品得到总相对标准偏差。根据 Grubbs 检验法,在 100×LOQ 浓度水平上的 6 个样品中有一个样品是离散样品,计算时并没有包含进去。未测定偏差、准确度和总体精密度。除了 3×LOQ 浓度水平的样品回收率为 88% 外,其他所有样品的回收率均大于 90%[1]。

稳定性

在每个皮肤贴片上代森锰为 528μg 的水平下进行了稳定性研究。在室温(24℃)下,干燥的 Nu Gauze® 贴片上的代森锰并不稳定,储存 2 天后其回收率低于 60%。但是,在 4℃ 下,干燥的 Nu Gauze® 贴片上的代森锰能够稳定储存至少 8 天。Nu Gauze® 贴片上加标代森锰,静置约 2 小时,当溶剂挥法后在含 1% L-半胱氨酸和 3% Na_4EDTA 的溶液中解吸,样品可稳定储存 22 天,且回收率大于 90%。储存 30 天的回收率

为 $87\%^{[1]}$ 。

注解

大部分含有二价（或高价）金属离子的二乙烯基二硫代氨基甲酸（EBDC），如代森锰、代森锰锌和代森锌，很难溶于几乎所有溶剂中。如果用 EDTA（在高 pH 值下）络合作用去除金属离子，那么 EBDC 就能够溶解，但是很快又会通过氧化而分解成二硫化物或其他产物。加入抗氧化剂如 L – 谷胱氨酸能够大大抑制其氧化分解。排除顶空气能够降低氧化程度；但是冷却（温度在 4℃）被认为是样品保护重要因素之一。

参考文献

[1] DataChem Laboratories［1995］. Backup Data Report for Maneb, Dermal Patch and Hand Wash. Unpublished Report, DataChem Laboratories. , Salt Lake City, UT.

[2] Bardarov V,. ZaikovChr, Mitewa M［1989］. Application of High – Performance Liquid Chromatography with Spectrophotometric and Electrochemical Detection to the Analysis of Alkylenebis(dithiocarbamates) and their Metabolites. Journal of Chromatography, 479：97.

[3] Gustafsson KH, Thompson RA［1981］. High – Pressure Liquid Chromatographic Determination of Fungicidal Dithiocarbamates. J. Agric. Food Chem. 29：729.

[4] Gustafsson, KH, Fahlgren CH［1983］. Determination of Dithiocarbamate Fungicides in Vegetable Foodstuffs by High – Performance Liquid Chromatography. J. Agric. Food Chem. 31：461.

[5] Irth H, De Jong GJ, Frei RW, Brinkman UATh［1990］. Determination of Dithiocarbamates in Residuesby Liquid Chromatography with Selective Precolumn or Reaction – Detection Systems. Intern. J. Environ. Anal. Chem. 39：129.

[6] Seiler J. F［1974］. Mutat. Res. 26：189.

[7] Vogeler K, Dreze P, Rapp A, Steffan SH, Ullemeyer H［1977］. Pflanzenschutz – Nachr. 30：72.

[8] Innes JRM, Valerio M, Ulland B, Pallotta AJ, Petruccelli L, Batres RR, Falk HL, Gart JJ, Klein M, MitchelI, Peters J［1969］. J. Natl. Cancer Inst. 42：1101.

[9] Khera, KS［1973］. Tetratology 7：243.

[10] NIOSH［1994］. NIOSH SOP 018, NIOSH/DPSE Quality Assurance Manual (DEcember 1983). IssuedJan. 24, 1984, Revised July 18, 1994.

方法作者

Paul C. Gillespie and John M. Reynolds, DataChem Laboratories, Salt Lake City, UT.

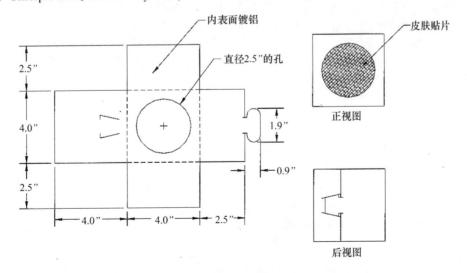

图 7 – 0 – 1　贴片夹

洗手液中的代森锰 3601

$C_4H_6N_2S_4Mn$	相对分子质量:265.2	CAS 号:124 - 38 - 2	RTECS 号:OP07000
方法:3601,第一次修订		方法评价情况:部分评价	第一次修订:2003.3.15
OSHA:不适用 NIOSH:不适用 ACGIH:不适用		性质:黄色粉末,易受潮;难溶于水和有机溶剂;饱和蒸气压:无意义	

英文名称:,maneb; manganous ethylenebis(dithiocarbamic acid) , Manzate; Dithane M - 22

采样	**分析**
样品收集器:塑料采样袋,装有 150ml 洗手液 运输方法:将 1g L - 半胱氨酸 - 3g Na₄ EDTA · H₂O 加入到每个样品中,4℃冷藏连夜快递 样品稳定性:至少 1 周(4℃) 样品空白:每组样品 2 ~ 10 个	分析方法:高效液相色谱法;紫外检测器 待测物:二乙烯基二硫代氨基甲酸 进样体积:100μl 流动相:0.0675M 的磷酸盐、0.0525M NaClO₄,pH 6.9、1g/L Na₂ EDTA · 2H₂O , 2ml/min
准确性	色谱柱:Dionex AS7 阴离子交换柱,GS7 保护柱或其他等效色谱柱
研究范围:未研究 偏差:未测定 总体精密度($\hat{S}_{rT}$):未测定 准确度:未测定	检测器:紫外检测器,285nm(最大测量波长 λ)或 254nm 定量标准:1% L - 半胱氨酸,3% Na₂ EDTA 中的代森锰标准溶液 测定范围:每份样品 0.03 ~ 15mg[1] 估算检出限:每份样品 0.2μg/ml 或每份样品 0.03mg[1] 准确度($\bar{S}_r$):0.015[1]

适用范围:该方法对劳动者用过的洗手液进行了测定。同时,该方法也适用于检测代森锌、代森锰锌和代森钠,因为当它们溶于 EDTA 溶液后会转换成同样的待测物

干扰因素:未进行充分研究。在该方法研制过程中尚未发现干扰因素

其他方法:首先对代森锰进行甲基化,随后使用 C₁₈ 色谱柱进行 HPLC 分析,也可以实现对代森锰的检测[2-5]

试剂	**仪器**
1. 代森锰 * :纯度 >90% 2. 去离子水 3. 流动相:0.0675M 磷酸缓冲溶液,0.0525M NaClO₄,1g/L Na₂ EDTA · 2H₂O。在 1L 容量瓶中,将 4.79g 磷酸氢二钠、4.59g 磷酸二氢钾、6.43g 氯酸钠、1g 乙二胺四乙酸二钠二水合物溶于 500ml 去离子水中,用去离子水稀释至刻度,调节 pH 至 6.9 4. L - 半胱氨酸:试剂级 5. 乙二胺四乙酸二钠二水合物:试剂级 6. 无水磷酸氢二钠:试剂级 7. 无水磷酸二氢钾:试剂级 8. 氯酸钠:试剂级 9. 乙二胺四乙酸四钠二水合物 * 10. Triton - X - 100 溶液:1ml 的 Triton - X - 100 加入到 50ml 水中 11. 解吸溶剂:1% L - 半胱氨酸 - 3% Na₄ EDTA 的水溶液。于 1L 容量瓶中,将 10g L - 半胱氨酸和 30g Na₄ EDTA · 2H₂O 溶于 500ml 水中。用去离子水稀释定容(pH 约为 8.6 *) 12. 标准储备液 * :将 10mg 代森锰溶于 10ml 解吸溶剂中	1. 样品收集器:聚乙烯塑料采样袋,规格:2quart,冷冻袋类型,含有 150ml 洗手液 2. 高效液相色谱仪(HPLC):254nm 紫外检测器(如果紫外检测器波长可变,也可选择 285nm)。根据方法 3601 的要求,设定色谱条件 3. 超声波清洗器 4. 量筒:用于量取 150ml 洗手液 5. 棕色广口瓶:75 ~ 125ml,带聚四氟乙烯内衬的螺纹瓶盖

特殊防护措施:代森锰的降解产物是已知的致癌物,能够诱导畸变[6-9]。穿戴合适的防护用品,避免与其接触。Na₄ EDTA 为强碱性,无论是粉末或其水溶液,都应避免与皮肤或眼睛接触

注:* 见特殊防护措施。

采样

注意:尚未对采样过程进行充分研究。这仅是一个方法原型。

1. 将 150ml 水注入塑料袋中,在袋上标注水的总体积。

2. 在采样袋中的水里加入 5 滴 Triton – X – 100 溶液。

3. 让劳动者的手浸入水中,同时将采样袋上端围绕着手臂并固定住,在水中摇晃手臂约 30 秒。

4. 将手从袋中拿出后,在采样袋中加入 1g L – 半胱氨酸和 3g $Na_4EDTA \cdot 2H_2O$。

注意:这里 EDTA 必须是四钠盐形式,而不是二钠盐形式,参见特殊防护措施;提前称量 L – 半胱氨酸和 EDTA,置于小瓶中,可方便在现场进行调配;不建议在洗手之前就将 EDTA 和 L – 半胱氨酸加入到洗手液中,因为这些化学物质会使得洗手液呈强碱性,不稳定,且具有难闻的气味(来自于 L – 半胱氨酸)。

5. 摇晃采样袋直到所有的 L – 半胱氨酸和 EDTA 溶解。

6. 将采样袋中的洗手液倒入 75 ~ 125ml 的棕色广口瓶中,使其溢出,盖紧瓶盖,保持顶部无空气。

7. 按照上面的步骤制备一个空白样品,不含步骤 3。

8. 包装好并使用袋装制冷剂冷藏使其保持在 4℃,连夜快递。

样品处理

9. 样品到达实验室,立即于 4℃下储存样品。

10. 将溶剂解吸瓶带瓶盖超声 5 ~ 10 分钟。

11. 将洗手液、标准溶液和空白溶液转移 1 ~ 2ml 到自动进样瓶中用于分析。在 24 小时内进行分析。不需进一步处理。

标准曲线绘制与质量控制

12. 在 0.1 ~ 100μg/ml 范围内,配置至少 6 个浓度的标准系列,绘制标准曲线。

a. 用移液管移取一定量的标准储备液到 10ml 容量瓶中,并用解吸溶剂稀释至刻度。

b. 包括一个未加标准储备液的解吸溶剂作为校准空白。

c. 与现场样品、空白和实验室对照样品一起进行分析(步骤 14 ~ 16)。

d. 以峰面积对待测物浓度(μg/ml)绘制标准曲线。

13. 每组样品配置实验室对照样品(LCS),一式两份。

a. 在待测物的浓度范围内,用 1% L – 半胱氨酸 – 3% $Na_4EDTA \cdot 2H_2O$ 的水溶液单独制备质量控制(LCS)代森锰溶液。

b. 将现场样品、空白和标准系列一起进行分析(步骤 14 ~ 16)。

样品测定

14. 根据仪器说明书和方法 3600 给出的条件设置液相色谱仪。

15. 手动进样或使用自动进样器进样 100μl。每次进样后冲洗进样针并干燥。

16. 测定峰面积。若峰面积超出标准曲线的线性范围,用 1% L – 半胱氨酸 – 3% $Na_4EDTA \cdot 2H_2O$ 的水溶液稀释后重新分析,计算时乘以相应的稀释倍数。

计算

17. 根据标准曲线,计算样品中代森锰的浓度 C(μg/ml)。

18. 计算样品中代森锰的含量 M(μg),洗手液体积为 V(ml):

$$M = CV$$

确定

没有对方法进行确定。也可以选用其他方法,例如,可选择配 C_{18} 反相柱的离子对色谱仪进行检测,或使用 C_{18} 色谱柱对米乙基衍生物进行分析[3,4]。

方法评价

该方法仅在实验室条件下进行了评价。到目前为止,尚未对现场样品进行分析确定。

LOD/LOQ

在 0.1 ~ 100μg/ml 范围内制备一系列的标准溶液(见上述步骤 13b 下的注意),一式两份,分析,拟合为线性曲线。使用 NIOSH SOP 018[10] 方法进行估算,检出限(LOD)为 0.2μg/ml,定量下限(LOQ)为

0.66μg/ml。

精密度和准确度

制备 24 个标准溶液,每个浓度水平 6 个样品,共 4 个浓度水平:3×LOQ、10×LOQ、30×LOQ 和 100×LOQ。100×LOQ 浓度水平的相对标准偏差与其他 3 个浓度水平相比偏低,因此没有计入总体相对标准偏差中。前 3 个浓度水平的相对标准偏差为 0.015。因为所有的样品为加标标准溶液,因此未测定偏差和准确度。因没有发生空气样品,也未计算总体精密度。

稳定性

在 6.6μg/ml 的浓度下,对代森锰溶液进行了稳定性研究。结果表明:样品需在 4℃下,储存在 1% L-半胱氨酸-3% Na₄EDTA·2H₂O 的水溶液中。样品在 4℃下储存,无论其顶空是否有空气,其都能稳定储存 30 天,并且回收率高于 90%。但是在 24℃时,样品储存在顶空有空气的环境中会很快变质。因此,在运输过程中要特别注意温度的升高,样品运输和储存过程中其顶空应无空气。

注解

大部分含有二价(或高价)金属离子的二乙烯基二硫代氨基甲酸(EBDC),如代森锰、代森锰锌和代森锌,很难溶于几乎所有的溶剂中。如果用 EDTA(在高 pH 值下)络合作用去除金属离子,那么 EBDC 就能够溶解,但是很快又会通过氧化而分解成二硫化物或其他产物。加入抗氧化剂像 L-谷胱氨酸能够大大抑制其氧化分解。排除顶空空气能够降低氧化程度;但是冷却(温度在 4℃)被认为是保护样品的重要因素之一。

参考文献

[1] DataCheml aboratories [1995]. Backup Data Report for Maneb, Dermal Patch and Hand Wash. Unpublished report, DataChem Laboratories, Salt Lake City, UT.

[2] Bardarov V,. ZaikovChr, Mitewa M [1989]. Application of High-Performance Liquid Chromatography with Spectrophotometric and Electrochemical Detection to the Analysis of Alkylenebis(dithiocarbamates) and their Metabolites. Journal of Chromatography, 479: 97.

[3] Gustafsson KH, Thompson RA [1981]. High-Pressure Liquid Chromatographic Determination of Fungicidal Dithiocarbamates. J. Agric. Food Chem. 29: 729.

[4] Gustafsson, KH, Fahlgren CH [1983]. Determination of Dithiocarbamate Fungicides in Vegetable Foodstuffs by High-Performance Liquid Chromatography. J. Agric. Food Chem. 31: 461.

[5] Irth H, De Jong GJ, Frei RW, Brinkman UATh [1990]. Determination of Dithiocarbamates in Residuesby Liquid Chromatography with Selective Precolumn or Reaction-Detection Systems. Intern J EnvironAnal Chem. 39: 129.

[6] Seiler J. F [1974]. Mutat. Res. 26: 189.

[7] Vogeler K, Dreze P, Rapp A, Steffan SH, Ullemeyer H [1977]. Pflanzenschutz-Nachr, 30: 72.

[8] Innes JRM, Valerio M, Ulland B, Pallotta AJ, Petruccelli L, Batres RR, Falk HL, Gart JJ, Klein M, Mitchel I, Peters J [1969]. J. Natl. Cancer Inst. 42: 1101.

[9] Khera, KS [1973]. Tetratology 7: 243.

[10] NIOSH [1994]. NIOSH SOP 018, NIOSH/DPSE Quality Assurance Manual (DEcember 1983). IssuedJan. 24, 1984, Revised July 18.

方法作者

Paul C. Gillespie and John M. Reynolds, DataChem Laboratories, Salt Lake City, UT.

表面擦拭样品中的铅 9100

Pb	相对分子质量:207.19	CAS 号:7439－92－1	RTECS 号:OF7525000
方法:9100,第一次修订		方法评价情况:部分评价	第一次修订:1994.8.15

目的:通过测定铅及其化合物来测定表面污染

检出限:2μg Pb/样品(擦拭面积为 $100cm^2$ 时相当于 $0.02\mu g/cm^2$),火焰 AAS 或 ICP;0.1μg Pb/样品(擦拭面积为 $100cm^2$ 相当于 $0.001\mu g/cm^2$),石墨炉 AAS

仪器:

1. 塑料袋,可密封的(例如附带线、胶带或拉链型密封)
2. 样品垫,2″×2″,无菌棉纱布(Curity™,Johnson & Johnson™或等效的纱布),或者无灰的定量滤纸
   注意:也可使用 Wash'n Dri®擦拭巾。其他擦拭巾可能无法完全消解或具有较高的铅空白值
3. 一次性乳胶手套
4. 塑料板:10cm×10cm,或标准规格
5. 蒸馏水:装于塑料挤瓶中

采样

1. 戴上一双新的乳胶手套,从包装袋中取出一块棉纱布,用 1～2ml 蒸馏水润湿纱布
   注意 1:所用蒸馏水不要超过能使纱布片中心 80% 的面积湿润的蒸馏水量,过量的蒸馏水会从纱布上滴下,从而导致样品损失;如果使用已湿润的 Wash'n Dri™,则不用蒸馏水
2. 将塑料板置于采样区域内。以垂直 S 形用力擦拭塑料板表面 3～4 次。将纱布片接触面向内折叠,并以水平 S 形擦拭该表面 3～4 次。再一次折叠纱布并以垂直 S 形擦拭该表面 3～4 次
3. 折叠纱布,接触面在内,将其置于一个新塑料袋中。密封并清楚标记该塑料袋。丢弃手套
4. 洗净塑料板以制备下一个擦拭样品
5. 每个样品组包括两个空白纱布片(湿润并置于塑料袋中)

样品处理:按照 NIOSH 方法 7105 的步骤进行处理,最终样品稀释液至 10ml
注意:为了使样品(包括纱布)完全消解,需再加入适量硝酸。适量的介质和试剂空白也需进行相同处理

样品测定:有效的方案是:先用火焰 AAS 或 ICP 筛选所有样品,然后用石墨炉 AAS 检测那些"未检出"的样品。可使用 NIOSH 方法 7082(火焰 AAS 测铅)、方法 7300(元素的 ICP 法)、7105(石墨炉 AAS 测铅)或其他合适的方法

方法作者

Peter M. Eller, Ph. D., QASA/DPSE

沉降尘样品中的六价铬 9101

Cr(Ⅵ)	相对分子质量:52.00	CAS 号:18540－29－9	RTECS 号:GB6262000
方法:9101,第一次修订		方法评价情况:不适用	第一次修订:1996.5.15

目的:估算沉降尘中可溶性六价铬的含量

检出限:每份样品 1μg Cr(Ⅵ)

仪器

1. 铬酸盐(二苯卡巴肼试剂)测试箱(Chemetrics Chromate Kit 或等效产品)
2. H_2SO_4:20% w/v(包含在测试箱中)
3. 提取溶液:2% NaOH/3% Na_2CO_3,溶于去离子水中
4. 去离子水
5. 具刻度离心管:15ml,透明塑料,带螺纹盖,一次性
6. 药勺:约 $0.1cm^3$ 容量
7. pH 试纸

步骤

1. 放置一满勺待测的粉尘(约 $0.1cm^3$;小豌豆大小)于 15ml 透明塑料离心管中。加入提取溶液至 2ml 处的刻度。盖上盖并剧烈振摇
2. 离心管静置 10 分钟,或更长时间,不时振摇
   注意:在热水中缓慢加热将提高检测的灵敏度
3. 打开离心管盖,加入去离子水至 7ml 刻度。混合并使残留物沉淀
4. 轻轻倒出或移取约 3ml 的上清液于第二个离心管中
   注意:如果过于浑浊,可能需要过滤样品
5. 加入 9 滴 20% H_2SO_4(H_2SO_4 加入量为每毫升 3 滴倒出液体),盖上离心管盖,来回翻倒进行混合
6. 用 pH 试纸测定液体的 pH。若需要,逐滴加入 20% H_2SO_4 酸使 pH <1
7. 遵循显色说明
   注意:为了更准确地测定尘土中的总六价铬,运送一个样品到实验室,用方法 7600 或方法 7604 进行分析

方法作者

Mark Millson, MRSB/DPSE, and Peter Eller, QASA/DPSE.

擦拭样品中元素的测定 9102

相对分子质量:见表7-0-1	CAS号:见表7-0-1	RTECS号:见表7-0-1
方法:9102,第一次修订	方法评价情况:部分评价	第一次修订:2003.3.15
OSHA:N/A(不适用) NIOSH:N/A(不适用) ACGIH:N/A(不适用)	性质:见表7-0-1	

元素:砷、铁、硒、锌、钡、镧、银、锆、铍、铅、锶、镉、锰、碲、钴、钼、铊、铜、镍、钒、锆、磷、钇

采样	分析
样品收集器:擦拭巾	分析方法:电感耦合等离子体-原子发射光谱法(ICP-AES)
采样流量:N/A(不适用)	待测物:上述元素
最小采样体积:N/A(不适用)	消解方法:浓HNO$_3$,20ml;浓HClO$_4$,1ml
最大采样体积:N/A(不适用)	消解条件:室温,30分钟;150℃至接近蒸干
运输方法:常规	最终溶液:4% HNO$_3$,1% HCl$_4$,10ml
样品稳定性:稳定	测定波长:见表7-0-2
样品空白:每批样品2~10个	背景校正:光谱波长转换
准确性	定量标准:含待测元素的4% HNO$_3$,1% HClO$_4$溶液
研究范围:未研究	测定范围:见表7-0-2
偏差:未测定	估算检出限:见表7-0-2
总体精密度($\hat{S}_{rT}$):未测定	精密度($\bar{S}_r$):见表7-0-2
准确度:未测定	

适用范围: 本法是同时分析多种元素,而不能测定某种特定的化合物。通过选择不同的消解过程,保证样品中各类化合物全部溶解。由于本法处理的是擦拭巾样品,因此请务必记住,所测得结果为定性结果

干扰因素: 光谱干扰是ICP-AES分析时遇到的主要干扰。通过选择合适的波长、采用内标元素校正因子和背景校正,可将干扰降至最低

其他方法: 本法是对NMAM方法7300[1]的补充。在NMAM方法中还有其他的单一元素或多种元素的测定方法。也可使用测定特定元素的火焰原子吸收光谱法和灵敏度更高的石墨炉原子吸收光谱法

试剂	仪器
1. 浓HNO$_3$:超纯*	1. 样品收集器:Wash'n Dri或ASTM等效产品[2][预包装湿润的一次性小毛巾(擦拭巾)]
2. 浓HClO$_4$:超纯*	2. 电感耦合等离子体-原子发射光谱仪:根据待测元素,由仪器制造商按要求配置
3. 标准储备液:1000μg/ml。购买或按仪器说明书制备(步骤20)	3. 减压阀:两级,用于氩气
4. 稀释酸:4:1(v/v)HNO$_3$:HClO$_4$。将4体积浓HNO$_3$与1体积浓HClO$_4$混合	4. Phillips 125ml或Griffin 50ml烧杯:带表面皿**
5. 氩气	5. 容量瓶:10ml和100ml**
6. 蒸馏、去离子水	6. 移液管:各种规格**
	7. 加热板:表面温度150℃
	8. 聚苯乙烯离心管:50ml和15ml
	9. 硬壁样品容器

特殊防护措施: HNO$_3$和HClO$_4$有极强的氧化性和极强的腐蚀性。所有的HClO$_4$消解操作应在通风橱中进行。当使用浓酸时,戴手套并避免吸入或接触到皮肤和衣服

注:* 见特殊防护措施;** 所有玻璃器皿使用前用浓HNO$_3$清洗并用去离子水彻底冲洗干净。

采样[3]

1. 戴上干净的无粉塑料手套,将采样板覆盖采样区域并保护好。如果采样的区域受限,且不能使用采样板,测量采样区域并用胶带划定采样区域。

2. 将擦拭巾从包装中取出,打开。

3. 将手指并拢,用一个平稳的压力擦拭采样表面。进行横向、重叠的"S"形擦拭,覆盖整个采样表面。

4. 将擦拭面折叠在里面,并用纵向的"S"形擦拭处理相同的区域。

5. 再次折叠擦拭巾,露出未擦拭的表面,并按照步骤 3 所描述的方法第 3 次擦拭该采样表面。

6. 将擦拭面折叠在里面,放到一个硬质样品容器中(如 50ml 离心管)。密封并标识样品容器。

注意:建议不要将不同的擦拭样品混合在一起,这会导致样品处理和分析困难,且丢失特定现场的分析信息。

7. 用水或擦拭巾清洁采样板,用于下一个擦拭样品的制备。

8. 脱下手套,扔掉。每个新的样品必须换干净的手套。

9. 样品空白:样品数量的 10%,每批样品至少 3 个样品空白。从包装中取出新擦拭巾,将其放入样品容器中。在采样开始、期间和结束时都必须采集样品空白。

样品处理

10. 将样品和空白分别转移至干净烧杯中。

11. 加入 20ml 的浓 HNO_3 和 1ml 的浓 $HClO_4$。用表面皿盖上烧杯。使之在室温下静置 30 分钟。从这步开始制备试剂空白。

12. 在 150℃加热样品 8 小时。

13. 移开表面皿并用蒸馏水冲洗,冲洗液加入烧杯中。

14. 在加热板上继续加热(120℃)。

注意:使用本消解过程,某些物质将不能完全溶解。可在其他地方可以找到其中大多数元素的替代溶解技术。

15. 如需要,再加入一定量的 HNO_3,直到溶液澄清且擦拭介质已完全被破坏。

16. 至样品接近蒸干(约 0.5ml)。

17. 用 0.5ml 的稀释酸溶解残留物。

18. 将溶液定量地转移到 15ml 离心管或 10ml 容量瓶中。

19. 用去离子水稀释至 10ml。

标准曲线绘制与质量控制

20. 按照光谱仪的仪器说明书绘制标准曲线。

注意:通常使用酸空白和 10μg/ml 多元素标准系列。可按下列分组方法,将多种元素组合在一起,配制 4% HNO_3/1% $HClO_4$ 为溶剂的多元素标准系列。

a. Al、As、Ba、Be、Cd、Ca、Cr、Co、Cu、In、Fe、La。

b. Pb、Li、Mg、Mn、Ni、P、K、Sc、Se、Ag、Sr、Tl、V、Y、Zn。

c. Sb、Mo、Te、Sn、Ti、W、Zr。

d. Pt。

21. 每 6 个样品分析一个标准系列。

22. 每 10 个样品至少分析 2 个加标样品,以检查回收率。

样品测定

23. 根据仪器说明书设定光谱仪。

24. 分析标准系列和样品。

注意:如果样品的测定值高于标准系列的范围,用稀释酸稀释样品溶液后重新分析,计算时乘以相应的稀释倍数。

计算

25. 从仪器上读出样品溶液中待测元素的浓度 C_s(μg/ml)和介质空白中待测元素的平均浓度 C_b(μg/ml)。

26. 按下式计算采样面积上待测元素的浓度 $C(\mu g/cm^2)$:

$$C = \frac{C_s V_s - C_b V_b}{S}$$

式中: C_s——样品溶液中待测元素的浓度($\mu g/ml$);

　　　C_b——介质空白中待测元素的平均浓度($\mu g/ml$);

　　　V_s——样品溶液体积(ml);

　　　V_b——空白溶液体积(ml);

　　　S ——采样面积(cm^2)。

方法评价

使用在擦拭巾介质上加标标准溶液(加标样品)和在擦拭巾介质上加标 SRM 2711(Montana Soil)所得样品,进行了方法评价。对于列于方法 9102 中的 23 种元素,加标样品的回收率在 75% ~ 115% 之间。在 SRM 2711 中测定的 10 种元素的回收率也在这一范围内。这 10 种元素是:银、砷、镉、钴、铜、锰、镍、磷、铅和锌。

由于本法是对多种元素同时进行分析而不是测定某种特定的化合物,因此所提供的数据适用于酸消解时能与酸互溶的那些化合物。测定时应保证待测元素的各类化合物全部溶解,且仔细检查样品基质。例如,如果存在硅酸盐,需使用氢氟酸进行消解,否则无法测定总元素含量。

参考文献

[1] NIOSH [1994]. Elements by ICP, Method 7300 in: Eller PM, Cassinelli ME, eds. NIOSH Manual of Analytical Methods, 4th ed., Cincinnati, OH: U. S. Department of Health and Human Services, Public Health Service, Centers for Disease Control and Prevention, National Institute for Occupational Safety & Health. DHHS (NIOSH) Publication No. 94 – 113.

[2] ASTM [2002]. Annual Book of ASTM Standards, Standard Specification for Wipe Sampling Materials for Lead in Surface Dust. West Conshohocken, PA: ASTM International, E 1792 – 01.

[3] ASTM [2002]. Annual Book of ASTM Standards, Standard Practice for Field Collection of Settled Dust Samples Using Wipe Sampling Methods for Lead Determination by Atomic Spectrometry Techniques. West Conshohocken, PA: ASTM International, E 1728 – 99.

方法作者

Ronnee N. Andrews, Mark Millson, and Donald D. Dollberg, NIOSH/DART

表 7 – 0 – 1　擦拭样品中元素的性质

元素(符号)	相对原子质量	熔点/℃	CAS 号	RTECS 号
银(Ag)	107.87	961	7440 – 22 – 4	VW3675000
砷(As)	74.92	817	7440 – 38 – 2	CG0525000
钡(Ba)	137.34	725	7440 – 39 – 3	CQ8370000
铍(Be)	9.01	1287	7440 – 41 – 7	DS1750000
镉(Cd)	112.41	321	7440 – 43 – 9	EU9800000
钴(Co)	58.93	1493	7440 – 48 – 4	GF8750000
铬(Cr)	52.00	1900	7440 – 47 – 3	GB4200000
铜(Cu)	63.54	1083	7440 – 50 – 8	GL5325000
铁(Fe)	55.85	1535	7439 – 89 – 6	NO4565500
镧(La)	138.91	920	7439 – 91 – 0	
锰(Mn)	54.94	1244	7439 – 96 – 5	OO9275000

元素(符号)	相对原子质量	熔点/℃	CAS 号	RTECS 号
钼(Mo)	95.94	2622	7439 - 98 - 7	QA4680000
镍(Ni)	58.69	1555	7440 - 02 - 0	QR5950000
磷(P)	30.97	44	7723 - 14 - 0	TH3495000
铅(Pb)	207.2	328	7439 - 92 - 1	OF7525000
硒(Se)	78.96	217	7782 - 49 - 2	VS7700000
锶(Sr)	87.62	769	7440 - 24 - 6	WK7849000
碲(Te)	127.60	450	13494 - 80 - 9	WY2625000
铊(Tl)	204.38	304	7440 - 28 - 0	XG3425000
钒(V)	50.94	1917	7440 - 62 - 2	YW1355000
钇(Y)	88.91	1509	7440 - 65 - 5	ZG2980000
锌(Zn)	65.39	420	7440 - 66 - 6	ZG8600000
锆(Zr)	91.22	1857	7440 - 67 - 7	ZH7070000

表 7 - 0 - 2　波长、检出限(LOD)、测定范围和精密度

元素(符号)	波长/nm	仪器 LOD /(微克/擦拭巾)	测定范围 /(微克/擦拭巾)	精密度* $(\bar{S}_r)$
银(Ag)	328	0.035	0.118 ~ 25.0	0.0701
砷(As)	189	0.078	0.261 ~ 105.0	0.0549
钡(Ba)	455	0.010	0.0333 ~ 10.0	0.0370
铍(Be)	313	0.010	0.0333 ~ 10.0	0.0267
镉(Cd)	226	0.010	0.0333 ~ 41.7	0.0273
钴(Co)	228	0.010	0.0333 ~ 10.0	0.0301
铬(Cr)	267	0.010	0.0333 ~ 10.0	0.0287
铜(Cu)	324	0.042	0.141 ~ 114.0	0.0317
铁(Fe)	259	0.074	0.246 ~ 50.0	0.0516
镧(La)	408	0.018	0.0593 ~ 25.0	0.0279
锰(Mn)	257	0.010	0.0333 ~ 638.0	0.0333
钼(Mo)	202	0.010	0.0333 ~ 10.0	0.0441
镍(Ni)	231	0.010	0.0340 ~ 20.6	0.0629
磷(P)	178	0.043	0.142 ~ 860.0	0.128
铅(Pb)	168	0.042	0.141 ~ 1160	0.0267
硒(Se)	196	0.100	0.338 ~ 75.0	0.0364
锶(Sr)	407	0.010	0.0333 ~ 10.0	0.0368
碲(Te)	214	0.047	0.156 ~ 50.0	0.0359
铊(Tl)	190	0.041	0.136 ~ 50.0	0.0256
钒(V)	292	0.010	0.0333 ~ 25.0	0.0284
钇(Y)	371	0.010	0.0333 ~ 10.0	0.0280
锌(Zn)	213	0.770	2.56 ~ 350.0	0.1010
锆(Zr)	339	0.026	0.0877 ~ 10.0	0.3440

注：* 这些结果由 Spectro ICP - AES 测得;LOD 可能因仪器不同而不同,应该对其进行独立的验证。

沉降尘擦拭样品中的铅－化学简易分析法（Chemical Spot Test）9105

（比色筛选法）

Pb	相对分子质量:207.19（Pb）	CAS 号:7439－92－1	RTECS 号:OF7525000
方法:9105,第一次修订		方法评价情况:部分评价	第一次修订:2003.3.15

OSHA:无 PEL NIOSH:无 REL ACGIH:无 TLV	性质:软金属;密度 11.3g/cm³;熔点 327.5℃;在盐中的化合价 +2，+4

英文名称: lead in dustwipes; Elemental lead and lead compounds except alkyl lead

采样	**分析**
样品收集器:擦拭巾,符合 ASTM E1792 规范[1] 采样:人体皮肤(如手)或非皮肤表面(如地板、墙壁、家具) 样品稳定性:稳定 样品空白:至少为样品数的 5%,每批样品最少 2 个	分析方法:化学简易分析法,玫棕酸盐溶液或简易测试试剂盒,用于擦拭样品[2] 待测物:铅的玫棕酸盐络合物 阳性指示:观察擦拭巾上的颜色变化,由黄色/橙色变为粉红色/红色(在酸性条件下)[2,3]
准确性	响应:本法通常对含铅量为每份样品 5～15μg 至每份样品 1mg 的铅显阳性[3,4]
研究范围:<0.01 至 >1000μg Pb/擦拭巾 偏差:不适用 总体精密度($\hat{S}_{rT}$):不适用 准确度:对于不同的擦拭材料、不同的基质和不同的玫棕酸盐溶液,响应可能不同	

适用范围: 本法是一个定性的、比色筛查的方法,专为现场使用。本法是用毛巾擦拭人体皮肤的测定方法,但也适用于各种非皮肤表面,如地板、墙壁、家具等。根据擦拭巾上颜色的变化(即由黄色/橙色变为粉红色/红色)判断铅的存在。通过评估给定的擦拭巾/玫棕酸盐溶液的性能参数,可以对本法的性能特征进行评价[5]。如果需要定量结果,可以用改进的 NIOSH 方法 7701 现场测定擦拭巾样品中的铅或在固定实验室用 NIOSH 方法 7082、方法 7105、方法 7300 或等效的方法测定擦拭巾样品中的铅

干扰因素: Tl⁺、Ag⁺、Cd²⁺、Ba²⁺和 Sn²⁺也会与玫棕酸盐离子形成有色化合物,但是灵敏度比 Pb²⁺低,且只有铅－玫棕酸盐络合物显示特有的粉色或红色[3]。可能存在来自擦拭介质的干扰,如表面活性剂

其他方法: 用于测定沉降尘擦拭巾中铅的实验室方法包括改进的 NIOSH 方法 7082(铅的火焰原子吸收光谱法)、方法 7105(铅的 GFAAS 法)、方法 7300(元素的测定－ICP 法)和方法 7701(铅的便携式超声洗脱/ASV 法)

试剂	**仪器**

1. 醋酸(如含 5% 乙酸的白醋)或 1%（v/v）HNO₃*
 	
2. 玫棕酸钠或玫棕酸钠钾
   注意:玫棕酸盐溶液会随时间迅速降解。该溶液应该每天新制备并保存在冰箱中
 	
3. 蒸馏水或去离子水
	1. 塑料泵喷雾瓶(首选细喷雾):容积至少为 125ml
	
	2. 用于样品采集的擦拭巾:符合 ASTM E1792 规范[1]
	
	3. 防护眼镜或护目镜
	
	4. 手套:一次性乙烯或无粉乳胶手套
	
	5. 闪烁瓶:带塑料螺纹瓶盖;或塑料离心管
	   注意:可用市售试剂盒

特殊防护措施: 如果使用 1% 的 HNO₃,当处理该溶液时,使用常规安全措施(如戴乙烯手套、防护眼镜或护目镜,并避免接触衣服和皮肤)

注:＊见特殊防护措施。

采样

皮肤表面(如手)

1. 对于工作场所的皮肤采样,打开擦拭巾包装,避免接触擦拭巾,将擦拭巾递给被评估的劳动者。

2. 指导劳动者将擦拭巾从包装中取出,将其打开。

3. 让劳动者先擦拭手心,然后擦拭其手的两面(用普通洗手的力度进行擦拭)。用擦拭巾的同一侧擦拭手心手背,时间不少于 30 秒。

其他(非皮肤)表面

4. 按照 ASTM E1728[6]获得擦拭巾样品,或按照以下的改进方法进行操作。

a. 戴上手套,打开擦拭巾包装并打开擦拭巾。

b. 擦拭划定(已知)的表面区域,确保完全覆盖整个区域。反复、水平擦拭表面。

c. 用擦拭巾的同一面再次擦拭表面,方向与第一次擦拭的方向垂直。

d. 戴新的手套继续采集擦拭样品。

样品处理

注意:以下过程适用于玫棕酸钠,修改后可用于玫棕酸钾。另外,市售简易测试试剂盒也可按照以下步骤现场测定擦拭巾样品中的铅,测定时避免皮肤接触该试剂。

5. 用玫棕酸钠粉末制备玫棕酸盐溶液。称取 0.135g(135mg)玫棕酸钠,溶解于 105cc 极冷的水中(约 2℃)。此为指示剂溶液。混合时,该指示剂溶液应该变为橙色。

6. 将一定量的指示剂溶液放置于喷雾瓶中,以#2 或铅指示剂溶液标记喷雾瓶。冷藏剩下的溶液。

7. 在另一个喷雾瓶中装满家用醋或1% (v/v)HNO_3,以#1 或铅提取液标记该喷雾瓶。

注意:该指示剂溶液能够保持活性 2～3 天(低温下),之后,指示剂溶液将开始变色(淡黄色)并失活,这时须制备一份新的溶液;至少应每天制备新的指示剂溶液,尤其是当溶液未冷藏于很低的温度(接近0℃)下时;该铅显示液应尽量保存在低温处(例如,用于现场时,建议指示剂溶液保存在更小的冷容器中);也可用其他溶液和指示剂,但是测定铅的灵敏度和选择性将会发生变化。

8. 将样品(擦拭巾)放置在干净的表面上。

9. 用#1 瓶中的提取液(醋)喷 3 次。

10. 用#2 瓶中的指示剂溶液喷 2 次。

11. 如果样品变红,表明存在铅。如果颜色没有发生变化,认为样品是阴性的。

注意:对于定量分析,见方法 7300,使用 ICP 进行测定。

方法评价

本法使用有证标准物质(CRM)在 ASTM E1792[1]擦拭巾上加标,对方法进行了初步评价,发现含至少10μg 铅的擦拭巾呈阳性。该方法也可用于某些现场检测,含铅至少几十微克的擦拭巾呈阳性响应。污染严重的擦拭巾会变黑,从而可能干扰红色变化,但若在污染严重的区域周围仍旧显示粉红或红色,表明存在铅。复杂基质(如擦拭的尘土中含有涂料)在简易分析之前可能需要在 HNO_3 中浸出。

在本简易分析的方法中,色盲的人可能无法观察粉红色或红色的色彩特征。

参考文献

[1] ASTM [2002]. ASTM E1792 – 02, Standard Specification for Wipe Sampling Materials for Lead in Surface Dust. In: Annual Book of ASTM Standards, Vol. 04.11. West Conshohocken, PA:American Society for Testing and Materials.

[2] Esswein EJ, Boeniger M, Ashley K [2001]. Handwipe Disclosing Method for the Presence of Lead. U.S. Patent No. 6, 248,593.

[3] Feigel F, Anger V [1972]. Spot Tests in Inorganic Analysis. Amsterdam: Elsevier, pp. 282 – 287, 564 – 566, 569.

[4] Ashley K, Fischbach TJ, Song R [1996]. Evaluation of a Chemical Spot Test Kit for the Detection of Airborne Particulate Lead in the Workplace. Am. Ind. Hyg. Assoc. J. 57:161 – 165.

[5] Song R, Schlecht PC, Ashley K [2001]. Field Screening Test Methods — Performance Criteria and Performance Characteristics. J. Hazard. Mater. 83:29 – 39.

[6] ASTM [2002]. ASTM E 1728 – 02, Standard Practice for Field Collection of Settled Dust Samples Using Wipe Sampling Methods for Lead Determination. In: Annual Book of ASTM Standards, Vol. 04.11. West Conshohocken, PA:American Society for Testing and Materials.

方法作者

Eric J. Esswein, NIOSH/DSHEFS, and Kevin Ashley, NIOSH/DART.

擦拭样品中的脱氧麻黄碱和毒品、前体物和掺杂物 – 液液萃取法 9106

分子式:见表 7 – 0 – 3	相对分子质量:见表 7 – 0 – 3	CAS 号:见表 7 – 0 – 3	RTECS 号:见表 7 – 0 – 3
方法:9106,第一次修订		方法评价情况:部分评价	第一次修订:2011.10.17

U. S. regulatory OELS OSHA 或 MSHA:无 Other published OELs and guidelines NIOSH、AGGIH 或 AIHA:无 各州见:表 7 – 0 – 4	性质:见表 7 – 0 – 5

英文名称:见表 7 – 0 – 6

采样	分析
样品收集器:擦拭巾 采样面积:100cm² 或 1000cm² 运输方法:冷藏运输(<6℃) 样品稳定性:30 天(<6℃)(表7 – 0 – 7) 样品空白:每批样品 2~10 个	分析方法:气质联用法 待测物:见表 7 – 0 – 3 解吸方法:0.1M H_2SO_4 净化/萃取:正己烷净化后二氯甲烷萃取 衍生试剂:氯二氟乙酸酐 进样方法:2μl,不分流 气化室温度:265℃ 检测器温度:285℃ 柱温:90℃(保持 2 分钟),以 10℃/min 速率升温至 310℃(保持 11 分钟)
准确性 研究浓度:3μg/样品(光滑表面上) 偏差:见表 7 – 0 – 13a 和表 7 – 0 – 13b 总体精密度($\hat{S}_{rT}$):见表 7 – 0 – 10a 和表 7 – 0 – 10b[1] 准确度:见表 7 – 0 – 10a 和表 7 – 0 – 10b[1]	质谱仪:扫描模式(29~470 AMU);扫描频率为每秒 2 次;选择离子监测模式(SIM)(表 7 – 0 – 8) 载气:氦气;1.5ml/min 色谱柱:熔融石英毛细管柱,30m×0.32mm(内径);膜厚 0.5μm,DB – 5ms,或等效色谱柱 定量标准:具内标物的加标擦拭巾标准样品(表 7 – 0 – 9) 测定范围:见表 7 – 0 – 10a 和表 7 – 0 – 10b[1] 估计检出限:见表 7 – 0 – 7 精密度($\bar{S}_r$):见表 7 – 0 – 10a 和表 7 – 0 – 10b[1]

适用范围:对于脱氧麻黄碱,测定浓度范围为每份样品 0.05~60μg(样品面积为 100cm² 或 1000cm²)。本法是由秘密毒品实验室为分析表面上的特定毒品及前体物而研制的[1,2]。在光滑、无孔表面上,用擦拭巾对采样方法进行了测试。附录提供了其他类型表面的样品采集信息

干扰因素:未检测到色谱干扰;水、表面活性剂和多元醇类物质会抑制衍生化过程

其他方法:NIOSH 方法 9109 采用固相萃取和气质联用法(GC – MS)测定多种药物[3]。NIOSH 方法 9111 采用液质联用法(LC – MS)测定脱氧麻黄碱[4]

试剂

注意:关于试剂的特别说明见附录 A

1. 待测物见表 7 - 0 - 3*
2. 内标物见表 7 - 0 - 11
3. 溶剂(分析纯,无残留物)
   a. 正己烷*
   b. 异丙醇(IPA)*
   c. 甲醇*
   d. 二氯甲烷(CH_2Cl_2)*
   e. 甲苯*
   f. 丙酮*
4. 浓 H_2SO_4、浓 HCl(分析纯或者痕量金属分析纯)*
5. NaOH:ACS 级*
6. 无水硫酸钠颗粒(AR 级)
7. 无水碳酸钾颗粒(AR 级)
8. 溴百里酚蓝(≥95%,ACS 级);酚酞(ACS 级);结晶紫(龙胆紫,≥95%,ACS 级)
9. 高纯气体:氦气作为载气;氮气用于干燥气
10. 氯二氟乙酸酐(98%):衍生化试剂
11. 4,4′-二溴八氟联苯(99%):仪器内标物(IIS)
12. 去离子水(ASTM - Ⅱ型)

溶液

注意:关于溶液的特别说明见附录 A

1. 配制待测物溶液:以游离碱形式计算浓度;<6℃ 避光冷藏保存
   a. 用甲醇配制储备液(1~2mg/ml)
   b. 用甲醇稀释储备液成浓度约为 200μg/ml 的待测物加标溶液
2. 用甲醇制备浓度约为 200μg/ml 的内标溶液(注意:每 20ml 内标溶液加入 2mg 结晶紫用来显示样品已经加标)
3. 解吸溶剂:0.1M H_2SO_4;将 22ml 浓硫酸加入到 4L 去离子水中即可
4. 溴百里酚蓝和酚酞 pH 指示剂溶液:1mg/ml,用 4:1 异丙醇:水的溶液配制
5. NaOH(10M):将 40g NaOH 溶解在去离子水中并定容至 100ml,不要存放在玻璃瓶塞的瓶中
6. HCl 溶液(0.3M):将 2.5ml 浓 HCl 加到约 80ml 甲醇中,并用甲醇稀释到 100ml
7. 结晶紫指示剂(2~3mg/ml):用异丙醇配制
8. 重构溶剂:10% 丙酮的甲苯溶液,含 4μg/ml 4,4′-二溴八氟联苯(可选)

仪器

注意:关于仪器的特别说明见附录 B

1. 擦拭巾:12 层(7.6cm×7.6cm)或等效产品
2. 装样容器:用于样品储存和运输,50ml 聚丙烯离心管,带 PTFE 内衬的盖
3. 萃取管和溶剂解吸瓶
   a. 玻璃试管:25ml(20mm×120mm),带 PTFE 内衬的盖;
   b. 玻璃试管:14ml(16mm×100mm),带 PTFE 内衬的盖,(ASTM 规格 E982,或者等效产品,适用于反复高压灭菌)
   c. Amber GC 自动进样瓶(2ml)及瓶盖
4. 气相色谱仪/质谱检测器,带色谱柱和积分仪;见方法 9106
5. 液体转移器
   a. 注射器:10,25,100 和 500μl 等规格
   b. 机械移液器:带一次性吸头或连续分液器:0.5,2.5,10ml 等规格
   c. 重复分液器:1~5ml
   d. 三个重复分液器:10~20ml
6. 容量瓶:10,100,250ml
7. 镊子
8. 乳胶手套或丁腈手套:避免使用乙烯手套(方法 9106,采样第 1 步,第 2 点注意事项)
9. 药勺(取固体试剂用)
10. 空干燥柱:内径 1cm,长度为 12~15cm 的聚丙烯塑料柱,配多孔聚丙烯筛板或等效产品(例如 10ml 移液管吸头,在吸头内装硅一小卷硅烷化的玻璃棉)
11. 吹氮装置:带控温在 35℃ 的水浴
12. 涡旋混合器
13. 旋转混合器(转速 10~30rpm)
14. 吸气瓶:1L,带吸气管和长 12.5cm 的规格 16 的针头
15. 离心机:可达到 4000×g,并可容纳 25ml 的玻璃试管
16. 加热箱:温度可达 70~90℃(±2℃)
17. 试管架:可耐热到 90℃
18. 巴斯德吸管
19. pH 试纸
20. 采样板:开口 10cm×10cm 或 31.7cm×31.7cm,用较硬的一次性卡片纸或者 PTFE 制得
21. 冰或其他制冷剂,用于运输

特殊防护措施:上述溶剂皆可燃的并且对健康有危害;非常低浓度的苯乙胺类物质会作用于神经系统,且容易通过皮肤吸收;应避免吸入蒸气,避免皮肤接触;实验应在通风橱中进行;分析人员应穿戴合适的防护眼睛和手的防护用品(如乳胶手套),避免通过皮肤吸收甚至很少量的物质;用水溶解 NaOH 和稀释浓 HCl、浓 H_2SO_4 都会产生大量的热量;应佩戴护目镜;衍生化试剂与水剧烈反应;在采集、处理和分析样品过程中要注意培训、操作规范;秘密毒品实验室可能会产生未知的剧毒的副产物;例如,在制备合成策划药(如 MPPP、α-阿法罗定的同类物)时至少会产生一种具有神经毒性的副产物 1-甲基-4-苯基-1,2,5,6-四氢吡啶(MPTP),这种物质已经评价会不可逆转地导致帕金森症[5,6]

注:* 见特殊防护措施。

采样

关于采样的特别说明见附录 C。

1. 戴上新手套,从保护袋中取出一个纱布擦拭巾。用约 3～4ml 甲醇(或异丙醇)浸湿擦拭巾。

注意:试剂不宜过多,只要浸湿擦拭巾中心 80% 的面积即可,溶剂过量会因溶剂滴落造成样品损失;不要使用乙烯手套,否则可能会因释放邻苯二甲酸酯类增塑剂而污染样品。

2. 将采样板放置在采样区域的上方(可用胶带沿板的外边缘将其固定),用固定的压力,沿垂直方向 S 形擦拭需采样的表面,将擦拭面向内折叠后,再水平方向 S 形擦拭该区域。然后把擦拭巾再折叠一次,再沿着垂直方向 S 形擦拭该区域。

3. 折叠该擦拭巾,接触面朝内,置于装样容器内并盖上盖子。

注意:样品冷藏(低于6℃)。尽管在室温下,脱氧麻黄碱和其他相关胺类在推荐的擦拭巾介质中可稳定保存至少 7 天,仍建议尽快将样品冷藏(表7-0-7)。

4. 在下一次采样前应先清洗采样板,或者使用一次性采样板。

5. 每一个样品应清楚做好标识。

6. 至少准备 2 个样品空白,每 10 个样品应有一个样品空白。

注意:此外,至少为分析实验室准备 3 个介质空白;用于介质空白的擦拭巾应与样品来自同一批。

样品处理

关于样品处理的特别说明见附录 D。

7. 采样介质的解吸。

a. 去掉装样容器的盖子。

注意:样品擦拭巾应松散放在容器内,否则将样品转移到更大的容器中。

b. 向每个擦拭巾样品中加入 60μl 内标溶液。

c. 加入 30ml 解吸溶剂(0.1M H_2SO_4)。

注意:如果样品转移到更大的容器内,应用解吸溶剂冲洗原来的存样容器,振荡后将清洗液合并到大容器内。

d. 盖紧盖子并将样品试管置于旋转混合器内,以 10～30rpm 转速混合至少 1 个小时。

e. 检测溶液的 pH,应≤4。若需要,逐滴加入稀 H_2SO_4(2.5～3M)溶液调节 pH。每次加入酸后,振荡或者倒置几次以混合溶液,再测定 pH。

f. 混合后,转移 10ml 上清液到 25ml 的玻璃离心管中。

注意:若当天不进行萃取,应将样品存放在冰箱内。冷藏条件下,解吸溶剂中的待测物至少可以稳定 1 周。

8. 净化:通过正己烷反萃取步骤可降低来自油类、三酸甘油酯类、增塑剂和其他碳氢化合物的潜在污染。

a. 向每 10ml 酸性解吸溶剂中加入 10ml 正己烷,盖好盖子并在旋转混合器上混匀 1 小时。静置 15～30 分钟,两相分离。如果出现乳化现象,1500～2000rpm 离心几分钟。如果乳化未消失,加入约 0.5ml 乙腈在乳化液表面,在乳化层界面处轻轻混合,如有必要可再次离心。

b. 小心吸出上层有机相,弃去,小心操作,不要吸出任何水相层。

9. 用二氯甲烷萃取待测物。

a. 向每个样品中加入 1～2 滴(20～50μl)混合 pH 指示剂(含酚酞和溴百里酚蓝),样品溶液应呈现黄色,表明从擦拭巾上解吸待测物过程中样品具有足够的酸性。

b. 向每个样品中加 0.5ml 10M NaOH 溶液,此时样品溶液应变为亮紫色或洋红色,确保溶液 pH 高于 9～9.5(二氯甲烷萃取胺必须具备的条件)。如果样品溶液仍呈黄色,或者仅仅变为绿色或亮蓝,用 pH 试纸检测溶液酸碱度确保高于 9.5,如果未达到 9.5,再加入 0.5ml 10M NaOH 溶液,混合后再次检测 pH。

注意:溶液颜色将在 20～30 分钟内从紫色逐渐变为深蓝色,因为酚酞在高 pH 时会褪色。

c. 向每个样品中加入 10ml 二氯甲烷,盖好盖子并在旋转混合器上混合 1 个小时,然后静置 15～30 分钟。如果发生乳化现象,按照上述步骤(8a)离心。

　　d. 小心吸出上层水相并弃去,如上所述,不要吸出下面二氯甲烷层。

　　10. 除去二氯甲烷萃取液中的水。

　　a. 制备碳酸钾 – 硫酸钠干燥柱。

　　注意:关于干燥柱的制备见附录 E。

　　b. 用6ml 二氯甲烷冲洗干燥柱,然后从干燥柱顶部向干燥柱子中通入干燥氮气或者干净空气 10 ~ 20 秒。

　　c. 将 14ml 的收集试管(16mm × 100mm 试管)放在试管架上,向每个收集试管中加入 6μl 结晶紫溶液及 100μl 0.3M 盐酸甲醇溶液。

　　注意:结晶紫不是必需的,但是在后续干燥过程中可以直观监测干燥效果。HCl 用于避免在后续蒸发浓缩过程中苯丙胺的损失。

　　d. 将干燥柱放置在收集管上方。

　　e. 转移(倾倒)二氯甲烷层到干燥柱中,当最后的样品流经干燥层后,用 1ml 二氯甲烷冲洗干燥柱两次,合并样品洗脱液。

　　11. 衍生化。

　　关于衍生化的特别说明见附录 F。

　　a. 在水浴温度为 35℃的条件下,用吹氮装置使二氯甲烷洗脱液蒸发。用甲醇或者丙酮冲洗、蒸发针头以避免交叉污染。当样品蒸干后,立即盖好盖子。

　　注意:蒸干后,结晶紫的黑色将有助于观察残留物。如果洗脱液中至少含有 0.1ml 异丙醇时,结晶紫将会呈现一系列的颜色变化从而有助于监测蒸干过程。

　　b. 在每个蒸干的样品中加入 100μl 氯二氟乙酸酐并再次盖上盖子,轻轻涡旋混匀。

　　注意:建议整个过程中试管密封盖好,只有在加衍生化试剂时才打开盖子;取用氯二氟乙酸酐时要随时盖好,该试剂对潮湿很敏感;如果衍生化不完全,增加衍生化试剂体积到 150μl 或 200μl,氯二氟乙酸酐的加入可以使结晶紫的颜色变为黄色或者黄绿色。

　　c. 在加热箱中加热 20 ~ 30 分钟,加热温度控制在 70 ~ 75℃。

　　d. 加热后,让试管冷却至室温。打开盖子,室温下用氮吹扫至干。在刚好完全吹干之前,由于溶液被浓缩,其颜色将从黄色或黄绿色变成蓝绿色。在刚好蒸干这点,残余物的颜色常常会根据共提取物的量迅速变成蓝色或紫色(共提取物越多,呈现的颜色越发蓝,但不太可能是紫色)。当蓝色或者紫色出现时迅速取下试管,如果再继续氮吹 2 分钟以上会造成损失。

　　注意:如果残留物呈现油状或者膜状则表明样品中含有过多污染物且在净化这一步没有被净化掉,此时建议再次净化。这种情况下,另取 10ml 样品解吸液重复步骤 7f 并按照步骤 8 方法重新净化,此时将正己烷净化溶剂改成二氯甲烷,在进行步骤 9 ~ 11 前去掉下层有机相。

　　e. 用 1ml 重构溶剂重溶干燥残留物,此时重构溶液通常会变成深蓝色。轻轻涡旋多次混匀并转移到 2ml 的棕色 GC 进样瓶中,瓶中提前装有 200 ~ 250mg 无水硫酸钠。盖好瓶盖,贴上标识,用 GC – MS 分析(见样品测定第 15 ~ 17 步)。

　　注意:室温下苯丙醇胺(去甲麻黄碱)的衍生物在几天后会明显降解,因此含有衍生物的 GC 瓶在分析前应冷藏。

标准曲线绘制与质量控制

　　12. 按照方法 9106 的色谱条件测定各待测物衍生物的保留时间。表 7 – 0 – 12 给出了各种毒品、前体物和掺杂物的保留时间。

　　13. 配制至少用 6 个标准和一个表 7 – 0 – 12 中的空白(CS0),绘制标准曲线,标准溶液的浓度应覆盖测定范围。

　　a. 按照以下方法制备待测物加标溶液:向容量瓶中加入已知量的毒品储备液,用甲醇稀释至刻度,建议其中一个加标溶液的最终浓度约为 200μg/ml。

　　b. 在干净的装样容器(如 50ml 聚丙烯离心管或等效的容器)中配制标准溶液和介质空白。

　　注意:如果使用棉纱布采样,可采用采样介质标准代替液体标准(未加空白擦拭巾介质的标准溶液)。

c. 向每个标准溶液和介质空白溶液中加入 3ml 甲醇(如果采样时加入的是异丙醇,则此时也加入 3ml 异丙醇)。

d. 通过在采样介质上或溶液中加入已知体积的加标样品溶液,使其加入每个标准溶液中。所用加标溶液的体积见表 7 - 0 - 9,其值应能覆盖需测的范围。

e. 按照步骤 7 ~ 11 处理(处理方法同现场样品)。

f. 与现场样品一起进行分析(见样品测定,步骤 15 ~ 17)。

14. 制备基质加标(QC)和基质加标复制(QD)质控样品[7]。

a. 将与现场采样相同的擦拭巾,送至分析实验室,用于制备基质加标质控样品。

b. 在测定浓度范围内,分别制备质控样品(QC 和 QD)(见表 7 - 0 - 9 适用浓度范围)。

c. 每对 QC 和 QD 样品对,应包括一个质控介质空白(QB)。

ⅰ. 将新的纱布擦拭巾转移到新的装样容器中。

ⅱ. 向每个纱布擦拭巾中加 3ml 异丙醇(如果擦拭时用的是甲醇则加入甲醇)。

ⅲ. 按照表 7 - 0 - 9 建议的体积,加入已知体积的待测物,制备加标 QC 和 QD 样品。

d. 按照步骤 7 ~ 11 方法处理上述样品(同现场样品)。

e. 同现场样品一起分析(见样品测定步骤 15 ~ 17)。

样品测定

关于测定的特别说明见附录 G。

15. 用 GC - MS 方法分析标准、质控样品、空白和样品。

a. 按照仪器说明书及方法 9106 的条件设置 GC 参数。

b. 按照仪器说明书及方法 9106 给出的条件设置质谱仪条件和扫描模式或者按照表 7 - 0 - 8 设置 SIM 模式。

c. 自动进样或者手动进样。

注意:在样品或定量标准的衍生化后和临分析前,进样几次最高浓度的标准溶液,使色谱柱和进样口优化或者去活,这有利于降低仪器对目标待测物响应值的漂移(相对于内标物而言)。

d. 分析结束后,如果后续还要继续分析,溶剂解吸瓶应及时盖好并冷藏。

16. 利用萃取的离子的特征峰来区分待测物;测量待测物和内标物的峰面积,用待测物的峰面积除以内标物的峰面积计算相对峰面积。表 7 - 0 - 8、表 7 - 0 - 10 和表 7 - 0 - 11 给出了定量离子及内标物。以相对峰面积对待测物的量/样品(μg)绘制标准曲线。

17. 秘密实验室最初调查的样品中,可能有污染很大的样品。如果样品结果超出标准曲线范围的上限,则将 GC 瓶中的样品稀释后重新分析,或者取少量的初始酸解吸液,稀释后再次萃取、衍生和分析。关于稀释的说明及限制可参考附录 H。

计算

18. 根据标准曲线,计算擦拭巾样品和介质空白中相应待测物的含量(微克/样品)。

19. 按下式计算待测物的最终浓度 C(微克/样品):

$$C = c \frac{V_1}{V_2} \times \frac{V_3}{V_4} - b \frac{V_5}{V_2}$$

式中:c——样品中待测物的浓度(微克/样品,从标准曲线中计算);

V_1/V_2——体积校正因子(仅当加标样品溶液的和加标标准溶液所用内标溶液的体积不同时需要,例如复合样品需要更大体积的解吸溶剂)(表 7 - 0 - 9 脚注 4);

V_1——用于加标样品时加入的内标溶液的体积(μl);

V_2—用于加标标准溶液时加入的内标溶液的体积(μl);

V_3/V_4——稀释因子;

V_3——10ml(步骤 8 净化过程中所使用的解吸液的体积);

V_4——净化中实际移取的解吸液体积,用含内标的空白解吸溶剂稀释到 10ml;

b——介质空白中待测物浓度(微克/样品)(从标准曲线中计算得出);

V_5/V_2——介质空白的体积校正因子(仅当加标介质空白和加标标准溶液时所用内标溶液的体积不同时需要);

V_5——介质空白所用的内标溶液体积(μl)。

20. 按下式计算浓度值 C',以微克/每个样品的总擦拭面积($\mu g/cm^2$)表示:

$$C' = \frac{C}{A}$$

式中:C——步骤19步计算的样品浓度;

A——每个样品的总擦拭面积(cm^2)。

注意:如果样品为复合样品且面积为400cm^2,报告结果以 $\mu g/400cm^2$ 表示,而不是平均到 $\mu g/100cm^2$。一般来说,如果擦拭面积大于或者小于100cm^2 时,也不用将值转化为 $\mu g/100cm^2$;为了避免混淆,对独立样品和复合样品,每种样品可以分别记录每份样品 μg 数(C)和每个样品的总擦拭面积(A)两种浓度。

方法评价

本法对表7-0-10a 和表7-0-10b 中列出的待测物,浓度约在每份样品0.1~30μg 范围内,进行了方法评价。这个浓度范围对于大多数目标待测物来说约是 LOQ 的1~300倍[8]。评价结果见方法9106 的备用数据报告[1]。

在解吸溶剂中制备一系列液体标准,按照方法9106 中液液萃取方法处理,采用扫描模式和 SIM 两种模式分析,测定了方法检出限(LOD 和 LOQ)。LOD 值按照 Burkart 方法[8]进行了估算。对于擦拭巾上脱氧麻黄碱来说,不管是扫描模式还是 SIM 模式,其 LOD 可低至每份样品0.05μg。检出限 LOD 定为每份样品0.05μg,这也是在 LOD 研究过程中标准的最低浓度值。实际上,如果使用更低的标准溶液的浓度,LOD 值可达到更低(如每份样品0.02μg)。必须维护好质谱仪的清洁度和性能,使其满足:在每份样品0.1μg 的浓度下,获得的信号值为基线噪声信号值的5~10倍。对于质谱仪,SIM 模式更容易满足上述要求。

以6种不同的擦拭巾介质用于方法评价,分别是 3″×3″(7.5cm×7.5cm)12 层棉质纱布,4″×4″(10cm×10cm)AlphaWipes®(TX® 1004),4″×4″(10cm×10cm)4 层 NU GAUZE®,4″×4″(10cm×10cm)4 层 MIRASORB®,4″×4″6 层 SOF-WICK®和4″×4″(10cm×10cm)4 层 TOPPER®海绵。结果列于备用数据报告中[1]。合成采样介质的效果都不如棉质纱布,有些采样介质(TOPPER®和 SOF-WICK®)可能由于同时也萃取了非离子型表面活性剂,而在后续正己烷萃取时无法去除,即使用二氯甲烷净化时也不能完全去除,而导致效果不佳。

在6个浓度(通常为每份样品0.1,0.3,1,3,10 和30μg)下,每个浓度制备6个平行样品,测定了方法精密度和准确度。对于棉质纱布的结果见表7-0-10a 和表7-0-10b。最佳的精密度和准确度主要取决于内标物的选择,特别是具有空间位阻效应的胺类物质(如带 N-乙基和 N-丙基基团的胺类物质)。

分别测定冷藏[(4±2)℃]30 天和室温(22~24℃)保存7天的两种样品,进行了样品长期保存稳定性测定,结果见表7-0-7。

精密度、准确度及长期保存稳定性评价都是采用异丙醇作为润湿溶剂。采用甲醇作为润湿溶剂,也进行了精密度、准确度测定,结果表明甲醇可以替代异丙醇。

用棉质纱布采集6种不同表面上的苯丙胺,对其回收率进行了评价,结果见表7-0-13a 和表7-0-13b。对一系列擦拭方法也进行了评价(如用第二个擦拭巾擦拭同一表面并将两个擦拭巾合并为一个样品)。使用4种不同溶剂(蒸馏水、5% 蒸馏过的白醋、异丙醇和甲醇)润湿纱布,进行了测试。对涂有乳胶的墙壁,制备了6个平行样品。回收率和精密度数据见表7-0-13a。用5% 蒸馏提纯的白醋的蒸馏水时,其回收率高于纯蒸馏水,但低于异丙醇。甲醇的结果优于异丙醇。用异丙醇,重复(连续)擦拭,其回收率更高(可以提高11% 而甲醇只能提高6%)。这些研究及结果均记录在方法9106 的备用数据报告中[9]。Martyny[11,12]还报道了其他关于表面样品的回收率和溶剂效果的研究。

参考文献

[1] Reynolds JM, Siso MC, Perkins JB [2004]. "Backup Data Report for NIOSH 9106, Methamphetamine and Illicit Drugs, Precursors, and Adulterants on Wipes by Liquid-liquid Extraction, Abridged," Prepared under NIOSH Contract 200-

2001 – 0800, (Unpublished, 2004).

[2] Martyny JW, Arbuckle SL, McCammon CS Jr. , Esswein EJ, Erb N [2003]. Chemical Exposures Associated with Clandestine Methamphetamine Laboratories. http://www. njc. org/pdf/chemical_exposures. pdf [2005].

[3] NIOSH [2011]. Methamphetamine and Illicit Drugs, Precursors, and Adulterants on Wipes by Solid Phase Extraction: Method 9109. In: Ashley KA, O'Connor PF, eds. NIOSH Manual of Analytical Methods. 5th ed. Cincinnati, OH: U. S. Department of Health and Human Services, Centers for Disease Control and Prevention, National Institute for Occupational Safety and Health, [www. cdc. gov/niosh/nmam/].

[4] NIOSH [2011]. Methamphetamine on Wipes by Liquid Chromatography/Mass Spectrometry: Method 9111. In: Ashley KA, O'Connor PF, eds. NIOSH Manual of Analytical Methods. 5th ed. Cincinnati, OH: U. S. Department of Health and Human Services, Centers for Disease Control and Prevention, National Institute for Occupational Safety and Health, [www. cdc. gov/niosh/nmam/].

[5] Baum RM [1985]. New Variety of Street Drugs Poses Growing Problem. Chemical and Engineering News, 63(63):7 – 16.

[6] Buchanan JF, Brown CR [1988]. Designer Drugs, a Problem in Clinical Toxicology. Medical Toxicology 3:1 – 17.

[7] NIOSH [1994]. Chapter C: Quality Assurance. In: Eller PM, Cassinelli ME, eds. NIOSH Manual of Analytical Methods, 4th ed. Cincinnati, OH: Department of Health and Human Services, Centers for Disease Control and Prevention, National Institute for Occupational Safety and Health, DHHS (NIOSH) Publication No. 94 – 113. [www. cdc. gov/niosh/nmam/].

[8] Burkart JA [1986]. General Procedures for Limit of Detection Calculations in the Industrial Hygiene Chemistry Laboratory. Applied Industrial Hygiene 1(3):153 – 155.

[9] Reynolds JM, Siso MC, Perkins JB [2004]. Backup Data Report for NIOSH 9109, Methamphetamine and Illicit Drugs, Precursors, and Adulterants on Wipes by Solid Phase Extraction. Unpublished. Prepared under NIOSH Contract 200 – 2001 – 0800.

[10] Merck Index, 11th ed. , S. Budavari, Ed. , Merck and Co. , Rahway, NJ (1989).

[11] Martyny JW. Decontamination of Building Materials Contaminated with Methamphetamine [http://health. utah. gov/meth/html/Decontamination/Decontamination of Building Materials Contaminated with Meth. pdf]. Date accessed: May, 2007.

[12] Martyny JW [2008]. Methamphetamine Sampling Variability on Different Surfaces Using Different Solvent [http://health. utah. gov/meth/html/Decontamination/Meth Sampling Variability on Different Surfaces. pdf] Date accessed: May, 2011.

[13] Sweet DV, ed. [1997]. Registry of Toxic Effects of Chemical Substances. DHHS (NIOSH) Publ. No. 97 – 119. http://www. cdc. gov/niosh/pdf/97 – 119. pdf.

[14] Sigma – Aldrich MSDS sheets, http://www. sigma – aldrich. com [May 10, 2004].

[15] Cerilliant Analytical Reference Materials. 811 Paloma Drive, Suite A, Round Rock, Texas 78664 (www. cerilliant. com).

[16] NAMSLD 2007. State Controlled Substance(s) Environmental Issues Bill – Status Update, (http://www. natlalliance. org/) The National Alliance for Model State Drug Laws, Alexandra, Va. Access via the Web on March 11, 2008.

[17] Howard PH, Meylan WM [1997]. Handbook of Physical Properties of Organic Chemicals. Boca Raton, Florida: CRC/Lewis Publishers. See also Syracuse Research Corporation's website http://www. syrres. com/esc/physdemo. htm (May 10, 2004) for Demos and Updates.

[18] Zhang JS, Tian Z, Lou ZC [1989]. Quality Evaluation of Twelve Species of Chinese Ephedra (Ma Huang). Acta Pharmaceutic Sinica 24(11):865 – 871.

[19] Cui JF, Zhou TH, Zhang JS, and Lou ZC. [1991]. Analysis of Alkaloids in Chinese Ephedra Species by Gas Chromatographic Methods. Phytochemical Analysis 2:116 – 119.

[20] Andrews KM [1995]. Ephedra's Role as a Precursor in the Clandestine Manufacture of Methamphetamine. Journal of Forensic Sciences 40(4):551 – 560.

[21] OSHA [2001]. Evaluation Guidelines for Surface Sampling Methods. Industrial Hygiene Chemistry Division, OSHA Salt Lake Technical Center, Salt Lake City, Utah. [http://www. osha. gov/dts/sltc/methods/surfacesampling/surfacesam-

pling. pdf] Date accessed: May 2011.

方法作者

John M. Reynolds, Maria Carolina Siso, and James B. Perkins, DataChem Laboratories, Inc., Salt Lake City, Utah under NIOSH Contract CDC 200 – 2001 – 0800.

表 7 – 0 – 3　待测物的分子式及注册号

化合物 （字母顺序）	相对分子质量			游离碱 分子式	CAS 号[2]	RTECS 号[6]
	游离碱	盐酸盐	半硫酸盐			
（DL）– 苯丙胺	135.21	171.67	184.25	$C_6H_5 \cdot CH_2 \cdot CH(CH_3) \cdot NH_2$	300 – 62 – 9[3] 60 – 13 – 9[5]	SH9450000 SI1750000
（D）– 苯丙胺[7]	135.21	171.67	184.25	$C_6H_5 \cdot CH_2 \cdot CH(CH_3) \cdot NH_2$	51 – 64 – 9[3] 51 – 63 – 8[5]	SI14100000
（L）– 苯丙胺	135.21	171.67	184.25	$C_6H_5 \cdot CH_2 \cdot CH(CH_3) \cdot NH_2$	156 – 34 – 3[3]	SH9050000
咖啡因	194.19			$(CH_3)_3 \cdot [C_5HN_4O_2]$	58 – 08 – 2[3]	EV6475000
（DL）– 麻黄碱	165.24	201.70	214.28	$C_6H_5 \cdot CH(OH) \cdot CH(CH_3) \cdot NH \cdot CH_3$	90 – 81 – 3[3] 134 – 71 – 4[4]	
（L）– 麻黄碱[8]	165.24	201.70	214.28	$C_6H_5 \cdot CH(OH) \cdot CH(CH_3) \cdot NH \cdot CH_3$	299 – 42 – 3[3] 50 – 98 – 6[4] 134 – 72 – 5[5]	KB0700000 KB1750000 KB2625000
（D）– 麻黄碱	165.24	201.70	214.28	$C_6H_5 \cdot CH(OH) \cdot CH(CH_3) \cdot NH \cdot CH_3$	321 – 98 – 2[3] 24221 – 86 – 1[4]	KB0600000 KB1925000
（±）– MDEA	207.27	243.73		$CH_2O_2C_6H_3 \cdot CH_2 \cdot CH(CH_3) NH \cdot C_2H_5$	82801 – 81 – 8[3] 116261 – 63 – 2[4]	
（±）– MDMA	193.24	229.71		$CH_2O_2C_6H_3 \cdot CH_2 \cdot CH(CH_3) \cdot NH \cdot CH_3$	42542 ~ 10 – 9[3] 92279 – 84 – 0[4]	SH5700000
（+）– MDMA[7]	193.24	229.71		$CH_2O_2C_6H_3 \cdot CH_2 \cdot CH(CH_3) \cdot NH \cdot CH_3$	64057 – 70 – 1[4]	SH5700000
（DL）– 脱氧麻黄碱	149.24	185.70	198.28	$C_6H_5 \cdot CH_2 \cdot CH(CH_3) \cdot NH \cdot CH_3$	4846 – 07 – 5[3]	
（D）– 脱氧麻黄碱[7]	149.24	185.70	198.28	$C_6H_5 \cdot CH_2 \cdot CH(CH_3) \cdot NH \cdot CH_3$	537 – 46 – 2[3] 51 – 57 – 0[4]	SH4910000 SH5455000
（L）– 脱氧麻黄碱	149.24	185.70	198.28	$C_6H_5 \cdot CH_2 \cdot CH(CH_3) \cdot NH \cdot CH_3$	33817 – 09 – 3[3]	SH4905000
苯环己哌啶	243.39	279.85		$C_6H_5 \cdot C[C_5H_{10}] \cdot N[C_5H_{10}]$	77 – 10 – 1[3] 956 – 90 – 1[4]	TN2272600 TN2272600
苯丁胺	149.24	185.70		$C_6H_5 \cdot CH_2 \cdot C(CH_3)_2 \cdot NH_2$	122 – 09 – 8[3] 1197 – 21 – 3[4]	SH4950000
（DL）– 去甲麻黄碱	151.21	187.67	200.25	$C_6H_5 \cdot CH(OH) \cdot CH(CH_3) \cdot NH_2$	14838 – 15 – 4[3] 154 – 41 – 6[4]	RC2625000 DN4200000
1R,2S（–）– 去甲麻黄碱	151.21	187.67	200.25	$C_6H_5 \cdot CH(OH) \cdot CH(CH_3) \cdot NH_2$	492 – 41 – 1[3]	RC2275000
1S,2R（+）– 去甲麻黄碱	151.21	187.67	200.25	$C_6H_5 \cdot CH(OH) \cdot CH(CH_3) \cdot NH_2$	37577 – 28 – 9[3]	
1S,2S（+）– 去甲麻黄碱	151.21	187.67	200.25	$C_6H_5 \cdot CH(OH) \cdot CH(CH_3) \cdot NH_2$	36393 – 56 – 3 2153 – 98 – 2[4] 492 – 39 – 7(4)	RC9275000

续表

化合物 (字母顺序)	相对分子质量			游离碱 分子式	CAS 号[2]	RTECS 号[6]
	游离碱	盐酸盐	半硫酸盐			
(D)-伪麻黄碱[8,9]	165.24	201.70	214.28	$C_6H_5 \cdot CH(OH) \cdot CH(CH_3) \cdot$ $NHCH_3$	90-82-4[3] 345-78-8[4]	UL5800000 UL5950000
(L)-伪麻黄碱[10]	165.24	201.70	214.28	$C_6H_5 \cdot CH(OH) \cdot CH(CH_3) \cdot$ $NH \cdot CH_3$	321-97-1[3]	

注:(1)相对分子质量是根据《默克索引1987 IUPAC 元素原子量》[9]的经验分子式计算得出。半硫酸相对分子质量是2:1硫酸盐(2mol 胺+1mol H_2SO_4)的相对分子质量的1/2;(2)CAS 号的来源:Merck 索引[10],NIOSH RTECS[13],Sigma/Aldrich 的 MSDS[14]表,Cerilliant[15],等其他来源[18];(3)游离碱形式;(4)盐酸盐;(5)2:1硫酸盐(2mol 胺+1mol H_2SO_4);(6)RTECS = NIOSH 化学物质毒性数据库[13];(7)更活泼的异构体;(8)天然生成的异构体;(9)D 型伪麻黄碱是解充血剂;(10)L 型伪麻黄碱是支气管扩张剂;脱羟基则形成低活性的 L 型脱氧麻黄碱。

表7-0-4 美国各州规定的脱氧麻黄碱的标准(2008年1月)*

州名	标准	州名	标准
Alaska** 阿拉斯加州	$0.1\mu g/100cm^2$	Minnesota 明尼苏达州	$0.1\mu g/100cm^2$(meth labs), $< 1.5\mu g/100cm^2$(meth use)
Arizona 亚利桑那州	$0.1\mu g/100cm^2$	Montana 蒙大拿州	$0.5\mu g/ft^2$
Arkansas 阿肯色州	$0.1\mu g/100cm^2$	New Mexico 新墨西哥州	$1.0\mu g/ft^2$
California*** 加利福尼亚州	$< 1.5\mu g/100cm^2$	North Carolina 北卡罗来纳州	$0.1\mu g/100cm^2$
Colorado 科罗拉多州	$0.5\mu g/100cm^2$	Oregon 俄勒冈州	$0.5\mu g/ft^2$
Connecticut 康涅狄格州	$0.1\mu g/100cm^2$	South Dakota 南达科他州	$0.1\mu g/100cm^2$
Hawaii 夏威夷州	$0.1\mu g/100cm^2$	Tennessee 田纳西州	$0.1\mu g/100cm^2$
Idaho 爱达荷州	$0.1\mu g/100cm^2$	Utah 犹他州	$0.1\mu g/100cm^2$
Kentucky 肯塔基州	$0.1\mu g/100cm^2$	Washington 华盛顿州	$<0.1\mu g/100cm^2$

注:以下各州还没有相关标准:Alabama(亚拉巴马州),Delaware(特拉华州),华盛顿,Florida(佛罗里达州),Georgia(佐治亚州),Illinois(伊利诺伊州),Indiana(印第安纳州),Iowa(爱荷华州),Kansas(肯萨斯州),Louisiana(路易斯安那州),Maine(缅因州),Maryland(马里兰州),Massachusetts(马萨诸塞州),Michigan(密歇根州),Mississippi(密西西比州),Missouri(密苏里州),Nebraska(内布拉斯加州),Nevada(内华达州),New Hampshire(新罕布什尔州),New Jersey(新泽西州),New York(纽约州),North Dakota(北达科他州),Ohio(俄亥俄州),Oklahoma(俄克拉荷马州),Pennsylvania(宾夕法尼亚州),Rhode Island(罗得岛州),South Carolina(南卡罗来纳州),Texas(德克萨斯州),Vermont(福蒙特州),Virginia(弗吉尼亚州),West Virginia(西弗吉尼亚州),Wisconsin(威斯康星州),Wyoming(怀俄明州)。* NIOSH 尚未建立基于健康或基于可行性的空气传播推荐接触限值(RELs)及秘密毒品实验室表面污染物指南。提供各州的表面污染限值是为了给那些寻求额外信息的人提供帮助,但这些值尚未被 NIOSH 认可。国家各州联盟禁毒法(The National Alliance for Model State Drug Laws, NAMSDL)网站(http://www.namsdl.org/home.htm)会定期总结各州可行的排污限值,并提出州立法需求和指南[16]。但是,各州信息总是在改变,因此某些州的表面污染物限值、其他州的排污要求和指南等信息应该从每个州直接获得。** 关于清除违禁药品制造厂的指导和标准第一次修订版,2007年4月19日,阿拉斯加州环境保护局,泄漏预防和响应部门,预防应急响应计划。http://www.dec.alaska.gov/spar/perp/methlab/druglab_guidance.pdf。*** 2009年10月 House Bill 1489 获准立法,将新的标准合并后作为该州的限制量。其他各州数据参考 http://health.utah.gov/meth/html/Resources/OtherStates/Nationalcomparison (2011年4月下载)。

表 7 - 0 - 5 待测物的物理性质[1]

化合物	CAS	熔点/℃	饱和蒸气压 /mmHg	pKa[4]	Log P[5]	水溶性 /(g/ml)
(DL) - 苯丙胺	300 - 62 - 9	—	—	10.1(20℃)	1.76	2.8(25℃)
(D) - 苯丙胺	51 - 64 - 9	<25	—	9.9	1.76	—
(D) - 苯丙胺硫酸盐	51 - 63 - 8	>300	—	—	6.81	—
(L) - 苯丙胺	156 - 34 - 3	—	0.201(25℃)	10.1(20℃)	1.76	2.8(25℃)
咖啡因	58 - 08 - 2	238	15(89℃)	10.4(40℃)	-0.07	2.16(25℃)
(DL) - 麻黄碱	90 - 81 - 3	76.5	—	—	0.68	—
L - 麻黄碱	299 - 42 - 3	34	0.00083(25℃)	10.3(0℃)	1.13	6.36(30℃)
L - 盐酸麻黄碱	50 - 98 - 6	218	2.04E - 10(25℃)	pH5.9(1/200dil.)[3]	-2.45	25[6]
MDEA	82801 - 81 - 8	—	—	—	—	—
MDMA 盐酸盐	42542 ~ 10 - 9	148 ~ 149[2]	—	—	—	—
D - 脱氧麻黄碱	537 - 46 - 2	—	0.163(25℃)	9.87(25℃)	2.07	1.33(25℃)
D - 脱氧麻黄碱盐酸盐	51 - 57 - 0	170 ~ 175[2]	—	—	—	—
苯环己哌啶	77 - 10 - 1	46.5	—	8.29	4.69	—
苯环己哌啶盐酸盐	956 - 90 - 1	233 ~ 235[2]	—	—	—	—
苯丁胺	122 - 09 - 8	—	0.0961(25℃)	—	1.90	1.86(25℃)
盐酸苯丁胺	1197 - 21 - 3	198[2]	—	—	—	—
(±)苯丙醇胺	14838 - 15 - 4	—	0.000867(25℃)	9.44(20℃)	0.67	14.9(25℃)
(±)盐酸苯丙醇胺	154 - 41 - 6	194	—	—	-2.75	—
L - 去甲麻黄碱	492 - 41 - 1	51 ~ 53[3]	—	—	—	—
1S,2S(+)去甲麻黄碱	36393 - 56 - 3	77.5 ~ 78	0.000867(25℃)	9.44(20℃)	0.83	14.9(25℃)
1S,2S(+)盐酸去甲麻黄碱	492 - 39 - 7	—	—	pH5.9 ~ 6.1 inaq. soln.[3]	0.22	2(25℃)
D - 伪麻黄碱	90 - 82 - 4	119	0.00083(25℃)	10.3(0℃)	0.89	10.6(25℃)
D - 盐酸伪麻黄碱	345 - 78 - 8	181 ~ 182[2]	—	pH 5.9 (1/200 dil.)[3]	—	—

注:(1)除另有注明者,录自有机化学物质物理性质手册[17](除非特别说明);(2)默克索引[10];(3)Sigma - Aldrich MSDS[14];(4)水溶液中胺的酸解离常数的负对数;(5)Log P = 正辛醇/水分配系数;(6)来源中未提供温度。

表 7 - 0 - 6 待测物的命名

通用名称	商业名称	其他命名
(DL) - Amphetamine; (±) - Amphetamine 苯丙胺	Benzedrine; Phened - rine; Bennies	(±) - α - Methylbenzeneethanamine[4]; dl - α - Methylphenethylamine[4]; dl - 1 - Phenyl - 2 - aminopropane; (±) - Desoxynorephedrine
(D) - Amphetamine; (+) - Amphetamine 苯丙胺	Dextroamphetamine; Dexedrine; dexies	(S) - α - Methylbenzeneethanamine[4]; d - α - Methylphenethylamine[4]; d - 1 - phenyl - 2 - aminopropane; d - β - Phenylisopropylamine
(L) - Amphetamine; (-) - Amphetamine 苯丙胺	Levoamphetamine; component of Adderall	(R) - α - Methylbenzeneethanamine[4]; l - α - Methylphenethylamine[4]; l - 1 - phenyl - 2 - aminopropane; (-) - 1 - phenyl - 2 - aminopropane
Caffeine 咖啡因	Component (with ephedrine) of cloud 9 and herbal XTC	3,7 - Dihydro - 1,3,7 - trimethyl - 1H - purine - 2,6 - dione[4]; 1,3,7 - Trimethylxanthine
(DL) - Ephedrine; (±) - Ephedrine 麻黄碱	Ephedral; Racephedrine; Sanedrine	(R*,S*) - (±) - alpha - [2 - (Methylamino) ethyl] benzenemethanol; DL - alpha - [1 - (Methylamino) ethyl] benzyl alcohol; dl - Ephedrine
(L) - Ephedrine; (-) - Ephedrine; (1R,2S) - (-) - Ephedrine; l - Ephedrine 麻黄碱	Primatene; Xenadrine; Ma Huang (Ephedra sinica and other species(5)); (with caffeine) cloud 9 and herbal ecstasy	(R - (R*,S*)) - α - (1 - Methylaminoethyl) benzenemethanol; L - erythro - 2 - (Methylamino) - 1 - phenylpropan - 1 - ol; (1R,2S) - (-) - 2 - Methylamino - 1 - phenyl - 1 - propanol; (-) - alpha - (1 - Methylamino - ethyl) - benzyl alcohol; (-) - 1 - hydroxy - 2 - methylamino - 1 - phenylpropane; L - (-) - Ephedrine
(D) - Ephedrine 麻黄碱		(1S,2R) - (+) - 2 - Methylamino - 1 - phenyl - 1 - propanol; (+) - Ephedrine
MDEA	MDE; Eve	(±) - 3,4 - Methylenedioxy - N - ethylamphetamine; N - ethyl - alpha - methyl - 1,3 - benzodioxole - 5 - ethanamine
MDMA	Adam, ecstasy, X, XTC	N,α - Dimethyl - 3,4 - 1,3 - benzodioxole - 5 - ethanamine; 3,4 - Methylenedioxymethamphetamine
(DL) - Methamphetamine; (±) - Methamphetamine 脱氧麻黄碱		N,α - Dimethylbenzeneethanamine[4]; N,α - Dimethylphenethylamine; dl - Desoxyephedrine; N - methyl - β - phenylisopropylamine
(D) - Methamphetamine; (+) - Methamphetamine; d - Methamphetamine 脱氧麻黄碱	Methedrine; Desoxyn; chalk; crank; crystal; glass; ice; meth, speed; upper	(S) - N,α - Dimethylbenzeneethanamine; (S) - (+) - N,α - Dimethyl - phenethylamine[4]; d - 1 - Phenyl - 2 - methylaminopropane; d - Desoxyephedrine; d - N - methyl - β - phenyl - isopropylamine
(L) - Methamphetamine; (-) - Methamphetamine 脱氧麻黄碱	Component in decongestant vapor inhaler (Vick's brand)	(R) - (-) - N,α - Dimethylphenethylamine; (-) - Deoxyephedrine; (-) - 2 - (Methylamino) - 1 - phenylpropane
Phencyclidine 苯环己哌啶	Sernylan; Sernyl; angel dust; PCP; peace pill	1 - (1 - Phenylcyclohexyl) piperidine[4]
Phentermine 苯丁胺	Fastin; Normephentermine	α,α - Dimethylbenzeneethanamine[4]; α,α - Dimethylphenethylamine[4]; 1,1 - Dimethyl - 2 - phenylethylamine; α - Benzylisopropylamine

通用名称	商业名称	其他命名
(DL) – Norephedrine; (±) – Norephedrine 去甲麻黄碱	(±) – Phenylpropanolamine; Obestat; Phenedrine;	(R*,S*) – (±) – α – (1 – Aminoethyl) benzenemethanol[4]; – (±) – α – (1 – Amino – ethyl) benzyl alcohol[4]; (±) – 2 – Amino – 1 – phenyl – 1 – propanol
(L) – Norephedrine; (–) – Norephedrine 去甲麻黄碱	Natural form found in Ephedra sinica and other species[5]	(1R,2S) – 2 – Amino – 1 – phenyl – 1 – propanol; (1R,2S) – Norephedrine; l – erythro – 2 – Amino – 1 – phenylpropan – 1 – ol
(D) – Norephedrine; (+) – Norephedrine 去甲麻黄碱	Metabolite of cathinone in urine of Khat users.	(1S,2R) – 2 – Amino – 1 – phenyl – 1 – propanol; (1S,2R) – Norephedrine; d – erythro – 2 – Amino – 1 – phenylpropan – 1 – ol
(+) – Norpseudoephedrine; Cathine 去甲伪麻黄碱	Amorphan; Adiposettin; Reduform; found naturally in Khat plant	(R*,R*) – α – (1 – Aminoethyl) benzenemethanol[4]; d – threo – α – 2 – Amino – 1 – hydroxy – 1 – phenylpropane; 1S,2S – (+) – Norpseudoephedrine
L – (+) – Pseudoephedrine; (+) – Pseudoephedrine; d – Pseudoephedrine 伪麻黄碱	Afrinol; Novafed; Sinufed; Sudafed; natural form found in Ephedra sinica and other species[5]	(S – (R*,R*)) – α – [1 – (Methylamino) ethyl] benzenemethanol; (1S,2S) – (+) – 2 – Methylamino – 1 – phenylpropanol; d – (alpha – (1 – Methylamino) – ethyl) benzyl alcohol; (1S,2S) – (+) – Pseudoephedrine; d – threo – 2 – Methylamino – 1 – phenylpropan – 1 – ol; (+) – ψ – Ephedrine
D – (–) – Pseudoephedrine; (–) – Pseudoephedrine 伪麻黄碱		(1R,2R) – (–) – Pseudoephedrine; (–) – ψ – Ephedrine; l – threo – 2 – Methylamino – 1 – phenylpropan – 1 – ol; (+) – ψ – Ephedrine

注:(1)常用名或通用名称,为简化未列出盐的形式;(2)所列商业名称和行业名称为主要的名称,未一一列举,行业名称会随着时间和地点改变;未区分盐和游离碱的形式;(3)其他名称主要来自默克索引[10]、NIOSH 化学物质毒性数据库[13]、MSDS[14]和其他参考材料[15]。注意:对苯丙胺和脱氧麻黄碱来说,前缀 R –、D –、d – 和(+) – 虽然指代不同异构体,但其本质都是指右旋立体异构体;而前缀 S –、L –、l – 和(–)本质上都是指左旋立体异构体,还有其他许多英文名称;(4)默克索引中提供的未转化的 CAS 名称[10];(5)麻黄提取物中含有不同量的(+) – 去甲麻黄碱,(–) – N – 甲基麻黄碱和(+) – N – 甲基伪麻黄碱。(+) – 去甲麻黄碱降解生成苯丙胺,N – 甲基麻黄碱和 N – 甲基伪麻黄碱降解生成 N,N – 二脱氧麻黄碱[18,19]。后两种化合物存在于脱氧麻黄碱样品中,这表明麻黄草提取物已经用于合成[20]。

表 7 – 0 – 7　分析检出限(LOD)、方法检出限(MDL)和棉质纱布上样品储存稳定性[1]

化合物	内标物[2]	估算 LOD 值[3]		估算 MDL 值[4]		储存稳定性[5]	
		扫描模式 /(微克/样品)	SIM 模式 /(微克/样品)	扫描模式 /(微克/样品)	SIM 模式 /(微克/样品)	30 天 4℃	7 天 22℃
D – 苯丙胺	D11 – Amp	0.07	0.05	0.04	0.02	100.5	94.5
	D14 – Met	0.06	0.06	0.03	0.03	99.7	87.9
咖啡因	D11 – Amp	1.00	0.20	0.40[6]	0.02	99.3	98.8
	D14 – Met	1.00	0.20	0.40[6]	0.03	98.5	91.9
L – 麻黄碱	D11 – Amp	0.09	0.10	0.02	0.01	95.6	97.2
	D14 – Met	0.08	0.09	0.01	0.06	94.8	90.5
MDME	N – PAmp	0.05	0.07	0.10	0.02	98.9	102.1
MDMA	D11 – Amp	0.05	0.06	0.04	0.02	99.7	111.1
	D14 – Met	0.05	0.07	0.03	0.02	98.9	103.2
D – 脱氧麻黄碱	D11 – Amp	0.07	0.05	0.03	0.02	98.7	100.6
	D14 – Met	0.05	0.05	0.03	0.02	98.0	93.5

续表

化合物	内标物[2]	估算 LOD 值[3]		估算 MDL 值[4]		储存稳定性[5]	
		扫描模式/(微克/样品)	SIM 模式/(微克/样品)	扫描模式/(微克/样品)	SIM 模式/(微克/样品)	30 天 4℃	7 天 22℃
苯环己哌啶	D11 – Amp	0.30	0.06	0.03	0.02	103.7	105.2
	D14 – Met	0.30	0.07	0.03	0.02	102.9	97.7
苯丁胺	D11 – Amp	0.06	0.05	0.02	0.02	102.0	101.5
	D14 – Met	0.05	0.05	0.02	0.02	101.1	94.3
		0.06	0.05	0.01			
± – 去甲麻黄素[7]	D11 – Amp	0.20	(8)	0.10[9]	(8)	94.3	92.7
	D14 – Met	0.20	(8)	0.20[10]	(8)	93.6	86.2
伪麻黄碱	D11 – Amp	0.08	0.07	0.03	0.02	100.4	97.9
	D14 – Met	0.07	0.09	0.05	0.03	99.6	91.1
	NMPhen	0.06	0.09	0.05	0.02		

注:(1)备用数据报告[1];(2)内标物:D11 – Amp—苯丙胺 – D₁₁,D14 – Met—脱氧麻黄碱 – D₁₄,NMPhen—N – 甲基苯乙胺,N – PAmp—N – 丙基苯丙胺;(3)LOD 值会随着 GC 色谱柱、仪器条件和清洁度、介质干扰和所用内标物的不同而变化。本次测定使用的最低标准溶液为每份样品 0.05μg,如使用更低的标准溶液,LOD 可达到更低。用 Burkart 方法和液体标准样品计算 LOD[8];(4)MDL 作为灵敏度的另一种表示方法。其值等于 6 个介质加标平行样品(若无特别注明,浓度为每份样品 0.1μg)的标准偏差乘以 6 次分析的 t 值(3.365);(5)在棉质纱布上加标浓度为每份样品 3μg 的待测物。制备 6 个样品,处理后立刻进行分析。制备 6 个样品在室温(约 22℃)储存 7 天后进行分析。另 18 样品在 4℃(±2℃)储存,在第 7 天和第 21 天分别取 6 个样品进行测试;在第 14 天和第 30 天分别取 3 个样品进行分析(详见备用数据报告[1])。表观回收率随着所使用的内标物不同而不同;(6)在浓度为每份样品 0.3μg 时,没有在扫描模式下进行分析,所以 MDL 是在浓度为每份样品 1μg 时计算得出;(7)(±)-去甲麻黄碱—(±)-苯丙醇胺;(8)(±)-去甲麻黄碱在 SIM 模式下没有评价,因为其衍生物在室温下保存一周后会降解;(9)MDL 是在浓度为每份样品 0.3μg 时计算得出。(在浓度为每份样品 0.1μg 时,其回收率高于 120%);(10)MDL 是在浓度为每份样品 1.0μg 时计算得出。(在浓度为每份样品 0.1μg 和每份样品 0.3μg 时,其回收率高于 120%)。

表 7 – 0 – 8　质谱仪 SIM 模式下操作参数示例[1]

氯二氟乙酰衍生物	扫描窗口[2]	每组获得离子的质荷比[3]							
获得一组	10.5~13.0	104	118	128	156	160	170	172	177
获得二组	13.0~15.2	104	156	158	170	172	198	296	
获得三组	15.2~18.0	109	135	162	170	184	194	200	242

GC 峰编号[3]	目标待测物及内标物[5]	保留时间[6](分钟)	特征离子[7](定量离子)	次级离子及相对丰度[8](相对于特征离子)	
获得一组					
2	苯丙胺 – D11(内标)[9]	11.07	160	128	85%
3	苯丙胺	11.15	156	118	85%
5	苯丁胺	11.34	170	172	33%
8	N – 甲基苯乙胺(内标)[9]	12.20	156	104	95%
9	脱氧麻黄碱 – D14(内标)[9]	12.51	177	128	32%
10	脱氧麻黄碱	12.61	170	118	32%
获得二组					
18	苯丙醇胺	13.27	156	246	25%
20	二溴八氟二联苯[10]	13.63	296	456	115%
21	N – n – 丙基苯丙胺(内标)[9]	13.8	198	156	75%
25	麻黄碱	14.27	170	172	33%

续表

28	伪麻黄碱	14.74	170	172	33%
获得三组					
32	咖啡因	15.66	194	109	50%
40	苯环己哌啶	16.41	200	242	35%
41	MDMA	16.48	170	162	95%
43	MDEA	16.87	184	162	75%

注:(1)该示例中,10个待测物和5个内标物分为三组,每组不超过8个特征离子和次级离子,每组待测物和内标物总数不超过6个即可;(2)扫描窗口以分钟计,具体时间由色谱柱和仪器参数决定;(3)加粗的离子建议作为定量离子,为了获得更好的信噪比,每组不要超过10个离子,每个离子的驻留时间是50毫秒;(4)GC色谱峰号见图7-0-2和表7-0-12;(5)本表中所列待测物和内标物是一个示例,待测物和内标物的选择必须根据分析目而定;(6)保留时间取决于气相色谱柱和仪器参数;(7)较好的定量离子通常是基峰或者质荷比大于100,且相对丰度大于50%基峰强度的色谱峰。这些色谱峰可以减少洗脱液中的碳氢化合物的干扰。建议的特征离子不一定是待测物的质谱图的基峰,尤其是基峰离子为芳香类化合物(如m/z 91)、石蜡族或烯烃类碳氢化合物(如m/z 42、57和58)的共同离子,其他待测物和内标物的建议定量离子见表7-0-11和表7-0-12;(8)如果特征离子存在干扰则可以用其他特征离子进行定量分析,其他特征离子可提高SIM分析下待测物的定性鉴定能力,所给出的相对丰度是近似值(±10%~20%),大小取决于仪器调谐和条件,与特征离子有关,不一定与待测物质谱图中基峰有关;每种待测物其他特征离子的相对丰度需要根据仪器的质谱图确定;(9)(IS)为内标物,内标物必须与待测物配对,表7-0-10a和表7-0-10b给出不同配对形式的精密度和准确度,其他可用的内标物见表7-0-11;如可得,目标待测物的高氘化物则更好;(10)可选二溴八氟联苯作为次级内标物,用于监测自动进样器性能和仪器调谐;质量轴的漂移,以及m/z 296对m/z 456在分析过程中的相对丰度的漂移,将有助于信号降解调谐。

表7-0-9　标准溶液和质控样品的建议加标流程

校正标准[10]	擦拭巾数量[1,2]	异丙醇或甲醇[3]体积[2]	内标溶液[4,5]的体积[2]	待测物加标溶液[5,6]的体积	加标溶液1/20稀释的体积[5,7]	解吸溶剂[8]的体积[2]	最终浓度(μg/样,游离碱)[9]
CS0	0	3ml	60μl		0μl	30ml	0.00
CS1	0	3ml	60μl		2μl	30ml	0.02
CS2	0	3ml	60μl		5μl	30ml	0.05
CS3	0	3ml	60μl		10μl	30ml	0.10
CS4	0	3ml	60μl		20μl	30ml	0.20
CS5	0	3ml	60μl		60μl	30ml	0.60
CS6	0	3ml	60μl	10μl		30ml	2.00
CS7	0	3ml	60μl	30μl		30ml	6.00
CS8	0	3ml	60μl	100μl		30ml	20.00
CS9	0	3ml	60μl	300μl		30ml	60.00
CS10	0	3ml	60μl	1000μl		30ml	200.00
质量控制样品[11]							
QB(介质空白)	1	3ml	60μl		0μl	30ml	0.00
QC(基质加标)	1	3ml	60μl	3~300μl	或20~60μl	30ml	0.20~60.00
QD(基质加标平行样)	1	3ml	60μl	3~300μl	或20~60μl	30ml	0.20~60.00

注:(1)纱布擦拭巾可以加入到标准溶液中,但如果是棉质擦拭巾则没有必要;空白擦拭巾通常应加入到质控样品QB、QC和QD中;(2)①如果样品由2个擦拭巾组成,解吸液体积应增加到40ml,以确保充分解吸;装样容器应选用50ml聚丙烯离心管或者等效的容器,以保证有足够的体积来盛放2个擦拭巾所需的解吸溶剂;每个样品所用解吸溶剂和润湿所用醇的确切体积并不重要,只要足够覆盖样品或润湿样品即可,见步骤7;②如果一组样品中大多数由2个擦拭巾组成,质控样品(QB、QC和QD)也应为2个擦拭巾;质控样品所加的异丙醇(或甲醇)的体积也应该相应增加到4ml,以模拟实际样品;(3)如果擦拭采样时使用甲醇,后续标准溶液、空白和质控样品制备过程也应该用甲醇,而不是异丙醇;(4)在内标溶液中内标物的浓度约为200μg/ml(以游离碱计);一定要知道加入标准溶

液、样品、空白和质控样品中所用内标溶液的体积。加入到样品中的内标溶液体积随样品大小不同而不同,但是加入到标准溶液中的内标溶液体积应保持不变。见步骤7b;(5)对于质控样品,应在装样容器内对采样介质加标;对于液体标准溶液(而不是介质标准溶液),应加入异丙醇(或甲醇)中;(6)在待测物加标溶液中待测物的浓度约为 $200\mu g/ml$(以游离碱计);(7)本表中,稀释后加标溶液中待测物的浓度约为 $10.0\mu g/ml$(以游离碱计),可以用甲醇将 $100\mu l$ 待测物加标溶液稀释至 $2ml$ 而制备;(8)解吸溶剂为 $0.1M~H_2SO_4$ 去离子水溶液;(9)此为总样品中含量(μg),与解吸溶剂体积及擦拭面积无关;(10)从表中选择6个标准溶液,其浓度覆盖整个检测浓度范围(含空白);(11)每20个及以下的样品应制备一组质控样品。

表 7 - 0 - 10a　扫描模式的精密度和准确度[1]

化合物	内标物[2]	浓度范围[3]/(微克/样品)	准确度	总体精密度 $(\hat{S}_{rT})$	偏差 平均值	偏差 范围
D - 苯丙胺	D_{11} - Amp	0.1 ~ 30	17.1	0.0670	- 0.0613	- 0.1048 ~ - 0.0170
	D_{14} - Met	0.1 ~ 30	13.7	0.0610	+ 0.0338	- 0.0151 ~ + 0.1056
	NMPhen	0.1 ~ 30	12.5	0.0559	- 0.0310	- 0.0651 ~ + 0.0177
咖啡因	D_{11} - Amp	1.0 ~ 30	20.0	0.0708	- 0.0832	- 0.1476 ~ - 0.0542
	D_{14} - Met	1.0 ~ 30	12.5	0.0636	- 0.0014	- 0.0274 ~ + 0.0381
	NMPhen	1.0 ~ 30	15.6	0.0796	- 0.0040	- 0.0789 ~ + 0.1321
L - 麻黄碱	D_{11} - Amp	0.1 ~ 10	15.4	0.0627	+ 0.0510	- 0.0148 ~ + 0.1128
	D_{14} - Met	0.3 ~ 10	17.8	0.0674	+ 0.0666	+ 0.0261 ~ + 0.1660
	NMPhen	0.3 ~ 30	15.0	0.0707	+ 0.0293	- 0.0259 ~ + 0.0973
MDEA	N - PAmp	0.3 ~ 29	16.6	0.0817	- 0.0224	- 0.0656 ~ + 0.0657
MDMA	D_{11} - Amp	0.3 ~ 27	20.2	0.0778	- 0.0739	- 0.1011 ~ - 0.0489
	D_{14} - Met	0.3 ~ 27	16.6	0.0652	+ 0.0589	- 0.0947 ~ + 0.0036
	NMPhen	0.3 ~ 27	22.0	0.0722	- 0.1017	- 0.1486 ~ - 0.0315
D - 脱氧麻黄碱	D_{11} - Amp	0.1 ~ 30	14.7	0.0631	- 0.0435	- 0.0657 ~ - 0.0060
	D_{14} - Met	0.1 ~ 30	12.5	0.0546	- 0.0348	- 0.1144 ~ + 0.0188
	NMPhen	0.1 ~ 10	14.9	0.0503	- 0.0665	- 0.1179 ~ + 0.0110
苯环已哌啶	D_{11} - Amp	0.1 ~ 10	18.2	0.0690	- 0.0683	- 0.1257 ~ - 0.0136
	D_{14} - Met	0.3 ~ 3	13.4	0.0465	- 0.0577	- 0.0662 ~ - 0.0493
	NMPhen	0.3 ~ 10	16.8	0.0609	- 0.0682	- 0.1137 ~ + 0.0091
苯丁胺	D_{11} - Amp	0.1 ~ 30	15.2	0.0486	- 0.0720	- 0.1010 ~ + 0.0291
	D_{14} - Met	0.1 ~ 30	10.7	0.0509	+ 0.0190	- 0.0395 ~ + 0.0671
	NMPhen	0.1 ~ 30	9.6	0.0420	- 0.0269	- 0.0612 ~ + 0.0340
(±) - 去甲麻黄碱[4]	D11 - Amp	1 ~ 30	6.5	0.0328	+ 0.0061	- 0.0070 ~ + 0.0248
伪麻黄碱	D_{11} - Amp	0.3 ~ 30	17.2	0.0571	- 0.0783	- 0.1273 ~ - 0.0560
	D_{14} - Met	0.3 ~ 30	14.9	0.0649	- 0.0422	- 0.0888 ~ + 0.0395
	NMPhen	0.3 ~ 30	18.7	0.0488	- 0.1068	- 0.1505 ~ - 0.0422

注:(1)备用数据报告[1]。数据是用待测物的氯二氟乙酰化衍生物并采用 GC - MS 方法扫描模式测得。每个样品由两个 $3'' \times 3''$ 12 层棉纱布组成,评价浓度范围为每份样品 $0.1 \sim 30\mu g$,选择6个不同浓度,每个浓度做6个平行样品。(2)内标物。氘化内标物:D_{11} - Amp—苯丙胺 - D_{11};D_{14} - Met—脱氧麻黄碱 - D_{14}。非氘化内标物:NMPhen—N - 甲基苯乙胺;N - PAmp—N - 丙基苯丙胺。(3)用于计算精密度、准确度和偏差的浓度范围;所有待测物的确定浓度范围约为每份样品 $0.1 \sim 30\mu g$(1 倍 LOQ 至 300 倍 LOQ)。(4)(±) - 去甲麻黄碱—(±) - 苯丙醇胺。(5)由于内层 CVs(<0.0200),计算时中省去了一个或多个较高浓度。

表 7 – 0 – 10b　SIM 模式的精密度和准确度

化合物	内标物[2]	浓度范围[3] /(微克/样品)	准确度	总体 精密度($\hat{S}_{rT}$)	偏差 平均值	偏差 范围
D – 苯丙胺	D_{11} – Amp	0.1 ~ 30	14.3	0.0412	– 0.0750	– 0.1153 ~ – 0.0351
	D_{14} – Met	0.1 ~ 30	10.1	0.0508	– 0.0074	– 0.0500 ~ + 0.0389
	NMPhen	0.1 ~ 30	13.3	0.0439	– 0.0606	– 0.1117 ~ – 0.0318
咖啡因	D_{11} – Amp	0.1 ~ 30	21.3	0.0578	– 0.1182	– 0.1949 ~ – 0.0697
	D_{14} – Met	0.1 ~ 30	14.4	0.0534	– 0.0558	– 0.1061 ~ – 0.0170
	NMPhen	0.3 ~ 30	19.8	0.0387	– 0.1338	– 0.1775 ~ – 0.0820
L – 麻黄碱	D_{11} – Amp	0.3 ~ 30	9.1	0.0421	– 0.0199	– 0.0423 ~ + 0.0157
	D_{14} – Met	0.3 ~ 30	20.5	0.0503	0.1226	+ 0.0637 ~ + 0.1883
	NMPhen	0.3 ~ 30	10.2	0.0449	+ 0.0260	– 0.0075 ~ + 0.0769
MDEA	N – PAmp	0.3 ~ 29	10.3	0.0264	– 0.0597	– 0.0879 ~ – 0.0095
MDMA	D_{11} – Amp	0.1 ~ 27	16.2	0.0503	– 0.0750	– 0.1423 ~ – 0.0292
	D_{14} – Met	0.1 ~ 0.9	15.4	0.0503	– 0.0712	– 0.1247 ~ + 0.0032
	NMPhen	0.1 ~ 27	15.4	0.0496	– 0.0722	– 0.1136 ~ – 0.0108
D – 脱氧麻黄碱	D_{11} – Amp	0.1 ~ 10	16.5	0.0379	– 0.1030	– 0.1414 ~ – 0.0660
	D_{14} – Met	0.1 ~ 30	9.2	0.0351	– 0.0343	– 0.0767 ~ + 0.0006
	NMPhen	0.1 ~ 30	13.6	0.0322	– 0.0827	– 0.1221 ~ – 0.0403
苯环己哌啶	D_{11} – Amp	0.1 ~ 10	17.7	0.0428	– 0.1068	– 0.1303 ~ – – 0.0586
	D_{14} – Met	0.1 ~ 3	11.3	0.0450	– 0.0393	– 0.0683 ~ – 0.0205
	NMPhen	0.1 ~ 3	16.1	0.0449	– 0.0871	– 0.1279 ~ – 0.0383
苯丁胺	D_{11} – Amp	0.1 ~ 30	12.8	0.0394	– 0.0637	– 0.0982 ~ – 0.0433
	D_{14} – Met	0.1 ~ 30	9.8	0.0495	– 0.0051	– 0.0375 ~ + 0.0556
	NMPhen	0.1 ~ 30	11.0	0.0394	– 0.0451	– 0.0766 ~ – 0.0163
伪麻黄碱	D_{11} – Amp	0.3 ~ 30	17.3	0.0402	– 0.1073	– 0.1496 ~ – 0.0514
	D_{14} – Met	0.3 ~ 30	11.7	0.0519	– 0.0294	– 0.0559 ~ + 0.0532
	NMPhen	0.3 ~ 30	17.0	0.0450	– 0.0956	– 0.1197 ~ – 0.0576

注:(1)备用数据报告[1]。数据是用待测物的氯二氟乙酰化衍生物并采用 GC – MS 方法 SIM 模式(MS 条件见表 7 – 0 – 8)测得。每个样品由两个 3″ × 3″ 12 层棉纱布组成,评价浓度范围为每份样品 0.1 ~ 30μg,选择 6 个不同浓度,每个浓度做 6 个平行样品。去甲麻黄碱在 SIM 模式下未评价,其原因是室温下去甲麻黄碱保存几天后会降解;(2)内标物,氘化内标物:D_{11} – Amp—苯丙胺 – D_{11};D_{14} – Met—脱氧麻黄碱 – D_{14}。非氘化内标物:NMPhen—N – 甲基苯乙胺;N – PAmp—N – 丙基苯丙胺;(3)用于计算精密度、准确度和偏差的浓度范围;所有待测物的研究浓度范围约为每份样品 0.1 ~ 30μg(1 倍 LOQ 至 300 倍 LOQ);(4)NIOSH [1995]. NIOSH Technical Report: Guidelines for Air Sampling and Analytical Method Development and Evaluation. By Kennedy ER, Fischbach TJ, Song R, Eller PM, Shulman SA. Cincinnati, OH: U. S. Department of Health and Human Services, Public Health Services, Centers for Disease Control and Prevention, National Institute for Occupational Safety and Health, DHHS (NIOSH) Publication No. 95 – 117;(5)由于内层 CVs < 0.02,计算时省去了一个或者多个较高浓度;(6)总体精密度是高浓度下内层精密度的估算值。

表7-0-11a　推荐内标物和最佳应用

化合物名称	CAS 号	相对分子质量（以游离碱计）	定量离子	次级离子	评价
（±）-苯丙胺-D_{11}	—	146.12	160	128	苯丙胺的首选内标
（±）-苯丙胺-D_8	145225-00-9	143.15	126[3]	159[3]	可替代苯丙胺-D_{11}
（±）-苯丙胺-D_6	—	141.16	160	123	可替代苯丙胺-D_{11}
（±）-脱氧麻黄碱-D_{14}	—	163.12	177	128	脱氧麻黄碱的首选内标
（±）-脱氧麻黄碱-D_{11}	152477-88-8	160.15	176	126	可替代脱氧麻黄碱-D_{14}
（±）-脱氧麻黄碱-D_9	—	158.16	177	123	可替代脱氧麻黄碱-D_{14}
N-甲基苯乙胺	589-08-2	135.23	156	104	可替代脱氧麻黄碱-D_{14}
苯环己哌啶-D_5	60124-86-9	248.35	205	247	仅适用于苯环己哌啶
MDEA-D6[2]	160227-44-1	213.22	190	165	仅适用于 MDEA
N-丙基苯丙胺[2]	—	177.29	198	156	可替代 MDEA-D_6

注:(1)必须谨慎选择每种待测物的内标物,因为结构的不同会导致衍生化效率各异。①若待测物的氘化物的纯度足够高,且不会干扰待测物定量离子(通常为基峰)的分析,尤其是在检出限时不产生干扰,则氘化物是每种待测物的最佳内标物。相反地,待测物的离子,尤其是其在高浓度水平下,也不能干扰作为内标物的任何氘化物的定量离子(通常为基峰),这也很重要。②氘化程度越高,越容易与待测物分离,从而减少了一般离子的干扰。③苯丁胺和甲苯叔丁胺也作为内标物。但在本法中不建议使用,因为也有报道曾用于一些违禁毒品(如 MDMA)的掺杂物;(2)N-丙基苯丙胺和 MDEA-D_6 均仅适用于 MDEA 和其他一些受阻胺类(如芬氧拉明和 MBDB),由于氮原子上相似的空间位阻(如 N-乙基或 N-丙基结构)会影响衍生化效率;(3)由于在高浓度水平下,苯丙胺严重干扰苯丙胺-D_8 的 m/z159 离子,最好选用 m/z 126。

表7-0-11b　内标物最佳应用推荐

待测物	推荐的氘化内标物				推荐的非氘化内标物[3]		
	苯丙胺-D_{11}[2]	脱氧麻黄碱-D_{14}[2]	MDEA-D_6[1]	苯环己哌啶-D_5	N-甲基苯乙胺	4-苯基-1-丁基胺	N-丙基苯丙胺[1]
苯丙胺	×	×			×		
咖啡因		×			×		
麻黄碱	×	×			×	×	
MDEA			×				×
MDMA		×			×		
脱氧麻黄碱	×	×			×		
苯环己哌啶		×		×	×		
苯丁胺	×				×		
（±）-去甲麻黄碱(4)	×					×	
伪麻黄碱		×			×		

注:(1)N-丙基苯丙胺和 MDEA-D_6 均仅适用于 MDEA 和其他一些受阻胺类(如芬氟拉明和 MBDB),因为在氮原子上相似的空间位阻(如 N-乙基或 N-丙基结构)会影响衍生化效率;(2)列在表7-0-11a 中的可替代的氘化化合物也可用作内标物,但是要注意避免使用在环上标记的苯丙胺-D_5(CAS 号:65538-33-2),因为此类化合物的特征离子(定量离子)与苯丙胺相同,且 GC 色谱峰明显重叠。同样,也要避免使用脱氧麻黄碱-D_5(CAS 号:60124-88-1),因为 GC 色谱峰也会明显重叠,且其氯二氟乙酰化衍生物的次级离子不能实现基线分离;(3)表中列出的非氘化物也可以作为表中待测物的有效内标物,但非氘化内标物可能不允许用;(4)(±)-去甲麻黄碱就是(±)-苯丙醇胺。

表 7 – 0 – 12　苯丙胺类、前体物、掺杂物和各种滥用毒品的氯二氟乙酰氯衍生物的气相色谱保留时间[1]

色谱峰编号[2]	化合物	推荐的定量离子(1')和评价离子[3]			形式[4]	保留时间（分）	相对保留时间[5]	相对保留时间[6]
		1'	2'	3'				
1	尼古丁 Nicotine	84	133	162	母体	8.92	0.396	0.757
2	DL – 苯丙胺 – D₁₁(IS)[7]（DL）– Amphetamine – D₁₁	160	128	162	衍生物	10.26	0.800	0.870
3	DL – 苯丙胺（DL）– Amphetamine	156	118	158	衍生物	10.34	0.807	0.877
4	苯乙胺[8] Phenethylamine	104	91	—	衍生物	10.38	0.810	0.880
5	苯丁胺[8] Phentermine	170	172	132	衍生物	10.52	0.821	0.892
6	N – 甲基伪麻黄碱[9] N – Methyl pseudoephedrine	134	162	75	衍生物	10.54	0.822	0.894
7	N – 甲基伪麻黄碱[9] N – Methyl pseudoephedrine	72	—	—	母体	约 11.00	0.86	0.93
8	N – 甲基苯乙胺(IS)[7] N – Methyl phenethylamine	156	104	158	衍生物	11.37	0.887	0.964
9	DL – 脱氧麻黄碱 – D₁₄(IS)[7]（DL）– Methamphetamine – D₁₄	177	98	179	衍生物	11.70	0.913	0.992
10	DL – 脱氧麻黄碱（DL）– Methamphetamine	170	172	118	衍生物	11.79	0.920	1.000
11	芬氟拉明[8] Fenfluramine	184	186	159	衍生物	11.83	0.923	1.003
12	S –（–）– 卡西酮 S –（–）– Cathinone（from Khat plant）	105	77	132	衍生物	11.99	0.935	1.017
13	丁胺苯丙酮 Bupropion（Wellbutrin Ⓡ, Zyban Ⓡ）	44	100	111	母体	12.14	0.947	1.030
14	N – 乙基苯丙胺 N – Ethyl amphetamine	184	186	118	衍生物	12.22	0.953	1.036
15	芽子碱甲酯 Ecgonine, methyl ester	182	82	311	衍生物	12.36	0.964	1.048
16	S –（–）甲卡西酮 S –（–）– Methcathinone（"Cat"）	170	105	172	衍生物	12.38	0.966	1.050
17	去甲基伪麻黄碱 Norpseudoephedrine（Cathine）	156	158	246	双衍生物	12.46	0.972	1.057
18	（±）去甲麻黄碱（±）– Norephedrine	156	158	246	双衍生物	12.49	0.974	1.059
19	阿米雷司 Aminorex	107	79	232	衍生物（– CN）	12.70	0.991	1.077
20	二溴八氟联苯(IS)[7] Dibromooctafluorobiphenyl	296	456	454	母体	12.82	1.000	1.087

续表

色谱峰编号[2]	化合物	推荐的定量离子(1′)和评价离子[3]			形式[4]	保留时间（分）	相对保留时间[5]	相对保留时间[6]
		1′	2′	3′				
21	N-丙基苯丙胺(IS)[7] N-Propyl amphetamine	198	156	200	衍生物	12.97	1.012	1.100
22	4-甲氧基苯丙胺 4-Methoxyamphetamine	121	148	78	衍生物	13.22	1.031	1.121
23	4-苯基-正丁胺(IS)[7] 4-Phenyl-1-butylamine	176	104	—	衍生物	13.27	1.035	1.126
24	1S,2R-麻黄碱-D3(IS)[7] 1S,2R(+)-Ephedrine-D3	173	175	85	衍生物	13.44	1.048	1.140
25	DL-麻黄碱 (DL)-Ephedrine	170	172	260	双衍生物	13.48	1.052	1.143
26	对乙酰氨基酚[8] Acetaminophen	108	221	263	衍生物	13.67	1.066	1.159
27	哌甲酯 Methyl phenidate	84	56	91	母体	13.81	1.077	1.171
28	伪麻黄碱 Pseudoephedrine	170	172	260	双衍生物	13.93	1.087	1.182
29	哌替啶 Meperidine (DEmerol ® etc.)	71	247	172	母体	13.99	1.091	1.187
30	阿托品 Atropine	124	94	103	母体 (-H2O)	14.25	1.112	1.209
31	(±)MDA	135	162	291	衍生物	14.36	1.120	1.218
32	咖啡因[8] Caffeine	194	109	67	母体	14.84	1.158	1.259
33	N,N-二甲基色胺(DMT) N,N-Dimethyltryptamine	58	129	102	衍生物	14.97	1.168	1.270
34	±BDB	135	176	170	衍生物	15.11	1.179	1.282
35	氯胺酮("special K")[8,11] Ketamine ("special K")	180	182	209	母体	15.20	1.186	1.289
36	利多卡因[8] Lidocaine	86	58	120	母体	15.28	1.192	1.296
37	三氟甲基苯基哌嗪[11] Trifluoromethylphenyl piperazine	200	145	172	衍生物	15.46	1.206	1.318
38	苄基哌嗪[11]("Legal XTC") Benzyl piperazine	91	197	175	衍生物	15.54	1.202	1.318
39	苯环己哌啶-D5(IS)[7] Phencyclidine-D5	205	96	246	母体	15.59	1.216	1.322
40	苯环己哌啶(PCP) Phencyclidine	200	242	243	母体	15.62	1.218	1.325
41	MDMA[11]	170	162	135	衍生物	15.66	1.221	1.328
42	MDMA-D6(IS)[7]	190	165	135	衍生物	16.01	1.249	1.358
43	MDEA[11]	184	162	135	衍生物	16.04	1.251	1.360
44	去氧肾上腺素[8] Phenylephrine	156	158	374	三衍生物	16.10	1.256	1.366
45	±-MBDB	184	176	135	衍生物	16.29	1.271	1.382

续表

| 色谱峰编号(2) | 化合物 | 推荐的定量离子(1′)和评价离子(3) | | | 形式(4) | 保留时间（分） | 相对保留时间5) | 相对保留时间(6) |
		1′	2′	3′				
46	茶碱(8) Theophylline	180	95	68	母体	16.34	1.275	1.386
47	墨司卡林 Mescaline	181	194	179	衍生物	16.43	1.282	1.394
48	去氧肾上腺素(8) Phenylephrine	156	248	258	双衍生物	16.65	1.299	1.412
49	氯苯那敏(8) Chlorpheniramine	203	205	167	母体	16.73	1.305	1.419
50	哌甲酯 Methyl phenidate	196	198	—	衍生物	17.20	1.322	1.459
51	4 - 溴 - 2,5 - DMPEA(10) 4 - Bromo - 2,5 - DMPEA（Nexus）	242	244	229	衍生物	17.57	1.370	1.490
52	Cis - (±) - 甲米雷司 cis - (±) - 4 - Methylaminorex（"U4Euh"）	203	160	117	衍生物	17.89	1.396	1.517
53	右美沙芬(8) Dextromethorphan	271	59	150	母体	18.09	1.411	1.534
54	甲喹酮 Methaqualone	235	250	233	母体	18.27	1.425	1.550
55	可卡因 Cocaine	82	182	303	母体	18.62	1.452	1.579
56	阿托品(8) Atropine	124	82	94	衍生物	19.10	1.490	1.620
57	地西泮 Diazepam（Valium® etc.）	256	283	284	母体	20.76	1.619	1.761
58	氢可酮 Hydrocodone（Lortab® etc.）	299	242	284	母体	20.91	1.631	1.774
59	氢吗啡酮 Hydromorphone（Dilaudid®）	285	228	229	母体	21.04	1.641	1.785
60	氢可酮 Hydrocodone（Lortab® etc.）	411	354	298	衍生物	21.13	1.648	1.792
61	吗啡 Morphine	268	397	269	衍生物	21.20	1.654	1.798
62	可待因 Codeine	282	411	283	衍生物	21.28	1.660	1.805
63	羟考酮 Oxycodone（OxyContin®）	315	230	316	母体	21.57	1.682	1.830
64	氢吗啡酮 Hydromorphone（Dilaudid®）	397	341	398	衍生物	21.78	1.699	1.847
65	氟硝西泮 Flunitrazepam（Rohypnol®, roofies）(11)	312	285	286	母体	22.19	1.731	1.882
66	吗啡 Morphine	380	382	509	双衍生物	22.26	1.736	1.888
67	芬太尼 Fentanyl（Sublimaze® etc.）	245	146	189	母体	22.96	1.791	1.947

注:(1)实际的保留时间与色谱柱和GC分析条件有关,气相色谱条件见方法9106,质谱分析条件详见方法9106(或者备用数据报告[1]);(2)气相色谱峰号代表图7-0-2中的色谱号;(3)在扫描模式或SIM模式中,都采用提取的特征离子的离子谱图作为定量峰。必要时用次级离子和第三级离子进行定性分析。这些离子尽可能与特征离子相近,以减小因谱图漂移产生的假阴性,同时还可减少碳氢化合物在低质量范围的干扰;(4)不是所有的形式都列在表中。如果在所使用的色谱条件下母体无规律或者色谱峰形过宽,也没有列在表中。氯二氟乙酰化衍生物的GC图谱均列在备用数据报告中[1];(5)相对于4,4′-二溴八氟联苯的保留时间;(6)相对于脱氧麻黄碱的氯二氟乙酰化衍生物的保留时间;(7)IS = 内标物;(8)有意或无意的掺杂物。例如,苯丁胺有可能加在MDMA中,咖啡因有可能加在脱氧麻黄碱中。当含有氯苯那敏的伪麻黄碱作为脱氧麻黄碱的前体时,氯苯那敏是一种无意掺杂物;(9)若伪麻黄碱或麻黄碱中含有(+)-去甲麻黄碱、N-甲基伪麻黄碱和/或N-甲基麻黄碱,则表明麻黄属植物的提取物是脱氧麻黄碱的来源。若脱氧麻黄碱最终产物中含有苯丙胺和N,N-二脱氧麻黄碱,则同样表明麻黄属植物的提取物是脱氧麻黄碱前提的来源[18-20];(10) 4 - 溴 - 2,5 - 二甲氧基苯乙胺(4 - Bromo - 2,5 - dimethoxyphenethylamine);(11)典型的俱乐部毒品。

表7-0-13a　用不同溶剂从乳胶墙上回收待测物的回收率,以及一个擦拭巾与两个擦拭巾的比较结果[1,2]

测试化合物[5]	水[3]			异丙醇			甲醇		
	第一个擦拭巾		加第二个擦拭巾[4]	第一个擦拭巾		加第二个擦拭巾[4]	第一个擦拭巾		加第二个擦拭巾[4]
	百分比	%RSD	百分比	百分比	%RSD	百分比	百分比	%RSD	百分比
苯丙胺	51	14	56	67	6.0	78	90	4.0	96
可卡因	36	22	36	69	22	80	89	9.1	94
麻黄碱	48	23	52	76	7.4	85	91	4.4	96
MDMA	40	20	44	61	9.0	70	88	5.3	94
MDEA	45	22	50	69	12	80	90	11	97
脱氧麻黄碱	46	16	50	64	7.4	75	87	3.5	94
苯环己哌啶	27	26	30	64	9.6	73	86	5.2	91
苯丁胺	53	9.2	58	78	6.6	91	95	2.9	101
苯丙醇胺	58	21	62	80	9.3	95	85	5.0	94
伪麻黄碱	49	20	53	73	7.0	85	95	3.3	101

注:(1)方法9109的备用数据报告[8]。每个样品的面积为100cm²;(2)墙为标准的石膏板并涂有乳胶层。表面涂层至少有一年之久,每种测试溶剂6个平行样品;(3)所用的水为去离子水(ASTM II型)。注意低回收率及高RSD值;(4)在连续擦拭研究中,擦拭面积为100cm²,用一新的预浸湿的擦拭巾再次擦拭,单独计算回收量。实际操作中,第二个(连续的)擦拭巾是计入第一个擦拭巾中,两个擦拭巾合并成一个样品。该列中的回收率是两个擦拭巾回收率的总和;(5)在准备测试的面积上,加含有3μg待测物的甲醇溶液,在擦拭样品前,干燥数分钟,挥发去除甲醇。

表7-0-13b　用不同溶剂在不同擦拭表面上的回收率,一个擦拭巾与两个擦拭巾的比较[1]

表面材料[3]	重复次数	异丙醇			甲醇		
		第一个擦拭巾		加第二个擦拭巾[2]	第一个擦拭巾		加第二个擦拭巾[2]
		百分比	%RSD	百分比	百分比	%RSD	百分比
搪瓷(洗衣机的盖子)	4[4]	58	5.7	68	81	2.4	87
乙烯树脂镶嵌的刨花板	4[5]	60	5.2	68	81	4.8	89
乳胶涂层墙	6[4]	64	7.4	75	87	3.5	94
冰箱门	2[5]	65	2.9	76	91	4.0	92
清漆硬木板	2[6]	72	5.4	76	82	3.7	86
福米卡台面	4[5]	75	4.9	82	87	3.8	91

注:(1)方法9109的备用数据报告[1],每个样品的面积都是100cm²;(2)在连续擦拭研究中,擦拭面积为100cm²,用一个新的预润湿的擦拭巾再次擦拭,单独计算回收率;实际操作中,第二个(连续的)擦拭巾是计入第一个擦拭巾中,两个擦拭巾合并成一个样品;(3)冰箱门和洗衣机盖为用过的,乙烯树脂刨花板(来自书架)、福米卡台面和涂清漆的硬木板都是新购买的,所有已用过或新的表面材料在加标前都用甲醇反复冲洗多次;每100cm²的面积加标3μg苯丙胺;(4)样品采取采用从一边到另一边,然后从上到下来擦拭方法;(5)一半样品采取从一边到另一边的擦拭方法,另一半采取同心方形的擦拭方法,回收率没有明显差别;回收率和精密度是两种采样方法合并后的结果;(6)样品每次都是按照木材的纹理从上到下以N字形进行擦拭。

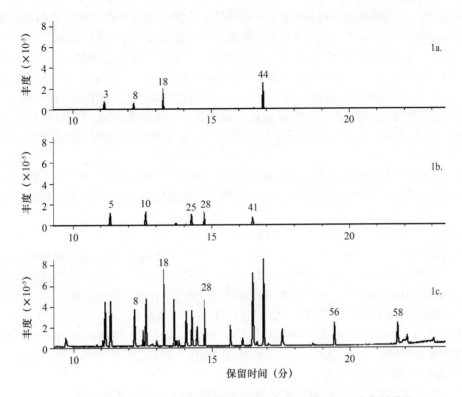

图 7 - 0 - 2　GC/MSD 扫描模式下氯二氟乙酰酐衍生物的典型谱图

a. m/z156 的提取离子流图(155.70~156.70);b. m/z 170 提取离子流图(169.70~170.70);c. 总离子流图 (TIC);气相色谱峰的识别,见表 7 - 0 - 12(注意:表 7 - 0 - 12 中保留时间与本图中的保留时间不想对应,因为所用 DB - 5 色谱柱不同);GC - MS 条件,见方法 9106 中 GC - MS 条件

附录

A. 试剂和溶液

1. 对于衍生化过程,可以用五氟丙酸酐(PFPA)替代氯二氟乙酸酐 (CDFAA)。关于五氟丙酸酐(PFPA) 衍生物的 GC 图谱、保留时间、推荐定量离子及精密度和准确度数据均列在备用数据报告中[1]。CDFAA 衍生物的图谱也列在该报告中[1]。

注意:可用 100μl PFPA 替代 CDFAA,但是在步骤 11c 操作时要将样品加热至 90℃,并加热 20~30 分钟。

2. 仪器内标 4,4' - 二溴八氟联苯是可选的,主要用于监测仪器调谐和自动进样器性能。

3. 一级胺与酮和醛形成席夫碱和烯胺,它们可能会与酰化试剂形成衍生物。因此在衍生化之前严禁使用丙酮。经丙酮清洗的玻璃器皿和设备需彻底干燥。因甲苯中通常含有甲苯的氧化产物——苯甲醛,因此配制标准溶液时也应避免使用甲苯。曾报道,检测出一级胺和苯甲醛的缩合产物。推荐用甲醇和异丙醇作为配制储备液的试剂,且甲醇更佳。

4. 重构溶剂不应含有甲醇或其他醇类物质,因为麻黄碱类化合物中的衍生化醇基团一段时间后会水解。推荐使用含有 10% 丙酮的甲苯溶液。

B. 仪器

5. 擦拭介质:除棉质纱布外,还可用 4″×4″(10cm×10cm) 4 层 MIRASORB®(Johnson and Johnson)和 4″×4″(10cm×10cm) AlphaWipe®(TX® 1004,Texwipe Corp.)作为擦拭介质,在没有棉质纱布时使用。MIRASORB® 是无纺布和聚酯的混合物,已经停产,但是还有结构和纤维组成非常类似的替代品。AlphaWipe® 是一种亲水、吸附性能高、长丝紧密编织而成的聚酯擦拭巾。这两种擦拭介质的精密度和准确度数据列于备用数据报告中[1]。

6. 装样容器:50ml 具盖的聚丙烯离心管是最好的用于一个擦拭巾或两个擦拭巾样品的容器,且不像 40ml VOA 瓶一样易碎。40ml VOA 玻璃瓶可用于运输单个纱布擦拭巾。若一个样品由 2 个以上的擦拭巾组成,则就需要更大的容器(如带 PTFE 内衬的具盖玻璃容器)。对于 2 个或更多的擦拭巾,容器的体积应该满足每个纱布擦拭巾约为 25ml(如 4 个纱布擦拭巾组成的样品至少需要 100ml 的容器)。在装样容器中需要足够的顶部空间,以便解吸溶剂能够覆盖擦拭巾,混合时可以彻底渗透入擦拭巾。

7. 污染区的法定监管机构除了具体的实验室处理和现场采样操作外,可能有不同的要求。向当地法定监管机构或卫生部门咨询非常重要,这决定了具体的采样方法、质量控制、分析和报告的要求。

C. 采样

8. 遵循擦拭样品表面积的具体要求(通常 100cm² 或者 1000cm²)和由州设定或委托人指定的行动阈限值。其提取率取决于所用的擦拭样品的采样方法,因此所采用的擦拭技术应明确,任何不同于既定方法之处都要加以注明。

注意:为了确保样品不被篡改,强烈建议使用铅封形式。

9. 用带有 10cm×10cm 或 32cm×32cm 方形切口的一次性卡片纸或者 PTFE 薄片制作硬采样板。在擦拭过程中采样板须能保持原形以确保擦拭的面积为 100cm² 或者 1000cm²。采样板与待擦拭的区域应保持一致(如在采样板外围用胶带粘住)。如果所用采样板不是一次性的,则在两次采样间需清洗采样板以避免交叉污染,还要提供一个对洗净的采样板处理的空白擦拭样送至实验室,以评价没有产生交叉污染。

10. 采样板不适用于一些弯角或者奇怪形状的区域,如炉子顶部的燃烧嘴或风扇叶片。在这些情况下,样品面积尽可能接近 100cm² 或 1000cm²,并将测量情况提供给监管机构和分析实验室以便能够准确报告。可以用胶带来标记采样区域的轮廓。

11. 建议使用同批次的擦拭介质制备介质空白、现场仪器空白、样品和质控样品。

12. 散装的棉质纱布很容易发生交叉污染,因此建议使用无菌包装的纱布以减少交叉污染。

13. 为了预防现场污染,可将擦拭巾润湿后放在场外样品容器中,这样可避免甲醇或异丙醇的瓶子被现场脱氧麻黄碱(或其他待测物)污染的可能性。如果在采样现场外制备擦拭巾,那么从样品容器中取出预润湿的擦拭巾,一次只能打开一个样品容器。不管哪种方式,须从擦拭巾中挤去多余的溶剂。制备每个样品和空白都要使用新的乳胶手套或者丁腈手套,不要使用乙烯基手套,因为它可能会释放出邻苯二甲酸酯类增塑剂从而污染样品。

14. 擦拭技术。

a. 同心方形擦拭方式(特别适用于平滑和无孔表面,具体见 OSHA[22])。将已润湿的擦拭巾对折后再对折,用力均匀地擦拭采样板内的区域。以采样板的一个内角为起点,沿同心的方形内擦拭,直到中心。不要让擦拭巾接触其他任何表面,将擦拭巾翻转过来,让擦拭过的一面朝里,然后用未擦拭过的一面按照前面相同的方式再次擦拭相同的区域。把擦拭巾卷起来或者再次对折后塞进送样容器内。

注意:同心方形擦拭方式在 OSHA[21] 中有描述,该方法特别适用于大面积的区域(100cm²)。

b. 来回擦拭(或吸取)方式(特别适用于粗糙、多孔或脏的表面)。将已润湿的擦拭巾对折后再对折,用力均匀地在水平方向上来回擦拭采样板内的区域至少 5 个来回(见注意),从顶部开始以 Z 字形向底部渐进,最后捞起。如果是吸取,在水平方向上至少要吸取 5 次(见注意)。不要让擦拭巾接触其他任何表面,将擦拭巾翻转过来,让擦拭过的一面朝里,然后用新的一面上下竖直方向来回擦拭 5 次,从左侧开始以 N 字形向右侧渐进。如果是吸取方式,在每个竖直方向上至少吸取 5 次。最后将擦拭巾卷起来或者再次对折后塞进装样容器内。擦拭脏的或者粗糙的表面时,由于纱布介质的线头会不断被勾取,因此建议使用吸取模式。

注意:对于面积超过 100cm² 的大区域,来回擦拭或吸取的次数需大于 5。

c. 重复或连续擦拭。如果用异丙醇擦拭,用新的擦拭巾继续或者再次擦拭同一区域,有利于提高采样效率(第二次擦拭的回收率见表 7-0-12a 和表 7-0-12b)。对于连续擦拭的方式,用新的擦拭巾按照上述方法(附录 7a 或 7b 步骤)再擦拭一遍。将第二个擦拭巾也放入到同一装样容器内。一般来说,50ml 聚丙烯离心管就足够容纳 2 个擦拭巾。

注意:当第一个擦拭巾擦拭后区域很湿,那么第二次擦拭时可用干的新擦拭巾擦拭,以吸取第一个擦拭巾残留下来的溶剂。

15. 复合采样法。一些监管机构允许采集复合样品。复合样品用于定量分析需要遵从监管机构的许可和指导。复合采样须参考监管机构的指南。其最基本指南为：不要混合不一致的样品，即擦拭区域面积上应该相等，采样区域应该具有同样高或同样低的污染可能性，采样区域应该对应一个特定的目标器具或位置，而不是几个器具或者不一致的几个位置合并在一起。

注意：对于不相关联的采样位置，复合样品不能满足特定行动阈限值的要求。复合样品不要超过 4 个擦拭巾，例如，通过降低 4 倍 LOD 来提高灵敏度。相反，为解吸更多数目的擦拭巾，解吸液的体积也将增加，从而提高 LOD 值，增加的程度与所用解吸液的体积有关。用下面的例子说明这两点。假定行动水平为 $0.1\mu g/100cm^2$。如果分析擦拭面积 $100cm^2$ 的单个擦拭巾或不相关联的样品，所得 LOD 值为每份样品 $0.06\mu g$，那么，分析方法的 LOD 值可表达为 $0.06\mu g/100cm^2$，这样，低的 LOD 就足以判定不相关联的样品是否符合或超出行动水平。现在，样品由 4 个擦拭巾组成，每个擦拭巾的面积为 $100cm^2$，总擦拭面积为 $400cm^2$，那么复合样品的 LOD 值既不是 $0.06\mu g/400cm^2$ 也不是 $0.015\mu g/100cm^2$，实际上应该比 $0.06\mu g/400cm^2$ 高出几倍。首先，与用于解吸标准溶液的溶剂体积相比，解吸复合样品的溶剂体积增加了，使得 LOD 增加；其次，LOD 与擦拭面积无关，因为标准曲线的 LOD 是以每份样品 μg 计算的，与面积无关。为了解释上面第一点，假设用 90ml（方便计算）解吸液解吸 4 个擦拭巾，而用 30ml（对于单个擦拭巾的正常用量）溶剂解吸标准溶液。对于 4 个擦拭巾组成的复合样品，LOD 应该等于（微克/样品）×（复合样品的解吸液体积）/（标准溶液的解吸液体积），或者等于 0.06（微克/样品）×（90ml/30ml），或者等于 0.18（微克/样品）。因为复合样品的擦拭面积为 $400cm^2$，所以其 LOD 也就为 $0.18\mu g/400cm^2$。关于第二点，LOD 值（$0.18\mu g/400cm^2$）不能简单分解或数学减少成 $0.045\mu g/100cm^2$，因为不知道 4 个擦拭巾中的 3 个是不是空白，而第四个是不是正好为 $0.18\mu g$。所以，每个擦拭巾的有效 LOD 既不能认为是 $0.18\mu g/400cm^2$ 也不可认为是 $0.18\mu g/100cm^2$，因为测定的 LOD 值很可能是来自 4 个擦拭巾中的一个。因此，对于复合样品来说，LOD 值必须以全部擦拭面积来表示，而不能外推至某个部分。在这个例子中，LOD 值（$0.18\mu g/100cm^2$）高于行动水平（$0.1\mu g/100cm^2$），也就意味着这个复合样品不能满足残留水平低于 $0.1\mu g/100cm^2$ 的要求。这就要求监管机构而不是实验室，去决定如何将复合样品的结果应用于行动水平。上述 LOD 的考虑因素同样适用于结果高于 LOD 的情况。为了避免记录复合样品浓度时产生混淆，建议分别记录样品浓度（以每份样品微克数为单位，无论样品大小）和擦拭样品的总面积（以平方厘米为单位）。例如，某复合样品含 4 个独立的擦拭巾，每个面积为 $100cm^2$，其总面积为 $400cm^2$，其结果记录为 0.4（微克/样品），而不能简单平均为 $0.1\mu g/100cm^2$。一些监管机构要求采用这种报告方式。

16. 为达到质量保证的目的，监管机构要求在现场采集平行样品。此时，采样区域应该与第一次采样区域相连，如果可能的话，擦拭方式应该与采样中描述的一致。千万不要在之前采过样的区域重复擦拭。这个样品是盲样，不可将其作为实验室样品的平行样品，它与本法步骤 14 提到的单个样品的平行样品不同。假定相邻采样区域的污染程度相同，现场平行样品对评价采样方式的一致性非常有用。实验室平行样品则用于评价样品处理过程和仪器分析的一致性。

D. 从采样介质上解吸

17. 为方便计算，在每 30ml 解吸溶剂加入 60μl 内标溶液到每 40ml 解吸溶剂加入 80μl 内标溶液的范围内，内标溶液选定为 60μl。无论哪种情况下，都为每毫升解吸溶剂加入 2μl 内标溶液。不过，任何方便的、可重复加入的内标溶液体积（如 50μl）都可以。无论选择加入多少体积，在制备标准溶液时内标溶液的体积必须一致。如果按照策略 A 加标（见附录 D3），必须知道加入每个样品（V1）、介质空白（V5）和标准溶液（V2）的内标溶液的准确体积，因为这些体积要用于内标溶液体积校正（详见步骤 19）。

18. 没有必要知道加入到每个样品中的解吸溶剂的准确体积或者浸湿所用醇液残留的体积，因为体积差异会通过解吸前加入的内标物进行标准化处理。

19. 内标物加标替代策略（下面加标策略 B）。无论加入的解吸溶剂的体积和润湿醇的残留体积为多少，在所有样品、空白、质控样品和标准溶液中都加入相同体积的内标溶液，步骤 19 中不需要进行体积校正，校正因子（V_1/V_2 和 V_5/V_2）可从方程中撤掉。但是，当使用更大体积的解吸溶剂时（如复合样品），必须能测量出样品中内标物的 GC 色谱峰面积。由于在大体积试样中内标物的稀释倍数增加，因此解吸溶剂体积应限制在 120ml 或者更少。

注意:这是两种独立的加标策略,可以用于处理需要大体积解吸液的大体积样品,下面是策略 A 和策略 B 的概要。

表 7－0－14　加标策略 A 和加标策略 B 概要

擦拭巾数量	装样容器的体积 /ml	内标加标溶液的体积/μl		解吸溶剂的体积 /ml(策略 A 和 B)
		策略 A	策略 B	
1	40～50	60	60	30
2	50	80	60	40
4(复合样品)	100～120	160	60	80
		用体积校正因子(第 19 步)	不用体积校正因子(第 19 步)	

不管采取哪种策略,如果样品含有 2 个擦拭纱布,就需要用 40ml 解吸溶剂,如果样品含有 4 个擦拭巾,就要用 80ml 解吸溶剂。

a. 在策略 A 中,内标加标溶液的体积应为恒定的比值,即每毫升解吸溶剂加入 2μl 内标加标溶液。这就使得大体积样品也可以被解吸而不会减小内标物的 GC 色谱峰峰面积。但是在步骤 19 中最终计算时要用到体积校正因子(V_1/V_2)。因此,加入到每个样品中内标溶液的体积与加入到标准溶液中的内标溶液体积数都必须知道。

b. 在策略 B 中,对于所有样品和标准溶液都加入相同体积的内标溶液,但不一定为 60μl。这就使得步骤 19 最终计算时无须体积校正因子。但是,内标物的 GC 色谱峰的峰面积会随着解吸溶剂的体积变化而改变,而且当解吸溶剂体积较大时,内标物浓度必须足够大以便可以检测出内标物。

E. 干燥柱的制备

用内径 1cm、长度 12～15cm 的带有筛板的聚丙烯柱或等效产品(见仪器),加入 1g 无水碳酸钾(柱内长约为 1cm),然后在无水碳酸钾上面再加入 1g 无水硫酸钠,去掉柱外吸附的任何颗粒。

注意:干燥盐的颗粒不能进入到收集管中,既不能穿过筛板或玻璃纤维塞,也不能吸附在柱外。盐类会抑制衍生化效率。

F. 衍生化

如果用异丙醇作浸湿擦拭巾的溶剂,必然会有一些溶剂被萃取进入到二氯甲烷中。如有痕量异丙醇存在,在萃取物蒸干过程中结晶紫会呈现一系列颜色变化。但如果是甲醇作为浸湿溶剂,在整个干燥过程中结晶紫会保持蓝色到蓝紫色。即使有甲醇存在,在蒸发前加入 0.1ml 异丙醇也能让结晶紫呈现同样的颜色变化。待测物的回收率不受异丙醇存在的影响,但是在进行步骤 11b 前应将其残留物蒸干。

当样品中含有少量外加或萃取的异丙醇,在样品浓缩至近干时,溶液的颜色将会从蓝色或者紫色迅速变成绿色最后变为黄色,这表明在残留的醇中氢离子浓度增加。随着氮吹持续进行恰好完全干燥时,残留物的颜色又变为绿色或天蓝色,这表明过量的 HCl 或者醇类在减少。在这个阶段,样品已经吹干,可转移。如果继续氮吹就会使残留物变成深蓝紫色或紫色。只要加入 HCl,即使在残留物发紫后延长氮吹时间 5 分钟也不会损失待测物。如果结晶紫加入太多,颜色变化会不明显,或者不会变化。

当样品浓缩时,样品管应该悬浮在水浴中,只有试管的最底部与水面接触,有利于观察溶液颜色的变化情况。可将试管提起离开水浴,但氮吹时间应延长。

衍生化过程中,高温条件下长时间加热,酸性条件下酸酐衍生试剂会促使麻黄碱非对映异构体(麻黄碱和伪麻黄碱)之间相互异构化。麻黄碱类化合物(麻黄碱、去甲麻黄碱和伪麻黄碱)也会一定程度地脱水,生成 β－氨基－β－甲基苯乙烯类化合物。衍生化过程加热时间不宜超过 1 小时,30 分钟即可。

注意:溶液的颜色会在 20～30 分钟内逐渐由紫色褪色成深蓝色,主要原因是酚酞在高 pH 下容易发生褪色。在某些定性样品中也能观察到此类现象,主要是原因是一些不明成导致酚酞快速褪色,所以在 pH 高于 9 时就不能观察到紫色,只能看到溴百里酚蓝的蓝色。使用 pH 试纸可以快速检验 pH 是否为 9 或者更高。

G. 样品测定

实验室控制加基质质控样(QC 和 QD)回收率必须满足相关监管机构的指南,如果没有特定的指南,80% ~120% 较为合理。

注意:本法中质控样品(包括 QC 和 QD)指的是某些指南文件中的基质加标样品和基质加标平行样品(MS/MSD),他们与 QC/QD 的用途相同。将现场－仪器空白作为样品进行分析和报告,其他任何样品的结果不需要扣除现场－仪器空白值。

持续校准验证(CCV)标准样品的回收率必须满足监管机构的指南(如无特定指南,80% ~120% 较为合理)。CCV 标准样品在某些指南文件中指的是 QC 样品,但此处的"QC"等同于液体标准样品(而非基质加标样品),其目的与本法中的 CCV 标准样品。

采用 GC/MS 方法,不论是采用扫描模式还是 SIM 模式,对于脱氧麻黄碱都可能获得低于每份样品 0.05μg 甚至更低。扫描模式在未知成分的定性分析非常重要。如果想获得更低的检出限,或者在扫描模式下很难获得更低检出限,或者只分析一些常规目标化合物,仪器可以在 SIM 模式下运行。

H. 稀释方法

如果样品浓度超出标准曲线的上限,按照以下稀释方法之一估算高浓度。

20. 稀释方法 A(用重构试剂稀释衍生化样品)。

该方法仅用于样品中的待测物完全被衍生化(见注意)。如果衍生化完成后,从 GC 瓶中转移部分样品(如 0.2ml 用于 1:5 稀释)到一个干净的 GC 瓶中,用重构溶剂进行稀释(如 0.8ml 用于 1:5 稀释),盖上瓶盖,混匀后进行 GC－MS 重新分析。但是,稀释的同时也会稀释了内标物的浓度,所以这种方法主要用于内标物的 GC 色谱峰面积能够测定且标准曲线仍呈现线性的情况。稀释倍数一般不要超过 10。如果采用这个方法,那么步骤 19 中稀释因子(V3/V4)可以略去,因为内标物和待测物被同等程度地稀释。稀释过程的准确度取决于标准曲线上端外推区域的线性。

注意:未完全衍生化可能是由于水、乙二醇或者待测物过量,其他污染物干扰,或者与衍生试剂竞争反应等原因造成的。如果有下列任一情况发生,建议使用稀释方法 B。

a. 衍生化后(步骤 11d),经过氮吹出现"油"膜现象(即呈现可见液体)或不同寻常的残留物(如沙砾),可能是由于体系中有水、乙二醇、去垢剂、盐或者其他污染物。未完全衍生化通常可以看到上述残留物。

b. 在 GC 色谱图中出现任何一种衍生物的一个非常大的色谱峰(如伪麻黄碱、脱氧麻黄碱的前体),这表明其他某些待测物未能完全衍生化(如脱氧麻黄碱),其原因在于待测物对衍生化试剂的竞争。

c. 如在稀释样品中,内标物的峰面积小于普通 GC 色谱峰面积(小于平均值的 50%),这表明有物质与衍生试剂竞争或者抑制了衍生化作用。这种对内标物产生的抑制或竞争同样发生在目标待测物上。

d. 通过观察一种未衍生化的待测物的 GC 峰来确定衍生化是否完全。未衍生化的待测物通常不能被检测到。本法中,麻黄碱通常在 DB－5 毛细管柱不出峰,但是一些未衍生化的二级胺(如脱氧麻黄碱)会出峰,某些高浓度的未衍生化一级胺(如苯丙胺)也可以检测到,往往出现不规则的 GC 色谱峰,这取决于 GC 色谱柱条件。

e. 可以通过使用每种目标待测物的同位素标记类似物(如氘化)作为该化合物的内标来降低未完全衍生化的问题。这样,即使衍生化不完全仍可定量分析。

21. 稀释方法 B(稀释少量原始解吸液)。

如果样品未能完全衍生化或者需要大量稀释(例如超过 1:5),则可用下面的方法。如果衍生化完全,也可以用该稀释方法。

a. 用解吸溶剂(模拟样品空白)将一定量原始擦拭样品的酸解吸液稀释至 10ml,然后再次萃取。将待稀释的解吸液和稀释溶液(模拟空白)直接加入到 25ml 干净的玻璃离心管(步骤 7f),然后执行步骤 8。例如,要制备 1:10 的稀释,转移 1ml 原始解吸液到 25ml 离心管中,然后加入模拟样品空白溶液 9ml 进行稀释。

b. 当样品需要稀释时,同样需要制备模拟样品空白,使用相同体积的内标溶液和样品解吸时所用的解吸溶剂来制备模拟样品空白。例如,如果原来样品采用 40ml 的解吸溶剂并加入了 80μl 内标溶液,那么用相同的方法制备模拟样品空白。浸湿所用醇的体积是估算的[例如,每3″×3″(7.5cm×7.5cm)12-ply擦拭纱布约3ml]。在步骤19的计算中应包含稀释因子(V_3/V_4),例如 V_3/V_4 =原始解吸溶剂的体积(ml)除以用模拟空白溶液稀释至的总体积(ml),此例中稀释因子为10ml/1ml或者10。

c. 在步骤19中内标加标溶液体积(V_1)的差异加入到原始未稀释的样品溶液中内标加标溶液的体积进行校正。

注意:只有当浸湿样品擦拭巾的甲醇(或异丙醇)残留体积与制备标准溶液中所用甲醇(或异丙醇)量(通常约3ml,表7-0-9)完全相同时,这个稀释方法才能给出定量结果。残留润湿醇中有几毫升的偏差,不会影响未稀释样品的结果,但是稀释样品最终结果会有约几个百分点的误差。

d. 由于浸湿溶剂残留体积的不同而可能造成的误差,可以通过确切的解吸溶剂的体积和浸湿醇的体积进行估算。假设样品擦拭巾和标准溶液都用30ml解吸溶剂解吸,同时加入3ml醇液到标准溶液中。样品体积的可能误差为样品中每1ml残留醇±3%(即33ml约有±1ml差别)。如40ml解吸溶剂和4ml醇液加入到校正标准中,每1ml残留导致的误差为±2%(即44ml约差±1ml)。然而,由于残留的醇体积是未知的,且一旦样品擦拭巾被解吸,残留的醇体积也无法测定,因此也就无法计算实际误差。不过,可计算出最大可能误差。由于润湿擦拭巾时,一个擦拭巾达到饱和(湿淋淋地)所需醇的最大量为6ml,这与加入到标准溶液中的3ml醇体积只有±3ml的偏差。因此,因棉质纱布中醇残留体积不同造成的最大误差为体积相差1ml时的3倍。既然对±1ml的误差是±3.03%,那么对于±3ml而言最大误差则是3倍,即±9.1%。由于纱布样品不可能完全干燥,也不可能在挤出多余醇且擦拭采样表面后就正好饱和,所以实际误差值会低于这个值。当多余的醇被挤出后真正留在擦拭巾中的醇体积也就在1~2ml范围内。这就使得稀释样品的最终结果的误差在3%~6%之内。未稀释的样品不受此影响。这个误差包含在脱氧麻黄碱方法的总体精密度内。

22. 稀释方法C(稀释干燥样品的解吸液)。

对于超过范围的样品,其稀释误差可以通过知道样品中醇残留的确切体积进行校正。通过比较擦拭巾的干重和湿重,可以计算其残留醇的体积(或质量)。更好的措施是在样品干燥后(质量不再减小)加入与加到标准溶液中体积相同(即3ml)的醇,这样可消除误差。此后,如果任一样品需要稀释,就不会由于产生因残留醇体积不同而引起的稀释误差,因为所有的样品和标准都有相同体积的醇液和同样体积的解吸溶剂。

但是,由于脱氧麻黄碱不以盐的形式存在时,可能会挥发而导致其损失,且我们不能确保现场样品中脱氧麻黄碱的存在形式,因此不建议对样品进行空气干燥。另外,对样品进行称量和干燥时,样品可能会被污染。对具有高饱和蒸气压且在干燥过程中易损失的待测物,或者容易与醇液形成共沸物的待测物,不建议进行干燥处理,尤其是当补救性净化的临界行动水平处于方法标准曲线范围的低范围区时。如果样品已经解吸,不可采取干燥处理。

擦拭样品中的脱氧麻黄碱和毒品、前体物和掺杂物——固相萃取法9109

分子式:见表7-0-15	相对分子质量:见表7-0-15	CAS号:见表7-0-15	RTECS号:见表7-0-15
方法:9109,第一次修订		方法评价情况:部分评价	第一次修订:2011.10.17
U. S. regulatory OELs(职业接触限值) OSHA或MSHA:无 其他已发表的OELs和指南 NIOSH、AGGIH或AIHA:无表面分析 各州:见表7-0-16		性质:见表7-0-17	

英文名称:见表 7 - 0 - 18	

采样	**分析**
样品收集器:擦拭巾	分析方法:气质联用仪
采样面积:100cm² 或者 1000cm²	待测物:见表 7 - 0 - 15
运输方式:最好冷藏运输(<6℃)	解吸方法:0.1M H₂SO₄
样品稳定性:<6℃下至少可稳定 30 天(表 7 - 0 - 19)	净化/萃取:固相萃取法
样品空白:每批样品 2 ~ 10 个	衍生试剂:N - 甲基 - N - (三甲基硅烷)三氟乙酰胺和 N - 甲基 - N,N - 双七氟丁酰,(MSTFA 和 MBHFBA)
	进样体积:2μl,不分流
	气化室温度:255℃
	检测器温度:285℃
	柱温:90℃(保持 2 分钟);以 10℃/min 升温至 310℃(保持 6 分钟)
	质谱仪:扫描模式(29 ~ 470 AMU);扫描频率为每秒 2 次;或选择离子监测(SIM)模式(表 7 - 0 - 20)
准确性	载气:氦气;1.5ml/min
研究浓度:3μg/样品	色谱柱:熔融石英毛细管柱,长 30m;内径 0.32mm;DB - 5ms,膜厚 0.5μm 或等效的色谱柱
偏差见表 10[1]	定量标准:含内标物的加标擦拭巾标准样品(表 7 - 0 - 21)
总体精密度($\hat{S}_{rT}$):未测定回收率	测定范围:见表 7 - 0 - 22a 和表 7 - 0 - 22b[1]
准确度:见表 7 - 0 - 22a 和表 7 - 0 - 22b[1]	估算检出限:见表 7 - 0 - 19
	精密度($\bar{S}_r$):见表 7 - 0 - 22a 和表 7 - 0 - 22b[1]

适用范围:样品面积为 100cm² 或者 1000cm² 时,脱氧麻黄碱的测定范围为每份样品 0.05 ~ 60μg。本法是由秘密毒品实验室为分析表面上的选定药物和前体而研制的[2,3]。用在光滑、无孔的表面上擦拭的样品对采样方法进行了测试。附录包含了其他类型表面的采样信息

干扰因素:未检测到色谱干扰;水、表面活性剂和多元醇类物质会抑制衍生化过程

其他方法:方法 9106 采用液液萃取和气质联用法(GC - MS)测定多种药物[4]。方法 9111 采用液质联用法(LC - MS)测定脱氧麻黄碱[5]

试剂

注意:关于试剂的特别说明见附录 A

1. 待测物:见表 7 - 0 - 15 *
2. 内标物:见表 7 - 0 - 23
3. 溶剂:分析纯,无残留物

   a. 异丙醇 *

   b. 甲醇 *

   c. 二氯甲烷 *

   d. 乙腈 *

4. 浓 H_2SO_4、浓 HCl(分析纯或者痕量金属分析纯) *
5. 氢氧化铵:28% ~ 30%,ACS 级 *
6. 溴百里酚蓝,≥95%,ACS 级);结晶紫(龙胆紫),≥95%,ACS 级
7. 高纯气体:氦气作为载气;氮气用于干燥
8. MSTFA(N - 甲基 - N - 三甲基硅烷基 - 三氟乙酰胺),衍生化试剂 *
9. MBHFBA(N - 甲基 - N,N - 双七氟丁酰胺),衍生化试剂 *
10. 4,4′ - 二溴八氟联苯(99%)
11. 去离子水(ASTM - Ⅱ型)

溶液

注意:关于溶液的特别说明见附录 A

1. 配制待测物溶液(表 7 - 0 - 15):以游离碱形式计算浓度;< 6℃下避光冷藏

   a. 用甲醇配制储备液(1 ~ 2mg/ml)

   b. 用甲醇稀释储备液制成浓度 200μg/ml 的待测物加标溶液

2. 用甲醇制备浓度约为 200μg/ml 的内标溶液(注意:每 20ml 内标溶液中加入 2mg 结晶紫,用于显示样品已经加标)
3. 解吸溶剂:0.1M H_2SO_4;将 22ml 浓 H_2SO_4 加入到 4L 去离子水中
4. 溴百里酚蓝 pH 指示溶液:浓度为 1mg/ml,溶剂为 4:1 异丙醇去离子水
5. 结晶紫指示剂(2 ~ 3mg/ml):用异丙醇配制
6. 固相萃取(SPE)流动相:0.1M HCl 水溶液。用约 800ml 水稀释 8.3ml 浓 HCl,用 ASTM Type II 水稀释至 1L
7. SPE 洗脱液,80:20:2 CH_2Cl_2:IPA:NH_4OH v/v。每天新配制
8. HCl 的甲醇溶液:0.3M。在约 80ml 甲醇中加入 2.5ml 浓 HCl,用甲醇稀释至 100ml
9. 衍生化稀释溶剂:含 4μg/ml 的 4,4′ - 二溴八氟联苯(可选)的乙腈溶液

仪器

注意:关于仪器的特别说明见附录 B

1. 擦拭巾:棉质纱布,12 层(7.6cm × 7.6cm)或等效的
2. 装样容器:用于样品储存和运输,50ml 聚丙烯离心管,带 PT-FE 内衬的盖,或等效的
3. 气质联用仪:带色谱柱和积分仪;见方法 9109
4. 固相萃取(SPE)柱:以下任何一种或其他等效的混合相阳离子交换亲水固相萃取柱

   a. Waters Oasis® MCX,60mg/3 cc(Waters Corp. Milford,MA)

   b. Clean Screen®,300mg/3ml(United Chemical Technologies,Inc.,Bristol,PA,Cat. no. #CSDAU303.)

   c. Speedisk® H2O - Philic SC - DVB(J. T. Baker,Center Valley,PA)

   d. BOND ELUT - CERTIFY®,200mg/3ml(Agilent Technologies,Santa Clara,CA)

5. 收集管和 GC 进样瓶

   a. 玻璃试管(13mm×100mm):带 PTFE 内衬的盖

   b. 气相色谱自动进样瓶:限定体积 2ml,300 ~ 500μl(建议用棕色的瓶),带瓶盖

6. 容量瓶:10,100,250ml
7. 试剂瓶:4L
8. 液体转移器

   a. 注射器:10,25 和 100μl

   b. 机械移液器:带一次性吸头 5ml

   c. 重复分液器:1 ~ 5ml

   d. 注射器或重复分液器:100μl

   e. 注射器:250μl

9. 镊子
10. 乳胶手套或丁腈手套:避免使用乙烯基手套(方法 9109,采样方法步骤 1,注意)
11. 旋混器(转速 10 ~ 30rpm)
12. 真空固相萃取装置:具 12 ~ 36 个管,流量可调
13. 吹氮装置:水浴控温 35℃
14. 涡旋混合器
15. 巴斯德吸管
16. pH 试纸
17. 采样采样板:10cm × 10cm 或者 30.48cm × 30.48cm 开口,用较硬的一次性卡片纸或者 PTFE 片制得
18. 冰或其他制冷剂,用于运输样品

特殊防护措施:上述溶剂皆可燃并且对健康有危害;浓度很低的苯乙胺类物质会作用于神经系统,且容易通过皮肤吸收;应避免吸入蒸气,避免皮肤接触;应在通风橱中进行操作;分析人员应穿戴合适的防护眼睛和手的防护用品(如乳胶手套),避免通过皮肤吸收很少量的胺类物质、溶剂和其他试剂;用水稀释浓 HCl、浓 H_2SO_4 时,会产生大量的热。应佩戴护目镜。衍生化试剂与水反应剧烈;在处理和分析样品过程中应小心;秘密毒品实验室可能会产生未知的剧毒的副产物;例如,在制备合成策划药(designer drug,如 MPPP,α - 阿法罗定的同类物)时至少会产生一种强烈神经毒性的副产物 1 - 甲基 - 4 - 苯基 - 1,2,5,6—四氢吡啶(MPTP),这种物质已经评价会不可逆转地导致帕金森症[6,7]

注:*见特殊防护措施。

采样

关于采样的特别说明见附录 C。

1. 戴上新手套,从保护袋中取出一个纱布擦拭巾。用约 3～4ml 甲醇(或异丙醇)润湿擦拭巾。

注意:试剂不宜过多,只要润湿擦拭巾中心 80% 的面积即可,溶剂过量会因溶剂滴落而造成样品损失;不要使用乙烯基手套,否则可能会因释放邻苯二甲酸酯类增塑剂而污染样品。

2. 将采样板放置在需采样区域的上方(可用胶带沿采样板外边缘将其固定),用固定的压力沿垂直方向 S 形擦拭需采样的表面,将擦拭面朝内折叠后再沿水平方向 S 形擦拭该区域。然后将擦拭巾再折叠一次,再沿垂直方向 S 形擦拭该区域。

3. 折叠该擦拭巾,接触面朝内,置于装样容器内并盖上盖子。

注意:样品冷藏(<6℃)。尽管在室温下,脱氧麻黄碱和其他相关胺类在推荐的擦拭介质中可稳定储存至少 7 天,仍建议尽快将样品冷藏(表 7-0-19)。

4. 在采集下一个样品前应先清洗采样板,或者使用一次性采样板。

5. 每一个样品应清楚做好标识。

6. 至少准备 2 个样品空白,每 10 个样品应有一个场样品空白。

注意:此外,至少为分析实验室制备 3 个介质空白;用于采样介质空白的擦拭巾应与样品的来自同一批。

样品处理

关于样品处理的特别说明见附录 D。

7. 采样介质的解吸。

a. 去掉装样容器的盖子。

注意:样品擦拭巾应松散放在容器内。否则将样品转移到更大的容器中。

b. 向每个擦拭巾样品中加入 $60\mu l$ 内标溶液。

c. 加入 30ml 解吸溶剂($0.1M\ H_2SO_4$)。

注意:如果样品转移到更大的容器内,应用解吸溶剂冲洗原来的装样容器,振荡后将清洗液合并到大容器内。

d. 盖紧盖子并将样品管置于旋混器内,以 10～30rpm 转速混合至少 1 个小时。

e. 检测溶液的 pH 应小于或等于 4。若需要,逐滴加入稀 H_2SO_4(2.5～3M)溶液调节 pH。每次加入酸后,振荡或者倒置几次以混合溶液,然后再测定 pH。

f. 混合后,转移 10ml 上清液到 25ml 的玻璃离心管中。

注意:若当天不进行萃取,则应将样品存放在冰箱内。冷藏条件下,待测物在解吸溶剂中至少可稳定 1 周。

8. 固相萃取操作。

a. 固相萃取柱的选择:选择仪器中列出的一种 SPE 柱。每种品牌的柱子的操作条件和流体阻力稍有不同。也可用其他品牌的 SPE 柱。若不使用指定柱子,在使用其他柱子之前,需先测定待测物的洗脱效率。

b. 安装固相萃取柱:将 SPE 柱连接到固相萃取装置的真空口。将真空管与真空泵相连,真空泵可产生 25～30psi 的真空度。

c. 老化:用 1 柱体积(3ml)的甲醇、1 柱体积的 Type II 去离子水依次老化固相萃取柱。对于某些牌子(如 Speedisk®)的柱,体积调节为 1/3 柱体积。查看产品的文献。

d. 上样:将 5ml 酸性解吸样品溶液加入各 SPE 柱上。调节真空,流出液流量为 1～2ml/min 为宜。获得这一流量所需的真空度与 SPE 柱的品牌有关。

e. 第一次洗涤:用 1 柱体积(3ml)的 0.1M 盐酸溶液洗涤每个小柱。对于某些品牌(如 Oasis® 或 Speedisk®),该体积可分别减少到 2ml 或 1ml。

f. 第二次洗涤:用 1 柱体积甲醇洗涤每个小柱。分 2～3 次加入以确保酸溶液被彻底冲洗。弃去所有流出物。

g. 干燥:加大真空度(如25psi),使空气通过柱5分钟,除去SPE柱中最后残留的水。硅基SPE柱或具有高流体阻力的柱可能需要更长的时间才能干燥。

h. 洗脱:在每个柱下放置13mm×100mm收集管。用3ml SPE洗脱液(新制备的80∶20∶2 二氯甲烷∶异丙醇∶浓氨水,v/v)。调节真空使流量≤1ml/min。对于某些品牌(如Speedisk®),不需要抽真空也可达到该流量。大部分待测物(如苯丙胺、麻黄素、甲基苯胺等)用1ml即可洗脱。

9. 蒸发:向每个含洗脱液的收集管中加入5μl结晶紫溶液和100μl 0.3M盐酸甲醇溶液。在25～35℃、温和吹氮下,将样品蒸发至干。干燥后几分钟之内将样品从蒸发浴中取出。留有发白的和紫色的混合残留物。干燥时结晶紫的紫色有助于分析人员更容易看见残留物。在浓缩和干燥时,结晶紫的颜色保持为蓝色到蓝紫色。

10. 衍生化(在通风下进行操作)。加入100μl衍生化稀释溶液。依次加入25μl MSTFA和25μl MB-HFBA。在加入溶液间隙,盖上收集管以防止大气湿度对试剂造成影响(见以下注意事项,每次不要有超过5～6个未盖盖的管)。将每个管涡旋4～5秒。用巴斯德吸管,将每种混合液转移到小体积的(300～500μl)棕色自动进样瓶中,并将盖上盖子。

注意:某些衍生化反应在室温下即可发生,尤其是三甲基硅烷化反应;衍生化反应是进样后在柱中完成的;无须或不建议预先加热;衍生化后溶液的颜色应该为深蓝色至紫色。如果静置过程中颜色变为淡蓝或蓝绿色,则可能存在水分(可能是进样瓶盖得不够紧)。由于衍生物在有水存在时不稳定,因此这样的样品需要从步骤8开始进行再处理。如果进样瓶是盖牢的,溶液可以在室温下稳定几天,在冷藏条件下可以稳定至少一周。避光储存(建议使用棕色进样瓶)。

11. 用GC – MS分析样品、标准、空白和质控样(见样品测定,步骤15～17和方法9109)。

标准曲线绘制与质量控制

12. 按照方法9109的色谱条件测定各待测物衍生物的保留时间。表7 – 0 – 25给出了各种毒品、前体和掺杂物的典型保留时间。图7 – 0 – 3为典型的色谱图。

13. 配制至少6个标准溶液和一个空白(表7 – 0 – 21),绘制标准曲线,标准溶液的浓度应覆盖测定范围。

a. 按照以下方法制备待测物加标溶液:向容量瓶中加入已知量的毒品储备液,用甲醇稀释至刻度,建议其中一个加标溶液的最终浓度约为200μg/ml。

b. 在干净的装样容器(如50ml聚丙烯离心管或等效的容器)中配制标准溶液和介质空白。

注意:如果用棉纱布采样,则可用采样介质标准代替液体标准(未加空白擦拭巾介质的标准液)。

c. 向每个标准溶液和采样介质空白溶液中加入3ml甲醇(如果采样时加入的是异丙醇则此时加入3ml异丙醇)。

注意:如果每个样品用的是2个棉纱擦拭巾,则将甲醇或异丙醇的量增加至4ml(表7 – 0 – 21,脚注2)。

d. 通过直接在溶液中或介质上加入已知体积的加标样品溶液,使其加入每个标准溶液中。所用加标溶液的体积见表7 – 0 – 21,其值应能覆盖需测的范围。

e. 将上述溶液与现场样品一起进行解吸、固相萃取(SPE)、干燥和衍生化(步骤7～11)。

f. 与现场样品一起进行测定(步骤15～17)。

14. 制备基质加标质控样品(QC)及基质加标复制质控样品(QD)[8]。

a. 将与现场采样相同的擦拭巾,送至分析实验室中,用于制备基质加标质控样品。

b. 在测定范围内的浓度(见表7 – 0 – 21应用浓度范围)下,分别制备质控样品(QC和QD)。

c. 每对QC和QD样品,应包括一个质控介质空白(QB)。

d. 根据表7 – 0 – 21中建议的体积,向QC和QD中加入已知量的目标待测物。

ⅰ. 将干净的擦拭巾转移到新的样品装样容器中。

ⅱ. 向每个擦拭巾中加3ml甲醇(如果擦拭时用的是异丙醇则加入异丙醇)。

ⅲ. 按照表7 – 0 – 21建议的体积,向标QC和QD样品加标已知体积的待测物。

注意:在一个分析组中,如果大部分样品使用了2个纱布擦拭巾,那么对于每个QB、QC和QD,也使用

2 个干净的纱布擦拭巾,并将异丙醇的体积(或甲醇)增加至 4ml(表 7 - 0 - 21,脚注 2)。

e. 将质控样品与标准溶液、空白和现场样品一起进行解吸、固相萃取(SPE)、干燥和衍生化(步骤 7 ~ 11)。

f. 将质控样品与标准溶液、空白和现场样品一起进行分析(步骤 15 ~ 17)。

样品测定

关于样品测定的特别说明见附录 G。

15. 用 GC - MS 方法分析标准溶液、质控样品、空白样品和由一个初始标准溶液组成的连续校准验证(CCV)标准液。

a. 根据仪器说明书和方法 9106 中的条件设置 GC 参数。

b. 根据仪器说明书和方法 9106 - 1 页中的条件设置质谱的扫描模式,或者按照表 7 - 0 - 21 设置 SIM 模式。

c. 自动进样器进样或者手动进样。

注意:在样品或标准的衍生化后和临分析前,进样几次最高浓度的标准溶液,使色谱柱和进样口优化或者去活,这有利于降低仪器对目标待测物响应值的漂移(相对于内标物而言)。

d. 分析结束后,如果后续还要继续分析,应将进样瓶迅速盖好并冷藏。

16. 利用各待测物特有的特征(定量)离子的萃取离子流图,测量待测物和内标物的峰面积,并将待测物的峰面积除以内标物的峰面积计算相对峰面积。表 7 - 0 - 20、表 7 - 0 - 22 和表 7 - 0 - 23 列出了推荐的初级(定量)离子及内标物。以相对峰面积对待测物的量绘制标准曲线。

17. 秘密实验室最初调查的样品中,可能有污染很大的样品。若样品结果超出标准曲线范围的上限,则将 GC 瓶中的样品稀释后重新分析,或者取少量的初始酸解吸液,稀释后再次提取、衍生和分析。关于稀释的说明及限制条件见附录 H。

计算

18. 根据标准曲线计算擦拭巾样品和介质空白中相应待测物的含量(微克/样品)。

19. 按下式计算待测物的最终浓度 C(微克/样品):

$$C = c\frac{V_1}{V_2} \cdot \frac{V_3}{V_4} - b\frac{V_5}{V_2}$$

式中:c——样品中待测物的浓度(微克/样品,根据标准曲线计算);

V_1/V_2——体积校正因子(仅当加标样品溶液和加标标准溶液的所用内标溶液的体积不同时需要,例如复合样品需要更大体积的解吸溶剂)(表 7 - 0 - 21,脚注 4);

V_1——用于加标样品溶液的内标溶液的体积(μl);

V_2——用于加标标准溶液的内标溶液的体积(μl);

V_3/V_4——稀释倍数;

V_3——5ml(步骤 8d 步中常用于萃取的解吸溶剂的体积);

V_4——萃取时实际使用的解吸溶剂体积,须用含内标的空白解吸溶剂稀释至 5ml;

b——介质空白中的浓度(由标准曲线测得,微克/样品)

V_5/V_2——介质空白的体积校正因子(仅当加标介质空白溶液和加标标准溶液所用的内标溶液的体积不同时需要);

V_5——用于加标采样介质空白时所用的内标溶液体积(μl)。

20. 按下式计算浓度值 C′(μg/m²),以 μg 每总擦拭面积 m² 表示:

$$C' = \frac{C}{A}$$

式中:C——步骤 19 计算的样品浓度每份样品(微克/样品);

A——每个样品的总擦拭面积(cm²)。

注意:一般来说,如果擦拭面积大于或者小于 100cm² 时,不用将值转化为 μg/100cm²,除非有特定的需要或经具有法定管辖权的机构允许。例如,如果样品为复合样品且面积为 400cm²,报告结果以 μg/400cm²

而不是平均到 $\mu g/100cm^2$,因为监管机构可能不允许将复合样品的结果平均到 $100cm^2$。为了避免混淆,对独立样品和复合样品,可分别记录微克/样品(C)和每个样品的总擦拭面积(A)。

方法评价

本法是根据 NIOSH 采样和分析方法中的制定指南研制的[2]。本法对表 7-0-22a 和表 7-0-22b 中的待测物及浓度在每份样品 0.1~30μg 之间的几种类型采样介质进行了评价。对于大多数目标待测物而言,这个浓度范围是定量下限 LOQ 的 1~300 倍,结果记录在备用数据报告中[1]。

通过在解吸溶剂中制备一系列液体标准,按照方法 9109 中固相萃取方法处理,采用扫描模式进行分析,测定了方法的检测限(LOD 和 LOQ)。LOD 值按照 Burkart 方法[9]进行了评价。对于擦拭巾上的脱氧麻黄碱,在扫描模式下,测得其 LOD 为每份样品 0.1μg。因每份样品 0.1μg 是 LOD/LOQ 研究中标准溶液的最低浓度,所以将其作为 LOD 值。实际上,将标准溶液的最低浓度减小至更低的浓度,已经测出更低的 LOD 值(如每份样品 0.02μg)。质谱仪的清洁度和性能应该满足:在每份样品 0.1μg 浓度下,其信号值为 5~10 倍基线噪声的信号值。对于质谱仪,SIM 模式更容易满足上述要求。

已对 6 种不同的擦拭介质进行了评价,分别是:3"×3"(7.5cm × 7.5cm)12 层棉质纱布,4"×4"(10cm × 10cm)AlphaWipes®(TX® 1004),4"×4"(10cm × 10cm)4 层 NU GAUZE®,4"×4"(10cm × 10cm)4 层 MIRASORB®,4"×4" 6 层(10cm×10cm)SOF-WICK® 和 4"×4"(10cm×10cm)4 层 TOPPER® 海绵。结果见备用数据报告中[2]。合成采样介质效果都不如棉质纱布,有些采样介质(TOPPER® 和 SOF-WICK®)给出的结果不一致。

在 6 个浓度(通常是每份样品 0.1,0.3,1,3,10 和 30μg)下,每个浓度制备 6 个平行样品,测定了精密度和准确度。棉质纱布的结果见表 7-0-22a 和 AlphaWipes® 的结果见表 7-0-22b。最佳的精密度和准确度主要取决于所选的内标物,尤其是胺类物质具有空间位阻现象(如含 N-乙基和 N-丙基的)。将样品冷藏(<6℃)30 天,和室温(22~24℃)下储存 7 天,测定了样品的长期储存稳定性,结果见表 7-0-19。

氯二氟乙酸酐(CDFAA)和五氟丙酸酐(PFPA)作为 SPE 流出物的衍生化试剂,对方法进行了评价。这些都不是有效的衍生化试剂,可能是由于 SPE 柱流出物中存在高浓度的氯化铵。但在方法 9106 液液萃取过程中,它们却最有效。

对于 SPE,已证明硅烷化-酰化混合试剂、MSTFA 和 MBHFBA[10, 18]非常有效。可将该衍生化混合试剂转移到棕色的小 GC 进样瓶中,直接进样而无须预热。

用棉质纱布采集 6 种不同表面上的苯丙胺,对其回收率进行了评价(表 7-0-24)。对一系列擦拭方法也进行了评价,如用第二个擦拭巾擦拭同一表面并将两个擦拭巾合并为一个样品。测试了用于湿润纱布的 4 种溶剂(蒸馏水、5% 蒸馏过的白醋、异丙醇和甲醇)。对涂有乳胶的墙壁,制备了 6 个平行样品。回收率和精密度数据见表 7-0-24。用含有 5% 蒸馏提纯的白醋的蒸馏水时,其回收率高于纯蒸馏水,但低于异丙醇。甲醇的结果优于异丙醇。用异丙醇,重复(连续)擦拭,其回收率更高(可以提高 11%,而甲醇只能提高 6%)。这些研究及其结果均记录在方法 9109 的备用数据报告中[1]。Martyny[10,11]还报道了其他关于表面样品的回收率和溶剂效果的研究。

参考文献

[1] Reynolds JM, Siso MC, Perkins JB [2004]. Backup Data Report for NIOSH 9109, Methamphetamine and Illicit Drugs, Precursors, and Adulterants on Wipes by Solid Phase Extraction, Abridged. Unpublished. Prepared under NIOSH Contract 200-2001-0800.

[2] NIOSH [1995]. NIOSH Technical Report: Guidelines for Air Sampling and Analytical Method Development and Evaluation. By Kennedy ER, Fischbach TJ, Song R, Eller PM, Shulman SA. Cincinnati, OH: U. S. Department of Health and Human Services, Public Health Service, Centers for Disease Control and Prevention, National Institute for Occupational Safety and Health, DHHS (NIOSH) Publication No. 95-117.

[3] Martyny JW, Arbuckle SL, McCammon CS Jr., Esswein EJ, Erb N [2003]. Chemical Exposures Associated with Clandestine Methamphetamine Laboratories [http://www.njc.org/pdf/chemical_exposures.pdf].

[4] NIOSH [2011]. Methamphetamine and Illicit Drugs, Precursors, and Adulterants on Wipes by Liquid-liquid Extrac-

tion: Method 9106. In: Ashley KA, O'Connor PF, eds. NIOSH Manual of Analytical Methods. 5th ed. Cincinnati, OH: U. S. Department of Health and Human Services, Centers for Disease Control and Prevention, National Institute for Occupational Safety and Health, [www. cdc. gov/niosh/nmam/].

[5] NIOSH [2011]. Methamphetamine on Wipes by Liquid Chromatography/Mass Spectrometry: Method 9111. In: Ashley KA, O'Connor PF, eds. NIOSH Manual of Analytical Methods. 5th ed. Cincinnati, OH: U. S. Department of Health and Human Services, Centers for Disease Control and Prevention, National Institute for Occupational Safety and Health, [www. cdc. gov/niosh/nmam/].

[6] Baum RM [1985]. New Variety of Street Drugs Poses Growing Problem. Chemical and Engineering News, 63(63):7 – 16.

[7] Buchanan JF, Brown CR [1988]. Designer Drugs, a Problem in Clinical Toxicology. Medical Toxicology 3:1 – 17.

[8] NIOSH [1994]. Chapter C: Quality Assurance. In: Eller PM, Cassinelli ME, eds. NIOSH Manual of Analytical Methods, 4th ed. Cincinnati, OH: Department of Health and Human Services, Centers for Disease Control and Prevention, National Institute for Occupational Safety and Health, DHHS (NIOSH) Publication No. 94 – 113. [www. cdc. gov/niosh/nmam/].

[9] Burkart JA [1986]. General Procedures for Limit of Detection Calculations in the Industrial Hygiene Chemistry Laboratory. Applied Industrial Hygiene 1(3):153 – 155.

[10] Martyny JW. Decontamination of Building Materials Contaminated with methamphetamine [http://health. utah. gov/meth/html/Decontamination/Decontamination of Building Materials Contaminated with Meth. pdf]. Date Accessed: May, 2011.

[11] Martyny JW [2008]. Methamphetamine Sampling Variability on Different Surfaces Using Different Solvents [http://health. utah. gov/meth/html/Decontamination/MethSamplingVariabilityonDifferentSurfaces. pdf]. Date Accessed: May, 2011.

[12] Crockett DK, Frank EL, and Roberts WL [2002]. Rapid Analysis of Metanephrine and Normetanephrine in Urine by Gas Chromatography – mass Spectrometry. Clinical Chemistry 48: 332 – 337.

[13] Budavari S, ed. [1989]. Merck Index, 11th ed. Rahway, New Jersey: Merck and Co.

[14] Sweet DV, ed. [1997]. Registry of Toxic Effects of Chemical Substances. DHHS (NIOSH) Publication No. 97 – 119. [http://www. cdc. gov/niosh/pdf/97 – 119. pdf].

[15] Sigma – Aldrich MSDS sheets [http://www. sigma – aldrich. com]. Date Accessed: May 10, 2004.

[16] Cerilliant Analytical Reference Materials. 811 Paloma Drive, Suite A, Round Rock, Texas 78664 [www. cerilliant. com].

[17] Howard PH, Meylan WM [1997]. Handbook of Physical Properties of Organic Chemicals. Boca Raton, Florida: CRC/Lewis Publishers. See Also Syracuse Research Corporation's Website [http://www. syrres. com/esc/physdemo. htm] for Demos and Updates. Date accessed: May 10, 2004.

[18] Little JL [1999]. Artifacts in Trimethylsilyl Derivatization Reactions and Ways to Avoid Them. Journal of Chromatography. A, 844:1 – 22.

[19] Zhang JS, Tian Z, Lou ZC [1989]. Quality Evaluation of Twelve Species of Chinese Ephedra (Ma Huang). Acta Pharmaceutic Sinica 24(11):865 – 871.

[20] Cui JF, Zhou TH, Zhang JS, and Lou ZC [1991]. Analysis of Alkaloids in Chinese Ephedra Species by Gas Chromatographic Methods. Phytochemical Analysis 2:116 – 119.

[21] Andrews KM [1995]. Ephedra's Role as a Precursor in the Clandestine Manufacture of Methamphetamine. Journal of Forensic Sciences 40(4):551 – 560.

[22] OSHA [2001]. Evaluation Guidelines for Surface Sampling Methods. Industrial Hygiene Chemistry Division, OSHA Salt Lake Technical Center, Salt Lake City, Utah. [http://www. osha. gov/dts/sltc/methods/surfacesampling/surfacesampling. pdf]. Date accessed: May 2011.

方法作者

JJohn M. Reynolds, Maria Carolina Siso, and James B. Perkins, DataChem Laboratories, Inc. , Salt Lake City, Utah under NIOSH Contract CDC 200 – 2001 – 0800.

表 7 - 0 - 15 待测物的分子式及注册号

化合物（字母顺序）	相对分子质量			游离碱分子式	CAS 号[2]	RTECS 号[6]
	游离碱	盐酸盐	半硫酸盐			
(DL) - 苯丙胺	135.21	171.67	184.25	$C_6H_5 \cdot CH_2 \cdot CH(CH_3) \cdot NH_2$	$300-62-9^{[3]}$ $60-13-9^{[5]}$	SH9450000 SI1750000
(D) - 苯丙胺[7]	135.21	171.67	184.25	$C_6H_5 \cdot CH_2 \cdot CH(CH_3) \cdot NH_2$	$51-64-9^{[3]}$ $51-63-8^{[5]}$	SI14100000
(L) - 苯丙胺	135.21	171.67	184.25	$C_6H_5 \cdot CH_2 \cdot CH(CH_3) \cdot NH_2$	$156-34-3^{[3]}$	SH9050000
咖啡因	194.19			$(CH_3)_3 \cdot [C_5HN_4O_2]$	$58-08-2^{[3]}$	EV6475000
(DL) - 麻黄碱	165.24	201.70	214.28	$C_6H_5 \cdot CH(OH) \cdot CH(CH_3) \cdot NH \cdot CH_3$	$90-81-3^{[3]}$ $134-71-4^{[4]}$	
(L) - 麻黄碱[8]	165.24	201.70	214.28	$C_6H_5 \cdot CH(OH) \cdot CH(CH_3) \cdot NH \cdot CH_3$	$299-42-3^{[3]}$ $50-98-6^{[4]}$ $134-72-5^{[5]}$	KB0700000 KB1750000 KB2625000
(D) - 麻黄碱	165.24	201.70	214.28	$C_6H_5 \cdot CH(OH) \cdot CH(CH_3) \cdot NH \cdot CH_3$	$321-98-2^{[3]}$ $24221-86-1^{[4]}$	KB0600000 KB1925000
(±) - MDEA	207.27	243.73		$CH_2O_2C_6H_3 \cdot CH_2 \cdot CH(CH_3) NH \cdot C_2H_5$	$82801-81-8^{[3]}$ $116261-63-2^{[4]}$	
(±) - MDMA	193.24	229.71		$CH_2O_2C_6H_3 \cdot CH_2 \cdot CH(CH_3) \cdot NH \cdot CH_3$	$42542\sim10-9^{[3]}$ $92279-84-0^{[4]}$	SH5700000
(+) - MDMA[7]	193.24	229.71		$CH_2O_2C_6H_3 \cdot CH_2 \cdot CH(CH_3) \cdot NH \cdot CH_3$	$64057-70-1^{[4]}$	SH5700000
(DL) - 脱氧麻黄碱	149.24	185.70	198.28	$C_6H_5 \cdot CH_2 \cdot CH(CH_3) \cdot NH \cdot CH_3$	$4846-07-5^{[3]}$	
(D) - 脱氧麻黄碱[7]	149.24	185.70	198.28	$C_6H_5 \cdot CH_2 \cdot CH(CH_3) \cdot NH \cdot CH_3$	$537-46-2^{[3]}$ $51-57-0^{[4]}$	SH4910000 SH5455000
(L) - 脱氧麻黄碱	149.24	185.70	198.28	$C_6H_5 \cdot CH_2 \cdot CH(CH_3) \cdot NH \cdot CH_3$	$33817-09-3^{[3]}$	SH4905000
苯环己哌啶	243.39	279.85		$C_6H_5 \cdot C[C_5H_{10}] \cdot N[C_5H_{10}]$	$77-10-1^{[3]}$ $956-90-1^{[4]}$	TN2272600 TN2272600
苯丁胺	149.24	185.70		$C_6H_5 \cdot CH_2 \cdot C(CH_3)_2 \cdot NH_2$	$122-09-8^{[3]}$ $1197-21-3^{[4]}$	SH4950000
(DL) - 去甲麻黄碱	151.21	187.67	200.25	$C_6H_5 \cdot CH(OH) \cdot CH(CH_3) \cdot NH_2$	$14838-15-4^{[3]}$ $154-41-6^{[4]}$	RC2625000 DN4200000
1R,2S (-) - 去甲麻黄碱	151.21	187.67	200.25	$C_6H_5 \cdot CH(OH) \cdot CH(CH_3) \cdot NH_2$	$492-41-1^{[3]}$	RC2275000
1S,2R (+) - 去甲麻黄碱	151.21	187.67	200.25	$C_6H_5 \cdot CH(OH) \cdot CH(CH_3) \cdot NH_2$	$37577-28-9^{[3]}$	
1S,2S (+) - 去甲麻黄碱	151.21	187.67	200.25	$C_6H_5 \cdot CH(OH) \cdot CH(CH_3) \cdot NH_2$	$36393-56-3$ $2153-98-2^{[4]}$	RC9275000
(D) - 伪麻黄碱[8,9]	165.24	201.70	214.28	$C_6H_5 \cdot CH(OH) \cdot CH(CH_3) \cdot NHCH_3$	$90-82-4^{[3]}$ $345-78-8^{[4]}$	UL5800000 UL5950000
(L) - 伪麻黄碱[10]	165.24	201.70	214.28	$C_6H_5 \cdot CH(OH) \cdot CH(CH_3) \cdot NH \cdot CH_3$	$321-97-1^{[3]}$	

注:(1)相对分子质量是根据《默克索引 1987 IUPAC 元素原子量》[10]的经验分子式计算得出;半硫酸相对分子质量是 2∶1 硫酸盐 (2mol 胺 +1mol H_2SO_4)的相对分子质量的 1/2;(2) CAS 号的来源:Merck 索引[13],NIOSH RTECS[14],Sigma/Aldrich 公司的 MSDS 表[15],Cerilliant[16]等其他来源[17];(3)游离碱形式;(4)盐酸盐;(5)2∶1 硫酸盐(2mol 胺 +1mol H_2SO_4);(6)RTECS—NIOSH 化学物 质毒性数据库[14];(7)更活泼的异构体;(8)天然生成的异构体;(9)D 型伪麻黄碱是解充血剂;(10)L 型伪麻黄碱是支气管扩张剂;脱 羟基则形成低活性的 L 型脱氧麻黄碱。

表 7 – 0 – 16 美国各州规定的脱氧麻黄碱的标准(2008 年 1 月)*

州名	标准	州名	标准
Alaska ** 阿拉斯加州	$0.1\mu g/100cm^2$	Minnesota 明尼苏达州	$0.2\mu g/100cm^2$(meth labs), $< 1.5\mu g/100cm^2$(meth use)
Arizona 亚利桑那州	$0.1\mu g/100cm^2$	Montana 蒙大拿州	$0.5\mu g/ft^2$
Arkansas 阿肯色州	$0.1\mu g/100cm^2$	New Mexico 新墨西哥州	$1.0\mu g/ft^2$
California *** 加利福尼亚州	$< 1.5\mu g/100cm^2$	North Carolina 北卡罗来纳州	$0.1\mu g/100cm^2$
Colorado 科罗拉多州	$0.5\mu g/100cm^2$	Oregon 俄勒冈州	$0.5\mu g/ft^2$
Connecticut 康涅狄格州	$0.1\mu g/100cm^2$	South Dakota 南达科他州	$0.1\mu g/100cm^2$
Hawaii 夏威夷州	$0.1\mu g/100cm^2$	Tennessee 田纳西州	$0.1\mu g/100cm^2$
Idaho 爱达荷州	$0.1\mu g/100cm^2$	Utah 犹他州	$0.1\mu g/100cm^2$
Kentucky 肯塔基州	$0.1\mu g/100cm^2$	Washington 华盛顿州	$<0.1\mu g/100cm^2$

注:以下各州尚没有相关标准:Alabama(亚拉巴马州),Delaware(特拉华州),华盛顿,Florida(佛罗里达州),Georgia(佐治亚州),Il-linois(伊利诺伊州),Indiana(印第安纳州),Iowa(爱荷华州),Kansas(肯萨斯州),Louisiana(路易斯安那州),Maine(缅因州),Maryland (马里兰州),Massachusetts(马萨诸塞州),Michigan(密歇根州),Mississippi(密西西比州),Missouri(密苏里州),Nebraska(内布拉斯加 州),Nevada(内华达州),New Hampshire(新罕布什尔州),New Jersey(新泽西州),New York(纽约州),North Dakota(北达科他州),Ohio (俄亥俄州),Oklahoma(俄克拉荷马州),Pennsylvania(宾夕法尼亚州),Rhode Island(罗得岛州),South Carolina(南卡罗来纳州),Texas (德克萨斯州),Vermont(福蒙特州),Virginia(弗吉尼亚州),West Virginia(西弗吉尼亚州),Wisconsin(威斯康星州),Wyoming(怀俄明 州);* NIOSH 尚未建立基于健康或基于可行性的空气中的推荐接触限值(RELs)及秘密毒品实验室的表面污染物指南;提供各州的 表面污染限值是为了给那些寻求额外信息的人提供帮助,但 NIOSH 尚未认可这些值;美国各州联盟禁毒法(The National Alliance for Model State Drug Laws,NAMSDL)网站(http://www. namsdl. org/home. htm)会定期总结各州可行的排污限值,并提出州立法需求和指 南;但是,各州信息总是在改变,因此某些州的表面污染物限值、其他州的排污要求和指南等信息应该从每个州直接获得;**关于清 除违禁药品制造厂的指导和标准第一次修订版,2007 年 4 月 19 日,阿拉斯加州环境保护局,泄漏预防和响应部门,预防应急响应计 划;http://www. dec. alaska. gov/spar/perp/methlab/druglab_guidance. pdf;***2009 年 10 月 House Bill 1489 获准立法,将新的标准合 并后作为该州的限值。其他各州数据参考 http://health. utah. gov/meth/html/Resources/OtherStates/Nationalcomparison(2011 年 4 月下 载)。

表 7 – 0 – 17 待测物的物理性质[1]

化合物	CAS 号	熔点/℃	饱和蒸气压/mmHg	pK$_a$[4]	Log P[5]	水中的溶解度(g/100ml)
(DL)– 苯丙胺	300 – 62 – 9	—	—	10.1(20℃)	1.76	2.8(25℃)
(D)– 苯丙胺	51 – 64 – 9	<25	—	9.9	1.76	
(D)– 苯丙胺硫酸盐	51 – 63 – 8	>300	—		6.81	
(L)– 苯丙胺	156 – 34 – 3	—	0.201(25℃)	10.1(20℃)	1.76	2.8(25℃)
咖啡因	58 – 08 – 2	238	15(89℃)	10.4(40℃)	– 0.07	2.16(25℃)
(DL)– 麻黄碱	90 – 81 – 3	76.5	—		0.68	
L – 麻黄碱	299 – 42 – 3	34	0.00083(25℃)	10.3(0℃)	1.13	6.36(30℃)
L – 盐酸麻黄碱	50 – 98 – 6	218	2.04E – 10 (25℃)	pH5.9(1/200 dil.)[3]	– 2.45	25[6]

续表

化合物	CAS 号	熔点/℃	饱和蒸气压/mmHg	pKa[4]	Log P[5]	水中的溶解度/（g/100ml）
MDEA	82801 - 81 - 8	—	—	—	—	—
MDMA 盐酸盐	42542 - 10 - 9	148 ~ 149[2]	—	—	—	—
D - 脱氧麻黄碱	537 - 46 - 2	—	0.163（25℃）	9.87（25℃）	2.07	1.33（25℃）
D - 脱氧麻黄碱盐酸盐	51 - 57 - 0	170 ~ 175[2]	—	—	—	—
苯环己哌啶	77 - 10 - 1	46.5	—	8.29	4.69	—
苯环己哌啶盐酸盐	956 - 90 - 1	233 ~ 235[2]	—	—	—	—
苯丁胺	122 - 09 - 8	—	0.0961（25℃）	—	1.90	1.86（25℃）
盐酸苯丁胺	1197 - 21 - 3	198[2]	—	—	—	—
（±）苯丙醇胺	14838 - 15 - 4	—	0.000867（25℃）	9.44（20℃）	0.67	14.9（25℃）
（±）盐酸苯丙醇胺	154 - 41 - 6	194	—	—	- 2.75	—
L - 去甲麻黄碱	492 - 41 - 1	51 ~ 53[3]	—	—	—	—
1S,2S（+）去甲麻黄碱	36393 - 56 - 3	77.5 ~ 78	0.000867（25℃）	9.44（20℃）	0.83	14.9（25℃）
1S,2S（+）盐酸去甲麻黄碱	492 - 39 - 7	—	—	pH5.9 ~ 6.1（aq. sdn.）[3]	0.22	2（25℃）
D - 伪麻黄碱	90 - 82 - 4	119	0.00083（25℃）	10.3（0℃）	0.89	10.6（25℃）
D - 盐酸伪麻黄碱	345 - 78 - 8	181 ~ 182[2]	—	pH 5.9（1/200 dil.）[3]	—	—

注：（1）除另有注明者，录自有机物的物理性质手册[17]；（2）默克索引[10]；（3）Sigma - Aldrich 公司 MSDS[14]；（4）水溶液中胺的酸解离常数的负对数；（5）Log P—辛醇/水分配系数；（6）来源中未提供温度。

表 7 - 0 - 18　待测物的中、英文名及英文别名

通用名称	商业名称和行业名称	其他命名
（DL）- Amphetamine；（±）- Amphetamine 苯丙胺	Benzedrine；Phenedrine；Bennies	（±）- α - Methylbenzeneethanamine[4]；dl - α - Methylphenethyl-amine[4]；dl - 1 - Phenyl - 2 - aminopropane；（±）- Desoxynorephedrine
（D）- Amphetamine；（+）- Amphetamine 苯丙胺	Dextroamphetamine；Dexedrine；dexies	（S）- α - Methylbenzeneethanamine[4]；d - α - Methylphenethyl-amine[4]；d - 1 - phenyl - 2 - aminopropane；d - β - Phenylisopropylamine
（L）- Amphetamine；（-）- Amphetamine 苯丙胺	Levoamphetamine；component of Adderall	（R）- α - Methylbenzeneethanamine[4]；l - α - Methylphenethyl-amine[4]；l - 1 - phenyl - 2 - aminopropane；（-）- 1 - phenyl - 2 - aminopropane
Caffeine 咖啡因	Component（with ephed-rine）of cloud 9 and herbal XTC	3,7 - Dihydro - 1,3,7 - trimethyl - 1H - purine - 2,6 - dione[4]；1,3,7 - Trimethylxanthine
（DL）- Ephedrine；（±）- Ephedrine 麻黄碱	Ephedral；Racephedrine；Sanedrine	（R*,S*）- （±）- alpha - [2 - （Methylamino）ethyl]benzenemethanol；DL - alpha - [1 - （Methylamino）ethyl]benzyl alcohol；dl - Ephedrine
（L）- Ephedrine；（-）- Ephed-rine；（1R,2S）- （-）- Ephed-rine；l - Ephedrine 麻黄碱	Primatene；Xenadrine；Ma Huang [Ephedra sinica and other species（5）]；（with caffeine）cloud 9 and herb-al ecstasy	[R - （R*,S*）] - α - （1 - Methylaminoethyl）benzenemethanol；L - erythro - 2 - （Methylamino）- 1 - phenylpropan - 1 - ol；（1R,2S）- （-）- 2 - Methylamino - 1 - phenyl - 1 - propanol；（-）- alpha - （1 - Methylamino - ethyl）- benzyl alcohol；（-）- 1 - hydroxy - 2 - methyl-amino - 1 - phenylpropane；L - （-）- Ephedrine

续表

通用名称	商业名称和行业名称	其他命名
(D) – Ephedrine 麻黄碱		(1S,2R) – (+) – 2 – Methylamino – 1 – phenyl – 1 – propanol; (+) – Ephedrine
MDEA	MDE; Eve	(±) – 3,4 – Methylenedioxy – N – ethylamphetamine; N – ethyl – alpha – methyl – 1,3 – benzodioxole – 5 – ethanamine
MDMA	Adam, ecstasy, X, XTC	N,α – Dimethyl – 3,4 – 1,3 – benzodioxole – 5 – ethanamine; 3,4 – Methylenedioxymethamphetamine
(DL) – Methamphetamine; (±) – Methamphetamine 脱氧麻黄碱		N,α – Dimethylbenzeneethanamine[4]; N,α – Dimethylphenethylamine; dl – Desoxyephedrine; N – methyl – β – phenylisopropylamine
(D) – Methamphetamine; (+) – Methamphetamine; d – Methamphetamine 脱氧麻黄碱	Methedrine; Desoxyn; chalk; crank; crystal; glass; ice; meth, speed; upper	(S) – N,α – Dimethylbenzeneethanamine; (S) – (+) – N,α – Dimethyl – phenethylamine[4]; d – 1 – Phenyl – 2 – methylaminopropane; d – Desoxyephedrine; d – N – methyl – β – phenyl – isopropylamine
(L) – Methamphetamine; (–) – Methamphetamine 脱氧麻黄碱	Component in decongestant vapor inhaler (Vick's brand)	(R) – (–) – N,α – Dimethylphenethylamine; (–) – Deoxyephedrine; (–) – 2 – (Methylamino) – 1 – phenylpropane
Phencyclidine 苯环己哌啶	Sernylan; Sernyl; angel dust; PCP; peace pill	1 – (1 – Phenylcyclohexyl) piperidine[4]
Phentermine 苯丁胺	Fastin; Normephentermine	α,α – Dimethylbenzeneethanamine[4]; α,α – Dimethylphenethylamine[4]; 1,1 – Dimethyl – 2 – phenylethylamine; α – Benzylisopropylamine
(DL) – Norephedrine; (±) – Norephedrine 去甲麻黄碱	(±) – Phenylpropanolamine; Obestat; Phenedrine	(R*,S*) – (±) – α – (1 – Aminoethyl) benzenemethanol[4]; – (±) – α – (1 – Amino – ethyl) benzyl alcohol[4]; (±) – 2 – Amino – 1 – phenyl – 1 – propanol
(L) – Norephedrine; (–) – Norephedrine 去甲麻黄碱	Natural form found in Ephedra sinica and other species[5]	(1R,2S) – 2 – Amino – 1 – phenyl – 1 – propanol; (1R,2S) – Norephedrine; l – erythro – 2 – Amino – 1 – phenylpropan – 1 – ol
(D) – Norephedrine; (+) – Norephedrine 去甲麻黄碱	Metabolite of cathinone in urine of Khat users.	(1S,2R) – 2 – Amino – 1 – phenyl – 1 – propanol; (1S,2R) – Norephedrine; d – erythro – 2 – Amino – 1 – phenylpropan – 1 – ol
(+) – Norpseudoephedrine; Cathine 去甲伪麻黄碱	Amorphan; Adiposettin; Reduform; found naturally in Khat plant	(R*,R*) – α – (1 – Aminoethyl) benzenemethanol[4]; d – threo – α – 2 – Amino – 1 – hydroxy – 1 – phenylpropane; 1S,2S – (+) – Norpseudoephedrine
L – (+) – Pseudoephedrine; (+) – Pseudoephedrine; d – Pseudoephedrine 伪麻黄碱	Afrinol; Novafed; Sinufed; Sudafed; natural form found in Ephedra sinica and other species[5]	[S – (R*,R*)] – α – [1 – (Methylamino) ethyl] benzenemethanol; (1S,2S) – (+) – 2 – Methylamino – 1 – phenylpropanol; d – [alpha – (1 – Methylamino) – ethyl] benzyl alcohol; (1S,2S) – (+) – Pseudoephedrine; d – threo – 2 – Methylamino – 1 – phenylpropan – 1 – ol; (+) – ψ – Ephedrine
D – (–) – Pseudoephedrine; (–) – Pseudoephedrine 伪麻黄碱		(1R,2R) – (–) – Pseudoephedrine; (–) – ψ – Ephedrine; l – threo – 2 – Methylamino – 1 – phenylpropan – 1 – ol; (+) – ψ – Ephedrine

注:(1)常用名或通用名称;为简化未列出盐的形式;(2)所列商业名称和行业名称为主要的名称,未一一列举;行业名称随着时间和地点会改变,未区分盐和游离碱形式;(3)其他名称主要来自默克索引[13],NIOSH 化学物质毒性数据库[13],MSDS[15,16]。注意:对苯丙胺和脱氧麻黄碱来说,前缀 R –、D –、d – 和(+)–虽然指的是不同异构体,但其本质都是指右旋立体异构体的英文名称;而前缀 S –、L –、l – 和(–)本质上都是左旋立体异构体的英文名称;还有许多其他的英文别名;(4)默克索引中提供的未转化的 CAS 名称[13];(5)麻黄提取物中含有不同量的(+)–去甲麻黄碱、(–)–N–甲基麻黄碱和(+)–N–甲基伪麻黄碱。(+)–去甲麻黄碱

降解生成苯丙胺,N-甲基麻黄碱和 N-甲基伪麻黄碱降解生成 N,N-二脱氧麻黄碱[19,20];后两种化合物存在于脱氧麻黄碱样品中,这表明麻黄草提取物已经用于合成[21]。

表7-0-19　分析检出限(LOD)、方法检出限(MDL)和样品储存稳定性[1]

化合物	内标物[2]	估算 LOD[3] (微克/样品) 液体标准	(微克/样品) 液体标准	估算 MDL[4] (微克/样品) 棉质纱布	(微克/样品) AlphaWipe®	储存稳定性[5] 30天-4℃	7天-22℃
D-苯丙胺	D11-Amp	0.1	0.1	0.02		100.5	94.5
	D14-Met	0.1	0.05	0.02	0.02	99.7	87.9
	NMPhen	0.1		0.04		—	—
咖啡因	D11-Amp	0.6		0.20[9]		99.3	98.8
	D14-Met	0.4		0.10[9]	0.10[9]	98.5	91.9
	NMPhen	0.4		0.10[9]			
L-麻黄碱	D11-Amp	0.2	0.2	0.02		95.6	97.2
	D14-Met	0.1	0.1	0.02	0.02	94.8	90.5
	NMPhen	0.1		0.02		—	—
MDME	N-PAmp	0.1		0.06	0.10	98.9	102.1
MDMA	D11-Amp	0.1		0.02		99.7	111.1
	D14-Met	0.1		0.02	0.40	98.9	103.2
	NMPhen	0.1		0.03		—	—
D-脱氧麻黄碱	D11-Amp	0.2	0.07	0.02		98.7	100.6
	D14-Met	0.1	0.05	0.02	0.02	98.0	93.5
	NMPhen	0.1		0.02		—	—
苯环己哌啶	D11-Amp	0.6		0.10[9]		103.7	105.2
	D14-Met	0.4		0.10[9]	0.50[9]	102.9	97.7
	NMPhen	0.1		0.10[9]		—	—
苯丁胺	D11-Amp	0.2		0.03		102.0	101.5
	D14-Met	0.1		0.03		101.1	94.3
	NMPhen	0.1		0.04		—	—
±-去甲麻黄碱[8]	D11-Amp	0.1	0.05	0.03		94.3	92.7
	D14-Met	0.1		0.03	0.03	93.6	86.2
	NMPhen	0.1		0.03		—	—
伪麻黄碱	D11-Amp	0.2	0.2	0.02		100.4	97.9
	D14-Met	0.1	0.1	0.02	0.02	99.6	91.1
	NMPhen	0.1		0.02			

注:(1)备用数据报告[1];(2)内标物:D11-Amp—苯丙胺-D_{11},D14-Met—脱氧麻黄碱-D_{14},NMPhen—N-甲基苯乙胺,N-PAmp—N-丙基苯丙胺;(3)LOD 值会随着 GC 色谱柱、仪器条件和清洁度、采样介质干扰和所用内标物的不同而不同;基于液体标准和 Burkart 方法计算 LOD(标准曲线的 LOD 等于浓度最低的 3 个标准样品及其平行样品的相对标准偏差的 3 倍除以标准曲线的斜率)[9];(4)MDL 作为灵敏度的一种表示方法,是满足安全监管机构的需要。其值等于 6 个介质加标平行样品(若无特别注明,浓度为每份样品 0.1μg)的标准偏差乘以 6 次分析的 t 值(3.365)。(通常需要 7 个平行样品);(5)在棉质纱布上加浓度为每份样品 3μg 的待测物,制备 6 个样品,立刻进行分析;制备 6 个样品,在室温(约22℃)下储存 7 天后进行分析;另 18 个样品在 >6℃ 下储存,在第 7 天和第 21 天分别取 6 个样品进行分析;在第 14 天和第 30 天分别取 3 个样品进行分析(详见备用数据报告[1]);表观回收率随着内标物不同而不同;(6)这些 LOD 值是保守估计值,因为所检测的标准溶液的最低浓度为每份样品 0.1μg;用浓度更低的标准溶液并在 SIM 模式下进行质谱操作,可以获得更低的 LOD;(7)典型的 LOD 是由 5 个浓度、每个浓度分析一个标准溶液的标准曲线计算而得;其标准溶液的最低检测浓度为每份样品 0.05μg;(8)(±)-去甲麻黄碱即(±)-苯丙醇胺;(9)由于无法测得每份样品 0.1μg 水平的 GC 峰,

可卡因和苯环己哌啶的 MDLs 是在每份样品 0.3μg 水平下测得的;每份样品 0.3μg 水平下测定的精密度,为每份样品 0.1μg 水平下计算所得的 MDL;这些值为实际值,因为每份样品 0.1μg 水平的样品在分析前已经储存了一个月,可能对稳定性有影响。

表 7 – 0 – 20 选择离子模式下质谱操作参数的示例[1]

七氟丁酰 – 三甲基 – 甲硅烷基衍生化试剂	扫描窗口[2]				获得离子的质荷比[3]					
获得一组	8.20 ~ 10.20	104	118	128	132	210	213	240	244	254	261
获得二组	10.20 ~ 13.20	179	240	254	282	296	456			
获得三组	13.20 ~ 19.00	82	162	182	200	242	254	268		

GC 峰编号[4]	目标待测物及内标物	保留时间[6] /min	特征离子(m/z)[7] (定量离子)	次级离子及相对丰度[8] (相对于特征离子)	
13	苯丙胺 – D₁₁(IS)[9]	8.46	244	128	70%
5	苯丙胺	8.54	240	118	70%
92	苯丁胺	8.72	254	132	12%
81	N – 甲基苯乙胺(IS)[9]	8.54	240	104	100%
68	脱氧麻黄碱 – D14(IS)[9]	9.86	261	213	30%
64	脱氧麻黄碱	9.94	254	210	35%
获得二组					
95	苯丙醇胺	10.49	179	240	18%
97	N – 丙基苯丙胺(IS)[9]	11.05	282	240	85%
36	麻黄碱	11.40	179	254	17%
98	伪麻黄碱	11.68	179	254	15%
32	二溴八氟二联苯[10]	12.82	296	456	100%
获得三组					
59	MDMA	13.81	254	162	80%
57	MDEA	14.19	268	162	60%
86	苯环己哌啶	15.62	200	242	35%
27	咖啡因	18.65	182	82	110%

注:(1)该示例中,将 10 个待测物和 5 个内标物分为 3 组,每组不超过 10 个特征离子和次级离子;每组中待测物和内标物总数不超过 6 个即可;(2)扫描窗口以分钟计,具体时间取决于色谱柱和仪器参数;(3)建议加粗的离子作为初级(定量)离子;为了获得最好的信噪比,每组不超过 10 个离子,每个离子(m/z)的驻留时间是 50 毫秒;(4)GC 色谱峰数见图 7 – 0 – 3、图 7 – 0 – 4 和表 7 – 0 – 25;(5)本表中所列待测物和内标物是一个示例,待测物和内标物的选择应根据分析目的而定;(6)保留时间取决于气相色谱柱和仪器参数;(7)较好的定量离子通常为基峰或其质量 >100m/z,且相对丰度 >50% 基峰强度的色谱峰;这些色谱峰减少了洗脱液中碳氢化合物的干扰;建议的特征离子不一定是待测物质谱中的基峰,若基峰为芳香类化合物(如 m/z 为 91)、石蜡族或烯烃类碳氢化合物(如 m/z 为 42、57 和 58)的共同离子,尤其如此;其他待测物和内标物的建议离子见表 7 – 0 – 25 和表 7 – 0 – 26;(8)如果定量离子存在干扰则可以用其他特征离子进行定量分析;其他特征离子可提高 SIM 下待测物的定性能力;所给相对丰度为近似值(±10% ~20%),大小取决于仪器调谐和条件,与特征离子有关,而不一定与待测物质谱图中基峰有关;各待测物其他特征离子的相对丰度需要根据所用仪器的质谱图确定;(9)(IS)为内标物;内标物必须与目标待测物配对;表 7 – 0 – 22a 和表 7 – 0 – 22b 为不同配对的精密度和准确度;其他可用的内标物见表 7 – 0 – 23 和 7 – 0 – 25;如果可以的话,目标待测物的高氘化类似物则更好;(10)可选二溴八氟联苯作为次级内标物,用于监测自动进样器和仪器调谐;质量轴的漂移,以及 m/z 296 对 m/z 456 在分析过程中的相对丰度的漂移,将有助于信号降解调谐。

表 7-0-21　标准溶液和质控样品的加标流程建议

名称	擦拭巾数量[1,2]	异丙醇或甲醇[3]体积[2]	内标加标溶液的[4,5]体积[2]	待测物加标液的体积[5,6]	加标溶液1/20稀释的体积[5,7]	解吸溶剂的体积[2]	最终浓度（微克/样品，游离碱）[9]
按照顺序将下列溶液加入装样容器中（如50ml聚丙烯离心管）							
标准溶液[10]							
CS0	0	3ml	60μl		0.0μl	30ml	0.00
CS1	0	3ml	60μl		2μl	30ml	0.02
CS2	0	3ml	60μl		5μl	30ml	0.05
CS3	0	3ml	60μl		10μl	30ml	0.1
CS4	0	3ml	60μl		20μl	30ml	0.2
CS5	0	3ml	60μl		60μl	30ml	0.6
CS6	0	3ml	60μl	10μl		30ml	2.0
CS7	0	3ml	60μl	30μl		30ml	6.0
CS8	0	3ml	60μl	100μl		30ml	20
CS9	0	3ml	60μl	300μl		30ml	60
CS10	0	3ml	60μl	1000μl		30ml	200
质控样品[11]							
QB(介质空白)	1	3ml	60μl	0.0μl		30ml	0.0
QC(基质加标样)	1	3ml	60μl	3~300μl	或20~60μl	30ml	0.2~60
QD(基质加标平行样品)	1	3ml	60μl	3~300μl	或20~60μl	30ml	0.2~60

注：(1)纱布擦拭巾可以加入到标准溶液中，但如果是棉质纱布则没有必要；空白纱布擦拭巾通常应加入到质控样品QB、QC和QD中；(2)①如果样品由2个擦拭巾组成，解吸溶剂体积应增加到40ml，以确保充分解吸；装样容器应选用50ml聚丙烯离心管或者等效的容器，以保证有足够的体积来盛放2个擦拭巾所需的解吸溶剂；每个样品所用解吸溶剂和润湿所用醇的确切体积并不重要，只要足够覆盖样品或润湿样品即可；②如果一组样品中大多数由2个擦拭巾组成，则质控样品(QB、QC和QD)也应为2个擦拭巾；异丙醇(或甲醇)的体积也应该相应地增加到4ml，以模拟实际样品；(3)如果擦拭样品时使用甲醇，则后续标准溶液、空白和质控样品制备时也应该用甲醇，而不用异丙醇；(4)内标物在内标溶液中的浓度约为200μg/ml（以游离碱计）；一定要知道加入标准溶液、样品、空白和质控样品中所用内标溶液的准确体积；加入到样品中的内标溶液体积随着样品大小的不同而不同，但是加入到标准溶液中的内标溶液的体积应保持不变，见步骤7b；(5)对于质控样品，应在装样容器内对采样介质加标；对液体标准溶液(而不是介质标准溶液)，应加入异丙醇(或甲醇)中；(6)在待测物加标溶液中待测物的浓度约为200μg/ml(以游离碱计)；(7)本表中，稀释后加标溶液中待测物的浓度约为10.0μg/ml(以游离碱计)，可以用甲醇将100μl目标待测物加标溶液稀释至2ml而制备；(8)解吸溶剂为0.1M H_2SO_4 去离子水溶液；(9)此为总样品中含量(μg)，与解吸溶剂体积及擦拭面积无关；(10)从表中选择6个标准溶液，其浓度覆盖检测浓度范围(含空白)；(11)每20个及以下的样品应制备一组质控样品。

表 7-0-22a　对于棉质纱布在扫描模式下的精密度和准确度[1]

化合物	内标物[2]	浓度范围[3]/(微克/样品)	准确度	总体精密度 $\hat{S}_{rT}$	偏差 平均值	偏差 范围
D-苯丙胺	D₁₁-Amp	0.1~30	8.1	0.0412	-0.0054	-0.0386~+0.0428
	D₁₄-Met	0.1~30	10.3	0.0472	-0.0227	-0.0844~+0.0199
	NMPhen	0.1~30	13.2	0.0662	-0.0120	-0.0931~+0.0290
咖啡因	D₁₁-Amp	1.0~30	15.8	0.0469	+0.0810	+0.0416~+0.1375
	D₁₄-Met	3.0~30	13.3	0.0422	+0.0631	+0.0003~+0.1294
	NMPhen	0.3~30	20.2	0.0729	+0.0823	-0.0092~+0.1359

化合物	内标物[2]	浓度范围[3] /(微克/样品)	准确度	总体精密度 $\hat{S}_{rT}$	偏差 平均值	偏差 范围
	D_{11} – Amp	0.1～30	9.8	0.0499	−0.0052	−0.0608～+0.0262
L – 麻黄碱	D_{14} – Met	0.1～30	9.2	0.0397	−0.0266	−0.0463～+0.0221
	NMPhen	0.1～30	11.2	0.0493	−0.0284	−0.0775～+0.0302
MDEA	N – PAmp	0.3～29	12.4	0.0618	+0.0127	−0.0475～+0.0869
	D_{11} – Amp	0.1～27	14.3	0.0568	+0.0497	+0.0104～0.1197
MDMA	D_{14} – Met	0.1～27	13.1	0.0558	+0.0389	−0.0189～+0.0978
	NMPhen	0.3～27	11.9	0.0605	+0.0007	−0.0570～+0.0360
	D_{11} – Amp	0.1～10	9.2	0.0395	+0.0270	−0.0289～+0.0923
D – 脱氧麻黄碱	D_{14} – Met	0.1～30	5.9	0.0302	+0.0015	−0.0440～+0.0592
	NMPhen	0.3～30	6.9	0.0334	+0.0113	−0.0534～+0.0448
	D_{11} – Amp	0.3～30	17.2	0.0639	+0.0670	+0.0059～0.1222
苯环己哌啶	D_{14} – Met	0.3～3	15.9	0.0648	+0.0521	−0.0386～+0.1039
	NMPhen	0.3～30	16.0	0.0638	+0.0547	−0.0474～+0.0886
	D_{11} – Amp	0.1～30	10.1	0.0444	+0.0261	−0.0067～+0.0912
苯丁胺	D_{14} – Met	0.1～30	10.4	0.0527	+0.0041	−0.0600～+0.0674
	NMPhen	1.0～30	8.2	0.0400	+0.0121	−0.0378～+0.0407
(±) – 去甲麻黄碱[4]	D_{11} – Amp	0.1～30	12.2	0.0571	+0.0241	+0.0500～0.0610
	D_{14} – Met	0.1～30	12.5	0.0638	−0.0005	−0.0674～+0.0708
	NMPhen	0.1～30	13.3	0.0675	+0.0036	−0.0533～+0.0476
	D_{11} – Amp	0.1～30	10.0	0.0507	−0.0059	−0.0530～+0.0441
伪麻黄碱	D_{14} – Met	0.1～30	12.3	0.0507	−0.0392	−0.0737～+0.0301
	NMPhen	1.0～30	15.6	0.0716	−0.0350	−0.0813～+0.0617

注:(1)备用数据报告[2];用七氟丁酰和七氟丁酰–三甲基硅烷基混合衍生物并采用 GC – MS 方法扫描模式测得的数据;每个样品由两个 3″×3″12 层棉纱布组成,其评价的浓度范围为每份样品 0.1～30μg,取 6 个浓度水平,每个浓度做 6 个平行样品;(2)内标物。氘化内标物:D_{11} – Amp——苯丙胺 – D_{11};D_{14} – Met——脱氧麻黄碱 – D_{14}。非氘化内标物:NMPhen——N – 甲基苯乙胺;N – PAmp——N – 丙基苯丙胺;(3)用于计算精密度、准确度和偏差的范围;所有待测物的研究浓度范围是每份样品 0.1～30μg(1 倍 LOQ～300 倍 LOQ);(4)(±) – 去甲麻黄碱即(±) – 苯丙醇胺。

表 7 – 0 – 22b　AlphaWipe® 在 SIM 模式下的精密度和准确度[1]

化合物	内标物[2]	浓度范围[3] /(微克/样品)	准确度	总体精密度 $\hat{S}_{rT}$	偏差 平均值	偏差 范围
D – 苯丙胺	D_{14} – Met	0.1～30	17.2	0.0611	−0.0712	−0.1066～−0.0468
咖啡因	D_{14} – Met	0.3～30	17.7	0.0901	−0.0014	−0.0246～+0.0252
L – 麻黄碱	D_{14} – Met	0.1～30	10.7	0.0432	−0.0362	−0.0638～−0.0039
MDEA	D11 – Amp	0.3～29	9.6	0.0425	−0.0240	−0.0453～+0.0416
MDMA	D14 – Met	0.3～27	11.4	0.0498	−0.0297	−0.0612～+0.0095
D – 脱氧麻黄碱	D_{14} – Met	0.1～30	8.7	0.0430	−0.0114	−0.0483～+0.0625
苯环己哌啶	D_{14} – Met	0.3～30	13.0	0.0391	+0.0658	+0.0216～+0.1418
苯丁胺	D_{14} – Met	0.3～30	10.4	0.0295	−0.0560	−0.0917～−0.0266
(±) – 去甲麻黄碱[4]	D_{14} – Met	0.1～30	12.6	0.0577	+0.0282	−0.0220～+0.0937
伪麻黄碱	D_{14} – Met	0.1～30	13.5	0.0592	−0.0352	−0.1001～−0.0020

注:(1)备用数据报告[1];用七氟丁酰和七氟丁酰–三甲基硅烷基混合衍生物并采用 GC – MS 方法扫描模式测得的数据(方法 9109 的 GC 和 MS 条件);每个样品由 2 个 3″×3″(7.5cm×7.5cm)12 层棉纱布组成,其评价的浓度范围为每份样品 0.1～30μg,取 6 个

浓度水平,每个浓度做 6 个平行样品;(2)内标物:D_{14} – Met——脱氧麻黄碱 – D_{14};N – PAmp——N – 丙基苯丙胺;(3)用于计算精密度、准确度和偏差的范围;所有待测物的研究浓度范围是每份样品 0.1 ~ 30μg(1 倍 LOQ ~ 300 倍 LOQ);(4)(±) – 去甲麻黄碱即(±) – 苯丙醇胺。

表 7 – 0 – 23a　推荐内标物和最佳应用

化合物名称	CAS 号	相对分子质量（以游离碱计）	定量离子	次级离子	评价
(±) – 苯丙胺 – D_{11}	—	146.12	244	128	苯丙胺的首选内标物
(±) – 苯丙胺 – D_8	145225 – 00 – 9	143.15	243	126	可替代苯丙胺 – D_{11}
(±) – 苯丙胺 – D_6	—	141.16	244	123	可替代苯丙胺 – D_{11}
(±) – 脱氧麻黄碱 – D_{14}	—	163.12	261	213	脱氧麻黄碱的首选内标物
(±) – 脱氧麻黄碱 – D_{11}	152477 – 88 – 8	160.15	260	213	可替代脱氧麻黄碱 – D_{14}
(±) – 脱氧麻黄碱 – D_9	—	158.16	261	213	可替代脱氧麻黄碱 – D_{14}
N – 甲基苯乙胺	589 – 08 – 2	135.23	240	104	可替代脱氧麻黄碱 – D_{14}
苯环己哌啶 – D_5	60124 – 86 – 9	248.35	205	96	仅适用于苯环己哌啶
MDEA – D6[2]	160227 – 44 – 1	213.22	268	162	仅适用于 MDEA
N – 丙基苯丙胺[2]	—	177.29	282	240	可替代 MDEA – D_6

注:(1)选择待测物的内标物时务必谨慎,因为结构不同会导致衍生化效率各异;①若待测物的氘化物的纯度足够且不会干扰待测物定量离子(通常为基峰)的分析,尤其是在检出限时不产生干扰,则氘化物是每种待测物的最佳内标物;相反地,待测物的离子,尤其是在高浓度水平下,也不能干扰用作内标物的任何氘化类似物的定量离子(通常为基峰),这也很重要;②氘化程度越高,越容易与待测物分离,从而减少了一般离子干扰;③苯丁胺和甲苯叔丁胺已用作内标物;但在本法中不建议使用,因为曾报道他们用作一些违禁毒品(如 MDMA)的掺杂物;(2)N – 丙基苯丙胺和 MDEA – D_6 均仅适用于 MDEA 和其他一些受阻胺类(如芬氟拉明和 MBDB),因为在氮原子上相似的空间位阻(如 N – 乙基或 N – 丙基)会影响衍生化效率。

表 7 – 0 – 23b　内标物最佳应用推荐[1]

目标待测物	推荐的氘化内标物				推荐的非氘化内标物[3]	
	苯丙胺 – $D_{11}^{[2]}$	脱氧麻黄碱 – $D_{14}^{[2]}$	MDEA – $D_6^{[1]}$	苯环己哌啶 – D_5	N – 甲基苯乙胺	N – 丙基苯丙胺[1]
苯丙胺	×	×			×	
咖啡因	×	×			×	
麻黄碱	×	×			×	
MDEA			×			×
MDMA	×	×			×	
脱氧麻黄碱	×	×			×	
苯环己哌啶	×	×		×	×	
苯丁胺	×					
(±) – 去甲麻黄碱[4]	×	×			×	
伪麻黄碱	×	×			×	

注:(1)N – 丙基苯丙胺和 MDEA – D_6 均仅适用于 MDEA 和其他受阻胺类物质(如氟苯丙胺和 MBDB),因为在氮原子上相似的空间位阻会影响衍生化效率;(2)列在表 7 – 0 – 23a 中的可替代氘化物也可用作内标物;但是要注意避免使用在环上标记的苯丙胺 – D_5(CAS 号 65538 – 33 – 2),因为此类化合物的特征离子(定量离子)与苯丙胺的相同,且 GC 色谱峰明显重叠;同样,也要避免使用脱氧麻黄碱 – D_5(CAS 号 60124 – 88 – 1),因为 GC 色谱峰也会明显重叠;(3)表中列出的非氘化物也可以作为表中化合物的有效内标物,应用范围和检出限列于表 7 – 0 – 22a 和 7 – 0 – 22b 中;但可能不允许用非氘化内标物,需要咨询具有法定管辖权的机构的相关法规;(4)(±) – 去甲麻黄碱就是(±) – 苯丙醇胺。

表 7 - 0 - 24a　用不同溶剂从乳胶墙上回收待测物的回收率以及一个擦拭巾与两个擦拭巾的比较结果[1,2]

测试化合物[5]	水[3]			异丙醇			甲醇		
	第一个擦拭巾		加第二个擦拭巾[4]	第一个擦拭巾		加第二个擦拭巾[4]	第一个擦拭巾		加第二个擦拭巾[4]
	百分比	%RSD	百分比	百分比	%RSD	百分比	百分比	%RSD	百分比
苯丙胺	51	14	56	67	6.0	78	90	4.0	96
可卡因	36	22	36	69	22	80	89	9.1	94
麻黄碱	48	23	52	76	7.4	85	91	4.4	96
MDMA	40	20	44	61	9.0	70	88	5.3	94
MDEA	45	22	50	69	12	80	90	11	97
脱氧麻黄碱	46	16	50	64	7.4	75	87	3.5	94
苯己己哌啶	27	26	30	64	9.6	73	86	5.2	91
苯丁胺	53	9.2	58	78	6.6	91	95	2.9	101
苯丙醇胺	58	21	62	80	9.3	95	85	5.0	94
伪麻黄碱	49	20	53	73	7.0	85	95	3.3	101

注:(1)方法 9109 的备用数据报告[1];每个样品的面积为 100cm^2;(2)墙为标准的石膏板并涂有乳胶层,表面涂层至少有一年之久,每种测试溶剂 6 个平行样品;(3)所用的水为去离子水(ASTM II 型);注意低回收率及高相对标准偏差 RSD 值;(4)在连续擦拭研究中,擦拭面积为 100cm^2,用一个新的预润湿的擦拭巾再次擦拭,回收率单独计算;实际操作中,第二个(连续的)擦拭巾是计入第一个擦拭巾中的,两个擦拭巾合并成一个样品;该列中的回收率是两个擦拭巾回收率的总和;(5)在准备测试的区域上,加含 3μg 待测物的甲醇溶液,在擦拭样品前,干燥数分钟,挥发出去甲醇。

表 7 - 0 - 24b　用不同溶剂在不同表面上脱氧麻黄碱的回收率;以及一个擦拭巾与两个擦拭巾的比较结果[1]

表面材料[3]	重复次数	异丙醇		甲醇		
		第一个擦拭巾		加第二个擦拭巾[2]	第一个擦拭巾		加第二个擦拭巾[2]
		百分比	%RSD	百分比	百分比	%RSD	百分比
搪瓷(洗衣机的盖子)	4[4]	58	5.7	68	81	2.4	87
乙烯树脂镶嵌的刨花板	4[5]	60	5.2	68	81	4.8	89
乳胶涂层墙	6[4]	64	7.4	75	87	3.5	94
冰箱门	2[5]	65	2.9	76	91	4.0	92
清漆硬木板	2[6]	72	5.4	76	82	3.7	86
福米卡台面	4[5]	75	4.9	82	87	3.8	91

注:(1)方法 9109 的备用数据报告[1];每个样品的面积都是 100cm^2;(2)在连续擦拭研究中,擦拭面积为 100cm^2,用一个新的预润湿的擦拭巾再次擦拭,回收率单独计算;实际操作中,第二个(连续的)擦拭巾是计入第一个擦拭巾中的,两个擦拭巾合并成一个样品;该列中的回收率是两个擦拭巾回收率的总和;(3)冰箱门和洗涤机盖子为用过的;乙烯树脂刨花板(书架)、福米卡台面和涂清漆的硬木板为新购买的;所有已用过或新的表面材料在加标前都需用甲醇反复冲洗多次;每 100cm^2 的面积加标 3μg 脱氧麻黄碱;(4)样品采取从一边到另一边,然后从上到下的擦拭方法;(5)一半样品采取从一边到另一边的擦拭方式,另一半采取同心方形的擦拭方式;两者之间的回收率没有明显差别;回收率和精密度是两种方法合并后的结果;(6)样品每次都是按照木材的纹理从上到下以 N 字形进行擦拭。

表 7 – 0 – 25　所选毒品、前体和潜在掺杂物的七氟丁酰和三甲基硅烷基衍生物的气相色谱保留时间[1]

气相色谱峰编号[2]	化合物	衍生化形式[4]	备注[3]	保留时间[4] /分钟	相对保留时间[5]	相对保留时间[6]	离子(重要的 m/z)[7] 1'	2'[7]	3'[7]
1	对乙酰氨基酚 Acetaminophen	N,N' – bis – TMS –	Pri. deriv.	12.30	0.9594	1.2374	206	280[90]	295[70]
2	对乙酰氨基酚 Acetaminophen	N – HFB – N' – TMS –	小峰	10.37	0.8089	1.0433	330	404[80]	419[30]
3	阿米雷司 Aminorex	N,N' – bis – HFB –	主峰	14.12	1.1014	1.4205	385	342[30]	169[40]
4	阿米雷司 Aminorex	N – HFB – N' – TMS –	主峰	16.59	1.2941	1.6690	261	146[48]	128[45]
5	苯丙胺 Amphetamine	N – HFB –	Pri. deriv.	8.54	0.6661	0.8592	240	118[70]	169[20]
6	苯丙胺 Amphetamine	N – HFB – N – TMS –	OSartifact	9.21	0.7184	0.9266	312	91[50]	313[10]
7	苯丙胺 – D_5，环标记 (IS)[9] Amphetamine – D_5, ring labeled (IMYM)	N – HFB –	Pri. deriv.	8.47	0.6607	0.8521	240	123[85]	96[55]
8	苯丙胺 – D_5，环标记 (IS)[9] Amphetamine – D_5, ring labeled (IMYM)	N – HFB – N – TMS –	OSartifact	9.17	0.7153	0.9225	312	96[45]	73[95]
9	苯丙胺 – D_6 (IS)[9] Amphetamine – D_6,	N – HFB –	Pri. deriv.	8.45	0.6591	0.8501	244	93[40]	93[45]
10	苯丙胺 – D_6 (IS)[9] Amphetamine – D_6	N – HFB – N – TMS –	OSartifact	9.14	0.7129	0.9195	316	93[40]	73[75]
11	苯丙胺 – D_8 (IS)[9] Amphetamine – D_8	N – HFB –	Pri. deriv.	8.46	0.6599	0.8511	243	126[75]	96[40]
12	苯丙胺 – D_8 (IS)[9] Amphetamine – D_8	N – HFB – N – TMS –	OSartifact	9.16	0.7145	0.9215	315	96[25]	73[55]
13	苯丙胺 – D_{11} (IS)[9] Amphetamine – D_{11}.	N – HFB –	Pri. deriv.	8.46	0.6599	0.8511	244	128[70]	98[45]
14	苯丙胺 – D_{11} (IS)[9] Amphetamine – D_{11}	N – HFB – N – TMS –	OSartifact	9.14	0.7129	0.9195	316	98[60]	73[70]
15	阿托品[8] Atropine	O – TMS –	Pri. deriv.	18.86	1.4711	1.8974	124	361[9]	82[17]
16	BDB	N – HFB –	Pri. deriv.	13.35	1.0413	1.3431	135	176[50]	254[12]
17	BDB	N – HFB – N – TMS –	OSartifact	13.65	1.0647	1.3732	326	135[60]	73[90]
18	苯甲酰芽子碱 Benzoyl ecgonine	O – TMS –		19.18	1.4961	1.9296	82	240[45]	361[25]
19	苯甲基哌嗪[10] Benzyl piperazine ("Legal XTC")	N – HFB –	Pri. deriv.	13.73	1.0710	1.3813	91	372[30]	281[30]
20	4 – 溴 – 2,5 – DMPEA [11] (Nexus) 4 – Bromo – 2,5 – DMPEA	N – HFB –	Pri. deriv.	15.79	1.2317	1.5885	242	244[98]	229[75]

续表

气相色谱峰编号[2]	化合物	衍生化形式[4]	备注[3]	保留时间[4]/分钟	相对保留时间[5]	相对保留时间[6]	离子(重要的 m/z)[7]		
							1'	2'[7]	3'[7]
21	4-溴-2,5-DMPEA[11](Nexus)4-Bromo-2,5-DMPEA	N-HFB-N-TMS-	OSartifact	16.22	1.2652	1.6318	229	231[98]	298[85]
22	安非他酮 Bupropion (Wellbutrin®, Zyban®)	母体		12.15	0.9477	1.2223	44	100[45]	111[20]
23	咖啡因[8] Caffeine	母体		14.89	1.1615	1.4980	194	109[45]	67[45]
24	S-(-)-卡西酮(来自 Khat 植物)S-(-)-Cathinone (from Khat plant)	N-HFB-	Pri. deriv.	10.21	0.7964	1.0272	105	77[45]	240[15]
25	S-(-)-卡西酮(来自 Khat 植物)S-(-)-Cathinone (from Khat plant)	N-HFB-N-TMS-	OSartifact	10.89	0.8495	1.0956	105	312[68]	77[55]
26	氯苯那敏[8] Chlorpheniramine	母体		16.74	1.3058	1.6841	203	205[32]	167[22]
27	可卡因 Cocaine	母体		18.65	1.4548	1.8763	82	182[90]	303[20]
28	可卡因 Cocaine	O-HFB-	小峰	19.59	1.5281	1.9708	282	283[20]	
29	可卡因 Cocaine	O-TMS-	Pri. deriv.	20.72	1.6162	2.0845	371	343[25]	234[55]
30	右美沙芬[8] Dextromethorphan	母体		18.10	1.4119	1.8209	271	270[62]	214[40]
31	安定(Valium®等)Diazepam (Valium® etc.)	母体		20.80	1.6225	2.0926	256	283[90]	284[75]
32	二溴八氟联苯[9] Dibromooctafluorobiphenyl (IMYM)	母体		12.82	1.0000	1.2897	296	456[100]	454[50]
33	N,N-二甲基色胺(DMT)N,N-Dimethyltryptamine	N-HFB-	Pri. deriv.	13.00	1.0140	1.3078	58	129[15]	42[15]
34	N,N-二甲基色胺(DMT)N,N-Dimethyltryptamine	N-TMS-	小峰	15.02	1.1716	1.5111	58	73[12]	202[10]
35	牙子碱,甲酯 Ecgonine, methyl ester	O-TMS-		11.72	0.9142	1.1791	82	96[75]	83[75]
36	麻黄素 Ephedrine	N-HFB-O-TMS-	Pri. deriv.	11.40	0.8892	1.1469	179	254[17]	327[10]
37	1S,2R(+)-Ephedrine-D₃(IS)[9] 1S,2R(+)-Ephedrine-D₃ (IMYM)	N-HFB-O-TMS-	Pri. deriv.	11.36	0.8861	1.1429	179	257[20]	330[10]

续表

气相色谱峰编号[2]	化合物	衍生化形式[4]	备注[3]	保留时间[4]/分钟	相对保留时间[5]	相对保留时间[6]	离子(重要的 m/z)[7]		
							1'	2'[7]	3'[7]
38	N-乙基苯丙胺 N-Ethyl amphetamine	N-HFB-	Pri. deriv.	10.33	0.8058	1.0392	268	240[35]	118[15]
39	氯苯丙胺[8] Fenflura-mine	N-HFB-	Pri. deriv.	10.12	0.7894	1.0181	268	240[35]	159[22]
40	氯苯丙胺-D₁₀(IS)[9] Fenfluramine-D₁₀	N-HFB-	Pri. deriv.	10.01	0.7808	1.0070	277	245[35]	160[15]
41	芬太尼 Sublimaze® 等) Fentanyl (Sublimaze® etc.)	母体		22.97	1.7917	2.3109	245	146[60]	189[33]
42	氟硝西泮(Rohyp-nol®, roofies)[10] Flunitrazepam (Rohyp-nol®, roofies)	母体		22.20	1.7317	2.2334	312	285[95]	286[90]
43	氢可酮(Lortab®等) Hydrocodone (Lortab® etc.)	HFB-	小峰	19.47	1.5187	1.9588	495	438[50]	298[40]
44	氢可酮(Lortab®等) Hydrocodone (Lortab® etc.)	TMS-	小峰	20.82	1.6240	2.0946	371	356[50]	234[55]
45	氢可酮(Lortab®等) Hydrocodone (Lortab® etc.)	母体	Pri. deriv.	20.93	1.6326	2.1056	299	242[50]	243[35]
46	氢吗啡酮(盐酸二氢吗啡酮®)Hydromor-phone (Dilaudid®)	O-HFB-O'-TMS-	小峰	19.85	1.5484	1.9970	308	267[92]	358[75]
47	氢吗啡酮(盐酸二氢吗啡酮®)Hydro-morphone (Dilaudid®)	O,O'-bis-TMS-	小峰	20.98	1.6365	2.1107	414	429[100]	234[75]
48	氢吗啡酮(盐酸二氢吗啡酮®)Hydromor-phone (Dilaudid®)	O-TMS-	Pri. deriv.	21.21	1.6544	2.1338	357	300[55]	342[28]
49	克他命("special K")[8][10] Ketamine ("special K")	母体	主峰	15.24	1.1888	1.5332	180	182[32]	209[22]
50	利多卡因⁻[8] Lidocaine	N-TMS-	主峰	13.69	1.0679	1.3773	86	220[75]	73[45]
51	利多卡因[8] Lidocaine	母体	主峰	15.28	1.1919	1.5372	86	58[10]	91[5]

续表

气相色谱峰编号[2]	化合物	衍生化形式[4]	备注[3]	保留时间[4]/分钟	相对保留时间[5]	相对保留时间[6]	离子(重要的 m/z)[7]		
							1'	2'[7]	3'[7]
52	LSD（MW-519,仅扫描至470）；LSD（MW-519）	HFB-	Pri. deriv.	24.61	1.9197	2.4759	417	221[95]	418[45]
53	MBDB	N-TMS-	小峰	14.30	1.1154	1.4386	144	73[50]	135[15]
54	MBDB	N-HFB-	Pri. deriv.	14.44	1.1264	1.4527	268	176[75]	210[50]
55	MDA	N-HFB-	Pri. deriv.	12.54	0.9782	1.2616	135	162[55]	240[12]
56	MDA	N-HFB-N-TMS-	OSartifact	12.88	1.0047	1.2958	312	73[58]	135[48]
57	MDEA[10]	N-HFB-	Pri. deriv.	14.19	1.1069	1.4276	268	162[60]	240[50]
58	MDEA-D6（IMYM）[9]	N-HFB-	Pri. deriv.	14.13	1.1022	1.4215	274	165[46]	244[35]
59	MDMA[10]	N-HFB-	Pri. deriv.	13.81	1.0772	1.3893	254	162[80]	135[45]
60	哌替啶（DEmerol®等）Meperidine（DEmerol® etc.）	母体		13.97	1.0897	1.4054	247	246[55]	218[50]
61	美芬丁胺 Mephentermine	N-HFB-	Pri. deriv.	10.38	0.8097	1.0443	268	210[95]	
62	墨斯卡灵 Mescaline	N-HFB-	Pri. deriv.	14.68	1.1451	1.4769	181	194[45]	179[30]
63	墨斯卡灵 Mescaline	N-HFB-N-TMS-	OSartifact	15.26	1.1903	1.5352	181	73[35]	
64	脱氧麻黄碱 Methamphetamine	N-HFB-	Pri. deriv.	9.94	0.7754	1.0000	254	210[35]	118[22]
65	脱氧麻黄碱-D5（IS）[9] Methamphetamine-D9（IMYM）	N-HFB-	Pri. deriv.	9.86	0.7691	0.9920	258	213[30]	92[20]
66	脱氧麻黄碱-D9（IS）[9] Methamphetamine-D9（IMYM）	N-HFB-	Pri. deriv.	9.84	0.7676	0.9899	261	213[30]	123[18]
67	脱氧麻黄碱-D11（IS）[9] Methamphetamine-D11（IMYM）	N-HFB-	Pri. deriv.	9.84	0.7676	0.9899	260	213[25]	126[20]
68	脱氧麻黄碱-D14（IS）[9] Methamphetamine-D14（IMYM）	N-HFB-	Pri. deriv.	9.86	0.7691	0.9920	261	213[30]	128[20]
69	甲喹酮 Methaqualone	母体		18.31	1.4282	1.8421	235	250[30]	250[28]
70	S-(-)-甲卡西酮（"Cat"）S-(-)-Methcathinone（"Cat"）	N-HFB-	Pri. deriv.	10.55	0.8229	1.0614	254	210[35]	105[100]
71	4-甲氧基安非他明 4-Methoxyamphetamine	N-HFB-	Pri. deriv.	11.40	0.8892	1.1469	121	148[40]	240[10]
72	4-甲氧基安非他明 4-Methoxyamphetamine	N-HFB-N-TMS-	OSartifact	11.87	0.9259	1.1942	312	121[100]	73[100]

续表

气相色谱峰编号(2)	化合物	衍生化形式(4)	备注(3)	保留时间(4)/分钟	相对保留时间(5)	相对保留时间(6)	离子(重要的 m/z)(7) 1'	2'(7)	3'(7)
73	cis－（±）－4－甲基阿米雷司（"U4Euh"）cis－（±）－4－Methylaminorex（"U4Euh"）	N,N'－bis－HFB－	小峰	13.78	1.0749	1.3863	399	169 [70]	160 [75]
74	cis－（±）－4－甲基阿米雷司（"U4Euh"）cis－（±）－4－Methylaminorex（"U4Euh"）	N－HFB－N'－TMS－	Pri. deriv.	16.78	1.3089	1.6881	275	160 [60]	117 [30]
75	（－）－N－甲基麻黄碱(12)（－）－N－Methylephedrine	O－TMS－	Pri. deriv.	9.66	0.7535	0.9718	72	73 [13]	163 [5]
76	（＋）－N－甲基麻黄碱(12)（＋）－N－Methylephedrine	O－TMS－	Pri. deriv.	9.71	0.7574	0.9769	72	73 [13]	163 [5]
77	N－甲基苯乙胺（IMYM）(9) N－Methylphenethylamine（IMYM）	N－HFB－	Pri. deriv.	9.54	0.7441	0.9598	240	104[100]	169 [40]
78	哌甲酯（Ritalin®）Methylphenidate（Ritalin®）	N－HFB－	Pri. deriv.	15.38	1.1997	1.5473	280	281 [10]	
79	N－甲基伪麻黄碱(12) N－Methyl pseudo-ephedrine	O－TMS－	Pri. deriv.	9.66	0.7535	0.9718	72	73 [13]	163 [5]
80	吗啡 Morphine	O－HFB－O'－TMS－	小峰	19.97	1.5577	2.0091	340	324 [28]	341 [25]
81	吗啡 Morphine	O,O'－bis－TMS－	Pri. deriv.	21.08	1.6443	2.1207	429	414 [50]	401 [35]
82	尼古丁 Nicotine	母体		8.86	0.6911	0.8913	84	133 [35]	162 [18]
83	去甲伪麻黄碱 Norpseudoephedrine（Cathine）	－HFB－O－TMS－	Pri. deriv.	10.39	0.8105	1.0453	179	80 [18]	40 [18]
84	去甲伪麻黄碱 Norpseudoephedrine（Cathine）	－HFB－N,O－bis－TMS－	OSartifact	11.26	0.8783	1.1328	179	80 [18]	12 [10]
85	氧可酮（OxyContin®）Oxycodone（OxyContin®）	TMS－	Pri. deriv.	21.66	1.6895	2.1791	387	388 [30]	372 [30]
86	苯环己哌啶（PCP）Phencyclidine（PCP）	母体	主峰	15.62	1.2184	1.5714	200	242 [35]	242 [35]

续表

气相色谱峰编号(2)	化合物	衍生化形式(4)	备注(3)	保留时间(4)/分钟	相对保留时间(5)	相对保留时间(6)	离子(重要的 m/z)(7) 1'	2'(7)	3'(7)
87	苯环己哌啶（PCP）Phencyclidine（PCP）	N－HFB－dehydro－	Artifact	19.85	1.5484	1.9970	91	159［60］	280［10］
88	苯环己哌啶－D5（IS）(9) Phencyclidine－D5（IMYM）	母体	小峰	15.59	1.2161	1.5684	205	96［42］	246［25］
89	苯环己哌啶－D5（IS）(9) Phencyclidine － D5（IMYM）	N－HFB－dehydro－	Artifact	19.83	1.5468	1.9950	96	164［65］	280［10］
90	苯乙胺(8) Phenethylamine	N－HFB－	Pri. deriv.	8.58	0.6693	0.8632	104	91［60］	169［15］
91	苯乙胺(8) Phenethylamine	N－HFB－N－TMS－	Pri. deriv.	9.51	0.7418	0.9567	298	105［40］	220［10］
92	苯丁胺(8) Phentermine	N－HFB－	Pri. deriv.	8.72	0.6802	0.8773	254	132［12］	214［8］
93	4－苯基－1－丁基胺（IS）(9) 4－Phenyl－1－butylamine（IMYM）	N－HFB－	Pri. deriv.	11.47	0.8947	1.1539	91	104［25］	176［22］
94	去氧肾上腺素(8) Phenylephrine	N－HFB－O,O'－bis－TMS－	Pri. deriv.	13.94	1.0874	1.4024	267	268［25］	240［12］
95	苯丙醇胺 Phenylpropanolamine	N－HFB－O－TMS－	Pri. deriv.	10.49	0.8183	1.0553	179	180［18］	240［18］
96	苯丙醇胺 Phenylpropanolamine	N－HFB－N,O－bis－TMS－	OSartifact	11.01	0.8588	1.1076	179	180［18］	312［10］
97	N－丙基苯丙胺（IS）(9) N－Propyl amphetamine（IMYM）	N－HFB－	Pri. deriv.	11.05	0.8619	1.1117	282	240［85］	118［20］
98	伪麻黄碱 Pseudoephedrine	N－HFB－O－TMS－	Pri. deriv.	11.68	0.9111	1.1751	179	254［15］	73［75］
99	茶碱(8) Theophylline	母体	主峰	15.50	1.2090	1.5594	237	252［57］	223［14］
100	三氟代甲苯基哌嗪(10) Trifluoromethylphenyl piperazine	N－HFB－	Pri. deriv.	13.76	1.0733	1.3843	200	229［70］	172［73］

注:(1)实际的保留时间与色谱柱和 GC 分析条件有关,气相色谱和质谱条件见方法 9109;(2)衍生形式。HB—七氟丁酰衍生；TMS—三甲基硅烷基衍生;N－—连接氮原子；O－—连接氧原子。未写出所有的衍生形式；未写出三氟乙酰衍生，未衍生的物质表示为"母体"化合物；未列出在所用色谱条件下色谱峰极弱的母体化合物；这些衍生物的谱图见备用数据报告(附录－II)；[2] (3)可能存在两种或两种以上的衍生形式时,标明主峰和次峰；在某些情况下,可能存在两个主峰；Pri. deriv.—主要衍生物,一个主峰,该主峰或主要衍生物应该用于定量分析；OS artifact—过甲硅烷化产物[18]；当一级胺被一个七氟丁酰基和一个三甲基硅烷取代时,会产生过甲硅烷化产物；在特定的萃取和衍生化条件下,这些产物只是极小的一部分,可忽略不计；(4)在本法中,保留时间与表 7－0－20 或图 7－0－3不同,因为这些数据是在不同的仪器上获得的；但是相对保留时间应该大致相等；(5)相对于 4,4'－二溴八氟联苯的保留时

间;(6)相对于脱氧麻黄碱七氟丁酰衍生物的保留时间;(7)给出了可用于定量和定性分析的重要离子;没有必要包括基峰,尤其是当基峰离子的含量较低时(<100 AMU);括号里的数字表明的是次级(2′)和三级(3′)离子相对于初级(1′)离子的相对丰度,并不需要相对于每个质谱的基峰;相对丰度因质谱源的调谐标准和清洁度而不同;建议用1′或2′离子进行定量;尽可能选择质荷比大于100的离子以避免受到共洗脱物中低质量干扰物的干扰;尽可能选择接近特征离子的2′和3′离子,以使因质谱仪在使用中被污染而造成的光谱时滞的假阴性达到最小;尽可能避免选择普遍存在的离子(如 m/z 73, 91 和169);(8)有意或无意的掺杂物,例如,苯丁胺有可能加在 MDMA 中,咖啡因有可能加在脱氧麻黄碱中;当含有氯苯那敏的伪麻黄碱作为脱氧麻黄碱的前体时,氯苯那敏是一种无意的掺杂物;(9)IS—内标物;结果最好的内标物为目标待测物的氘化物或化学性质和结构与目标待测物相似的物质;(10)典型的俱乐部毒品(哌嗪类似物,它为摇头丸的替代品;克他命和氟硝西泮,为侵占性的麻醉剂);(11)4 – Bromo – 2,5 – DMPEA = 4 – Bromo – 2,5 – dime-thoxyphenethylamine(4 – 溴 – 2,5 – 二甲氧基苯乙胺)(Nexus);(12)若伪麻黄碱或麻黄碱中含有(+) – 去甲麻黄碱、N – 甲基伪麻黄碱和/或 N – 甲基麻黄碱,则表明麻黄属植物的提取物是脱氧麻黄碱前体的来源;若脱氧麻黄碱最终产物中含有苯丙胺和 N,N – 二脱氧麻黄碱,则同样表明麻黄属植物的提取物是脱氧麻黄碱前体的来源[19-21]。

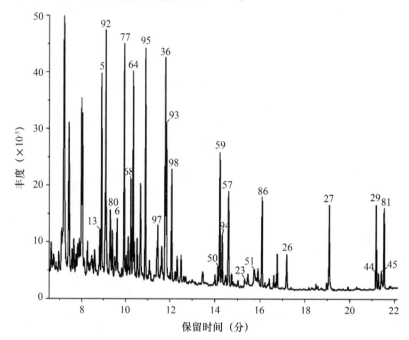

图 7 – 0 – 3　GC – MS 扫描模式下七氟丁酰和三甲硅烷基混合衍生物的典型色谱图

气相色谱峰(GC 峰)的识别:编号 GC 峰的识别见表 7 – 0 – 25(但是要注意表 7 – 0 – 25 中的保留时间与图 7 – 0 – 3 中的保留时间不相对应,因为所用 DB – 5 色谱柱和仪器不同)。

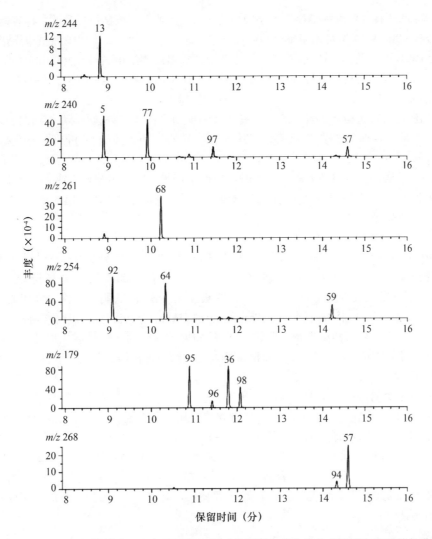

图7-0-4　GC-MS扫描模式下七氟丁酰和三甲硅烷基混合衍生物的典型提取离子的色谱图(EIC)

气相色谱峰(GC峰)的识别:编号GC峰的识别见表7-0-25(但是要注意表7-0-25中的保留时间与图7-0-3中的保留时间不相对应,因为所用DB-5色谱柱和仪器不同)。

附录

A. 试剂和溶液

1.4,4′-二溴八氟联苯适用于监测仪器调谐和自动进样器的性能。

2. 一级胺与酮和醛会生成席夫碱和烯胺,从而会与酰化试剂反应生成衍生物。因此在待测物被衍生化之前严禁使用丙酮。经丙酮清洗的玻璃器皿和仪器需充分干燥。配制标准溶液时也应避免使用甲苯,因为甲苯中通常含有苯甲醛,它是甲苯的一种氧化产物。曾报道检测出一级胺和苯甲醛的缩合产物。用于配制储备液的试剂推荐使用甲醇和异丙醇,最好是甲醇。

B. 仪器

3. 擦拭介质。除棉质纱布外,还可用4″×4″(10cm×10cm)4层 MIRASORB®(Johnson and Johnson)和4″×4″(10cm × 10cm) AlphaWipe®(TX® 1004, Texwipe Corp.)作为擦拭介质,在没有棉质纱布时使用。MIRASORB®是无纺布和聚酯的混合物,已经停产,但是还有结构和纤维组成非常类似的替代品。AlphaWipe®是一种亲水、吸附性能高、长丝紧密编织的聚酯擦拭巾。这两种擦拭介质的精密度和准确度数据列于备用数据报告中[2]。

4. 装样容器:50ml 具盖的聚丙烯离心管是最好的用于 1 个或 2 个擦拭巾样品的装样容器,且不像 40ml VOA 瓶那样易碎。40ml VOA 瓶可用于单个纱布擦拭巾。若一个样品由 2 个以上擦拭巾组成,则就需要更大的容器(如带 PTFE 内衬的具盖玻璃容器)。对于 2 个或更多的擦拭巾,容器的体积应该满足每个纱布擦拭巾约为 25ml(如 4 个纱布擦拭巾组成的样品至少需要 100ml 的容器)。在装样容器中需要足够的顶部空间,以便解溶剂能够覆盖擦拭巾,混合时可以彻底渗透入擦拭巾。

5. 污染区的法定监管机构除了具体的实验室处理和现场采样操作外,可能有不同的要求。向当地法定监管机构或卫生部门咨询非常重要,这决定了具体的采样方法、质量控制、分析和报告的要求。

C. 采样

6. 遵循擦拭样品表面积的具体要求(通常 $100cm^2$ 或者 $1000cm^2$)和由州设定或委托人指定的行动阈限值或最高容许残留量。其提取率取决于所用的擦拭样品的采样方法,因此所采用的擦拭技术应明确,任何不同于既定方法之处都要加以注明。

注意:为了确保样品不被篡改,强烈建议使用铅封形式。

7. 用带有 10cm × 10cm 或 32cm × 32cm 方形切口的一次性卡片纸或者 PTFE 薄片制作硬采样板。在擦拭过程中采样板须能保持原形以确保擦拭的面积为 $100cm^2$ 或者 $1000cm^2$。采样板与待擦拭的区域应保持一致(如在采样板外围用胶带粘住)。如果所用采样板不是一次性的,则在两次采样间需清洗采样板以避免交叉污染,还要提供一个对洗净的采样板处理的空白擦拭样送至实验室,以评价是否产生交叉污染。

8. 采样板不适用于一些弯角或者奇怪形状的区域,如炉子顶部的燃烧嘴或风扇叶片。在这些情况下样品面积尽可能接近 $100cm^2$ 或 $1000cm^2$,并将测量情况提供给监管机构和分析实验室以便能够准确报告。可以用胶带来标记采样面积。

9. 建议使用同批次的擦拭介质用于制备介质空白、现场仪器空白、样品和质控样品。

10. 散装的棉质纱布很容易发生交叉污染,因此建议使用无菌包装的纱布以减少交叉污染,。

11. 为了预防现场污染,可将擦拭巾润湿后放在场外样品容器中,这样可避免甲醇或异丙醇的瓶子被现场脱氧麻黄碱(或其他待测物)污染的可能性。如果在采样现场外制备擦拭巾,那么从样品容器中取出预润湿的擦拭巾,一次只能打开一个样品容器。不管哪种方式,须从擦拭巾中挤去多余的溶剂。制备每个样品和空白都要使用新的乳胶手套或者丁腈手套,不要使用乙烯基手套,因为它可能会释放出邻苯二甲酸酯类增塑剂从而污染样品。

12. 擦拭方式。

a. 同心方形擦拭方式(特别适用于平滑和无孔表面,具体见 OSHA[22])。将已润湿的擦拭巾对折后再对折,用力均匀地擦拭采样板内的区域。以采样板的一个内角为起点,沿同心的方形内擦拭,并逐渐向中心靠近,直至中心。不要让擦拭巾接触其他任何表面,将擦拭巾翻转过来,让擦拭过的一面朝里,然后用未擦拭过的一面按照前面相同的方式再次擦拭相同的区域。把擦拭巾卷起来或者再次对折后塞进装样容器内。

注意:同轴方形擦拭在 OSHA[21]中有描述,该方法特别适用于大面积的区域(如 $1000cm^2$)。

b. 来回擦拭(或吸取)方式(特别适用于粗糙、多孔或脏的表面)。将已润湿的擦拭巾对折后再对折,用力均匀地在水平方向上来回擦拭采样板内的区域至少 5 个来回(见注意),从顶部开始以 Z 字形向底部渐进,直到底部。如果是吸取,在水平方向上至少要吸取 5 次(见注意)。不要让擦拭巾接触其他任何表面,将擦拭巾翻转过来,让擦拭过的一面朝里,然后用新的一面上下竖直方向来回擦拭 5 次,从左侧开始以 N 字形向右侧渐进。如果是吸取方式,在每个竖直方向上至少吸取 5 次。最后将擦拭巾卷起来或者再次对折后塞进装样容器内。擦拭脏的或者粗糙的表面时,由于纱布介质的线头会不断被勾取,因此建议使用吸取模式。

注意:对于面积超过 $100cm^2$ 的大区域,来回擦拭或吸取的次数需大于 5。

c. 重复或连续擦拭。如果用异丙醇擦拭,用新的擦拭巾继续或者再次擦拭同一区域,有利于提高采样效率(第二次擦拭的回收率见表 7 - 0 - 24a 和表 7 - 0 - 24b)。对于连续擦拭的方式,用新的擦拭巾按照上述方法(附录,步骤 7a 或 7b)再擦拭一遍。将第二个擦拭巾也放入到同一装样容器内。一般来说,50ml 聚丙烯离心管就足够容纳 2 个擦拭巾。

注意:当第一个擦拭巾擦拭后区域很湿,那么第二次擦拭时可用干的新擦拭巾擦拭,以吸取第一个擦拭巾残留下来的溶剂。

13. 复合采样法。一些监管机构允许采集复合样品。复合样品用于定量分析需要遵从监管机构的许可和指导。复合采样须参考监管机构的指南。其最基本指南为:不要混合不一致的样品,即擦拭区域面积上应该相等,采样区域应该具有同样高或同样低的污染可能性,采样区域应该对应一个特定的目标器具或位置,而不是几个器具或者不一致的几个位置合并在一起。

注意:对于不连续的采样位置,复合样品不能满足特定行动阈限值的要求。复合样品不要超过4个擦拭巾,例如,通过降低4倍LOD来提高灵敏度。相反,为解吸更多数目的擦拭巾,解吸溶剂的体积也将增加,从而提高LOD值,增加的程度与所用解吸溶剂的体积有关。用下面的例子说明这两点。假定行动水平为 $0.1\mu g/100cm^2$。如果分析擦拭面积 $100cm^2$ 的单个擦拭巾或离散样品,所得LOD值为每份样品 $0.06\mu g$,那么,分析方法的LOD值可表述为 $0.06\mu g/100cm^2$,这个值足够低能够判定离散样品是否符合或超出行动水平。现在,样品由4个擦拭巾组成,每个擦拭巾的面积为 $100cm^2$,总擦拭面积为 $400cm^2$,那么复合样品的LOD值既不是 $0.06\mu g/400cm^2$ 也不是 $0.015\mu g/100cm^2$,实际上应该比 $0.06\mu g/400cm^2$ 高出几倍。首先,与用于解吸标准溶液的溶剂体积相比,解吸复合样品的溶剂体积增加了,使得LOD增加;其次,LOD与擦拭面积无关,因为标准曲线的LOD是以微克/样品为单位计算的,与面积无关。为了解释上面第一点,假设用90ml(方便计算)解吸溶剂解吸4个擦拭巾,而用30ml(对于单个擦拭巾的正常用量)溶剂解吸标准溶液。对于4个擦拭巾组成的复合样品,LOD应该等于(微克/样品)×(复合样品的解吸溶剂体积)/(标准溶液的解吸溶剂体积),或者等于0.06(微克/样品)×(90ml/30ml),或者等于0.18(微克/样品)。因为复合样品的擦拭面积为 $400cm^2$,所以其LOD也就为 $0.18\mu g/400cm^2$。关于第二点,LOD值($0.18\mu g/400cm^2$)不能简单分解或数学减少成 $0.045\mu g/100cm^2$,因为不知道4个擦拭巾中的3个是不是空白,而第四个是不是正好为 $0.18\mu g$。所以,每个擦拭巾的有效LOD既不能认为是 $0.18\mu g/400cm^2$,也不可认为是 $0.18\mu g/100cm^2$,因为测定的LOD值很可能是来自4个擦拭巾中的一个。因此,对于复合样品来说,LOD值必须以全部擦拭面积来表示,而不能外推至某个部分。在这个例子中,LOD值($0.18\mu g/100cm^2$)高于行动水平($0.1\mu g/100cm^2$),也就意味着这个复合样品不能满足残留水平低于 $0.1\mu g/100cm^2$ 的要求。这就要求监管机构而不是实验室,去决定如何将复合样品的结果应用于行动水平。上述LOD的考虑因素同样适用于结果高于LOD的情况。为了避免记录复合样品浓度时产生混淆,建议分别记录样品浓度(以微克/样品为单位,无论样品大小)和擦拭样品的总面积(以 cm^2 为单位)。例如,某复合样品含4个独立的擦拭巾,每个面积为 $100cm^2$,其总面积为 $400cm^2$,其结果记录为0.4(微克/样品),而不能简单平均为 $0.1\mu g/100cm^2$.一些监管机构要求采用这种报告方式。

14. 为达到质量保证的目的,监管机构要求在现场采集平行样品。此时,采样区域应该与第一次采样区域相连,如果可能的话,擦拭方式应该与采样中描述的一致。千万不要在之前采过样的区域重复擦拭。这个样品为盲样,不可将其作为实验室样品的平行样品,它与本法步骤14提到的单个样品的平行样品不同。假定相邻采样区域的污染程度相同,现场平行样品对评价采样方式的一致性非常有用。实验室平行样品则用于评价样品处理过程和仪器分析的一致性。

D. 从采样介质上解吸

15. 为方便计算,在每30ml解吸溶剂加入 $60\mu l$ 内标加标溶液至每40ml解吸溶剂加入 $80\mu l$ 内标加标溶液的范围内,内标加标溶液选定为 $60\mu l$。无论哪种情况下,都为每毫升解吸溶剂加入 $2\mu l$ 内标加标溶液。不过,任何方便的、可重复加入的内标加标溶液体积(如 $50\mu l$)都可以。不论选择的体积为多少,在制备标准溶液时内标加标溶液的体积必须一样。如果按照策略A加标(见附录D3),必须准确知道加入每个样品、介质空白和标准溶液的内标加标溶液的准确体积(分别记作 V_1、V_5、V_2),因为这些体积要用于内标加标溶液的体积校正(步骤19)。

16. 没有必要知道加入到每个样品中的解吸溶剂的准确体积或者残留的润湿醇的体积,因为体积差异会通过解吸前加入的内标物进行标准化处理。

17. 内标物加标的替代策略(以下称为加标策略B)。无论加入的解吸溶剂的体积和残留的润湿醇的体积为多少,在所有样品、空白、质控样品和标准溶液中都加入相同体积的内标加标溶液,则在步骤19中方程不需要进行体积校正（即 V_1/V_2 和 $V_5/V_2 = 1$）。但是，当使用更大体积的解吸溶剂时（例如解吸复合样品时），必须能测量出样品中内标物的 GC 色谱峰面积。由于在大体积样品中内标物的稀释倍数增加，因此解吸溶剂体积应限制在 120ml 或者更少。

注意：这是两种独立的加标策略，可以用于处理需要大体积解吸溶剂的大体积样品，下表概述了策略 A 和策略 B。

表 7 - 0 - 26　加标策略 A 和策略 B 概述

| 擦拭巾数量 | 装样容器的体积/ml | 内标加标溶液的体积/μl | | 解吸溶剂的体积 /ml（策略 A 和 B） |
		策略 A	策略 B	
1	40 ~ 50	60	60	30
2	50	80	60	40
4（如复合样品）	100 ~ 120	160	60	80
		用体积校正因子（步骤 19）	不用体积校正因子（步骤 19）	

不管采取哪种策略，如果样品含有 2 个擦拭纱布，就需要用 40ml 解吸溶剂；如果样品含有 4 个擦拭巾，就要用 80ml 解吸溶剂。

a. 在策略 A 中，内标加标溶液的体积应为恒定的比值，即每毫升解吸溶剂加入 2μl 内标加标溶液。这就使得大体积样品也可以被解吸而不会减小内标物的 GC 色谱峰峰面积。但是在步骤 19 最终计算时需要用体积校正因子（V_1/V_2）。因此，加入到每个样品中内标加标溶液的体积与加入到标准溶液中的内标物溶液体积都必须知道。

b. 在策略 B 中，对于所有样品和标准溶液都加入相同体积的内标加标溶液，但不一定为 60μl。这就使得步骤 19 最终计算时无须体积校正因子。但是，内标物的 GC 色谱峰的峰面积会随着解吸溶剂体积的变化而改变，而且当解吸溶剂的体积较大时，内标物浓度必须足够大以便可以检测出内标物。

E. 固相萃取柱的制备

两种小柱（Clean Screen® 和 BOND ELUT - CERTIFY®）以二氧化硅为填料，另外两种（Oasis® 和 Speedisk®）以有机聚合物为填料。使用 Waters Oasis® MCX 3cc/60mg 小柱的精密度和准确度数据列于表 7 - 0 - 22a 和 7 - 0 - 22b。

F. 衍生化

以 MSTFA + MBHFBA 混合试剂作为衍生化试剂有独特的优、缺点。缺点及一些补救措施如下。

18. 形成了少量次级胺的三氟乙酰基衍生物（推测可能来自 MSTFA），与目标七氟丁酰衍生物竞争。

a. 补救措施#1：用 MSHFBA（N - 甲基 - N - 三甲基硅烷基七氟丁酰胺，Alltech Associates，Deerfield，IL）取代 MSTFA，可以除去该产物。但是，对于方法 9109，用 MSHFBA 取代 MSTFA，尚未对精密度和准确度进行评价。

b. 补救措施#2：如果不分析麻黄碱化合物或含游离羟基的化合物，可以不用 MSTFA，而单独使用 MBHFBA。

19. 使用混合衍生化试剂可能会导致过度硅烷化，生成不需要的硅烷化产物[18]，尤其是酰胺类。一级胺类的主要过烷基化产物为 N - 酰基衍生物的 N - 三甲基硅烷基衍生物。该产物的气相色谱峰峰面积可能很大；在某些情况下，几乎与目标 N - 酰基衍生物相当。

a. 补救措施#1：从 SPE 柱中洗脱出来的氯化铵似乎可以阻止或大大减少酰胺类的过度硅烷化。当用 80:20:2 二氯甲烷:异丙醇:氯化铵洗脱 SPE 柱时，可忽略这些产物。

b. 补救措施#2：如果不分析麻黄碱化合物或含游离羟基的化合物，可以不用硅烷化试剂（MSTFA 或它的替代物 MSHFBA），而单独使用 MBHFBA。

20. 可能需要对质谱进行频繁地清洁以保持它的灵敏度。这可以通过缩短样品处理时间来抵消，尤其是当样品数量大时。

21. 熔融石英毛细管柱与混合的硅烷化 - 酰化试剂接触后，可能不再适用于分析其他类型的样品。

22. 当分析目的是药物筛选未知化合物时,硅烷化副产物会使色谱图变得杂乱,从而导致难于检测低浓度的未知(非目标)化合物。为了达到这个目标,方法9106[4]的液液萃取方法可减小来自副产物试剂的干扰,净化色谱图。

23. 当与SPE一起使用时,MSTFA + MBHFBA混合试剂的优点如下。

a. 样品处理时间缩短(无须在烘箱中加热、无须冷却、无须蒸发试剂、无须中和试剂,且无须随后的溶剂重构)。

b. 无须加热或酸诱导异构化,无需对麻黄碱或其他含羟基的化合物(如麻黄碱、去甲麻黄碱、伪麻黄碱、去氧肾上腺素等)脱羟基化。

c. 由于酚类上三甲硅烷醚基和三甲硅烷酯基的热稳定性,本法还可用于检测水解的酚醛树脂和芳基 - 烷基 - 胺的多羟基化合物(如沙丁胺醇、肾上腺素及其代谢产物[10]、MDMA的代谢产物和去氧肾上腺素)。

d. 受阻胺如MDEA,衍生化更完全,但仍需要结构相似的内标物。

G. 样品测定

实验室控制加基质质控样(QC和QD)的回收率必须满足相关监管机构的指南,如果没有特定的指南,80% ~ 120%较为合理。

注意1:本法中质控样品(包括QC和QD)指的是某些指南文件中的基质加标样品和基质加标平行样品(MS/MSD),他们与QC/QD的用途相同;将现场 - 仪器空白作为样品进行分析和报告,其他任何样品的结果不需要扣除现场 - 仪器空白值;连续校准验证(CCV)标准样品的回收率必须满足监管机构的指南(如无特定指南,80% ~ 120%较为合理);CCV标准样品在某些指南文件中指的是QC样品,但此处的"QC"等同于液体标准样品(而非基质加标样品),其目的与本法中的CCV标准样品相同;采用GC/MS方法,无论是扫描模式或SIM模式,对脱氧麻黄碱的检出限均可达到每份样品0.05μg甚至更低;扫描模式在未知组分的定性分析中非常重要;如果想获得更低的检出限或者在扫描模式下很难获得更低检出限,或者只分析一些常规目标化合物,仪器可以在SIM模式下运行。

H. 稀释方法

如果样品浓度超出标准曲线的上限,可用以下稀释方法之一估算高浓度。

24. 稀释方法A(稀释GC进样瓶中的衍生物)。从GC进样瓶中转移一部分衍生物样品混合物到一个干净的小体积的GC进样瓶中,加入乙腈、MSTFA和MBHFBA。例如:10:1稀释时,转移20μl样品至干净的进样瓶中,并加入乙腈120μl,MSTFA、MBHFBA各30μl,最终体积为200μl。4:1稀释时,转移50μl样品至干净的进样瓶中,加入乙腈100μl、MSTFA和MBHFBA各25μl,最终体积为200μl。将GC进样瓶盖上,上下颠倒几次混匀,分析稀释后的样品。由于内标物与目标待测物的稀释倍数相等,因此步骤19中不需要用到稀释倍数。

注意:稀释倍数大于10时,内标物可能稀释过度而无法定量。此时采用过程B。

25. 稀释方法B (稀释原始样品解吸液)。在本稀释方法中,用模拟的空白液稀释一份原始的样品解吸液,然后转移到步骤8d的SPE柱上。例:10:1稀释时,取步骤7f中的样品解吸液0.5ml,加入装有4.5ml模拟空白溶液的试管中,混匀后将所有的溶液转移到一个预处理过的SPE柱上。50:1稀释时,取步骤7f中的样品解吸液0.1ml,加入装有4.9ml模拟空白溶液的试管中,混匀后将所有的溶液转移到一个预处理过的SPE柱中。然后按照正常的步骤8d开始进行操作。模拟样品空白与需要稀释的样品的处理方法应该相同,使用相同体积的内标加标溶液和相同体积的最初用于样品解吸的解吸溶剂。例如,如果最初的样品用40ml内含80μl内标加标溶液的解吸溶剂进行解吸,那么处理模拟空白溶液时,也进行相同的操作。润湿用醇的体积是估算的[例如,每个3″×3″(7.5cm×7.5cm)12层棉纱布擦拭巾约需3ml]。步骤19计算时加入稀释倍数(V_3/V_4)(例如,用模拟空白将初始解吸液稀释至5ml时,V_3/V_4 = 5ml除以所用初始解吸液的体积)。上述例子中,10:1稀释时,稀释倍数为5ml/0.5ml即10;50:1稀释时,稀释倍数为5ml/0.1ml即50。在步骤19中用最初加入到未稀释样品中的内标加标溶液的体积对相应体积进行校正。

注意:只有当润湿样品擦拭巾的甲醇(或异丙醇)残留体积与制备标准溶液中所用甲醇(或异丙醇)的量(通常约3ml,见表7-0-21)完全相同时,这个稀释方法才能给出定量结果。残留润湿用醇中有几毫升的偏差,不会影响未稀释样品的结果,但是稀释样品最终结果会有几个百分点的误差。

由于润湿溶剂残留体积的不同而造成的可能误差可以通过确切的解吸溶剂与润湿醇的体积进行估算。假设样品擦拭巾和标准都用30ml解吸溶剂解吸,标准中加入3ml醇。样品体积的可能误差为样品中每ml残留醇的±3.03%,即33ml有±1ml的差别。如解吸溶剂体积为40ml,在标准中加入4ml醇,每相差1ml导致的误差为±2.27%(即44ml约差±1ml)。但是,由于一旦样品擦拭巾被解吸,残留的润湿用醇的体积将未知且无法测定,因此也无法计算实际误差。

不过,可计算出最大可能误差。因为润湿擦拭巾时,一个3″×3″12层(或4″×4″12层)棉质纱布擦拭巾达到饱和(湿淋淋地)所需醇的最大量为6ml,这与加入到标准中的3ml醇体积只有±3ml的偏差。因此,因棉质纱布中醇残留体积不同造成的最大误差为体积相差1ml时的3倍。既然对±1ml的误差是±3.03%,那么对于±3ml而言最大误差则是3倍以上,即±9.1%。实际上,因为纱布样品不可能完全干燥,也不可能在挤出多余醇并擦拭表面后就正好饱和,所以误差会低于这个值。当多余的醇液被挤出后真正留在擦拭巾中的醇体积也就在1~2ml范围内。这就使得稀释样品的最终结果的误差在3%~6%之内。未稀释的样品不受此影响。这个误差包含在脱氧麻黄碱方法的总体精密度里。

26. 稀释方法C(稀释干燥样品的解吸液)。对于超过范围的样品,其稀释误差可以通过样品中醇残留的体积进行校正。通过比较擦拭巾的干重和湿重,可以计算其残留醇的体积或质量。更好的措施是,在样品干燥后(质量不再减小)加入与加到标准溶液中体积相同(即3ml)的醇,这样可消除稀释误差。此后,如果任一样品需要稀释,就不会产生因残留醇体积不同而引起的稀释误差,因为所有的样品和标准都有相同体积的醇和同样体积的解吸溶剂。但是,由于脱氧麻黄碱不以盐的形式存在时,可能挥发而导致其损失,且我们不能确定现场样品中的形式,因此不建议对样品进行空气干燥。另外,对样品进行称量和干燥时,样品可能会被污染。对具有较高饱和蒸气压且在干燥过程中易损失的目标待测物或者易与醇形成共沸物的待测物,尤其是当补救性净化的临界行动水平处于方法标准曲线范围的低范围区时,不建议进行干燥处理。如果样品已经解吸,不可采取干燥处理。

表面擦拭样品中的铍—现场便携式荧光法 9110

Be	相对分子质量:9.0121	CAS号:7440 – 41 – 7	PTECS:DS1750000
方法:9110,第一次修订		方法评价情况:部分评价	第一次修订:2007.4.16
U. S. 规定的 OEL OSHA:无 MSHA:无 DOE:3μg/100c m² (料理家务,10 CFR 850.30 [a]) 　0.2μg/100cm² (设备释放,10 CFR 850.31) 其他已出版的 OEL 和指南 其他:无		性质:固体;密度 1.85g/ml;熔点 1278℃;饱和蒸气压 0kPa(0mmHg)(25℃)	

英文名称:beryllium in surface wipes; beryllium metal

续表

采样	分析
样品收集器:擦拭巾(纤维素)	分析方法:现场便携式紫外/可见荧光光度计
采样面积:最小100cm²	待测物:羟苯喹啉磺酸盐(HBQS)与铍的络合物
运输方法:常规	溶解液:氟化氢铵(水溶液),10g/L
样品稳定性:稳定	检测溶液:含63.4μmol/L HBQS、2.5mmol/L EDTA 和50.8mmol/L 赖氨酸单盐酸盐;用 10mol/L NaOH 调节 pH 至 12.85
样品空白:每批样品 2 ~ 10 个	检测器:激发波长,360nm ~ 390nm;发射波长, 400 ~ 700nm($\lambda_{max} \approx$ 475nm)

准确性	定量标准:铍标准溶液
研究范围:未研究	检测范围:每个擦拭巾(0.005 ~ 6)μg[1]
偏差:未研究	估算检出限:每个擦拭巾 0.00075μg[2]
总体精密度($\hat{S}_{rT}$):未研究	精密度($\bar{S}_r$):0.021(每个擦拭巾约 0.2μg),0.076(每个擦拭巾约 1.5μg),0.052(每个擦拭巾约3μg)
准确度:未研究	

适用范围:对于表面擦拭样品,测定范围为 0.005 ~ 6μg。本法测定的是铍元素的总量,而不能测定特定的化合物

干扰因素:如果铁的浓度较高会产生小的干扰。含高浓度铁的样品表现出黄色或金黄色。将溶液静置至少 4 小时,使其澄清,使用前过滤样品提取液,可以将干扰降至最低

其他方法:方法 7300(加热板消解 – 电感耦合等离子体发射光谱法)也可用于测定铍元素(参考)[3]。ASTM 方法 D7202 是一个分析步骤类似、用荧光光度计测定铍的方法[4]

试剂	仪器
1. 氟化氢铵*	1. 样品收集器:擦拭巾,纤维素,最小直径47mm 注意:聚乙烯醇(PVA)介质不适合用于本法
2. 乙二胺四乙酸(EDTA)二钠二水合物	2. 采样板:一次性或可重复使用的,最小面积100cm²
3. 10 – 羟基苯并[h]喹啉 – 7 – 磺酸盐(HBQS)[5]	3. 胶带
4. L – 赖氨酸单盐酸盐	4. 现场便携式紫外/可见(UV/Vis)荧光分光光度计:带激发光源(λ = 380nm)、时间积分可见光检测器(400 ~ 700nm,λmax ≈ 475nm)或能获得适当波长的滤光片(激发波长:360 ~ 390nm;发射波长 ≈ 475nm;半峰宽小于 ± 10nm)
5. NaOH*	5. 机械搅拌器、振荡器或旋转器
6. 去离子水	6. 加热板样品处理器(用于氧化铍的提取)
7. 溶解液:*氟化氢铵水溶液,10g/L(将氟化氢铵溶解于水中)	7. 荧光比色皿:一次性的,直径 10mm,UV/Vis 光可透过
8. 检测溶液*:含 63.4μmol/L HBQS、2.5mmol/L EDTA 和50.8mmol/L 赖氨酸单盐酸盐;用 10mol/L NaOH 调节 pH 至 12.85	8. 塑料离心管:15ml
9. 铍标准溶液*:1000mg/L(购买)	9. 针式过滤器:尼龙,孔径 0.45μm,直径 13mm 或 25mm,塑料外壳 注意:聚四氟乙烯(PTFE)过滤器不适合用于本法
10. 铍加标介质*(购买)	10. 机械移液器:各种规格
	11. 塑料吸头:一次性,各种规格
	12. 塑料实验室器皿(如烧杯、烧瓶、量筒):根据需要,各种规格
	13. 镊子:塑料的或塑料包覆的
	14. 实验室擦拭巾
	15. 个人防护用品(面罩、手套、实验服、安全眼镜)

特殊防护措施:在采样和分析操作期间穿戴适当的个人防护用品。当使用化学品进行操作时,必须穿戴合适的手套、护目镜、实验服等;在干净的、通风良好的地方进行样品配制和处理,以排除任何可能的铍污染;任何接触到溶解液或检测溶液的地方应该立即用大量水冲洗;氟化氢铵会腐蚀玻璃,因此必须将所有的氟化氢铵溶液存放在塑料的实验室器皿中;避免接触皮肤或眼睛,避免吸入蒸气

注:*见特殊防护措施。

采样

1. 戴上一双干净的手套。

2. 用一个干净的采样板或胶带划定采样区域(最小 $100cm^2$)。如果使用采样板,用胶带将板的边缘固定在待擦拭表面上,以防在采样期间移动。

3. 用 0.2ml 的去离子水湿润擦拭巾表面,用平稳的压力以纵向"S"形擦拭采样表面 3~4 次。将擦拭巾的接触面折叠在内,然后以横向"S"形擦拭采样表面 3~4 次。再次折叠擦拭巾,擦拭采样区域边界。

4. 折叠擦拭样品,接触面朝里,并将它放入已标识的 15ml 塑料离心管中。

样品处理

5. 向每个含擦拭样品的 15ml 离心管中加入 5ml 溶解液(10g/L 氟化氢铵),盖上盖子。

6. 将离心管放入机械旋转器中,旋转至少 30 分钟。

注意:只要能使溶解液很好地浸润擦拭巾,也可用振荡器或搅拌器代替旋转器,。也可使用超声。对于难溶物质,如高温焙烧的氧化铍,必须将介质和溶解液加热至 80℃,保持 30 分钟。标准的溶解操作过程取决于样品粒度的大小。在补充数据报告[6]中描述了使用两种不同来源的氧化铍进行方法验证。

7. 用尼龙针式过滤器将溶液过滤到干净的离心管中。

注意:这种离心管必须有盖,用于保存溶液。如果需要的话,可用于随后的再次分析。

8. 移取 0.1ml 样品滤液到含 1.9ml 检测液的比色皿中。盖上盖子,轻轻混匀。

注意:上述步骤一般用于分析样品介质上 0.05~4μg 范围内的铍。对其他铍浓度范围,需要使用另外的溶解液和检测溶液比例。对于样品介质上 0.005~0.4μg 范围内的铍,将 0.4ml 样品滤液加入到含 1.6ml 检测溶液的比色皿中。

注意:如果疑似或明显存在高浓度的铁或钛(由于外观上存在悬浮的沉淀),使溶液沉淀,并用尼龙针式过滤器过滤。

注意:检测溶液和溶解液的稳定性长达 1 年以上,且两者混合后的测定溶液稳定性大于 30 天。溶液必须保存在密封的容器中,并且检测溶液和混合溶液必须避光保存。

标准曲线绘制与质量控制

9. 用铍标准储备液校准荧光计。以荧光强度对标准储备液中铍浓度(ng/ml)绘制标准曲线。

注意:为了测定采样介质上 0.05~4μg 范围内的铍,用氟化氢铵溶解液稀释铍光谱级标准液制备铍的标准储备液。建议标准储备液浓度为 800,200,40,10 和 0 ng/ml。与样品一样,加 0.1ml 制备的标准储备液到 1.9ml 检测溶液中(20 倍稀释)进行分析。见表 7-0-27。

注意:为了测定采集介质上 0.005~0.4μg 范围内的铍,建议标准储备液浓度为 80,20,4,1 和 0 ng/ml。低浓度铍的标准溶液,通过 10 倍稀释上一条注意中提到的标准储备液而制得。与样品一样,加入 0.4ml 制备的标准储备液到 1.6ml 检测溶液中(5 倍稀释)进行分析。请见表 7-0-28。

注意:如果样品处理中使用其他比例的溶解液和检测溶液,需要对用于绘制标准曲线所用的标准溶液使用相同的比例。

10. 每 20 个样品至少分析一次标准储备液、试剂空白和介质空白。确保标准储备液的浓度范围覆盖样品中需检测的铍浓度范围。

11. 每 20 个样品分析一个介质加标样品和一个样品加标质控样(每组样品至少 3 个)以确保回收率在可控范围内[如(100±15)%]。

注意:如果怀疑氧化铍存在,那么建议使用氧化铍用于制备介质加标样品和加标质控样。

样品测定

12. 对于每个样品,测定 λ_{max} 或经滤光片获得的适当波长处的荧光强度。

13. 如果样品的荧光响应高于标准储备液的响应,用溶解液稀释样品过滤液后,重新分析,计算时乘以相应的稀释倍数。

计算

14. 根据标准曲线计算每个样品滤液中的溶液浓度 C_s(ng/ml)及介质空白中的平均浓度 C_b(ng/ml)。

15. 按下式计算采样面积上铍元素的浓度 C(μg/$100cm^2$):

$$C = D \times \frac{C_s V_s - C_b V_b}{10A}$$

式中：C_s——样品溶液中铍元素的浓度（ng/ml）；

　　　C_b——介质空白中铍元素的平均浓度（ng/ml）；

　　　V_s——样品使用的溶解液体积（通常为5ml）（ml）；

　　　V_b——介质空白使用的溶解液体积（ml）；

　　　A——采样面积（cm^2）；

　　　D——稀释倍数。

注意：表7-0-27和表7-0-28中，可用溶液中的铍浓度计算采样介质上铍的量。表7-0-27是介质上铍在0.2~4μg范围内且20倍稀释时所得的数据，表7-0-28是介质上铍在0.02~0.4μg范围内且5倍稀释时所得的数据。

表7-0-27用标准储备液中的Be浓度和分析所得的Be浓度计算采样介质上的Be含量，假设0.1ml的样品，或者标准储备液加入到1.9ml检测溶液中（20倍稀释）。

表7-0-27　采样介质上Be含量（20倍稀释）

标准储备液中的Be浓度/（ng/ml）	分析的Be浓度/（ng/ml）	采样介质上的Be含量*/ng
0	0	0
10	0.5	50
40	2	200
200	10	1000
800	40	4000

注：*等于标准储备液中的Be浓度（ng/ml）×用于提取介质的溶解液体积（5ml）。

表7-0-28用标准储备液中的Be浓度和分析所得的Be浓度计算采样介质上的Be含量，假设0.4ml的样品或标准储备液加入到1.6ml检测溶液中（5倍稀释）。

表7-0-28　采样介质上Be含量（5倍稀释）

标准储备液中的Be浓度/（ng/ml）	分析的Be浓度/（ng/ml）	采样介质上的Be含量*/ng
0	0	0
1	0.2	5
4	1	20
20	4	100
80	16	400

注：*等于标准储备液中的Be浓度（ng/ml）×用于提取介质的溶解液体积（5ml）。

方法评价

按照已出版的指南[8]对本法进行了评价[7]。用具有以下组件的Ocean Optics®便携式荧光装置进行了实验。

USB 200光谱仪，带 #2（UV/Vis 600）光谱光栅，LS-1灯（380nm）、LS-450外壳，UV-2 casting OFLV在线过滤片200-850，L2聚光透镜及狭缝-200。

在相对发光模式下，采用2秒或5秒积分时间进行检测。

将氧化铍加标到Whatman #541纤维素或尼龙滤膜上，加标量为0,0.02,0.1,0.2,0.3,0.4,1.5,3.0和6.0μg（每个水平5个样品），对本法进行了评价。

本法也对由美国能源部网站上获得的疑似含有铍的实际样品（用Whatman #541纤维素或尼龙滤膜收集）进行了检测。用便携式荧光光度计检测的现场样品也用加热板消解和ICP-AES分析方法进行了分析。后者作为一种参考分析方法。发现样品的负载量范围为低于检出限（<0.02μg）到约每份样品12μg。

在 Whatman #541 纤维素和尼龙滤膜上加标 0.1μg Be 制得样品($n=30$),对样品的储存稳定性进行了验证。在加标一天($n=12$)、一周($n=6$)、10 天($n=3$)、两周($n=3$)、三周($n=3$)和一个月之后对样品进行分析。发现从刚制备的样品到已经储存长达 30 天之后的样品,荧光信号并未减弱。

用含 0.4mmol/L Al、Ca、Co、Cu、Fe、Ti、Li、Ni、Pb、Sn、U、V、W 或 Zn(对于每种潜在的干扰物进行单独实验)的 0nmol/L、100nmol/L 和 1.0μmol/L 的 Be 溶液进行了干扰测试。同时也对本法进行了实验间的评价[9]。

参考文献

[1] Agrawal A, Cronin J, Tonazzi J, McCleskey TM, Ehler DS, Minogue EM, Whitney G, Brink C Burrell AK, Warner B, Goldcamp MJ, Schlecht PC, Sonthalia P, Ashley K [2006]. Validation of a Standardized Portable Fluoresence Method for Determining Trace Beryllium in Workplace Air and Wipe Samples. J Envi – ron Monit 2006 (8): 619 – 624.

[2] Ashley K, Agrawal A, Cronin J, Tonazzi J, McCleskey TM, Burrell AK, Ehler DS [2007]. Ultra – trace Determination pf Beryllium in Occupational Hygiene Samples by Ammonium Bifluoride Extraction and Fluorescence Detection Using Hydroxybenzoquinoline Sulfonate. Analytica Chimica Acta 584 (2007): 281 – 286.

[3] NIOSH [1994]. Elements by ICP (nitric/perchloric acid ashing): Method 7300 (supplement issued 3/15/03). In: NIOSH Manual of Analytical Methods. 4th ed. Cincinnati, OH: U.S. Department of Health and Human Services, Public Health Service, Centers for Disease Control and Prevention, National Institute for Occupational Safety and Health, DHHS (NIOSH) Publication No. 94 – 113.

[4] ASTM [2006]. D7202 Standard Test Method for Determination of Beryllium in the Workplace Using Field – based Extraction and Fluorescence Detection. West Conshohocken, PA: ASTM International.

[5] Matsumiya H, Hoshino H, Yotsuyanagi T [2001]. A Novel Fluorescence Reagent, 10 – hydroxy Benzo[h]Quinoline – 7 – sulfonate, for Selective Determination of Beryllium(II) Ion at $Pgcm^{-3}$ Levels. Analyst 126: 2082 – 2086.

[6] ASTM [2003]. D6966 – Standard Practice for Wipe Sampling of Surfaces for Subsequent Determination of Metals. West Conshohocken, PA: ASTM International.

[7] McCleskey TM, Agrawal A, Ashley K [2005]. Backup Data—method Nos. 7704 and 9110/Beryllium, Issue 1. NIOSH Docket Office, Mailstop C – 34, 4676 Columbia Parkway, Cincinnati, Ohio 45226, E – mail: NIOSHDocket@ cdc. gov

[8] Kennedy ER, Fischbach TJ, Song R, Eller PM, Shulman SA [1995]. Guidelines for Air Sampling and Ana – lytical Method Development and Evaluation. Cincinnati, OH: U.S. Department of Health and Human Services, Public Health Service, Centers for Disease Control and Prevention, National Institute for Occupational Safety and Health, DHHS (NIOSH) Publication No. 95 – 117.

[9] Ashley K, McCleskey TM, Brisson MJ, Goodyear G, Cronin J, Agrawal A [2005]. Interlaboratory Evalu – ation of A Portable Fluorescence Method for the Measurement of Trace Beryllium in the Workplace. J ASTM Int 2(9), 8 pp., Paper ID JAI13156 .

参考书目

Minogue EM, Ehler DS, Burrell AK, McCleskey TM, Taylor TP [2005]. Development of a New Fluores – cence Method for the Detection of Beryllium on Surfaces. J ASTM Int 2(9), 10 pp., Paper ID JAI13168.

方法作者

T. Mark McCleskey, Los Alamos National Laboratory, Los Alamos, NM; Kevin Ashley, CDC/NIOSH, Division of Applied Research and Technology; Anoop Agrawal, Berylliant, Inc., Tucson, AZ.

擦拭样品中的脱氧麻黄碱——液相色谱/质谱法 9111

$C_6H_5 \cdot CH_2 \cdot CH(CH_3) \cdot NH \cdot CH_3$	相对分子质量:149.2	CAS 号:537 - 46 - 2	PTECS 号:SH4910000

方法:9111,第一次修订	方法评价情况:部分评价　第一次修订:2011.10.17

U. S. 规定的 OELs OSHA 或 MSHA:无 其他已出版的 OEL 和指南 ACGIH、AIHA 或 NIOSH:无 各州:见表 7 - 0 - 29	性质:白色固体;熔点 171 ~ 175℃;饱和蒸气压 0.163mmHg(25°);水中 溶解度:1.33g/100ml(25℃);Log P = 2.07(辛醇 - 水分配系数)

英文名称:(S) - N,α - Dimethylbenzeneethanamine;(S) - (+) - N,α - Dimethylphenethylamine;d - 1 - Phenyl - 2 - methylaminopropane. Methedrine;Desoxyn;chalk;crank;crystal;glass;ice;meth,speed;upper

中文别名:(S) - N,α - 二甲基苯乙胺;(S) - (+) - N,α - 二甲基苯乙胺;d - 1 - 苯基 - 2 - 甲基氨丙烷。甲安非他明;脱氧麻黄碱;白色晶体、致幻、冰毒;甲基安非他命;兴奋剂

采样	**分析**
样品收集器:擦拭巾 采样面积:100cm² 或 1000cm² 运输方法:最好冷藏运输 样品稳定性:至少 7 天(22℃);至少 30 天(< 6℃) 样品空白:每批样品 2 ~ 10 个	分析方法:液相色谱/质谱法 - 选择离子扫描(SIM)模式 待测物:脱氧麻黄碱 解吸方法:0.1M H_2SO_4 进样体积:50μl 流动相:A:5/95 乙腈/水,0.1% 乙酸;B:95/5 乙腈/水,0.1% 乙酸 色谱柱:150mm × 4.6mm,5μm Zorbax Eclipse XDB C_{18} × 色谱柱或等效色 　谱柱,柱温:40℃ 梯度淋洗:100% A 1 分钟,梯度至 100% B(9 分钟),保持 5 分钟,梯度 　至 100% A (2 分钟),保持 8 分钟。流速为 0.50ml/min 定量标准:介质加标样品 覆盖范围(表 7 - 0 - 31)
准确性 研究范围:未测定 偏差:未测定 总体精密度($\hat{S}_{rT}$):未测定 准确度:未测定	测定范围:每份样品 0.1 ~ 100μg[1] 估算检出限:每份样品 0.1μg 精密度($\bar{S}_r$):0.067[1]

适用范围:脱氧麻黄碱的测定范围为每份样品 0.1 ~ 100μg(采样面积 = 100cm²)

干扰因素:无色谱检测干扰

其他方法:方法 9106 使用液液萃取和气相色谱/质谱法(GC/MS)测定多种毒品[2]。方法 9109 使用固相萃取和气相色谱/质谱法(GC/MS)测定多种毒品[3]

试剂

1. 脱氧麻黄碱*:1mg/ml（甲醇为溶剂）。（Alltech part # 010013 或相等溶液）

2. 脱氧麻黄碱 – D$_{14}$:1mg/ml（甲醇为溶剂）（Cerilliant part # M – 093 或等效的溶液）

3. 溶剂:无残渣,分析纯

   a. 异丙醇（IPA）*

   b. 乙酸*

   c. 乙腈*

   d. 甲醇*

4. 浓 H$_2$SO$_4$（分析纯或痕量金属分析纯）*

5. 干燥气体:氮气

6. 去离子水（ASTM type II）

溶液

1. 待测物和内标的加标溶液。冷藏,避光保存溶液

   a. 待测物加标溶液的制备:用甲醇稀释 1000μg/ml 脱氧麻黄碱储备液至 200μg/ml 和 20μg/ml

   b. 稀释1ml 1000μg/ml 的脱氧麻黄碱 – D$_{14}$储备液至 10ml,制得 100μg/ml（0.1μg/μl）的脱氧麻黄碱 – D$_{14}$溶液

2. 解吸溶剂:0.1M H$_2$SO$_4$。将 22ml 浓 H$_2$SO$_4$ 加入到 4L 去离子水中

3. 流动相 A:0.1%乙酸,5%乙腈水溶液

4. 流动相 B:0.1%乙酸,95%乙腈水溶液

仪器

1. 擦拭巾:棉质纱布,3″×3″(7.5cm × 7.5cm)12 层或 4″× 4″(10cm × 10cm)8 层,或等效产品

2. 样品储存容器或装样容器:带盖的 50ml 聚丙烯离心管或等效产品

3. 液相色谱/质谱仪,带积分仪或计算机数据采集系统及色谱柱

4. 液相自动进样瓶:2ml,带盖

5. 容量瓶:各种规格,用于制备标准溶液及加标溶液。4L 的容量瓶用于制备解吸溶剂

6. 液体转移

   a. 各种规格的微量注射器:用于制备和加标标准溶液

   b. 可调节的 10 ~50ml 解吸溶剂的分液器:与4L 瓶相匹配

7. 镊子

8. 乳胶或丁腈手套:避免使用乙烯手套（方法 9111 中采样步骤 1,注意）

9. 旋转搅拌器:转速能达到 10 ~30rpm

10. 巴斯德吸管

11. 采样板:有 10cm ×10cm 的孔。用较硬的一次性卡片纸或薄片状的特氟隆®制得

12. 过滤器:Ion Chromatography Acrodisc®,25mm 针式过滤器,带孔径 0.45μm 的 Supor®（PES）膜（Pall number 4585T 或等效的）

13. 冰或其他制冷介质:用于运输

特殊防护措施:所用溶剂皆易燃,且对健康有不良影响。避免吸入其蒸气,避免皮肤接触;应该在通风橱中进行操作;分析人员必须穿戴合适的保护眼睛和手的防护用品（如乳胶手套等）,防止少量的胺通过皮肤被吸收,同时对溶剂和其他试剂操作时也有保护作用;在水中溶解浓 H$_2$SO$_4$ 时会放出大量的热,必须戴护目镜;处理和分析样品时也必须小心;秘密毒品实验室可能会产生未知的、具有严重毒性的副产品

注:*见特殊防护措施。

采样

采样中使用的特殊仪器见附录。

1. 戴上一双新手套,从包装中取出一个纱布擦拭巾。用约 3 ~4ml 甲醇（或异丙醇）将其润湿。

注意:溶剂不宜过多,只要浸湿擦拭巾中心 80%的面积即可,溶剂过量会因溶剂滴落造成样品损失;不要使用乙烯手套,否则可能会因释放增塑剂而污染样品。

2. 将采样板放在采样区域的上风（可用胶带沿板的外边缘将其固定）。用固定的力,以纵向"S"形擦拭方式,擦拭采样表面。擦拭巾的接触面折叠在内,并以横向"S"形擦拭方式,擦拭采样表面。再次折叠擦拭巾,再以纵向"S"形擦拭方式,擦拭采样表面。

3. 折叠擦拭样品,接触面朝里,置于装样容器中,并盖上盖子。

注意:样品冷藏（<6℃）。尽管室温下脱氧麻黄碱和其他几种相关胺类在推荐的擦拭介质上可稳定至少 7 天,但仍建议尽快冷藏。

4. 在用于下一次采样前应清洗采样板洗,或者使用新的一次性采样板。

5. 每一个样品应清楚做好标识。

6. 至少制备 2 个样品空白。每 10 个样品至少制备 1 个样品空白。

注意:此外,至少制备3个介质空白。用于介质空白的擦拭巾与用于现场样品的擦拭巾必须来自同一批。

样品处理

7. 从介质中解吸。

a. 打开装样容器的盖。样品擦拭巾应松散放在容器内。否则将样品转移到更大的容器中。如果样品转移到更大的容器内,不要丢弃原来的容器。如果样品由一个以上的擦拭巾组成,内标和解吸溶剂的体积可能需要进行相应的调整。

b. 向每个擦拭巾样品上准确地加$50\mu l$内标加标溶液。

c. 加入30ml解吸溶剂($0.1M\ H_2SO_4$)。如果样品转移到更大的容器中,初始装样容器必须用解吸溶剂冲洗,摇振后将冲洗液倒入更大的容器中。

d. 盖紧盖子,将容器置于旋转混合器上,以$10\sim30$rpm转速混合至少1个小时。

注意:解吸溶剂必须自由地通过纱布擦拭巾渗出;如果样品具有足够的碱性,可中和解吸溶剂的酸性(如擦拭未上漆的混凝土或粉刷表面),那么pH必须调节至约$\leqslant4$,见附录的说明。

e. 用$0.45\mu m$孔径的Ion Chromatography Acrodisc®过滤器过滤部分样品,用于分析。

8. 将样品滤液转移到进样瓶中,盖上盖子。

9. 用LC-MS(见样品测定,步骤$13\sim15$)分析样品、标准溶液、空白和质控样品(QC)。

标准曲线绘制与质量控制

10. 用列于方法9111的色谱柱和色谱条件测定保留时间。

11. 用至少6个介质加标标准样品和1个空白绘制标准曲线。

a. 制备待测物加标溶液(见溶液,方法9111)。

b. 在干净的装样容器中,制备标准溶液和介质空白(如在50ml聚丙烯离心管中)。

c. 通过直接在介质上加标已知体积的待测物加标溶液,制备介质加标标准样品。建议使用的加标体积见表$7-0-31$,其值需覆盖测定范围。

d. 与现场样品一起进行分析(见样品测定,步骤$13\sim15$)。

12. 制备基质加标(QC)和基质加标复制(QD)质控样品。

a. 将与现场采样相同的棉质纱布送至分析实验室,以制备基质加标质控样品。

b. 在测定浓度范围内,分别制备质控样品(QC和QD)(表$7-0-31$合适的浓度范围)。

c. 每对QC和QD样品对,应包括一个质控介质空白(QB)。

d. 每20个样品或更少的样品制备一组质控样品。

e. 将一个干净的纱布擦拭巾转移到新的装样容器中。

注意:如果在被分析的样品组中,多数样品用2个纱布擦拭巾,对于每个QB、QC和QD,也需用2个干净的纱布擦拭巾。

f. 按照表$7-0-31$,用已知量的待测物制备加标QC和QD样品。

g. 按照步骤7和步骤8处理质控样品、标准溶液、空白和现场样品。

h. 对这些质控样品、标准溶液、空白和现场样品进行分析,见样品测定步骤$13\sim15$。

样品测定

13. 用LC-MS分析标准溶液、质控样品、空白和样品。

a. 建议按照以下顺序分析。

ⅰ. 标准溶液。

ⅱ. 基质加标质控样品(QC和QD),每20个样品或更少样品分析一组。

ⅲ. 一个介质空白(QB),每20个样品或更少样品分析一个QB。

ⅳ. 样品(多达10个),包括某个样品的平行样。

ⅴ. 连续校正验证(CCV)标准样品,包含一个初始的标准样品。

ⅵ. 1个介质空白。

b. 按照仪器说明书和之前列出的条件设置液相色谱仪。

c. 设置质谱仪为 SIM 模式,扫描离子 119、150 和 164。其他 MS 条件见表 7 - 0 - 30,但会因特定的仪器和条件而变化,见表 7 - 0 - 30 的注意。

d. 注入 50μl 的样品溶液到液相色谱仪中。

e. 分析完成后,如果需要进行进一步分析,则迅速盖上进样瓶并冷藏。冷藏条件下样品至少可稳定 7 天。

14. 用脱氧麻黄碱和内标物的所选特征(定量)离子的离子流图,测定各自峰的 LC 峰面积,并将待测物的峰面积除以内标物的峰面积,计算相对峰面积。推荐的特征(定量)离子和内标物离子列于表 7 - 0 - 30。以相对峰面积对待测物含量(微克/样品)绘制标准曲线。

15. 初步调查秘密实验室的样品发现,其样品浓度似乎较高。如果样品结果超过标准曲线的上限,用硫酸解吸液稀释 LC 进样瓶中的样品溶液后重新分析。

计算

16. 根据标准曲线计算擦拭样品和介质空白中脱氧麻黄碱的含量(微克/样品)。

17. 按下式计算脱氧麻黄碱的最终浓度 C(微克/样品):

$$C = c\frac{V_1}{V_2} - b$$

式中:c——样品溶液中的脱氧麻黄碱浓度,每份样品 μg 数,根据标准曲线计算;

$\dfrac{V_1}{V_2}$——稀释因子,如果有稀释步骤;

V_1——用于加标样品的内标加标溶液体积(μl);

V_2——用于加标标准溶液的内标加标溶液体积(μl);

b——介质空白中脱氧麻黄碱的浓度,每份样品 μg 数,由标准曲线确定。

18. 报告总擦拭面积(cm^2)上的浓度 C′(微克/总擦拭面积),计算如下:

$$C' = \frac{C}{A}$$

式中:C——每份样品 μg 数(步骤 17);

A——每个样品的总擦拭面积(cm^2)。

注意:例如,如果样品是一个复合样品并且面积为 $400cm^2$,将结果报道为 $μg/400cm^2$。通常,如果擦拭面积大于或小于 $100cm^2$,不要将值转换为 $μg/100cm^2$。为避免混淆,对于独立的和复合的样品均分别报道每份样品 μg 数(C)和每个样品的总擦拭面积 cm^2(A)上的浓度。

方法评价

用棉质纱布上脱氧麻黄碱每份样品约含 0.4 ~ 17.8μg 的样品对本法进行了评价。这些浓度代表约 3 到 100 倍定量下限(LOQ)的浓度水平。结果报道于备用数据报告方法 9111s 中[1]。

通过制备的一系列介质加标标准样品,在 H_2SO_4 解吸溶剂中解吸并在(SIM)模式下分析,测定了检出限(LOD)和 LOQ。用 Burkart[4] 的步骤估算 LOD 值。在 SIM 模式下,擦拭样品上 LOD 值低于 0.02μg 脱氧麻黄碱。将 LOD 设定为每份样品 0.05μg,且 LOQ 设定为每份样品 0.15μg 作为方法制定的目标。用更低浓度水平的校准标准样品并进行适当的仪器维护,可以在实践中获得更低的 LOD。必须保持质谱的清洁和性能,使之在每份样品最小 0.1μg 时,可以获得 5 ~ 10 倍基线噪声的信号。

用 4 个浓度水平(通常每份样品为 0.44,1.8,4.4 和 18μg),每个浓度水平 6 个平行样品,测定了精密度和准确度。用 NIOSH 技术报告《空气采样和分析方法的制定和评价指南(Guidelines for Air Sampling and Analytical Method Development and Evaluation)》[5] 中的方程和方法计算准确度。根据所有的数据,计算方法的精密度($\bar{S}_r$)为 0.06663,准确度为 20.7%,且平均偏差为 - 0.09753。

在冷藏(4℃ ±2℃)条件下储存 30 天和在室温(22 ~ 24℃)下储存 7 天,进行了长期样品储存稳定性研究。由于长期样品储存稳定性仅测定待测物在特定介质上随时间变化的稳定程度,因此本法不进行重复测定;读者则可以直接从方法 9106[2] 中获得更为详细的信息。所有的回收率皆 ≥93.5%。

用棉质纱布,对 6 个不同类型表面上的脱氧麻黄碱的回收率进行了评价。该研究和结果报道在方法

9109[3]中。用连续擦拭实验(用第二个纱布再次擦拭同一表面,并将2个擦拭巾合并为一个样品)进行了评价。对用于润湿纱布的4种溶剂进行了测试(蒸馏水、5%蒸馏白醋、异丙醇和甲醇)。在涂有乳胶的墙壁上制备了6个平行样品。回收率和精密度在之前提到的备用数据报告中。在涂有乳胶的墙壁上使用一个擦拭巾测定的不同溶剂的有效性为:水,回收率为46%;5%蒸馏白醋,回收率为55%;异丙醇,回收率为64%;甲醇,回收率为87%。在对所有表面的实验中,通过反复(连续)擦拭,异丙醇的平均回收率有很大的提高(用甲醇时仅有约6%,与之相比,异丙醇提高了11%)。将连续擦拭的擦拭巾加到第一个擦拭巾中合并为一个样品。

参考文献

[1] Siso MC, McKay TT, Reynolds JM, Wickman DC [2005]. Backup Data Report for NIOSH 9111, Methamphetamine on Wipes by Liquid Chromatography – mass Spectrometry. Unpublished. Prepared under NIOSH Contract 200 – 2001 – 0800.

[2] NIOSH [2011]. Methamphetamine and Illicit Drugs, Precursors, and Adulterants on Wipes by Liquid – liquid Extraction: Method 9106. In: Ashley KA, O'Connor PF, eds. NIOSH Manual of Analytical Methods. 5th ed. Cincinnati, OH: U. S. Department of Health and Human Services, Centers for Disease Control and Prevention, National Institute for Occupational Safety and Health, [www. cdc. gov/niosh/nmam/].

[3] NIOSH [2011]. Methamphetamine and Illicit Drugs, Precursors, and Adulterants on Wpes by Solid Phase Extraction: Method 9109. In: Ashley KA, O'Connor PF, eds. NIOSH Manual of Analytical Methods. 5th ed. Cincinnati, OH: U. S. Department of Health and Human Services, Centers for Disease Control and Prevention, National Institute for Occupational Safety and Health, [www. cdc. gov/niosh/nmam/].

[4] Burkart JA [1986]. General Procedures for Limit of Detection Calculations in the Industrial Hygiene Chemistry Laboratory. Applied Industrial Hygiene 1(3):153 – 155, (1986).

[5] NIOSH [1995]. NIOSH Technical Report: Guidelines for Air Sampling and Analytical Method Development and Evaluation. By Kennedy ER, Fischbach TJ, Song R, Eller PM, Shulman SA. Cincinnati, OH: U. S. Department of Health and Human Services, Public Health Services, Centers for Disease Control and Prevention, National Institute for Occupational Safety and Health, DHHS (NIOSH) Publication No. 95 – 117.

[6] Martyny JW. Decontamination of Building Materials Contaminated with Methamphetamine [http://health. utah. gov/meth/html/Decontamination/DecontaminationofBuildingMaterialsContaminatedwithMeth. pdf]. Date Accessed: May, 2007.

[7] Martyny JW [2008]. Methamphetamine Sampling Variability on Different Surfaces Using Different Solvents [http://health. utah. gov/meth/html/Decontamination/MethSamplingVariabilityonDifferentSurfaces. pdf] Date accessed: May, 2011.

方法作者

Maria Carolina Siso, Thomas T. McKay, John M. Reynolds, and Don C. Wickman, DataChem Laboratories, Inc. , Salt Lake City, Utah under NIOSH Contract CDC 200 – 2001 – 0800.

表 7 – 0 – 29　美国各州的脱氧麻黄碱限值(2008 年 1 月)

州	标准	州	标准
阿拉斯加州**	$0.1\mu g/100cm^2$	明尼苏达州	$0.1\mu g/100cm^2$(冰毒实验室), $<1.5\mu g/100cm^2$(冰毒使用)
亚利桑那州	$0.1\mu g/100cm^2$	蒙大拿州	$0.5\mu g/ft^2$
阿肯色州***	$0.1\mu g/100cm^2$	新墨西哥州	$1\mu g/ft^2$
加利福尼亚州	$<1.5\mu g/100cm^2$	北卡罗来纳州	$0.1\mu g/100cm^2$
科罗拉多州	$0.5\mu g/100cm^2$	俄勒冈州	$0.5\mu g/ft^2$
康乃迪克州	$0.1\mu g/100cm^2$	南达科他州	$0.1\mu g/100cm^2$
夏威夷州	$0.1\mu g/100cm^2$	田纳西州	$0.1\mu g/100cm^2$

续表

州	标准	州	标准
爱达荷州	$0.1\mu g/100cm^2$	犹他州	$0.1\mu g/100cm^2$
肯塔基州	$0.1\mu g/100cm^2$	华盛顿州	$<0.1\mu g/100cm^2$

注:以下州还有没有标准:亚拉巴马州、特拉华州特区、佛罗里达州,乔治亚州、伊利诺伊州、印第安纳州、爱荷华州、堪萨斯州、路易斯安那州、缅因州、马里兰州、马萨诸塞州、密歇根州、密西西比州、密苏里州、内布拉斯加州、内华达州、新罕布什尔州、新泽西州、纽约州、北达科他州、俄亥俄州、俄克拉荷马州、宾夕法尼亚州、罗得岛州、南卡罗莱纳州、德克萨斯州、佛蒙特州、弗吉尼亚州、西弗吉尼亚州、威斯康星州、怀俄明州;∗ NIOSH 尚未建立基于健康或基于可行性的空气中的推荐接触限值(REL),也无秘密毒品实验室的表面污染指导方针;各州的表面污染限值可为那些寻求额外信息的人提供帮助,但并未被 NIOSH 认可;国家州联盟禁毒法(NAMSDL)网址 http://www. namsdl. org/home. htm 定期提供基于可行性的净化限值,并提出国家立法要求和指导方针;但是各州的信息常发生变化,特定的表面污染限值和其他州的净化要求及指导方针可以从各州直接获得;∗∗ 关于清除非法毒品制造的指导方针和标准为 2007 年 4 月 19 日的网站版本的阿拉斯加州环境保护局泄露预防和响应部门的预防和应急响应程序,http://www. dec. alaska. gov/spar/perp/methlab/druglab_guidance. pdf;∗∗∗2009 年 10 月,众议院法案 1489 获准立法,将新的标准合并后作为该州的限值,其他各州数据参考:http://health. utah. gov/meth/html/Resources/OtherStates/Nationalcomparison (2011 年 4 月下载)。

表 7 – 0 – 30　建议的质谱 SIM 条件

离子化模式	API – ES(大气压—电喷雾电离源)
极性	正的
碎裂器电压	100
增益	3.0 EMV
实际驻留时间	294
SIM 离子	119 脱氧麻黄碱评价离子 150 脱氧麻黄碱定量离子 164 脱氧麻黄碱 – D_{14} 离子
雾化室(特定使用仪器的优化条件)	
气体温度	200℃
干燥气	12.0L/min
喷雾器压力	50 psig

注意:脱氧麻黄碱和内标物同时被洗脱;监测 m/z 离子 119 和 150 用于脱氧麻黄碱的定性,164 用于脱氧麻黄碱 – D_{14} 的定性;这些仪器条件仅为推荐条件,应该由分析人员进行优化。每个质谱都不同,且酸的浓度和成分的变化也会影响条件的选择。此外,如果实验室配有 MS/MS,也可以用它来进行这些分析。串联的 MS 可以增加方法的专属性和灵敏度但不是本方法制定的内容。

表 7 – 0 – 31　建议的标准溶液的加标方案

标准溶液	脱氧麻黄碱加标溶液 加标到介质上的体积/µl		内标量/µl	解吸溶剂/ml	最终浓度 /(微克/样品)
	200µg/ml 溶液	20µg/ml 溶液			
1	500		50	30	100
2	100		50	30	20
3	25		50	30	5
4	5		50	30	1
5		25	50	30	0.5
6		5	50	30	0.1
7		2.5	50	30	0.05
8		1.2	50	30	0.024

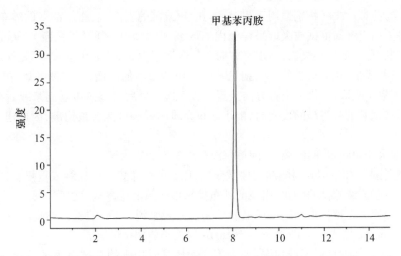

图 7 - 0 - 5　脱氧麻黄碱的 LC - MS 总离子流色谱图(m/z 119, 150, 164)

附录

采样

注意:关于表面成分、多孔性和不同溶剂对擦拭采样效率的影响的更多信息和数据,请见 Martyny 的报告[6,7]。

1. 遵循法定监管机构设置或客户规定的特定擦拭表面的要求(通常为 100cm²)和行动阈限值(或最大允许残留水平)。吸附速率取决于所用擦拭方法,因此必须指定擦拭方法,特别注意与擦拭采样要求相偏离的地方。

2. 以下步骤仅总结了总体采样过程,并不能用作法定监管机构或客户指定的快捷或擦拭采样过程。

3. 制备一个硬采样板。将一次性卡片纸或聚四氟乙烯切成具有 10cm × 10cm 或 1 ft × 1ft(1000cm²) 方孔、符合监管机构所要求的尺寸。采样板在采样期间必须能够保持它的形状,确保擦拭面积为 100cm² 或 1ft²。首选单次使用的一次性卡片纸,因为它可以消除交叉污染的可能性,且在步骤 3 无须从样品中取出一个擦拭巾空白。

4. 应该有足够多的同一批次的擦拭巾介质,能制备所有必需的实验室介质空白、现场仪器空白、样品和样品平行样、质控样品。用散装棉质纱布时易发生交叉污染,建议使用无菌包装的纱布,以减少污染。用于实验室介质空白和 QC 样品的纱布擦拭巾在未开封的无菌包装中被运往实验室。

5. 确保采样板已经位于将被擦拭的区域(用胶带固定采样板的外边缘)。如果未使用一次性板,在 2 次采样之间要清洁采样板,以避免交叉污染。采样期间准备一个干净的板作为擦拭空白,以确保无交叉污染发生。

6. 戴上一双新手套,取出一块纱布[3″ × 3″(7.5cm × 7.5cm) 12 层或 4″ × 4″(10cm × 10cm)8 层的棉质纱布,均用 3 ~ 4ml],并用异丙醇或甲醇将其润湿。也可在现场外将纱布擦拭巾进行预润湿后放入样品容器中,这样可避免甲醇或异丙醇的瓶子被现场的脱氧麻黄碱污染的可能性。如果擦拭巾是在现场外制备的,那么从样品容器中取出预润湿的纱布擦拭巾,每次只打开一个样品容器。无论上述哪种情况,除去纱布擦拭巾上的过量溶剂。对于每个单独的样品和空白,要使用新的乳胶或丁腈手套。由于乙烯手套可能会浸出邻苯二甲酸酯增塑剂,因此不能使用这种手套。

7. 擦拭方式

a. 同心方形擦拭方式(特别适用于平滑和无孔表面)。将已润湿的纱布对折后再对折。用力力均匀地擦拭板内的区域。从采样板的一个内角开始,沿同心方形的线路逐步朝中心靠近进行擦拭,直到中心。不要使纱布接触任何其他表面,将之前的折叠反折,让纱布的接触面朝里,用纱布干净的一面,以之前的方式擦拭相同的区域。再次折叠纱布或将纱布卷起来,放入样品容器中。

b. 来回擦拭(或吸取)方式(特别适用于粗糙、多孔且/或脏的表面)。将已润湿的纱布对折后再对折。用力均匀地在水平方向上来回擦拭或吸取采样板内的区域,至少 5 个来回(见注意)。从顶部开始以 Z 字形向底部渐进,直到底部。如果是吸取,在水平方向上要吸取至少 5 次(见注意)。不要让纱布接触任何其他表面,将上次的折叠反折,让擦拭过的一面朝里。然后用纱布新的一面,从左侧开始并以 N 字形向右侧渐进,擦拭 5 次。如果是吸取,在每个竖直方向上至少吸 5 次。最后将擦拭巾卷起来或者再次对折后放入样品容器中。擦拭特别脏的或粗糙的表面时,由于纱布介质的线头可能会被钩破,因此建议使用吸取的方法。

注意:对于面积大于 $100cm^2$ 的区域,来回擦拭或吸取的次数需大于 5。

c. 重复或连续擦拭。如果用异丙醇润湿擦拭介质,用新的纱布擦拭巾连续或重复擦拭同一区域,有利于提高采样效率。对于连续擦拭的方式,用新的纱布擦拭巾按照上述擦拭过程(附录7a 或 7b)。将第二个纱布擦拭巾也放入与第一个擦拭巾相同的样品容器中。一般来说,50ml 的聚丙烯离心管就足够容纳 2 个 $3″×3″$ $(7.5cm×7.5cm)$12 层或 $4″×4″$ $(10cm×10cm)$8 层大小的擦拭巾。

注意:如果第一个纱布擦拭后区域很湿,那么第二次擦拭时用干的擦拭巾擦拭,以吸取第一个擦拭巾残留下来的溶剂。

8. 盖好样品容器,确保盖子没有扣错,在冷藏条件下(<6℃)保存。在容器的密封边缘,不能有缺口、断裂或其他不规则的地方。不要使用聚乙烯塑料袋。虽然室温下脱氧麻黄碱和几种相关的胺类物质在推荐的擦拭介质上可稳定至少 7 天,但仍建议尽快冷藏。

9. 用唯一的样品识别编号或名称、日期、时间、采样点、名称缩写或单独采集样品的识别号等清楚地标识每个样品。以上信息和样品描述及擦拭面积也应该记录在记录表中,用于随后相关的分析结果报告。

样品处理

样品需要进行 pH 调节:如果样品的碱性足以中和解吸溶剂的酸性(如:擦拭未上漆的混凝土或粉刷表面),那么必须将 pH 调节至约≤4。可以用 pH 试纸检测 pH 值或加入大约 2 滴溴百里酚蓝和酚酞混合 pH 指示剂溶液进行监测。(颜色必须为黄色,不能是绿色或蓝色。)指示剂的制备可以参考方法 9106 或方法 9109[2,3]。如果需要调节 pH,逐滴加入稀硫酸(2.5~3M)。每次加入酸之后,测定 pH 之前用手摇振或颠倒几次进行混匀。

含氯和有机氮除草剂(洗手液) 9200

待测物:见图 7 - 0 - 6 分子式:见表 7 - 0 - 32	相对分子质量:见表 7 - 0 - 32	CAS 号:见表 7 - 0 - 32	RTECS 号:见表 7 - 0 - 32
方法:9200,第一次修订		方法评价情况:部分评价	第一次修订:1998. 1. 15
OSHA:见表 7 - 0 - 32 NIOSH:见表 7 - 0 - 32 ACGIH:见表 7 - 0 - 32		性质:见表 7 - 0 - 32	

中、英文名称:甲草胺 Alachlor;莠去津 Atrazine;西玛津 Simazine;2,4 - D,2 - 乙基己基酯 2,4 - D, 2 - ethylhexyl ester;草净津 Cyanazine;异丙甲草胺 Metolachlor;2,4 - D 酸 2,4 - D acid;2,4 - D,2 - 丁氧基乙基酯 2,4 - D; 2 - butoxyethyl ester

续表

采样	分析
样品收集器:聚乙烯袋 12″×18″,聚乙烯袋内盛有 150ml 异丙醇	分析方法:气相色谱法/电子捕获检测器(GC/ECD)
	待测物:上述物质或表 7-0-32
运输方法:将洗手液转移至 250ml 的广口瓶中并用带有 PTFE 衬垫的盖子盖好	进样体积:2μl
	气化室温度:270℃
样品稳定性:至少 30 天(5℃)[1]	检测器温度:300℃
样品空白:每批样品 2~10 个	柱温:90℃(保持 1 分钟);以 35℃/min 的速率升温至 160℃;然后以 3℃/min 的速率升温至 230℃(保持 9 分钟)

准确性	
研究范围:未研究	载气:氮气,1ml/min
准确度:未测定	色谱柱:熔融石英毛细管柱,30m × 0.25mm(内径),膜厚 0.25μm,涂覆 50% 苯基-50% 甲基硅酮,DB-17 或其他等效色谱柱,见表 7-0-33
偏差:未测定	定量标准:异丙醇中除草剂的标准溶液
总体精密度($\hat{S}_{rT}$):未测定	测定范围:见表 7-0-34
	估算检出限:见表 7-0-34
	精密度($\bar{S}_r$):见表 7-0-34

适用范围:测定范围列于表 7-0-34。其范围为 LOD 至约 30LOQ。对样品稳定性和精密度进行评价后,本法也适于检测其他热稳定的有机氮、芳基和烷基酸、酚类农药

干扰因素:由于 ECD 具有较高的灵敏度,因此存在很多潜在的干扰。已发现的干扰物有增塑剂(如邻苯二甲酸二丁酯)、甲基脂肪酸(有负响应)、酚类、抗氧化剂等添加剂(如 BHT)、任何挥发性或半挥发性的卤化物、硝化有机物、有机磷酸酯和其他农药。农业喷雾添加剂能够产生严重的干扰,包括:溶剂、乳化剂、湿润剂、分解产物和肥料(如脂肪酸和尿素)。需要使用第二根色谱柱进行分离

其他方法:尚无可同时检测有机氮和酸化合物及其酯类的洗手液的测定方法

试剂	仪器
1. 待测物:列于表 7-0-32 中	1. 聚乙烯袋:12″×8″,壁厚 0.01016cm(Scienceware®,或其他等效产品) 注意:使用前对每一批聚乙烯袋和供应商提供的袋要进行污染物检测
2. 异丙醇*:农药分析级	
3. 硅酸:100 目	2. 气相色谱仪:电子捕获检测器,积分仪和色谱柱(方法 9200 和表 7-0-33)
4. 重氮甲烷*衍生试剂(附录)	
5. Diazald®(N-甲基-N-亚硝基-对甲苯磺酰胺)	3. 注射器:2,5ml 以及 10,50 和 100μl,用于制备标准溶液和 GC 进样
6. 除草剂储备液*:用异丙醇配制每种待测除草剂的标准储备液 注意:表 7-0-32 中,除西玛津配制浓度为 0.5mg/ml 外,其他所有除草剂配制浓度均为 1mg/ml	4. 注射器:鲁尔接口,1,2.5 或 5ml,用于样品过滤
	5. PTFE 针式过滤器:孔径 0.45μm。(Gelman Acrodisc® CR,或其他等效产品)
7. 标准储备液:用异丙醇将适当体积的除草剂储备液稀释到已知体积 注意:加标溶液可能含有一种以上的待测物	6. 容量瓶:2,5,10,25,50 和 100ml,用于标准系列的制备
	7. 广口瓶:玻璃,250ml,带有 PTFE 内衬垫的瓶盖
	8. 溶剂解吸瓶:2ml,GC 自动进样瓶,带有 PTFE 内衬的压紧瓶盖
8. 净化气体:氩气,含有 5% 甲烷的氩气或者氮气	9. 玻璃试管 16ml,16mm×125mm,带有 PTFE 密封垫的螺纹瓶盖

特殊防护措施:重氮甲烷是一种致癌物,具有很强的毒性和刺激性;重氮甲烷在某些条件下会爆炸,加热时不要超过 90℃;避免与粗糙的表面接触,使用火焰抛光的玻璃管,或用特氟龙管®;不要将溶液暴露在强光下;将稀释液保存于 0℃下,在通风橱内进行制备和处理[2];大量使用时 Diazald® 比烷基亚硝基胍更加方便;避免皮肤与 Diazald® 和除草剂接触;避免皮肤与溶剂接触,避免溶剂与火源接触;穿戴合适的防护服,操作应在通风良好的通风橱内进行

注:* 见特殊防护措施。

采样

1. 将 150ml 异丙醇倒入聚乙烯袋中。

2. 将手放入袋中。将聚乙烯袋的上部缠绕在手腕与手肘之间的前臂上。

注意:对醇类过敏的现象是很少见的。在将手深入采样袋前,检查人是否对醇类过敏,或者服用的药物是否与醇类反应。诸如割伤、擦伤和湿疹等情况,皮肤接触醇类时会受到刺激。如果人在洗手后出现"干裂"现象,可使用护手霜。

3. 将手在醇类液体中前后移动 30 秒。将手从袋中取出,并用纸巾擦干。

4. 将溶液转入广口瓶中,盖紧盖子。

5. 做好标识,包装后运输。

6. 制备样品空白:在干净的袋中加入 150ml 异丙醇,震荡 30 秒,然后将溶剂转入到广口瓶中,运输。

样品处理

7. 移取 10ml 样品至带 PTFE 内衬螺纹盖的试管中。

8. 加入 0.5ml 重氮甲烷衍生试剂。混合,静置 1 小时。

9. 将约 10mg 的硅酸加入到溶液中。混合,静置 1 小时。

10. 通过 0.45μm 的 PTFE 针式过滤器将一定量溶液过滤到 2ml GC 自动进样瓶中;做好标识。

注意:对样品进行过滤十分重要,因为硅酸颗粒能够堆积在色谱系统中,导致分析柱性能下降。

标准曲线绘制与质量控制

11. 在方法的测定范围内,每种待测物配制至少 6 个浓度的标准系列,绘制标准曲线。其中 3 个标准系列(一式两份)应覆盖 LOD – LOQ 范围。

a. 于 10ml 容量瓶中,加入适量的异丙醇,再加入已知量的标准储备液,加入 0.5ml 重氮甲烷衍生试剂,最后用异丙醇稀释至刻度,静置 1 小时。

b. 在每个标准瓶中加入 10mg 硅酸并静置 1 小时。

c. 用 0.45 的过滤器过滤至 GC 自动进样瓶中。

d. 制备一个未加标重氮甲烷衍生试剂溶液的校准空白。

e. 与现场样品与空白一起进行分析(步骤 13 ~ 14)。

f. 以峰高或峰面积对待测物含量(μg)绘制标准曲线。

12. 分析 3 个样品加标质控样和 3 个加标样品,以确保标准曲线在可控范围内。

样品测定

13. 根据仪器说明书和表 7 – 0 – 34 给出的条件设置气相色谱仪。使用溶剂冲洗技术手动进样或自动进样器进样 2μl,所选待测物的保留时间见表 7 – 0 – 35。

注意:若峰高超出标准曲线的线性范围,用异丙醇稀释后重新分析,计算时乘以相应的稀释倍数。

14. 测定待测物峰高。

计算

15. 根据标准曲线,计算样品中除草剂的浓度 C(μg/ml)。

16. 按下式计算洗手溶液中除草剂的含量 M(μg):

$$M = CV$$

式中:C——洗手溶液中除草剂的浓度 C(μg/ml);

V ——洗手溶液体积 V(ml)。

定性

当待测物的定性信息不确定时,使用不同极性的色谱柱来对待测物进行定性。如果最初对待测物定性时,使用的是非极性或弱极性的色谱柱(如 DB – 1 或 DB – 5),那么再次分析时则应该使用极性柱(如 DB – 17 或 DB – 1701)。每种类型色谱柱的大约保留时间见表 7 – 0 – 35。对于高含量待测物(1 ~ 10μg/ml 或更高)的定性,可以使用 GC/MS。表 7 – 0 – 36 为关于含氯和有机氮除草剂分析特征的注释。

方法评价

本法在表 7 – 0 – 34 给定的范围内进行了评价。每个化合物的范围为 3LOQ ~ 30LOQ。方法评价使用的分析条件列于表 7 – 0 – 33 中,用 DB – 5ms 色谱柱。湿度不会影响样品中待测物的回收率。分析精密度($\bar{S}_r$)、LOD、LOQ 和储存稳定性数据均列于表 7 – 0 – 34。其中 LOD 和 LOQ 是通过对一系列的标准溶液进行分析(每个浓度制备 3 个样品)测得,且所得数据均在标准曲线范围内。检出限(LOD)和定量下限(LOQ)用 Burkart 方法估算[3]。在 10LOQ 浓度水平下进行了长期储存稳定性的研究。洗手溶液储存在带 PTFE 内衬垫密封的玻璃容器中,在(4 ±2)℃条件下,分别储存 30 天、60 天和 120 天。储存样品用 DB – 17

色谱柱,按照表7-0-33中列出的条件进行分析,其结果总结在表7-0-34中。储存30天的样品的回收率很好,约为100%,只有西玛津和甲草胺的回收率数据相差较大,分别为127.7%和87.1%。储存60天和120天的样品回收率很低。

参考文献

[1] NIOSH [1995]. Back-up Data Report for Chlorinated Organonitrogen and Carboxylic Acid Herbicides. Prepared under NIOSH Contract 200-88-2618 (unpublished).

[2] Black TH [1983]. The Preparation and Reactions of Diazomethane. Aldrichimica Acta 16(1).

[3] Burkart JA [1986]. General Procedures for Limit of Detection Calculations in the Industrial Hygiene Chemistry Laboratory. Appl Ind Hyg 1(3):153-155.

方法作者

Don C. Wickman, John M. Reynolds, and James B. Perkins, DataChem Laboratories, Salt Lake City, Utah

附录:重氮甲烷衍生试剂[2]

重氮甲烷发生器(图7-0-7)包括两个40ml试管,每个试管均装有带2个孔的橡胶塞。在第一个试管的一个孔中放置一个玻璃管,使其一端延伸至距底部1cm处,另一端接氮气。将一段短Teflon®管放置在第二个孔中,通过第二个橡胶塞使其直接通入第二个试管的底部。再放置一个Teflon®管从第二个试管引出至收集瓶中。第一个试管中含有少量的二乙醚。氮气通过醚鼓泡引出至第二个含有3ml 37% KOH水溶液和4ml Diazald®试剂的试管中,其中Diazald®试剂是将10g Diazald®溶解于100ml 1:1的乙醚:卡必醇中配制而成。第一个试管中的二乙醚蒸气能防止第二个试管中由蒸发引起的二乙醚损失。通过形成加合物,二乙醚可使重氮甲烷稳定。将发生的重氮甲烷气体用氮气流引至含有冷却(0℃)的甲基叔丁基醚/甲醇萃取液的瓶(最大体积500ml)中。

注意:由于对大气中二氧化碳的吸附作用,KOH溶液(37% w/v)随着时间的推移,其碱性将变弱。在这种环境下,重氮甲烷的发生会相当慢。

表7-0-32　英文名称、分子式、相对分子质量和性质

中/英文名称	经验分子式	相对分子质量	物理性质	水中溶解度/(mg/L)	LD50/(mg/kg)	TWA/(mg/m³)
甲草胺/ Alachlor 2-Chloro-N-(2,6-diethylphe-nyl)-N-(methoxymethyl)acetamide CAS号15972-60-8 RTECS号AE1225000	$C_{14}H_{20}ClNO_2$	269.77	无色晶体;密度1.133g/cm³(25℃);熔点39.5~41.5℃;饱和蒸气压0.0029 Pa(2.2×10⁻⁵mmHg)(25℃)	140(23℃)	1200	
莠去津/Atrazine 6-Chloro-N-ethyl-N'-isopropyl -1,3,5-triazine-2,4-diamine CAS号1912-24-9 RTECS XY5600000 RTECS号XY5600000	$C_8H_{14}ClN_5$	215.68	无色晶体;熔点173~175℃;饱和蒸气压4×10⁻⁵ Pa(3.0×10⁻⁷mmHg)(20℃)	70(25℃)	1780	NIOSH 5 ACGIH 5

续表

中/英文名称	经验分子式	相对分子质量	物理性质	水中溶解度/(mg/L)	LD50/(mg/kg)	TWA/(mg/m³)
草净津/ Cyanazine 2[[4 – chloro – 6 – (ethylamino) – 1,3,5 – triazin – 2 – yl]amino] – 2 – methylpropionitrile CAS 号 21725 – 46 – 2 RTECS UG1490000 RTECS UG1490000	$C_9H_{13}ClN_6$	240.69	白色晶体；熔点：167.5 ~ 169℃；饱和蒸气压 2.1 × 10^{-7} Pa(1.6×10^{-9} mmHg) (20℃)	171(25℃)	182	
2,4 – D 酸/ 2,4 – D acid 2,4 – Dichlorophenoxyacetic acid CAS 号 94 – 75 – 7 RTECS 号 AG6825000	$C_8H_6Cl_2O_3$	221.04	白色粉末；熔点 140.5℃；饱 和蒸气压 < 10^{-5} Pa(< 7.5 $\times 10^{-8}$ mmHg)(25℃)	几乎不溶	375	NIOSH 10 ACGIH 10 OSHA 10
2,4 – D,ME 2,4 – Dichorophenoxyacetic acid, methyl ester CAS 号 1928 – 38 – 7	$C_9H_8Cl_2O_3$	235.07				
2,4 – D,BE 2,4 – Dichlorophenoxyacetic, 2 – butoxyethyl ester CAS 号 1929 – 73 – 3 RTECS AG7700000	$C_{14}H_{18}Cl_2O_4$	321.20			150	
2,4 – D,EH/2,4 – 2,4 – Dichloro- phenoxyacetic acid, 2 – ethylhexy- lester CAS 号 1928 – 43 – 4 RTECS 号 AG7700000	$C_{16}H_{22}Cl_2O_3$	333.25			300 ~ 1000	
异丙甲草胺/ Metolachlor 2 – Chloro – N – (2 – ethyl – 6 – methylphenyl) – N – (2 – methoxy – 1 – methylethyl)acetamide CAS 号 51218 – 45 – 2 RTECS 号 AN3430000	$C_{15}H_{22}ClNO_2$	283.80	无气味棕色液体；饱和蒸气 压 0.0017 Pa(1.3 × 10^{-5} mmHg)(20℃)	530(20℃)	2780	
西玛津/ Simazine 6 – Chloro – N,N′ – diethyl – 1,3, 5 – trazine – 2,4 – diamine CAS 号 122 – 34 – 9 RTECS 号 XY5250000	$C_7H_{12}ClN_5$	201.66	晶体；熔点 225 ~ 227℃；饱 和蒸气压 8.1 × 10^{-7} Pa(6.1 × 10^{-7} mmHg)(20℃)	3.5(20℃)	5000	

表 7 – 0 – 33   气相色谱柱和条件[1]

参数	条件							
柱参数								
固定相[2]	DB – 1	DB – 5	DB – 5ms	DB – 17[3]	DB – 1701[4]	DB – 210[4]	DB – 225[4]	DB – WAX
长度/m	30	30	30	30	30	30	30	30
内径/mm	0.25	0.32	0.32	0.25	0.53	0.32	0.32	0.32

续表

参数	条件							
膜厚/μm	0.25	0.50	1.00	0.25	1.00	0.25	0.25	0.50
柱温								
初始温度/℃	120	50	90	90	90	140	140	160
初始温度保持时间/min	0	1	1	1	0.5	0	0	0
第一次升温速率/(℃/min)	5	10	35	35	15	3	5	5
第一次终止温度/℃			160	160	180			
第二次升温速率/(℃/min)				5	5	2		
第二次终止温度/℃				200	200	210		
第三次升温速率/(℃/min)				3	3	10		
最终温度/℃	250	290	230	230	235	215	220	250
最终温度保持时间/min	4	5	9	9	10	5	15	20
流动相和进样条件								
载气	氦气	氦气	氦气	氦气	氦气	氦气	氦气	氦气
柱前压力/psi	10	10	12	12	3.5	10	10	10
进样体积/μl	2~4	2~4	2~4	2~4	2	2~4	2~4	2~4
进样模式	不分流	不分流	不分流	不分流	不分流	不分流	不分流	不分流

注:(1)根据待测物、干扰物和分析目标的不同,实际分析时可更改色谱柱和操作条件。上述条件与表7-0-35一致;(2)也可用其他的熔融石英毛细管色谱柱;(3)方法评价所用的色谱柱和操作条件,可分离莠去津和西玛津;(4)此色谱柱可将草净津从其他所列待测物中分离出来。

表7-0-34　方法评价

化合物	测定范围 /(μg/ml)	测定范围 /(微克/样品)	$\bar{S}_r$	LOD[1] /(μg/ml)	LOQ[2] /(μg/ml)	储存稳定性 30天 %回收率	S_r	60天 %回收率	S_r	120天 %回收率	S_r
甲草胺	0.0015~0.2	0.22~30	0.028	0.0010	0.004	103.0	0.027	87.1	0.149	95.4	0.137
莠去津	0.088~1.1	13~160	0.024	0.0100	0.037	100.9	0.041	86.0	0.123	89.4	0.075
草净津	0.0099~0.2	1.5~30	0.094	0.0020	0.006	105.3	0.120	88.1	0.197	87.7	0.167
2,4-D酸	0.0017~0.11	0.26~16	0.035	0.0010	0.004	101.9	0.019	108.4	0.169	105.5	0.111
2,4-D,BE	0.0019~0.12	0.28~18	0.084	0.0010	0.004	103.5	0.071	79.3	0.175	76.5	0.159
2,4-D,EH	0.0075~0.05	1.1~7.5	0.040	0.0005	0.002	104.4	0.069	85.6	0.135	81.7	0.108
异丙甲草胺	0.0039~0.22	0.58~33	0.030	0.0020	0.007	102.8	0.025	87.1	0.145	89.8	0.103
西玛津	0.082~1.1	12~160	0.031	0.0100	0.037	127.7	0.045	83.4	0.140	91.4	0.200

注:(1)检出限;(2)定量下限。

表 7 - 0 - 35　含氯和有机氮化合物的保留时间[1]

化合物	保留时间							
（通过保留时间定性）	（毛细管色谱柱的极性逐渐增加）							
毛细管色谱柱	DB - 1	DB - 5	DB - 5ms	DB - 17	DB - 1701	DB - 210	DB - 225	DB - WAV
1　CDAA		14.37						
2　2,4 - D,ME[2]			10.13	10.25	12.25			
3　麦草畏,ME[2]		16.72						
4　2,4 - D,IPE[3]		19.20						
5　西玛津	12.90	19.42	12.02	12.91	16.52	7.59	16.90	18.62
6　莠去津	12.96	19.50	12.18	12.59	16.34	7.79	15.93	17.17
7　扑灭津		19.61						
8　2,4 - DB,ME[2]				14.03				
9　赛克津	13.89	21.10		17.51		9.72	22.01	23.08
10　二甲吩草胺		21.13						
11　乙草胺		21.18		14.66				
12　甲草胺	14.37	21.44	15.24	15.19	19.78	12.95	17.45	14.95
13　草净津	14.97	22.23	17.17	19.99	27.07	19.67	30.00	36.00
14　异丙甲草胺	15.11	22.26	16.96	16.67	22.17	14.85	19.43	15.96
15　二甲戊乐灵		22.98		18.67				
16　2,4 - D,BE[4]	17.01	23.73	21.46	20.60	26.25	16.79	25.86	20.50
17　2,4 - D,EH[5]	17.70	24.38	22.73	20.12	26.71	17.17	23.49	18.55

注：(1)色谱柱和色谱条件的不同使得实际保留时间也会不同；色谱柱条件在表 7 - 0 - 33 给出，数据来自备份数据报告[1]；(2) ME—甲酯,游离酸与重氮甲烷反应生成甲酯;(3)IPE—异丙基酯;(4)BE—2 - 丁氧基乙基酯;(5)EH—2 - 乙基己基酯。

表 7 - 0 - 36　含氯和有机氮除草剂分析特性注释

化合物	A. 化学与物理性质	B. 样品处理	C. 气相色谱分析
1　甲草胺		3	1
2　莠去津		3	2,3
3　草净津		3	2,4
4　2,4 - D,酸		1	
5　2,4 - D,BE	1	2	5
6　2,4 - D,EH	1	2	
7　异丙甲草胺		3	1
8　西玛津		3	2,3

注：A. 化学和物理性质；1. 酯可以水解成游离酸，酯中也可能含有游离酸；B. 样品处理；1. 异丙醇中含超过1%的水时，可发生重氮甲烷甲基化；异丙醇必须无水，纯度至少为99%；2. 如果溶液与硅酸的反应在一个小时内结束，那么脂类就不会受到重氮甲烷试剂的影响。否则，脂类的回收率会减小，从而使得分析中可能生成游离酸和2,4 - D酯；3. 重氮甲烷试剂不会对待测物有影响；C. 气相色谱分析；1. 有非常好的峰形；2. 大部分的色谱柱会使待测物的峰有拖尾现象；色谱柱和进样口必须干净并且保持在良好的条件下；3. 在非极性柱 DB - 1 和 DB - 5 中，s - 三嗪，西玛津、莠去津和扑灭津会依次流出且保留时间很近。在大部分极性柱上其顺序正好相反；4. 草净津极性很强且易拖尾，在极性柱上出峰时间很晚；其出峰行为不可预测，峰面积会明显增大或减小，这可能与氰基相关；5. 2,4 - D BE 的色谱行为与草净津十分相似，但变化程度较小（见 C4）。

乙酰苯胺类　　　　　　　　　均三嗪类

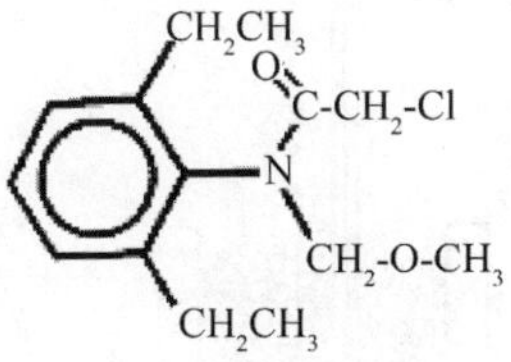

甲草胺

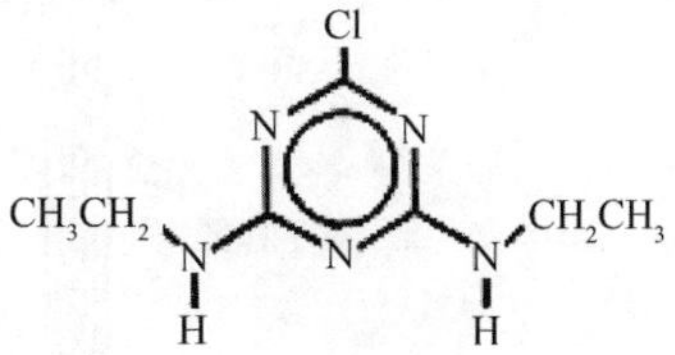

西玛津

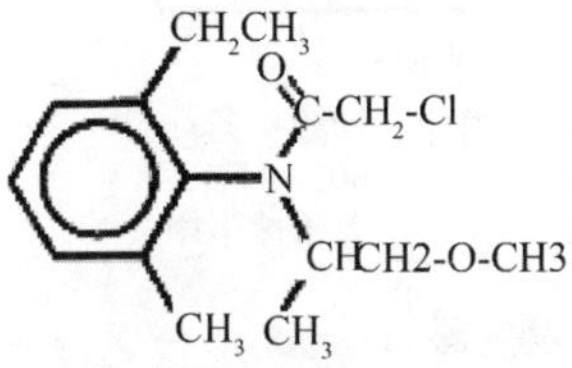

异丙甲草胺

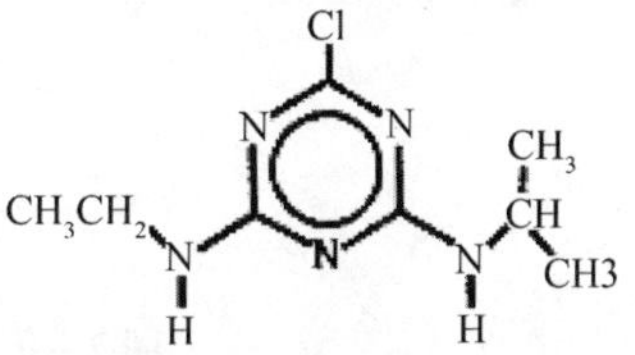

莠去津

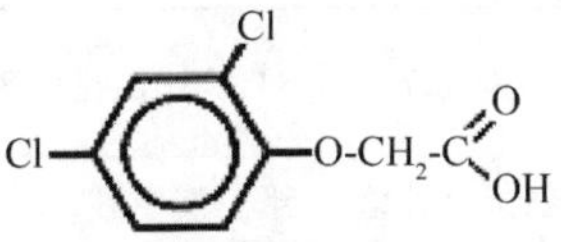

2, 4-D,酸

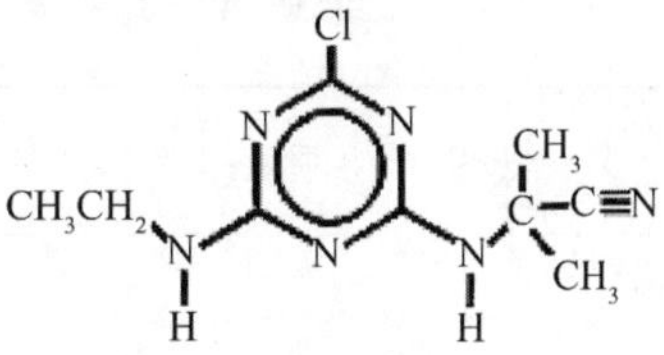

草净津

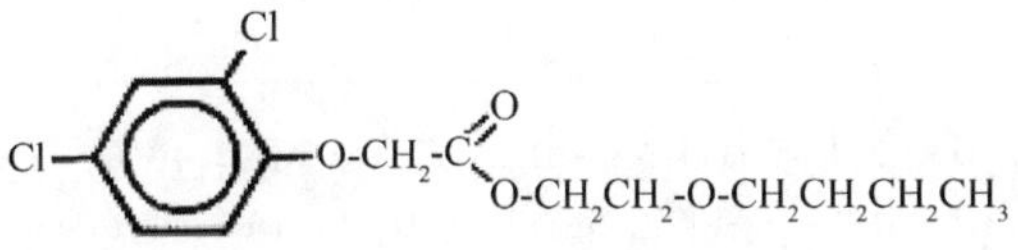

2, 4-D, BE

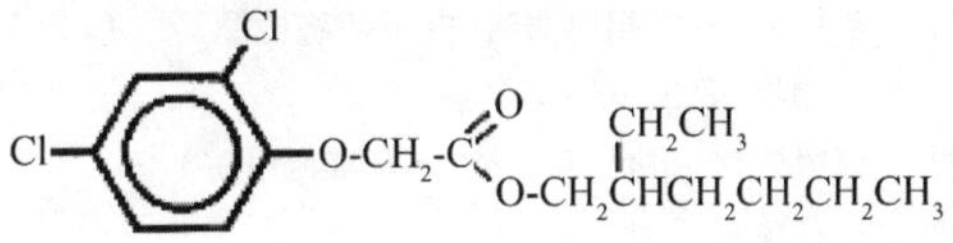

2, 4-D, EH

图 7 - 0 - 6　含氯和有机氮的除草剂的结构

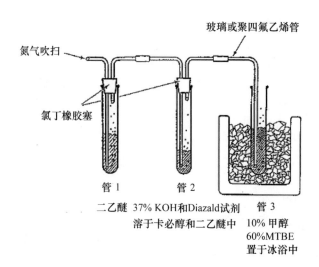

图 7-0-7 重氮甲烷发生器

含氯和有机氮除草剂（皮肤贴片）9201

待测物:见图 7-0-8 分子式:见表 7-0-37	相对分子质量:见表 7-0-37	CAS 号:见表 7-0-37	RTECS 号:见表 7-0-37
方法:9201,第一次修订		方法评价情况:部分评价	第一次修订:1998.1.15
OSHA:见表 7-0-37 NIOSH:见表 7-0-37 ACGIH:见表 7-0-37		性质:见表 7-0-37	

中、英文名称: 甲草胺 Alachlor;莠去津 Atrazine;2,4-D 酸 2,4-D acid;2,4-D,2-乙基己基酯 2,4-D, 2-ethylhexyl ester;草净津 Cyanazine;异丙甲草胺 Metolachlor;西玛津 Simazine;2,4-D,2-丁氧基乙基酯;2,4-D, 2-butoxyethyl ester

采样

样品收集器:皮肤贴片［聚氨酯泡沫塑料(PUF)贴片，10cm×10cm,厚 3~4mm］

被动暴露:将贴片置于镀铝的贴片夹中,支撑夹的一面有直径为 7.6cm 的圆孔。将其贴于劳动者的衣服或者皮肤上

运输方法:将贴片移入 120ml 的广口瓶中并用带有 PT-FE 内衬垫的盖子盖好

样品稳定性:至少 30 天(4℃)[1]

样品空白:每批样品 2~10 个

准确性

研究范围:未研究

偏差:未测定

总体精密度($\hat{S}_{rT}$):未测定

准确度未测定

分析

分析方法:气相色谱法/电子捕获检测器(GC/ECD)

待测物:表 7-0-37

解吸方法:40ml 异丙醇(含有重氮甲烷)

进样体积:2μl

气化室温度:270℃

检测器温度:300℃

柱温:90℃(保持 1 分钟);以 35℃/min 的速率升温至 160℃;然后以 5℃/min 的速率升温至 200℃;然后以 3℃/min 的速率升温至 230℃(保持 9 分钟)。总运行时间为 30 分钟

载气:氮气,1ml/min

色谱柱:熔融石英毛细管柱,30m×0.25mm (内径),膜厚 0.25μm,50% 苯基-50% 甲基硅氧树脂,DB-17 或其他等效色谱柱;见表 7-0-38

定量标准:异丙醇中除草剂的标准溶液

测定范围:见表 7-0-39

估算检出限:见表 7-0-39

精密度($\bar{S}_r$):见表 7-0-39

适用范围: 测定范围列于表 7-0-39,覆盖了从 LOD 到近似于 30 倍 LOQ 的浓度范围[1]。对样品稳定性和精密度进行了评价后,本法也适于检测其他热稳定的有机氮、芳基和烷基酸,以及酚类农药

续表

干扰因素:由于 ECD 具有较高的灵敏度,因此存在很多潜在的干扰。已发现的干扰物有增塑剂(如邻苯二甲酸二丁酯)、甲基脂肪酸(有负响应)、酚类、抗氧化剂等添加剂(如 BHT),任何挥发性或半挥发性的卤化物、硝化有机物、有机磷酸酯和其他农药。农业喷雾添加剂能够产生严重的干扰,包括:溶剂、乳化剂、湿润剂、分解产物和肥料(如脂肪酸和尿素)。需要使用第二根色谱柱进行分离。需要使用第二根色谱柱进行分离。由于贴片清洗不佳或者操作技术不佳,在低浓度水平下也会存在严重的干扰,包括邻苯二甲酸酯增塑剂和 PUF 添加剂和单体

其他方法:尚无可同时检测贴片上有机氮和酸的化合物及其酯类的测定方法

试剂	仪器
1. 待测物 * :列于表 7 – 0 – 37 中	1. 聚氨酯泡沫塑料(PUF)贴片:10cm×10cm×0.6cm,固定在镀铝的贴片夹中。贴片夹:10cm×10cm,其一面有直径为 7.6cm 的圆孔(SKC Inc. , Eighty Four, PA 15330 或其他等效产品)注意:使用前,将 PUF 贴片置于索氏苯取器中清洗 20 小时,提取液为丙酮/甲醇(88/12,v/v),最后用己烷清洗 3 次
2. 异丙醇:农药分析级	
3. 硅酸 7 – 0 – 37100 目。Aldrich 化学公司或其他公司	
4. 重氮甲烷 * 衍生试剂(附录)	
5. Diazald®(N – 甲基 – N – 亚硝基 – 对甲苯 – 磺酰胺),Aldrich 化学公司或其他公司	2. 气相色谱仪:电子捕获检测器,积分仪和色谱柱(方法 9201 和表 7 – 0 – 38)
6. 除草剂储备液 * :在异丙醇中配制每种目标除草剂的标准储备液	3. 注射器:2,5ml 以及 10,50 和 100μl,用于制备标准溶液和 GC 进样
注意:表 7 – 0 – 37 中,除西玛津配制浓度为 0.5mg/ml 外,其他所有的除草剂的配制浓度均为 1mg/ml	4. 注射器:鲁尔接口,1,2.5 或 5ml,用于样品过滤
7. 标准储备液:用异丙醇将适当体积的除草剂储备液稀释到已知体积	5. PTFE 针式过滤器:孔径 0.45μm(Gelman Acrodisc®CR,或其他等效产品)
注意:加标溶液可能含有一种以上的待测物	6. 容量瓶:2,5,10,25,50 和 100ml,用于标准系列的制备
8. 净化气体:氩气,含有 5% 甲烷的氩气,或者氮气	7. 广口瓶:120ml,带有 PTFE 内衬垫的瓶盖
	8. 溶剂解吸瓶:2ml,GC 自动进样瓶,带有 PTFE 内衬垫的瓶盖
	9. 玻璃试管:16ml,16mm×125mm,带有 PTFE 密封垫的螺纹盖
	10. 镊子
	11. 平台振荡器

特殊防护措施:重氮甲烷是一种致癌物,具有很强的毒性和强刺激性;重氮甲烷在某些条件下可能会爆炸;加热时不要超过 90℃;避免与粗糙的表面接触;使用火焰抛光的玻璃管,或使用特氟龙管®;不要将溶液暴露在强光下;将稀释液保存在 0℃ 下,在通风橱内制备和处理[2];大量使用时 Diazald® 比烷基亚硝基脲更加方便;避免皮肤与 Diazald® 和除草剂接触;避免皮肤与溶剂接触,避免溶剂与火源接触;穿戴合适的防护服,操作应在通风良好的通风橱内进行

注:* 见特殊防护措施。

采样

1. 皮肤贴片。

a. 将一个清洗过的 PUF 贴片插入贴片夹中,将其贴于工作人员的衣服或皮肤等需检测的位置上。

b. 在采样结束后,用镊子将 PUF 贴片取下。镊子在使用前需用溶剂清洗(丙酮或异丙醇)。将贴片置于 120ml 广口瓶中,盖好盖子。

c. 做好标识,包装后运输。

样品处理

2. 在盛有 PUF 的广口瓶中加入 20ml 的异丙醇,再加入 20ml 重氮甲烷衍生试剂。盖好盖子,并使用平台振动器在每分钟 5~10rpm 条件下振动至少 1.5 小时。

3. 转移 10ml 样品到带有 PTFE 内衬盖的试管中。加入约 10mg 的硅酸到溶液中。再静置 1 小时。

4. 用 0.45μm 的 PTFE 过滤器过滤,滤液转移至 2ml GC 自动进样瓶中,做好标识。

注意:对样品进行过滤十分重要,因为硅酸颗粒能够堆积在色谱系统中,从而导致分析柱性能减小。

标准曲线绘制与质量控制

5. 在方法的测定范围内,每种待测物配制至少 6 个浓度的标准系列,绘制标准曲线。

a. 于容量瓶中,加入一定量的重氮甲烷衍生试剂,再加入已知量的标准储备液,静置 1 小时。制备一

个未加标重氮甲烷衍生试剂溶液的校准空白。

b. 在每个容量瓶中加入 10mg 硅酸并静置 1 小时。

c. 用 0.45 的过滤器过滤至 GC 自动进样瓶中。

d. 与现场样品、样品空白和实验室对照样品一起进行分析(步骤 8 ~ 9)。

e. 以峰高或峰面积对待测物浓度(μg/ml)绘制标准曲线。

6. 在标准曲线范围内(步骤 5),每批 PUF 采样介质至少需要测定一次的解吸效率(DE)。

a. 选择 6 个不同浓度,每个浓度制备 3 个样品,另制备 3 个介质空白。

b. 将 PUF 贴片置于 120ml 广口瓶中,在贴片上加入已知量的标准储备液。盖好盖子,放置过夜。

c. 解吸样品(步骤 2 ~ 4)并与标准系列和空白一起进行分析(步骤 8 ~ 9)。

d. 以解吸效率对待测物回收量(μg)绘制解吸效率曲线。

7. 分析 3 个样品加标质控样和 3 个加标样品,以确保标准曲线和解吸效率曲线在可控范围内。

样品测定

8. 根据仪器说明书和表 7 - 0 - 38 给出的条件设置气相色谱仪。使用溶剂冲洗技术手动进样或自动进样器进样。所选待测物的保留时间见表 7 - 0 - 40。

注意:若峰高超出标准曲线的线性范围,用异丙醇稀释后重新分析,计算时乘以相应的稀释倍数。

9. 测定待测物峰高或峰面积。

计算

10. 根据标准曲线,计算贴片样品、介质空白中各种除草剂的浓度 C_p、B_b($μg/ml$)(经 DE 校正)。

11. 按下式计算贴片中除草剂的含量 M($μg$):

$$M = C_p V_p - B_b V_b$$

式中:C_p——贴片溶液中除草剂的浓度 C($μg/ml$);

V_p——贴片溶液体积 V(ml);

B_b——空白贴片溶液中除草剂的浓度 C($μg/ml$);

V_b——空白贴片溶液体积 V(ml)。

定性

当待测物的定性信息不确定时,使用不同极性的色谱柱来对待测物进行定性。如果最初对待测物定性时,使用的是非极性或弱极性的色谱柱(如 DB - 1 或 DB - 5),那么再次分析时则应该使用极性柱(如 DB - 17 或 DB - 1701)。每种类型色谱柱的大约保留时间见表 7 - 0 - 40。对于高含量待测物(1 ~ 10μg/ml 或更高)的定性,可以使用 GC/MS。表 7 - 0 - 41 为关于含氯和有机氮除草剂分析特征的注释。

方法评价

本法在表 7 - 0 - 39 给定的范围内进行了评价。在方法评价中,GC 分析所使用的是 DB - 17 色谱柱。色谱条件见表 7 - 0 - 38 和表 7 - 0 - 40。测定范围上限设定为研究范围上限。表 7 - 0 - 39 中列出了 8 种化合物的 LOD、$\hat{S}_{rT}$(总相对标准偏差)和样品的储存稳定性。为了检测 LOD 和 LOQ 值,在标准曲线范围内,制备一系列介质加标样品,每个浓度制备 3 个样品,进行分析。用 Burkart[3] 方法对检出限(LOD)和定量下限(LOQ)进行计算。由于介质中不时会含有低浓度水平的干扰物质,使得实际的 LOD 和 LOQ 值不稳定。因此,为了避免这些问题,选择较高的 LOD 和 LOQ 值。在方法评价中设定并使用了更高的 LOD 值,以接近实际水平。在长期储存稳定性研究中,制备了一系列样品,并在 1 天、30 天和 120 天后进行分析。结果总结于表 7 - 0 - 39 中。储存 1 天的样品分析结果表明:除了 2,4 - D 酸和 2,4 - D - 丁氧基酯外,其他化合物的回收率均在 90% 以上(基于样品中的加标量)。与储存 1 天样品的分析结果相比,储存 30 天的样品的回收率为 92%。这表明 PUF 贴片样品在 4℃ 下冷藏储存至少能稳定储存 30 天。

参考文献

[1] NIOSH [1995]. Back - up Data Report for Chlorinated Organonitrogen and Carboxylic Acid Herbicides. Prepared under NIOSH Contract 200 - 88 - 2618 (unpublished).

[2] Black TH [1983]. The Preparation and Reactions of Diazomethane. Aldrichimica Acta 16(1).

[3] Burkart JA [1986]. General procedures for limit of detection calculations in the industrial hygiene chemistry laboratory, Appl Ind Hyg 1(3):153-155.

方法作者

Don C. Wickman, John M. Reynolds, and James B. Perkins, DataChem Laboratories, Salt Lake City, Utah

附录:重氮甲烷发生器

重氮甲烷发生器(图7-0-9)包括两个40ml试管,每个试管均装有带2个孔的橡胶塞。在第一个试管的一个孔中放置一个玻璃管,使其一端延伸至距底部1cm处,另一端接氮气。将一段短Teflon®管放置在第二个孔中,通过第二个橡胶塞使其直接通入第二个试管的底部。再放置一个Teflon®管从第二个试管引出至收集瓶中。第一个试管中含有少量的二乙醚。氮气通过醚鼓泡引出至第二个含有3ml 37% KOH水溶液和4ml Diazald®试剂的试管中,其中Diazald®试剂是将10g Diazald®溶解于100ml 1:1的乙醚:卡必醇中配制而成。第一个试管中的二乙醚蒸气能防止第二个试管中由蒸发引起的二乙醚损失。通过形成加合物,二乙醚可使重氮甲烷稳定。将发生的重氮甲烷气体用氮气流引至含有冷却(0℃)的甲基叔丁基醚/甲醇萃取液的瓶(最大体积500ml)中。

注意:由于对大气中二氧化碳的吸附作用,KOH溶液(37% w/v)随着时间的推移,其碱性将变弱。在这种环境下,重氮甲烷的发生会相当慢。

表7-0-37　英文名称、分子式、相对分子质量和性质

中/英文名称	经验分子式	相对分子质量	物理性质	水中溶解度/(mg/L)	LD50/(mg/kg)	TWA/(mg/m³)
甲草胺/ Alachlor 2 - Chloro - N - (2,6 - diethylphenyl) - N - (methoxymethyl) acetamide CAS 号 15972 - 60 - 8 RTECS 号 AE1225000	$C_{14}H_{20}ClNO_2$	269.77	无色晶体;密度 1.133g/cm³ (25℃);熔点 39.5~41.5℃;饱和蒸气压 0.0029 Pa(2.2×10⁻⁵mmHg)(25℃)	140(23℃)	1200	
莠去津/Atrazine 6 - Chloro - N - ethyl - N′ - isopropyl - 1,3,5 - triazine - 2,4 - diamine CAS 号 1912 - 24 -9 RTECS XY5600000 RTECS 号 XY5600000	$C_8H_{14}ClN_5$	215.68	无色晶体;熔点 173~175℃;饱和蒸气压 4×10⁻⁵ Pa(3.0×10⁻⁷mmHg)(20℃)	70(25℃)	1780	NIOSH 5 ACGIH 5
草净津/ Cyanazine 2{[4 - chloro - 6 - (ethylamino) - 1,3,5 - triazin - 2 - yl] amino} - 2 - methylpropionitrile CAS 号 21725 - 46 - 2 RTECS UG1490000 RTECS UG1490000	$C_9H_{13}ClN_6$	240.69	白色晶体;熔点 167.5~169℃;饱和蒸气压 2.1×10⁻⁷ Pa(1.6×10⁻⁹ mmHg)(20℃)	171(25℃)	182	
2,4 - D 酸/ 2,4 - D acid 2,4 - Dichlorophenoxyacetic acid CAS 号 94 - 75 - 7 RTECS 号 AG6825000	$C_8H_6Cl_2O_3$	221.04	白色粉末;熔点 140.5℃;饱和蒸气压 <10⁻⁵ Pa(<7.5×10⁻⁸mmHg)(25℃)	几乎不溶	375	NIOSH 10 ACGIH 10 OSHA 10

续表

中/英文名称	经验分子式	相对分子质量	物理性质	水中溶解度/(mg/L)	LD50/(mg/kg)	TWA/(mg/m³)
2,4 - D,ME 2,4 - Dichorophenoxyacetic acid, methyl ester CAS 号 1928 - 38 - 7	$C_9H_8Cl_2O_3$	235.07				
2,4 - D,BE 2,4 - Dichlorophenoxyacetic, 2 - butoxyethyl ester CAS 号 1929 - 73 - 3 RTECS#AG7700000	$C_{14}H_{18}Cl_2O_4$	321.20			150	
2,4 - D,EH/ 2,4 - 2,4 - Dichlorophenoxyacetic acid, 2 - ethylhexylester CAS 号 1928 - 43 - 4 RTECS 号 AG7700000	$C_{16}H_{22}Cl_2O_3$	333.25			300 - 1000	
异丙甲草胺/ Metolachlor 2 - Chloro - N - (2 - ethyl - 6 - methylphenyl) - N - (2 - methoxy - 1 - methylethyl) acetamide CAS 号 51218 - 45 - 2 RTECS 号 AN3430000	$C_{15}H_{22}ClNO_2$	283.80	无气味棕色液体;饱和蒸气压 0.0017 Pa(1.3×10^{-5} mm-Hg)(20℃)	530(20℃)	2780	
西玛津/ Simazine 6 - Chloro - N,N' - diethyl - 1,3,5 - trazine - 2,4 - diamine CAS 号 122 - 34 - 9 RTECS 号 XY5250000	$C_7H_{12}ClN_5$	201.66	晶体;熔点 225 - 227℃;饱和蒸气压 8.1×10^{-7} Pa(6.1×10^{-7} mmHg)(20℃)	3.5(20℃)	5000	

表 7 - 0 - 38　气相色谱柱和条件[1]

参数	条件							
柱参数								
固定相[2]	DB - 1	DB - 5	DB - 5ms	DB - 17[3]	DB - 1701[4]	DB - 210[4]	DB - 225[4]	DB - WAX
长度/m	30	30	30	30	30	30	30	30
内径/mm	0.25	0.32	0.32	0.25	0.53	0.32	0.32	0.32
膜厚/μm	0.25	0.50	1.00	0.25	1.00	0.25	0.25	0.50
柱温								
初始温度/℃	120	50	90	90	90	140	140	160
初始温度保持时间/min	0	1	1	1	0.5	0	0	0
第一次升温速率/(℃/min)	5	10	35	35	15	3	5	5
第一次终止温度/℃			160	160	180			
第二次升温速率/(℃/min)			5	5	2			
第二次终止温度/℃			200	200	210			
第三次升温速率/(℃/min)			3	3	10			
最终温度/℃	250	290	230	230	235	215	220	250

续表

参数	条件							
柱参数								
最终温度保持时间/min	4	5	9	9	10	5	15	20
流动相和进样条件								
载气	氦气	氦气	氦气	氦气	氦气	氦气	氦气	氦气
柱前压力/psi	10	10	12	12	3.5	10	10	10
进样体积/μl	2~4	2~4	2~4	2~4	2	2~4	2~4	2~4
进样模式	不分流	不分流	不分流	不分流	不分流	不分流	不分流	不分流

注:(1)根据待测物、干扰物和分析目标的不同,实际分析时可更改色谱柱和操作条件;上述条件与表7-0-40一致;(2)也可使用其他熔融石英毛细管色谱柱;(3)方法评价所使用的色谱柱和操作条件,可分离莠去津和西玛津;(4)此色谱柱可将草净津从其他所列待测物中分离出来。

表7-0-39　适用测定范围和估算检出限

化合物	测定范围		LOD[1]		$\bar{S}_r$	储存稳定性		
						1天[2]	30天[3]	120天[3]
	/(μg/ml)	/(微克/样品)	/(μg/ml)	(微克/样品)		%回收率	%回收率	%回收率
1 甲草胺	0.0075~0.25	0.30~10	0.0025	0.1	0.0247	90.8	103.9	97.5
2 莠去津	0.0525~50	2.10~200	0.0175	0.7	0.0267	101.8	92.5	95.6
3 草净津	0.0098~0.25	0.39~10	0.0025	0.1	0.0789	112.0	97.1	101
4 2,4-D酸	0.0075~0.25	0.30~10	0.0025	0.1	0.0453	75.1	97.3	79.5
5 2,4-D,BE	0.035~0.25	1.40~10	0.0025	0.1	0.0424	88.0	113.8	97.6
6 2,4-D,EH	0.0085~0.25	0.34~10	0.0025	0.1	0.0354	92.8	104.2	95.4
7 异丙甲草胺	0.0075~0.25	0.30~10	0.0025	0.1	0.0254	107.8	95.6	86.1
8 西玛津	0.0525~50	0.33~200	0.0175	0.7	0.0189	100.3	93.9	95.7

注:(1)检出限;(2)以加入待测物量为基础;(3)以第1天的结果为基础。

表7-0-40　含氯和有机氮化合物的大约保留时间[1]

化合物	保留时间							
通过保留时间区分	(毛细管色谱柱的极性逐渐增加)							
毛细管色谱柱	DB-1	DB-5	DB-5ms	DB-17	DB-1701	DB-210	DB-225	DB-WAV
1 CDAA		14.37						
2 2,4-D,ME[2]				10.13	10.25	12.25		
3 麦草畏,ME[2]		16.72						
4 2,4-D,IPE[3]		19.20						
5 西玛津	12.90	19.42	12.02	12.91	16.52	7.59	16.90	18.62
6 莠去津	12.96	19.50	12.18	12.59	16.34	7.79	15.93	17.17
7 扑灭津		19.61						
8 2,4-DB,ME[2]				14.03				
9 赛克津	13.89	21.10		17.51		9.72	22.01	23.08

续表

化合物	保留时间							
通过保留时间区分	（毛细管色谱柱的极性逐渐增加）							
毛细管色谱柱	DB－1	DB－5	DB－5ms	DB－17	DB－1701	DB－210	DB－225	DB－WAV
10 二甲酚草胺		21.13						
11 乙草胺		21.18		14.66				
12 甲草胺	14.37	21.44	15.24	15.19	19.78	12.95	17.45	14.95
13 草净津	14.97	22.23	17.17	19.99	27.07	19.67	30.00	36.00
14 异丙甲草胺	15.11	22.26	16.96	16.67	22.17	14.85	19.43	15.96
15 二甲戊乐灵		22.98		18.67				
16 2,4－D,BE[4]	17.01	23.73	21.46	20.60	26.25	16.79	25.86	20.50
17 2,4－D,EH[5]	17.70	24.38	22.73	20.12	26.71	17.17	23.49	18.55

注：(1)色谱柱和色谱条件的不同使得实际保留时间也会不同；色谱柱条件在表7－0－38给出，数据来自备份数据报告[1]；(2) ME—甲酯；游离酸与重氮甲烷反应生成甲酯；(3) IPE—异丙基酯；(4) BE—2－丁氧基酯；(5) EH—2－乙基己基酯。

表 7－0－41　含氯和有机氮除草剂分析特征注释

	化合物（字母顺序排列）	A. 化学与物理性质	B. 样品处理	C. 气相色谱分析
1	甲草胺		3	1
2	莠去津		3	2,3
3	草净津		1,3	2,4
4	2,4－D,酸		2(甲酯)	
5	2,4－D,BE	1	1,2	5
6	2,4－D ,EH	1	2	
7	异丙甲草胺		3	1
8	西玛津		3	2,3

注：A. 化学和物理性质；1. 酯可以水解成游离酸，酯中也可能含有游离酸；B. 样品处理；1. 一般情况下，PUF贴片的回收率比液体标准物的回收率高，其原因未知；2. 由于溶液与硅酸的反应在一个小时内结束，因此重氮甲烷试剂不会受到脂类的影响，否则，脂类的回收率会减小；这就使在分析中可能会有游离酸和2,4－D酯的存在，从而使得分析中可能生成游离酸和2,4－D酯；3. 重氮甲烷试剂不会对待测物有影响；C. 气相色谱分析；1. 有非常好的峰形；2. 大部分的色谱柱会使待测物的峰有拖尾现象；色谱柱和进样口必须干净并且保持在良好的条件下；3. 在非极性柱DB－1和DB－5中，s－三嗪，西玛津、莠去津和扑灭津会依次流出且保留时间很近。在大部分极性柱上其顺序正好相反；4. 草净津极性很强且易拖尾，在极性柱上出峰时间很晚；其出峰行为不可预测，峰面积会明显增大或减小，这可能与氰基相关；5. 2,4－D BE的色谱行为与草净津十分相似，但变化程度较小(C4)。

乙酰苯胺类

均三嗪类

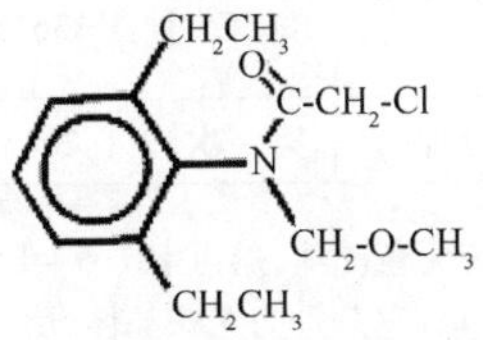

甲草胺

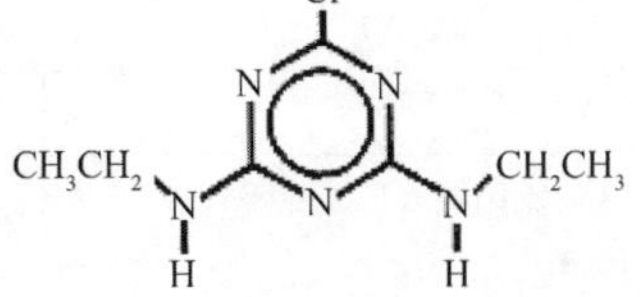

西玛津

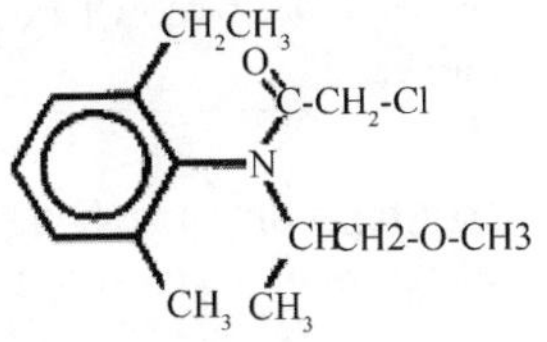

异丙甲草胺

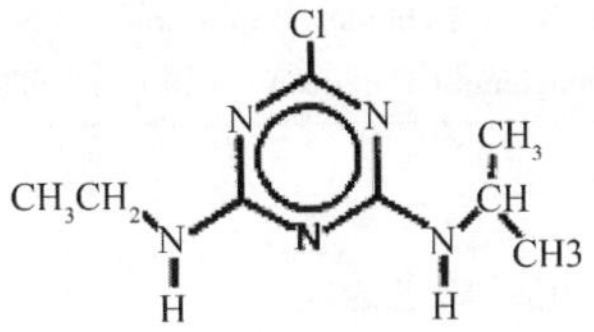

莠去津

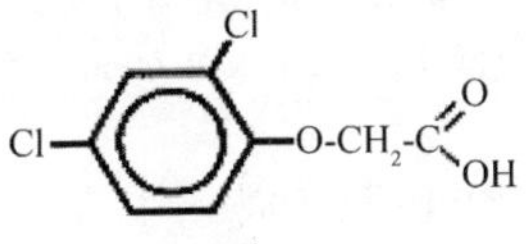

2, 4-D,酸

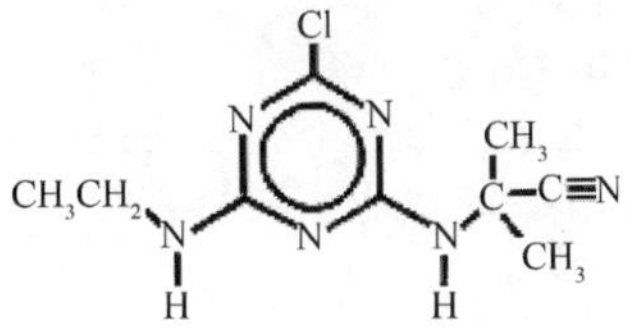

草净津

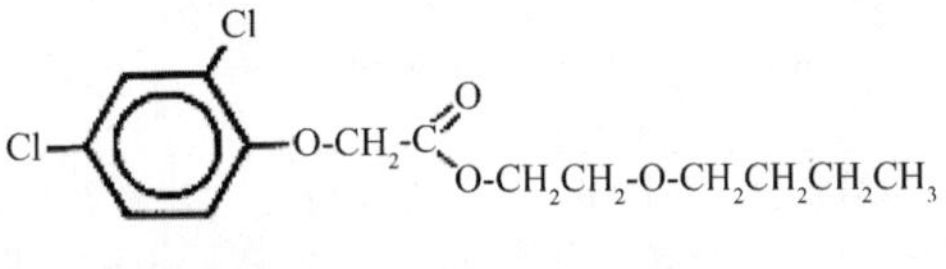

2, 4-D, BE

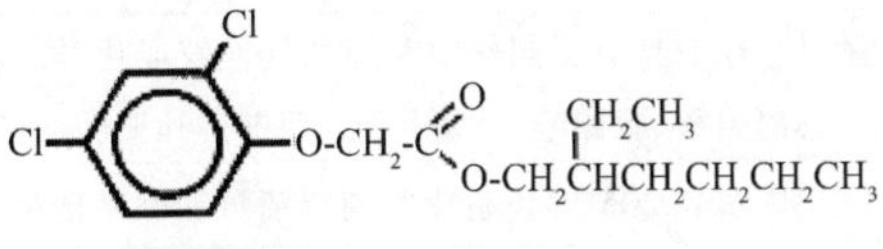

2, 4-D, EH

图 7 - 0 - 8 含氯和有机氮的除草剂的结构

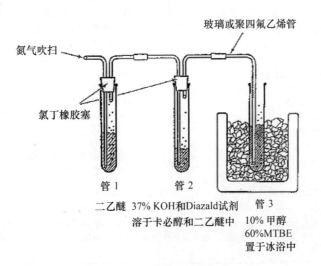

玻璃或聚四氟乙烯管

氮气吹扫

氯丁橡胶塞

管 1　　管 2　　管 3

二乙醚　37% KOH和Diazald试剂

溶于卡必醇和二乙醚中　10% 甲醇

60%MTBE

置于冰浴中

图 7 - 0 - 9 重氮甲烷发生器

洗手液中的克菌丹和甲基硫菌灵 9202

甲基硫菌灵：$C_{12}H_{14}N_4O_4S_2$； 克菌丹：$C_9H_8Cl_3NO_2S$	相对分子质量：342.40； 300.59	CAS 号：23564－05－8； 133－06－2	RTECS 号：BA3675000；GW5075000
方法：9202，第一次修订		方法评价情况：部分评价	第一次修订：2003.3.15

	克菌丹　　甲基硫菌灵	性质：甲基硫菌灵为无色晶体，熔点 181.5～182.5℃，溶于丙酮、甲醇、氯仿、乙腈，不溶于水；克菌丹为无味晶体，熔点 178℃，溶于氯仿，几乎不溶于水
OSHA：N/A　　　N/A NIOSH：N/A　　　N/A ACGIH：N/A　　　N/A		

英文名称：克菌丹：captan；N－(trichloromethyl)thio－4－cyclohexene－1,2－dicarboximide；Captec；甲基硫菌灵：Thiophanate－Methyl；Topsin－M；[1,2－phenylenebis(iminocarbonothioyl)]bisdimethyl ester carbamic acid

采样

样品收集器：聚乙烯袋

12″×18″，含150ml 异丙醇的聚乙烯袋

运输方法：转移冲洗液于 250ml 带 PTFE 内衬瓶盖的广口玻璃瓶中，冷藏运送

样品稳定性：稳定至少 28 天(4℃)

样品空白：每批样品 2～10 个

准确性

研究范围：未研究

偏差：未测定

总体精密度($\hat{S}_{rT}$)：未测定

准确度：未测定

分析

分析方法：高效液相色谱法(HPLC)，紫外检测器(UV)

待测物：克菌丹和甲基硫菌灵

进样体积：5μl

流动相：A＝2% 正丙醇水溶液，0.02 M TEA－PO₄，用磷酸调节 pH 至 7.0±0.1；B＝2% 正丙醇乙腈溶液，梯度：20 分钟内由 20% B 增加至 70% B，再在 2 分钟内降至 20% B，保持 5 分钟

色谱柱：反相 C_{18} 色谱柱，4μ，250×2.00mm(或等效色谱柱)

检测器：UV(200nm)

定量标准：在异丙醇中制备的标准溶液

测定范围：见表 7－0－42

估算检出限：见表 7－0－42

精密度($\bar{S}_r$)：见表 7－0－42

适用范围：制定本法是为了用于分析果园劳动者的异丙醇洗手液中的克菌丹和甲基硫菌灵。另外，本法也可用于分析现场可能存在的其他杀菌剂和农药，只要它们在本法的分析条件下可以完全分离，并能溶于异丙醇中(图7－0－10)即可。研究范围之外的物质可能成为干扰物。对其他杀虫剂和杀菌剂的广泛研究尚未完成

干扰因素：潜在的干扰物包括其他的有机化合物，尤其是在 C_{18} 柱上具有相同保留时间的其他农业化学品。通过使用氨基化或苯基化的 LC 柱，可以对杀菌剂进行定性。可能存在的干扰物有：福美锌、腈菌唑、代森锰锌、吡虫啉和亚胺硫磷

其他方法：本法结合了 NMAM 5606 空气中的甲基硫菌灵和 NMAM 9205 皮肤贴片上的克菌丹和甲基硫菌灵两个方法制定而成

试剂

1. 异丙醇：HPLC 农药级 *
2. 乙腈：HPLC 级 *
3. 三乙胺(TEA) *
4. 去离子水
5. 甲基硫菌灵 * 储备液：10mg/ml。在乙腈中制备
6. 克菌丹 * 储备液：5mg/ml。在乙腈中制备
7. TEA－PO₄ 防腐剂：在 100ml 容量瓶中，将 1.4ml TEA 溶于 90ml 去离子水中。加入磷酸使 pH 降低至 7.0±0.1，用已校准的 pH 计进行测定。加水至体积为 100ml。盖紧瓶盖并冷藏。溶液可稳定 12 个月
8. 流动相 A：混合 20ml 正丙醇和 2.8ml 三乙胺于 1L 容量瓶中，并加去离子水至刻度。用 pH 计和磷酸调节 pH 至(7.0±0.1)，最终浓度：2% 正丙醇，0.02M TEA－PO₄。使用前脱气
9. 流动相 B：转移 20ml 正丙醇至 1L 容量瓶中，并加乙腈至刻度。使用前脱气
10. 正磷酸 * >85%(质量分数)：ACS 级或更高

仪器

1. 样品收集器：8″×12″ Scienceware® 可重复使用的厚重聚乙烯袋，壁厚 4mm(Bel－Art No. H13178－0812)
2. 容器：250ml，带螺纹盖，PTFE 内衬
3. 高效液相色谱仪(HPLC)：紫外检测器
4. 能进样 5μl 的自动进样器或进样阀
5. 分析柱：Phenomenex® Synergi® 4μ Hydro－RP 80A (250×2.00mm)或等效色谱柱
6. 溶剂解吸瓶：2ml，带 PTFE 内衬的盖
7. 注射器：50μl、1ml 和 5ml
8. 容量瓶：5ml、100ml 和 1L
9. PTFE 针式过滤器：4mm，孔径 0.45μm
10. pH 计
11. 量筒：50ml
12. 玻璃移液管：一次性，2ml
13. 冰袋

特殊防护措施：甲基硫菌灵，避免吸入蒸气或尘；避免皮肤接触。处理纯物质时，戴手套并穿适当的防护衣服。溶剂，避免皮肤接触，在通风橱中使用。磷酸，避免皮肤接触。克菌丹，在通风橱中使用，避免接触皮肤、眼睛和衣服，避免摄入或吸入。应该戴上护目镜

注：* 见特殊防护措施。

采样

1. 向聚乙烯袋中倒入 150ml 异丙醇。

2. 将手放入袋中。将聚乙烯袋的上部缠绕在手腕与手肘之间的前臂上。

注意:对醇类过敏的现象是很少见的。在将手深入采样袋前,检查人是否对醇类过敏,或者服用的药物是否与醇类反应。诸如割伤、擦伤和湿疹等情况,皮肤接触醇类时会受到刺激。如果人在洗手后出现"干裂"现象,可使用护手霜。

3. 将手在醇类液体中前后移动 30 秒。将手从袋中取出,并用纸巾擦干。

4. 将溶液转入广口瓶中,盖紧盖子。

5. 做好标识,包装后运输。

6. 制备样品空白:在干净的袋中加入 150ml 异丙醇,震荡 30 秒,然后将溶剂转入到广口瓶中,运输。

样品处理

7. 制备待测物加标样品。向异丙醇溶液中加入不同浓度的需检测的待测物,用于质量保证。当收到现场样品后,将它们保存到一起。对现场样品、空白和标准溶液进行分析。将未使用的聚乙烯采样袋中的 150ml 异丙醇洗涤液作为介质空白,一起进行分析。

8. 从样品容器中取出 1ml 溶液,用 4mm、0.45μm 的针头式过滤器过滤。

标准曲线绘制与质量控制

9. 用列于方法 9202 和方法 9202 的色谱柱和色谱条件测定待测物的保留时间。甲基硫菌灵的保留时间约为 11 分钟,克菌丹约为 19 分钟(图 7 - 0 - 10)。

10. 在测定范围内,用含有 2 种待测物的至少 6 个不同浓度的标准系列,绘制标准曲线。

样品测定

11. 按照仪器说明书设置 LC 的条件。设定测量波长为 200nm,流速为 0.200ml/min。

12. 用自动进样器进样 5μl 样品。

注意:如果样品的峰面积大于最高浓度标准溶液的峰面积,用异丙醇稀释后,重新进行分析。

13. 测定待测物的峰面积。

计算

14. 以每种待测物的峰面积对标准溶液的浓度分别绘制各待测物的标准曲线。由标准曲线计算每个样品中各待测物的浓度 C(μg/ml)。

15. 按下式计算每个样品中各待测物的质量 M(μg):

$$M = CV$$

式中:C——样品中待测物的浓度(μg/ml);

V——样品溶液体积(ml)。

方法评价

在室温下,在甲基硫菌灵为每份样品 8949 ~ 60270μg 和克菌丹为每份样品 13140 ~ 44070μg 的范围内,使用实验室加标样品进行了回收率研究,对本法进行了评价,平均回收率分别为 91.1% ~ 100% 和 93.7% ~ 95.3%[1]。在 4℃ 下,使用实验室加标样品,同样在甲基硫菌灵为每份样品 8949 ~ 60270μg 和克菌丹为每份样品 13140 ~ 44070μg 的范围内进行了回收率研究,各自的平均回收率分别为 101% ~ 111% 和 102% ~ 105%。在甲基硫菌灵为每份样品 33990μg 和克菌丹为每份样品 26200μg 时,进行了室温下的储存稳定性研究,在为时 28 天的研究中,各自的平均回收率分别为 102% ~ 107% 和 102% ~ 127%。在甲基硫菌灵为每份样品 34130μg 和克菌丹为每份样品 25520μg 时,进行了 4℃ 时的储存稳定性研究,在为时 27 天的研究中,各自的平均回收率分别为 110% ~ 121% 和 102% ~ 112%。

起初,多菌灵因为是甲基硫菌灵的分解产物,研究中包括了多菌灵。试图对多菌灵进行定量测定,但是定量的重现性不好,因此本法不定量分析多菌灵。本法可以用于定性测定多菌灵。在本法的条件下,它的保留时间约为 6 分钟。

参考文献

[1] Andrews RN, Jaycox LB [2002]. Back - up Data Report for Captan and Thiophanate - methyl in Handrinse, Cincinnati,

OH：National Institute for Occupational Safety and Health，unpublished.

[2] NIOSH［1998］. Method 5601. In：Cassinelli ME, O'Connor PF, eds. NIOSH Manual of Analytical Methods （NMAM），4th ed, 2nd Supplement. Cincinnati, OH：National Institute for Occupational Safety and Health, DHHS （NIOSH）Publ 98 – 119

方法作者

Ronnee N. Andrews，NIOSH/ DART

Larry B. Jaycox, Ph. D. , NIOSH/ DART

表7 - 0 - 42　待测物测定范围、估算检出限和精密度

待测物	范围(微克/样品)	估算检出限(微克/样品)	精密度($\bar{S}_r$)
克菌丹	410 – 44070	123	0. 0326
甲基硫菌灵	198 – 60270	60	0. 0181

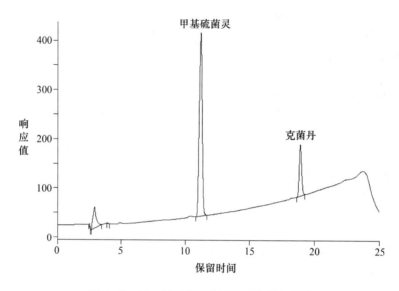

图7 - 0 - 10　储存样品洗手液的典型色谱图

待测物的浓度为：甲基硫菌灵 – 226μg/ml，克菌丹 – 175μg/ml

皮肤贴片上的克菌丹和甲基硫菌灵9205

甲基硫菌灵：$C_{12}H_{14}N_4O_4S_2$ 克菌丹：$C_9H_8Cl_3NO_2S$	相对分子质量：342. 40； 300. 59	CAS 号：23564 – 05 – 8；133 – 06 – 2	RTECS 号：BA3675000；GW5075000
方法：9205，第一次修订		方法评价情况：部分评价	第一次修订：2003. 3. 15

克菌丹	甲基硫菌灵	性质：甲基硫菌灵为无色晶体，熔点181. 5～182.5℃，溶于丙酮、甲醇、氯
OSHA：N/A	N/A	仿、乙腈，不溶于水；克菌丹为无味晶体，熔点178℃，溶于氯仿，水中几
NIOSH：N/A	N/A	乎不溶
ACGIH：N/A	N/A	

英文名称：克菌丹：captan；N – （trichloromethyl）thio – 4 – cyclohexene – 1,2 – dicarboximide；Captec；甲基硫菌灵：Thiophanate – Methyl；Topsin – M；［1,2 – phenylenebis（iminocarbonothioyl）］bisdimethyl ester carbamic acid

续表

采样	分析
样品收集器:皮肤贴片(净化室擦拭巾,4″×4″) 被动接触:将贴片放置于一侧切去直径7.6cm的圆的贴片夹中。贴在劳动者的衣服或皮肤上 运输方法:将贴片转移到50ml带盖的离心管中。冷藏运输 样品稳定性:至少28天(4℃) 样品空白:每批样品2~10个	分析方法:HPLC法,UV检测器 待测物:克菌丹和甲基硫菌灵 洗脱方法:30ml 40% 异丙醇/60%乙腈(v/v) w/TEA-PO$_4$ 防腐剂 进样体积:5μl 流动相:A=2%正丙醇水溶液,0.02 M TEA-PO$_4$,用磷酸调节pH至7.0±0.1;B=2%正丙醇乙腈溶液,梯度:20% B~70% B(20分钟),降至20% B(2分钟),保持在20% B(5分钟) 色谱柱:反相 C$_{18}$柱,4μm,250×2.00mm(或等效色谱柱) 检测器:UV(200nm)
准确性 研究范围:未测定 偏差:未测定 总体精密度($\hat{S}_{rT}$):未测定 准确度:未测定	定量标准:在洗脱液中制备的标准溶液 测定范围:见表7-0-43 估算检出限:见表7-0-43 精密度($\bar{S}_r$):见表7-0-43

适用范围:制定本法是为了用于分析来自果园劳动者的皮肤贴片上的克菌丹和甲基硫菌灵(表7-0-43)。另外,本法也可用于分析现场可能存在的其他杀菌剂和农药,只要它们在本法的分析条件下可以分离即可。可适当调节本法的梯度淋洗条件,以实现分离

干扰因素:潜在的干扰物包括其他的有机化合物,尤其是在 C$_{18}$柱上具有相同保留时间的农药或杀菌剂。通过双柱色谱法,使用适当的替代 LC 柱,可以分离干扰物并定性。可能存在的干扰物包括:福美锌、腈菌唑、代森锰锌、吡虫啉和亚胺硫磷

其他方法:本法结合了 NMAM 5606 空气中的甲基硫菌灵和 NMAM 9202 洗手液中的克菌丹和甲基硫菌灵制定而成

试剂	仪器
1. 异丙醇:HPLC农药级* 2. 乙腈:HPLC级* 3. 三乙胺(TEA)* 4. 正磷酸>85%(质量分数):ACS级或更高* 5. 去离子水 6. 洗脱液:对于每升洗脱液的制备,40%异丙醇/60%乙腈 w/2ml TEA-PO$_4$ 防腐剂 7. 甲基硫菌灵*储备液:10mg/ml。在乙腈中制备 8. 克菌丹*(Chem Service)储备液:5mg/ml。在乙腈中制备 9. TEA-PO$_4$ 防腐剂:在100ml 容量瓶中溶解1.4ml TEA-PO$_4$ 于90ml 去离子水中。加入磷酸使 pH 降低至7.0(±0.1),用已校准的 pH 计进行测定。加水至体积为100ml。盖紧瓶盖并冷藏。溶液可稳定12个月 10. 流动相 A:于1L 容量瓶中混合20ml 正丙醇和2.8ml 三乙胺,并加去离子水至刻度。用 pH 计和磷酸调节 pH 至7.0(±0.1),最终浓度:2%正丙醇,0.02M TEA-PO$_4$。使用前脱气 11. 流动相 B:在1L 容量瓶中加入20ml 正丙醇于乙腈中,并加乙腈至刻度。使用前脱气	1. 皮肤贴片:Texwipe™ AlphaWipe® 聚酯净化室擦拭巾(4″×4″),置于贴片夹中。可购买市售擦拭巾 2. 贴片夹:白色,两面为硬纸板,0.08SBS,一侧切去直径7.6cm 的圆(Wellman Container Corp, Fairfield, Ohio) 3. 高效液相色谱仪(HPLC) 4. 能进样5μl 的自动进样器 5. 分析柱:Phenomenex® Synergi™ 4μ Hydro-RP 80A(250×2.00mm)或等效色谱柱 6. UV 检测器:200nm 7. 溶剂解吸瓶:2ml,带 PTFE 内衬的盖 8. 离心管:聚丙烯,50ml 9. 注射器:50μl、1ml 和5ml 10. 容量瓶:5ml、100ml 和1L 11. PTFE 针式过滤器:4mm,孔径0.45μm 12. 大瓶(管)的旋转混合器 13. pH 计 14. 量筒:50ml 15. 玻璃移液管:一次性,2ml 16. 镊子 17. 冰袋

特殊防护措施:甲基硫菌灵,避免吸入蒸气或尘;避免皮肤接触;处理纯物质时,戴手套并穿适当的防护服;溶剂,避免皮肤接触,在通风橱中使用;磷酸,避免皮肤接触;克菌丹,在通风橱中使用;避免接触皮肤、眼睛和衣服,避免摄入或吸入;戴上护目镜

注:*见特殊防护措施。

采样

1. 用订书钉将贴片材料固定在贴片夹的两个对角上。将贴片夹贴在皮肤或衣服的适当位置,并在指定的时间内采样。

2. 在采样时间结束时,用干净的镊子将贴片从贴片夹上取下,转移到50ml的离心管中。

3. 做好标识,包装后运输。与其他样品一起冷藏运输。

4. 样品应该在冷藏条件下保存,直至分析。

样品处理

5. 向每个离心管中加入30ml洗脱液,盖上盖子。

6. 将离心管来回旋转使液体混合,旋转1小时。

7. 用4mm、孔径0.45μm的PTFE针式过滤器过滤一份洗脱液到2ml自动进样瓶中。

标准曲线绘制与质量控制

8. 用列于方法9205和方法9205中的色谱柱和色谱条件测定待测物的保留时间。甲基硫菌灵的保留时间约为14分钟,克菌丹约为21分钟(图7-0-11)。

9. 在甲基硫菌灵和克菌丹的测定范围内(表7-0-43),用含有两种待测物的至少6个不同浓度的标准系列,绘制标准曲线。

10. 制备QC样品。放置一个新的贴片于50ml离心管中并加标已知量的两种待测物。打开样品管直至溶剂蒸干。盖上管帽,并用与现场样品相同的方式(步骤5~7)进行处理,用于分析。

样品测定

11. 按照仪器说明书设置LC的条件。设定测量波长为200nm,流速为0.200ml/min。

12. 用自动进样器进样5μl样品洗脱液。

注意:如果样品的峰面积高于最高浓度的标准系列的峰面积,用洗脱液稀释后,重新分析。

13. 测定待测物的峰面积。

计算

14. 以峰面积对浓度分别绘制每种待测物的标准曲线。由标准曲线计算每个样品贴片和空白中各待测物的浓度 C_p 和 B_b($\mu g/ml$)(用DE校正)。

15. 按下式计算每个样品贴片上各待测物的质量 $M(\mu g)$:

$$M = C_p V_p - B_b V_b$$

式中:C_p——样品贴片中待测物的浓度($\mu g/ml$);

B_b——介质空白中待测物的浓度($\mu g/ml$);

V_p——样品洗脱液的体积(ml);

V_b——介质空白洗脱液的体积(ml)。

方法评价

在室温下,在甲基硫菌灵为每份样品306.0~6120μg和克菌丹为每份样品300.4~6220μg的范围内,使用实验室加标样品进行了回收率研究,对本法进行了评价,平均回收率分别为89.1%~95.5%和89.6%~96.0%[1]。4℃下,在甲基硫菌灵为每份样品6000μg和克菌丹为每份样品1500μg的浓度下,进行了储存稳定性研究。在为时28天的研究中,平均回收率分别为86.2%~92.2%和87.6%~95.7%。

多菌灵是甲基硫菌灵的分解产物,可能与其他两种待测物一起出现在色谱图上。本法试图对多菌灵进行定量测定,但由于甲基硫菌灵的存在,定量分析多菌灵的重现性不好,因此只能对多菌灵进行定性分析。当甲基硫菌灵与多菌灵的比例大于8:1时,重现性问题更为显著。另外,当其他物质,如同样会分解产生多菌灵的苯莱特存在于样品中时,该问题会加剧。由于本法无法区分多菌灵的分解源,因此只能提供多菌灵的定性数据。在本法的条件下,它的保留时间约为6分钟。

已经用本法对现场样品进行了分析。由于现场样品含有其他有机物和/或干扰物,要适当调整分析参数。例如:在溶剂梯度淋洗结束时,需采取更长的柱冲洗时间,以洗脱色谱柱中相对分子质量更大的化合物和/或其他物质。也需改变结束时的梯度溶剂,提高有机相比例,以助于冲洗柱中的这些物质。因实验室需要和被分析样品的复杂性,也许需要对分析参数作其他的变动,使样品中的化合物能更好地分离。

<h1>参考文献</h1>

[1] Jaycox LB, Andrews RN [2002]. Backup Data Report for Captan and Thiophanate – methyl on Dermal Patch Method Development, Cincinnati, OH：National Institute for Occupational Safety and Health, DART/NIOSH (unpublished, June).

[2] NIOSH [1998]. Method 9201：Chlorinated Organonitrogen Herbicides (DErmal patch). In：Cassinelli ME, O'Connor PF, eds. NIOSH Manual of Analytical Methods (NMAM), 4th ed., 2nd Supplement. Cincinnati, OH：National Institute for Occupational Safety and Health, DHHS (NIOSH) Publ 98 – 119.

方法作者

Larry B. Jaycox, Ph. D. and Ronnee N. Andrews, NIOSH/DART

表7－0－43　待测物的测定范围、估算检出限和精密度

待测物	范围/(微克/样品)	估算检出限/(微克/样品)	精密度($\bar{S}_r$)
克菌丹	67.5 ~ 6220	20.2	0.0256
甲基硫菌灵	62.0 ~ 6120	18.6	0.0229

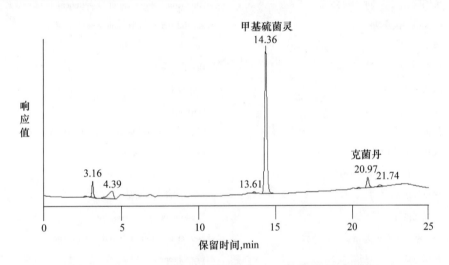

图7－0－11　按照本法洗脱和分析的加标贴片样品的色谱图

待测物的含量为：甲基硫菌灵每份样品200μg，克菌丹每份样品50μg

附 录　术语缩写及解释

1. 中英文缩写

缩写	中文	英文
AAS	原子吸收光谱法	Atomic absorption spectrophotometry.
AC	准确度标准	Accuracy criterion
ACGIH	美国政府工业卫生师协会	American Conference of Government Industrial Higienists
ASV	阳极溶出伏安法	Anodic stripping voltammetry
B	偏差	bias
BP	沸点，℃	Boiling point
C	最高容许浓度	Ceiling limit
CAS	化学文摘社	Chemical Abstracts Service
CAS 号	化学文摘号	Chemical Abstracts Service Registry Numbers
CE	采样效率，用小数表示	Collection efficiency
CV	变异系数	coefficient variation
DE	解吸效率	Desorption efficiency
FPD	火焰光度检测器	Flame photometric detector
FTIR	傅立叶变换红外光谱法	Fourier transform infrared spectroscopy.
GC	气相色谱法	Gas Chromatography
GFAAS	石墨炉原子吸收光谱法	Graphite furnace atomic absorption spectrophotometry
GPO	美国政府印制局，华盛顿 20402	U. S. Government Printing Office, Washington, DC 20402
HAAS	氢化物发生原子吸收光谱法	Hydride generation atomic absorption spectrophotometry
HPLC	高效液相色谱法	High performance liquid chromatography
IC	离子色谱法；离子交换色谱法	Ion chromatography; ion – exchange chromatography
ICP – AES	电感耦合等离子体 – 原子发射光谱法,也称 ICP – OES	Inductively coupled plasma – atomic emission spectrometry
IOM	职业医学研究所	The Institute of Occupational Medicine
IR	红外	Infrared
LAQL	定量下限,见 LOQ	Lowest analytically quantifiable level; see LOQ
LC	液相色谱	Liquid chromatography
LOD	检出限	Limit of detection
LOQ	定量下限	Limit of quantitation
LTA	低温(氧等离子体)灰化	Low temperature (oxygen plasma) ashing
MCEF	混合纤维素酯滤膜	Mixed cellulose ester membrane filter
MP	熔点	Melting point, ℃
mppcf	每立方英尺中颗粒物的百万数	Million particles per cubic foot

缩写	中文	英文
MS	质谱法	Mass spectrometry
MSDS	物质安全数据表	Material safety data sheets
M. W.	相对分子质量	Molecular weight
MSHA	美国矿山安全卫生管理局	Mine Safety and Health Administration
N	当量浓度	Normality
NIOSH	美国国家职业安全卫生研究所	National Institute for Occupational Safety and Health
NMAM	NIOSH 检测方法手册	NIOSH Manual of Analytical Methods
NTIS	美国国家技术情报服务局	National Technical Information Service, Springfield, VA 22161
NTP	常温常压	Normal temperature and pressure
OSHA	美国职业安全卫生管理局	Occupational Safety and Health Administration
P	峰浓度	Peak (maximum permissible instantaneous) concentration
	压力、压强	Pressure
PAHs	多环芳烃	Polynuclear aromatic hydrocarbons; PNAH
P_c	校准采样泵时的压力, kPa	
PCM	相差显微镜	Phase contrast microscopy
PEL	容许接触限值	OSHA PEL, OSHA permissible exposure limit
PID	光离子化检测器	Photoionization detector
PLM	偏正光显微技术	Polarized light microscopy
PTFE	聚四氟乙烯,特氟龙	Polytetrafluoroethylene; olyperfluoroethylene; tetrafluoroethene homopolymer; Teflon
PVC	聚氯乙烯	Polyvinyl chloride
Q	采样流量	Sampling flow rate, L/min
R	回收率	Recovery
REL	推荐接触限值	Recommended exposure limits
RF	射频	Radio frequency
RSD	相对标准偏差	Relative standard deviation
RTECS	化学物质毒性数据库 化学物质毒性作用登记号	Registry of Toxic Effects of Chemical Substances
SEM	扫描电子显微镜	Scanning electron microscopy
sp. gr.	比重	Specific gravity
STEL	短时间接触限值	short - term exposure limits
t	温度,℃	Temperature
	时间,min	time
TWA	时间加权平均	Time - weighted average
TEM	透射电子显微镜	Transmission electron microscopy
TLC	薄层色谱法	Thin - layer chromatography
TLV	阈限值	Threshold limit values
t_r	保留时间,min	Retention time
UV	紫外	Ultraviolet
VP	蒸气压	Vapor pressure
XRD	X 射线衍射	X - ray diffraction
XRF	X 射线荧光	X - ray fluorescence

2. 部分术语解释

1. Hemolysis,溶血,由于全血的收集不正确或处理不当而引起的红细胞破裂的现象。

2. Interference equivalent,等效干扰,与待测物的单位质量或单位浓度读数相同的干扰物的含量或浓度。

3. Accuracy,准确度;inaccuracy,不准确度。

方法的性能指标之一,用以测定环境样品的"真实"浓度。准确度表示定量测定的结果与真值之间的符合程度,用测定结果与真值之间的相对差表示。文献中"不准确度"与"准确度"可互换。在本文档(NMAM)中,仅使用"准确度"一词。当测量结果符合统计分布,如正态分布时,准确度是方法的一个特征值。用以下定义和标准表示方法的准确度。

方法的准确度是在给定的概率95%下,测量的最大理论误差,用测量值与真实值的比值或百分率表示,不考虑误差的正负号。

准确度的要求是:对每个观察值,0.95的概率下,方法给出的值应在±25%真值以内。

4. precision,精密度;imprecision,不精密度。

精密度指多次测定平行样品的结果的相对变异性,即样品总体平均测量值(用 σ 表示)与给定浓度的平均值(用 μ 表示)之比。文献中"不精密度"与"精密度"可互换。在本文档(NMAM)中,仅使用"精密度"一词。在本文档中,精密度用一系列测量值的相对标准偏差(relative standard deviation)表示。它反映了方法用于重复测定结果的性能。精密度的统计学定义为:$S_{rT} = \sigma/\mu$

进行方法评价时,假设在所有测定浓度下方法的 S_{rT} 是常数或是一致的。(注:该假设仅指在测定浓度下的相对标准偏差是常数,但是并不表明在所有浓度下为常数。)

偏差,指方法的测定结果分布的平均值(μ)与真实浓度(T)之间的相对差值,该值是不可校正(uncorrectable)的,用下式表示:$B = (\mu/T) - 1$。

偏差不包括可校正的误差(correctable),如回收率。一个可接受的方法,其偏差的绝对值应不大于10%。进行方法评价时,假设在所有测定浓度下方法的偏差是常数或是一致的。(注:该假设仅指在测定浓度范围内偏差是常数,但是并不表明在所有浓度下为常数。)

5. LOD 检出限,LOQ 定量下限。

LOD 和 LOQ 是方法性能的指导性指标,并不是一个绝对值。随着方法、分析人员、仪器和时间的不同,LOD 和 LOQ 是不同的。因此,确定这两个值时,应在相同的条件下分析样品,并记录分析条件。记录采样和分析方法的 LOD 和 LOQ 时,应强调该值仅为方法预期性能的评估值。

6. 测定范围。方法评价时所用分析标准溶液的浓度范围。

7. evaluation range,确认范围方法评价时,配制的整个浓度范围。对于大多数待测物而言,评价范围为0.1~2.0倍接触限值。在某些情况下,该范围可扩大至10倍接触限值。当待测物不能或配制成气体时,则根据典型的采样时间和采样流量,计算评价实验采样管上采集的待测物量,再计算出相应的评价浓度范围。

8. Estimated recovery 估算回收率。

回收率是回收和测定采样管内或上面的待测物的能力,用采样管中回收的待测物的量除以加到采样管中待测物量所得的值表示。对于一个可接受的方法,在接触限值下,6 或以上的平行样品的回收率应≥75%。

9. interferences,干扰因素。

测定环境样品中的待测物时,若与待测物共存的其他化合物或条件,可能会对测定产生干扰,则这些化合物及条件即为干扰因素。可能产生干扰的因素如下。

a. 分析时对分辨率产生干扰的化合物。

b. 采样时对待测物的有效采集产生干扰的化合物。

c. 从采样介质上回收待测物时,对回收率(解吸效率)产生干扰的化合物。

d. 对样品的采集和分析产生干扰的条件。

10. breakthrough capacity, 穿透容量。

在一定的采样流量、浓度、采样时间下,在不降低采样介质采集待测物的能力的前提下,采样介质可采集的待测物的最大量。该参数也可用在一定流量范围、浓度的条件下的相应采样时间或采样体积来表示。

定义该参数的标准如下。

a. 通过采样管后,气体浓度为流入气浓度的5%,即发生穿透时的采样体积(采样流量×采样时间)。

b. 采样管后部分上的待测物的量为采样管前部分上的5%时的采样体积(采样流量×采样时间)。

11. Sampling rate or uptake rate, 采样流量。

含待测物的空气进入采样管的体积流量。对于采集蒸气态物质的采样管而言,在某设定浓度及规定的采样时间下,以该流量采集样品时,不能发生穿透。对于特定的采样管,其流量会受限于采样管的阻力。

12. exposure limit, 接触限值。

待测物的浓度高于该浓度时,禁止工人接触待测物,或者建议工人在工作日中接触待测物的时间不能超过特定时间段。

对于任何给定的待测物,有许多不同的接触限值,如 NIOSH 的 REL、OSHA 的 PEL、ACGIH 的 TLV、MSHA 的 PEL,等等。这些限值可能在国际上通用,通常用以下术语表达。

TWA:时间加权平均容许浓度是在特定时间段内测定的(如15分钟到8~10小时)。

a. STEL(短时间接触限值):在较短的时间内(除另有说明外,通常为15分钟)测定的时间加权平均浓度。

b. C(最高容许浓度):最高容许浓度,指在任何时间内(如瞬时至5分钟)都不能超过的浓度。

13. Solvent flush technique, 溶剂冲洗技术。为气相色谱中推荐的手动进样技术,步骤如下。

a. 用溶剂冲洗进样针数次。

b. 用 $10\mu l$ 进样针吸取:$3\mu l$ 溶剂、$0.2\mu l$ 空气、$5\mu l$ 样品、$1.2\mu l$ 空气。

c. 将进样针里的全部样品注入气相色谱仪。

14. 常温常压为 $25℃$,101.325kPa。